BIOLOGY THE CORE

제3판

비주얼 핵심생명과학

ERIC J. SIMON

역자 황혜진

BIO BIOSCIENCE (주)바이오사이언스출판

이 도서의 국립중앙도서관 출판시 도서목록(CIP)는 e-CIP 홈페이지
(http://www.nl.go.kr/cip.php)에서 이용하실 수 있습니다.
(CIP 제어번호: CIP2020007361)

비주얼 핵심생명과학 제3판

인쇄일: 2020년 3월 05일
발행일: 2020년 3월 10일

저　　자: Eric J. Simon
역　　자: 황혜진
발 행 인: 문정구
발 행 처: (주)바이오사이언스출판
주　　소: 06569 서울특별시 서초구 도구로 115, 1층
전　　화: (02)581-4057~8　팩스: (02)581-4059
이 메 일: inquiry@biosciencepub.com
홈페이지: http://www.biobooks.co.kr
I S B N: 978-89-6824-100-0 93470
등록번호: 제22-3079호
값 25,000원

저자에 관하여

에릭 J. 사이먼(Eric J. Simon)은 뉴햄프셔주 헤니커에 위치한 뉴잉글랜드 대학(New England College)의 생물학 및 건강과학과(Department of Biology and Health Science) 교수이다. 그는 과학 전공이 아닌 학생들을 대상으로 생물학 개론과 인체생물학을 가르치고 있으며, 벨리즈(Belize)에서의 수중 세계를 소개하는 열대 해양생물학도 가르친다. 사이먼 박사는 웨슬리언 대학(Wesleyan University)에서 생물학과 컴퓨터과학으로 학사학위를 받았으며, 동대학에서 생물학 석사를 받은 후 하버드 대학(Havard University)에서 생화학으로 박사학위를 받았다. 그의 연구는 과학 교수 학습을 향상시키기 위한 기술을 사용하는 혁신적인 방법들에 초점이 맞춰져 있으며, 이것은 특히 비과학 전공자들을 위한 것이다. 그는 현재 부인과 두 아들, 그리고 개 두 마리와 수십 마리의 닭, 그리고 표범무늬 게코 도마뱀과 함께 뉴햄프셔의 시골에 살고 있다. 사이먼 박사는 비전공자를 위한 일반생물학 교재인 *Campbell Essential Biology*, 7th ed.과 *Campbell Essential Biology with Physiology*, 6th ed.의 주 저자이며, 생물학 개론서인 *Campbell Biology: Concepts and Connections*, 9th ed.의 공동저자이기도 하다. 이 책들은 모두 피어슨에서 출간되었다.

"나는 Beth Wilbur, Frank Ruggirello, Chalon Bridges, Ginnie Simione-Jutson, Josh Frost, Lauren Harp, Evelyn Dahlgren, and Alison Rodal을 포함한 피어슨 에듀케이션의 임직원 여러분께 이 책을 바칩니다. 여러분 모두의 엄청난 지원과 지속적인 격려로 생물학 교육을 발전시킬 수 있음에 감사드립니다."

머리말

학생들에게,

오늘날 대학생이 된다는 것은 여러 가지 중요한 일들을 한꺼번에 유지해야 한다는 것을 뜻합니다: 일도 해야 하고, 학교에도 가야 하며, 과외 활동 및 가족도 돌봐야 하니까요. 만약 여러분이 이 책을 읽는다면, 아마 처음 대학에 들어와 과학 수업을 수강하는 것이거나 앞으로 수강할 단 하나의 과학 과목 때문일 수도 있겠습니다. 여러분이 신경 써야 할 많은 것들 때문에, 바쁜 생활 중에 어떻게 생물학 공부까지 끼워 넣어야 할지 막막할지도 모르겠네요. 좋은 소식 하나는, 이 책이 바로 이렇게 바쁜 여러분을 위해 특별히 쓰였다는 것입니다!

수년 동안 저는 제 학생들이 가능한 효율적인 방법으로 자신들의 생물학 수업에서 성공하기 위해 애쓰는 것을 보아왔습니다. 비주얼 핵심생명과학(*Biology: The Core*)은 애초부터 여러분의 공부가 효율적으로, 그리고 성공적으로 수행될 수 있도록 고안된 책입니다. 가장 중요하고 적절한 정보—생물학 내용의 핵심(core)—만 담았습니다. 좌우 양면으로 구성된 각 주제별 섹션은 접근하기 쉬우며 매우 시각적이고 일관된 생물학 개념들이 분명한 학습 경로를 따라 안내되어, 책 읽기가 매우 즐겁게 구성되어 있습니다. 아마 여러분은 어떻게 이 과목이 여러분 자신의 생활에 적용될지도 궁금할 것입니다. 다행스럽게도, 영양, 암, 백신, 그리고 유전자 조작 식품들 같은 주제들은 여러분에게 직접 영향을 미치며, 여러분이 관심을 가질 만한 것들이기 때문에 적용하기가 쉽습니다.

이번 제3판에서는, 새로운 모듈이 적용되어 이러저러한 최신 주제들을 직접 다루게 되므로 여러분은 어떻게 생물학이 우리 자신의 삶과 관련되어 있는지를 더 잘 볼 수 있을 것입니다. 다른 모듈들은 끊임없이 쏟아지는 과학처럼 들리는 주장들을 평가하고, 진짜 과학적 주장을 거짓 주장과 구분할 수 있도록 도와줄 것입니다.

저는 이 책이 이 과목을 위해서 뿐 아니라 더 넓은 세상에서 부딪치는 문제들을 다루는 데 유용한 안내자 역할을 함으로써 여러분의 목표와 여러분의 과제들을 잘 엮어 낼 수 있기를 바랍니다. 이 책에 대한 여러분의 경험을 저와 함께 해주세요. 교재에 대한 여러분의 피드백을 환영합니다.

성공적인 한 학기가 되기를 기원하며, 생물학의 거대한 모험을 즐겨보세요! 그것은 이 책에만 있는 것이 아니라 여러분 주변의 어디에나 있습니다.

에릭 J. 사이먼 박사
SimonBiology@gmail.com

선생님들께,

비전공자들을 위한 생물교재가 넘치는 시대에, 이 책은 무엇이 다를까요? 답은 오늘날의 학생들에게 초점을 맞췄다는 점입니다. 우리는 과학을 전공하지 않는 학생들이 생물학적 자료의 깊이와 씨름하며 생물학을 그들의 삶과 연계시키기 위해 애쓰는 것을 보아왔습니다. 비과학 전공자들이 생물학의 관련성을 이해하기 위해서는 어떤 개념들을 알아야 할까요? 만약 우리가 내용을 줄이고 가장 중요한 교훈들, 즉 졸업 후 10년이 지나도 학생들이 기억하기를 바라는 정보들에 집중한다면, 큰 그림을 제시해주는 일련의 필수적인 생물학적 개념들만 남을 것이고, 그것은 학생들이 생활 전반에서 부딪치게 되는 문제들을 위한 과학적 기초를 제공해주게 될 것입니다.

이 책은 비선형적이고 눈길을 끄는 시각적 스타일을 이용해 작은 덩어리들로 정보를 제시하고 있는 새로운 종류의 교과서입니다. 각 주제에 대해 가장 핵심적인 내용만을 포함하고 있습니다. 모든 정보는 설명과 그림이 단 하나의 교구로 완전히 통합된 독립적인 두 페이지 단위의 펼침면 방식으로 제시되어 있습니다. 각 모듈은 어떤 순서로 읽어도 관계가 없으며 독립적이어서(다른 모듈에 대한 정보가 없어도 됩니다), 여러분이 수업에 가장 잘 맞도록 주제의 순서를 정하는 데 유연성을 발휘할 수 있을 것입니다.

3판의 내용은 그동안 이 책을 채택하여 사용하신 교수님들과 학생들의 피드백을 기초로 재정비되었습니다. 개별 변화들은 조금 후에 자세히 설명하겠습니다만, 전체적인 접근은 핵심 내용이 더 쉽고 분명하게 학생들의 생활과 연계되도록 했습니다. 새 판에는 일련의 "핵심 주제" 모듈이 포함되었습니다. 이 10가지 스페셜 모듈은 학생들이 자주 접할 수 있는 최신 문제들—백신, 항생제 저항성, 당뇨병 그리고 암 등—을 강조하고 이들을 주요 내용과 연계시킴으로써 학생들에게 기초 생물학적 지식과의 관계를 보여줄 수 있도록 했습니다.

지난 수년간, 여러 강사님들과의 소통을 통해, 저는 비전공자들을 위한 생물 교육을 담당하는 우리가 점차 과학 문해력을 매우 강조하고 있다는 것을 알게 되었습니다. 이런 이유로, 3판에서는 학생들에게 과학적으로 사고하도록 가르치는 것과 그들이 자신의 삶에 비판적 사고력을 적용할 수 있도록 돕는 데 주안점을 두었습니다. 많은 수정을 거친 1장에는 이런 중요한 기술들이 집대성되어 있습니다.

저는 이 책의 목표가 비전공자인 여러분의 생물학 입문 수업에서 교수와 학습 모두에 잘 어우러지기를 바랍니다. 온라인 자료나 교재에 대한 피드백을 제공하기 위해 여러분의 수업과 학생들에 관한 이야기를 들려주시거나, 단지 비전공자들을 위한 개론 수업에 관한 잡담을 위해서라도 편하게 제게 연락 주십시오. 저는 그런 대화를 매우 즐기거든요!

성공적인 한 학기를 기원하며,

에릭 J. 사이먼 박사
SimonBiology@gmail.com

역자 소개

이화여자대학교 생물학과 졸업 후 동 대학에서 석사, 박사 학위를 마쳤습니다. 삼성생명과학연구소에서 연구원으로 재직하다 대학에 출강하게 된 뒤로 생물 분야의 교육에 관심을 갖게 되었습니다. 현재는 관련 분야의 책을 번역하는 일을 하고 있으며 일반생물학, 유전학, 생물공학 등의 강의를 맡아 여러 학교에서 학생들을 만나고 있습니다. 캠벨 생물학(Campbell & Reece 7, 8, 9판)을 비롯하여, 핵심 유전학(Klug, Cummings, and Spencer, 4, 5, 6판), 유전학 원론(Snustad & Simmons), 의학 유전학(Young, Medical Genetics), 의학 세포생물학(Goodman, 3판), 진화학(Futuyma) 등의 번역에 참여하였고, 저서로는 “생명에 대한 이해”가 있습니다.

역자 서문

우리는 모두 생물학 속에 산다

2019년의 겨울은 전례 없이 온화했다. 인터넷판 뉴스의 머리글에 '사막엔 눈이 오고, 핀란드는 파릇파릇'이라는 문구가 보인다. 이 겨울 날씨가 이 모양인 건 여기뿐만이 아닌 모양이다. 따뜻한 날씨에 힘입어, 발목의 아킬레스건이 끊어져 수술 후 석 달째 재활 중이신 어머니를 모시고 집 옆 수목원에 다녀왔다. 설 연휴를 맞아 온 동네 개들이 산책을 나온 듯했다. 어머니의 수술 때문에 덩달아 상경하게 된 갑돌이는, 심장사상충 치료가 거의 끝나 상태가 좋은지 매일 두 번씩의 산책 때마다 한껏 신이 난 모양이다. 집에 돌아와 TV를 켜니, 중국발 신종 코로나바이러스(COVID-19)의 감염 전파 양상에 대한 소식이 걱정을 부른다.

이상기온에 따른 생태계 변화, 인체의 움직임과 건강, 감염, 신종 바이러스, 기생충. 이런 주제들과 우리 생활은 별개의 것이 아니다. 생물학 교재가 자꾸 두꺼워지는 것은 우리가 그만큼 우리 삶에 대해 더 잘 알게 되었다는 뜻일 것이다. 우리 자신과, 우리를 둘러싼 환경에 대해 알고자 하는 것은 우리가 가진 본래의 속성일 뿐 아니라, 더 나은 삶을 위한 한 가지 방법일 수 있다. 전문 지식인이 되고자 하지 않아도, 기본 교양을 갖추고 현대를 살아가기 위해서는 어떤 형태의 생물학 수업이든 필수적이다. 그래도 요즘의 일반생물학 교재들은 한 학기 교양과목으로 다루기에는 너무나 방대한 내용을 담고 있어서 겉모습만으로도 학생들을 압도한다.

이 책은 현대 생물학을 구성하는 여러 주제를, 핵심적인 내용만을 골라 독립적인 모듈로 배열하여, 학습자가 한눈에 빠르고 직관적으로 여러 주제 사이의 관계와 내용을 파악하도록 고안되었다. 제목부터 귀퉁이의 확인문제까지 세심한 배려가 돋보인다. 3판에 들어와서는 그 체계가 더욱 안정적이고 세련되어 읽기가 수월해졌다. 역자로서 이 책을 번역하게 되어 매우 기쁘고, 교수 학습 방법을 고민하는 선생님들이 많이 있음을 깨닫게 되어 반갑기도 하다. 이런 노력이 잘 전달되기를 희망하며 즐거운 마음으로 여러분들에게 새 판을 소개해 드린다. 번역하면서 약간의 교정을 더 추가하였으나 저자의 의도를 해치는 작업은 하지 않았다. 꼼꼼히 작업하였으나 완벽할 수 없음을 알기에 여러 독자의 의견을 기다리며, 새 책이 많은 독자의 효율적 학습에 도움이 되길 희망한다.

2020년 1월 27일

역자 황 혜진

비주얼 핵심생명과학(3판)의 새로운 시도

비주얼 핵심생명과학 3판은 교수님들과 학생들로부터 얻은 광범위한 피드백을 바탕으로 만들어졌다. 개정판의 목표는, 자료들 간의 연관성을 높이고 과학적 소양을 강조함으로써 비전공자들의 교수와 학습을 향상시키는 데 있다.

1장 생명의 과학에 대한 소개

많은 학생들에게, 이 입문용 생물학 과정은 대학 수준의 과학을 접하는 유일한 경험일 수 있다. 이런 과목에서 가장 중요한 목표는 어떻게 과학이 운용되고, 어떻게 과학의 과정이 중요한 의사결정에 사용될 수 있는지에 대해 학생들과 소통하는 것이다. **비주얼 핵심생명과학 3판**에서 우리는 관련 내용과 함께, 보다 현실적으로 과학의 과정을 제시함으로써, 모든 장이 필수적인 주제를 다루도록 하는 데 힘썼다. 1장 "생명과학에 대한 소개"에서는, 비판적 사고력을 함양하고 과학적 작업에 대한 신비적 시각을 없앨 수 있도록 했다. 과학의 과정에 대한 새로운 제시는 과정에서의 형식이 없다는 점을 강조하면서 어떻게 실제 세계에서 그것이 진행되는지에 대해 강조한 것이다.

추가적 개정과 새로운 모듈들은 학생들이 가설과 이론을 구분할 수 있도록 하며, "사실"이라는 말의 의미를 설명할 수 있도록 해준다; 또한 기초적인 탐구 방법에 대해 논의할 수 있으며; 유사과학과 과학적 사고를 구분하고; 믿을 만한 정보 출처와 동료 평가의 과정을 어떻게 인식해야 하는지를 설명할 수 있도록 해준다. 이 장은 학생들이 과학적 사고가 세상을 보는 다른 방식과 어떻게 다른지, 그리고 자신의 삶에 어떻게 적용될 수 있는지에 대한 명확한 그림을 얻도록 도울 수 있을 것이다.

1.4 모듈은 과학의 과정이 실제로 어떻게 이루어지는지를 제시해준다.

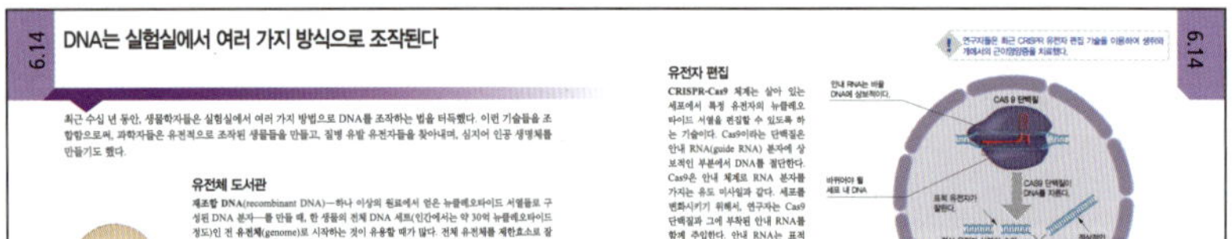

새로운 예시와 교육학적 개선

이외에도 이 책의 여러 변화들은 더욱 정확성을 높이고 최신 내용을 다루기 위해 보완된 것이다. 예를 들어, 모듈 6.14는 CRISPR-Cas9 유전자 편집 체계에 대한 새로운 정보를 포함하고 있다.

비만과 암 사이의 연관성에 대한 새로운 자료나 인구 증가 패턴에서의 변화, 그리고 다양한 피임법들의 신뢰성에 대한 새로운 자료도 이런 내용 개정에 포함된다. 책 전체를 통해 사진과 그림들 역시 개선되어 더 아름답고 학습 요점을 더 잘 전달할 수 있게 되었다. 학생들이 "그것 참 신기하군!"으로 반응할 수 있도록 모든 모듈에 "흥미로운 사실들"을 첨가하였다: 이들 중 많은 부분이 개정되어 더 흥미로워졌다.

핵심 주제 모듈

이번 판에서 새로운 것 하나는 바로 10가지의 핵심 주제 모듈이다. 각각은 최신의 관련 학습 주제를 제시하는 것이다. 영양, 암, 백신, 운동 선수들의 약물 논란, 유전적으로 변형된 생물, 농업, MRSA, 기후 변화, 생물다양성 집중 지역과 당뇨병 등이 포함되었다. 개별 핵심 주제 모듈은 기초 생물학 내용과 제시된 문제들을 연관시킬 수 있도록 도와준다.

이 예의 핵심 주제는 "영양"으로서, 어떻게 소화계(모듈 11.4)가 작은 분자들(모듈 2.9-2.12)을 순환계(모듈 11.9)를 통해 운반함으로써 미토콘드리아(모듈 4.2)에 도달하게 되는지를 보여준다.

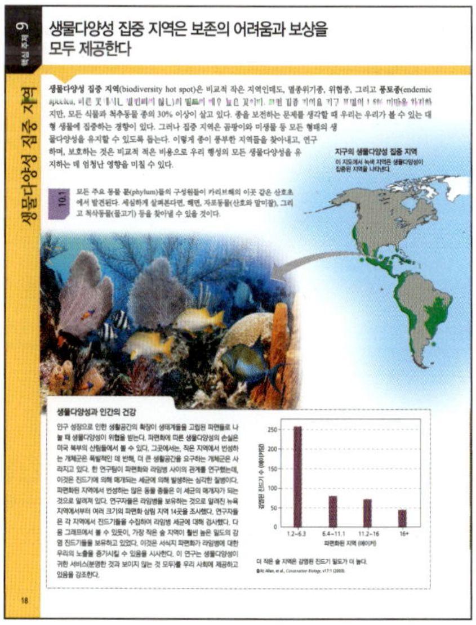

또한 각각의 핵심 주제 모듈에는 하나 이상의 관련 과학 연구들에 대한 설명이 포함되었다. 데이터가 제시되고, 그 연구에서 배울 수 있는 교훈은 1장에 제시된 내용과 관련하여 논의되었다. 예를 들어, '핵심 주제: 생물다양성 집중 지역' 모듈은, 미국 북동부의 삼림 파편화와 라임병을 매개하는 모기 빈도 사이의 연관성을 보여주는 연구가 소개되었다. 각 핵심 주제 모듈에 대해, 선택된 연구는 1장에 제시된 하나 이상의 과학적 기술들을 잘 보여준다. 이런 예를 통해 학생들은 모듈 1.6에서 논의된 종속 변수와 독립 변수들에 대해 이해할 수 있게 될 것이다.

요점

▶ 피드백에 대한 답으로, 3판에서는 모든 자료들을 더 명료하고 비전공 학생들과 더 관련된 것으로 고름으로써 교수-학습이 향상되도록 했다.

? 핵심 주제 모듈들은 이 책의 다른 모듈들과 어떻게 다른가?

답: 핵심 주제 모듈들은 다른 모듈들과 서로 관련된 최근 내용을 포함하고 있다; 다른 모듈들은 독립적이다.

핵심 개념들에 집중하여 생물학의 관련성을 더 잘 파악할 수 있습니다

비주얼 핵심생명과학은 시각적이고 복합적 접근 방식을 통해 핵심적인 생물학 개념들을 제시합니다. 12장으로 구성된 교재는 간결하게 조직화된 역동적인 그림들과, 가장 중요한 것에 학생들의 주의가 집중되도록 한 두 쪽의 펼침면 방식으로 정리된 독립적 모듈을 사용합니다.

여러분의 수업을 위해 준비되었습니다…

펼침면으로 제시된 핵심적 생물학 개념

각각의 독립된 모듈은 어떤 순서로 읽어도 관계가 없습니다. 교재의 각 모듈은 모든 개념에서 가장 핵심적인 것들만 포함하도록 했습니다.

각 모듈의 효율적인 구성은 학생들이 핵심 정보에 집중할 수 있도록 도움을 주며, 분명히 언급된 개념부터 시작하여 마지막에 "핵심 질문"으로 이해한 것을 확인하는 데까지 자연스럽게 이끌어줍니다.

핵심 주제 4

MRSA

항생제 저항성 세균의 진화는 심각한 건강 위협 요인이 되고 있다

페니실린과 기타 **항생제**(antibiotics; 세균을 억제하거나 죽이는 약물들)는 수많은 생명을 살렸다. 1940년대 페니실린의 발견은 흔한 감염으로부터 수백만 명을 죽음에서 구할 수 있었다. 그러나 수십 년 만에 페니실린은 병원에서는 거의 쓸모가 없어졌는데, 페니실린-저항성 세균이 진화했기 때문이다. 따라서 새로운 항생제들이 개발되었다. 1990년대가 되자, 의사들은 알려진 많은 항생제들, 심지어는 모든 항생제에 저항성인 세균들을 발견하기 시작했다. 그런 다약제-내성 균주들의 진화에 대응하는 것은 우리 사회가 당면한 가장 중요한 도전 중의 하나이다.

항생제

8.2 황색 포도상구균(*Staphylococcus aureus*, SA)은 흔히 "스태프(staph)"라고 불리는 세균이다. SA처럼, 모든 세균은 **원핵생물**(prokaryotes)로서 단세포성 생명체이다. 이들은 비교적 단순한 구조를 가지며, 막 경계를 가진 소기관이 없다. 포도상구균(*Staphylo-coccus*) 속은 그 형태로 인해 이름이 붙여졌다: 둥근 것(*-coccus* 혹은 복수로 *-cocci*)의 불규칙한 덩어리(*staph-*)라는 뜻이다.

8.4 황색 포도상구균은 인체의 **정상 균총**(normal flora) 중 하나이다. 정상 균총이란 신체에서 흔히 발견되는 미생물 집단을 말한다. SA는 피부나 호흡 기관 내에서 발견되지만, 병을 일으키지는 않는다. 그러나 SA의 어떤 돌연변이 계통은 **병원균**(pathogen)인데, 심각한 질병을 일으킬 수 있다. 치료하지 않으면 포도상구균 감염으로 생명을 잃을 수도 있다.

3.1 항생제는 미생물을 죽이거나 성장을 저해하는 약물이다. 항생제는 어떻게 인체의 세포에 해를 끼치지 않고 세균을 죽이는가? 항생제 대부분은 인간 세포에서는 발견되지 않는, 세균 세포 필수 성분들을 억제함으로써 효과를 나타낸다.

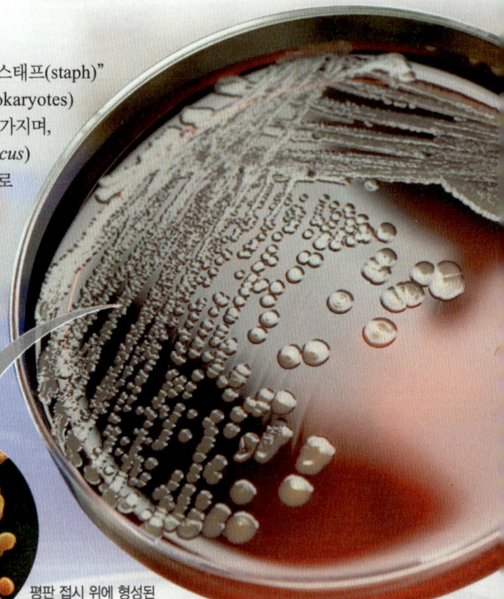

평판 접시 위에 형성된 하나의 콜로니(세균 군락, 집락)는 수십억 개의 세균 세포들을 포함한다.

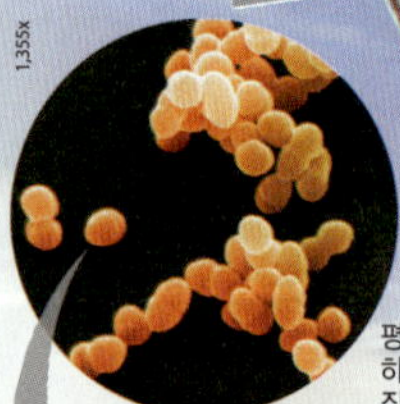

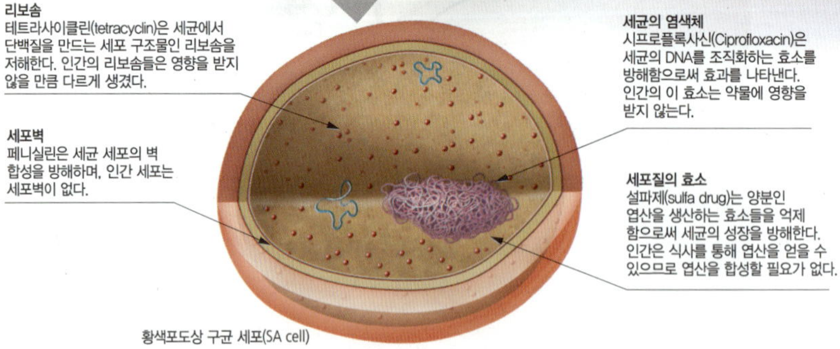

황색포도상 구균 세포(SA cell)

! 항생제 저항성 세균은 해마다 미국에서만 2백만 명 이상을 감염시키며 23,000명을 죽음에 이르게 하고 있다.

관련도 높은 최신의 관심 주제

핵심 주제 4

항생제 저항성의 진화

7.2 항생제가 발견되자 이것들은 곧 모든 감염을 없애는 능력을 갖춘 "기적의 약물"로 보도되었다. 그러나 항생제 저항성의 진화로 인해 기적의 약물은 실현되지 않았다. 2000년대 초가 되자 의사들은 **MRSA**(multidrug-resistant *Staphylococcus aureus*)라고 알려진 무서운 "슈퍼버그(superbug)"를 보고하기 시작했다. 세균은 단계적으로 여러 약물에 저항성을 가지게 될 수 있다.

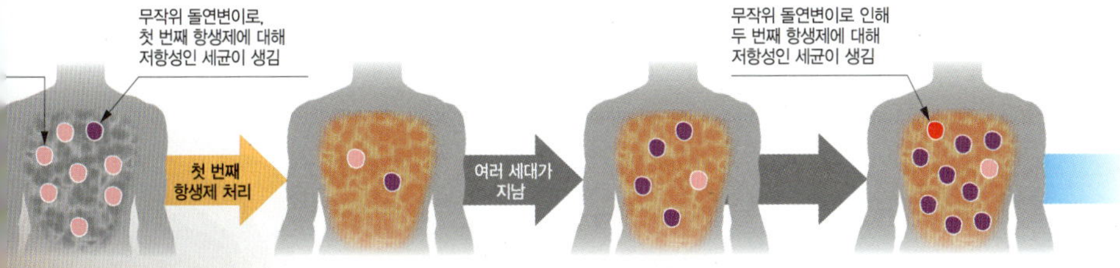

항생제에 대한 노출. 자연선택은 그 약물에 대해 저항적인 무작위 돌연변이를 가진 세균을 선호한다. 이 세균들이 증식하면 결국 집단 전체가 그 항생제에 저항적으로 진화한다.

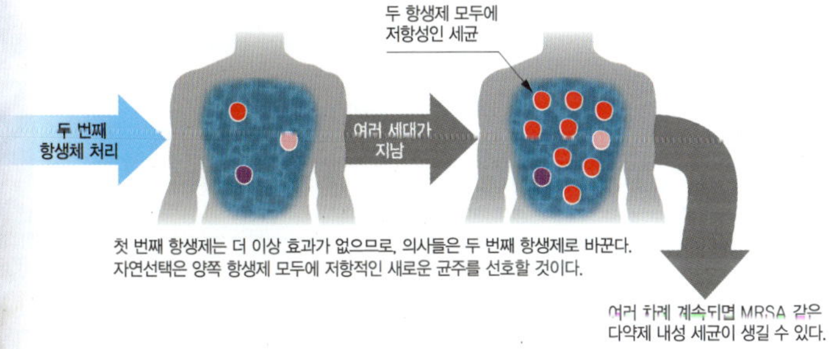

첫 번째 항생제는 더 이상 효과가 없으므로, 의사들은 두 번째 항생제로 바꾼다. 자연선택은 양쪽 항생제 모두에 저항적인 새로운 균주를 선호할 것이다.

여러 차례 계속되면 MRSA 같은 다약제 내성 세균이 생길 수 있다.

MRSA 추적

1.7 **황색 포도상구균**(*Staphylococcus aureus*)은 광범위한 항생제 사용으로 항생제 저항성에 호의적인 선택적 압력을 만드는 장소인 건강 관리 기관(병원 등)에서 흔히 발견된다. 그래서 MRSA가 병원 물품에서 처음 발견되었다는 것은 놀라운 일이 아니다. 미국질병통제예방센터(Centers for Disease Control and Prevention, CDC)는, 10년 동안 MRSA 사례들을 추적해왔다. 막대 그래프에서 볼 수 있듯이, 건강 관리 기구들에서 발생한 사례 수(녹색 막대)는 점차 감소하고 있다. 이것은 더 나은 예방법을 사용할 수 있도록 하는 주의와 교육이 증가했기 때문이다. 그러나 MRSA 발생은 체육 시설이나 학교, 그리고 군대 막사 등의 지역사회 시설에서도 역시 보고된다. CDC 자료는 이런 지역사회 관련 사례의 수(자주색 막대)가 꾸준히 유지되고 있음을 보여준다. 이 자료는 일반 대중들 사이에서의 교육과 주의 및 예방이 더 필요하다는 점을 지적한다.

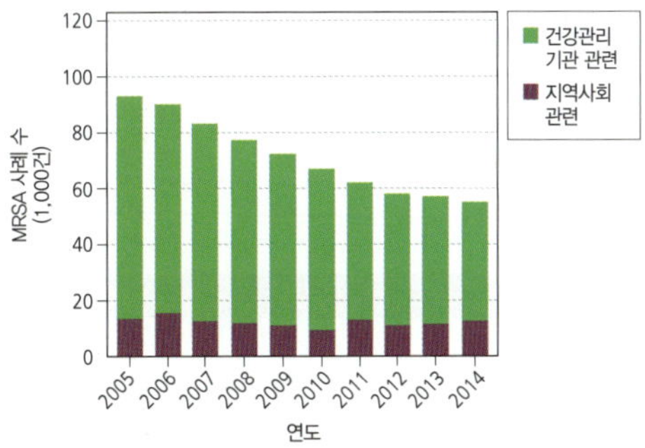

출처: Centers for Disease Control and Prevention Emerging Infections Program Network(2018).

요점

▶ 항생제는 세균을 억제하거나 죽이는 약이다. 대부분은 인간 세포가 아닌 세균 세포 내에서만 발견되는 세포 구조물들을 방해함으로써 작용한다. 항생제 저항성의 진화는 단계적으로 발생하여 다약제-내성 세균을 만든다.

? 막대 그래프를 보면 막대들의 총 크기는 낮아지고 있지만, 자주색 막대들만 상대적으로 유지되고 있다는 것을 알 수 있는데 이것은 무슨 의미인가?

답: 이것은 건강 관리와 관련된 사례 수가 감소함에도 지역사회 기반의 감염 수는 지속되고 있음을 보여준다.

9

새롭게 추가된 핵심 주제 모듈

백신, 항생제 저항성, 암, 등의 관련성 높은 최신의 문제들이 강조되었다. 새로운 각 모듈은 핵심 주제를 생물학적 개념들과 연계시켜, 학생들이 학습 내용 사이의 관계와 장들 사이의 연결을 더 잘 파악할 수 있도록 돕는다.

CI 핵심 주제

1 생명과학에 대한 소개

2 생명의 화학

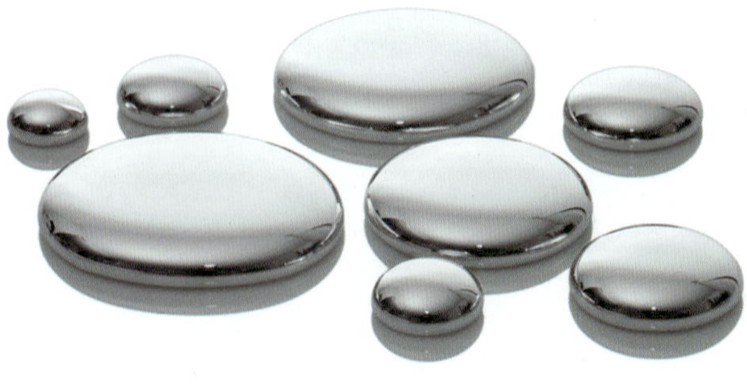

3 세포: 생명의 기본 단위

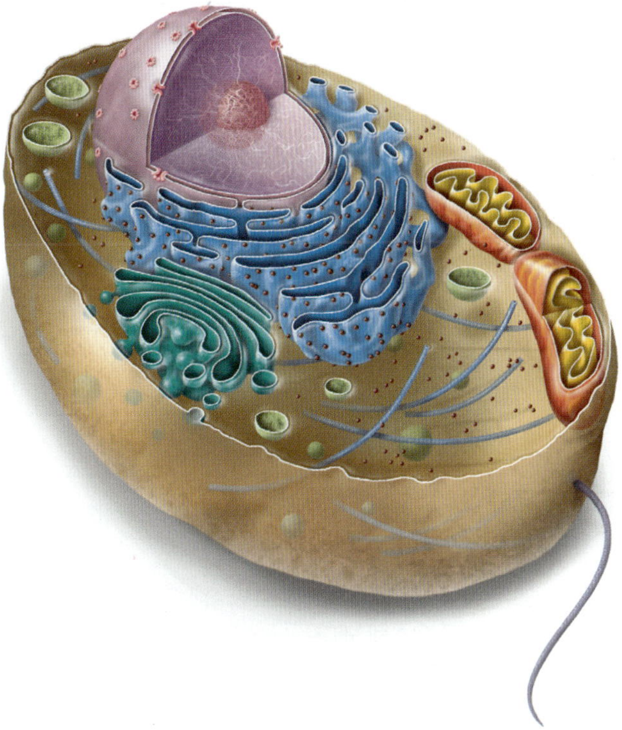

4 에너지와 생명

5 염색체와 유전

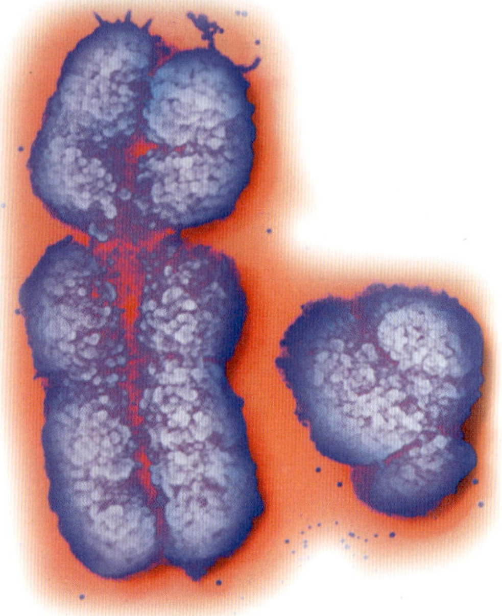

6 DNA: 생명의 분자

7 다윈 진화

8 생명의 다양성 1: 미생물

9 생명의 다양성 2: 곰팡이(진균)와 식물

10 생명의 다양성 3: 동물

11 인간의 몸 체계

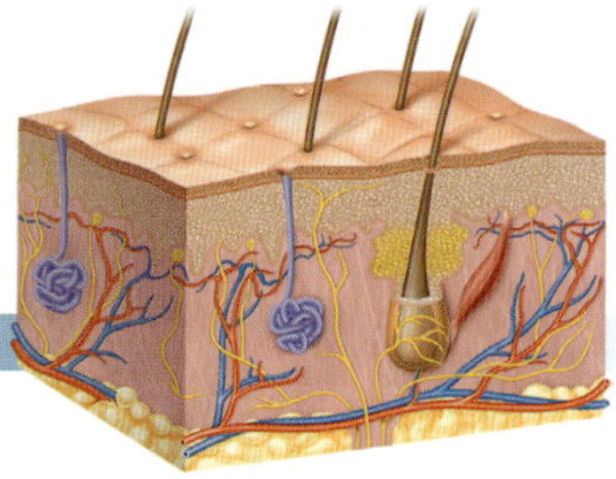

12 생태학

부록

BIOLOGY THE CORE

제3판

비주얼 핵심생명과학

우리는 식사에 대해 정보에 근거한 결정을 내릴 수 있다

생물학적인 의미에서, 여러분은 여러분이 먹은 것이다(you are what you eat): 우리 몸의 거의 모든 분자는 우리 음식물에서 얻은 구성 성분들로 이루어져 있다. 적절한 영양섭취는 세포의 작업에 필요한 연료와 구성 분자를 위한 물질, 그리고 건강을 위한 필수 영양소를 제공한다. 식사를 개선하기 위해서는 여러 가지 생물학적 개념에 대한 기본적 이해가 필요하다.

11.6 미국 식품의약국(Food and Drug Administration)은, 1회분 용량에 들어 있는 각 영양소의 양이, 2,000 kcal 식사를 기준으로 1일 필요량의 몇 % 포함하고 있는지를 식품 표지에 모두 기재하도록 요구한다. 그러므로 이런 숫자들은 "모두를 위한 한 가지 치수" 에 해당되는 숫자로서, 대강의 지침으로 사용되어야 한다. 1회 제공량의 크기에 주목하고 그에 따라 나머지 영양 정보들을 조정하라. 예를 들어, 여기 제시된 버거 2개를 먹었다면, 모든 것은 2배가 될 것이다.

Nutrition Facts

Serving size	1 Double Cheeseburger Sandwich (155g)
Amount per serving **Calories**	**440**
	% Daily Value*
▶ **Total Fat** 19g	**24%**
Saturated Fat 11g	**55%**
Trans Fat 1g	
Cholesterol 85mg	**28%**
Sodium 950mg	**41%**
▶ **Total Cardohydrate** 35g	**13%**
Dietary Fiber 2g	**7%**
Total Sugars 6g	
Includes 0g Added Sugars	**0%**
▶ **Protein** 25g	
Vitamin C 1mg	2%
Vitamin A 1020IU	20%
Iron 3.5mg	20%
Calcium 180mg	20%

*The % Daily Value (DV) tells you how much a nutrient in a serving of food contributes to a daily diet. 2,000 calories a day is used for general nutrition advice.

2.10 식이 **지방**(햄버거에 들어 있는)은 **트리글리세리드**(triglyceride) 분자의 형태로 들어오며 신체가 에너지를 저장하기 위해 사용한다.

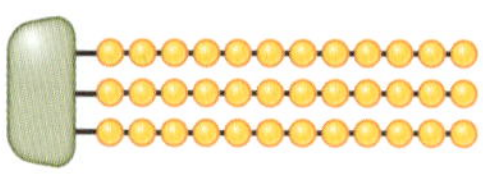

2.9 당이나 전분 같은 **탄수화물**(햄버거빵에 들어 있는)은 포도당 분자의 형태로 에너지를 제공한다.

2.12 **단백질**(햄버거와 치즈에 들어 있는)은 신체가 다양한 분자들을 새로 만드는 데 필요한 아미노산들을 제공한다.

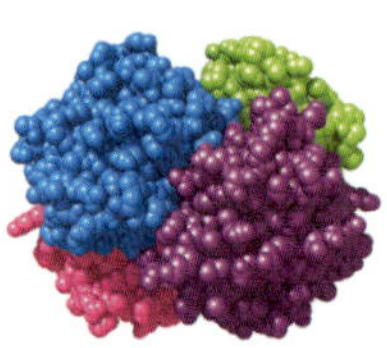

11.4 특수화된 소화 기관들(입, 식도, 위 등)이 배열된 긴 도관 구조인 **소화관**(alimentary canal)에서는, 네 단계의 식품 공정(섭취, 소화, 흡수, 그리고 제거)이 발생한다. 다양한 **부속 기관**(간이나 이자 등)이 소화관 안으로 소화 효소들을 분비한다.

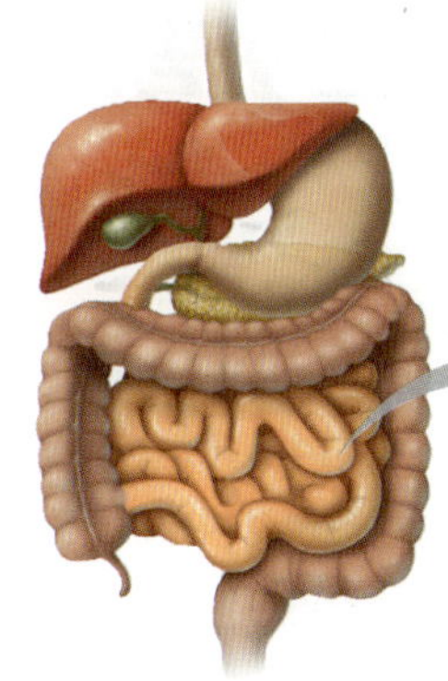

2.8 효소는 소화계 내에서 음식물 내의 더 큰 중합체들(탄수화물 같은)을 더 작은 단위체들(포도당 같은)로 분해하는 **가수분해 반응**을 촉진한다.

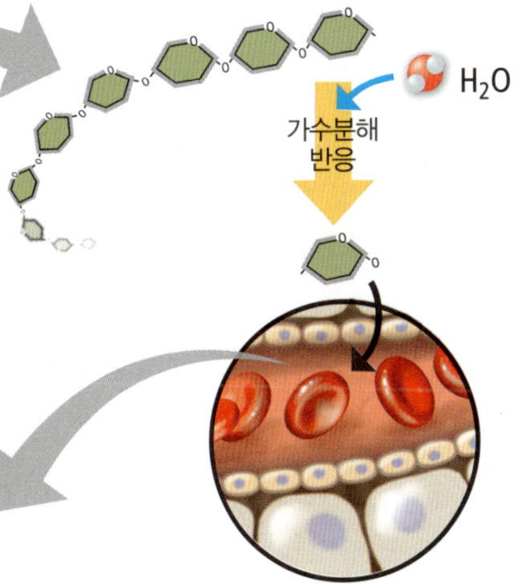

11.9 **순환계**를 통해, 혈액은 작은 영양분 분자들(포도당 등)을 소장에서 신체의 나머지 부분으로 운반한다. 신체 전반의 세포에 뻗어 있는 모세혈관은 양분 분자들이 혈액에서 세포로 흐르도록 해준다.

4.2 신체 세포의 미토콘드리아 내에서는 **세포 호흡**(cellular respiration) 과정이 세포에 에너지를 제공한다. 소화된 음식물에서 나온 포도당 분자와, 호흡계에서 온 산소가 ATP 분자를 생산하는 데 사용되면서, 노폐물로 CO_2와 물을 방출한다. 이 과정에서 생산된 ATP 분자들은 신체의 모든 활동에 사용된다.

! 더블 치즈버거의 열량을 다 소비하기 위해서는 약 14.5 km를 걸어야 한다.

음료의 효과에 대한 검사

1.8 영양에 관한 연구들은 종종 식사와 특정 건강 문제 사이에 대한 연관을 찾으려고 한다. 예를 들어, 2012년의 한 연구는, 당으로 달게 만든 음료 소비 횟수와 인공감미료로 맛을 낸 음료 소비 횟수가 고혈압 발생과 어떤 관계가 있는지를 조사했다. 자료들은 하루에 적어도 한 번은 당 음료를 소비한 참가자들이 그렇지 않은 사람들보다 고혈압에 걸릴 확률이 13% 더 높음을 보여준다. 놀랍게도, 비슷한 횟수로 인공감미료로 맛을 낸 음료를 소비한 참가자들 역시 거의 같은 위험률 증가(14%)를 보였다는 점이다. 이 실험은 관찰 연구로서, 답을 찾는 연구자는 피검자들을 조작하지 않는다(사람들이 먹는 것을 통제한다는 것은 매우 어려운 일이기 때문). 이런 경우 원인에 대해서는 어떤 결론도 도출할 수가 없는데, 예를 들어 증가한 고혈압 위험성을 설명하는 것은 감미료라기보다는 탄산일 수도 있다. 바꿔 말하자면, 연관성이 원인을 의미하는 것은 아니다.

단 음료의 섭취와 고혈압 발병 위험

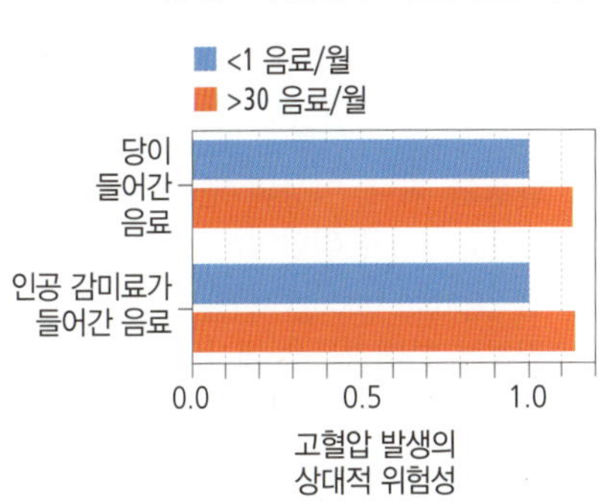

출처: L. Cohen et al., *J Gen Intern Med*, v27(9):1127–34 (2012).

요점

▶ 식품 첨가물 표를 보면 식품 내의 영양분에 대한 정보를 얻을 수 있다. 이 영양분은 소화계, 순환계, 그리고 세포 호흡을 통해 신체에 에너지와 물질을 제공한다.

? 이 그래프에 제시된 자료는 단 음료가 고혈압의 원인임을 증명하는 것인가?

답: 아니오. 단지 두 효과가 서로 연관되었다는 것 때문에 하나가 다른 하나의 원인이라고 할 수는 없다.

암의 생물학적 기초에 대한 이해는 예방, 치료, 그리고 생존에 도움을 줄 수 있다

미국인들 중 거의 절반은 암을 진단받게 될 것이므로, 우리 자신, 혹은 사랑하는 사람이 영향을 받을 가능성이 매우 농후하다. 암은 자신의 세포가 잘못되어 발생하는 것이다. 세포 성장을 조절하는 정상적인 기구들이 망가지면 종양이라고 불리는 체조직 덩어리가 생기게 된다. 암의 생물학적 기초를 이해하면, 암에 걸리지 않는 생활을 할 가능성이 높아진다.

5.3 모든 세포는 **세포 주기**(cell cycle)라고 불리는 일련의 정렬된 단계를 거쳐 기존의 세포들로부터 생겨난다. 세포 주기를 조절하는 단백질은 언제 세포가 증식할지, 그리고 언제 휴지기로 남아 있어야 할지를 조절한다.

6.11 단백질은 세포 주기를 빠르게 할 수도 있고, 느리게 할 수도 있으며, 모조리 꺼버릴 수도 있다. 만약 이런 단백질이 잘못 기능하게 된다면, 세포 주기에 대한 통제가 사라질 것이다. 신체의 세포들이 계속 자라게 되면 **종양**(tumor)이라고 불리는 세포 덩어리가 형성된다.

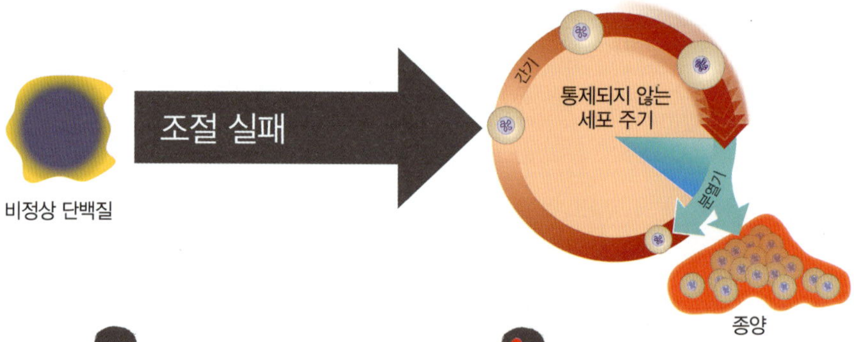

6.12 만약 종양이 원 발생 지점에서 이동하지 않는다면, 그것은 **양성 종양**(benign tumor)이라고 불린다. 반대로, **악성 종양**(malignant tumor)은 퍼질 수 있다. **전이**(metastasis)가 발생하면, 초기 종양의 세포들이 신체를 순환하다가 멀리 떨어진 자리에 새로운 종양을 형성한다. 악성 종양이 있는 사람은 **암**(cancer)에 걸린 것으로 언급된다.

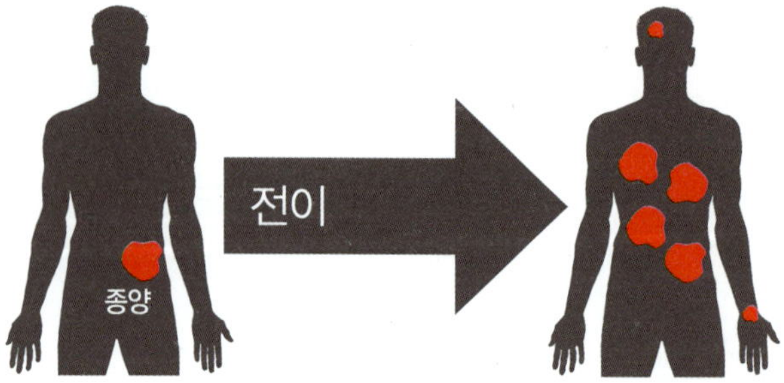

6.10 모든 암은 그 사람의 DNA에서 발생한 하나 이상의 **돌연변이**(mutation)가 원인이다. **원암유전자**(proto-oncogene)들은 세포 주기를 조절하는 단백질들을 생산하는 유전자들이다. 돌연변이는 원암유전자를 **암유전자**(oncogene)로 변화시킬 수 있다. 암유전자들은 세포 주기를 적절하게 조절하지 못하는 잘못된 단백질을 생산함으로써 암을 촉진하는 유전자들을 말한다.

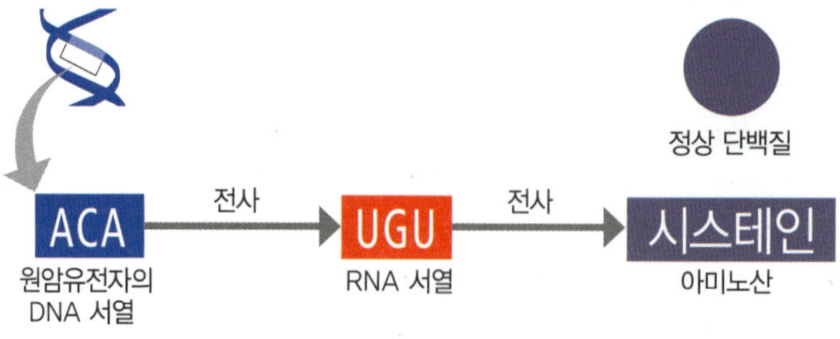

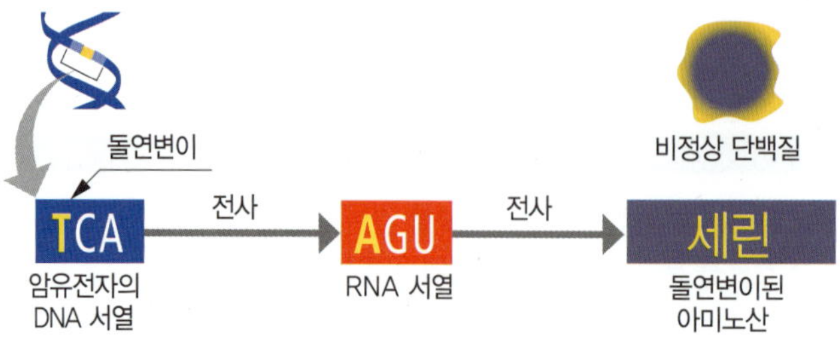

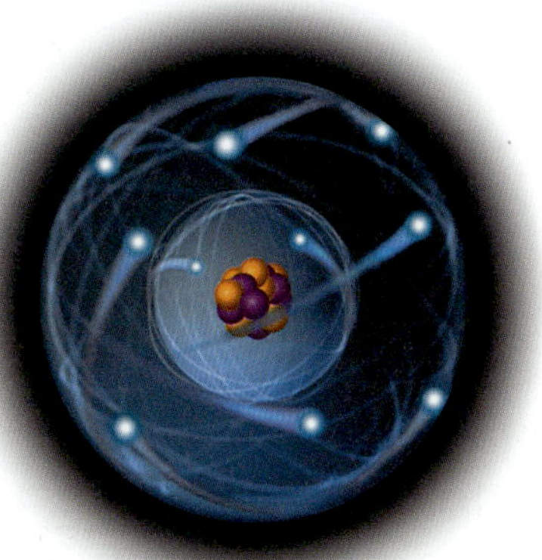

2.3 방사성 **동위원소**(isotope)는 핵이 스스로 붕괴하면서 입자와 방사능을 방출하는 원자 형태이다. 일부 종양들은 방사성 동위원소로 치료될 수 있다. 예를 들어, 갑상선 종양이 있는 환자들은 방사성 요오드액을 마시는데, 그것은 갑상선(샘)에 축적되어 방사능을 방출하므로 종양을 파괴하는 데 도움을 줄 수 있다.

새로운 항암제 검사

1.6 이상적이라면, 의학 연구는 **플라세보**(placebo; **위약**) 조절을 이용한 **이중 맹검 실험**(double-blind experiment)으로 수행된다. 2011년의 한 연구는 난소암이 진행된 1,873명의 여성들에 관한 것이었다. 이 연구는 새로운 화학치료 약을 표준 치료 과정에 추가하는 것이 더 좋은지를 결정하고자 하는 것이었다. 여성들은 무작위로 3 집단으로 나뉘었다. (1) 표준 치료 + 위약; (2) 표준치료 + 새로운 약 조합으로 3번 치료 후 위약 처리; (3) 표준 치료 + 새로운 약 조합으로 모든 치료 회차를 진행. 이 연구는 이중 맹검 실험이었다. 환자나 의료진 모두 어떤 환자가 신약을 투여받는지 위약을 받는지 알 수 없었다. 그래프가 보여주는 바와 같이, 종양 완화 기간(암이 더 진행되기까지 걸린 평균 개월 수)은 약을 투여받은 환자에서 더 길었다. 이것은 새로운 약을 추가하는 것이 더 이로운 것임을 제시한다. 연구자들은 세심한 연구 설계 덕분에 그들의 결론에 확신을 가질 수 있었다.

종양 발달에 미치는 약물치료의 효과

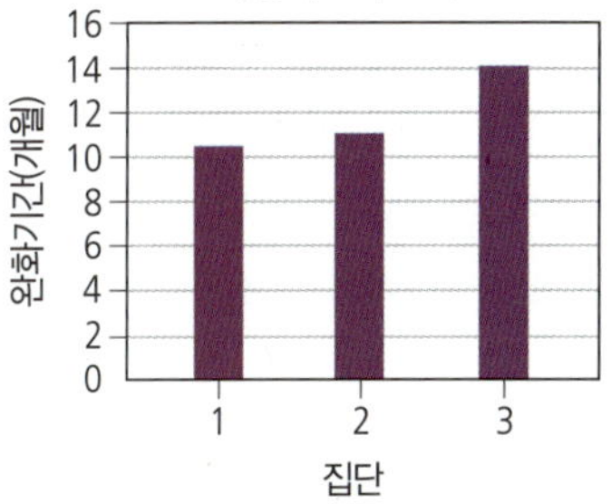

출처: Burger et al., *The New England Journal of Medicine*, v365:26 (2011).

5.4 파크리탁셀(Paclitaxel, Taxol이라는 상품명으로 판매)은 유방암, 난소암, 그리고 여러 형태의 암 치료에 사용된다. 이 약은 세포분열 중에 염색체들을 조립하는 단백질 트랙 세트인 **분열 방추**(mitotic spindle)에 작용하여 효과를 나타낸다. 약물이 세포분열을 방해하므로 암세포들이 자라고 퍼지는 것을 막을 수 있다.

! 폐암으로 인한 사망은 모든 암 사망의 25%를 차지한다.

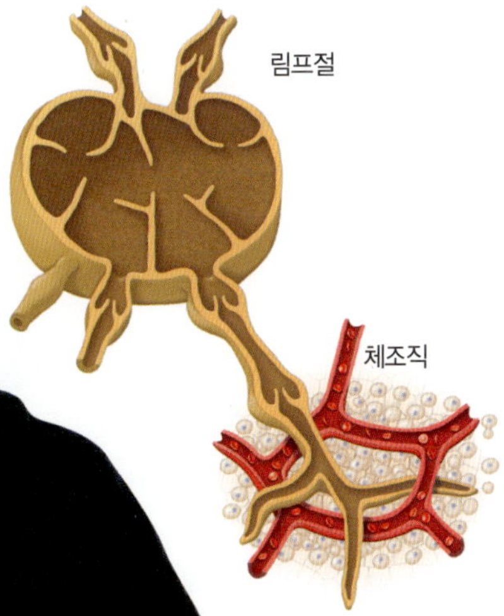

11.12 **림프계**(lymphatic system)는 우리 신체의 질병 방어 체계에서 중요한 요소이다. 그러나 만약 종양 세포들이 림프절로 들어오면 그들은 전신으로 빠르게 확산될 수 있다. 따라서 림프절이 개입했느냐 하는 것은 환자의 암이 어떤 단계에 있는지를 규명하는 데 사용된다.

요점

▶ 암은 정상 체세포들이 자신의 성장을 조절할 수 있는 능력을 잃어버림으로써 생긴다. 이것은 세포 주기 조절 단백질을 생산하는 유전자들의 돌연변이 때문에 발생한다.

? 위에 언급된 난소암 연구에서 좋은 설계라고 할 수 있는 특징 3가지는 무엇인가?

답: 많은 수의 환자, 대조군의 설정, 이중 맹검 실시.

여러 가지 목적으로 유전적 변형 생물이 만들어진다

유전적으로 변형된 생물(genetically modified organisms, GMOs)은 유전공학에 의해 하나 이상의 유전자들을 획득하게 된 생물들을 말한다. 만약 전달된 유전자가 다른 생물 종으로부터 기인한 것이라면(예를 들어 인간 유전자를 가진 염소), 그 생물은 **유전자 이식 생물**(transgenic organism)이라고 불린다. 이제 GMO들에 대한 유전공학은, 전통적인 동물이나 식물 교배 프로그램 처럼 식량 생산성을 향상시키기 위한 목적의 방법을 대체하는 일반적인 과정이 되었다.

GMO 만들기

6.13 모든 생물의 유전정보가 DNA라는 동일한 화학적 언어로 쓰이기 때문에, 한 생물의 유전자를 잘라내 다른 생물의 DNA에 결합시킬 수 있다. 여기서는 어떻게 **유전자 클로닝**(gene cloning)을 통해 유용한 유전자를 분리하여 세균 플라스미드에 삽입시킬 수 있는지, 그리고 그 플라스미드가 어떻게 다른 종으로 전달되는지를 살펴보도록 하자.

3.5 모든 식물과 동물 세포는 그 세포의 DNA 대부분을 포함하는 핵을 가진다.

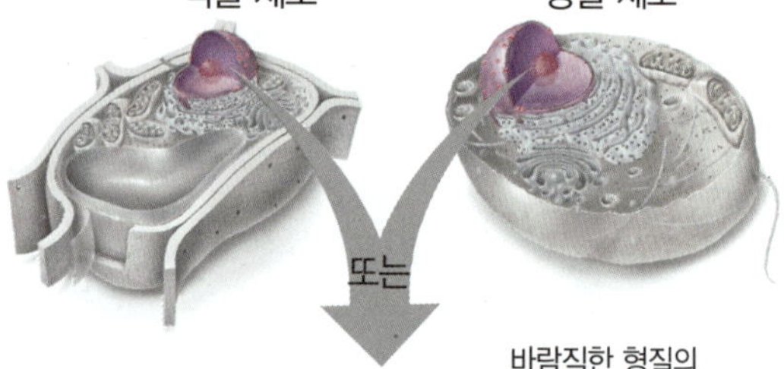

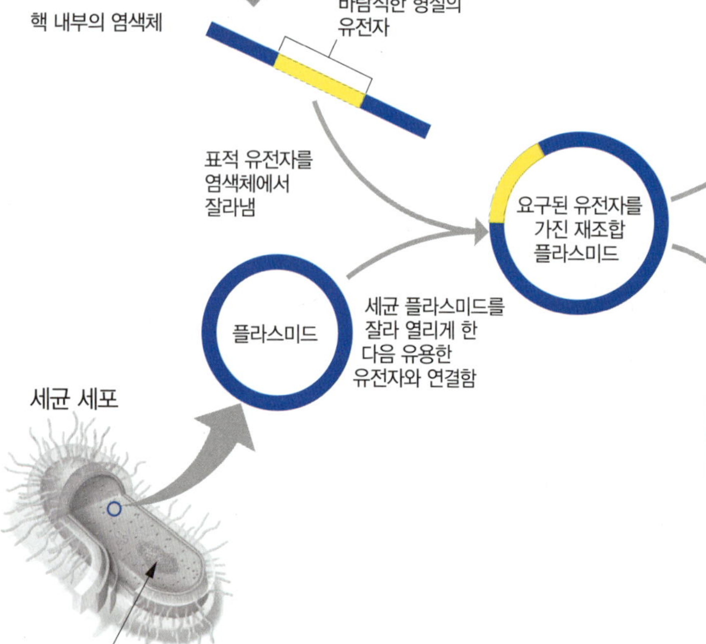

식물 세포

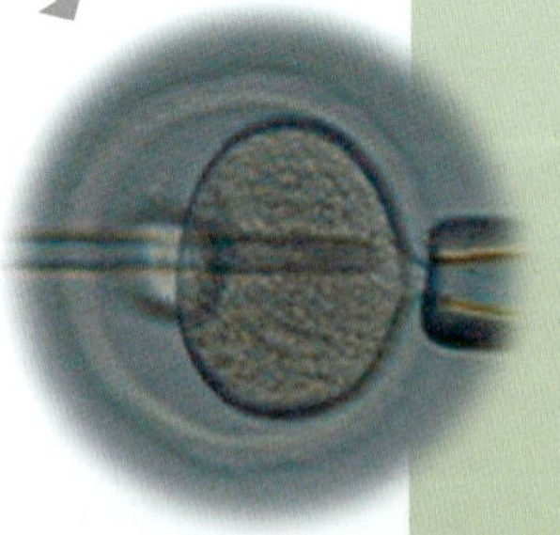

포유동물의 배아

세균 염색체

8.5 많은 세균 세포들은 자연적으로 한 가지 이상의 **플라스미드**(plasmid)를 포함한다. 플라스미드는 작고 원형인 DNA 분자이다. 단 몇 개의 유전자만 포함하는 미니 염색체처럼, 플라스미드는 세균의 세포질에 존재하면서 그 세포에 의해 복제될 수 있다.

GM 작물

고대로부터 인간들은 더욱 유용한 작물을 만들기 위해 선택적 교배를 시행해왔다. 현대에는 DNA 기술이 전통적인 교배 프로그램을 대신하고 있다. 오늘날 미국에서의 전형적인 식사 한 끼는 한 가지 이상의 유전자 변형 작물들을 포함할 가능성이 큰데, 식품 표지를 읽어도 현재로서는 구분할 방법이 없다.

GM 동물

유전자 이식 동물들은 유용한 인간 단백질을 생산하거나 생산성을 높이기 위해 만들어진다. 식품으로서의 GM 동물들을 곧 슈퍼마켓에서 만나게 될 수 있을 것이다.

! 1980년, 미국 대법원은 GMO들을 다른 생물 형태와는 달리 특허를 받을 수 있는 것으로 규정했다.

GM 식품은 안전한가?

1.9 어떤 사람들은 GM 식품의 안전성에 의문을 제기한다. 어떻게 이런 문제들이 검사될 수 있을까? 인간의 건강을 가지고 실험을 하는 것은 인간이 소비하는 것을 정확히 측정하는 것이 매우 어려우므로 비현실적이다. 따라서 연구자들은 종종 인간을 대신하는 동물 연구를 사용한다. 예를 들어, 2018년의 한 연구는 몇 가지 제초제(더 경제적인 잡초 제거를 위한 것)에 저항성이 되도록 하는 세균 유전자를 이식한 GM 옥수수 계통에 대한 것이었다. 총 140마리의 쥐를 몇 그룹으로 나누어 GM 옥수수를 0%, 12.5%, 25%, 혹은 50%까지 포함하도록 한 먹이를 90일 동안 제공했다. 그 후 쥐 집단들 사이에서 특별한 건강 차이는 측정되지 않았다. GMO를 지지하는 사람들은 그런 연구를 안전의 증거로 삼는다. 비판론자들은 그 연구가 사람(GMO에 대한 반응이 다를 수 있다)에 대한 것이 아님을 지적한다. 그리고 장기간의 효과를 검사한 것도 아니라고 주장한다. 모든 과학 연구와 마찬가지로, 결론을 도출할 때는 비판적 사고 기법을 적용해야 한다.

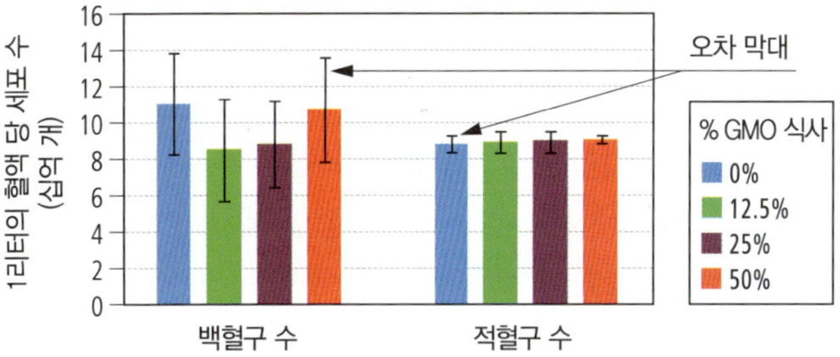

이 그래프들은 두 가지 건강 지표를 보여준다: 리터당 백혈구 세포의 수(왼쪽)와 적혈구 세포의 수(오른쪽)이다. 비록 막대의 높이가 네 집단(서로 다른 네 가지 색으로 표시)에서 다르지만, 오차 막대는 집단 간 차이가 유의한 것이라 확신할 수 없음을 보여준다.

출처: Zou et al., *Regulatory Toxicology and Pharmacology*, v96(2018).

Bt 옥수수가 세균인 **바실러스 튜린지엔시스**(*Bacillus thuringiensis*)의 단백질을 발현한다. 이 단백질은 살충제로 작용함으로써 옥수수 식물을 공격하는 애벌레만 선택적으로 죽인다.

황금쌀은 우리 몸에서 비타민 A 합성의 재료인 베타-카로틴을 만드는 수선화 유전자를 가진다 이것은 주식으로 쌀을 먹는 사람들 사이에서 발생하는 심각한 비타민 A 결핍을 예방할 수 있다.

하와이에서는 1992년 바이러스에 저항성인 GM 파파야 변종이 도입될 때까지 윤문병 바이러스(ring spot virus)가 파파야 산업을 거의 초토화시켰다.

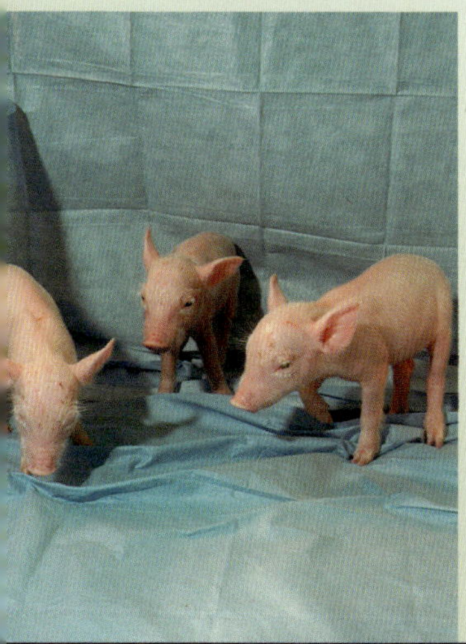

이 돼지들은 유전적으로 변형되어 특정 유전자 사본이 하나 없다. 이 유전자는 인간에서 면역 거부를 촉발할 수 있으므로, 이 돼지들은 기관 이식에 더 적합하다.

이 염소는 인간의 혈액 단백질에 대한 유전자를 가진다. 이 단백질은 염소의 젖에서 회수되고 정제되어 의학적 치료에 사용된다.

뒤쪽에 보이는 대서양 연어는 유전적으로 변형되어 3년이 아니라 18개월 만에 출하 크기에 도달하며, 2배 크기까지 자란다. FDA는 이것이 전통적인 연어만큼 안전하고 영양가 있는 것임을 발표함으로써 GM 연어를 미국 소비자들에게 팔 수 있도록 승인했다. 이것은 소비가 승인된 최초의 GM 동물이다.

요점

유전공학자들은 플라스미드를 이용하여 유전자 이식 식물과 동물을 만든다. GM 식물은 현재 인간의 식량 공급에서 중요한 부분을 차지하고 있지만, GM 동물은 그렇지 않다. 연구가 계속되고 있지만 GM 식품들은 소비하기에 안전한 것으로 생각된다.

? 쥐의 GMO 연구에서, 대조군은 12.5% GMO 집단보다 리터당 더 많은 백혈구를 가지는가?

답: 아니오. 비록 푸른 막대가 녹색 막대보다 더 크지만, 오차 막대는 가능한 수치 범위가 겹치는 것을 보여준다.

항생제 저항성 세균의 진화는 심각한 건강 위협 요인이 되고 있다

페니실린과 기타 **항생제**(antibiotics; 세균을 억제하거나 죽이는 약물들)는 수많은 생명을 살렸다. 1940년대 페니실린의 발견은 흔한 감염으로부터 수백만 명을 죽음에서 구할 수 있었다. 그러나 수십 년 만에 페니실린은 병원에서는 거의 쓸모가 없어졌는데, 페니실린-저항성 세균이 진화했기 때문이다. 따라서 새로운 항생제들이 개발되었다. 1990년대가 되자, 의사들은 알려진 많은 항생제들, 심지어는 모든 항생제에 저항성인 세균들을 발견하기 시작했다. 그런 다약제-내성 균주들의 진화에 대응하는 것은 우리 사회가 당면한 가장 중요한 도전 중의 하나이다.

항생제

8.2 황색 포도상구균(*Staphylococcus aureus*, SA)은 흔히 "스태프(staph)"라고 불리는 세균이다. SA처럼, 모든 세균은 **원핵생물**(prokaryotes)로서 단세포성 생명체이다. 이들은 비교적 단순한 구조를 가지며, 막 경계를 가진 소기관이 없다. 포도상구균(*Staphylo-coccus*) 속은 그 형태로 인해 이름이 붙여졌다: 둥근 것(*-coccus* 혹은 복수로 *-cocci*)의 불규칙한 덩어리(*staph-*)라는 뜻이다.

8.4 황색 포도상구균은 인체의 **정상 균총**(normal flora) 중 하나이다. 정상 균총이란 신체에서 흔히 발견되는 미생물 집단을 말한다. SA는 피부나 호흡 기관 내에서 발견되지만, 병을 일으키지는 않는다. 그러나 SA의 어떤 돌연변이 계통은 **병원균**(pathogen)인데, 심각한 질병을 일으킬 수 있다. 치료하지 않으면 포도상구균 감염으로 생명을 잃을 수도 있다.

3.1 항생제는 미생물을 죽이거나 성장을 저해하는 약물이다. 항생제는 어떻게 인체의 세포에 해를 끼치지 않고 세균을 죽이는가? 항생제 대부분은 인간 세포에서는 발견되지 않는, 세균 세포 필수 성분들을 억제함으로써 효과를 나타낸다.

평판 접시 위에 형성된 하나의 콜로니(세균 군락, 집락)는 수십억 개의 세균 세포들을 포함한다.

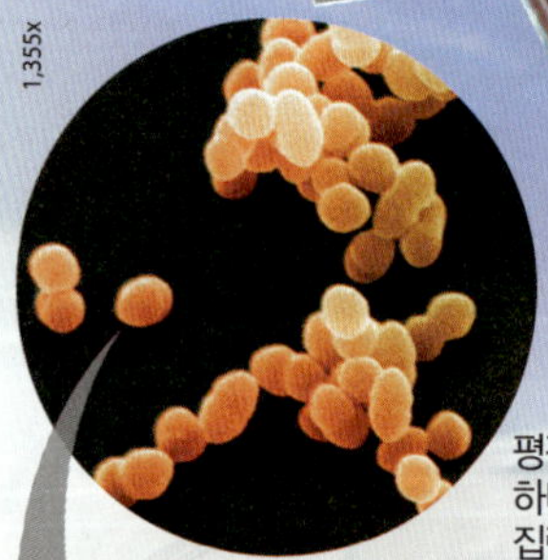

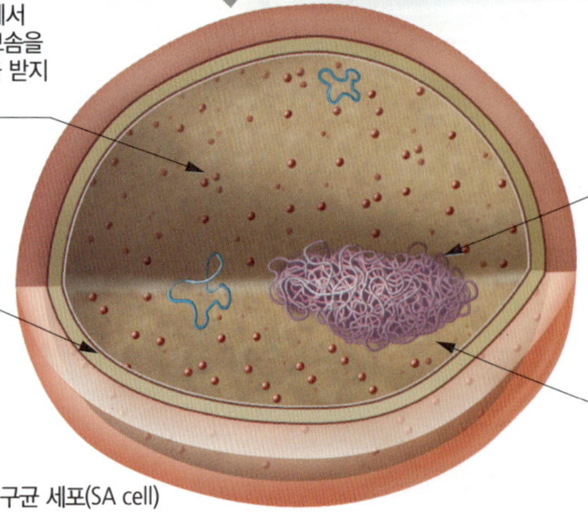

리보솜
테트라사이클린(tetracyclin)은 세균에서 단백질을 만드는 세포 구조물인 리보솜을 저해한다. 인간의 리보솜들은 영향을 받지 않을 만큼 다르게 생겼다.

세포벽
페니실린은 세균 세포의 벽 합성을 방해하며, 인간 세포는 세포벽이 없다.

세균의 염색체
시프로플록사신(Ciprofloxacin)은 세균의 DNA를 조직화하는 효소를 방해함으로써 효과를 나타낸다. 인간의 이 효소는 약물에 영향을 받지 않는다.

세포질의 효소
설파제(sulfa drug)는 양분인 엽산을 생산하는 효소들을 억제함으로써 세균의 성장을 방해한다. 인간은 식사를 통해 엽산을 얻을 수 있으므로 엽산을 합성할 필요가 없다.

황색포도상 구균 세포(SA cell)

! 항생제 저항성 세균은 해마다 미국에서만 2백만 명 이상을 감염시키며 23,000명을 죽음에 이르게 하고 있다.

항생제 저항성의 진화

7.2 항생제가 발견되자 이것들은 곧 모든 감염을 없애는 능력을 갖춘 "기적의 약물"로 보도되었다. 그러나 항생제 저항성의 진화로 인해 기적의 약물은 실현되지 않았다. 2000년대 초가 되자 의사들은 **MRSA**(multidrug-resistant *Staphylococcus aureus*)라고 알려진 무서운 "슈퍼버그(superbug)"를 보고하기 시작했다. 세균은 단계적으로 여러 약물에 저항성을 가지게 될 수 있다.

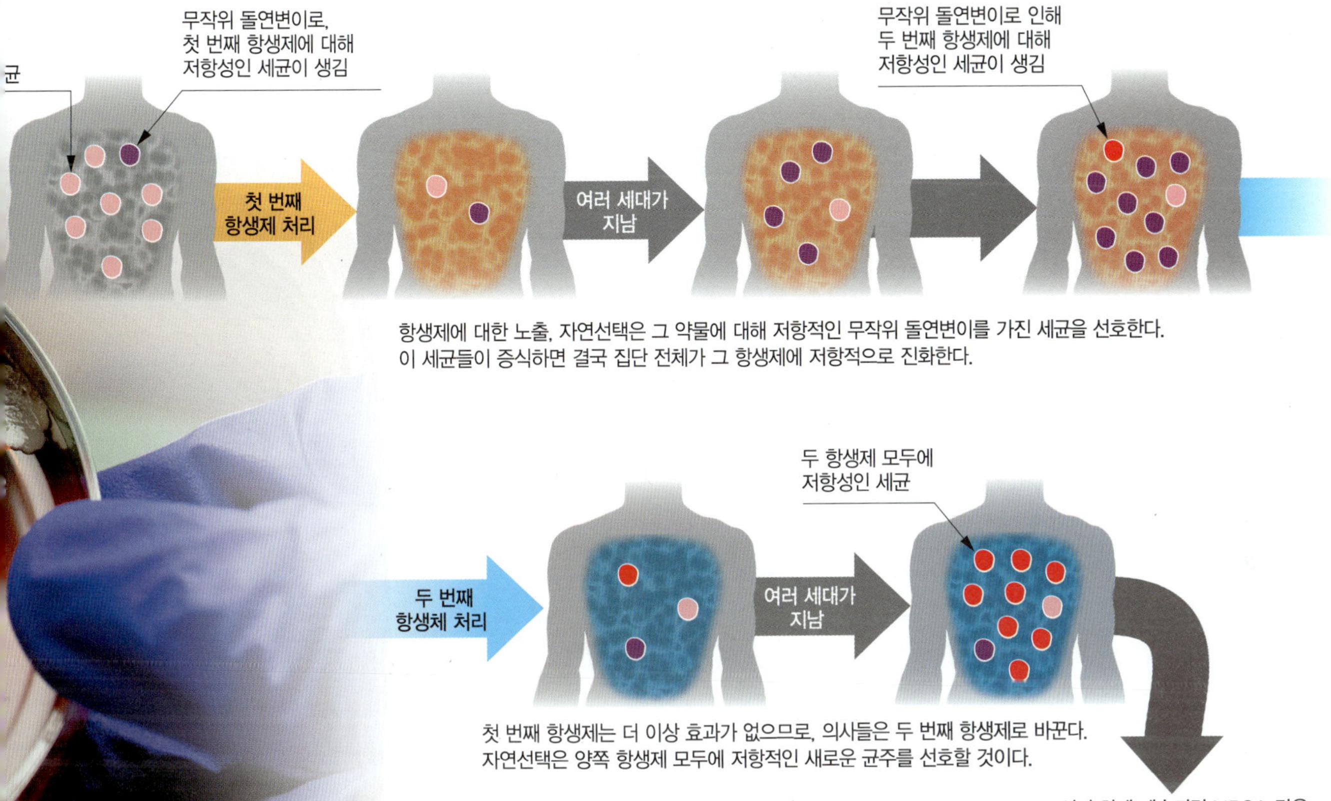

항생제에 대한 노출, 자연선택은 그 약물에 대해 저항적인 무작위 돌연변이를 가진 세균을 선호한다. 이 세균들이 증식하면 결국 집단 전체가 그 항생제에 저항적으로 진화한다.

첫 번째 항생제는 더 이상 효과가 없으므로, 의사들은 두 번째 항생제로 바꾼다. 자연선택은 양쪽 항생제 모두에 저항적인 새로운 균주를 선호할 것이다.

여러 차례 계속되면 MRSA 같은 나약세 내싱 세균이 생길 수 있다.

MRSA 추적

1.7 **황색 포도상구균**(*Staphylococcus aureus*)은 광범위한 항생제 사용으로 항생제 저항성에 호의적인 선택적 압력을 만드는 장소인 건강 관리 기관(병원 등)에서 흔히 발견된다. 그래서 MRSA가 병원 물품에서 처음 발견되었다는 것은 놀라운 일이 아니다. 미국질병통제예방센터(Centers for Disease Control and Prevention, CDC)는, 10년 동안 MRSA 사례들을 추적해왔다. 막대 그래프에서 볼 수 있듯이, 건강 관리 기구들에서 발생한 사례 수(녹색 막대)는 점차 감소하고 있다. 이것은 더 나은 예방법을 사용할 수 있도록 하는 주의와 교육이 증가했기 때문이다. 그러나 MRSA 발생은 체육 시설이나 학교, 그리고 군대 막사 등의 지역사회 시설에서도 역시 보고된다. CDC 자료는 이런 지역사회 관련 사례의 수(자주색 막대)가 꾸준히 유지되고 있음을 보여준다. 이 자료는 일반 대중들 사이에서의 교육과 주의 및 예방이 더 필요하다는 점을 지적한다.

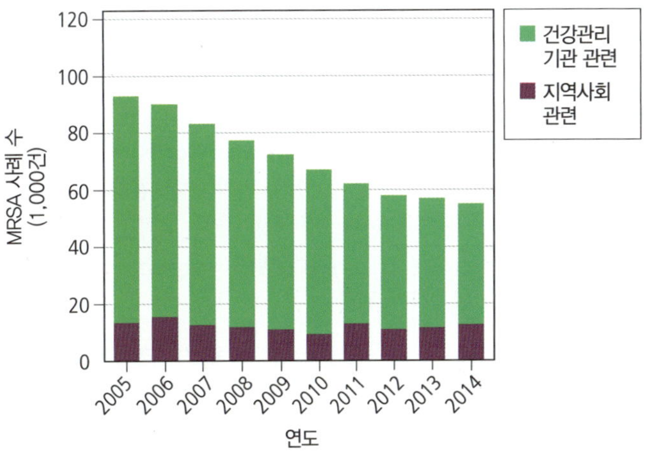

출처: Centers for Disease Control and Prevention Emerging Infections Program Network(2018).

요점

항생제는 세균을 억제하거나 죽이는 약이다. 대부분은 인간 세포가 아닌 세균 세포 내에서만 발견되는 세포 구조물들을 방해함으로써 작용한다. 항생제 저항성의 진화는 단계적으로 발생하여 다약제-내성 세균을 만든다.

? 막대 그래프를 보면 막대들의 총 크기는 낮아지고 있지만, 자주색 막대들만 상대적으로 유지되고 있다는 것을 알 수 있는데 이것은 무슨 의미인가?

답: 이것은 건강 관리와 관련된 사례 수가 감소함에도 지역사회 기반의 감염 수는 지속되고 있음을 보여준다.

백신은 신체의 자연적 방어력을 향상시킨다

백신은 현대 의학의 위대한 발전 중 하나이다. 백신 접종 덕분에, 한때는 수백만 명을 사망케 했던 질병들이 이제는 대부분 혹은 완전히 사라졌다. 예를 들어, 소아마비와 홍역은 전 세계적으로 청소되었으며, 천연두(1967년에는 1,500만 명이 감염되었다)는 완전히 사라졌다. **백신**(vaccine)은 질병을 유발하는 미생물(주로 바이러스)과 닮은 물질이다. 백신을 주사하면 면역계가 자극되어 그것을 인식함으로써 파괴되지만 가장 중요한 것은 면역계가 그것을 기억한다는 점이다. 나중에 또 그런 물질에 노출되면, 침입자를 빠르게 인식하여 파괴하게 될 것이다.

8.9 예방접종(vaccination)은 홍역이나 볼거리, 수두 등을 일으키는 비세포성 감염체인 **바이러스**(virus)에 효과적으로 대항할 수 있도록 하는 유일한 의료방법이다. 일부 백신들은 사멸되었거나 약화된 바이러스들을 포함한다. 다른 백신은 바이러스의 일부 조각만 함유할 수도 있는데, 바이러스 표면에 돌출된 단백질 같은 것들이다.

11.12 백신을 주사하면 신체의 자연 방어 기작인 **면역계**(immune system)가 자극을 받아 백신이 유래한 바이러스에 대해 보호를 받을 수 있게 된다. **항원**(antigen)은 면역 반응을 유발하는 분자로서, 천연의 바이러스나 인위적 백신 같은 것들이다. 특정 항원은 일부 백혈구 세포들을 활성화시킬 것이다. 일단 활성화되면, 그 세포들은 증식하여 모두 다 같은 침입 항원에 대해 특이적인 거대 집단을 형성한다. 이런 세포 중 일부는 **기억 세포**(memory cells)라고 불리며 수십 년 동안 활성화된 상태로 존재할 수 있다. 만약 같은 침입자를 다시 만나게 되면, 기억 세포들은 그들을 빠르게 중화시키는 격렬하고도 빠른 면역 반응을 촉발할 것이다. 따라서 일단 감염병에 노출되면 우리는 일생 동안 그것에 대한 면역을 획득하게 된다.

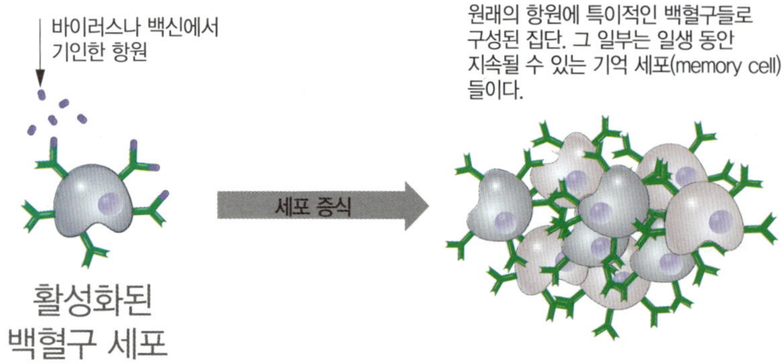

소아마비 백신의 시험

1.6 소아마비는 바이러스에 의해 발생하는 전염병으로, 이 바이러스들은 신경계를 공격하여 마비를 일으킨다. 1952년에 미국에서는 50,000건 이상의 소아마비 사례가 보고되었다. 1953년에 조너스 소크(Jonas Salk)는 불활성화된 소아마비 바이러스 형태를 포함하고 있는 백신을 개발했다. 이 백신의 효과를 검증하기 위해, 소크는 400,000명이 넘는 어린이들을 대상으로 대규모의 통제된 실험을 수행했다. 각 어린이는 무작위로 대조군이나 실험군으로 배정되었다. 대조군의 어린이들은 소금물(플라세보, 위약) 주사를 맞았고; 실험군의 어린이들은 소아마비 백신 주사를 맞도록 했다. 실험은 이중 맹검(double-blind)으로 실시되었는데, 이것은 참가자들이나 연구자들 모두 어떤 집단에 어떤 어린이가 속해 있는지 알지 못했다는 뜻이다. 모든 피검자는 6개월 동안 추적 조사되었다. 1955년에 발표된 결과는 분명했다: 백신 주사를 맞은 어린이들에서의 소아마비 발생 건수가 위약 주사를 맞은 어린이들보다 매우 감소하였다. 수년 내에 미국의 소아마비 사례는 90%까지 감소했다. 1979년에는 미국에서 소아마비가 완전히 근절되었다.

1954년 소크의 소아마비 바이러스 임상시험 결과

연구 집단	아동 수	소아마비 발생 건수
대조군 (위약 투여 받음)	201,229	142
실험군 (소아마비 백신 투여)	200,745	57

출처: Francis et al., *American Journal of Public Health*, v45:5 (1955).

! 미국은 매년 예방백신 접종으로 2~3백만 명의 생명을 구하고 있는 것으로 추산한다.

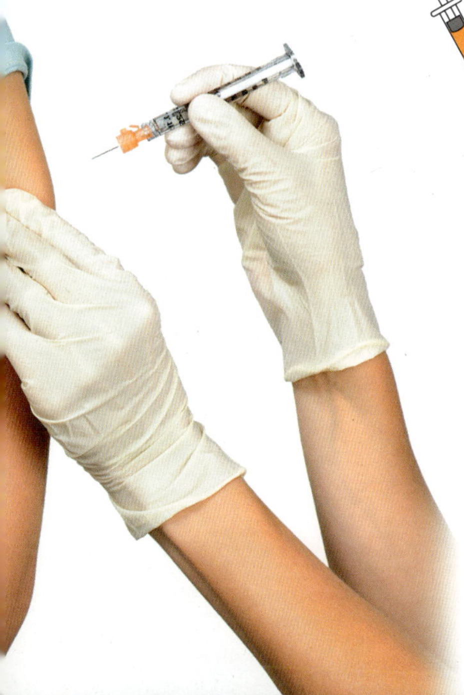

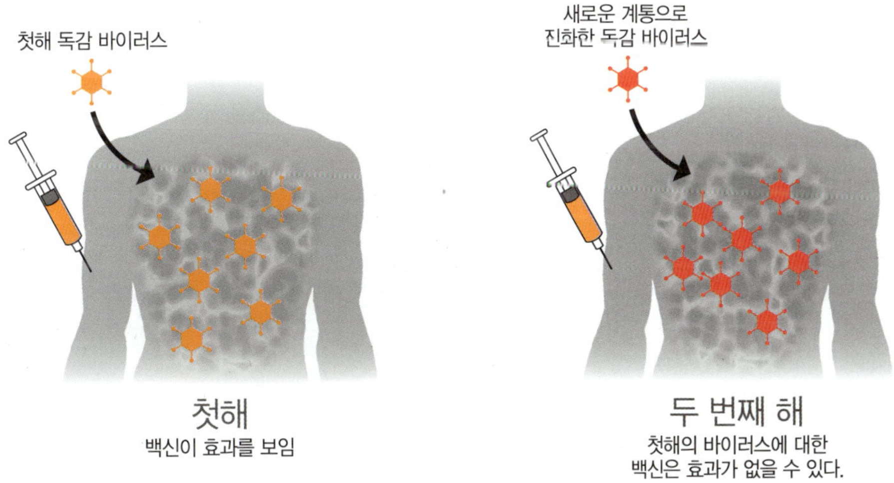

7.2 비록 바이러스가 생명의 모든 특징을 가지고 있지는 않으나(예를 들어 세포가 아니다), 바이러스 집단은 진화할 수 있다. 이것이 우리가 해마다 독감 예방 주사를 맞아야 하는 이유이다. 비록 작년 독감 예방 주사가 작년의 독감 계통들에 대해 효과적이었다고 해도, 새로운 독감 바이러스 계통이 진화해 예전의 백신 형태를 빠져나갈 수 있을 가능성이 꽤 크다. 그러므로 매년 독감 예방 주사를 맞는 것은 진화하는 바이러스와 새로운 백신을 생산할 수 있는 우리 능력 사이의 군비경쟁 같은 것이라고 할 수 있다.

요점

▶ 백신은 신체의 자연 면역 방어 체계를 자극하여 해롭지 않은 형태의 바이러스 조각에 대한 보호가 나타나도록 한다. 만약 실제 바이러스를 만나게 된다면 그것은 빠르게 파괴될 수 있을 것이다.

? 소크의 연구에서, 어째서 실험군을 주사를 맞은 대조군과 비교했는가? 왜 그냥 단순히 주사 맞지 않은 어린이와 비교하지 않았는가?

답: 소금물을 주사하는 것은 연구자들이 위약 효과(placebo effect)를 피할 수 있도록 해준다. (1.6 참고)

과학적 접근법으로 농업이 크게 발전했다

인류 문명의 발전은 **농업**(agriculture)과 밀접하게 연관되어 있다. 농업은 동식물을 재배하여 식량 및 기타 산물들(섬유, 의약품, 그리고 건축 자재 등)을 제공한다. 약 만 년 전, 인류는 농업 작물을 개발하기 시작했으며, 이를 통해 최초의 도시, 무역, 그리고 현대 사회가 도래할 수 있었다. 여기서는 현대의 농업 관행이 식물 생물학의 이해에 의존하고 있음을 알 수 있을 것이다.

농업의 과학적 기초

9.11 현대의 식량 작물 중 대다수는 **속씨식물**(angiosperms, **꽃식물**)이다. 사실, 단 10종의 속씨식물이 전 세계 인류가 소비하는 총열량의 90% 이상을 책임지고 있다. 다른 모든 식물과 마찬가지로, 속씨식물은 자라고 번성하기 위해 광합성 과정에 의존한다. 그러므로 광합성에 대한 이해는 모든 농학의 기초가 된다.

3.2 모든 진핵 세포와 마찬가지로, 식물 세포는 여러 가지 **세포 소기관**(organelle), 즉 막으로 둘러싸인 구조물을 포함하며, 이들은 세포 내의 특정 기능을 수행한다.

식물 세포

4.3 식물의 녹색 부분에 있는 세포들은 모두 **엽록체**(chloroplast)를 포함하는데, 이것은 광합성이 일어나는 소기관이다.

엽록체

4.4 **광합성**(photosynthesis)을 수행하기 위해, 식물들은 대기로부터 이산화탄소를, 뿌리로부터는 물을, 그리고 햇빛으로부터의 에너지를 요구한다. 이런 성분들이 사용되어 당을 생산하면서 대기로 산소 기체를 내보낸다. 작물이 성공적으로 자라기 위해서는 광합성을 촉진하는 데 필요한 모든 물질이 제공되어야만 한다.

$$6\,CO_2 + 6\,H_2O \xrightarrow{\text{광합성}} 6\,O_2 + C_6H_{12}O_6$$

> ! 미국의 유기농 산업은 지난 10년 동안 매년 20%씩 성장하여 농업에서 가장 빠른 발전을 보이는 부문 중 하나가 되었다.

비료

2.2 **비료**(fertilizer)는 식물 생장을 촉진하기 위해 토양에 뿌리는 화합물이다. 비료는 식물이 요구하는 무기물(화학 원소)을 제공한다. 식물이 자라는 데 총 18가지 원소가 있어야 하지만, 비료 대부분은 "N-P-K" 비율을 강조한다: 토양에서 가장 고갈되기 쉬운 3가지 영양소인 질소(N), 인(P), 그리고 칼륨(K)의 상대적 양을 말한다.

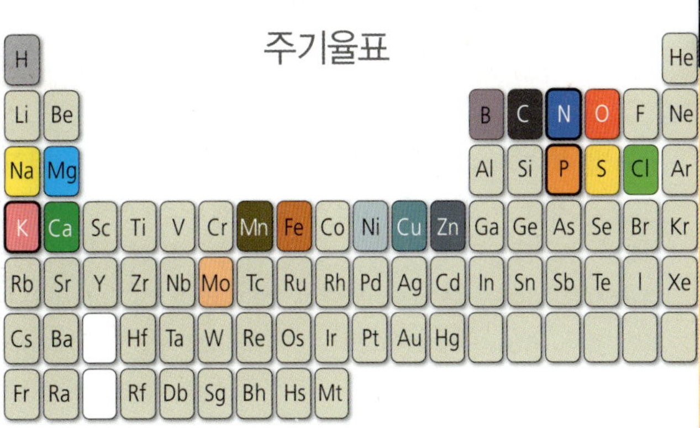

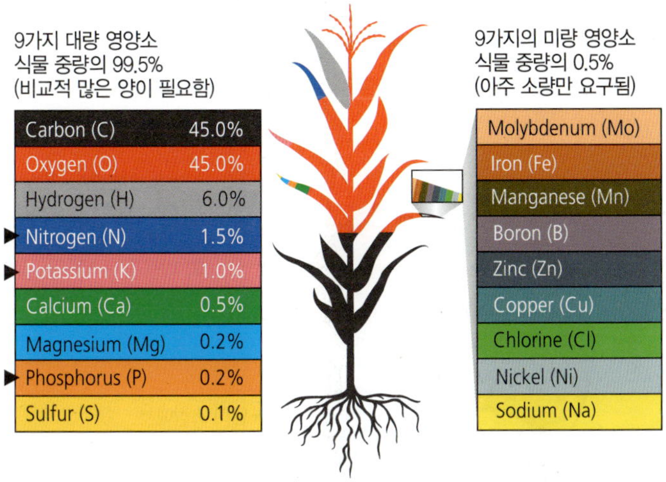

8.4 토양 내의 세균들이 대기 중의 N_2 기체를 식물이 사용할 수 있는 화합물로 바꿔줌으로써 천연의 비료가 제공된다. 일부 식물(콩 등)은 유익한 세균들을 가지고 있어서 토양에 더 많은 질소를 더해준다. 이것이 작물 회전(같은 장소에 서로 다른 식물들을 돌아가며 키우는 것)이 이로운 이유이다.

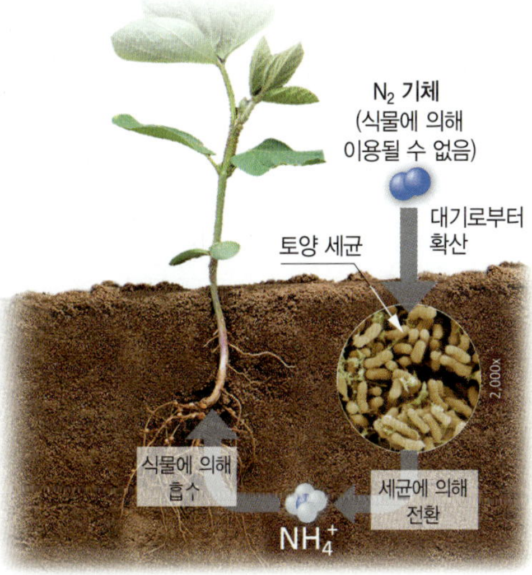

유기농산물의 장점에 대한 검증

1.9 **유기농법**(organic farming)은 자연적인 방법을 통해 토양의 질을 유지함으로써 생물학적 다양성을 촉진하는 일련의 농사 관행이라고 할 수 있다. 여기서 사용하는 자연적인 방법이란, 작물 회전, 덮개 작물 심기, 유기물로 토양 개선하기, 합성 살충제가 아닌 천적의 서식지를 제공하기, 그리고 유전적으로 변형된 작물 피하기 등이다. 유기농법의 목적은 토양, 작물, 그리고 작물을 먹는 인간의 건강을 개선하는 데 있다. 그러나 유기농법은 과연 그런가? 과학적 주장을 평가할 때 중요한 요소는 재현성(reproducibility)이다. 어떤 연구가 유기농산물의 건강상 이점(혹은 단점)을 주장할 수도 있지만, 그런 연구들은 어떨까? 2011년에 연구자들이 유기농산물에 대한 900건의 독립적 연구들을 검토했다. 다음 원 그래프에서 보다시피, 유기농산물 인증표는 영양적으로 더 낫다는 확신을 주지 못한다: 유기농법으로 자란 식품이 일반적으로 키워진 식품들보다 더 영양학적으로 나은지에 대한 과학적 합의가 없기 때문이다.

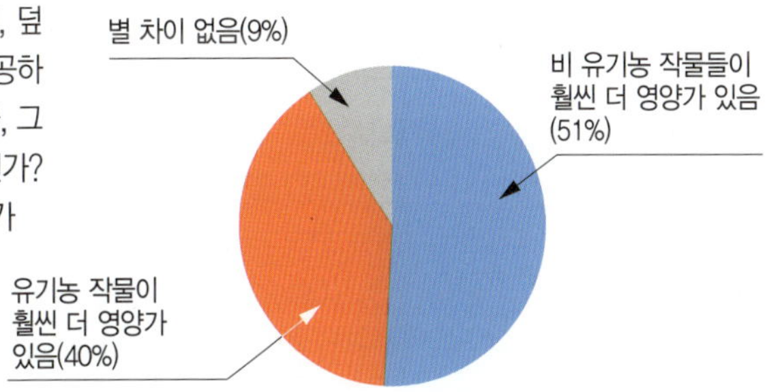

출처: Hunter et al., *Critical Reviews in Food Science and Nutrition*, v51:6 (2011).

요점

▶ 인간은 식물의 천연 광합성 능력을 이용하여 작물을 재배한다. 우리는 비료와 유기농 기술을 이용하여 식물의 건강을 증진시킬 수 있다.

? 만약 유기농 딸기가 비유기농 딸기보다 해로운 살충제를 더 적게 포함했음을 증명하는 연구에 대해 읽었다면, 논리적으로 다음 단계는 어떤 것이어야 하겠는가?

답: 다른 연구들도 그와 비슷한 결과를 얻었는지를 확인해야 할 것이다.

당뇨병은 우리 사회가 직면한 가장 심각한 건강 문제 중 하나다

당뇨병(diabetes mellitus)은 3천만 명의 미국인에 영향을 미치는 심각한 질병인데, 이것은 전 인구의 약 10%에 해당하는 숫자이다. 당뇨병에 걸리면, 혈액에 포도당이 충분해도 신체의 세포들이 혈액으로부터 충분한 양의 포도당을 얻지 못한다. 결과적으로 혈당의 농도가 위험 수준까지 높아질 수 있다. 동시에, 세포는 연료 부족 상태에 빠져 신체의 지방이나 단백질을 강제로 소모하게 된다. 당뇨병에 대한 처방은 있으나 치료법은 없다. 미국에서는 해마다 적어도 20만 명의 사람들이 당뇨병이나 그 합병증으로 사망하므로, 우리 사회가 맞닥뜨린 가장 심각한 건강 문제 중 하나가 되고 있다.

음식의 포도당

11.4 **소화계**(digestive system)는 음식물을 분해하여 포도당을 포함한 작은 분자들을 만들어준다. 소장에서는 포도당이 혈액으로 들어가 신체의 모든 세포로 수송된다.

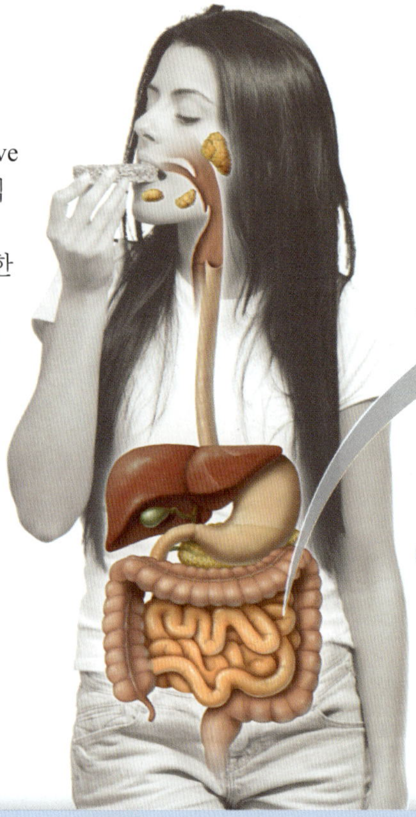

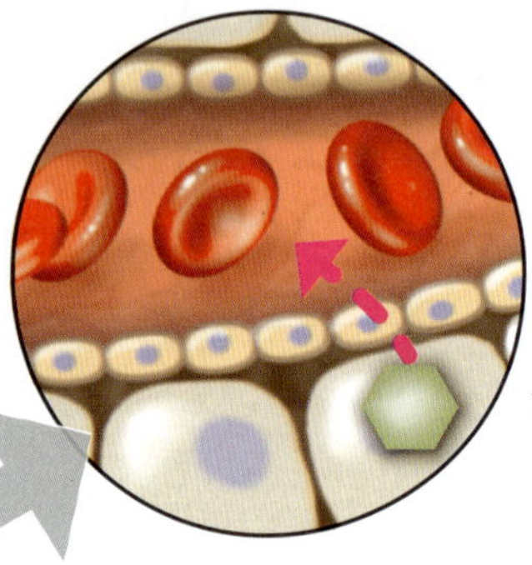

! 질병통제예방센터(CDC)는 당뇨병이 해마다 미국 경제에 3천억 달러 이상의 비용을 초래하는 것으로 추산했다.

4.7 각 세포 내의 미토콘드리아 안에서는, **세포 호흡**(cellular respiration) 과정에 의해 포도당 내의 에너지가 ATP 합성에 사용된다. **ATP** 분자들은 모든 생명 과정을 가동시키는 데 필요한 에너지를 제공한다.

포도당 대사

11.3 혈액의 포도당량은 이자(췌장)에서 생산되는 2가지 호르몬에 의해 조절된다. **인슐린**(insulin)은 체세포들이 포도당을 흡수하도록 함으로써 혈당 수준을 낮춘다. 반대로, **글루카곤**(glucagon)은 간이 포도당을 방출하도록 하여 혈당 수준을 높인다. 이자는 이런 두 가지 호르몬의 양을 조절하여 분비함으로써 혈당의 **항상성**(homeostasis, **일정한 상태**)을 유지한다. 결과적으로 혈당은 계속해서 이상적인 값 근처에서 오르내린다.

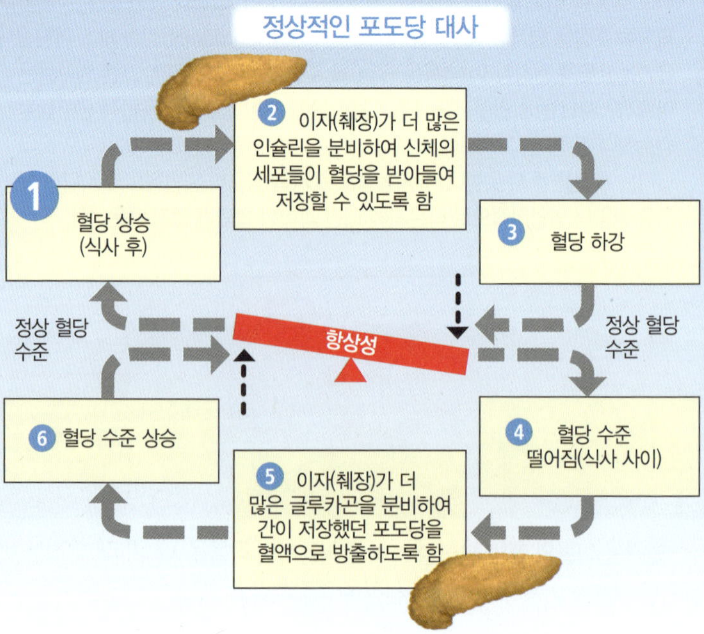

당뇨병의 형태

형태	백분율	원인	처방
1 (인슐린 의존성)	미국 당뇨병 환자의 5% (125만 명)	이자(췌장)가 인슐린을 생산하지 않음	규칙적인 인슐린 주사
2 (인슐린 비의존성)	미국인 당뇨병 환자의 95% (290만 명)	신체의 세포들이 인슐린에 적절히 반응하지 못함	운동; 체중조절; 약물
임신성	임신 사례의 9% (368,000건/년/미국)	임신기간 중의 당뇨병 발생: 원인 모름	산모와 아기에 대한 모니터링; 체중조절; 운동; 약물

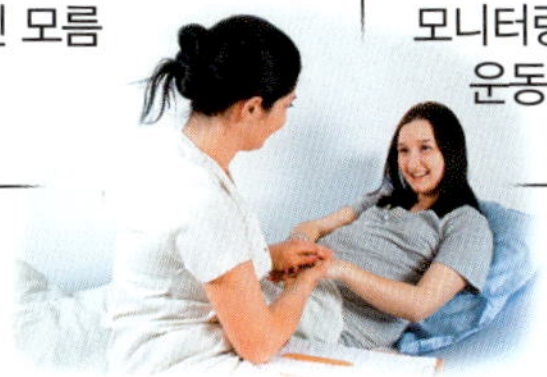

당뇨병과 빈곤

1.8

생물학에 대한 이해는 우리가 사는 사회를 더 잘 이해하도록 도와준다. 예를 들어, 2014년의 한 연구는 미국에서 당뇨병과 관련하여 병원 방문과 빈곤 사이의 관계를 조사했다. 연구자들은 캘리포니아주에서 8년 동안 저혈당으로 입원한 횟수를 세었다. 환자들은 경제 상태에 따라 "저-수입"이거나 "고-수입" 집단으로 분류되었다. 많은 저-수입 환자들은 매달 초에 도착하는 식량 지원을 받고 있어서 날짜가 진행될수록 잘 먹기가 점점 힘들어진다. 연구자들은 저-수입 환자들의 저혈당으로 인한 병원 입원과 한 달 중의 주차 수 사이에 강한 연관이 있음을 발견했다. 이런 연관은 고-수입 환자들에서는 발견되지 않았다. 이 연구는 적절한 영양섭취에 대한 접근 부족이 병원 방문의 증가를 초래했다는 것을 증명하지는 않지만, 생물학과 사회의 연관성을 밝힌 것으로 평가된다.

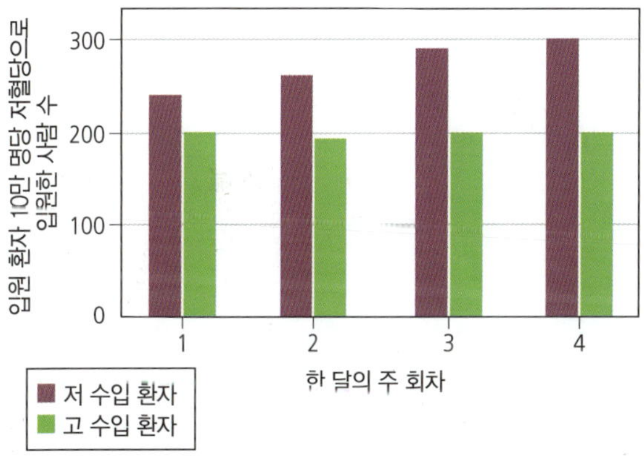

출처: Seligman et al., Exhaustion of Food Budgets at Month's End and Hospital Admissions for Hypoglycemia, *Health Affairs*, v33:116–123 (2014).

당뇨병에서의 포도당 대사

당뇨병 환자들에서는, 포도당 항상성이 지켜지지 않는다. 식사 후에는 포도당 수준이 치솟았다가 천천히 떨어져서 종종 위험 수준까지 높아진 상태로 유지된다.

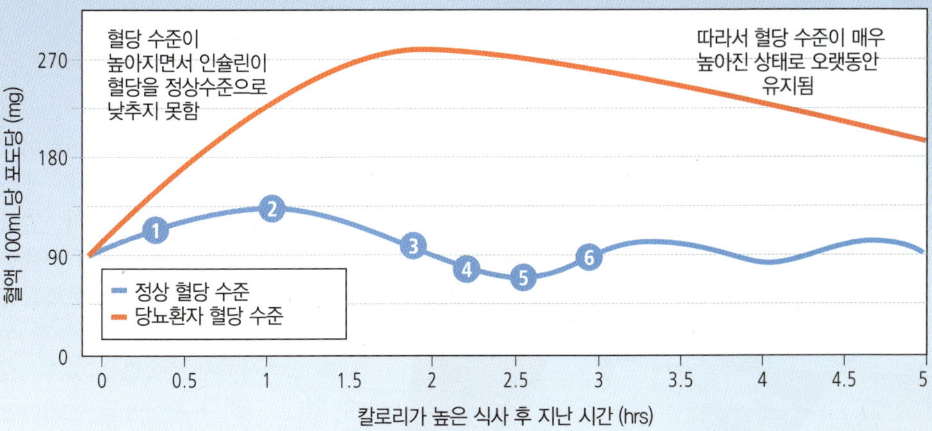

요점

▶ 당뇨병은 포도당 대사 조절의 실패로 발생하는 흔하면서도 위험한 질병이다. 당뇨병에 대한 이해는 우리 사회가 건강 관리에 관해 중요한 결정을 내릴 때 도움을 줄 수 있다.

? 그래프에 따르면, 두 집단 중 어떤 집단이 한 달 중 주차 수와 병원 입원 사이에서 연관성을 보이는가?

답: 저-수입 집단에서는 그런 연관이 존재한다: 자주색 막대가 점차 커짐에 주목하라. 고-수입 집단(녹색 막대)에 대해서는 연관성이 발견되지 않는다.

운동선수들은 여러 가지 부적절한 방법으로 경기력 향상을 꾀한다

운동 경기력은 여러 가지 신체 시스템 사이의 협동에 의존한다. 일부 운동선수들은 이런 신체 시스템들을 인위적으로 향상시켜 힘과 지구력을 더 끌어올리려고 한다. 여기서는 운동선수들이 불공정한 이득을 얻기 위해 추구할 수도 있는 몇 가지 방법에 대해 살펴보려고 한다.

동화작용 스테로이드

2.10 **호르몬**(hormone)은 신체의 기능들을 조절할 수 있도록 도와주는 천연의 화학 신호이다. 스테로이드(지질 기반) 호르몬인 테스토스테론은 사춘기에는 근육과 뼈의 합성을 자극하며 평생을 거쳐 성에 따른 특징을 조절한다. **동화작용 스테로이드**(anabolic steroid)는 테스토스테론과 구조적으로 매우 유사하며 그 효과 일부를 모방하는 인공 화합물이다.

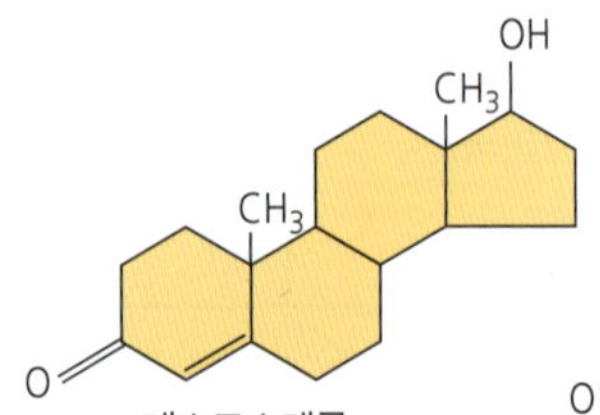

테스토스테론

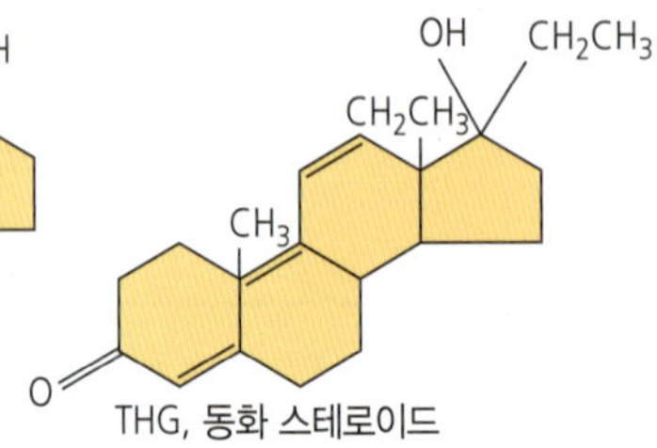

THG, 동화 스테로이드

! 자전거 경주 대회인 Tour de France(1996~2006)의 11회 연속 우승자가 경기력 향상 약물을 이용한 혐의로 실격되었다.

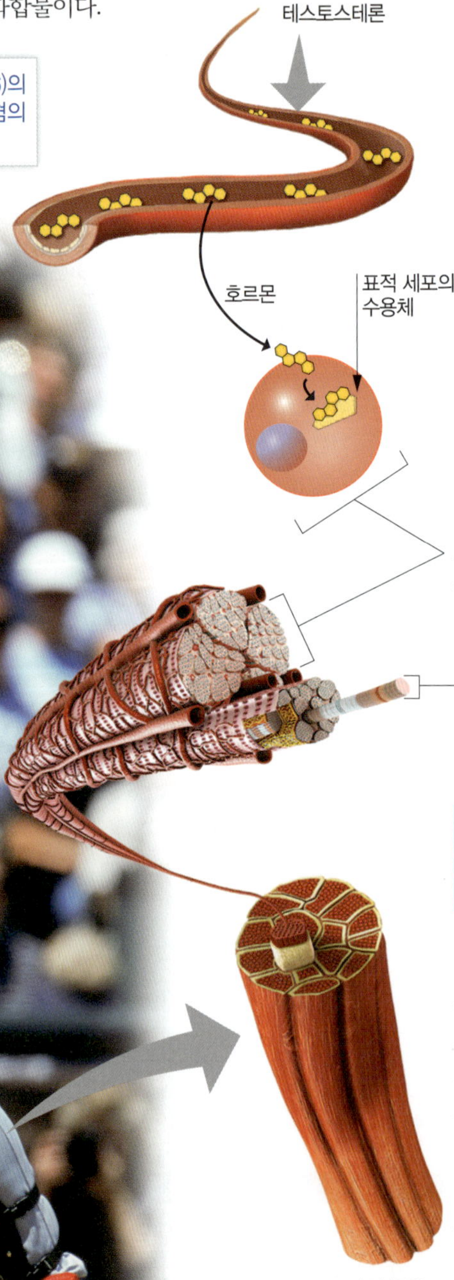

11.14 정소 내의 세포들(그리고 난소에서도 소량)은 혈액으로 테스토스테론을 분비한다. 이 호르몬은 신체 전체를 순환하지만, 표적 세포라고 불리는 아주 일부 세포들만 이 특수한 호르몬에 반응한다. 스테로이드 호르몬들은 표적 세포로 확산해 들어가 거기서 수용체에 결합하여 특정 유전자를 켜거나 끈다.

11.23 천연 테스토스테론이나 인위적 동화작용 스테로이드는 근섬유 단백질을 생산하는 유전자를 켠다. 결과적으로 근섬유가 두꺼워지고 근육량과 힘이 증가한다. 따라서 동화작용 스테로이드는 운동만으로 가능한 정도를 넘어서까지 근육량을 증가시킬 수 있다. 그러나 부작용도 존재하는데, "스테로이드성 분노(roid rage)"라고 불리는 급격한 감정 변화, 간 손상, 고혈압, 정소 수축, 불임, 그리고 유방 확대 등이 나타날 수 있다.

지구력 증강

4.7 많은 스포츠가 지구력을 요구하는데, 이것은 오랜 시간 동안 어떤 활동을 수행하는 능력을 말한다. 지구력을 위해서는, 적혈구에 의해 수송되는 산소가 수축 중인 근육에 지속적으로 수송되어야 한다. 근육 세포는 이 산소를 이용하여 **세포 호흡**(cellular respiration) 과정을 통해 에너지를 얻는다. 따라서 적혈구 세포의 수가 늘어나면 지구력도 증가한다. 이것을 가능하게 하는 몇 가지 방법이 있다:

허용됨	허용되지 않음
• 올바른 호흡 기법을 배워 혈액에 의해 더 많은 산소가 운반되도록 한다. • 고도가 높은 지역에서 살거나 훈련하면 적혈구 생성량을 늘릴 수 있다. • 저-산소 환경("고도 텐트")에서 잠을 자는 것은 고도가 높은 지역에서 사는 효과를 낼 수 있다.	• 혈액 도핑(blood doping)이란 선수가 경기 전에 여분의 혈액을 수혈받는 것이다. • 호르몬인 에리트로포이에틴(erythropoietin, EPO)을 주사하면 골수를 자극하여 더 많은 적혈구가 생긴다. EPO는 콩팥에서 자연적으로 생산되는 것이지만, 그것을 주사하는 것은 심각한 건강상 위험을 초래할 수 있다.

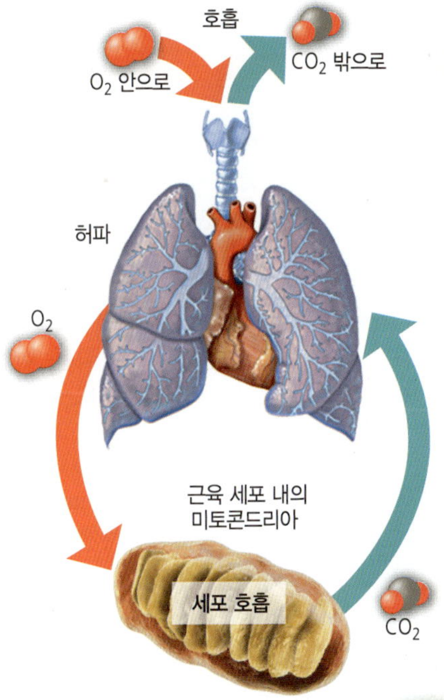

인간의 성장 호르몬

11.14 **내분비계**(endocrine system)는 여러 내분비샘으로부터 호르몬을 방출하여 성장과 대사 등 전신의 활동을 조절한다. 이들 중 가장 중요한 것 중 하나가 **뇌하수체**(pituitary gland)인데, 이것은 콩알 크기의 구조물로 뇌에 매달려 있다. 뇌하수체는 **인간 성장 호르몬**(human growth hormone, HGH)을 분비한다. HGH는 태아 발생에서부터 청소년기에 이르기까지 모든 부분의 신체가 발달하고 커지도록 촉진한다. HGH는 때로 빠르게 근육량을 늘리고 부상 후의 회복기를 줄이고 싶어하는 운동선수들에 의해 남용되곤 한다. HGH의 남용은 관절의 문제나 당뇨, 그리고 심장 문제를 일으킬 수 있다.

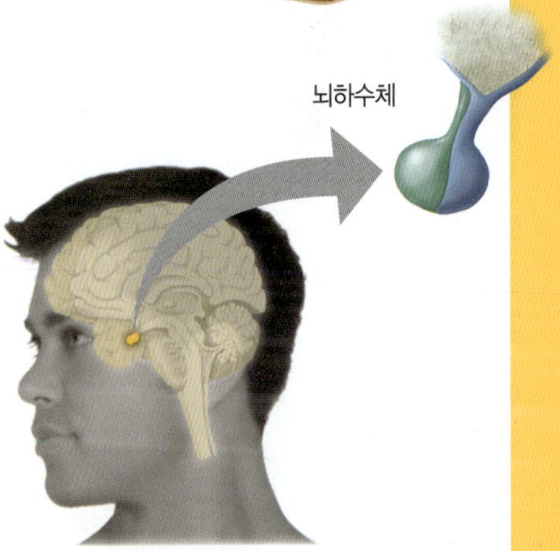

미래에는 체육계 부정에 유전자 도핑이 사용될까?

1.4 유전 질병을 치료하기 위해, 연구자들은 살아 있는 인간 세포의 유전자를 변형시키는 기술을 개발해왔다. 그런 기술 또한 유전자 도핑(gene doping), 즉 선수의 경기력을 향상시키는 유전자들을 변형시키는 것에 사용될 수 있다. 예를 들어, 마이오스타틴(myostatin)이라고 불리는 유전자는 여러 동물에서 근육 성장을 멈추도록 한다. 자연적으로 발생한 어떤 돌연변이는 이 마이오스타틴을 불활성화시켜 일부 소 품종의 근육량을 증가시키는 것과 관련된다. 이 돌연변이가 인간에서도 유사한 효과를 나타낼 수 있을까? 의사들이 비정상적으로 큰 근육을 가지는 어린이를 조사한 결과 그가 비기능성 마이오스타틴 유전자를 가지고 태어났음을 발견했다. 다른 연구자들은 쥐를 조작하여 마이오스타틴 유전자를 억제하여 상당히 큰 근육을 가지게 만들었다. 종합해보면, 이런 연구는 인간 유전자 도핑이 가능할 것임을 시사한다. 과학의 과정은 언제나 좋은 결과와 나쁜 결과를 모두 가져온다; 만약 가능하게 된다면 유전자 도핑이 운동 경기의 미래에 어떤 역할을 하게 될지 결정하는 것은 우리 사회가 결정해야 할 일이다.

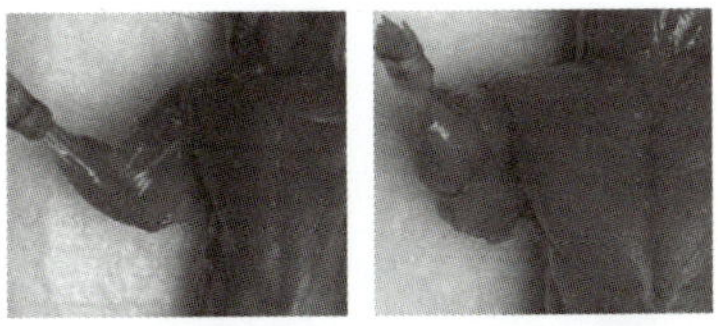

대조군 생쥐(왼쪽)를, 마이오스타틴 유전자 변이를 가진 실험 생쥐(오른쪽)와 비교한 것

출처: McPherron et al., *Nature*, v387 (1997).

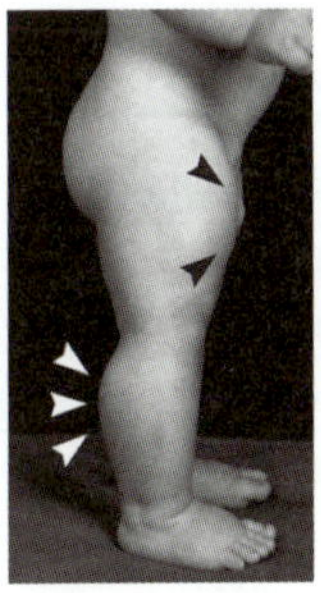

이 7달 된 아기는 비정상적으로 근육이 많아지게 만드는 돌연변이를 가지고 있다.

출처: Scheulke et al., *The New England Journal of Medicine*, v350:26 (2004).

요점

▶ 호르몬의 작용과 세포 호흡의 과정은 운동 경기력에 중요한 역할을 담당한다. 선수들은 동화작용 스테로이드를 이용하여 경기력을 향상시키고, 도핑이나 인간 성장 호르몬을 통해 지구력을 증강시킬 수 있다. 이런 방법 중 일부는 허용되기도 하지만, 많은 것들은 부정행위로 간주된다.

? 유전자를 없애는 것이 어떻게 근육을 더 키울 수 있는가?

답: 마이오스타틴 유전자가 자연적으로 꺼지는 경우 근육이 자란다; 이 유전자를 없애면 근육이 계속 자랄 수 있을 것이다.

생물다양성 집중 지역은 보존의 어려움과 보상을 모두 제공한다

생물다양성 집중 지역(biodiversity hot spot)은 비교적 작은 지역인데도, 멸종위기종, 위협종, 그리고 **풍토종**(endemic species, 다른 곳에서는 발견되지 않는)의 밀도가 매우 높은 곳이다. 그런 집중 지역은 지구 표면의 1.5% 미만을 차지하지만, 모든 식물과 척추동물 종의 30% 이상이 살고 있다. 종을 보전하는 문제를 생각할 때 우리는 우리가 볼 수 있는 대형 생물에 집중하는 경향이 있다. 그러나 집중 지역은 곰팡이와 미생물 등 모든 형태의 생물다양성을 유지할 수 있도록 돕는다. 이렇게 종이 풍부한 지역들을 찾아내고, 연구하며, 보호하는 것은 비교적 적은 비용으로 우리 행성의 모든 생물다양성을 유지하는 데 엄청난 영향을 미칠 수 있다.

지구의 생물다양성 집중 지역

이 지도에서 녹색 지역은 생물다양성이 집중된 지역을 나타낸다.

10.1 모든 주요 동물 **문**(phylum)들의 구성원들이 카리브해의 이곳 같은 산호초에서 발견된다. 세심하게 살펴본다면, 해면, 자포동물(산호와 말미잘), 그리고 척삭동물(물고기) 등을 찾아낼 수 있을 것이다.

생물다양성과 인간의 건강

인구 성장으로 인한 생활공간의 확장이 생태계들을 고립된 파편들로 나눌 때 생물다양성이 위협을 받는다. 파편화에 따른 생물다양성의 손실은 미국 북부의 산림들에서 볼 수 있다. 그곳에서는, 작은 지역에서 번성하는 개체군은 폭발적인 데 반해, 더 큰 생활공간을 요구하는 개체군은 사라지고 있다. 한 연구팀이 파편화와 라임병 사이의 관계를 연구했는데, 이것은 진드기에 의해 매개되는 세균에 의해 발생하는 심각한 질병이다. 파편화된 지역에서 번성하는 많은 동물 종들은 이 세균의 매개자가 되는 것으로 알려져 있다. 연구자들은 라임병을 보유하는 것으로 알려진 뉴욕 지역에서부터 여러 크기의 파편화 삼림 지역 14곳을 조사했다. 연구자들은 각 지역에서 진드기들을 수집하여 라임병 세균에 대해 검사했다. 다음 그래프에서 볼 수 있듯이, 가장 작은 숲 지역이 훨씬 높은 밀도의 감염 진드기들을 보유하고 있었다. 이것은 서식지 파편화가 라임병에 대한 우리의 노출을 증가시킬 수 있음을 시사한다. 이 연구는 생물다양성이 귀한 서비스(분명한 것과 보이지 않는 것 모두)를 우리 사회에 제공하고 있음을 강조한다.

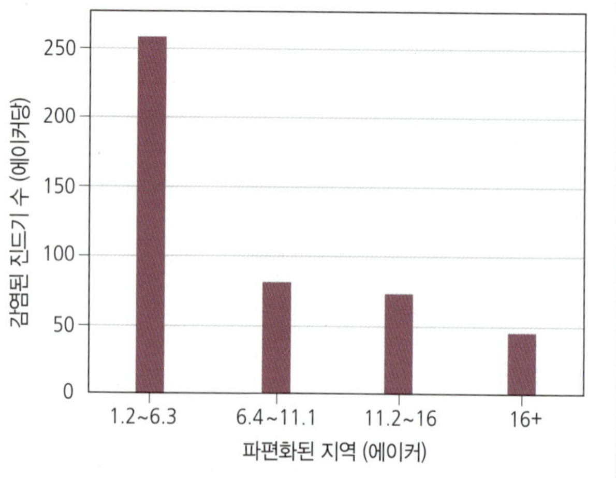

더 작은 숲 지역은 감염된 진드기 밀도가 더 높다.

출처: Allan, et al., *Conservation Biology*, v17:1 (2003).

12.12 생물다양성을 보호할 때, 그 목적은 단순히 개별 종들을 보존하는 것이 아니라, 자연선택이 계속 작용할 수 있는 생태계를 유지하는 데 있다. 생물다양성 집중 지역을 지정하는 것은, 많은 생물종들이 번성하는 아프리카 **사바나**(savanna) 같이 특정 생물군계나 특정 서식지들을 보호할 수 있다.

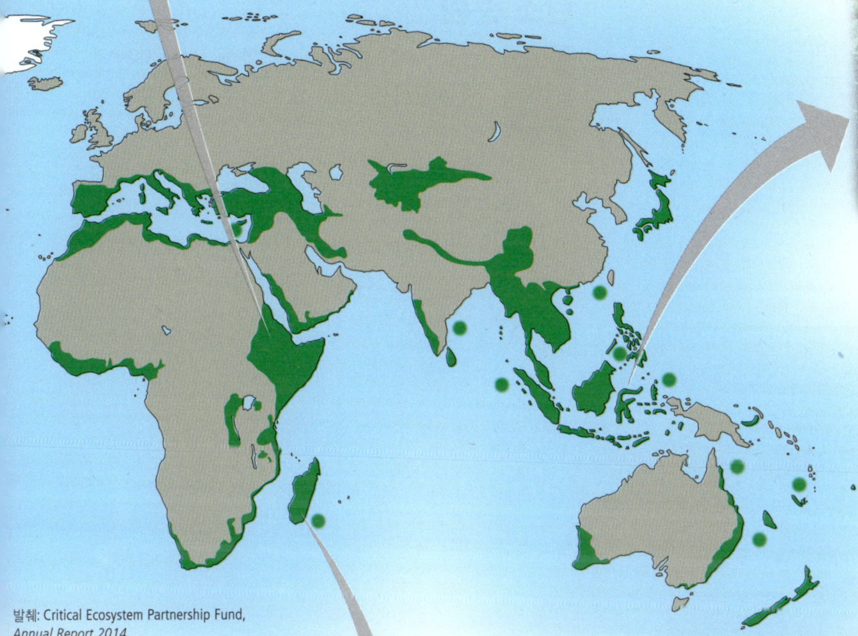

발췌: Critical Ecosystem Partnership Fund, *Annual Report 2014*.

9.6 따뜻하고 습한 기후의 열대 우림(인도네시아의 이 지역같이)은 주요 식물문의 75% 정도에 이상적인 성장 환경을 제공한다: 이끼, 양치류, 그리고 속씨식물(꽃식물)이 번성한다. 반대로, 겉씨식물(솔방울을 만드는 식물)은 북쪽의 기후에서 번성한다.

12.18 **보존 생물학**(conservation biology)은 자연적인 생태계를 지속적으로 유지함으로써 생물다양성의 손실을 조사하고, 중지시키며, 결국 그것을 역전시킬 수 있도록 노력한다. 생물다양성 집중 지역은 매우 제한된 지역에서 많은 생물종을 보호할 기회를 제공하며, 이것은 보존 생물학자들이 보호지역의 가치를 극대화할 수 있도록 해준다.

10.11 비록 정확한 숫자에 대해서는 논쟁이 있지만, 100종 이상의 여우원숭이(**영장류**의 한 형태)들은 모두 마다가스카르에서만 야생으로 발견된다. 이곳은 아프리카의 동부 해안에서 떨어져 있는 큰 섬이다. 사실, 마다가스카르에 사는 거의 모든 포유류, 파충류, 양서류, 그리고 식물들은 풍토종(endemic)들이다.

! 평균 크기의 성체 여우원숭이(꼬리 빼고)는 약 9 cm(베르테 부인의 쥐 여우원숭이)에서 69 cm(인드리)까지 다양하다.

요점

▶ 생물다양성 집중 지역들은 비교적 작은 지역이 많은 수의 생물들을 포함하는 곳이다. 이런 지역을 보호하는 것은 우리 행성과 우리 사회의 건강에 매우 큰 영향을 미칠 수 있다.

? 어째서 위의 진드기 연구는 통제된 실험이 아니라 관찰 실험으로 평가되는가?

답: 진드기 연구는 고의로 피검체를 조작한 것이 아니라 자연적으로 발생하는 현상을 관찰한 것이기 때문이다.

온실 기체의 증가로 지구의 기후가 변하고 있다

대기 중 이산화탄소(CO_2)와 기타 온실 기체들의 농도 증가는 지구의 기후 양상을 변화시키고 있다. 대다수의 과학자들 사이에는 이견이 없다: 지구의 기후변화가 발생하고 있다. 예를 들어, 지구 표면의 평균 온도는 지난 30년 동안 약 1℉ 상승한 것을 포함하여 1800년대 후반부터 상승하고 있는데, 이런 경향은 **지구 온난화**(global warming)라고 불린다. 강우 양상뿐 아니라 동식물의 분포 역시 변하고 있다. 이런 변화들은 우리 인간 사회를 포함하여 지구의 모든 생물에 영향을 미친다.

탄소 순환

4.2 식물을 포함한 여러 생산자는 광합성 중에 이산화탄소를 흡수한다. 생산자와 소비자(동물 등) 모두 세포 호흡 과정 중에 대기로 이산화탄소를 돌려보낸다.

12.15 탄소는 환경 전체를 통해 이동하는데, 생물에서 무생물 요소들을 순환한다. 해양은 대기의 뒤를 잇는 지구의 주요 이산화탄소 저장고다. CO_2 흡수 및 방출의 균형은 인간 활동의 영향을 받는다. 화석 연료의 연소는 대기 중으로 많은 이산화탄소를 방출시키고, 삼림 벌채는 식물이 과량의 이산화탄소를 제거할 수 있는 능력을 감소시킨다.

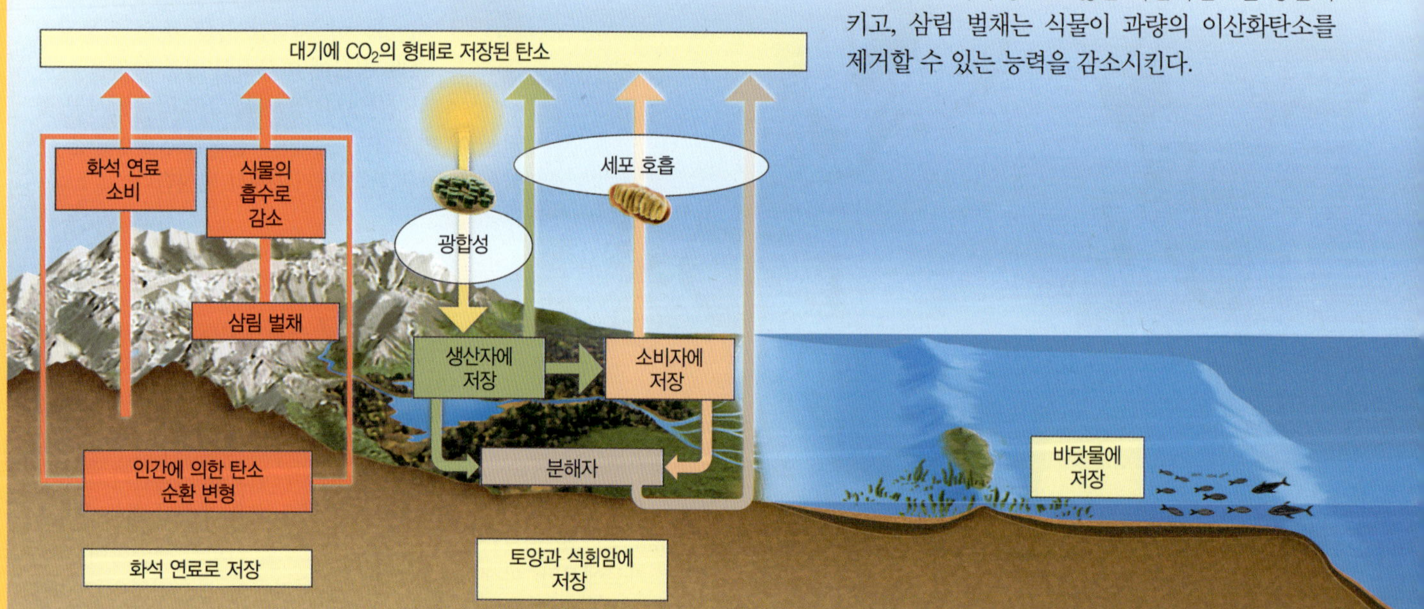

지구 온난화

12.19 온실 기체 증가의 가장 분명한 효과는 지구 평균 기온의 지속적 상승이다. 가장 많은 상승을 보이는 곳은 북반구의 최북단 지역이다. 알래스카와 캐나다의 일부 지역에서는 1961년 이후로 겨울의 평균 온도가 3.4℃ (6℉ 이상) 상승했다.

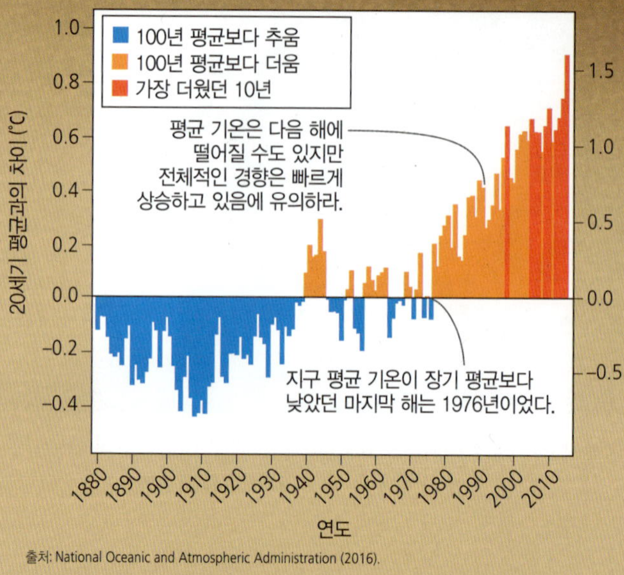

출처: National Oceanic and Atmospheric Administration (2016).

지구 표면의 온도가 지구 전역의 수천 개의 기상 관측소에서 측정되었다. 이 측정값은 모두 합쳐 매년 연평균 지구 기온으로 계산되었다. 이 그래프는 연평균 기온과 20세기 전체의 평균 사이의 차이를 보여준다. 푸른 막대는 평균보다 추웠던 해를 나타내며; 오렌지색 막대는 더 더웠던 해; 그리고 붉은 막대는 지금까지 가장 더웠던 10년을 보여준다.

지구적 기후변화의 효과

지구적 기후변화는 새로운 기온 및 강수 양상을 이끌었다. 이것은 생물의 분포에 중대한 영향을 미친다. 영구동토층이 녹으면서 툰드라 생물군계가 경계가 북쪽으로 이동하고 있다. 게다가, 일부 사막의 경계도 팽창 중이다. 그런 변화들은 식량 생산과 신선한 식수의 사용 가능성에 영향을 미친다. 분명히 우리 인간도 변화하는 기후의 영향 아래 놓여 있다.

! 온난화로 인해 몬태나의 빙하 국립 공원에는 1910년에 150개이던 빙하가 현재는 27개뿐이다.

서식지 변화

상승하는 기온은 많은 생물종들의 범위를 극 쪽이나 더 높은 고도로 변화시키고 있다. 생태학자들은 지난 수십 년간 십여 종의 새들과 나비들이 더 북쪽이나 더 높은 고도로 이동했음을 발견했다.

화재

눈이 더 빨리 녹는 것은 북서 아메리카의 많은 부분에서 건기를 길게 한다. 이것은 더 넓은 지역에서 파괴적인 들불을 더 촉진한다.

산호 백화 현상

더워지는 바다는 산호들이 그들의 공생 조류를 잃게 만든다. 조류들이 떠나면 산호는 하얗게 변하는데, 이를 산호 백화(coral bleaching)라고 부른다. 산호들은 이런 식으로는 오래 생존할 수 없으며 전체 산호초 생태계가 위협을 받는다.

극지 기후

지구가 더워지면서, 북극의 얼음으로 덮인 북극곰(*Ursus maritimus*) 사냥터가 녹아 없어지고 있다. 마찬가지로, 남극 바다의 얼음이 사라지는 것이 남극 펭귄 개체군의 감소 원인으로 지목되고 있다.

하나의 개체군은 기후변화에 어떻게 반응하는가?

1.7 지구의 기후가 변화함에 따라 일부 생물종들은 생식하거나 이주하는 시기를 변화시켰다. 그러나 다른 종들은 그렇지 못하며, 그런 개체군들은 식량 부족과 개체수 감소에 직면하게 되었다. 한 사례에서, 연구자들은 온도 상승과 북극 삼림 순록(caribou)의 개체군 감소 사이의 연관성을 보고했다. 삼림 순록은 주로 고산 별꽃(alpine chickweed)이라고 불리는 꽃식물에 의존한다. 이 식물은 초봄에 기온이 올라갈 때 나타난다. 10년에 걸쳐, 지구 온난화는 별꽃의 출현 시기를 약 18일 앞당겼다. 그러나 삼림 순록의 출생 시기는 그대로였다. 결과적으로, 아기 삼림 순록이 태어나 풀을 뜯을 준비가 되는 시기에는 별꽃이 얼마 되지 않는다. 이런 식량 부족은 출생률을 현저히 떨어뜨렸다. 이 연구는 비교적 짧은 시간 동안 지구의 기후변화가 어떻게 한 개체군에 심각하게 영향을 미칠 수 있는지를 잘 보여준다.

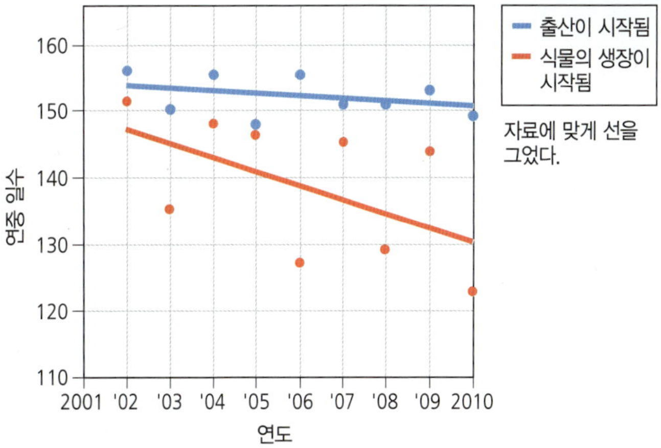

자료에 맞게 선을 그었다.

출처: Post, E., *Ecology of Climate Change—The Importance of Biotic Interactions*, Princeton University Press: Princeton, NJ (2013).

요점

▶ 대기 중 온실 기체들의 농도 증가는 기온의 상승과 기타 변화를 유발하고 있다. 지구적 기후변화는 인간의 삶을 포함하여 생태계 내에 사는 생물들에 여러 가지 광범위한 영향을 미친다.

? 참 또는 거짓: 왼쪽 페이지의 그래프에 따르면, 1990년 이후 매년 그 이전 해보다 더 더웠다.

답: 거짓. 기온은 해마다 오르내렸지만, 전체적인 경향은 분명히 상승세이다.

1.1 모든 생명체는 공통된 특징을 가진다

생물학(biology)은 '생명에 대해 과학적으로 연구하는 학문'이다. 이렇게 정의는 직설적이지만, 몇 가지 중요한 의문점들을 불러일으킨다. 아마도 가장 분명한 질문은 "생명이란 무엇인가?"일 것이다. 우리는 어떻게 생물을 무생물과 구분하는가? 어떻게 코끼리는 살아 있지만, 바위는 살아 있지 않음을 알 수 있는가? 생명 현상을 단순한 한 문장으로의 정의한다는 것은 불가능하다. 즉, 우리는 생명체가 어떤지를 가지고 **생명**(life)을 인식한다. 여기서는, 생명과 관련된 특징이나 과정들 몇몇에 대해 강조하고 있다. 만약 어떤 물체가 아래 특징들을 모두 동시에 드러낸다면 그것은 살아 있는 것이다.

생명의 특징

질서

한 생물은 복잡하지만, 이 코끼리의 눈처럼 매우 질서 있는 구조로 되어 있다.

에너지와 물질 대사

모든 생물은 에너지와 물질을 취하고 그것을 유용한 형태로 전환시키며 결국 에너지와 여분의 물질을 방출한다. 이 코끼리는 식물을 먹음으로써 에너지를 취하고 있다. 코끼리는 이 에너지를 움직이는 데 사용할 수 있다. 남는 물질은 노폐물로 환경에 방출되며, 에너지 역시 열로 발산된다.

생식

콩 심은 데 콩 나고 팥 심은 데 팥 난다; 모든 생물들은 자신과 같은 종류의 자손을 낳는다. 따라서 코끼리는 얼룩말이나 사자가 아닌 코끼리만 낳는다.

성장과 발달

유전자에 실려 있는 유전 정보들은 모든 생물의 성장과 발달 패턴을 조절한다. 예를 들어, 아프리카 코끼리들은 나이가 들면 상아가 자란다.

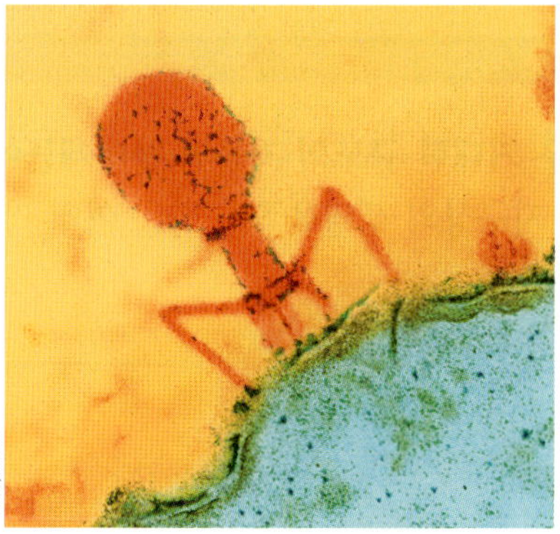

바이러스는 살아 있는가?

바이러스는 생물인가, 무생물인가? 바이러스들은 생명의 특징 중 몇 가지는 드러낸다. 예를 들면, 각 개체는 매우 정돈되고 규칙적인 구조를 가진다. 바이러스들이 다양한 생물들을 감염시킬 수 있음에도 불구하고, 그들은 숙주 세포 밖에서는 생식이나, 다른 생명의 활동을 수행하지 못한다. 이 생각이 완전히 정착된 것은 아니지만, 생물학자들은 바이러스가 살아 있지 않으며, 생물과 무생물적 화학물질 사이의 상태로 존재하는 것임에 동의한다.

환경에 대한 반응

모든 생물들은 환경의 변화에 반응한다. 이런 반응들 중 다수는 외부 환경이 많이 변해도 그 생물의 내적 환경은 좁은 범위 내에서 유지되도록 하는 데 도움을 준다. 이 코끼리는 목욕을 하는 방식으로 한 낮의 열기에 반응하는 중이다. 이것은 코끼리의 체온이 일정하게 유지되도록 돕는다.

탐사선인 오퍼튜니티(*Opportunity*)호는 생명의 공통점을 찾기 위해 화성을 탐색 중이다.

진화적 적응

넓고 얇은 코끼리의 귀는 더운 아프리카의 낮 동안 열을 발산한다. 그러한 진화적 적응은 그들의 환경에 가장 잘 맞는 유전적 형질들을 가진 개체들이 생식적으로 성공함으로써 수많은 세대를 거치는 동안 진화한 것이다.

요점

생물학은 생명에 대한 과학적 연구이다. 모든 생물은 일련의 공통된 특징들을 가진다. 무생물은 생물의 이런 특징들을 동시에 모두 나타내지는 않는다.

? 자동차는 생물의 어떤 특징을 나타내는가? 자동차가 나타내지 않는 생물적 특징은 무엇인가?

답: 자동차는 에너지와 물질을 사용하고, 잘 조직화되어 있으며, 환경에 반응한다는 점에서는 생물적 특징을 가지지만, 생식한다거나 성장, 발생 및 환경에 의한 진화적 적응을 일으키지는 않는다.

1.2

생명은 여러 수준에서 연구될 수 있다

생명에 관한 연구는 현미경적인 세포의 세계로부터 매우 거대한 규모의 지구적 생태계들에 이르기까지 넓은 범위의 수준들을 아우른다. 이 그림은 생물학자가 지구상의 생명을 연구하는 여러 가지 수준을 가장 상위의 체계부터 요약해 보여준다.

생물학적 조직화의 수준

생물권

생물권(biosphere)은 지구상의 모든 생물과, 가장 깊은 바닷속부터 대기의 가장 높은 곳까지, 생명을 지탱하는 모든 환경으로 구성된다.

생태계

하나의 **생태계**(ecosystem)는 특정 지역(예, 아프리카의 이 사바나) 내의 모든 생물뿐 아니라 토양이나 공기, 그리고 햇빛처럼 생명에 영향을 미치는 모든 무생물적 요소들을 포함한다.

군집

하나의 **군집**(community)은 한 생태계를 점유하고 있으면서 상호작용하는 생물 집단들로 구성된다. 이 군집은 식물, 동물, 그리고 미생물들까지 포함한다.

개체군

하나의 **개체군**(집단, population)은 여기 보이는 아프리카 사바나 코끼리처럼 상호작용하는 한 생물종의 개체들로 구성된 무리이다.

개체

개체(생물체, organism)는 한 마리의 아프리카 사바나 코끼리(*Loxodonta africana*)처럼 개별 생물들을 말한다.

! 성체 코끼리 심장의 무게는 18 kg 이상 나갈 수 있다.

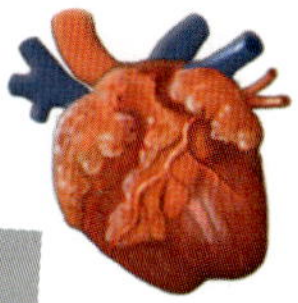

기관

하나의 **기관**(organ)은 특정 작업을 수행하기 위해 협동하는 다수의 조직(tissue)으로 구성된다. 하나의 기관인 코끼리의 심장은 혈액을 펌프질하여 순환계로 내보낸다.

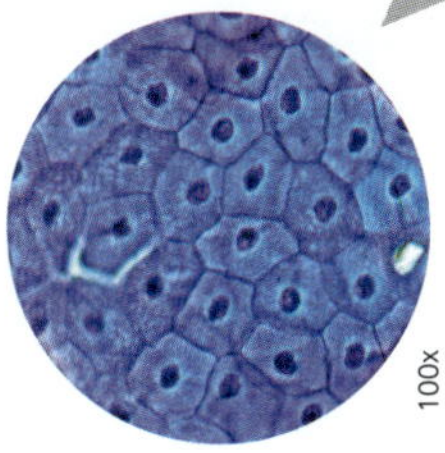

조직

하나의 **조직**(tissue)은 특정 기능을 수행하기 위해 협동적으로 작용하는 비슷한 세포들의 종합적 모임을 말한다. 이 현미경상은 심장을 덮어 혈액이 자유롭게 표면 위로 지나가도록 하는 상피조직 단편을 보여준다.

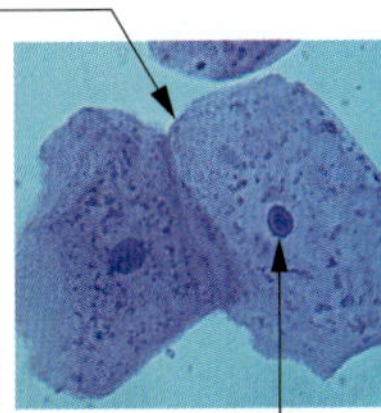

세포

모든 생명체는 **세포**(cell)로 구성되며, 세포는 생명의 기본단위다. 세포보다 더 작으면서 생명의 특징 모두를 가질 수 있는 것은 없다. 어떤 생물들(예, 세균)은 단 하나의 세포로만 구성되며; 다른 것(예, 코끼리)은 조 단위 이상의 세포 수를 가진다.

세포 소기관

하나의 **세포 소기관**(organelle)은 특정 기능을 수행하는 세포 내 구성성분이다. 예를 들어, 상피세포의 핵은 DNA를 포함하고 있다.

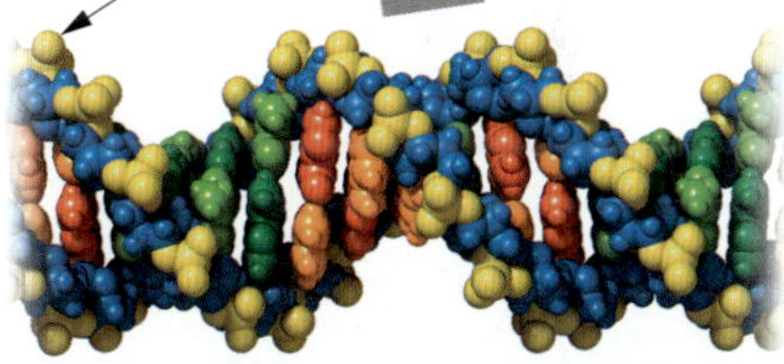

분자

하나의 **분자**(molecule)는 서로 묶여 있는 원자들의 모임이다. 여러분은 여기 컴퓨터로 만들어진 DNA 모형을 보고 있다. 이 분자는 지구상의 모든 생명체에 필수적인 것이다. 이 모형에서는 각 원자가 공으로 표현되어 있다.

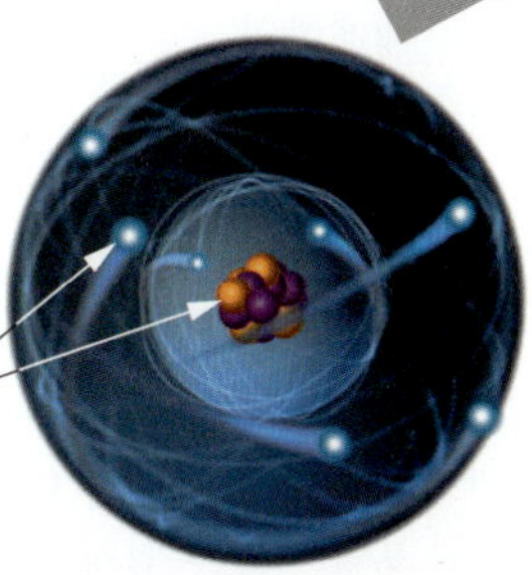

원자

하나의 **원자**(atom)는 물질의 기본단위이다; 원자는 원소의 성질을 나타낼 수 있는 가장 작은 단위이다. 원자들은 아원자입자들(subatomic particles)이라고 불리는 더 작은 단위들로 구성된다.

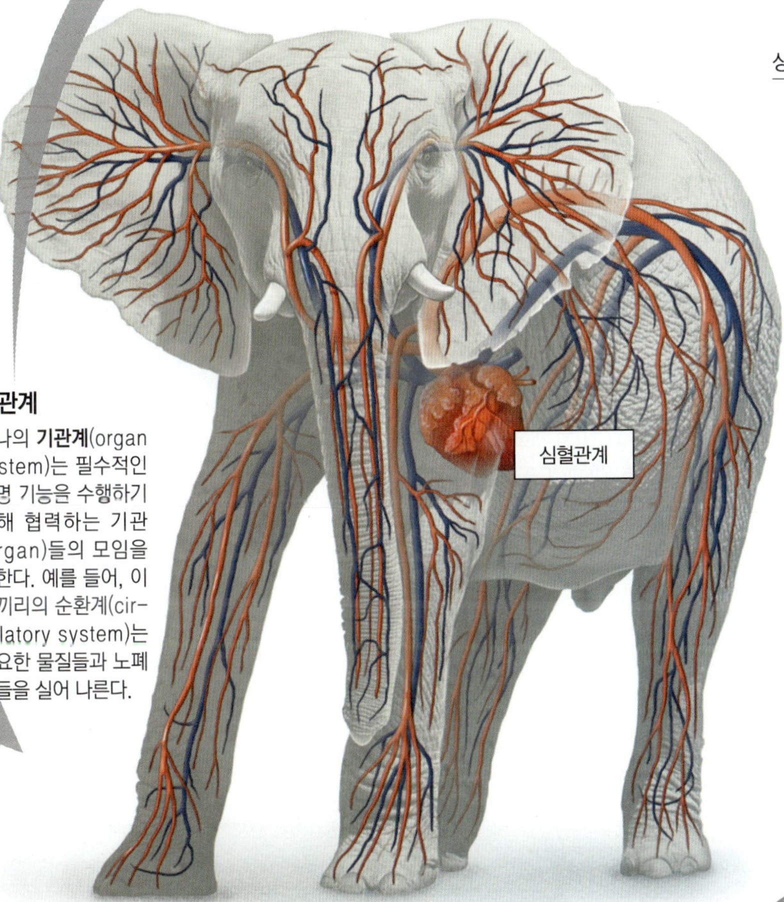

기관계

하나의 **기관계**(organ system)는 필수적인 생명 기능을 수행하기 위해 협력하는 기관(organ)들의 모임을 말한다. 예를 들어, 이 코끼리의 순환계(circulatory system)는 필요한 물질들과 노폐물들을 실어 나른다.

요점

▶ 생명은 매우 큰 것(전체 생태계처럼)부터 매우 작은 것(개별 분자들)까지의 여러 수준별 체계에서 연구될 수 있다. 생물학자들은 모든 수준에서 생명을 연구한다.

? 살아 있는 것으로 생각될 수 있는 가장 작은 단계는 생명 체계의 어떤 수준인가?

답: 세포는 생명의 모든 특징을 나타낼 수 있는 가장 작은 단위이다.

1.3 생물학 연구를 관통하는 몇 가지 주된 주제들이 있다

생물학에는 개별 화제들을 관통하는 넓은 주제들이 있다. 이런 중요한 원리들은 현미경적 세계인 세포로부터 전 지구적 환경에 이르기까지 생물학의 모든 측면을 통합한다. 생물학 내의 많은 화제를 꿰뚫는 몇 가지의 큰 그림들에 집중하는 것은 우리가 배울 모든 정보를 조직화하고 이해할 수 있게 도와줄 수 있다. 생물학에서 제시되는 어떤 화제들 — 예를 들어, 코끼리 연구 같은 — 에 대해서도 이런 주제들은 통찰력을 제공해줄 것이다.

에너지와 물질 경로

세포의 모든 활동이 진행되기 위해서는 에너지와 물질이 필요하다. 거의 모든 생태계에서, 태양으로부터의 에너지가 광합성 생물에 의해 포획되고, 당과 기타 복잡한 물질들을 만드는 데 사용된다. 이런 분자들은 다른 생물들의 먹이가 되어 소비자의 몸을 위한 원료 물질과 에너지 모두를 제공한다. 살아 있는 모든 세포 내에서는, 에너지와 물질을 받아들여 전환하고, 방출함에 따라 끊임없는 "화학적 교환"이 발생하여 분자들이 화학적 파트너들을 바꾼다. 그러면서 일부 에너지는 열로 바뀌고, 그것은 다시 생태계에서 소실된다. 생물학 공부를 통해 우리는 어떻게 생명체들이 에너지와 물질의 전환을 조절하는지 많은 사례들을 접하게 될 것이다.

상호연관

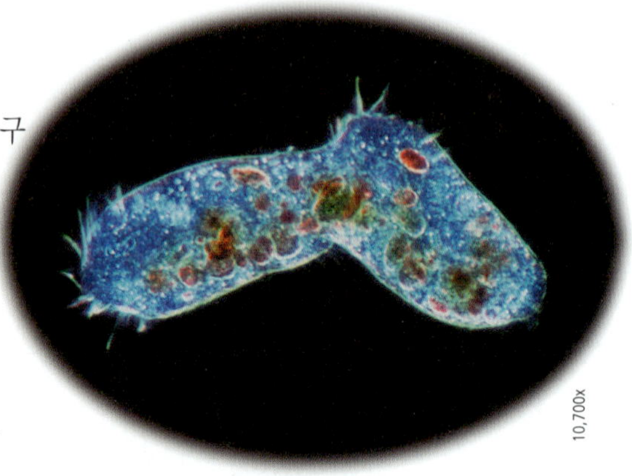

하나의 세포는, 개별 구성성분들에서는 분명하지 않은, 창발성(증식하는 능력 등)을 나타낸다.

생명에 관한 연구는 생명체를 구성하는 분자들에 대한 아주 미세한 크기에서부터 살아 있는 행성이라고 할 수 있는 전 지구적 크기에 이르기까지 확장된다. 우리는 이런 거대한 범위를 생물학적 체계의 수준에 따라 나눌 수 있다. 이런 수준들 안에서, 그리고 그 수준들 사이에서는 많은 상호작용이 존재한다. 각 수준에서는 그 하부 구조에는 존재하지 않던 새로운 성질들이 생겨난다. 복잡성이 증가함에 따라 출현하는 이런 **창발성**(emergent property)은, 점차 복잡해지는 체계 내 부분들이 상호작용하기 때문에 생겨난다. 예를 들어, 생명은 세포 수준에서 출현한다; 모든 분자가 들어 있는 시험관은 살아 있지 않다. "전체는 그 부분들의 합보다 크다"라는 말은 이런 생각을 드러내 준다.

햇빛은 페루 아마존 강변의 생태계를 가동하는 에너지를 제공한다.

구조와 기능

생물학적 체계 내에서는 구조(어떤 것의 모양)와 기능(그것이 하는 일)이 종종 서로에 대한 통찰을 제공해 준다. 구조와 기능의 상관관계는 생물학적 체계화의 모든 수준에서 발견될 수 있다. 예를 들어, 우리의 허파는 환경과의 기체교환 기능을 담당한다. 산소(O_2)는 허파 안으로 들어오고, 이산화탄소(CO_2)는 나간다. 우리 허파의 구조는 이런 기능과 관련되어 있다: 점점 더 작아지는 도관의 분지들은 엄청난 수의 아주 작은 주머니들로 끝난다. 주머니 안에서는 대기와 혈액 사이에서 기체가 교환된다. 이런 분지된 구조(허파의 구조)는 거대한 표면적을 제공하므로 매우 많은 부피의 기체가 지나가기에 적합하다(허파의 기능).

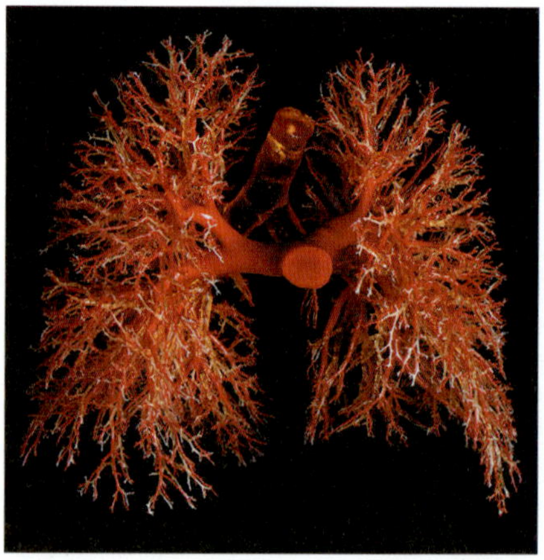

우리 허파의 수많은 작은 관들(여기 플라스티네이션으로 나타낸)은 기체교환이라는 기능과 관련된 구조를 제공한다.

정보의 흐름

생명의 기능이 정렬된 방식으로 진행되기 위해서는, 정보가 수용되고, 전달되며, 사용되어야만 한다. 그런 정보 흐름은 생물학적 조직화의 모든 수준에서 분명히 드러난다. 현미경적 크기에서는, 모든 세포가 이전의 세대에서 물려받은 DNA 서열로 구성되는 유전 단위, 즉 유전자 형태의 정보를 지닌다. 모든 유전자의 정보는 모든 생물이 공유하는 똑같은 화학적 언어인 DNA로 암호화된다. 매 순간 우리의 유전자들은 신체의 공정들을 조절하는 수만은 종류의 단백질 생산을 지시하고 있다. 여러 가지 유전 질병들은 유전자 돌연변이라는 형태의 부적절한 정보에 기인한다.

여배우인 졸리(Angelina Jolie)는 유방암 유전자 돌연변이를 가졌음을 알고 나서 예방적 유방절제술을 받았다.

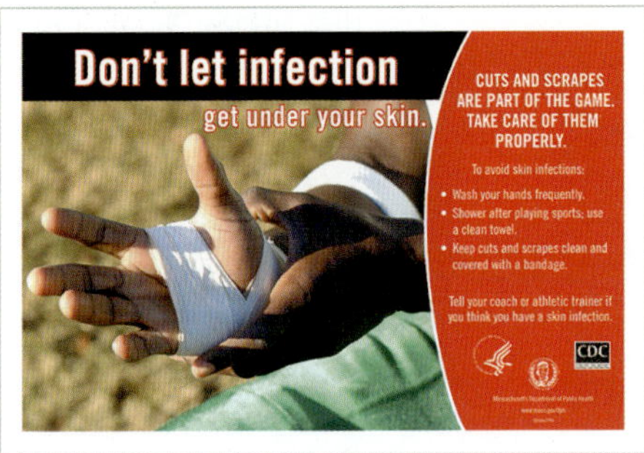

진화는 여러 가지 방식으로 우리에게 영향을 미친다; 항생제 저항성 세균의 발생을 설명하기 위한 자료.

진화

우리 가족의 역사가 있는 것처럼, 지구의 모든 생물은 생명의 나무에서 분지한 하나의 가지를 나타낸다. 그 나무는 조상종을 통해 시간을 거스르면서 점점 더 멀리 확장된다. 매우 비슷한 종들은 생명의 나무에서 비교적 최근의 공통 조상을 가진다. 다양한 종들에서 발견되는 공통된 특성들에 대한 과학적 설명은 **진화**(evolution) 즉 조상 종의 점진적 변형 혈통들이 현대 종으로 변화했다는 것이다. 150년도 더 전에 찰스 다윈(Charles Darwin)이 처음 설명한 자연선택에 의한 진화론은 생물학의 전 분야를 통합하는 핵심적 주제이다. 진화는, 매우 고립된 서식지를 점유하고 있는 아주 작은 생명체로부터 다양한 종들, 그리고 전 지구적 환경의 안정성에 이르기까지, 생명의 모든 측면을 탐구하고 이해할 수 있도록 도와줄 수 있다.

! 진화적 적응의 결과로, 코끼리들은 발을 통해 장거리의 지면 진동을 추적함으로써 의사소통을 할 수 있는 능력을 갖추게 되었다.

주제의 적용

정보의 흐름

아프리카 사바나 코끼리의 완전한 DNA 서열이 결정되었으며, 다른 포유류들(영구 동토에서 발견된 털북숭이 매머드를 포함한)과의 비교를 통해 어떻게 코끼리의 유전자가 그 독특한 신체적 특징을 설명하는지에 대한 통찰을 얻고 있다.

구조와 기능

성체 코끼리의 심장은 18 kg이 넘게 나갈 수 있지만, 심장이 뛰는 속도는 인간 심장의 절반 정도밖에 안 된다. 코끼리의 심장이 그렇게 효율적인 펌프로서 기능할 수 있는 이유는 몇 가지 독특한 구조들 때문이다.

에너지와 물질 경로

코끼리들은 신체 기능을 유지하기 위해 하루에 70,000칼로리가 필요하며, 이를 위해 계속 먹어야 한다.

진화

지난 10년간, 아프리카 코끼리의 진화에 대해 연구했던 동물학자들은 이전의 생각처럼 단일종이 아니라 뚜렷한 두 종(아프리카 사바나 코끼리와 아프리카 숲 코끼리)이 살고 있음을 발견했다.

상호연관

생태학자들은 날씨, 포식자, 그리고 계절의 점진적 변화가 코끼리 개체군의 크기와 조성에 어떻게 영향을 미치는지와 같이, 환경요인들이 코끼리와 어떤 상호연관성을 가지는지 연구한다.

요점

▶ 생물학의 큰 주제들 — 에너지와 물질의 변환, 생물학적 체계의 구성 요인들 사이의 상호연관성, 구조와 기능 사이의 관계, 정보의 흐름, 그리고 진화 — 은, 모든 수준의 생물학 연구를 통합한다.

? 생물학을 통일하는 주제라고 생각되는 개념은 무엇인가?

답: 자연선택에 의한 진화

1.4

과학자들은 잘 확립된 방법으로 자연계를 탐구한다

생물학자들은 생명을 연구하기 위해 과학적 방법을 사용한다. 이것은 분명한 질문을 야기한다: 과학이란 무엇인가? 자연을 탐구하는 다른 방식과 과학적 사고를 구분하는 것은 무엇인가? **과학**(science)은 탐구—특정 질문에 대한 정보, 증거, 설명, 그리고 답을 추구하는 것—를 통해 자연계를 이해하려는 접근법이다. 과학적 연구가 정해진 경로를 따라 진행되는 경우는 드물지만, 과학적 방법의 기저에는 몇 가지 일반적인 원리가 존재한다.

과학적 탐구 방법

우리가 종종 세계의 어떤 것을 볼 때는, 그것이 왜 그런 식으로 존재하는지 궁금해질 때가 있다. 어떻게 우리가 본 것에 대한 설명을 찾아낼 수 있을까? **과학적 방법**(scientific method)이란 발견을 위한 대강의 "조리법"이라고 할 수 있다: 즉, 그것을 따라가다 보면 자연계에 대한 통찰을 발견할 수 있게 되는 일련의 단계들이다. 여기서는 초콜릿 칩 쿠키에 관한 단순한 예로 설명해보자.

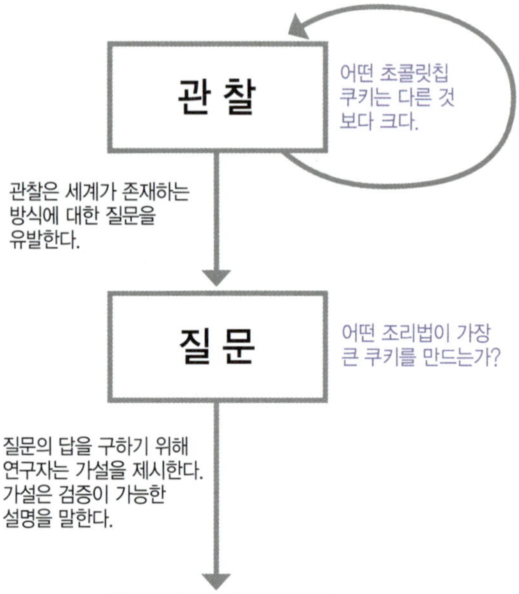

비록 과학적 연구들이 비교적 단순한 경로를 따를 수도 있지만, 그 과정은 비선형적이며 종종 피드백과 반복을 포함하곤 한다. 예를 들어, 과학자들은 검사할 가설을 설정하기에 앞서, 다음 단계를 위한 관찰과 질문을 여러 번 반복하는 방식으로 작업한다.

과학의 과정

가설을 설정하고 검사하는 것은 과학의 핵심 과정이다. 과학적 단계에서, 이 부분은 탐험에 의해 그 형태가 결정되고, 다른 과학자들과의 의사소통에 의해 영향을 받으며, 사회에 도움이 되는 결과에 의해 영감을 얻는다. 이런 활동들 다수가 다른 것들과 연결되며, 이것은 과학적 방법의 요소들이 상호작용함을 보여준다. 다양한 탐구 방법들로 인해, 각각의 독특한 과학적 도전들의 필요에 따라 과학의 과정은 유연하게 모양이 바뀔 수 있다.

> ! "과학(science)"이라는 단어는 "알다"라는 뜻의 라틴어 동사 "scire"에서 기원했다.

모든 과학적 탐구들은 자연계에 대한 관찰로부터 시작된다. 기록된 관찰은 **자료**(data)라고 불리며, 그것에 기초해서 과학적 조사가 이루어지는 증거라고 할 수 있다. 탐험은 필연적으로 자연계에 대한 질문을 이끈다.

탐구

- 자연 관찰
- 질문하기
- 과학 문헌 읽기
- 정보 탐색

검증

- 가설 설정
- 예측
- 실험 수행
- 관찰 연구 수행
- 자료 수집
- 자료 분석
- 결론 도출
- 새로운 가설 만들기

가설을 검사하는 것은 과학적 과정의 핵심이다. **가설**(hypothesis)은 일련의 관찰에 대해 제안된 설명이다. 좋은 가설이란 차후의 관찰이나 **실험**(experiment; 과학적 검사)을 통해 검증할 수 있는 즉각적 예측을 끌어낸다.

의사교환

- 자료 공유
- 피드백 얻기
- 논문 발표
- 과학 학회 참여
- 반복된 발견들
- 합의 도출

과학자들은 동료 과학자들이 발표한 업적들이라고 할 수 있는 **과학 문헌**(scientific literature)에 매우 의존한다. 과거의 연구들을 읽고 이해함으로써, 연구자들은 현재의 지식 기반을 확립할 수 있다. 자료가 수집되면, 발표와 만남을 통해 다른 과학자들과 공유될 수 있다.

결과

- 지식 구축
- 문제 해결
- 신기술 발달
- 교육 정책
- 사회 환원

과학은 사회와 서로 엮인다. 많은 과학적 탐구가 우리 삶의 질에 영향을 미치는 문제들을 해결하는 데 집중된다. 사실, 사회적 요구가 종종 어떤 연구 사업들에 재정을 지원할지 결정하기도 한다. 대부분의 과학적 탐구의 궁극적 목적은 사회를 이롭게 하는 것이다.

요점

▶ 과학적 탐구는 항상 관찰로부터 시작되며, 그것은 가설을 이끌게 되고, 결국 가설의 타당성에 대한 자료를 제공해주는 실험으로 진행된다. 과학의 과정은 거의 선형이 아니며 탐험, 검사, 의사 교환, 그리고 결론 도출 같은 여러 요소의 상호작용을 포함한다.

? 비록 과학적 방법이 종종 선형적인 일련의 단계들로 표현되기는 하지만, 대부분의 과학 연구도 그런 식으로 진행되는가?

답: 아니오. 과학의 과정은 가끔 중첩되거나 반복될 수 있는 여러 가지 다양한 경로를 따라 진행될 수 있다.

1.5 과학자들은 몇 가지 형태의 생각을 구분하여 다룬다

과학자들은 확실히 관찰되며 측정할 수 있는 자연현상에 초점을 맞춘다. 과학자들은 다양한 단어들—가설, 이론, 그리고 사실—을 사용하여 과학적 생각들을 설명한다. 이런 용어들은 쉽게 혼동이 되는데, 이 단어들이 무슨 뜻인지 살펴보도록 하자.

가설

가설(hypothesis)이란 일련의 관찰에 대해 제안된 설명이다. 몇몇 가설들(쉽게 통제될 수 있는 조건들을 포함하는 것들)은 그 자체를 **실험**(experiment)하거나 과학적으로 검증하기에 적합하다. 다른 가설들(생태학적 문제들처럼, 통제가 불가능한 세계의 측면을 포함하는 것들)은 추가 관찰들을 통해 검증될 수 있다. 여기 나타낸 예들이 설명하는 바대로, 우리는 일상의 문제들을 푸는 데 가설을 이용한다. 만약 주의를 기울인다면, 우리가 종종 가설을 만들고 그것을 검사하며 그에 따른 결론을 도출한다는 사실을 발견할 수 있을 것이다. 다시 말해, 과학의 과정은 아마도 문제를 풀기 위한 "믿음직한" 방법일 것이다.

좋은 가설이란 …

- ❑ 검증이 가능해야 하며, 그런 검사의 결과는 가설을 지지하거나 반박하게 될 것이다.
- ❑ 틀렸음이 입증될 수 있어야 한다.
- ❑ 검증될 수 있는 즉각적 예측을 이끈다.

탐구

모든 과학적 의문은 세계의 어떤 점을 인식하면서 시작된다.

- **관찰**: 전화기의 전원 버튼을 눌렀지만 반응이 없다. 전화기가 작동하지 않는 것이 관찰되었다.
- **질문**: 질문이 분명해진다: 왜 전화기가 반응이 없지?

검증

포기한 채 "알아낼 방법이 없다!"고 말하는 대신, 질문을 검증하기 위한 실험을 수행할 수 있다.

- **가설**: 검사해볼 가능한 설명 하나에 집중한다. 그 최초의 설명이 가설이 된다. 여기서는, 배터리가 다 닳았다는 가설을 세울 수 있다.
- **실험**: 전화기에 전원 플러그를 꽂아주고 전화기가 켜지는지를 살펴봄으로써 실험을 수행할 수 있다.
- **결론**: 이 실험을 수행했는데도 전화기가 반응하지 않는다. 이 자료는 여러분의 가설을 지지하지 않는다.

결론에 기반하여 두 번째 가설을 세우고 검사한다. 아마도 다음 가설은 '전원 케이블이 끊어졌다'고 세울 수 있다.

결론 도출

바람직한 결과(전화기 작동)가 나올 때까지 계속해서 가설을 세우고 그것을 검증한다.

이론

과학적 **이론**(theory)이란 많은 관찰을 설명할 수 있는 포괄적이며 잘 입증된 설명이다. 이론들은 다양하고 많은 증거에 의해 지지되며, 틀린 적이 없는 경우에만 과학자들에 의해 널리 받아들여진다. 많은 사람들이 일상 언어에서 사용하는 바와는 달리, 과학자들은 이론이라는 단어를 다르게 사용한다는 점을 깨닫는 것이 중요하다. 일상에서 이론이라는 말은 종종 "추측"의 의미로 사용되는데, 이 경우 과학자들은 '가설'이라는 단어를 사용할 것이다. 사실, 가설과는 달리, 모든 과학적 이론은 아주 많은 지원 증거들로 보강된다. 그러므로 진화론 같은 과학 이론을 "단지" 이론일 뿐이라고 말하는 것은 그것이 증거가 부족하다거나 검증되지 않았다는 의미이므로 부적당한 것이다.

! 가장 초기의 코끼리는 약 5천만 년 전에 아프리카에서 진화했다; 그들은 개 정도의 크기였고 대부분 물에서 살았다.

가설	이론
진실에 대한 기대 없음 범위가 좁음	근거가 충분하며 거짓으로 입증된 적이 없음 범위가 넓음
즉각적 검사를 받음	이미 많은 증거들에 의해 지지됨
틀렸음을 입증할 수 있음; 반박 증거에 의해 논박 가능	틀렸음을 입증할 수 있음; 반박 증거들에 의해 논박 가능
예: 아프리카 코끼리의 커다란 귀는 체열을 조절하는 데 도움을 주는 진화적 적응이다. 	예: 지역 환경에 가장 잘 맞는 유전적 형질을 가진 개체의 생식적 성공으로 인해 수많은 세대를 거치면서 신체적 적응이 진화한다. 

사실

사실(fact)이란 현재의 모든 증거에 기초하여 객관적으로 진실이라고 생각되는 검증 가능한 정보를 말한다. 많은 사람들이 사실과 과학을 연관시키지만, 사실을 축적하는 것이 과학의 주요 목표는 아니다. 사전은 아주 인상적인 사실 목록이라고 할 수 있지만, 과학과는 별로 관련이 없다. 그러나 검증 가능한 관찰과 재현 가능한 실험 결과라는 형태라는 점에서 사실이 과학의 전제조건이라는 점은 진실이다. 그렇지만 과학은 자기 수정이 가능하다는 점을 명심하라: 새로운 증거는 이전에 사실로 간주되었던 정보를 다시 생각하도록 할 수 있다.

사실과 구별되는 것

- ❑ 의견(믿음, 견해, 감정, 취향의 문제).
- ❑ 거짓(거짓으로 증명된 정보).
- ❑ 추측(부족한 정보를 가진 생각).
- ❑ 추리(관련 진술이 사실이기 때문에 그 진술이 사실일 것으로 생각하는 것).

요점

▶ 가설은 일련의 관찰들에 대해 제안된 설명이다. 이것은 즉각적인 검사를 받게 되며 진실일 것으로 기대되지는 않는다. 이론이란 잘 증명된 설명으로서 많은 증거로 뒷받침된다. 사실이란 의견의 범주 밖에 있는 것으로 검증 가능한 단편적 정보라고 할 수 있다.

? 친구에게 "고양이가 어딨지?"라고 묻자, 친구가 대답하기를 "모르겠지만, 내 이론으로는 개가 밖으로 탈출했을 거야."라고 했다. 보다 과학적이 되도록 친구의 말을 고치려면 어떻게 해야 할까?

답: 위의 말이 제안된 설명을 표현하기에 적합하도록 "이론"이라는 말을 "가설"로 바꾼다.

1.6 과학자들은 변인을 통제하려고 한다

아마도 여러분은 초콜릿 칩 쿠키가 다르다는 관찰을 했을 수 있다.: 어떤 것은 좀 더 많이 씹히고, 어떤 것은 더 얇다. 성분이나 굽는 방법 차이가 어떻게 쿠키에 영향을 미칠까? 이 문제를 과학적으로 조사하기 위해서, 여러분은 가설을 세우고 실험을 수행할 수 있다. 예를 들어, 여러 종류의 밀가루나 버터의 양을 달리하여 쿠키를 구운 후에 결과를 비교할 수 있을 것이다. 결론에 도달하기 위해 여러분은 각 쿠키 반죽에서 어떤 성분을 달리해야 하고 또 어떤 것은 같게 해야 하는지를 고려할 필요가 있을 것이다. 만약 한 번에 여러 가지 성분을 바꾼다면 믿을만한 결론을 끌어내기 어려울 것이다.

통제된 연구

가설을 검증하기 위해서, 과학자는 단 하나의 변수만 변하는(다른 모든 변수는 계속 같게 유지) 여러 번의 통제된 실험을 수행할 수 있다. 통제된 실험을 통해 과학자는 변화하는 한 가지 변인의 효과에 대한 결론을 도출할 수 있게 된다. 예를 들어, 여러분이 쿠키를 굽는다면, 한 가지 성분—예를 들자면 사용할 밀가루의 종류—만 변화시키고 다른 모든 변수는 같게 유지할 수 있다. 그러면 쿠키의 변화는 그 요인 때문이었음을 확신할 수 있다.

가설: 케이크용 밀가루를 사용한 쿠키는 다목적 밀가루로 만든 쿠키보다 더 크게 부풀 것이다.

밀가루 종류를 제외하면, 두 종류의 쿠키에 대한 조리법은 같다. 이것은 케이크용 밀가루가 다목적 밀가루보다 더 쿠키를 크게 만들 것이라는 가설을 지지할 수 있는 통제된 실험이다.

케잌용 밀가루를 이용해 구운 쿠키

다목적 밀가루를 이용해 구운 쿠키

양성 대조군과 음성 대조군

대조군(control group)은 실험의 기준선을 확정하기 위해 사용하는 것이다. 우리 쿠키 실험을 위해서, 대조군은 표준화된 조리법에 따라 구워진 쿠키가 될 것이다. 조리법을 변화시켜서 만들어진 쿠키들을 대조군과 비교함으로써 실험자는 관찰된 어떤 차이들이 고려 대상인 변인에 의한 것인지를 확신할 수 있다.

대조군	
음성 및 양성 대조군을 이용하면, 검사의 유효성뿐만 아니라 종속 변인에서 관찰된 차이가 독립 변인 한 가지에 의한 것이라는 확신을 증가시킬 수 있다.	
음성 대조군(negative control)은 변화가 기대되지 않는 집단이다. 예를 들어, 같은 온도의 두 오븐을 바꾸는 것은 쿠키에서의 변화를 일으키지 않을 것이다.	**양성 대조군**(positive control)은 변화가 기대되는 집단이다. 예를 들어, 버터를 2배로 늘리는 것은 효과가 있을 것이다. 그렇지 않다면 실험 설계가 잘못된 것일 수 있다.

독립 변인과 종속 변인

지금까지 설명한 쿠키 실험에서는, 밀가루의 종류(케이크용인지, 다목적용인지에 따라)가 쿠키의 크기에 효과를 미치는지 검사되었다. **독립 변인**(independent variable)은 잠재적 원인으로서 조작되는 것이다; 이 경우에서는 밀가루의 종류가 된다. **종속 변인**(dependent variable)은 조사에서 나온 반응이나 결과, 혹은 효과라고 할 수 있는 것이다; 이 경우에서는 쿠키의 크기가 된다. 잘 설계된 실험들은 종종 한 번에 하나의 독립 변인만을 검사한다. 예를 들어 밀가루 종류를 검사한 후에 버터의 양을 변화시킬 수 있지만, 만약 같은 실험에서 밀가루 종류와 버터의 양을 모두 바꾼다면 그 결과를 해석하기 어려울 것이다.

독립 변인: 밀가루 종류 종속 변인: 쿠키 크기

맹검 실험

맹검 실험(blind experiment)에서는, 실험에 대한 일부 정보가 참가자들에게는 감춰진다. 예를 들어 쿠키에 대한 밀가루의 효과를 검사하기 위해서 여러분은 친구에게 각 조리법을 평가해달라고 부탁할 수 있다. 여러분은 쿠키들을 "A" 혹은 "B"로 제시하고, 여러분의 친구는 어떤 밀가루가 사용되었는지 알지 못한다. 이것은 여러분의 친구 부분에 대한 편견의 기회를 없앤다(예를 들어 케이크용 밀가루가 더 나을 것이라는 선입견을 가졌을지도 모를 사람). 이것은 **단일 맹검 실험**(single-blind experiment)이라고 부른다. 실험 참여자나 실험자 모두가 실험 그룹에 대해 알지 못하는 실험은 **이중 맹검 실험**(double-blind experiment)이라고 한다. 이것은 여러분이나 여러분의 친구가 모두 어떤 종류의 밀가루가 그룹 A 쿠키나 B 쿠키에 사용되었는지 알지 못하는 경우이다. 이것은 여러분이 의도치 않게 검사 점수를 왜곡하지 않도록 해준다(예를 들어, 케이크용 밀가루 조리법을 더 높은 등급과 연관된 문자인 "A"라고 항상 표지하는 것 같은). 많은 의료 약품의 검사에는 **플라세보**(placebo, 위약)가 포함되는데, 이것은 의학적으로는 효과가 없는 처방으로, 플라세보 그룹을 실제 약에 대한 음성 대조군으로 작용하도록 만들어준다. 의료 실험에 대한 "황금 표준"은 "이중 맹검 플라세보 통제 연구"로 진행되는 것으로, 환자나 의사 모두 어떤 환자가 실제 치료를 받고 또 어떤 환자들이 가짜 약인 플라세보를 받을지에 대해 알지 못한다는 의미이다.

연구 형태	피검자들이 그룹 정보를 알고 있는가?	연구자들이 그룹 정보를 알고 있는가?
맹검이 아님	예	예
단일 맹검	아니오	예
이중 맹검	아니오	아니오

! 플라세보 효과(placebo effect)는 아무것도 없음에도 단순히 치료가 행해졌다는 환자의 믿음 때문에 증상이 개선되는 잘 알려진 현상이다.

요점

▶ 가장 분명하게 가설을 검증하기 위해, 과학자들은 한 실험당 오로지 하나의 변인만 변화시키려고 한다. 독립 변인은 그 효과가 종속 변인에 영향을 미치는지 보기 위해 변화되는 변수이다. 맹검 실험을 수행하는 것은 편견을 줄여줄 수 있다.

? 여러분이 만약 같은 양의 개밥을 물을 섞거나 섞지 않고 먹이려고 한다면, 이때 독립 변인은 무엇이고, 종속 변인은 무엇이 되겠는가?

답: 독립 변인은 첨가된 물의 유무이다. 종속 변인은 개가 얼마나 빨리 얼마나 많은 양을 먹는가이다.

1.7 과학자들은 그래프를 이용한 자료로 소통한다

거의 모든 과학적 조사는 **자료**(data)를 만들어낸다. 이것은 측정의 결과 얻어진 정보의 조각들이다. 과학자들은 자료를 수집하고, 조직하고, 공유하기 위해 표(table)를 이용한다. **그래프**(graph)는 자료들을 시각적으로 나열하는 방법으로서, 정보를 합쳐 비교하는 데 사용될 수 있다. 여러분은 아마도 그래프로 제시된 자료들을 종종 만나지만 어떻게 그 정보들을 읽고 해석해야 하는지를 완전히 이해하지는 못했을 수 있다. 여기서 볼 수 있는 바와 같이, 여러 가지 형태의 그래프들이 존재하는데, 각각은 제시될 자료의 종류에 따라 가장 적합하게 사용될 수 있다.

막대 그래프

막대 그래프(bar graph)는 자료의 범주를 비교할 때 자주 사용된다. 이 그래프는 젊은 환자 두 집단에 대한 치료 차이에 대해 생존 기간을 비교해서 보여준다. 두 자료 세트 사이에 존재하는 차이가 의미가 있는 것인지에 대한 가능성을 알려주기 위해 **오차 막대**(error bar)가 포함될 수 있다. 확실하게 하기 위해서는 추가적인 통계 검사가 수행되어야 하지만, 오차 막대가 겹치는 것은 두 막대 사이의 차이가 그다지 크지 않다는 것을 의미한다.

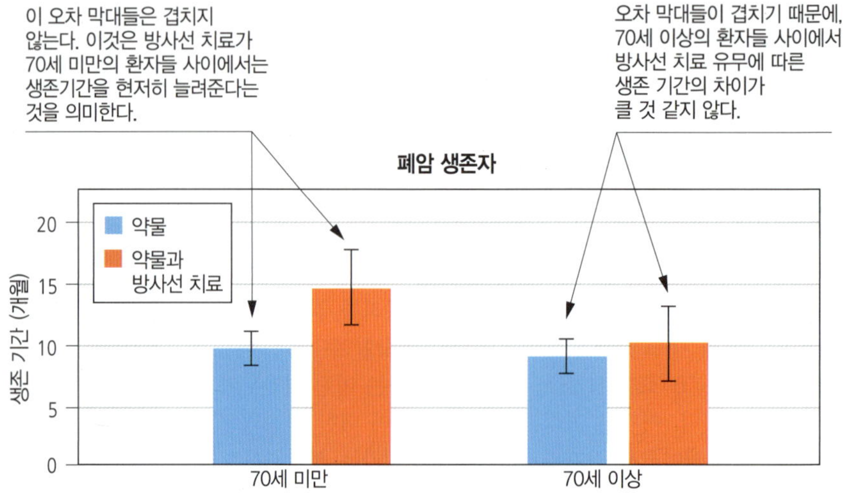

출처: National Cancer Institute. *SEER Cancer Statistics Review* (CSR) 1975–2011.

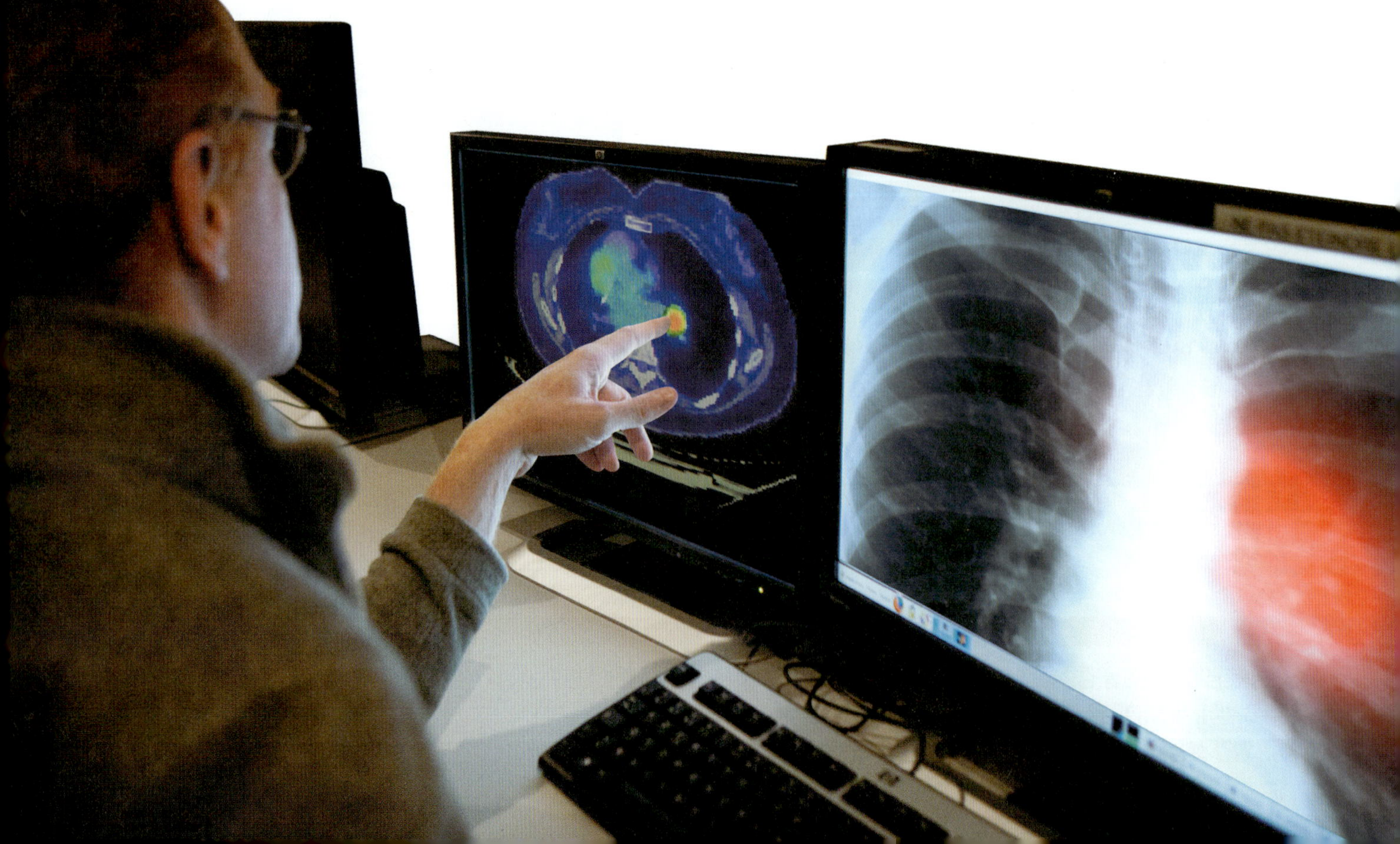

선 그래프

선 그래프(line graph)는 계속해서 변하는 자료를 보여줄 때 종종 사용된다. 이것은 개별 자료 조각들을 점으로 찍은 다음 점들을 연결하여 만든다.

> **!** 흡연자들은 가끔씩만 담배를 피워도, 폐암에 걸릴 확률이 15~20배 가량 증가한다.

부호는 선들의 색깔이 의미하는 바를 설명한다.

대부분의 그래프에는 상단에 제목을 붙인다.

세로축은 ***y*축**이라고 불린다. 일반적으로, 그래프 옆으로 숫자들이 달린다. 이 그래프에서는 *y*축이 미국인 10만명 당 발생하는 0~100까지의 사망 범위를 포함한다. *y*축의 값이 높을수록 더 많은 사망을 나타낸다.

많은 과학적 그래프들이 자료의 출처를 나타내는 문장을 포함한다.

가로축은 ***x*축**이라고 한다. 보통 숫자가 표지되지만, 때로는 그 표지가 뜻하는 바가 명확하면 생략되기도 한다. 이 그래프는 1930년에서 2015년까지의 자료를 보여준다.

미국의 연간 폐암 사망률

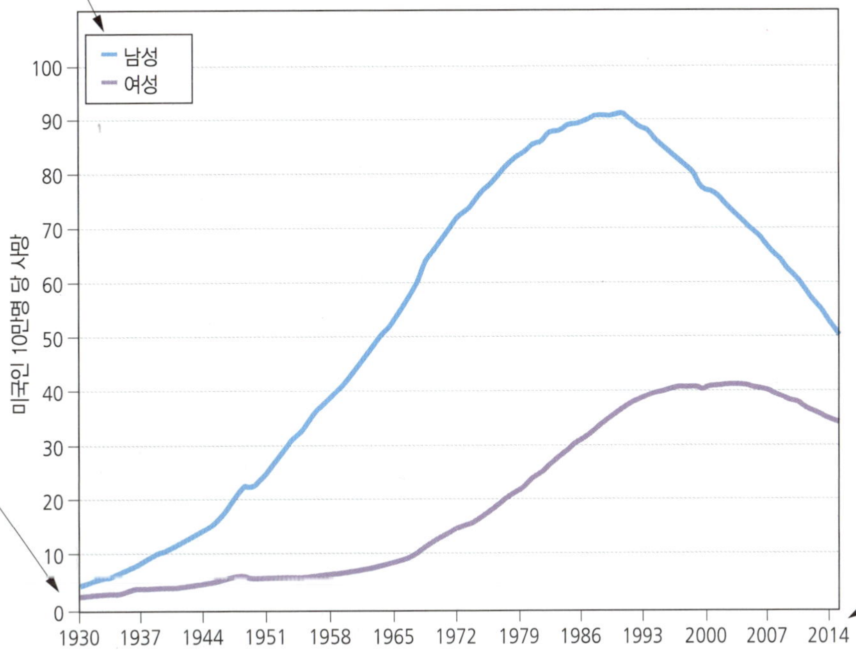

출처: National Cancer Institute. *SEER Cancer Statistics Review* (CSR) 2018.

원 그래프

원 그래프(pie chart)는 백분율(%)을 보여줄 때 사용된다. 전체 원은 모든 사례를 나타내므로 조각들을 합치면 100%가 된다. 오른쪽 원 그래프의 각 조각은 암이 어떤 단계에서 진단되었는지(암이 국부적인 것이었나, 아니면 신체 일부에 퍼졌는가, 혹은 신체에서 먼 곳까지 퍼져있었나)에 대한 폐암 진단 분율을 보여준다.

진단 시기에 폐암이 전이된 정도

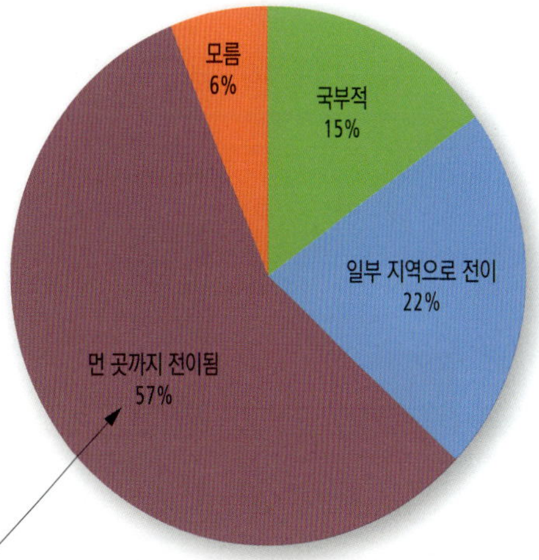

조각이 클수록 더 빈번한 범주를 나타낸다. 대부분의 폐암 사례에서는, 먼 곳까지 전이될 때까지 진단이 이루어지지 않으며, 그것이 폐암을 치명적인 질병이 되게 하는 것으로 보인다.

출처: National Cancer Institute. *SEER Cancer Statistics Review* (CSR) 1975–2011.

요점

▶ 과학자들은 표와 그래프를 이용하여 자료를 보고한다. 그래프들이 표준 관행을 따르기 때문에 우리는 그런 자료를 적절히 해석하는 법을 배울 수 있다.

? 선 그래프의 가장 최근 자료에 따르면, 미국인 10만 명당 폐암으로 사망하는 남자는 여자보다 얼마나 더 많은가?

답: 약 16 명 (남성은 10만 명당 약 50명이고; 여성은 10만 명당 34 명 정도이므로).

1.8 과학자들은 상황에 따라 다른 형태의 연구를 이용한다

과학자들은 여러 가지 방식으로 연구를 수행한다. 예를 들어, 적절하게 포도당을 처리할 수 없게 만드는 질병인 **당뇨병**(diabetes)을 연구하는 데는 많은 형태의 연구들이 이용된다. 당뇨병은 심장병, 시력 상실, 그리고 신경 손상 등 다양한 건강 문제를 일으킬 수 있다. 지난 20년 동안, 미국 내의 수많은 당뇨병 사례들이 3배나 늘어 4천만 건에 도달하는 등 우리 사회의 가장 큰 의료 문제가 되고 있다.

! 건강 관리 비용의 1/5은 당뇨병 환자들을 돌보는 데 사용된다.

가설 기반 통제 실험

과학자들은 종종 일련의 관찰들에 대한 제안된 설명이 주어지면 그 **가설**(hypothesis)을 검증하는 실험을 수행하고 싶어 한다. 결과의 신빙성을 증가시키기 위해, 가설 기반 실험들은 종종 **대조군**(control group)을 포함하는데, 이것은 조사 대상인 변인이 없거나 조치를 받지 않은 참가자들을 말한다.

배경: 1993년의 한 연구는 제1형 당뇨병을 앓는 1,441명의 환자에 대한 것이었다. 그 사람들은 스스로 인슐린(insulin) 주사를 맞아야만 하는데, 이 호르몬은 신체의 혈당 수준을 적절히 유지할 수 있도록 돕는다. 연구자들은 새로운 치료법이 이 환자들에 유익하다는 가설을 세웠다.

실험 설계: 환자들은 표준치료법을 받는 대조군과, 더 집중적인 치료를 받는 실험군으로 나뉘었다. 받는 치료의 빈도를 제외하면, 두 집단은 똑같았다. 환자들은 6.5년 동안 추적 조사를 받았다.

결과: 다른 건강 문제들(나타내지 않음)뿐 아니라 눈과 신경 손상의 빈도(그래프에 나타냄)는 집중 치료 집단에서 상당히 낮게 나타났다.

결론: 더 집중적인 치료는 현재 제1형 당뇨병의 표준 치료가 되었으며 수백만 명의 삶을 개선하고 있다.

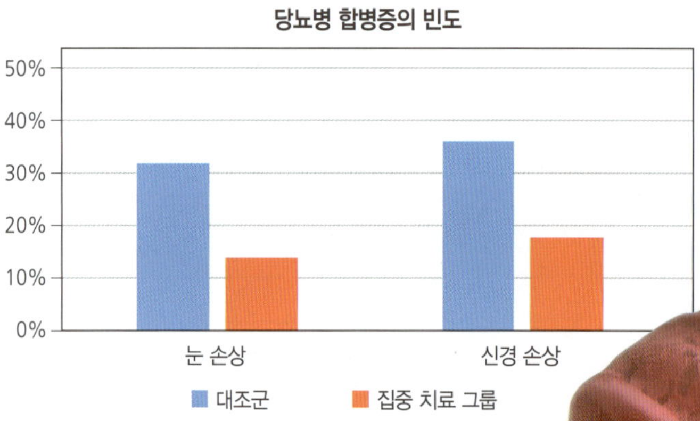

출처: The Diabetes Control and Complications Trial Research Group, *The New England Journal of Medicine*, v329:14 (1993).

관찰 연구

관찰 연구(observational study) 중에는 과학자들이 피검자를 조사하지만, 그들을 조작하지는 않는다. 이런 형태의 연구는 생태학적 가설들(연구자들이 자연현상을 방해하길 원치 않는 경우)이나 인간의 건강(실용적이고 윤리적인 이유로)을 시험하는 데 유용하다. **역학 연구**(epidemiological study)는 두 집단 사이의 건강 차이를 찾는다: 한 집단은 일부 생활 요소에 노출된 것으로 알려져 있고, 다른 집단은 그렇지 않다. 역학자들은 연구에 참여한 모든 사람의 건강을 오랜 기간 동안 측정한다.

배경: 2015년의 한 연구는 제1형 당뇨병을 앓는 18,000명의 환자를 두 집단으로 나누었다. 하루에 여러 번 주사를 맞는 사람들과 인슐린 펌프를 사용하는 사람들이었다. 인슐린 펌프는 지속적으로 혈당을 측정하여 소량의 인슐린을 넣어주는 전자 장치이다.

실험 설계: 환자들은 7년 동안 건강 문제가 발생했는지 추적 조사되었다.

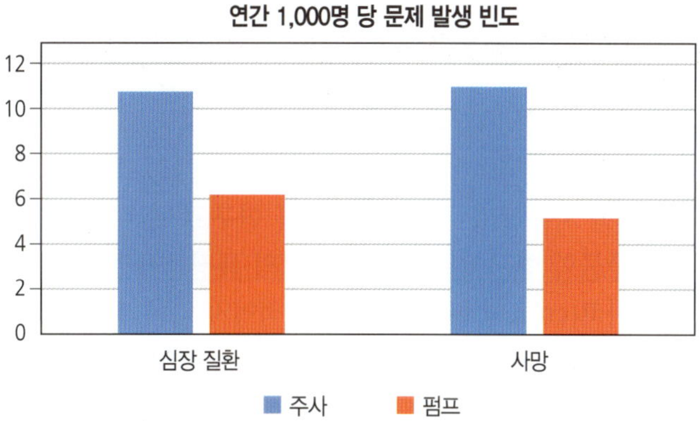

이 그래프는 1형 당뇨병 환자 1,000명 중 어느 정도가 1년 내에 심장병에 걸리거나(왼쪽), 사망(오른쪽)하게 될 지를 보여준다.

출처: Steineck et al., *British Medical Journal*, v350:h3234 (2015).

결과: 그래프에 나타난 것처럼, 인슐린 펌프를 사용한 사람들은 심장병에 걸리거나 사망할 확률이 절반 정도였다.

결론: 제1형 당뇨병을 앓는 환자들은 인슐린 펌프를 사용하는 것이 더 이로울 수 있다.

역학 연구를 고려할 때 명심해야 할 중요한 원칙이 자주 언급되는데, "연관 관계가 인과 관계를 뜻하지는 않는다"라는 것이다. 즉, 두 변인(인슐린 펌프와 심장병 발생) 사이의 관계가 반드시 한 가지 변수가 다른 하나를 일으킨 원인일 필요는 없다는 점이다. 예를 들어, 붉은 머리와 주근깨는 종종 함께 나타나지만, 붉은 머리가 주근깨의 원인은 아니다. 종종 집단 내에서 관찰된 역학적 효과 뒤의 진짜 원인을 결정하기 위해서는 잘 통제된 실험들이 필수적이다.

인간에 대한 임상시험

새로운 치료에 대한 시험같이, 사람과 관련된 통제된 실험들을 **임상시험**(clinical trial)이라고 한다. 피험자들은 무작위로 실험 집단(연구 중인 치료를 받음)과 대조군[연구 중인 물질을 포함하지 않은 치료, 즉 **플라세보**(placebo)를 받음]으로 배정되었다. 한 **이중 맹검 플라세보 통제 시험**(double-blind placebo-controlled trial)에서는 연구자뿐 아니라 피험자도 모두 누가 어느 집단에 속해 있는지 알지 못했다.

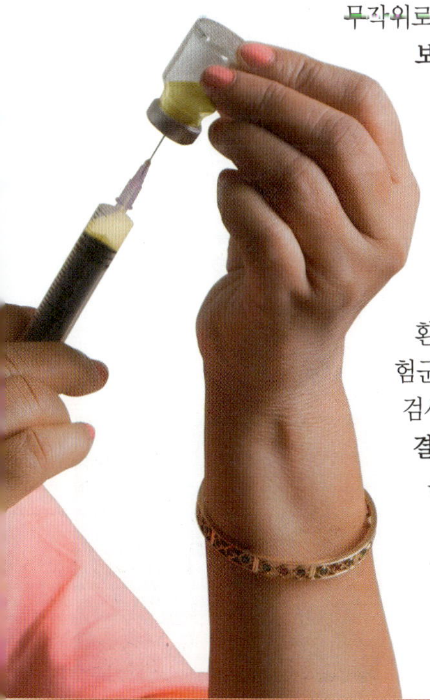

배경: 2017년의 한 연구는 새로운 약이 당뇨병 치료를 향상시키는지 결정하고자 하였다.

실험 설계: 제1형 당뇨병을 앓는 1,402명의 환자들이 대조군(플라세보 주사를 맞음)이나 실험군(새로운 약이 주사됨)으로 배정되었다. 혈당 검사의 목표치에 의해 성공적인지 판단되었다.

결과: 플라세보에 비해 새로운 약은 2배 정도 많은 환자의 혈당을 목표에 도달하도록 했다.

결론: 연구자들은 새로운 약이 더 나은 혈당조절을 제공한다는 확신을 가질 수 있었다.

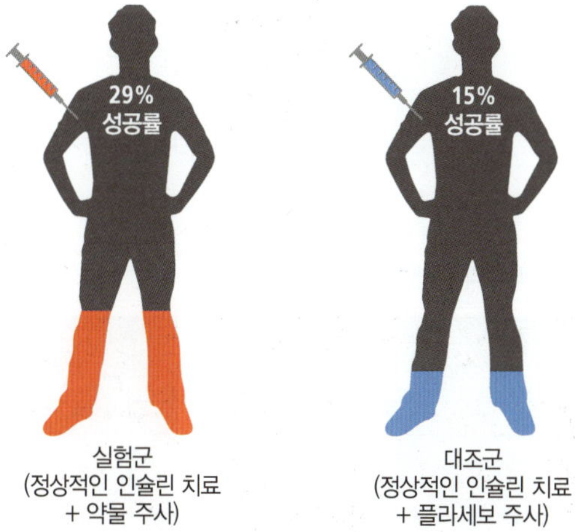

출처: Garg et al., *The New England Journal of Medicine*, v377:24 (2017).

요점

▶ 과학자들은 다양한 형태의 연구를 이용하여 문제를 조사한다: 가설 기반 통제 연구들(피험자를 조작), 관찰 연구들(조작 없음), 역학 연구(생활형태와 건강 사이의 연관), 그리고 플라세보-통제 임상 연구(의료계에서 종종 사용)들이다.

? 과학의 과정은 보통 특정 성과(outcome)를 포함한다. 여기서 설명한 관찰 연구의 성과는 무엇인가?

답: 환자들에게 인슐린 펌프를 사용할 것을 장려함으로써 건강을 증진할 수 있도록 한다.

1.9 과학적 주장을 판단할 때는 비판적 사고력이 필요하다

우리가 자연에 대해 아는 것은 거의 모두 과학의 과정을 통해 배운 것으로, 그것이 생물학을 생명의 과학이라고 정의하는 이유이다. 비록 모든 사람이 그들의 세계(예술, 종교, 철학 등)에 대해 생각하기 위해 여러 가지 방법들을 사용할 수 있지만, 생물학 연구 중에는 오로지 인정된 과학적 원리들만 이용되어야 한다. 따라서 적절한 생물학 연구에는 과학적 사고의 특징들과 한계에 대한 인식이 필요하다. 과학적 주장을 고려할 때는 **비판적 사고**(critical thinking), 편파적이지 않은 분석, 그리고 정보에 대한 평가 등 모든 방법을 이용하여 판단해야 한다. 여기서는 적절한 과학 연구인지를 알아내기 위해 사용할 수 있는 비판적 사고력에 대해 알아보도록 하자.

과학과 유사과학

때로, 어떤 주장들은 실제로 그렇게 하지 않으면서도 과학적 표준을 준수한 것처럼 보이려는 의도로 과학 전문용어들을 이용하기도 한다. **유사과학**(pseudoscience)은 과학적 근거가 있는 것으로 잘못 제시된 모든 연구 분야를 말한다. 예를 들어, 유사과학적 연구는 증명될 수 없는 주장을 하거나, 단 한 사람의 검증 불가능한 주장에 기반을 둔다. 유효한 과학과 유사과학 사이에 존재하는 차이는 때로 모호할 수 있지만, 우리가 유사과학을 만났을 때 그것을 인지하기 위해 사용할 수 있는 몇 가지 지표들이 존재한다.

현장에서 자료를 수집중인 생물학자

과학의 특징	유사과학의 특징
잘 정립되고 인식되는 과학적 방법에 부합한다.	일반적으로 받아들여지는 과학적 방법에 부합하지 않음
반복된 결과	다른 사람에 의해 결과가 재현되지 않음; 한 사람에 의한 결과이거나 의견에 지나지 않음
오류가 입증될 수 있는 검증 가능한 주장	증명이나 검증이 불가능한 주장; 검증할 수 없는 신념이나 추정에 의존함
외부 평가에 열려 있음	외부 평가를 거부하거나 반대되는 증거를 받아들이지 않음
다수의 증거	소수의 자료에 과대 의존함; 근본적 원인들이 조사되지 않음

유사과학의 사례

운세를 보는 것은 재현되지 않는다; 서로 다른 점쟁이들은 같은 시작 자료에 대해 다른 결과를 내놓는다.

유사과학자들은 종종 과학적인 것처럼 보이지만 쓸모없는 도구들을 사용한다.

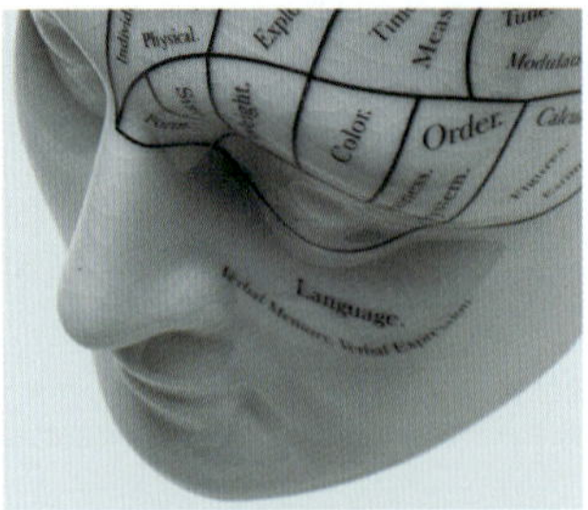

두개골 측정에 기초하여 인성을 예측하는 것은 독립적 평가와 맞지 않는다.

ESP(초능력)에 대한 주장은 통제된 과학적 조건에서 증명된 적이 없다.

! 미국의 보건복지부 장관은 간호사들의 건강 연구(Nurses' Health Study)를 "지금까지 여성들의 건강에 관해 수행된 가장 중요한 연구 중 하나"라고 말했다.

좋은 과학과 나쁜 과학

과학은, 인간의 다른 노력들이나 마찬가지로, 잘 수행될 수도 있고 그렇지 못할 수도 있다. 그 차이는 어떻게 알 수 있을까? 과학적 주장의 유효성을 평가할 때 명심해야 할 몇 가지 생각들을 아래 제시하였다.

1998년의 한 연구는 홍역, 볼거리, 그리고 루벨라를 예방하기 위한 백신(MMR 백신)이 어린아이들에서의 자폐증 발생과 "연관되어 있다"고 주장했다.

2012년의 한 연구는 단 음료 소비와 고혈압 발생 사이의 연관성을 지적했다.

샘플의 크기

두 피검자 집단 사이의 차이점을 찾을 때는 각 집단 내에 얼마나 많은 피검자들이 있는지가 중요하다. 일반적으로 말하자면, 샘플의 크기가 클수록(즉, 각 그룹에 인원이 많을수록) 결과를 더 신뢰할 수 있다. 매우 작은 샘플 크기를 사용한 주장은 의심해야 한다. 특히, 단 한 번의 사례에 기초한 일화적 증거에는 회의적이어야 한다.

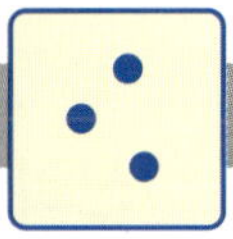

이 연구는 단 12명의 환자들을 대상으로 하였다. 연구자는 자폐증의 발생이 8명의 환자들에 대한 백신과 관련이 있다고 주장했다.

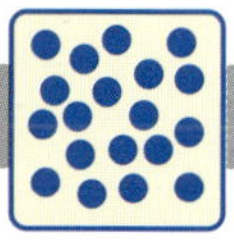

이 연구는 186,000명의 지원자에 대한 자료를 포함하고 있다. 이 자료는 1976년에 시작된 이래로 280,000명의 참가자들에 대한 것을 포함하고 있는 Nurses' Health Study(NHS)에서 뽑은 것이다.

대조군

두 실험 조건 사이의 차이에 대한 주장은 대조군이 포함될 때 강화된다. 대조군은 실험적 조작이 가해지지 않은 것이며, 따라서 고려 중인 변수들을 보여주거나(양성 대조군) 보여주지 않을 것(음성 대조군)으로 기대된다.

이 연구는 자폐증 검사자들과 비 자폐증 검사자들로 이루어진 그룹을 비교하지 않았다.

이 연구는 수천 명의 참가자들을 4 그룹으로 나누었다: 하루에 적어도 1번은 단 음료를 섭취하는 그룹, 일주일에 2~6번 섭취하는 그룹, 한 달에 1~4번 섭취하는 그룹, 그리고 한 달에 한 번도 섭취하지 않는 그룹(음성 대조군)이다.

재현성

모든 과학적 연구는 다른 그룹들에 의해 재현될 수 있어야 한다. 재현되지 못하는 연구는 즉각적으로 의문이 제기된다.

많은 후속 연구들(일부는 수십만 명의 검사자를 포함)이 백신과 자폐증 발생과의 연관성을 찾는데 실패했다.

NHS 연구의 결과는 몇몇 다른 연구들과도 부합했는데, 실험연구나 관찰 연구 모두 같았다. 이것은 단 음료의 섭취와 고혈압 사이의 연관성을 더 강화시킨다.

과학과 매체

과학적 연구들과 주장들은 해석되어야 하며, 실제로 매체들에 의해 잘못 해석되곤 한다. 만약 어떤 주장이 너무 훌륭해서 사실일 수가 없다면, 그것은 사실 그렇다! 모든 사람은 과학적 주장들에 대한 주류 매체들의 보고에 관해서는 건강한 정도의 회의론을 유지해야 한다. 가능하면, 여러분 스스로 원 발견을 살펴보거나, 과학에 대해 정확한 보고 이력이 증명된 믿을만한 뉴스 출처를 찾아보아야 한다.

철회

과학 분야는 자기 교정이 되기를 추구한다. 출판된 연구는 철회될 수 있는데, 이것은 원작이 출판되어서는 안 되었으며, 그 자료나 결론 역시 차후의 연구에 기초로 사용되어서도 안 된다는 뜻이다. 철회는 대부분 저자나 편집자가 표절이나 오류를 발견한 이후에 생긴다. 1998년 백신/자폐증 연구는 2004년 그것을 출판했던 저널에 의해 부분적으로 철회되었다가 2010년에 완전히 철회되었다.

요점

▶ 생물학은 공인된 과학적 접근을 통한 생명 연구로 제한된다. 과학적 연구들은 잘 수행되거나 그렇지 못할 수 있으며, 독자는 과학적 주장을 평가할 때 비판적 사고를 하는 것이 중요하다.

? 어떤 요인들이 간호사들의 건강 연구(Nurses' Health Study)를 믿을만한 연구로 만드는가?

답: 그것은 많은 참가자들을 포함하며 대조군을 잘 사용하였다.

믿을만한 정보 출처인지를 확인하는 것은 중요한 비판적 사고방식이다

지금까지 이렇게 많은 정보에 접근했던 적은 없었다. 우리는 모두 문자 그대로 우리 손끝에서 인류 지식의 광대한 우주를 탐색할 수 있는 능력을 갖추고 있다. 어떻게 믿을만한 정보와 가짜 정보를 구분할 수 있을까? 과거에는 전문가들(도서관 사서 등)이 쓸 수 있는 자원들을 선별했다. 그런 비판적인 가치 평가 기술은 이제 각 사용자가 갖추어야 할 능력이 되었고, 그렇지 않으면 잘못된 정보의 늪에 빠져 길을 잃게 될 것이다. 과학적 주장의 타당성을 평가하는 가장 좋은 방법의 하나는 그 정보의 출처를 고려하는 것이다.

동료 평가

과학은 **동료 평가**(peer review)에 의존하는데, 이것은 그 연구에 참여하지 않은 공평하고 자질을 갖춘 익명의 전문가가 평가하는 작업이다. 일반적으로 동료 평가를 거친 과학 잡지에 발표된 연구는, 유효한 과학적 연구라고 인정할 수 있는 "황금 기준(gold standard)"으로 고려된다. 과학자들 대부분은 동료 평가를 통과하기 전에는 어떤 생각을 심각하게 고려할만한 가치가 있는 것으로 생각하지 않는다.

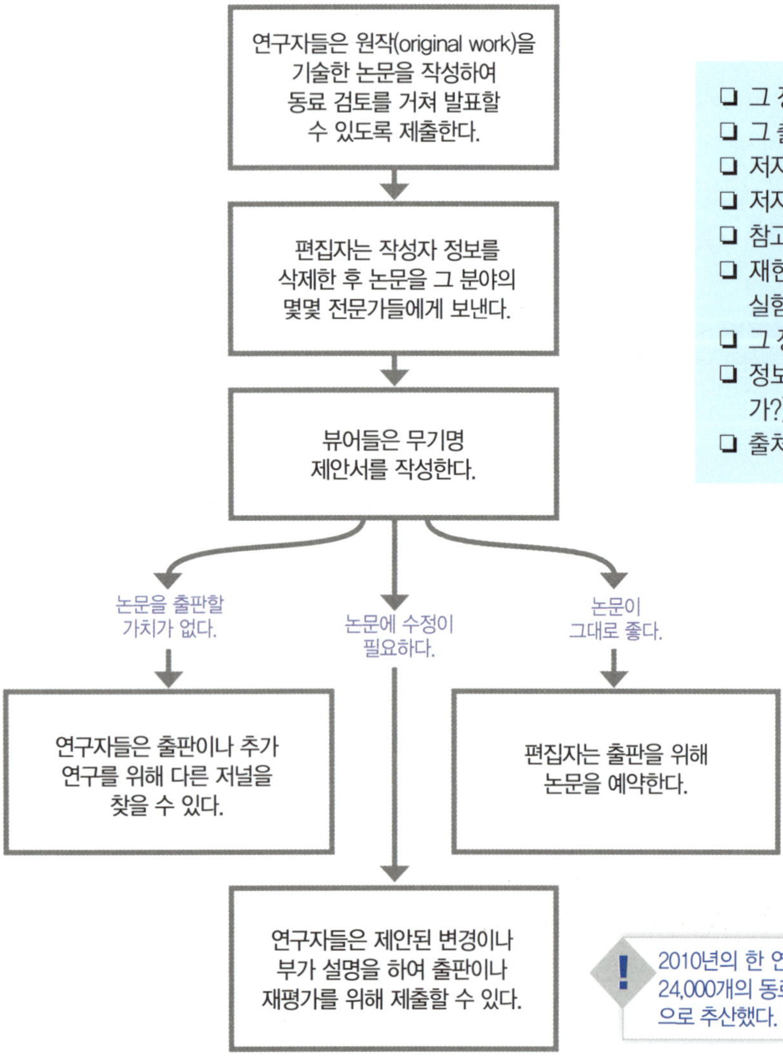

신뢰할만한 출처인지 생각해보기

출처가 어찌 되었든, 믿을만한 과학적 정보인지는 최신의 것인지, 알려진 출처로부터 도출된 것인지, 명망 있는 전문가에게서 나온 것인지, 그리고 왜곡되지 않은 것인지 등으로 판단할 수 있다. 서로 다른 정보 출처는 신뢰도에 차이가 있으므로, 여러분은 항상 증거를 주장하는 것에 대해 회의적 시각을 유지해야 한다. 아래와 같은 질문들은 여러분이 특정 출처의 유효성을 판단하는 데 도움을 줄 수 있다. 다음 목록에 체크가 많을수록 더 좋다. 체크가 없거나 소수인 것은 믿을만한 것으로 생각되지 않는다.

- ❑ 그 정보는 최신의 것인가?
- ❑ 그 출처는 1차적인가(2차적인 것이 아닌가)?
- ❑ 저자들을 식별할 수 있으며 자격이 있는 사람들인가?
- ❑ 저자들은 이해 충돌 가능성이 없는 사람들인가?
- ❑ 참고문헌은 인용되어 있는가?
- ❑ 재현이 가능할 만큼 충분히 자세하게 기술되어 있는 실험인가?
- ❑ 그 정보는 동료 평가를 받았는가?
- ❑ 정보가 왜곡되어 있지 않은가? (편견이 없는 정보인가?)
- ❑ 출처의 목적을 알 수 있으며 유효한가?

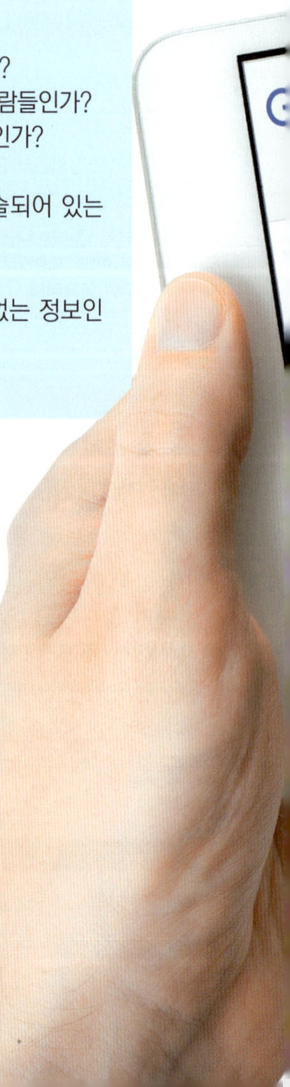

! 2010년의 한 연구는 당시에 전 세계적으로 24,000개의 동료 평가 과학 저널이 있는 것으로 추산했다.

1차 출처

1차 출처(primary source)란 그 연구를 수행한 사람에 의해 처음으로 제시된 원작을 말한다. 여기에는 동료 평가 저널의 논문이나 기술 보고서, 그리고 학위 논문들이 속한다. 여러 학계(과학을 포함하여)에서는 1차 출처를 가장 믿을만한 것으로 생각한다.

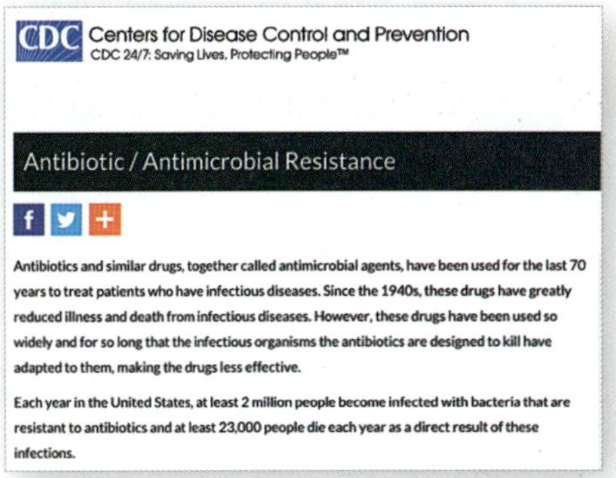

2차 출처

2차 출처(secondary source)란 1차 출처에 대한 설명이나 리뷰로, 종종 주석을 포함한다. 여기에는 Science Daily, WebMD, Cancer.org(미국 암학회) 같은 요약 웹사이트; 질병 통제와 예방 및 영양 센터(Centers for Disease Control and Prevention and Nutrition.gov) 같은 여러 국가 웹사이트; 그리고 책, 신문(뉴욕 타임즈의 과학 섹션 등), 백과사전 및 잡지(Scientific American 등) 등이 속한다.

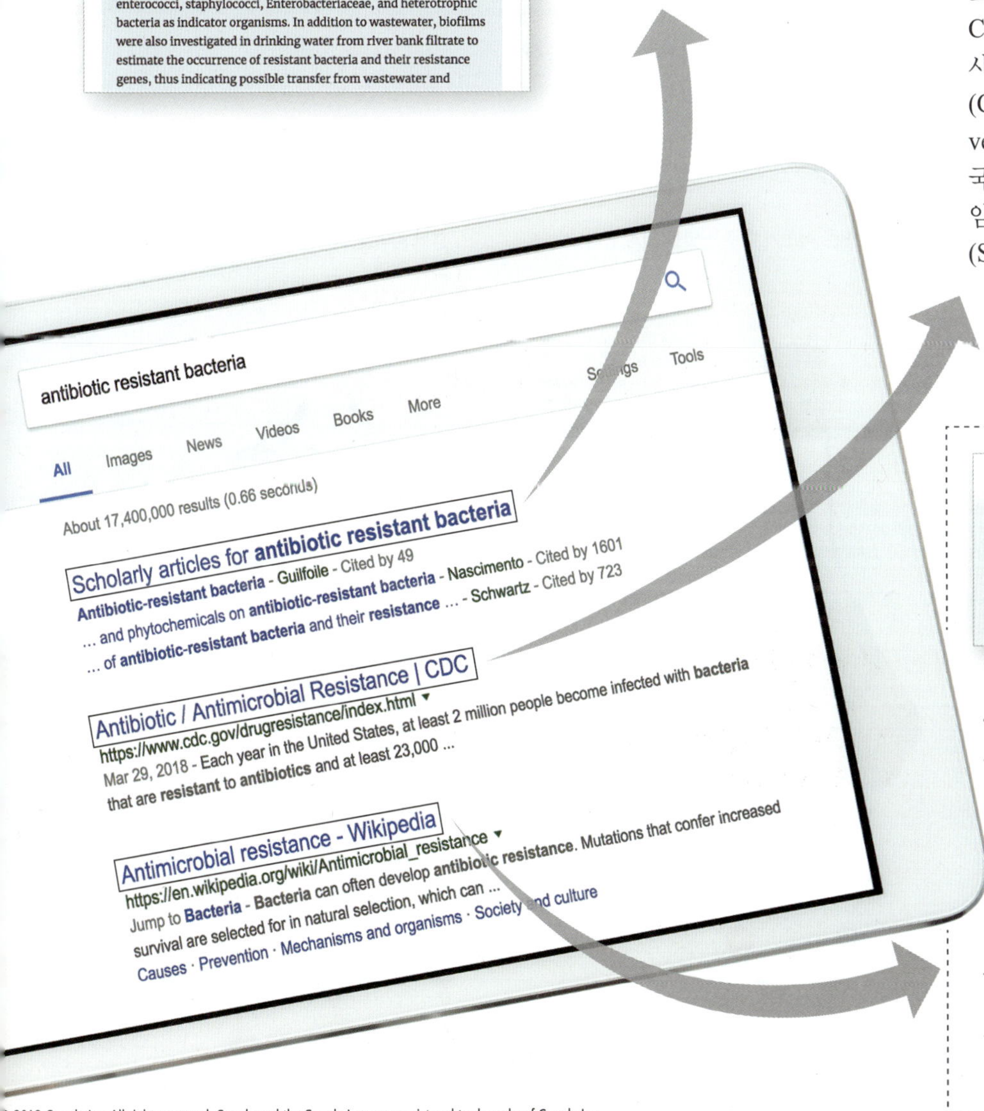

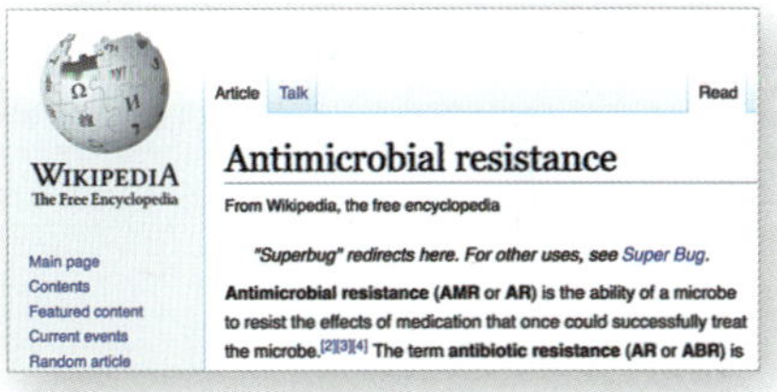

위키피디아

위키피디아(Wikipedia)는 누구나 만들고 기사를 편집할 수 있다. 이것은 또한 가장 흔한 정보 출처이기도 하다. 비록 위키피디아의 모든 항목을 회의적 시각으로 보아야 하지만(누구나 바꿀 수 있으므로), 많은 정보가 최신의 것이고 믿을만하도록 만들기 위한 보호조치가 존재한다. 여러분은 관심 주제에 대한 1차와 2차 출처를 조사하기 위한 출발점으로 위키피디아의 참고문헌 섹션을 사용할 수 있다.

요점

▶ 너무나 많은 정보에 접근할 수 있으므로, 과학적 정보에 대한 믿을만한 출처를 아는 방법을 배우는 것은 중요한 비판적 사고 기술이다. 동료 평가를 받는 출처는 가장 믿을만한 것이다.

? 여러분이 최근의 과학적 발견을 설명하는 기사를 신문의 웹사이트에서 읽었다고 하면, 그것은 1차 출처라고 할 수 있는가?

답: 아니오. 연구를 실제로 수행한 사람에 의해 작성된 논문이 1차 출처라고 할 수 있다. 연구를 요약한 다른 저자에 의해 작성된 논문은 2차 출처이다.

모든 생명체는 분자로 구성되며, 분자는 원자로 구성된다

모든 생명체는 기본적인 수준에서 보자면 일종의 화학적 시스템이다. 기본적인 화학적 성분들 사이의 상호작용들이 모든 생명의 과정들이 일어나도록 한다. 이런 식으로 본다면, 우리 자신은 셀 수 없을 정도로 많은 반응이 발생하고 있는, 화학물질들이 녹아 있는 커다란 수용액 주머니에 지나지 않는다. 그러므로 물질에 대한 과학인 기초 **화학**(chemistry)에 대한 지식은, 여러 가지 중요한 생물학적 과정들을 이해하는 데 필수적이다.

물질, 원자, 그리고 분자

우주의 모든 물체—즉, 우리 주위의 모든 것들—는 **물질**(matter)로 이루어져 있다. 이것은 공간을 점유하며 질량을 가지는 모든 것으로 정의된다. 모든 물질은 **원자**(atom)들로 이루어지는데, 이것은 해당 물질의 모든 특성을 그대로 보유하는 가장 작은 단위들이다. 자연계에서, 원자들은 보통 단독으로 분리된 채 존재하지 않는다. 그 대신, 다른 원자들과 결합하여 **분자**(molecule)들을 형성한다. 지구상에서 물질은 기체, 액체, 혹은 고체 상태로 존재할 수 있으며, 이것을 물질의 세 가지 상태라고 부른다. 다음 세 가지 친숙한 분자들에서 세 가지 상을 관찰할 수 있다.

기체
프로판 가스는 뒤뜰에서 고기를 구울 때 사용된다.

프로판 기체 분자

액체
아세트산은 식초가 아주 신맛을 내게 한다.

아세트산 분자

고체
흔한 감미용 설탕은 수크로오즈(sucrose)로 되어 있다.

수크로오즈 한 분자

기호
- 탄소
- 수소
- 산소

원소와 화합물

모든 물질은 개별 **원소**(element)들로 구성되며, 원소란 화학 반응에 의해 다른 물질로 분해될 수 없는 물질이다. 원소 주기율표는 알려진 모든 원소들을 나열한 것이다. 익숙한 예로는 수소, 탄소, 우라늄, 금 등을 들 수 있겠다. 비록 원소들이 종종 그 자체로 발견되는 경우—예, 간판을 밝혀주는 네온 기체—도 있지만, 이들은 주로 **화합물**(compound)을 형성하면서 서로 연결된다. 화합물에는 둘 이상의 원소들이 고정된 비율로 존재한다.

> ! 치명적 기체(염소)와 폭발성 고체(나트륨)가 결합하면 맛을 내는 성분인 염화나트륨, 즉 식용 소금이 된다.

염화나트륨

화학 반응

생물의 물질 구성은 **화학 반응**(chemical reaction)을 통해 지속적으로 변화된다. 화학 반응 중에도 원자들은 그대로 남지만, 분자들이 분해되고 다시 생기면서 결합하는 짝 원자들이 바뀌게 된다. 화학 반응은 왼쪽에 **반응물**(reactant; 시작 물질), 그리고 오른쪽에 **생성물**(product; 최종 물질)을 써서 나타낸다. 반응물과 생성물 사이의 화살표는 하나 혹은 그 이상의 화학 반응들을 나타내는 것이다. 화학 반응들은 원자들을 재배열하는 것이지 원자가 새로 생겨나거나 파괴되는 것은 아니라는 사실에 유의하라. (확인하려면 반응물과 생성물에서 각 원자의 수를 더하고 비교해 보라.) 화학 반응들이 특수한 방식으로 연계되는 아래 반응은 세포 호흡(cellular respiration)이라고 불리는 것으로, 산소와 포도당이라는 당을 이용하여 우리 신체의 세포들이 살아갈 수 있도록 하는 에너지를 제공해 주며, 부산물로 이산화탄소와 물을 만든다.

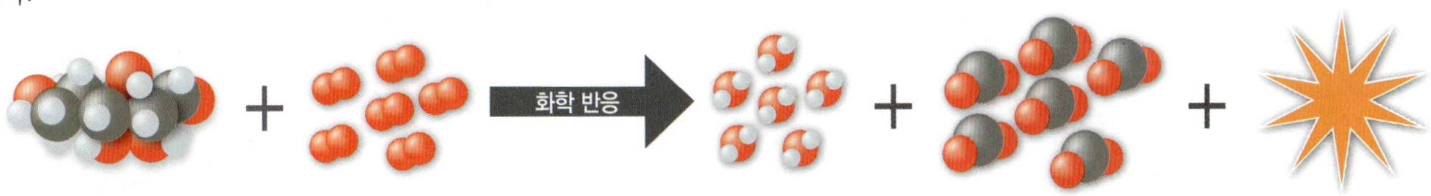

$C_6H_{12}O_6$ (포도당) $6\ O_2$ (산소 기체) — 반응물

$6\ H_2O$ (물) $6\ CO_2$ (이산화탄소) 에너지 — 생성물

요점

▶ 모든 물질은 원자들로 이루어져 있으며, 원자들은 종종 서로 결합하여 분자를 만든다. 개별 원소들이 고정된 비율로 결합하면 화합물이 된다. 반응물들은 화학 반응을 통해 생성물로 변한다.

? 포도당($C_6H_{12}O_6$) 두 분자가 결합할 때는 한 분자씩의 물과 엿당(maltose)을 만든다. 화학 반응 중에 원자들은 새로 생기거나 파괴되지 않는다는 점을 기억하면서 이 반응을 적어 보라.

답: $C_6H_{12}O_6 + C_6H_{12}O_6 \rightarrow H_2O + C_{12}H_{22}O_{11}$.

2.2 모든 물질은 화학 원소로 구성된다

모든 생명체는 물질(matter)로 구성되어 있으며, 모든 물질은 **원소**(element)들로 이루어진다. 이들은 화학 반응에 의해 다른 물질로 분해되지 않는다. 지구상에는 92가지의 천연 원소들이 존재하며, 실험실에서 인위적으로 생겨나는 것들도 몇 가지 있다. 여기서는 낯익은 원소들의 예들을 발견할 것이다. 생명체에서 그들의 중요성을 배워보도록 하자.

원소 주기율표

원소 주기율표(periodic table of the elements)는 모든 화학 원소들을 그들의 원자 번호에 따라 나열해 놓은 것이다. 표에서의 한 자리는 그 원소에 대한 중요한 정보들을 알려준다. 이 표에서는 생명에 필수적인 원소 25가지를 강조해 두었다.

6 C Carbon 12.01

원자 번호, 양성자의 수와 일치

원소 **기호**

원자 질량, 양성자의 수와 중성자의 수를 더한 수와 같다. 소수점 밑의 자릿수는 자연계에서 나타나는 다양한 수의 중성자를 가진 원소 형태들을 평균한 무게이기 때문에 생긴다.

흑연, 순수한 탄소

20 Ca Calcium 40.08

(고체)

1	2	3	4	5	6	7	8	9	10	11	12	13	14	15	16	17	18
1 H Hydrogen 1.008																	2 He Helium 4.003
3 Li Lithium 6.941	4 Be Beryllium 9.012											5 B Boron 10.81	6 C Carbon 12.01	7 N Nitrogen 14.01	8 O Oxygen 16.00	9 F Fluorine 19.00	10 Ne Neon 20.18
11 Na Sodium 22.99	12 Mg Magnesium 24.31											13 Al Aluminum 26.98	14 Si Silicon 28.09	15 P Phosphorus 30.97	16 S Sulphur 32.07	17 Cl Chlorine 35.45	18 Ar Argon 39.95
19 K Potassium 39.10	20 Ca Calcium 40.08	21 Sc Scandium 44.96	22 Ti Titanium 47.97	23 V Vanadium 50.94	24 Cr Chromium 52.00	25 Mn Manganese 54.94	26 Fe Iron 55.85	27 Co Cobalt 58.93	28 Ni Nickel 58.69	29 Cu Copper 63.55	30 Zn Zinc 65.38	31 Ga Gallium 69.72	32 Ge Germanium 72.64	33 As Arsenic 74.92	34 Se Selenium 78.96	35 Br Bromine 79.90	36 Kr Krypton 83.80
37 Rb Rubidium 85.47	38 Sr Strontium 87.62	39 Y Yttrium 88.91	40 Zr Zirconium 91.22	41 Nb Niobium 92.91	42 Mo Molybdenum 95.96	43 Tc Technetium 98.00	44 Ru Ruthenium 101.1	45 Rh Rhodium 102.9	46 Pd Palladium 106.4	47 Ag Silver 107.9	48 Cd Cadmium 112.4	49 In Indium 114.8	50 Sn Tin 118.7	51 Sb Antimony 121.8	52 Te Tellurium 127.6	53 I Iodine 126.9	54 Xe Xenon 131.3
55 Cs Cesium 132.9	56 Ba Barium 137.3	57–71	72 Hf Hafnium 178.5	73 Ta Tantalum 180.9	74 W Tungsten 183.8	75 Re Rhenium 186.2	76 Os Osmium 190.2	77 Ir Iridium 192.2	78 Pt Platinum 195.1	79 Au Gold 197.0	80 Hg Mercury 200.6	81 Tl Thallium 204.4	82 Pb Lead 207.2	83 Bi Bismuth 209	84 Po Polonium 209	85 At Astatine 210	86 Rn Radon 222
87 Fr Francium 223	88 Ra Radium 226	89–103	104 Rf Rutherfordium 267	105 Db Dubnium 268	106 Sg Seaborgium 271	107 Bh Bohrium 272	108 Hs Hassium 277	109 Mt Meitnerium 276									

57 La Lanthanum 138.9	58 Ce Cerium 140.1	59 Pr Praseodymium 140.9	60 Nd Neodymium 144.2	61 Pm Promethium 145.0	62 Sm Samarium 150.4	63 Eu Europium 152.0	64 Gd Gadolinium 157.3	65 Tb Terbium 158.9	66 Dy Dysprosium 162.5	67 Ho Holmium 164.9	68 Er Erbium 167.3	69 Tm Thulium 168.9	70 Yb Ytterbium 173.1	71 Lu Lutetium 175.0
89 Ac Actinium 227	90 Th Thorium 232	91 Pa Protactinium 231	92 U Uranium 238	93 Np Neptunium 237	94 Pu Plutonium 244	95 Am Americium 243	96 Cm Curium 247	97 Bk Berkelium 247	98 Cf Californium 251	99 Es Einsteinium 252	100 Fm Fermium 257	101 Md Mendelevium 258	102 No Nobelium 259	103 Lr Lawrencium 262

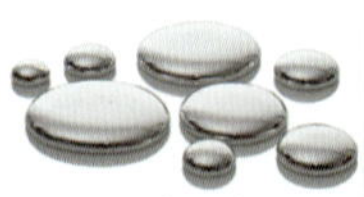

80 Hg Mercury 200.6

(액체)

10 Ne Neon 20.18

(기체)

생명에 필수적인 원소

자연적으로 존재하는 92종의 원소 중에서 네 가지는, 살아 있는 생명체에 존재하는 물질 대부분을 구성한다. 또 다른 7가지 원소들은 나머지 질량의 많은 부분을 차지한다. 마지막으로, 14가지의 **미량 원소**(trace elements)는 매우 적은 양으로 존재하지만, 이것들이 없으면 세포의 생존이 불가능하다.

! 우리 몸은 단지 5.7 mg의 몰리브데늄을 포함하지만, 만약 너무 적게 섭취하면 신경이 손상될 수 있다.

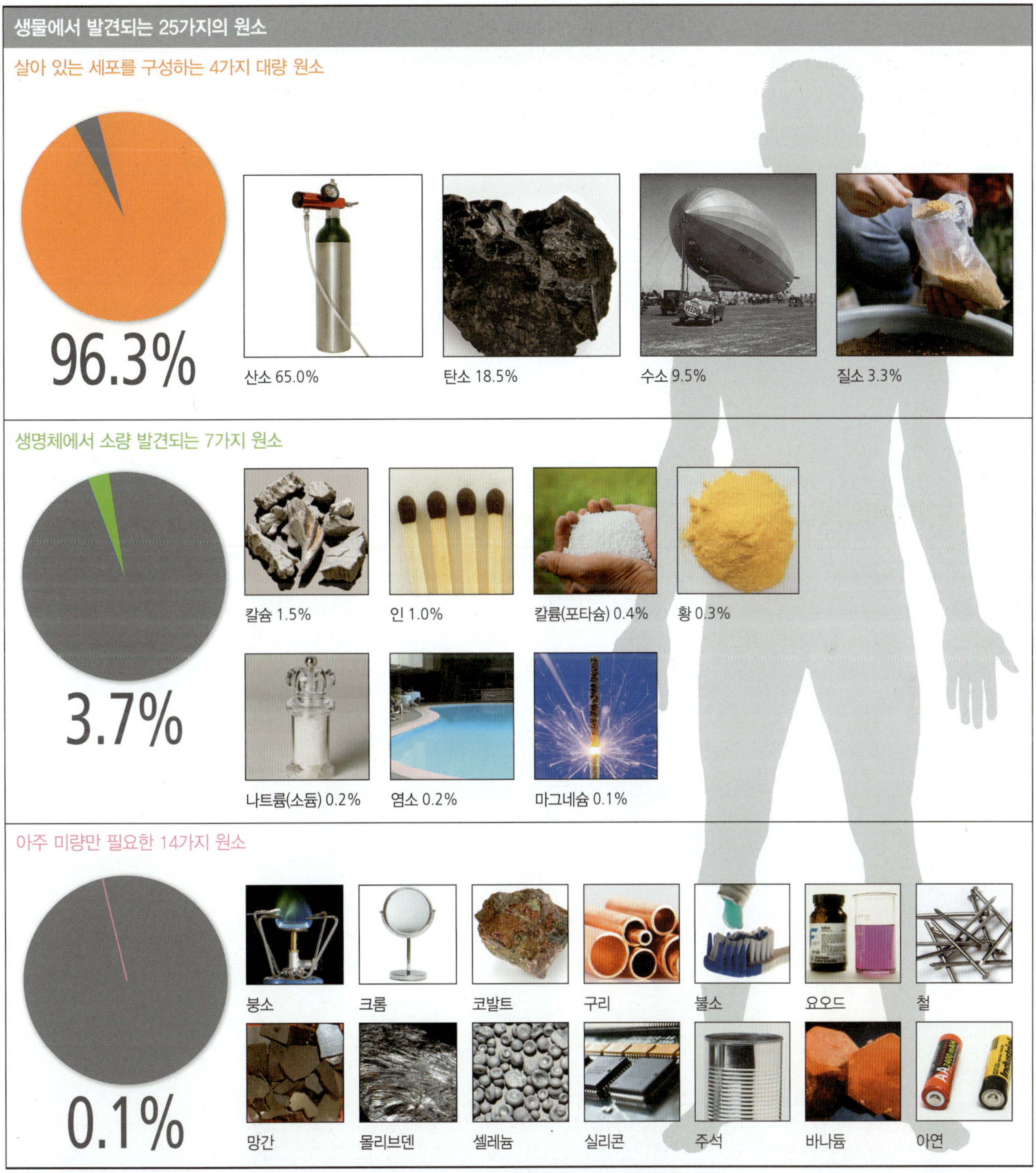

요점

▶ 모든 물질은 원소들로 이루어져 있다. 원소들은 주기율표에서 원자 번호에 따라 나열된다. 자연계에 존재하는 92종의 원소 중 오직 25가지만이 살아 있는 세포에 의해 이용된다. 이들 중 4가지는 세포에 대량으로 존재하며, 7가지는 소량으로, 14가지는 아주 미량만 필요하다.

? 금을 포함하고 있는 식이 첨가물은 여러분의 몸에 이롭겠는가?

답: 아니오. 금은 살아 있는 세포가 이용하는 25가지 원소가 아니다.

2.3

원자들은 아원자 입자들로 구성된다

모든 물질은 원자들로 구성된다. 그러나 원자 자체도 더 작은 **아원자 입자들**(subatomic particle)로 구성되어 있다. 이 입자들 중 2가지인 **중성자**(neutron)와 **양성자**(proton)는 원자 중심인 **핵**(nucleus)에 위치하며 거의 같은 질량을 갖는다. 한 원자의 양성자 수가 그 화학 원소를 다른 것과 구별할 수 있도록 해준다. 세 번째 입자인 **전자**(electron)들은 매우 작은 질량을 가지며 매우 빠른 속도로 핵 주변의 궤도를 돈다. 전자들은 핵 주변의 아무 곳에서나 발견되는 것이 아니라, 전자껍질(electron shell)들이라는 특수한 위치들에서 궤도를 돌고 있다.

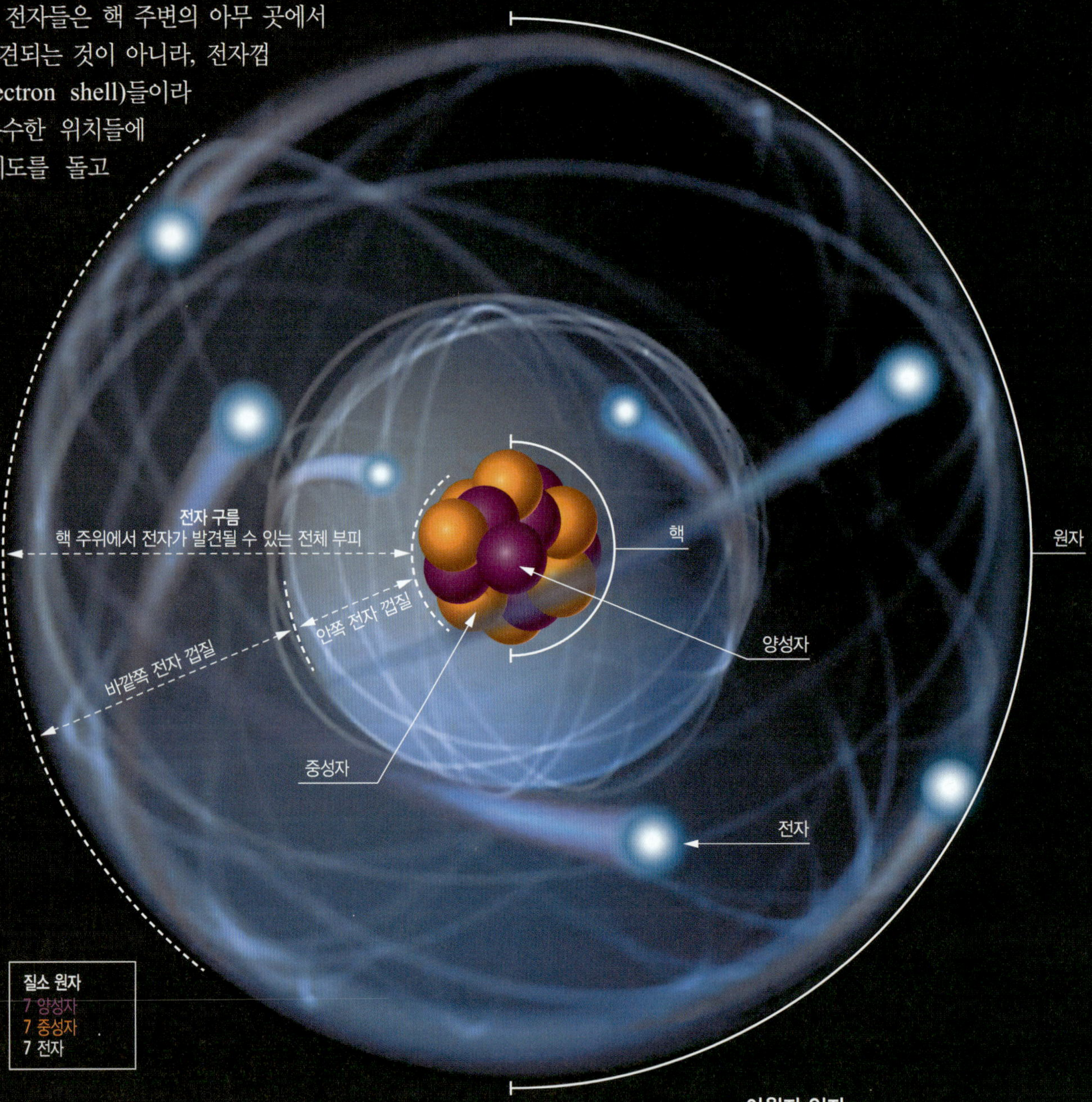

질소 원자

이 모형은 질소 원자 하나의 원자 내부 구조를 보여주고 있는 것으로, 중심 핵 내의 양성자들과 중성자들, 그리고 핵 주변의 전자구름을 구성하면서 빠른 속도로 움직이고 있는 전자들을 나타냈다. 전자들은 전자껍질이라고 불리는 특정 영역 내에서 핵 주변을 돈다. 이 원자는 내부 전자껍질에 2개의 전자, 그리고 외부 전자껍질에 5개의 전자를 가지고 있음에 유의하라. 외부 전자껍질에 있는 전자들은 다른 원자들의 전자들과 상호작용할 수 있으며, 이 원자가 화학 결합에 참여하는 방식을 결정하게 된다.

아원자 입자

입자	질량	전하
양성자 양성자는 원소 종류를 결정한다.	1	+1
중성자 중성자는 동위원소를 결정한다.	1	0
전자 전자는 이온을 결정한다.	0	−1

질소-15 동위원소

이 모형은 가장 흔한 형태의 질소 동위원소인 "질소-15"의 원자 내부 구조를 보여준다. 이것은 "N-15"혹은 ^{15}N으로 표현된다. 양성자들이 원소의 정체성을 결정하기 때문에, 모든 형태의 질소는 7개의 양성자를 가진다. 같은 원소의 **동위원소**(isotope)들은 중성자 수에 차이가 있으며, 원자 질량에 따라 이름이 붙는다. 예를 들어, "질소-15"에서의 "15"는 그 질량을 말하는 것이다. 7개의 양성자에 8개의 중성자가 더해지면 질량은 15가 된다. 대조적으로, 동위원소 "질소-13"은 7개의 양성자와 6개의 중성자를 가지고 있으며, 질량수는 13이다.

> **!** 일부 동위원소는 방사능을 띠지만 유익하게 이용된다. 예를 들어 불소-18은 뇌의 결함을 추적하는 데 이용될 수 있다.

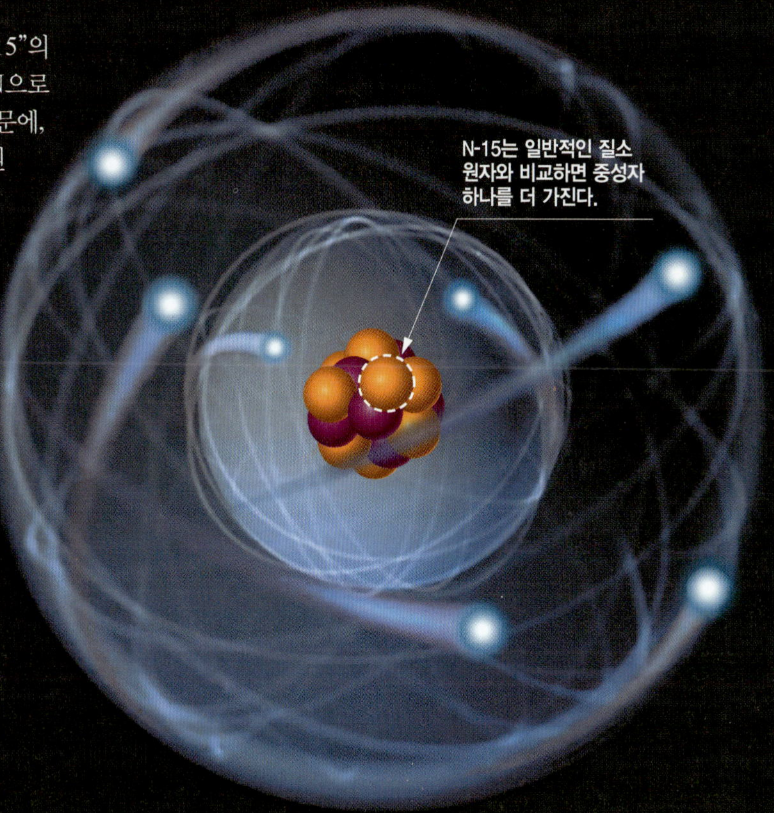

질소-15 동위원소
7 양성자
8 중성자
7 전자

질소 이온

이 모형은 일반적인 질소 이온(N^{3-})의 원자 내부 구조를 보여주고 있다. **이온**(ion)들은 전자구름의 이온들 수가 다른 것이다. 원자들은 전기적으로 중성(양성자의 수와 전자의 수가 같다)이지만, 이온들은 전하를 띤다. 이온의 이름은 전자 하나가 늘어날 때마다 1− 전하, 전자를 하나 잃을 때마다 1+ 전하를 사용하여 총 전하를 나타낸다. 예를 들어, N^{3-}는 3개의 전자를 더 가진다.

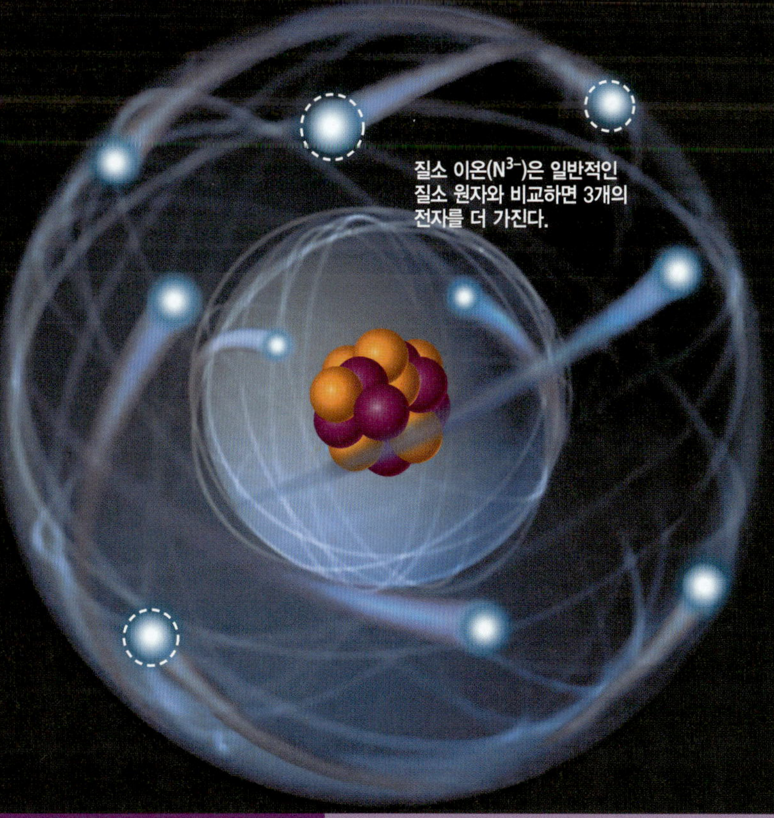

질소 이온
7 양성자
7 중성자
10 전자

요점

▶ 모든 원자는 양성자, 중성자, 그리고 전자들로 구성되어 있다. 양성자의 수는 원소를 결정하며; 중성자의 수는 동위원소를 결정; 그리고 전자의 수는 이온 상태와 결합 성질을 결정한다.

? 탄소는 항상 6개의 양성자를 가진다. 그렇다면 전기적으로 중성인 C-14 동위원소에 존재하는 중성자들과 전자의 수는 각각 얼마이겠는가?

답: 8개의 중성자와 6개의 전자가 존재할 것이다.

2.4 원자들은 화학결합에 의해 서로 묶인다

살아 있는 세포 내에서는, 분자들 간에 발생하는 무수한 화학적 반응들이 생명의 과정을 진행시킨다. 화학 반응 중에는 원자들은 전자를 얻거나 잃으며, 다른 원자들과 전자를 공유하기도 한다. 이렇게 하는 동안 관여된 원자들은 서로 끌리고 묶이게 되는데 이것을 **화학 결합**(chemical bond)이라고 한다. 여기에서는 여러 가지 화학 결합들이 어떻게 생기는지를 살펴보라.

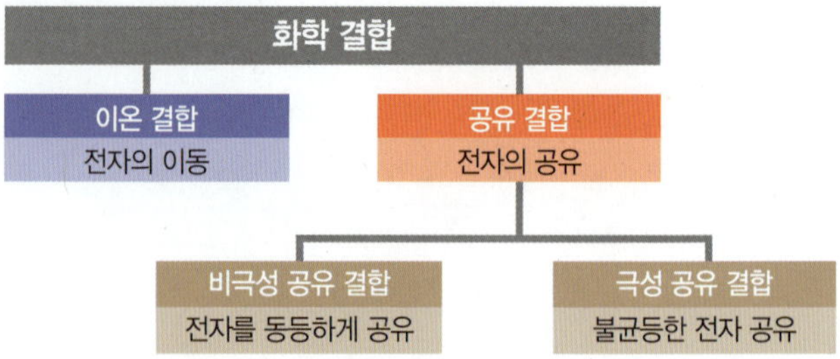

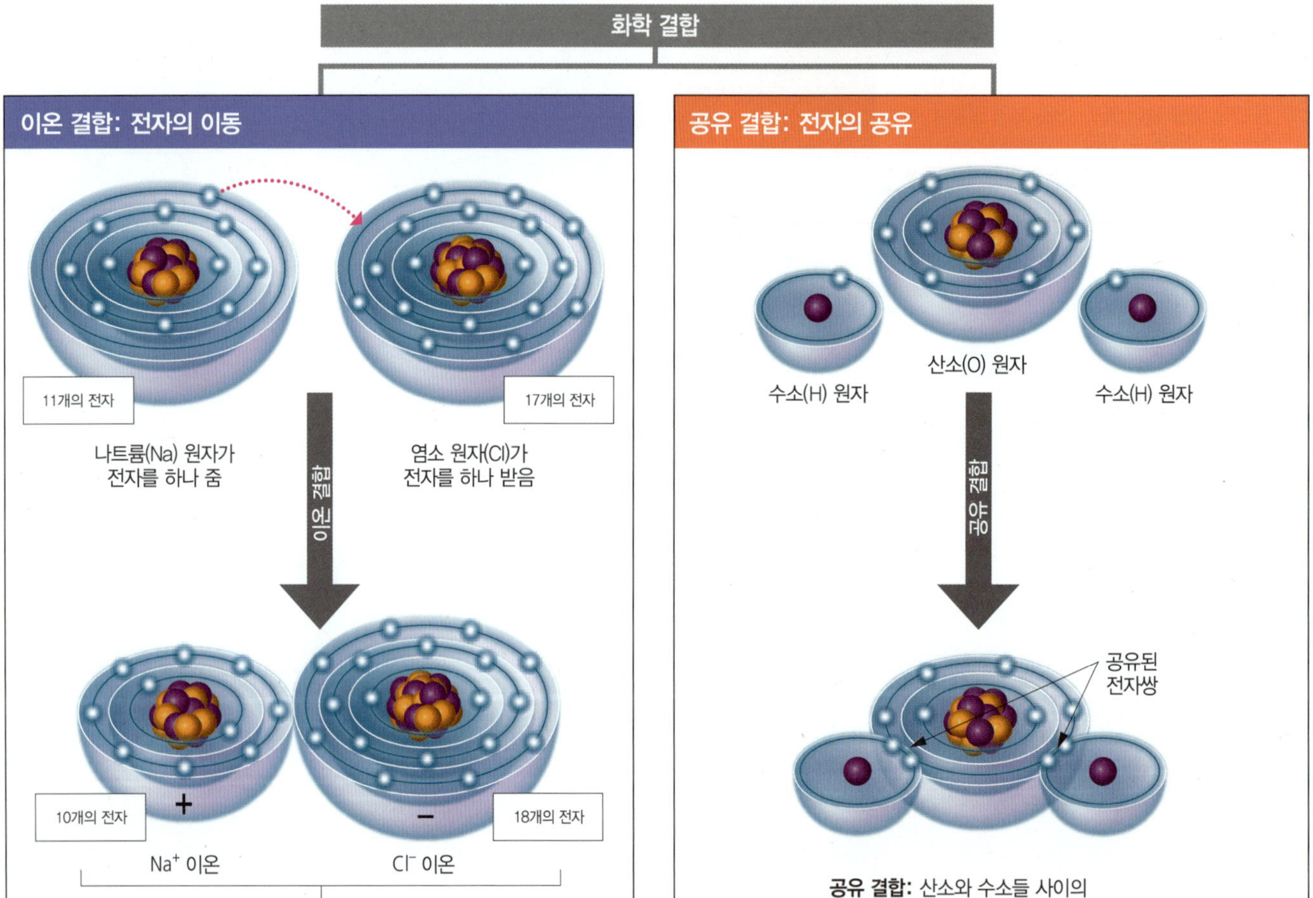

이온 결합: 반대 전하 사이의 인력 때문에 두 이온이 NaCl을 형성한다. 이것은 식염으로 사용되는 염화나트륨이다.

공유 결합: 산소와 수소들 사이의 공유 전자쌍들 때문에 물(H_2O) 분자가 형성된다.

이온 결합

이온 결합(ionic bond)에는 하나 혹은 그 이상의 전자들이 한 원자로부터 다른 원자로 이동하는 사건이 관여한다. 전자들이 음전하를 지니기 때문에, 전자(들)를 받은 원자들은 음으로 하전되는 반면, 전자(들)를 제공한 원자들은 양으로 하전된다. 이 두 원자는 이제 **이온**(ion)들이 되는데, 이들은 전자들을 얻거나 잃어 전하를 획득한 원자 혹은 원자단(원자들의 모임)일 수 있다. 이온 결합을 일으키는 두 이온은 그들의 반대 전하에 의한 인력에 의해 붙어 있는 것으로, 마치 자석들이 서로 붙게 되는 것과 비슷한 방식이라고 할 수 있다.

공유 결합

공유 결합(covalent bond)에는 원자들 사이에서 하나 이상의 전자들이 공유되는 사건이 관여한다. 공유 결합 하나가 형성될 때는 각 원자가 서로 하나씩의 전자를 공유한다. 따라서 그 결합은 관여하는 원자 하나에서 하나씩, 한 쌍의 공유된 전자들로 구성된다. 공유 결합은 분자 내의 원자들을 묶어준다. 공유된 전자쌍이 하나이면 **단일 결합**(single bond)이라 불리며 화학구조에서 실선으로 표현된다. 만약 원자들이 두 쌍의 전자들을 공유한다면, **이중 결합**(double bond)이 형성되며, 산소 기체에서처럼 (O_2; O=O) 두 줄의 실선으로 표현된다. 세 쌍의 전자들이 공유되면 삼중 결합이 이루어지는데 이런 결합은 매우 드물다.

결합의 극성과 비극성

모든 공유 결합에는 공유전자쌍들이 관여하지만, 그 공유 상태는 균등한 것이거나 불균등할 수 있다. 만약 전자들이 결합하고 있는 두 원자 사이에서 동등하게 공유된다면, **비극성 결합**(nonpolar bond)이 형성된다. 만약 전자들이 한 원자보다 다른 원자에 더 강하게 끌린다면 **극성 결합**(polar bond)이 만들어진다. 전자들이 두 원자 사이에 균등하게 분포하고 있지 않기 때문에, 극성 결합은 분자 전체로는 중성의 전하 상태에 있다고 하더라도 약하게 양전하를 띠는 극(말단)과 약하게 음전하를 띠는 극 부분을 가지게 된다.

> ! 만약 석탄 덩어리의 탄소 원자들을 재배열할 수 있다면, 다이아몬드를 만들 수 있을 것이다.

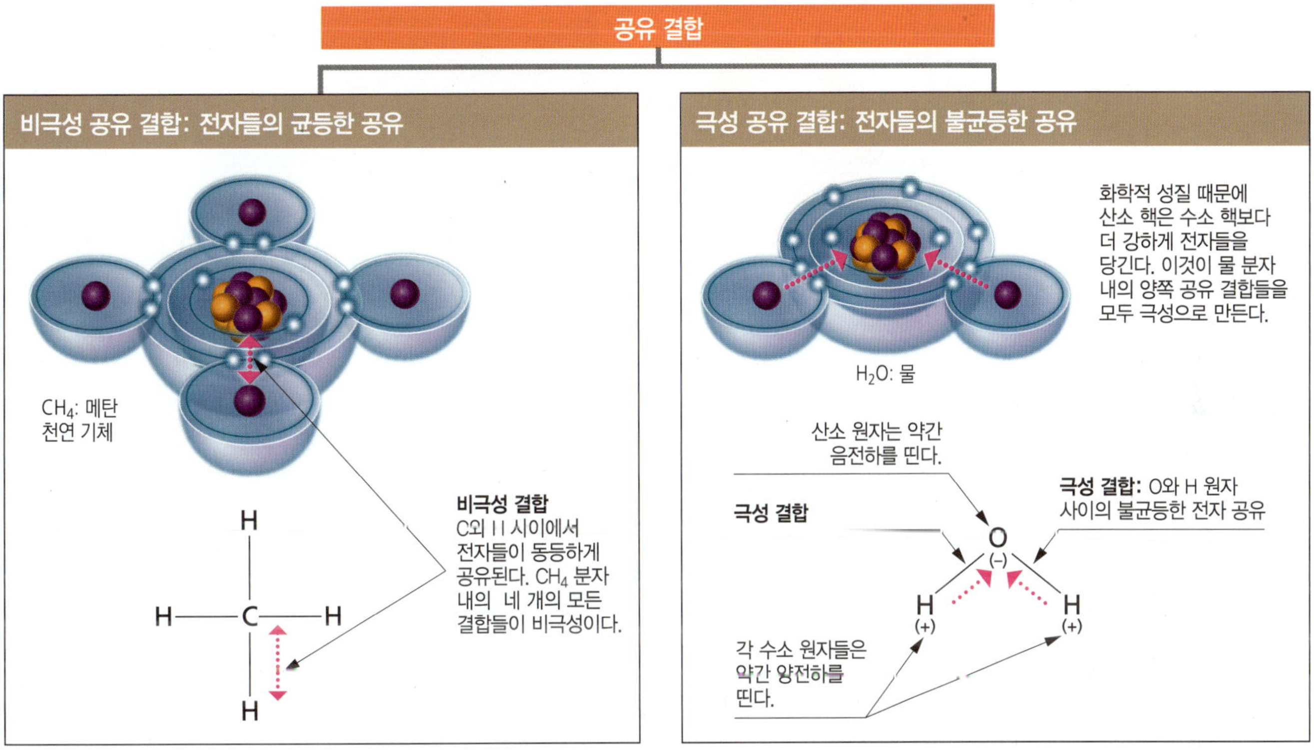

수소 결합

물 분자 하나는 두 개의 극성 공유 결합을 가진다. 이 결합 내의 전자들은 수소 핵보다 산소 핵에 더 강하게 끌리기 때문에, 산소 원자는 약간의 음전하를 띠는 반면, 수소 원자는 약한 양전하를 가지게 된다. 물 분자들은 음으로 하전되어 있는 산소 쪽과 양으로 하전되어 있는 수소 쪽(다른 물 분자의)이 서로 맞닿게 배열되려는 경향이 있다. 이렇게 끌리는 힘은 **수소 결합**(hydrogen bond)이 생기도록 하며, 그 자체로는 매우 약하다. 그러나 하나의 물 분자가 여러 개의 수소 결합에 참여하여 생기는 수소 결합들의 그물망은, 액체 상태의 물이 형성될 수 있을 만큼 충분히 강하다. 수소 결합의 예들이 많이 있는데, 간혹 물에서처럼 분자 사이에 형성되기도 하고, 때로는 많은 단백질 분자들에서처럼 같은 분자 내에서 발생하기도 한다.

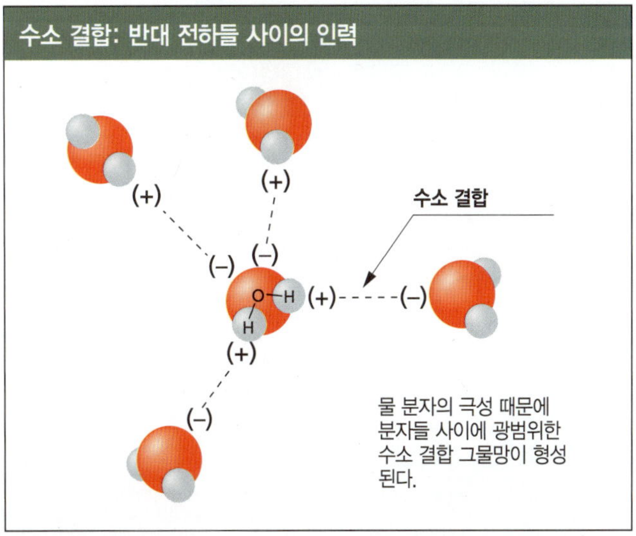

요점

▶ 화학 결합은 이온 결합성(전자 이동을 통한)일 수도 있고, 공유 결합성(전자 공유를 통한)일 수도 있다. 공유 결합들은 비극성(동등한 공유)이거나 극성(불균등 공유)이다. 극성 분자들 사이의 수소 결합은 물의 구조나 기타 다른 분자들의 구조를 만드는 데 중요하게 작용한다.

? 하나의 물 분자 내에 함께 존재하는 원자들을 묶어주는 결합은 어떤 종류인가? 물 분자들 사이에서 이들을 함께 묶어주는 결합은 어떤 종류인가?

답: 극성 공유 결합; 수소 결합.

2.5 물 분자의 구조 때문에 물의 특성이 나타난다

모든 생명은 물에 의존한다. 사실, 생명은 물에서 처음 생겨났고 육지로 이동하기까지 수십억 년 동안 거기서 진화했다. 게다가 거의 모든 세포의 무게 대부분은 물에 의한 것이다. 물의 어떤 점이 생명의 과정에 그렇게 중요하게 작용하는 것일까? 물은 그 독특한 화학적 구조 때문에 특이한 성질들을 나타낸다.

물에서의 수소 결합 형성

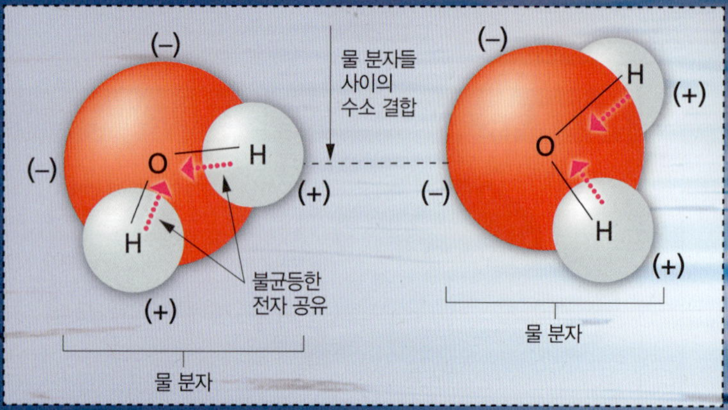

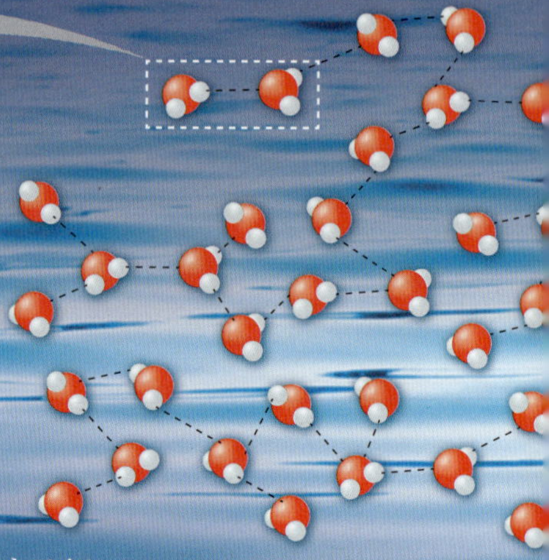

물 분자 내의 개별 O—H 결합에서는 한 쌍의 전자들이 두 원자 사이에서 공유된다. 그러나 이런 공유는 불균등하다: 전자들은 수소의 핵보다는 산소의 핵에 더 많이 끌린다. 결과적으로, 물은 극성(불균등하게 하전된) 분자로, 산소 쪽은 약간 음전하를 띠며 수소 쪽은 약하게 양전하를 띠게 된다. 이것은 물 분자가 다른 물 분자들과 수소 결합을 형성하도록 만든다. 액체상의 물은 개별 물 분자들 사이에서 형성되는 광범위한 수소 결합 그물망을 포함하고 있다.

물에 뜨는 얼음

액체 상태에서, 하나의 물 분자는 다른 여러 물 분자들과 수소 결합을 형상한다. 그러나 이런 결합들은 일시적이다. 수소 결합들은 계속 형성되었다가 깨지므로, 물 분자들이 서로 밀리며 움직여 액체 상태로 있게 한다. 물 분자들이 얼 때는, 그 사이가 더 멀어져 오래 유지되는 수소 결합으로 이루어진 단단한 격자를 만든다. 그것은 마치 물 분자들이 서로 팔을 벌려 붙들고 있는 모양새이다. 따라서 다른 액체들과는 달리, 물은 얼 때 팽창하게 되므로, 얼음은 물보다 덜 조밀하다(밀도가 낮다). 결과적으로 얼음은 물에서 뜨게 된다. 이것은 생물학적으로 매우 의미가 크다: 겨울 동안에 물에 떠 있는 얇은 얼음층은 수면 아래의 물을 절연시켜 봄이 와 얼음이 녹을 때까지 생명체들을 물속에서 생존할 수 있게 해준다.

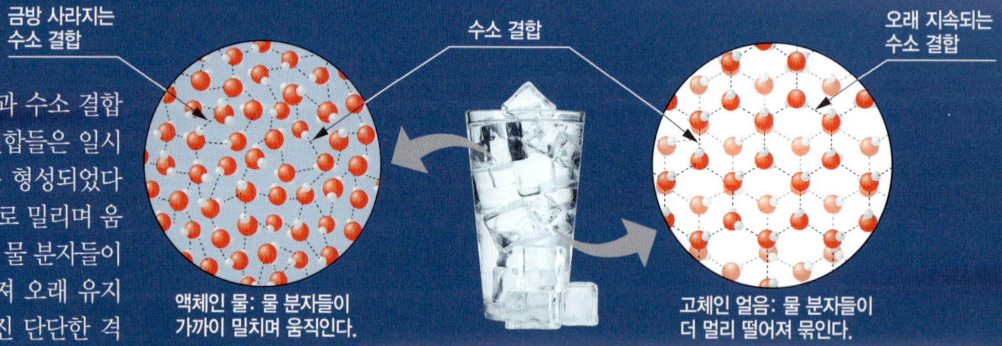

용매로서의 물

많은 액체들이 물질을 녹이는 물질인 **용매**(solvent)로 작용하여 **용액**(solution)이라고 불리는 혼합물을 형성한다. 물은 그 극성 구조 때문에 아주 효율적인 용매로 작용하여 거의 어떤 것이라도 녹일 수 있다. 한 컵의 소금물을 예로 들면, 물 분자들이 나트륨과 염화 이온들을 둘러싸서 소금 결정을 분해함으로써 물에 녹아 있는 자유 이온들을 만든다. 세포 내에서는, 물의 극성 성질이 많은 물질을 용액 상태로 머물게 함으로써 세포가 사용할 수 있도록 한다.

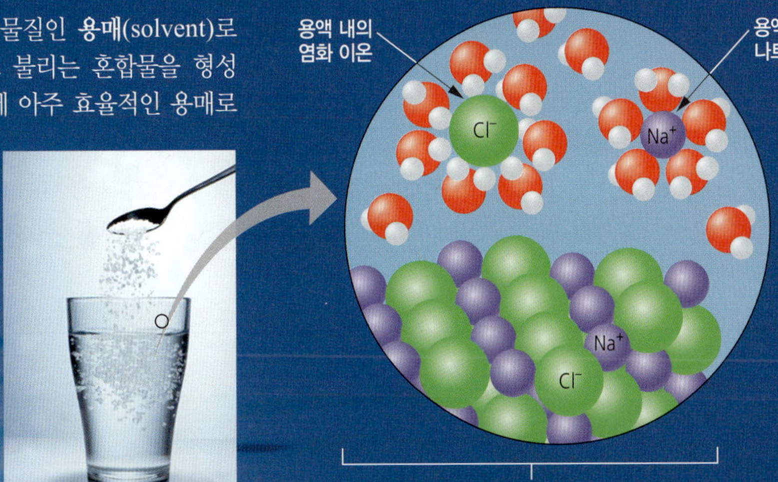

온도 조절

액체인 물은 열을 금방 흡수하고 방출한다. 그래서 물은 다른 물질들보다 더 온도 변화에 저항적이다. 따라서 물이 있으면 기후가 온화해진다. 전 지구적 규모로 보면 대양은 지구 표면의 기후가 온화해지도록 도와 생물이 살 수 있는 정도의 범위 안에 있도록 한다. 좀 더 개인적인 차원에서 보자면, 땀이 나는 것은 피부를 식혀 체온이 너무 올라가지 않도록 돕는다.

! 2018년에, 과학자들은 화성의 지하에서 호수를 발견했는데, 이것은 그 붉은 행성의 남극 근처에 존재하는 빙하 밑에 있었다.

응집과 부착

수소 결합 때문에 물 분자들은 서로서로 달라붙으려는 경향이 강한데 이런 성질을 **응집**(cohesion)이라고 부른다. 수소 결합들의 협동적 작용 효과에 의해 표면 장력(surface tension)이 생기는데, 이 그림의 거미가 물에 떠 있을 수 있는 표면막이 형성된다. 한 물질이 다른 물질에 달라붙는 **부착**(adhesion)은 차의 유리창에 붙은 빗방울처럼 물이 다른 물질에 달라붙게 한다.

요점

▶ 물 분자들의 극성은 수소 결합들의 그물이 형성되도록 한다. 이런 특수한 능력은 물이 생명현상을 지지하는 많은 특징을 나타내도록 한다.

? 물 위를 걷는 곤충들이 연못 위에 떠 있을 수 있게 하는 힘은 무엇인가?

답: 수소 결합이 그물망을 형성해 물 분자들 사이에서 응집이 발생하도록 한다.

2.6 pH는 용액의 산도를 나타낸다

생명을 유지시키는 대부분의 화학 반응들은 물에서 발생한다. **수용액**(aqueous solution)은 어떤 물질이 물에 녹아 있는 것이다. 어떤 수용액 내에서도, 일부분의 물 분자들은 수소 이온(H^+)과 수산 이온(OH^-)으로 분리된다. 게다가, 물에 녹은 물질 역시 용액에 H^+ 이온을 추가할 수 있다. 수용액 속 H^+ 이온들의 농도는 그 용액의 pH를 결정한다. **pH 척도**(pH scale)는 0부터(가장 산성) 14까지(가장 염기성) 움직이며 7일 때가 중성이다. pH 척도의 각 숫자는 H^+이온 농도가 10배 단위로 변화하는 것을 나타낸다.

pH 척도

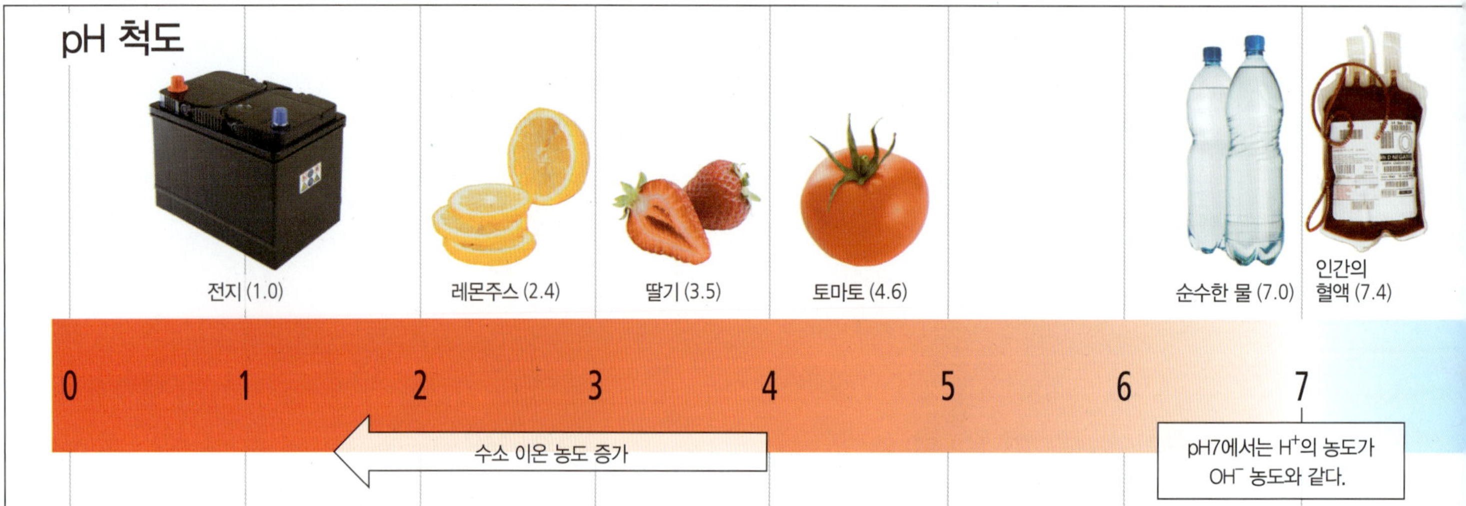

블랙 커피 (5.0)

우유 (6.4)

산

산(acid)이란 물에 녹았을 때 H^+ 이온을 내놓는 화학물질이다. 예를 들어, 여러분의 위장에는 염산(HCl)이 들어 있다. 용액 상에서 이 물질은 H^+와 Cl^-로 서로 분리된다. 산은 pH가 0에서 7 사이이다.

! 위산은 철 못을 녹일 만큼 강하다.

산성 강우

화석연료의 연소는, 공기 중에서 물과 반응하여 강한 산을 만드는 화학물질들이 나오게 한다. 그것들이 눈이나 비, 혹은 안개 등으로 지상에 다시 떨어지면, 이런 산성 강우(acid preciptation)는 호수, 강, 숲, 그리고 토양을 훼손한다. 산성 강우들의 감소를 위해 미국에서는 대기 정화법(Clean Air Act)이 발효되었다.

완충제

대부분의 세포는 **완충제**(buffer)을 이용하여 그들의 pH를 조절한다. 이것은 H^+이온이 과다하게 존재할 때는 이들을 받아들이고, 모자랄 때는 이를 공급함으로써 pH의 변화를 최소화시키는 화학물질들을 말한다. 인간의 혈액이나 체액들에는 H^+의 농도가 변해도 신체의 용액이 거의 중성 pH를 유지할 수 있도록 하는 여러 종류의 완충제들이 존재한다. 예를 들어, 혈액 내의 완충제들은 우리가 운동을 할 때마다 발생하는 pH 하락을 막아준다. 콘택트 렌즈액의 완충제는 pH 변화로 따가울 수 있는 안구 표면을 보호할 수 있도록 해준다.

콘택트 렌즈 용액

암모니아 (11.6)

가정용 표백제 (12.6)

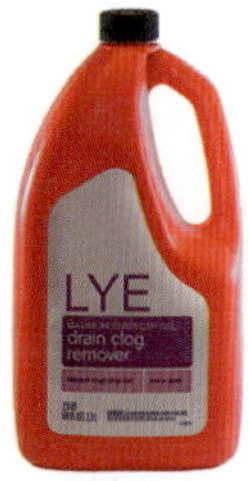

가정용 세제 (13.0)

제빵용 소다 (9.0)

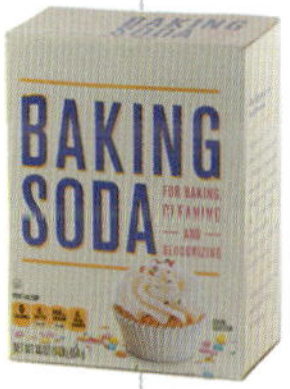

염기

염기(base)란 물에 녹았을 때 OH^- 이온과 H^+ 이온을 결합시켜 물을 생성함으로써 용액으로부터 H^+ 이온들을 제거하는 화학물질이다. 예를 들어, 잿물은 수산화나트륨(sodium hydroxide)인 NaOH이나. 물에서 이 분자는 서로 분리되어 OH^-를 방출하는데 이것은 H^+와 결합하여 용액 내의 H^+ 이온 농도를 감소시킨다. 염기들은 7에서 14 사이의 pH를 가진다.

해양 산성화

대기 중의 이산화탄소(CO_2) 수준이 증가하면, 과다한 CO_2의 약 25% 정도가 해양에 의해 흡수된다. 이것이 바다에 녹을 때는 CO_2가 화학 반응을 거쳐 해양의 pH를 낮춘다. 그러면 이것은 다시 바다 생물들이 그들의 골격이나 껍질을 만드는 데 이용되는 화학 반응을 수행할 능력을 제한함으로써 산호초나 다른 기타 생태계를 훼손한다.

요점

▶ 수용액에서의 H^+ 농도는 산(0~7)에서 중성(7) 그리고 염기(7~14)까지의 pH를 결정한다. 완충제는 pH에서의 변화가 감소되도록 도울 수 있다. 환경에서의 pH 변화는 생태계의 건강에 영향을 미칠 수 있다.

? 레모네이드의 pH는 물의 pH와 비교하면 어떤가? 이 둘의 H^+의 농도를 비교해 보라.

답: 레모네이드는 물보다 더 산이며 pH가 더 낮을 것이다. 이 말은 물보다 레모네이드에 더 많은 자유 H^+ 이온들이 녹아 있다는 뜻이다.

2.7 지구상의 모든 생명체는 탄소에 기초한다

아마도 지구상의 모든 생명체가 "탄소-기반 생명형태(carbon-based life forms)"들이라는 말을 들어본 적이 있을 것이다. 이것은 물 외에 생명체를 구성하는 분자들 대부분이 **유기 화합물**(organic compound)이기 때문인데, 이들은 다른 원소들과 결합하고 있는 탄소를 포함하는 분자들을 말한다. 왜 생명은 질소나 다른 원소가 아닌 탄소에 기초하는 것일까? 다른 원소와는 달리, 탄소는 네 개까지의 다른 원소들과 결합할 수 있다. 따라서 다양한 화합물들을 위한 기본 골격으로 작용할 수 있는, 크고 고도로 분지되어 있으며, 다양한 사슬 구조를 만들 수 있다. 여기서는, 생물 물질들에서 발견되는 많은 탄소 화합물 중 일부를 살펴볼 수 있다.

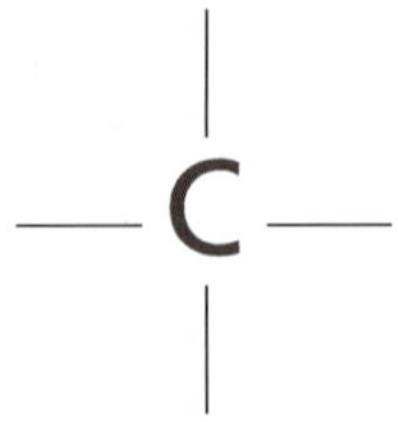

하나의 탄소 원자는 네개의 결합을 할 수 있다.

탄소 골격

모든 유기 화합물은 탄소 원자들로 된 골격을 포함한다. 탄소 골격은 길이나 분지 형태가 다양하고 일부는 서로 융합되어 고리 구조를 만들기도 한다. 각 탄소는 다른 원자들과 네 개의 결합을 한다는 것에 유의하라.

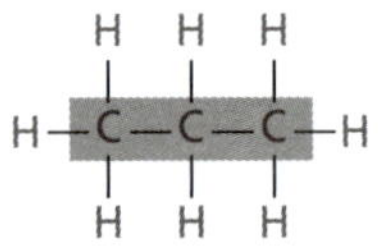

3-탄소 골격
(프로판)

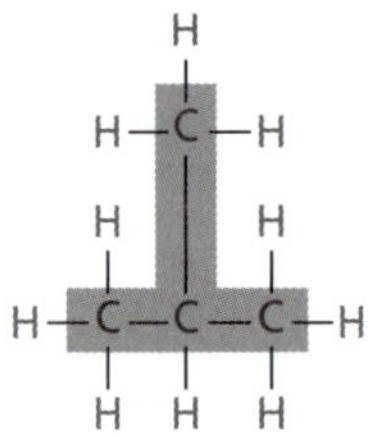

가지 친 탄소 골격
(이소부탄)

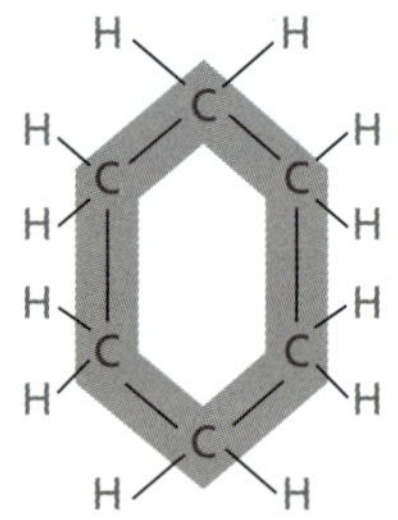

고리형 탄소 골격
(사이클로헥산)

작용기

모든 유기 화합물은 탄소 골격을 가지지만, 이들 대부분은 하나 이상의 **작용기**(functional groups)도 역시 포함한다. 이것은 탄소 골격에 붙어 있는 원자들의 세트(원자단)를 말한다. 작용기들이 화학반응에 참여하기 때문에, 이들은 종종 특정 유기 화합물의 전체 성격을 결정한다. 여기에 생물학적으로 중요한 작용기들(색깔로 강조됨) 몇 가지와 그런 작용기를 가진 몇 가지 흔한 분자들이 제시되어 있다.

수산기

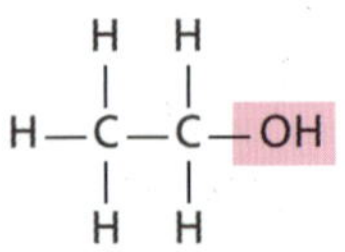

에틸알코올, 에탄올이라고
불리며 알코올 음료의
성분이다.

아미노기

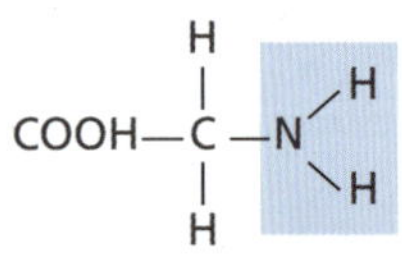

단백질을 구성하는
단위인 아미노산들은
염기성 부분을 가진다.

인산기

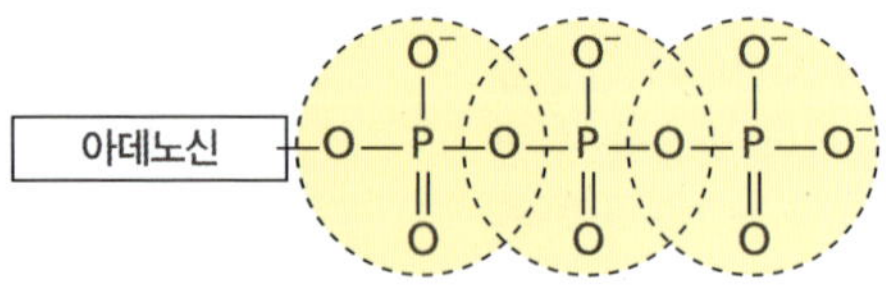

아데노신 삼인산(ATP)은
세포에 에너지를 제공한다.

생물학적으로 중요한 유기 화합물

모든 세포는 생물학적으로 중요한 유기화합물을 아주 다양하게 가진다. 지구상의 생물체들에서 특별히 중요한 거대 유기 분자 네 가지는 탄수화물(carbohydrates), 지질(lipids), 단백질(proteins), 그리고 핵산(nucleic acids)이다.

! "하루 사과 한 개가 의사를 멀리 하도록 한다"는 말은 신선한 과일과 채소에 들어 있는 셀룰로오즈(섬유소)의 건강상 이점을 알려준다.

종류	예	
탄수화물	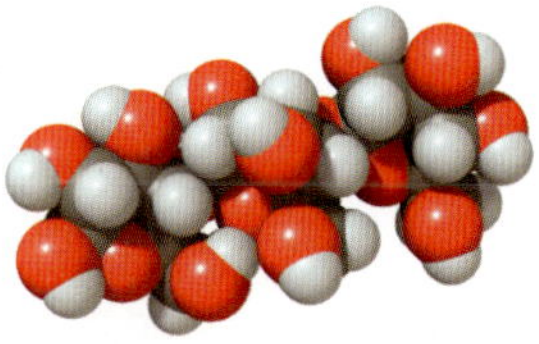 **셀룰로오즈**는 크고 복잡한 탄수화물로, 식물의 많은 부분을 구성한다.	 **포도당**은 단순한 탄수화물로 모든 살아 있는 세포의 에너지원으로 작용한다.
지질	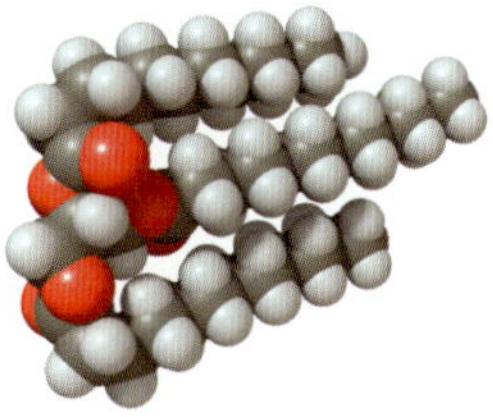 **코코넛 기름**은 열대 지방의 주요 식품으로서 지방(fat)에 많이 들어 있는 지질(lipids)이다.	 **콜레스테롤**은 혈액에서 순환하는 지질로서, 스테로이드 호르몬을 만드는 분자 성분으로 작용한다.
단백질	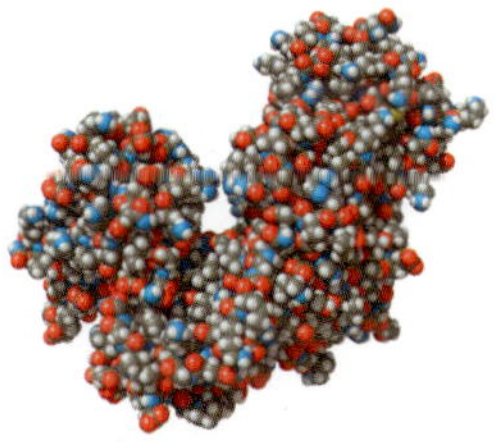 **헥소카이네이즈**(6탄당 인산화효소)는 살아 있는 세포 내에서 화학 반응을 매개하는 단백질인 효소이다.	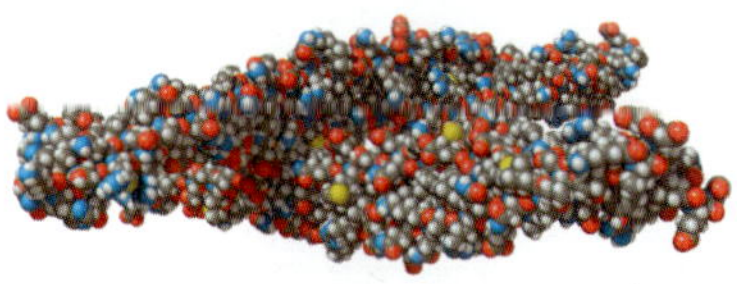 **케라틴**은 머리털, 손톱, 그리고 피부에서 발견되는 구조 단백질이다.
핵산	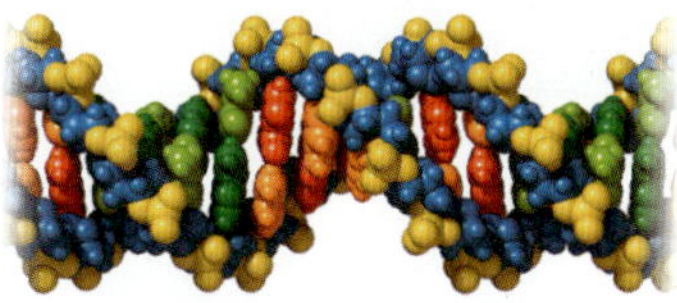 **DNA**는 지구에 존재하는 모든 생명의 유전 물질로 작용하는 핵산이다.	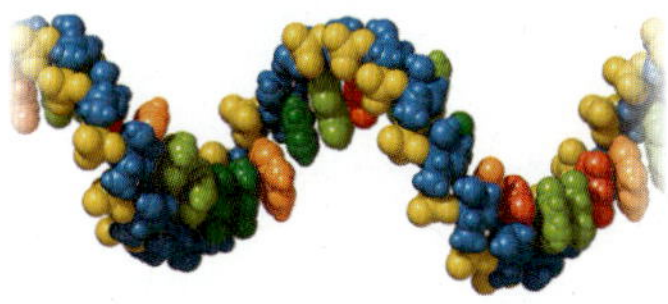 **RNA**는 DNA와 세포의 다른 부분 사이에서 전령으로 작용하는 핵산이다.

요점

▶ 모든 생명체는 많은 유기화합물을 포함하고 있으며, 이들은 작용기가 붙어 있는 탄소 골격들로 구성되어 있다. 거대 유기화합물 네 가지는 생명체에서 특히 중요한 것으로, 탄수화물, 지질, 단백질, 그리고 핵산을 포함한다.

? 탄소의 어떤 성질이 생명의 분자들을 형성하는 데 알맞은가?

답: 개별 탄소 원자들은 다른 네 개의 원자들과 결합을 형성할 수 있으므로 복잡한 분자들의 기본 구조를 만들어 줄 수 있다.

2.8 대부분의 생물학적 거대 분자는 중합체들이다

신체 질량의 대부분은 물에 의한 것이다. 나머지는 **거대 분자**(macromolecules)로 구성되어 있다. 이들은 복잡한 구조를 가질 수 있는 커다란 분자들이다. 그 복잡성에도 불구하고, 거대 분자들의 조직화 방식은 매우 단순한데, 그들이 작은 구성단위들이 반복되는 방식으로 만들어지기 때문이다. 서로 다른 집단의 거대 분자들은 구조나 기능에 차이가 있지만, 그들은 모두 유사한 화학 반응들에 의해 형성되거나 분해된다.

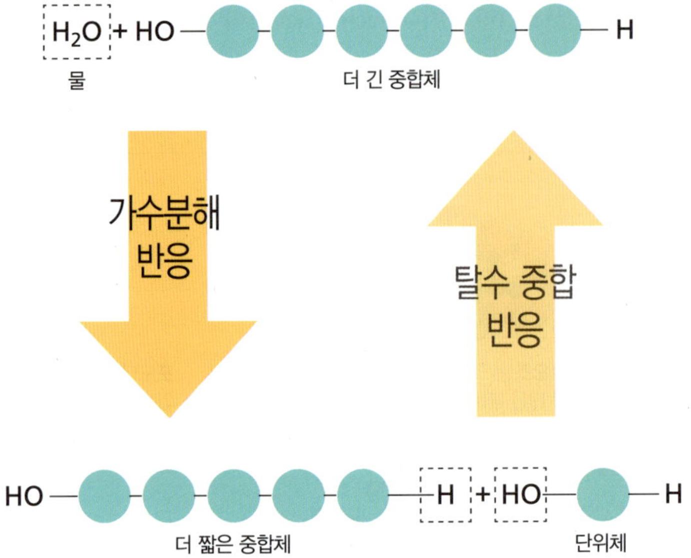

가수분해 반응

살아 있는 세포들의 유기 거대 분자 중 대부분은 **중합체**(polymer)들로서, **단량체**(monomer)라고 불리는 더 작은 분자들이 많은 수로 결합하여 생성되는 커다란 분자들이다. 중합체들은 **가수분해 반응**(hydrolysis reaction)을 통해 그것을 만들었던 단위체들로 다시 분해될 수 있다. 가수분해 과정 중에는 중합체 사슬로부터 단량체 하나를 분리시키는 데 하나의 물 분자가 분해되면서 그 원자들이 사용된다(위 그림에서 점선으로 그려진 상자를 보라).

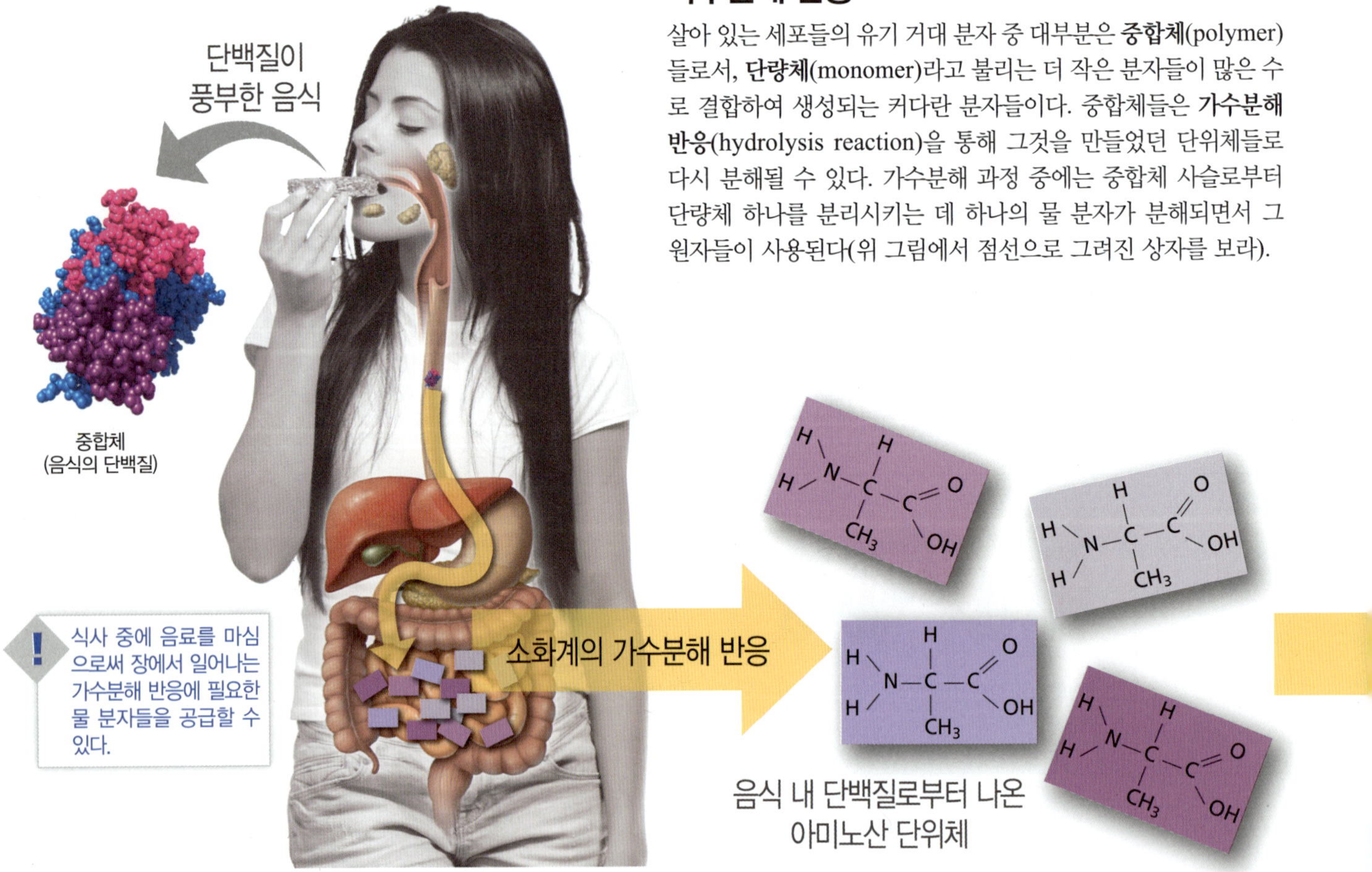

! 식사 중에 음료를 마심으로써 장에서 일어나는 가수분해 반응에 필요한 물 분자들을 공급할 수 있다.

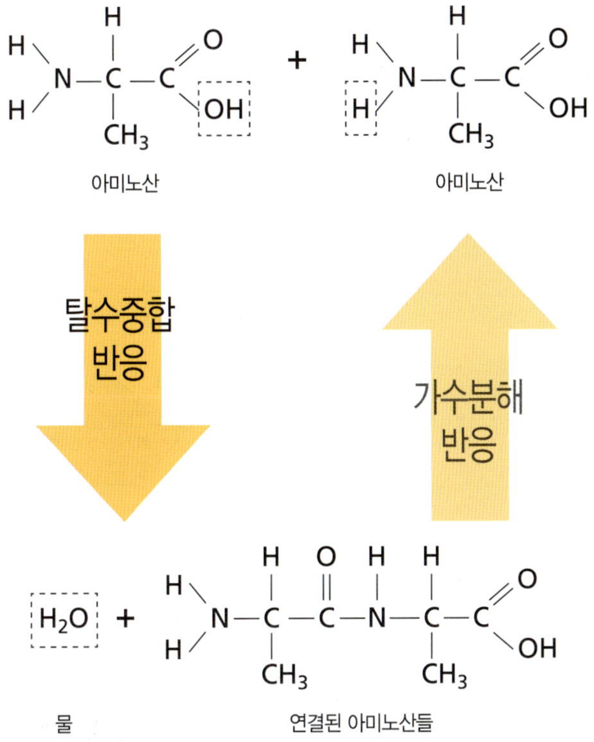

탈수 중합 반응

구성 요소로 사용되는 단량체들은 **탈수 중합(합성) 반응**(dehydration synthesis reaction)이라고 불리는 화학 반응을 통해 더 큰 중합체로 연결된다. 새로운 단량체가 하나씩 사슬에 첨가될 때, 한 단량체의 수소 원자 하나(H)와 다른 단량체의 수산기(OH) 하나가 제거되면서 두 단량체 사이의 새로운 화학 결합이 만들어지고, 물 분자 하나(H_2O)가 방출된다(왼쪽 그림의 점선 상자 부분을 보라). 단량체 하나가 사슬에 첨가될 때마다 물 분자 하나가 방출된다. 중합체를 형성하는 탈수 중합 반응은 중합체를 분해하는 반응인 가수분해 반응(중합체를 분해함)과 반대로 작용한다.

대사

대사(metabolism)란 신체에서 발생하는 모든 화학 반응들의 총합이다. 수많은 주요 대사 반응들이 중합체의 분해와 합성에 관여한다. 우리의 소화계는 섭취한 음식물(예를 들어 땅콩 버터)들의 고분자들을 그 구성 단위들인 단량체(이 경우 모든 단백질들의 구성단위인 아미노산들)들로 분해한다. 그런 다음 우리 세포들은 구성 단위들인 단량체들을 이용하여 새로운 중합체(예를 들면, 새로운 근육 단백질을 만드는 것)를 만들게 된다.

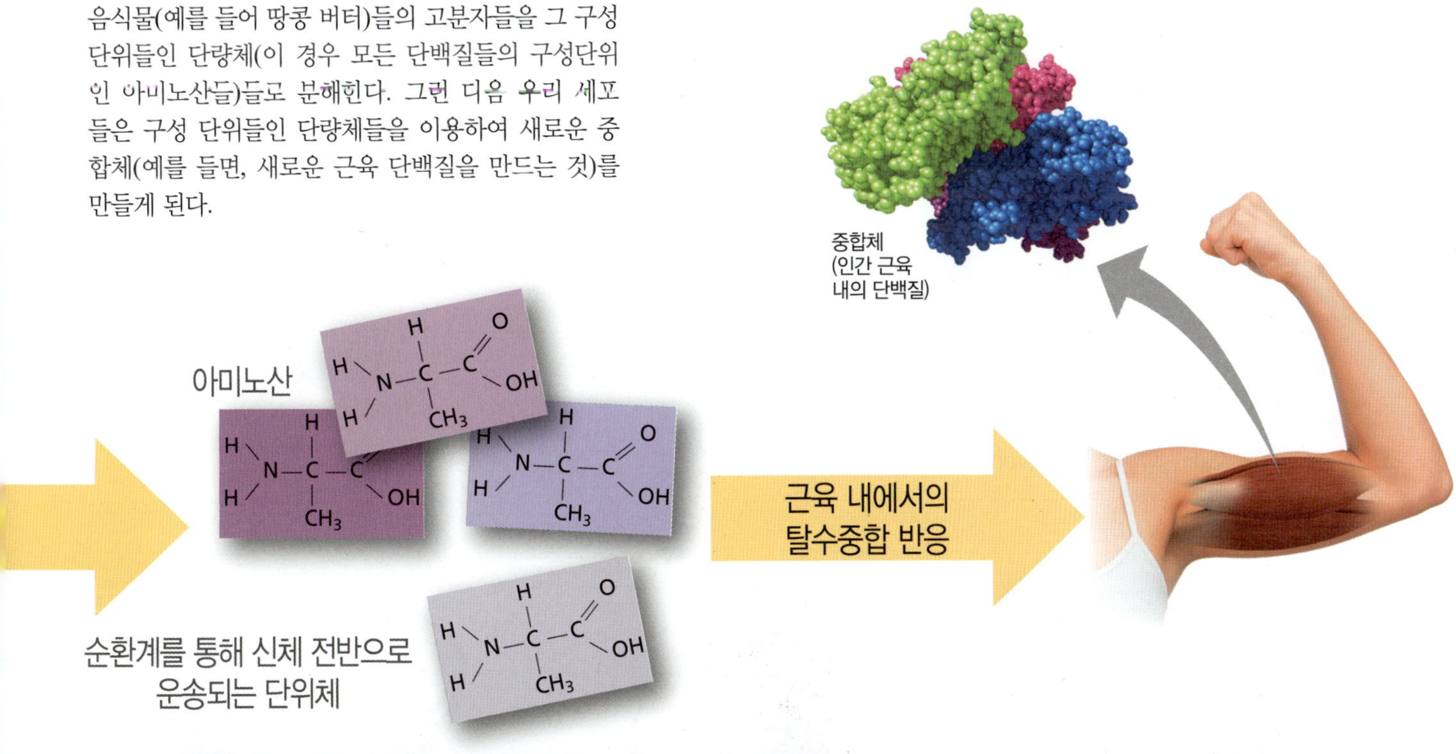

요점

▶ 거대 분자들(큰 분자들)은 종종 탈수 중합 반응에 의해 단량체들이 서로 연결되어 생긴 중합체들이다. 중합체는 가수분해 반응에 의해 그것을 구성했던 단량체들로 분해될 수 있다.

? 어째서 합성 반응은 탈수 반응이라고 불리는가?

답: 관여된 분자들로부터 물 한 분자가 제거되기 때문이다.

2.9

탄수화물은 단당류로 구성된다

보통 전분 식품이라고 알려진 **탄수화물**(carbohydrates)은 당류(sugars)와 그로부터 만들어진 거대 분자들을 포함한다. 모든 탄수화물은 하나 이상의 단당류(monosaccharides; 단순당)로부터 만들어진다. 탄수화물은 동물의 주된 식이 에너지원이며, 식물의 구조적 성분이다.

단당류

단당류(monosaccharides)는 탄수화물의 구성단위이다. 모든 탄수화물은 하나 이상의 단당류로 되어 있다. 가장 흔한 두 가지 단당류인 포도당(glucose)과 과당(fructose)은 **이성질체**(isomer)들로서, 원자들의 종류와 수는 같지만, 원자 배열에 차이가 있는 것들이다.

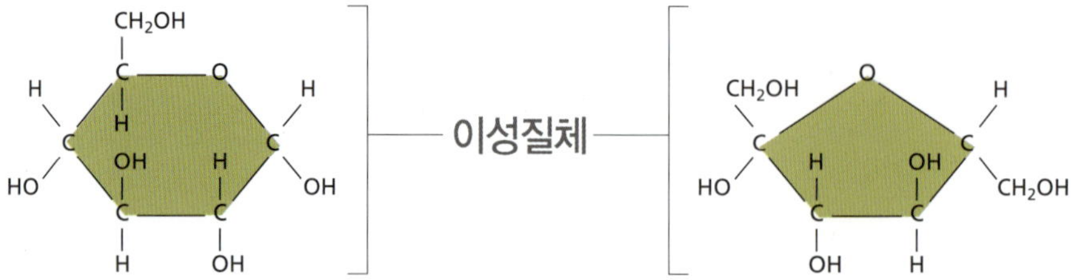

$C_6H_{12}O_6$ 포도당

$C_6H_{12}O_6$ 과당

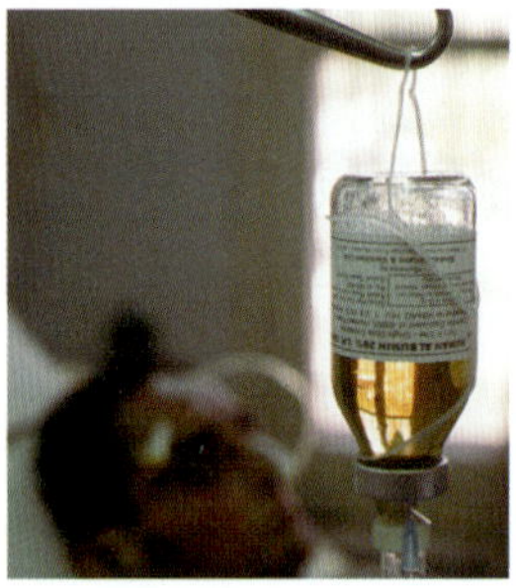

포도당(glucose)은 스포츠 음료를 포함한 많은 음식물에 들어 있으며, 외상환자들에게 정맥 주사로 처방되어 바로 사용할 수 있는 에너지를 제공한다.

과당(fructose)은 때론 과일당(fruit sugar)으로 불리며 꿀에도 들어 있다.

이당류

이당류(disaccharides)는 두 개의 단당류가 탈수 중합 반응으로 결합하여 형성된 것이다. 예를 들어, 포도당과 과당이 결합하면 설탕(sucrose)이 형성되는데, 이 과정에서 물 분자가 하나 방출된다. 많은 당이 "-오스(-ose)"로 끝나는 이름을 가지는데, 이 때문에 식품 표지에서 쉽게 알아볼 수 있다.

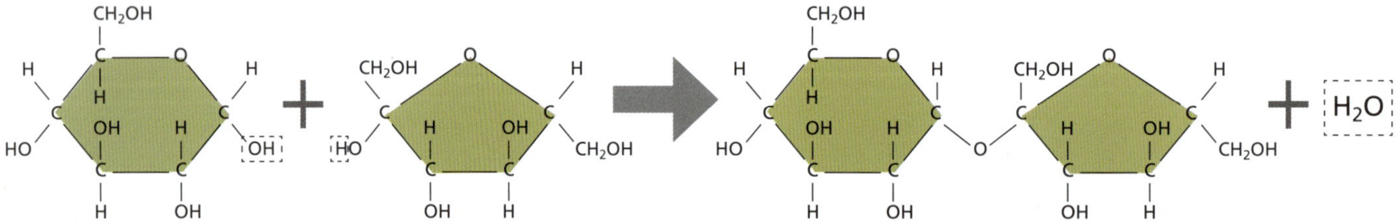

포도당(glucose): $C_6H_{12}O_6$ **과당**(fructose): $C_6H_{12}O_6$ **설탕**(sucrose): $C_{12}H_{22}O_{11}$

일반적인 이당류

젖당(lactose): 우유에 들어 있는 당이다.

엿당(maltose): 맥아 발효에 사용되며 밀크캔디를 만드는 데도 사용된다.

설탕(sucrose): 일반적인 감미료로 사용된다.

다당류

다당류(polysaccharides)는 많은 단당류가 긴 사슬형으로 서로 연결되어 만들어진 복잡한 탄수화물이다. 여기에서는 네 가지 익숙한 다당류를 볼 수 있는데, 모두 포도당으로 이루어진 긴 사슬들이다.

녹말(starch)의 아밀로오즈(amylose)

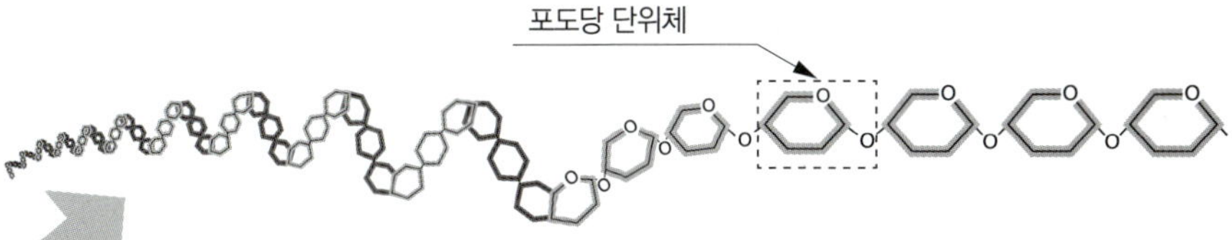

식물은 남는 당을 탄수화물인 **녹말**(starch) 상태로 저장한다. 녹말의 아밀로오스(amylose)는 포도당 분자들로 이루어진, 분지가 없는 형태의 길고 꼬인 사슬들이다. 많은 동물이 이 물질을 식이 에너지원으로 섭취한다.

셀룰로오즈(cellulose)

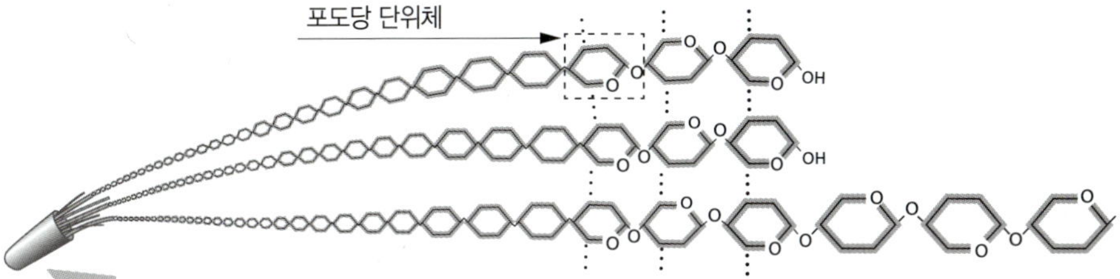

셀룰로오즈(cellulose)는 식물 세포의 세포벽에 존재하는 케이블 같은 형태의 섬유를 형성하며 식물의 몸체 대부분을 구성한다. 셀룰로오즈 분자는 포도당으로 이루어진 매우 긴 직선형 사슬들이 서로 연결되어 있다. 셀룰로오즈는 목재의 주요 구성성분이며, 우리가 먹는 음식의 "(식이) 섬유"들이다.

글리코겐(glycogen)

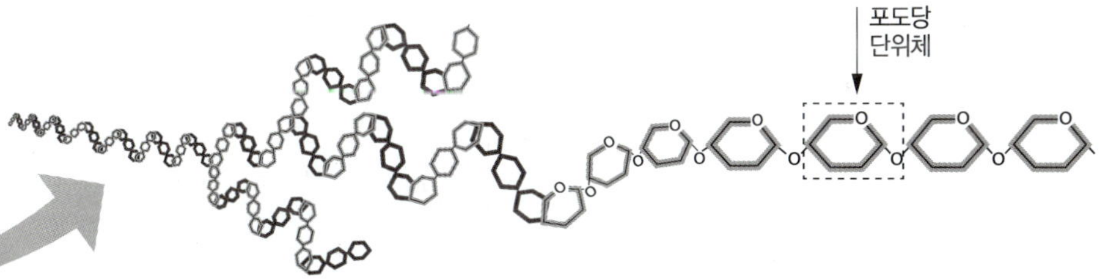

글리코겐(glycogen)은 포도당 분자들의 분지형 사슬(branched chain)로 구성된다. 동물들 대부분은 잉여의 당들이 간과 근육의 세포들에서 글리코겐으로 저장되어, 약 24시간 정도 내에 포도당이 필요하게 되면 바로 사용될 수 있도록 한다.

키틴(chitin)

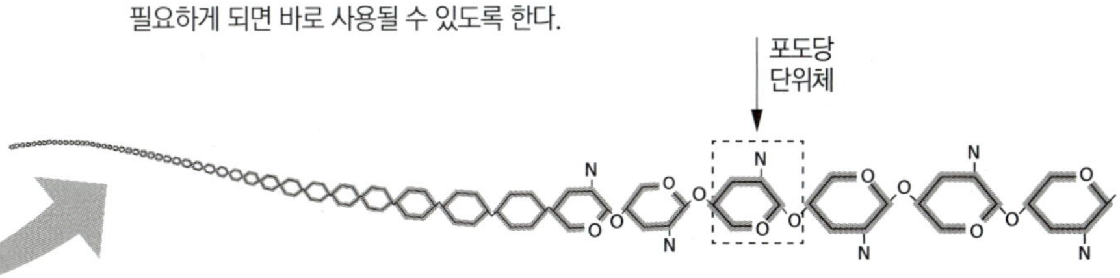

키틴(chitin)은 절지동물(곤충이나 랍스터 같은)과 여러 곰팡이의 외골격을 구성하는 탄수화물이다. 키틴은 포도당 단위체가 질소를 포함한 부분을 가진다는 점을 빼면 셀룰로오즈와 유사하다.

> ! 키틴의 구성단위는 글루코사민(glucosamine)인데, 이것은 많은 사람이 관절 보조제로 먹는 물질이다.

요점

▶ 탄수화물은 하나 이상의 단당류가 서로 연결되어 형성된다. 단순당(단당류)은 포도당과 과당 등이며, 이당류에는 설탕이 포함된다. 그리고 다당류에는 녹말과 셀룰로오즈 등이 포함된다.

? 녹말의 아밀로오즈와 글리코겐은 구조 면에서 볼 때 어떤 공통점을 가지는가? 다른 점은 무엇인가?

답: 그들은 둘 다 많은 수의 포도당 분자들이 연결되어 만들어진 긴 사슬들이지만, 녹말의 아밀로오스는 포도당 분자들이 직선형 사슬로 구성되는 데 반해, 글리코겐은 가지가 많은 사슬로 구성된다.

2.10 지질은 소수성 분자로 구성된 다양한 물질이다

지질(lipid)은 매우 다양한 유기 화합물 집단이지만 이들은 모두 한 가지 중요한 공통적 성질을 가진다: 즉, 모두 **소수성**(hydrophobic; 물을 싫어하는)이라서 물과 섞이지 않는다. 이런 화학적 성질은 샐러드유(지질)와 식초(물에 녹아 있는)를 섞었을 때 이들이 섞이지 않고 분리되어 존재하려는 것으로 직접 확인할 수 있다. 그것들이 섞이도록 세게 흔들어도, 소수성인 기름은 곧 수용성인 식초와 분리되고 만다. 몇 가지 종류의 지질이 존재하며, 그중 여러 개는 이미 여러분에게 익숙한 것들이다.

기름식초

인지질

살아 있는 모든 세포는 세포 내/외로의 물질 출입을 조절하는 막으로 둘러싸인다. 이런 막들은 **인지질 이중층**(phospholipid bilayer)이다; 즉, **인지질**(phospholipid)이라고 불리는 분자들이 두 층으로 쌓여 이루어진 것이다. 각각의 인지질은 친수성(hydrophilic; "물을 좋아하는")인 머리 부분에 인산 그룹을 포함하고 있으며, 두 개의 긴 소수성(hydrophobic; "물을 싫어하는") 꼬리들을 가진다. 많은 단백질이 인지질층에 끼어 떠다닌다.

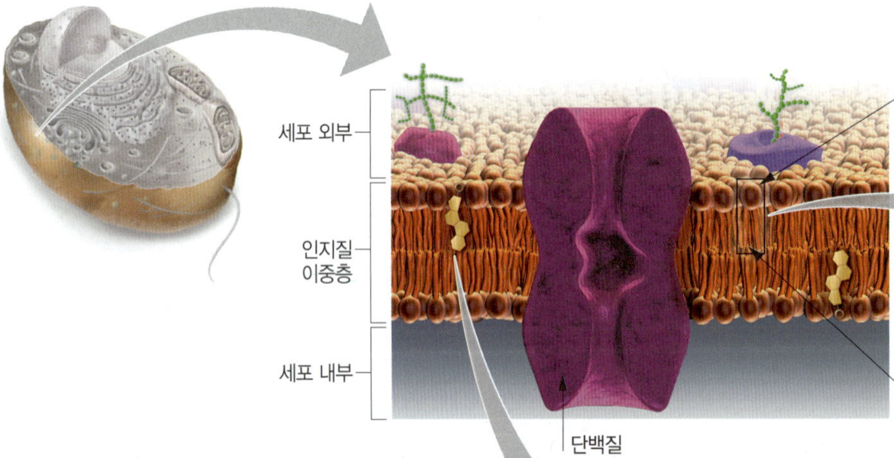

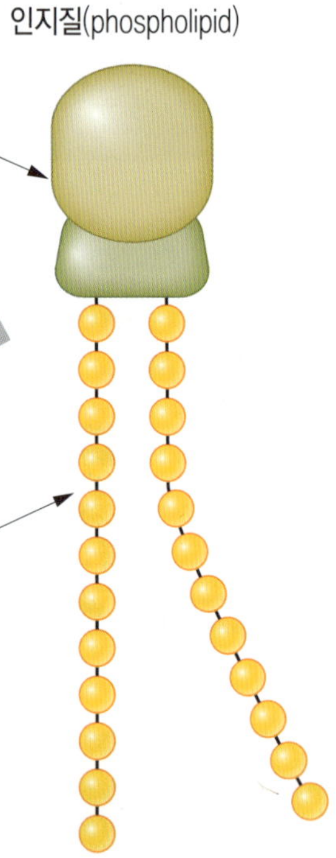

콜레스테롤

콜레스테롤(cholesterol)은 여러 가지 중요한 역할을 담당하는 지질이다. 이것은 대부분 동물 세포의 세포막에서 발견되며, 여기서 유동성과 안정성을 유지하는 데 도움을 준다. 게다가 동물 세포는 콜레스테롤을 이용하여 몇 가지 중요한 지질 호르몬들을 합성한다. 몸에서 합성되기도 하지만, 콜레스테롤은 달걀이나 붉은 고기 같은 동물성 식품들에 많이 들어 있다.

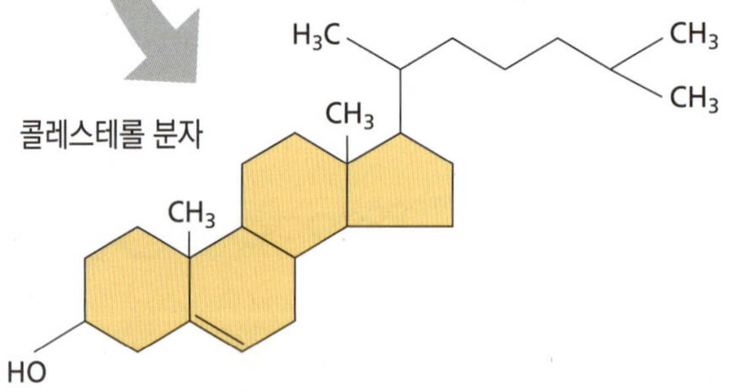

콜레스테롤의 형태

이름	의미	일반명	건강관련 시사점
LDL	저밀도 지질단백질 (low-density lipoprotein)	"나쁜 콜레스테롤"	불건강한 식이 섭취로 증가할 수 있으며, 높은 수준은 심장 질환의 위험을 증가시킨다.
HDL	고밀도 지질단백질 (high-density lipoprotein)	"좋은 콜레스테롤"	운동을 통해 증가시킬 있으며, 높은 수준은 심장 질환의 위험을 낮춘다.

트리글리세리드

지질은 지방(fat)을 포함하는데, 여러분은 아마도 '지방'이라고 하면, 먹는 음식이 생각날 것이다. 일반적인 식이 지방은 **트리글리세리드**(triglyceride)라고 불리는 분자들로 되어 있는데, 이것은 한 분자의 글리세롤(glycerol)이 세 개의 지방산 분자와 연결되어 만들어진 것이다. 트리글리세리드 내 **지방산**(fatty acid) 꼬리의 탄소/수소 사슬들은 많은 에너지를 저장하고 있다. 따라서 지방이 많은 식품은 많은 칼로리를 가지고 있으며, 신체는 과도한 칼로리를 지방조직(adipose tissue)에 트리글리세리드를 추가함으로써 저장하는데 이것은 체지방(body fat)이라고 불린다.

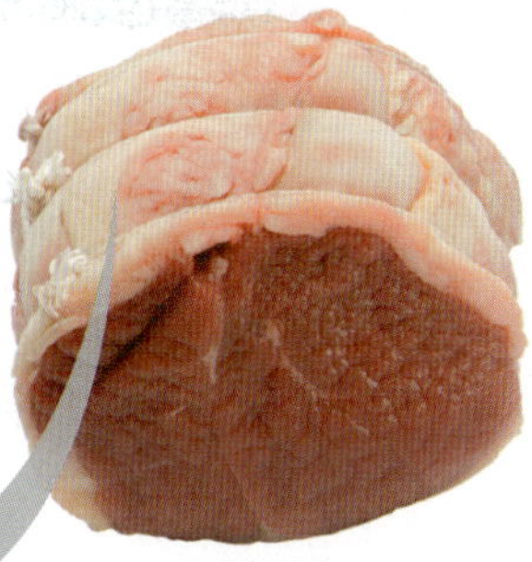

고기의 지방

트리글리세리드 분자

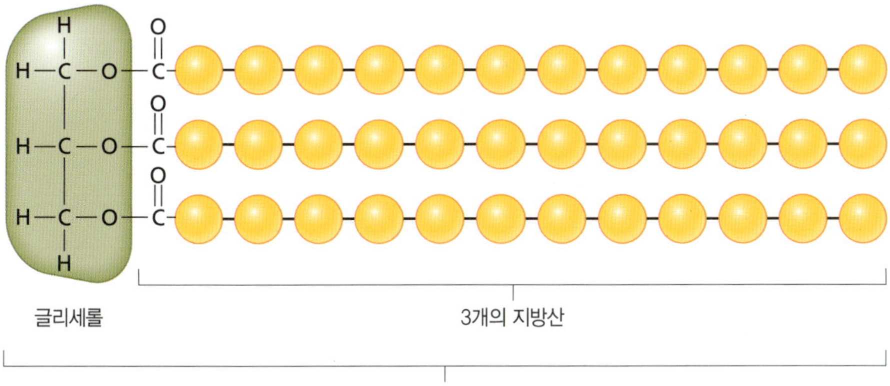

하나의 트리글리세리드 분자

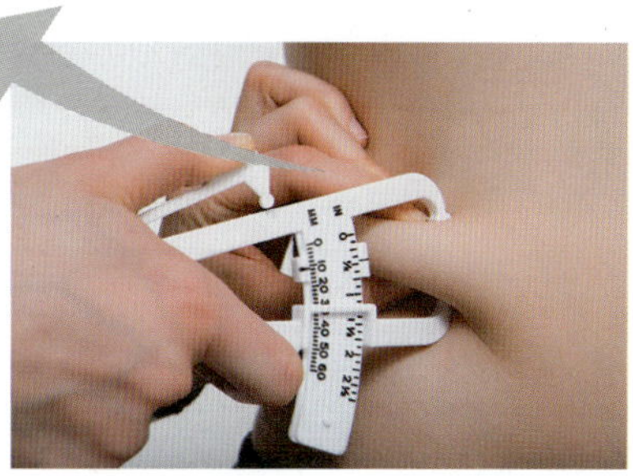

인간의 지방(fat) 조직

스테로이드 호르몬

스테로이드(steroids)는주로 탄소로 이루어진 화학 고리들 네 개가 융합된 분자형태의 지질이다. 콜레스테롤(cholesterol)은 잘 알려진 스테로이드 중 하나이다. 체내에서, 콜레스테롤은 에스트로겐이나 테스토스테론 같은 성호르몬 등, 여러 가지 스테로이드 호르몬을 생산하는 데 사용된다. **합성 스테로이드**(anabolic steroids)는 스테로이드의 효과를 모방하는 합성 테스토스테론 유도체들로서 체질량을 늘려주지만, 상당히 위험한 부작용도 유발한다. 많은 운동선수가 경기력 향상을 위해 이런 약물을 사용했었다고 고백한 바 있다.

! 체지방은 매우 칼로리가 높은 물질이다: 450 g 정도의 체지방은 3,500칼로리 정도를 저장할 수 있다.

알렉스 로드리게즈(Alex Rodriguez)

에스트로겐(estrogen)의 한 종류

테스토스테론(testosterone)

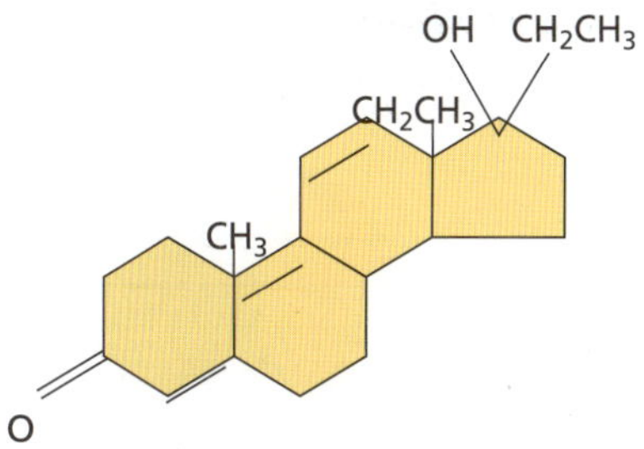

THG, 합성 스테로이드

요점

▶ 지질들은 다양한 소수성 유기화합물들로 이루어지는 그룹이다. 지질은 인지질, 콜레스테롤, 트리글리세리드, 그리고 스테로이드 호르몬(천연의 성호르몬과 합성 스테로이드 모두) 등을 포함한다.

? 식이 지방, 콜레스테롤, 그리고 합성 스테로이드가 공통적으로 나타내는 물리적 특성은 무엇인가?

답: 이들은 모두 소수성(hydrophobic)이다.

2.11 음식은 여러 종류의 지방을 함유하고 있다

우리가 음식으로 먹는 지질 대부분은 트리글리세리드 분자들로 이루어져 있다. 하나의 트리글리세리드 분자는 세 개의 긴 지방산 사슬이 글리세롤 분자에 연결되어 있다. 여러 종류의 식이 지방은 구조적으로 공통점을 가짐에도 불구하고, 건강에 미치는 영향은 여러 가지 형태마다 다를 수 있다.

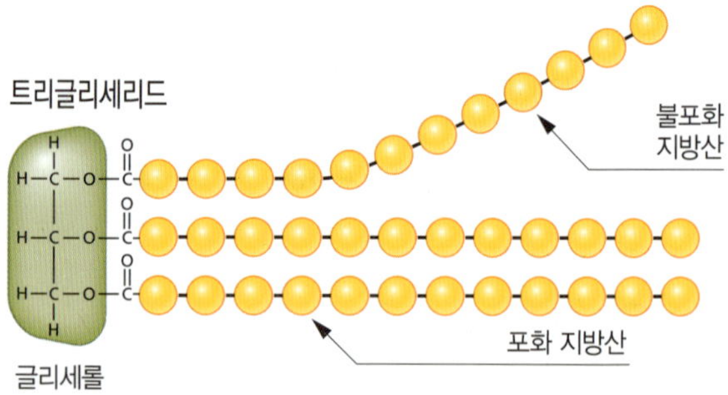

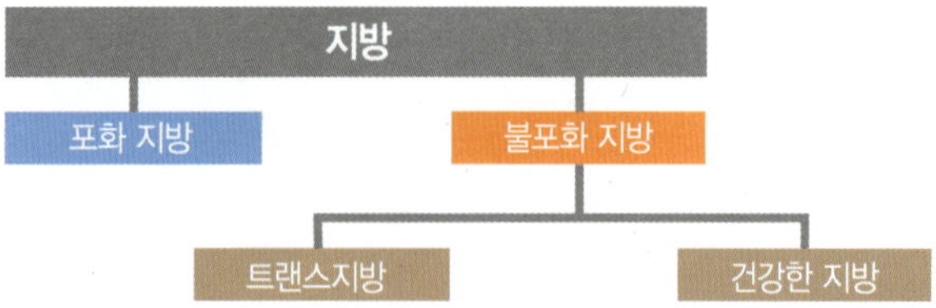

! 코코넛 기름은 92%의 포화 지방을 포함하고 있어서, 적색육보다 더 많은 양을 가진다.

포화 지방

식이 지방은 두 가지 종류로 나눌 수 있다: 포화 지방과 불포화 지방이다. **포화 지방**(saturated fat)은 지방산 꼬리에 수소 원자들이 최대로 결합되어 있는 것으로, 사슬 내의 화학 결합들은 모두 단일 결합이다. 결과적으로, 포화 지방의 이 지방산 꼬리들은 일직선으로 곧다. 이런 모양 때문에 이들은 쉽게 서로 쌓여 고체가 된다. 따라서 고도로 포화된 지방은 실온에서 고체인 경향이 있다. 포화 지방은 동물성 생산물(식물성에도 존재하긴 한다)에서 다량으로 발견된다.

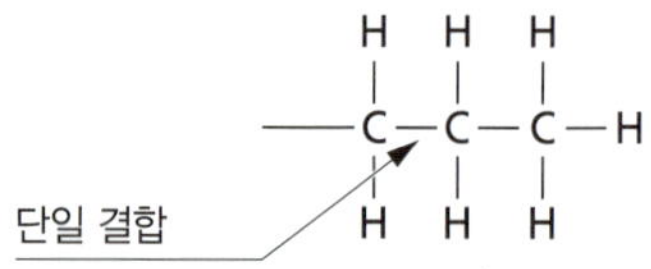

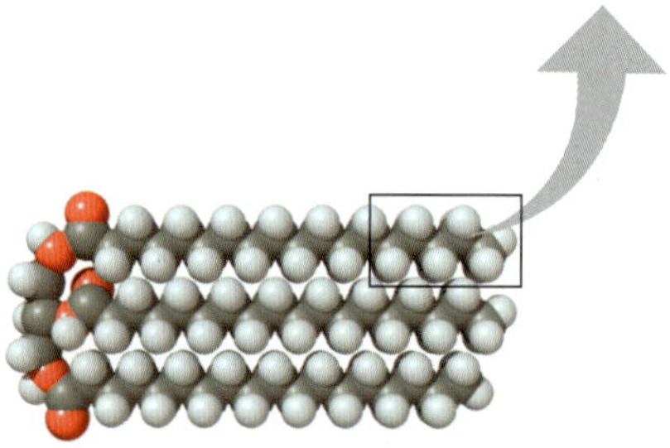

반듯한 사슬 꼬리를 가진 포화 지방 분자

- 꼬리에 최대 수의 수소 존재
- 모두 단일 결합
- 직선형
- 실온에서 고체
- 동물성 제품에 다량 존재
- 덜 건강한 것으로 인식됨

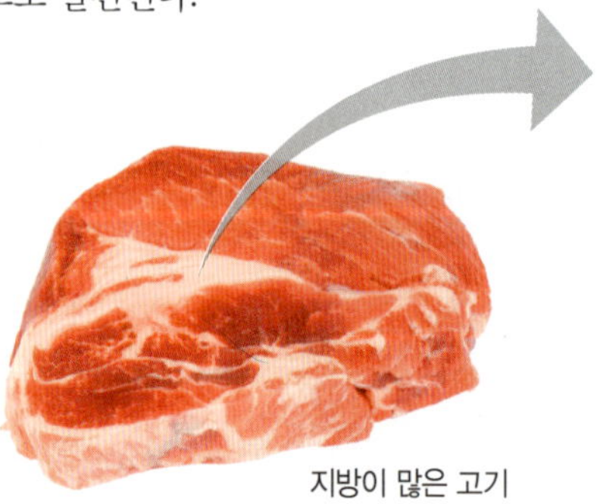

지방이 많은 고기

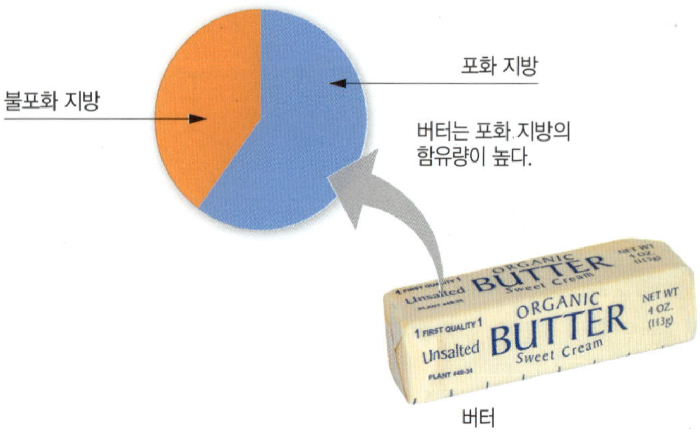

버터

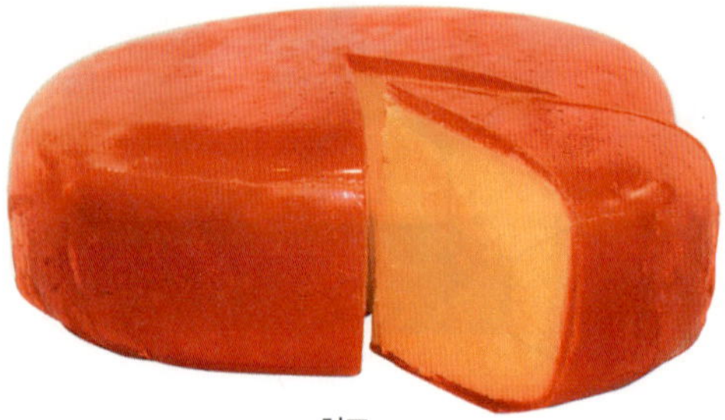

치즈

불포화 지방

불포화 지방(unsaturated fat)은 지방산 꼬리에 하나 이상의 이중 결합을 가지므로, 수소의 수는 최대 수에 미치지 못한다. 결과적으로, 불포화 지방을 구성하는 지방산 꼬리들은 이중 결합이 있는 부분마다 꺾여 구부러지고, 이 때문에 분자 모양이 틀어지게 된다. 이것은 분자들이 차곡차곡 쌓이는 것을 방해하므로, 불포화 지방들은 실온에서 액체인 경향을 나타낸다. 불포화 지방들은 대체로 식물성 기름이나 생선 기름에 많이 존재한다(동물성 식품에도 있긴 하다).

- 꼬리에 최대 수 보다 적은 수의 수소가 존재
- 하나 이상의 이중 결합
- 굽은 형태
- 실온에서 액체로 존재
- 식물성 식품에 더 많이 존재함
- 건강에 좋음

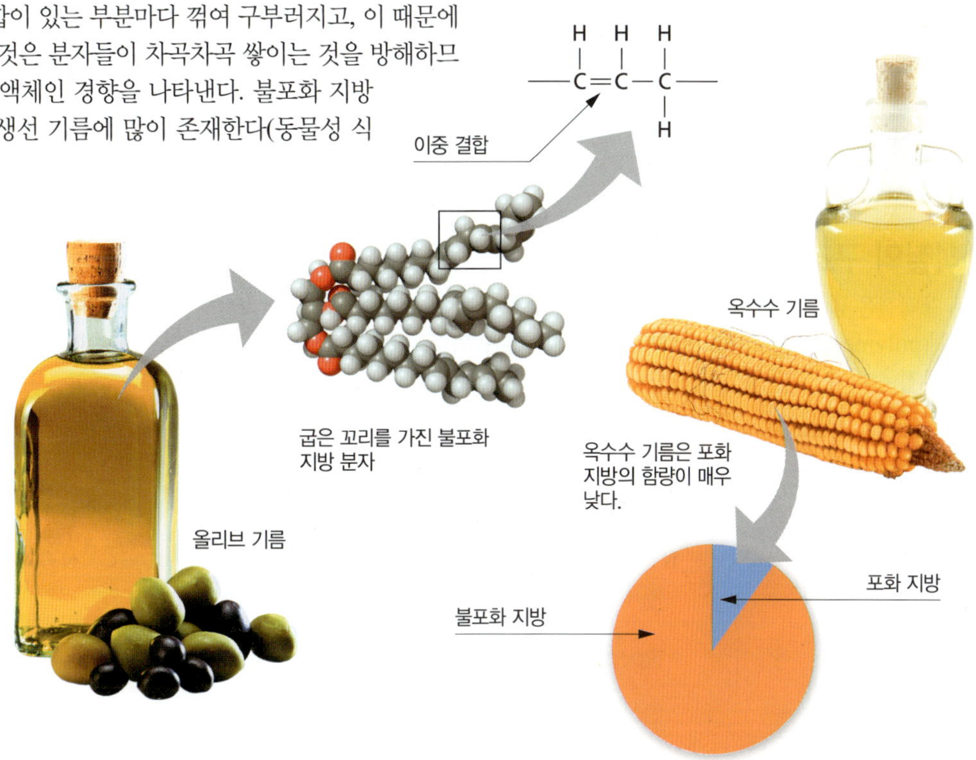

트랜스 지방

불포화 지방은 **수소화**(hydrogenation)라고 불리는 제조 과정을 통해 고체화될 수 있다. 수소화 과정은 자연적으로는 생기지 않는 특이한 결합을 포함하는 일종의 불포화 지방인 **트랜스 지방**(trans fat)을 만든다. 트랜스 지방은 건강에 별로 좋지 않으며, 심장병, 당뇨병, 그리고 고혈압 등의 위험을 증가시킨다. 따라서 식품 표지에도 반드시 명기되어야만 한다. 2018년 현재, 식품 공급업자들은 더는 수소화된 기름을 사용할 수 없게 되었다.

건강에 좋은 지방

모든 지방이 건강의 적은 아니다. 사실 일부 지방들은 건강한 섭생에 필수적이다. 예를 들어, **오메가-3 지방산**(omega-3 fatty acid)은 심장병 위험을 낮추는 것으로 알려져 있다. 필수 지방들이 풍부한 식품들은 잘 균형이 잡힌 식단에 반드시 포함되어야 한다.

튀겨진 패스트푸드는 트랜스지방을 포함하기 쉽다.

오메가 3이 풍부한 음식들의 선택: 생선, 닭고기, 달걀, 땅콩, 그리고 콩 등

요점

▶ 지질은 식이 지방, 즉 포화 지방과 불포화 지방(트랜스 지방 및 오메가-3 지방 포함)을 포함한다. 불포화 지방은 포화 지방보다 건강에 더 좋지만, 트랜스 형태의 불포화 지방은 건강에 특히 나쁘다.

? 다음 진술에서 잘못된 것은? "동물성 지방은 포화되어 있지만, 식물성 지방은 불포화성이다."

답: 동물성 지방과 식물성 지방 모두 포화 지방과 불포화 지방을 포함한다. 그러나 그 비율에서 차이가 난다.

단백질은 수많은 생명의 기능을 수행한다

우리 신체에서 중요한 역할을 담당하는 거대 생물 분자 중에서, **단백질**(protein)은 가장 다양하다. 한 세포 내의 각 단백질들은 독특한 구조를 가지며 그런 모양은 특수한 기능을 수행할 수 있도록 해준다. 여기서는 단백질의 화학적 조성과 그들이 수행하는 다양한 기능을 살펴보도록 하자.

단백질의 구조

모든 단백질은 많은 수의 **아미노산**(amino acid) 단량체(monomer)들이 서로 연결되어 만들어진 중합체(polymer)이다. 아미노산에는 20가지 종류가 있다. 하나의 단백질 내에 존재하는 아미노산의 특정 순서가 그 단백질의 전체 구조를 결정하게 된다.

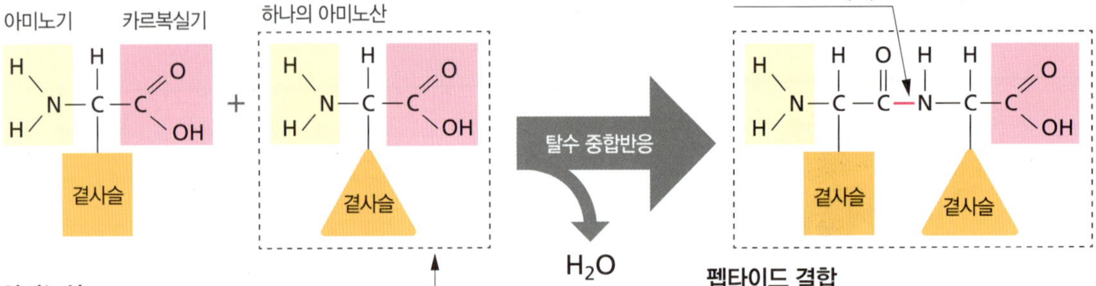

아미노산

모든 단백질은 아미노산으로 구성된다. 모든 아미노산은 중앙의 탄소 원자, 아미노기, 그리고 산성을 나타내는 카르복실기를 가진다. 20종류 아미노산은 모두 서로 다른 곁사슬(side group)을 가지고 있어서 각각 독특한 화학적 성질들이 나타난다.

펩타이드 결합

아미노산은 탈수 합성 반응(dehydration synthesis reaction)을 통해 서로 연결된다. 새로 형성된 결합은 **펩타이드 결합**(peptide bond)이라고 불린다.

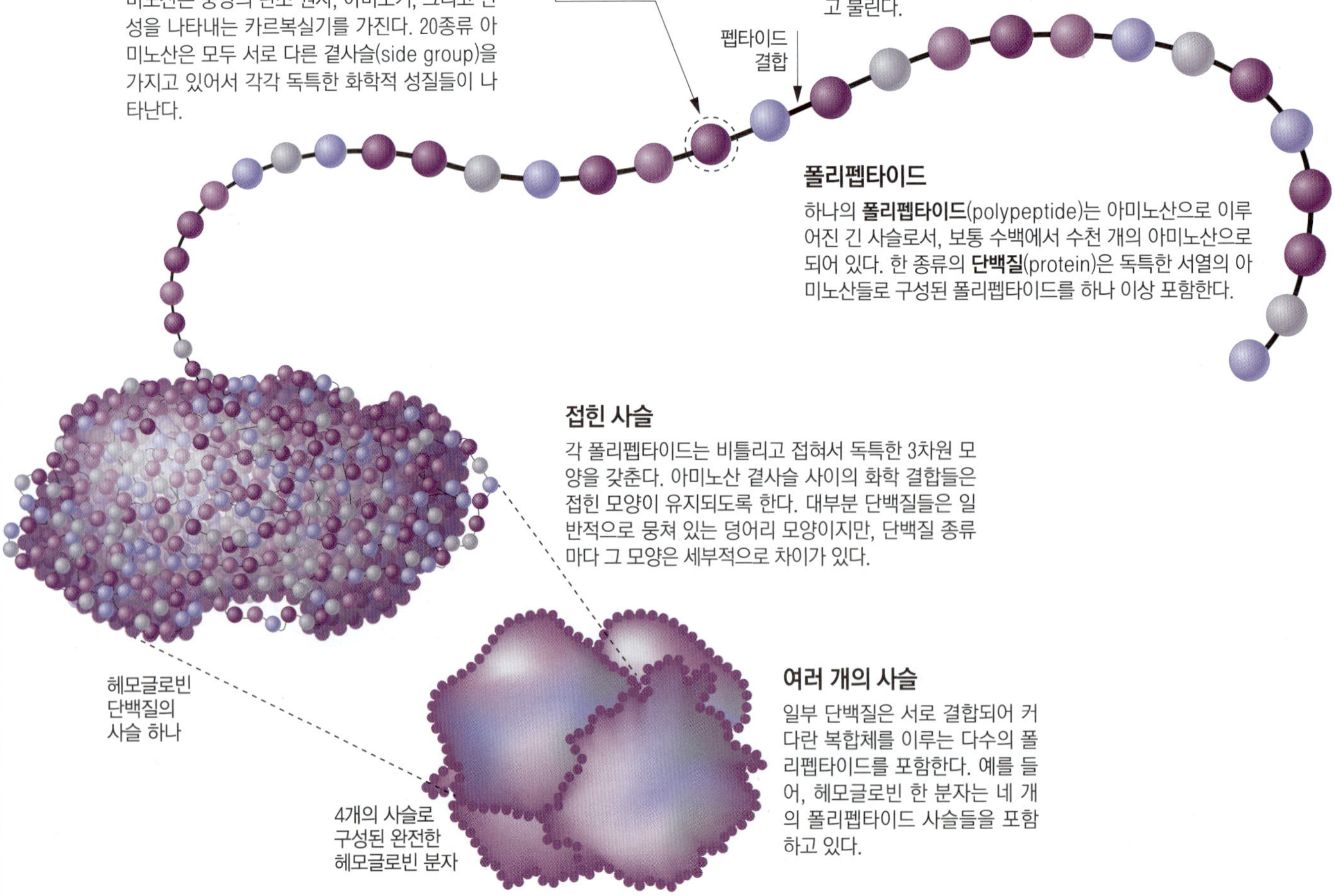

폴리펩타이드

하나의 **폴리펩타이드**(polypeptide)는 아미노산으로 이루어진 긴 사슬로서, 보통 수백에서 수천 개의 아미노산으로 되어 있다. 한 종류의 **단백질**(protein)은 독특한 서열의 아미노산들로 구성된 폴리펩타이드를 하나 이상 포함한다.

접힌 사슬

각 폴리펩타이드는 비틀리고 접혀서 독특한 3차원 모양을 갖춘다. 아미노산 곁사슬 사이의 화학 결합들은 접힌 모양이 유지되도록 한다. 대부분 단백질들은 일반적으로 뭉쳐 있는 덩어리 모양이지만, 단백질 종류마다 그 모양은 세부적으로 차이가 있다.

여러 개의 사슬

일부 단백질은 서로 결합되어 커다란 복합체를 이루는 다수의 폴리펩타이드를 포함한다. 예를 들어, 헤모글로빈 한 분자는 네 개의 폴리펩타이드 사슬들을 포함하고 있다.

단백질의 기능

단백질은 인간뿐 아니라, 다른 모든 생물체의 체내에서 엄청나게 다양한 작업을 수행한다. 만약 여러분의 몸 안에서 무엇인가가 이루어졌다면, 그것은 분명히 단백질이 한 것일 가능성이 크다. 여기서는 동물의 체내에서 단백질에 의해 수행되는 몇 가지 기능들을 살펴보자. 단백질은 각 종류별로 독특한 모양을 하고 있으며 그 때문에 독특한 기능을 수행할 수 있다는 점에 유의해서 살펴보도록 하자. 다음 예에서는 각 폴리펩타이드 사슬들이 다른 색깔로 표시되어 있다.

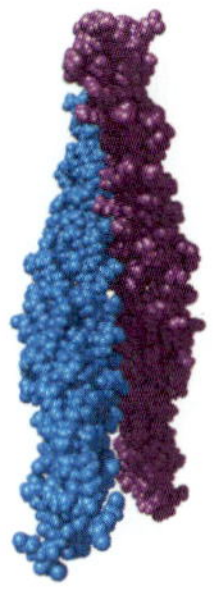

구조:
케라틴(keratin)은 머리털, 피부, 손톱, 그리고 털 등을 만드는 중요한 성분이다.

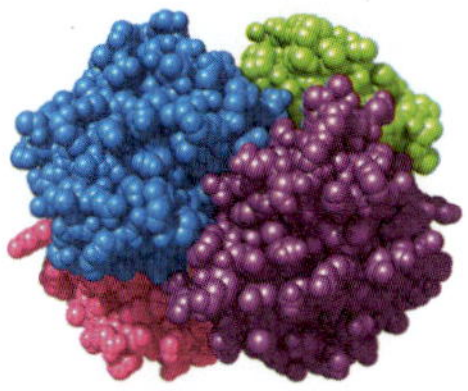

수송:
헤모글로빈(hemoglobin)은 적혈구 세포들에 존재하며 혈액을 통해 신체 곳곳에 산소를 전달한다.

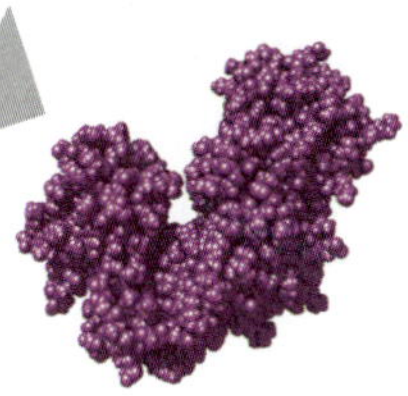

효소:
락타아제(lactase)는 젖당인 락토오스(lactose)를 분해하는 소화계의 효소이다.

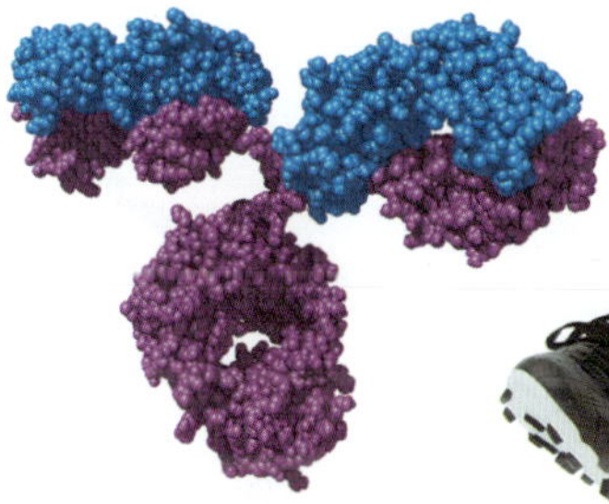

방어:
항체(antibody)는 외래 침입자들이 분해되도록 표지하는 면역계의 단백질이다.

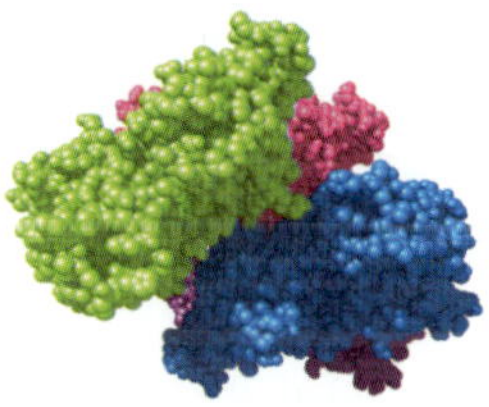

운동:
액틴(actin)은 근육이 수축되도록 하는 단백질의 일종이다.

> **!** 낭포성 섬유증의 가장 흔한 원인은 하나의 중요 단백질을 구성하는 1,480개의 아미노산 중 단 하나가 바뀌는 것이다.

단백질의 형태와 기능

어떤 단백질의 정확한 아미노산 서열은 그 단백질의 전체적인 모양과 그에 따른 기능을 결정한다. 아미노산 서열에서의 변화는 아주 작은 변화일지라도 정상적인 작업을 수행하기 위한 단백질의 능력을 변화시킬 수 있다. 예를 들면, 헤모글로빈에서 폴리펩타이드 하나(단백질 사슬)를 구성하는 146개의 아미노산 중 하나만 변해도 단백질이 잘못 접힐 수 있다. 그렇게 변화된 단백질은 제대로 된 기능을 수행하지 못해 낫 세포 질병(sickle cell disease)을 일으킨다.

정상

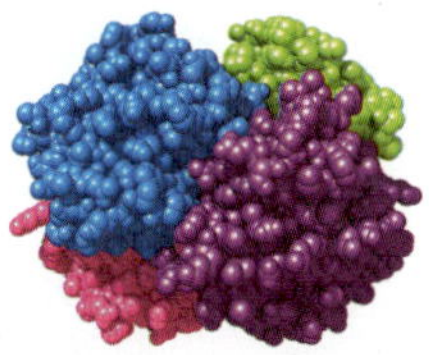

정상 헤모글로빈

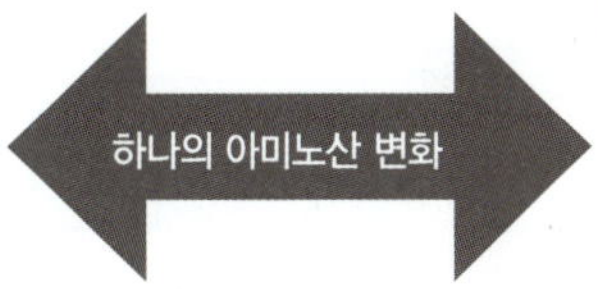

돌연변이형

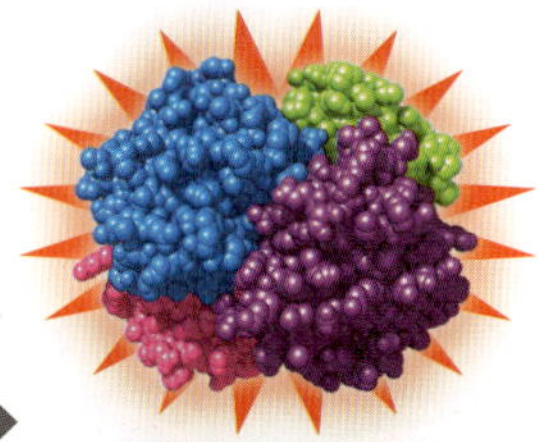

모양이 약간 변화된 돌연변이 헤모글로빈

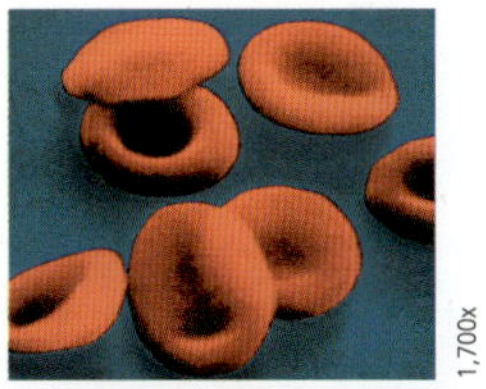

정상 적혈구 세포

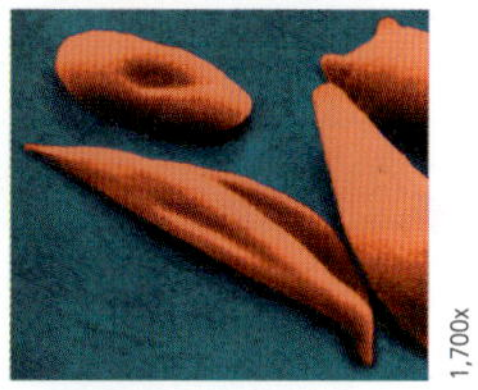

낫세포가 된 적혈구

요점

▶ 단백질은 펩타이드 결합으로 연결된 아미노산들이 구성하는 다양한 분자들이다. 단백질은 생명 활동에 필요한 대부분의 작업을 수행한다. 각 단백질은 그 기능을 결정하는 독특한 모양을 가진다.

? 폴리펩타이드란 무엇인가? 그 이름이 뜻하는 바는 무엇인가?

답: 폴리펩타이드는, 많은(폴리) 펩타이드 결합에 의해 연결된 아미노산들의 사슬을 말한다.

2.13

효소는 화학 반응의 속도를 증가시킨다

살아 있는 모든 세포는 화학 반응을 통해 지속적으로 서로 상호작용하는 매우 다양한 화학물질들을 포함한다. 생명체 내의 어떤 화학 반응도 **효소**(enzyme)의 도움 없이는 거의 일어나지 않는데, 효소란 스스로는 변하지 않으면서 화학 반응의 속도를 높여주는 단백질이다. 살아 있는 모든 세포는 엄청나게 다양한 효소들을 포함하며, 그 각각은 자신들이 담당하는 특정 화학 반응들의 속도를 높여준다.

효소와 기질

각 효소는 그 **기질**(substrate)이라고 불리는 한 가지 특정 표적 분자를 인식한다. 그 기질은 **활성 부위**(active site)라고 하는 효소의 특정 부위에 결합한다. 활성 부위는 기질의 모양과 상보적인 형태로 되어 있어서, 이 둘은 마치 장갑에 손이 들어가는 것처럼 잘 들어맞는다. 일단 기질이 결합하면, 효소는 특정 화학 반응을 촉매한다(catalyze). 예를 들면, 젖당 분해 효소인 락타아제(lactase)는 젖당인 락토오스(lactose)를 단당류인 포도당(glucose)과 갈락토오스(galactose)로 분해한다. 그러나 효소 그 자체는 그 반응에 의해 변하지 않으므로 다시 똑같은 일을 계속 반복할 수 있다.

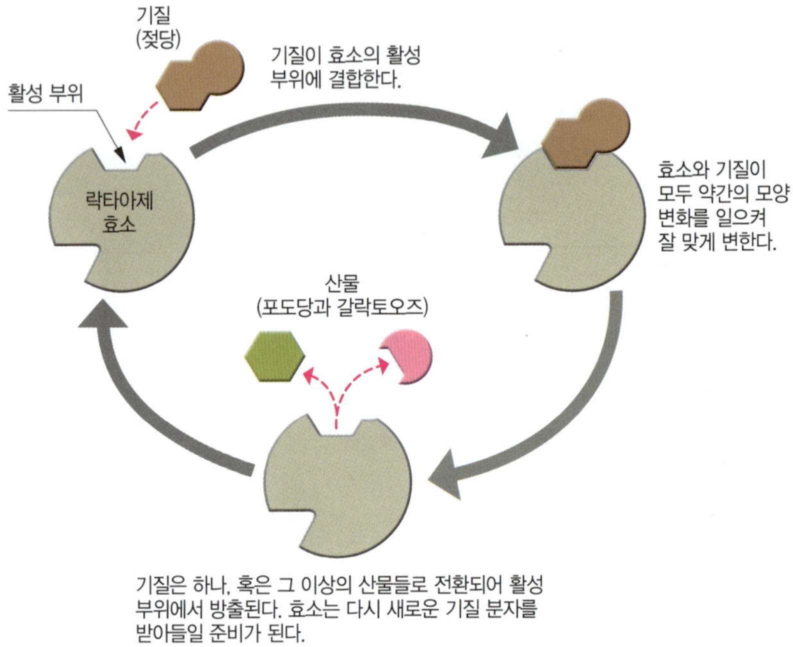

활성화 에너지

어떻게 효소는 화학 반응의 속도를 높일 수 있을까? **활성화 에너지**(activation energy)는 화학 반응이 진행되는 데 필요한 에너지의 양을 말한다. 효소는 그 활성화 에너지를 감소시켜 화학 반응이 더 빨리 진행되도록 한다.

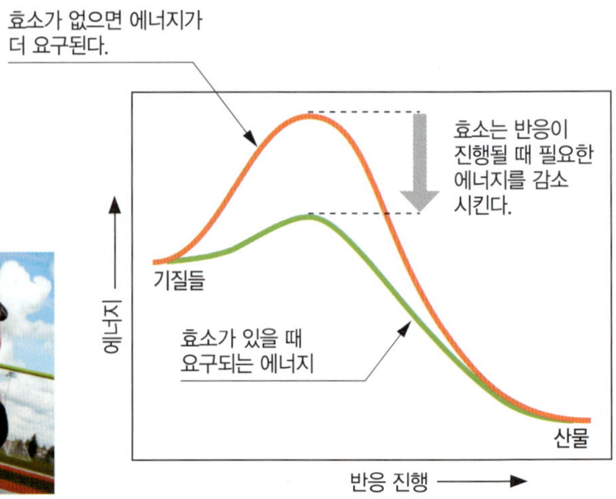

저해제

살아 있는 세포 내에서는 효소들이 꺼질(turn off) 수 있다. 즉, 필요하다면 기질과 작용하여 산물을 만드는 일이 저해될 수 있다는 뜻이다. **저해제**(inhibitors)라고 불리는 특정 분자들은 효소에 결합하여 그 기능을 방해한다. 서로 다른 여러 가지 효소 저해제는 서로 다른 방식들을 통해 이런 효과를 나타낸다.

경쟁적 저해제(competitive inhibitor)라고 불리는 일부 저해제는 활성 부위에 결합하여 작용하기 때문에 계속해서 활성 부위를 차지하게 된다. 따라서 진짜 기질이 활성 부위에 붙는 것이 방해를 받는다.

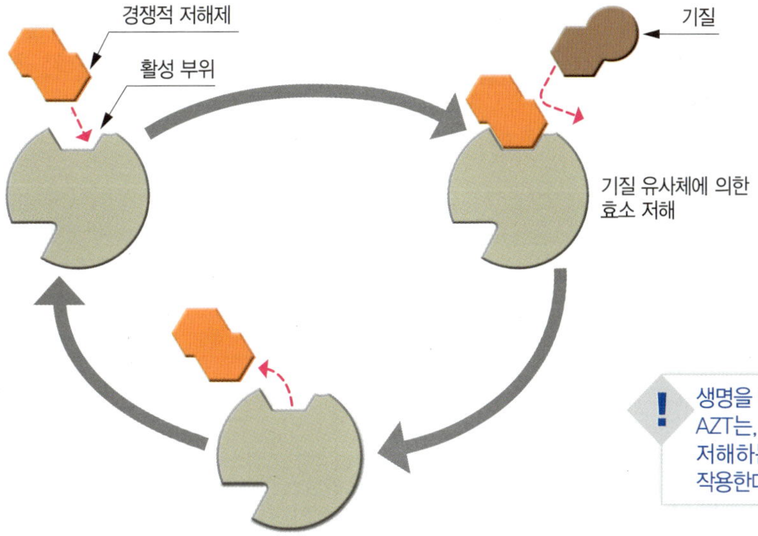

! 생명을 구하는 AIDS 치료제 AZT는, HIV의 핵심 효소를 저해하는 경쟁적 저해제로 작용한다.

비경쟁적 저해제(noncompetitive inhibitor)라고 불리는 일부 저해제는 효소에서 동떨어진 부위에 결합하여 작용한다. 이 결합이 효소의 모양 변화를 유발하여 기질이 활성 부위에 더는 붙지 못하게 된다.

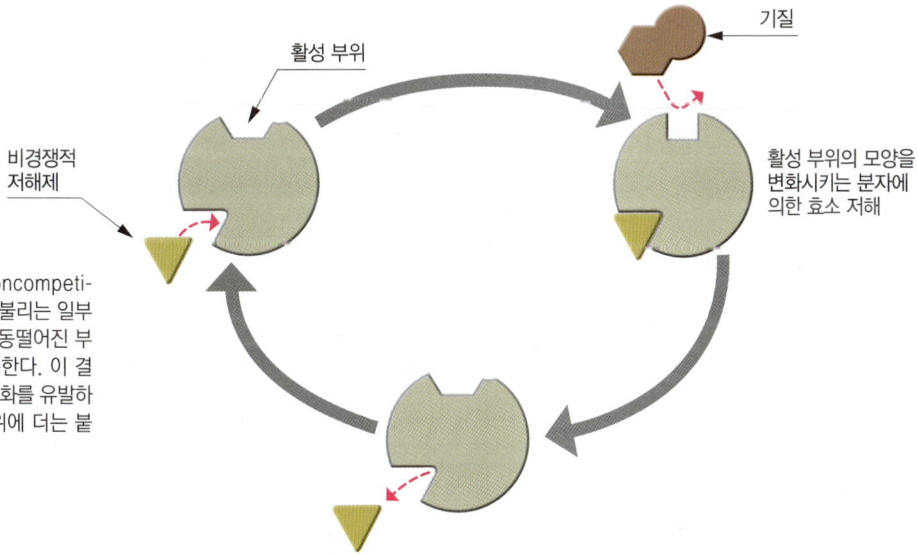

기능은 형태에 의존적이다

효소들은 단백질들이다. 그리고 다른 모든 단백질과 마찬가지로, 그 기능들은 형태에 의존적이다. 효소의 모양이 변하면 기능도 변한다. 예를 들어, 옆의 컴퓨터 이미지는 효소인 락타아제의 실제 모양을 보여준다. 효소에서 생긴 어떤 돌연변이 때문에 모양이 변화되면, 효소는 젖당을 분해하지 못하게 된다. 이것은 우유의 젖당(유당)이 적절히 소화되지 못하는 유당 불내증(lactose intolerance)을 일으킬 수 있다.

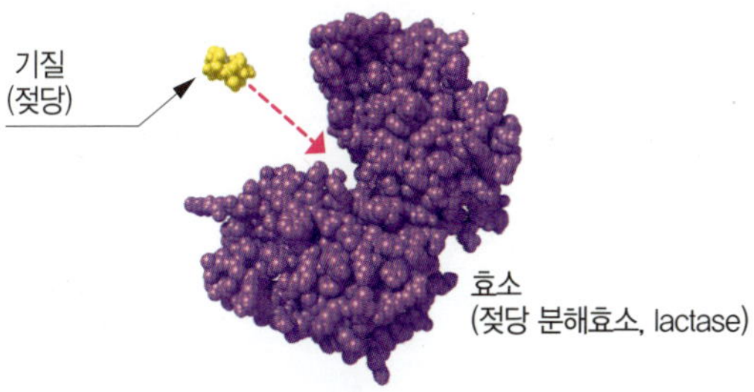

요점

▶ 효소들은 활성화 에너지를 낮추어 화학 반응의 속도를 높이는 단백질들이다. 기질은 효소의 활성 부위에 결합하여 하나 이상의 산물로 전환된다. 저해제들은 효소가 일하지 못하도록 방해하는 분자들이다.

? 만약 어떤 당이 젖당 모양을 하고 있으나 분해되지 않는다면, 이 물질은 락타아제 효소에 어떤 영향을 미치겠는가?

답: 이 당은 그 효소의 활성 부위에 결합하지만, 효소가 반응을 완료시키지 못하도록 방해하는 경쟁적 저해제로 작용할 것이다.

세포는 생명의 기본단위이다

세포는 모든 생명체의 기본 단위이다: 살아 있는 모든 생명체는 하나 이상의 세포로 이루어져 있고, 하나의 세포보다 작으면, 그 어떤 것도 생명에 필요한 모든 활동을 수행할 수 없다. 일부 생명체들(현미경적 크기의 세균들 같은)은 단세포성이며, 단 하나의 세포로 구성되어 있다. 다른 생물들(인간이나 기타 포유동물들 같은)은 조단위가 넘는 세포들로 구성된다. 그러나 어떤 세포든, 지구상의 모든 세포는 두 가지 일반적인 형태로 나눌 수 있다: 즉, 원핵세포(prokaryotic cell)와 진핵세포(eukaryotic cell)들이다.

	원핵세포	진핵세포
세포 구조	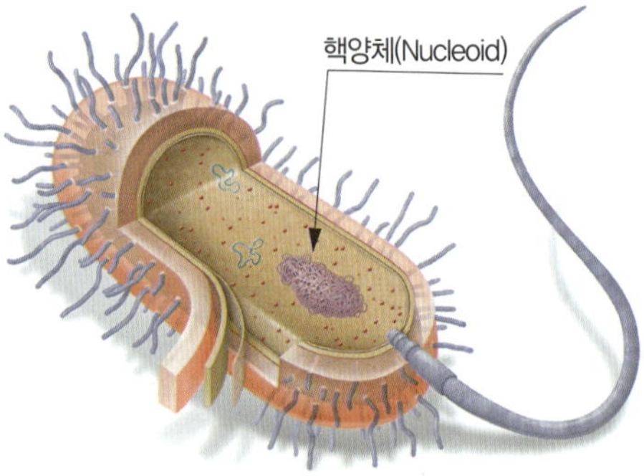 전형적인 원핵세포인 세균 세포	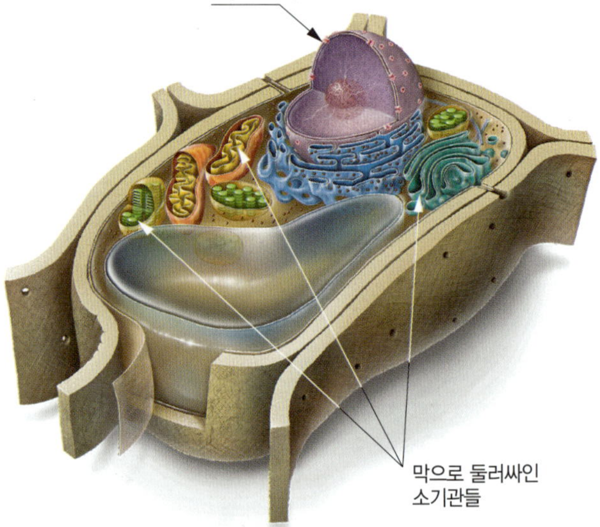 전형적인 진핵세포인 식물 세포
크기	더 작다.	보통 10~100배 더 크다.
복잡성	더 단순하다.	구조적으로 더 복잡하다.
소기관들	막 경계의 소기관이 없다.	막으로 둘러싸인 소기관들을 가진다.
진화	약 35억 년 전에 처음 출현.	약 18억 년 전에 원핵세포로부터 진화.
DNA	세포 소기관에 들어 있지 않다.	막으로 둘러싸인 핵에 들어 있다.
세포 수	단세포성	단세포성이거나 다세포성
예	세균과 고세균 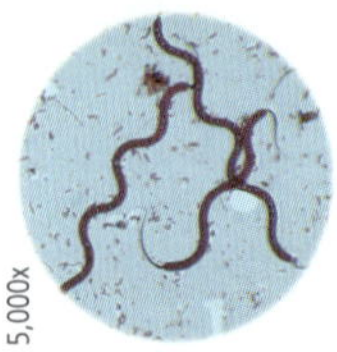 담수세균인 *Spirillum volutans* 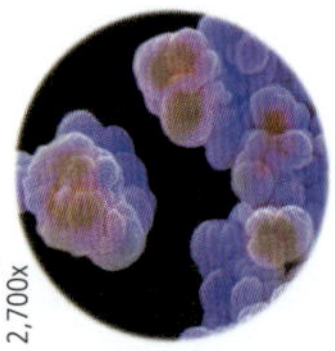 매립지에서 발견되는 고세균인 *Methanosarcina*	식물, 동물, 진균(곰팡이), 원생생물 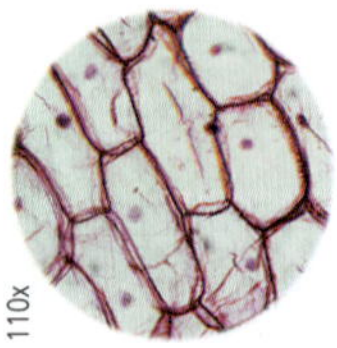 양파 세포 *Allium cepa* 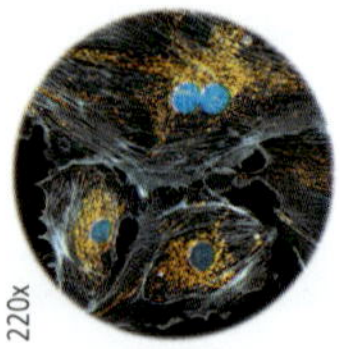 인간의 폐 세포

원핵세포

단세포 생물인 두 개 영역(대 그룹)—세균(bacteria)과 고세균(archaea)—은 모두 **원핵생물**(prokaryotes)이다. 모든 원핵생물은 비교적 단순한 생물들로서 단 하나의 원핵세포로 구성되어 있다. 원핵생물의 화석은 적어도 35억 년 전까지의 것으로 거슬러 올라간다. 모든 원핵생물이 아래 나타나 있는 구조들을 모두 가지는 것은 아님에 주의하라.

! 지금 우리 입속에는 지금까지 살아온 인간의 수보다 많은 수의 세균이 존재한다.

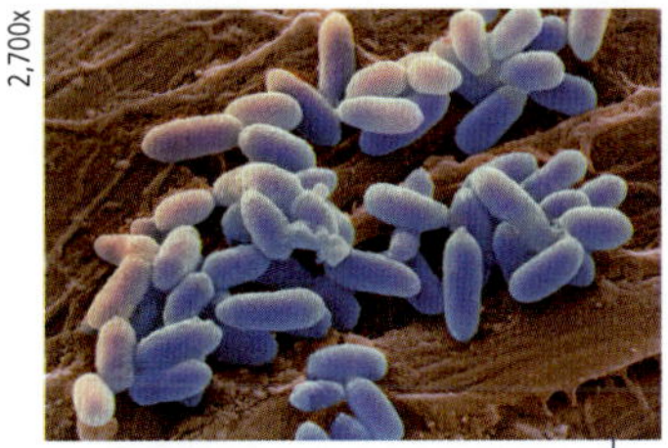

세균 세포들
이 주사전자현미경 사진은 흔한 질병 유발 세균인 슈도모나스(*Pseudomonas aeruginosa*)를 보여준다.

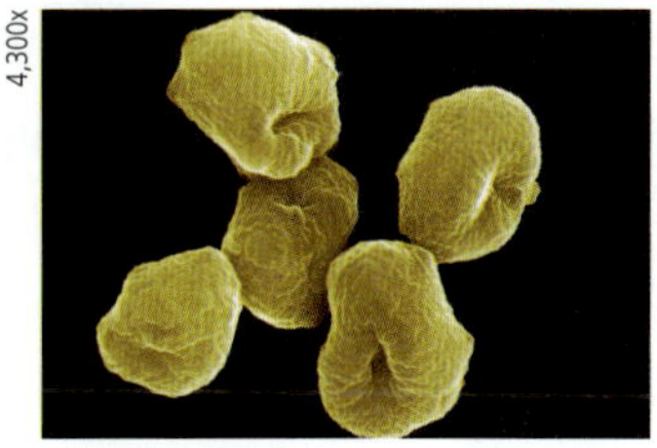

고세균 세포들
황세균인 *Sulfolobus archaea*는 매우 뜨겁고 산성인 환경에 서식한다.

이상적인 세균의 구조

푸른색 설명은 원핵세포에만 있는 구조들이다.

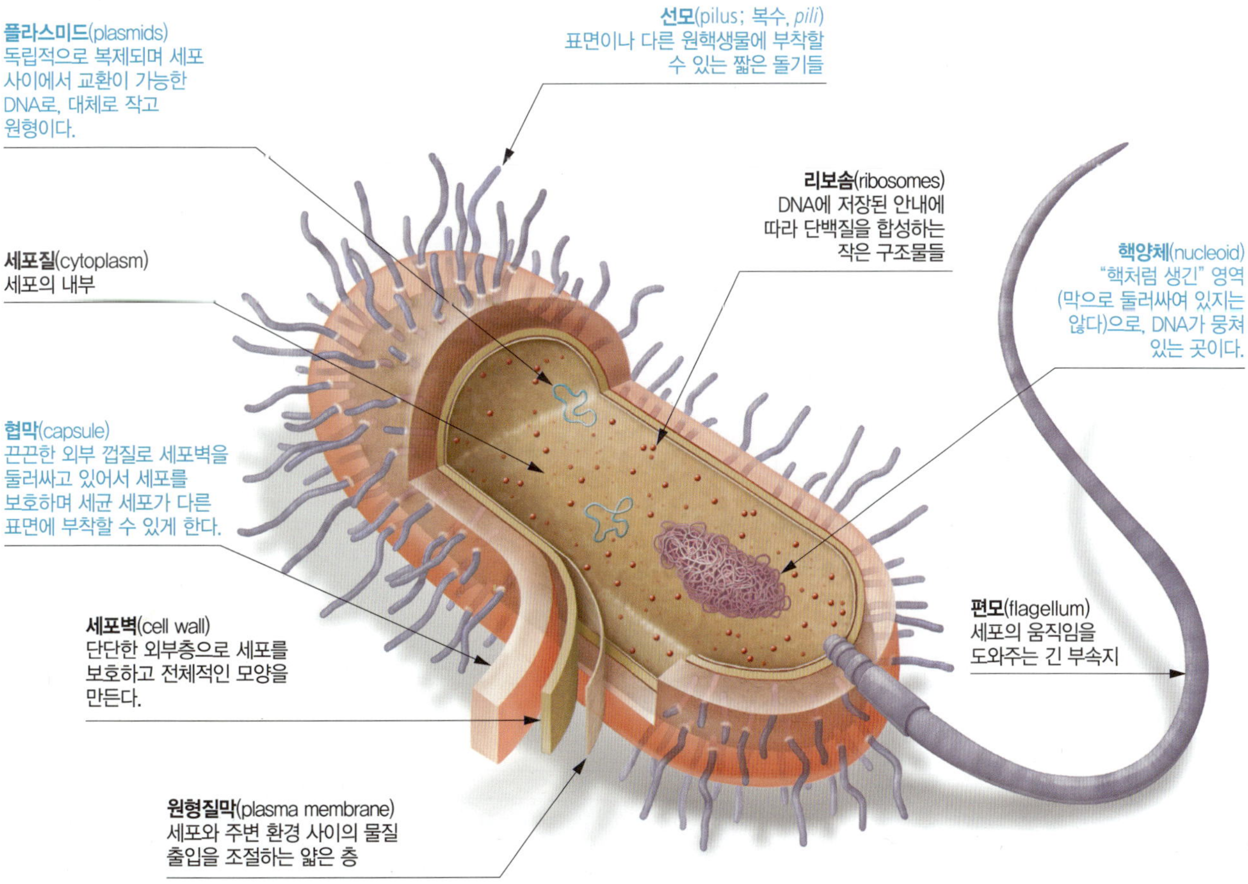

핵심 주제

▶ 모든 세포는 비교적 작고, 단순한 원핵세포(세균과 고세균)이거나, 더 크고 막성 소기관들을 포함하는 진핵세포(동물, 곰팡이, 식물, 그리고 원생생물) 중 하나이다.

? 왼쪽 페이지의 하단에 나와 있는 네 종류의 세포 중에서 핵을 포함하고 있는 것은 어느 것인가?

답: 식물 세포와 동물 세포는 모두 핵을 가진다; 세균과 고세균은 원핵세포이며 따라서 핵이 없다.

3.2 식물 세포와 동물 세포는 공통적이면서도 독특한 구조물을 가진다

진핵세포들은 식물과 동물을 포함하는, 원핵세포가 아닌 모든 형태의 생물들에서 발견된다(이런 생물들을 종합하여 진핵생물이라고 한다). 모든 진핵세포는 기본적으로 거의 같다. 원핵세포와 비교하면, 진핵세포는 비교적 더 크고(약 10배 정도 크다), 더 복잡하다. 모두 **원형질막**(plasma membrane)으로 둘러싸이지만, 식물 세포 등 일부 세포들은 바깥에 세포벽을 가진다. **세포질**(cytoplasm)이라고 불리는, 원형질막과 핵 사이의 액체로 찬 지역에는, 많은 **소기관**(ogranelles; "작은 기관")—진핵세포에서만 발견되는 막으로 둘러싸인 구조물들—을 포함하며, 이들은 각각 특수한 기능들을 수행한다. 소기관 중 가장 뚜렷한 것은 **핵**(nucleus)으로 세포의 DNA 대부분을 가지고 있는, 막 경계를 가진 영역이다. 소기관들은 대부분 동물과 식물 세포 모두에서 공통적이지만, 일부는 한쪽 세포에서만 발견되기도 한다.

이상적인 동물 세포의 구조

분홍색으로 설명된 구조는 동물 세포에만 있는 것들이다.

최근의 연구에 따르면 성인의 총 세포 수는 37.2조 개라고 한다.

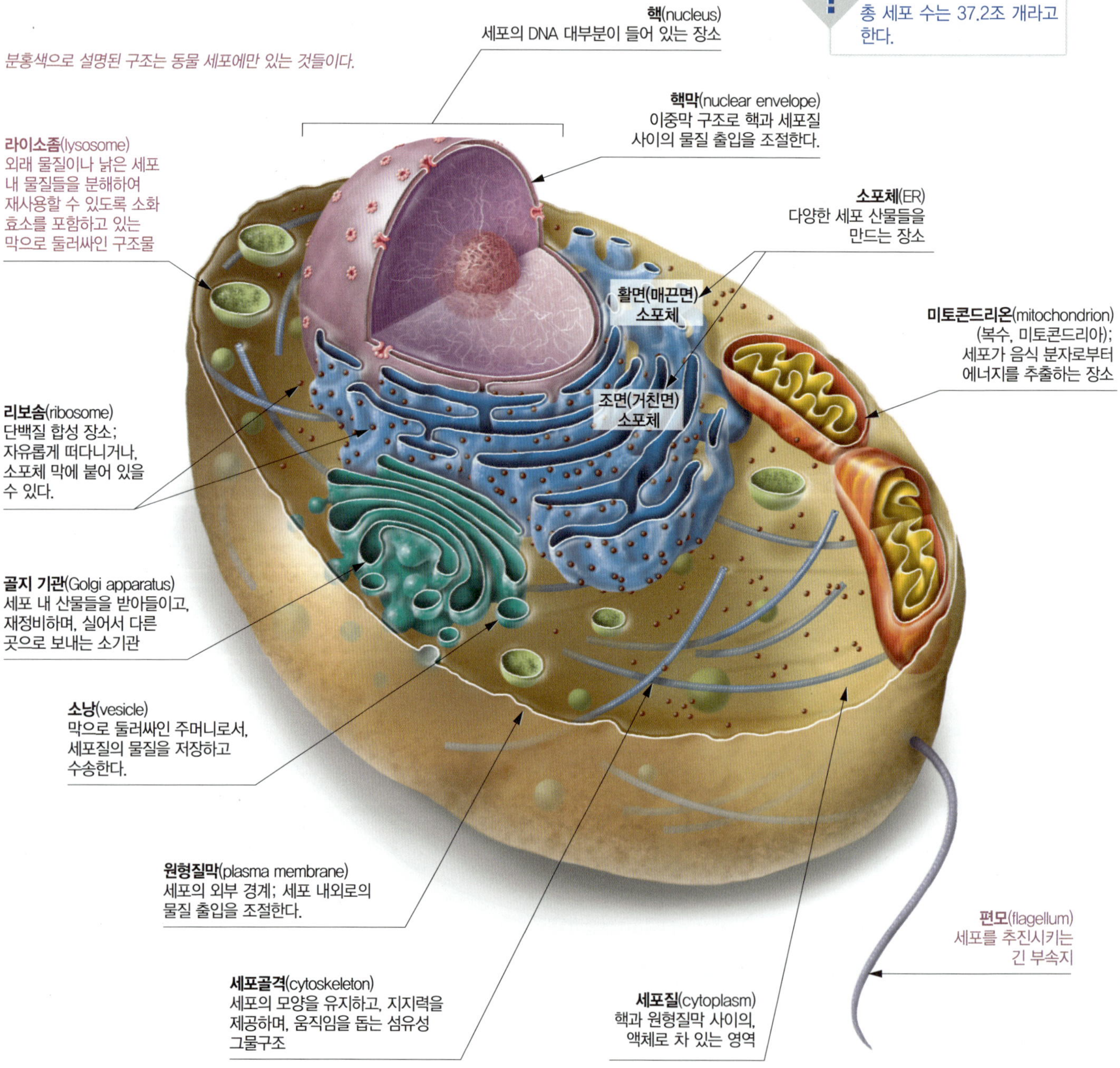

이상적인 식물 세포의 구조

녹색으로 설명된 것은 식물 세포에만 있는 것이다.

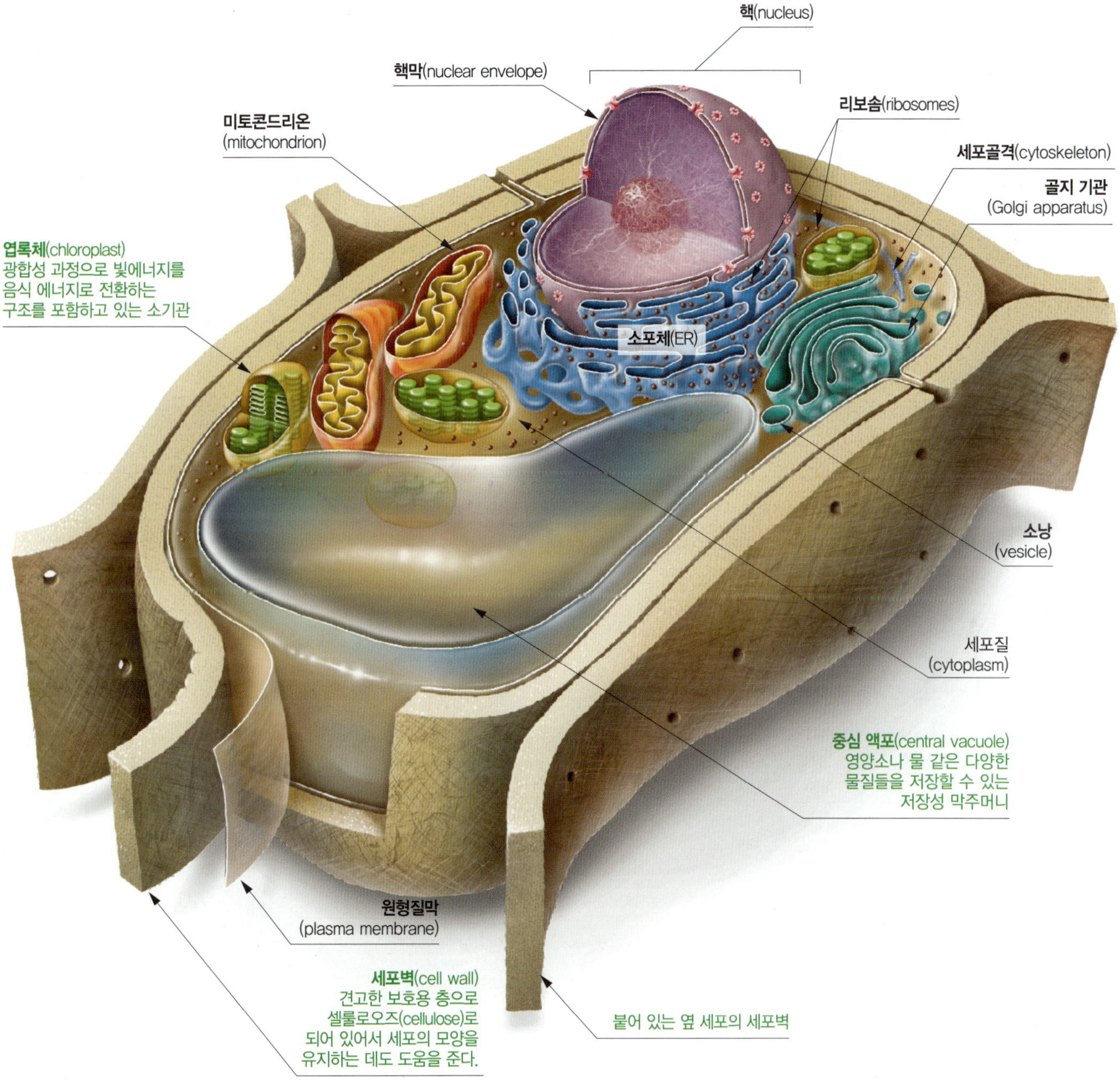

요점

▶ 동물 세포와 식물 세포들은 핵, 리보솜, 그리고 미토콘드리아 등 많은 소기관을 공통으로 가진다. 라이소좀과 편모 등은 동물 세포에서 주로 발견되는 반면, 엽록체와 세포벽, 그리고 중심 액포 등은 식물 세포에서만 발견된다.

? 동물 세포의 어떤 소기관이 에너지 생산에 관여하는가? 식물 세포에서는 어떠한가?

답: 동물 세포에서는 미토콘드리아이다; 식물 세포에서는 미토콘드리아와 엽록체이다.

3.3 막은 두 층의 지질로 구성된다

생존하기 위해, 모든 세포는 비록 외부 환경이 변할지라도, 내부 환경을 일정하게 유지할 필요가 있다. 원핵세포든 진핵세포든 간에, 모든 세포는 **원형질막**(plasma membrane)을 통해 이런 목적을 달성한다. 살아 있는 세포와 환경 사이에는 얇고 유연하며, 기름 막으로 된 경계면들이 형성된다. 이 원형질막은 비교적 단순한 구조로 되어 있지만, 매우 많은 기능을 수행할 수 있다. 가장 중요한 것으로는, 막이 세포 내/외로의 물질 이동을 조절한다는 것이다. 일부 물질들은 자유롭게 통과할 수 있지만, 다른 것들은 특정 조건에서만 이동할 수 있고, 어떤 것들은 아예 통과할 수가 없다.

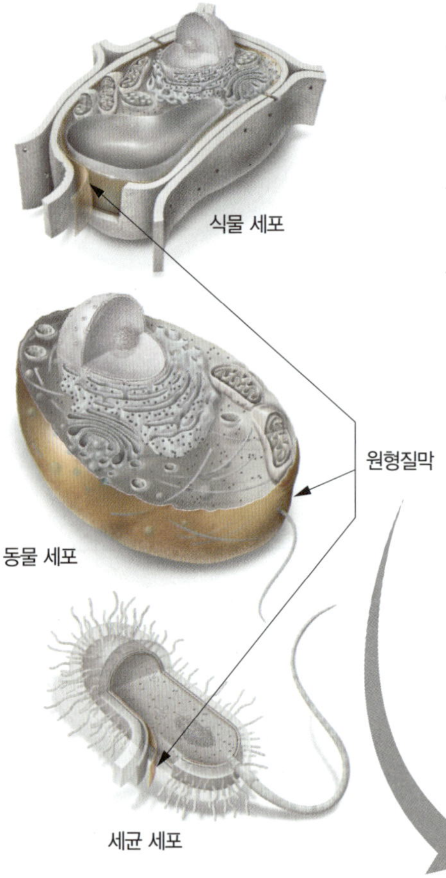

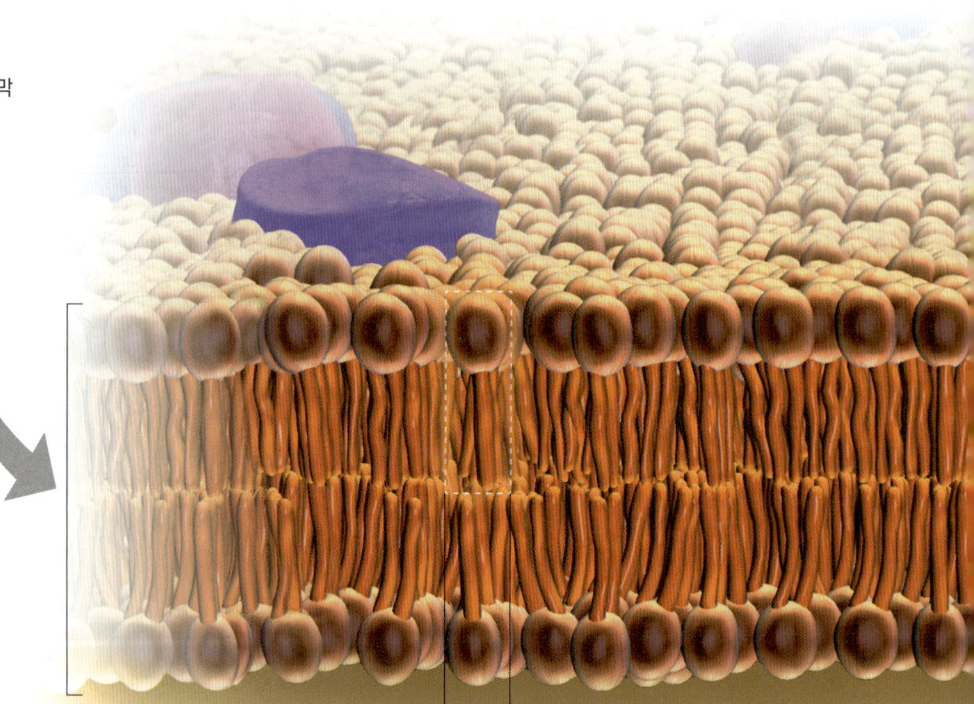

원형질막의 구조

원형질막(세포 내의 다른 막들도)은 대부분 인지질(phospholipid)과 단백질들로 구성된다. 인지질들은 두 개의 층으로 조직되는데, 이것을 **인지질 이중층**(phospholipid bilayer)이라고 부른다. 이 이중층과 그 안의 단백질들 대부분은 막의 평면에서 둥둥 떠 움직이기 때문에 막 자체는 유연하고, 출렁일 수 있다. 동물 세포에서, 이중층 내의 콜레스테롤 분자는 추가적인 안정성 및 유연성을 제공한다. 따라서 막은 **유동 모자이크**(fluid mosaic)라고 불리는데, 그 분자들이 자유롭게 서로 자리를 바꾸며 움직일 수 있는 유동액(fluid)이면서, 인지질의 바다에 빙산들처럼 떠 있는 다양한 단백질들이 나타내는 모자이크(mosaic)라는 뜻이다.

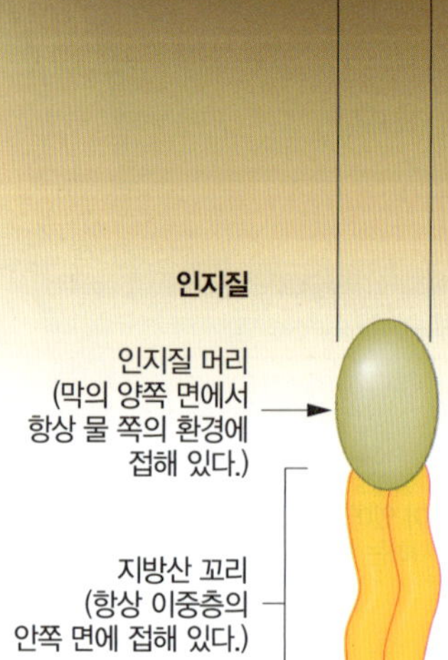

인지질

생물학적 막들은 **인지질**(phospholipid)이라고 부르는 특수한 지질이 만드는 2개의 층을 포함한다. 각 인지질 분자는 "머리(head)"로 표현되는 인산(PO_4^-)를 포함한 극성 부위와, "꼬리(tail)"로 표현되는 2개의 지방산을 가진다. 머리는 친수성(hydrophilic ; 물을 좋아하는)이지만, 꼬리들은 소수성(hydrophobic ; 물을 싫어하는)이기 때문에, 인지질들은 스스로 2중층의 막을 만들도록 조직된다. 지방산 꼬리들은 막의 안쪽을 향하여 지질 경계면을 만들고, 인산기 머리는 막의 양쪽 바깥쪽의 수분 환경으로 향한다.

! 비록 우리가 콜레스테롤을 식품을 골칫거리 정도로 생각하기는 하지만, 이것은 우리 몸의 모든 세포를 둘러싸고 있는 막의 필수 성분이다.

세포외액

세포 밖의 액체 환경을 **세포외액**(extracellular fluid)이라고 한다. 원형질막은 세포외액과 세포 내부 사이의 물질 이동을 조절한다.

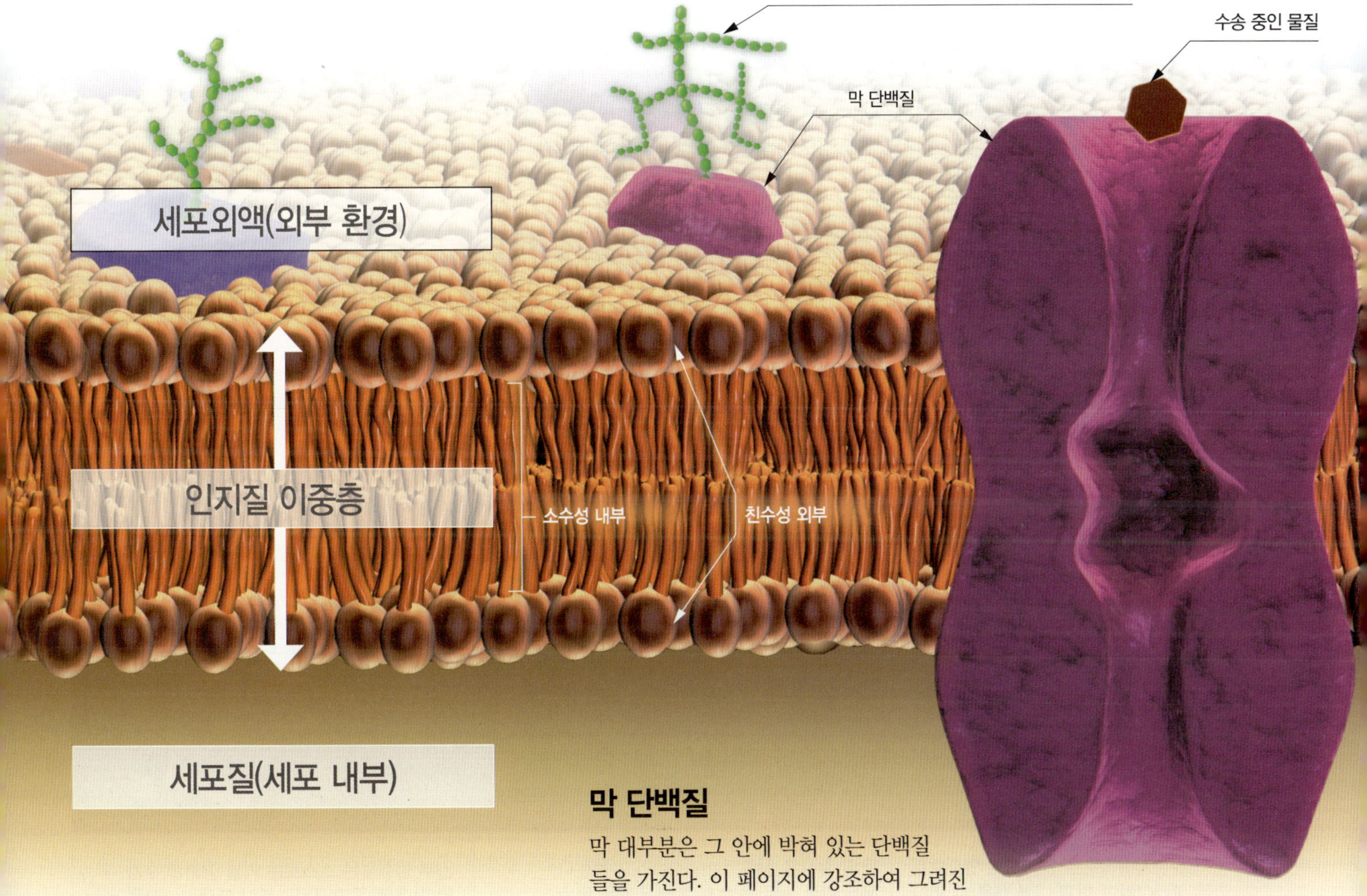

막 단백질

막 대부분은 그 안에 박혀 있는 단백질들을 가진다. 이 페이지에 강조하여 그려진 것과 같은 이 막 단백질 중 일부는, 세포 안팎으로의 물질 이동 조절을 돕는다. 또 어떤 단백질들은 이웃 세포들과의 통신을 돕기도 하고, 효소 작용을 촉진하거나, 세포의 부착 혹은 세포 성분들의 접착을 돕기도 한다. 이 단백질들 중 어떤 것들은 그 자리에 고정되어 있지만, 다른 것들은 인지질 이중층 내에서 움직이기도 한다.

세포질

세포의 내부는 **세포질**(cytoplasm)이라고 불린다. 이것은 **세포질액**(cytosol)이라고 불리는 수용액 대부분과, 거기 녹아 있는 분자들 및 다양한 소기관들로 구성된다.

요점

▶ 모든 세포는 두 층의 인지질과 그에 통합된 단백질로 구성되는 원형질막으로 둘러싸인다. 막들은 물질의 이동을 조절하고 세포 사이의 의사소통을 촉진하는 등의 중요한 기능들을 수행한다.

? 왜 막의 구조를 인지질 이중층이라고 부르는가?

답: 막이 인지질 분자들로 이루어진 층 2개가 쌓여서 만들어지기 때문이다.

막은 물질의 이동을 조절한다

살아 있는 모든 세포는 원형질막으로 둘러싸인다. 진핵세포 내부의 많은 소기관(핵 같은) 역시 자신만의 막으로 둘러싸인다. 그리고 일부 소기관들(미토콘드리아와 엽록체)은 내부 막들을 갖는다. 이 모든 막의 가장 중요한 기능은 물질의 흐름을 조절하는 것이다. 모든 막은 선택적으로만 투과할 수 있다. 이것은 일부 물질들은 자유롭게 막을 통과하지만, 다른 것들은 특정 조건에서만 이동할 수 있고, 또 어떤 것들은 아예 막을 통과할 수 없음을 뜻한다. 세포가 물질 흐름을 조절하기 위해 막을 사용하는 몇 가지 방법들이 여기 제시되어 있다.

수동 수송

수동 수송(passive transport)은 물질이 막을 통과하여 고농도의 지역으로부터 저농도의 지역으로 이동할 때 발생한다. 그러한 이동은 농도 경사를 따라(순행하여) 일어난다고 언급된다. 수동 수송으로 이동하는 물질들은 세포에 의한 에너지를 요구하지 않으며 자유롭게 흐른다. 예를 들어, 우리 허파 내부의 O_2 기체는 대기에서 혈액으로 확산되는 반면, CO_2는 혈액에서 허파로 확산된다. 두 가지 움직임들은 모두 수동적인 것으로, 각 기체의 농도 경사를 따라 발생하며, 허파에서의 특정 작업이 필요하지 않다.

확산(Diffusion) | 삼투(Osmosis) | 촉진 확산(Facilitated diffusion)

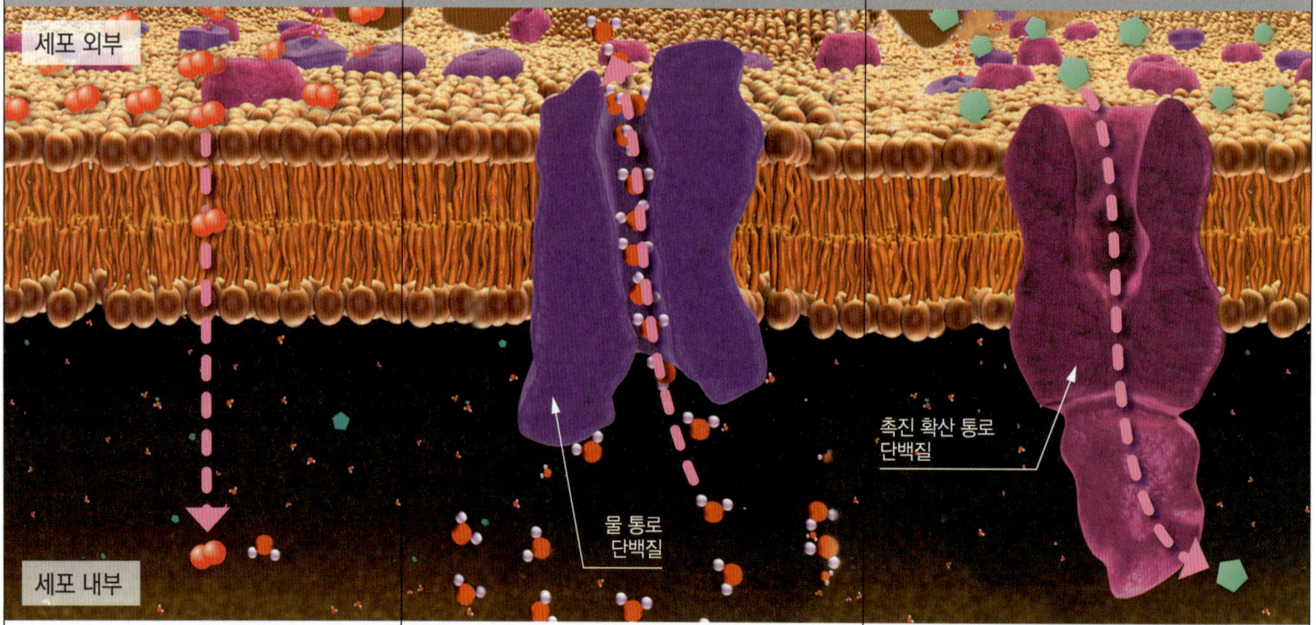

분자들은 지속적으로 운동하고 있으므로, 가용 공간이라면 퍼져 나가 채울 수 있다. **확산**(diffusion)은 분자가 높은 농도의 지역에서 낮은 농도의 지역으로 이동하는 것을 말하는 데, 마치 향수 분자들이 향수병에서 나와 온 방으로 퍼지거나, 우리 허파의 O_2가 폐포에서 혈액으로 확산될 때 생기는 현상이다.

물의 확산은 **삼투**(osmosis)라고 불린다. 물은 항상 높은 물 농도 쪽에서 낮은 물 농도 쪽으로 흐른다. 예를 들면, 고기를 소금에 넣으면 물이 빠져나오게 함으로써 보존처리를 할 수 있다. 때로는, 물이 막 자체를 관통해 흐르기도 하고; 다른 경우에는 막을 관통하기 위한 막 통로를 요구하기도 한다.

일부 물질들은 스스로는 막을 통과할 수가 없다(예를 들면, 너무 크기 때문에). 그런 물질들은 막에 박혀 있는 특수한 수송 단백질들을 통한 **촉진 확산**(facilitated diffusion)으로 수송될 수 있다. 이런 단백질들은 선택적 통로(selective channel)로 작용하여 특정 분자가 막을 가로지를 수 있게 한다. 모든 형태의 수동 수송에서처럼, 여기서도 물질은 항상 농도 경사의 아래쪽으로 이동한다.

능동 수송

수동 수송과는 반대로, **능동 수송**(active transport)은 물질이 저농도에서 고농도로 농도 경사를 거슬러 이동하는 것(역행)과 관계된다. 이것은 언제나 세포의 에너지 소모를 요구한다. 능동 수송은 보통 막 내부에 위치한 단백질들에 의해 가동된다.

! 꿀은 수천 년 동안 식품 보존에 이용됐는데, 고농도의 설탕 함량으로 인해 식품의 습기를 흡수하기 때문이다.

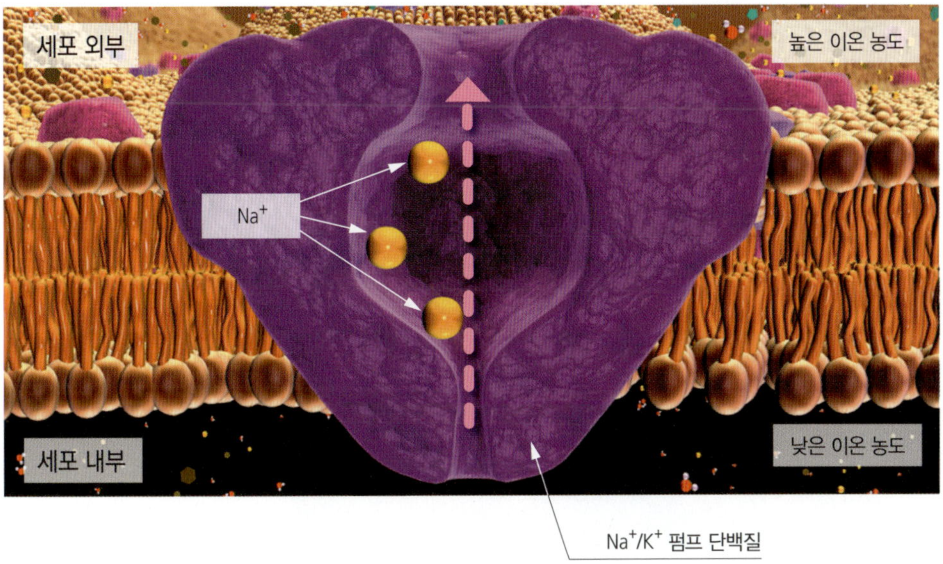

나트륨-칼륨 펌프(소듐/포타슘 펌프)

여기서는 나트륨-칼륨(Na^+/K^+) 펌프라고 불리는 단백질이 세 개의 나트륨 이온을 세포 밖으로 이동시키고 있다. 이온의 이런 움직임은 신경 신호의 형성에 필수적이다.

내포작용

커다란 물질을 세포 내로 수송하는 것은 일반적으로 **내포작용**(endocytosis, 세포내 흡수작용 또는 엔도사이토시스)에 의해 이루어진다. 음식이나 액체, 혹은 파괴되어야 하는 외래 물질같이 섭취될 물질들은 원형질막에서 안쪽으로 싹트는 소낭—막으로 둘러싸인 작은 방울—에 포장된다. 그런 후, 소낭은 세포질을 관통하여 목적지로 이동한다.

외포작용

외포작용(exocytosis, 세포외 배출작용 또는 엑소사이토시스)은 세포 내에서 많은 양의 물질들을 외부로 방출하는 것이다. 방출될 물질들이 들어 있는 소낭들이 원형질막과 융합하면, 그 내용물들이 세포 주변의 환경으로 나가게 된다. 예를 들어, 우리 눈물샘의 세포들은 외포작용을 이용해 짠 눈물을 내보낸다.

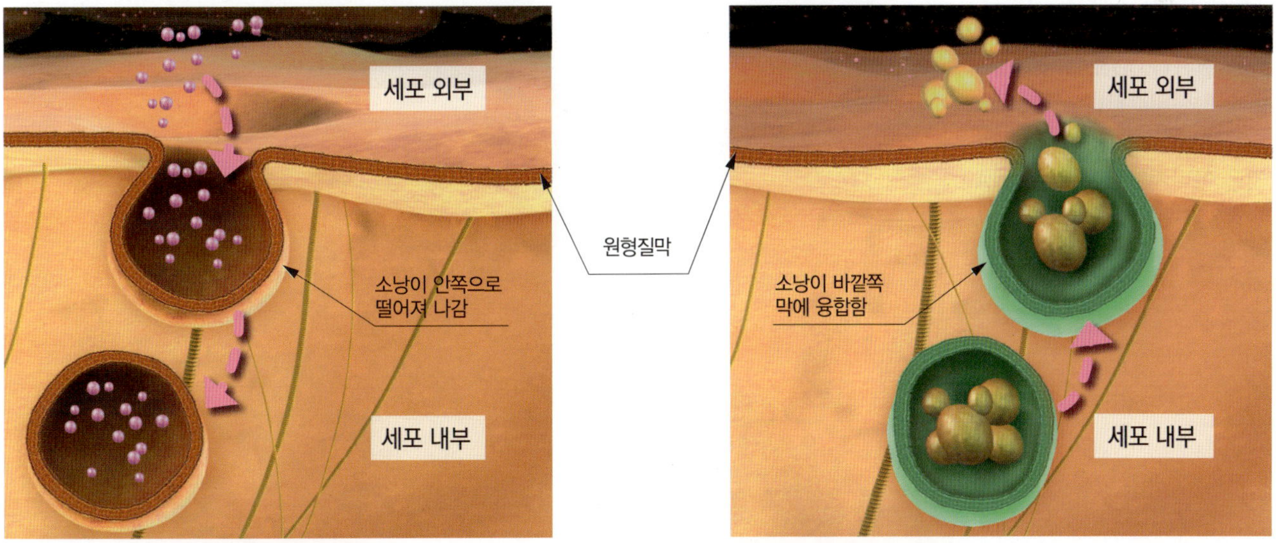

요점

▶ 막은 물질 이동을 조절한다. 수동 수송은 물질이 농도 경사를 따라 이동하며 에너지를 요구하지 않는 반면, 능동 수송은 물질이 그 경사를 거슬러 이동하기 위해 에너지를 요구한다.

? 어떤 형태의 수동 수송이 항상 막 관통 단백질을 요구하는가?

답: 촉진 확산. (삼투작용도 가끔 막 결합 단백질을 요구할 때가 있으나 항상 그런 단백질 통로를 요구하지는 않는다.)

3.5 핵은 염색체로 포장되는 DNA를 보유한다

원핵세포와 진핵세포의 가장 중요한 차이는, 진핵세포의 경우 막으로 둘러싸인 소기관들을 가진다는 것이다. 막으로 싸인 소기관 중 가장 눈에 띄는 것은 **핵**(nucleus)으로서, 염색체로 포장된 세포의 DNA 대부분을 수용하는 곳이다. 만약 하나의 세포를 공장에 비유한다면, 핵은 경영 회의실이라고 할 수 있다; 여기서 세포 내 과정들을 수행하도록 하는 명령이 내려진다.

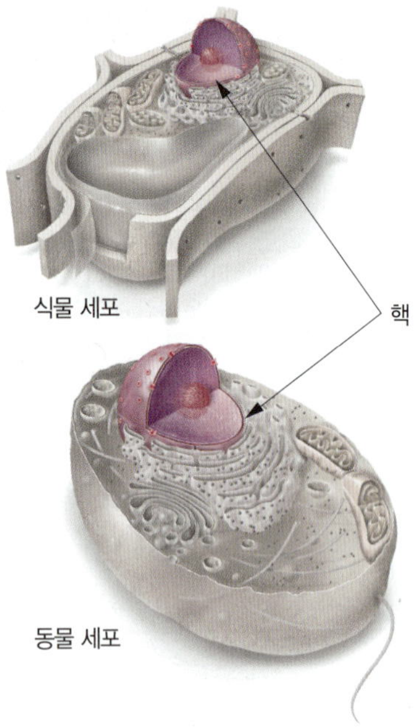

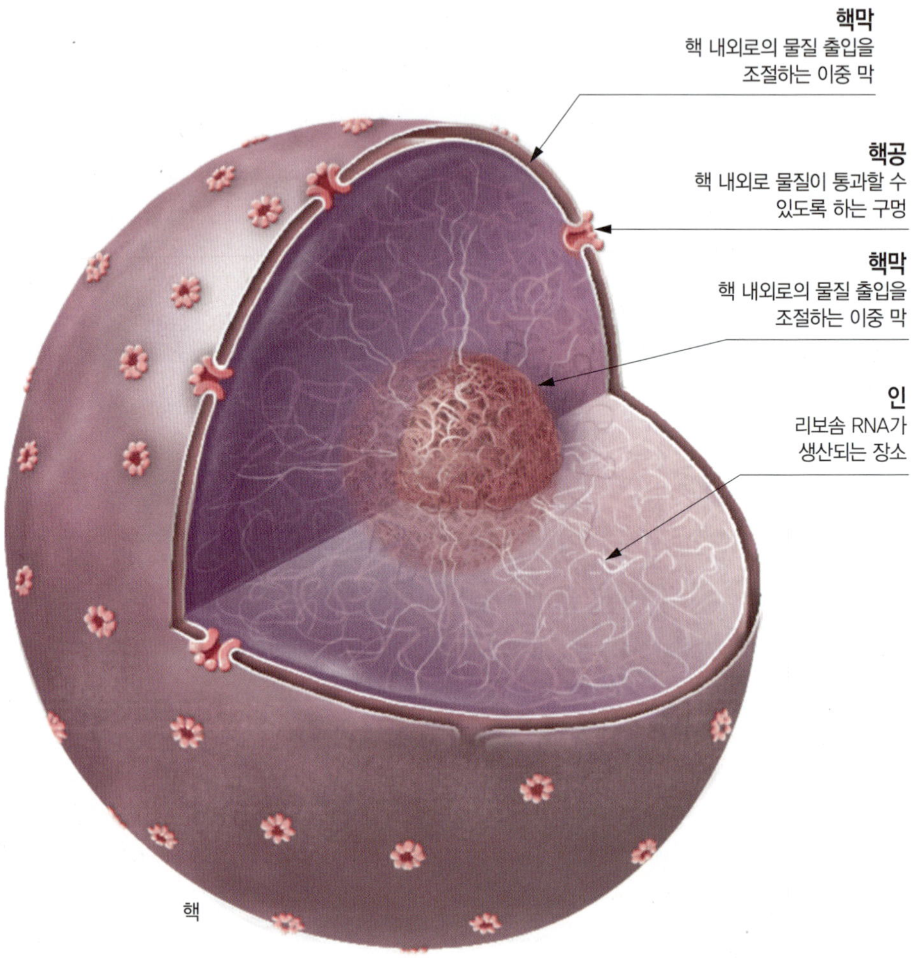

핵

식물 세포와 동물 세포를 포함하는 모든 진핵세포는 핵을 가진다. 핵은 **염색체**(chromosome)로 저장되는 세포의 DNA 대부분을 포함하는데, 염색체는 한 분자의 DNA와 연계 단백질로 구성되는 구조물이다. 염색체들은 단백질 생산을 지시함으로써 세포의 활성을 조절한다. DNA는 공장의 행정 수반과 비슷하다고 할 수 있다. 자신의 손으로 직접 일을 하는 것은 아니지만, DNA는 RNA를 통해 명령을 내림으로써 필요한 업무를 수행하는 단백질들이 생산되도록 한다.

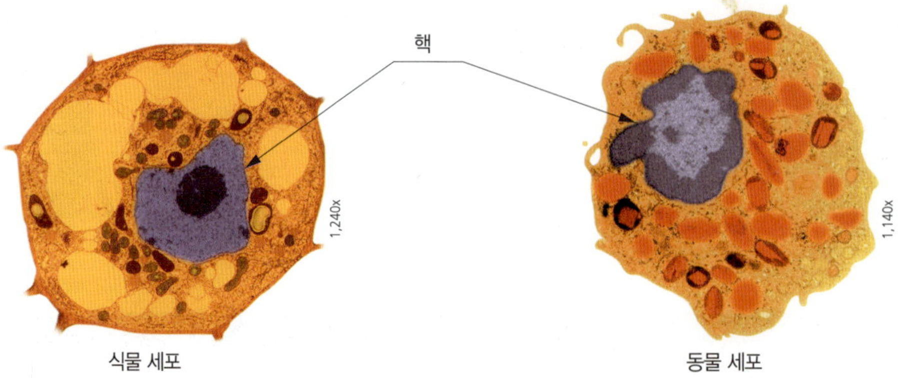

핵막

핵은 **핵막**(nuclear envelope, 또는 nuclear membrane)이라고 불리는 두 겹의 인지질 이중층으로 둘러싸여 있다. 두 겹을 이루는 각각의 막은 세포의 외부 원형질막과 유사한 구조인, 인지질 이중층과 연관 단백질로 구성된다. 핵막은 핵 안팎으로의 물질 이동을 조절한다. 단백질이 에워싼 **핵공**(nuclear pore)들은 RNA 같은 특정 분자들을 통과시킨다.

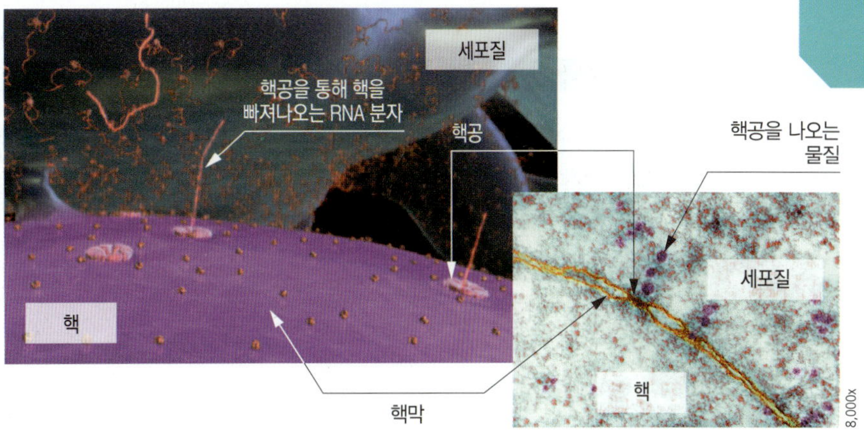

염색체

핵 내에서는 DNA 분자들이 주변 단백질들로 포장되어 **염색질**(chromatin, 크로마틴)이라고 불리는 섬유를 형성한다. 매우 긴 염색질 섬유 하나가 꼬이고 접혀 **염색체**(chromosome) 하나를 만든다. 인간의 세포 하나는 핵 내에 46개의 염색체를 가진다. 세포가 분열하지 않을 때는 염색질이 매우 느슨하게 펼쳐져 있으나, 세포가 분열하는 중에는 매우 빡빡하게 꼬이게 된다.

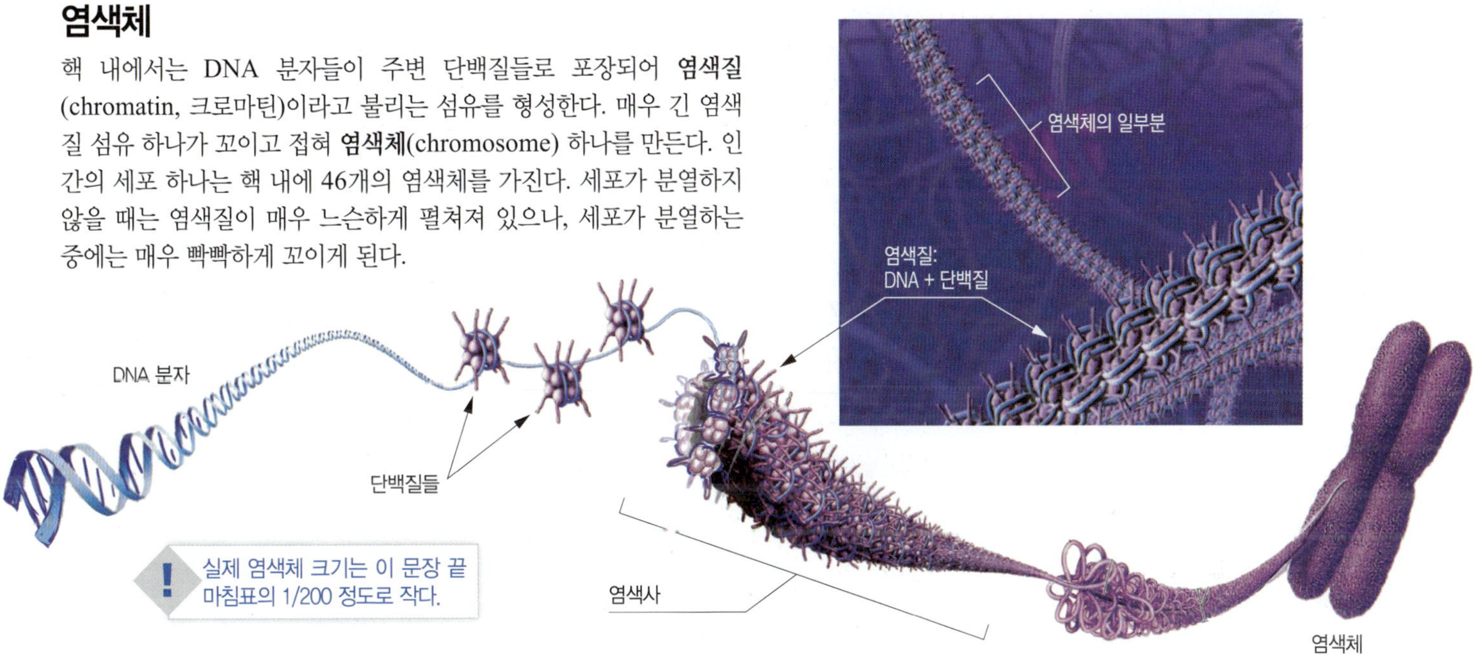

! 실제 염색체 크기는 이 문장 끝 마침표의 1/200 정도로 작다.

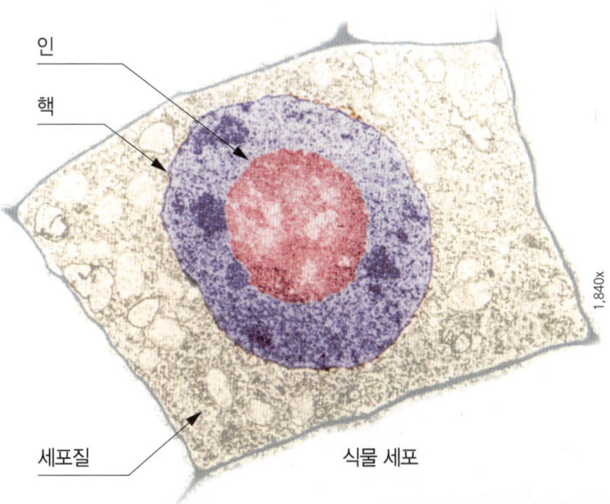

인

핵 내부에 자리하고 있는 **인**(nucleolus)은 다수의 염색체들에 있는 DNA가 리보솜 RNA (ribosomal RNA, rRNA)라고 불리는 종류의 RNA 분자들이 생산되도록 지시하는 곳이다. 리보솜 단백질을 만들 mRNA들은 핵공을 빠져나와 세포질로 들어가고, 거기에서 단백질들로 번역된 후 핵으로 다시 들어와 리보솜 조립에 이용된다. 리보솜은 단백질이 만들어지는 세포 내 구조물이다.

요점

▶ 핵은 막으로 둘러싸여 있으며 염색체로 포장되는 DNA를 가지고 있어서 세포의 활성들을 지시한다. RNA 같은 물질들은 단백질 경계를 가지는 구멍들을 통해 핵을 빠져나올 수 있다.

? 만약 DNA가 핵을 절대로 떠나지 않는다는 걸 고려하면, 세포의 핵이 핵공 없이 완벽하게 포장되는 것이 나쁠 이유가 무엇이겠는가?

답: RNA가 DNA로부터 세포질로 메시지를 전달하기 위해 핵을 떠날 수 있어야 하기 때문이다.

3.6 몇몇 세포 소기관은 단백질의 생산에 참여한다

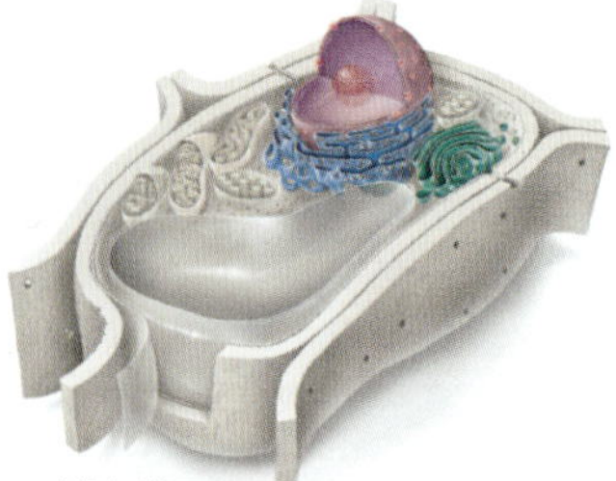
식물 세포

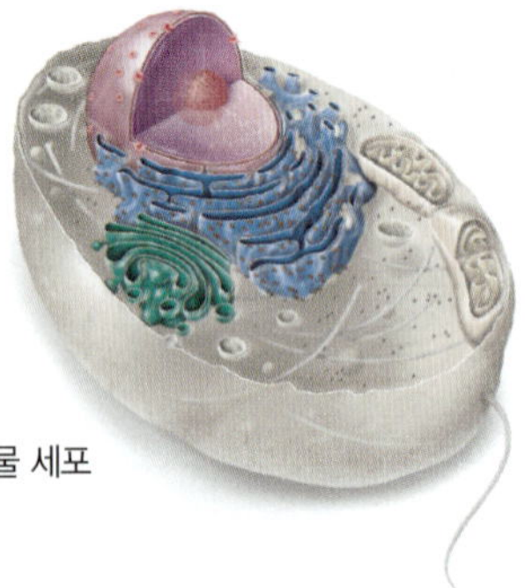
동물 세포

진핵세포의 핵 내부에서, DNA는 행정 수반의 역할을 하여, 세포의 기능들을 조절한다. 그러나 DNA 자체는 어떤 세포 기능도 직접 수행하지 않는다. 그보다는, 단백질들의 생산을 통해 조절력을 발휘한다. 세포 내의 몇 가지 소기관들이 단백질 생산, 변형, 그리고 수송이라는 중요한 작업에 참여한다.

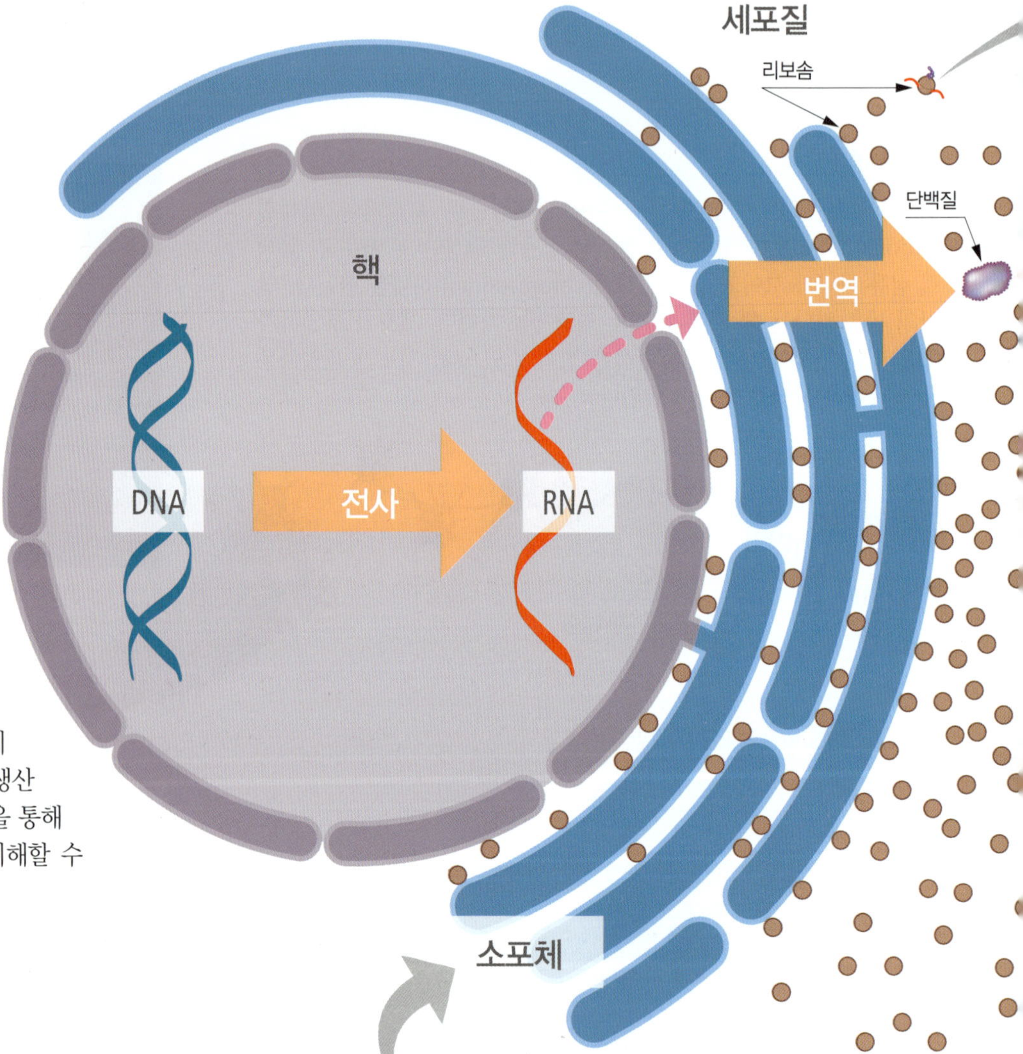

단백질 생산의 개요

단백질 생산은 핵에서 시작되는데, 여기서는 **전사**(transcription)라는 과정이 DNA로부터 RNA 분자를 생산한다. 새로 합성된 RNA 분자는 핵에서 세포질로 단백질 생산 안내서를 운반한다. 세포질에서는 리보솜에서의 번역이 발생한다. **번역**(translation) 중에는, RNA에 저장된 정보가 단백질 생산에 이용된다. 여기서는 각 소기관들을 통해 보다 자세히 단백질 합성 과정을 이해할 수 있을 것이다.

소포체

소포체(endoplasmic reticulum, ER)는 막으로 둘러싸인 통로와 주머니들로 구성된 그물 모양 구조물로서, 핵막의 외면과 접해 있으며 세포질 깊숙한 곳까지 돌출되어 있다. **활면 소포체**(smooth ER)의 막은 스테로이드 호르몬 같은 지질 생산 효소들을 포함한다. **조면 소포체**(rough ER)는 그 표면에 리보솜이 붙어 있다(그래서 "거친" 모양을 나타낸다). 이 리보솜들은 여러 가지 종류의 단백질들을 생산한다.

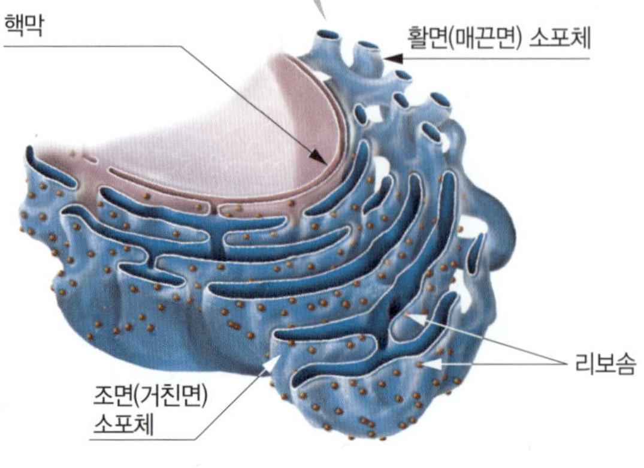

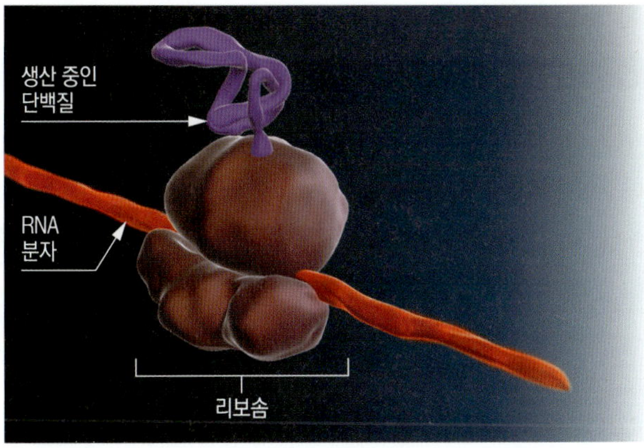

리보솜

리보솜(ribosomes)은 단백질이 합성되는 장소이다. 번역 과정 중에, RNA를 통해 핵으로부터 수송된 정보가 리보솜에서 사용되어 특정 단백질이 합성된다. 일부 리보솜은 조면소포체(rough ER)에 결합되어 있으며; 다른 것들은 세포질에서 자유롭게 떠다닌다.

골지체

리보솜에 의해 합성된 후에, 일부 단백질들은 **골지체**(Golgi apparatus)로 이동하여 거기에서 가공되고, 저장되며, 배포된다. 골지체의 한쪽 면에서는, 가공될 단백질들이 포함된 소낭들(막으로 된 방울들)이 수용된다. 골지를 지나면서 가공된 산물이 점차 완성된다. 골지체의 다른 쪽 면에서는 가공된 산물들이 새로운 소낭에 실려 나가 세포 내부나 혹은 세포 외부로 향한다.

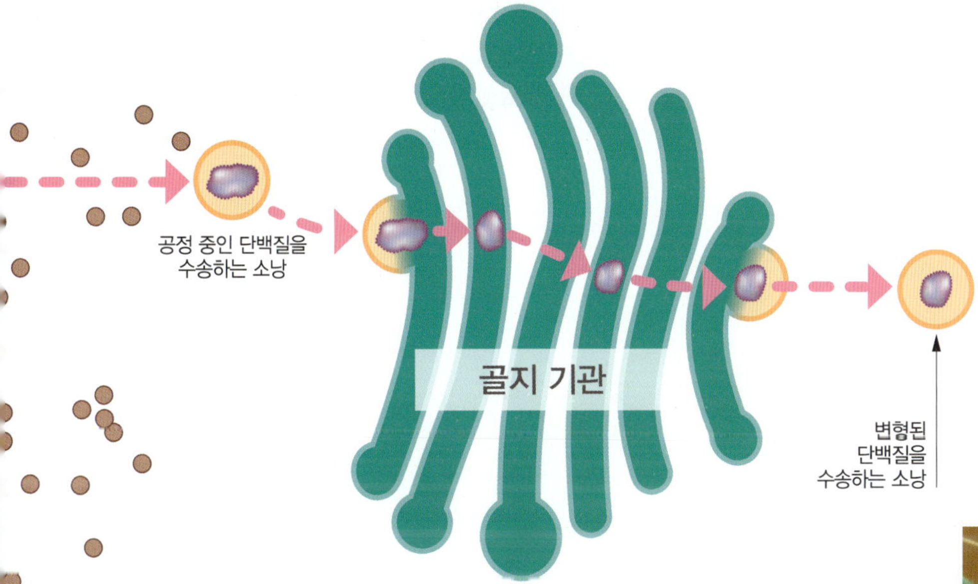

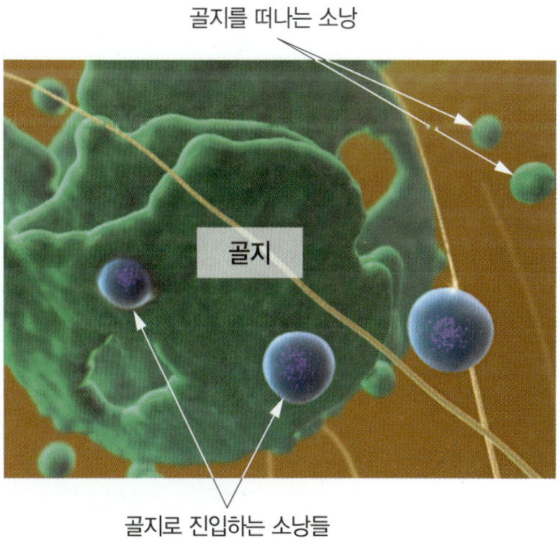

소낭

소낭(vesicles)은 막으로 된 작은 방울들로서, 세포 내의 물질 수송에 사용된다. **라이소좀**(lysosome)들은 소화효소들을 포함하고 있는 소낭이다(단백질 생산에 참여하지는 않는다). 이들은 음식 분자들이나 오래된 세포 성분들, 혹은 세균 같은 침입한 생물들을 소화할 수 있다.

! 결손 라이소좀에 의해 유발되는 유전적 질병은 약 50가지가 있다(그중 일부는 매우 희귀하다).

요점

▶ DNA는 단백질 생산을 통해 세포의 활성들을 지시한다. RNA는 전사에 의해 핵에서 생산된다. RNA는 ER과 리보솜으로 가 단백질로 번역된다. 단백질은 골지에서 변형되고 소낭에 싸여 운반된다.

? 단백질 생산에 관여하는 세포 소기관들을 DNA가 있는 곳에서부터 순서대로 나열해 보라.

답: 핵, ER, 리보솜, 골지, 소낭들.

엽록체와 미토콘드리아는 세포에 에너지를 공급한다

모든 세포는 생명의 과정들을 구동하기 위한 지속적인 에너지 공급을 요구한다. 두 가지 소기관이 이런 에너지 공급을 돕는다: 엽록체와 미토콘드리아가 그들이다. 엽록체는 식물 세포만 가지지만, 미토콘드리아는 동물 세포나 식물 세포 모두에 존재한다. 이 소기관들은 둘 다 액체로 채워진 공간을 형성하는, 표면적을 넓히는 내부의 막을 포함하고 있다.

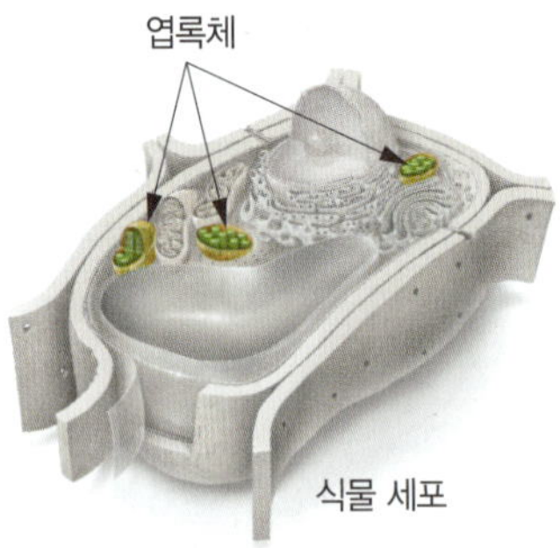

엽록체

엽록체(chloroplast)는 식물 세포와 일부 해조류의 세포들에서 발견되며, 광합성이 일어나는 소기관이다. **광합성**(photosynthesis)에서는 햇빛의 에너지가 포획되어 당 분자의 합성에 이용된다. 당은 세포 활동을 일으키는 데 사용되거나, 잎과 줄기 등 식물 조직에 저장된다. 광합성 중에는 엽록체가 당을 만들기 위해 지속적으로 물(H_2O)과 이산화탄소(CO_2)의 공급을 요구한다; 산소 기체(O_2)와 열이 부산물로 나온다. 광합성에 의해 생산된 당들은 지구상의 거의 모든 생태계를 가동하는 에너지를 제공한다.

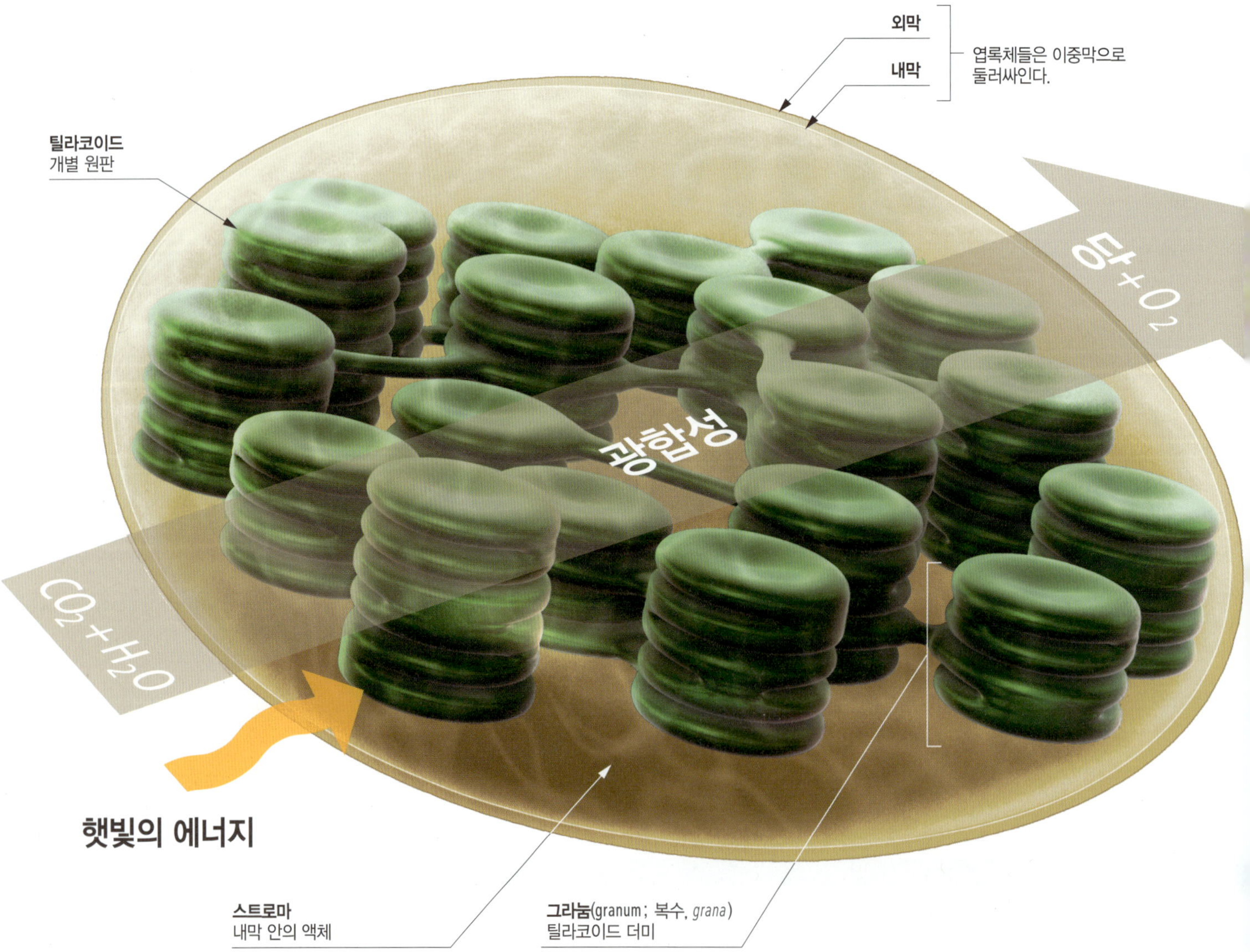

미토콘드리아

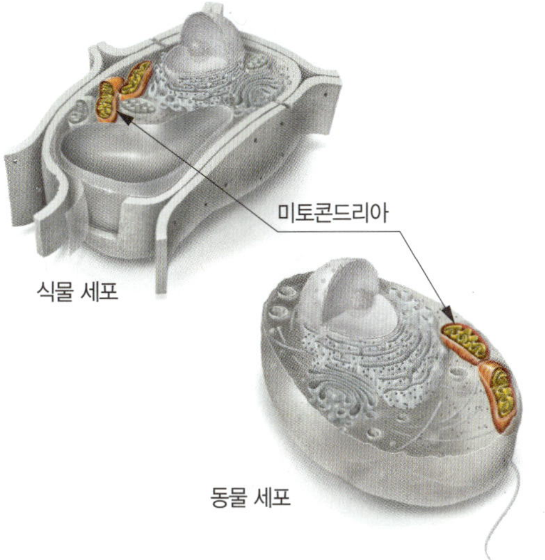

미토콘드리아(mitochondria; **단수**, *mitochondrion*)는 우리를 포함한 거의 모든 진핵세포에 에너지를 제공한다. 미토콘드리아 내부에서는 일련의 효소들이 **세포 호흡**(cellular respiration)이라고 불리는 일련의 화학 반응들을 수행한다. 이 과정은 산소(O_2)를 이용하여 당 분자(특히 포도당)로부터 화학에너지를 뽑아낸다. 수확된 에너지 일부는 **ATP** 분자에 화학에너지로 저장되었다가, 이후 성장이나 필요 물질 합성 등 다른 많은 세포 과정들을 가동시키는 데 사용된다. 이산화탄소와 물, 그리고 열은 이 과정의 부산물로 방출된다. 흥미롭게도, 미토콘드리아 역시 작은 양의 DNA를 가진다(미토콘드리아 DNA, mtDNA). 이 유전물질은 미토콘드리아가 자유 생활을 하던 세균에서 진화한 것이라는 증거로 생각되는데, 종종 유전학 연구의 재료가 된다.

! 인간의 전형적인 근육세포는 수백 개의 미토콘드리아를 이용해 우리가 움직일 수 있도록 한다.

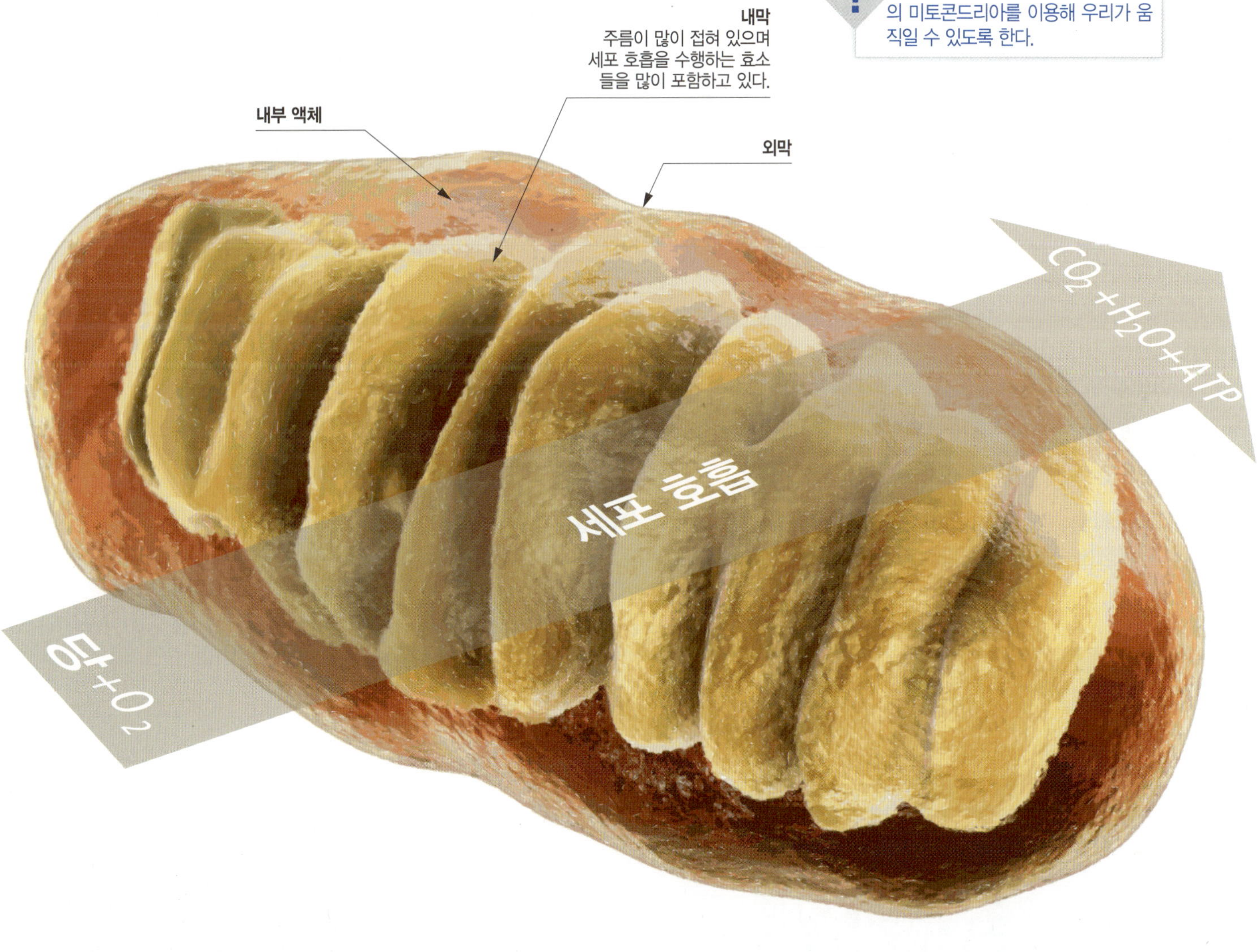

요점

▶ 엽록체들은 햇빛의 에너지를 포획하여 CO_2와 물로 당을 만듦으로써, 햇빛의 에너지를 당 분자에 화학에너지 형태로 저장한다. 미토콘드리아가 산소를 이용하여 당 분자에 저장된 화학에너지를 ATP로 전환시킬 때 일부 에너지가 열로 소실된다.

? 광합성과 세포 호흡 과정에 있어, 들어가는 것과 나오는 것들에 대한 흥미로운 점은 무엇인가?

답: 광합성에서 나오는 것들이 세포 호흡의 재료가 되며, 그 반대도 마찬가지이다.

3.8 다양한 세포 소기관이 세포의 저장, 이동, 그리고 모양 형성에 관여한다

진핵세포들은 생명 활동에 중요한 많은 기능을 수행하는 다양한 소기관들을 포함하고 있다. 이런 구조물 중 일부는 식물 세포나 동물 세포 모두에서 발견되기도 하지만, 다른 것들은 그 중 한쪽에만 존재하기도 한다.

액포

액포(vacuole)들은 여러 크기로 나타나는 세포 내 주머니들이며, 다양한 기능을 수행한다. 어떤 액포들은 음식을 저장하는 한편, 다른 것들은 세포로부터 물을 퍼내는 데 도움을 준다. 많은 식물 세포들은 매우 커다란 중심 액포(central vacuole)를 가지는데, 이것은 양분이나 색소, 독소, 그리고 물을 저장할 수 있다.

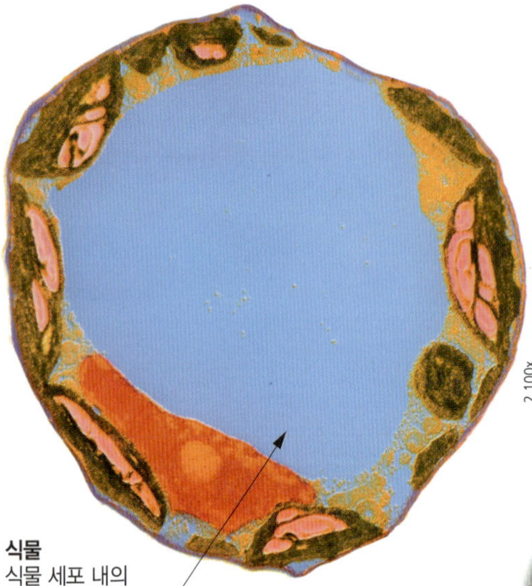

식물
식물 세포 내의 중심 액포

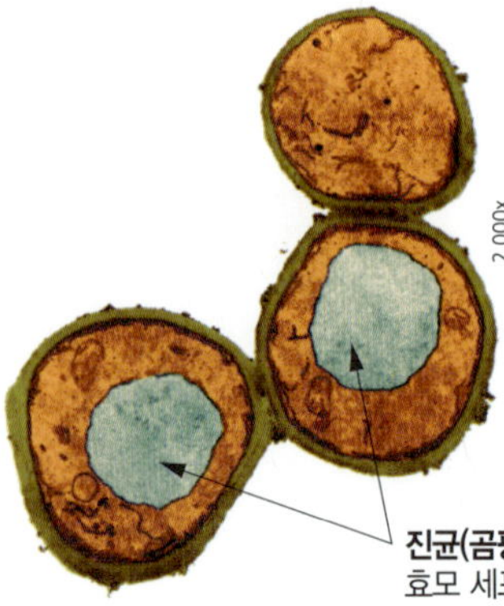

진균(곰팡이)
효모 세포의 액포

원생생물
짚신벌레(*Paramecium*)의 수분 조절 액포(수축포)

! 액포 내에 저장된 색소 분자들 때문에 꽃의 색깔이 생긴다.

섬모와 편모

어떤 세포들은 운동용 부속지들을 가진다. **섬모**(cilia; 단수, *cilium*)는 일반적으로 짧고 수가 많으며, 협동하여 앞뒤로 움직인다. 예를 들어, 우리 기관 내의 섬모 세포들은 기도에 먼지가 끼지 않도록 섬모를 움직인다. **편모**(flagellum; 복수, *flagella*)는 정자의 꼬리에서처럼, 앞뒤로 채찍질함으로써 세포를 추진시킬 수 있는 기다란 돌출물이다.

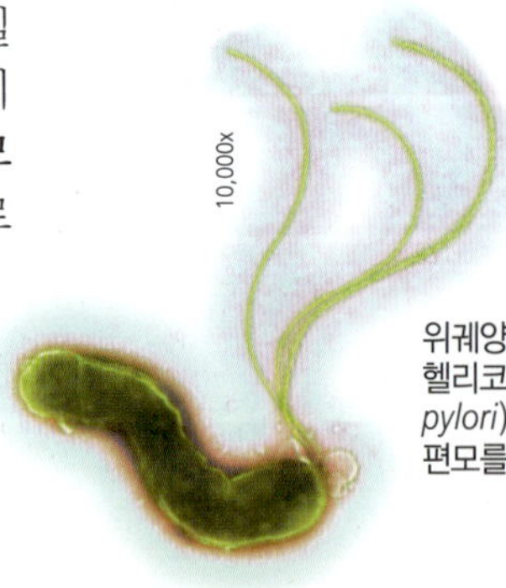

위궤양을 유발하는 세균인 헬리코박터(*Helicobacter pylori*)는 여러 개의 회전 편모를 가진다.

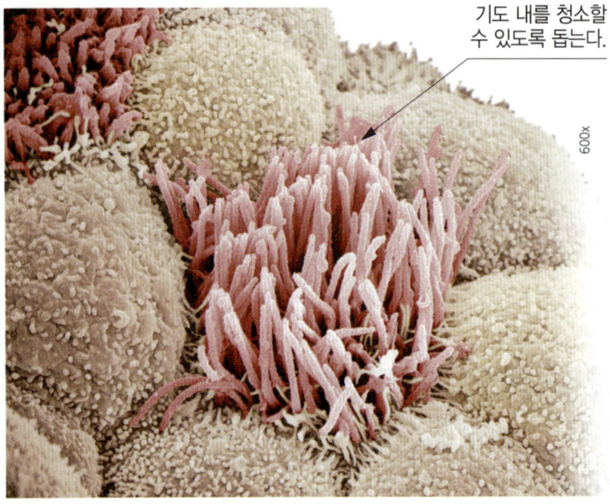

기관의 섬모는 기도 내를 청소할 수 있도록 돕는다.

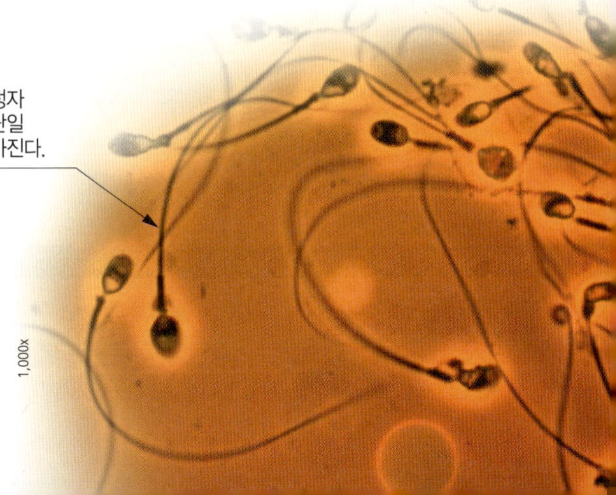

인간의 정자 세포는 단일 편모를 가진다.

세포벽

식물, 곰팡이, 그리고 일부 원생생물들의 세포는 원형질막 주변에 견고한 **세포벽**(cell wall)을 가진다. 그러나 동물 세포들은 세포벽이 없다. 식물 세포의 세포벽은 셀룰로오즈(cellulose)라고 불리는 탄수화물 섬유로 만들어진다; 다른 종류 세포들의 세포벽은 다른 분자들로 되어 있다. 세포벽은 보호 기능과 세포 모양의 유지, 그리고 얇은 잎들이 똑바로 서게 하는 견고함을 제공한다.

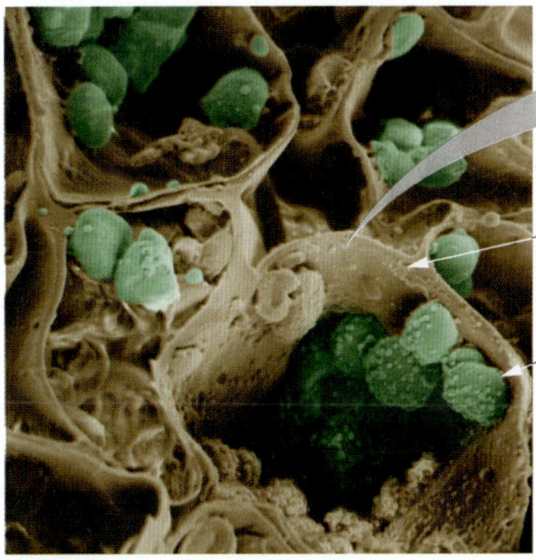

잎의 단면

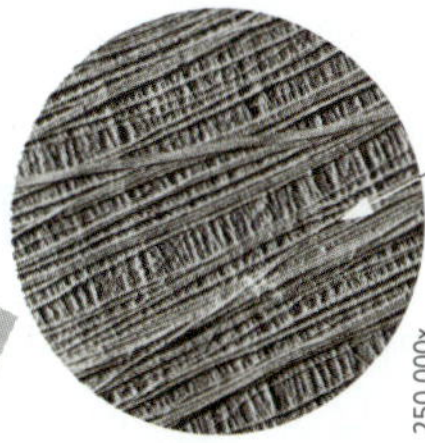

식물 세포의 세포벽을 구성하는 셀룰로오즈 섬유

일종의 플랑크톤인 프로테우스(*Proteus*) 세포는 보호성 세포벽으로 둘러싸인다.

세포골격

동물 세포는 **세포골격**(cytoskeleton)을 가지기 때문에 그 모양을 유지할 수 있다. 세포골격은 기계적 지지, 세포의 정착, 그리고 부분적 강화 등을 제공하는 단백질 섬유로 이루어진 그물망 구조이다. 세포골격은 또한 그것을 따라 소낭들이 이동할 수 있게 해주는 일련의 트랙 역할도 한다. 세포골격은 광범위한 그물망을 형성한다. 그러나 이것은 아주 빠르게 해체되고 재조립될 수 있어서 세포 모양의 유연성을 제공해 줄 수 있다.

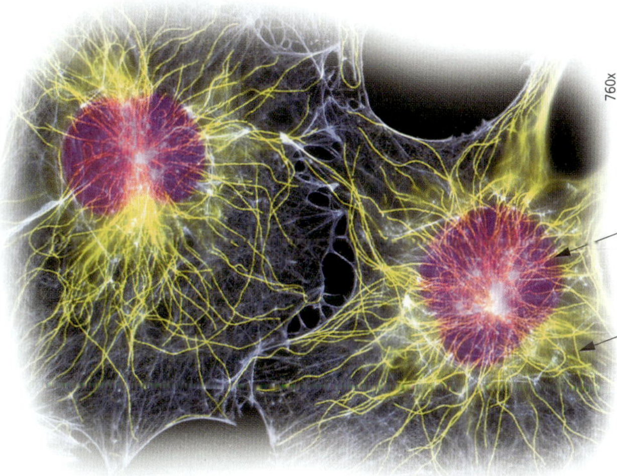

인간의 결합조직 세포 내에서 발견되는 세포골격(노란색 섬유구조)

세포외 기질이 인간의 뼈세포들을 서로 붙들고 있다.

세포외 기질

동물 세포는 끈적끈적한 **세포외 기질**(extracellular matrix)을 만들어 서로서로 들러붙는다. 예를 들어, 각각의 근세포들은 세포외 기질을 통해 하나의 조직으로 서로 연결된다. 원형질막 바로 바깥에 있는 이 기질은 주로 콜라겐(collagen) 단백질이 서로 얽혀진 그물망으로 구성된다. 이 그물망은 원형질막으로 확장된 단백질들과 연계되어 세포 내로 신호를 전달할 수도 있다.

요점

▶ 세포 내외의 다양한 구조물들이 세포의 저장, 이동 그리고 모양 유지 등의 기능을 제공한다.

? 여기에서 논의된 구조들 중 어느 것이 세포 표면에 존재하는가? 또 어느 것이 세포 내부에 존재하는가?

답: 표면에 존재하는 것들: 섬모/편모, 세포외 기질, 세포벽. 내부에 존재하는 것들: 세포골격, 액포.

에너지는 다른 형태로 전환될 수 있다

에너지는 세계를 돌아가게 한다. 모든 생명체는 에너지 대사를 한다—환경으로부터 에너지를 흡수하고, 유용한 형태로 전환하여 그것을 소비하는 동시에, 일부는 열로 방출한다. 그럼 에너지란 무엇인가? **에너지**(energy)는 일을 할 수 있는 능력으로 정의된다. **일**(work)이란 힘을 가하여 물체를 이동시키는 것이다. 에너지 소비를 통해(즉, 일을 통해), 어떤 물체는 스스로는 움직이지 않았을 방식으로 옮겨질 수 있다. 생명의 모든 과정은 에너지의 형태를 바꿈으로써 가동된다.

운동 에너지와 위치 에너지

자연계는 여러 가지 형태의 에너지들을 포함하고 있으며, 생명계는 에너지를 지속적으로 한 형태에서 다른 형태로 바꾼다. **운동 에너지**(kinetic energy)는 아이가 미끄럼틀을 내려올 때와 같은 움직임의 에너지이다. **위치 에너지**(potential energy)는 물체가 그 위치나 구조 때문에 가지게 되는 에너지로, 미끄럼틀의 꼭대기에 있는 아이가 가지게 되는 에너지 같은 것이다. 저장된 위치 에너지는 방출될 수도 있고, 다른 형태로 바뀔 수도 있다. 이 사진에서는, 미끄럼틀 꼭대기의 아이가 가진 위치 에너지가 미끄럼틀을 타는 중에 운동 에너지로 전환된다. 이러한 에너지의 전환 과정 중에는 일부의 위치 에너지가 열에너지로 바뀌어 환경으로 방출된다.

화학 에너지

모든 생물계에서 특히 중요한 에너지 형태 중 하나는 **화학 에너지**(chemical energy)로, 원자들을 분자 상태로 잡아두는 결합에 저장되어 있다. 살아 있는 생물체들은 이 결합들을 끊을 수 있는데 이때 저장되었던 에너지가 나온다. 이때 방출된 화학 에너지는 생명의 기능들을 수행하는 일에 투입될 수 있다. ATP(adenosine triphosphate)라고 불리는 고에너지 분자는 살아 있는 세포 내에서 사용되는 일반적인 에너지 화폐이다. ATP 내의 결합이 부서지면, 한 분자의 ADP(adenosine diphosphate)와 인산 그룹 하나가 생산된다. 이 반응은 세포의 다른 과정들을 가동하는 데 사용될 수 있는 에너지를 방출한다.

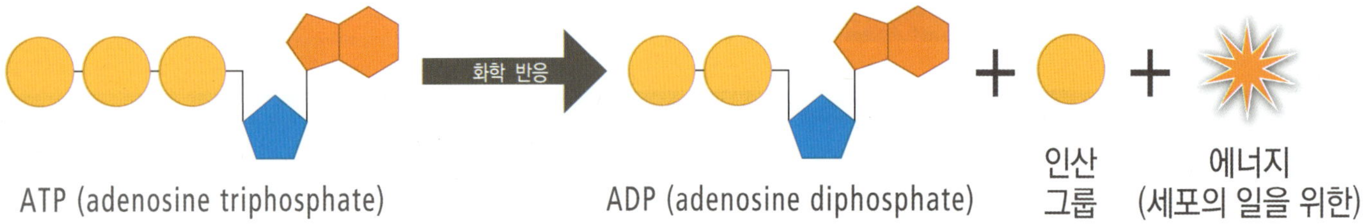

에너지의 보존

에너지는 한 형태에서 다른 형태로 전환될 수는 있지만(예로, 위치 에너지에서 운동 에너지로), 새로 만들어지거나 파괴될 수는 없다. 예를 들면, 발전소는 에너지를 만드는 것이 아니다; 대신, 에너지를 덜 편리한 형태(석탄에 저장된 화학 에너지)에서 좀 더 쓰기 편리한 형태의 에너지(전기)로 바꿔준다. 만약 생물계를 세심하게 살펴본다면, 많은 에너지 전환 과정들이 분명해질 것이다. 우리가 그 시스템에 들어오고 나가는 모든 에너지를 잴 수 있다면, 그 에너지들의 총량은 일정하다는 것을 알 수 있을 것이다.

! 체열의 방출 때문에, 우리가 소비하는 칼로리의 약 60% 정도는 다시 환경으로 방출된다.

무질서도(엔트로피)

생물계 내에서는, 어떠한 에너지 보존도 완벽하게 효율적이지 못하다. 거기에는 항상 **열**(heat)로 방출되는 일정량의 소모가 존재하기 마련이다. 열은 원자와 분자들의 무작위적 움직임에 저장된 일종의 운동 에너지다. 열 에너지는 매우 혼란스러운 것이어서 생물학적계가 다시 포획하기가 매우 어렵다. 따라서 에너지가 전환될 때마다 **엔트로피**(entropy), 혹은 어떤 시스템 내의 무질서도(amount of disorder)는 증가한다. 증가하는 무질서도(randomness)는 생명 과정의 자연스러운 결과이다. 질서를 회복하기 위해서는 상당한 양의 에너지가 사용되어야만 한다(이 과정은 다시 열을 발산시켜 그 자신의 무질서를 만든다). 아마도 여러분은 자신의 일상생활에서 얼마나 쉽게 무질서가 증가하는지 이미 깨닫고 있을 뿐 아니라, 그에 반해 무질서를 감소시키는 데는 상당한 양의 에너지가 필요하다는 것을 알고 있을 것이다.

요점

▶ 에너지는 하나의 형태에서 다른 형태로 바뀔 수는 있지만, 새로 만들어지거나 파괴될 수 없다. 생물학적 시스템 내에서는 화학(위치) 에너지는 종종 운동 에너지로 전환되는데, 이 과정에서 열 에너지가 방출되며 엔트로피가 증가한다.

? 스프링을 눌렀다가 놓으면, 어떤 에너지 전환이 발생하는가?

답: 스프링을 누르면 운동 에너지가 위치 에너지로 전환된다. 스프링을 놓는 것은 위치 에너지를 다시 운동에너지로 전환시키게 된다. 각 단계가 진행되면서 일부 에너지는 열로 전환된다.

4.2 에너지는 생태계를 통해 흐른다

지구상의 거의 모든 생물은 궁극적으로 그 에너지를 태양으로부터 얻는다. 어떤 생물들은 광합성 과정을 통해 태양에너지를 직접 포획하여 햇빛의 에너지를 당에 저장하는 화학 에너지로 전환된다. 이런 생물들(그리고 그들을 먹는 다른 생물들)은 생명의 과정들을 가동시키기 위해 세포 호흡 과정을 이용하여 당에 저장된 에너지를 태운다. 에너지가 생명체들 내부에서, 그리고 그들 사이에서 전환될 때 열이 발생한다. 이런 열은 그 생태계를 빠져나간다. 따라서 에너지는 햇빛의 형태로 들어왔다가 열의 형태로 빠져나가면서 생태계들을 관통해 흐른다. 잘 살펴보면, 여러분 주위의 모든 생태계를 관통해 흐르는 에너지 흐름을 추적할 수 있을 것이다.

육상의 식물

생산자

대부분의 생태계는 태양으로부터 안정적으로 에너지를 공급받는다. **생산자**(producers)로 불리는 생물들은, 그 태양 에너지를 흡수하여 당이나 다른 유기 분자들에 저장되는 화학 에너지로 전환할 수 있다. 단순히 정리하자면, 이 생물들은 그들 자신의 음식을 생산할 수 있다. 자신들에게 스스로 음식을 제공하는 데 더하여, 생산자들은 직접 햇빛을 이용할 수 없는 생물들에게 먹힌다. 따라서 대부분의 생태계는 그 군집을 먹여 살리는 생산자들에 의존한다. 생산자들에는 육상 식물들, 수생 원생생물들(해초나 조류들), 그리고 일부 세균들이 속한다.

광합성 세균

수생 조류

광합성

생산자들은 햇빛의 에너지를 포획하여 그것을 **광합성**(photosynthesis)이라고 불리는 과정을 통해 화학 에너지로 전환할 수 있다. 그림을 보면, 광합성의 화학적 재료들이 이산화탄소(CO_2)와 물(H_2O)임을 알 수 있을 것이다. 식물과 조류들의 세포 안에는, **엽록체**(chlroroplast)라고 불리는 소기관들이 빛 에너지를 이용하여 이 화학 재료들의 원자들을 재배열함으로써 당과 기타 유기 분자들을 생산한다. 광합성의 부산물은 산소 기체(O_2)와 열로서, 이들은 환경으로 방출된다.

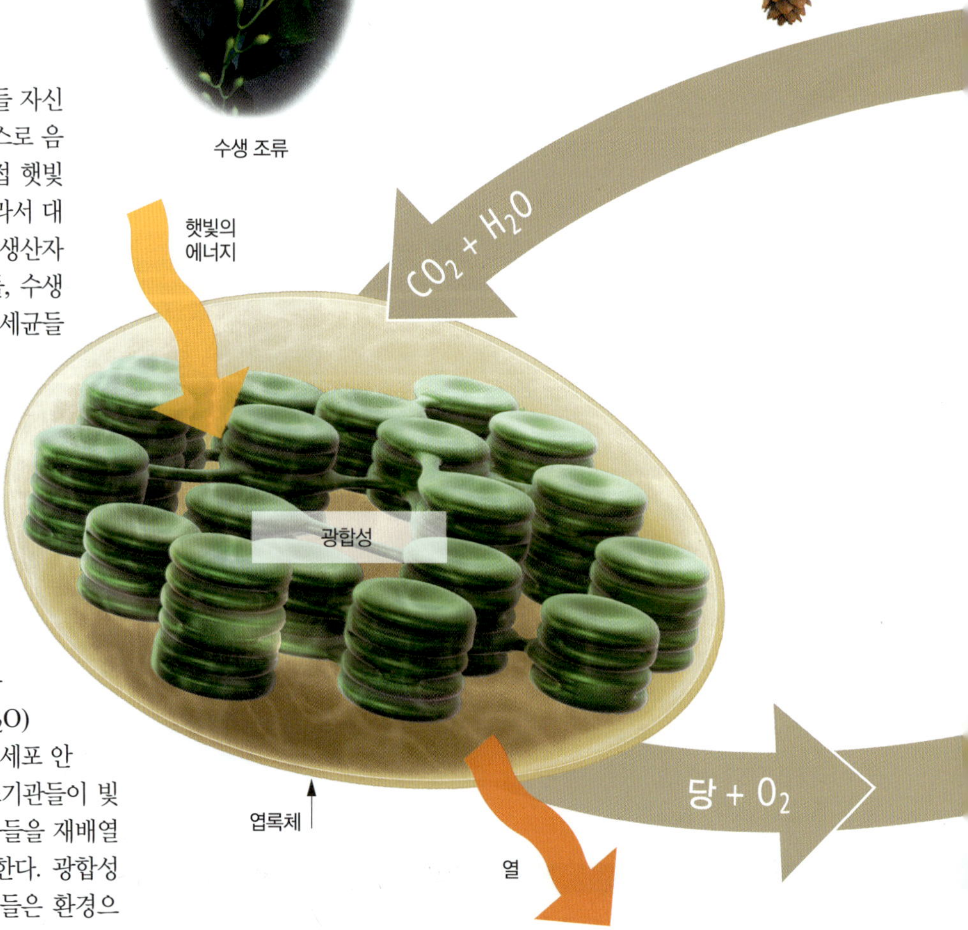

엽록체

소비자

인간을 포함한 많은 생물은, 태양으로부터의 에너지를 직접 얻을 수가 없다. 대신에, 생산자들을 먹음으로써 에너지를 얻는데, 이 과정은 우리에게 광합성을 통해 생산된 당과 기타 분자들을 제공해준다. 따라서 우리들은 **소비자**(consumers)이며, 이들은 식물들을 먹거나, 혹은 식물을 먹은 동물을 먹음으로써 음식물을 얻는 생물들이다. 소비자들은 굉장히 다양한 생물을 포함하는데, 동물뿐 아니라 곰팡이와 일부 현미경적 크기의 원생생물이 이에 속한다.

! 햇빛을 이용해 몸을 덥힐 수 있으므로, 파충류들은 같은 크기의 포유류들이 필요로 하는 음식 에너지의 약 10% 정도만 있어도 된다.

동물

진균류(곰팡이)

일부 원생생물

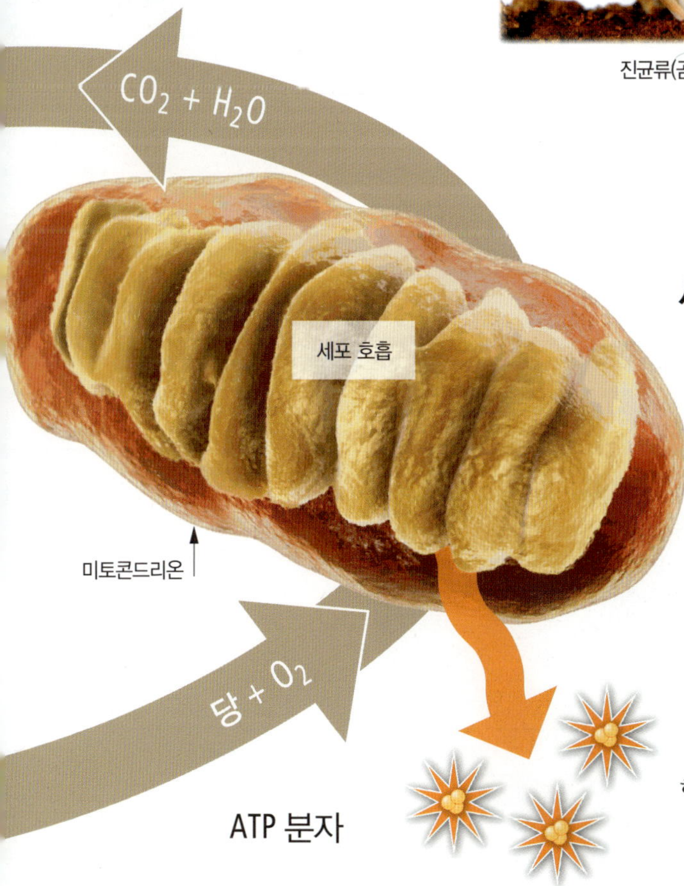

세포 호흡

모든 생물—생산자와 소비자 모두—은 **세포 호흡**(cellular respiration)의 과정을 통해 당에 저장된 화학 에너지를 추출할 수 있다. 세포 호흡을 위한 화학적 재료들은 당(광합성에 의해 생산된 것들)과 산소(O_2)이다. 거의 모든 진핵세포들에서는, 세포질과 **미토콘드리아**(mitochondria)라고 불리는 소기관 내의 효소들이, 당 분자 내의 화학적 결합들을 절단한다. 이것이 그 결합들에 저장된 에너지를 방출시키며, 방출된 그 에너지는 ATP(adenosine triphosphate)라는 분자들이 대량으로 생산되도록 하는 데 사용될 수 있다. 그러면 세포들은 자신들의 여러 기능을 위해 ATP를 에너지원으로 이용할 수 있다. 세포 호흡의 과정 중에는, CO_2와 H_2O가 부산물로서 환경으로 방출되며, 이들은 다시 생산자에 의해 광합성의 재료로 사용된다. 오로지 생산자들만이 광합성을 수행하지만, 세포 호흡은 생산자들이나 소비자들 모두에 의해 수행된다.

요점

▶ 에너지는 대부분의 생태계에 햇빛으로 들어온다. 생산자는 태양 에너지를 포획하여 광합성을 가동함으로써 당을 생산한다. 그러면 소비자는 생물을 먹어 에너지를 얻는다. 생산자와 소비자의 세포들은 세포 호흡을 통해 당을 분해함으로써 에너지를 얻는다.

? 다음 진술의 오류는 무엇인가?: "식물은 광합성을 수행하지만, 오로지 동물들만 세포 호흡을 수행할 수 있다."

답: 식물들은 광합성과 세포 호흡 두 가지 모두 수행한다.

4.3 엽록체 내에서는 햇빛 에너지가 당 생산에 이용된다

광합성(photosynthesis) 과정을 통해, 식물 같은 생산자들은 물(H_2O), 이산화탄소(CO_2), 그리고 햇빛의 에너지를 이용하여 당을 생산한다. 부산물로 생긴 산소 기체(O_2)와 열은 환경으로 방출된다. 광합성 반응들은 식물 세포 내의 **엽록체**(chloroplast)라고 불리는 소기관에서 일어난다. 대부분의 식물에서는, 주로 잎의 내부 세포들이 엽록체들을 가지지만, 광합성은 줄기 같이 식물체의 다른 녹색 부분에서도 발생한다. 햇빛을 포획하고 그 에너지를 당(식물의 몸을 위한 구성 요소이다) 생산에 사용함으로써, 광합성은 지구상의 거의 모든 생명에 식량을 제공하는 과정이 된다.

광합성이 일어나는 장소와 방법

광합성의 화학 반응들 대부분은 엽록체 내에서 발생한다. 엽록체는 원판들의 더미로 접혀 있는 광범위한 내부 막계를 가지며, 이것이 여러 반응이 일어날 수 있도록 하는 넓은 표면적을 제공한다. 이 원판 더미들은 **그라나**(grana; 단수, *granum*)라고 불리며; 그 개별 원판들은 **틸라코이드**(thylakoid)라고 한다. 광합성이 진행되기 위해서는 물(H_2O)과 이산화탄소(CO_2)가 필요하다. 대부분 식물에서, 물은 뿌리를 통해 흡수된다. 이산화탄소는 기공(stomata; 단수, *stoma*)이라고 불리는, 주로 잎의 아랫면에서 발견되는 작은 구멍들을 통해 잎으로 들어간다. 부산물로 생긴 산소 기체(H_2O)도 같은 구멍을 통해 환경으로 빠져나온다. 열도 잎 표면을 통해 방출된다.

엽록체의 구조

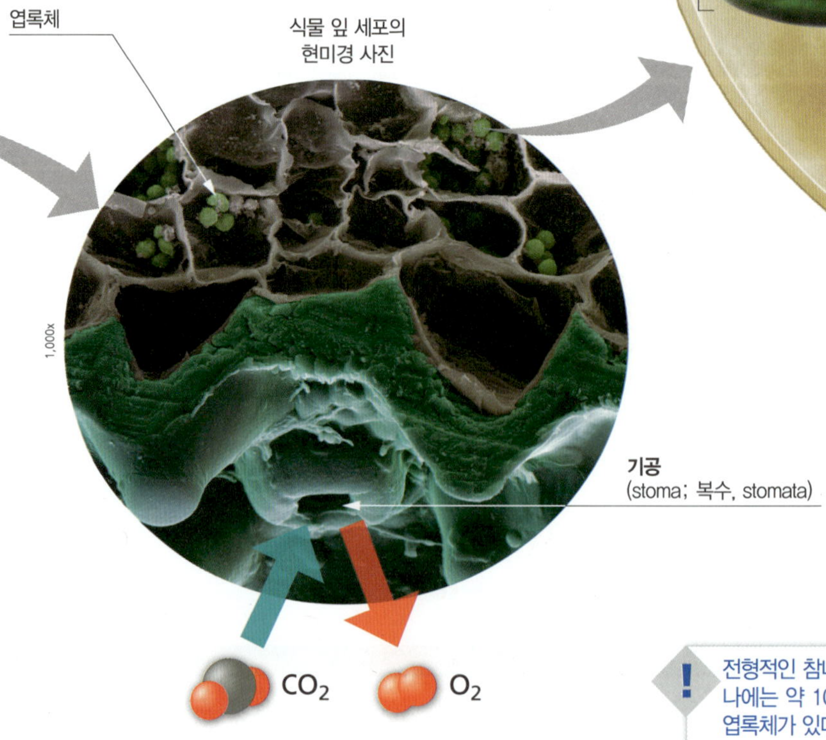

! 전형적인 참나무 잎 하나에는 약 100억 개의 엽록체가 있다.

엽록소

엽록소(chlorophyll)는 엽록체 내의 주된 색소(광 흡수 분자)이다. 틸라코이드 막 내에 박혀 있는 엽록소 분자들은 푸른색/보라색 광선과 오렌지색/붉은색 광선 영역의 빛을 선택적으로 흡수한다. 반사되는 녹색/노란색 광선은 흡수되지 않으며, 이 반사광들이 우리 눈에 도달하기 때문에, 우리가 식물들을 녹색으로 보게 된다. 잎들은 다른 색소들도 가진다; 이들은 가을이 되어 엽록소가 파괴되고 새로운 색소가 합성됨에 따라 눈에 보이게 되는데, 가을 낙엽들의 화려한 색깔들을 만든다.

어떤 사람들은 식품 보조제로 엽록소 분말을 섭취하기도 한다.

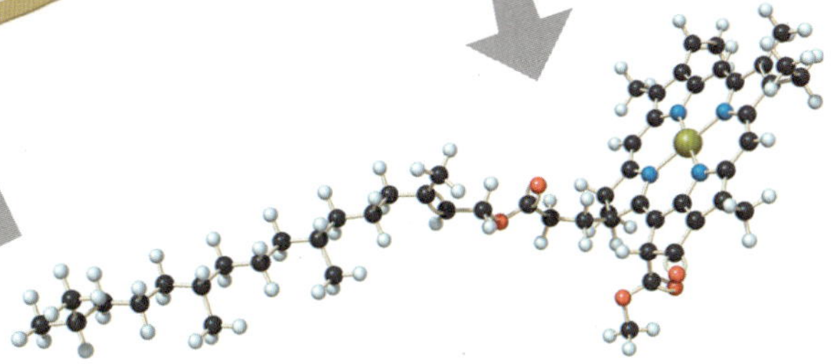

엽록소 분자

요점

▶ 광합성은 CO_2(잎 아랫면의 기공을 통해 얻음)와 H_2O(뿌리를 통해 얻음), 그리고 빛 에너지(엽록체의 틸라코이드 막에 있는 색소인 엽록소에 의해 흡수함)를 이용하여 당(그 식물이 이용함)과 O_2기체(기공을 통해 방출)를 생산한다.

? 식물에서 광합성을 하는 부분들은 왜 모두 녹색으로 나타날까?

답: 엽록체에 존재하는 엽록소가 다른 색의 빛은 모두 흡수하지만, 노란색과 녹색의 빛은 반사하며, 우리 눈에서는 반사되는 빛으로 색을 인식하기 때문이다.

4.4 광합성은 두 개의 연결된 과정에 의해 발생한다

광합성의 전체 화학식은 비교적 단순하다: 이산화탄소(CO_2)와 물(H_2O)이 햇빛의 에너지로 인해 당 생산에 이용되어 부산물로 산소 기체(O_2)와 열을 발생시킨다. 이 과정은 실질적으로 두 단계로 일어난다. **명반응**(light reaction)은 햇빛을 포획하고 고에너지 분자를 생산한다. **캘빈 회로**(Calvin cycle)는 고에너지 분자들을 이용하여 이산화탄소(CO_2)로부터 당(sugar)을 생산한다.

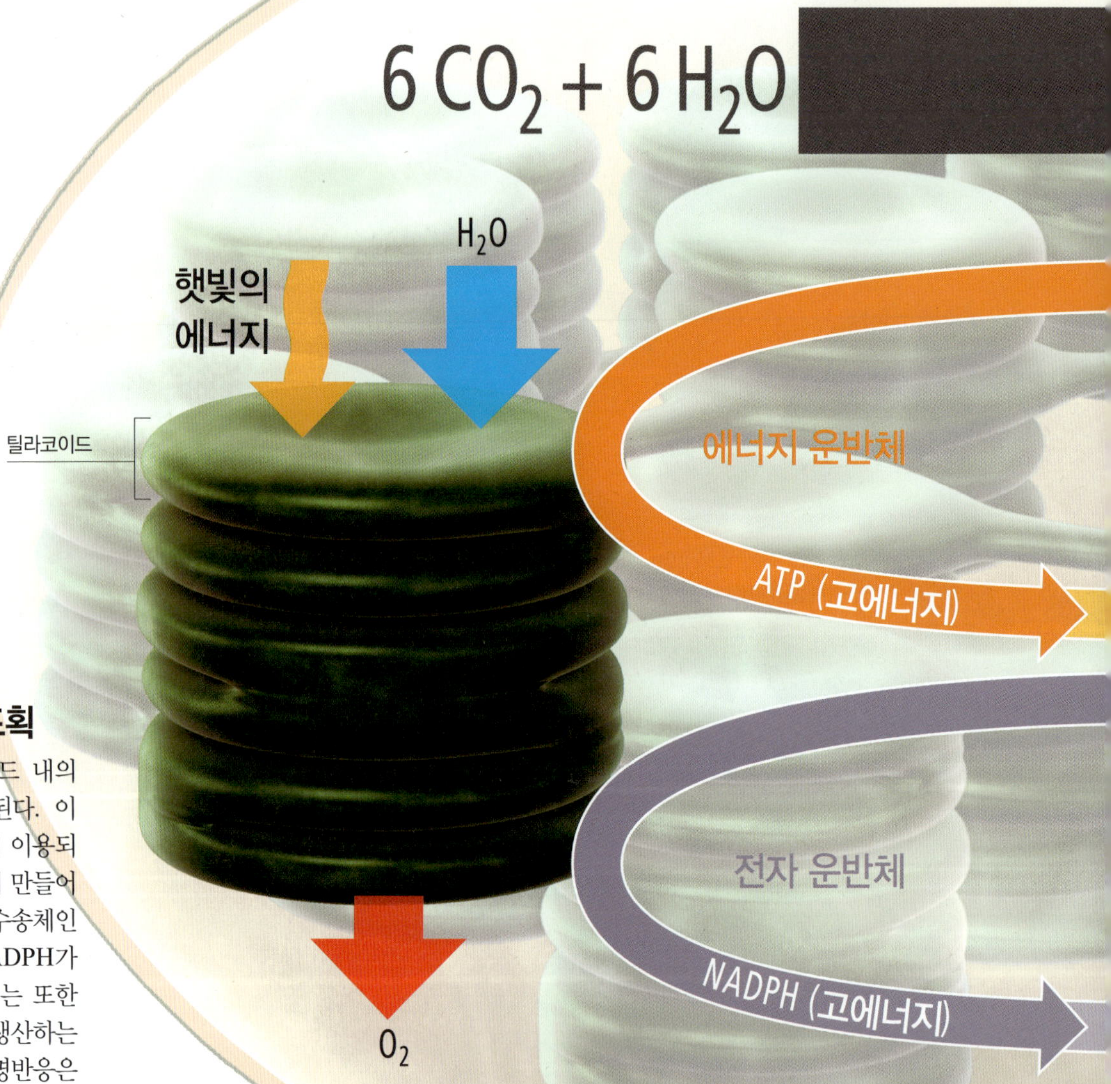

제1단계 명반응: 에너지의 포획

햇빛의 에너지는 틸라코이드 내의 엽록소 분자에 의해 흡수된다. 이 에너지는 물을 분해하는 데 이용되어 O_2와 고에너지 전자들이 만들어진다. 이 전자들은 전자 수송체인 $NADP^+$에 저장되어 NADPH가 만들어진다. 햇빛의 에너지는 또한 고에너지 ATP 분자들을 생산하는 데도 이용된다. 종합하면, 명반응은 햇빛의 에너지를 포획하여 그것을 고에너지 분자인 ATP와 NADPH에 저장한다.

두 단계의 연결: 에너지 운반체와 전자 운반체

명반응과 캘빈 회로는 에너지 운반체(energy shuttle)들과 전자 운반체(electron shuttle)들에 의해 연결된다. **NADPH**는 고에너지 전자 운반체로 작용하는 분자이다. 이것은 $NADP^+$라고 불리는 더 낮은 에너지 형태로부터 만들어진다. **ATP**(adenosine triphosphate)는 에너지 운반체로 작용하는 고에너지 분자이다. 이것은 ADP(adenosine diphosphate)라고 불리는 더 낮은 에너지 분자로부터 만들어진다.

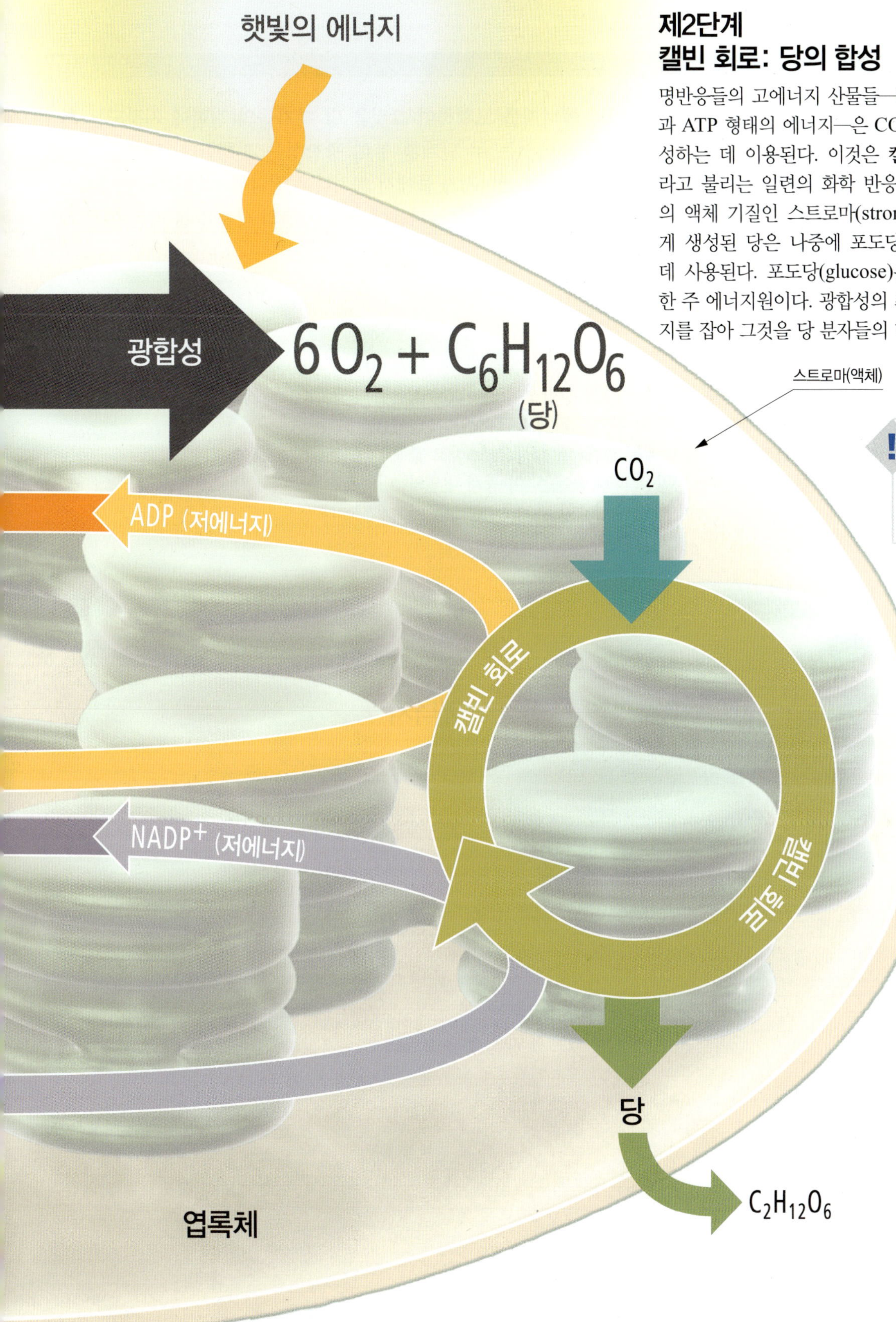

제2단계
캘빈 회로: 당의 합성

명반응들의 고에너지 산물들—NADPH 형태의 전자들과 ATP 형태의 에너지—은 CO_2로부터 당(sugar)을 합성하는 데 이용된다. 이것은 **캘빈 회로**(Calvin cycle)라고 불리는 일련의 화학 반응들을 거쳐, 엽록체 내부의 액체 기질인 스트로마(stroma)에서 일어난다. 이렇게 생성된 당은 나중에 포도당($C_6H_{12}O_6$)을 합성하는 데 사용된다. 포도당(glucose)은 거의 모든 세포를 위한 주 에너지원이다. 광합성의 최종 결과는 햇빛의 에너지를 잡아 그것을 당 분자들의 형태로 저장하는 것이다.

! 식물에 말을 걸면 날숨으로 배출된 CO_2가 제공되겠지만, 이것이 식물을 더 빠르게 자라게 한다는 증거는 없다.

요점

▶ 광합성의 전체 과정은 두 가지 주요 단계로 나눌 수 있다: (1) 명반응(light reaction)은 태양 에너지를 포획하여 화학 에너지로 저장하며, (2) 캘빈 회로(Calvin cycle)는 그 화학 에너지를 당 생산에 이용한다.

? 만약 명반응은 진행되지만 캘빈 회로가 멈춰 있다면 어떤 분자가 축적되겠는가? 또 어떤 분자가 생산되지 못하겠는가?

답: NADPH와 ATP는 축적되지만, 당은 생산되지 않을 것이다.

4.5 명반응에서는 빛 에너지가 화학 에너지로 저장된다

식물은 **광합성**(photosynthesis) 과정을 이용하여, 햇빛의 에너지를 포획하여 그것을 당 분자들의 결합에 저장되는 화학 에너지로 전환할 수 있다. 엽록체라고 불리는 소기관 내에서는 두 단계를 통해 광합성을 진행한다. **명반응**(light reaction)으로 불리는 첫 번째 단계(여기서 설명됨)에서는, 햇빛의 에너지가 물에서 빠져나온 전자에 더해진다. 에너지가 들어간 전자들은 이제 고에너지 분자인 ATP와 NADPH의 생산에 사용된다. 다음에 태양 아래의 식물을 볼 때는 이런 화학 반응이 잎의 세포에서 진행되고 있음을 상상하도록 해보라.

광계

식물의 잎에 있는 세포들은 많은 수의 엽록체를 포함하며, 이것은 광합성이 일어나는 소기관이다. 엽록체 내부에는 원판처럼 생긴 틸라코이드들이 쌓인 그라나가 들어 있다. 각 틸라코이드는 막으로 둘러싸여 있다. 틸라코이드 막 안에는 **광계**(photosystem)라고 불리는, 단백질과 색소 분자의 덩어리들이 존재한다. 명반응 과정 중에는, 이 광계 내부의 색소 분자들(엽록소들)이 햇빛의 에너지를 포획하여 세포가 이용할 수 있는 형태의 에너지로 전환하는 과정을 개시한다.

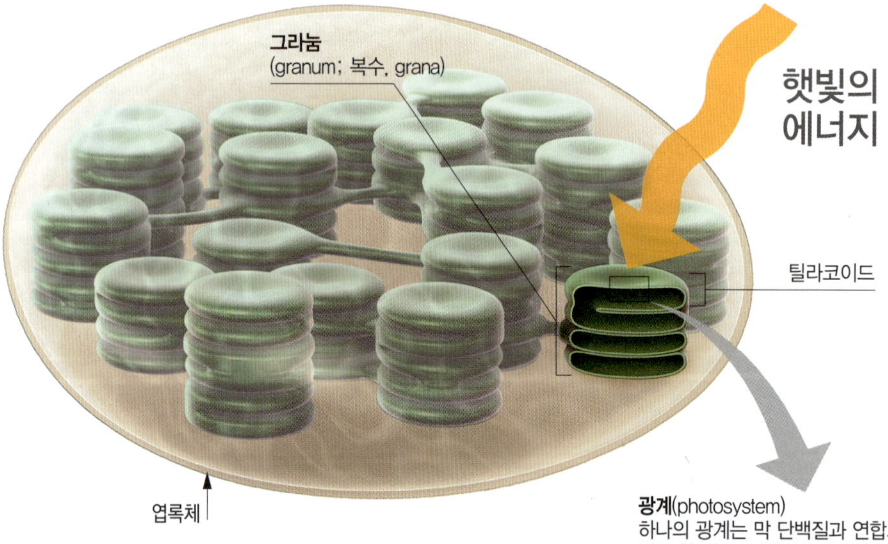

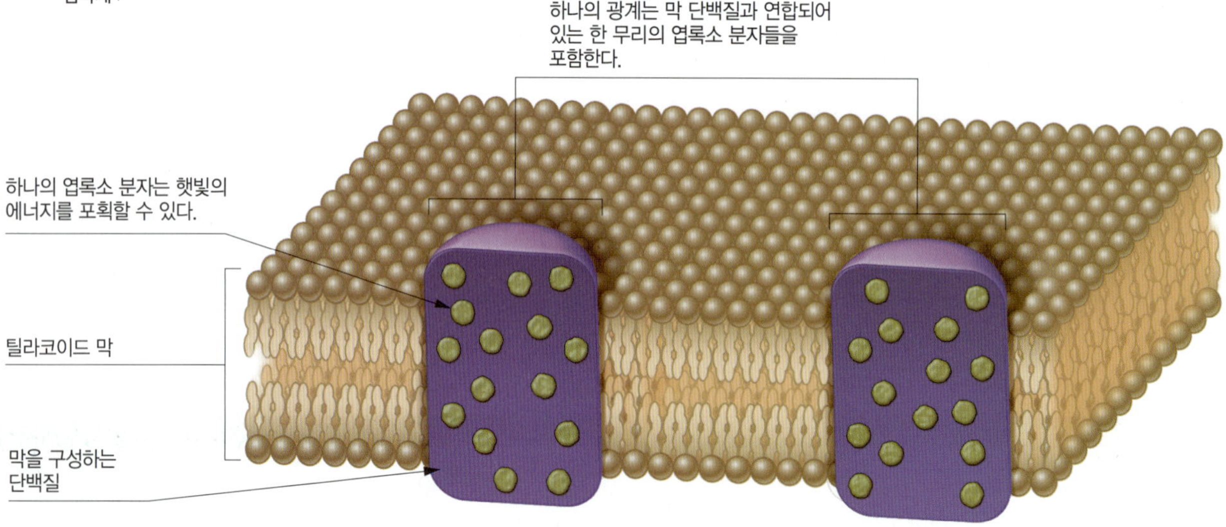

명반응

빛이 광계 내의 엽록소 한 분자를 때리면, 흡수된 에너지는 엽록소 분자들을 따라 전달된다. 그 에너지가 광계의 중심에 도달하면, 전자 하나가 고에너지 상태로 들뜬 상태가 된다. 이런 반응들에 관여하는 전자들은 물 분자(H_2O)가 쪼개지면서 제공되며, 부산물로 산소(O_2)가 방출된다. 따라서 물은 광합성에 필수적이다. 이 "흥분한" 전자는 **전자전달 사슬**(electron transport chain)이라고 불리는, 막에 박혀 있는 일련의 단백질들을 통해 하나의 광계에서 두 번째 광계로 전달된다. 이 과정에서 그 전자는 가지고 있던 에너지를 방출하면서 다시 원래의 (기저) 상태로 되돌아온다. 방출된 에너지는 인산 그룹을 ADP(adenosine diphosphate)에 결합시켜 ATP를 생산하는 일련의 반응들에 사용된다. 그 전자는 두 번째 광계에 의해 다시 에너지를 얻는다. 에너지를 얻은 전자들은 $NADP^+$에 추가되어 고에너지 분자인 NADPH가 생성되도록 한다. 명반응들의 마지막 산물—고에너지 분자인 ATP와 NADPH—은 캘빈 회로로 이동한다. 아래 그림의 바닥에서부터 시작하여 명반응을 따라가 보라.

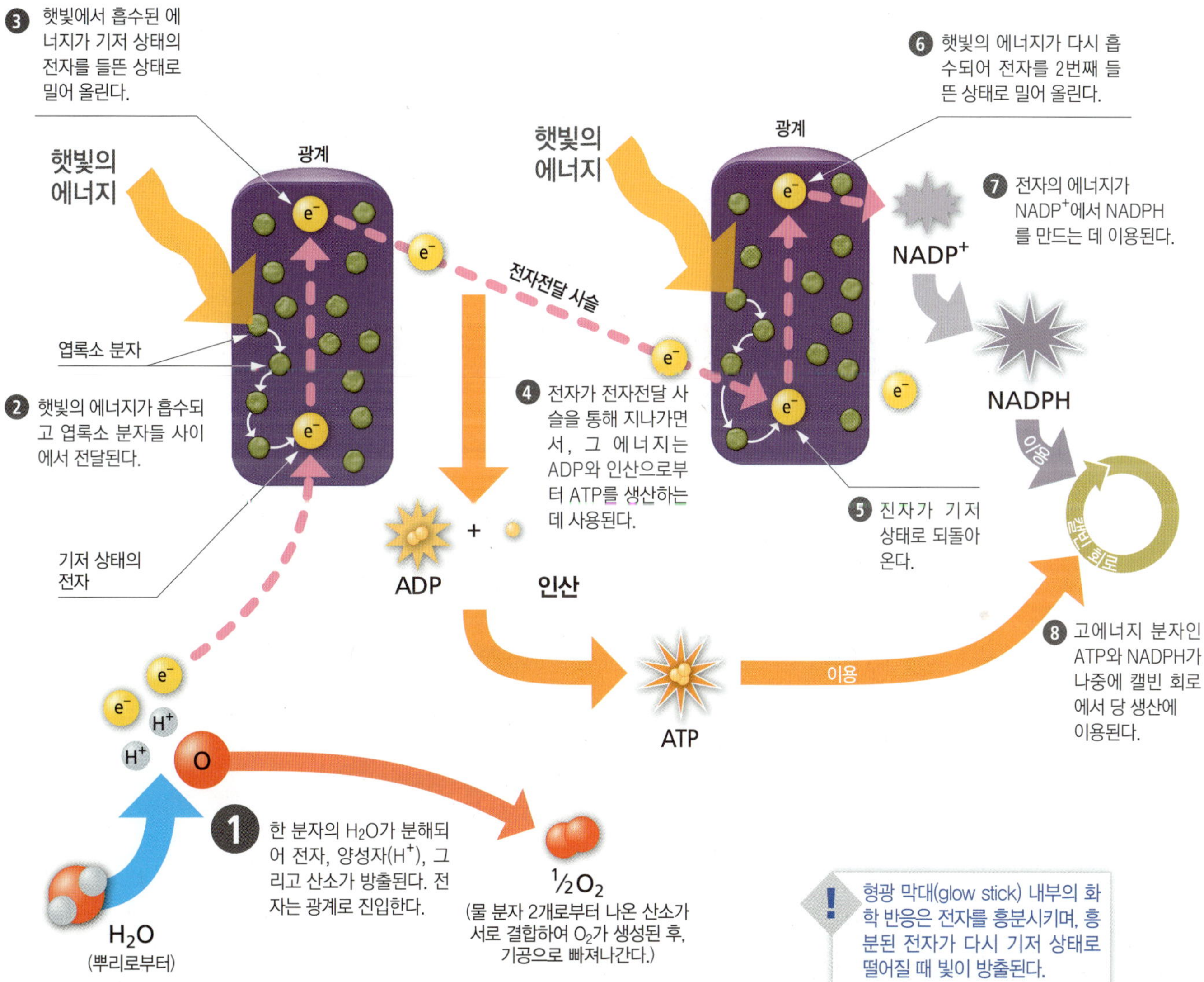

! 형광 막대(glow stick) 내부의 화학 반응은 전자를 흥분시키며, 흥분된 전자가 다시 기저 상태로 떨어질 때 빛이 방출된다.

요점

▶ 햇빛은 전자들을 흥분시킴으로써 광합성의 명반응을 가동한다. 들뜬 상태의 전자들이 다시 원래의 기저 상태로 되돌아옴에 따라, 방출된 에너지는 ATP와 NADPH 같은 고에너지 분자에 저장된다. 이 분자들은 캘빈 회로에서 당이 생산될 때 이용된다.

? 식물이 광합성을 수행하기 위해 물을 꼭 필요로 하는 이유는 무엇인가?

답: 명반응에 사용되는 전자들은 물 분자의 분해로 제공되기 때문이다.

4.6 캘빈 회로에서는 고에너지 분자가 당을 만드는 데 사용된다

전체적으로, 광합성의 과정은 이산화탄소(CO_2)와 물(H_2O)을 사용하여 당을 합성하는 것이다. 이 과정은 두 단계로 나뉜다. 명반응 과정 중에는 햇빛의 에너지가 고에너지 분자들인 ATP와 NADPH를 만드는 데 사용된다. 여기 설명될 **캘빈 회로**(Calvin cycle)에서는 이 고에너지 분자들이 CO_2로부터의 당 합성 과정을 가동시킨다. 이산화탄소는 식물이 잎의 기공들(stomata)을 통해 공기 중에서 받아들인 것이다. 캘빈 회로의 산물들은 모든 식물이 살아가는 데 필수적인 것이지만, 우리 같은 동물들이 식물을 먹기 때문에, 동물들과 우리의 생존에도 없어서는 안 되는 것이다.

캘빈 회로의 재료

엽록체의 액체 기질인 스트로마(stroma) 내에서는, 캘빈 회로가 명반응에서 나온 고에너지 산물들(ATP와 NADPH), 그리고 공기 중의 CO_2를 이용하여 당 합성 과정을 진행한다.

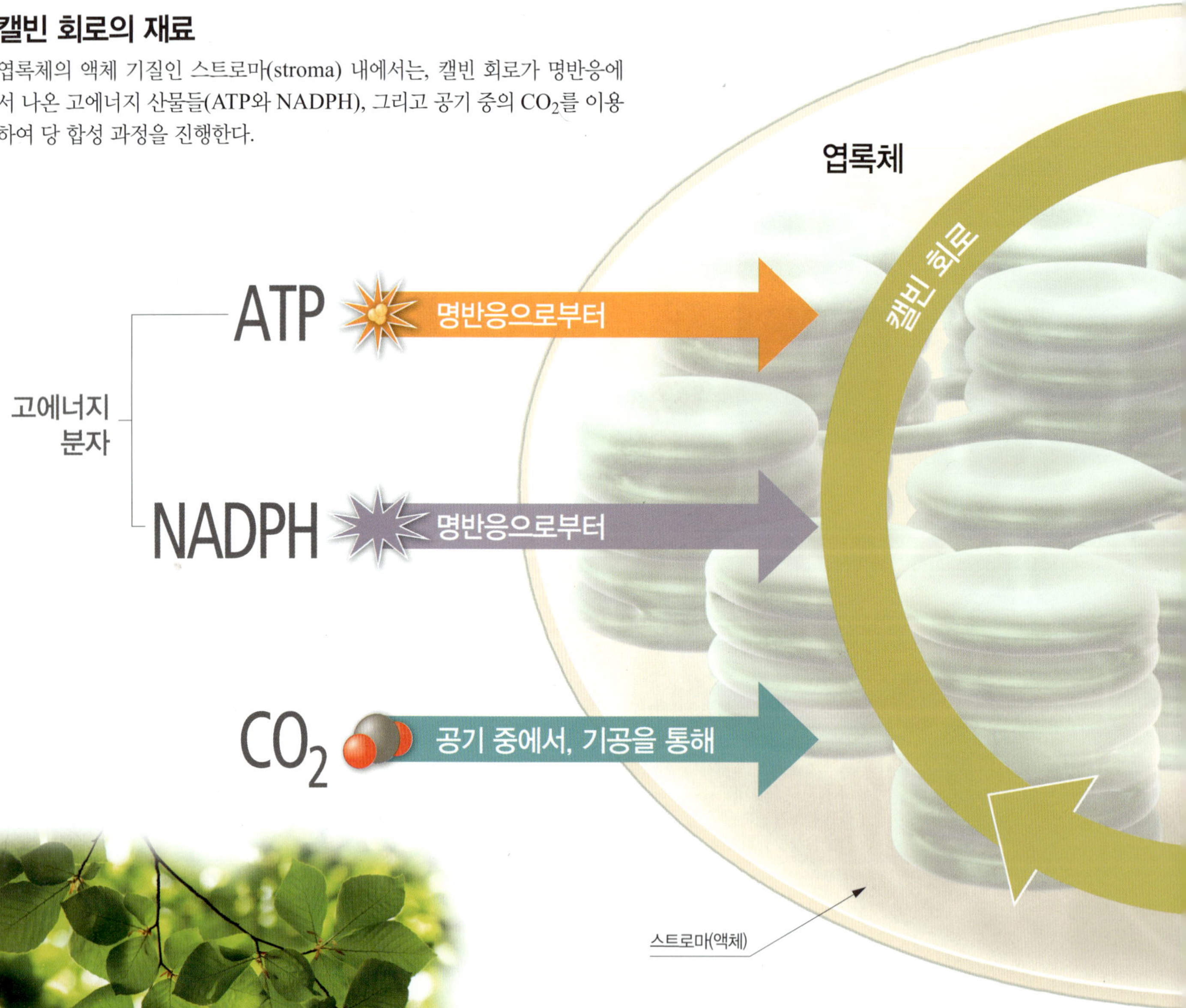

! 100 m 이상 자라는 미국 삼나무 대부분은 캘빈 회로에 의해 생산된 셀룰로오즈로 만들어진 것이다.

캘빈 회로의 산물

캘빈 회로는 3-탄소 당 분자인 글리세르알데히드 3-인산(glyceraldehyde 3-phosphate, G3P)을 생산한다. 이 당이 엽록체에서 빠져나오면, 식물 세포는 이것을 이용하여 포도당(glucose)을 만든다. 포도당은 식물에 의해 여러 가지 방식으로 이용된다.

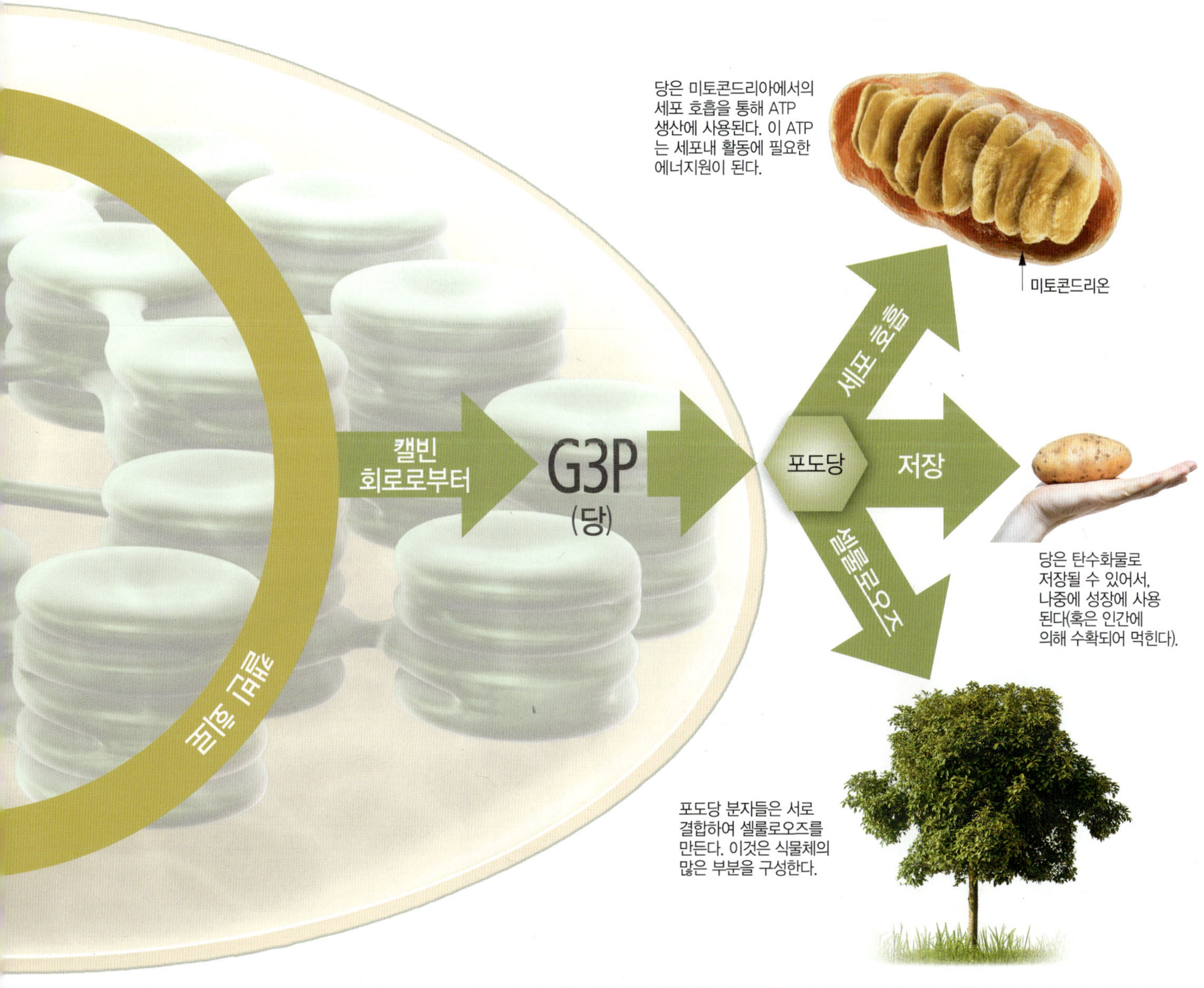

요점

▶ 캘빈 회로는 고에너지 분자(명반응에서 공급된 것)와 CO_2(공기 중에서 얻은 것)를 이용하여 광합성의 최종 산물인 당을 합성한다. 이렇게 생산된 당은 그 식물에 의해 여러 가지 방식으로 이용될 수 있다.

? 캘빈 회로는 빛을 요구하지는 않는다. 그래도 빛이 없이는 진행될 수 없다. 왜 그럴까?

답: 캘빈 회로는 빛을 요구하는 명반응 과정 중에 생산된 분자들에 의존하기 때문이다.

4.7 세포 호흡에서는 당에 저장된 에너지를 추출하기 위해 산소가 사용된다

왜 먹어야만 할까? 왜 우리는 계속해서 숨 쉬어야만 하는 걸까? 이 과정들이 세포 호흡을 가동시키는 데 필요한 재료들—소화계를 거친 포도당과 호흡계 및 순환계를 통한 산소—을 제공하기 때문이다. 우리 세포들의 미토콘드리아 내에서는 세포 호흡 효소들이 고에너지 분자인 ATP를 생산한다. 세포 호흡으로 생산된 ATP는 생명의 과정들을 작동시키기 위해 온몸의 세포들에 의해 사용된다. 세포 호흡을 통한 지속적인 ATP 공급이 없다면, 우리 세포들은 빠르게 죽게 될 것이다.

유기 호흡

모든 진핵세포(동물 같은 소비자들과 식물 등의 생산자들을 포함)의 미토콘드리아 내에서는, 세포 호흡의 과정에서 산소(O_2, 공기 중에서 얻음)와 포도당(음식에서 얻음)을 필요로 한다. 이런 재료들을 이용하여 우리 세포들은 포도당 한 분자로부터 많은 수의 ATP를 생산한다. 생산된 ATP는 그것을 만든 세포에서 사용될 뿐 아니라 다른 세포에 운송되어 사용될 수 있다. 세포 호흡은 또한 다른 두 가지를 더 생산한다: 이산화탄소(CO_2, 날숨으로 방출된다)와 물(H_2O)이다. 모든 에너지 전환에서와 마찬가지로, 열이 방출된다. 전체적으로, 이 과정은 산소를 요구하기 때문에 **유기 호흡**(aerobic respiration)이라고 불린다.

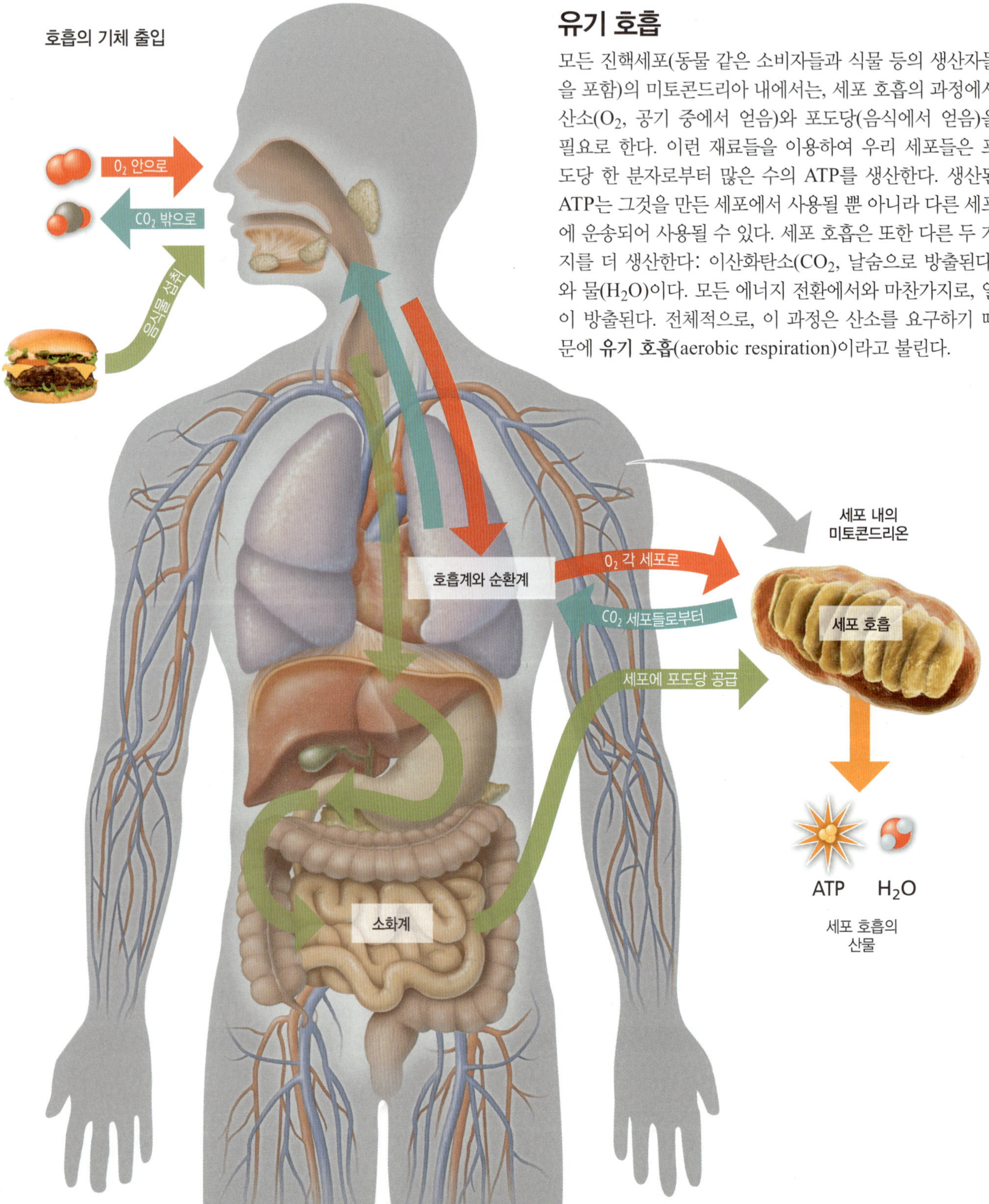

에너지 운반체로서의 ATP

우리가 먹는 음식이 우리의 세포들에 에너지를 제공해주기는 하지만, 이것이 직접 에너지가 되는 것은 아니다. 세포 호흡의 과정은 당에 저장되어 있던 화학 에너지를 수확하여 ADP로부터 ATP 분자를 생산하는 데 이용한다. **ADP**는 아데노신 이인산(adenosine diphosphate)의 약자로, 두 개의 인산기가 붙어 있는 분자이다. 만약 다른 인산기가 ADP에 추가되면(사용될 에너지가 필요한 과정), **ATP**, 즉 세 개의 인산기를 포함하고 있는 분자인 아데노신 삼인산(adenosine triphosphate)이 생긴다. 세 번째 인산기는 상당한 위치 에너지를 가지고 있어서, 이 에너지가 방출되면 세포에 의해 다양한 목적으로 사용될 수 있다. ATP는 에너지 수송체로 작용하여, 에너지를 제공하는 신체적 과정들(예, 음식 먹기)로부터 에너지를 사용하는 것들(근육의 움직임)로 화학 에너지를 전달한다.

! 우리는 음식 없이는 3주를 생존할 수 있다. 그러나 미토콘드리아에 산소를 공급하는 것은 6분만 지체해도 죽을 수 있다.

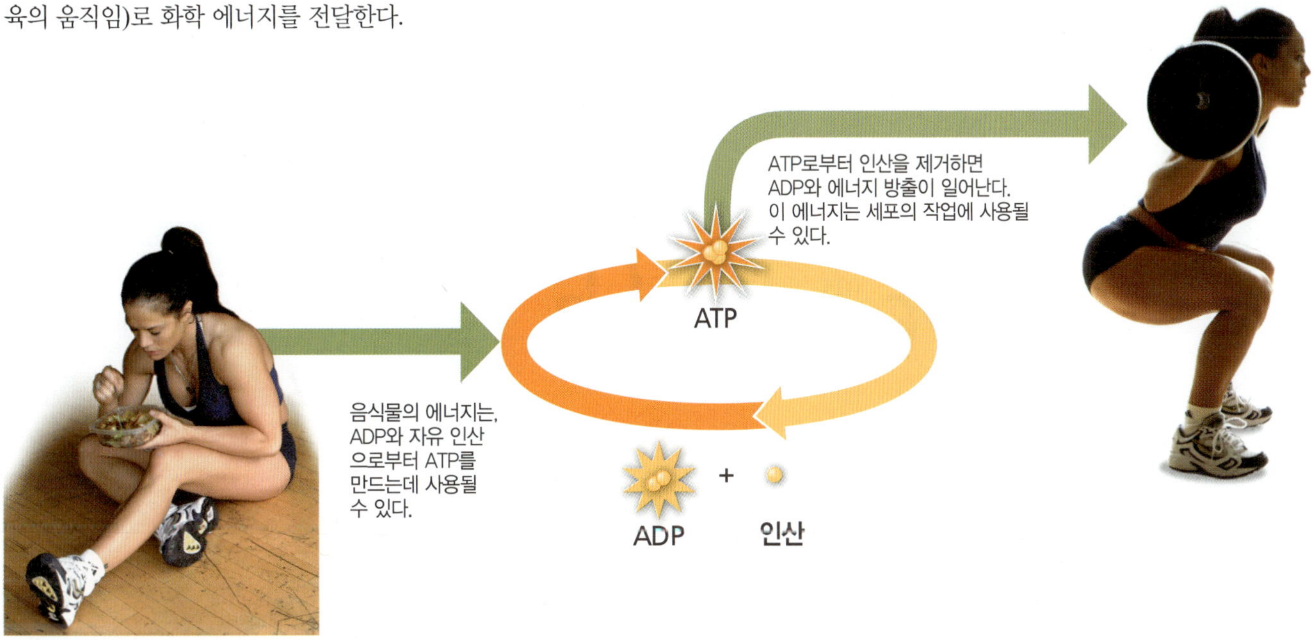

킬로칼로리

음식에 저장된 화학 에너지의 양은 킬로칼로리(kcal)로 측정된다. 이것은 1,000칼로리(calories)에 해당한다. 킬로칼로리는 종종 대문자 C로 시작하여 Cal로 줄여 사용한다. 이것은 운동 등의 활동을 수행할 때 몸에 의해 소모되는 에너지의 양을 설명하는 것과 같은 것이다. 체중의 증가나 감소는 단순히 칼로리 계산의 문제이다: 만약 먹는 양의 칼로리가 활동으로 나가는 칼로리보다 많다면 체중이 증가한다.

음식물의 에너지	걷기 = 시간당 약 220킬로칼로리
 햄버거 1개 (557킬로칼로리)	 2.2시간
 초콜릿 바 한 개(220킬로칼로리)	 1시간
 오렌지 1개(45킬로칼로리)	 0.2 시간

영양성분표

1 serving per container

Serving size:	1 bar (1.45 oz) (41g)
Amount Per Serving	
Calories	**220**
	% Daily Value*
Total Fat 13 g	**20%**
Saturated Fat 8 g	**40%**
Trans Fat 0 g	
Cholesterol 10 mg	**3%**
Sodium 35 mg	**1%**
Total Carbohydrate 26 g	**9%**
Dietary Fiber 1 g	**4%**
Sugars 24 g	
Protein 3 g	
Vitamin A	0%
Vitamin C	0%
Calcium	8%
Iron	2%

초콜릿의 영양성분표. 이런 표지는 1회 제공분에 어느 정도의 에너지가 포함되어 있는지를 칼로리(Calories)로 표시하여 알려준다.

요점

▶ 세포들은 생명의 기능들을 수행하기 위해 ATP 분자에 저장된 에너지를 이용한다. ATP는 세포 호흡의 과정 중에 ADP로부터 조립된다. 세포 호흡은 O_2와 당을 투입해 이용하고, CO_2와 H_2O를 부산물로 방출한다.

? CO_2 분자가 생긴 지점부터 나갈 때까지 우리 몸에서의 경로를 추적해보라.

답: CO_2는 미토콘드리아로부터 세포로 확산되었다가 혈류로 들어가고, 다시 허파로 간 후 날숨에 의해 몸 밖으로 나간다.

4.8 세포 호흡은 세 단계로 나뉜다

세포 호흡(cellular respiration)은 당(포도당, $C_6H_{12}O_6$)을 "태우기" 위해 산소(O_2)를 사용하고, 부산물로 이산화탄소(CO_2)와 물(H_2O)을 내놓는다. 이 과정은 많은 에너지를 방출하며, 방출된 에너지는 ATP 분자들을 만드는 데 이용된다. 세포 호흡의 전체 화학식은 매우 단순하다. 그러나 이 방정식의 기저에는 한 경로를 형성하는 10여 개 이상의 화학 반응들이 존재한다. 이 경로는 세 개의 분명한 단계들로 나뉠 수 있다: ❶ 해당과정(glycolysis), ❷ 시트르산 회로(citric acid cycle; 때로는 발견자의 이름을 따 크렙스 회로—Krebs cycle—라고도 불린다), 그리고 ❸ 전자전달 사슬(electron transport chain)이다. 각 단계는 세포 내의 서로 다른 장소에서 일어난다.

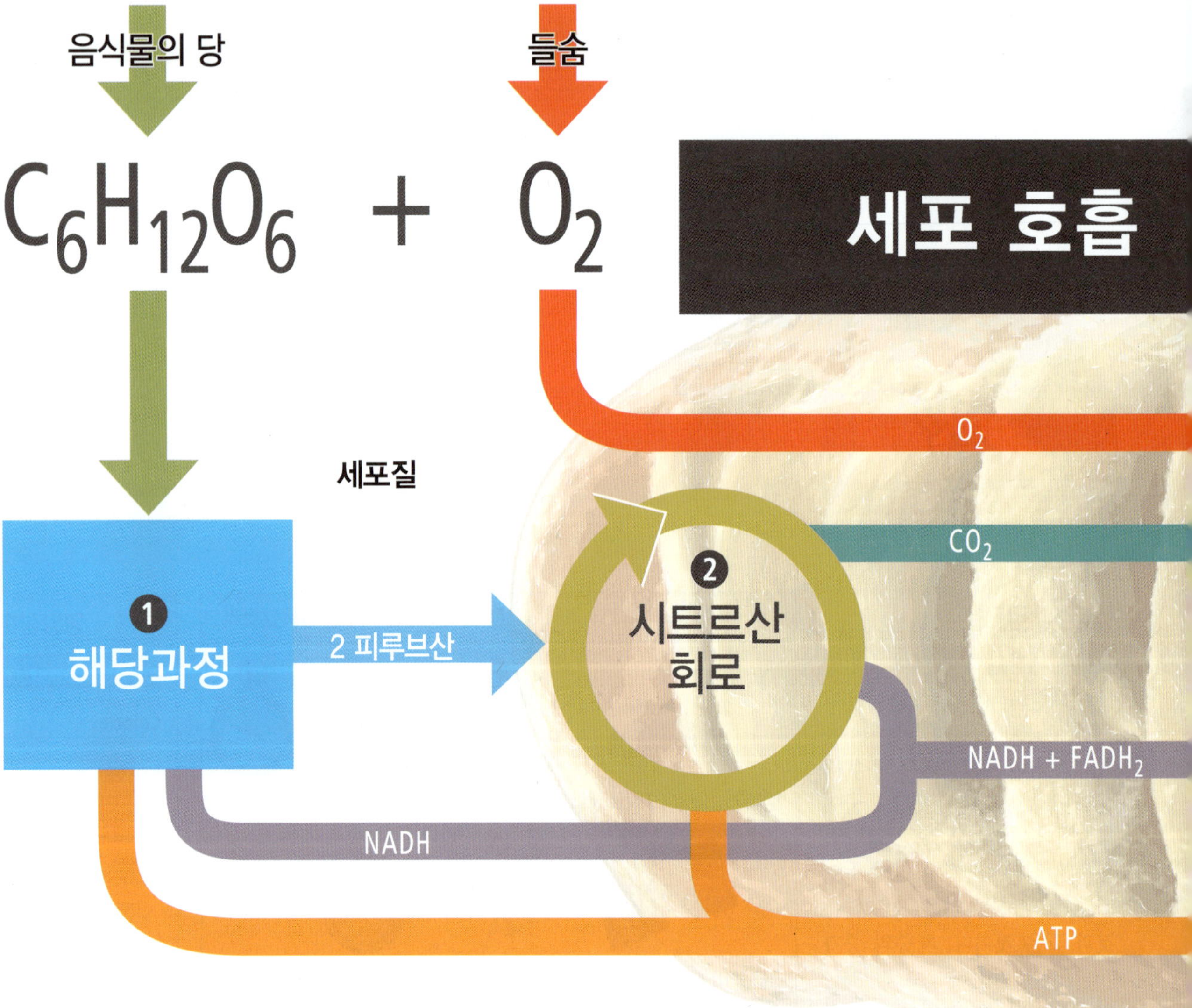

❶ 해당과정

해당과정(glycolysis)은 세포질에서 발생하며, 한 분자의 포도당이 2분자의 피루브산(pyruvic acid)으로 분해된다. 이 과정으로 소량의 ATP와, NADH라는 분자에 의해 수송되는 몇몇 고에너지 전자들이 생긴다.

❷ 시트르산 회로

시트르산 회로(citric acid cycle)는 미토콘드리아 내부의 액체 기질에서 이루어지며, 포도당 연소를 완료시켜 피루브산을 CO_2로 분해한다. 이산화탄소는 세포로부터 방출된다. 소량의 ATP가 몇 개의 고에너지 전자들과 함께 생성된다. 이 전자들은 NADH 분자 외에도 $FADH_2$라는 분자들에 의해서도 운반된다.

! 독소인 청산가리(cyanide)는 전자전달 사슬의 단백질을 방해하여 생물을 죽인다.

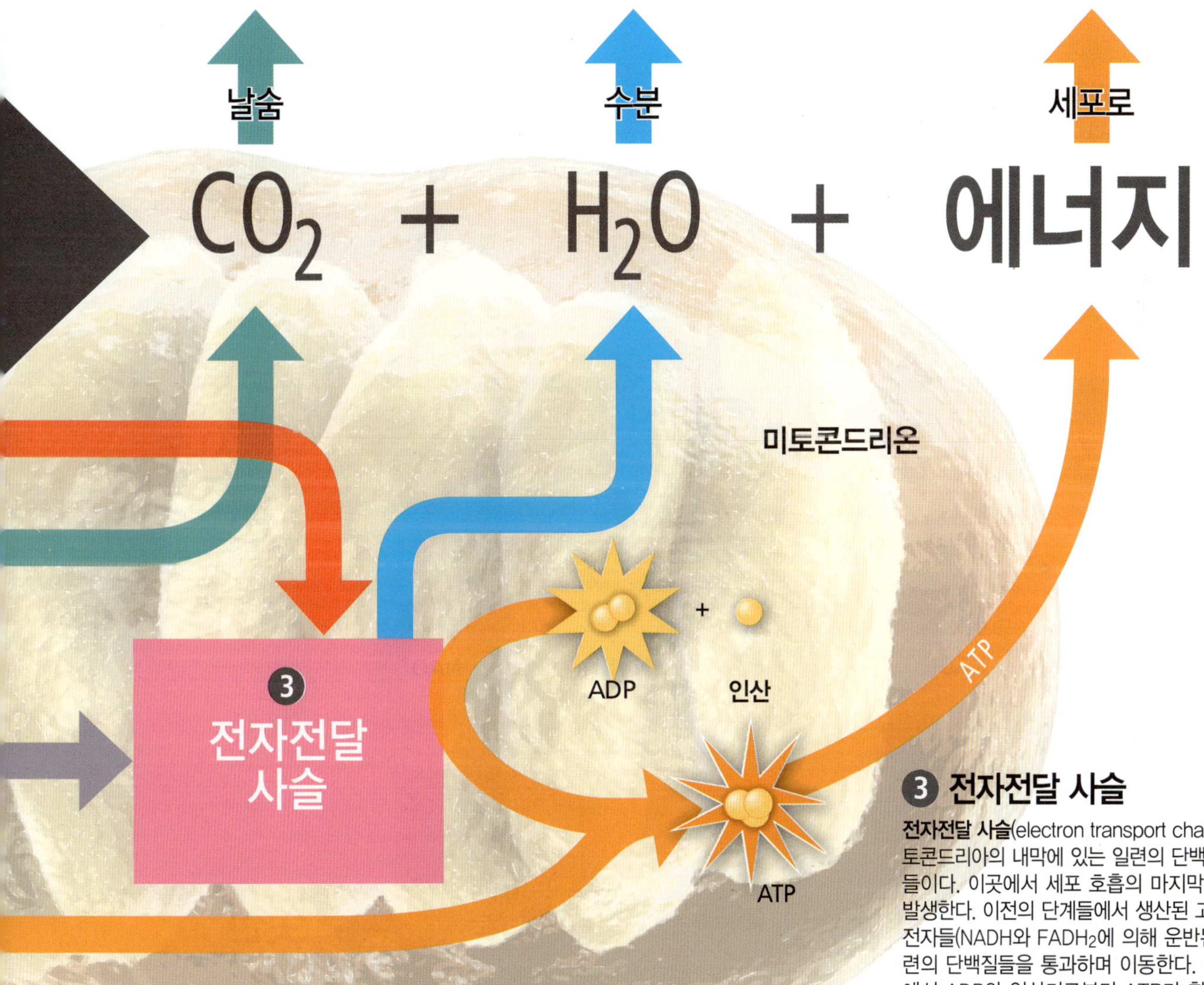

③ 전자전달 사슬

전자전달 사슬(electron transport chain)은 미토콘드리아의 내막에 있는 일련의 단백질 분자들이다. 이곳에서 세포 호흡의 마지막 과정이 발생한다. 이전의 단계들에서 생산된 고에너지 전자들(NADH와 $FADH_2$에 의해 운반된)이 일련의 단백질들을 통과하며 이동한다. 이 과정에서 ADP와 인산기로부터 ATP가 합성된다. 마지막 단계에서는 전자들이 O_2와 결합하여 부산물로 H_2O를 생성한다. 그림에 나타난 3단계 중에서, 전자전달 사슬은 가장 많은 ATP를 생산한다.

요점

▶ 세포 호흡의 세 단계 — 해당과정, 시트르산 회로, 그리고 전자전달 사슬 — 는 산소를 이용하여 포도당 분자의 점진적 해체를 일으킨다. 당의 분해로부터 나온 화학 에너지는 ATP가 형성되는 데 이용된다.

? 세포 호흡이 완료된 시점에는 당 분자로 시작된 탄소 원자에 어떤 일이 발생하는가?

답: 모든 탄소는 이산화탄소 분자로 빠져나갔다.

4.9 발효에서는 산소 없이 당에서 에너지가 추출된다

세포 호흡의 과정은 산소(O_2)를 이용하여 포도당($C_6H_{12}O_6$)을 분해함으로써, 이산화탄소(CO_2)와 물(H_2O), 그리고 세포가 에너지원으로 사용할 수 있는 많은 분자의 ATP를 생산한다. 산소가 존재하는 조건에서 음식의 에너지를 수확하는 것은 **유기 세포 호흡**(aerobic cellular respiration, **호기적 세포 호흡**)이라고 불린다.

$$C_6H_{12}O_6 + O_2 \xrightarrow{\text{호기적(유기) 세포 호흡}} CO_2 + H_2O + \text{에너지}$$

무기 호흡(혐기적 호흡)

포도당의 분해는 항상 **해당과정**(glycolysis)으로 시작된다. 이 과정은 포도당 한 분자를 분해하여 2분자의 피루브산을 만든다. 그 과정은 한 분자의 NAD^+를 요구하는데, 이것은 전자를 얻어 NADH가 된다. 피루브산의 분해는 산소가 존재할 때 최적으로 진행되지만, 음식의 에너지는 무기적("산소가 없는" 또는 혐기적) 과정을 통해서도 추출될 수 있다. 이 과정은 **발효**(fermentation)라고 불린다. 발효는 그것을 수행하는 생물들에 따라 다양한 최종 산물을 생산한다. 그러나 각 형태의 발효는 NAD^+를 순환시켜 해당과정에 사용될 수 있도록 한다.

인간의 근육세포에서 발생하는 젖산 발효

너무 무리하는 지점까지 운동하게 되면, 세포가 유기 세포 호흡을 지속하는 데 필요한 O_2를 충분히 지속적으로 제공할 수 없게 된다. 그러한 혐기적 운동(anaerobic exercise) 중에는 근육이 "비상 체계"로 전환하여 포도당이 발효되면서 젖산(lactic acid)과 소량의 ATP—유기 세포 호흡을 통해 만들어지는 것보다 훨씬 적은 양—를 생산한다. 이것은 지속적이지 않다. 수 분 동안의 혐기적 운동 후에는, 근육이 작동을 멈출 것이고(누구도 왜 그런지 확실히 알지는 못하지만), 사람은 아주 많이 지치게 된다.

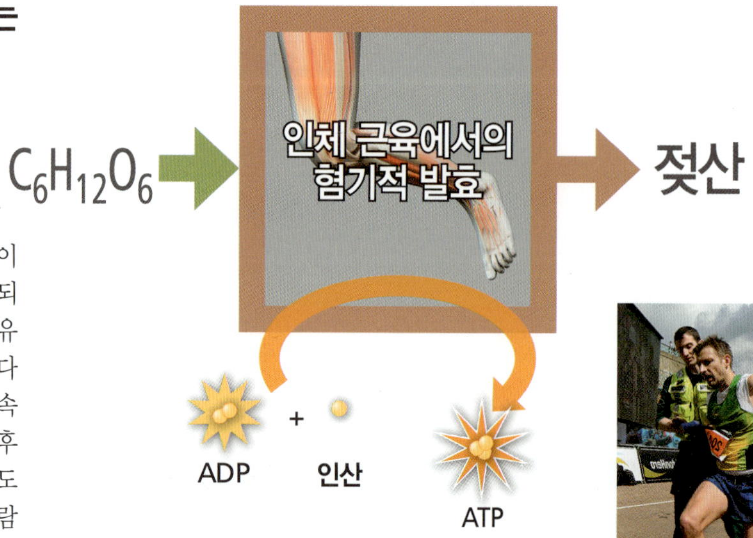

세균에 의한 젖산 발효

비록 우리 근육은 혐기적 조건에서는 그다지 오래 기능하지 못하지만, 많은 미생물들은 발효를 이용하여 그들이 필요로 하는 모든 에너지를 공급할 수 있다. 예를 들어, 일부 세균들은 산소가 없는 조건에서 포도당을 분해하여 젖산을 만들 수 있다. 인류는 그런 미생물들을 이용하여 여러 가지 익숙한 음식들을 생산해왔으며, 대부분 젖산(lactic acid, 락트산) 때문에 강렬한 맛을 가진다.

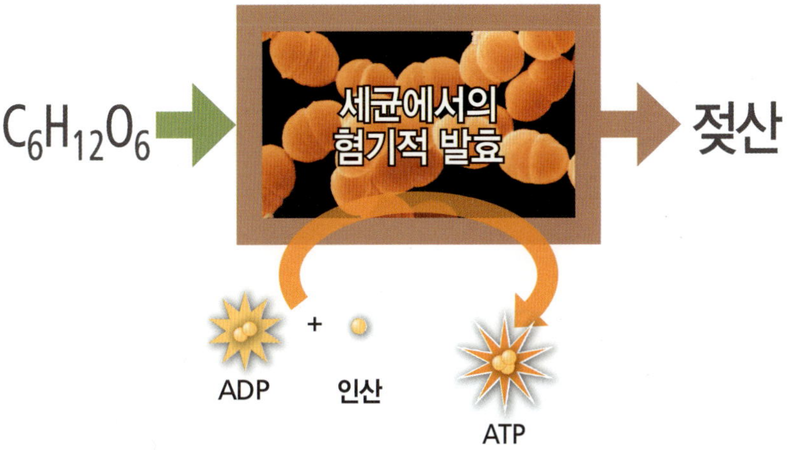

효모에 의한 알코올 발효

무기적인(혐기적인) 환경에 놓이면, 효모는 설탕을 발효시켜 CO_2와 에틸알코올(에탄올)을 생산한다. 맥주와 발포성 포도주는 모두 이런 산물들을 포함한다. 빵을 구울 때는 발효에서 나온 CO_2가 빵을 부풀어 오르게 하지만 알코올은 날아간다.

> ! 인간들은 맥주를 생산하기 위해 적어도 5,500년 동안 곡물을 발효시켜 왔다.

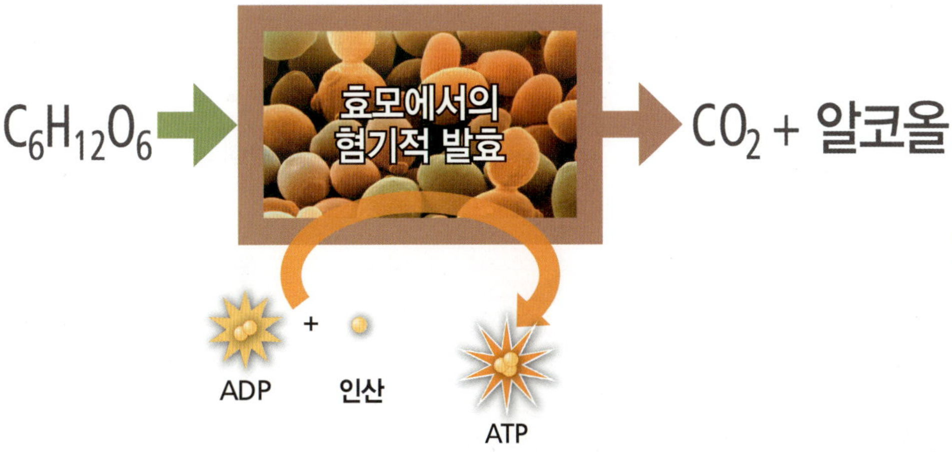

요점

▶ 발효는 포도당으로부터 산소 없이(혐기적으로) 에너지를 수확하는 과정이다. 이것은 포도당 한 분자당 세포 호흡보다는 훨씬 적은 ATP 분자를 생산한다. 인간 세포들은 발효만으로 오랫동안 견딜 수는 없지만, 일부 미생물 세포들은 그것이 가능하다.

? 샴페인 거품 내에 포함된 기체의 종류는? 그것은 어디서 온 것인가?

답: 샴페인 거품은 CO_2를 포함하며, 이것은 효모의 발효로 생산된 것이다.

4.10 세포 호흡은 생명의 많은 대사 과정이 연계되는 중심 경로이다

비록 포도당이 세포 호흡을 통해 연소되는 주된 연료이기는 하지만, 우리가 실제 포도당을 대량으로 먹는 것은 아니다. 우리는 다른 종류의 탄수화물이나 지방, 혹은 단백질로부터 음식 에너지의 대부분을 얻는다. 이 음식 분자들 각각은 세포 호흡에 사용될 수 있으며, 궁극적으로 그 에너지를 ATP 형태로 저장하게 된다. 그러면 ATP는 대부분의 세포 내 과정을 가동할 수 있다. 우리의 **대사**(metabolism)는 우리 몸에서 일어나는 모든 화학 반응들의 총합이다. ATP는 우리 대사에서 중심 화폐로 사용된다: 모든 음식 에너지는 ATP로 전환되며, 그에 의해 모든 신체 작업이 가동된다.

다양한 음식 분자들이 에너지를 제공한다

많은 종류의 음식 분자들이 신체의 ATP 생성에 기여한다. 탄수화물, 지방, 그리고 단백질 등은 세포 호흡 경로의 서로 다른 지점으로 진입한다. 결국, 이들 모두에서 추출된 에너지는 ATP 분자를 만드는 데 사용된다.

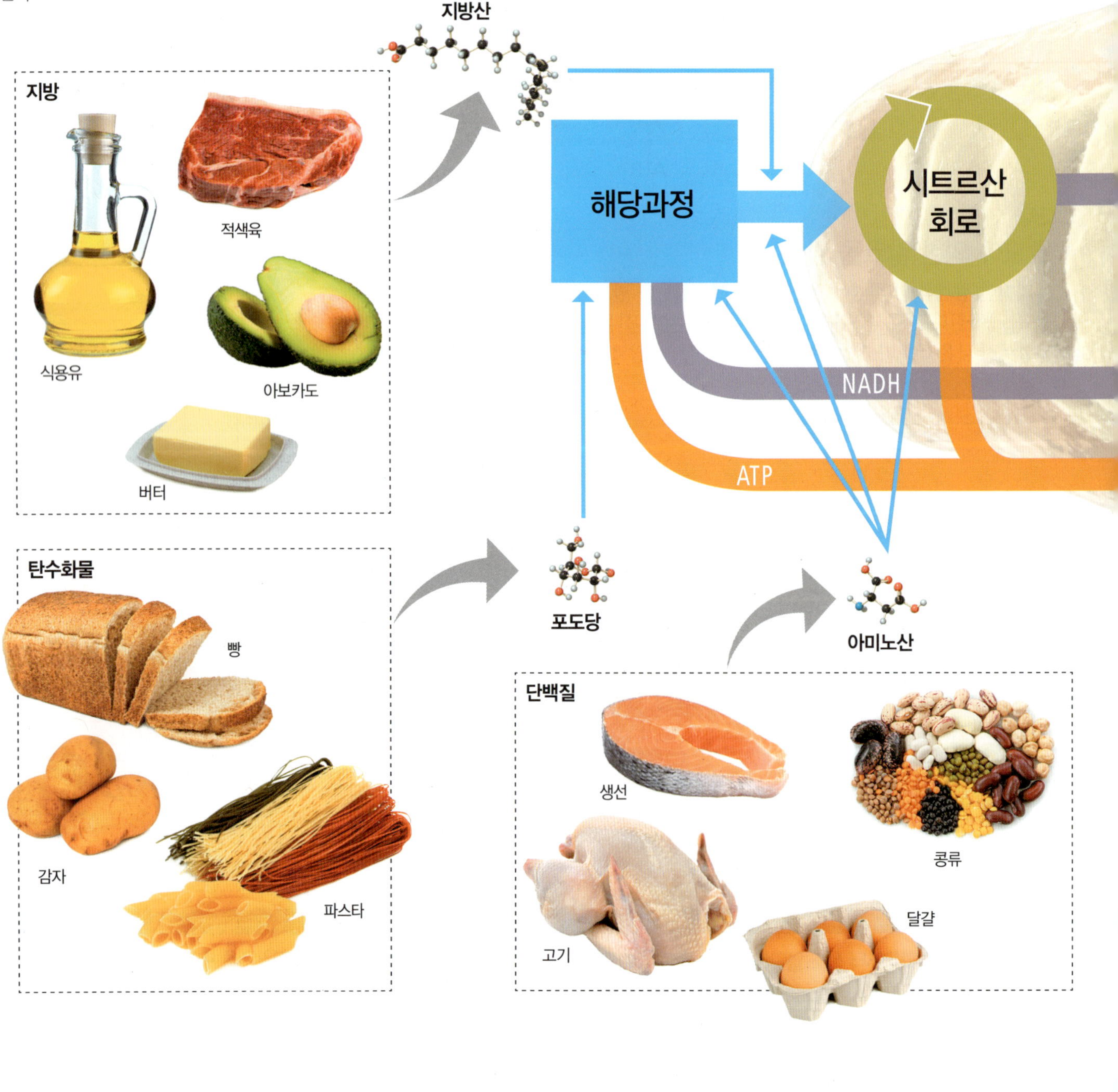

생물에 의한 에너지 사용

세포 호흡에 의해 생산된 ATP는 거의 모든 생명의 과정을 작동시키는 데 이용된다. 따라서 ATP는 우리 대사뿐 아니라 지구상의 모든 생물의 대사에 있어 핵심 분자이다.

> ! 1온스(28 g)의 지방은 1온스(28 g)의 탄수화물이나 단백질이 생산할 수 있는 것보다 2배 이상의 ATP를 생산할 수 있다.

요점

▶ 음식의 모든 분자는 세포 호흡에 사용됨으로써 우리 몸에 에너지를 공급한다. 세포 호흡으로 생산되어 ATP에 저장된 에너지는 모든 생명의 과정들을 작동시키는 데 이용된다.

? 우리 몸의 모든 세포에서 가장 중요한 에너지 화폐로 사용되는 분자는 무엇인가? 그것은 어떤 분자로부터 만들어지는가?

답: ATP, ADP.

세포 분열을 통해 생식, 성장, 수리가 이루어진다

생물학의 가장 기본적인 개념 중 하나는 **세포설**(cell theory)로서, 이것은 모든 생물이 세포로 되어 있으며, 모든 세포는 기존의 세포에서 생겨난다는 것이다. 따라서 **세포 분열**(cell division)의 과정을 통해 더 많은 세포를 만들 수 있는 능력은 모든 생명 과정들의 기초가 된다. 하나의 세포가 세포 분열을 하여 생기는 두 개의 자손 세포들은 유전적으로 서로 똑같을 뿐만 아니라 원래의 모세포와도 같다. 이것은 세포 분열에 앞서 원 세포가 그 생물의 DNA 대부분을 포함하고 있는 자신의 염색체들을 복제(replicate, copy)하기 때문이다. 세포 분열의 과정 중에는 한 세트의 염색체들이 각기 자손 세포로 분배된다. 이 과정은 유성 생식과 무성 생식 모두에 있어 매우 중요하다.

유성 생식

세포 분열은 유성 생식을 하는 생물의 생활사에서 여러 가지 중요한 단계들을 책임진다. **유성 생식**(sexual reproduction)은 유전적으로 독특한 자손을 만든다. 이들의 생활사는 배우자들(gametes; 아버지의 정자와 어머니의 난자)이 결합하여 **접합자**(zygote)라고 불리는 단일 세포를 형성하는 **수정**(fertilization)으로 시작된다. 수정에 이어 여러 번의 세포 분열을 통해 배아 발달이 이루어진다. 출생 후에는 세포 분열로 인해 더 많은 세포가 생겨 개체가 자라게 하고, 손상되었거나 늙은 세포를 수선할 수 있도록 한다. 결국, 성체가 된 생물은 세포 분열로 새로운 배우자를 생산할 수 있게 되어 생활사를 지속하게 된다.

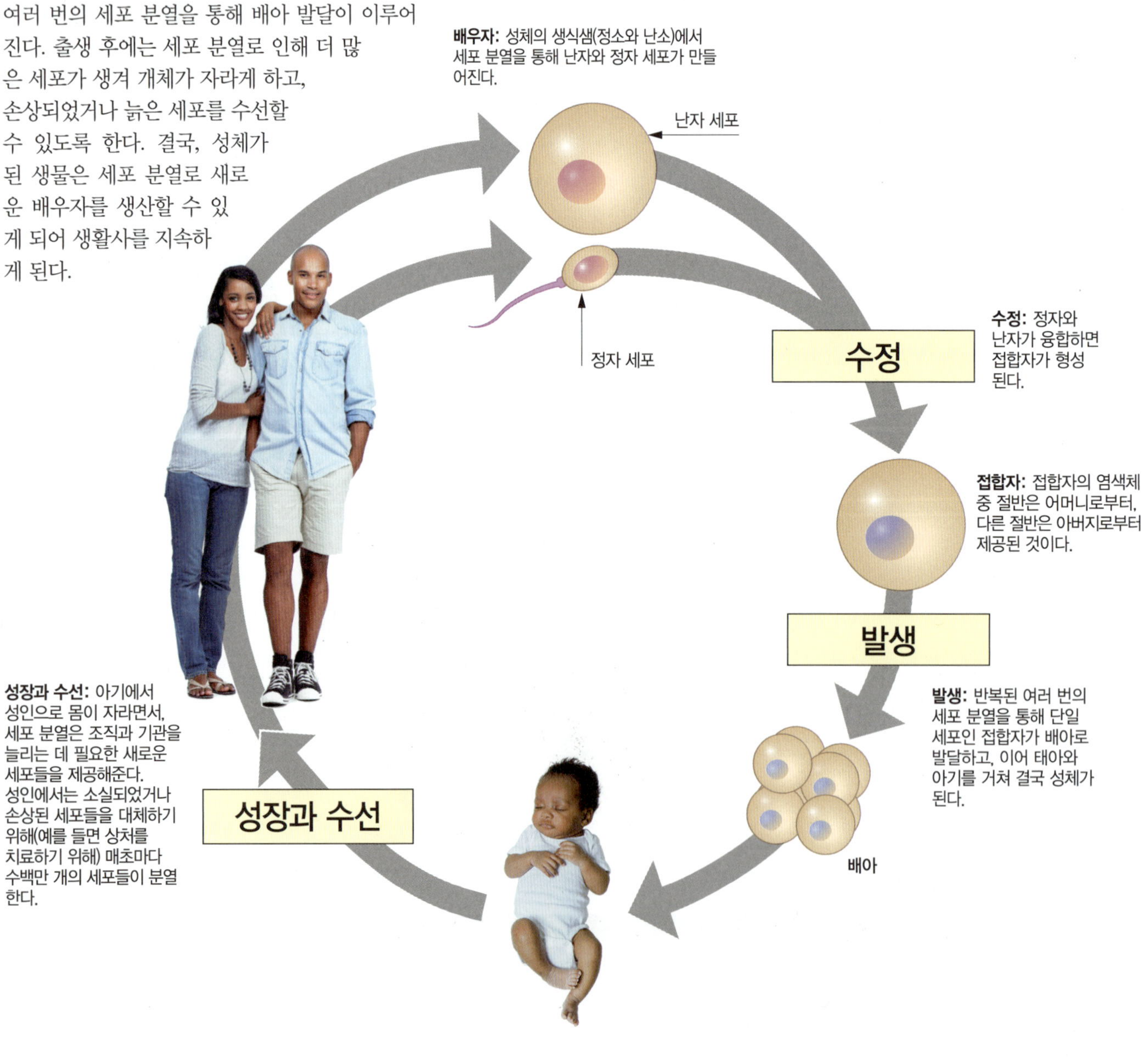

무성 생식

배우자들을 통한 유성 생식 외에도, 세포 분열은 **무성 생식**(asexual reproduction)을 일으킬 수 있다. 무성 생식은 정자와 난자의 개입 없이 단 한쪽의 부모로부터 새로운 개체가 생겨나는 것이다. 오직 한쪽의 부모만 개입하기 때문에, 무성 생식의 자손들은 부모 개체 및 다른 개체들과도 유전적으로 똑같다. 무성 생식은 여러 단세포 및 다세포 생물들의 생활사에서 중요한 역할을 담당한다.

이분법

단세포 생물들은 이분법("둘로 갈라짐")에 의해 무성적으로 생식할 수 있다. 이분법(binary fission)에서는 생물의 한 세포가 분열하여 유전적으로 똑같은 두 자손을 만든다.

단세포 원생생물인 *Amoeba proteus*

단세포 녹조류인 *Micrasterias*

! 이상적인 조건이라면, 세균인 *E. coli*는 20분마다 한 번씩 이분법으로 자신을 복제할 수 있다.

식물의 생식

식물 대부분은 유성 생식을 하지만, 여러 식물이 싹 틔우기(감자의 눈처럼)나 기는줄기(runner)를 내보냄으로써 무성적으로도 복제할 수 있다. 인간들은 식물의 이런 능력을 이용하여 식물을 잘라냄으로써 새로운 식물이 자라도록 한다.

감자의 눈에서 나온 싹은 새로운 식물이 될 수 있다.

딸기(*Fragaria ananassa*)는 기는 줄기로 무성 생식을 통해 새로운 식물을 만든다.

재생

일부 동물은 소실된 팔다리를 재생할 수 있으며, 그들 중 일부(여기 이는 불가사리처럼)는 잘린 팔다리로부터 완전한 몸체까지 만들 수도 있다.

요점

▶ 세포 분열—기존의 세포에서 세포들이 생겨나는 것—은, 배우자의 형성, 배아로부터 성체로의 발달, 체조직들의 성장과 수선, 그리고 무성 생식 등 여러 가지 중요한 생물학적 과정들의 기초가 된다.

? 세포 분열의 관점에서 볼 때, 우리 몸의 수많은 세포가 유전적으로 똑같은 이유는 무엇인가?

답: 그들이 모두 하나의 시원 세포(접합자)로부터 세포 분열로 생겨난 후손들이기 때문이다.

염색체는 DNA와 단백질이 연합된 것이다

지구상의 모든 생물이 **DNA**를 사용하여 정보를 저장하고 그 정보를 다음 세대로 물려준다. DNA 한 분자는 유전 정보의 단위인 **유전자**(gene)를 많이 포함한다. 진핵 세포의 거의 모든 유전자는 핵 내에 위치하는 **염색체**(chromosome)라고 불리는 구조물에 자리한다. (여기서는 동물, 식물, 그리고 곰팡이 같은 진핵생물들에만 초점을 맞추고 있다.) 염색체의 구조는 여러 가지 수준에서 연구될 수 있다.

염색체 비교

염색체 수가 생물의 크기나 복잡성과 비례하지는 않음에 유의하라.

염색체의 수

모든 진핵세포는 염색체들이 저장되는 뚜렷한 핵을 가진다. 다른 종의 생물들은 핵의 염색체 숫자가 서로 다르다. 같은 종 내의 생물들은, 모든 비생식 세포들의 염색체 수가 같다. 예를 들어, 인간의 모든 체세포(난자와 정자를 제외한)는 46개의 염색체를 가진다. 같은 종의 생물 구성원들은 염색체 수가 같다.

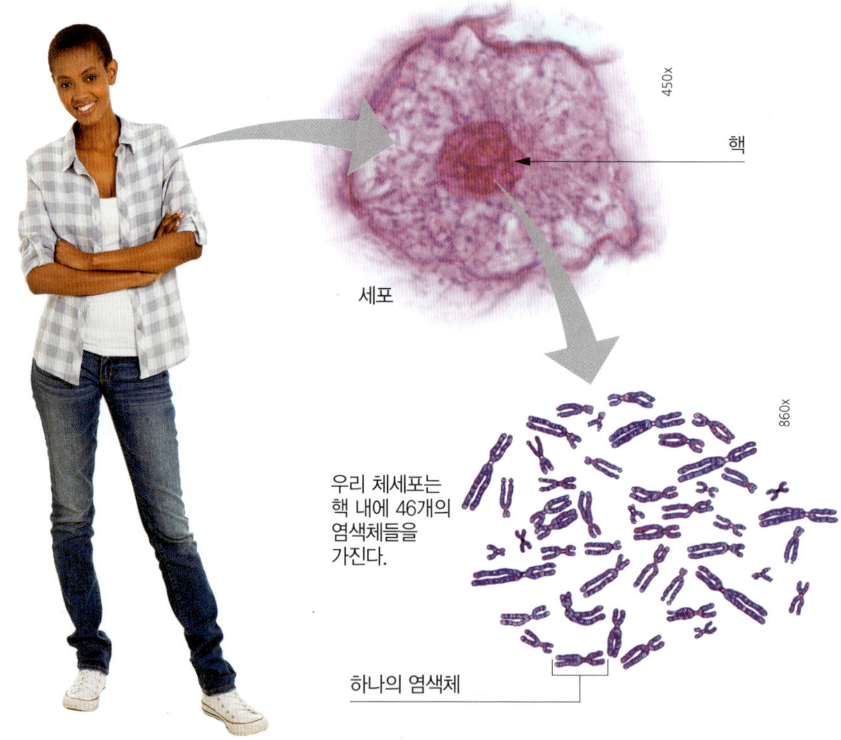

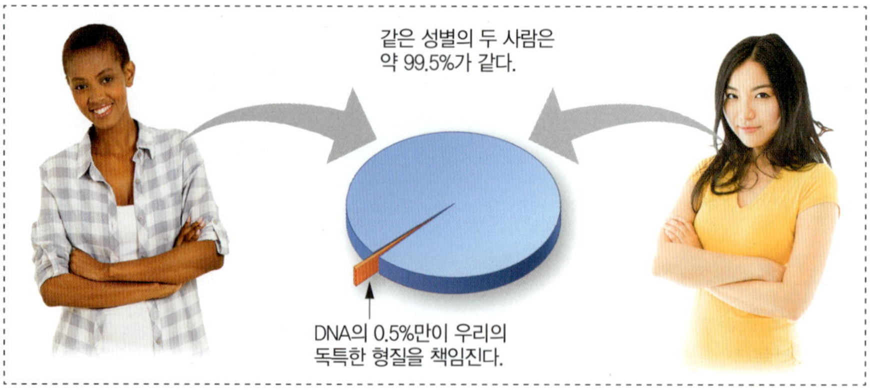

! 우리 세포 한 개의 DNA를 모두 펼쳐 놓으면 우리 신장보다 더 길 것이다.

염색체의 구조

하나의 염색체는, 하나의 매우 긴 DNA 조각이 핵 내부에 빽빽하게 조직화되도록 돕는 단백질들과 연합해 있는 것이다. DNA와 단백질이 합쳐져 **염색질**(chromatin, **크로마틴**)이라고 하는 포장 형태가 구성된다. 대체로, 염색체들은 얇은 염색사로 풀려 있어서, 유전자들에 세포 내 기구들이 접근할 수 있다. 세포가 분열을 준비하면서, 염색체가 복제되고 **자매 염색분체**(sister chromatid)라고 불리는 한 쌍의 응축된 구조로 포장된다. 이들은 **동원체**(centromere)에 의해 서로 붙어 있다. 이런 응축된 형태는 염색체를 만들고 나누기 쉽게 한다. 세포 분열 중에는 유전적으로 똑같은 두 개의 염색체분체들이 서로 나뉘고, 각자 하나씩 자손 세포로 들어간다.

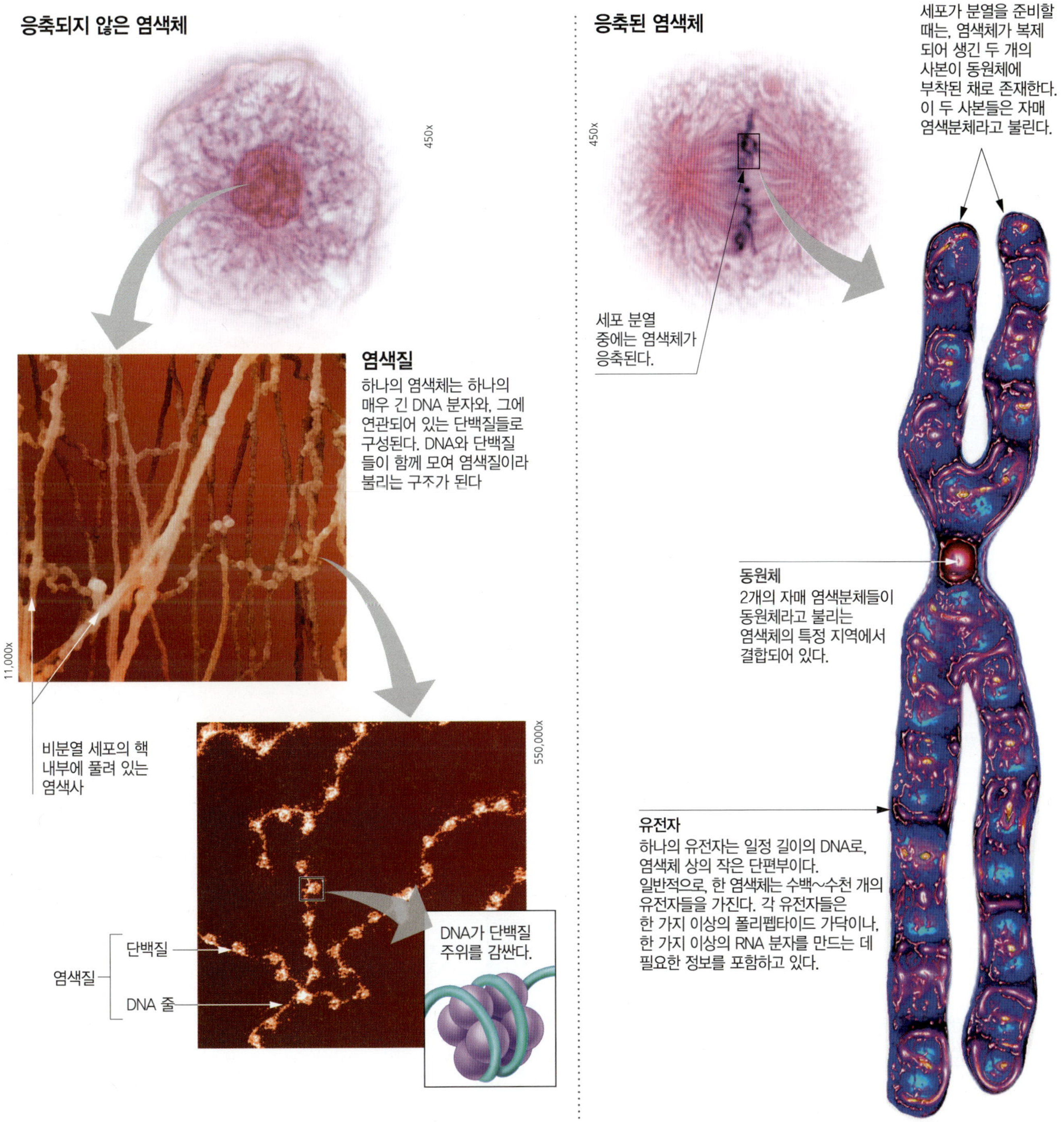

요점

▶ 모든 진핵세포는 핵 내에 염색체들을 가진다. 하나의 염색체는 하나의 긴 DNA 조각과 이것이 조밀하게 조직화되는 것을 도와주는 연관 단백질들로 구성된다. DNA와 단백질이 합쳐져 염색체를 만든다.

? 우리 체세포 하나의 핵에는 몇 개의 DNA 조각들이 존재하는가?

답: 46, 각각 하나의 긴 DNA 조각이 염색체 하나를 구성한다.

5.3 세포는 성장과 분열을 주기적으로 반복한다

우리 신체의 모든 세포는 세포 분열에 의해 기존에 존재하던 세포로부터 생긴 것이다. 한 세포의 "일생"은 **세포 주기**(celll cycle)로 정리될 수 있는데, 이것은 하나의 세포가 분열하는 모세포로부터 생겼을 때부터 시작하여 그 세포가 스스로 두 개의 세포로 분열하게 될 때까지의 일련의 사건들이다. 세포 주기의 반복적인 사건들은 크게 두 단계로 나뉜다. **간기**(interphase) 중에는, 세포들이 정상적인 기능을 수행하며, 자신의 염색체들을 복제한다. 그리고 **분열기**(mitotic phase)에는 세포가 핵을 분열시켜 새로운 두 개의 세포로 복제된 염색체들을 분배한다.

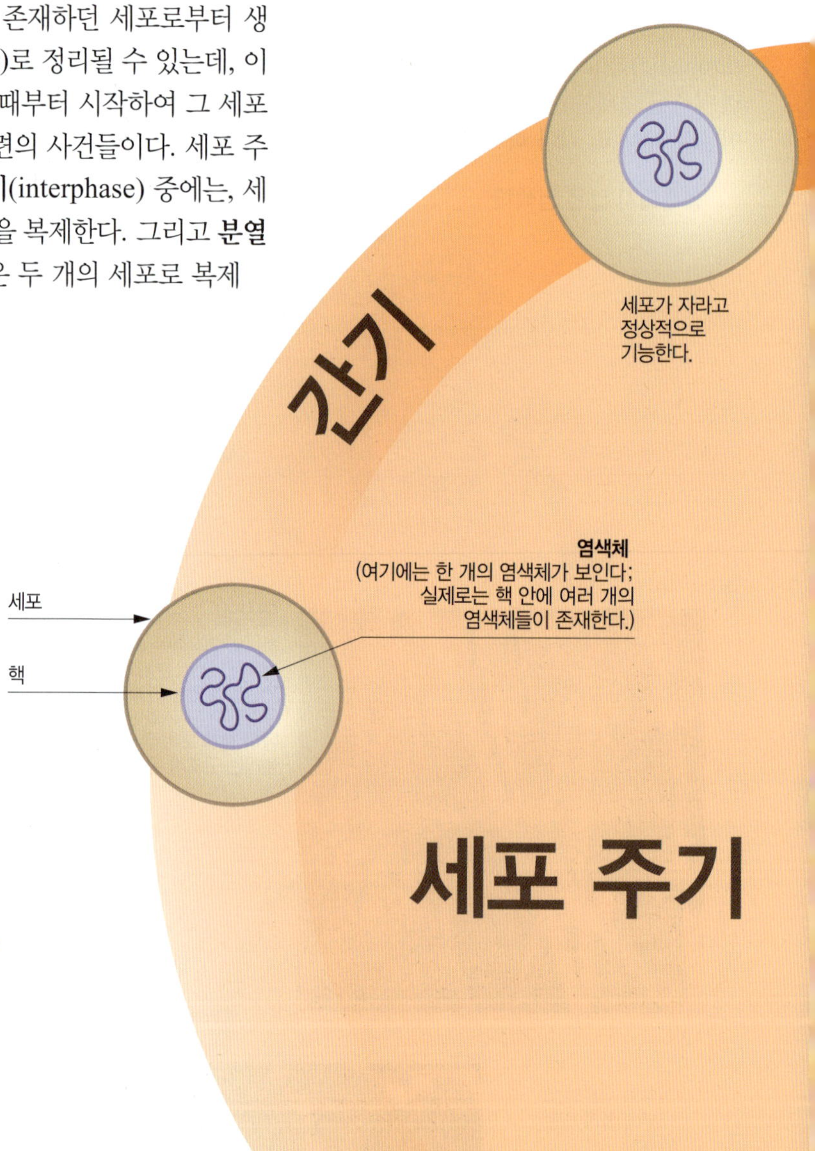

간기

세포의 일생에서 대부분—보통 그 세포 주기의 90% 정도—은 간기 상태이다. 이 시기 중에는, 세포가 자신의 정상적인 기능들을 수행한다. 예를 들어, 우리 소장 내의 어떤 세포는 소화 효소를 만들어 내보낼 것이다. 간기 중에는, 세포가 세포질과 소기관들을 합성함으로써 대략 크기가 두 배로 늘어나며, 염색체들은 풀린 상태로 존재한다. 한 세포가 분열을 준비할 때는 핵 내의 염색체들이 복제된다.

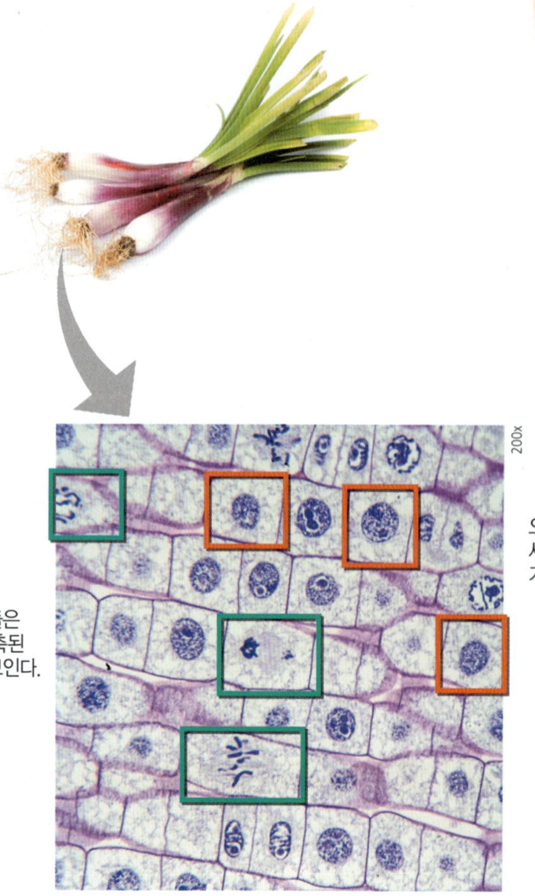

활발히 자라고 있는 양파 뿌리 끝 세포들

녹색 네모칸의 세포들은 분열기에 있으며, 응축된 염색체가 뚜렷하게 보인다.

오렌지색 네모칸은 간기의 세포들이 풀려 있는 염색체를 가지고 있음을 보여준다.

! 우리의 신경 세포들은 영구히 간기에 머물러 있으며, 분열하지 않는다.

염색체 복제

간기 말 즈음에, 세포가 염색체들을 복제한다. 분열기 중에, 각 염색체의 사본이 하나씩 각 자손 세포로 이동한다. 여기서는, 핵에서 발견되는 전체 염색체 세트(인간의 경우 46개)를 대표하여 하나의 염색체만 사용하여 나타냈다.

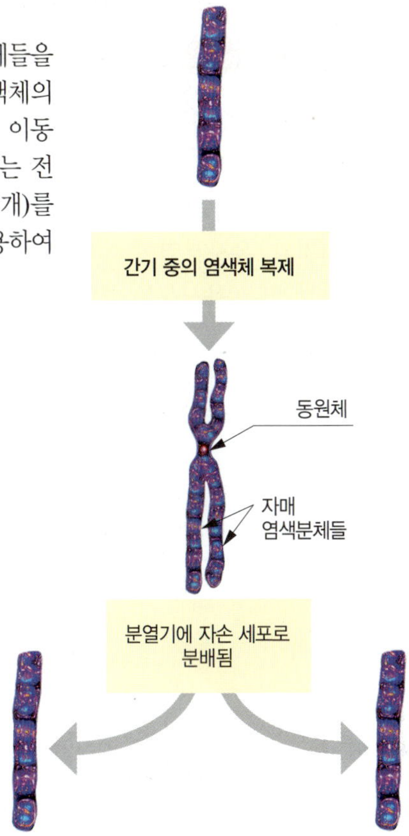

분열기: 유사분열(체세포성 핵분열)과 세포질분열

세포가 실제로 분열하게 되는 세포 주기 일부분을 분열기(mitotic phase)라고 부른다. 분열기는 중첩되는 두 단계로 나뉜다. **유사분열**(mitosis) 중에는, 핵(이미 복제된 염색체들이 들어 있는)이 분열하여 각기 두 자손 세포들로 분배된다. **세포질분열**(G) 중에는, 세포질이 분열하여 두 세포로 분배된다. 분열기의 결과는 유전적으로 똑같은 두 개의 자손 세포들이며, 이들은 이제 자신들의 세포 주기를 시작할 수 있다.

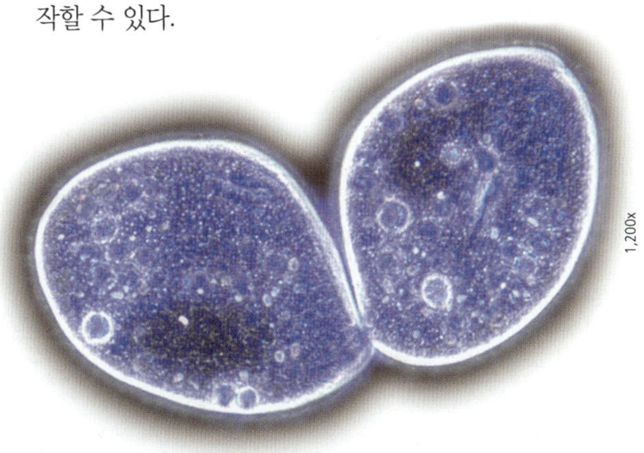

분열 중인 짚신벌레(*Paramecium caudatum*)의 세포질분열

요점

▶ 세포 주기는 세포의 생성으로부터 그 세포가 다시 분열하기까지의 사건들을 순서대로 정렬한 것이다. 세포 주기는 크게 두 가지 시기로 나뉠 수 있다: 간기(세포가 자라고, 염색체를 복제하며, 분열을 준비하는)와 분열기(유사분열과 세포질분열이 포함되는)이다.

? 다음 진술이 왜 잘못되었는지 설명하시오: "유사분열 중에는 염색체들이 복제되어 분배된다."

답: 염색체들은 분열기 이전(간기)에 이미 복제되어 있기 때문이다.

5.4 유사분열 중에는 핵이 두 개가 된다

세포 주기—한 세포의 생성으로부터 그 세포가 분열하기까지의 일련의 단계들—의 중요한 결과는 염색체가 들어 있는 핵의 복제와 분배이다. 이것은 핵이 분열하여 두 개의 자손 핵을 만드는 **유사분열**(mitosis) 과정에 의해 이루어진다. 유사분열이 시작되기 전인 **간기**(interphase) 중에는, 염색체들이 복제된다. 유사분열 중에는 복제된 염색체들이 잘 정렬되어 분리된다. 여기, 유사분열을 설명하는 세 가지 그림이 있다: 단순화시킨 그림, 좀 더 자세한 컴퓨터 그래픽, 그리고 맨 오른쪽에는 유사분열 중인 도롱뇽 세포의 현미경 사진이 제시되어 있다.

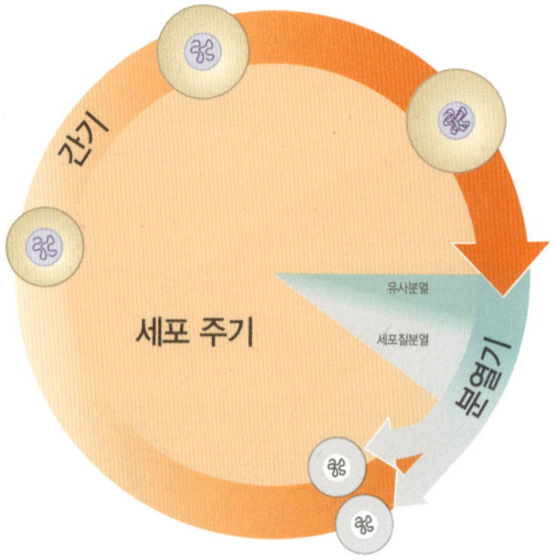

! 빠르게 분열하는 세포는 1분 이내에 유사분열을 마칠 수 있다.

간기

❶ 간기 초기

간기 중에는 염색체들이 풀려서 핵 내에 느슨하게 배열된다. 한 염색체는 하나의 매우 길고 가느다란 DNA 조각과 거기에 결합한 단백질들로 구성된다. 이 시기 중에는 세포들이 자신의 정상적인 활동들을 수행한다.

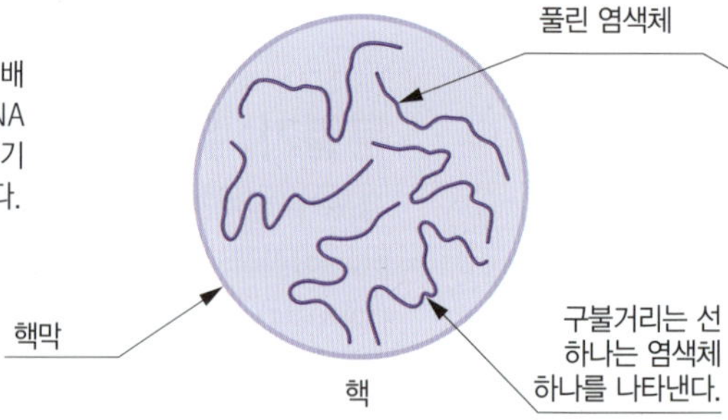

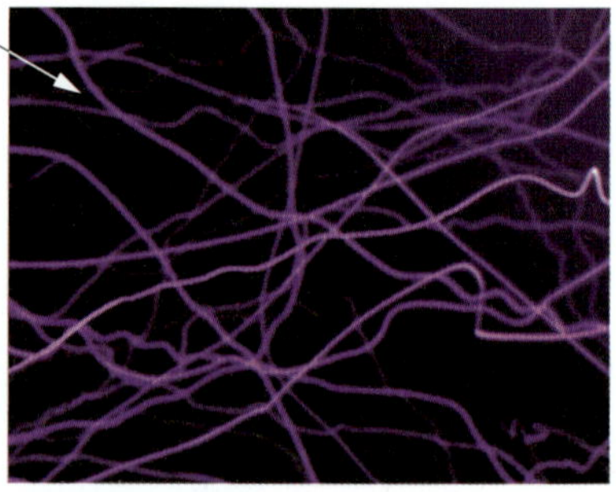

❷ 염색체 복제

세포가 분열을 준비함에 따라, 모든 염색체가 복제된다. 간기 말에 도달하면, 핵 내의 모든 염색체가 복제되어 **자매 염색분체**(sister chromatid)가 **동원체**(centromere)에서 붙어 있는 구조가 된다. 염색체들은 아직 응축되지 않은 상태이므로 현미경 하에서 관찰되지 않는다.

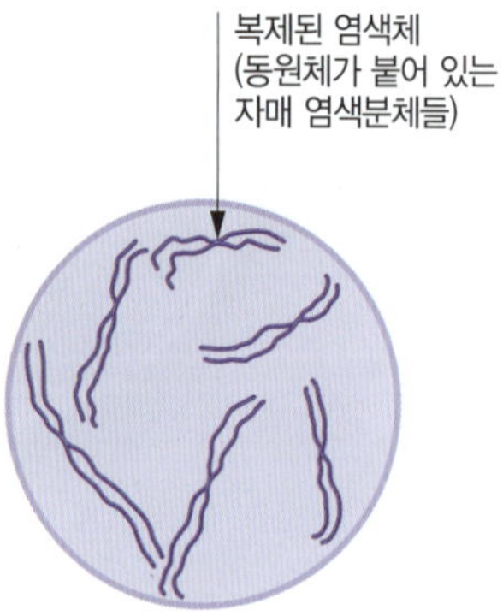

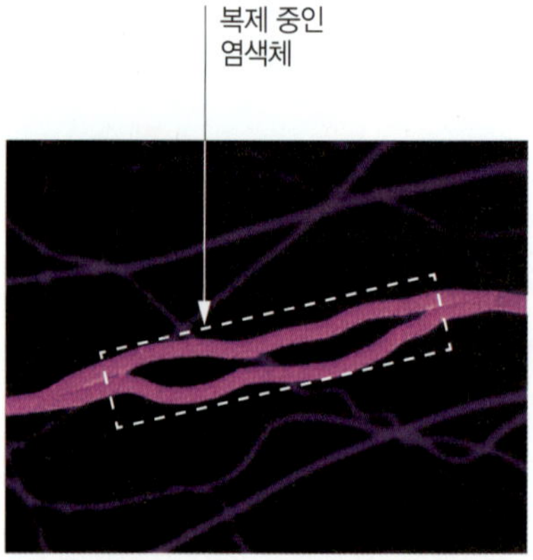

유사분열

❸ 염색체 응축

유사분열의 첫 단계는 **전기**(prophase)라고 불린다. 이 시기는 핵막이 없어질 때 시작된다. 복제된 염색체들이 단백질들의 도움을 받아 빽빽하게 감기고 두꺼워져 조밀한 구조를 형성함에 따라 현미경 하에서 점차 뚜렷이 보이기 시작한다. 세포는 **분열 방추**(mitotic spindle)라고 불리는 단백질 트랙들(가운데 그림의 노란 선으로 나타냄)을 만들기 시작하는데, 여기에 염색체들이 달라붙어 정렬되도록 한다.

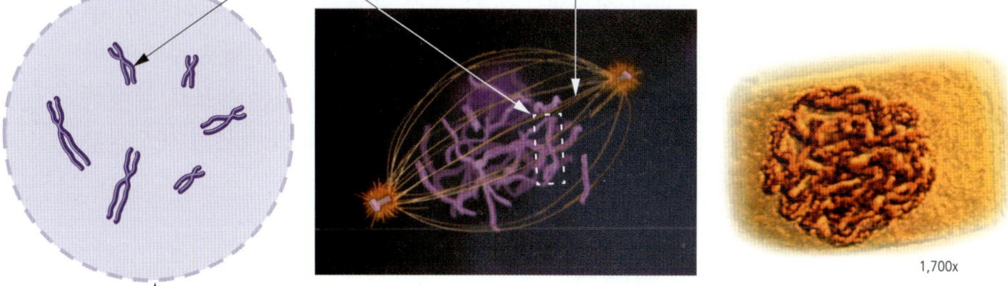

❹ 염색체들의 정렬

다음 단계인 **중기**(metaphase) 중에는, 복제된 염색체들(동원체로 붙어 있는 한 쌍의 자매 염색분체들)이 세포의 중앙에 늘어선다. 각 염색체는 분열 방추의 서로 다른 트랙에 붙어 있다.

❺ 염색체 분리

후기(anaphase) 중에는, 자매 염색분체들은 서로 나뉘고 분열 방추가 양쪽 극으로 오므라든다. 방추의 트랙(방추사)이 세포의 서로 반대 방향으로 당겨짐에 따라 한 쌍의 자매 염색분체들로 있던 각 염색분체는 나뉘어 각 트랙을 따라 끌려간다.

❻ 핵의 재형성

방추사가 완전히 당겨지고 각 염색체 세트가 세포의 한쪽 끝에 도달하게 된 후에는, 핵막이 다시 생기기 시작한다. 염색체들이 다시 풀린다. 끝날 때쯤인 **말기**(telophase)가 되면, 핵이 완전히 두 개로 복제되며, 각각의 핵은 원래의 염색체처럼 완전한 염색체 세트를 가지게 된다.

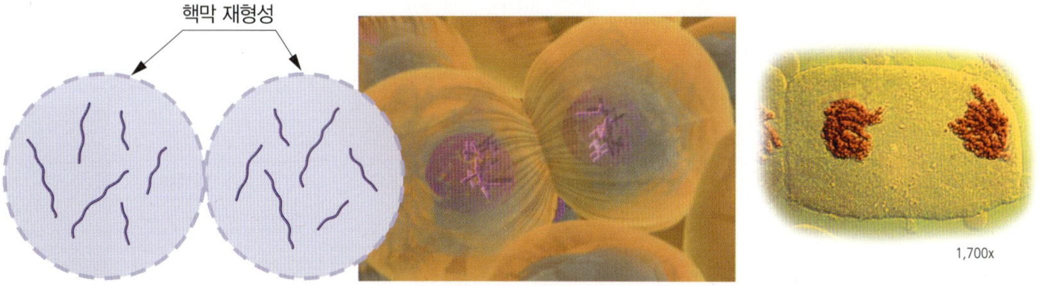

요점

▶ 유사분열은 핵의 분열을 말하는 것으로, 복제된 염색체들을 정렬하여 분열시키는 일련의 단계들을 따라 진행된다: 염색체가 응축되고, 세포 중앙에 늘어서며, 두 그룹으로 분리되고, 다시 풀린다.

? 유사분열 중에 한 쌍의 자매 염색분체가 분리되지 못하면 어떤 일이 발생하는가?

답: 하나의 자손 세포가 한 염색체를 너무 많이 가지게 되고, 다른 자손 세포는 그 한 염색체를 너무 적게 가지게 될 것이다.

5.5 세포질분열 중에는 세포가 둘로 나뉜다

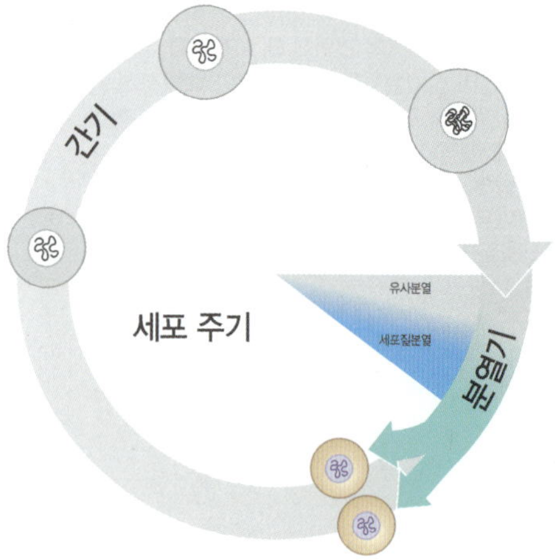

하나의 세포가 나뉠 수 있으려면, 그 염색체들이 모두 복제되어야만 한다. 유사분열 중에는 복제된 염색체들이 두 개의 핵으로 나뉘어 들어간다. 두 핵은 유전적으로 똑같은 두 자손 세포들 각각의 핵이 된다. 세포 주기의 마지막 단계는 **세포질분열**(cytokinesis)로, 세포질을 두 자손 세포로 분배하는 과정이다. 구조적 차이 때문에, 식물 세포와 동물 세포에서의 세포질분열은 다르게 진행된다.

동물 세포에서의 분열구

동물 세포에서는 세포질분열이 **분할**(cleavage)이라고 불리는 과정에 의해 진행된다. 분할의 첫 번째 징후는, 세포의 적도 주변을 따라 움푹 들어가는 **분열구**(cleavage furrow)가 드러나는 것이다. 분열구는 원형질막 바로 아래의 세포질에 있는 단백질 섬유들이 하나의 원형 고리를 만들면서 생긴다. 세포가 분열함에 따라 분열구는 졸라매는 끈을 잡아당기는 것처럼 수축하여 더 깊게 함입된다. 결국에는, 부모 세포가 둘로 뜯겨 두 개의 독립적인 자손 세포가 남게 된다.

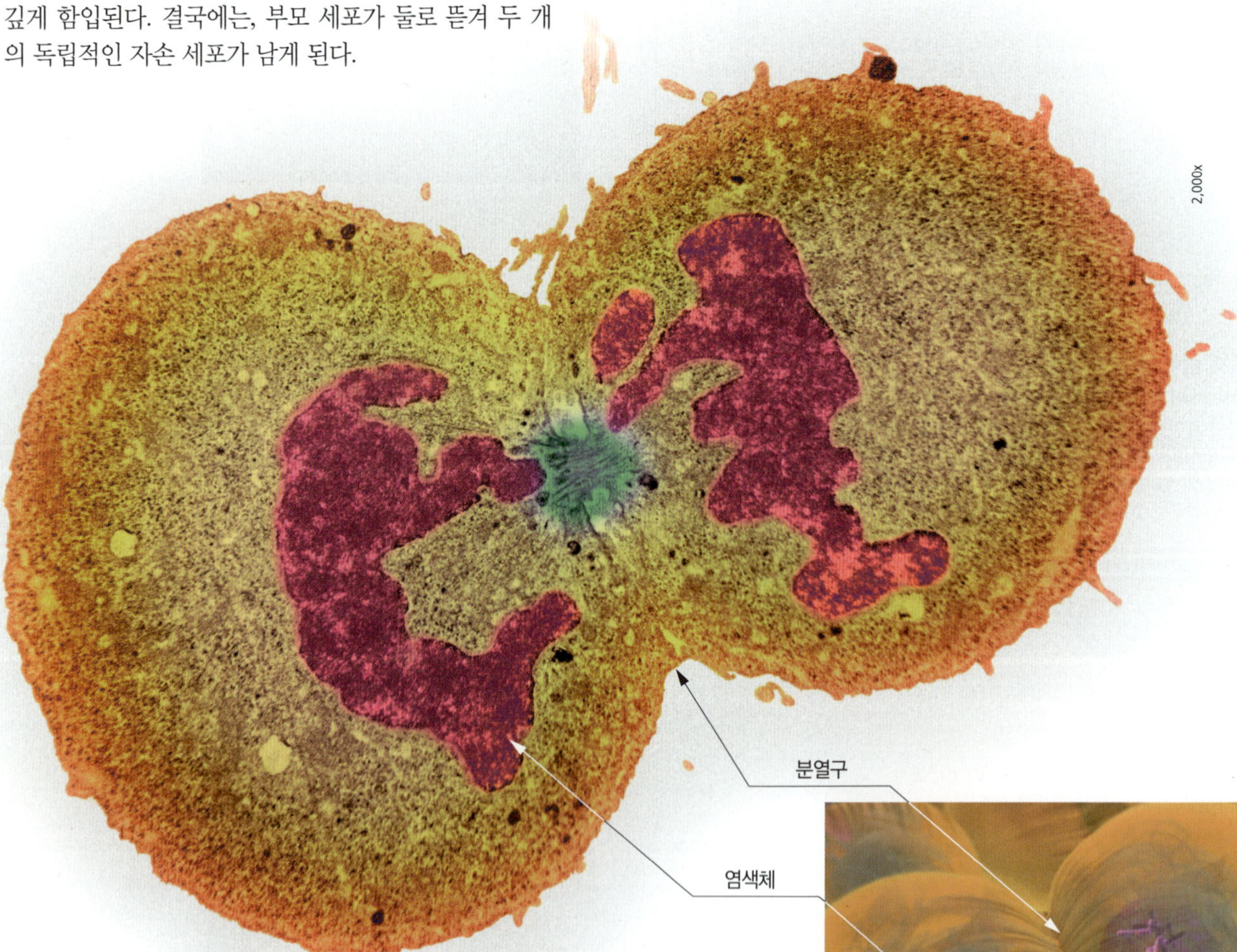

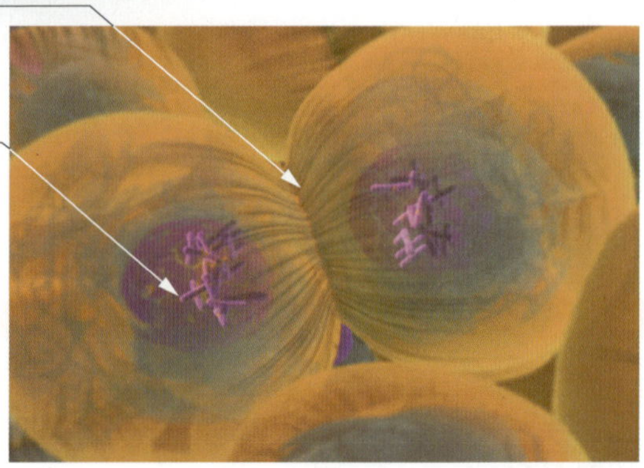

! 분열구를 만드는 단백질—액틴과 미오신—은 근육 수축을 일으키는 단백질과 매우 유사하다.

식물 세포의 세포판

식물 세포는 단단한 세포벽(동물 세포는 세포벽이 없다)을 가지기 때문에, 세포질분열이 동물 세포와는 다르게 진행된다. 식물 세포들은 **세포판**(cell plate)을 형성함으로써 그들의 세포질을 나눈다. 세포판은 세포의 중앙선을 따라 형성되는, 막과 세포벽 물질들로 이루어진 하나의 띠이다. 세포판은 계속 커져서 결국 원형질막과 융합됨으로써 두 자손 세포들을 분리한다.

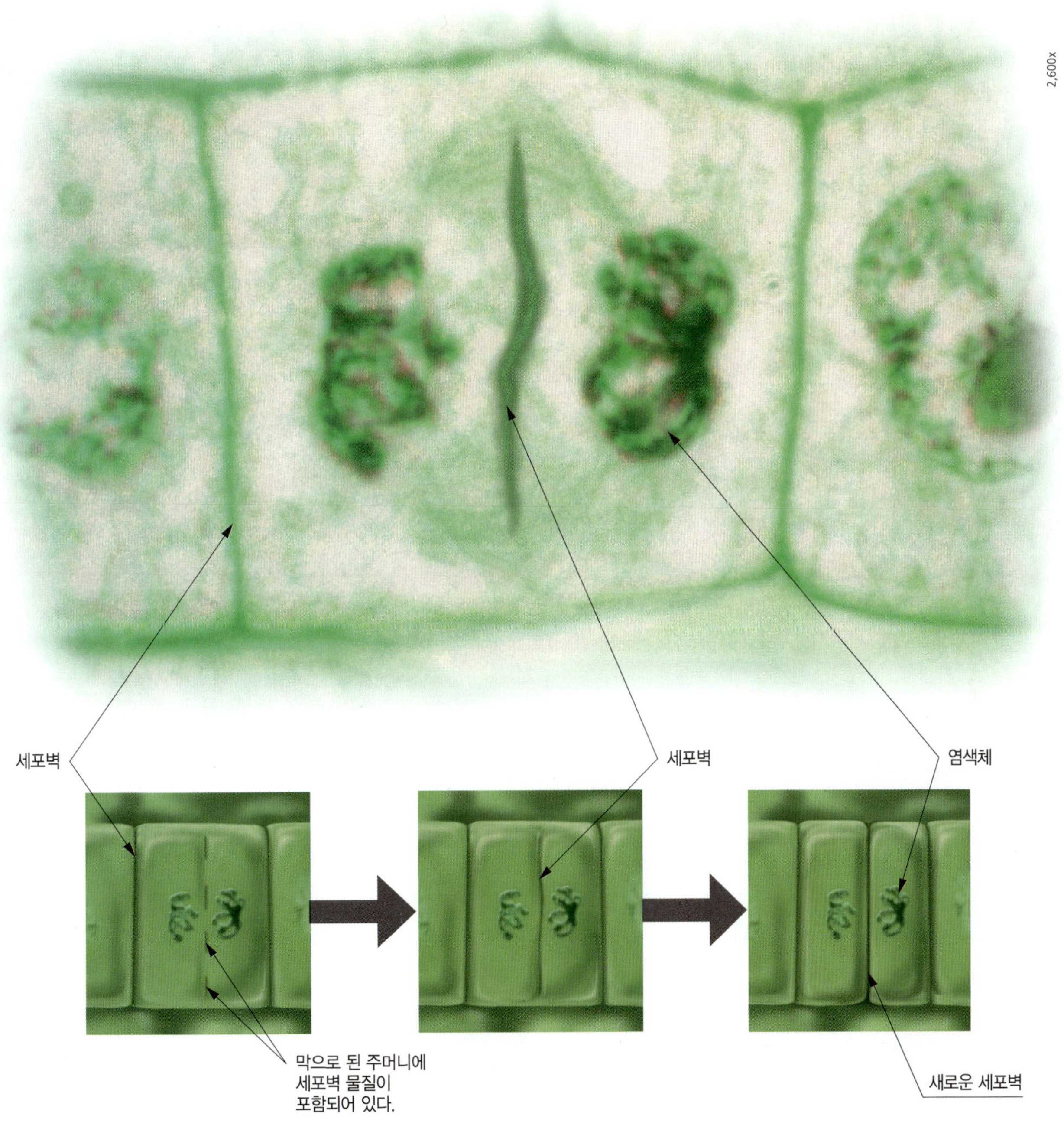

요점

세포질분열은 세포질이 나뉘는 것으로, 세포 주기의 마지막 단계다. 동물 세포에서는, 세포질분열이 분열구의 형성으로 진행된다. 식물 세포에서는 세포판의 형성을 통해 진행된다.

? 왜 식물 세포는 안으로 쑥 들어가는 분열구를 형성할 수 없는가?

답: 모든 식물 세포들은 단단한 세포벽에 의해 둘러싸여 있으므로 안으로 들어가는 것이 방해를 받는다.

5.6 핵 이식은 복제생물(클론)을 만드는 데 사용될 수 있다

세포 분열 과정은 신체가 성장, 수선, 그리고 생식에 사용할 새로운 세포들을 생산해준다. 생물학자들은 단일 모체로부터 태어나 유전적으로 똑같은 개체인 **클론**(clone; **복제생물**, **복제품**)을 생산하기 위해, 자연적인 세포 분열 과정을 인위적으로 조작하는 방법을 터득했다. 여기서는 식물, 동물, 그리고 인간의 클로닝(복제)에 대한 몇 가지 응용기술들을 살펴보자.

핵 이식

동물은 **핵 이식**(nuclear transplantation)이라고 불리는 과정을 통해 인위적으로 복제될 수 있다. 이 과정에서는 공여 성체에서 핵을 채취하여 제핵란(핵이 제거된 난자) 세포에 주입한 후, 세포 분열을 통해 생물체로 발생할 수 있는 배아로 자라도록 유도하는 것이다. 결과적으로 얻어진 개체는 성체의 핵을 제공했던 동물의 클론(복제생물)이 된다.

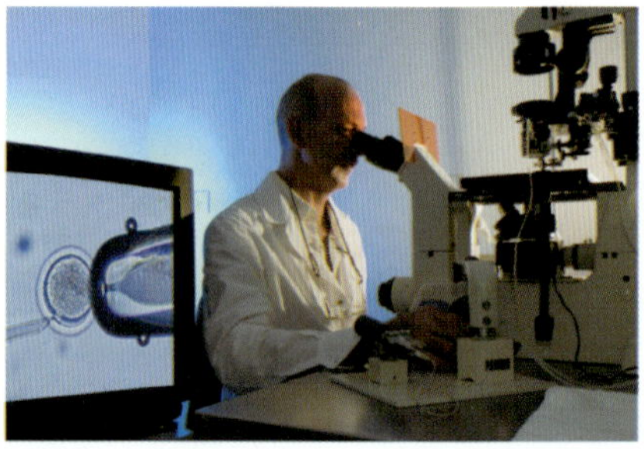

연구자가 현미경을 이용하여 클로닝에 사용할 난자를 준비하고 있다.

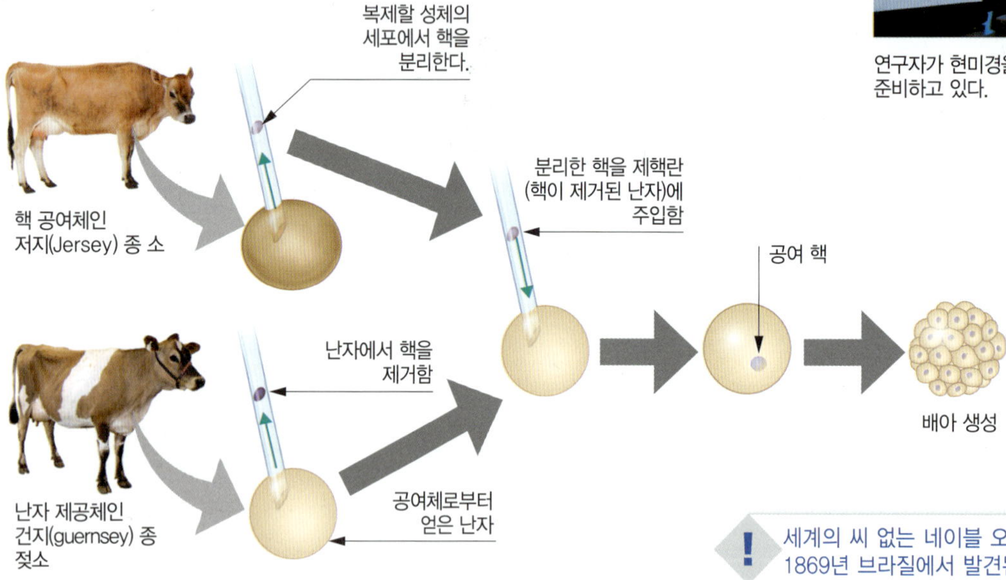

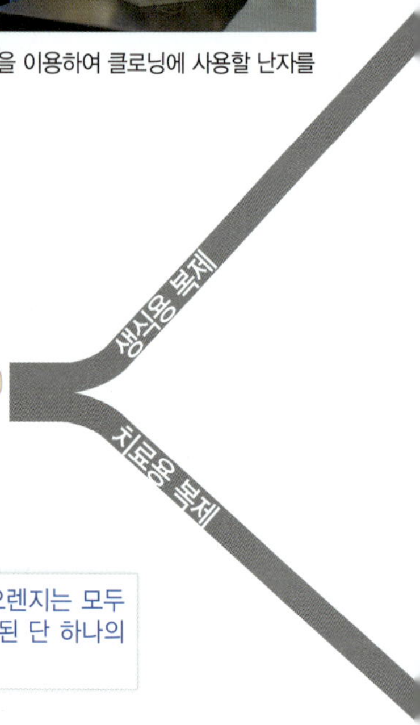

! 세계의 씨 없는 네이블 오렌지는 모두 1869년 브라질에서 발견된 단 하나의 나무에서 파생된 클론이다.

식물의 클로닝(복제)

인위적인 클로닝은 농업에서 널리 이용된다. 많은 농작물이 아주 작은 시료(단일 세포일 수도 있다)를 성장 배지에 넣어줌으로써 대량으로 복제된다. 이 개별 세포들은 분열하여 새로운 식물들로 발생하고, 이들은 정상적으로 키워질 수 있다. 난초, 네이블 오렌지, 그리고 양조용 포도 등을 포함하는 많은 작물은 이런 과정으로 얻어진 것들이다. 만약 여러분이 집에서 기르는 식물들을 꺾꽂이로 길러본 적이 있다면, 식물 복제를 이용한 것이라고 할 수 있다.

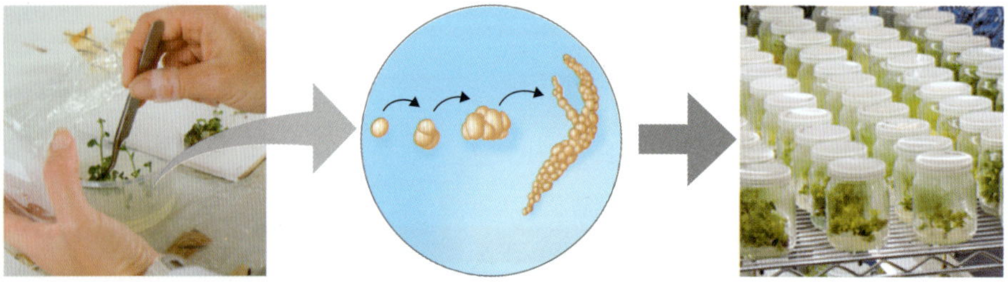

식물 조직 절편을 생장 배지에 넣는다.

생장 배지 내에서 세포들이 분열하여 새로운 식물 조직을 형성한다.

조직이 새로운 식물로 발달한다.

유식물들이 큰 식물로 자란다.

생식용 클로닝

핵 이식을 통해 생겨난 배아들은 모두 새로운 개체로 발달할 수도 있으며 이 과정을 **생식용 클로닝**(reproductive cloning)이라고 부른다. 만약 복제될 동물이 포유류라면, 그 배아는 대리모의 자궁에 착상되어야만 한다. 스코틀랜드의 연구자들은 1997년에 이 방법을 이용하여 복제 양인 돌리(Dolly)를 만들어냈다. 이것은 최초의 성체 포유류 복제동물이었다. 연이어, 생물학자들이 개, 고양이, 소, 그리고 쥐 같은 다수의 포유류들을 복제했으며, 무플론(mouflon), 회색늑대, 그리고 구아(guar) 같은 희귀 동물이나 멸종 위험종들도 복제되었다.

복제된 생물들

최초로 복제된 말인 프로메테아(오른쪽)

복제된 토끼들

줄기세포

배아(자연적으로 생긴 것이든 핵 이식으로 생긴 것이든 간에)에는 **줄기세포**(stem cell)라고 불리는 세포들이 풍부하다. **치료적 클로닝**(therapeutic cloning)에서는 줄기세포들을 복제된 배아로부터 추출한다. 배아의 줄기세포들은 근육, 뼈, 피부, 신경 세포 등 신체의 모든 세포로 발달할 수 있는 잠재력을 가진다. 연구자들은 언젠가는 배아 줄기세포로 다양한 질병과 손상을 치료할 수 있을 것으로 희망하고 있다. 줄기세포를 얻을 수 있는 다른 원료는 성체의 골수(bone marrow)와 제대혈(umbilical cord blood)이다. 이런 형태의 줄기세포들은 배아 줄기세포들만큼 다양한 세포들로 자랄 수는 없지만, 모으기가 훨씬 쉽다.

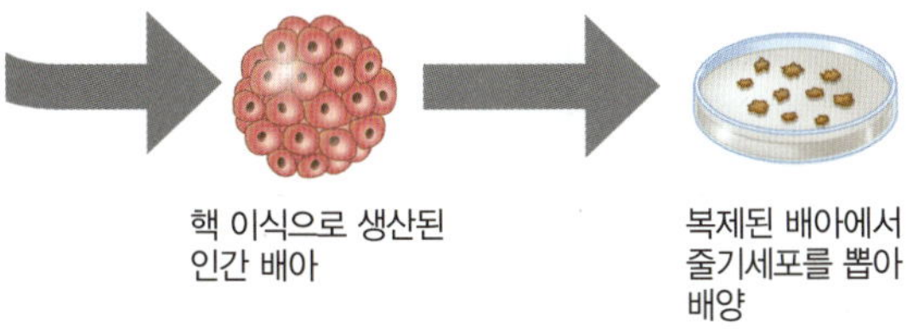

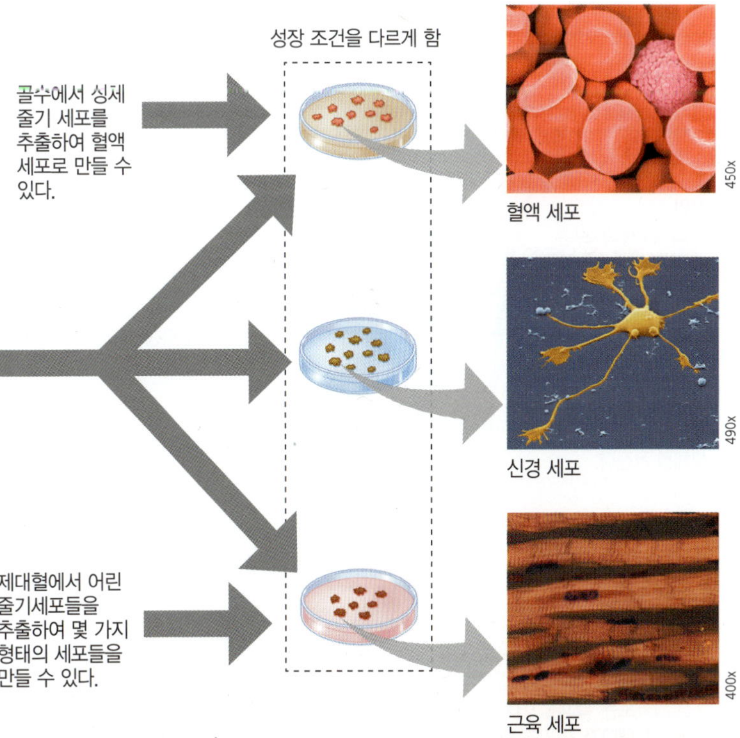

요점

▶ 클로닝—단일 개체로부터 유전적으로 동일한 자손들을 생산하는 것—은 농업과 의학에서 여러 가지로 이용된다. 핵 이식은 복제 배아를 만드는 데 이용될 수 있다. 이런 배아는 새로운 개체를 만드는 데 이용(생식적 클로닝)될 수도 있고, 줄기 세포들을 얻기 위해 이용되기도 한다(치료 목적의 클로닝).

? 갈색쥐로부터 핵을 뽑아 흰쥐에서 얻은 세포에 주입하고, 이렇게 얻은 배아를 대리모인 검은 쥐에 이식했다. 어떤 털 색의 새끼가 나오겠는가?

답: 갈색(여기에서 핵을 사용했으므로).

5.7

배우자는 체세포가 가지는 염색체 수의 절반만 가진다

비록 모든 세포들이 기존에 이미 존재하던 세포들로부터 생기는 것이기는 하지만, 우리 몸의 세포들은 다른 사람의 세포들과는 유전적으로 분명하게 다르다. 그런 다양성은 **배우자**(gamete; **정자와 난자**)의 융합 결과로 생기는 생식의 과정인 **유성 생식**(sexual reproduction) 때문에 생긴다. 배우자들의 융합은 다세포 생물의 **생활사**(life cycle)—수정에서 시작하여 자신의 자손을 생산하기까지 세대를 잇는 한 생물의 역사—에 있어 핵심적인 단계이다. 아래 그려진 인간의 생활사(유성 생식 동물들에서 전형적인)에서는 우리의 모든 세포가 46개의 염색체를 가지며, 이것은 원래 우리 어머니의 난자에서 얻은 23개와 아버지의 정자로부터 얻은 23개가, 우리의 시원 세포인 **접합자**(zygote)를 형성할 때 조합된 것임을 알 수 있다. 반복된 여러 번의 세포 분열로 우리 몸의 다른 모든 세포들이 생겨났다.

인간의 생활사

하나의 배우자는 단일 세트의 염색체들을 가지며, 이것은 **반수체**(haploid; n으로 표시함) 상태로 불린다(n으로 표시). 배우자들이 융합하면 이들은 짝이 맞는 두 세트의 염색체들을 포함하는 **이배체**(diploid; $2n$으로 표시) 접합자를 형성한다. 인간의 모든 **체세포**(somatic cell; 생식세포인 배우자들을 제외한 나머지 신체의 세포들)는, 다른 모든 동물이나 식물과 마찬가지로 이배체이다. 오로지 배우자 세포들—정자와 난자—만 반수체이다.

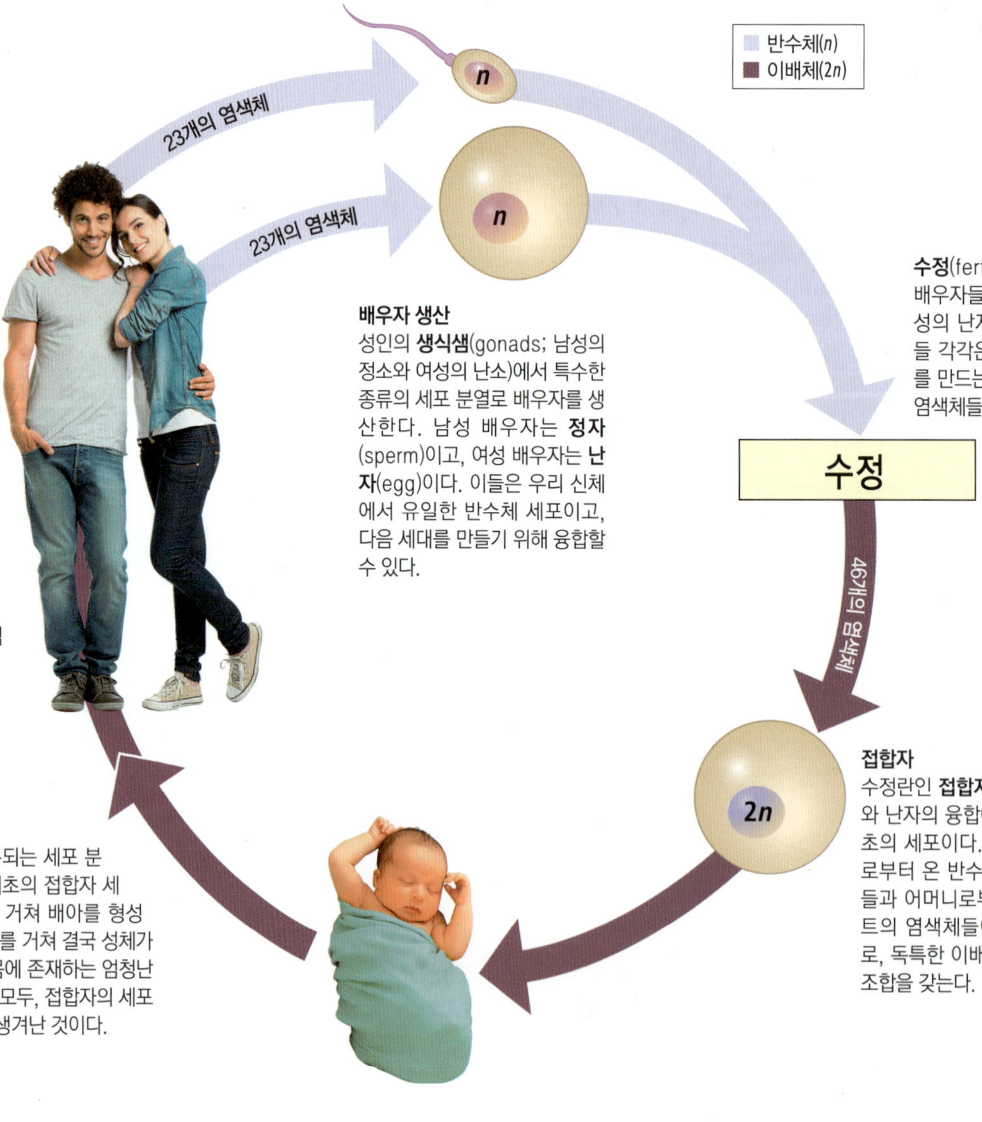

성인
우리 신체의 모든 **체세포**(somatic cell)는 이배체이므로 어머니로부터 유래한 염색체들 한 세트와, 아버지로부터 유래한 염색체들 한 세트, 모두 2세트의 염색체를 가진다.

배우자 생산
성인의 **생식샘**(gonads; 남성의 정소와 여성의 난소)에서 특수한 종류의 세포 분열로 배우자를 생산한다. 남성 배우자는 **정자**(sperm)이고, 여성 배우자는 **난자**(egg)이다. 이들은 우리 신체에서 유일한 반수체 세포이고, 다음 세대를 만들기 위해 융합할 수 있다.

수정(fertilization) 중에는, 배우자들(남성의 정자와 여성의 난자)이 융합한다. 이들 각각은 이배체의 접합자를 만드는 데 반수체 세트의 염색체들을 기여한다.

접합자
수정란인 **접합자**(zygote)는 정자와 난자의 융합에 의해 형성된 최초의 세포이다. 접합자는 아버지로부터 온 반수체 세트의 염색체들과 어머니로부터 온 반수체 세트의 염색체들이 융합한 것이므로, 독특한 이배체 세트의 염색체 조합을 갖는다.

발생과 성장
여러 번 반복되는 세포 분열을 통해 최초의 접합자 세포는 복제를 거쳐 배아를 형성했다가, 아기를 거쳐 결국 성체가 된다. 우리 몸에 존재하는 엄청난 수의 세포는 모두, 접합자의 세포 분열로부터 생겨난 것이다.

염색체들의 목록

핵형(karyotype)이란 한 사람의 세포들에 존재하는 염색체들에 대한 사진 목록이다. 여기 제시된 핵형을 자세히 살펴보면, 각 염색체들이 복제되어 있고, 각각 동원체에서 연결된 두 개의 자매 염색분체로 이루어져 있음을 알 수 있다. 그리고 각 염색체들은 길이와 동원체의 위치가 유사한 쌍둥이들을 가짐을 발견할 수 있다. 한 쌍이 되는 이 두 염색체는, **상동염색체**(homologous chromosome)라고 불리며, 동일한 유전적 특징을 조절하는 유전자들을 가지고 있다. 만약 주근깨 생성에 영향을 미치는 유전자가 한 염색체의 어떤 특정 지역에 위치하고 있다면, 상동염색체도 같은 자리에 같은 유전자를 가진다. 그러나 두 상동염색체 상의 유전자 버전은 같을 수도, 다를 수도 있다. 예를 들어, 한 염색체가 주근깨 생성을 암호화하는 유전자를 가지지만, 그 상동의 염색체는 주근깨를 만들지 않는 유전자를 가질 수도 있다.

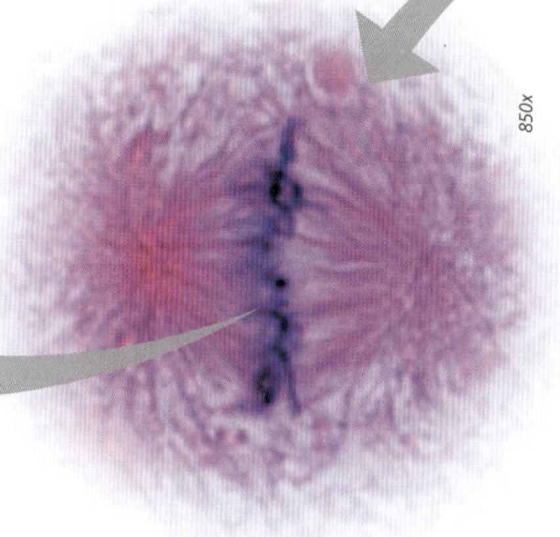

응축된 염색체들을 가진 분열 세포

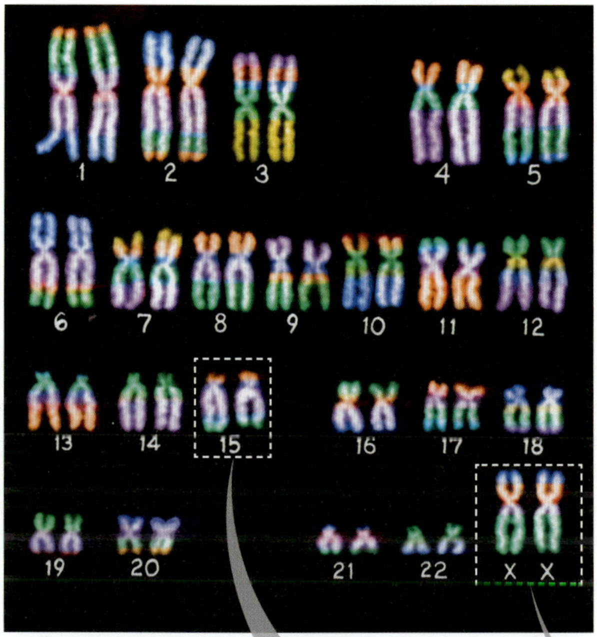

! 성염색체 하나가 없는 사람은 정상적인 삶을 살 수 있지만, 상염색체 하나의 소실은 언제나 치명적이다.

상동염색체 쌍

우리는 모두 한 세포 내에 46개의 염색체를 포함하고 있으며, 이 염색체들은 23쌍의 **상동염색체**(homologous chromosome)로 이루어져 있다. 한 상동염색체 쌍의 두 염색체는 99% 이상이 서로 똑같아서, 같은 유전자들이 동일한 순서로 배열되어 있다(물론 유전자의 버전들은 다를 수 있다). 각 상동염색체 쌍의 한 구성원은 어머니로부터 유래한 것이고, 다른 구성원은 아버지로부터 물려받은 것이다.

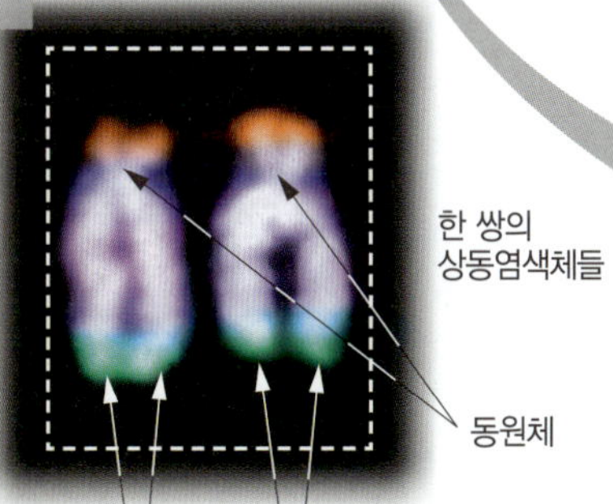

자매 염색분체
세포가 분열을 준비하면서, 각 염색체는 복제된다. 자매 염색분체라고 불리는 이 두 사본은 동원체에서 서로 붙어 있다.

성염색체

인간에서, 46개의 염색체 중 2개는 성(남성 대 여성)을 결정한다. 이들은 **성염색체**(sex chromosome)라고 불린다. 여성에서는 이 염색체들의 쌍은 완전히 상동적이다(XX). 그러나 남성은 아주 작은 부분만 상동인 XY 염색체들의 쌍을 갖는다. 나머지 44개의 염색체(성염색체가 아닌)는 **상염색체**(autosome)라고 불린다.

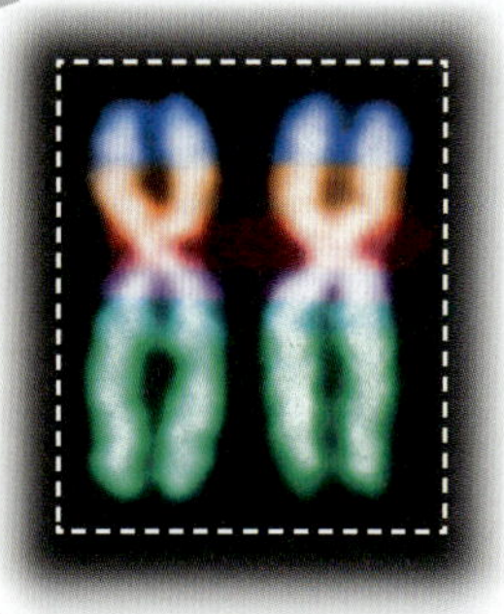

여성의 XX 성염색체

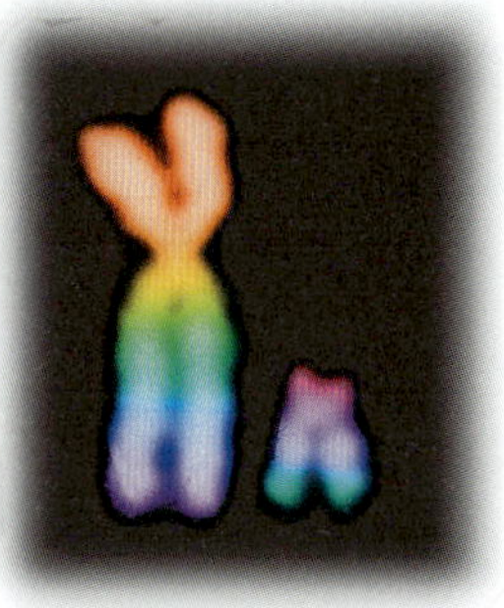

남성의 XY 성염색체

요점

▶ 인간의 생활사는 수정(반수체 배우자들이 융합하여 이배체 접합자를 만드는 것), 세포 분열을 통한 성장과 발달, 그리고 생식샘에서 배우자를 생산하는 과정을 포함한다. 모든 인체의 세포들은 23쌍의 상동염색체로 되어 있는 46개의 염색체를 가진다.

? 만약 어떤 인체 세포를 조사하는 중에 Y염색체 하나를 포함하는 23개의 염색체를 발견했다면 이것은 어디에서 생긴 세포인가?

답: 틀림없이 정자 세포에서 나온 것이다(이것이 반수체이면서 Y를 가지기 때문).

감수분열로 배우자가 생산된다

유성 생식은 자손들 사이에 엄청난 다양성을 만드는데, 각 자손들이 두 부모로부터 유래한 유전자들을 독특한 조합으로 물려받기 때문이다. 유성 생식은 생식샘의 세포들로부터 배우자들(정자와 난자)을 만드는 특수한 형태의 세포 분열인 **감수분열**(meiosis)에 의존한다. 감수분열을 통해 생산된 배우자들은 반수체로서, 이배체인 체세포들이 가지는 염색체 수의 절반만 가진다. 예를 들어, 우리의 간이나 피부, 뇌의 세포들은 모두 46개의 염색체를 가지지만, 우리의 배우자들은 오로지 23개만 가진다. 따라서 두 배우자는 수정 시에 융합함으로써 생기는 접합자는 다시 46개의 염색체를 가지게 된다.

감수분열

유사분열(mitosis)과 마찬가지로, 감수분열(meiosis) 역시 세포 분열이 시작되기에 앞서 염색체 복제를 거친다. 그러나 감수분열 중에는, 두 번의 세포 분열(유사분열에는 한 번의 분열만 관여한다)이 발생한다. 따라서 염색체들은 복제되었다가, 절반으로 분열하고, 또다시 절반으로 분열하게 된다. 결과적으로 나온 세포들은, 시작했던 세포들의 염색체 수를 절반으로 줄여 가지게 된다.

! 남성의 정소에서는 매일 엄청난 수의 감수분열이 발생한다.

간기

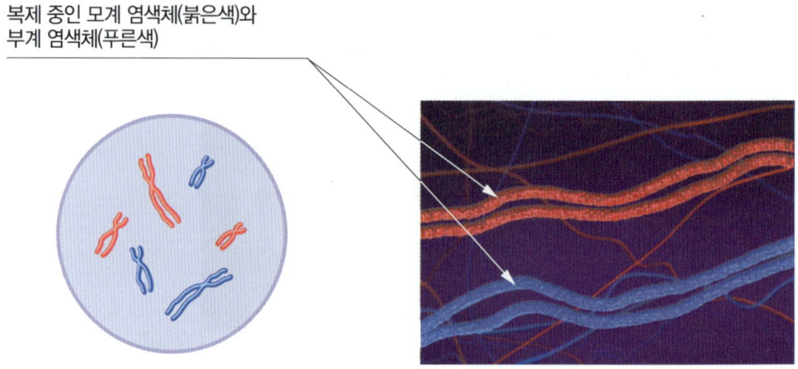

❶ 염색체의 복제

감수분열이 시작되기 전에, 핵 내에서 염색체들이 복제된다. 여기서는 염색체들이 상동의 짝으로 존재한다는 사실을 강조하여 나타냈다: 각 쌍 중 하나의 염색체는 모계에서 유래한 것이고(붉은색) 다른 하나는 부계로부터 온 것이다(푸른색).

제1 감수분열

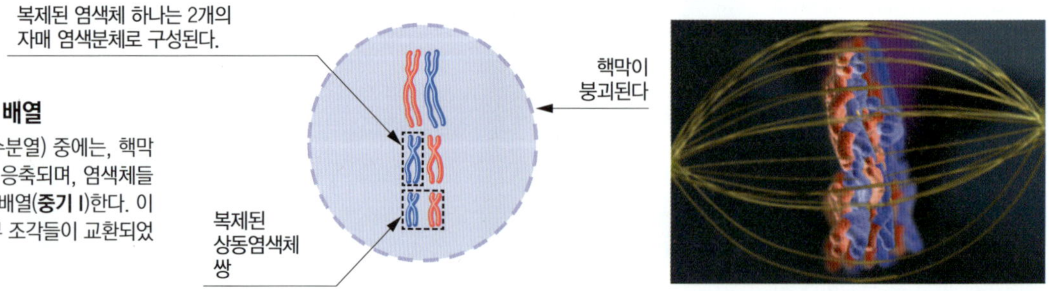

❷ 염색체의 응축과 각 쌍의 배열

감수분열의 첫 번째 분열(제1감수분열) 중에는, 핵막이 분해되고(**전기 I**), 염색체들이 응축되며, 염색체들이 쌍을 이루어 세포의 중앙선에 배열(**중기 I**)한다. 이 단계에서 배열된 염색체들은 일부 조각들이 교환되었을 수 있다.

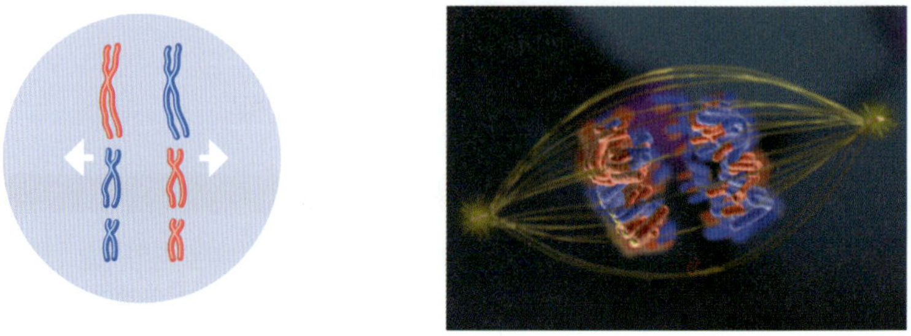

❸ 염색체 쌍의 분리

한 쌍의 각 염색체들이 세포의 반대쪽 끝으로 이동(**후기 I**)함에 따라 상동염색체들로 이루어진 쌍이 분리된다. 각 염색체들이 아직도 두 개의 결합된 자매 염색분체로 이루어져 있음에 유의하라.

❹ 세포질분열 I

염색체 쌍들이 분열한 후에는, 각 세포의 내부에서 핵막이 다시 형성된다(**말기 I**). 이제 세포가 2개의 세포로 분열한다(**세포질분열**). 2개의 자손 세포는 아직 복제된 염색체를 가지고 있지만, 반수체이다.

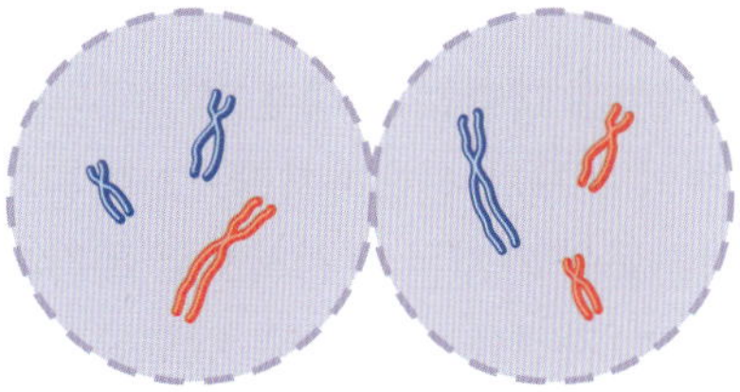

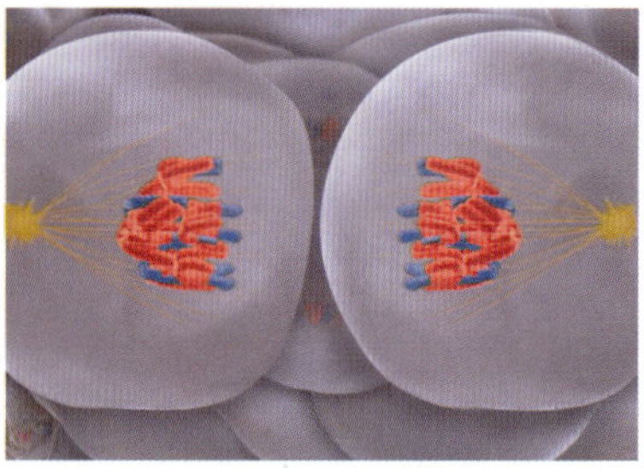

제2 감수분열

❺ 염색체의 응축과 배열

제1감수분열에 의해 생성된 두 개의 세포들 각각에서는, 염색체들(아직 복제된 상태라서 동원체에 붙어 있는 자매 염색분체들을 가진다)이 응축되어 세포의 중앙에 홀로 늘어선다(**중기 II**).

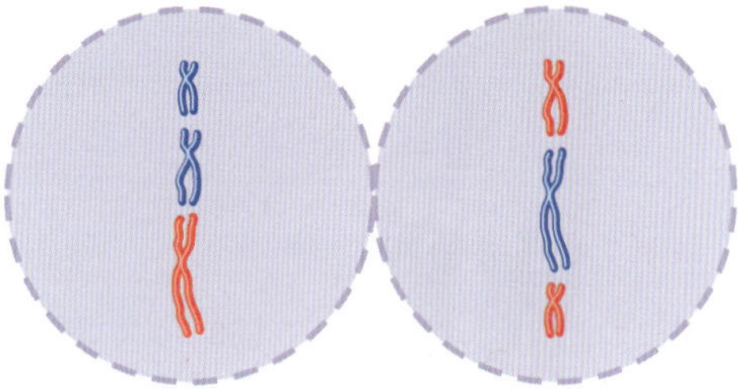

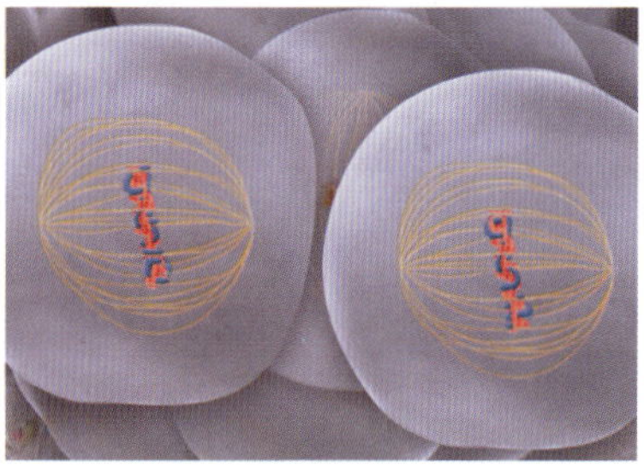

❻ 염색체의 분리

자매 염색분체들이 세포의 양쪽으로 나뉘고, 하나씩 세포로 들어간다(**후기 II**)

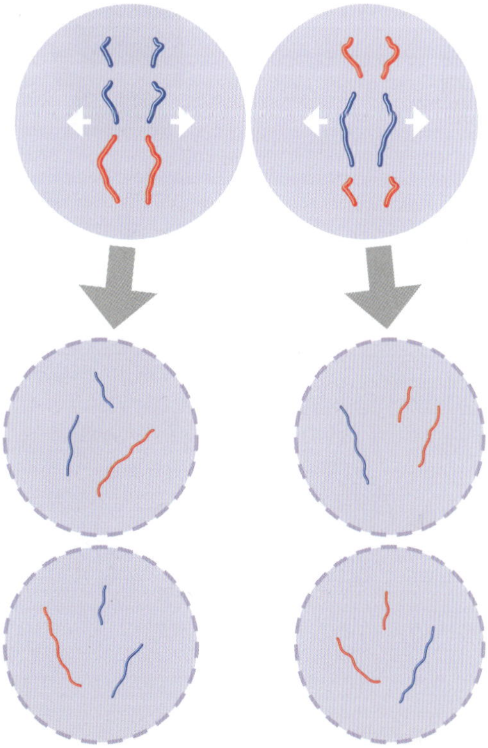

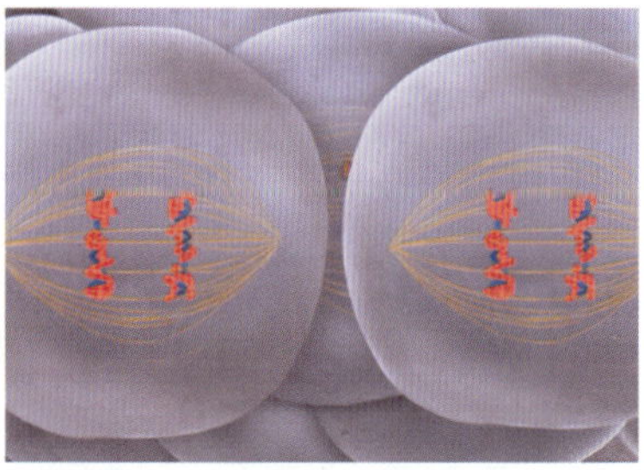

❼ 세포질분열 II

제2감수분열 말기에는, 하나의 세포가 세포질분열에 의해 갈라져 총 4개의 자손 세포를 만든다. 이들 각각은 시작 세포의 염색체 수보다 절반으로 줄어든 수의 염색체들을 가진다. 핵막이 다시 형성되고, 염색체들이 풀린다(**말기 II**).

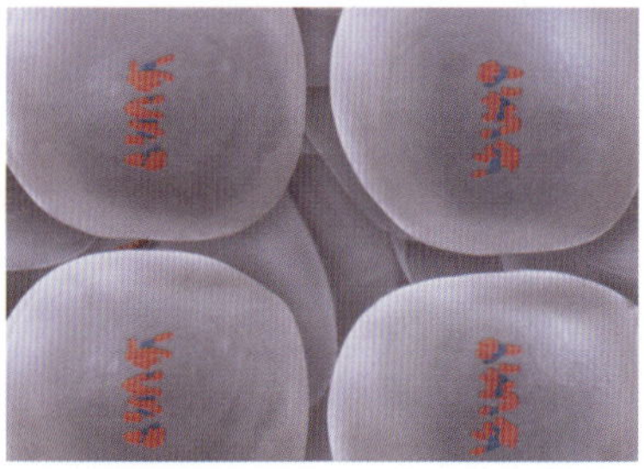

요점

▶ 감수분열은 이배체의 체세포들로부터 반수체의 배우자들을 생산하는 세포 분열 형태이다. 한 번의 염색체 복제에 이어 두 번의 분열이 발생한다. 결과적으로 네 개의 딸세포들이 얻어지는데, 이들 각각은 시작 세포 염색체 숫자의 절반에 해당하는 염색체들을 가진다.

? 염색체 배열과 관련하여, 제1감수분열에서의 주요 특징은 어떤 것인가?

답: 염색체들이 상동염색체 쌍(유사분열이나 제 2 감수분열에서처럼 단일 염색체가 아니라)으로 늘어선다는 점이다.

5.9

유사분열과 감수분열은 중요한 유사점과 차이점을 가진다

모든 유성 생식 생물의 생활사에서 중요한 역할을 담당하는 세포 분열에는, 뚜렷하게 구분되는 두 가지 종류가 존재한다. 두 가지 형태 모두 염색체의 복제가 선행하지만, 그 이후의 과정은 서로 달리 진행된다. 유사분열(mitosis)은, 완전한 염색체 성분들을 가지는 유전적으로 똑같은 자손 세포들(이배체 세포들)을 만드는 것으로, 생물이 발생하고, 자라며, 자신을 수선할 수 있도록 해준다. 감수분열(meiosis)은, 반수의 염색체를 가지는(반수체 세포), 유전적으로 독특한 배우자들을 만드는 것으로, 오로지 유성 생식의 과정에만 관여한다. 이렇게 정리하면 언제, 어디에서, 어떻게 이런 2가지 형태의 세포 분열이 발생하는지 중요한 차이점들을 알 수 있을 것이다.

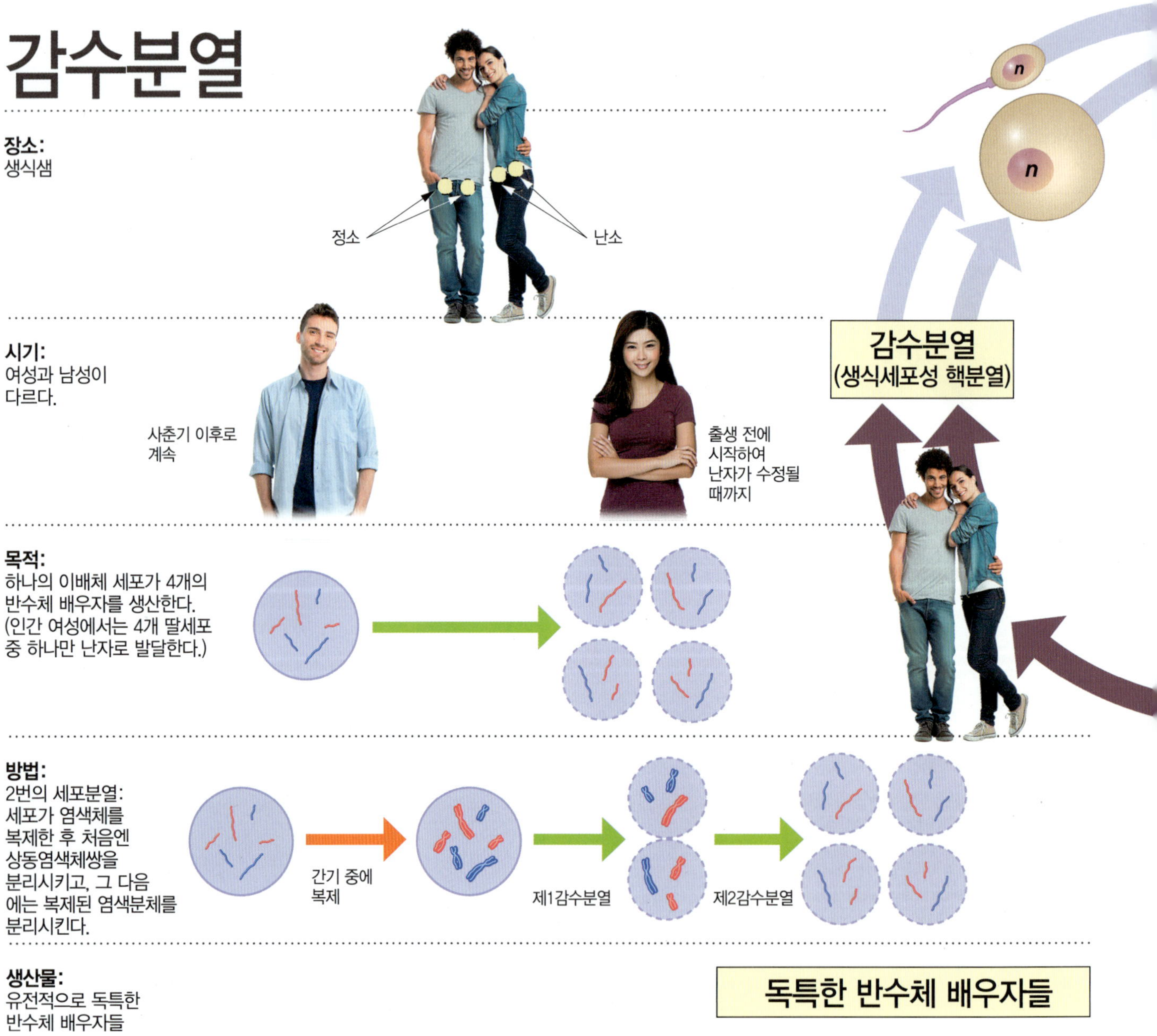

> **!** 살아 있는 모든 생물이 유사분열을 수행하지만, 감수분열은 유성 생식을 하는 다세포 생물들에서만 발생한다.

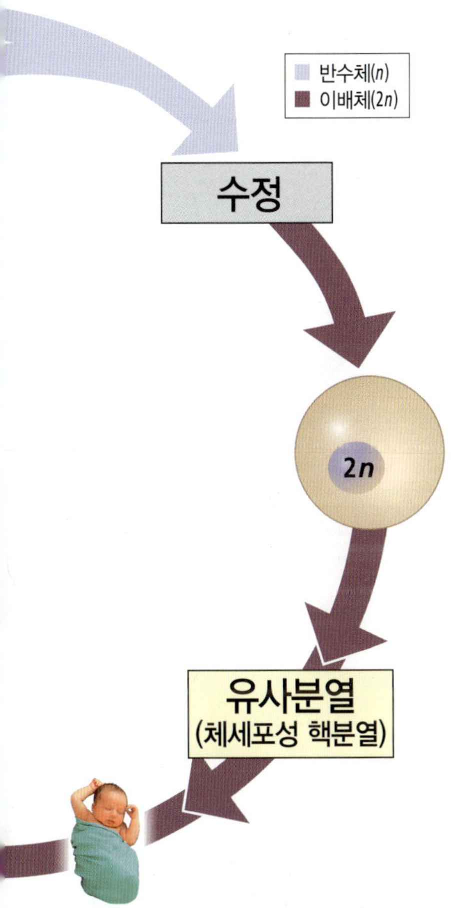

유사분열

장소:
배우자를 생산하는 세포를 제외한 모든 체세포

시기:
일생 동안

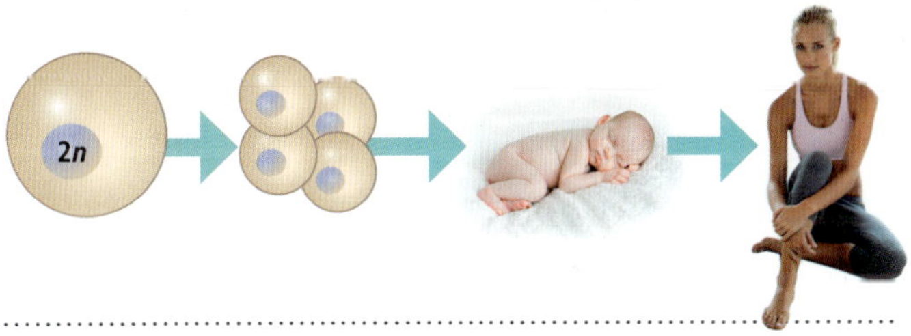

목적:
하나의 이배체 세포가 2개의 이배체 체세포를 만든다.

방법:
한 번의 분열:
세포가 염색체를 복제한 후 그것을 분리시키는 분열을 한다.

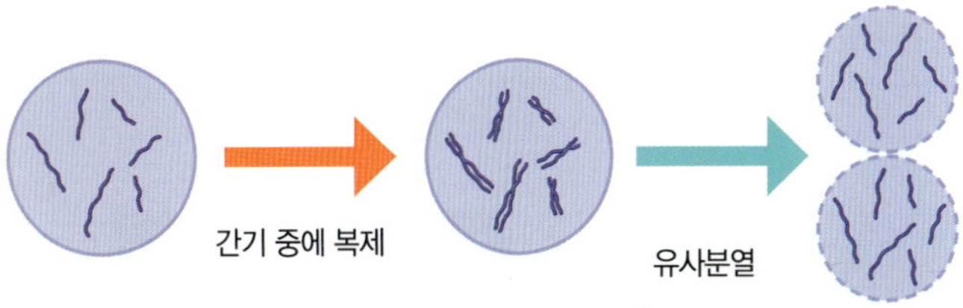

생산물:
유전적으로 똑같은 이배체 세포들

똑같은 이배체 세포들

요점

▶ 유사분열과 감수분열 모두 염색체의 복제와 딸세포로의 염색체 분배를 포함한다. 그러나 유사분열은 이배체 세포들을 만드는 한 번의 분열이 일어나는 데 반해, 감수분열에는 반수체 세포들을 만드는 두 번의 분열이 관여한다.

? 염색체 수와 관련하여, 막 유사분열을 시작하려는 세포와 감수분열을 시작하려는 세포들 사이에 차이가 존재하는가?

답: 아니다. 둘 다 복제된 염색체들을 가지고 있다.

5.10
유성 생식을 하는 생물에서는 몇 가지 과정에 의해 유전적 다양성이 만들어진다

정자와 난자의 연합인 **수정**(fertilization)이 관여하는 유성 생식의 과정은, 유전적으로 독특한 자손을 만들어낸다. 혹시 여러분이 쌍둥이가 아니라면, 여러분은 유전적으로 다른 누구와도 같지 않다. 사실, 유성 생식으로 생산된 모든 생물은 유전적으로 독특하다. 어떻게 그런 극단적인 다양성이 생기는가? 여기에서는 유성 생식이 생물들에서 다양성을 만들어내는 3가지 방법에 대해 알아보자.

독립적 분리

제1감수분열(배우자 생성과정의 첫 번째 세포 분열) 중에는, 염색체들이 상동염색체 쌍으로 늘어서게 된다. 각 상동염색체 쌍들은 하나의 모계 염색체(여기서는 붉은색으로 표시)와 하나의 부계 염색체(푸른색으로 표시)를 포함한다. 각 상동염색체 쌍들이 나란히 늘어설 때 각 쌍들의 방향은 확률에 따라 달라진다—빨강:파랑일 수도 있고, 파랑:빨강일 수도 있다. 그러므로 특정 상동염색체 쌍에서 어느 염색체가 특정 배우자로 들어가느냐 하는 것은 무작위적이다. 예를 들어, 23쌍의 염색체 쌍 하나하나가 둘 중 한 가지 방식으로 늘어서게 되므로, 배우자들로 분배되는 염색체들의 가능한 조합의 수는 8백만 가지 이상(2^{23})이다.

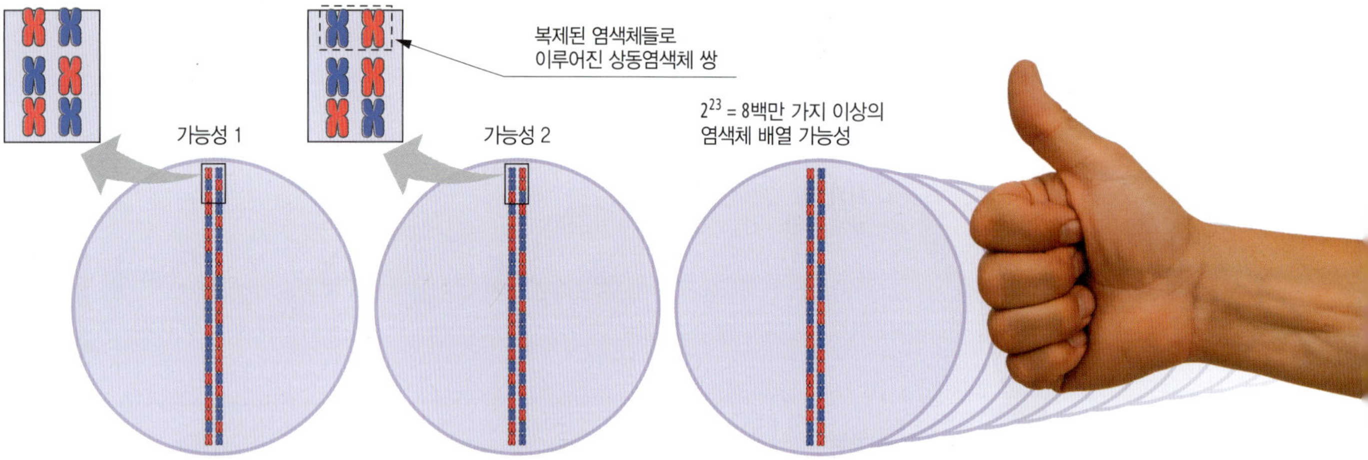

염색체들이 제1감수분열 중에 상동적인 짝을 이루어 늘어선다.

! 우리의 세포 하나에 들어 있는 23쌍의 상동염색체가 배열될 수 있는 방식은 8,388,608가지나 된다.

무작위 수정

인간의 모든 배우자는 23개의 염색체를 포함하며, 그 염색체 각각은 한 성인이 가진 23개 상동 염색체 쌍의 어느 한쪽 구성원이다. 무작위로 추출된 부/모계 염색체들의 조합을 가지는 하나의 배우자가, 같은 방식으로 생긴 무작위 염색체 조합의 다른 배우자와 수정하면, 결과적으로 접합자에서 만나게 되는 46개 염색체의 다양성은 엄청난 수준이 된다.

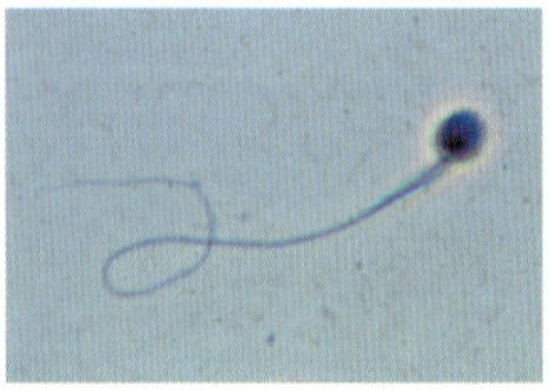

정자

이 정자는 8백만 가지 이상의 염색체 조합 중 한 가지 방식으로 염색체들을 가진다.

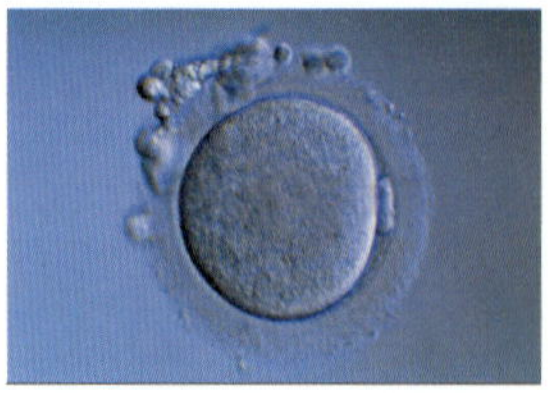

난자

이 난자는 8백만 가지 이상의 가능한 염색체 조합 중 한 가지 방식으로 염색체들을 가진다.

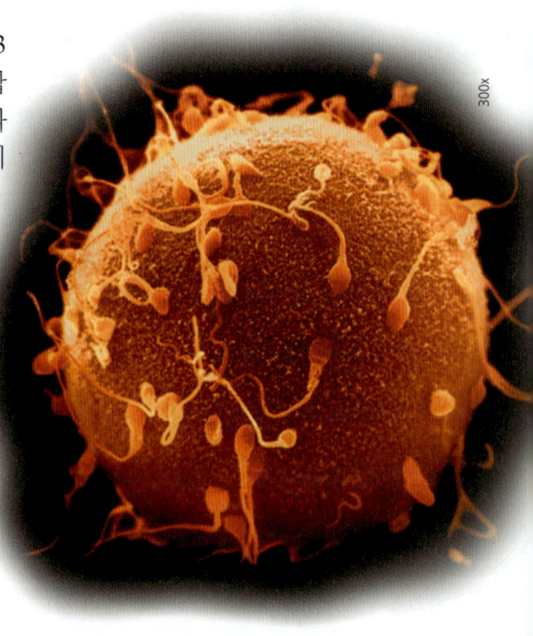

접합자

접합자에서는 8백만×8백만 = 64조 가지 이상의 가능한 염색체 조합이 생길 수 있다.

교차

지금까지는, 염색체들이 항상 온전한 상태로 있는 것으로 표현해 왔었다. 그러나 사실, 우리가 배우자들을 만들 때는 우리 염색체들을 그대로 전달하지 않는다. 감수분열 중에 상동염색체들이 짝을 지을 때, 모계 염색체와 부계 염색체들은 조각들을 서로 나눈다. 이 과정은 **교차**(crossing over)라고 불리며, 부분적으로는 모계이고, 또 부분적으로는 부계인 혼합염색체(hybrid chromosome)들을 만든다. 결과적으로, 새로운 조합의 유전자들이 생산되고, 이것이 자손으로 전달된다.

모계와 부계 염색체들은 제1 감수분열 중에 상동염색체로 늘어선다. 상동염색체들이 서로 맞춰질 때 한쪽 염색체의 부분들이 절단되었다가 맞은편 염색체에 재결합된다.

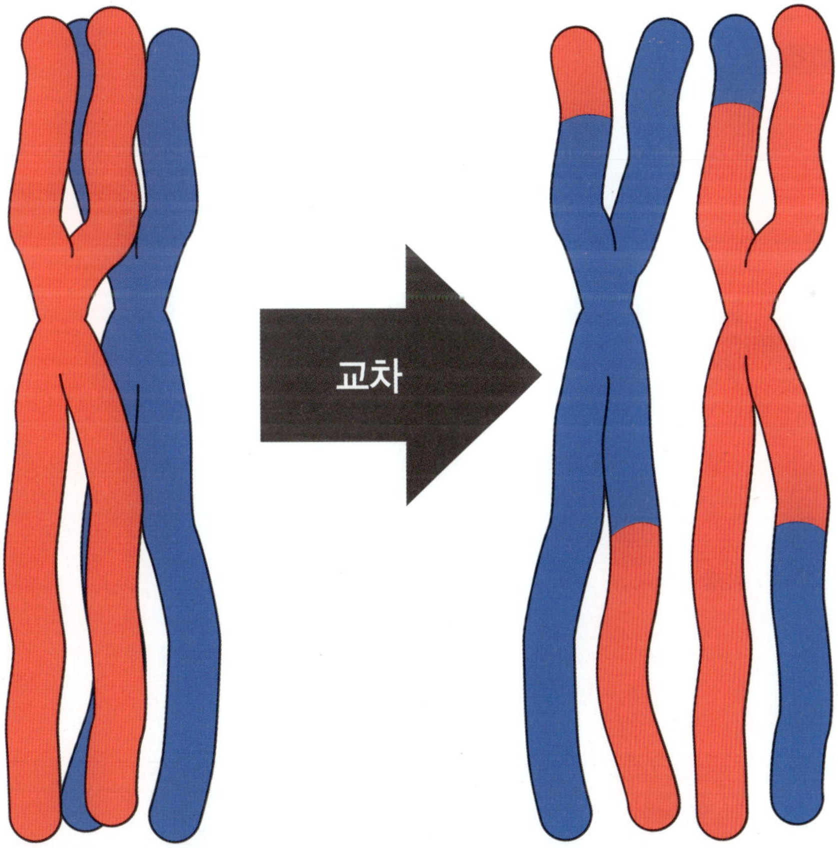

교차의 결과로, 염색체들은 조각들을 교환한다. 결과적으로 새로운 조합의 유전자들을 가진 혼합염색체들이 만들어진다.

모계 염색체 부계 염색체

교차에 의해 생산된 혼합 염색체들

요점

유성 생식의 과정 중에는 염색체들의 독립적 분리, 무작위 수정, 그리고 교차에 의해 유전적 다양성이 생긴다. 앞의 두 과정에서는 염색체들이 섞이고, 세 번째 과정에서는 유전자들을 새로운 조합으로 가질 수 있는 혼합염색체가 만들어진다.

? 우리가 만든 배우자들 중 하나에 들어 있는 염색체가, 우리 부모에게서 받은 것과 똑같은 것이 있을 수 있겠는가?

답: 아니오. 교차 때문에, 배우자의 염색체들 대부분은 모계와 부계 염색체들에서 나온 부분들을 모두 가진다.

5.11 감수분열 중의 실수로 비정상적인 수의 염색체를 가진 배우자가 생길 수 있다

유성 생식 생물이 감수분열로 배우자를 만들 때, 이 생식세포들은 다른 체세포들이 가지는 염색체 수의 절반만 포함하며, 이런 세포 상태는 반수체(haploid)라고 불린다(n으로 표시). 그러나 가끔 감수분열 중에 오류가 발생할 수 있다. 결과적으로, 비정상적인 숫자의 염색체들을 가지는 배우자들이 생길 수 있다. 이런 일이 발생하고, 그 배우자가 접합자를 만드는 수정에 관여하게 되면, 비정상적인 숫자의 염색체를 가지는 생물이 생길 수 있다. 이것은 보통, 항상 그런 것은 아니지만, 치명적이다.

비분리

거의 언제나, 감수분열 중에 염색체들이 쌍으로 배열되었다가 분리될 때는, 각 염색체 세트의 정확히 절반만이 자손 세포들 각각으로 들어가게 된다. 그러나 간혹 **비분리**(nondisjunction)라고 불리는 오류가 발생하는데, 정소의 정자나 난소의 난자를 만드는 과정에서 염색체들이 적절히 나뉘지 못한다. 결과적으로, 배우자들은 비정상적인 숫자의 염색체들을 가지게 된다. 만약 이 비정상적인 배우자가 수정에 참여하면, 결과적으로 생기는 접합자 역시 비정상적인 숫자의 염색체들을 가지게 될 것이다. 종종, 그런 접합자들은 생존할 수 있는 배아로 발생할 수 없다. 사실상, 비분리는 유산을 일으키는 가장 흔한 원인이다. 만약 발생에 성공한다면, 그 개체는 보통 유전적 오류를 가지게 된다.

정상적 분리

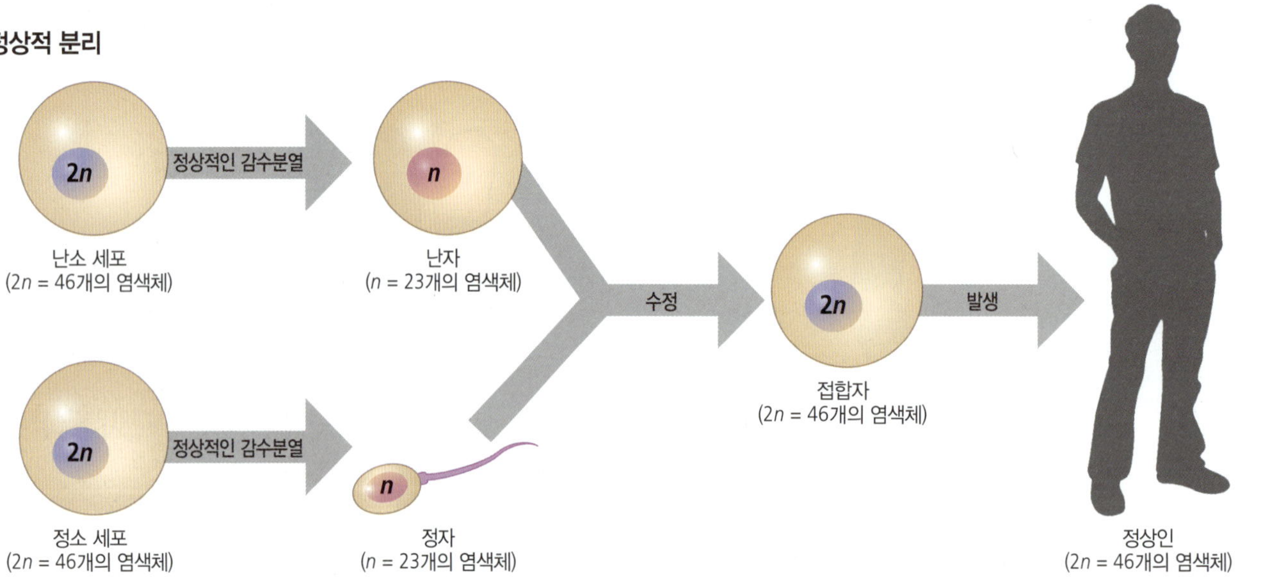

비분리

난소나 정소 내에서 감수분열 중 오류가 발생할 수 있다.

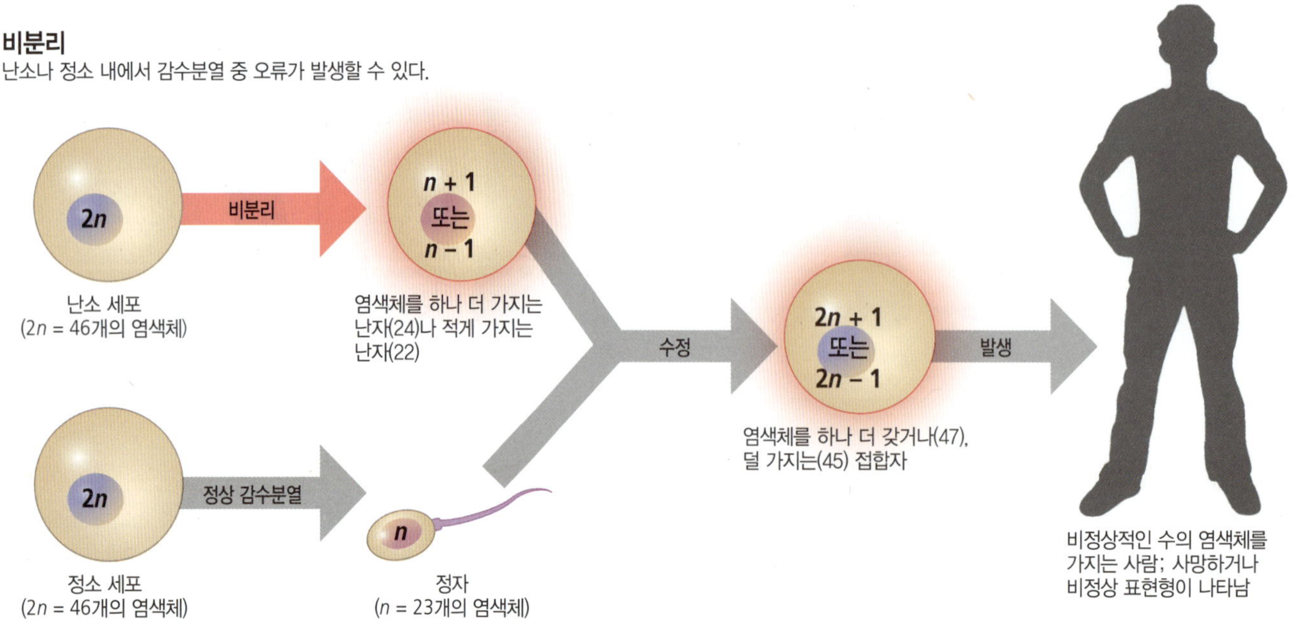

21번 삼염색체성

인간에서 염색체 수가 너무 적거나 많은 것은 거의 항상 치명적이어서, 초기 유산으로 이어진다. 그러나 때때로 그러한 접합자들이 생존할 수 있는데, 이 경우 그 사람은 비정상적인 수의 염색체들에 의해 기인하는 유전적 질병을 앓게 된다. 가장 흔한 염색체 이상은 **21번 삼염색체성**(trisomy 21)으로서, 한 사람이 21번 염색체를 3개(2개가 아니라) 가지므로 총 47개의 염색체를 가지는 상태이다. 21번 삼염색체성은 **다운증후군**(Down syndrome)을 만든다. 이런 상태의 개인들은 보통 키가 작으며, 심장 결손이 있고, 특이한 얼굴 모양에, 다양한 정도로 발달 지체나 지적 장애가 나타나며, 특정 질병에 걸리는 감수성이 증가하게 된다.

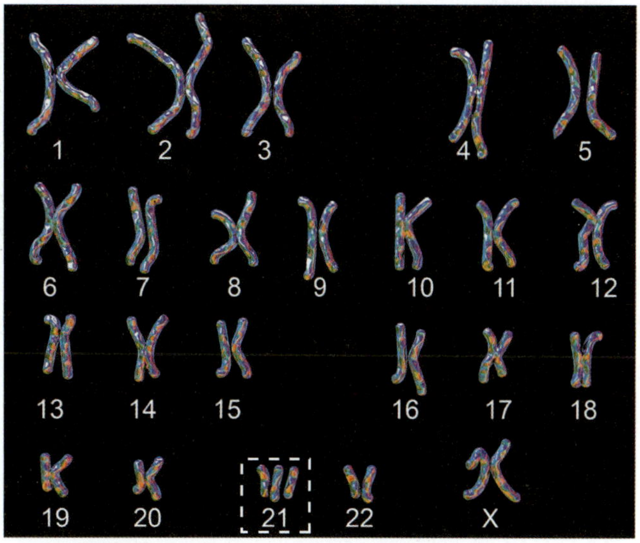

이 사진은 다운증후군을 가진 사람의 전체 염색체들을 보여준다. 21번 염색체가 하나 더 있음에 유의하라.

! 터너 증후군은 인간에서 45개의 염색체 상태가 치명적이지는 않은 유일한 경우이다.

성염색체 이상

염색체 비분리는 상염색체뿐 아니라 성염색체들에도 영향을 미칠 수 있다. 만약 어떤 배아에 X 염색체가 하나도 없다면, 그것은 생존할 수 없다. 그러나 성염색체 수에서의 다른 비정상들—하나의 X만(Y 없이) 갖는다거나, 여분의 X나 Y들이 더 있는 경우—은 그런 영향들을 덜 받는다. 성염색체 이상은 보통은 치명적이지 않다.

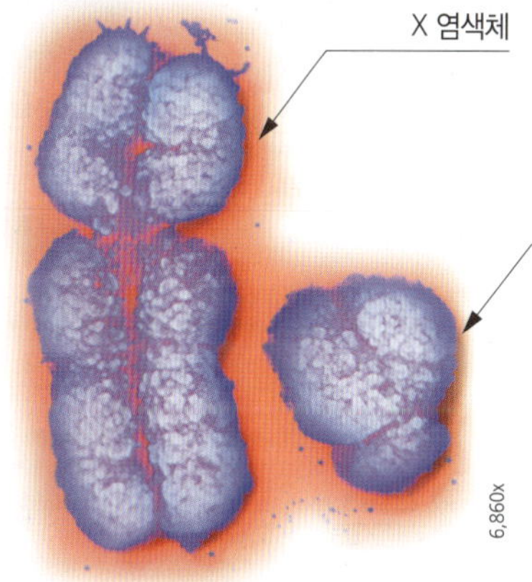

인간의 성 염색체들

성염색체 이상(빈도순으로 제시됨)

성염색체	증후군	성	증상
XXX	삼중 X 증후군 (Triple-X syndrome)	여성	평균보다 약간 키가 크다; 학습 지체 가능성이 있음
XYY	제이콥스 증후군 (Jacob's syndrome)	남성	정상인이지만 평균보다 키가 약간 더 큼
XXY	클라인펠터 증후군 (Klinefelter syndrome)	남성	불임; 정소의 발달이 불량; 여성적 특징
XO	터너 증후군 (Turner syndrome)	여성	불임; 성 기관의 미숙

요점

▶ 비분리는 비정상적인 숫자의 염색체들을 가진 배우자들을 만드는, 감수분열 시의 오류를 말한다. 만약 그런 배우자가 접합자를 만들면, 그것은 비정상적인 숫자의 염색체를 가질 것이다. 이것은 보통 치명적이지만, 간혹 특징적인 증상을 나타내는 성인을 만들기도 한다.

? 표를 살펴보면, 어떤 염색체가 성을 결정하는지 알 수 있는가?

답: 적어도 하나의 Y 염색체를 가지는 것이면 남성이다; Y 염색체가 없는 것은 모두 여성이다.

5.12 멘델은 완두 식물을 교배함으로써 유전의 기본 원리를 유추해 냈다

유전(heredity)은 형질들이 한 세대에서 다음 세대로 전달되는 것이다. 유전에 대한 과학적 연구인 **유전학**(genetics)은, 그 뿌리가 19세기 그레고르 멘델(Gregor Mendel)의 실험까지 거슬러 올라갈 수 있다. 당시 자신의 수도원 정원에서 완두 식물로 연구함으로써, 멘델은 많은 유전의 기본적 원리들을 추론해 낼 수 있었다. 비록 당시의 사람들은 DNA나 유전자에 대한 지식이 없었지만, 멘델은 어떤 분명한 물질들(이것을 그는 "유전될 수 있는 요소들"이라고 불렀다)이 생식과정 중에 부모로부터 자손으로 전달되며, 이 요소들은 세대를 거치면서도 개별 정체성을 유지한다고 생각했다. 이런 단순한 생각으로부터 멘델은 유전의 기본 원리들을 추론해냈다.

34세의 그레고르 멘델 (1822~1884)

특징과 형질

유전학에 대해 논의할 때 우리는 보통, 하나의 **특징**(character), 즉 개체마다 달리 나타나는 유전적 특성에 대해 주목한다. 각 특징은 둘 혹은 그 이상의 변이들인 **형질**(trait)들을 가진다. 여기서는, 멘델이 연구했던 완두 식물의 특징이 나타내는 형질들과 우리에게 익숙한 예들이 제시되어 있다.

보라색 꽃 형질

흰색 꽃 형질

특징: 완두 식물의 꽃 색깔

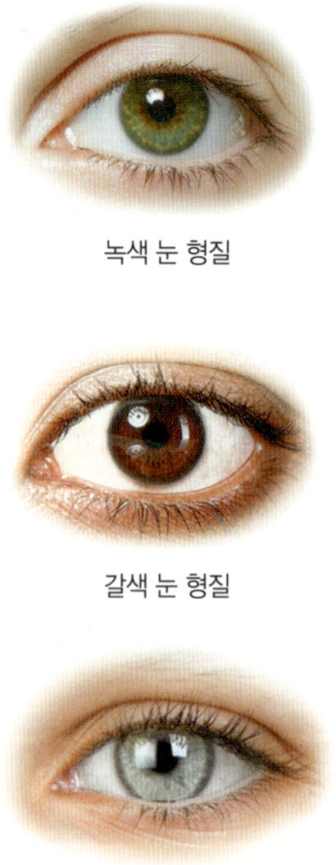

녹색 눈 형질

갈색 눈 형질

푸른 눈 형질

특징: 인간의 눈 색깔

> ! 한 세트의 실험을 위해 멘델은 20,000개 이상의 완두 식물을 교배하고 분석했다.

대립유전자

형질들은 유전자들로부터 기인한다. **유전자**(gene)는 염색체에서 일정 부분의 DNA를 구성하는 유전의 단위들이다. 인간이나 완두 식물을 포함한 많은 동식물은 이배체들인데, 그들의 염색체와 유전자들이 짝이 맞는 세트로 존재함을 뜻한다. 각 세트의 한 구성원은 그 생물의 어머니에게서 온 것이고, 다른 하나는 아버지에게서 온 것이다. 특정 유전자의 대체 형태들은 **대립유전자**(allele)라고 불린다. 한 생물에서, 한 유전자에 대한 두 개의 대립유전자는 같을 수도 있고(이 경우의 개체는 그 형질에 대해 **동형접합성**—homozygous—이라고 부른다), 서로 다른 것일 수도 있다(이 경우 그 개체는 그 형질에 대해 **이형접합성**—heterozygous—이라고 부른다).

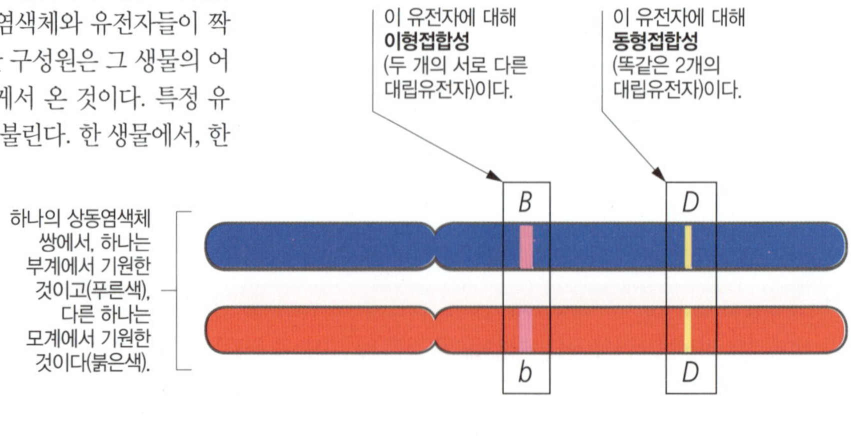

우성 VS. 열성 대립유전자

주어진 한 가지 특징에 대해 이형접합성인 개체는, 그 특정 유전자에 대해 두 개의 서로 다른 대립유전자를 가진다. 보통 이 대립유전자 중 오직 하나만 그 생물의 그 외형적 특징(표현 형질)을 결정한다. 유전자의 그런 버전을 **우성 대립유전자**(dominant allele)라고 부른다(그리고 대문자로 표시한다). 다른 버전의 대립유전자인 **열성 대립유전자**(recessive allele)는 소문자로 표시되며, 그것이 자손으로 전달됨에도 불구하고 뚜렷한 효과를 나타내지 않는다.

특징	완두의 꽃 색	완두콩의 색	래브라도의 털 색	사람의 주근깨
우성 형질	*P* (보라색)	*Y* (노란색)	*B* (검은색)	*F* (주근깨 생김)
열성 형질	*p* (흰색)	*y* (초록색)	*b* (초콜릿색)	*f* (주근깨 없음)

유전자형 VS. 표현형

한 생물의 **표현형**(phenotype)이란 그 생물의 관찰 가능한 형질을 말하는 것인 데 반해, **유전자형**(genotype)이란 그에 대한 유전적 구성(genetic makeup)을 나타내는 것이다. 유전학의 주요 원리 중 하나는 "환경과의 상호작용 속에서, 유전자형(genotype)은 유전자들(genes)의 활동으로 표현형(phenotype)을 만든다"는 것이다.

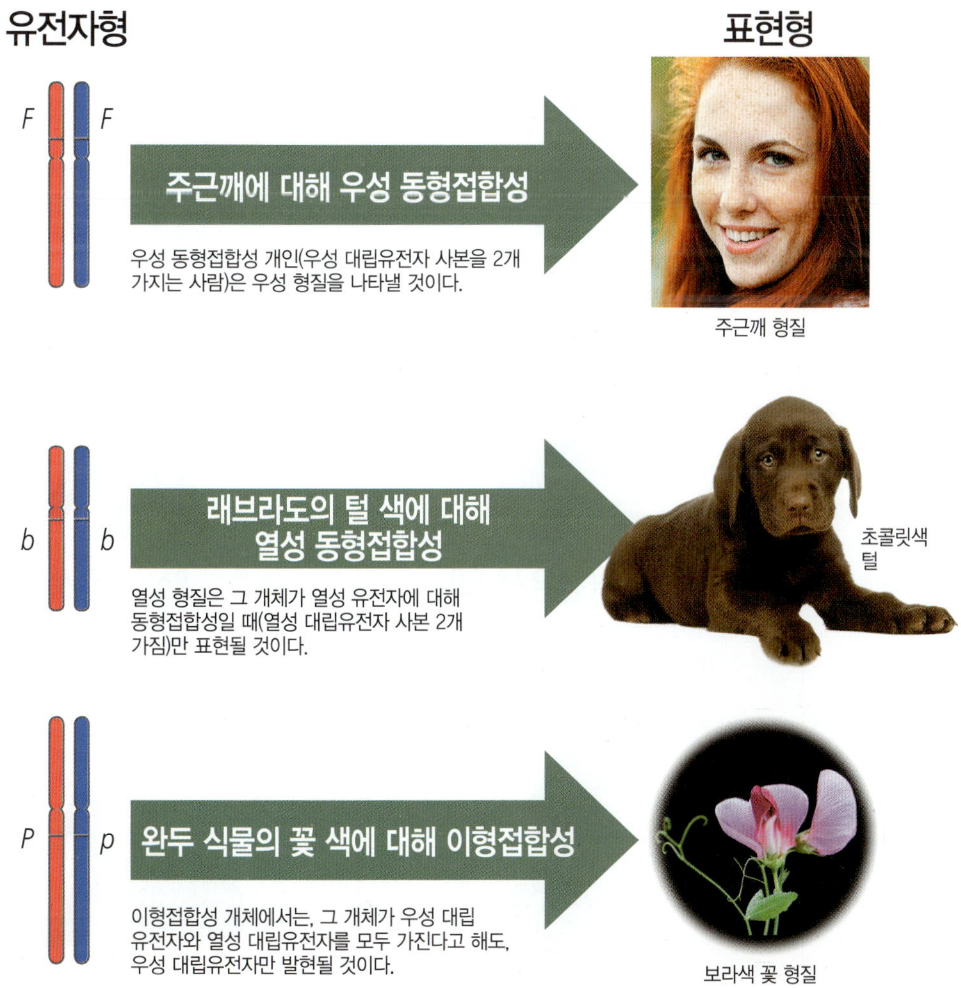

요점

▶ 한 생물체의 관찰 가능한 형질(표현형)들은 유전적 조성(유전자형)에 의해 생긴다. 대부분의 특징은 어떤 유전자의 두 사본에 의해 조절된다. 그 두 개의 사본은 대립유전자라고 불린다. 한 형질에 대한 두 개의 대립유전자는 같을 수도 있고(동형접합성), 서로 다를 수도 있다(이형접합성).

? 만약 래브라도 리트리버 한 마리가 검은 털색을 가지고 있다면, 여러분은 그 개가 어떤 털 색 유전자를 가졌는지 확실히 말할 수 있겠는가? 힌트; 이 페이지 상단의 표를 참고하라.

답: 아니다. 그것은 우성 동형접합성(*BB*)일 수도 있고, 이형접합성(*Bb*)일 수도 있다.

5.13 퍼네트 사각형은 유전적 교배의 결과를 예측하는 데 이용될 수 있다

만약 여러분이 검은색 래브라도 리트리버를 초콜릿색 래브라도와 교배한다면, 그 교배의 강아지들은 어떤 털 색을 가질 수 있을까? 그런 실험은 **유전적 교배**(genetic cross)라고 불린다. 유전적 교배에서는, 부모(parent) 세대인 **P 세대**(P generation)의 두 개체가 교배되어 **F_1 세대**(F_1 generation; 제1 자손 세대)를 생산한다. 하나의 유전적 교배는 **퍼네트 사각형**(Punnett square)이라고 불리는 도표로 표현될 수 있다.

단성잡종 교배

이배체 생물에서 유전자들은 쌍으로 존재한다. 만약 한 유전자 쌍의 두 사본이 같으면 그 개체는 그 특징에 대해 동형접합성이다. 만약 두 사본이 다르면 그 개체는 그 특징에 대해 이형접합성이다. 한 가지 특징—여기서는 털 색—에 대해 이형접합성인 개체들 사이의 교배는 **단성잡종 교배**(monohybrid cross)라고 불린다. 퍼네트 사각형은 정자와 난자가 수정되는 가능한 결과들의 확률들을 보여줌으로써, 자손들의 유전적 조성(유전자형)과 외형(표현형)을 예측할 수 있도록 해준다. 정자와 난자가 조합되는 가능한 결과는 사각형의 한 네모칸에 의해 표시된다. 전체 결과들은 종종 비율로 표현되는데, 각각의 가능한 결과를 나타내는 개체들의 상대적 숫자들로 표현된다. 검은색 2마리에 대한 초콜릿색 2마리의 비율은 1:1의 자손비로 나타낼 수 있다.

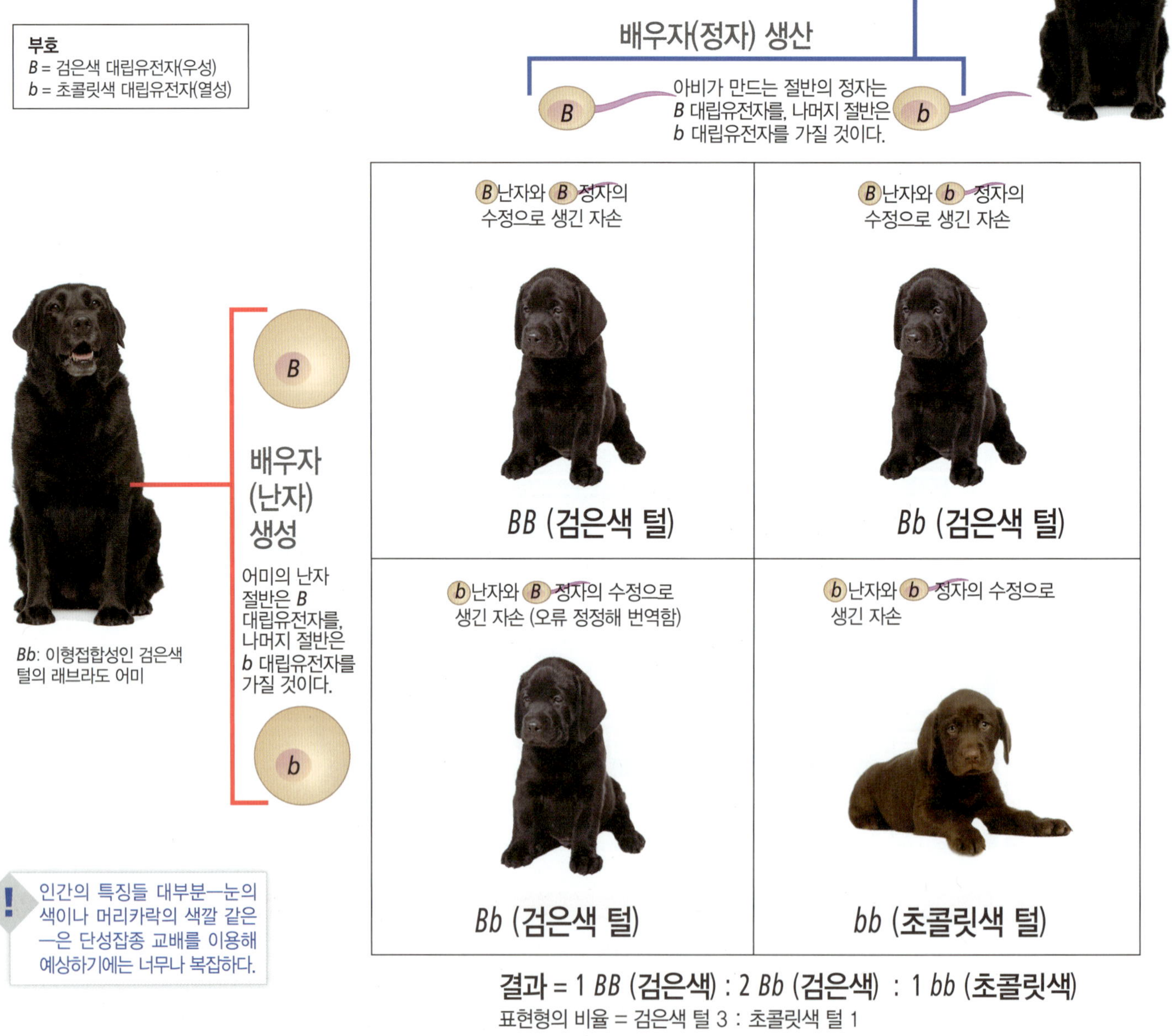

! 인간의 특징들 대부분—눈의 색이나 머리카락의 색깔 같은—은 단성잡종 교배를 이용해 예상하기에는 너무나 복잡하다.

분리의 법칙

유전적 교배의 결과를 퍼네트 사각형으로 예측하는 것은 한 세대에서 다음 세대로 전달되는 유전자를 따라가도록 한다. 배우자들이 생성되는 중에는, 주어진 특징에 대한 한 쌍의 대립유전자들이 분리되어, 각기 절반의 배우자들로 나뉘어 들어간다. 이런 원리는 한 쌍의 염색체 구성원들이 배우자 형성 시에 떨어지기(나뉘기) 때문에 **분리의 법칙**(law of segregation)이라고 불린다. 어떤 대립유전자가 어느 배우자로 들어가게 될지 확신할 수 없으므로, 네 가지 가능성을 모두 고려해야 한다(모계 쪽에서 생기는 두 가지의 가능한 배우자들이 부계 쪽의 두 가지 가능한 배우자들과 섞이는 것). 이것이 퍼네트 사각형이 네 개의 상자로 구성되는 이유이다.

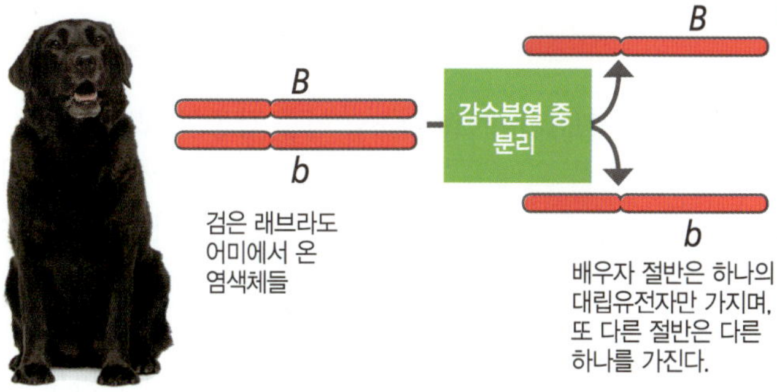

검정 교배

초콜릿색의 래브라도 리트리버를 키운다고 해보자. 그러면 여러분은 그 개의 유전자형이 *bb*임을 알 수 있는데, 초콜릿색을 만드는 대립유전자 조합은 *bb*일 때 뿐이기 때문이다. 그러나 검은색 래브라도에 대해서는 어떤가? 이것은 두 가지 가능한 유전자형들—*BB*이거나 *Bb*—중 하나일 수 있고, 강아지를 관찰하는 것만으로는 어떤 것이 맞는지 확인할 방법이 없다. 여러분이 키우는 개의 유전자형을 결정하기 위해서는 **검정 교배**(test cross)를 수행할 수 있는데, 우성 표현형을 가지지만 유전자형은 모르는 개체(여러분의 검은색 개)와 열성 동형접합성 개체—여기서는 *bb* 유전자형의 초콜릿색 래브라도—를 교배하는 것이다. 검정 교배의 결과로 원래의 그 검은색 개가 어떤 유전적 조성을 가졌는지 확인할 수 있다.

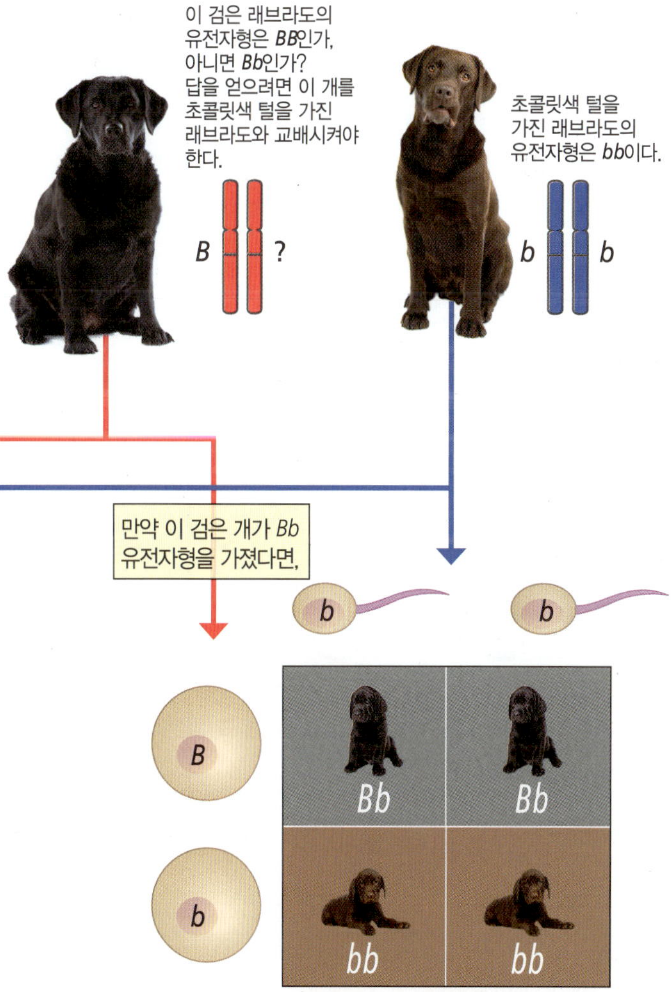

결과 = 모두 검은색
만약 모든 자손이 검은색이라면, 검은색 어미 개의 유전자형은 ***BB***일 가능성이 높다.

결과 = 검은색 2: 초콜릿색 2
만약 초콜릿색의 자손이 섞여 나온다면, 그 검은색 어미개의 유전자형은 분명히 이형접합성(***Bb***)일 것이다.

요점

▶ 퍼네트 사각형은 어떤 유전적 교배로부터 얻어질 수 있는 자손들을 예측하는 데 이용될 수 있다. 단성잡종 교배는 한 가지 특징을 추적한다. 분리의 법칙은, 한 가지 특징에 관여하는 두 대립유전자가 배우자 형성 시에 서로 나뉘었다가 자손에서 다시 합쳐진다는 것이다. 검정 교배로 모르는 유전자형을 확인할 수 있다.

? 만약 초콜릿 색상의 래브라도를 키우고 있는데, 그 개의 유전자형을 알고 싶다면, 검정 교배로부터 뭔가를 알아낼 수 있을까?

답: 아니다. 초콜릿 색상의 래브라도 털은 *bb*라는 것을 여러분은 이미 알고 있다.

5.14 멘델의 독립적 분리 법칙은 다수의 특징이 유전되는 방식을 설명해준다

양성잡종 교배(dihybrid cross, **이중 잡종화 교배**)는 두 가지 독립된 특징들이 연구되는 것이다. 예를 들면, 멘델은 완두 식물들을 교배한 후에 종자의 색깔(노란색 vs. 녹색)과 종자의 모양(매끈한 것 vs. 주름진 것)을 추적했다. 그런 교배 실험에서, 멘델은 각 쌍의 대립유전자들이 배우자 형성 중에 다른 쌍의 대립유전자들과는 독립적으로 분리된다고 추론했다. 바꿔 말하자면, 종자 색깔에 대해 어떤 대립유전자를 물려받을 것인지는, 종자의 모양에 대해 어떤 대립유전자를 받을 것인지 하는 것에는 전혀 영향을 미치지 않는다는 것이다. 이런 원리는 독립적 분리의 법칙이라고 불린다. 이 원리는 멘델의 정원 완두나, 래브라도 리트리버, 그리고 인간을 포함하는 모든 유성 생식 생물들에 적용된다. 퍼네트 사각형으로 그 가능성들을 추적할 수 있다.

독립적 분리의 법칙

독립적 분리의 법칙(law of independent assortment)은, 한 가지 특징의 유전이 다른 특징의 유전에 영향을 미치지 않는다는 것이다. 여기 제시된 예는 래브라도 리트리버의 두 가지 특징들을 고려하는 것이다: 털 색(검은색이 초콜릿색에 대해 우성이다)과 청각(들을 수 있는 것이 들을 수 없는 것에 대해 우성이다)에 관한 것이다. 각 특징은 상동염색체들 상에 자리하는 한 쌍의 대립유전자들에 의해 조절된다. (이배체인 개체들에서 모든 염색체는 각 부모에서 하나씩 유전되며 상동염색체의 쌍으로 존재한다.) 염색체들이 감수분열 시 나뉠 때, 각 쌍들은 독립적으로 분리된다; 만약 어떤 특정 배우자가 털 색에 대해 우성 대립유전자를 받았다고 해도, 이것이 그 배우자가 청각에 관한 우성 대립유전자를 받을 것인가에 전혀 영향을 미치지 않는다. 따라서 독립적인 분리는 서로 다른 조합의 대립유전자들을 가지는 네 가지의 배우자를 만들게 한다.

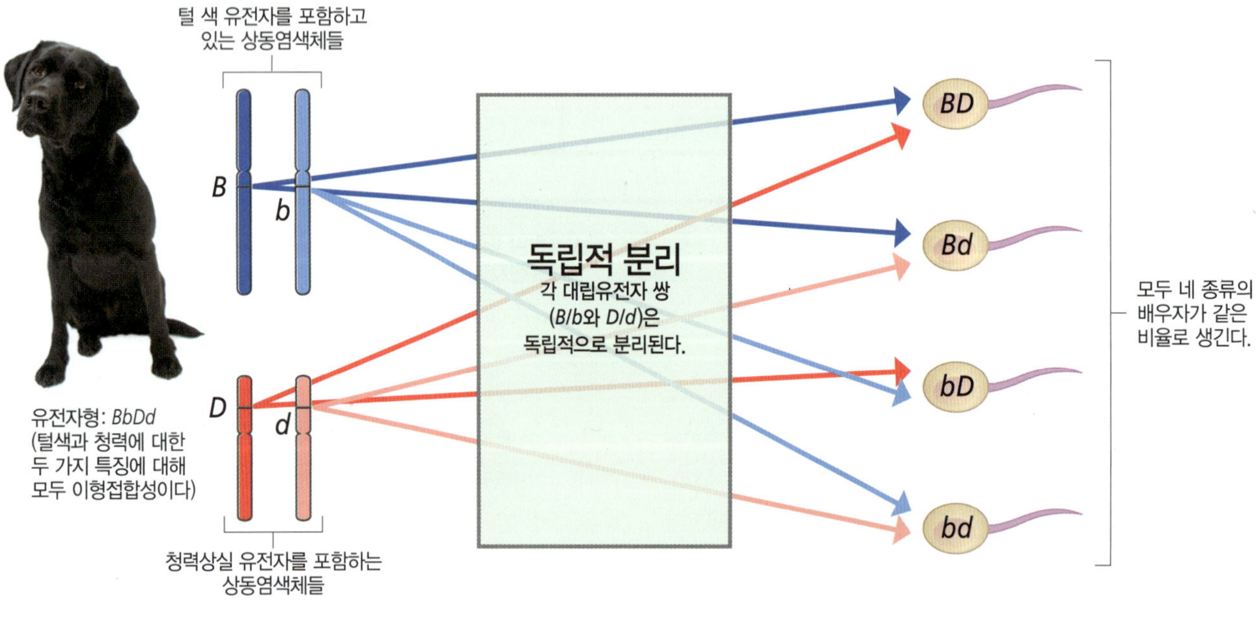

부호
B = 검은색 대립유전자(우성)
b = 초콜릿색 대립유전자(열성)
D = 정상 청력 대립유전자(우성)
d = 청력 손실 대립유전자(열성)

래브라도 리트리버에서, 독립적 분리의 결과 생길 수 있는 9가지 중 4가지

양성잡종 교배

독립적 분리의 법칙은, 양성잡종 교배(두 유전자에 의해 생기는 형질들을 추적하는)의 각 특징이 독립적으로 유전되리라 예측한다. 아래 제시된 커다란 퍼네트 사각형에서 드러나는 바와 같이, 네 가지 가능한 형질 조합을 가진 자손들이 일정 비율(우성 형질이 드러날 가능성이 더 크다)로 나타난다.

! 현대의 모든 래브라도 리트리버들은 1880년대 영국에서 사육되었던 두 마리 개의 자손들이다.

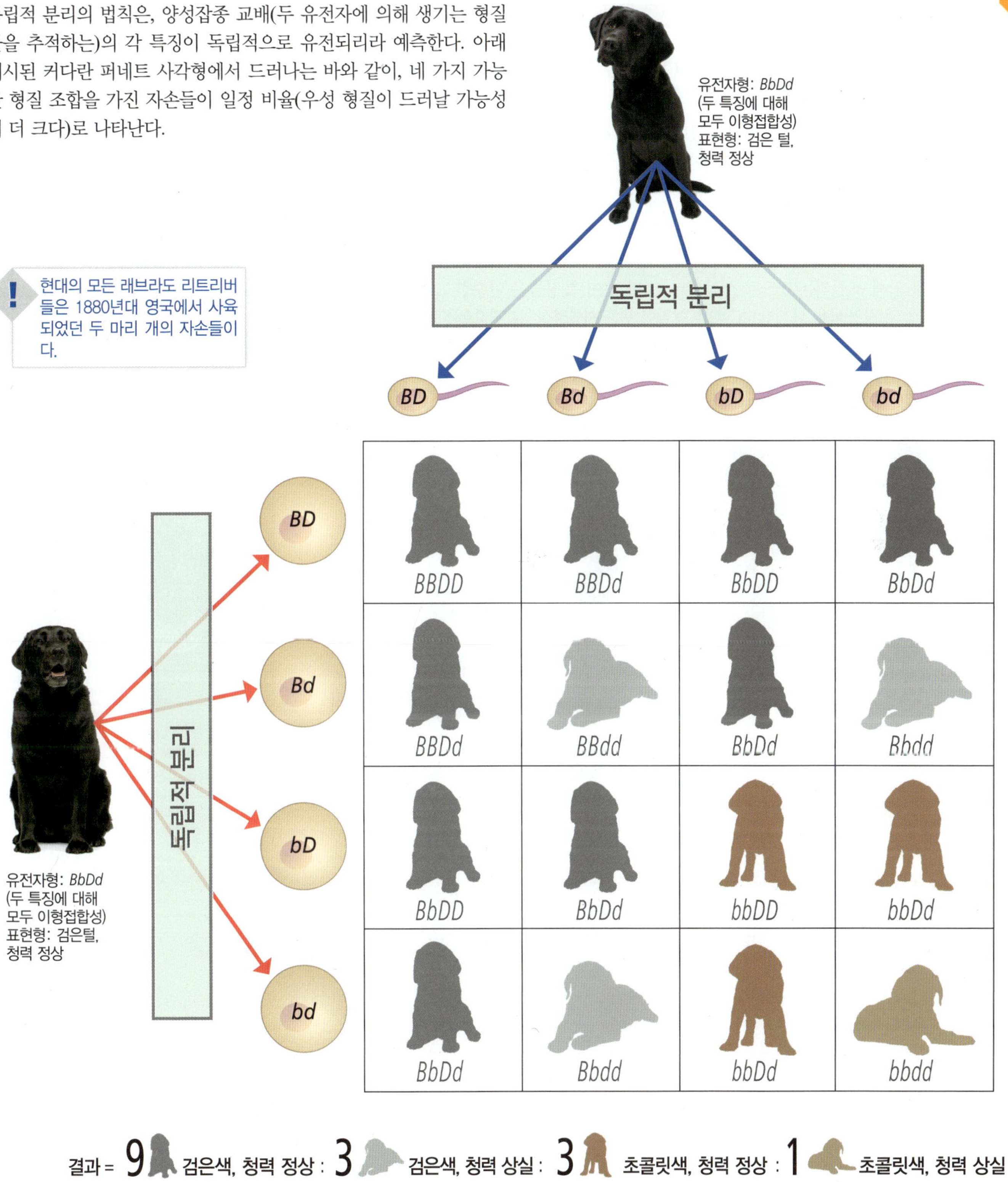

독립적 분리로 인해, 자손에서는 4종류의 표현형 조합이 나타날 수 있다.

요점

▶양성잡종 교배는 두 가지 특징에 대해 이형접합성인 개체들 사이의 교배에 대한 것이다. 독립적 분리의 법칙은, 배우자들이 형성될 때 각 특징에 대한 대립유전자들이 다른 특징의 대립유전자들과는 독립적으로 분리된다고 주장한다.

? 당신은 청각 상실 유전자에 이형접합성이면서, 초콜릿색 털을 가진 래브라도를 키운다. 이 개가 만들 수 있는 배우자들은 어떤 것들인가?

답: 부모가 *bbDd*이므로, 절반의 배우자들은 *bD*일 것이고 또 다른 절반은 *bd*일 것이다.

5.15 가계도는 사람 가족들에 나타나는 형질들을 추적하는 데 이용될 수 있다

멘델 유전학의 기본 원리들은 사람의 많은 형질에도 적용된다. 그러나 사람에 대한 유전적 분석은 전형적인 어려움들을 드러낸다: 우리는 사람들의 결혼을 조절할 수가 없다! 따라서 퍼네트 사각형법은 실제 가족들의 유전적 조성을 분석하는 데는 적합하지 않을 수 있다. 그러나 인간의 유전학이 분석될 수 있는 방법은 여러 가지가 존재한다.

인간의 유전적 특징

여기에서 인간의 몇 가지 특징들을 볼 수 있다—몇몇은 해롭지 않은 것들이고, 다른 것들은 건강에 영향을 미치는 것들이다. 모두 하나의 유전자에 의해 조절되는 것으로 생각된다. 따라서 이 특징들은 단순한 우성/열성 유전양식을 나타낸다. 우성 형질이 반드시 "정상"일 필요는 없으며, 그보다는 열성 형질보다 흔한 것임에 유의해야 한다. **야생형 형질**(wild-type trait)은 자연적인 상태에서 가장 흔하게 발견되는 것인 데 반해, **돌연변이 형질**(mutant trait)은 덜 흔한 형태이다.

우성	열성
주근깨	주근깨 없음
정상적인 색소침착	백색증
건강함	낭포성 섬유증
연골발육부전증(왜소증)	정상 키

□ 돌연변이 형질(흔치 않음)
□ 야생형(흔함)

주근깨가 생기는 표현형(오른쪽)은 그렇지 않은 형질에 대해 우성이다.

백색증 표현형(색소 침착이 일어나지 않음, 오른쪽)은 열성이다.

연골발육부전증을 가진 왜소증 환자들은 이형접합성이라서, 이런 두 사람이 부모가 되어도 정상 키의 아이가 태어날 수 있다.

! 낭포성 섬유증은 미국에서 가장 흔한 치명적 유전질환으로, 약 30,000명이 영향을 받는다.

보인자

인간에서 대부분의 유전적 질병들은 열성이다. 따라서 어떤 사람이 질병을 발현시키기 위해서는 그 질병 대립유전자를 두 개 가져야만 한다. 이형접합성인 사람—정상 대립유전자와 병을 일으키는 돌연변이 대립유전자를 하나씩 가지는 사람—은 그 질병의 **보인자**(carrier)라고 한다. 그런 사람은 질병을 갖지는 않지만, 그 질병 유발 유전자를 자손에 전달할 수 있다. 옆의 퍼네트 사각형에서 볼 수 있는 것처럼, 두 명의 보인자 부모는 해당 질병이 있는 아이를 낳을 확률은 1/4, 보인자인 아이를 낳을 확률은 2/4에 달한다.

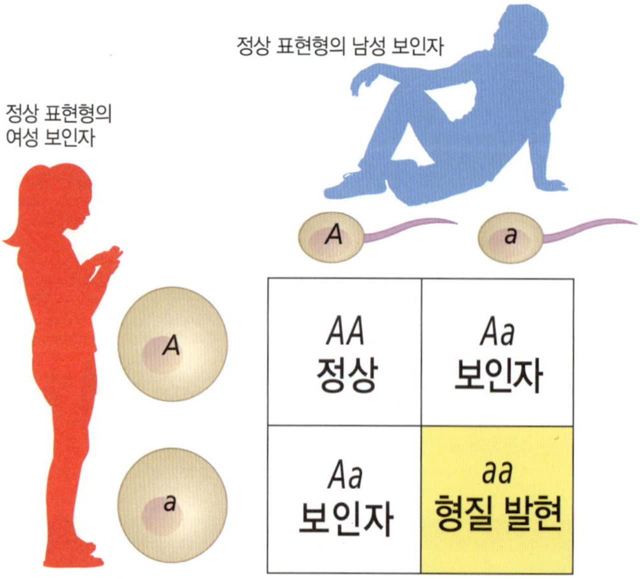

결과 = 1 *AA* (정상) : 2 *Aa* (보인자) : 1 *aa* (형질 발현)
표현형의 비율 = 3 정상 : 1 형질 발현

가계도

유전에 관한 가족의 역사를 **가계도**(pedigree)라고 한다. 비록 가계도라면 순종인 동물들이 연상된다고 해도, 인간의 혼인도 마찬가지로 표현될 수 있다. 가계도 분석을 위해서는 멘델의 원리를 적용시킬 수 있어야 하고, 여러 유전자형을 생각해낼 수 있는 간단한 논리도 필요하다.

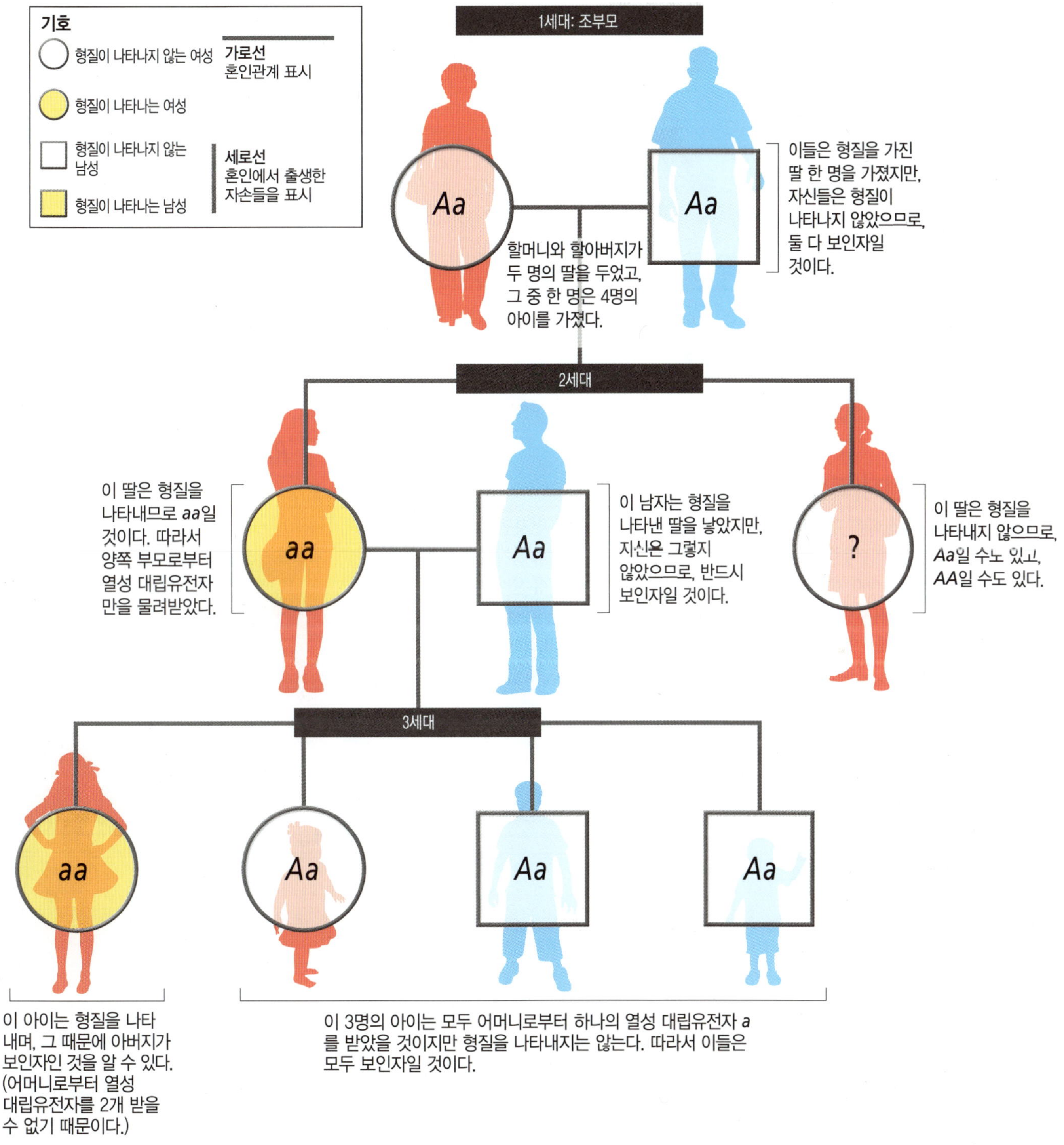

요점

▶ 멘델의 유전 원리들은 인간의 특징들에도 적용될 수 있다. 보인자는 열성 대립유전자를 하나 가지고 있지만 열성 형질을 나타내지는 않는 이형접합성 개인을 말한다. 가계도는 가족 내의 유전적 특징을 추적하는 데 사용될 수 있다.

? 위에 보여준 퍼네트 사각형을 사용하면 이 가계도에서 "?"로 표시된 딸이 사실, 이 질병의 보인자일 확률은 얼마인가?

답: 2/3. 우리는 그녀가 *aa*는 아니지만, *AA*일 확률도 1/3이라는 것을 알고 있다.

5.16 많은 형질의 유전은 멘델의 법칙보다 더 복잡하다

비록 많은 형질들이 단순한 멘델 유전 양식을 따르기는 하지만, 다른 것들은 그렇지 않다. 실제 생활에서는, 19세기에 멘델이 추론했던 그 원리들만으로는 설명될 수 없는 보다 복잡한 유전 양식들을 만나곤 한다.

불완전 우성

고전적인 멘델 유전학에서는, 우성 대립유전자가 한 개체에 두 개 있느냐 한 개 있느냐에 관계없이 똑같은 외형을 만들어낸다. 그러나 금어초의 꽃 색깔 같은 일부 특징들에 대해서는, 이형접합성 조건(우성과 열성 대립유전자를 하나씩 가지는)이 중간적인 외형을 만들 때가 있다. 이런 현상을 **불완전 우성**(incomplete dominance)이라고 부른다.

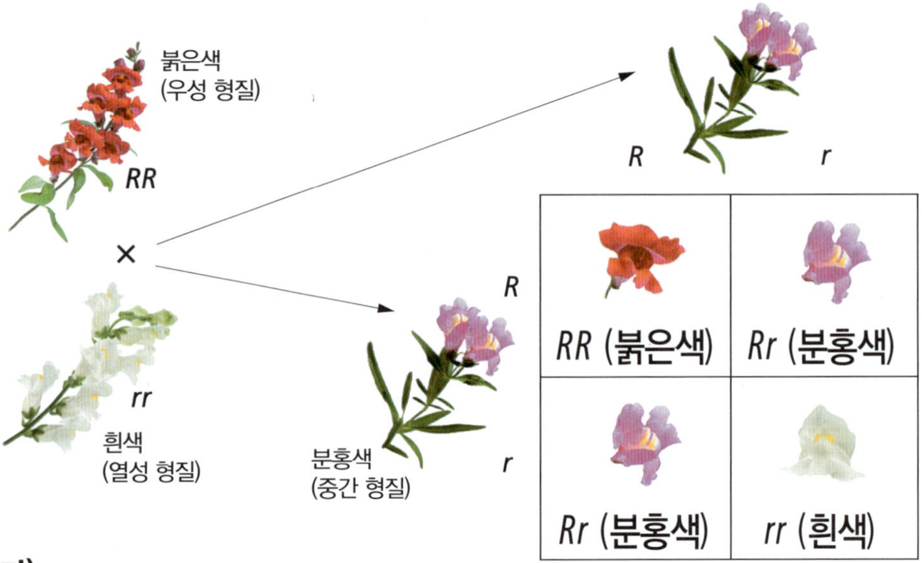

다중 대립유전자(복대립유전자)

고전적인 멘델 유전학은 유전자 하나에 오로지 두 개의 대립유전자만 있는 유전 양식만 고려한다(예를 들어, *R*이거나 *r*). 그러나 대부분의 유전자에 두 가지 이상의 대립유전자 형태들이 존재하며, 모든 개체는 해당 유전자에 대해 두 개의 대립유전자만을 가진다. 그러나 그 유전자에 대한 대립유전자들이 여러 개이기 때문에, 유전자들의 조합이 여러 가지 생기고, 그에 따라 여러 가지 형질들이 나타날 수 있다. 이런 대립유전자를 **다중 대립유전자**(multiple allele, **복대립유전자**)라고 한다.

! 미국에서 가장 희귀한 혈액형은 AB−(AB negative)로, 250명당 한 명 정도이다.

인간의 혈액형은 세 개의 대립유전자(i, I^A, I^B)에 의해 결정된다. 이 세 가지 대립유전자는 6가지 방식으로 조합될 수 있다.

유전자형	표현형 (혈액형)
ii	O
iI^A	A
I^AI^A	A
iI^B	B
I^BI^B	B
I^AI^B	AB

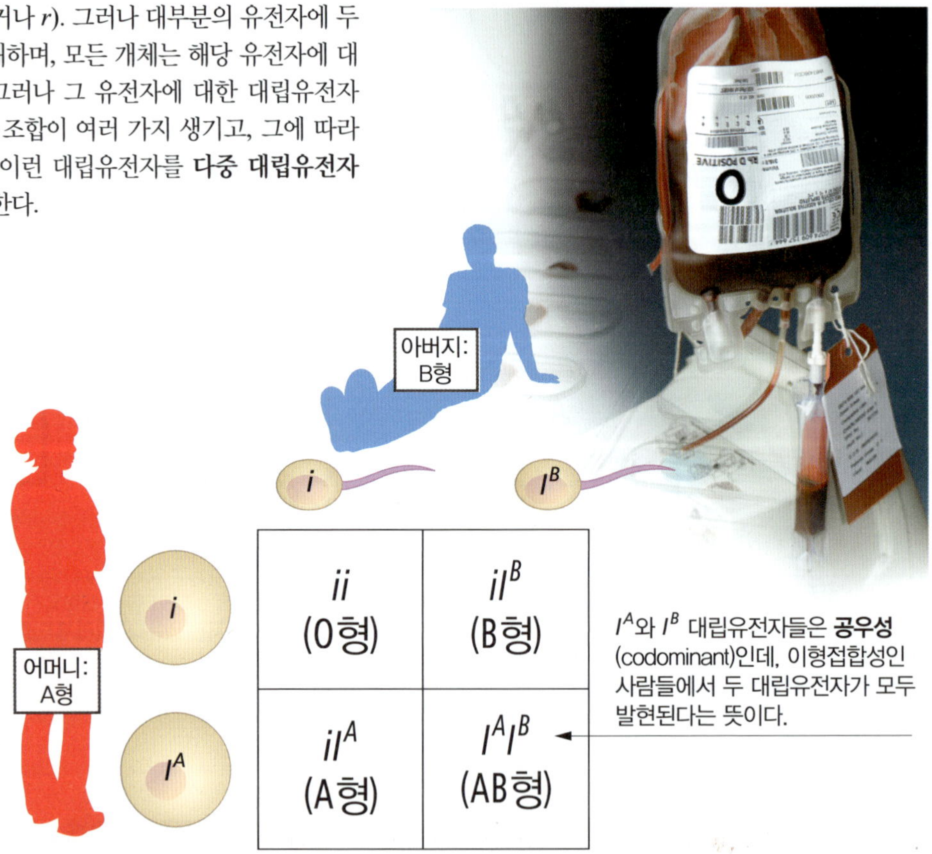

I^A와 I^B 대립유전자들은 **공우성**(codominant)인데, 이형접합성인 사람들에서 두 대립유전자가 모두 발현된다는 뜻이다.

결과 = 1 ii (O형) : 1 iI^B (B형) : 1 iI^A (A형) : 1 I^AI^B (AB형)

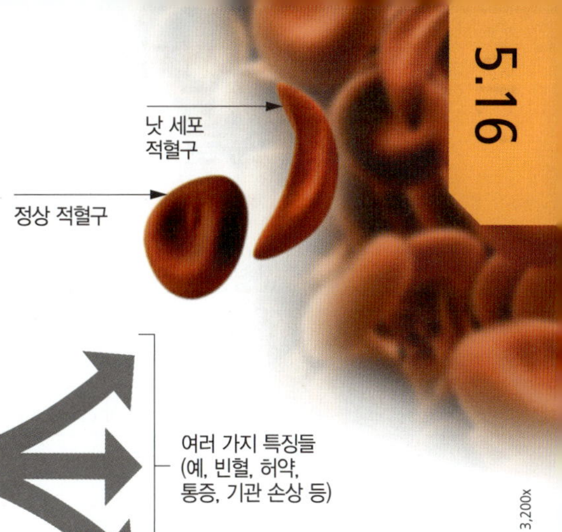

다면발현

단순한 멘델식 유전학에서는, 하나의 유전자가 하나의 특성을 책임진다. 그러나 어떤 경우에는, 하나의 유전자가 여러 특징들에 영향을 미치는데, 이런 상황은 **다면발현**(pleiotropy)이라고 부른다. 예를 들어, 인간에서 한 유전자의 돌연변이는 낫 세포 질환(sickle celll disease; 일명 낫 세포 빈혈증이라고도 불린다)을 유발할 수 있다. 돌연변이의 결과로, 적혈구 세포들은 모양이 왜곡되어 낫 모양으로 변한다. 낫 모양의 세포들은 혈관을 막을 수 있으며 통증과 기관 손상을 유발한다. 낫 모양으로 바뀐 세포들은 신체에 의해 파괴되므로, 빈혈과 전신 허약을 유발한다. 따라서 하나의 돌연변이가 여러 가지 신체적 변화를 일으킬 수 있다.

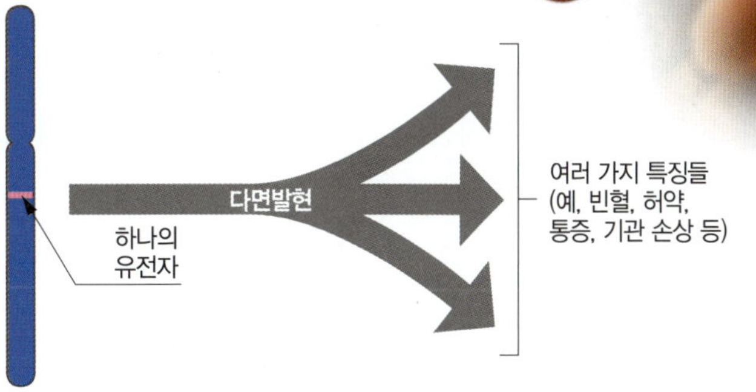

다인자 유전

전통적인 멘델식 유전학에서는 모든 특징이 단 두 가지 형질만 가지는 것으로 설명한다. 예를 들어, 완두 식물의 꽃 색깔은 보라색이거나 흰색이다. 그러나 여러 가지 특징들은 실제로 형질들의 연속선을 따라 다양하게 나타난다. 이것은 종종 **다인자 유전**(polygenic inheritance) 때문인데, 한 가지 특징에 대해 여러 유전자가 영향을 미치는 것이다. 예를 들어, 인간의 기나 피부색은 여러 개의 유전자에 의해 영향을 받으므로, 하나의 유전자만을 추적하는 것은 결코 믿을만한 유전적 설명을 제공하지 못한다.

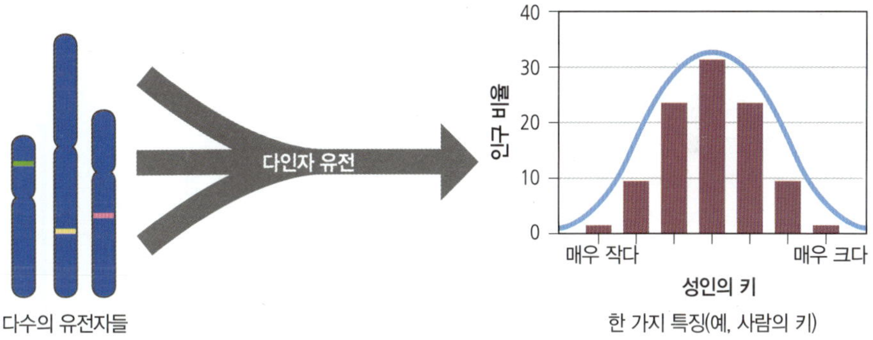

환경 VS. 유전

혈액형 같은 일부 특징들은 완전히 유전자에 의해 결정된다. 피부색 같은 다른 특징들은 유전적 요소와 환경적 요소를 모두 가진다. 그리고 신체에 구멍을 내는 피어싱이나 문신 같은 어떤 특징들은 완전히 환경에 의해 결정된다. 그러나 외형을 만드는 이 두 가지 원인 사이에는 중요한 차이가 있는데, 바로 유전적 영향만이 유전된다는 것이다. 환경적인 어떤 영향도 다음 세대로 전달되지 않는다.

신체적 형질 중 많은 것들은 유전되는 것이 아니다.

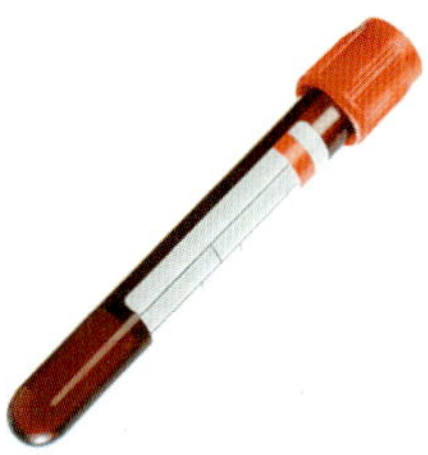
우리의 혈액형 형질은 완전히 유전자에 의해 결정된다.

인간의 피부색은 유전적 영향과 환경적 영향(햇빛에 대한 노출 등)을 모두 받는다.

요점

▶ 고전적 멘델 유전학이 여러 가지 형질의 유전을 설명하지만, 다른 것을 설명하기 위해서는 그 단순한 법칙들을 확장할 필요가 있다. 복잡한 사례들로는 불완전 우성, 다중 대립유전자, 다면발현, 다인자 유전, 그리고 환경의 효과 등을 들 수 있다.

? 여기 논의된 멘델 유전학의 확장 중에서, 본질적으로 서로 반대되는 것 두 가지는 어떤 것인가?

답: 다면발현은 하나의 유전자가 여러 특징에 영향을 미치는 것인데, 다인자 유전은 많은 유전자가 한 가지 특징에 영향을 미칠 때 발생한다.

5.17 연관된 유전자는 독립적 분리의 법칙을 따르지 않을 수도 있다

멘델이 그의 실험을 통해 추론했던 기본적 원리들 중 하나는 독립적 분리의 법칙으로서, 모든 특징이 독립적으로 유전된다는 것이었다. 달리 말하자면, 완두 식물이 보라색 꽃을 가지느냐 흰 꽃을 가지느냐 하는 것은 그것이 녹색 종자를 가질 것인지 노란색 종자를 가질 것인지에 전혀 영향을 미치지 않는다는 것이다. 그러나 이런 설명은 불완전하다. 같은 염색체 위에 가까이 위치하는 유전자는 함께 유전되려는 경향이 있다. 그런 유전자는 **연관된 유전자**(linked genes)로 불리며, 독특한 유전양식을 나타낸다.

연관된 유전자

정상적으로, 각 특징에 대한 유전자들은 다른 특징들에 대한 유전자들과는 독립적으로 배우자로 들어간다. 그러나 만약 두 유전자가 한 염색체 위에 서로 가까이 위치한다면, 그 유전자들은 함께 유전되려는 경향을 나타낸다. 아래의 예에서 보는 것처럼, 독립적으로 분리되는 염색체들에 의해 예측된 비율을 만드는 대신, 연관된 유전자들이 관여하는 교배의 결과의 비율은, 세 개의 이중 우성 개체와 하나의 이중 열성 개체로 나타난다. 여기에는 우성과 열성 형질이 섞인 자손이 없다는 점에 주의하라. 이 결과는 독립적 분리의 법칙에 예외가 있음을 드러낸다. 연관된 유전자들에서, 개체가 특정 형질을 가지느냐 아니냐는, 다른 형질을 가질지 말지에 영향을 받는데, 그 유전자들이 같은 염색체 위에 물리적으로 서로 연결되어 있기 때문이다.

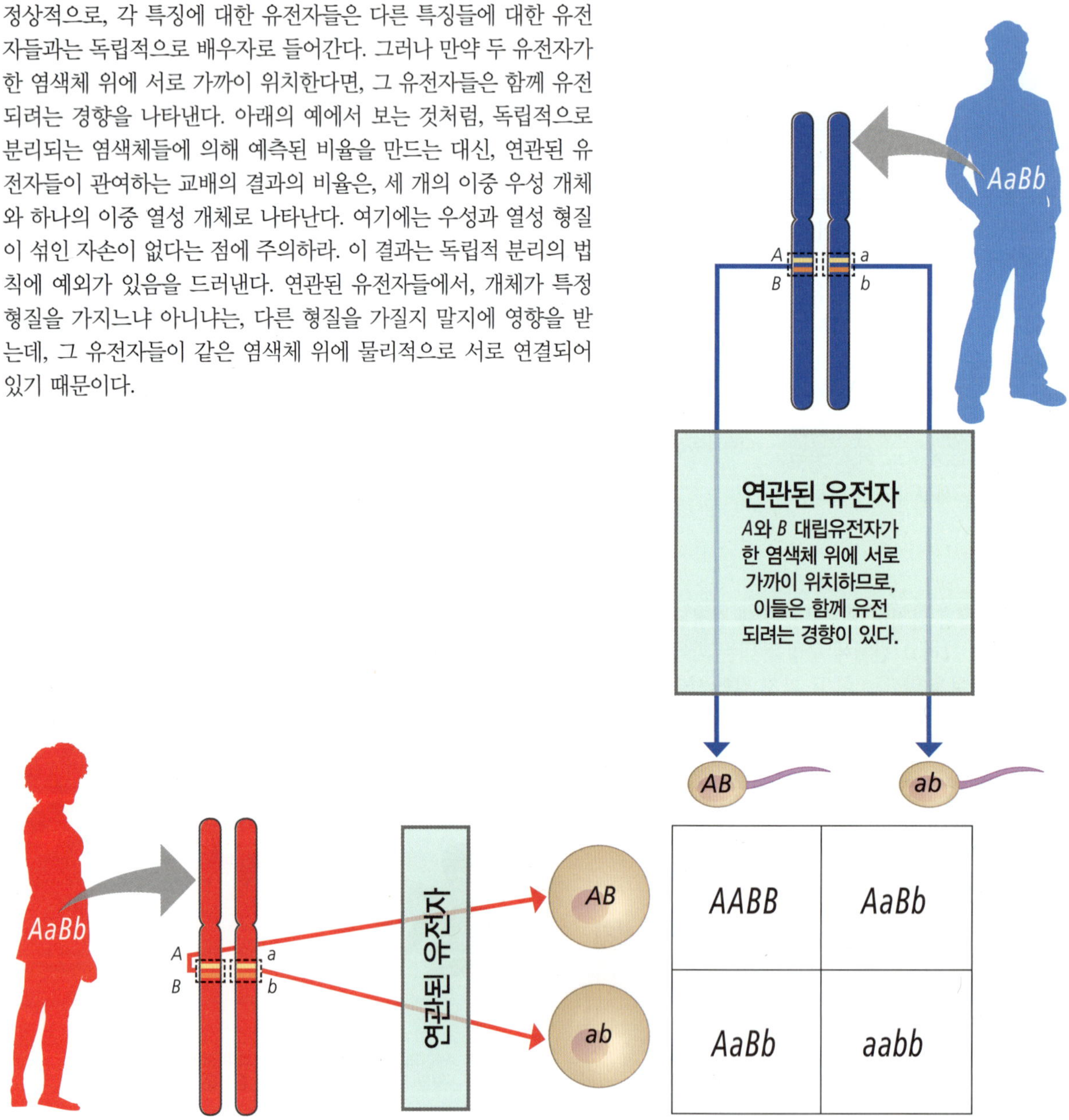

결과 = 1 *AABB* (이중 우성) : 2 *AaBb* (이중 우성) : 1 *aabb* (이중 열성)

이 결과는 두 유전자가 연관되지 않아 독립적으로 분리될 때 관찰되는 비율과 다르다.

유전적 재조합

유전자들은 염색체들 위에 존재하며, 염색체들의 이동은 유전적 형질의 전달을 조절한다. 감수분열 과정을 통한 배우자 형성 중에는, 상동염색체들이 쌍을 이루며 물리적으로 서로 연결된다. 이 시점에, 염색체들은 **교차**(crossing over)라고 불리는 과정을 통해 조각들을 맞바꿀 수 있다. 교차는 **재조합 염색체**(recombinant chromosomes)라고 불리는 혼합 염색체를 만든다. 이들은 원래의 두 염색체에서 유래한 조각들을 포함하게 된다. 교차의 과정은 같은 염색체 위에 연관된 유전자들을 섞을 수 있다. 그러나 하나의 염색체 위에 아주 가까이 위치하는 두 유전자에서는, 교차가 그 둘 사이에서 일어날 가능성이 매우 작다. 따라서 교차의 사건이 두 유전자를 나눌 확률은 그 두 유전자가 한 염색체 위에서 얼마나 멀리 떨어져 있는지와 관련이 있다.

! 전형적인 인간 염색체는 한두 번의 교차로 조각들이 연결된다.

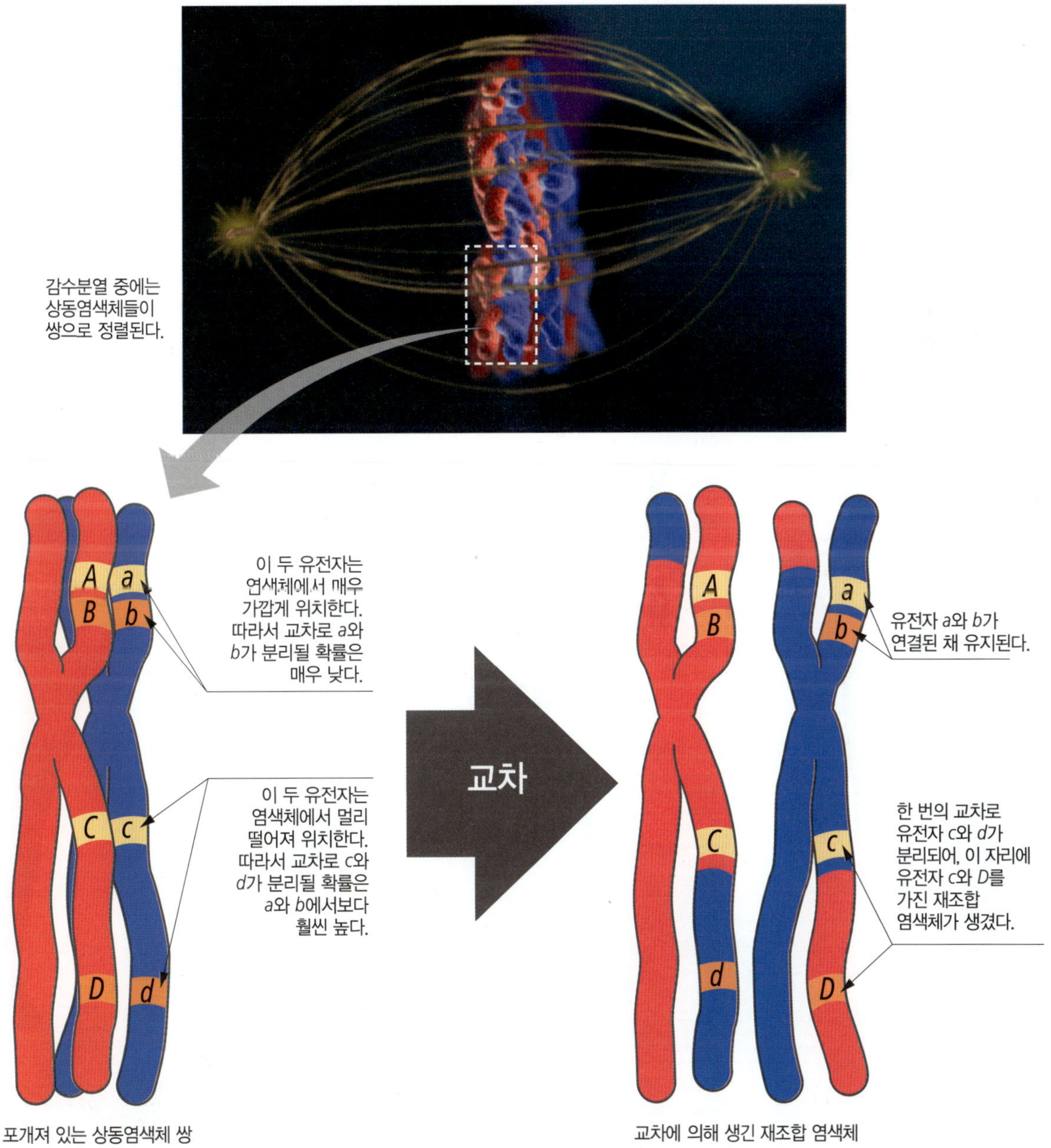

요점

▶ 유전자들이 염색체 위에 자리하므로, 염색체들의 행동이 곧 유전자들의 유전을 설명할 수 있다. 같은 염색체 위에서 서로 인접하여 위치하는 유전자들(연관된 유전자들이라고 함)은 종종 한 세트로 유전되지만, 감수분열 시 상동염색체들 사이의 교차로 재조합 염색체가 생길 수 있다.

? 서로 다른 염색체에 위치한 유전자들은 연관될 수 있는가?

답: 아니다. 동일한 염색체에서 인접해 위치한 유전자들만이 연관될 수 있으며, 한 세트로 유전될 수 있다.

5.18 성연관 유전자는 특이한 유전양식을 나타낸다

인간의 46개 염색체 중에서 44개는 **상염색체**(autosome)라고 불리며 모든 사람에게서 발견된다. 나머지 두 개의 염색체는 **성염색체**(sex chromosome)로, 남성과 여성에서 달리 나타난다. 성염색체들은 몇 가지 특수한 성질들을 가지며 독특한 유전 양식을 나타낸다.

성염색체

대부분의 포유동물과 마찬가지로, 인간들은 한 쌍의 성염색체—X와 Y로 표시되는 것들—를 가지며 이들은 개인의 성을 결정한다. 하나의 X 염색체와 하나의 Y 염색체를 가지는 사람은 남자이고; XX인 사람은 여성이다. 남성에 의해 생산되는 각각의 정자들은 22개의 상염색체와 하나의 성염색체를 가진다; 이들 중 절반은 하나의 X 염색체를 가지며, 다른 절반의 정자들은 하나의 Y염색체를 가진다. 여성에 의해 생산되는 각각의 난자들은 22개의 상염색체와 하나의 X 염색체를 갖는다. 따라서 자손의 성은 난자를 수정시킨 그 정자 세포가 X를 가진 것이었는지, 아니면 Y를 가진 것이었는지에 따라 결정된다.

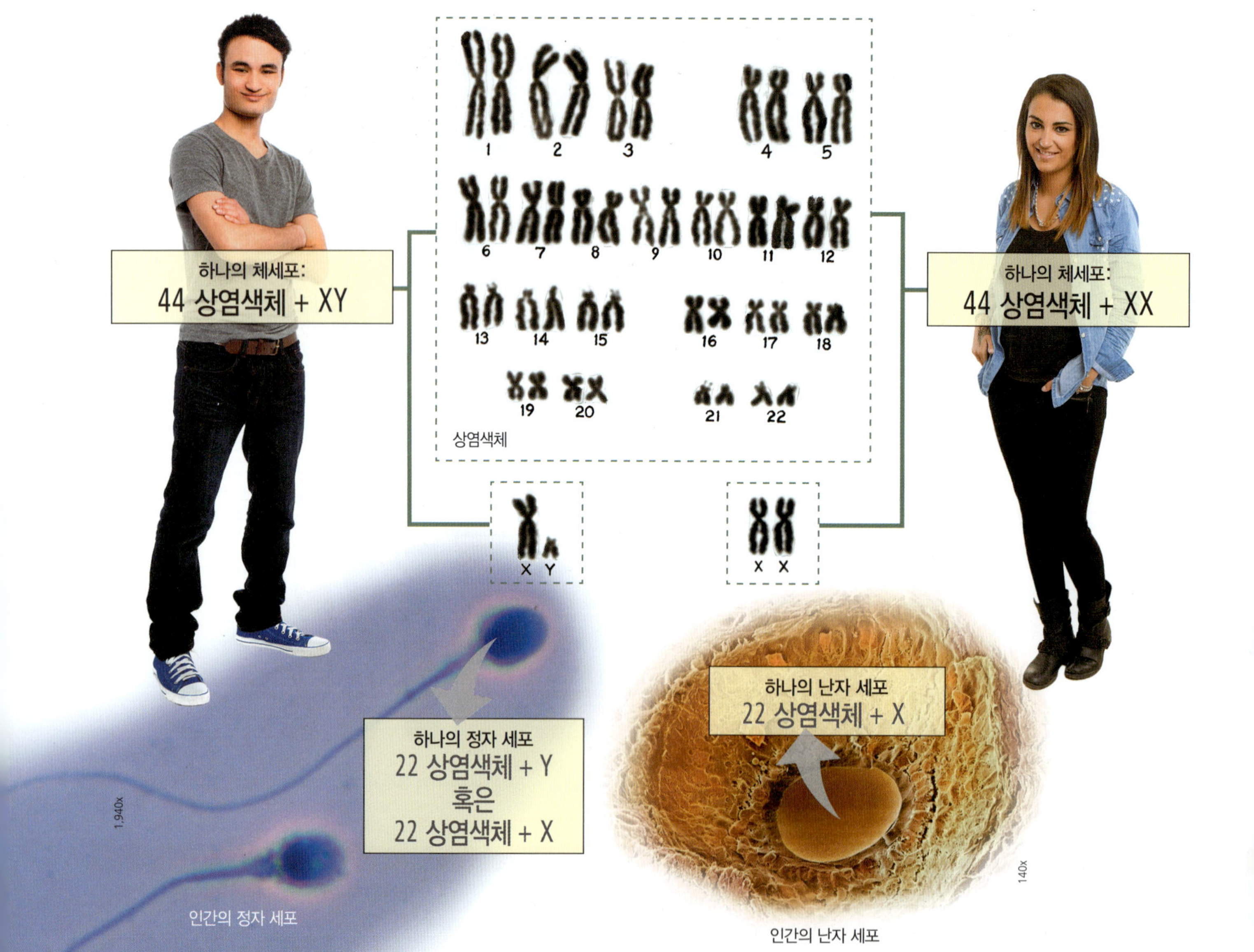

성-연관 유전

Y 염색체는 매우 작고, 실제로 남성성을 부여하는 것들을 제외하면 별로 유전자를 가지고 있지 않다. 그러나 인간의 여러 특징은 X 염색체에 위치하는 단일 유전자들에 의해 조절된다. 그런 유전자를 **성-연관 유전자**(sex-linked genes)라고 불린다. 성-연관 유전자에 의해 조절되는 특징은, 여성이 두 개의 X 염색체를 가지는 데 반해, 남성은 하나만 가지기 때문에 독특한 유전양상을 나타낸다. 일부 형태의 색맹은 성-연관성인데, 유럽의 왕족들에 흔했던 과도한 출혈성 질병인 혈우병(hemophilia)도 그렇다. 정상적인(우성) 유전자 사본 하나가 질병을 막을 수 있으므로, 혈우병이나 기타 성-연관 열성 질병은 여성(두 개의 X 염색체를 가짐)에서보다 X 염색체가 하나뿐인 남성에서 흔히 나타난다.

러시아의 마지막 황족

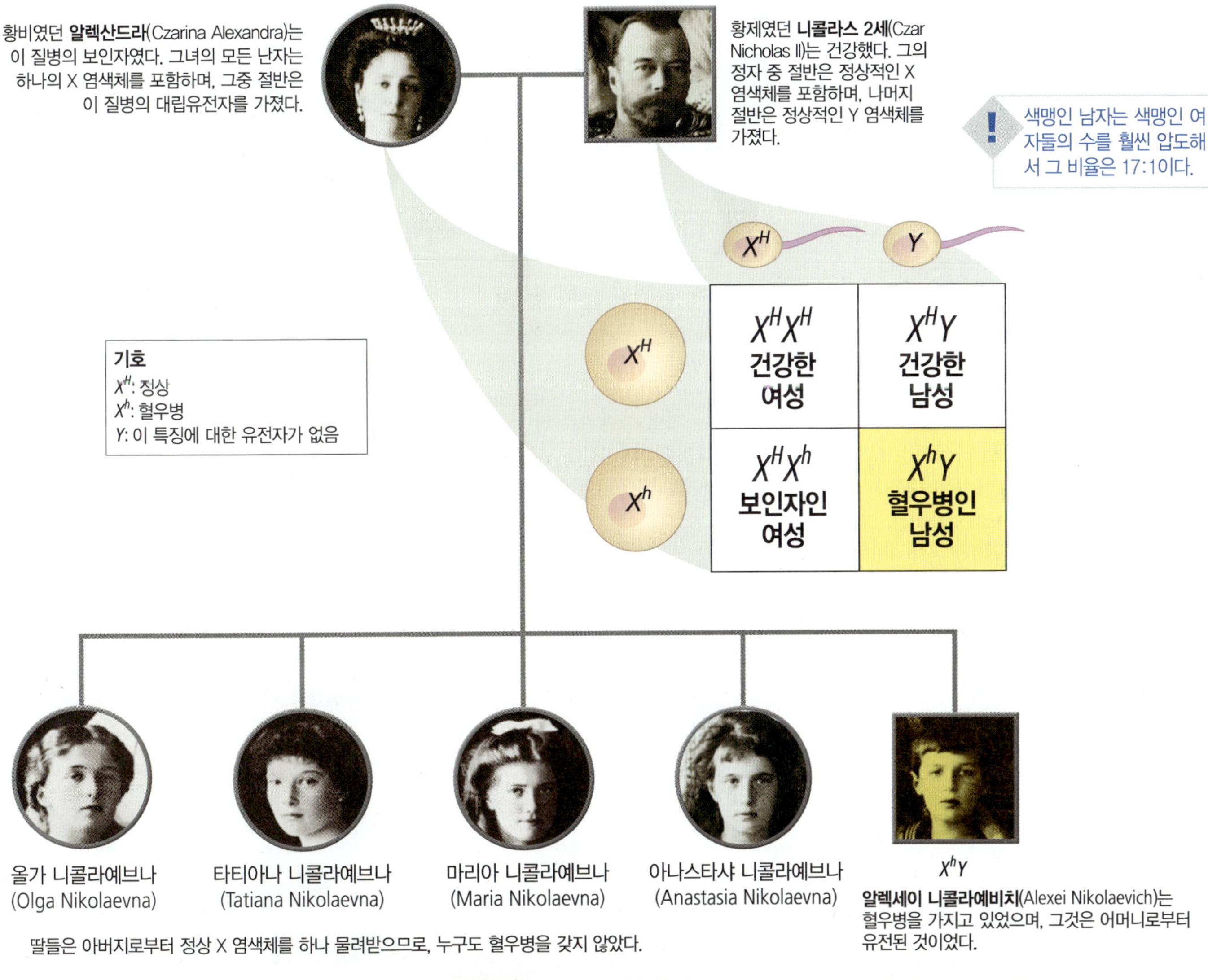

! 색맹인 남자는 색맹인 여자들의 수를 훨씬 압도해서 그 비율은 17:1이다.

요점

▶ 인간의 세포는 44개의 상염색체와 2개의 성염색체를 가진다. 만약 어떤 사람이 두 개의 X-성염색체를 가진다면 그 사람은 여성이다; 남성은 하나의 X와 하나의 Y를 가진다. X-염색체에 위치하는 성연관 유전자들은 특이한 유전 양식을 나타낸다.

? 여성 보인자가 혈우병을 가진 딸을 낳을 가능성이 있는가?

답: 그렇다. 그녀가 혈우병인 남성과 결혼한다면, 1/8의 확률로 혈우병 딸을 낳을 가능성이 있다.

6.1 DNA는 뉴클레오타이드들의 중합체이다

생명에게 **DNA**보다 더 중요한 분자는 없다. **데옥시리보핵산**(deoxyribonucleic acid)이라고도 불리는 DNA는, 정보를 저장하는 두 가지 형태의 **핵산**(nucleic acid) 분자 중 하나이다. 구조적 측면에서, DNA는 중합체(polymer)로서, 더 작은 단위들이 반복되어 형성되는 거대 분자이다. DNA에서 이 작은 단위들은 뉴클레오타이드(nucleotide)라고 불린다. 세포 내에서, DNA 중합체는 보통 하나 이상의 매우 긴 섬유들로 존재하는 데, 이것을 염색체(chromosome)라고 한다. DNA는 유전을 일으키는 분자로 작용하여, 유전 정보를 한 세대에서 다음 세대로 전달한다. 유전의 단위는 **유전자**(gene)로서, 특정 분자를 생산하는 데 필요한 정보를 암호화하는 DNA 영역을 말한다.

이중 나선

살아 있는 모든 세포는 하나 혹은 그 이상의 염색체(인간의 경우 46개)를 가진다. 각 염색체는 매우 긴 하나의 DNA 분자와 그 DNA를 조밀하게 만드는 단백질들로 구성된다. DNA의 전체적인 구조는 **이중 나선**(double helix)으로, 마치 빨간색과 흰색의, 꼬인 줄무늬를 가진 크리스마스 막대 사탕처럼 두 가닥이 서로 감겨 있다. 이중 나선의 중앙에는 두 가닥이 서로 붙들려 있도록 하는 수소 결합이 존재한다. DNA의 정밀한 화학적 구조는 지구상의 모든 생물에서 공통적이다.

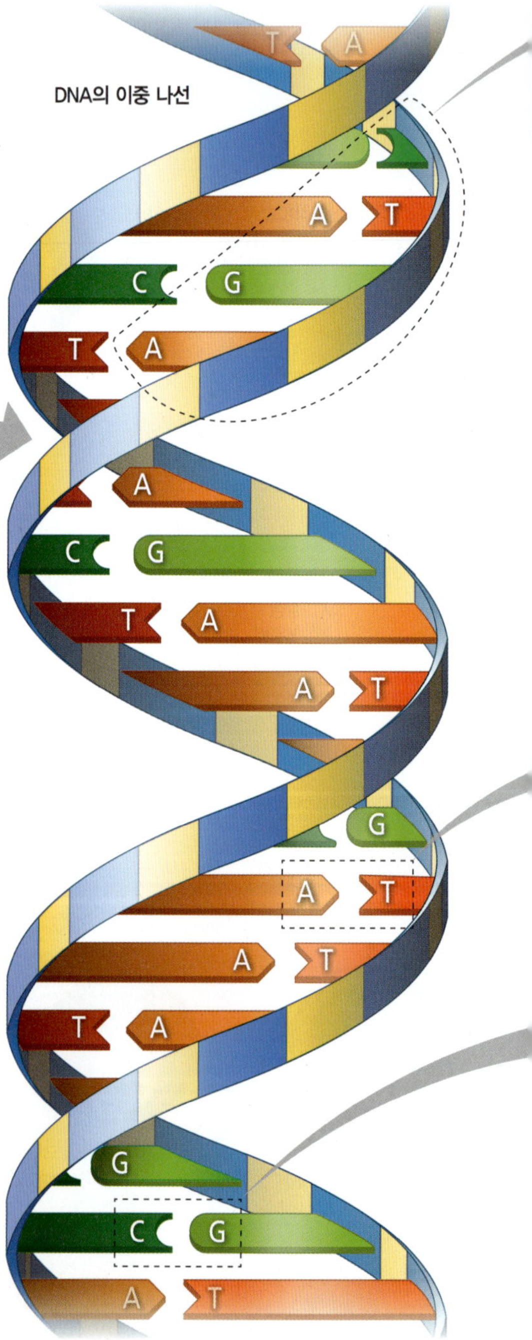

뉴클레오타이드

DNA 분자는 **뉴클레오타이드**(nucleotide)라고 불리는 개별 소단위로 만들어진다. 각 뉴클레오타이드는 세 부분으로 구성된다: 중앙의 5탄소 포함 **당**(sugar; DNA에서는 데옥시리보오스-deoxyribose-이다), 음으로 하전되어 있는 **인산**(phosphate), 그리고 질소와 탄소로 되어 있는 하나 혹은 두 개짜리 고리를 가진 화합물인 **염기**(base)이다. 당과 인산은 모든 DNA 뉴클레오타이드에서 동일하다. 그러나 DNA 염기들은 다양해서 네 가지로 나타나며, A, G, T, 그리고 C로 표시된다. 모든 유전 정보는 이 네 문자 알파벳을 이용해 암호화된다.

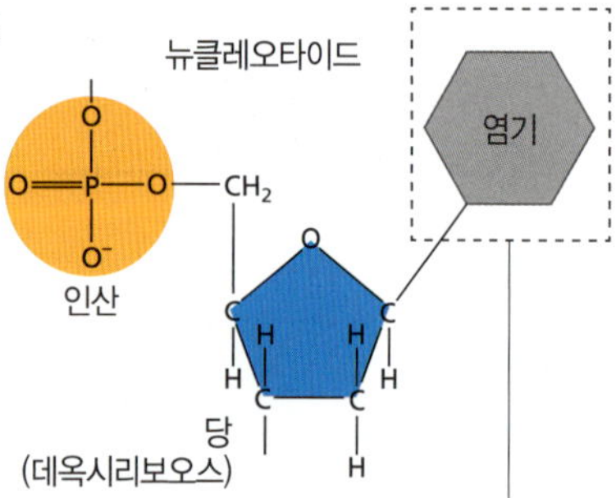

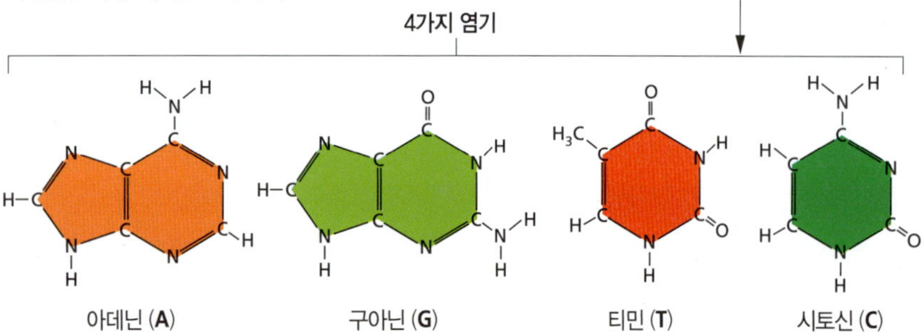

폴리뉴클레오타이드

한 분자의 DNA는 서로 감겨 이중 가닥을 형성하는 두 개의 **폴리뉴클레오타이드**(polynucleotides)를 포함한다—하나의 폴리뉴클레오타이드는 막대 사탕의 붉은 줄이고 다른 폴리뉴클레오타이드는 흰 줄이다. 각 폴리뉴클레오타이드는 개별 뉴클레오타이드들이 길게 연결된 줄이다. 따라서 그 이름은: "폴리"라는, "많다"는 뜻의 단어를 붙여 "폴리뉴클레오타이드"가 "많은 뉴클레오타이드"를 의미하도록 했다. 하나의 폴리뉴클레오타이드는 그 길이를 따라 네 가지 염기가 특정 조합으로 나열된다.

> ! 우리 몸의 어느 한 세포에서 얻은 DNA 골격이라도, 지구상의 다른 어떤 생물의 세포에서 얻은 DNA 골격과 다르지 않다. 모든 생물의 DNA는 같은 화학물질로 구성된다.

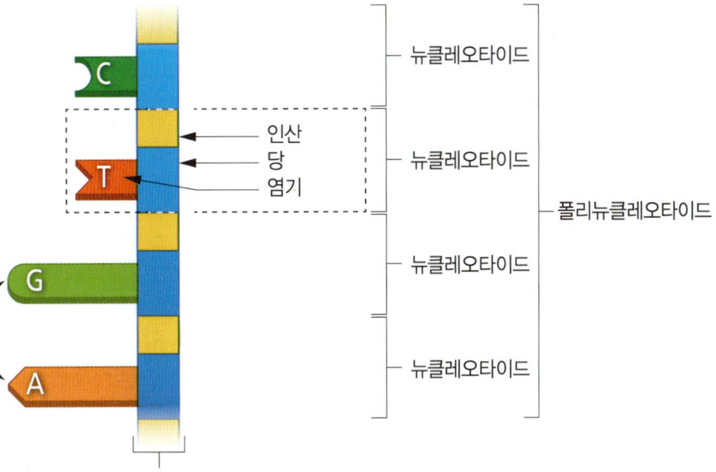

염기(base): 뉴클레오타이드 염기들은 네 가지이다: A, T, C, 그리고 G이다. 염기의 순서는 생물의 DNA 마다 다르지만, 뉴클레오타이드 4가지를 가지는 것은 어느 생물이나 마찬가지다.

골격(backbone): 하나의 긴 사슬에는 당과 인산이 번갈아 나오며, 이런 골격 구조는 모든 DNA 분자가 똑같다.

염기쌍

하나의 뉴클레오타이드는 네 가지 염기 중 하나를 가진다: 아데닌(adenine; A로 줄여 쓴다), 구아닌(guanine; G), 시토신(cytosine, C), 혹은 티민(thymine, T)이다. 그들의 화학적 조성 때문에, 각 종류의 염기들은 다른 종류의 염기 하나와 수소 결합을 형성할 수 있다: A는 T와, C는 G와 수소 결합을 이룬다. 이 **염기쌍**(base pair)들 내의 수소 결합이 이중 나선의 두 가닥을 서로 붙잡고 있게 한다. 염기쌍 규칙 때문에, 이중 나선 내의 한 폴리뉴클레오타이드를 따라 늘어선 뉴클레오타이드들의 서열은, 상대 가닥의 폴리뉴클레오타이드를 따라 배열된 뉴클레오타이드들의 서열을 결정해줄 수 있다.

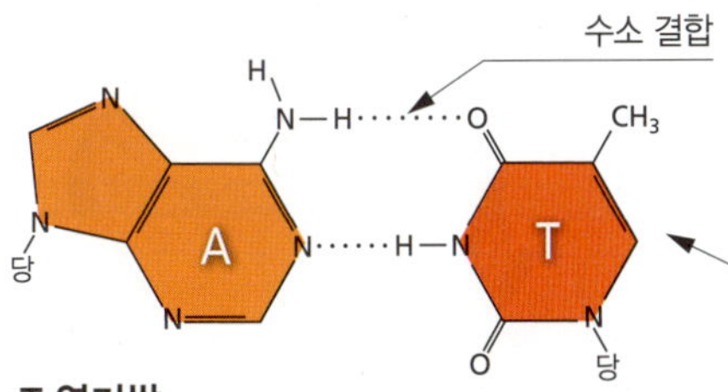

A-T 염기쌍

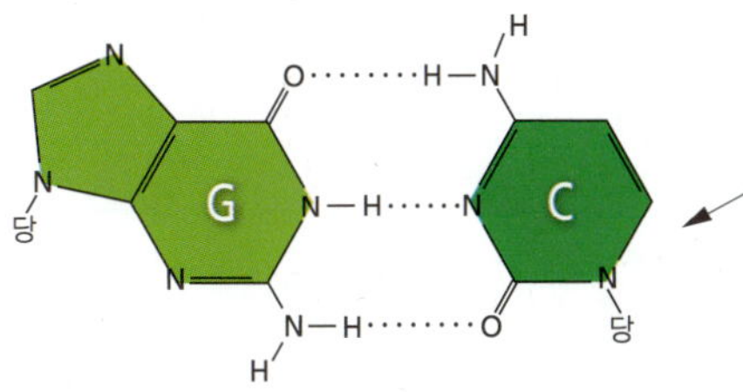

G-C 염기쌍

한 분자의 DNA 내에서 A-T 염기쌍은 두 개의 수소 결합에 의해 결합되어 있는 반면, G-C 염기쌍은 3개의 수소 결합에 의해 붙어 있다. 염기쌍들 사이의 이 수소 결합들이 두 가닥의 폴리뉴클레오타이드 사슬을 서로 붙들어 고정시킴으로써 DNA가 이중 나선을 형성하게 된다.

요점

▶ 한 분자의 DNA는 두 개의 폴리뉴클레오타이드 가닥이 서로 감겨 만들어지는 이중 나선이다. 하나의 가닥은 뉴클레오타이드들이 길게 연결된 것이다. 각 뉴클레오타이드는 모두 같은 당과 인산, 그리고 네 가지 가능한 염기 중 하나로 구성된다.

? 만약 여러분이 자신의 DNA와 세균에서 무작위로 뽑은 DNA를 비교할 수 있다면, 어떤 성분들이 동일하고, 또 어떤 성분이 다르게 나타나겠는가?

답: 골격(당과 인산)은 언제나 같지만, 염기들은 다를 수 있다.

6.2 DNA 복제에 의해 세포의 염색체가 복제된다

생명의 연속성이 유지되기 위해서는, 완전한 세트의 유전적 정보가 다음 세대까지 전달되어야만 한다. 이를 위해서는, DNA 분자들을 정확하게 복사할 방법이 필요하다. DNA의 구조 때문에 이런 기능의 수행이 가능한데, DNA의 한 가닥이 틀, 혹은 주형으로 사용되어 상대 가닥을 합성할 수 있기 때문이다. 바꿔 말해, 이중 나선의 한 가닥에 있는 염기의 서열들을 알고 있다면, 염기쌍 규칙을 적용함으로써 다른 가닥의 염기서열들을 결정할 수 있다. A는 T와 짝을 이루며(마찬가지로 T는 A와), G는 C와 (C는 G와) 짝을 만든다. 이런 단순한 전략이 **DNA 복제**(DNA replication)의 바탕이 되며, DNA 분자가 정확히 복제되도록 한다.

반-보존적 복제

DNA 복제 중에는, 원본 DNA 분자의 두 가닥이 서로 분리된다. 염기쌍 규칙 때문에, 분리된 각 가닥은 상대 가닥이 정확히 새로 만들어지기 위한 주형으로 작용할 수 있다. 결국에는, 두 개의 새로운 DNA 분자들이 생성되며, 각 분자들은 새로 합성된 한 가닥과 원래의 DNA 분자에 있던 한 가닥을 포함하게 된다. 이런 DNA 복제는 **반-보존적**(semi-conservative)이라고 하는데, 각각의 새로운 분자(이중 가닥)가 원래 분자의 가닥을 절반만큼(한 가닥) 가지고 있기 때문이다.

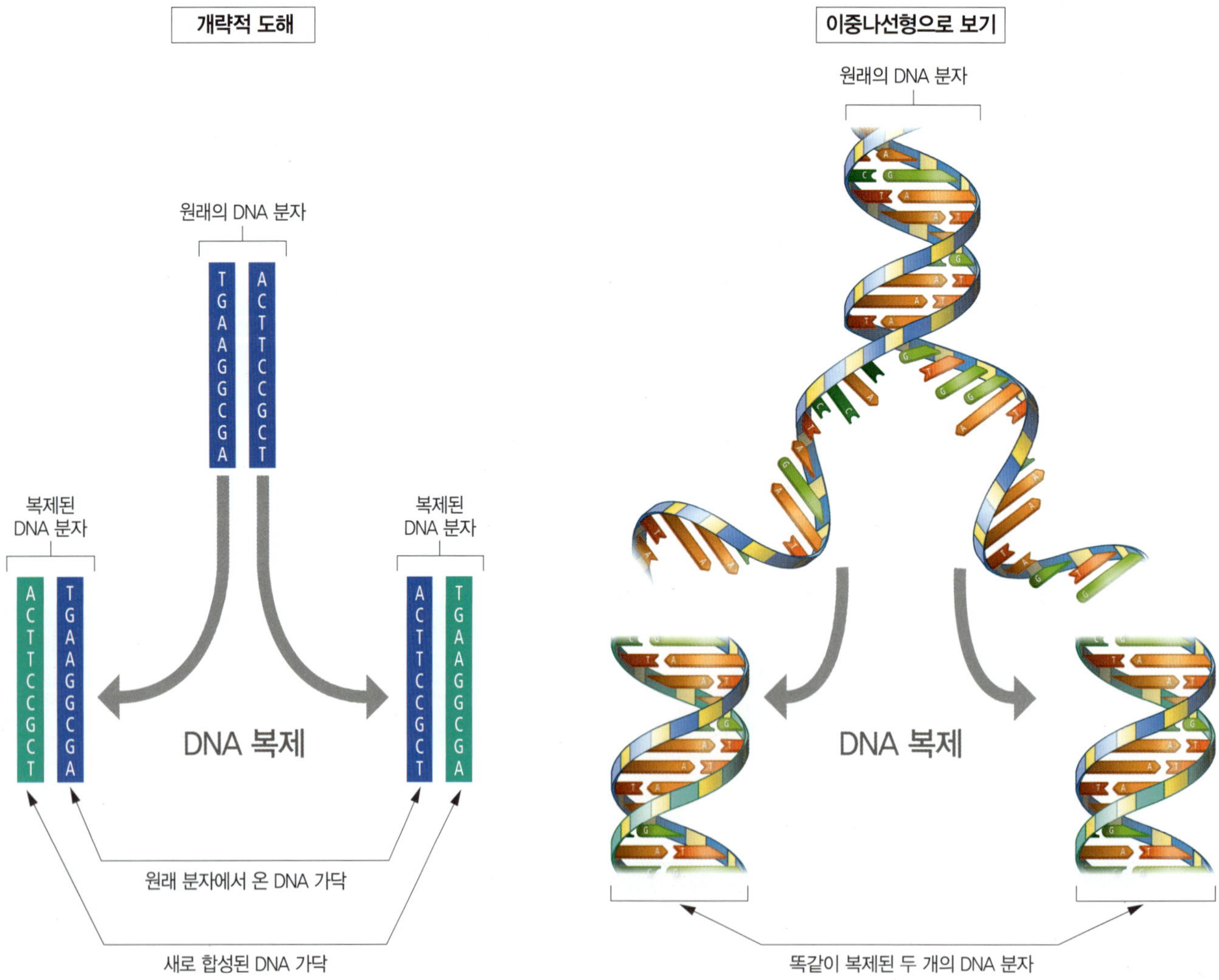

DNA 복제의 과정

한 세포 내에서 DNA 복제의 과정은, DNA 분자를 복제하기 위해 서로 협동하는 일련의 효소들에 의해 수행된다.

! 살아 있는 세포 내에서, DNA 복제는 초당 약 50 뉴클레오타이드의 속도로 진행될 수 있다.

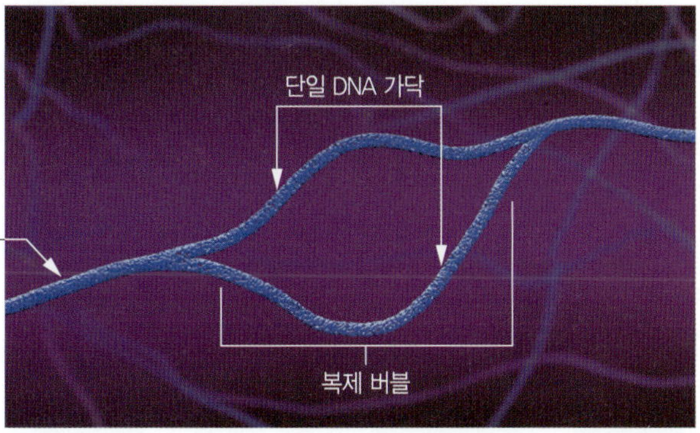

❶ 이중 나선이 서로 떨어진다.

DNA 복제는 헬리케이즈(helicase)라는 효소가 복제원점(origins of replication)이라고 불리는 특정 DNA 서열에 부착하면서 시작된다. 이 지점에서부터 그 효소는 이중 나선의 두 DNA 가닥들을 서로 분리시켜 복제 버블(replication bubble)을 만든다. 이중 나선이 서로 분리되기 때문에, 복제 버블 내에서는 분리된 각 DNA 가닥 내의 염기들이 노출된다.

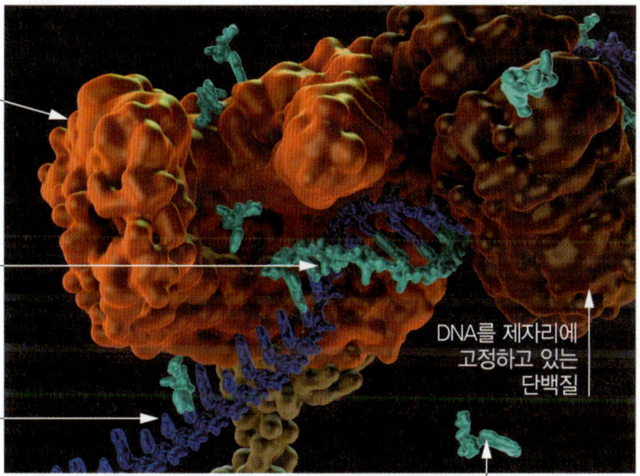

❷ 새로운 가닥들이 합성된다.

두 개의 분리된 DNA 가닥 각각은 DNA 중합효소(DNA polymerase)라는 효소와 결합한다. 이 효소는 기존의 가닥에 상보적인 새로운 DNA 분자를 만든다. DNA 중합효소는 올바른 자유 뉴클레오타이드를 분리된 가닥에 끼워 맞춘다; A는 T에, C는 G와 결합된다. 이런 일은 떨어진 양쪽 DNA 가닥에서 동시에 발생하며, 원래의 각 DNA 가닥들이 새로운 상보적 DNA 가닥의 합성에 주형으로 작용한다.

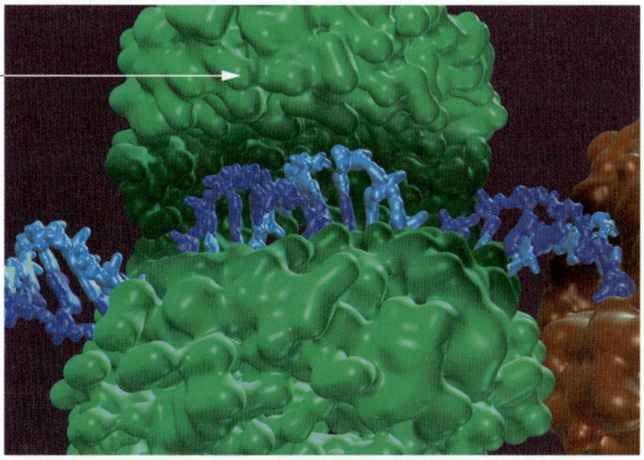

❸ DNA 단편들이 서로 연결된다.

DNA 중합효소는 새로운 DNA 분자를 단편 형태로 생산한다. DNA 연결효소(DNA ligase)라는 효소는 각각의 단편들을 연결시켜 최종적인 DNA 분자로 만들어준다.

요점

▶ 유전적 명령들은 DNA 복제를 통해 다음 세대로 전달된다. DNA 분자의 이중 나선은 서로 분리되며, 각각의 분리된 가닥들이 염기쌍 규칙에 의해 새로운 가닥들을 만드는 주형으로 작용한다.

? 만약 한 분자의 DNA가 빛을 발산하도록 화학적으로 변형된 후에 빛을 내지 않는 뉴클레오타이드를 이용하여 복제된다면, 새로운 DNA 분자 어느 것이 빛을 내겠는가? "둘 다, 한 분자만, 아니면 둘 다 빛을 내지 않는다" 중 골라 보시오.

답: 새로운 각 가닥의 DNA 분자가 원래 가닥 절반을 포함하고 있으므로, 두 분자 모두 빛을 낼 것이다(그러나 각 분자에서 빛의 양이 절반으로 줄어들 것).

6.3 DNA는 RNA를 통해 단백질의 생산을 지시한다

핵산은 다른 분자의 생산에 대한 지시내용을 가진 정보 저장용 분자이다. 살아 있는 세포 내에서는 두 가지 형태의 핵산이 발견된다. **DNA**(deoxyribonucleic acid)와 **RNA**(ribonucleic acid)이다. 이 두 가지 형태의 핵산은 몇 가지 구조적 유사성을 가지고 있으며, 또한 중요한 차이점도 드러낸다. DNA의 지시에 의해, RNA는 단백질을 생산하도록 하는 정보를 수송한다. 이렇게 생긴 단백질들은 생명에 필수적인 세포내 작업들을 수행한다.

핵산: DNA와 RNA

DNA 분자는 RNA 분자와 여러 가지 구조적 유사성을 공유한다. 둘 다 핵산이다. 둘 다 뉴클레오타이드로 이루어진 중합체이며, 각 뉴클레오타이드는 당, 인산, 염기로 구성된다. 그러나 DNA와 RNA는 3가지 중요한 구조적 차이점을 드러낸다.

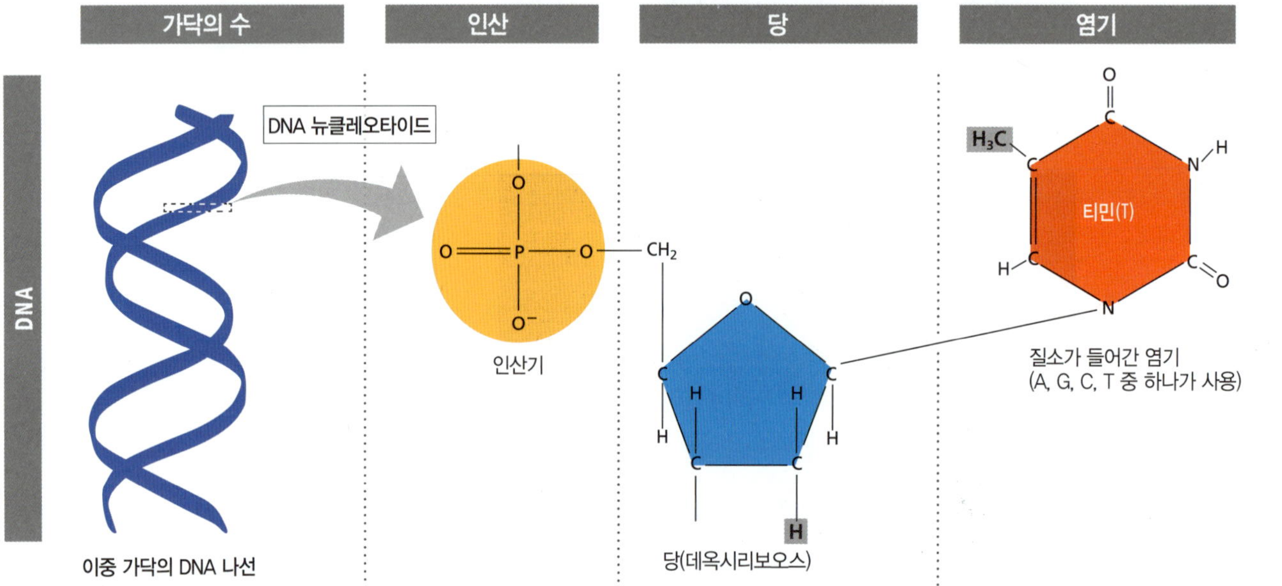

❶ 살아 있는 세포 내에서, DNA는 정상적으로는 두 가닥이 하나의 이중 나선 분자를 형성하는 이중 가닥 분자로 존재한다. 대조적으로, RNA는 대부분 단일 가닥 분자로 발견된다.

인산기는 DNA와 RNA에서 차이가 없다

❷ DNA의 당은 데옥시리보오스(deoxyribose)이다; RNA의 당은 리보오스(ribose)이다. 이름이 의미하는 바처럼, DNA의 당에는 산소가 하나 빠져 있어서("deoxy"는 "without oxygen:산소 없음"을 의미한다), RNA의 당과 비교된다. 당 때문에 핵산의 이름이 결정된다. deoxyribonucleic acid와 ribonucleic acid는 각각 DNA와 RNA로 불린다.

❸ 각각의 DNA 뉴클레오타이드는 네 가지 염기 중 하나를 가진다: 아데닌(A), 티민(T), 시토신(C), 그리고 구아닌(G)이다. RNA 뉴클레오타이드는 A, C, G 염기는 같지만, T 대신 우라실(U)을 가진다. 우라실은 T와 비슷하지만 다른 것이다.

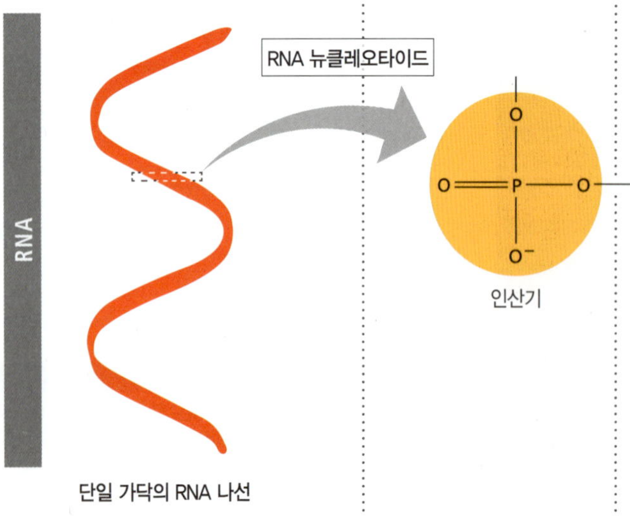

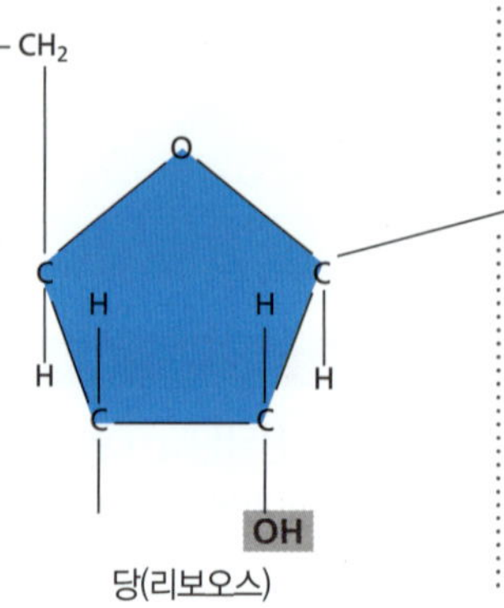

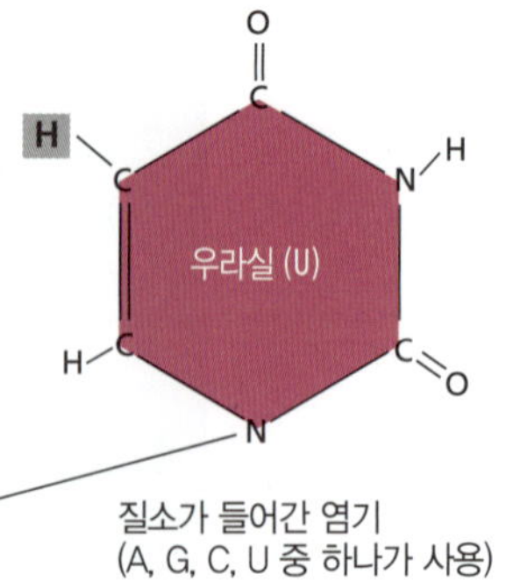

유전 정보의 흐름

DNA는 다른 분자들의 생산을 지휘할 수 있으므로 유전 분자(molecule of heredity)로 작용할 수 있다. 이를 위해, DNA는 우선 RNA의 합성을 지시하고, RNA는 다시 단백질의 제조를 조절한다. 그러면 단백질들은 세포 기능 대부분을 수행한다. 세포 내의 이 분자적 "명령 체계"는 종종 "DNA는 RNA를 만들고, RNA는 단백질을 만든다"로 설명된다. DNA는 이런 과정들을 통해 우리의 신체적 형질들을 조절할 수 있다.

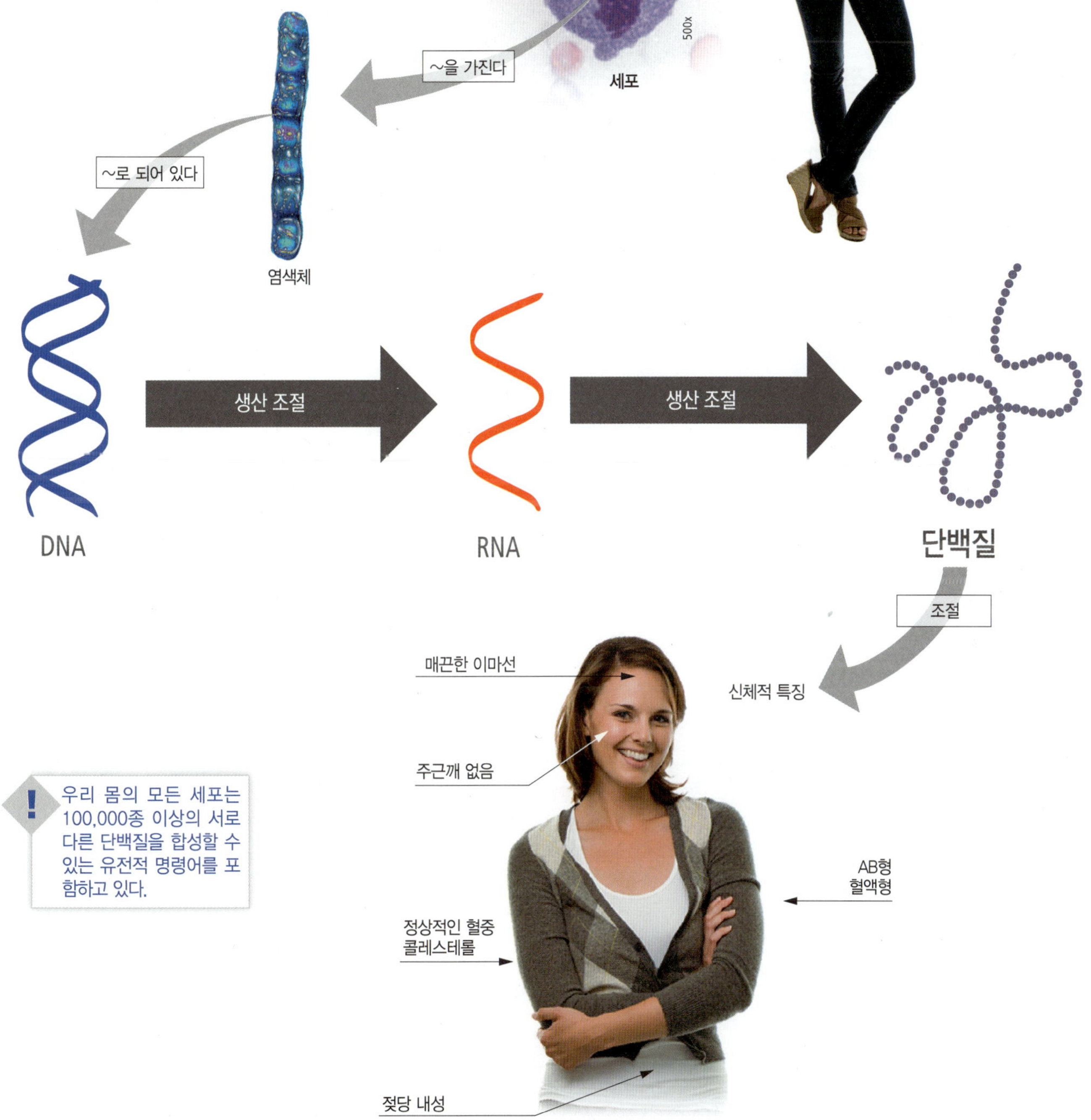

> **!** 우리 몸의 모든 세포는 100,000종 이상의 서로 다른 단백질을 합성할 수 있는 유전적 명령어를 포함하고 있다.

요점

▶ DNA와 RNA는 모두 핵산으로서, 일부 공통점과 차이점을 가진다. 한 세포 내에서는, DNA가 RNA의 합성을 지시하고, RNA는 다시 단백질 생산을 지시함으로써 DNA가 유전 물질로 작용하게 된다.

? 여러분의 염색체는 염기인 우라실(U)을 포함하는가?

답: 아니오. 우리의 염색체들은 DNA로 되어 있으며 U는 RNA에서만 발견된다.

6.4

유전 정보는 DNA로부터 RNA를 거쳐 단백질로 흐른다

우리가 가지고 태어나는 모든 형질은 우리 유전자를 구성하는 DNA에 암호화되어 있다. 그러나 DNA 자체가 우리의 외모를 만드는 것은 아니다. 그보다는, DNA가 단백질의 생산을 지시하며, 실제로 우리의 신체적 형질들이 나타나도록 하는 것은 이 단백질들이다. 세포 내에서, 정보의 전체적 흐름은 핵의 DNA에서 시작된다. 이 정보는 RNA로 암호화되고, 이들은 핵을 떠난다. 마지막으로 이 RNA가 세포질의 리보솜에 의해 단백질을 생산하는 데 이용된다. 전달되는 유전 정보는 DNA에서 RNA를 거쳐 단백질로 가는 여정 중에서 두 번의 변형을 겪는다: 전사(transcription)와 번역(translation)이다.

세포 내에서의 유전 정보 흐름

DNA로 된 유전자의 정보는 핵에서 **전사**(transcription) 과정을 통해 RNA 분자로 전환된다. 이 RNA는 핵공(nuclear pore)이라고 불리는 핵막 구멍을 통해 핵을 떠난다. 일단 세포질에 도착하면, 이 RNA 분자는 리보솜들로 향해 가며, 거기에서 **번역**(translation) 과정을 통해 자신이 가진 메시지를 단백질로 전환시킨다.

> ! 핵이 없는 세균들은 전사와 번역이 같은 공간에서 동시에 발생한다.

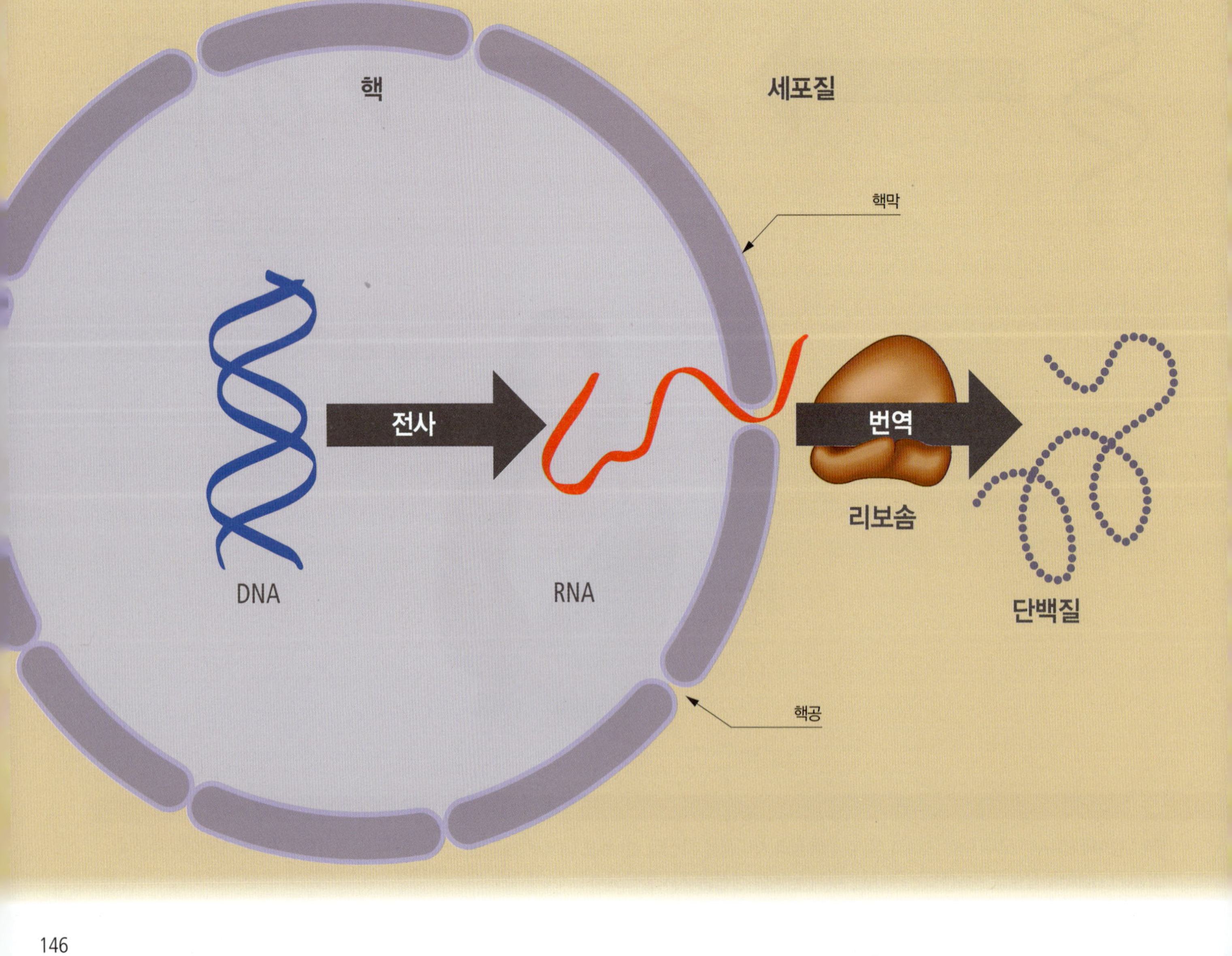

전사의 개요

진핵세포 내에서, 유전 정보의 흐름은 항상 핵(DNA가 있는 곳)에서 시작된다. DNA는 전사 과정을 통해 RNA 생산을 지시한다. 결과적으로 **전령 RNA**(messenger RNA, mRNA) 분자가 생긴다. 전사는 염기쌍 규칙(C는 G와, T는 A와 짝을 이룸)을 따르지만(C는 G로 전사되고, T는 A로 전사되는 방식이다), 중요한 예외가 존재한다. 티민(T) 대신 RNA에서는 U가 사용되므로, DNA의 A 뉴클레오타이드는 RNA의 U로 전사된다. 전사가 끝나면, mRNA는 핵을 빠져나와 번역을 위해 리보솜으로 향한다.

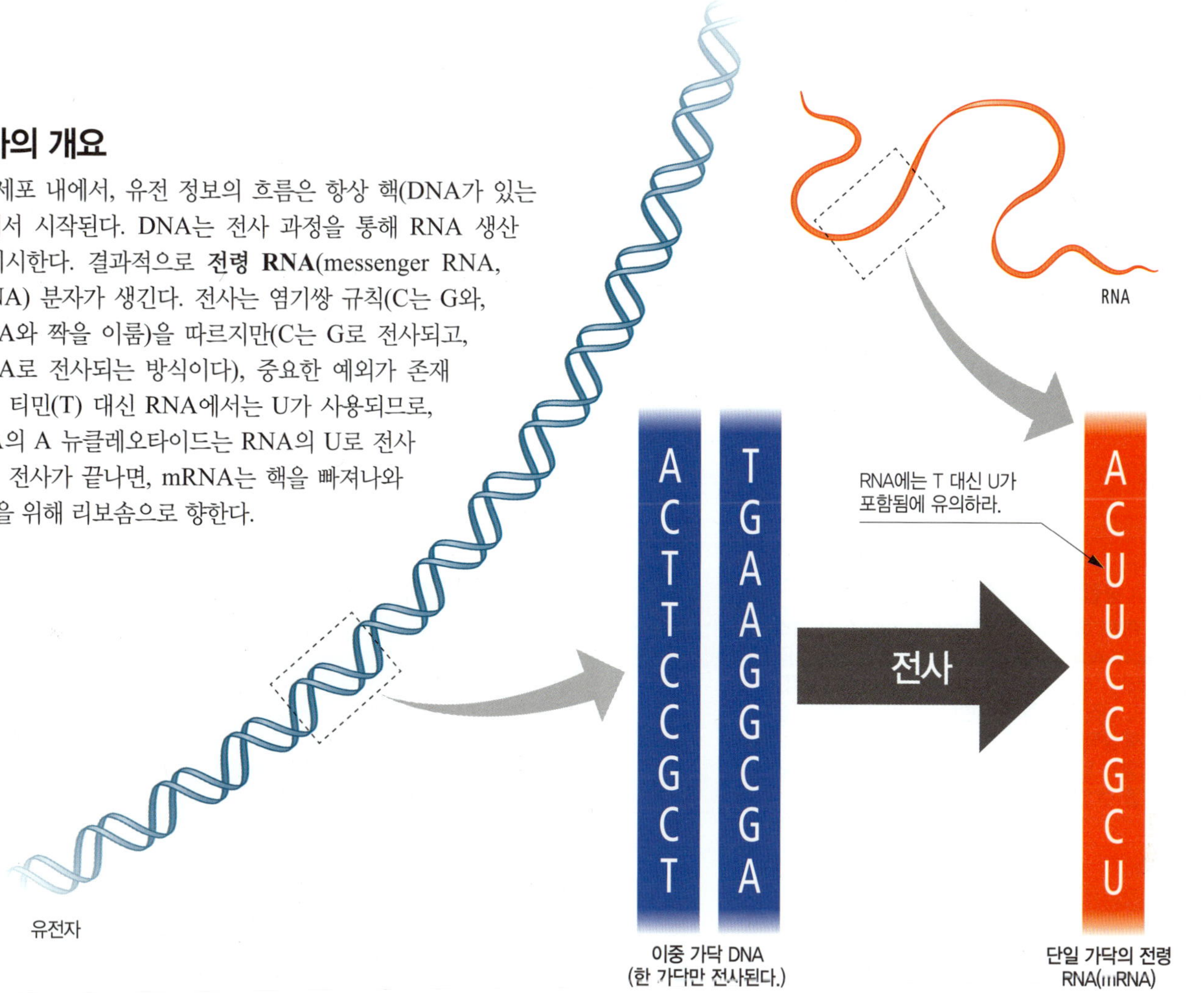

번역의 개요

번역 과정 중에는, mRNA 분자 상의 RNA 뉴클레오타이드 서열이 아미노산들의 서열을 만드는 지시문으로 작용한다. 한 분자의 mRNA는 세 개의 뉴클레오타이드로 이루어진 연속적인 **코돈**(codon)들을 포함한다. 각 코돈은 특정 아미노산 하나를 지정한다. 세포질 내에서는, 리보솜들이 연속되는 각 코돈들을 읽고 적당한 아미노산을 신장 중인 사슬에 붙여준다. 이 결과로 생긴 분자는 아미노산들이 연속된 사슬로서, 폴리펩타이드(polypeptide)라고 한다. 이후의 변형을 거쳐 폴리펩타이드는 기능적인 단백질로 작용한다.

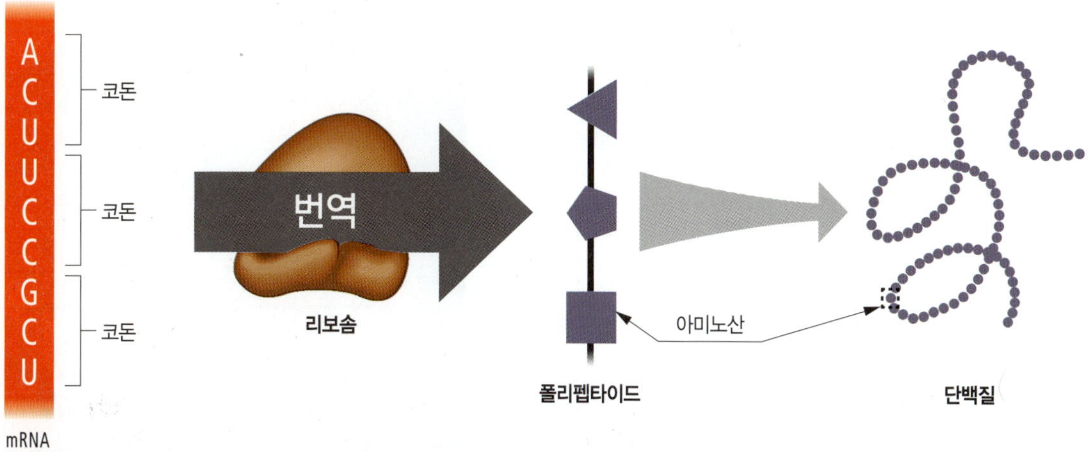

요점

▶ 유전 정보는 핵에서 전사 과정을 통해 DNA로부터 mRNA로 흐른다. 세포질의 리보솜에서, 각 mRNA 코돈이 단백질의 아미노산들로 번역된다.

? 우리 몸의 특정 세포에서, 한 유전자의 전사와 mRNA의 번역이 동시에 일어날 수 있을까?

답: 아니오. 전사는 핵(DNA가 있는 곳)에서 일어나지만, 번역은 세포질(리보솜들이 있는 곳)에서 일어난다.

6.5 전사는 DNA 분자로부터 RNA 분자를 만든다

전사는 DNA에서 **전령 RNA**(messenger RNA, mRNA) 분자로 정보가 이동하는 것이다. 진핵세포에서는, 전사가 핵에서 일어난다. 이 과정은 RNA 중합효소(RNA polymerase)가 DNA의 특정 영역에 결합할 때 시작된다. RNA가 합성된 후에는 그것이 핵을 출발하기에 앞서 여러 가지 방식으로 변형된다.

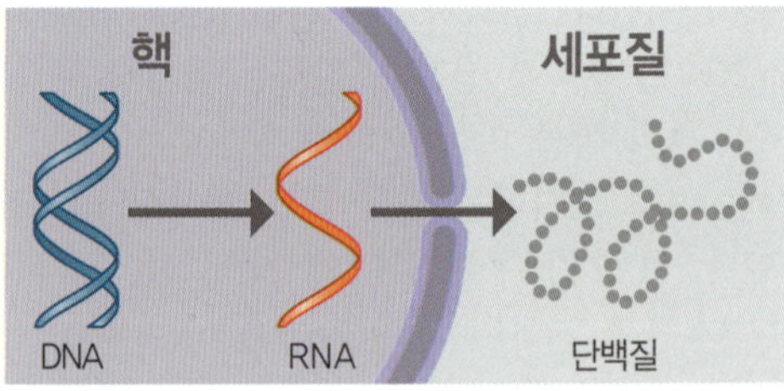

❶ RNA 중합효소가 프로모터에 결합한다.

전사는 **RNA 중합효소**(RNA polymerase)라는 효소가 **프로모터**(promoter)라는 DNA 서열에 결합할 때 시작된다. 프로모터는 "여기서부터 시작하라"라는 신호로 작용하며 유전자의 시작 부분을 표시한다. 프로모터들은 유전자 조절에서 핵심적인 역할을 한다. RNA 중합효소가 프로모터에 결합할지 말지에 영향을 미침으로써, 세포는 유전자를 켜거나 끌 수 있다.

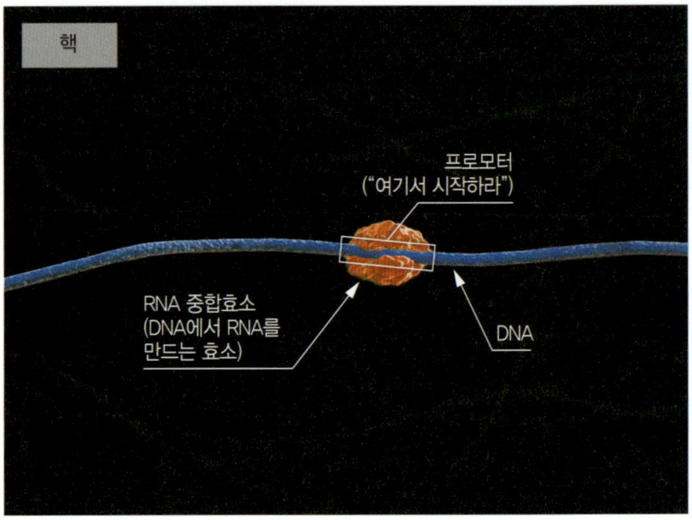

❷ RNA 중합효소는 RNA 분자를 합성한다.

프로모터의 DNA에 결합한 후에, RNA 중합효소는 이중 가닥을 열어 두 가닥의 염기들이 노출되도록 한다. 한 가닥은 RNA 합성의 주형으로 작용하지만, 다른 가닥은 사용되지 않는다. RNA 중합효소는 DNA를 따라 아래로 이동하는데, 염기쌍 규칙에 따라 한 번에 한 뉴클레오티드씩(T에는 A를, A에는 U를, C에는 G를, G에는 C를 끼워 맞춘다) 움직이면서 새로운 RNA 분자를 만든다. RNA 합성이 지속됨에 따라 자라나는 RNA 가닥은 DNA로부터 떨어져 나오므로, 이미 전사된 부분에서는 두 가닥의 DNA가 재결합하게 된다. 전사는 RNA 중합효소가 "중지" 서열인 **종결자**(terminator)에 도달하면 끝나게 된다. 이 지점에서 중합효소 분자는 RNA 분자 및 유전자와 분리되며, 원래의 DNA 분자는 회복된다.

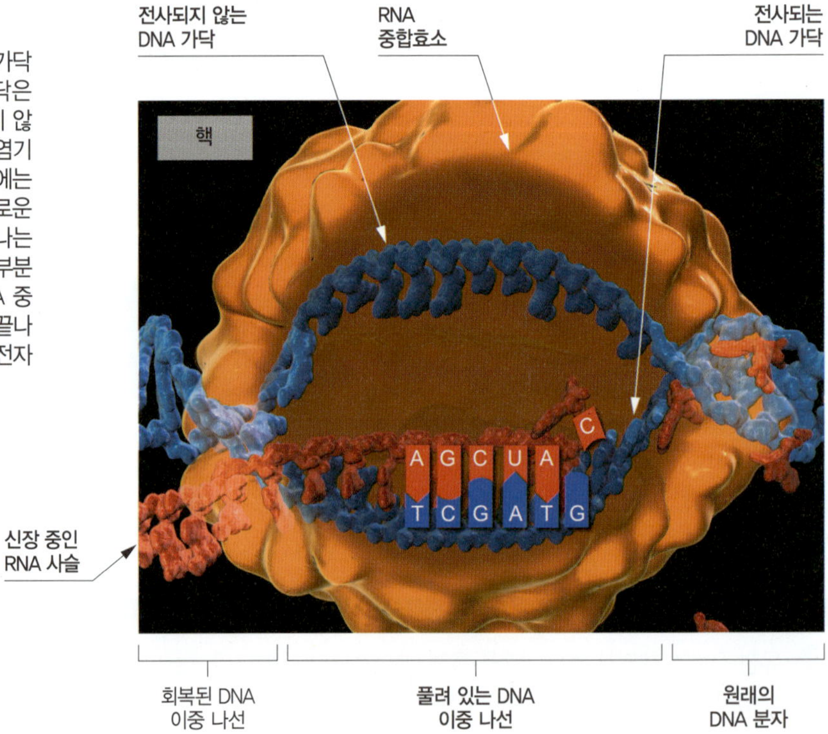

③ RNA 스플라이싱

진핵세포 내에서는, 전사 과정에 의해 생긴 RNA 분자가 핵을 떠나기 전에 가공된다. 예를 들어, 실질적으로 아미노산들을 암호화하지 않는 RNA 부분들—**인트론**(intron)으로 불림—은 제거된다. 아미노산에 대한 암호 부분들로 이루어진 영역들—**엑손**(exon)이라고 불림—만 서로 연결된다. 이 과정을 **RNA 스플라이싱**(RNA splicing)이라고 한다. 어떤 경우에는, 하나의 RNA 분자가 여러 가지 방식으로 스플라이싱되므로, 하나의 유전자에서 여러 가지의 단백질들이 생산되기도 한다. 스플라이싱 외에도, "모자(cap)"와 "꼬리(tail)"라는 여분의 뉴클레오타이드들이 RNA에 더 첨가된다.

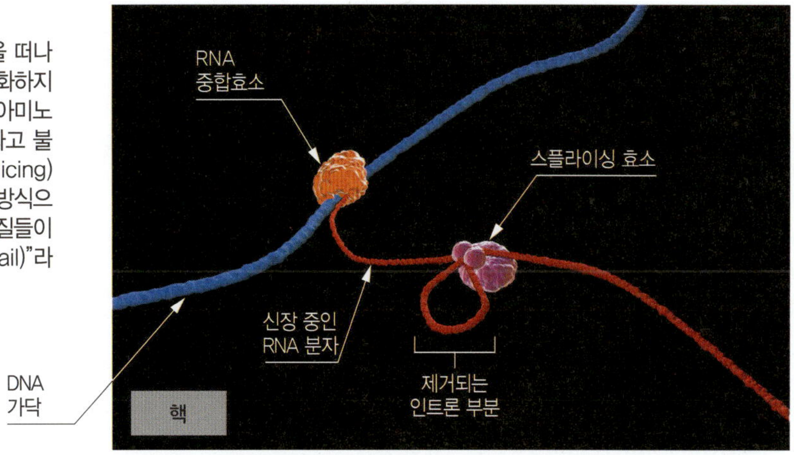

④ mRNA는 핵을 떠난다.

가공 과정 후에, 완성된 전령 RNA 분자는 핵공(nuclear pore)이라고 불리는 핵막의 구멍을 통해 핵을 떠난다. 세포질에서는 이 mRNA 분자가 단백질 생산의 지시문으로 사용될 것이다.

> **!** 생쥐에서 이루어진 한 연구는, 하나의 mRNA 분자가 세포 내에서 평균 9시간 정도 존재함을 보여준다.

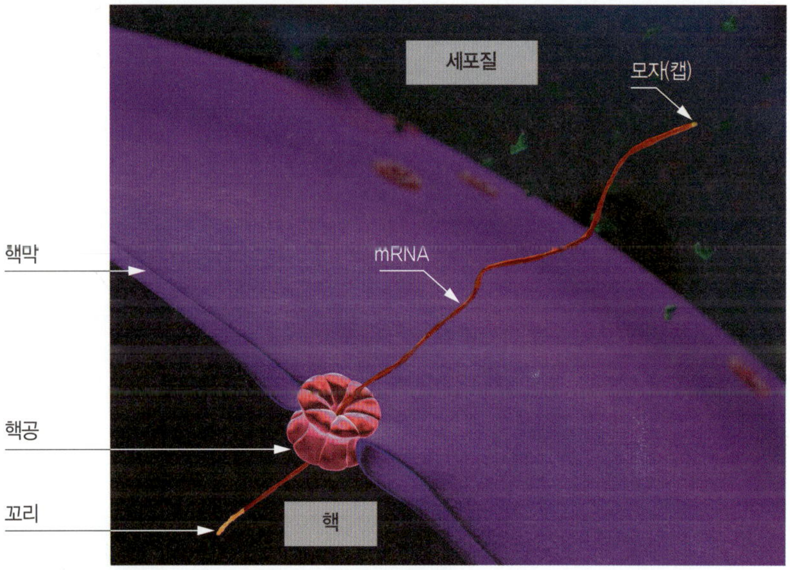

유전자란 무엇인가?

생물학자들은 처음엔, 하나의 효소(한 가지 화학반응을 촉진하는 단백질)를 생산하도록 하는 DNA 영역을 유전자(gene)로 정의했었다. 곧 이러한 정의는 효소뿐 아니라 어떤 단백질이라도 포함하는 것으로 확대되었는데, 유전자에 의해 암호화되는 많은 단백질(머리카락이나 손발톱에서 발견되는 케라틴 같은)이 효소가 아니었기 때문이다. 그런 후에, 생물학자들은 일부 단백질들이 여러 개의 폴리펩타이드로 구성되어 있음을 깨달았다. 예를 들어, 우리 혈액 세포 내의 단백질인 헤모글로빈은 서로 다른 두 유전자에 의해 생산되는 폴리펩타이드 4개가 조합되어 만들어진다. 이것은 유전자의 정의를 다시 한번 수정하도록 했다. 최근에, 유전자의 정의는 단백질을 생산하지 않아도, 형질에 영향을 미치는 RNA를 생산하는 부분들을 포함하는 데까지 확장되었다. 역설적이게도, 생물학자들이 인간 유전체의 조성에 대해 더 잘 알게 될수록, 한 유전자에 대해 완전히 올바른 정의를 내리는 것은 더 어려워졌다. 오늘날에는 유전자에 대해, 알려진 모든 유전자를 정확하게 설명하는, 단순하고도 모두가 동의하는 그런 정의는 존재하지 않는다. 현재로서는, DNA의 특정 뉴클레오타이드 서열로 구성되는, 유전 정보의 개별적 단위로서 **유전자**를 정의할 수 있다. 보기에 단순해 보이는 이런 주제는 생물학자들 사이에서는 격렬한 논쟁거리로 남아 있다.

요점

▶ 전사 과정 중에는 DNA 이중 나선이 분리되고, 한 가닥이 mRNA 분자를 만드는 주형으로 사용된다. RNA는 공정 과정을 거쳐 mRNA가 된 후 핵 공을 통해 핵을 빠져나간다.

? 왜 mRNA 한 분자가 그것이 유래한 유전자보다 더 짧을 수 있는가?

답: 단위 인트론들이 제거된다면, mRNA는 더 짧아질 것이다.

번역에서는 세 종류의 RNA가 협동한다

번역(translation)은 전령 RNA(mRNA)가 단백질 분자를 생산하기 위해 사용되는 과정이다. 번역은 세포질에서 일어나며 리보솜들이라고 불리는 세포 내 구조물이 관여한다. 여기서는 운반 RNA(transfer RNA, tRNA) 분자가 mRNA의 세 뉴클레오타이드를 특정 유전암호를 이용하여 아미노산으로 번역한다.

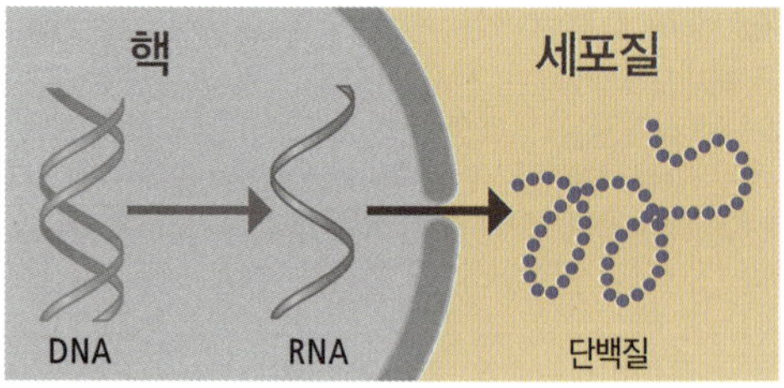

리보솜

리보솜(ribosome)은 mRNA 폴리뉴클레오타이드를, 아미노산 중합체인 폴리펩타이드로 번역하는 세포 내 구조물이다. 리보솜은 그 자체가 **리보솜 RNA**(ribosomal RNA, rRNA)라고 하는 일종의 RNA와 단백질들이 조합되어 만들어진 것이다. 각 리보솜 안에는 mRNA(메시지를 가짐)와 운반 RNA 분자(tRNA)가 결합하는 자리들이 존재한다. 리보솜은 여러 가지 성분들을 한꺼번에 붙잡고 있는 고정쇠처럼 작용한다. 리보솜은 mRNA 뉴클레오타이드를 한 번에 세 개씩 읽을 수 있다. 세 개씩 한 세트는 **코돈**(codon)이라고 불리며, 한 가지 아미노산을 지정한다.

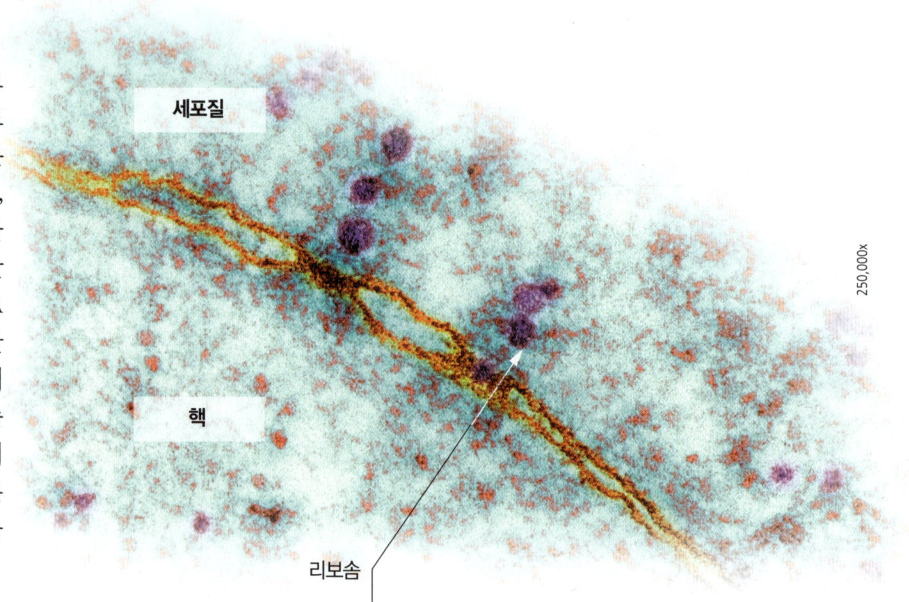

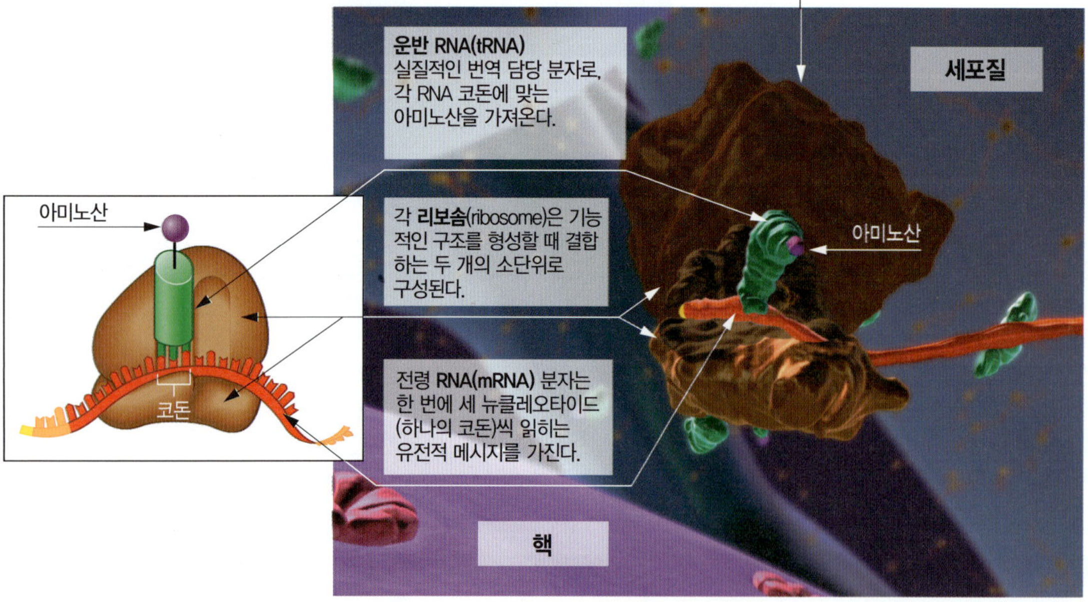

운반 RNA

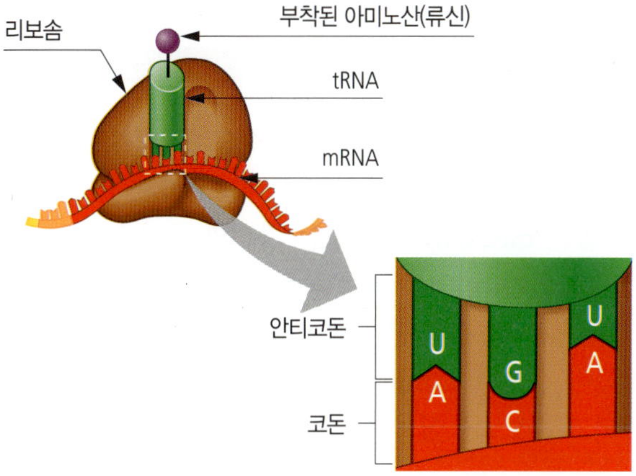

하나의 언어를 다른 것으로 번역하기 위해서는, 첫 번째 언어를 인지하여 그것을 다른 언어로 전환할 수 있는 번역자가 필요하다. 세포 내에서의 번역은 **tRNA** 혹은 **운반 RNA**(transfer RNA)라고 하는 분자에 의존한다. 운반 RNA는 한쪽 말단에 존재하는 **안티코돈**(anticodon) 구조를 통해 "RNA 언어"를 말할 수 있다. 안티코돈은 RNA 염기쌍 규칙(A는 U와, C는 G와 짝짓기)에 의해 전령 RNA(mRNA)의 코돈에 결합한다. tRNA의 다른 한쪽에는 그 코돈에 상응하는 아미노산이 매달려 있다. 따라서 tRNA는 코돈의 RNA 서열에 맞는 아미노산을 미리 장전한 상태로 존재한다.

유전암호

mRNA 한 분자는 코돈들이 늘어선 하나의 줄이다. 각 코돈은 하나의 아미노산을 암호화하는 세 개의 연속적인 RNA 염기로 구성된다. mRNA의 코돈과 그 아미노산 사이의 대응을 **삼중자 암호**(triplet code)라고 한다. 모든 RNA 코돈(아래 표의 붉은색)이 단 하나의 아미노산(보라색)만을 암호화함(예를 들어, CUG는 언제나 류신을 암호화한다)에 유의하라. 그러나 특정 아미노산은 여러 개의 코돈(예를 들어, AAA와 AAG는 둘 다 라이신에 대한 암호이다)에 의해 암호화될 수 있다. 하나의 **개시 코돈**(start codon)인 AUG는 항상 유전적 메시지의 시작임을 알려 준다; 이 코돈은 또 아미노산인 메티오닌에 대한 암호이기도 하다. 세 개의 **종결 코돈**(stop codon)들도 있으며, 이들 중 어느 것이 와도 메시지가 끝남을 알려 줄 수 있다. 개시 코돈과 종결 코돈 사이의 각 코돈들은 하나씩의 아미노산들을 암호화한다.

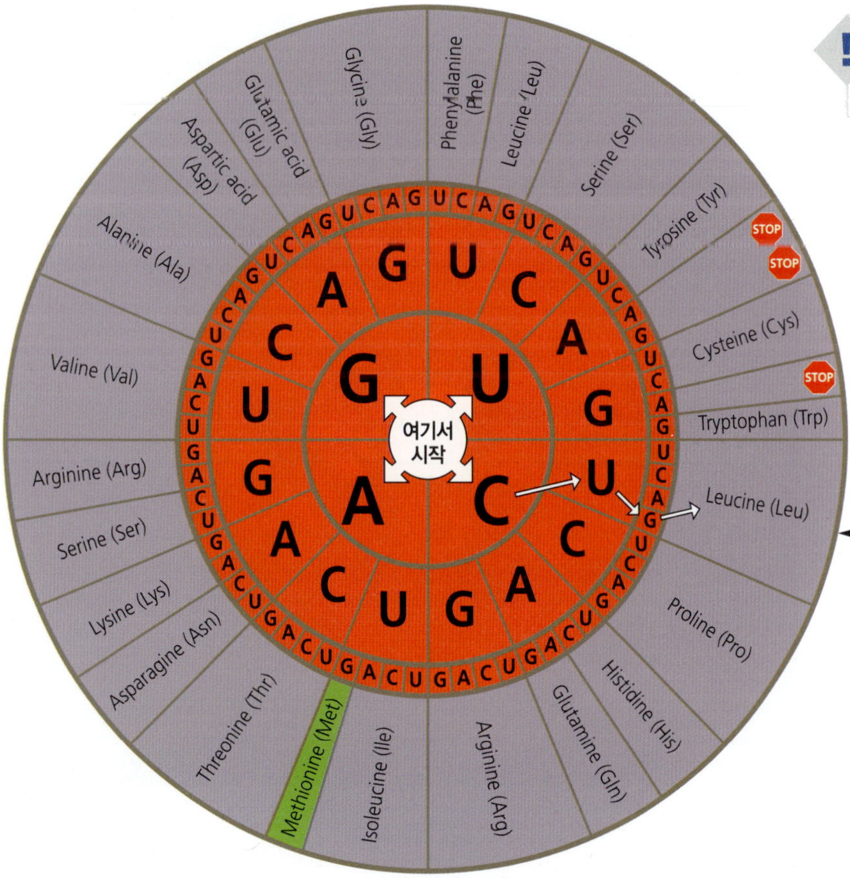

하나의 mRNA를 번역하려면, 가운데서 시작하여 바깥쪽으로 읽어라. 예를 들어, mRNA의 코돈이 CUG라면, 류신 아미노산을 지정하는 것이다.

! 아미노산인 글루탐산은 나트륨 하나와 결합하면 MSG라는 합성 조미료가 된다.

요점

▶ 번역은 rRNA와 단백질로 구성된 리보솜 위에서 이루어진다. 리보솜은 아미노산들로 이루어진 긴 사슬을 만들기 위해 두 종류의 RNA를 사용한다. 유전암호는 RNA 삼중자와 아미노산들 사이의 대응을 지시한다.

? 서열이 AUG-ACU-AAU-AGU-UGA인 mRNA 서열은 어떤 아미노산들을 연결시키는가?

답: 메티오닌-트레오닌-아스파라긴-세린(개시 코돈과 종결 코돈이 양 말단에 존재함에 유의할 것).

6.7 번역은 유전암호를 통해 단백질 분자를 만드는 것이다

번역 과정 중에는, 리보솜들이 전사 과정으로 생산된 mRNA 폴리뉴클레오타이드의 정보를 이용하여 해당 아미노산들의 폴리펩타이드를 만든다. 각 리보솜은 mRNA가 결합하는 자리와 운반 RNA(tRNA)가 붙는 자리를 가지고 있다. 번역은 리보솜 부분들이 mRNA 분자 위에서 조립될 때 시작된다. 그런 후에 단계적인 방식으로, 한 번에 하나씩 아미노산들이 추가되며 진행된다. mRNA의 말단에서는 새로 합성된 폴리펩타이드가 방출되고 리보솜들이 다시 각 부분으로 해체된다.

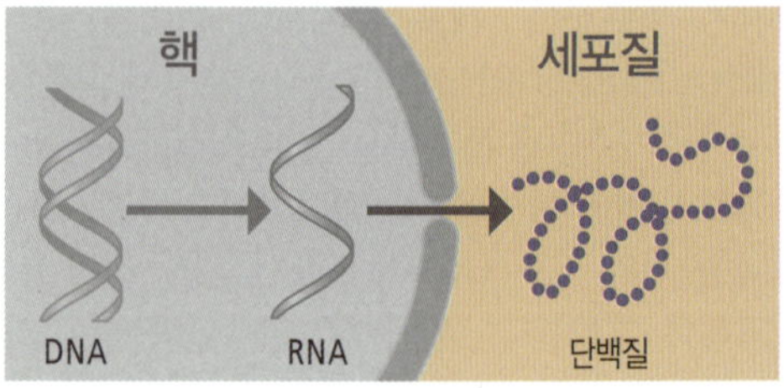

! 항생제인 테트라사이클린은 세균 단백질 합성을 방해함으로써 효과를 나타낸다: 이것은 tRNA가 mRNA에 결합하지 못하게 한다.

개시(initiation)

❶ 리보솜의 조립

처음에는, 리보솜들이 두 가지 분리된 성분들로 존재한다: 큰 소단위와 작은 소단위들이다. 번역은 하나의 mRNA 분자가 작은 소단위와 결합하면서 시작된다. 그러면 한 분자의 tRNA가 mRNA의 개시 코돈에 결합하고 거기에서 번역이 시작된다. 이 첫 번째 tRNA는 아미노산인 메티오닌(Met)을 가지고 있다. 그것의 안티코돈은 UAC로서 코돈인 AUG에 결합한다. 다음에는, 큰 소단위가 작은 소단위에 붙어 완전한 리보솜이 만들어진다.

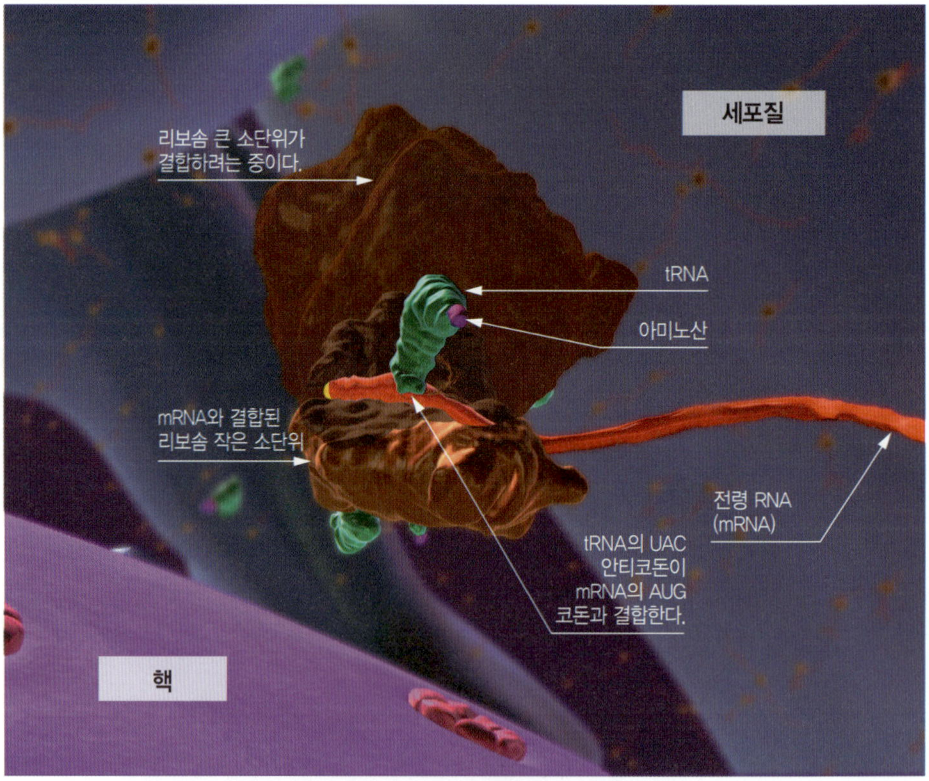

신장(elongation)

❷ 폴리펩타이드가 길게 자란다.

일단 개시(initiation) 과정이 완료되면, 아미노산들이 한 번에 하나씩 추가된다. 아미노산을 가지고 들어오는 tRNA 분자의 안티코돈은 RNA 염기쌍 규칙을 통해 mRNA의 코돈과 짝을 이룬다. 새로운 아미노산은 늘어나고 있는 폴리펩타이드 사슬의 말단에 추가된다. 앞에 들어왔던 빈 tRNA는 리보솜을 빠져나가고, 남아 있는 tRNA가 앞의 빈자리로 가도록 리보솜이 이동하면, 다음 tRNA가 들어올 자리가 생긴다. 이 과정은 tRNA가 추가될 새로운 아미노산을 가져오면서 지속된다.

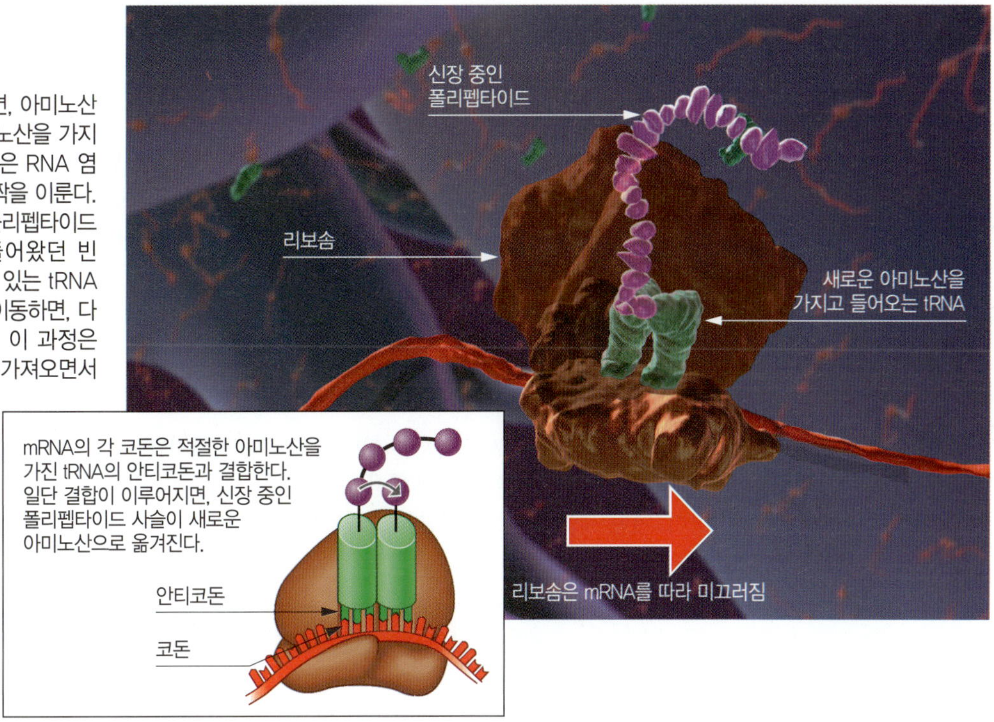

종결(termination)

❸ 리보솜의 해체

신장(elongation)은 리보솜이 mRNA 상의 종결 코돈에 도달할 때까지 지속된다. 종결 코돈(stop codon)—UAA, UAG, 그리고 UGA—들은 아미노산을 암호화하지 않으며, 대신 번역이 끝나야 함을 알려준다. 일반적으로 수백 개 아미노산 길이의 폴리펩타이드는 완성된 후 떨어져 나간다. 리보솜은 다시 소단위들로 분리되어 mRNA와 tRNA들이 방출된다. 나온 mRNA는 다시 또 다른 번역 과정을 시작하여 단백질을 더 만들 수 있다.

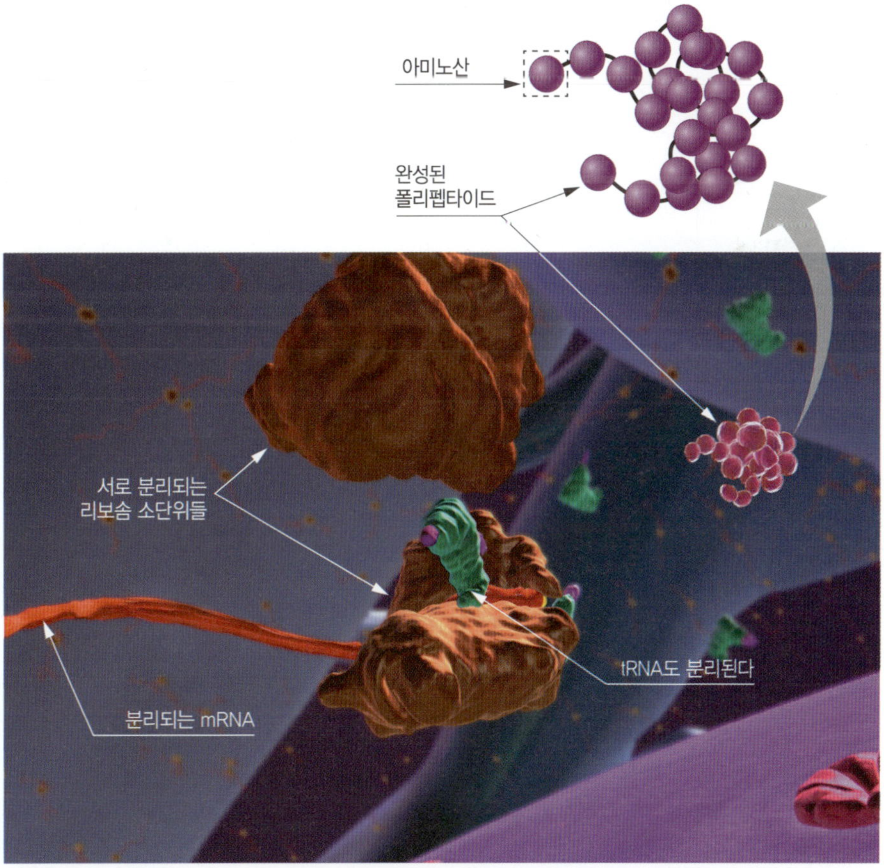

요점

▶ 번역은 mRNA의 개시 코돈에서 리보솜 소단위들이 조립되면서 시작된다. 그러면 신장이 진행되면서 아미노산이 한 번에 하나씩 추가된다. 종결 코돈에 다다르면, 단백질과 mRNA가 방출된다.

? 하나의 mRNA 분자가 300 뉴클레오타이드를 포함한다면(개시 코돈과 종결 코돈은 없음), 몇 개의 아미노산들을 암호화하겠는가?

답: 100개(3개의 mRNA 뉴클레오타이드 = 1개의 아미노산)

6.8 유전자 발현은 여러 가지 방법으로 조절된다

우리 몸의 세포들은 모두 다 모든 유전자를 가지고 있다. 그렇지만 각 형태의 세포들은 다른 형태의 세포들과 서로 달라 보이고 기능도 다른데, 그들이 만드는 단백질들이 서로 다르기 때문이다. 이것은 **유전자 조절**(gene regulation)에 의한 것으로, 특정 세포에서 어떤 유전자가 꺼져 있는 동안 다른 유전자는 켜지게 되는 작용을 말한다. 유전자를 끈다(turn off)는 것은 그 **유전자 발현**(gene expression)—유전 정보가 DNA에서 RNA를 거쳐 단백질로 흐르는 것—이 이루어지지 않음을 의미한다. 유전자로부터 기능적인 단백질로 이르는 경로는 매우 긴 것이어서, 여러 지점에서 그 과정이 조절—켜지거나(turn on) 꺼지는 것(turn off) 혹은 가속화되거나 감속되는 것—을 받을 수 있다.

유전자 조절의 작용

만약 여러 세포에서 유전자들을 조사한다면, 일부 세포에서는 어떤 유전자가 켜지지만, 다른 세포들에서는 그렇지 않음을 발견할 수 있을 것이다. 아래의 예에서는, 오직 장 세포들만이 소화효소인 락타아제(lactase)를 생산하며, 어떤 세포도 헤모글로빈을 만들지는 않는다.

유전자형	장 세포	신경 세포	백혈구 세포
	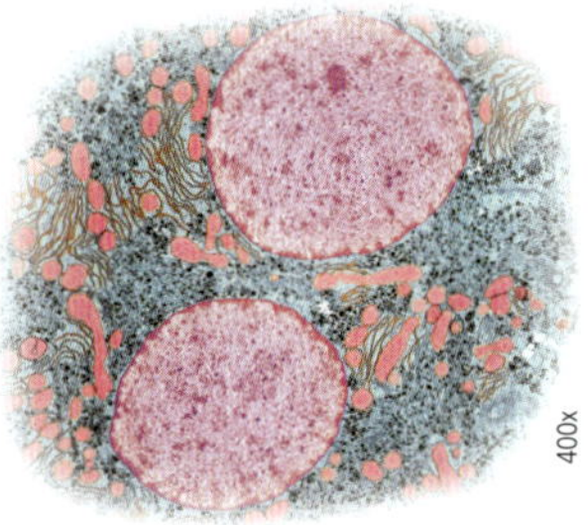	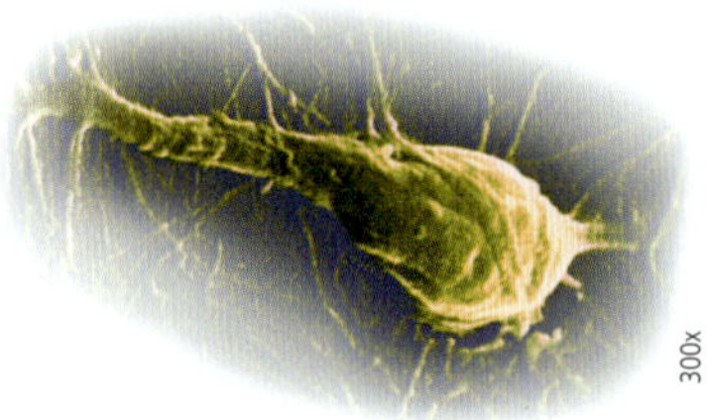	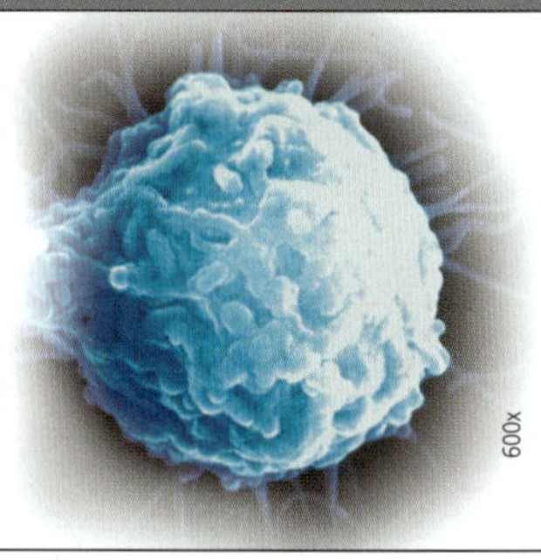
포도당 분해 효소 유전자	√	√	√
항체 유전자			√
락타아제 유전자	√		
헤모글로빈 유전자			

√ = 이 세포에서 활성인 유전자

X-염색체 불활성화

만일 어떤 염색체가 응축되면(단백질에 의해 치밀해지는 것), 그 안에 포함된 여러 유전자에 접근이 불가능해지고, 단백질을 합성할 수 없게 될 것이다. 한 가지 흥미로운 사례는 포유류의 암컷에서 발견되는 것으로, 여기서는 체세포마다 하나의 X 염색체가 매우 응축되어 거의 완전히 불활성화된다. 이런 **X 염색체 불활성화**(X chromosome inactivation)는 수컷(X 염색체가 하나뿐이다)과 암컷(2개의 X 염색체를 가진다)이 같은 수의 활성 X 유전자들을 가질 수 있도록 해준다. 각 세포에서 불활성화된 X 염색체는 치밀하게 응축되어 현미경 하에서 관찰이 가능한 **바 소체**(f)가 된다.

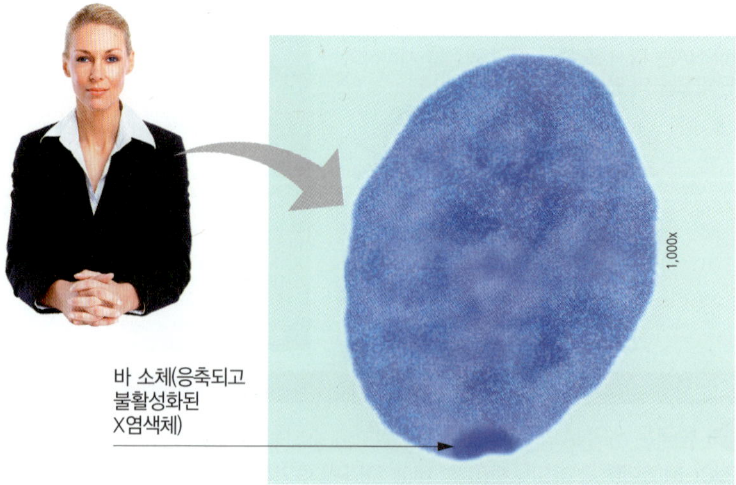

유전자 발현의 조절

유전자로부터 단백질까지의 경로에서 유전자 발현이 조절될 수 있는 지점이 여러 곳 존재한다.

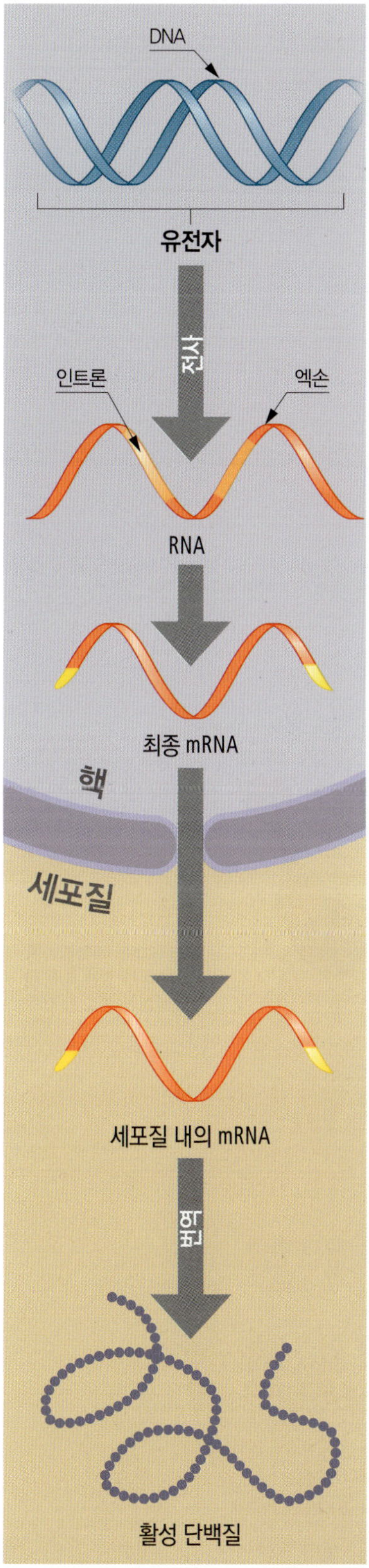

❶ 전사인자

전형적인 진핵세포에서는, 유전자들 대부분이 "꺼져 있는(off)" 상태에 있다. 이것은 그들이 단백질 생산에 사용되고 있지 않음을 의미한다. 전사가 시작되기 위해서는 **전사인자**(transcription factor)라고 불리는 일련의 단백질들이 DNA에 결합해야만 한다.

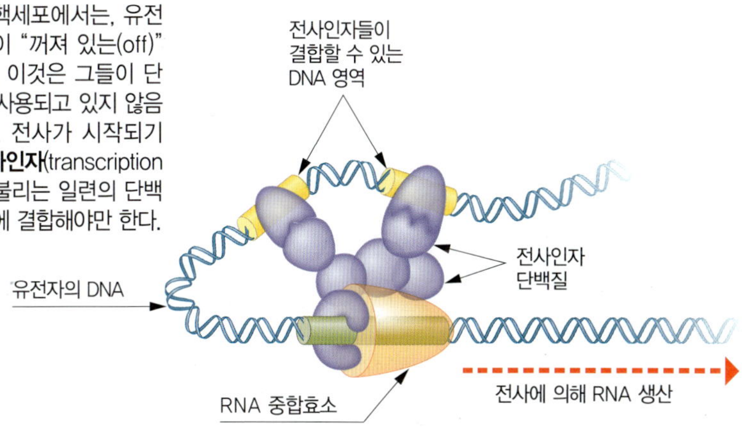

❷ RNA의 조절

핵을 떠나기에 앞서, 유전자로부터 전사된 RNA는 여러 가지 방식으로 변형될 수 있다. 예를 들어, 모자(cap)와 꼬리(tail)가 부착된다. 추가적으로, 비암호화 영역(**인트론**이라고 불리는)들이 잘려져 나가고, 남게 되는 단백질 암호화 영역(**엑손**이라고 불림)들이 여러 방식으로 재연결된다. 서로 다른 엑손들이 포함되거나 빠져나가기 때문에, 한 유전자에서 여러 가지의 mRNA 부자들이 생산될 수 있다. 다른 형태의 조절이 일어날 수도 있는데, **마이크로 RNA**(microRNA)들이라고 불리는 작은 RNA들이 mRNA 분자에 결합하게 되면, 이로부터의 단백질 생산이 방해를 받는다.

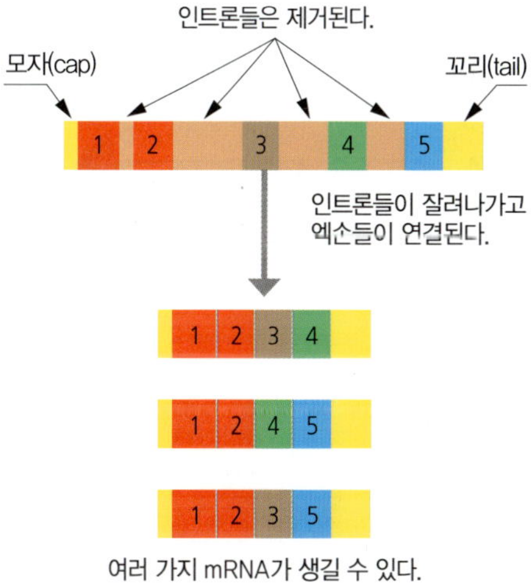

❸ 단백질 조절: 합성개시, 활성화, 분해

번역의 과정(전령 RNA 분자가 단백질 분자의 생산에 이용되는 것) 역시 유전자 발현을 조절할 기회를 제공한다. 예를 들어, 세포는 번역을 진행할 것인지 아닌지, 번역 후에 단백질은 어떻게 변형될 것인지, 그리고 언제 단백질의 분해가 일어날 것인지를 조절할 수 있다.

! 연구자들은 서로 다른 엑손을 접합시키는 방법으로 한 유전자가 7가지 종류의 단백질들을 암호화함을 발견했다.

요점

▶ 유전자 조절(유전자를 켜거나 끄는)을 통해, 세포는 유전자 발현, 즉 단백질의 생산을 조절한다. DNA로부터 RNA를 거쳐 단백질로 가는 경로상의 여러 지점이 조절될 수 있다.

? 하나의 유전자가 어떻게 여러 가지의 단백질 생산을 지시할 수 있는가?

답: 하나의 유전자가 여러 개의 엑손들을 가질 수 있어서, 이들이 여러 가지 방식으로 편집되면 서로 다른 단백질들을 만들 수 있다.

6.9 신호전달 경로는 유전자 발현을 조절한다

다세포 생물에서, 세포들은 조직과 기관 내에서 함께 일함으로써 그 생물체가 살아 있도록 하는 작용을 수행한다. 따라서 다세포 생물들은 세포-세포 신호전달에 의존하고 있는 셈이다. 한 세포에서 다른 세포로의 의사전달은 우리 신체와 기타 다세포 생물체들의 몸에서 다양하고 중요한 역할을 담당한다.

신호전달

일반적으로 다세포 생물에서는, 세포들이 다른 세포의 외부 수용체 단백질에 결합하는 분자들을 생산함으로써 서로 의견을 나눈다. 이런 결합에 의해 **신호전달 경로**(signal transduction pathway)가 시작된다. 이것은 세포의 외부로부터 들어온 메시지를 세포 내의 세포질을 거쳐 결국에는 핵으로 전달하는 일련의 정보 중계분자들을 말한다. 그 신호는 결국 하나 혹은 그 이상의 유전자들을 켜거나 끄도록 한다.

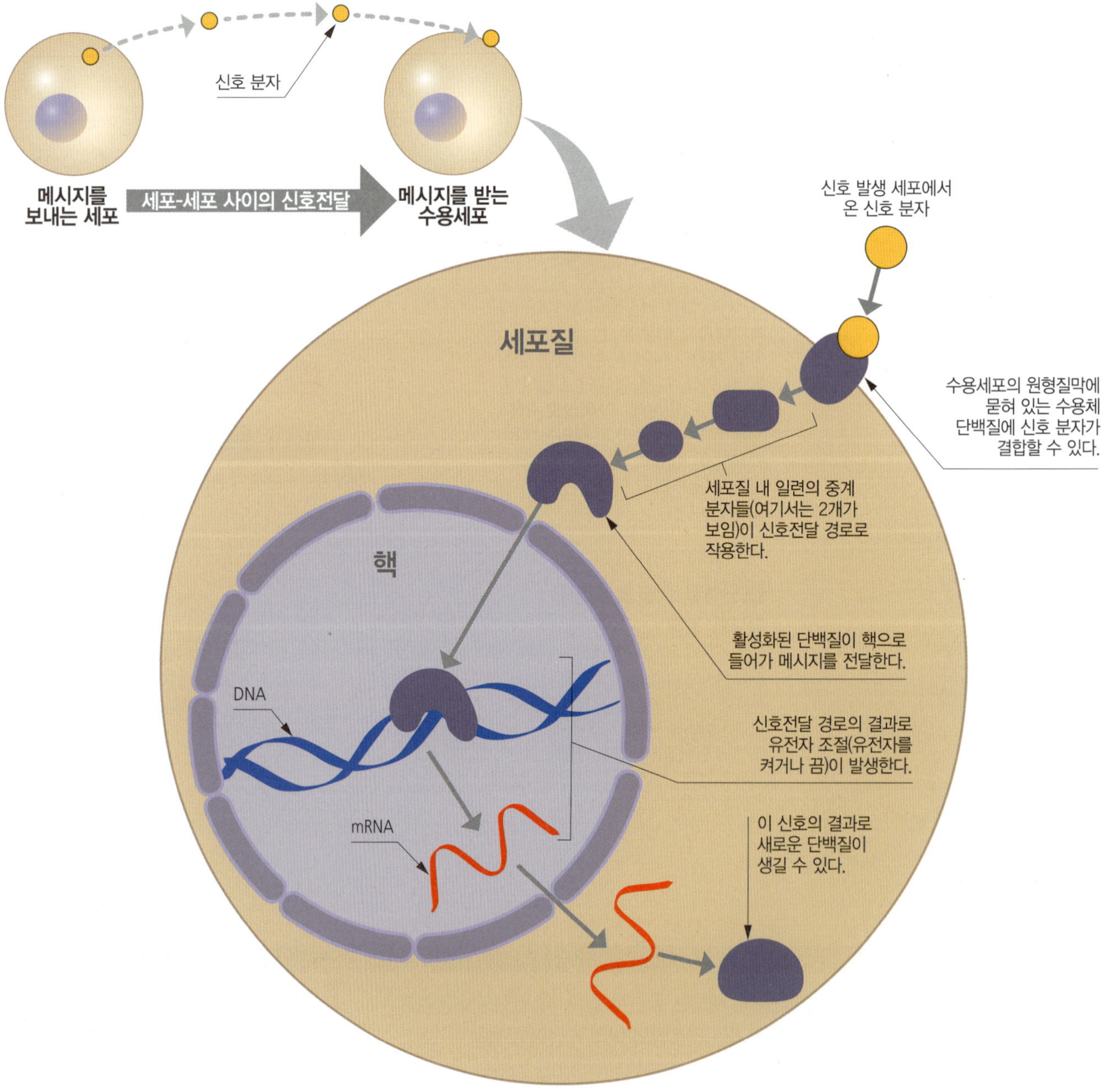

발생 중인 배아에서의 세포-세포 신호전달

세포-세포 신호전달과 유전자 발현 조절의 중요성을 잘 보여주는 예는 동물 배아에서 성체로의 성장 과정에서 찾을 수 있다. 이 과정은 **발생**(development)이라고 불리며, 세심하게 조화가 이루어져야만 하는 잦은 세포 분열(몸체를 키우기 위해)이 관여한다. 이웃 세포들 사이에서 전달되는 화학 신호들은 발달 중인 생물의 전체적인 신체 조직화뿐 아니라 기관들의 형성을 적절히 조절할 수 있도록 도와준다.

배아 세포들이 정확히 언제 무엇을 해야 할지를 알려주는, 이웃 세포들 사이에서 전달되는 화학 신호들이 있어야 적절한 발달이 이루어질 수 있다.

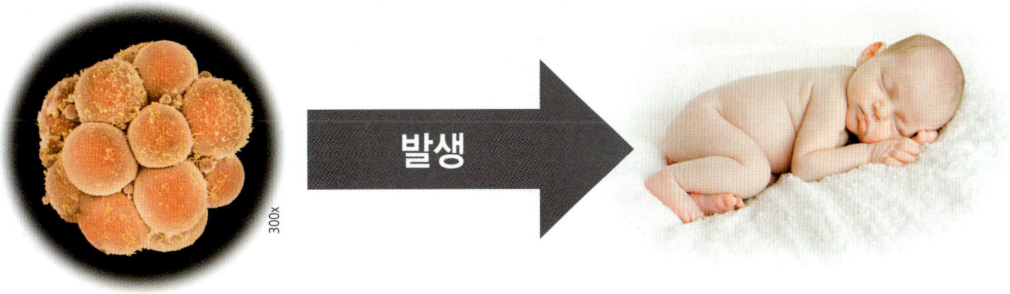

인간의 배아 / 아기

한 그룹의 세포들이 근처 다른 세포들의 발달에 영향을 미칠 때 **유도**(induction)라는 기작이 발생한다. 그 효과는 표적 세포에서 유전자들의 온/오프 상태를 바꾸는 것이다. 예를 들어, 유도 신호들은 세포의 모양을 바꾸게 하거나, 이동시키거나, 혹은 발생 중인 손에서 물갈퀴를 제거할 때처럼 다른 세포들을 파괴하도록 할 수도 있다.

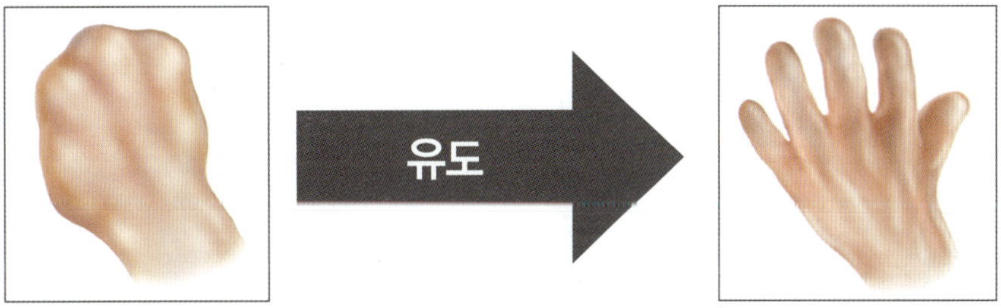

발생 중인 손 / 발달한 손

호메오 유전자(homeotic gene)들은 마스터 조절 유전자들이다. 발생 중인 배아에서, 호메오 유전자들은 여러 다른 유전자들을 켜거나 끄도록 하는 단백질 신호를 생산한다. 호메오 유전자들은 한 생물의 전체 구조를 확립하는 데 도움을 준다. 예를 들어, 특정 호메오 유전자들은 배아의 어느 말단이 머리가 될지를 지시하는 반면에 다른 호메오 유전자들은 신체의 어느 부분이 어느 위치에서 생겨야 할지를 지시한다.

> ! 호메오 유전자에서의 돌연변이는 초파리의 촉수 자리에 여분의 다리가 자라게 할 수 있다.

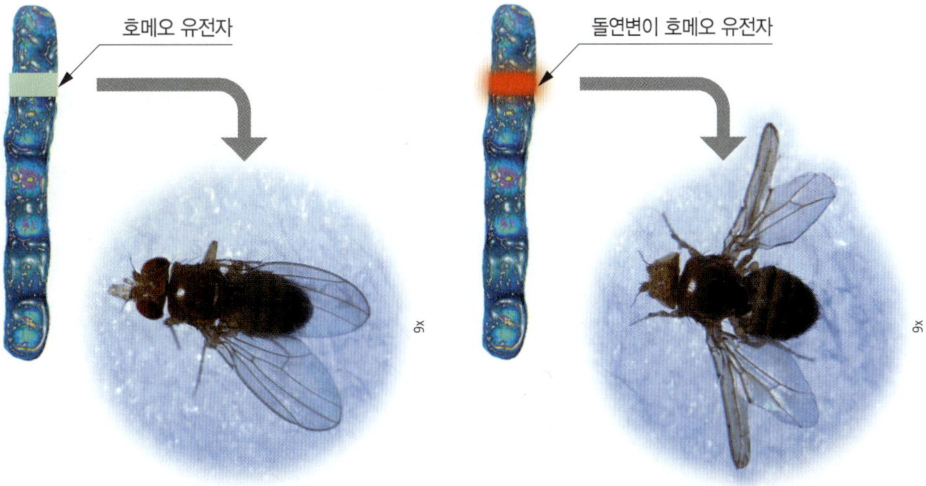

정상 초파리 / 여분의 날개를 더 가진 초파리

요점

▶ 세포들은 신호 수용 세포에서 신호전달 경로를 개시할 수 있도록 하는 단백질들을 분비함으로써 상호 작용할 수 있다. 결과는 유전자 조절로 나타난다. 그런 의사소통은 발생 중인 배아에서 특히 중요하다.

? 어떻게 한 유전자가 신체의 어느 한쪽 끝이 머리가 되도록 하는 등의 큰 영향을 미칠 수 있는가?

답: 하나의 호메오 유전자가 다른 한 그룹의 유전자들을 켜거나 끌 수 있는 단백질을 만들 수 있다.

6.10 돌연변이는 여러 가지 영향을 미칠 수 있다

돌연변이(mutation)는 세포나 바이러스의 유전 정보에서 변화가 발생한 것이다. 간혹 돌연변이들은 한 생물을 개선시킬 수도 있다: 즉, 변화가 그 생물을 그 환경에 더 잘 적응하도록 한다. 그런 변화들은 자연 선택에 의한 진화의 원료가 된다. 그러나 돌연변이들은 대체로 해로우며 영향받은 생물의 생존을 더 도와주지도 않는다. 어떤 돌연변이는 DNA 뉴클레오타이드 단 한 개가 관여하지만, 다른 것은 여러 개의 뉴클레오타이드가 변하거나, 혹은 유전자의 커다란 영역에서 생긴 변화일 수도 있다.

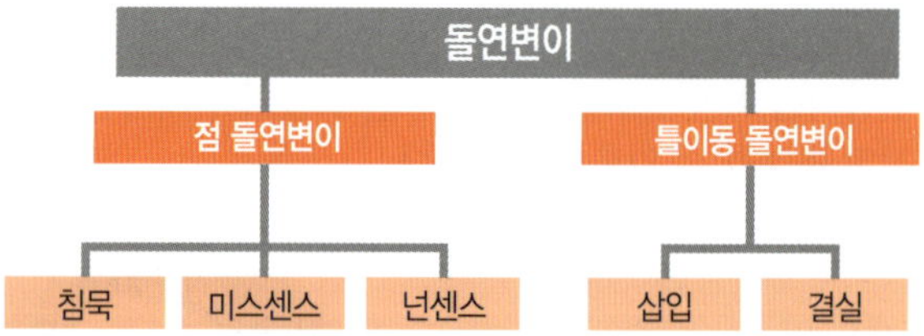

돌연변이원

돌연변이는 왜 생길까? 어떤 돌연변이들은 DNA 복제 과정 중에 간혹(드물게) 생기는 자연적 오류에 의해 발생한다. 다른 경우는 **돌연변이원**(mutagen)들에 의한 것으로, 이들은 DNA에 손상을 입힐 수 있는 환경 내의 물리 화학적 인자들을 말한다. 많은 돌연변이원이 암을 유발하는 물질인 **발암제**(carcinogen)이다. 예를 들어, 태양광에 있는 UV에 노출되는 것은 피부암인 흑색종(melanoma)을 일으킬 수 있는 돌연변이들을 유발할 수 있다. 돌연변이원을 멀리하는 것—예를 들어, 햇빛 차단제를 사용하고, 금연하며, 고지방 음식을 피하는 것 등—은 암 발생의 위험을 줄이는 데 도움을 준다.

암 유발 물질

자외선(UV)
DNA에서의 돌연변이를 촉진한다.

X-선
DNA 분자의 손상을 유발할 수 있다.

담배
발암원으로 알려진 여러 화학물질을 포함하고 있다.

고지방 음식
대장암의 발생을 촉진한다.

암 예방 물질

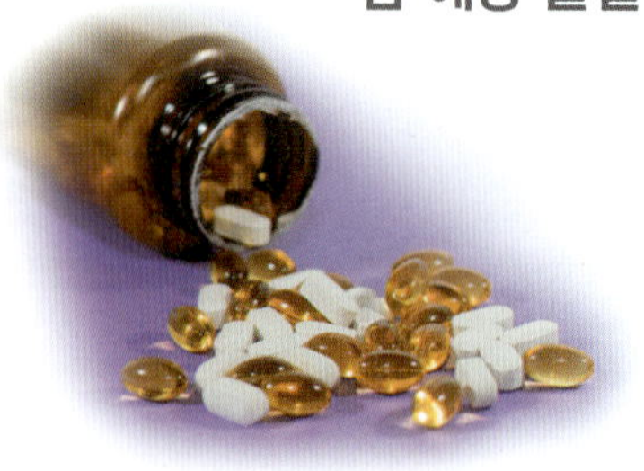

비타민 C와 E
암을 예방하는 항산화제를 포함한다.

햇빛 차단제
UV가 피부에 닿지 않도록 해준다.

신선한 과일과 채소
돌연변이 유발 화학물질들을 중화시키는 화학물질을 포함한다.

점 돌연변이

가장 단순한 형태의 돌연변이는 **점 돌연변이**(point mutation)들로서, DNA의 한 뉴클레오타이드가 다른 것으로 대체된 것이다. 여기서 볼 수 있는 것처럼, ACA(시스테인 암호)에서의 DNA 서열 변화는 다양한 영향을 미칠 수 있다.

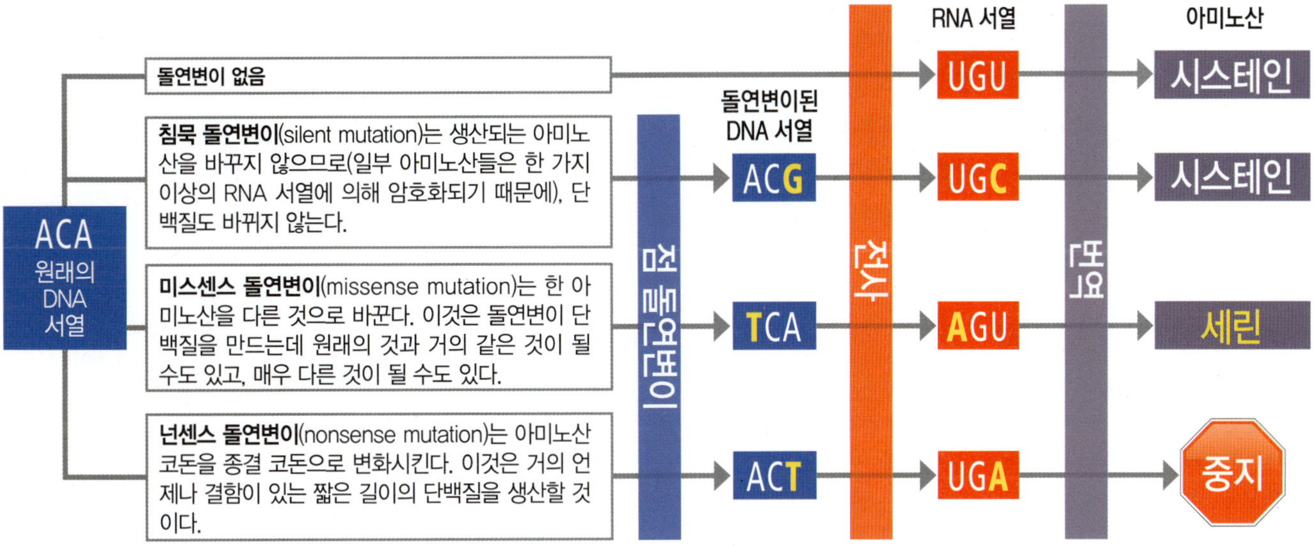

! 낫 세포 질병은 헤모글로빈 유전자 중 하나에서 17번째 뉴클레오타이드가 A에서 T로 바뀌는 것이 원인이다.

틀 이동 돌연변이

유전자의 DNA가 mRNA로 전사된 후에는, 그 분자는 일련의 삼중자 코돈들로 읽히게 된다. 하나의 코돈은 세 개의 연속된 뉴클레오타이드들이다. 뉴클레오타이드를 추가시키는 돌연변이들(삽입이라고 불림)이나 제거하는 돌연변이들(결실이라고 불림)은 삼중자 번역틀(reading frame)을 변화시킬 수 있다. 삽입(insertion)이나 결실(deletion)이 번역틀을 망가뜨렸을 때를 **틀 이동 돌연변이**(frameshift mutation)라고 한다. 틀 이동 돌연변이들은 종종 원래의 단백질과는 완전히 다른 산물을 만든다(따라서 기능하지 않는다).

몇 가지 유전암호

다음 표를 이용하여 아래 그림의 DNA 전사와 번역으로부터 단백질을 만들어 보라.

DNA	TAC	TCA	ACG	GAT	GCC	AAC	GGA	TGC
RNA	AUG	AGU	UGC	CUA	CGG	UUG	CCU	ACG
아미노산	Met	Ser	Cys	Leu	Arg	Leu	Pro	Thr

요점

▶ DNA의 뉴클레오타이드 서열에 생기는 변화인 돌연변이들은, 저절로 생기거나 돌연변이원에 의해 유발될 수 있다. 점 돌연변이들은 하나의 뉴클레오타이드에서 생기지만, 삽입이나 결실은 여러 코돈에 영향을 미칠 수 있다.

? 넌센스 돌연변이의 효과가 강하게 나타나곤 하는 이유는?

답: 하나의 아미노산 코돈이 종결 코돈으로 바뀐 것이기 때문에, 결과적으로 짧아진(따라서 제대로 작동하지 못하는) 단백질이 생긴다.

6.11 유전자 발현 조절 실패로 암이 발생할 수 있다

세포 분열은 기존의 세포로부터 새로운 세포가 생기는 정상적이고 필수적인 과정이다. 세포들은 세포 주기 조절 시스템이라고 불리는 체계를 통해 세포 분열의 속도와 시기를 조절한다. 그러나 어떤 세포는 간혹 그 세포 주기를 조절하는 능력을 잃는다. 그 결과 조절 받지 않고 자라는 세포 덩어리인 **종양**(tumor)이 생긴다. 만약 종양이 다른 조직으로 퍼질 수 있다면, 그 사람은 **암**(cancer)에 걸렸다고 한다. 무엇이 종양이 형성되도록 하는가? 종양들은 종종 정상적으로 세포 주기를 조절하는 유전자들에서의 돌연변이에 기인한다.

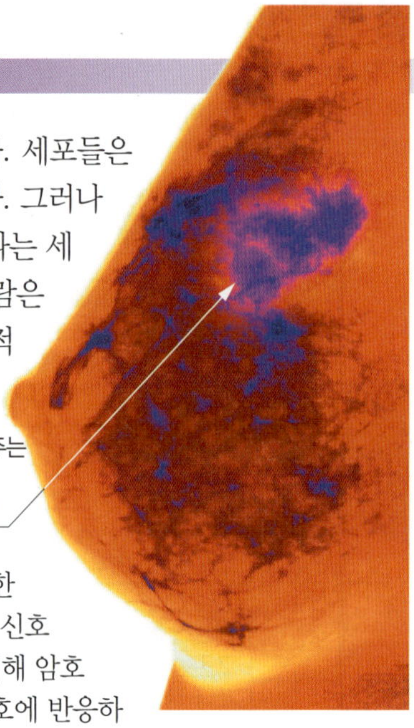

유방암을 보여주는 유방조영상 (mammogram)

원암유전자와 암유전자

각 세포 내에서, **세포 주기 조절 시스템**(cell cycle control system)은 세포 복제의 시기를 조절한다. 세포 주기 조절 시스템은 환경으로부터 들어온 정보를 통합하고 핵으로 "출발" 혹은 "정지" 신호를 보내도록 작용하는 단백질들로 구성된다. 세포 주기 조절 시스템의 각 단백질은 유전자에 의해 암호화되므로, 그런 유전자들에서의 돌연변이는 잘못된 단백질을 만들어 세포가 정상적인 조절 신호에 반응하지 못하게 할 수도 있다. 그런 세포는 주기를 계속해서 반복하고, 멈추어야 할 때도 새로운 세포를 만들어낸다.

정상

원암유전자(proto-oncogene)는 적절히 세포 주기를 조절하는 단백질들을 생산하는, 정상적이고도 필수적인 유전자이다.

세포들이 적절한 장소와 시간에 생산된다.

돌연변이

암유전자(oncogene)는 돌연변이된 원암유전자이다. 그것은 세포 주기를 조절하지 못하는 비정상 단백질을 만든다. 결과적으로 세포 성장이 조절되지 않는다.

세포들이 생기지 말아야 할 시간과 장소에 지속해서 생겨난다.

성장인자

암유전자(oncogene)는 마구잡이로 세포 성장을 일으키는 유전자이며, 원래 정상적으로 세포 주기를 조절하는 단백질을 만들던 유전자인 원암유전자(protooncogene)의 돌연변이 버전이다. 그런 정상적인 형태의 단백질이 세포 분열을 촉진할 때 **성장인자**(growth factor)라고 한다. 성장인자는 그것이 필요할 때만 성장을 촉진해야 한다. 그러나 성장인자 유전자에서의 돌연변이는 그것이 필요치 않을 때도 세포 분열을 촉진하는 과도 활성 단백질을 생산할 수 있다. 그러면 종양이 생길 수 있다.

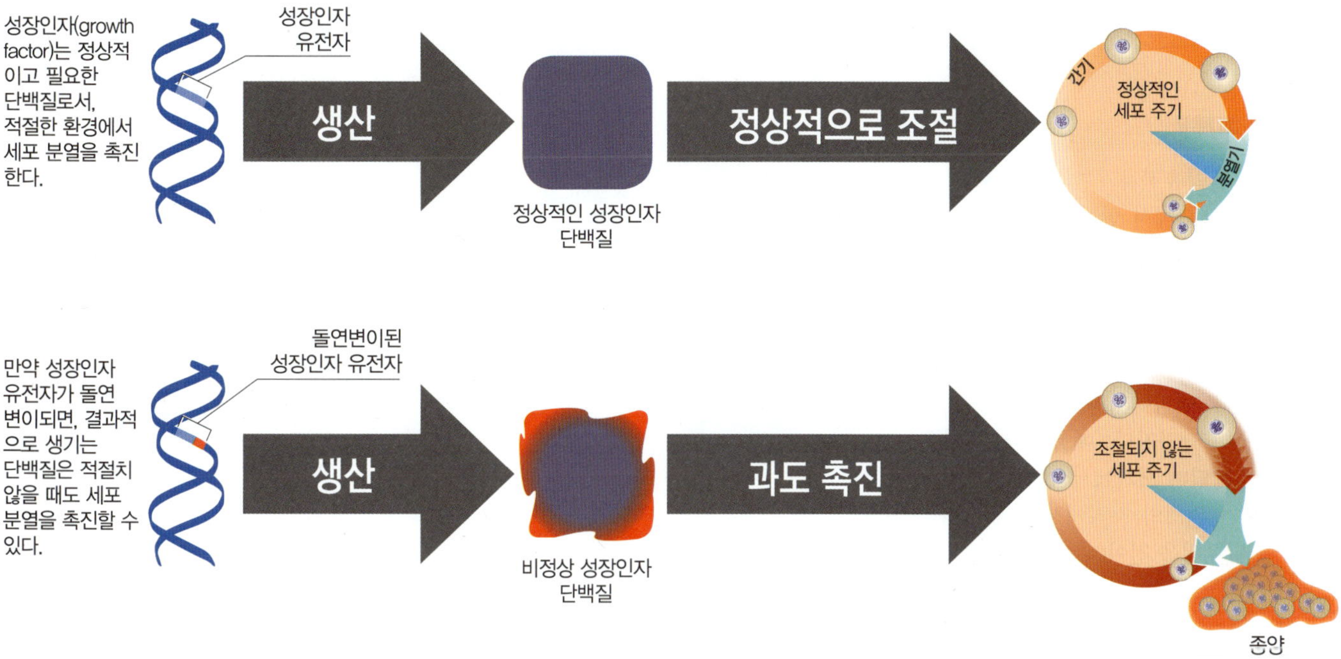

종양억제 유전자

종양억제 유전자(tumor suppressor gene)는 정상적으로는 세포 분열을 저해하는 단백질을 암호화한다. 종양억제 유전자의 활성을 없애는 돌연변이는 마구잡이 세포 성장을 일으킬 수 있다.

! 인간에서 생기는 종양의 50% 이상이, p53라고 불리는 특정 종양 억제 유전자에 생긴 돌연변이를 포함한다.

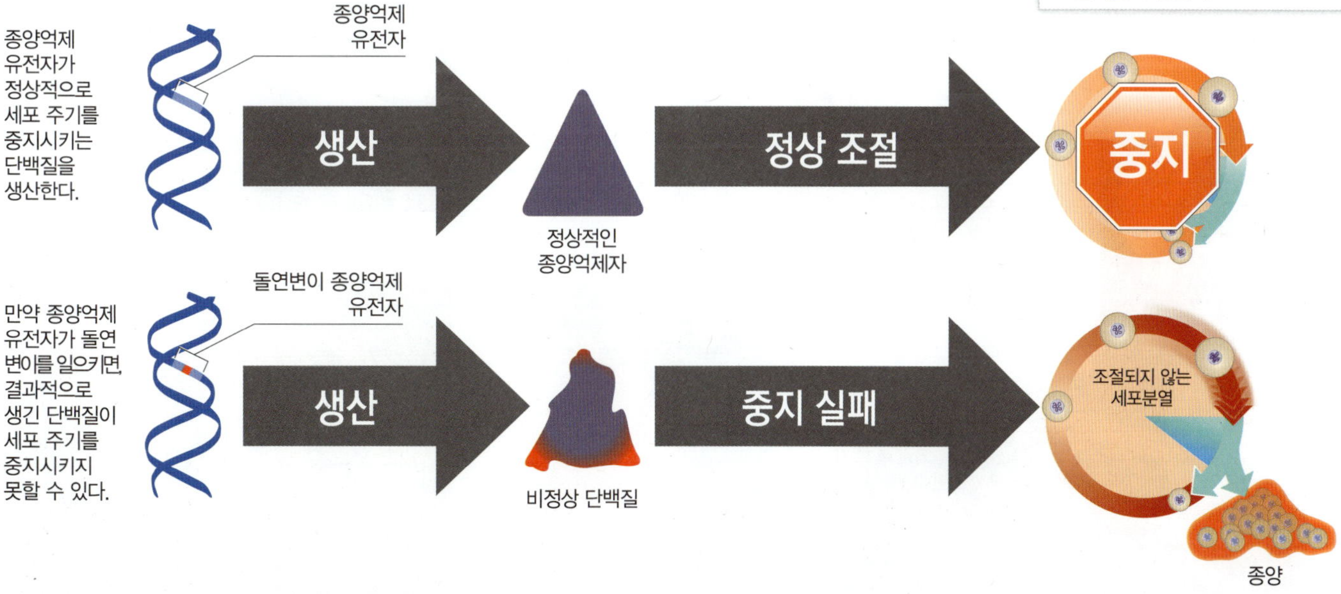

요점

▶ 암은 세포 주기 조절 시스템의 고장에 의해 세포 성장 조절이 이루어지지 않아 생기게 된다. 이런 암은 원암유전자(성장인자나 종양 억제자를 암호화하는 유전자)가 암유전자로 돌연변이가 될 때 발생한다.

? 어떤 유전자가 중복되는 것이 어떻게 암을 일으킬 수 있는가?

답: 만약 그 유전자가 성장인자를 생산한다면, 그 유전자의 중복으로 성장이 과도하게 촉진될 수 있다.

6.12 암은 세포 성장 조절 실패에 기인한 것이다

암은 신체 세포들이 비정상적으로 성장하기 때문에 발생하는 것이다. 한 세포 내의 DNA가 일련의 돌연변이를 겪을 때 항상 암이 발생한다. 이런 돌연변이들은 세포가 무작위로 자라게 하여 종양이라고 불리는 세포 덩어리를 형성하도록 한다. 그런 종양들은 원래의 위치에 그대로 머물 수 있다. 그러나 그 종양이 다른 조직으로 퍼지는 능력을 획득하게 되면, 그 사람은 암에 걸렸다고 한다. 다행하게도, 암을 예방하고, 또 암에 걸렸다고 해도 치료할 방법이 여러 가지가 있다.

암의 진행

다수의 원암유전자가 암유전자로 돌연변이를 일으킨 단일 세포에서 암이 시작된다. 그 돌연변이들은 세포 분열의 정상적인 조절을 파괴하여, 지속적으로 증식하는 세포로 바꾼다. 만약 면역계에 의해 파괴되지 않는다면, 그 돌연변이된 세포와 그 자손 세포들이 종양을 형성할 것이다. 어디에서 암이 발생했느냐에 따라 이름이 달라진다; 예를 들어, 폐암은 폐에서 시작되며 거기에서 퍼져 나갈 수 있다. 암세포가 원래의 자리에서 신체의 다른 위치로 퍼지는 것을 **전이**(metastasis)라고 한다.

암의 예방

암을 일으키는 일부 돌연변이들은 유전될 수도 있고, 저절로 생기는 것이라서 예방할 수 없을지도 모른다. 그러나 대부분, 암은 암 발생을 촉진하는 환경 인자들인 발암제(carcinogens)에 의해 생긴다. 건강한 사람에서도 암은 생길 수 있지만, 암 발생 가능성을 감소시키거나, 혹은 암이 발생했다고 해도 생존 확률을 높일 수 있는 여러 가지 방법들이 있다.

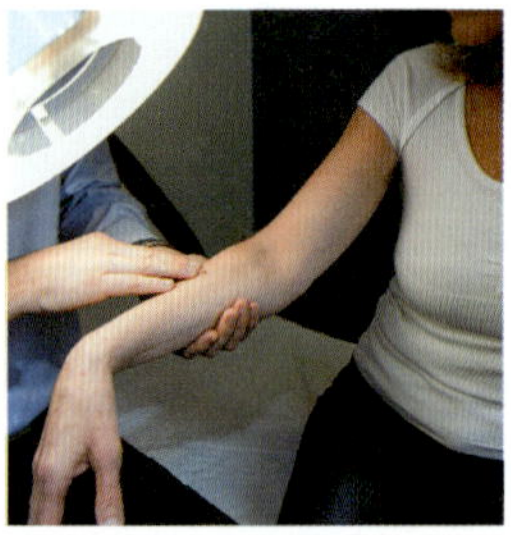

정기검진
빠른 진단—특히 피부암, 유방암, 자궁경부암, 정소암, 전립샘암, 대장암, 그리고 구강암 등에 대한—은 생존 확률을 크게 높일 수 있다.

금연
암 발생의 위험성을 감소시킬 수 있는 가장 좋은 생활습관은 담배를 멀리하는 것이다.

건강한 음식
섬유질이 많은 저지방 식품들은 대장암과 기타 암들의 발생 위험을 감소시킨다.

햇빛 차단
햇빛의 UV를 쬐는 것은 피부암을 유발할 수 있다. 옷을 입거나 햇빛 화상을 피하고, 햇빛 차단제를 사용하라.

운동
규칙적인 육체 활동(한 번에 30분, 일주일에 세 번)은 여러 가지 암들의 위험성을 낮추는 것으로 보인다.

! 가장 효과적인 항암제들이 일일초나 주목 등 식물에서 분리되었다.

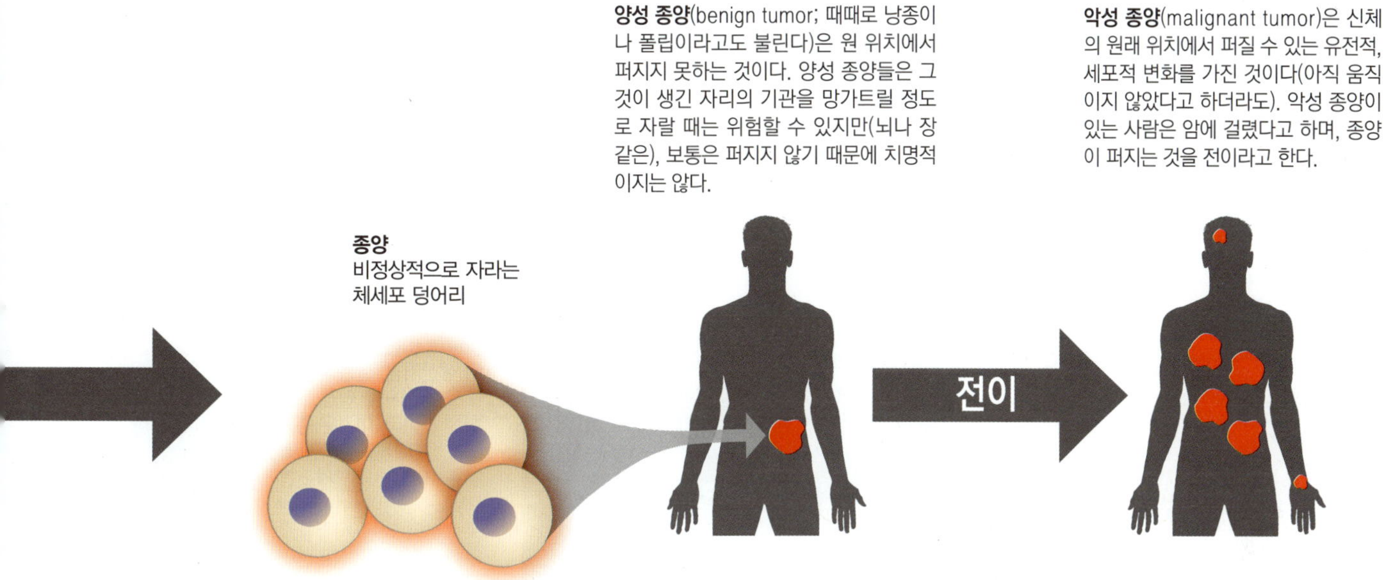

암의 치료

암을 진단받은 사람들은 세 가지 방식으로 치료 할 수 있다. 만약 종양이 양성이면, 종종 수술로 그것을 완전하고 충분히 제거할 수 있다. 만약 종양이 악성이면 수술로 가능한 부분까지 제거한 후 보통 방사능이나 화학치료 요법을 병행한다. 방사능 치료(radiation therapy)는 종종 국부적으로 실시되는 반면, 화학치료(chemotherapy)는 전신의 암세포를 파괴할 수 있도록 돕는다.

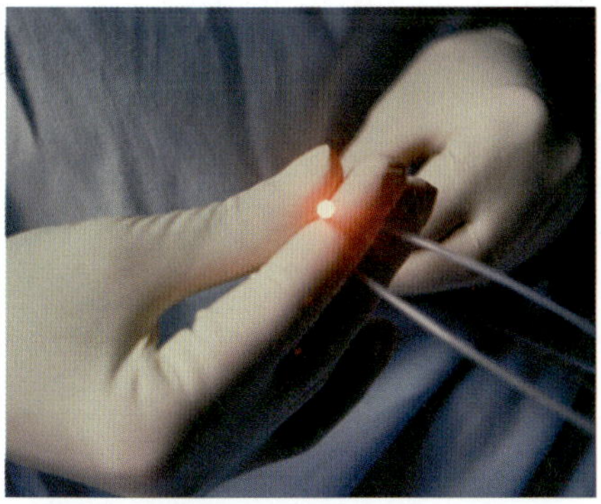

수술(surgery)로 종양을 제거할 수 있다. 종양이 양성이면 이것으로 충분한 치료가 된다. 여기서는 외과의사가 종양을 제거하는데 사용되는 레이저를 준비하고 있다.

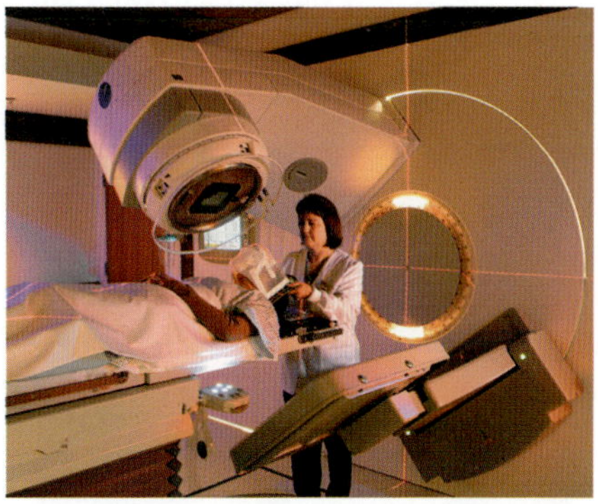

방사능 치료(radiation therapy)는 신체의 특정 지역을 고에너지 방사능에 노출시키는 것이다. 그런 방사능 조사는 세포 분열을 방해하므로 암세포가 자라는 속도를 느리게 하거나 죽일 수 있다. 그렇지만 정상적인 체세포들에게도 해를 끼칠 수 있다.

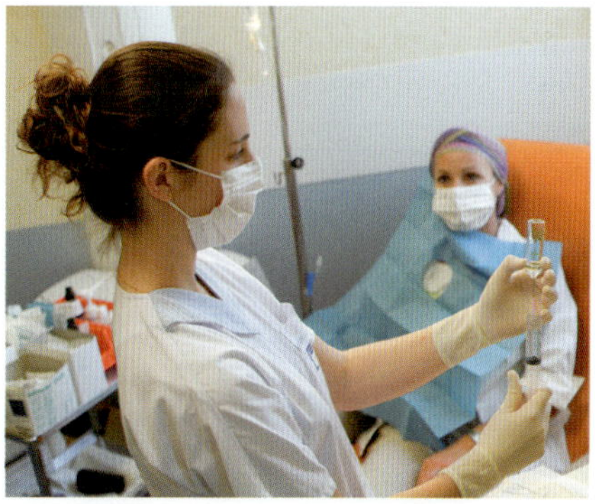

화학치료(chemotherapy)는 세포 분열을 막는 약물을 사용하는 것이다. 약물은 혈류로 투여되기 때문에 전신에 영향을 미치게 된다. 화학치료는 피로, 모발 손실, 메스꺼움 등의 부작용을 일으킬 수 있다.

요점

▶ 모든 종양은 하나의 세포에서 시작된다. 만일 종양이 원래의 자리 밖으로 움직이지 않는다면 그것은 양성이다; 만약 그것이 퍼질 수 있다면, 그것은 악성으로서 암을 일으킨다. 암을 예방하고 치료하는 데는 여러 가지 방법이 있다.

? 전이성 암은 왜 비전이성 암보다 더 치료가 어려운가?

답: 전이된 후에는 종양이 여러 위치로 퍼져 수술이나 방사선으로 치료하기가 더 어려워지기 때문이다.

유전 공학은 실용적 목적을 위해 DNA를 조작한다

DNA의 구조와 기능에 대한 지식은, 실용적 목적을 위해 DNA를 조작하는 여러 가지 중요한 기술들의 발달을 이끌었다. 여기서는 DNA 조작을 위한 몇 가지 기본 방법과 그로 인해 얻어지는 산물들에 대해 알아보자.

유전 공학

과학의 역사는 연구자들이 자연 현상을 이해한 후에는 자연계를 조작하는 데 그 지식을 이용해 왔음을 보여준다. DNA의 이해에서도 마찬가지다. 현대의 유전 공학은 인간의 긴 역사에서 우리 생활을 위해 유전 물질을 조작하는 가장 최근의 노력이라고 할 수 있다.

생명공학(biotechnology)은 유용한 산물을 만들어내기 위해 생명체나 그 성분을 조작하는 것이다. 생명공학은 인간의 문명화만큼이나 오래된 것이다; 선사시대의 인간들은 선택적으로 가축을 육종했으며, 효모를 이용하여 빵을 만들었다.

DNA 기술(DNA technology)은 유전물질의 연구와 조작을 위해 사용되는 모든 방법을 말한다. DNA 기술은 1970년대 그것이 최초로 개발된 이래로 우리 사회에서 점차 중요해지고 있다.

유전 공학(genetic engineering)은 제약 산물들의 생산처럼, 실용적 목적으로 유전자를 직접 조작하는 것이다. 이것은 종종 재조합 DNA를 만드는 과정을 포함한다. 재조합 DNA란 근원이 다른 두 원료로부터 얻은 서열들로 구성된 하나의 DNA 단편을 말한다.

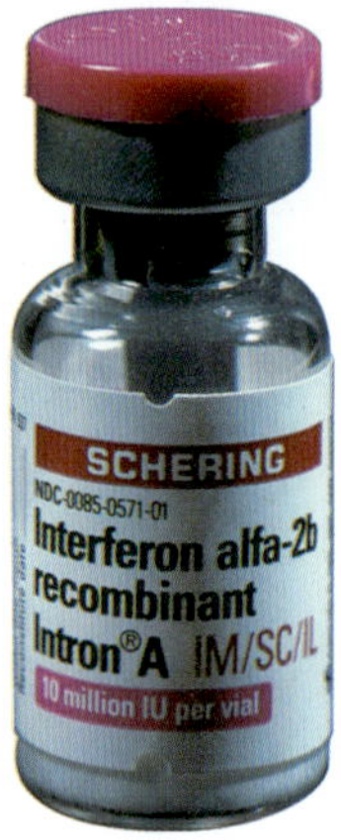

제한효소

어떤 유전 공학 프로젝트에서도 가장 중요한 단계 중 하나는, 바로 DNA의 특정 조각을 잘라서 붙이는 일이다. 이것은 특정 뉴클레오타이드 서열에서 DNA를 절단하는 단백질인 **제한효소**(restriction enzyme)를 통해 가능해진다. 한 제한효소는 단 하나의 짧은 DNA 서열을 인식하여 그 서열 내의 특정 위치에서 DNA를 자른다. 같은 제한효소에 노출되면, 맞는 서열을 가진 모든 DNA 부분들이 정확히 같은 방식으로 잘릴 것이고 다른 서열은 잘리지 않을 것이다.

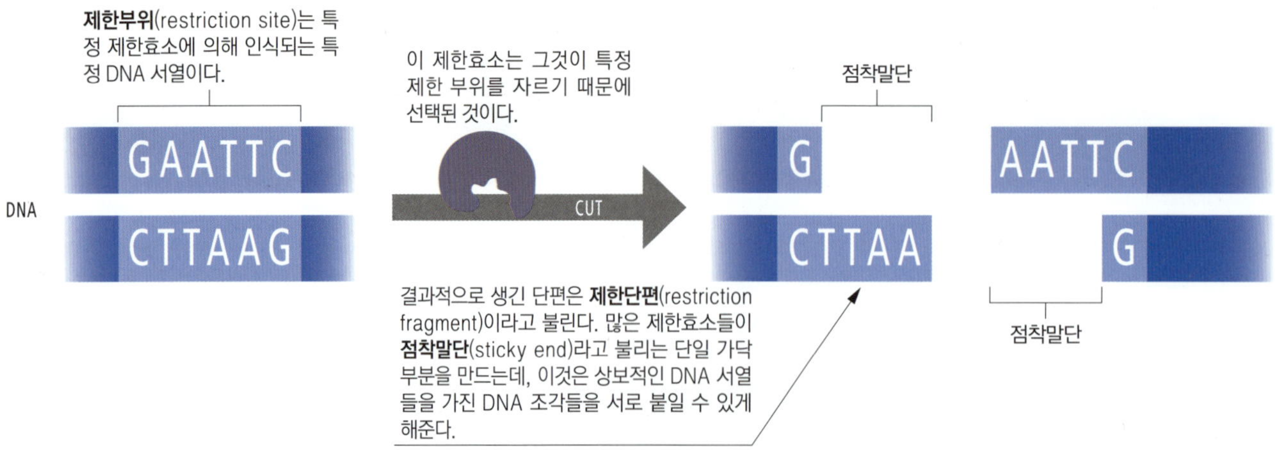

유전자를 복제하는 방법

생명의 유전 정보는 모두 똑같은 화학적 언어인 DNA로 기록되기 때문에, 한 생물 종에서 얻어진 유전자를 분리하여 다른 종의 DNA에 연결할 수 있다. 이런 일은 왜 할까? 전형적인 유전 공학적 업무는 원하는 인간 단백질을 대량으로 생산하는 것이다. 이를 위해, 그 원하는 단백질을 합성하는 유전자를 분리하고, 그것을 플라스미드(plasmid)라고 불리는 세균의 DNA 조각에 삽입한다. 그 세균이 증식함에 따라, 대량의 유전자와 그에 따른 대량의 단백질이 생산된다. 어떤 DNA 조각의 같은 사본을 대량으로 생산하는 이런 방법을 **DNA 클로닝**(DNA cloning)이라고 하며, 유전 공학 업무의 핵심적 기술이다.

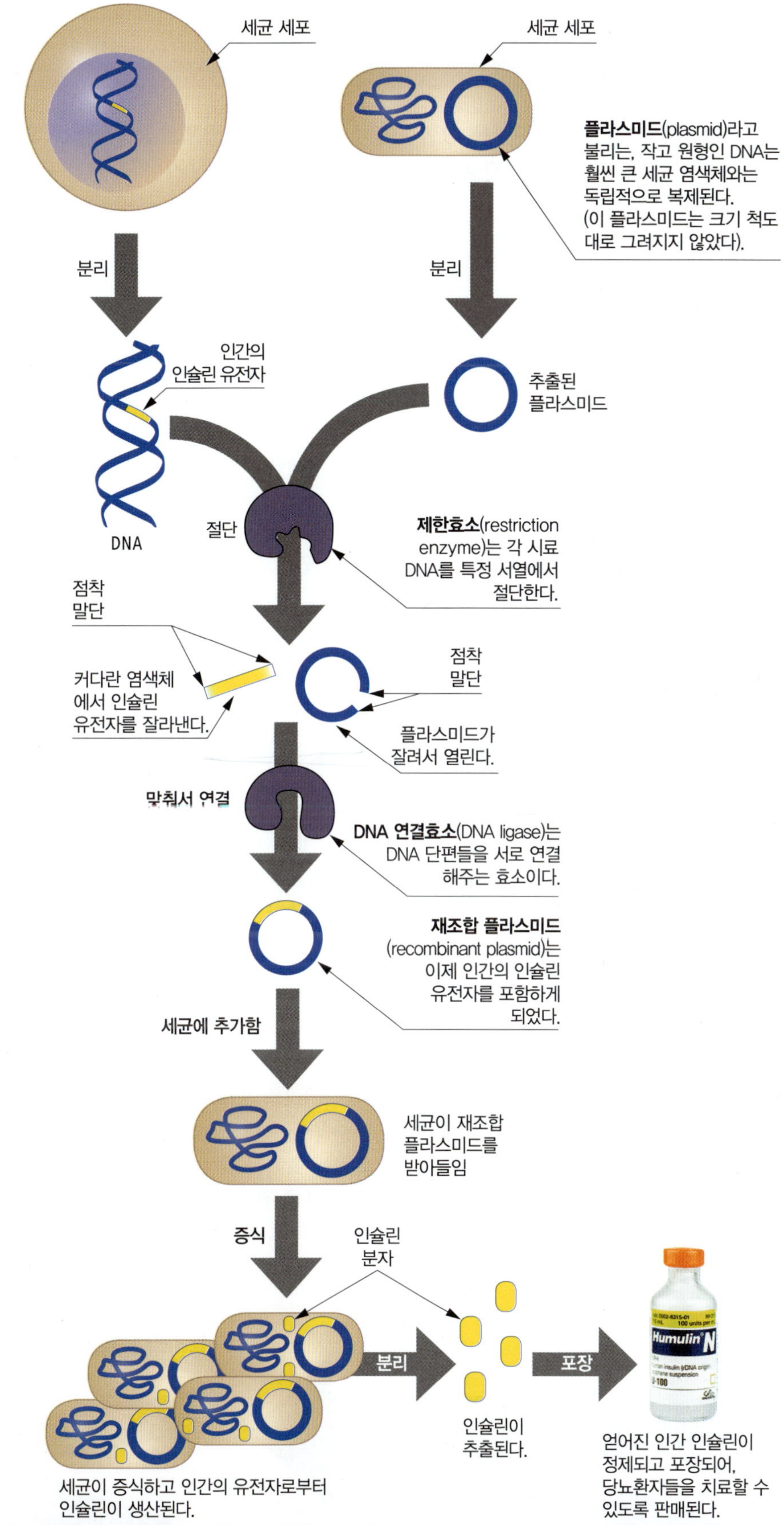

! 1982년, 식품의약국(FDA)은 세계 최초의 유전 공학 약제인 휴물린(humulin; 세균에서 생산된 인간의 인슐린)을 승인했다.

요점

▶ 실용적 목적을 위해 유전자를 조작하는 유전 공학은 생명공학에서의 한 가지 응용 분야이다. 전형적인 유전 공학적 업무는 바람직한 단백질들을 대량으로 생산하기 위해 유전자를 복제하는 것이다.

? 생명공학은 최근에 발달한 학문인가?

답: 아니오. 유전 공학은 비록 몇십 년 밖에 안되었지만, 인간은 수 천년 동안 살아 있는 생물들을 조작해왔다.

6.14 DNA는 실험실에서 여러 가지 방식으로 조작된다

최근 수십 년 동안, 생물학자들은 실험실에서 여러 가지 방법으로 DNA를 조작하는 법을 터득했다. 이런 기술들을 조합함으로써, 과학자들은 유전적으로 조작된 생물들을 만들고, 질병 유발 유전자들을 찾아내며, 심지어 인공 생명체를 만들기도 했다.

유전체 도서관

재조합 DNA(recombinant DNA)—하나 이상의 원료에서 얻은 뉴클레오타이드 서열들로 구성된 DNA 분자—를 만들 때, 한 생물의 전체 DNA 세트(인간에서는 약 30억 뉴클레오타이드 정도)인 전 **유전체**(genome)로 시작하는 것이 유용할 때가 많다. 전체 유전체를 제한효소로 잘라 커다란 세트의 단편들을 만든다. 이 단편들 각각은 개별 플라스미드(작고 원형인 세균 DNA 일부)에 삽입되어, 커다란 세트의 플라스미드들을 만들게 되는데, 이 플라스미드 각각은 하나의 외래 DNA 조각을 포함하게 된다. 이런 플라스미드 세트는 **유전체 도서관**(genomic library)이라고 하는 것으로, 한 생물의 전 유전체가 포함된 클론화된 DNA 조각들의 모음이다. 일단 만들어지면, 유전체 도서관은 해당 생물의 어떤 유전자를 찾아내거나 조작하는 데 사용될 수 있다.

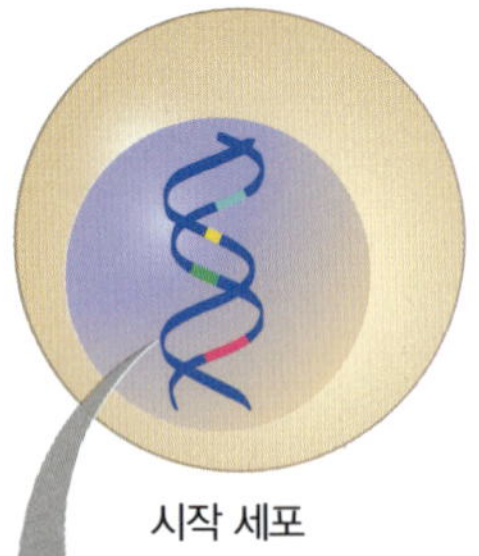

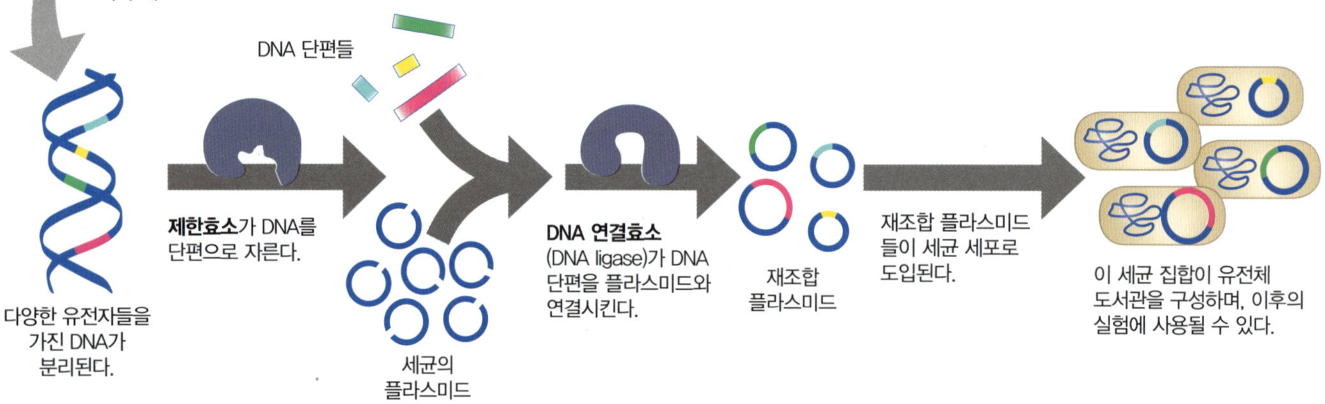

핵산 탐침자

유전 공학 실험은 많은 수의 DNA 단편들을 만들어내지만 그중 일부만 관심 유전자를 포함하는 경우가 많다. 올바른 유전자를 발견하기 위해서, 연구자들은 방사성 혹은 형광 성분들을 이용하여 상보적 분자인 **핵산 탐침자**(nucleic acid probe)를 만들어 사용할 수 있다. 그것이 원하는 표적과 맞는(염기쌍 규칙에 따라) 서열을 가지기 때문에, 탐침자는 표적 DNA에 결합하여 그것을 볼 수 있게 만들어준다.

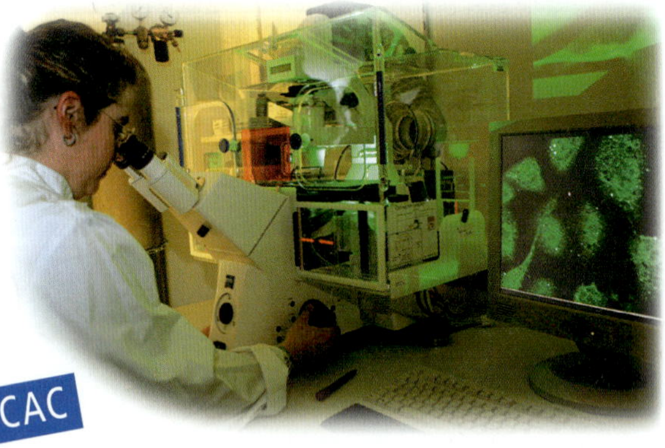

한 연구자가 형광 현미경과 녹색 탐침 분자를 이용하여 인플루엔자 바이러스로 감염된 인간의 폐세포를 살펴보고 있다.

! 연구자들은 최근 CRISPR 유전자 편집 기술을 이용하여 생쥐와 개에서의 근이영양증을 치료했다.

유전자 편집

CRISPR-Cas9 체계는 살아 있는 세포에서 특정 유전자의 뉴클레오타이드 서열을 편집할 수 있도록 하는 기술이다. Cas9이라는 단백질은 안내 RNA(guide RNA) 분자에 상보적인 부분에서 DNA를 절단한다. Cas9은 안내 체계로 RNA 분자를 가지는 유도 미사일과 같다. 세포를 변화시키기 위해서, 연구자는 Cas9 단백질과 그에 부착된 안내 RNA를 함께 주입한다. 안내 RNA는 표적 DNA 서열(어떤 유전자)과 상보적이다. Cas9이 표적 서열을 자른 후에는 DNA 수리 효소들이 그 틈을 고치게 된다. 이런 방법으로, CRISPR-Cas9 체계는 워드 프로세서의 "찾아 바꾸는" 기능처럼 작용하여 세포의 돌연변이를 고칠 수 있다.

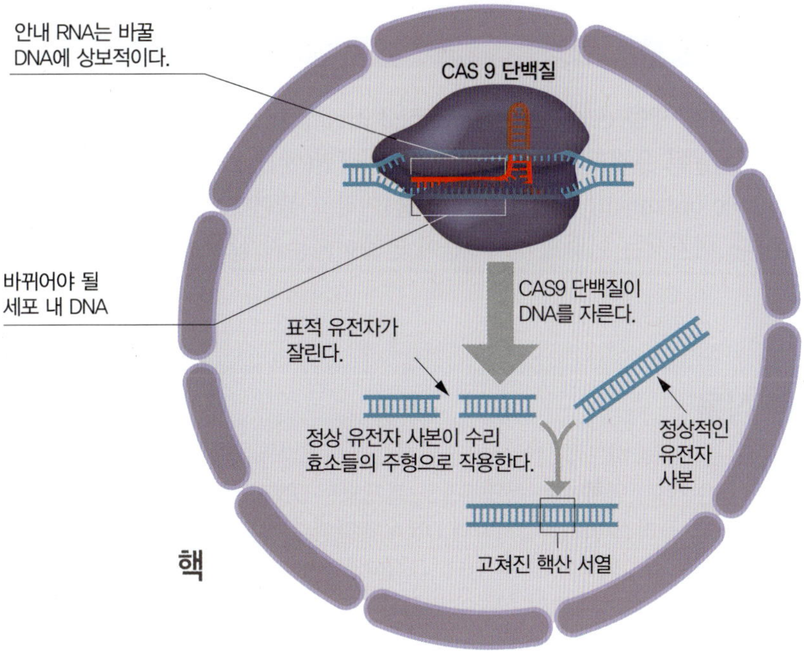

DNA 합성

DNA는 자동화된 DNA 합성기(DNA synthesizer)를 이용하여 실험실에서 처음부터 합성될 수 있다. 이 기계들은 수문에 맞춰 수백 뉴클레오타이드 길이까지 빠르고 정확하게 DNA 분자를 생산해준다. 그렇게 합성된 여러 단편이 연결되면 거의 모든 길이의 DNA를 만들어낼 수 있다.

상보성 DNA

유전 공학에서 중요한 또 한 가지 기술은 진핵세포의 핵에서 생산된 mRNA를 가지고 작업을 시작하는 것이다. 세포 내에서 이 mRNA들은 활성 유전자들로부터 만들어지고, 단백질 생산에 이용된다. **역전사효소**(reverse transcriptase)라는 효소는 세포 내의 mRNA 집단으로부터 DNA 분자들을 합성할 수 있다. 그 결과 **상보성 DNA**(complementary DNA, cDNA)가 얻어지며, 이것은 세포에서 그 당시 단백질을 생산하던 유전자들만을 나타낸다.

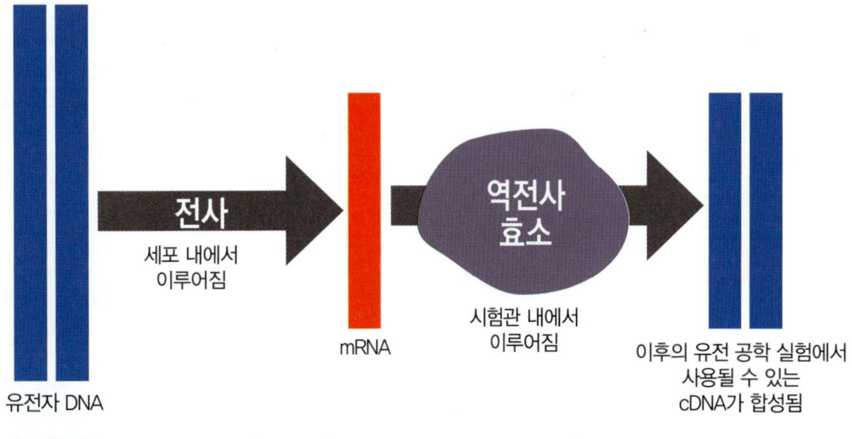

요점

▶ 과학자들은 여러 가지 방식으로 DNA를 조작한다: DNA는 세포로부터 분리되어 유전체 도서관에 삽입될 수도 있고, 핵산 탐침자를 이용해 보일 수 있게 처리되거나, 직접 합성되기도 하고, 혹은 세포의 mRNA로부터 합성되거나, 살아 있는 세포 내에서 편집되기도 한다.

? 만약 인간의 세포에 있는 모든 유전자로 유전체 도서관을 만든다면, 인간의 특정 유전자를 가지고 있는 소수의 세균 세포들을 어떻게 찾아낼 수 있겠는가?

답: 특정 유전자에 상보적인 탐침자를 사용할 수 있다.

6.15

식물과 동물은 유전적으로 변형된다

유전적으로 변형된 생물(genetically modified organisms, GMOs)은 인위적인 방법으로 하나 이상의 유전자들을 더 가진 것이다. 전달된 유전자가 다른 생물의 것이라면(예를 들어 인간 유전자를 가진 염소라든가), 그 생물은 **형질전환 생물**(transgenic organism; **유전자 이식 생물**)이라고 불린다. 형질전환 GMO의 생산은 유전 공학에서 가장 널리 응용되는 분야이다. 여기서는 어떻게 GMO들이 만들어지는지 살펴보자.

! 미국에서 자라는 대부분의 옥수수, 콩, 그리고 면화는 유전적으로 변형된 것이다.

형질전환 식물

바람직한 유전자를 플라스미드에 삽입시켜 유전적으로 변형된 농작물들을 생산할 수 있다. 플라스미드들은 작고, 원형이며, 독립적으로 복제되는 DNA 조각으로서 원래 세균에서 분리된 것이다. 플라스미드는 일시적인 DNA 전달체로 작용하여, 어떤 관심 유전자를 식물의 유전체로 삽입되도록 할 수 있다. 그 결과로, 새로 삽입된 유전자로부터 나오는 형질들을 발현하는 유전적 변형 식물이 탄생한다.

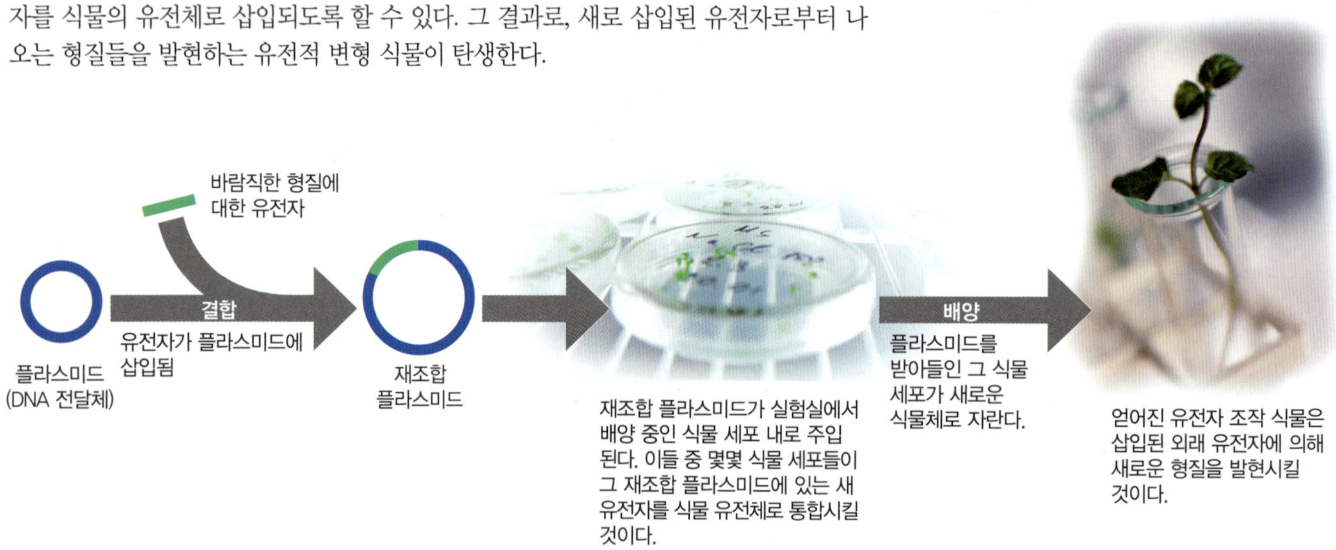

안전성과 윤리 논쟁

농업에서 유전적으로 변형된 생물들을 이용하는 것은 급속하게 널리 퍼졌다. 그러나 GMO들의 사용이 증가하면서 일부 사람들은 안전성 문제를 제기한다. 모든 새로운 기술들이 그렇듯이, 유전 공학 역시 장점뿐 아니라 위험요소를 동반한다. 이에 대한 규제가 현재 완전히 확립된 것이 아니므로, 모든 시민이 이 새로운 기술의 가능한 위험요인과 장점 모두에 대해 학습하는 것이 중요하겠다.

찬성	반대
GMO가 인간이나 환경에 어떤 특별한 위험성을 제기한다는 과학적 증거는 어떤 것도 발견된 적이 없다.	GMO들은 우리가 아직은 이해할 수 없는 방식으로 인간의 건강이나 환경에 해로울 수도 있다.
자의적이든 타의적인 것이든, 연구에서는 어떤 위험선을 넘지 못하도록 하는 규제들이 정립되어 있다.	GMO들은 환경으로 탈출하여 그 유전자를 야생의 생물들에 전달함으로써 이전에 볼 수 없었던 문제들을 일으킬 수 있다.
GMO들은 일반 작물들보다 영양가가 높을 수 있고, 더 다양한 서식지에서 경작될 수 있다.	GMO들의 광범위한 사용은 생물다양성의 손실을 촉진할 수 있다.
재조합 DNA 실험에 사용되는 미생물 계통들은 유전적으로 불능화되어 있어서 야생에서는 생존할 수 없다.	미국에서는 GMO들을 표시하는 어떤 표준장치도 마련되어 있지 않으므로, 소비자들은 자신들이 무엇을 취하는지 모른다.

형질전환 동물

가축에 대한 전통적인 방식의 선택적 교배가 수백만 년 동안 지속되면서, 농학 과학자들은 식량으로 사용되는 동물들이 더 건강하고 더 생산적일 수 있도록 하는 많은 유전적 변형들에 대해 연구해왔다. 그러나 현재까지 이런 동물 중 어떤 것도 식량 공급에 사용되지는 않고 있으나, 2015년 후반, 식품의약국(FDA)은 빨리 자라는 형질전환 연어 변종을 소비할 수 있도록 승인했다. 그러나 그런 생선(AquaAdvantage 연어)이 소비되기까지는 몇 년이 걸릴 것이다. 그리고 제약회사들은 여기 설명한 과정을 이용하여 의료적으로 유용한 인간 단백질을 분비하는 다양한 GMO들을 생산해 왔다.

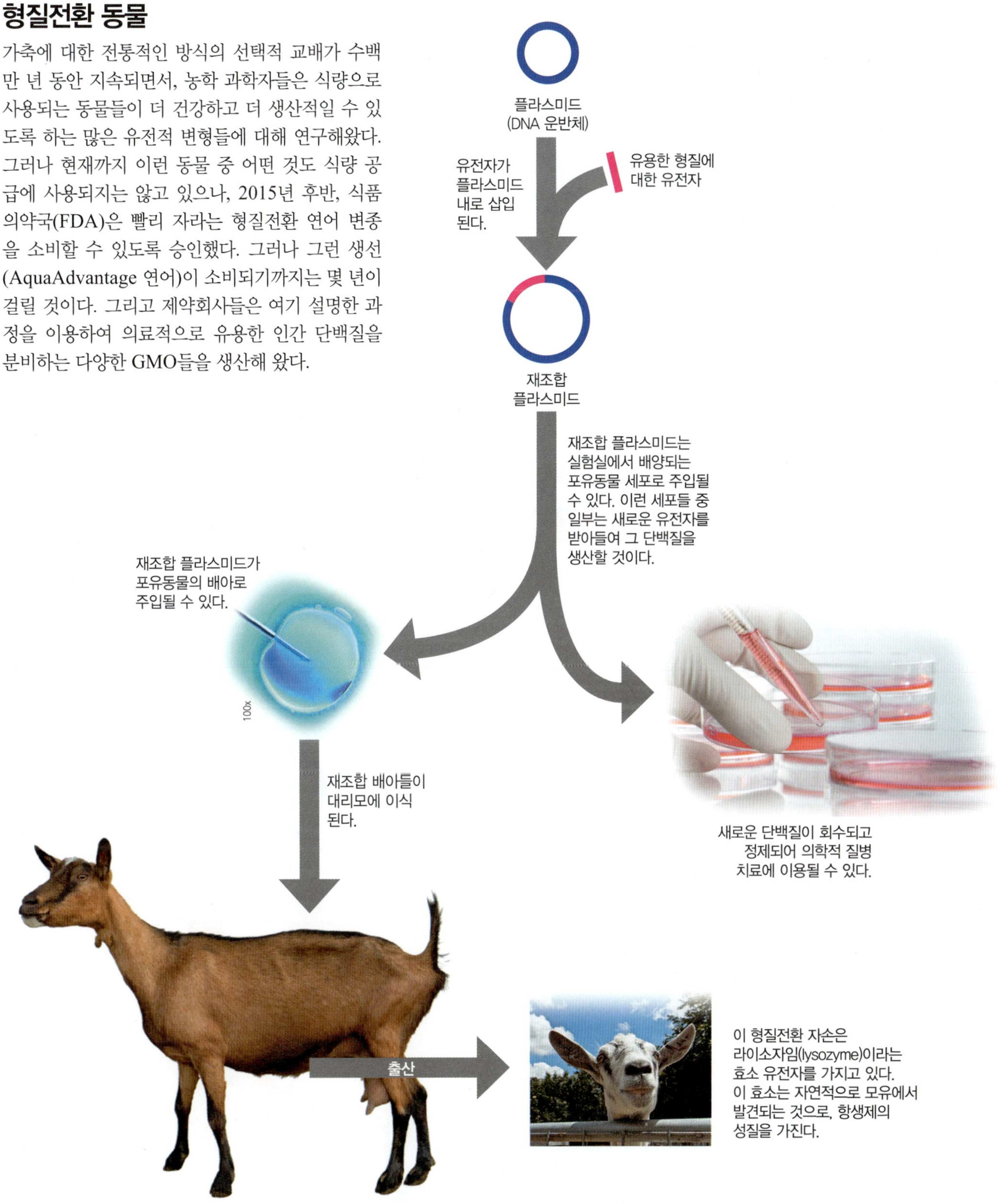

요점

▶ 유전 공학자들은 유용한 유전자를 한 생물에서 다른 생물로 이동시키기 위해 플라스미드를 이용할 수 있다. 과학자들은 이런 방법을 이용하여 형질전환 식물과 동물을 생산해 왔다. 그런 생물의 이용은 위험성과 장점을 모두 가진다.

? GM 식물과 GM 포유동물 생산에서의 주된 유사점은 무엇인가?

답: 둘 다 외래 DNA를 도입하기 위해 플라스미드를 이용한다.

6.16

PCR은 DNA 시료를 증폭시키는 데 이용될 수 있다

중합효소 연쇄반응(polymerase chain reaction, PCR)은 특정 DNA 단편을 표적으로 하여 그것을 빠르고 정확하게 복제하는 실험실 기법이다. 자동화된 PCR은 수 시간 내에 단 한 개의 사본으로부터 수십억 개의 사본들을 생산할 수 있다. 그것도 대단히 높은 정도의 정확성을 가지면서도 그런 복제를 가능하게 한다. 생물학자들은 PCR을 이용하여 DNA 프로파일을 결정하고, 생물들 간의 연관 정도를 연구하며, 질병 유발 유전자들을 찾아낸다.

PCR 기술

PCR에서, 하나의 DNA 시료는 **열순환기**(thermal cycler)라고 불리는 기계에서 가열과 냉각이 반복된다. 각 반응 회차에서 해당 영역의 DNA 양은 두 배가 된다. PCR의 열쇠는 바로 **DNA 중합효소**(DNA polymerase)인데, 이것은 단일 가닥 DNA 시료에 상보적인 새로운 DNA 가닥을 합성하는, 자연적으로 존재하는 효소이다. PCR에 사용되는 DNA 중합효소는 원래 온천수에 사는 원핵생물로부터 분리된 것으로서, 고온을 견딜 수 있어서, 일반적인 DNA 중합효소라면 불활성화되어버릴 온도에서도 활성을 가진다.

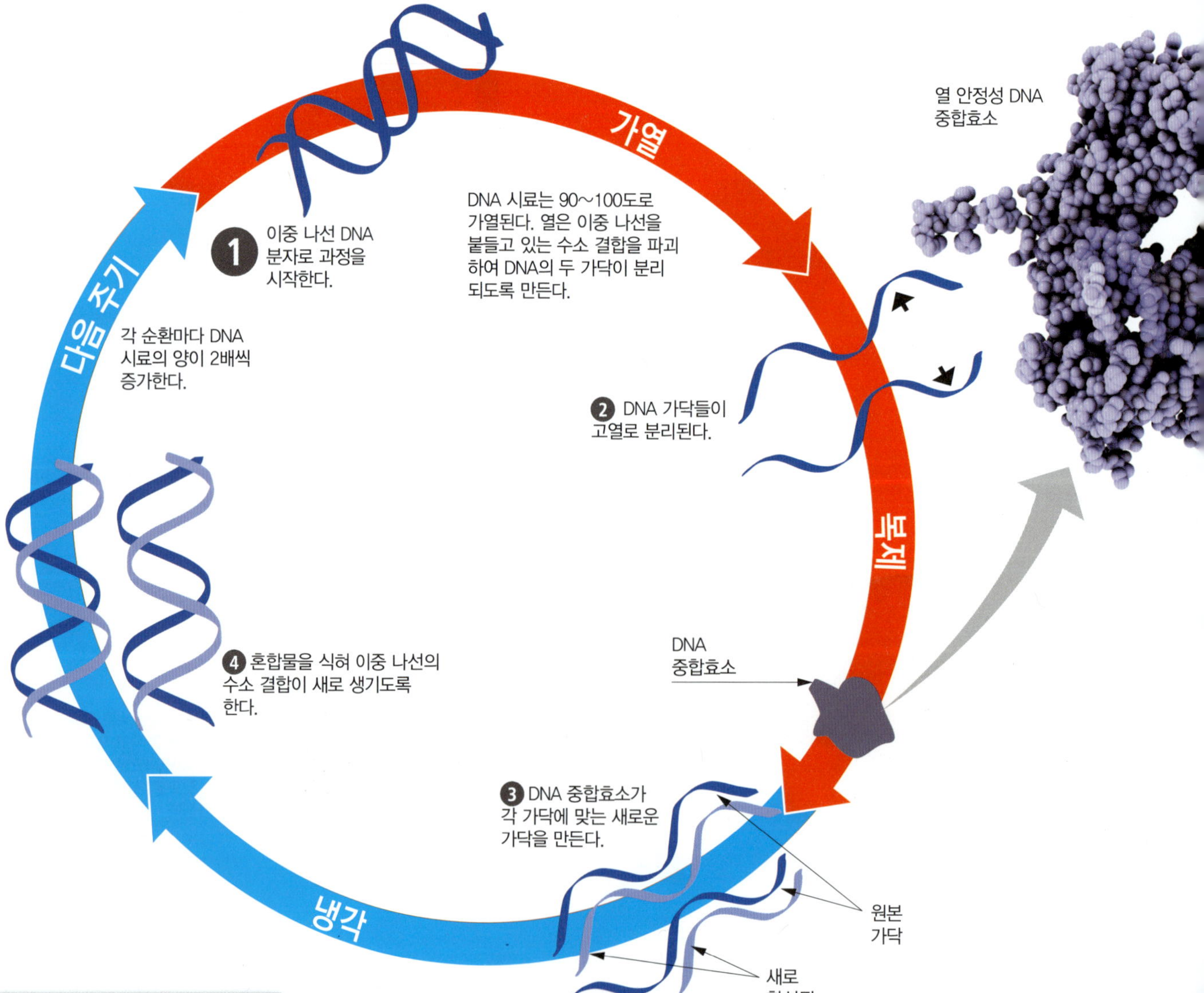

! PCR은 40,000년이나 된 냉동 털북숭이 매머드로부터 추출된 DNA를 연구하는 데 이용되었다.

단편들이 선택되고 복사되는 방법

하나의 DNA 시료가 준비된 후(예를 들어, 범죄현장에서의 혈액 증거 등), 연구자는 그 시료의 모든 유전적 내용을 복제하지는 않는다. 그보다는, 일반적으로 PCR을 이용하여 전체 DNA로부터 특정 영역만을 복사한다. 이를 위해, 연구자는 **프라이머**(primer)들을 이용하는데, 이것은 짧은(보통 15~20 뉴클레오타이드 길이) 단일 가닥 DNA 분자로서, 표적 서열의 양 말단에 상보적인 서열을 가진다. 그러면 DNA 중합효소는 프라이머에 결합하고 반응 혼합물에 포함된 자유 뉴클레오타이드를 이용하여 새로운 DNA 분자들을 합성한다. 다른 필요한 성분들과 함께 올바른 프라이머를 첨가함으로써, 특정 영역 내의 DNA 시료를 대량으로 얻을 수 있다. PCR을 통해 생산된 DNA 시료는 이제 다른 실험들을 위해 사용될 수 있다.

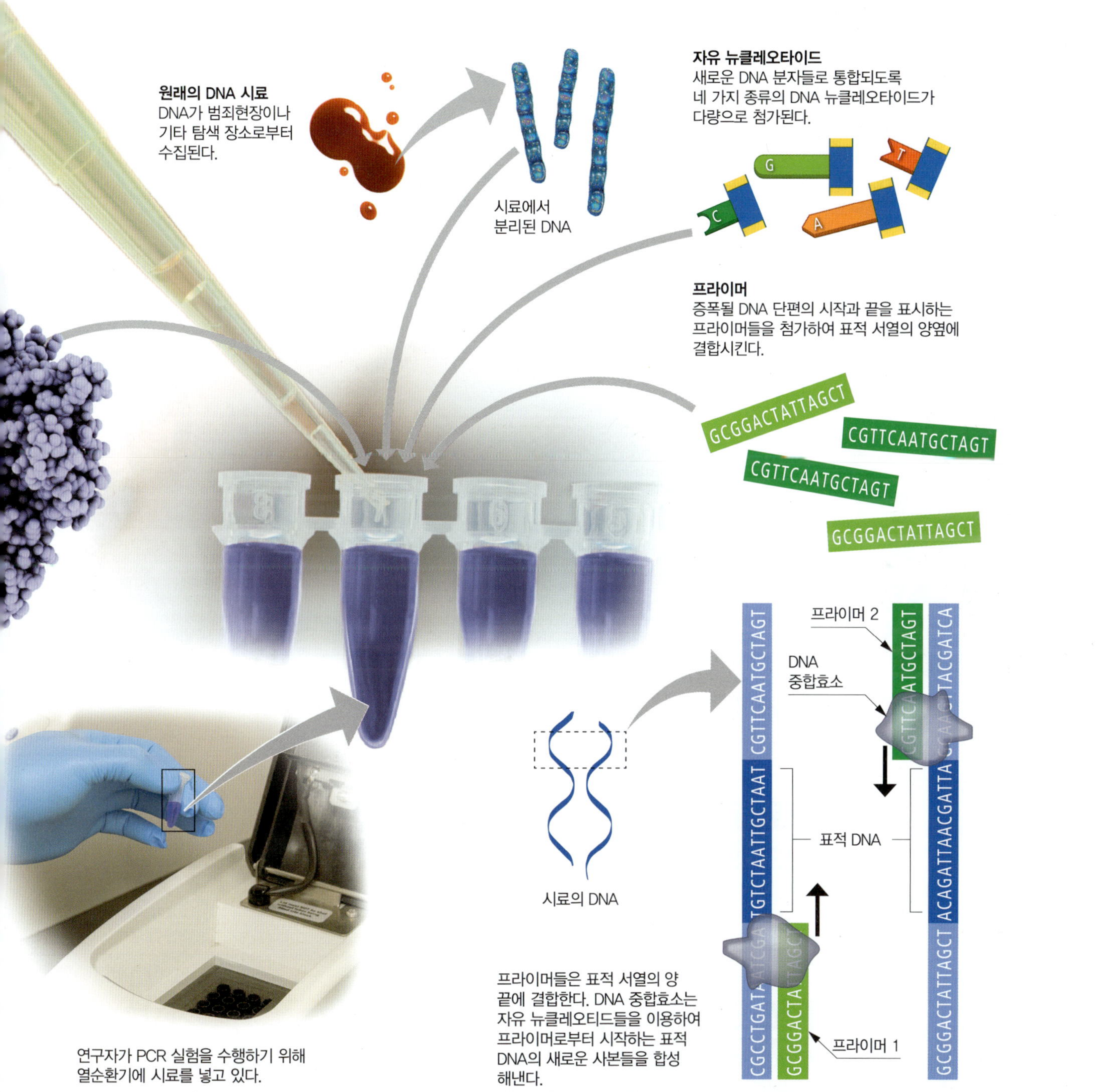

연구자가 PCR 실험을 수행하기 위해 열순환기에 시료를 넣고 있다.

요점

▶ 중합효소 연쇄 반응(PCR)은 한 회차 반응에 들어가는 성분들—열 안정성 DNA 중합효소, DNA 뉴클레오타이드들, 연구될 시료 DNA, 그리고 표적 서열에 특이적인 프라이머들—을 이용하여 DNA의 양을 배가시킨다.

? 만약 용의자로부터 얻은 DNA를 범죄현장에서 얻은 것과 비교하고 싶다면, 당신은 전유전체를 복제하기 위해 PCR을 사용하겠는가?

답: 아니오. PCR은 특이적인 프라이머들이 선택한 작은 범위에 대해서만 DNA를 증폭할 수 있다.

6.17

DNA 프로파일은 STR 분석에 기초한다

DNA 프로파일링(DNA profiling)은 두 DNA 시료가 같은 사람에게서 나온 것인지를 확실하게 결정할 수 있도록 해주는 실험 기법이다. 여러분이 범죄현장에서 얻은 DNA 시료와 용의자로부터 얻은 DNA 시료를 둘 다 가지고 있다고 상상해보라. 어떻게 두 시료가 같다는 것을 증명하겠는가? 이론적으로, 양 시료의 전체 DNA 서열을 비교할 수도 있다. 하지만 이것은 비실용적이다. 대신, 현대의 DNA 프로파일링 기술은 집단마다 차이가 있다고 알려진 유전체 내의 작은 부분들을 비교하는 방법을 사용한다.

! 2015년에 실시된 DNA 프로파일링으로, 워렌 G 하딩(Warren G. Harding) 대통령이 재임 기간에 정부와의 사이에서 아이를 낳았음이 확인되었다.

짧은 직렬 반복 서열

DNA 프로파일러들은 사람마다 상당히 다르다고 알려진 유전체 내의 특정 부위들에 초점을 맞춘다. 짧은 뉴클레오티드 서열들이 한 줄로 여러 번 반복되는 자리인 **짧은 직렬 반복 서열**(short tandem repeat, STR)은 유전체 전체에 걸쳐 여러 곳에 흩어져 있다. 염색체들 내에서 이런 부위들의 자리와 그 반복되는 서열들은 사람마다 똑같다. 그러나 반복되는 횟수는 인간 집단마다 다르게 나타난다.

각 STR 좌위에서는 4개의 뉴클레오타이드 서열이 한 줄로 여러 번 반복된다. 이 프로파일은 A와 B 개인이 한 부분의 STR 자리(AGAT 반복 서열이 8번 반복됨)에서는 동일하지만, 두 번째 자리(TCTA 부분에서 한 사람은 3번, 다른 사람은 4번의 반복이 나타난다)에서는 일치하지 않음을 보여준다.

STR 분석

DNA 프로파일을 만드는 요즘의 방법은 **STR 분석**(STR analysis)에 의존한다. 이것은 인간 유전체 내에서 이미 알려진 13개의 자리에 존재하는 짧은 직렬 반복 서열들의 길이를 비교하는 것이다. 각 부위에서는, 네 개의 뉴클레오타이드 서열이 3~50회 일렬로 반복된다. 이런 부위들은 매우 다양해서 서로 다른 어떤 두 사람도 13자리 모두가 같을 수는 없다(일란성 쌍둥이는 제외). STR 분석을 수행하기 위해서, 법의학자는 둘 혹은 그 이상의 시료로부터 DNA를 얻고, 중합효소 연쇄반응(PCR)을 이용하여 만들어낸 다량의 시료들을 비교한다. 아래에는 이 과정을 단순화시켜 단 2개의 좌위를 포함한 실험을 제시하였다.

범죄 현장에서 얻은 DNA 시료

용의자로부터 얻은 DNA 시료

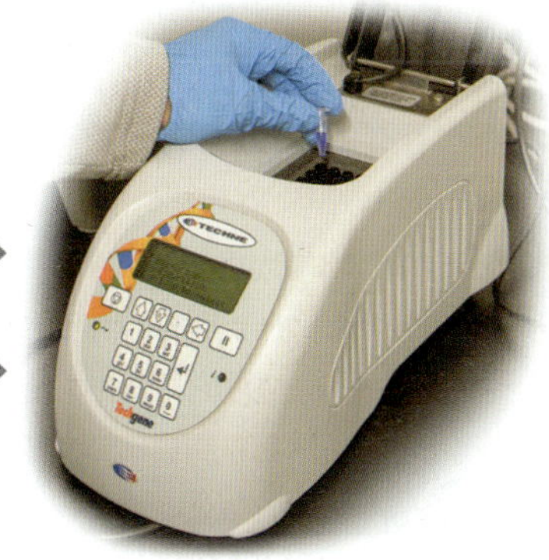

PCR로 STR 좌위들에서의 DNA 사본을 얻음

PCR 결과(STR 자리의 DNA를 다량으로 얻음)

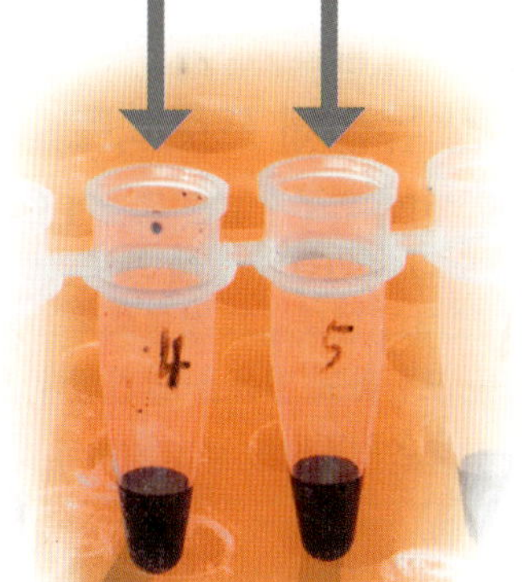

시료를 젤의 두 레인에 넣어서 각각 분리시킴

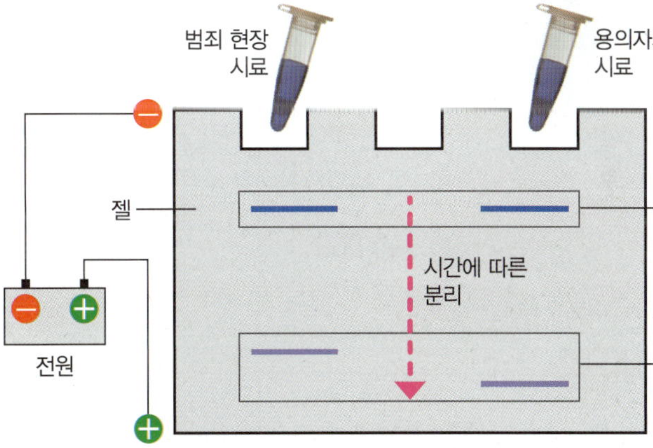

전기영동

일단 STR 분석 시료가 PCR로 준비되면, 이제 그것을 분석해야 한다. **젤 전기영동**(gel electrophoresis) 과정은 DNA 시료를 크기에 따라 분류하여 보여준다. 연구자는 DNA 시료를 젤의 한쪽 끝에 넣고 전류를 흘려준다. 모든 DNA 분자들은 음으로 하전되어 있으므로, 이들은 젤을 통과하여 양(+)극을 향하여 이동한다. 젤 내의 조밀하고 복잡한 섬유망들은 이런 이동을 방해한다. 결과적으로, 더 짧은 DNA 조각들은 긴 조각들보다 더 빠르게 바닥 쪽으로 이동한다. 전류를 중지시키고 DNA가 이동을 멈추면, 염색을 통해 DNA 밴드들의 위치를 볼 수 있다. 이 실험의 경우에는, 하나의 STR 자리는 두 시료에서 정확히 같지만(푸른색 밴드), 다른 하나(보라색 밴드)는 서로 다르다. 이것은 두 DNA 시료가 서로 다른 사람에게서 나온 것임을 시사한다—즉, 용의자의 DNA는 범죄 현장에서 수거된 것이 아니다.

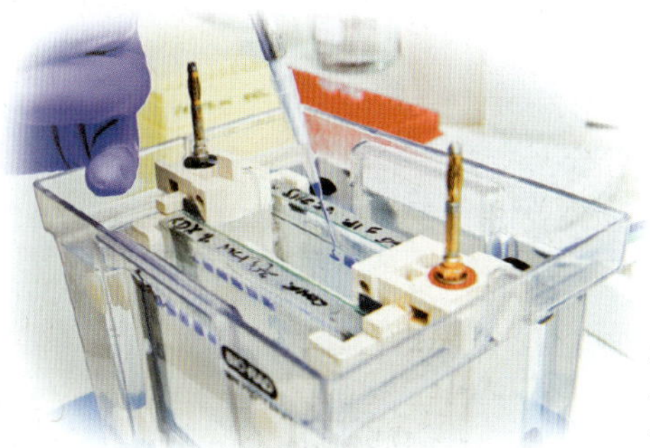

젤 전기영동 장치

요점

▶ DNA 프로파일링은 두 가지 시료의 DNA가 같은 사람에게서 나온 것인지를 증명해 줄 수 있다. PCR로 사람마다 변이가 많은 짧은 직렬 반복 서열들을 포함하는 DNA 시료를 만든다. 젤 전기영동을 통해 이런 부위들을 비교할 수 있다.

? 본문의 젤을 살펴보라. 어떤 DNA 단편이 더 긴 것인가?: 맞는 STR 부위(푸른색)인가, 아니면 맞지 않는 STR 부위(보라색)인가?

답: 맞는 부위(푸른색)가 더 짧은 거리를 이동했으므로 더 긴 것이다.

6.18 유전체 전체가 서열화될 수 있다

하나의 **유전체**(genome)는 한 생물이나 바이러스의 완전한 유전물질 세트를 말한다. **유전체학**(genomics)이란 유전체와 그 상호작용에 대한 과학적 연구이다. 유전체학은 1995년 한 생물학 연구팀이 질병 유발 세균인 헤모필루스 인플루엔자(*Haemophilus influenzae*)의 전 유전체를 모두 결정했을 때 시작되었다. 최근에는, 과학자들이 우리 인간을 포함하여 다양한 생물종의 완전한 유전체들을 서열화했다. 유전체학 자료들은 우리 인간과 지구상의 생명 사이의 진화적 연관 관계에 대해 많은 것을 이야기해 준다.

인간 유전체 프로젝트

2003년에, 연구자들은 그들이 한 인간의 모든 유전자를 실질적으로 모두 서열화했다고 발표했다. 이러한 **인간 유전체 프로젝트**(Human Genome Project)는 우리 염색체들(우리 모두 가지는 22개의 염색체와 성염색체인 X 와 Y)이 약 30억 뉴클레오타이드 내에 약 21,000개의 유전자를 포함하고 있음을 발견했다. 그 이후로 여러 사람의 유전체와 다른 많은 생물의 유전체들도 서열화되었다.

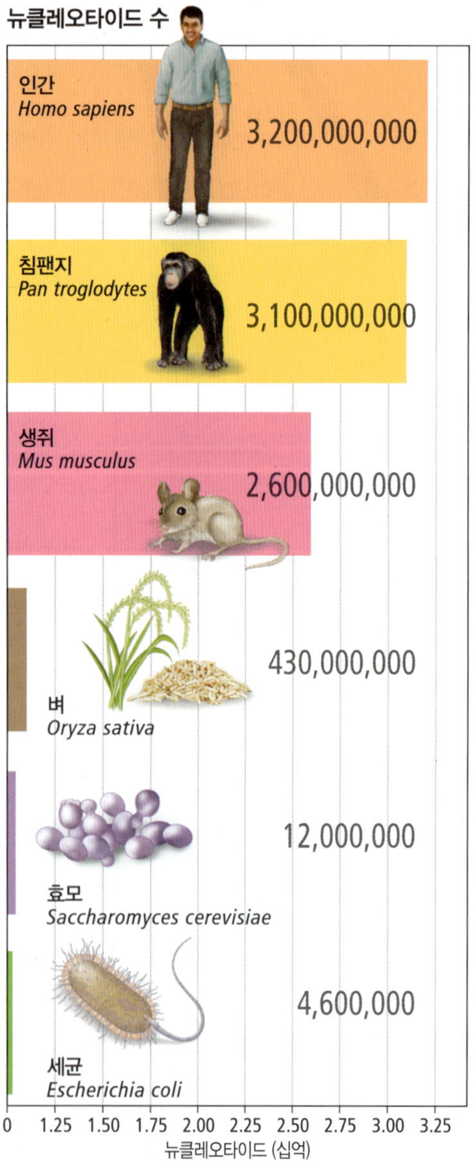

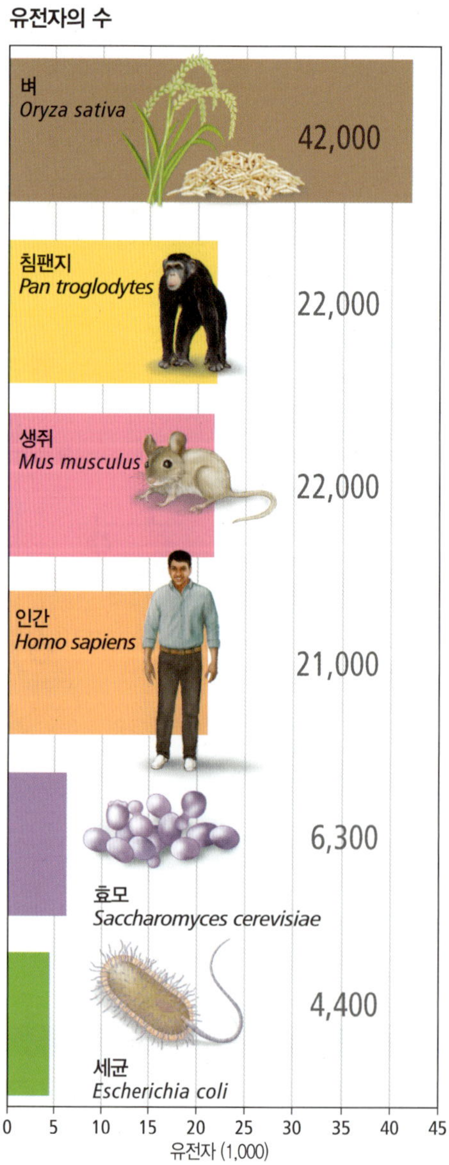

인간 유전체에 대한 사실

같은 성별의 2사람은 99.5%의 유전체가 같다.

인간 DNA의 1.5%만이 단백질을 암호화한다. 나머지 98.5%의 DNA는 다른 기능(일부는 알려지지 않음)을 수행한다.

인간 DNA의 24%는 유전자 조절을 돕는 서열들로 구성된다(그러나 이들 자체가 유전자는 아니다)

인간 DNA의 59%는 반복성 서열로서, 유전체 전체에서 여러 번 나타나는 서열들로 구성된다.

전 유전체 샷건 방법

한 생물로부터 얻은 전체의 유전체를 서열화하기 위해 **전-유전체 샷건 방법**(whole-genome shotgun method)이라는 기술 조합이 사용된다. 이 방법은 여러 개의 독립적인 기술들을 함께 조합하여 다량의 데이터들을 매우 빠르게 생산해낸다.

! 최초로 서열화가 완료되었던 인간의 유전체 중 하나는 그 작업을 수행했던 바이오텍 회사의 대표 것이었고, 최초의 개 유전체는 그가 기르던 개의 것이었다.

유전체(들)

한 사람 이상에서 DNA가 추출된다.

DNA의 단편화

그 DNA를 다양한 제한효소들로 절단하여 작은 DNA 조각들로 만든다.

DNA들의 서열화

자동 서열화 기계로 각 DNA 단편들의 서열을 결정한다.

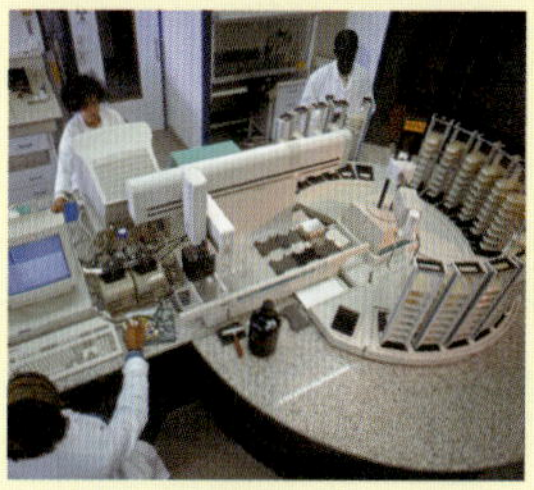

서열들의 정렬

컴퓨터 프로그램을 이용하여 각 단편들의 겹치는 부분을 찾아 원래의 서열 순으로 배열한다.

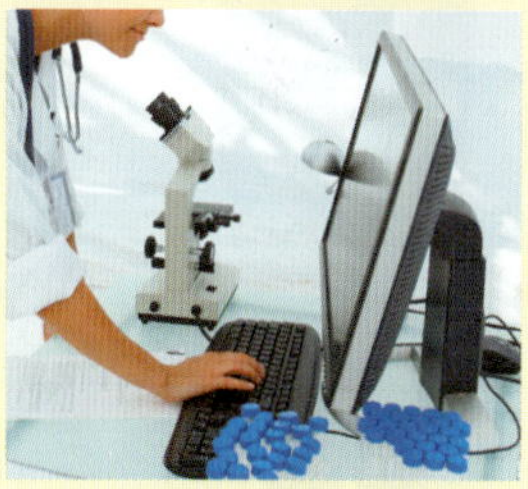

최종 서열

완전한 유전체 서열을 데이터베이스에 업로드한다.

ACCCACTAAGGTATTTTCATGGCGACCAAGAGGATTAAGTAT
ATACACCCAGGGGGCGGAATGAAAGCGTAACAATGGCGACAT
GGTAACGAGGTAACAACCATGCGAGTGCATAACGGAGTGATC
CGCGTAAGGAAATCCATTATGTACTATTTCACACAGGAAACA

단백질체학

비록 DNA가 세포를 조절하는 궁극의 분자이기는 하지만, 실질적으로 세포의 모든 기능을 수행하는 것은 단백질들이다. 그래서 과학자들은 한 유전체에 의해 암호화되는 완전한 세트의 단백질들을 조사하는 데 관심을 둔다. 이러한 분야를 **단백질체학(proteomics, 프로테오믹스)**이라고 부른다. 인간의 단백질 수(약 100,000)는 유전자의 수(21,000)를 훨씬 초과한다. 따라서 이 모든 단백질이 어떤 것들이고, 어떤 일을 수행하는지를 이해하고자 하는 것은 생물학적 탐구의 최첨단 주제들이다.

인간의 유전자와 단백질 수 비교

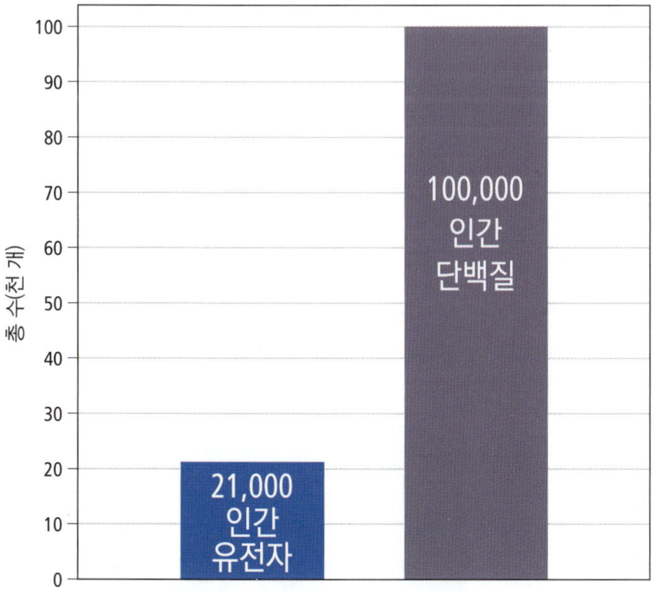

요점

▶ 한 세포의 DNA를 효소로 잘라 그 단편들을 서열화함으로써, 한 생물의 전 유전체가 서열화될 수 있다. 인간의 유전체는 30억 뉴클레오타이드로 구성되며, 21,000개의 유전자들이 100,000가지의 서로 다른 단백질들을 암호화한다.

? 왼쪽 페이지에 있는 두 개의 막대 그래프를 보라: 한 유전체 내의 유전자 수는 그 유전체의 크기에 항상 비례한다고 할 수 있겠는가?

답: 아니오. 벼의 경우, 인간의 유전체보다 훨씬 적은 DNA를 가지지만 더 많은 수의 유전자를 포함한다.

유전자 치료는 유전 질병의 치료를 목적으로 한다

인간의 여러 질병은 단일 유전자에서 생긴 돌연변이에 기인한다. 생물학자들은 세균, 식물, 그리고 동물들을 유전적으로 조작할 수 있다. 이런 기술들은 인간에게도 적용될 수 있을까? **유전자 치료**(gene therapy)는 질병을 치료하기 위해 한 개인의 유전자들을 바꾸는 것이다. 의학 연구자들은 유전자 치료가 이론적으로 가능함을 증명해왔고, 심지어 몇 명을 치료하기도 했다. 그러나 아직까지는 유전자 치료의 실질적 성공이 그 약속을 따라가지 못하고 있다.

건강한 유전자의 획득

유전자 치료는 건강한 사람으로부터 정상 유전자를 분리하는 것으로 시작된다. 효소들을 이용하여 표적 DNA 유전자의 RNA 버전을 만들 수 있다. 이런 RNA 유전자는 감염성이 있지만 해를 끼치지 않는 레트로바이러스(RNA 유전체를 가지는 바이러스)에 연결된다. 인간의 유전자 치료에 가장 흔히 사용되는 레트로바이러스는 역전사를 통해 인간의 유전체로 통합되므로, 사람의 세포를 감염시켜 유전자를 전달할 수 있다. 이런 재조합 바이러스는 치료용으로 사용될 수 있다.

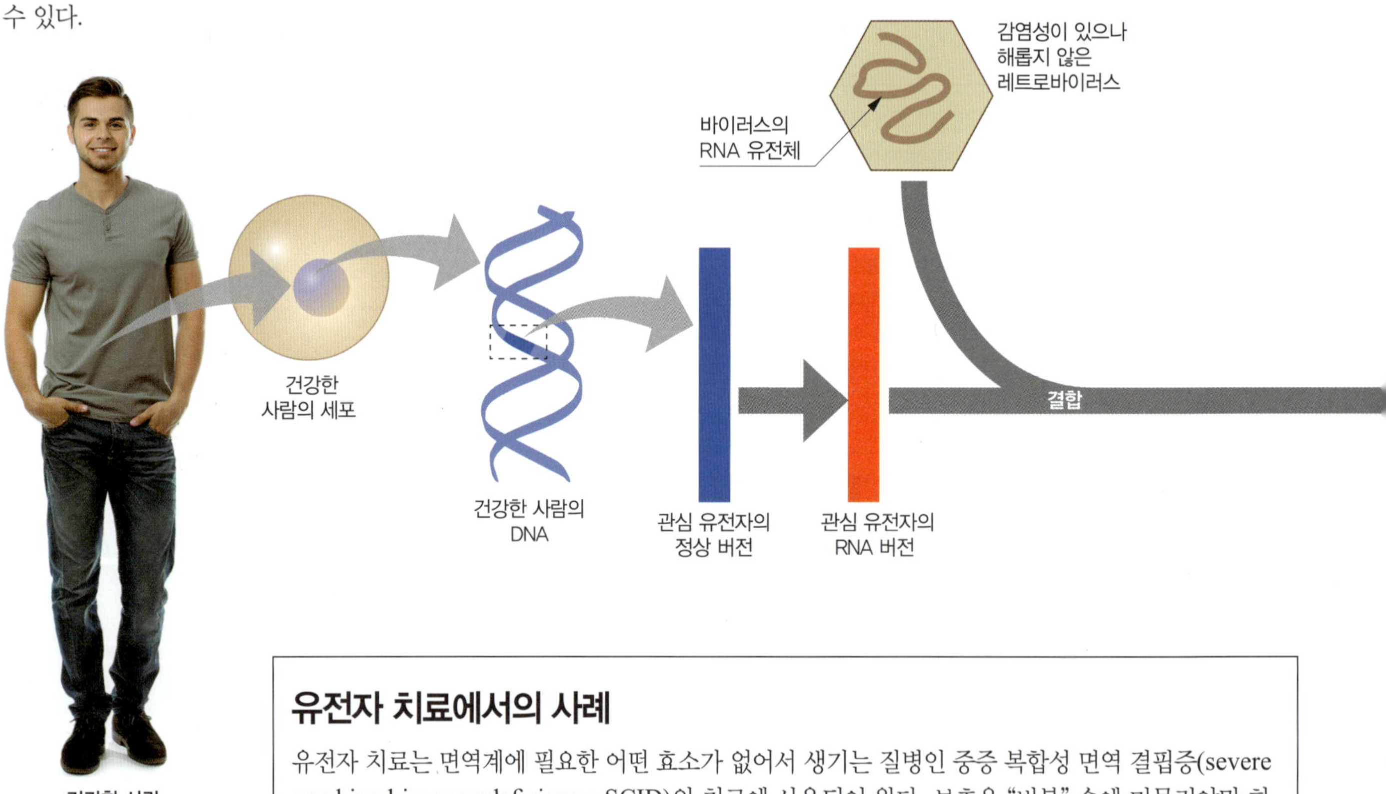

유전자 치료에서의 사례

유전자 치료는 면역계에 필요한 어떤 효소가 없어서 생기는 질병인 중증 복합성 면역 결핍증(severe combined immunodeficiency, SCID)의 치료에 사용되어 왔다. 보호용 "버블" 속에 머물러야만 하는 SCID 환자들은, 건강한 면역계라면 쉽게 퇴치할 수 있는 감염에 대해서도 굴복하고 만다. 2000년부터, 유전자 치료는 22명의 SCID 환자 어린이들을 치료했다. 그러나 이런 의료 혁신의 기쁨은 그다지 오래가지 못했는데, 환자 중 네 명이 백혈병에 걸렸고, 한 명은 사망했다. 치료에 사용되었던 레트로바이러스가 일부 혈액 세포들을 암세포로 변화시켰기 때문이었다. 따라서 유전자 치료는 아직도 유망한 기술이기는 하지만, 안전성이나 적용 가능성에 대한 증거가 부족하다. 새롭고 더 엄격한 안전 지침 아래에서, 활발한 연구가 지속되고 있다.

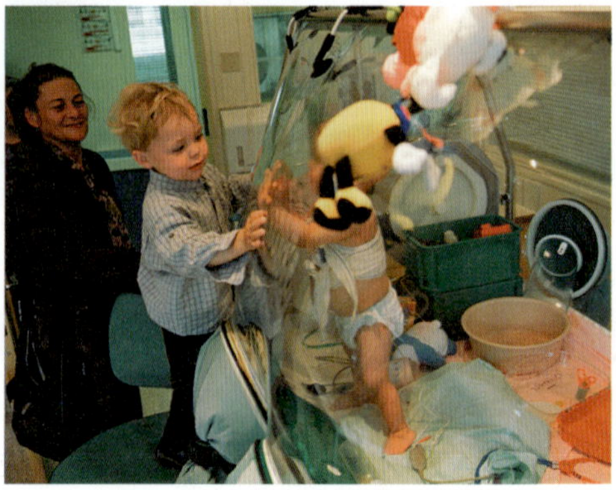

건강한 유전자의 주입

일단 재조합 레트로바이러스가 건강한 유전자를 가지도록 조작이 되면, 그 유전자는 환자의 세포 내로 주입되어야만 한다. 골수 세포들은 이런 목적에 이상적으로 잘 맞는데, 이들이 분열하여 지속적으로 정상 단백질을 오랫동안 생산하기 때문이다. 유전자 치료의 목적은 단 한 번의 주사로 환자를 영구적으로 치료하는 것이다.

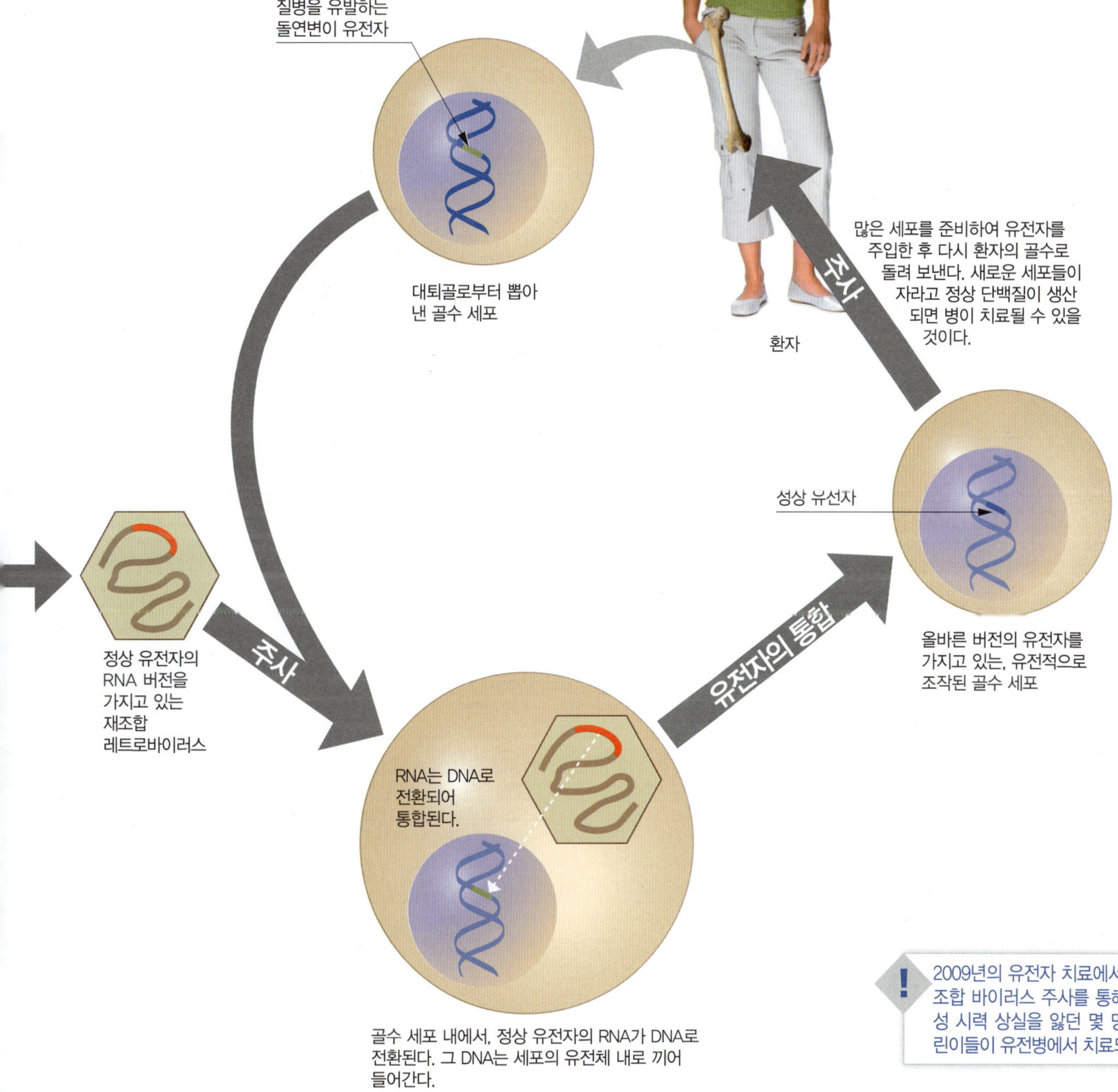

! 2009년의 유전자 치료에서는, 재조합 바이러스 주사를 통해 진행성 시력 상실을 앓던 몇 명의 어린이들이 유전병에서 치료되었다.

요점

▶ 인간의 유전자 치료는, 정상적인 인간 유전자의 RNA 버전을 가지는 재조합 레트로바이러스를 생산하는 과정을 포함한다. 이 바이러스는 골수 세포를 감염시켜 적절한 유전자를 환자에게 전달할 수 있다.

? 치료를 위해 건강한 인간 유전자를 전달하는 데 왜 바이러스들이 특히 좋은 전달체가 되는가?

답: 바이러스들은 자연적으로 인간 세포들을 감염시키기 때문에, 병을 가진 환자에게 정상 DNA를 삽입하기 적합하다.

다윈의 경험과 영향으로 진화론이 발표되었다

1859년 11월 24일은 생물학사에서 기념비적인 날이다. 그날 영국의 자연과학자 찰스 다윈(Charles Darwin)은 "자연선택에 의한 종의 기원에 관하여(*On the Origin of Species by Means of Natural Selection*)"를 출간했다. 이 고전적 작업에서 다윈은 자연선택과 진화(그는 이것을 "변형 혈통"이라고 설명했다)의 개념을 소개했다. 그 개념을 이루던 생각들은 당시 지식인들의 견해와는 상당히 다른 것이었다. 당시의 지배적인 생각들은 지구가 몇천 년밖에 되지 않았으며, 서로 전혀 관계가 없고 변하지 않는 종들에 의해 점유된다는 것이었다. 어떻게 다윈이 이런 통념에 도전하는 혁신적인 생각에 도달하게 되었는지를 이해하기 위해서는 그의 과학적이고 문화적이니 배경을 먼저 이해할 필요가 있다.

다윈의 문화적, 과학적 배경

1700년대 | 1800년대

고대 그리스
기원전 약 350년

철학자인 아리스토텔레스를 비롯한 고대 그리스 사람들은 생물종들이 영원하며 변하지 않는 것이라고 믿었다.

중세시대
400~1400년

천 년 이상에 걸쳐 유대-그리스도교파 학자들은 성경을 문자 그대로 해석하여 믿었기 때문에, 지구가 약 5,000년 전에 생성되었으며, 모든 생명체들은 그것이 원래 창조되었던 그대로 유지된다고 가르쳤다.

화석들
1700년대

1700년대에 이르러, 화석들의 발견은 지구가 이전의 가르침들보다 훨씬 오래되었을 수 있음을 제시했다. 또한 이전의 생물들이 현재 지구상에 존재하는 생물들과 관련은 있지만 다르다는 것을 보여주었다. 과학자들은 화석들이 현대 생물들의 조상형태로서, 멸종한 생물을 보여주는 것일 수 있다고 생각하기에 이른다.

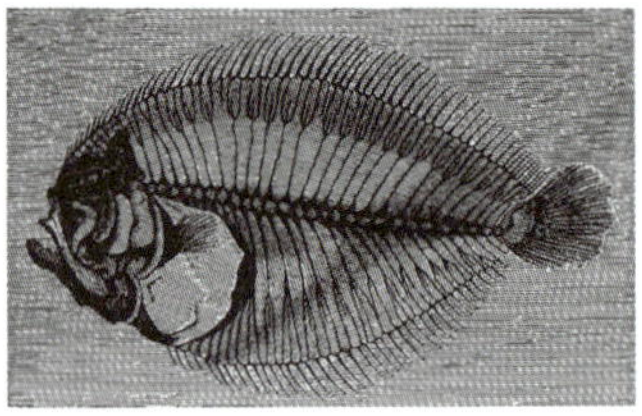

A&E 프로그램인 바이오그래피(*Biography*)는, 찰스 다윈을 두 번째 밀레니엄에서 가장 영향력 있는 사람 중, 셰익스피어보다 한 계단 높은 4위에 올려놓았다.

라마르크
1800년대

프랑스의 자연과학자였던 라마르크(Jean Baptiste de Lamarck)는, 생물이 그들의 환경에서 계속 생존할 수 있도록 하는 신체적 변화들을 통해 진화한다는 주장을 최초로 제시했던 사람들 중 하나였다.

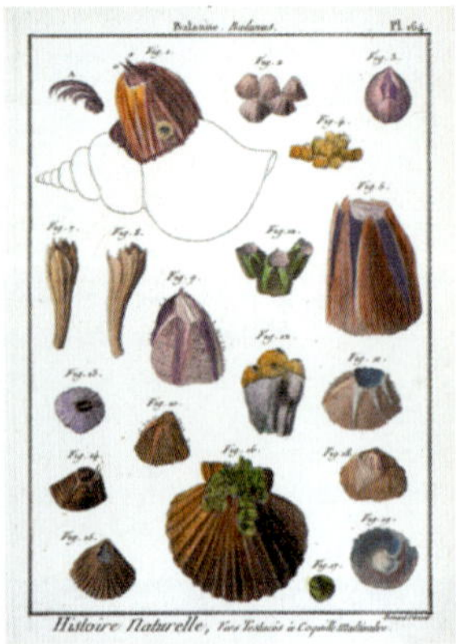

다윈의 출생
1809년

다윈(Charles Darwin)은 1809년 영국이 슈루즈버리에서 태어났다. 어린 소년이었음에도 그는 자연과학자로서의 열망이 컸다.

라이엘
1830년

스코틀랜드의 지질학자였던 라이엘(Charles Lyell)은 1830년에 지질학 원리(*Principles of Geology*)를 출간했다. 이 고전적 저서에서, 라이엘은 지구가 매우 오래되었으며, 침식과 지진 같은 느리고 축적되는 과정에 의해 점차 변화한다고 주장했다.

다윈의 교육

1825~1831년

원래는 의학교에 진학했으나, 다윈은 목사가 되기 위해 결국 케임브리지 대학에 등록했다. 그는 학사 학위를 받고 졸업했다.

다윈의 성인 시절

1830년대~1850년대

여행이 끝날 때쯤, 다윈은 지구와 생물들이 매우 오래된 것이며 지속적으로 변하는 것이라고 확신하게 되었다. 그는 책을 읽고, 그의 시료들을 분석하며(그의 딱정벌레 모음), 동료들과 토론하며 수십 년을 보냈다.

다윈이 수집한 딱정벌레들 일부

월레스

1850년대

1850년대 중반이 되자, 다윈의 동료인 월레스(Alfred Russel Wallace)는 자연선택에 관한 자신의 생각을 발전시켜 발표하려고 했다. 이것은 다윈을 자극하여 그의 논문이 세상에 나오도록 했는데, 수십 년간 조심스럽게 증거를 모으고 논리적인 주장이 만들어진 다음이었다.

알프레드 러셀 월레스

(1823~1913)

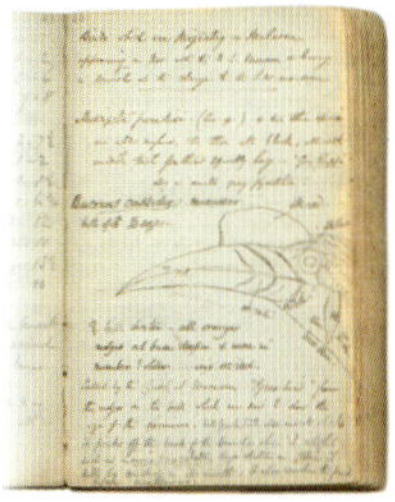

월레스의 노트, 1856년

1830년대

비이글호 여행

1831년~1836년

졸업 직후, 22세였던 다윈은 승선 자연과학자로서의 자리를 받아들여, 비이글호(HMS *Beagle*)에 올라 전 세계를 둘러보는 여행을 시작했다. 그는 할 수 있을 때마다 해안에 내려 화석들과 현대의 동식물 시료들을 수집했다. 다윈은 남미 해안 서쪽에 떨어져 있는 갈라파고스 군도의 생물다양성에 충격을 받았다. 섬에는 한 곳을 제외하면 어디서도 볼 수 없는 많은 생물종들이 살고 있었다.

1850년대

갈라파고스 군도의 지도

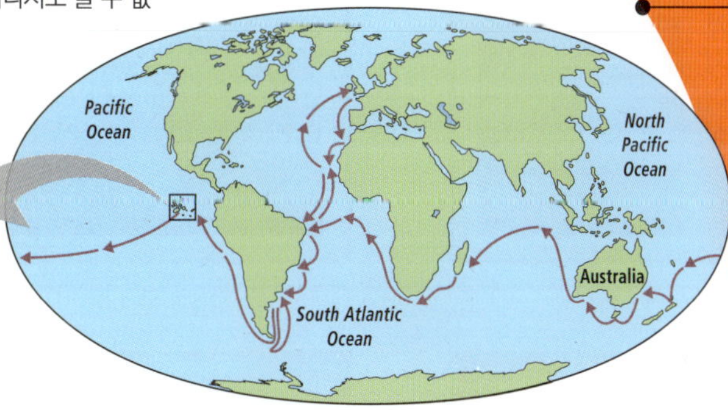

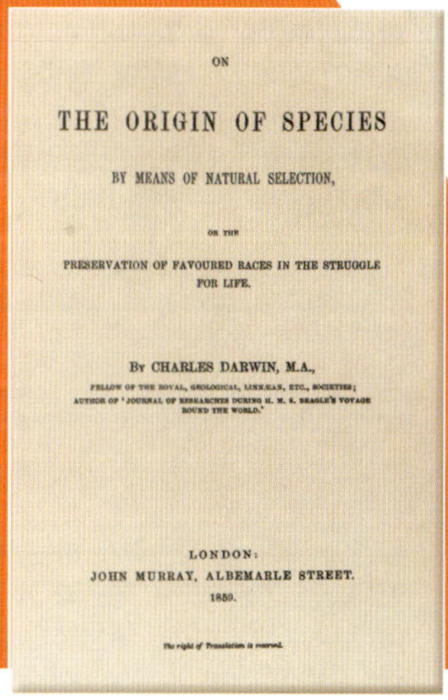

ON

THE ORIGIN OF SPECIES

BY MEANS OF NATURAL SELECTION,

OR THE

PRESERVATION OF FAVOURED RACES IN THE STRUGGLE FOR LIFE.

BY CHARLES DARWIN, M.A.,

LONDON:

JOHN MURRAY, ALBEMARLE STREET.

1859.

종의 기원

1859년

1859년에 다윈은 종의 기원(*The Origin of Species*)을 발표했다. 이 책에서 다윈은 엄청난 양의 지지 증거들을 가지고 자연선택에 관한 강력하고 논리적인 주장을 제시하였다. 그의 책은 당장 베스트셀러가 되어 지속되고 있으며, 150년이 된 지금까지도 생물학계에서 가장 영향력 있는 책이 되었다.

갈라파고스 군도의 이자벨라 섬에 사는 코끼리거북(*Geochelone nigra*)

갈라파고스 군도 출신의 해양 이구아나(*Amblyrhynchus cristatus*)

요점

▶ 당시의 과학적 문화적 변화들에 영향을 받기도 했고, HMS 비이글호를 타고 떠났던 여행과 후속적 연구에 힘입어, 다윈의 "종의 기원"은 지구상의 생명체들에 대한 당시의 통념에 맞서는 생각을 제시하였다.

? 다윈이 비이글호 여행을 시작했을 당시로부터 그의 책을 출판하기까지는 몇 년이 걸렸는가?

답: 28년(1831~1859년)

7.2

불평등한 생식 성공률이 자연선택을 이끈다

종의 기원에서 다윈은 두 가지 중요한 점을 지적했다. 첫째는 **진화**(evolution)의 개념(그는 이것을 변형혈통—descent with modification—이라고 언급했다)으로, 살아 있는 모든 생물종은 조상종으로부터 연속되어온 자손들로서, 각각은 그 환경에 적응하도록 도움을 주는 변형들을 축적해 가지고 있다는 것이다. 두 번째는, 어떻게 진화가 일어났는지에 관한 것으로, 다윈은 **자연선택**(natural selection)에 의해 어떤 형질들을 가진 생물들이, 다른 생물들보다 생존과 생식의 확률이 높아진다고 설명했다. 다윈의 이 두 가지 개념은 자연계로부터의 수많은 사례들과 논리에 의해 지지된다.

관찰: 과잉 생산

모든 개체군들은 그 수를 매우 빨리 증가시킬 수 있는 잠재력을 가지고 있다. 얼룩말을 포함한 대부분의 개체군들은 매 세대마다 그 크기가 매우 커질 수 있다.

관찰: 제한된 자원

환경 내 자원—생활 공간, 물, 햇빛 등—의 양은 비교적 일정하게 유지된다. 일례로, 해마다 새로운 물웅덩이가 생기지는 않는다.

결론: 경쟁

환경이 부양할 수 있는 것보다 더 많은 개체들이 태어나기 때문에, 생물들 사이에서는 항상 제한된 가용 자원에 대한 경쟁이 존재하게 된다. 태어난 모든 얼룩말들이 성체까지 살 수 있는 것은 아니다.

관찰: 다양성

집단 내의 개체들은 여러 가지 유전형질들에서 차이를 보인다. 우리가 똑같은 두 사람을 알지 못하는 것처럼, 어떤 개체군 내의 개체들이라도 자세히 살펴보면 아주 똑같지는 않다는 것을 알 수 있다.

결론: 자연선택

환경에 가장 잘 적응하게 하는 변이를 가진 개체들은 평균적으로 생존과 생식의 확률이 더 높다. 다윈은 이런 불평등한 생식 성공률을 "자연선택(natural selection)"이라고 불렀다. 예를 들어, 더 빠른 얼룩말은 사자로부터 더 자주 탈출할 것이다.

관찰: 유전

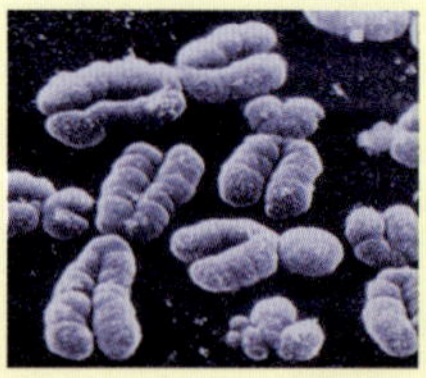

2,350x

한 생물의 형질들은 다음 세대에 전달될 가능성이 높다. 예를 들면, 빠른 얼룩말은 평균적으로 더 빠른 자손을 남길 가능성이 높다. 그런 형질들은 염색체를 통해 전달된다(왼쪽 사진).

결론: 진화

형질들이 한 세대에서 다음 세대로 전달되기 때문에, 그리고 어떤 구성원은 생존과 생식의 가능성이 더 높기 때문에, 개체군(집단)은 시간이 지나면서 그 환경에 점차 더 잘 적응하는 방식으로 변할 것이다. 다윈은 이들을 변형 혈통이라고 불렀다. 우리는 이것을 자연선택에 의한 진화라고 부른다.

자연선택에 대한 주장

종의 기원에서 다윈은 단순한 관찰과 분명한 결론들에 근거한 자연선택 이론을 제시했다. 얼룩말의 예를 이용한 다윈의 논리적 주장을 이해할 수 있을 것이다.

자연선택을 통한 진화의 작용

자연선택에 의한 진화는 30억 년 동안 지구의 생명체들을 만들어 왔다. 그러나 이 말은 자연선택의 기작이 오래전 과거에만 작동했다는 뜻은 아니다. 실제로, 진화는 우리의 생활에 직접적으로 관련되는 방식으로 이 세상을 지속적으로 만들어나가고 있다. 다음 예를 살펴보자.

> **!** 한때는 가장 널리 사용되었던 항생제인 페니실린은, 페니실린 저항성 세균들의 진화로 이제는 거의 쓸모없게 되었다.

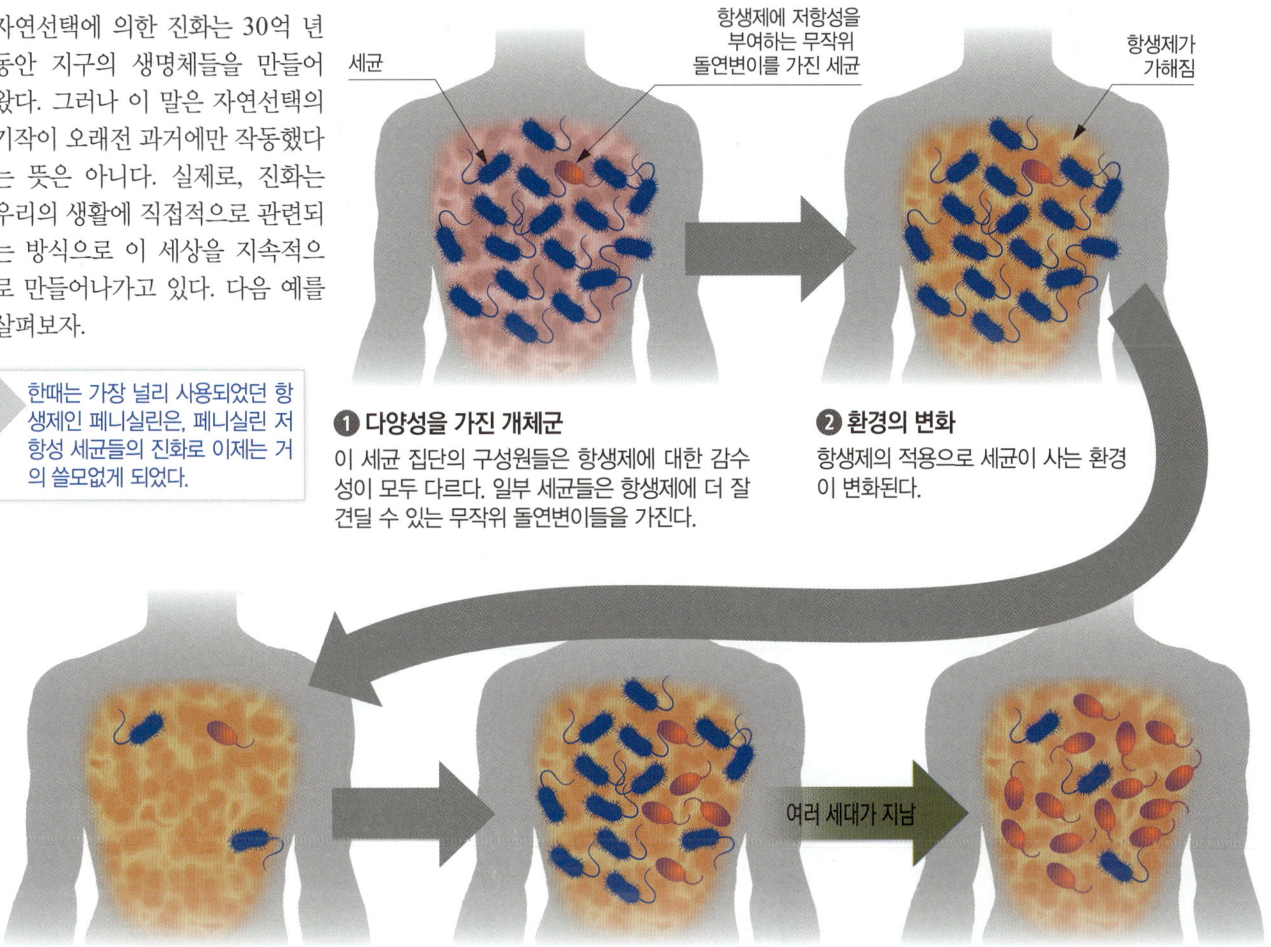

❶ 다양성을 가진 개체군
이 세균 집단의 구성원들은 항생제에 대한 감수성이 모두 다르다. 일부 세균들은 항생제에 더 잘 견딜 수 있는 무작위 돌연변이들을 가진다.

❷ 환경의 변화
항생제의 적용으로 세균이 사는 환경이 변화된다.

❸ 바람직하지 못한 형질들을 가진 개체들은 제거된다.
항생제 저항성 유전자가 결여된 세균들은 대부분 죽는다. 저항성 유전자를 가진 소수의 개체들은 생존할 가능성이 높다.

❹ 생존 개체들의 증식
자연선택 때문에, 어떤 개체들은 다른 것들보다 증식할 가능성이 더 높다. 저항성 유전자의 유전은 이 형질이 자손에게 전달되도록 한다.

❺ 오랜 시간에 걸친 개체군의 변화
여러 세대가 지나면서 집단 내 항생제 저항성 세균의 빈도가 증가하여 항생제의 효과가 떨어진다.

진화에 대한 중요한 점

개념의 단순함에도 불구하고, 많은 사람이 진화에 대해 오해하곤 한다. 여기에서 진화에 대한 올바른 해석 세 가지를 살펴보자.

개체가 진화하는 것이 아니다.

한 가지 흔한 오해는 개체들이 진화한다는 것이다. 그러나 자연선택이 개체에 작용하는 것이기는 하지만, 진화는 세대에서 세대를 거친 집단 내에서의 변화이다. 하나의 생물이 진화하는 것이 아니라, 그 생물들로 이루어진 개체군이 진화할 수 있다.

자연선택은 유전적 형질을 통해 작동한다.

또 다른 오해는 개체들의 모든 신체적 특징, 예를 들어 근육량이나 머리 스타일 같은 것까지도 다음 세대에 전달된다는 것이다. 그러나 유전자에 의해 암호화되어 있으며, 다음 세대로 전달된 형질만이 그 세대의 생식적 성공에 영향을 미칠 수 있다.

진화는 목적을 갖지 않는다.

마지막으로, 진화가 각 세대를 통한 꾸준한 발전의 결과라는 것 역시 흔한 오해이다. 자연선택은 한 생물이 미래에 무엇을 필요로 하게 될지를 예측하지 못한다. 진화는 언제나 그 당시의 국소적 환경에 대한 반응으로 발생한다.

요점

▶ 자연선택에 의한 진화는, 몇몇의 쉽게 관찰되는 자연현상에 대한 논리적 결론이다. 우리는 주변의 세계에서 이런 기작에 대한 증거를 발견할 수 있다.

? 빠르게 변화하는 환경에서는 진화가 더 빠르게 일어날 것인가, 아니면 더 느리게 일어나겠는가?

답: 자연선택은 지역적 환경에 가장 잘 적응한 개체들을 선호하기 때문에, 빠르게 변화는 환경은 빠른 진화를 촉진할 것이다.

7.3 진화는 우리 생활에 영향을 미친다

종의 기원에서 다윈은 2가지 핵심 사항을 지적했다. 첫째는 그가 제시한 **자연선택**(natural selection)이다: 자원에 대한 경쟁력을 더 높게 만드는 형질을 가진 개체들은 평균적으로, 더 많은 자손을 남길 것이다. 둘째는, 많은 세대가 지나면, 개체군 내에서의 지속적인 자연선택으로 **진화**(evolution)가 발생한다는 점이다. 진화는, 시간의 흐름에 따라 개체군 내에 호의적인 형질들이 축적되는 **적응**(adaptation)으로 목격된다. 생물학을 관통하는 주제인 진화는, 모든 생물체의 세포들 사이에서 나타나는 놀라운 통일성으로부터, 우리 주변에서 볼 수 있는 엄청난 생물다양성에 이르기까지, 다양한 생물학적 현상들을 설명하는 데 도움을 준다. 사실, 만약 우리가 잠깐 멈춰서 그것에 대해 생각해본다면, 진화는 여러 가지 중요한 방식으로 우리 생활에 영향을 미친다는 것을 알 수 있을 것이다.

인위선택

종의 기원에서, 다윈은 수천 년 동안 인간이 자연 환경의 영향을 대신해 우리 욕망대로, 우리와 상호작용하는 생물종들에게 불평등한 생식성공률을 강요해 왔다고 지적했다. 그는 이것을, 재배 작물과 가축들의 선택적 교배인 **인위선택**(artificial selection)이라고 불렀다. 바람직한 형질들(큰 과일, 침착한 태도, 혹은 많은 고기)을 가진 교배 개체들을 선택함으로써, 다윈이 진화라는 단어 대신 사용한 "변형 혈통(descent with modification)"을 우리들만의 방식으로 만들어온 것이다. 결과적으로 얻어진 가축화된 혈통들, 즉 우리의 요구에 잘 맞춰진 생물들은, 그들의 야생형 조상들과는 별로 닮지 않았다.

조상종	인위선택의 결과

야생의 딸기(*Fragaria vesca*)는 작물용 딸기에 비해 상당히 작고 씨가 크다.

인위선택

현대의 딸기

회색 늑대(*Canis lupus*)는 인간이 수만 년 동안 길러 온 모든 현대 개들의 조상이다.

인위선택

그레이트데인 치와와 비글

! 미국 애견 협회(American Kennel Club)는 현재, 뚜렷한 인위선택의 예라고 할 수 있는 190종의 개 혈통을 인정하고 있다.

자연선택의 작용

다윈이 그의 자연선택 이론을 발표한 이래로 150여 년 동안, 이 과정이 작용하고 있음을 보여주는 수많은 사례들이 알려졌다. 세균에서부터 사과나무, 곤충, 그리고 사람에 이르기까지, 진화는 가장 잘 증명되었으며 또한 가장 오래 지속되고 있는 생물학 이론 중 하나이다. 진화란 단순히 잘 추출된 개념이 아니라, 매일 관찰 가능한 방식으로 일상 생활에 영향을 미치는 힘이라는 것을 깨닫는 것이 중요하다.

항생제(antibiotics)는 세균을 억제하거나 죽이는 약물(천연 혹은 합성)이다. 처음 발견되었을 때, 항생제는 만병통치약으로 여겨졌다. 그러나 도입된 후 수십 년이 지나자, 세균들이 저항성을 진화시키면서 일부 항생제(페니실린 같은)는 실제로 쓸모없이 되버렸다. 메티실린 저항성 황색포도상구균(methicillin-resistant *Staphylococcus aureus*, MRSA)은 여러 항생제에 저항성을 가지는 특히 위험한 세균 계통이다. 적절한 위생, 특히 욕실과 부엌에서의 주의는 세균성 질병의 전파를 막는 데 도움을 줄 수 있다.

열대 지역에서 많은 사람들을 죽게 만드는 질병인 말라리아는, 모기에 의해 전파되는 감염병이다. 수십 년 동안, 세계보건기구(United Nations World Health Organization) 등의 단체들이 독성이 강한 살충제를 이용하여 숙주인 모기를 없애려고 노력했었다. 그들의 노력은 살충제가 작용할 수 있는 것보다 더 빠르게 진화할 수 있는 모기 개체군들에 의해 허사가 되었다. 현재 말라리아를 없애려는 노력은 모기장을 사용하여 모기에 물리지 않도록 하는 데 집중되어 있다.

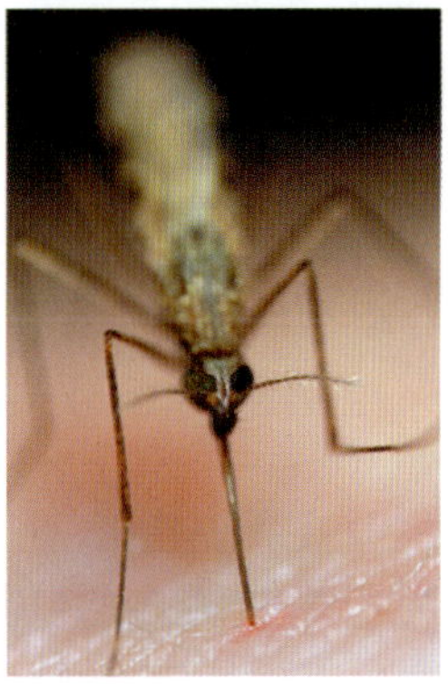

인간의 피를 빠는 암컷 모기 (*Anopheles gambiae*)

생명의 다양성과 통일성

진화를 이해하면 지구상의 생명체가 엄청난 다양성과 동시에 그 아래에 존재하는 통일성을 가지고 있다는 사실을 설명할 수 있다. 생명은 종의 범위로 보자면 매우 다양하다. 그러나 모든 생명들은 공통의 세포적, 분자적 기초를 가진다. 오랜 시간에 걸쳐 변화를 축적한 공통 조상의 후손들은 통일성과 다양성 모두를 만든다. 예를 들어, 이 열대 경관은 다양한 생물종들을 보여주지만, 여기 있는 모든 생물들은 많은 공통적 특징들을 가지며, 모두 화학적으로 유사한 DNA를 그들의 유전적 물질로 사용한다. 왜 그럴까? 이 모든 종들은 하나의 공통 조상에서 기원했기 때문이다.

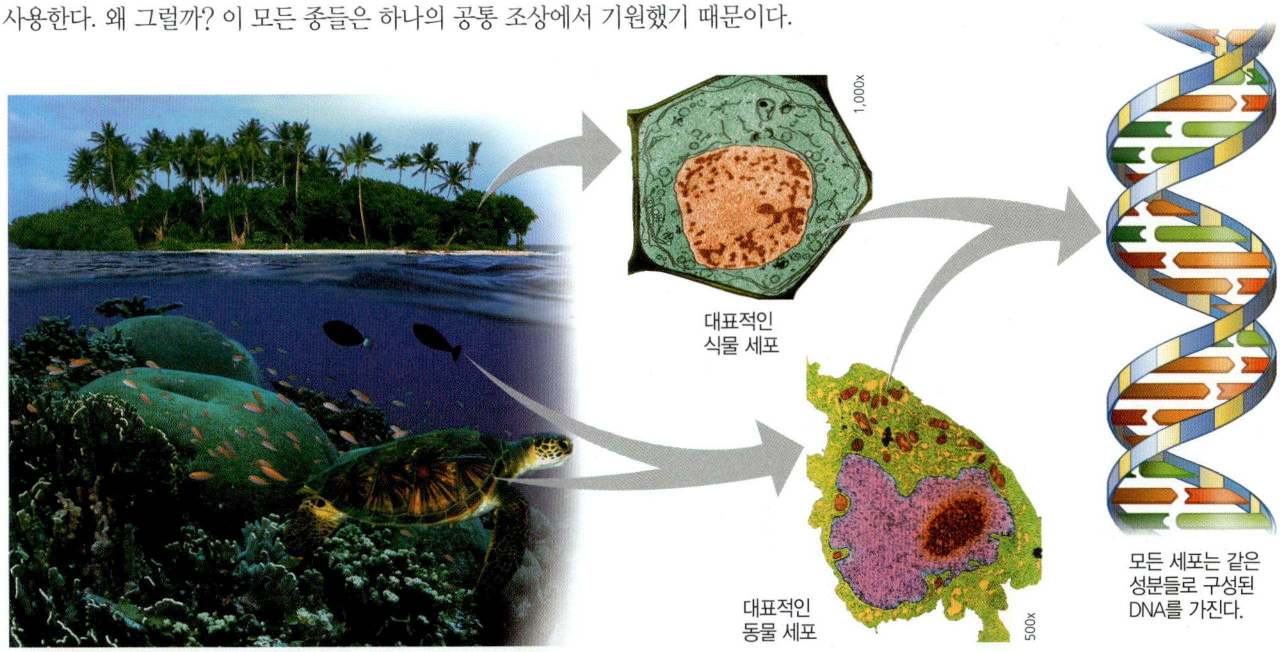

대표적인 식물 세포

대표적인 동물 세포

모든 세포는 같은 성분들로 구성된 DNA를 가진다.

요점

▶ 도처에서 진화가 작용하고 있음을 보여주는 사례를 목격할 수 있다: 길들여지는 애완동물, 인위선택을 통해 생산되는 식량, 그리고 질병 유발 생물들에 대한 자연선택의 효과 등. 진화는 지구상에서 생명의 통일성과 다양성 모두를 설명할 수 있다.

? 동물의 가축화는 어째서 "인위적인" 선택이라고 여겨지는가?

답: 환경이 아니라, 인간이 생물 개체의 생식적 성공 정도를 결정하기 때문이다.

7.4 화석 기록은 진화에 대한 중요한 증거들을 제공한다

자연선택 이론의 형성은 원래, 주변 세계에 대한 다윈의 관찰에 기초한 것이었다. 특히, 다윈(그리고 당시의 다른 과학자들)은 현대의 생물들과 비슷하면서도 다른 화석 형태들에 충격을 받았다. 화석 기록들은 진화적 이론을 지지하는 가장 잘 알려져 있고 관찰하기 쉬운 증거들로 남아 있다.

화석 기록

물이 땅 위를 흐르면서, 침식된 모래와 토사들이 바다로 실려 간다. 퇴적물에 자리 잡은 죽은 생물들이 흔적을 남긴다. 수백만 년에 걸쳐 이런 퇴적물들이 쌓이고 눌리게 된다. 바위 층들이 형성되는데, 각 층은 특정 시기에 죽은 생물들의 화석을 포함하고 있다. 이것이 **화석 기록**(fossil record)으로, 바위의 층들에서 발견되는 화석들의 순차적 서열이다. 더 아래에 묻힌 것일수록 더 오래된 것이고 표면에 가까울수록 최근의 것이다.

1억 8천만 년 전의 어류(*Lepidotes* sp.) 화석

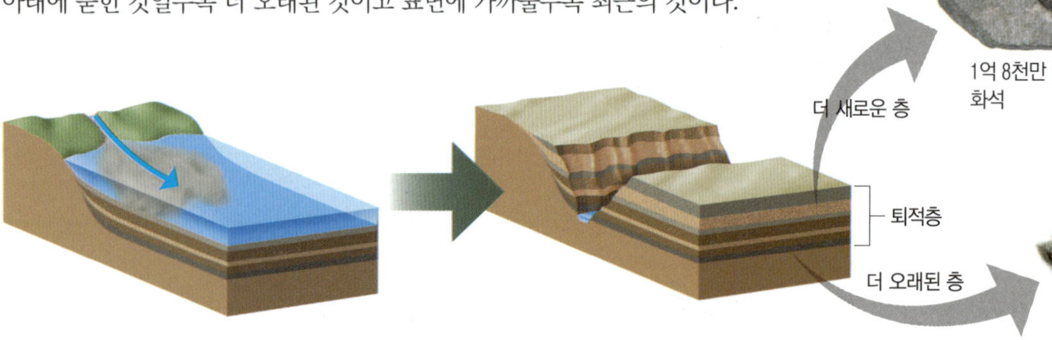

강물에 의해 수송된 퇴적물이 해양으로 흘러들어 오랜 기간에 걸쳐 죽은 생물들을 연속된 층으로 묻는다.

퇴적물의 발굴로 화석들의 순서가 드러난다. 가장 오래된 것이 가장 깊게 묻혀 있다.

약 6억 년 전의 삼엽충(*Huntonia linguifer*) 화석

방사성 연대측정

과학자들은 어떻게 화석의 나이를 알 수 있을까? 가장 흔한 연대측정법은 **방사성 연대측정**(radiometric dating)으로서, 모든 생물체들에서 발견되는 방사성 동위원소(여기 제시된 ^{14}C 같은)의 붕괴에 기초한 것이다.

이 그래프는 탄소-14(^{14}C)의 반감기를 보여준다. 매 5,700년마다 어떤 시료에 있는 ^{14}C의 절반이 질소로 붕괴되고, ^{12}C는 일정하게 유지된다. 시료 내에서, ^{12}C에 대한 ^{14}C의 비율을 측정함으로써 그 시료의 나이를 알 수 있다.

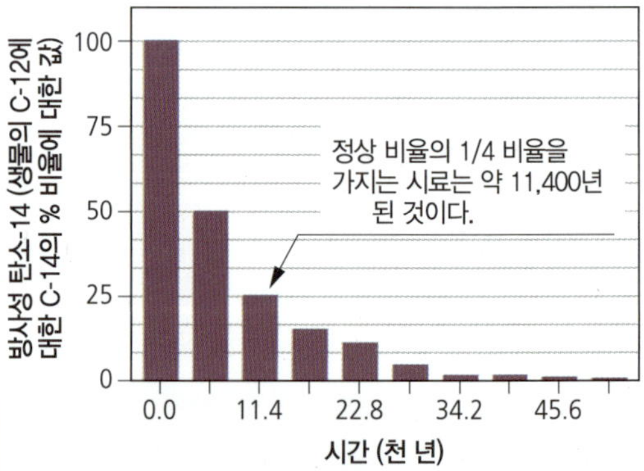

살아 있는 생물체들은 환경으로부터 ^{12}C(가장 흔한 탄소 형태)와 ^{14}C(탄소의 방사성 동위원소)를 몸에 축적시킨다. 그 생물이 죽으면 신체는 알려져 있는 $^{14}C/^{12}C$ 비율을 포함한다.

생물이 죽은 후에는 더 이상 탄소의 축적이 일어나지 않는다. 시간이 흘러도 조직 내 ^{12}C의 양은 변하지 않지만, ^{14}C가 점차 꾸준히 질소로 붕괴되므로 ^{14}C의 양은 감소한다.

화석이 발견되면, ^{12}C에 대한 ^{14}C의 양을 측정하여 그 화석에 대한 믿을만한 연대 추정을 할 수 있다.

여러 가지 화석

화석은 여러 가지 다양한 방식으로 만들어질 수 있다.

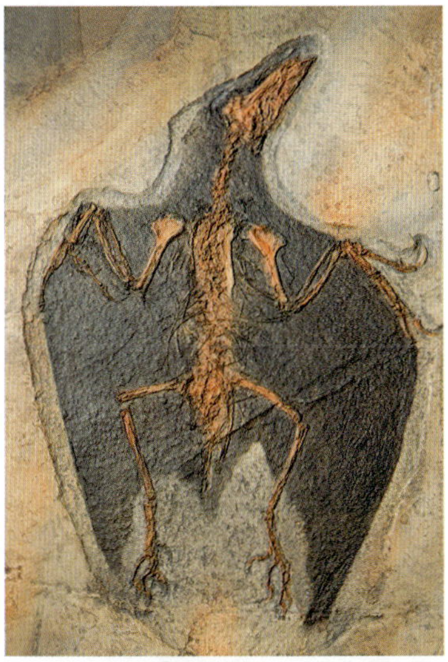

퇴적화석들은 주변 침전물의 무기물들이 죽은 생물로 스며들어 유기물을 대체할 때 형성된다. 여기 이 화석은 까마귀 크기의 원시 조류(공자새, genus *Confuciusornis*)로 1억 2천만 년 전에 살았던 것이다.

화석화된 나무 수액인 호박(amber)은 종종 그 안에 생물체들을 포함할 수 있는데 이런 생물들은 아주 세세한 부분까지 보존된다.

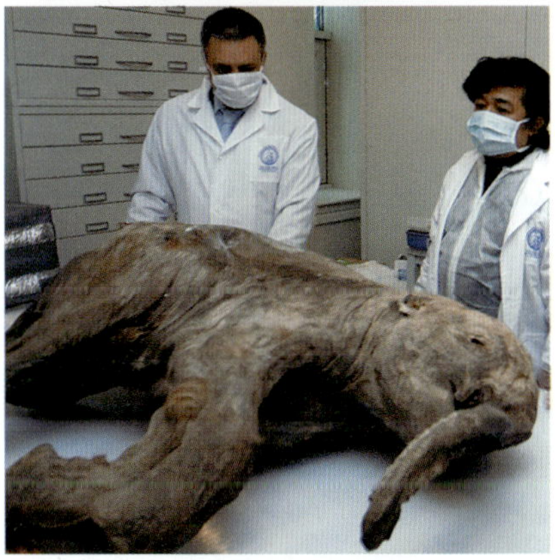

비교적 최근에 죽은 생물들은 간혹 얼음에서 언 채로 발견될 수 있다. 42,000년 된 이 털북숭이 매머드는 류바(Lyuba)라는 이름이 붙여졌으며, 러시아 북단에서 태어난 지 약 1달 만에 죽은 것이다.

! 현재까지 발견된 가장 오래된 화석은 오스트레일리아에서 발견된 세균으로 34억 7천만 년 전의 것이다.

생흔 화석(trace fossils)은 발자국이나 흔적들을 통해 어떤 생물의 행동에 대한 단서를 제공해준다. 여기 보이는 다섯 줄의 아파토사우르스(*Apatosaurus*)의 흔적은, 약 1억 5천만 년 전부터 콜로라도의 모리슨 지층(Morrison Formation)에 보존되어 온 것이다.

화석 기록 내의 진화적 증거

어떻게 화석 기록이 진화의 증거를 제공할까? 화석 기록은, 30억 년 전의 단순한 원핵생물로부터 점진적으로 복잡해지고 보다 현대적으로 보이는 종들에 이르기까지, 지구상에 출현한 생물들의 순서를 드러내 준다. 그런 증거는 생명이 정적이고 변화하지 않는다는 견해와 분명히 충돌한다. 심지어 보다 중요한 것은, 화석 사냥꾼들이 아직 뒷다리를 가지고 있는 고래처럼, 전이형 화석들을 많이 발견해오고 있다는 점이다. 옆에서 볼 수 있는 사진은 바실로사우루스(*Basilosaurus*) 화석으로서, 3천4백만 년 전에 멸종한 고대 고래이다. 이 고래들은 완전히 수생이었음에도, 과거에 땅을 걸었던 흔적인 뒷다리를 아직 잃지 않고 있음을 보여준다.

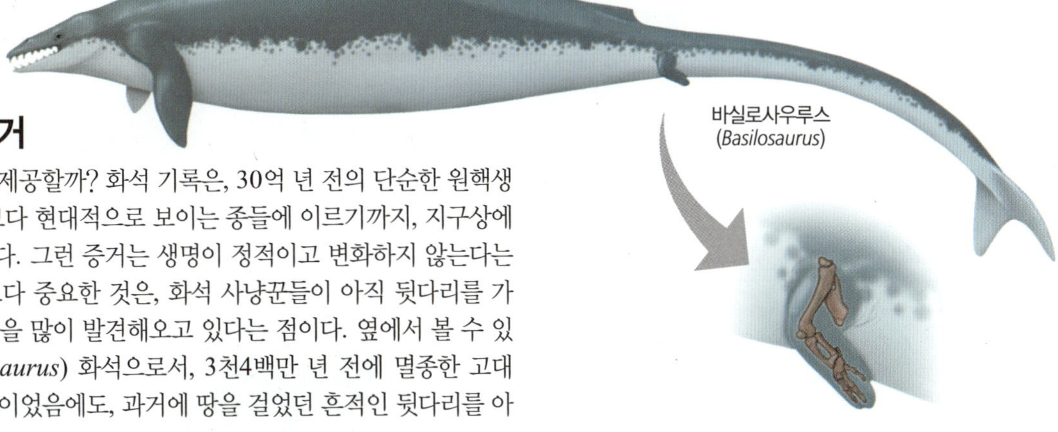

바실로사우루스 (*Basilosaurus*)

요점

▶ 화석은 여러 가지 방법으로 형성된다. 방사성 연대측정은 화석의 나이를 결정할 때 사용될 수 있다. 화석은 출현 지층과 전이형태의 생물을 통해 진화의 증거를 제공해준다.

? 만약 여러분이 뒷마당에서 환경의 ^{14}C이 50%인 물체를 발견했다면, 그것은 얼마나 오래된 것으로 추정할 수 있는가?

답: 약 5,700년; ^{14}C의 반감기가 약 5,700년이므로, 방사능의 절반은 그 시간 동안 사라졌을 것이다.

7.5 자연계에서는 진화에 대한 많은 증거가 발견된다

진화는 수백 년에 걸쳐 수집된 다량의 지지 증거들을 가진 검증 가능한 이론이다. 화석 기록은 생물 개체군들이 그들의 지역적 환경에 점진적으로 적응했음을 잘 보여주는 몇 가지 증거들을 제공해준다. 자연선택에 의한 진화를 지지하는 몇 가지 증거들은 우리 자연계에서도 관찰이 가능하다.

생물지리학

생물지리학(biogeography)은 생물종들의 지리적 분포에 대한 연구로서, 지구상의 생물 진화에 대한 많은 증거를 제공한다. 예를 들어, 다른 곳에서는 포유류들(태반을 통해 어미와 연결된 채 자궁 내에서 배발생을 완료하는 동물들)이 우세한 데 비해, 호주에서 유대류(주머니에서 배발생이 완료되는 동물들)가 우세하게 분포하는 것에 대해 고려해보자. 어떻게 진화가 이것을 설명할 수 있을까? 널리 알려진 견해는 다음과 같다.

> ! 붉은 캥거루는 세계에서 가장 큰 유대류이다; 성체는 무게가 90 kg 이상 나가며, 한 시간에 64 km 이상의 속도로 달릴 수 있다.

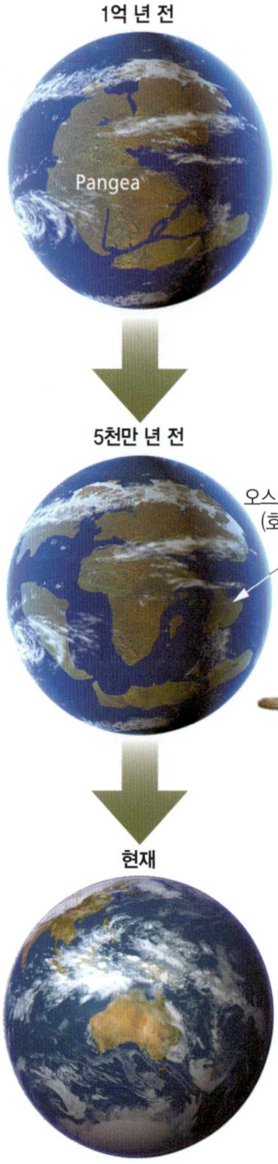

지구의 땅덩어리가 모두 연결되어 단일 대륙인 판게아(Pangea)로 존재했을 때 포유동물들이 진화했다.

약 5천만 년 전에 호주가 다른 대륙들에서 떨어져 나와 고립되었다. 이때 유대류들(태반 포유류들은 없었다)이 그곳에 살았다.

호주에서는 초기 유대류들이 고립되어 진화했다. 다른 대륙에서는 유대류들과 태반 포유류들이 같이 진화했으며, 결국 태반 포유류들이 우세해졌다.

유대류(marsupials)

호주만 제외하고 모든 대륙들에서는 태반 포유류들이 진화해서 결국 대부분의 유대류들을 대체했다. 호주 밖에서는 비교적 적은 수의 유대류들만이 현재까지 생존해 있다. 예를 들어, 주머니쥐는 현대 북미에서 발견되는 유일한 유대류이다.

코알라(*Phascolarctos cinereus*)

붉은 캥거루(*Macropus rufus*)

커먼플레니게일(*Planigale maculata*)

아기웜뱃(*Vombatus ursinus*)

북아메리카 주머니쥐(*Didelphis virginiana*)

비교해부학

현대 생물들의 신체 구조를 비교하는 학문인 **비교해부학**(comparative anatomy)은 진화사에 대한 통찰을 제공해줄 수 있다.

박쥐의 날개, 돌고래의 지느러미, 인간의 팔로 나타나는, 동물의 상지(forelimb, 앞발)들을 잘 살펴보면, 이들이 모두 비슷한 뼈들로 구성되어 있음을 알 수 있다. 만약 각 상지들이 현재의 그 사용에 따라 고안되었다면, 각 구조들은 각자의 독특한 환경에 최적화된 독특한 구조를 가질 것이다. 그러나 이 앞다리들 사이의 유사성은 그들이 공통 조상으로부터 시작된 공통의 진화를 반영한 것으로 가정할 수도 있게 만든다. 이런 골격 구조를 가졌던 하나의 고대 포유동물들로부터 시작하여 수백만 년 동안 진화된 결과(변형 혈통), 우리가 오늘날 보는 다양한 포유류들이 생겼다.

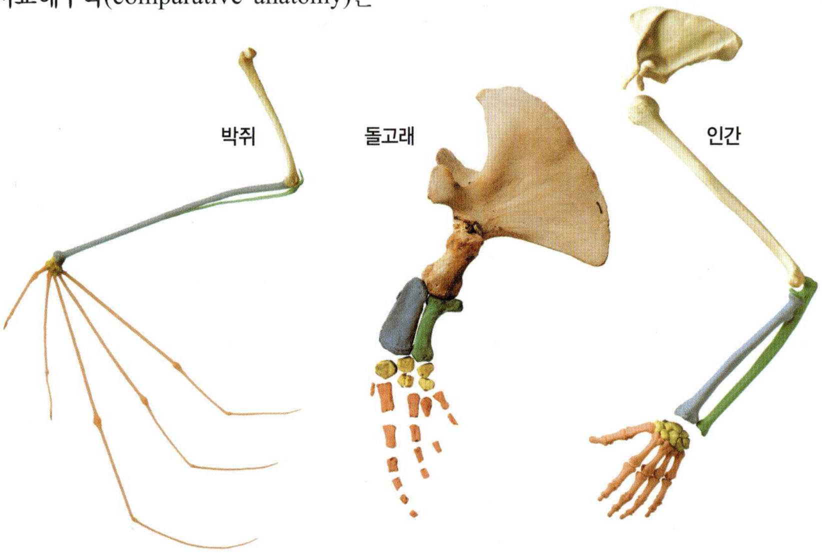

동물 배아에 대한 비교 역시, 성체 생물에서는 분명하지 않을지 몰라도, 공통된 구조들을 드러낸다. 예를 들어, 인간과 닭의 배아는 둘 다 꼬리와 인두낭(어류에서는 아가미로 발달하지만, 닭과 인간에서는 머리 구조의 일부로 통합된다)을 가지는 시기가 있다. 배아를 비교해보면 우리가 공통된 진화적 과거를 가졌음을 알 수 있다.

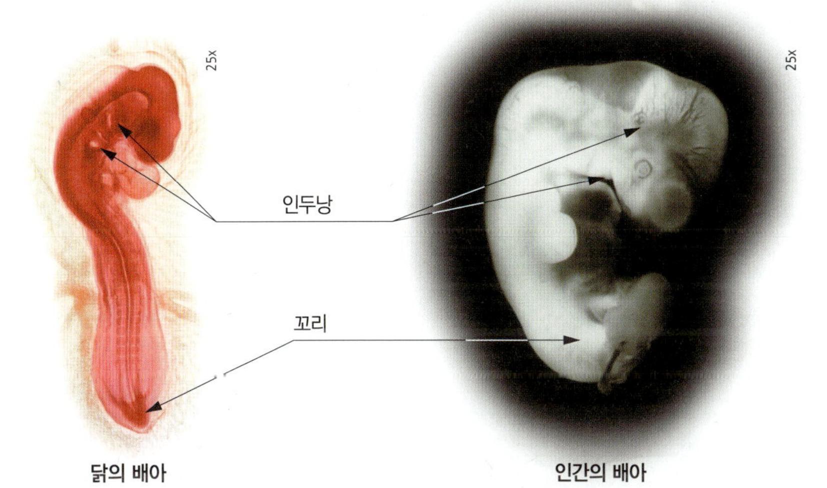

생물정보학

모든 생물들은 자신들이 물려받은 DNA에 암호화된 유전자를 사용하여 단백질들을 생산한다. 서로 다른 생물들에서 얻은 DNA와 단백질들의 서열을 서로 비교함으로써, 과학자들은 그들의 공통적 진화사에 대한 통찰을 얻을 수 있다. 만약 서로 다른 두 생물종의 DNA와 단백질 서열들이 매우 일치한다면, 그 두 종들은 최근의 공통 조상을 가진 것이다. 유사성이 커질수록, 두 종들은 더 밀접하게 연관되어 있는 것이다. 컴퓨터화된 도구들이 생물학적 비교를 위해 사용되는 이런 분야는 **생물정보학**(bioinformatics)이라고 불린다. 최근까지 대량의 서열 자료들이 수집되어 왔으므로, 많은 진화적 연관관계들이 드러나게 되었다. 예를 들어, 그래프의 자료들은 침팬지에서 선택된 DNA 서열들이 인간의 것과 가장 가까우며 그 다음 고릴라의 것과 유사함을 보여준다. 이런 자료들은 영장류들의 진화에 대한 통찰을 제공해준다.

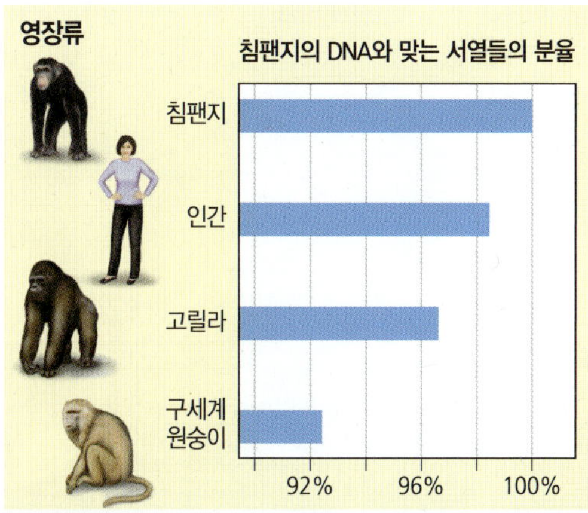

요점

▶ 자연계에는, 종의 분포(생물지리학), 해부학적 구조물의 비교, DNA와 단백질 서열의 비교(생물정보학) 등과 같이, 관찰 가능한 진화적 증거가 풍부하다.

? 우리의 다리는 달리는 데 사용되지만, 캥거루의 다리는 위로 점프하는 데 이용된다. 그러면 왜 이들의 구조는 그렇게 비슷한 구조를 갖는 것일까?

답: 두 생물의 다리가 공통의 포유류 조상으로부터 진화한 것이기 때문이다.

7.6 개체군(집단)은 진화의 단위이다

1859년, 다윈이 〈종의 기원〉을 출간했을 때, 과학자들은 DNA의 성질이나 유전자, 혹은 유전의 분자적 기초에 대해 아직 알지 못했었다. 다윈은 형질들이 다음 세대로 전달되는 경향이 있다는 것은 알고 있었지만 그런 유전을 일으키는 기작에 대해서는 전혀 알지 못했다. 1900년대 중반에 이르자, 생물학자들은 유전학에 대해 알려져 있는 것과 진화에 대해 알려져 있는 것들을 연결시키기 시작했다. 이런 융합에 의해, 이제 진화는 오랜 세대에 걸친 DNA와 유전자들에서의 변화를 따르는 것으로 이해될 수 있다.

개체군

진화에 대한 가장 흔한 오해 중 하나는, 개체들이 진화한다는 것이다. 비록 자연선택이 개체들에 작용—환경에 가장 적합한 개체들의 생존과 생식을 선호하는 경향으로—하기는 하지만, 진화는 '오랜 시간에 걸친 개체군들 내에서의 변화'라는 용어로만 정의된다. 하나의 **개체군**(population)은 같은 시간에 같은 장소에 사는 동일종들의 개체들로 이루어진 집단이다. 개체군의 구성원들은 서로 생식이 가능하며, 다른 집단의 구성원들보다 서로 더 밀접하게 연관되는 경향이 있다. 하나의 개체군은 진화할 수 있는 가장 작은 단위이다.

새: 같은 개체군
여기서 새들은 서로 만나서 교잡할 수 있기 때문에 같은 개체군으로 고려될 수 있을 것이다.

다람쥐: 다른 개체군
만약 두 집단의 다람쥐들이 지리적 장벽을 건너지 못한다면, 그들은 두 개의 분리된 개체군으로 표시되어야 할 것이다. 각 개체군들은 독립적으로 진화할 것이다.

물고기: 동일한 개체군
이 물고기들은 서로 만나고 교잡할 수 있으므로 동일한 개체군으로 간주되어야 할 것이다.

유전자 풀

한 종(이 그림의 튤립 같은)의 모든 구성원들은 각자 독특한 세트의 형질들을 가진다. 어떻게 그런 유전적 변이들이 생길까? 돌연변이들(DNA에서의 무작위 변화)은 다른 버전의 유전자들을 만들 수 있다. 사실상, 대부분의 유전자들은 한 개체군 내에서 다수의 변이들로 존재한다. 예를 들어, 하나의 모기 개체군 내에서는, 살충제 분해와 관련된 2가지 형태의 유전자 버전이 있을 수 있다; 하나는 살충제를 분해해 없앨 수 있는 효소를 생산하는 것이고, 다른 하나는 그런 작용을 하지 못하는 효소에 대한 버전이다. 유성생식은 이 유전자들을 무작위로 섞어 짝지어 줌으로써 새로운 조합을 만든다. 어느 한 시기에, 한 개체군 내에 존재하는 모든 형태의 유전자들을 종합해 **유전자 풀**(gene pool)이라고 부른다. 자연선택은 유전자 풀에 작용한다; 생존을 촉진하는 형질들은 다음 세대로 전달될 가능성이 높으며, 따라서 유전자 풀 내에서 증가된 빈도로 나타날 것이다.

! 세균은 너무나 빨리 증식하기 때문에, 비교적 드문 돌연변이까지도 집단 내에 빠르게 퍼질 수 있다.

소진화

유전자 풀은 한 개체군 내의 모든 개체들이 가지는 모든 유전자들의 모든 버전들로 구성된다. 한 개체군의 유전자 풀은 시간이 지나면서 변한다. 예를 들어, 어느 유전자의 어떤 형태가 생존과 생식에 이롭다면(아래 제시된 가상적 토끼 사례에서의 붉은 유전자처럼), 그 유전자의 버전은 자연선택에 의해 선호될 것이다. 시간이 흐르면서 우리는 그 유전자 버전이 그 유전자 풀 내에서 빈번해질 것으로 기대할 수 있다. 그런 이점을 제공하지 못하는 다른 유전자 버전(푸른색 유전자)은 점차 빈도가 줄어들 것이다. 유전자 풀 내에서의 세대를 거친 그런 변화는 **소진화**(microevolution)라고 불리며, 가장 작은 규모로 발생하는 진화이다.

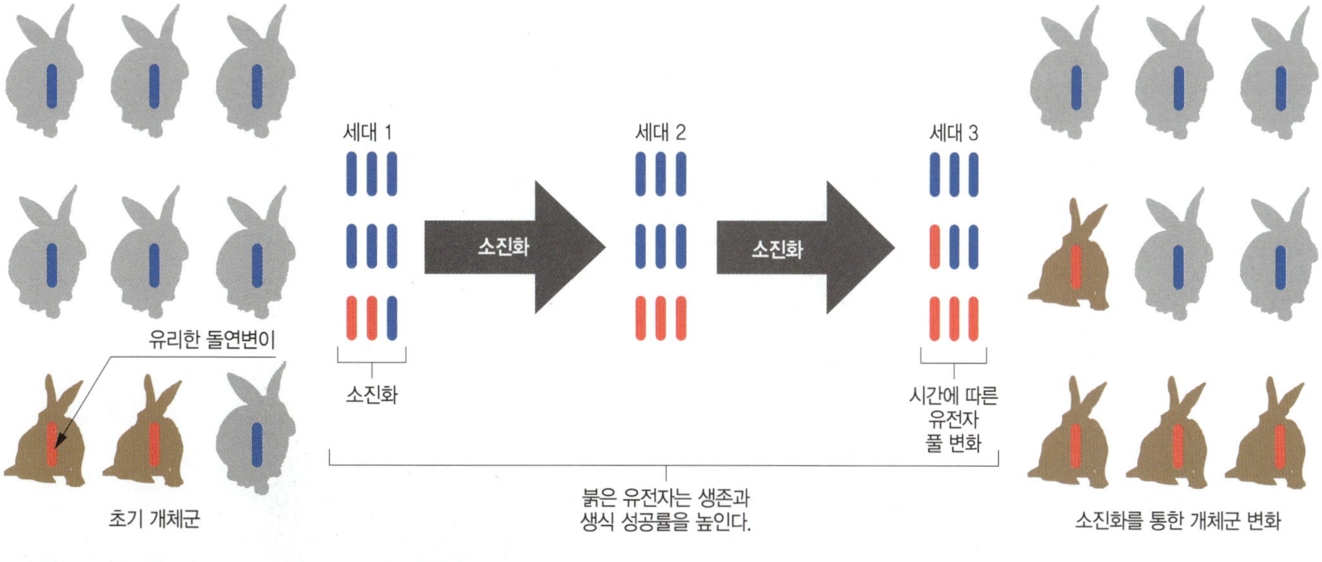

요점

▶ 진화는 유전자 풀(개체군 내의 모든 유전자에 대한 모든 변이형)을 변화시킴으로써, 개체군—서로 간에 교배가 가능한 동일종의 구성원들—에 작용한다. 소진화는 유전자 풀에서의 세대간 변화를 말한다.

? 위 소진화의 토끼 사례에서, 붉은 유전자 버전은 어떻게 개체군 내에서 처음 생겨났는가?

답: 돌연변이를 통해 생긴다.

진화를 일으키는 몇 가지 방식

가장 작은 규모의 진화("변형혈통")는 소진화라고 불린다: 이것은 개체군의 유전자 풀 내에서 생기는 세대에 걸친 변화이다. 유전자 풀은 모든 유전자들의 모든 버전들을 말한다. 많은 세대를 거치면서, 그런 소진화는 종들이 지역 환경에 점차 적응하도록 할 수 있다. 그러나 유전자에서의 변화는 어떻게 발생하는가? 여러 가지 기작들이 소진화에 기여할 수 있다.

유전적 변이

한 개체군의 유전적 조성에서의 변화들은 두 가지 기작에 의해 발생할 수 있다: 돌연변이들(새로운 유전자가 생김)과 유성생식에 의한 재조합(기존의 유전자들을 뒤섞는다)이다. 두 가지 과정은 모두 무작위적이다. 일단 이런 변이들이 생성되면, 생존과 생식의 성공을 증가시키는 유전자들의 새로운 조합들은, 자연선택에 의해 더 선호될 것이다.

유전자 풀의 변화

돌연변이

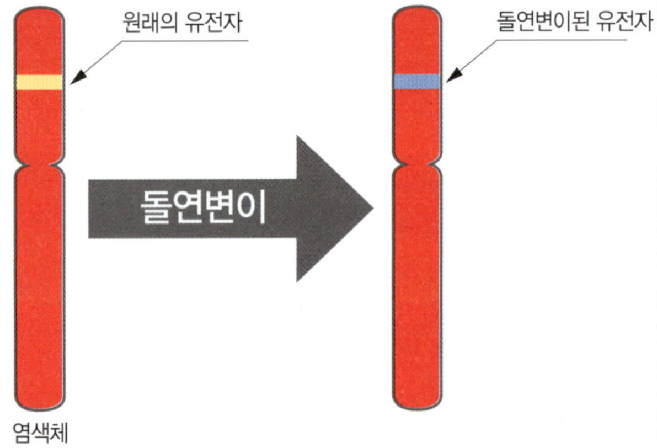

돌연변이(mutation)들은 DNA에서의 무작위적 변화들이다. 예를 들어, 한 유전자에서의 어떤 돌연변이는 하나의 DNA 뉴클레오타이드를 다른 것으로 대체할 수도 있다. 그 돌연변이에 따라 생물에 영향이 없을 수도 있고, 부정적 영향을 미치거나, 혹은—아주 드물게—생존을 증가시키는 긍정적 영향을 미치기도 한다. 특정 유전자 내에서의 돌연변이율은 보통 매우 낮다. 그러나 한 개체군 내의 모든 유전자들을 고려하면, 돌연변이들은 누적적으로 중요한 영향을 미친다.

유성생식에 의한 재조합

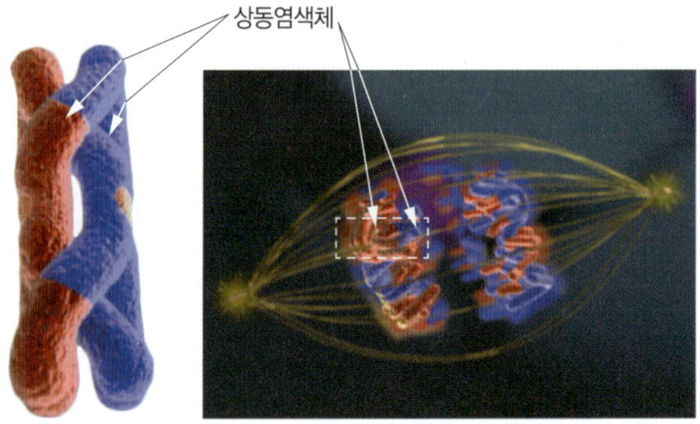

감수분열 중의 교차(왼쪽)와 염색체의 독립적 분리(오른쪽)

유성 생식 재조합(sexual recombination)은 기존 유전자들의 새로운 배열을 생산해낸다. 배우자들(정자와 난자)의 형성 중에, 염색체들은 교차에 의해 서로의 조각을 교환하고, 무작위로 서로 분리되는 독립적 분리(independent assortment)를 겪는다. 이런 두 가지 과정 때문에 특정 개체에 의해 생산된 배우자들은 유전적 조성이 매우 다양하다.

다윈의 적응도

자연선택은 현재 환경에 가장 잘 맞는 개체들을 선호한다. 하지만 생물이 "맞는(fit)"다는 게 무슨 뜻인가? 이것은 그 생물이 가장 강하거나, 빠르거나, 혹은 가장 먹이를 잘 찾는다는 뜻일까? 사실상, **다윈의 적응도**(Darwinian fitness)는 한 개체가 그 유전자를 다음 세대에 기여하는 정도를 다른 개체와 비교한 것으로 정의된다. 다시 말해, 적응도는 생산된 건강한 자손의 수로만 측정된다. 이것은 한 생물이 개체군의 진화 경로에 기여할 수 있는 유일한 방법이다. 적응도를 향상시킬 수 있는 여러 가지 적응현상들이 존재한다. 예를 들어, 잘 위장하는 생물들(사진의 거대 잎꼬리 게코 도마뱀처럼)은 적응적이 되기 위해 강해지거나 빨라야 할 필요가 없다.

! 미국 중서부에는 수백만 마리의 초원 뇌조(prairie chicken)들이 살았었지만, 심각한 병목 현상으로 그 수가 줄어 1993년에 살아남은 뇌조의 수는 단 50마리에 불과했고, 오늘날의 뇌조들은 이들의 후손이다.

진화의 기구

무엇에 의해 세대가 지나면서 유전자 풀에서 변화가 생기는가? 자연선택은 진화적 변화를 일으키는 주된 동력이다. 그러나 다른 기작들 역시 일정 역할을 한다. 진화 중인 개체군에서는 이들 중 몇 가지가 조합되어 작동한다.

진화의 기구

유전적 부동

자연선택이 가장 잘 적응한 개체들을 선호하는 경향이 있기는 하지만, 무작위적 확률 역시 존재한다. **유전적 부동**(genetic drift)은 우연(확률)히 유전자 풀이 변화하는 것이다. 커다란 개체군 내에서는, 몇몇 개체들의 사망이나 이동은 거의 영향을 미치지 않는다. 그러나 만약 개체군이 작거나 고립되어 있다면, 무작위적 변화가 유전자 풀에 심각한 영향을 미칠 수 있다.

유전적 부동: 병목효과와 창시자 효과

때로는 한 개체군의 수가 급감한다. 자연재해(지진, 홍수, 화재 등)는 개체군의 대다수를 죽여 없앨 수 있다. 혹은, 몇몇의 개체들이 아직 점유되지 않은 섬처럼 새롭거나 고립된 서식지를 발견할 수도 있다. 작은 생존 개체군은 그들이 유래한 집단인 더 큰 개체군과는 유전자 풀이 같지 않을 가능성이 더 크다. 우연히, 유전자의 일부 버전이 큰 집단보다 더 많아지거나 더 희귀해질 수 있다. 그런 개체군 크기 감소 때문에 생기는 유전자 풀에서의 변화는 **병목효과**(bottleneck effect)라고 부른다; 만약 이런 효과가 작은 개체군이 안정화되면서 생기는 것이라면, 이것은 **창시자 효과**(founder effect)라고 부른다. 예를 들어, 1800년대까지 치타(*Acinonyx jubatus*)들은 사냥에 의해 거의 멸종에 가까워졌다. 이런 병목효과 때문에, 오늘날의 생존 개체군은 과거의 집단에 비해 훨씬 균일한 유전자 풀을 갖는다.

유전자 흐름

대부분의 개체군들은 고립되어 있지 않다. 개체들은 개체군 내로 들어오거나 나갈 수 있다. 이것은 **유전자 흐름**(gene flow)이라고 부르며, 유전자들을 교환함으로써 독립된 개체군들을 유전적으로 비슷하게 만든다. 예를 들어, 현대화가 진행됨에 따라 이전에는 고립되어 있었던 인간 개체군들은 서로 만나고 교잡하여 유전자를 교환함으로써 훨씬 유전적으로 균일해지게 되었다. 식물들 사이에서는, 떠돌아다니는 화분들이 고립된 개체군들 사이에서 유전자를 전달할 수도 있어서 시간이 지나면서 유전적으로 더 비슷해지기도 한다.

성선택

성선택(sexual selection)은 일종의 자연선택으로, 어떤 개체들이 짝짓기에 더 매력적일 수 있어서 더 많은 자손을 남기게 되는 것이다. 여러 수컷 동물들은 사진의 극락조(*Paradisaea apoda*)에서 보이는 화려한 깃털처럼, 암컷에 의해 선택될 가능성을 증가시킬 수 있는 장식물들을 가진다. 그 장식물이 짝짓기를 도울 때마다, 그 특징에 대한 유전자는 다음 세대로 전달될 가능성이 높아지고 개체군의 유전자 풀에 더 큰 기여를 하게 된다.

요점

▶ 돌연변이, 유성생식에 의한 재조합, 유전적 부동, 유전자 흐름, 병목 현상과 창시자 효과, 그리고 성 선택 등 다양한 방식에 의해 세대를 거치면서 유전자 풀에 변화가 생긴다.

? 갈라파고스섬에서 다윈은 그곳의 새 개체군이 남아메리카에서 이주했던 소수의 새들에서 기원한 것으로 보인다는 관찰을 했다. 이것은 어떤 진화적 기구를 증명하는가?

답: 창시자 효과.

7.8 지질학적 기록으로 지구의 역사와 그 생명의 역사를 함께 알 수 있다

지구상의 생명 역사는 지구 자체의 역사와 함께 얽혀 있다. 그 안에 거주하는 생물만큼이나 우리의 행성은 역동적이어서 점진적 혹은 급진적인 두 가지 방식으로 계속해서 변하고 있다. 지구의 역사를 공부하는 것은 생명의 진화에 대한 우리의 연구에 많은 정보를 준다.

46억 년 전 지구 형성 중 발생한 유성 충돌을 컴퓨터로 이미지화 한 것

지질학적 기록

지구의 지질 변화는 언제나 지구의 생명 다양성과 함께 한다. 40억 년 이상의 지구 역사는 네 가지 광범위한 부분인 대(era)로 나뉜다. 그 이름들이나 정확한 시기들은, 그들이 생명의 역사 중 특정 시기를 대표한다는 것을 깨닫는 것보다 중요하지 않다. 가장 최근의 세 가지 대를 각 시기별로 더 세분화해서 살펴보자.

mya = 백만 년 전
1,000 mya = 10억 년 전(bya)

4,600 mya: 지구의 형성 | 3,500 mya: 가장 오래된 화석 | 1,800 mya: 최초의 진핵생물 | 현재

4,000 mya | 3,000 mya | 2,000 mya | 1,000 mya | 0

선캄브리아 대(Precambrian era; 46억 년 전 ~ 5억 4,100만 년 전)	고생대(Paleozoic era; 5억 4,100만 년 전 ~ 2억 5,200만 년 전)					
	캄브리아기 (Cambrian) 541~485 mya	오르도비스기 (Ordovician) 485~444 mya	실루리아기 (Silurian) 444~419 mya	데본기 (Devonian) 419~359 mya	석탄기 (Carboniferous) 359~299 mya	페름 (Perm 299~52

- 46억 년 전: 지구 형성
- 35억 년 전: 가장 오래된 원핵생물(원시 세포) 화석
- 18억 년 전: 가장 오래된 진핵세포(현대적 세포) 화석

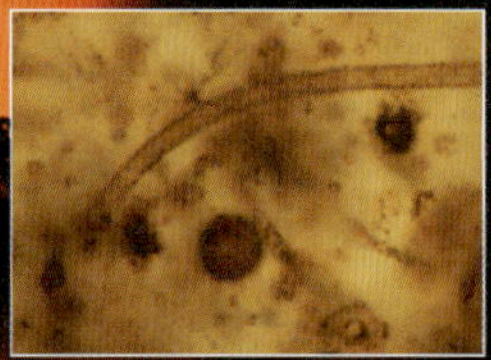

화석화된 조류: 18억 년 전

Mawsonites spriggi: 분류가 되어 있지 않은 생물로, 약 6억 년 전의 것이다.

- 530 mya: 해양에서 동물 다양성이 폭발적으로 증가
- 420 mya: 식물들이 육상을 점령하기 시작
- 370 mya: 동물들이 육상으로 이동
- 251 mya: 지구상의 모든 생물들 중 90% 이상이 대멸종하는 사건

연회색 석회석에 묻힌 삼엽충 화석

석탄기의 숲

캘리포니아의
산 안드레아스 단층선

인도네시아의 브로모 화산과
세메루 화산
(Bromo and Semeru volcanoes)

판구조론

우리가 딛고 있는 땅은 꽤 안정된 것처럼 보이지만, 지구의 표면은 사실상 계속해서 움직이고 있다. **지각판**(tectonic plate)이라고 불리는 거대하고 불규칙한 모양의 지각 덩어리들(지도에서 검은 선으로 표시)은 **맨틀**(mantle)이라고 하는 매우 뜨거운 암석층 위에 떠 있다. 지각판의 이동은 계속해서 대륙의 지형을 재배열한다. 판은 단층선(fault line)에서 만나며, 이곳에서는 판 사이의 느리고 지속적인 접촉이 지진이나 산맥의 형성, 그리고 화산활동 같은 지질학적 대격변들을 만든다. 지각판의 이동이 지속적으로 대륙의 지형을 재구성한다. 그런 대격변은 단기적으로는 재앙일 수 있으며, 장기적으로는 지구 생명의 진화를 바꿀 수 있다.

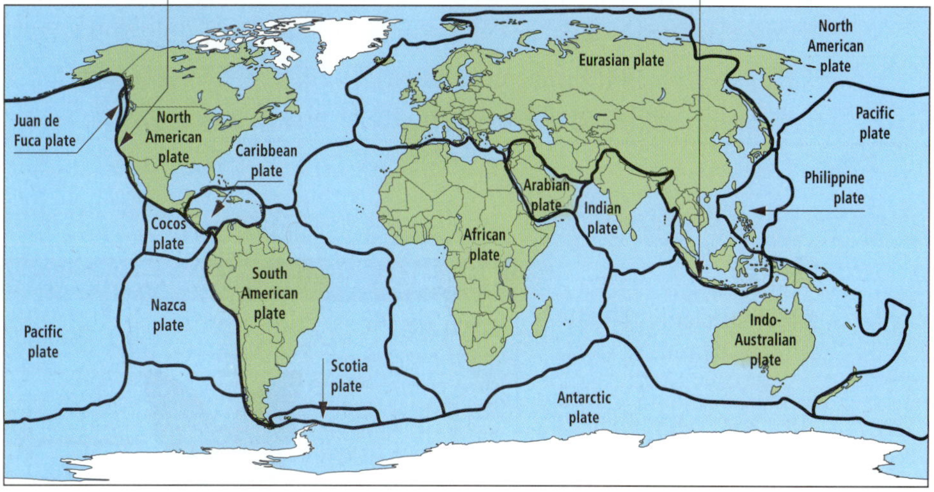

판게아

지구 판의 이동은 변화하는 대륙 사이에서의 접촉을 통해 생물종들을 들어가거나 나가게 함으로써 생명의 진화에 크게 영향을 미쳤다.

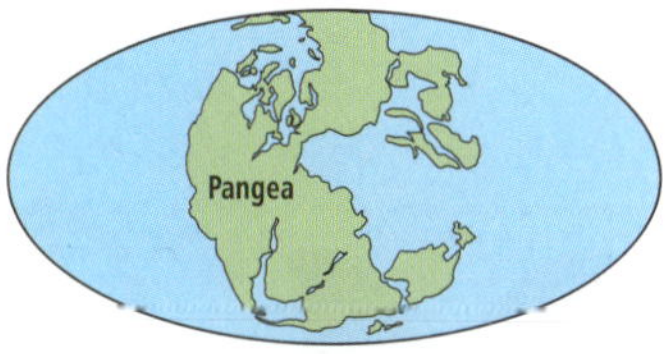

2억 년 전
모든 대륙은 하나의 거대한 땅덩어리인 판게아(Pangea)로 연결되어 있었다.

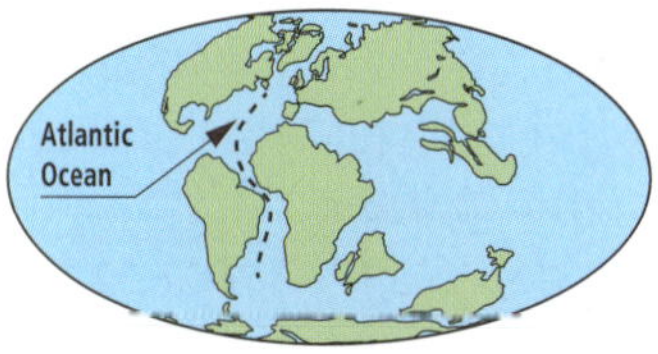

1억 년 전
판이 나뉘어 대서양이 생기기 시작했고 대륙이 분리되었다.

! 서로 다른 지각판 위에 있기 때문에, 북미와 유럽은 일 년에 1인치씩 멀어지고 있다.

중생대(Mesozoic era; 2억 5,200만년 전 ~ 6,600만 년 전)			신생대(Cenozoic; 6,600만 년 전 ~ 현재)	
트라이아스기 (Triassic) 252~200 mya	주라기 (Jurassic) 200~146 mya	백악기 (Cretaceous) 146~66 mya	제3기 (Tertiary) 66~2.6 mya	제4기 (Quaternary) 2.6 mya~오늘날)

- 230 mya: 최초의 공룡
- 100 mya: 현화식물이 육지를 점령하기 시작

- 6,500백만 년 전: 공룡의 멸종과 포유류의 방산(diversification)
- 200,000년 전: 해부학적 현대인의 출현

쥬라기의 숲

두 발로 걷는 공룡이었던 스테고케라스 (*Stegoceras*)

초기의 포유류였던 메가조스트로돈 (*Megazostrodon*)

약 4,700백만 년 전의 초기 영장류인 다위니우스 마실라이 (*Darwinius masillae*)의 화석

175만 년 전 아프리카에서 살았던 호미니드(hominid)인 파란트로푸스 보이세이 (*Paranthropus boisei*)

현대의 아프리카

요점

▶ 지질학자들은 독특한 생물종의 출현에 따라 지구의 역사를 네 개의 큰 시대로 구분한다. 지구 표면을 구성하는 지각판의 지속적인 이동은 생명의 역사에 매우 큰 영향을 미친다.

? 인류가 진화했던 시대가 시작되었음을 알리는 특징적 사건은 어떤 것인가?

답: 공룡의 멸종.

대진화는 큰 규모의 변화를 포함한다

소진화는 개체군의 총 유전적 조성이 세대를 거쳐 변화하는 것을 말한다. 비록 소진화가 생물들을 환경에 더 잘 적응하도록 하는 작은 규모의 적응들을 설명하기는 하지만, 생명체들의 급진적이고 규모가 큰 변화를 설명할 수는 없다. **대진화**(macroevolution)의 과정은 신종의 출현, 대멸종, 그리고 새로운 형태의 생물들이 다양해지는 등, 생명의 역사에서 생기는 중요한 변화를 모두 포함한다.

종분화

종분화(speciation)는 진화에 의해 신종이 형성되는 것으로, 지구의 생명 다양성을 증가시킨다. 지구 역사 전체를 통해 조상종은 하나 이상의 종들을 만들었고, 이들은 다시 계속해서 진화하여 지금 우리가 보는 믿을 수 없을 만큼 다양한 종들이 되었다. 종분화는 두 가지 종류의 기작에 의해 발생할 수 있다—분기 진화(branching evolution)와 비분기 진화(nonbranching evolution)이다. 이중 오로지 한 가지만 종의 수를 늘릴 수 있다.

진화의 패턴

비분기 진화

비분기 진화(nonbranching evolution)에서는 조상 개체군이 시간이 지남에 따라 점진적으로 변화하여 결국 시작했을 때와는 다른 종으로 변화한다.

분기진화

분기진화(branching evolution)에서는, 조상 개체군이 둘 이상의 개체군으로 나뉘어 각각이 점진적으로 새로운 종으로 진화하여 시작 종뿐만 아니라 서로서로도 분명히 다른 종이 된다.

새로운 특징

지구상의 생명의 역사 전반에 걸쳐, 새로운 특징이 진화해왔다. 고대의 새는 날 수 없는 파충류에서 진화했으며, 인간은 곧게 서서 두 다리로 선 자세를 진화시켰고, 현화식물(꽃식물)은 꽃이 피지 않는 선조들로부터 진화했다. 어떻게 그런 큰 규모의 혁신이 일어났을까? 화석 기록은 한 가지 역할을 하던 구조가 점차 다른 기능을 하게 되는 것을 보여준다. 그러나 새로운 특징이 점차로 생겨날 수도 있다; 각 종이 환경에 적응하지만 종의 한 계통이 새로운 구조의 진화를 보여준다. 예를 들어, 새들은 공룡의 한 계통에서 진화했다. 이 공룡 조상들은 민첩성을 매우 높여주고 포식자를 잘 피할 수 있도록 하는 가벼운 골격을 가지고 있었다. 시간이 흐르면서 이 계통은 멀리 뛸 수 있는 능력을 진화시켰다가, 짧게 활공하고, 그리고 결국 완전히 날 수 있게 되었다. 오랜 시간에 걸쳐 살펴보면, 각 종이 그들 자신의 환경에 적응하는 동안 이루어진 비행의 진화는 큰 규모의 대진화적 변화의 좋은 예가 된다.

1억 2,500만 년 전의 카우딥테릭스(*Caudipteryx*) 모형. 깃털을 가지고 있었지만 날지는 못했을 것이다.

> **!** 약 2억 5천만 년 전, 대멸종으로 지구상의 거의 모든 생물이 사라졌다.

대멸종

대진화를 촉진하는 한 가지 현상이 화석 기록에서 분명히 관찰된다. 주기적인 대멸종(mass extinction)이다. 지구상의 진화 역사는 짧은 대변동의 기간에 의해 끊어지곤 했다. 다섯 번의 대 격변이 있었고 그 기간 중에는 대부분(50~90%)의 생물들이 갑자기 죽었다.

mya = 백만 년 전
1,000 mya = 10억 년 전

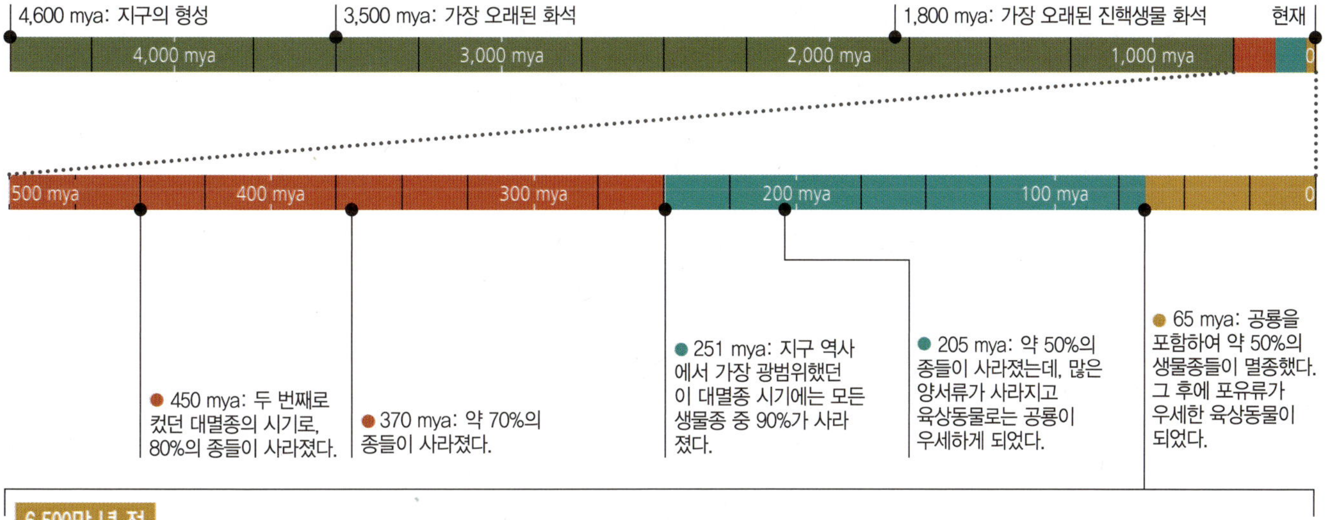

6,500만 년 전

공룡은 1억 5천만 년 동안 지구의 땅과 하늘을 점령했었다. 그러다가 약 6,500만 년 전쯤, 직경 6마일 정도의 유성 혹은 소행성이 멕시코의 유카탄 반도를 강타했고 칙술럽 분화구를 만들었다. 이 충격의 영향으로, 지구상의 공룡 대부분과 다른 생물들 다수가 사라졌을 것으로 생각된다. 이 당시, 포유류는 비교적 작고 숫자도 많지 않았다. 공룡의 멸종 후에, 포유류는 빠르게 분기하여 육상 서식지 대부분을 점유하게 되었다. 소위 KT 멸종(KT extinction)으로 불리는 이 사건은 화석기록에서 명확히 관찰되는 대진화의 가장 중요한 예이다.

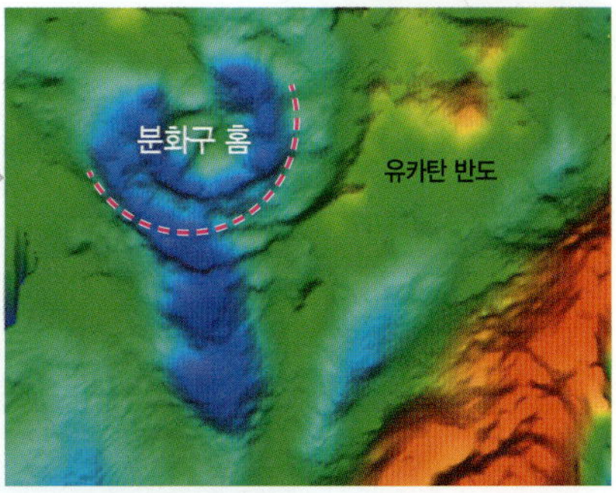

이 레이더 이미지는 약 6,500만 년 전의 대멸종을 일으켰던 거대한 충격을 증명하는 칙술럽 분화구(Chicxulub crater)를 보여준다.

요점

▶ 생명의 역사에서 발생하는 주된 변화인 대진화에는, 신종의 형성(종분화), 생물학적 혁신의 진화, 그리고 대멸종 후 생존자들의 다양화 등이 포함된다.

? 비분기 진화가 대진화의 유일한 형태라면 어떤 일이 생길까?

답: 지구상에는 오로지 한 종의 생물만이 존재할 것이다. 왜냐하면 분기진화만이 종의 수를 늘리기 때문이다.

7.10 종은 생식적 장벽에 의해 유지된다

어린아이라도 모든 개—매우 다른 혈통이라고 해도—를 하나의 그룹으로 인식하며, 고양이를 개에 포함시키지는 않는다. 우리는 모두, 종에 대한 직관적 감각을 가지고 있다. 그러나 생물학자들은 같은 종의 구성원들을 어떻게 인식하며 그들을 다른 종의 구성원들과 어떻게 구분할까? 종은 자연적으로, 그리고 성공적으로 교배할 수 있는 능력에 의해 구별된다.

종이란 무엇인가?

"종(species)"이란 말은 라틴어의 "외모(appearance)"를 뜻하는 말에서 기원한 것으로, 우리는 종종 서로 다른 종을 구분하기 위해 외모를 이용한다. 그러나 아래 설명에 있는 새들처럼 외모는 서로 다른 종을 구분하는 데 별로 좋은 방법은 아니다. 외모 하나만으로는 한 종을 다른 종과 구분할 수 없다. 가장 흔하게 사용되는 **종(species)**의 정의는 '서로 교배가 가능하여 생식력 있는 건강한 자손을 생산할 수 있는 개체군'이다. 따라서 서로 다른 혈통의 두 개가 매우 다르게 보인다고 해도, 그들은 대부분 서로 교배가 가능하며, 건강한 자손을 생산할 수 있다. 마찬가지로, 모든 인간도 같은 종의 구성원이다.

서로 다른 종

동부 들종다리 (*Sturnella magna*)

서부 들종다리 (*Sturnella neglecta*)

비록 매우 비슷해 보이지만, 이 두 새는 서로 다른 서식처를 점유하며 자연적으로 교미하지 않는다.

같은 종

모든 개는 *Canis lupus familiaris*라는 한 종의 구성원들이다.

종에 대한 위의 정의를 모든 사례에 적용할 수는 없다. 예를 들어, 세균은 무성적으로 증식하므로 위의 정의는 유용하지 못하다. 또한 이런 정의는 이미 멸종한 종에도 적용될 수가 없는데, 만약 생명체가 서로 교잡할 수 있었다고 해도, 화석으로부터 구분해 낼 방법은 아무것도 없기 때문이다. 그런 경우, 신체적 외형은 종을 구분하는 가장 좋은 방법이 된다.

일반적인 정의가 적용되지 않는 경우

무성적으로 생식하는 종이거나, 화석으로만 알려진 것에는 적용이 불가능

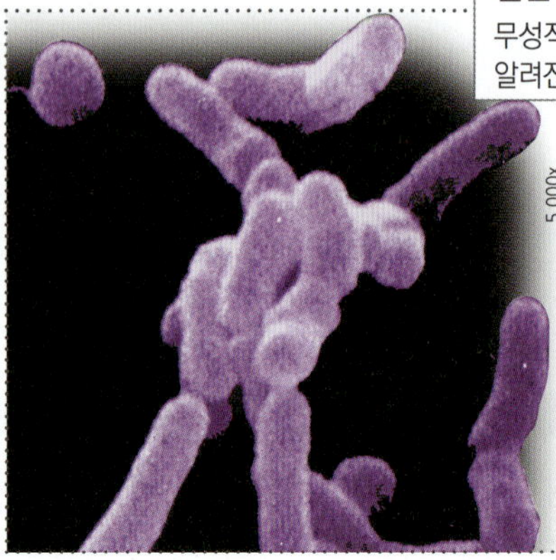

무성적으로 증식하는 세균인 *Klebsiella pneumoniae*

2천 만 년 전에 화석화된 개구리 (*Rana pueyoi*)

> ! 어떤 달팽이는 껍질의 회전이 반대로 되어 있어 성기를 접촉할 수 없기 때문에 다른 종과의 교미가 불가능하다.

생식 장벽

만약 우리가 종을 성공적으로 서로 교배하는 개체들의 집단으로 정의한다면, 서로 다른 종의 구성원들 간에 생식을 막는 것은 무엇인가? 종의 분리는 하나 혹은 그 이상의 **생식 장벽**(reproductive barrier)이 서로 다른 종 구성원들 사이의 교잡을 방해하기 때문에 발생한다. 건강한 자손이 생겨나기까지의 여러 단계에 영향을 미치는 다양한 생식 장벽이 존재한다.

생식 장벽

행동적 격리

어떤 종의 구성원들은 특정(짝짓기) 의식, 표시, 혹은 냄새를 통해 서로를 구분한다. 예를 들어, 암컷 공작은 크고 화려한 깃털을 펼치는 수컷 공작과만 짝짓기할 것이다.

짝짓기 시기의 차이

많은 생물종들이 특정 시기에만 생식할 수 있다. 다른 종의 생물이 이런 시기적 틀을 벗어나 짝짓기 시도를 하는 것은 성공할 수 없다. 예를 들어, 서로 다른 두꺼비 종은 연중 서로 다른 시기(초봄 대 늦은 여름같이)에만 생식한다.

서식지 고립

만약 종들이 약간 다른 서식지를 점유한다면, 그들은 절대로 만나지 않을 것이다. 예를 들어, 브리슬콘 소나무에는 세 종이 존재한다. 이들은 각각 산맥에 의해 잘 격리된 지역에서 자란다.

기계적 불화합성

서로 다른 종의 구성원들은 종종 그들의 해부구조가 맞지 않기 때문에 짝짓기를 하지 못한다. 예를 들어 난초에서는, 많은 종의 화분 저장 구조가 오직 한 종의 화분매개자만 착륙하여 모을 수 있는 형태이다.

배우자 불화합성

서로 다른 종의 배우자(정자와 난자)는 보통 서로 수정될 수 없다. 이것은 수생 서식지에서의 산란기 중에 대단히 중요한데, 이때는 여러 종의 개체들이 같은 수역에 배우자를 방출하게 된다. 다수의 성게 종을 예로 들면, 5종까지도 서로 어울려 살지만 한 종의 정자는 다른 종의 난자를 수정시킬 수 없다.

잡종 약세

만약 서로 다른 두 종의 구성원이 교배를 했다면 잡종이 생길 수도 있다. 그런 잡종은 적응성이 떨어지거나, 그들 자체가 생식이 불가능한 불임성일 수 있다. 예를 들어, 노새는 암컷 말과 수컷 당나귀 사이에서 생긴 잡종으로, 언제나 불임이다.

요점

▶ 생물학자는 보통 종을 성공적인 교배가 가능한 개체들의 집합으로 정의한다. 하나 이상의 생식적 격리 기구들이 서로 다른 종 간에서 건강한 자손이 생기는 것을 방해한다.

? 여기에 제시된 여섯 가지의 다양한 생식적 격리 기구 중에서, 실질적으로 교미가 일어난 후에 작동하는 것은 어느 것인가?

답: 배우자 불화합성과 잡종 약세이다.

7.11 종분화는 다양한 방법으로 일어날 수 있다

생명의 진화사에서 중요한 변화인 대진화(macroevolution)를 고려할 때는, 우리는 종종 신종이 형성되는 종분화에 초점을 맞춘다. 종분화는 하나의 조상종이 하나 이상의 새로운 종으로 진화할 때 발생한다. 이 과정에서의 핵심적 사건은 하나의 개체군이 서로 고립된 둘 이상의 개체군으로 분리되는 것이다. 일단 분리되면, 각 개체군은 독특한 선택압—각 환경 내에서 작용하는 자연선택—을 받으며, 따라서 자신만의 진화경로를 따를 수 있다. 결국, 다시는 만나 교잡할 수 없는 개체군을 생기게 한다; 즉, 그들은 분리된 종이 된다.

점진적 모형

화석 기록은 오랜 기간에 걸쳐 느리고 점진적으로 변화했던 생물들의 예를 보여준다. 그런 경우에는, 한 종이 그 환경에 대한 소소한 적응들을 점차 획득하는데, 수백만 년을 함께 고려하면, 조상종이 현재의 종으로 변모한 것이 된다. 신종이 생기는 그러한 진화적 모형은 **점진적 모형**(graduated model)이라고 불린다. 점진적 모형이, 진화가 완전히 직선형으로 진행되었음을 의미하는 것은 아니다; 연속된 종들이 종종 서로 공존하거나 겹친다.

단속평형

화석 기록에서는, 많은 종들이 갑자기 나타났다가 거의 변화 없이 지속되고, 그리고는 갑자기 사라진다. **단속평형**(punctuated equilibrium)이라는 용어는 그런 정체된 기간이 때때로 나타나는 종분화에 의해 갑자기 끊어지는 것을 설명하는 말이다. 예를 들어, 포유동물의 조상종은 공룡의 멸종 후에 빠른 종분화가 일어나기까지(진화적 의미에서 빠르다는 것은 수백만 년 정도 걸린다는 뜻) 수천 만 년 동안 비교적 변화 없이 유지되었다. 단속평형으로 잘 알려진 또 다른 예는 약 5억 3천만 년 전에 발생했다. 빠른 종 다양화 때문에 캄브리아기 대폭발(Cambrian explosion)이라고도 불리는 이 기간에는 매우 많은 새로운 동물 종들이 비교적 빠르게 진화했음을 보여준다(오른쪽의 작품을 보라). 물론 끝날 때까지 수백만 년이 필요하기는 했지만, 이 시기의 진화 속도는 정상적인 속도보다 10배는 빨랐다.

캄브리아기 폭발 중에 출현한 일부 종들에 대한 예술적 연출

이소적 종분화

종분화는 종종 한 개체군이 둘 이상으로 분리될 때 시작된다. 그러나 그런 분리는 어떻게 발생하는가? 때로는 물리적 장벽—계곡이나 산맥 혹은 강의 형성 같은—이 물리적으로 개체군을 서로 고립시킨다. 이것은 **이소적 종분화**(allopatric speciation)라고 불린다.

그랜드캐니언이 형성되기 전(약 6백만 년 전)에는 이 지역에 단 한 종의 다람쥐 개체군이 서식했었다.

그랜드캐니언의 형성으로 두 개의 고립된 서식지가 생겼다. 이제 각 종의 다람쥐는 협곡의 양쪽에서 서로 배타적으로 발견된다. 움직임이 협곡에 의해 구애받지 않는 새들은 독립된 종들로 분기하지 않았다.

이소적 종분화: 물리적 장벽에 의한 종의 분기

동소적 종분화

종분화는 큰 규모의 유전적 변화 때문에 급작스럽게 발생할 수도 있다. 이것은 지리적 격리 없이 조상 개체군 내에서 새로운 종이 출현하는 **동소적 종분화**(sympatric speciation)의 한 예이다. 식물계에서는, 세포 분열 과정 중에 염색체들을 다중 세트로 가진 생물들이 생길 수 있다. 만약 그 새로운 생물이 자가 생식이 가능하다면, 단 한 세대 만에 새로운 종이 생겨날 수도 있다. 이런 종분화 기작은 우리가 먹는 여러 농작물을 생겨나게 했다. 사과나 커피, 그리고 밀 등이 이렇게 해서 생겨났다. 예를 들어, 약 8,000년 전에 두 가지의 밀 조상종이 불임인 잡종을 만들었다가, 세포 분열에서의 오류로 이 잡종의 염색체가 2배가 되었다. 그렇게 해서 자가수정이 가능한 오늘날의 빵밀 종이 생겼다. 그 신종은 조상종들 가운데서 생겨났기 때문에 동소적 종분화의 한 예가 된다.

! 고고학적 증거에 따르면 약 10,000년 전, 현재 요르단 근처에서 처음으로 밀이 재배되었다.

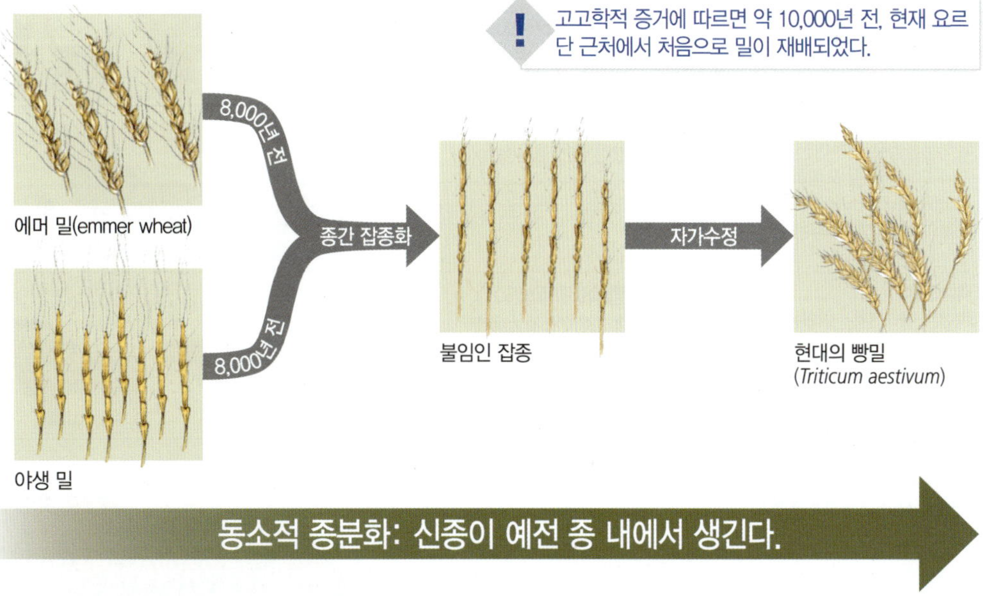

동소적 종분화: 신종이 예전 종 내에서 생긴다.

요점

▶ 신종은 오랜 시간 후에 생길 수도 있고(점진적 모형) 비교적 빠르게(단속 평형) 생긴다. 그리고 지리적 고립(이소적 종분화) 후에 생겨나거나 혹은 한 부모 종 내에서(동소적 종분화) 생긴다.

? 만약 호수의 수면이 상승하여 몇 개의 섬들이 고립되었다면 땅에 사는 생물들 사이에는 어떤 종류의 종분화가 발생할 가능성이 가장 큰가?

답: 종들이 물리적으로 서로 고립되기 때문에, 이소적 종분화가 발생할 것이다.

분류학은 생명을 분류하는 것이다

분류학(taxonomy)은 종을 정의하고(identification; 동정), 이름을 붙이며(naming; 명명), 비슷한 것끼리 묶는(classification; 분류) 학문이다. 형식화된 명명 체계는, 과학자들 간의 의사소통을 쉽게 하고, 신종이 발견되었을 때 연구자들이 동정과 인식을 확실히 할 수 있게 해준다. 모든 생물은 **영역**(domain)이라고 불리는 세 가지 큰 그룹 중의 하나로 분류된다. 영역에서부터 시작해서, 각 생물들이 **분류 체계**(taxonomic hierarchy) 내로 지정될 수 있는데, 이것은 점차 작아지는 범주들로 이루어진 일련의 체계를 말한다. 이 체계는 종의 이름으로 끝난다.

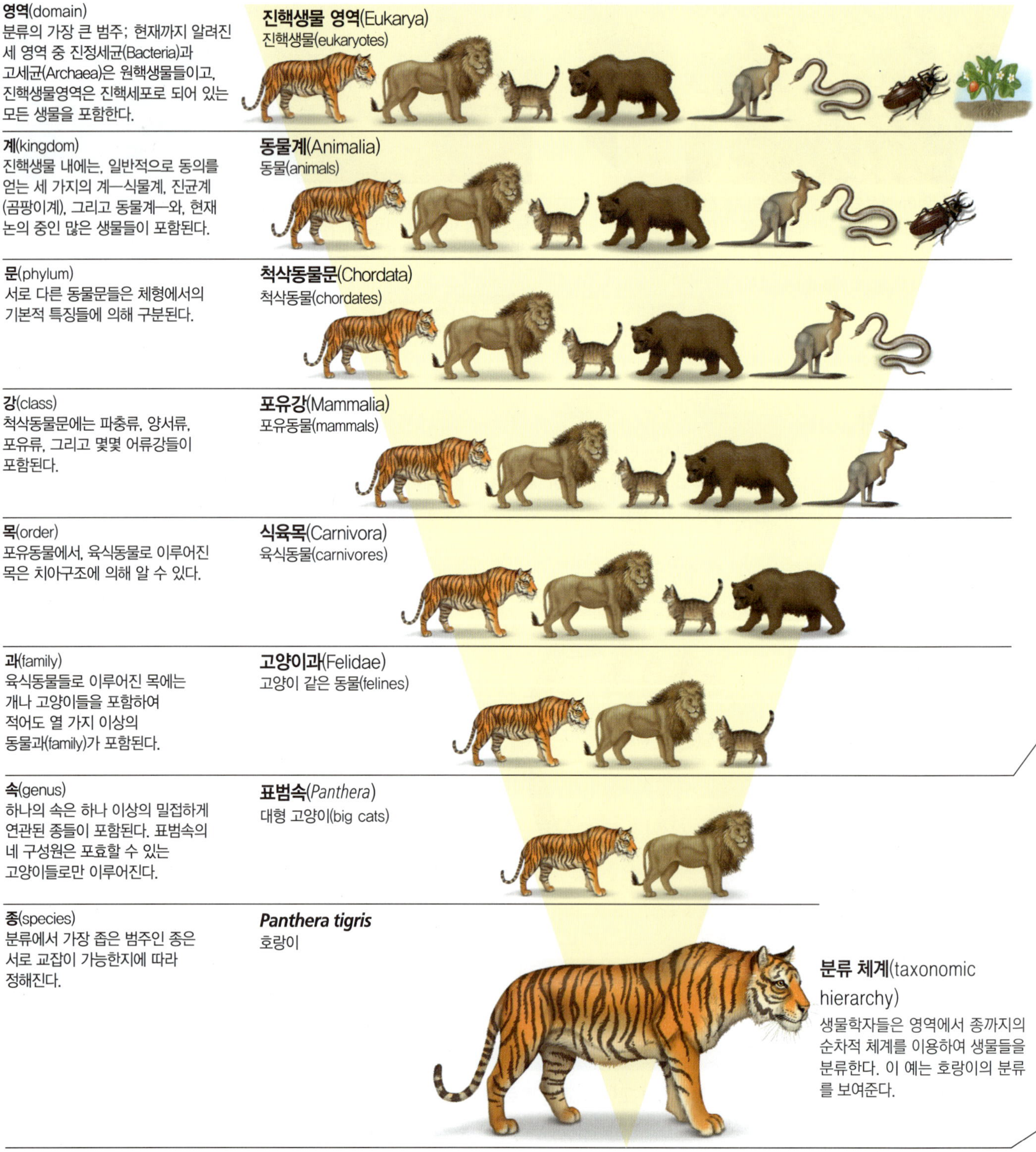

분류 체계(taxonomic hierarchy)
생물학자들은 영역에서 종까지의 순차적 체계를 이용하여 생물들을 분류한다. 이 예는 호랑이의 분류를 보여준다.

3영역 체계

과거에는 다른 분류체계가 사용되었었지만, 현재 생물학자들은 **3영역 체계**(three-domain system)를 사용한다. 현재의 분류 전략은 모든 생물을 세 개의 기본 그룹 중 하나로 분류하는 것이다. 두 영역은 **원핵생물**(prokaryotes)—진정세균(Bacteria)과 고세균(Archaea)—이고, 나머지 하나는 **진핵생물**(eukaryotes)이다. 진핵생물 영역은 생물의 **계**(kingdom)들로 나뉜다. 생물학자들은 일반적으로 3개의 계인 식물계(Plantae), 진균계(Fungi), 그리고 동물계(Animalia)에는 동의한다. 그러나 남아 있는 진핵생물을 특정 생물계들로 분류하는 데에는 의견의 일치를 보지 못하고 있다. 대신, 식물이나 곰팡이, 혹은 동물 중 어디에도 맞지 않는 모든 진핵생물을 모아 **원생생물**(protists)로 묶어두는데, 이것은 매우 다양한 분류학적 주머니로, 이것저것이 함께 들어 있는 것이라고 할 수 있다. 지구의 다양한 생물을 분류하는 것은, 계속 진행 중인 작업임을 이해하는 것이 중요하다: 많은 생물의 정확한 분류는 우리가 생물과 그들의 진화에 대해 알면 알수록 반드시 변하게 될 것이다.

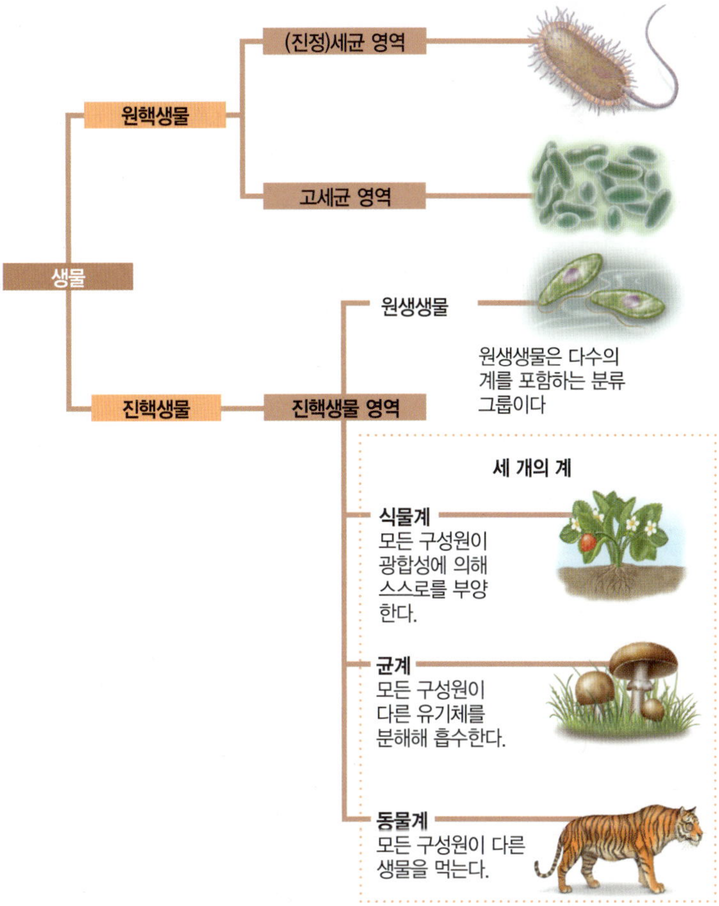

이명법(binomial nomenclature)
분류 체계의 가장 마지막 두 그룹(속과 종)은 라틴어 이명법을 형성하는 데 사용된다. 이런 이름은 종종 "학명(scientific name)"이라고도 불린다.

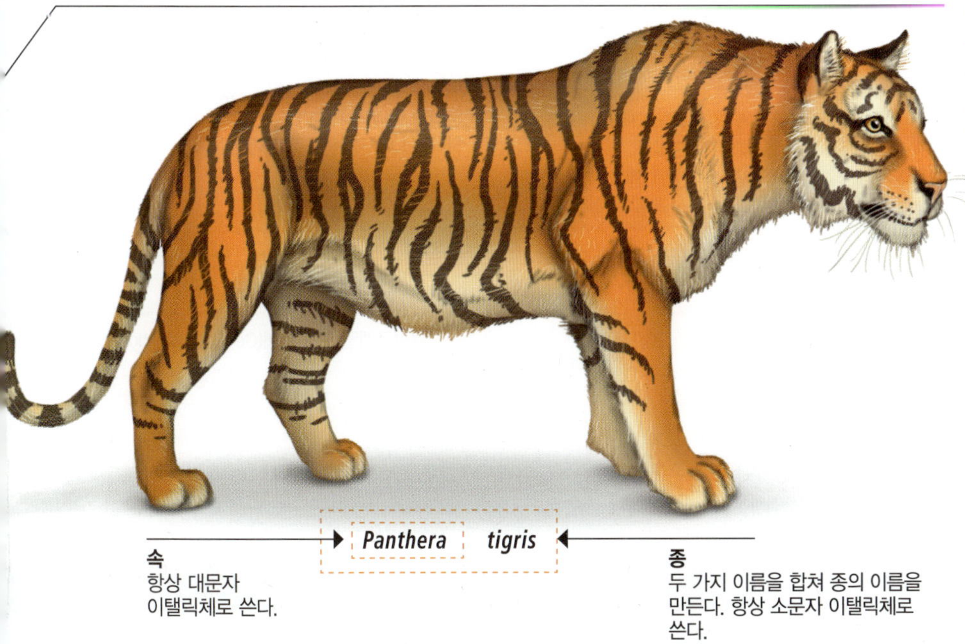

! 우리 종의 이름인 호모 사피엔스(*Homo sapiens*)는 "현명한 인간"이라는 뜻이다.

요점

▶ 분류학은 영역(가장 넓은 분류군)에서 종(가장 좁은 분류군)까지의 체계적 시스템으로 생명을 분류하는 것이다. 종은 속명과 종명을 사용하는 이명법에 의해 지칭된다.

? 늑대의 학명은 *Canis lupus*이다. 각 단어가 뜻하는 분류학적 분류군은 어떤 단계인가?

답: *Canis*는 속명이고, *lupus*는 종명이다.

7.13

계통수는 진화 역사의 가설을 반영한다

계통분류학(systematics)은 생물의 진화적 연관 관계에 대한 통찰을 줄 수 있도록 생물을 분류하는 것이다. 계통분류학의 한 가지 목적은 분류가 제시된 생물의 진화사를 반영하도록 하는 것이다. **계통수**(phylogenetic tree)는 이런 목적을 달성할 수 있는 한 가지 방법이다. 계통수는 연관된 생물들의 진화사에 대한 한 가지 가설이다. 계통수 위 서로 다른 종들의 상대적 위치는, 화석 기록에서의 출현이나 (가능한 경우) DNA 및 단백질들의 분석(생물정보학이라고 불린다) 같은 몇 가지 증거에 기반을 둔 것이다. 여기 제시된 바와 같이, 계통수는 지구상의 생물들 간의 관계들을 이해하고 연구하는 데 도움을 줄 수 있다.

계통수

하나의 계통수는 생물종들 간의 진화적 연관성에 대한 가설을 제시해준다. 계통수를 제대로 읽을 줄 알면, 종들의 기원에 관한 통찰을 얻을 수 있다.

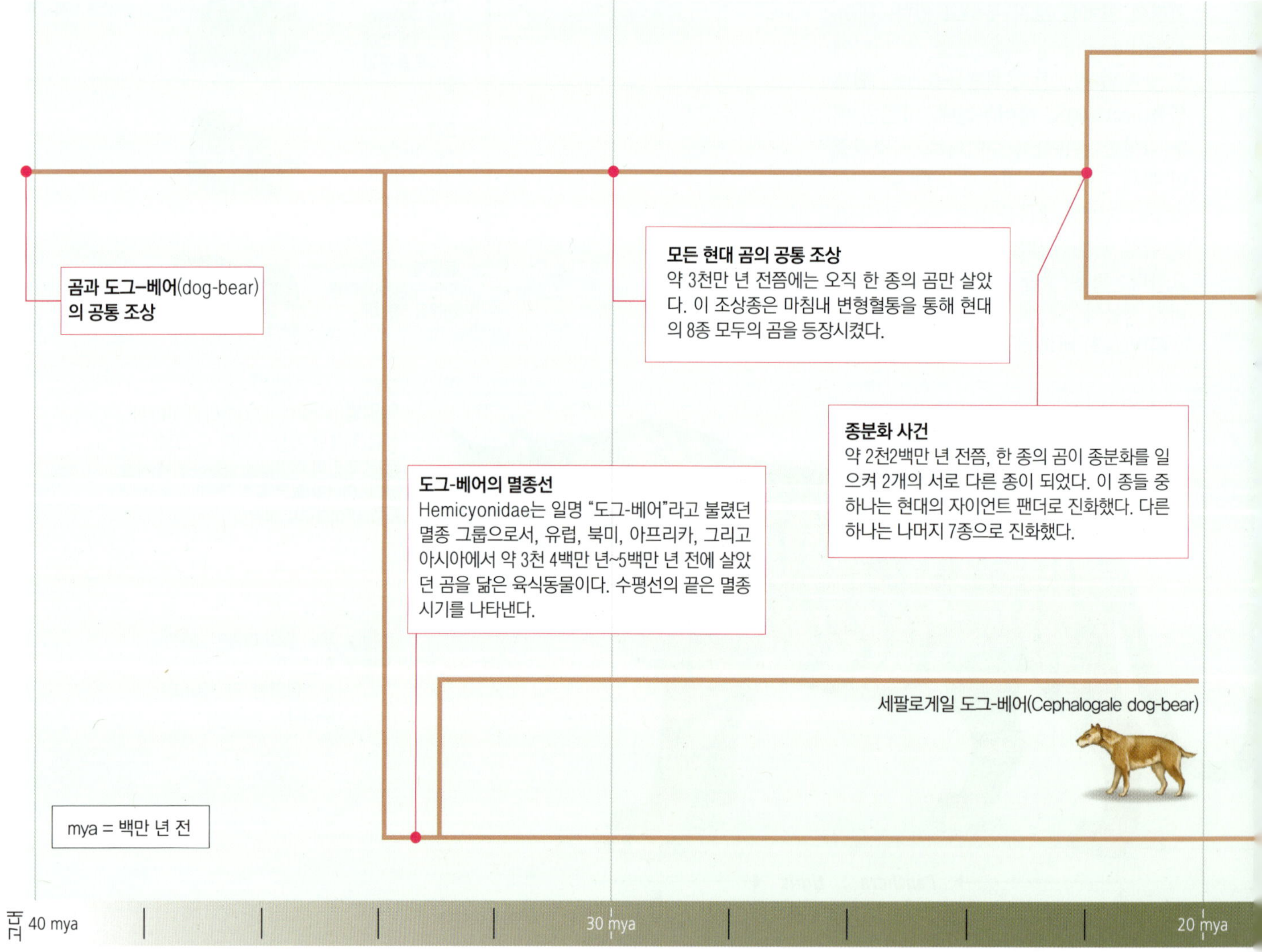

시간: 백만 년 전

분기학

증조부로터 시작되는 가계도가 모든 후손을 포함한다고 상상해 보자. 이것은 한 **분기군**(clade)과 유사한 것으로, 하나의 조상종과 그 모든 자손—생명의 나무에서는 가지가 된다—을 포함하는 그룹을 말한다. 분기군들을 분석하는 것을 **분기학**(cladistics)이라고 부른다. 여기 오른쪽에 제시된 예에서는 모든 파충류가 내집단(ingroup)을 형성하는 것을 볼 수 있는데, 하나의 공통 조상에게서 나온 하나의 무리이다. 개구리는 외집단(outgroup)을 보여주며, 공통 조상에 앞서 다른 것으로부터 분기한 종이다. 하나의 내집단은 그것을 외집단과 나누는 뚜렷한 특징들을 가진다. 이 예에서 모든 파충류는 단단한 껍질을 가지는 양막성 알(amniotic egg)을 낳는데, 이 때문에 건조한 육지에서도 생존할 수 있지만, 양서류는 무른 알이 생존하기 위해서는 물이 있어야 한다. 분기학적 분석은 진화적 유연관계를 분명히 하는 데 도움을 준다.

! 코알라(주머니 곰)는 어떤가? 그들은 곰과에 속하는 것이 아니라 유대류이다.

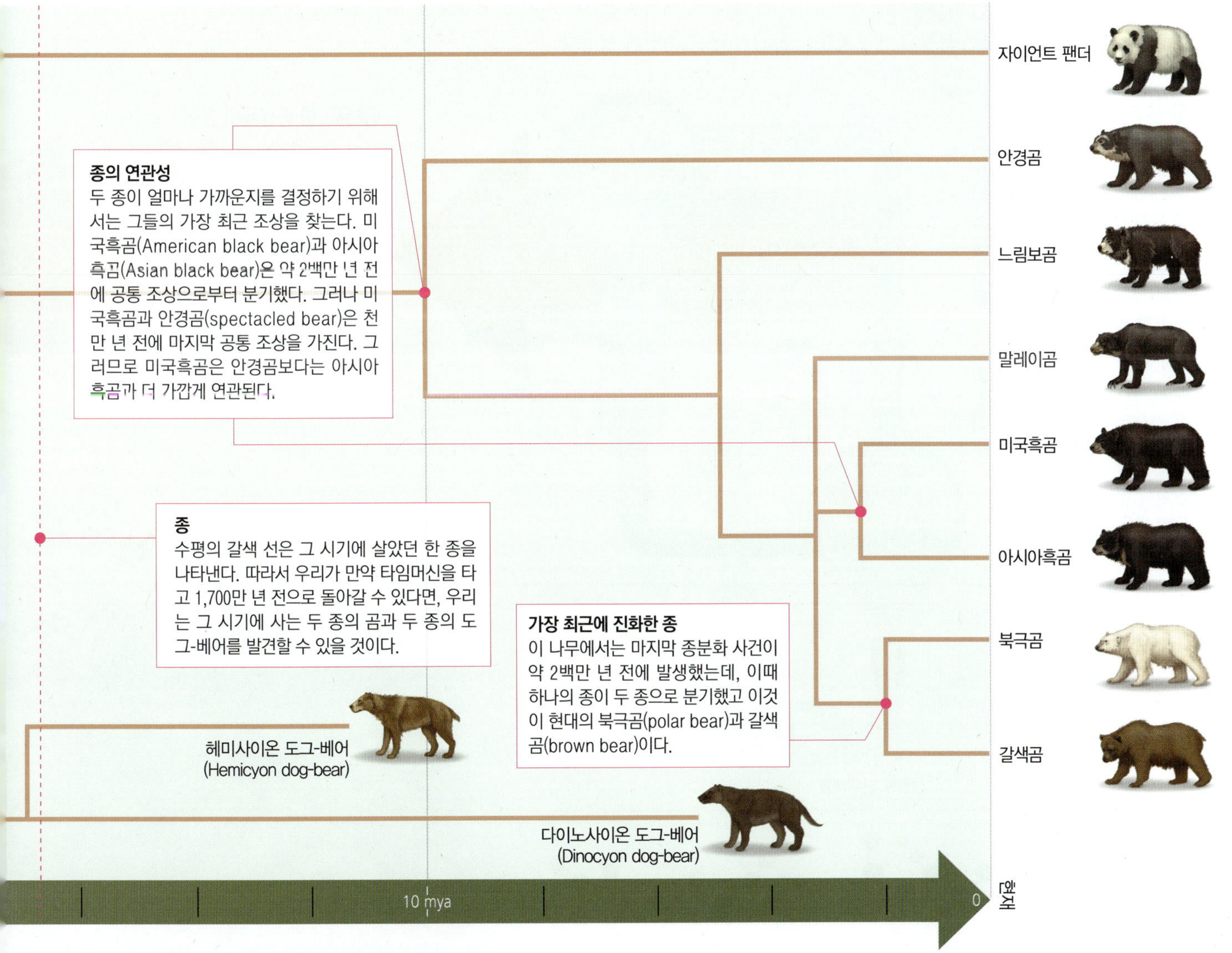

요점

▶ 계통수는 생물의 공통된 진화 역사에 대한 가설을 제시한다. 계통수를 읽는 것은 같은 조상의 후손 종인 분기군에 대한 통찰을 제공해준다.

? 북극곰과 갈색곰 다음으로 가까운 두 곰 종은?

답: 미국흑곰과 아시아흑곰은 약 2백만 년 전에 조상을 공유했으며, 이것이 그 둘을 그 다음으로 가장 가까이 연관되도록 한다.

생물학자들은 생명이 여러 단계를 거쳐 생겨난 것으로 가정한다

비록 지구에 많은 생명체가 존재하기는 해도, 언제나 그랬던 것은 아니다. 우리 행성은 중력에 의해 기체 구름, 먼지, 암석 조각들이 얽혀 우리 태양계의 행성들을 형성했던 약 46억 년 전에 생겼다. 지속적인 운석 충돌이 일어났고, 젊은 지구는 너무 뜨거워서 녹아 있는 상태였다. 우리의 행성이 점차 식어감에 따라, 가장 바깥층은 얇은 껍질로 굳었다. 약 39억 년 전에야 지구는 생명이 살 수 있을 정도로 안정화되었다. 비록 수십억 년 전에 어떻게 생명이 생겨났는지 확실히 알 수는 없지만, 과학자들은 어떤 일이 일어났었을지에 대한 가설을 세울 수 있다.

생명의 탄생(생물 발생)

모든 세포는 기존 세포의 생식으로부터 생겨난다. 그러나 이런 원리는 명백한 문제를 만든다: 최초의 세포는 어떻게 생겨날 수 있었을까? 한 가지 가설은, 원시 지구의 독특한 조건에서 화학적이고 물리적인 과정들에 의해 생명 탄생, 즉 무생물인 화학물질에서 새로운 생명체들이 형성되었다는 것이다. 여기서 논의될 단계들은 매우 추론적인 것이어서 이런 모형의 세부사항을 둘러싼 많은 논쟁이 생긴다.

❶ 유기물 단위체의 합성

1953년, 시카고 대학의 유리(Harold Urey)와 밀러(Stanley Miller)는, 현대의 생물학적 분자들(DNA, 단백질 등)을 만드는 유기물 단위체들(뉴클레오타이드나 아미노산 같은 작은 분자들)이 초기 지구를 모방한 조건에서 형성될 수 있음을 증명했다. 메탄(CH_4), 수소(H_2), 그리고 암모니아(NH_3) 등, 원시 대기에 존재했을 것으로 생각되는 기체들이 수증기와 섞이고, 전기적 방전을 추가해 번개가 치는 것처럼 만들자, 생명에 필요한 모든 유기물 단위체들이 저절로 생겼다.

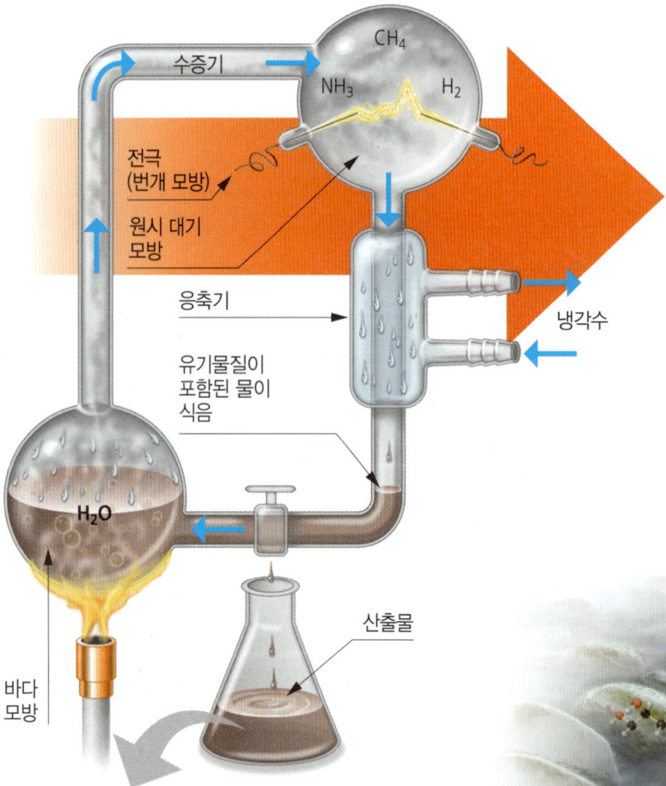

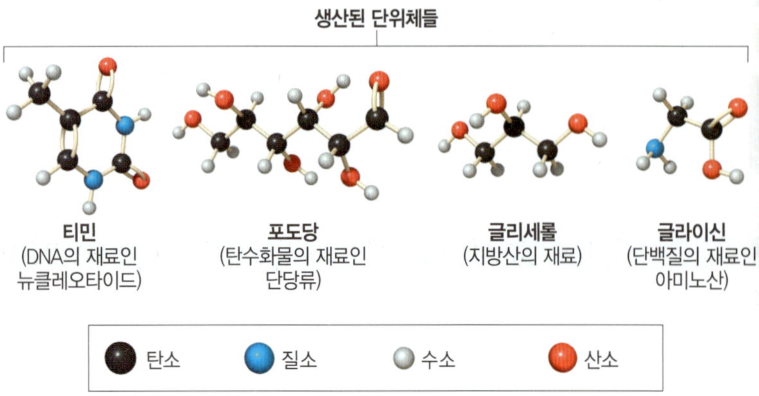

❷ 유기물 중합체의 합성

원시 지구에서는, 유기물 단위체를 포함한 빗방울이나 파도가 뜨거운 암석에 부딪힌다. 거기서, 일부 단위체들이 서로 화학결합을 만들어 보다 큰 분자를 형성했을 것이다. 그 유기물을 소비할 어떤 생명체도 없었기 때문에, 큰 분자들은 수천만 년 동안 대량으로 축적될 수 있었을 것이다.

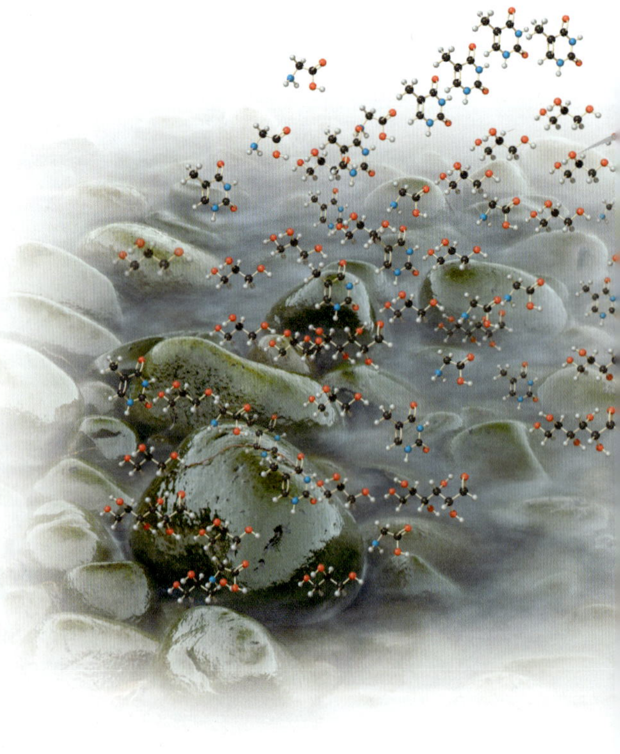

원시 지구의 상태

원시 지구의 대기는 지금과는 매우 달랐다. 과학자들은 잦은 화산 분출로 인해 대기 중에 수증기와 질소 포함 기체, 이산화탄소, 메탄, 암모니아, 수소기체, 그리고 황화수소 등이 꽉 들어차 있었을 것으로 추측한다. 지구가 냉각됨에 따라 수증기가 응축되어 비가 내렸고, 바다가 형성되었다. 최초의 생명체가 형성될 무대가 마련된 것이다. 원시의 대기에는 산소가 없었는데, 생명체들의 대사 작용 결과로 나중에 나타나게 된다.

! 약 25억 년 전까지, 지구에는 광합성 생명체가 거의 없었기 때문에 산소가 희박했다.

❸ 자기 복제성 분자들의 기원

생명이 지속되기 위해서는 한 세대에서 다음 세대로 그 정보가 전달되어야만 한다. 그러기 위해서는 자신을 복사할 수 있는 분자가 필수적이다. 과학자들은, 생명의 기원에서 핵심 단계는 자신을 복제할 수 있었던 RNA 분자가 무작위적이고 자발적으로 생기는 것이라고 가정한다. 복제에 단백질을 요구하는 DNA와는 달리, RNA는 스스로 복제가 가능하므로, RNA가 원래의 유전 물질이었을 것이라는 추측을 이끈다. 일단 무작위적으로 RNA가 생성되자, 자연선택이 발생했다: 가장 빠르게 잘 복제할 수 있었던 여러 RNA들은 자신들을 더 많이 만들었을 것이다.

❹ 최초의 세포 형성

원시 바다에서 생긴 지질들은 저절로 모여들어, 기름이 물과 섞였을 때와 같은 방식으로 방울을 형성했을 것이다. 이런 작은 지질 방울 안에 물이 갇히게 되었다. 만약 내부의 물이 자기 복제성 분자를 포함하고 있었다면, 결과적으로 원시 세포들이 형성될 수 있을 것이다: 세포질(물에 녹아 있는 유기분자들)이 막에 의해 둘러싸였다.

자연선택에 의한 진화

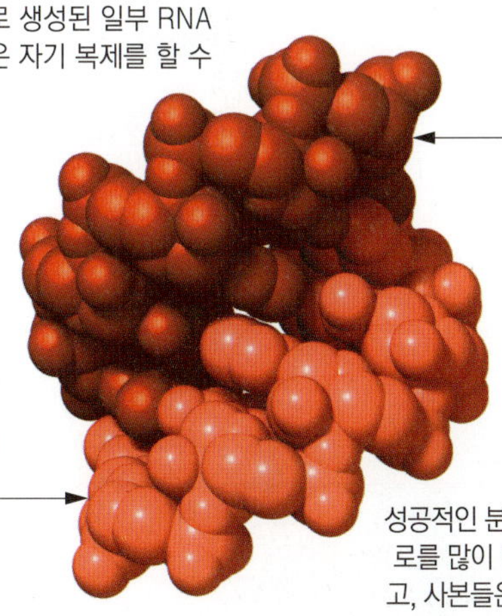

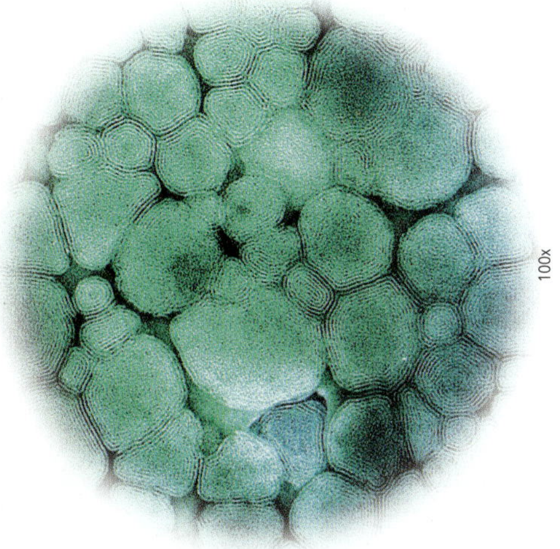

물을 둘러싼 지방 방울은 저절로 생긴다. 그런 원시 세포들이 자연선택을 받게 되었고, 가장 성공적인 것들은 복제하여 번성하게 되었을 것이다.

요점

▶ 지구상에 새로운 생명체가 형성되는 생물발생(biogenesis)은 유기물 단위체 형성, 중합체의 형성, 그리고 마지막으로, 자기-복제성 분자를 포함한 원시 세포의 형성이라는 순차적 단계를 거쳤을 것이다.

? 원시적 유전 물질로 DNA보다 RNA가 먼저 출현했을 것으로 생각하는 이유는?

답: DNA를 복제하기 위해서는 단백질이 필요하지만, RNA는 스스로 복제가 가능하다.

8.2 원핵생물은 독특한 세포 구조를 가진다

지구상에서 진화한 최초의 생명(그리고 10억 년 이상 존재해 온 유일한 생명)은 **원핵생물**(prokaryote)이다. 이들은 원핵세포로 된 생물들을 말한다. 오늘날, 원핵생물은 우리 세계에 거대한 영향을 미치고 있다. 그들은 어디에나 존재하는 생물들로서, 다른 생명체는 살지 못할 장소에서도 발견된다. 원핵생물을 자세히 살펴보면 일부 독특한 구조와 생활사적 특징이 드러난다.

생물의 3영역

생물학자들은 지구의 생명체를 3가지 영역으로 분류한다. 세균 영역(Bacteria)과 고세균 영역(Archaea)은 둘 다 원핵세포로 된 생물체들을 포함하지만, 이 두 영역의 구성원들은 염색체의 자세한 구성 같은 여러 가지 분자적 세부구조에서 차이를 보인다. 다른 모든 생물들(식물, 곰팡이, 동물, 그리고 원생생물을 포함하는)은 진핵세포로 된 생물들을 포함하며, 따라서 진핵생물 영역(Eukarya)으로 분류된다.

생명체		
원핵세포 생물 비교적 작고 더 원시적이며, 막 경계를 가지는 소기관들이 결여된 세포들		**진핵세포 생물** 비교적 크고 보다 복잡하며, 막 경계를 가지는 소기관들을 포함하는 세포들
고세균 영역	**세균 영역**	**진핵생물 영역**

구조적 특징

모든 원핵생물은 단세포성이지만, 이 개별 세포들은 모양이나 크기가 매우 다양하다. 원핵세포에만 나타나는 독특한 일부 특징들을 여기 정리했다.

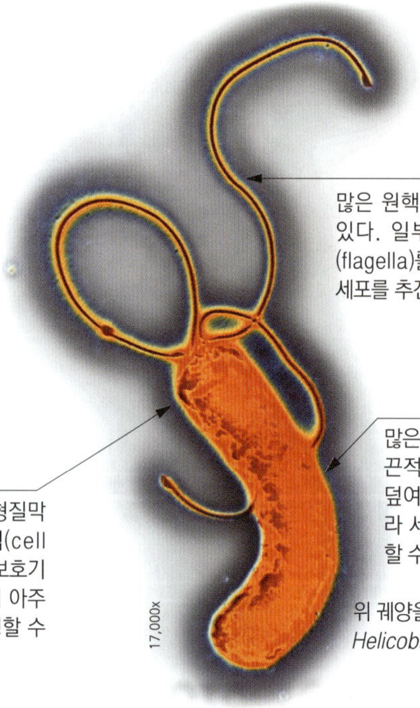

많은 원핵생물 종들은 움직일 수 있다. 일부는 하나 이상의 **편모**(flagella)를 이용하여 환경을 뚫고 세포를 추진시킨다.

많은 원핵생물들의 세포벽은 끈적한 **협막**(capsule)으로 덮여 있어서, 보호뿐만 아니라 세포가 다른 표면에 부착할 수 있게 해준다.

거의 모든 원핵생물은 원형질막 바깥쪽에 위치하는 **세포벽**(cell wall)을 가진다. 세포벽은 보호기능을 제공하며 이 생물들이 아주 넓은 영역의 환경에서 번성할 수 있도록 해준다.

위 궤양을 일으키는 세균인 *Helicobacter pylori*

일부 원핵생물들은 **내생포자**(endospore)를 형성할 수 있다. 이것은 두꺼운 껍질의 보호층으로, 환경 조건이 나빠졌을 때(너무 건조하거나, 뜨겁거나, 춥거나, 독성이 있거나 등) 세포를 보호해 준다. 환경이 다시 좋아지면, 내생포자는 물을 흡수하여 세포가 다시 성장할 수 있게 된다.

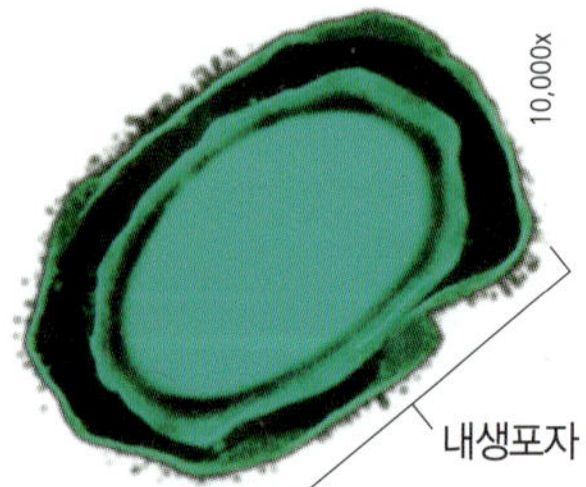

탄저병(anthrax)을 일으키는 세균인 바실러스 안트라시스(*Bacillus anthracis*)

이분법에 의한 증식

많은 원핵생물은 **이분법**(binary fission)이라고 불리는 과정으로 증식한다. 이것은 글자 그대로 "절반으로 나뉘는" 과정이다. 하나의 세포가 유전적으로 동일한 2개의 세포로 변할 수 있고, 그 두 세포는 다시 4개, 8개 등으로 세대마다 2배씩 늘어난다. 조건만 이상적으로 유지된다면, 이분법으로 아주 짧은 시간 내에 거대한 개체군이 형성될 수 있다.

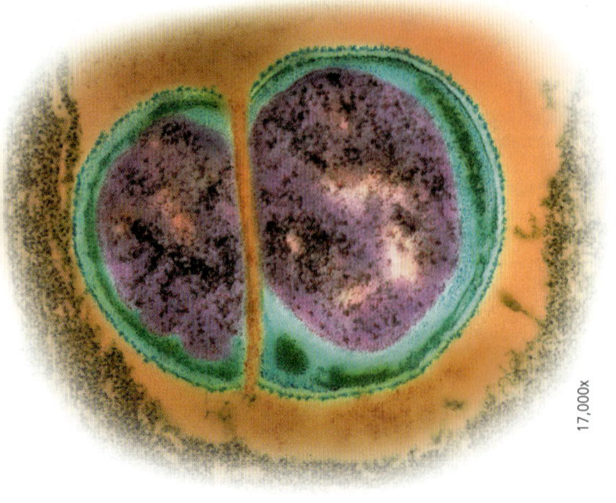

중이염을 유발하는 세균인 *Alloiococcus otitidis*의 이분법(binary fission)을 통한 증식

원핵생물의 모양

구균(cocci)	간균(bacilli)	나선균(spiral)
구균(coccus)은 둥근 세포들로서, 하나로 존재할 수도 있고, 사슬형 배열을 하거나 혹은 덩어리로 존재한다.	**간균**(bacillus)은 막대기 모양의 세포들로서 단일 세포로 있거나 사슬형으로 발견된다.	구부러져 있거나 나선 모양을 하는 대부분의 원핵생물은 단일 세포로 존재한다.
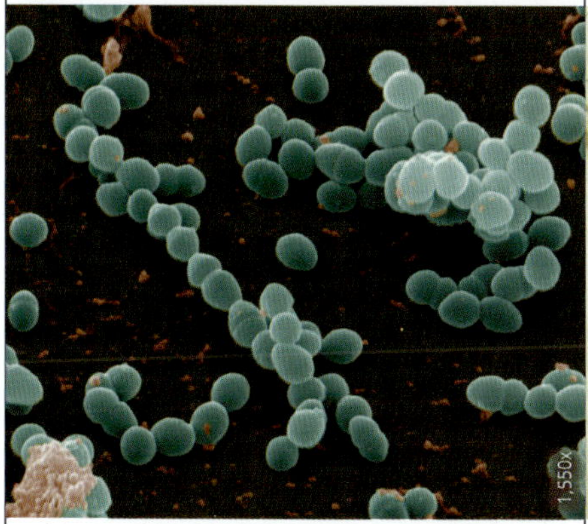	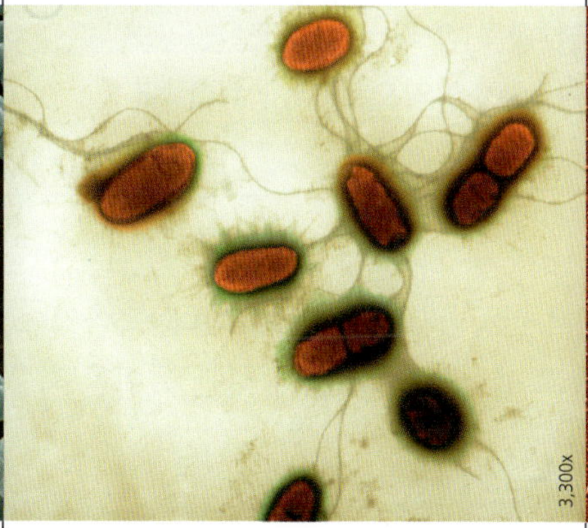	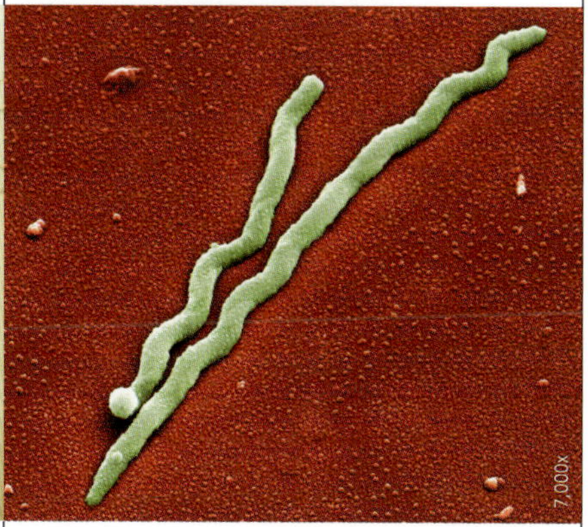
충치균인 *Streptococcus mutans*는 보통 인간의 구강에서 발견되며 이를 썩게 만든다. 이 생물은 보통 둥근 개별 세포들이 사슬처럼 붙어서 산다.	O157:H7라고 불리는 대장균(*Escherichia coli*) 계통은, 죽을 수도 있는 식중독을 일으킨다.	라임병(Lyme disease)을 일으키는 세균인 *Borrelia burgdorferi*는 감염된 진드기에 물려 인간으로 전파된다.

원핵생물의 영양

원핵생물은 진핵생물보다 영양적으로 더 다양성을 보인다. 거의 모든 진핵생물은 광합성을 하거나 다른 생물들을 소비함으로써 생존한다. 이와는 대조적으로, 많은 원핵생물은 환경에서 직접 얻은 분자 재료들과 에너지를 이용하여 자신들의 먹이를 스스로 생산할 수 있다.

! 현재 우리의 구강 안에는, 현재까지 살았던 인간의 수보다 많은 원핵생물이 살고 있다.

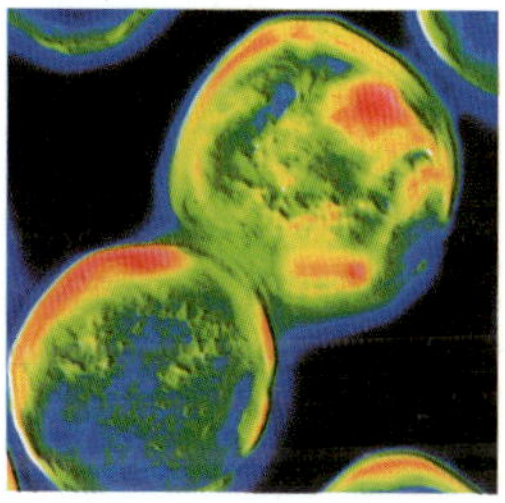

원핵생물(여기 보이는 *Archaeoglobus fulgidus*를 포함하여)은 대서양의 수 킬로미터 깊이에 존재하는 열수공 근처 환경에서 먹이 사슬의 기초를 형성한다. 햇빛이 닿지 않는 이런 곳에서, 원핵생물들은 열수공에서 뿜어져 나오는 황이 풍부한 고열수로부터 영양분을 얻을 수 있다.

생물막

원핵생물은 종종 **생물막**(biofilm)을 구성하는데, 이것은 바위나 살아 있는 조직 등의 표면에 붙어 있는 생물들의 군집(일부 현미경적 진핵생물 종들과 연계될 수도 있다)이다. 끈적한 분자 "풀"이 생물막을 붙들고 있으므로, 제거하기가 어렵다.

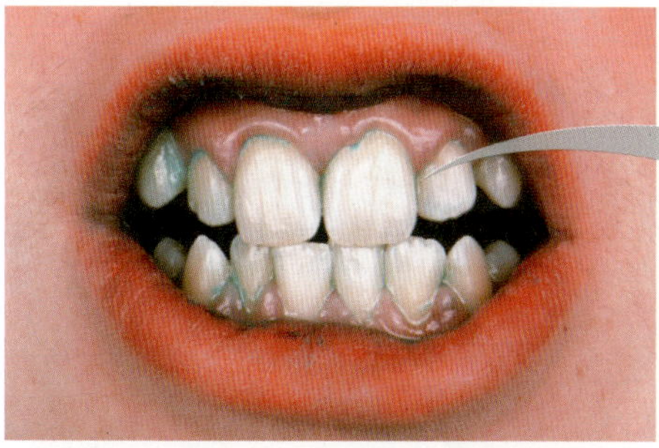

한 청소년이 치태(플라크) 추적 알약을 씹고 난 후, 치아에서는 푸른색으로 치태(세균 플라크)가 관찰된다.

인간의 치아에 붙어 있는 세균 치태는 일종의 생물막이다.

요점

▶ 지구의 두 가지 생물 영역(고세균과 세균)은, 비교적 작고 단순한 세포들인 원핵생물들로 구성된다. 원핵생물들은 모양과 구조, 특성, 그리고 영양학적 서식지의 범위가 넓다.

? 크기와 복잡성 면에서 볼 때, 곰팡이 세포들은 세균 세포와 어떻게 비교되는가?

답: 곰팡이 세포들은 진핵세포이므로 이들이 비교적 더 크고 더 복잡하다.

8.3 고세균은 극단적인 서식지에서 산다

생명의 분류		
원핵생물		진핵생물
고세균 영역	세균 영역	진핵생물 영역

원핵생물(단세포성이고, 비교적 작고 단순해서 막 경계를 가지는 세포 소기관이 없는 세포로 된 생물)은 두 개의 영역으로 나뉜다. 하나는 **고세균**(Archaea) 영역으로서, 그 이름이 고대의 근원을 생각나게 한다(ancient = archaic). 일부 고세균은 극한생물(extremophile; 극단적인 것을 좋아하는)들이라고 불리는데, 이들이 다른 형태의 생물들은 생존할 수 없는 서식지에서 번성할 수 있기 때문이다. 극단적인 생태 서식처에 사는 고세균들은, 그런 조건에서 대사할 수 있고 생식할 수 있도록 하는 특이한 적응적 특징들을 가지고 있다.

메탄생성 세균

메탄생성 세균(methanogens)은 혐기적(산소가 없는) 환경에서 살며, 대사 노폐물로 메탄가스를 방출한다. 메탄생성 세균은 습지나 늪 바닥의 짙은 진흙 속에서 주로 발견된다; 그들이 분출하는 메탄가스는 "습지 가스"로 불린다. 메탄생성 세균은 매립지의 혐기적 조건에서도 역시 번성한다; 이것이 쓰레기 매립지에 가스 분출용 파이프가 필요한 이유이다(만약 파이프를 설치해 놓지 않으면 매립지 폭발이 발생한다!). 매우 많은 수의 메탄생성 세균들이 소나 사슴 같은 방목 가축들의 소화관 내에서도 발견된다.

매립지 내에서 부패 중인 쓰레기들로부터 용기에 메탄가스를 수집하고 있다. 원핵생물에 의해 방출되는 메탄을 태워 전기를 생산할 수 있다.

! 일반적인 소의 소화계 내에 존재하는 고세균들은 해마다 45 kg 이상의 메탄 기체를 만든다.

남부 조지아의 오키페노키 국립 야생보호구역(Okefenokee National Wildlife Refuge) 내의 스와니강(Suwannee River) 표면에서 습지 가스가 솟아오르고 있다.

어떤 메탄생성 세균(*Methanococcoides burtonii*)은 추운 곳을 좋아하는 메탄생성 고세균으로서, 남극에서 발견된다. 이 종은 27°F(−2.5°C) 정도의 낮은 온도에서도 생존할 수 있다.

호염성 세균

호염성 세균(halophiles)은 유타의 대염호(Great Salt Lake)나 중동의 사해(the Dead Sea), 그리고 소금을 생산하기 위해 염수를 증발시키는 염전같이, 매우 짠 환경에서 번성하는 고세균들이다. 여러 호염성 세균종들은 해수보다 5~10배 높은 염 농도를 견딜 수 있다. 극단적으로 짠 환경들은 종종 알록달록한 색을 띠는 경우가 많은데, 화려한 색소들을 가지는 호염성 세균들이 다량 생장하기 때문이다.

고세균들은 이스라엘의 사해(Dead Sea, Israel)같이 고농도의 염 환경을 견딜 수 있는 드문 생물종들에 속한다.

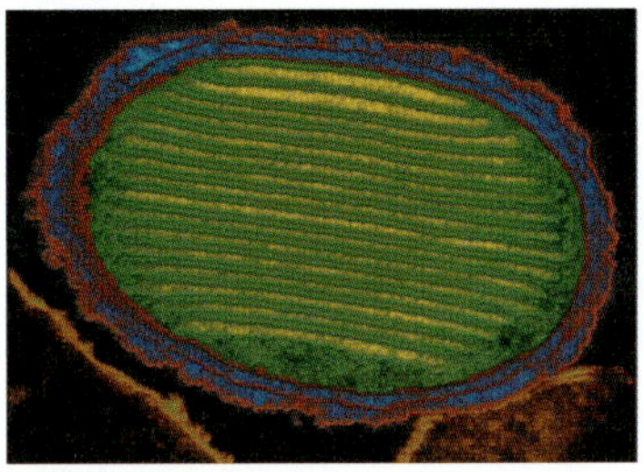

엑토티오로도스피라(*Ectothiorhodospira*)는 소금 웅덩이에서 살며 고온(176°F 혹은 80°C) 및 알칼리성 pH(7~9)를 좋아한다.

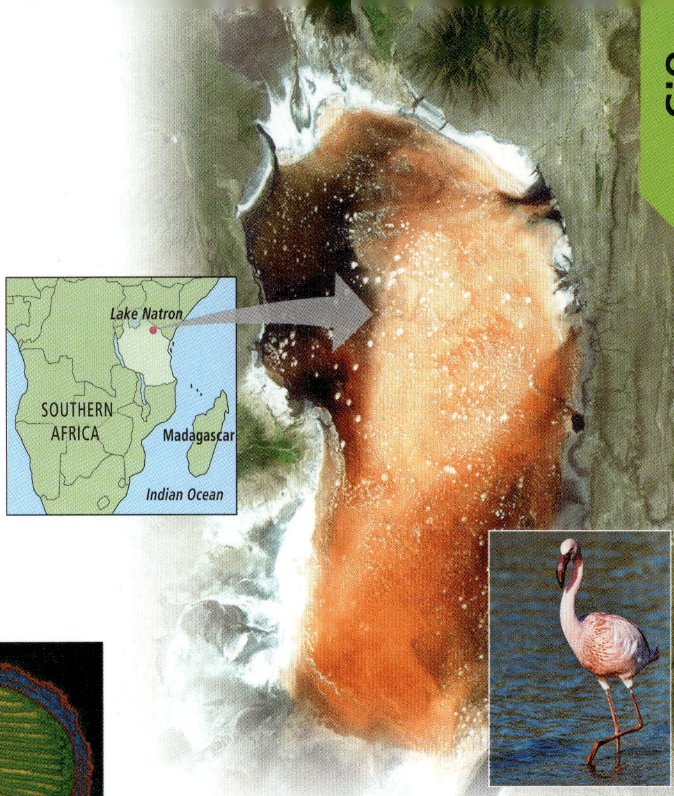

아프리카의 동아프리카 지구대(Great Rift Valley)에 위치한 네이트론호(Lake Natron)는 세계에서 가장 부식성이 큰 곳으로 여겨진다(위성사진을 보라). 염 덩어리들의 오렌지색은 염을 좋아하는 고세균들의 붉은 색소에 의한 것이다. 이들은 이곳에서 먹이 활동을 하는 홍학(flamingo)들의 먹이가 되기도 하고, 학의 붉은색도 만든다.

호열성 세균

"열을 좋아하는"이라는 뜻의 **호열성 세균**(thermophiles)은 고온의 환경에서 자라는 고세균이다. 몇몇 호열성 세균들은, 분출되는 가스들이 끓는점 이상으로 수온을 높일 수 있는, 깊은 바닷속의 열수공에서도 번성한다. 어떤 것들은 온천이나 간헐천 등에서도 발견될 수 있다. 일부 생물학자들은 그런 환경들이 수십억 년 전의 최초의 생명체가 맞닥뜨려야 했던 상황들과 유사한 것일 수 있다고 생각한다.

와이오밍의 옐로스톤 국립공원(Yellowstone National Park)에 있는, 그랜드프리즈매틱 온천(Grand Prismatic Spring)은 호열성 서식자들의 색깔을 보여준다.

요점

▶ 고세균들은 극단적인 환경들에서 자주 발견되는 원핵생물들이다. 여기에는 메탄생성 세균(메탄가스를 생성함), 호염성 세균(짠 것을 좋아함), 그리고 호열성 세균(열을 좋아함)들이 속한다.

? 아쿠아리움에서 자라는 고세균을 발견할 수 있을까?

답: 아니오. 고세균들은 아쿠아리움의 온화한 조건이 아니라 는 극단적인 환경에서 번성한다.

세균은 숫자도 많고 흔하기도 하다

원핵생물의 두 영역 중, 우리가 만날 확률이 가장 높은 것은 (진정)**세균**(bacteria)인데, 이들이 우리 신체의 표면과 내부를 포함해, 지구상의 모든 서식처에서 번성하기 때문이다. 개별 세균들은 현미경적 크기이기는 하지만, 그들의 집단적 영향은 매우 크다. 우리는 종종 인간의 건강에 해를 끼치는 세균에 관한 이야기들을 듣지만, 세균들은 인간에 도움을 줄 때가 훨씬 더 많다. 사실상, 세균은 우리 자신의 건강과 우리 환경의 건강에 없어서는 안 되는 존재이다.

생명의 분류		
원핵생물		진핵생물
고세균 영역	(진정)세균 영역	진핵생물 영역

이로운 세균

세균들은 우리 환경에 필수적인 요소들이다. 세균들은 십억 년 동안 진핵생물들 없이 지구상에서 번성했다; 세균들이 없다면 진핵생물들은 종말을 맞게 될 것이다! 여기서는 세균들이 어떻게 인간 사회에 긍정적인 영향을 미치는지, 몇 가지 방식에 대해 살펴보자.

하수처리

처리시설에서는, 미처리 하수로부터 나온 고형 물질들을 원핵생물들(세균과 고세균 둘 다)과 섞는다. 미생물들은 이 슬러지(sludge)를 분해하여 그 안에 포함된 양분들이 재순환되는 것을 돕는다.

생물복원

세균들은 생물복원(bioremediation)에 사용될 수도 있다. 이것은 생물들을 이용하여 환경으로부터 오염물을 제거하는 것이다. 사실상, 연구자들은 한 종류의 플라스틱을 대사할 수 있는 세균을 발견했다. 이 원핵생물은 현재 환경에 떠도는 많은 양의 플라스틱을 제거할 잠재적 해결방안을 제시해 줄 수 있을 것이다.

질소 고정 세균

토양 내의 세균들은 대기의 질소(N_2 기체)를 암모늄 이온(NH_4^+)과 기타 화합물들로 전환시킨다. 이렇게 전환된 물질들은 식물에 의해 흡수되어 사용될 수 있다. 이런 세균들이 없다면 식물들은 질소 결핍으로 시달리게 될 것이다.

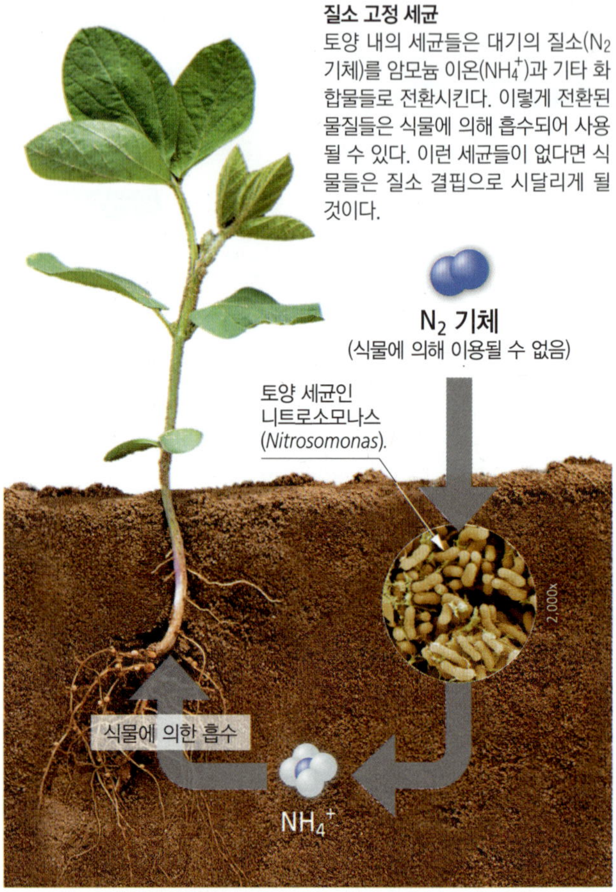

분해자

세균들은 중요한 분해자들로서, 생물의 사체를 분해하여 영양소들을 환경으로 되돌아가도록 한다. 그런 화학적 순환이 없다면, 필요한 많은 영양소가 계속 사체에 머물게 되어 동식물들은 생존하지 못할 것이다.

프로바이오틱스(유익균)

생물에 유익한 세균들을 먹으면 건강이 증진되는 것으로 알려져 있다. 유익균들과 관련된 건강 문제들은 여전히 연구 대상이기는 하지만, 우리의 신체와 여기서 사는 세균들 사이의 상호작용을 통해, 유익균들은 소화불량을 개선해 줄 수 있으며, 면역계가 잘 작동하도록 도울 수 있을 것으로 기대된다.

해로운 세균

우리가 세균들을 생각할 때는, 심각한 병들을 일으킬 수 있는 **병원체**(pathogens)에 관한 것을 떠올리게 되지만, 사실 이런 세균들은 비교적 많지 않다. 그래도 세균들은 감염을 일으키며, 사실, 인간의 질병 중 약 절반가량은 세균에 의한 것이다. 비록 우리가 끊임없이 세균들과 맞닥뜨리지만, 우리 신체의 방어체계는 그 대부분을 감시하며 억제하고 있다. 하지만 간혹 어떤 병원체는 성공적으로 우리 신체에 침입하여 병을 일으킨다. 여기에서는 세균 병원체들에 의해 발생하는 다양한 질병들에 대해 살펴보자.

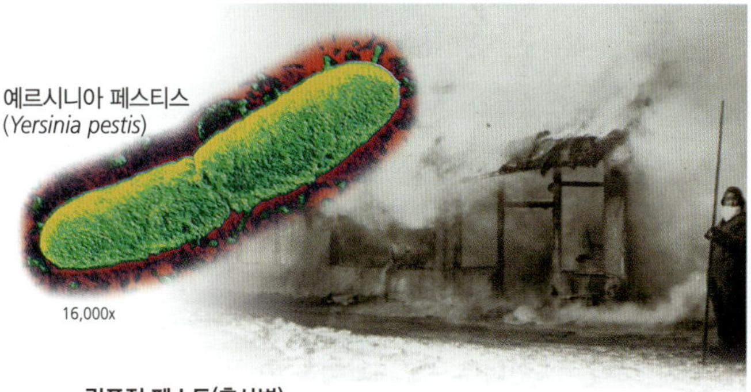

예르시니아 페스티스 (*Yersinia pestis*)

림프절 페스트(흑사병)

림프절 페스트(bubonic plague)는 설치류들과 그 벼룩들에 의해 전달되는 세균인 예르시니아 페스티스(*Yersinia pestis*)에 의해 발생한다. 1300년대에는 이 흑사병이 전 유럽을 휩쓸어 인구의 1/3가량을 죽였다. 마지막으로 1890년대에 있었던 전 세계적 유행 때에는 질병의 전파를 막기 위해 중국의 수많은 집이 소각되었다(사진).

! 치료하지 않으면 흑사병에 걸린 사람들의 2/3는 4일 이내에 사망하게 된다.

포도상구균 감염

포도상구균(*Staphylococcus aureus*)은 인간의 피부에서 일반적으로 발견되는 세균(상재균)들이다. *S. aureus*들이 신체 내로 들어오면, 이들이 분비하는 독소에 의해 여러 질병이 발생할 수 있는데, 살을 파먹는 질병이나 독소성 쇼크 증후군 등이 생길 수 있다. 최근에는 *S. aureus*들이 항생제에 저항성을 진화시키면서 더 큰 건강 문제가 되어 가고 있다. MRSA(메티실린 저항성 포도상구균)는 병원이나 라커룸 등에서 퍼질 수 있다.

포도상구균 (*Staphylococcus aureus*)

탄저병

탄저병(anthrax)은 일반적으로 소에서 발견되는 질병이다. 이것은 탄저균(*Bacillus anthracis*)에 의해 발생한다. 2001년에는 탄저균의 포자들이 미국의 상원의원과 방송 관계자들에게 우편으로 배달되었다. 폐로 흡입된 포자는 발아하여 탄저 감염을 일으켰고, 다섯 명이 사망했다.

탄저균(*Bacillus anthracis*)

라임병

라임병(Lyme disease)은 나선균의 한 종인 *Borrelia burgdorferi*에 의해 유발되는데, 진드기에 의해 사슴에서 사람으로 옮겨질 수 있다. 라임병은 붉은 발진(red bull's-eye rash)으로 초기에 구별될 수 있다. 발진이 나타난 직후 항생제를 처방하면 치료할 수 있다.

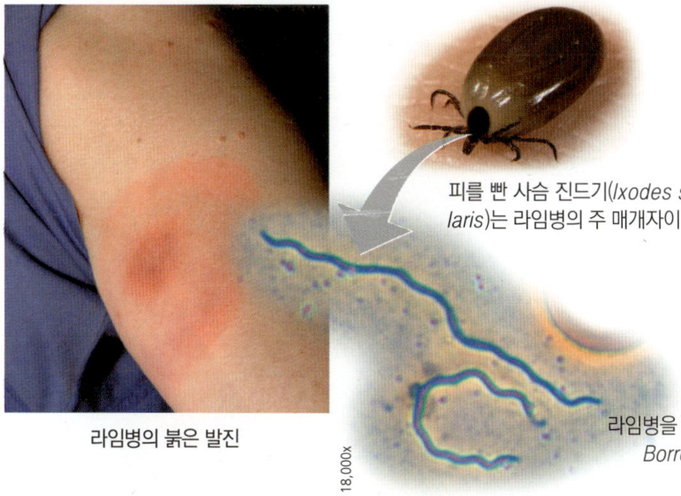

피를 빤 사슴 진드기(*Ixodes scapularis*)는 라임병의 주 매개자이다.

라임병의 붉은 발진

라임병을 일으키는 세균인 *Borrelia burgdorferi*

살모넬라 감염

식중독의 가장 흔한 원인은 살모넬라(*Salmonella*)라고 불리는 세균 속(genus)에 의한 것이다. 비위생적인 습관들은 음식 오염을 일으킬 수 있다. 요리 과정에서 죽지 않으면, 음식으로 섭취된 살모넬라들은 위험할 수도 있는 위장관계 감염을 유발할 수 있다.

살모넬라 (*Salmonella*)

요점

세균들의 질소 고정 능력과 폐기물 분해 능력 때문에 지구상의 거의 모든 생물은 세균에 의존한다. 그러나 세균은 인간에서 여러 가지 질병을 일으키기도 한다.

? 어째서 포도상구균 감염이 점차 심각한 건강 문제가 되어 가고 있는가?

답: 점점 더 많은 포도상구균이 항생제에 저항적으로 진화하고 있기 때문이다.

8.5 세균은 DNA를 전달할 수 있다

하나의 세균 세포는 한 개의 염색체를 가지는데, 이것은 유전자들이 포함된 하나의 환형 DNA로 되어 있다. 세균의 생식은 보통 이분법으로 이루어진다: 염색체의 복제 이후에는 세포가 둘로 갈라져 원래의 모세포와 유전적으로 똑같은 두 개의 복사체가 생긴다. 이분법은 단일 부모만 관여하는 무성적인 과정이기 때문에, 군락(colony) 내의 세균들은 유전적으로 모두 동일하다. 그러나 이것이 세균에서는 새로운 유전적 조합이 생길 수 없다는 뜻을 의미하는 것은 아니다. 사실, 세균들은 유전자들을 한 세균에서 다른 세균으로 전달할 수 있는 몇 가지 기구들을 가지고 있다. 일단 전달되면, 새로운 DNA가 세균 염색체 내로 통합될 수 있다.

형질전환

형질전환(transformation)은 주변 환경으로부터 순수한 DNA가 세균 세포 안으로 들어오는 것이다. DNA가 죽은 세균으로부터 주변 환경으로 나올 수 있다. 그런 DNA 조각들이 다른 세균에 의해 흡수될 수 있다. 만약 그렇게 되면, 이 세균들은 "형질전환되었다(transformed)"고 한다. 예를 들어, 죽은 약품 저항성 세포에서 떠난 DNA가 약품에 감수성인 세균으로 이동하여, 그들을 그 약품에 저항성을 갖도록 형질전환시킬 수 있다.

접합

접합(conjugation)은 두 세균 세포 사이의 물리적인 연결 다리를 통해 DNA가 전달되는 것이다. 공여세포(donor cell)는 **성선모**(sex pilus; **복수**, *-pili*)라고 불리는 속이 빈 돌기를 이용하여 수용세포(recipient cell)와의 물리적 연결 다리를 만든다. 공여세포는 이 짝짓기 다리를 통해 자신의 염색체 사본을 전달한다.

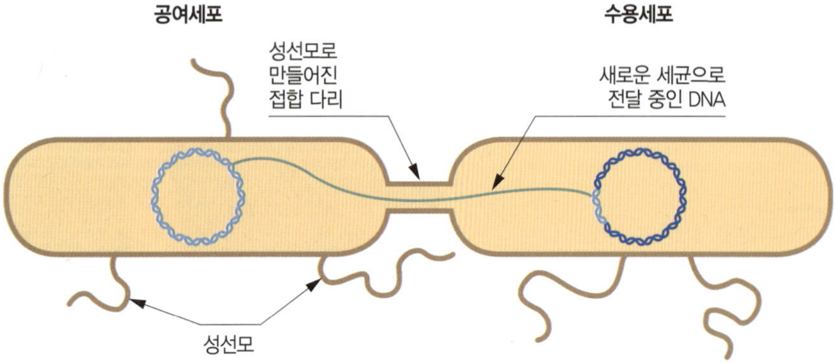

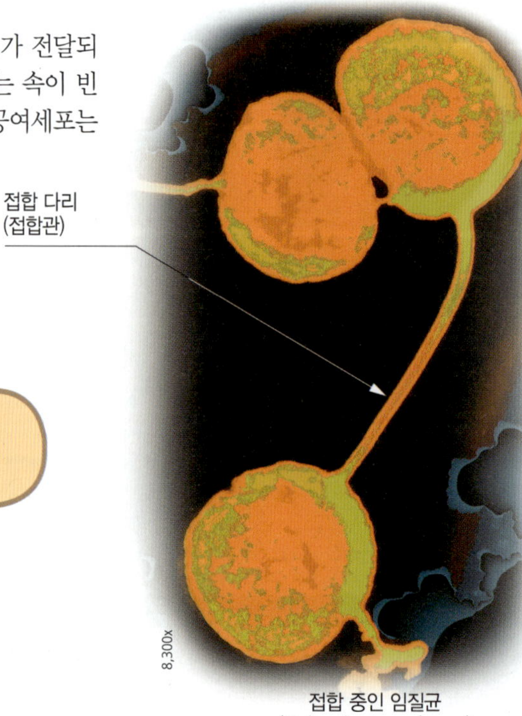

접합 중인 임질균
(*Neisseria gonorrhoeae*)

형질도입

형질도입(transduction)은 세균을 감염시키는 바이러스인 **박테리오파지**(bacteriophage; 혹은 phage)에 의해 세균 유전자가 전달되는 것이다. 바이러스가 어떤 세균 세포를 감염시키면, 바이러스 DNA는 세균의 세포 내 기구들을 이용하여 새로운 바이러스들의 합성을 지시한다. 이때 숙주 세포의 염색체는 조각나고 숙주 DNA 조각 일부가 바이러스 염색체의 일부가 될 수 있다. 마침내 숙주 세포가 파괴되어 새로운 바이러스들이 방출되면, 세균 DNA를 가지고 있는 박테리오파지는 새로운 숙주를 감염시키고, 이전의 숙주로부터 얻은 세균 DNA를 포함한 자신의 DNA를 새 숙주에 주입한다. 따라서 바이러스는 DNA 운반체처럼 작용하여, 한 세균의 유전자를 다른 세균에 전달하게 된다.

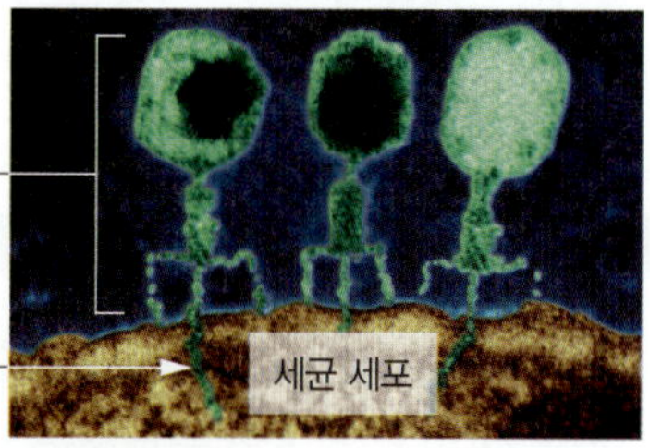

이 현미경사진은 대장균을 감염시키고 있는 T4라는 박테리오파지를 보여준다. 파지의 "발들"이 세포의 표면에 접촉한 후, 바이러스들은 세포막에 구멍을 내고 자신의 DNA를 주입한다.

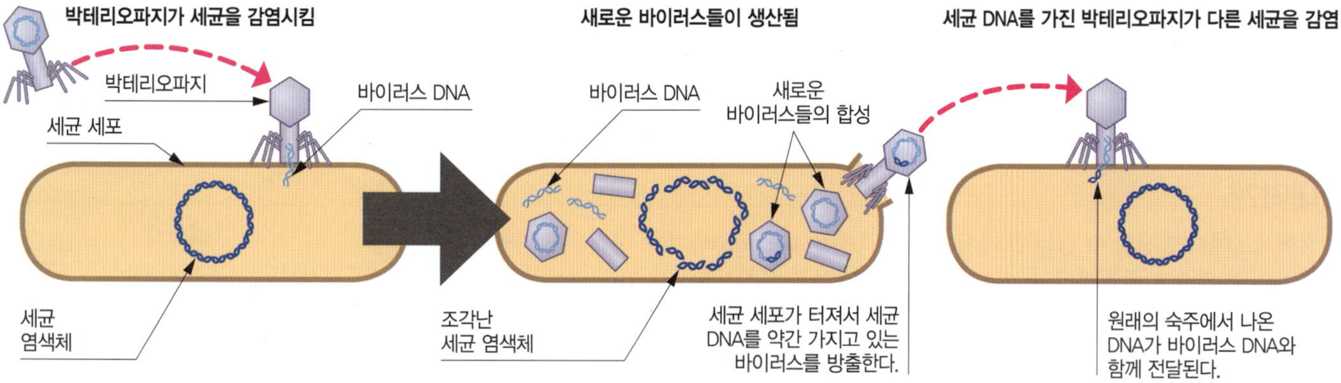

! 플라스미드를 통한 항생제 저항성 유전자들의 확산은 특히 병원 내에서 심각한 건강 위협 요인이 되고 있다.

플라스미드

하나의 **플라스미드**(plasmid)는 작고 원형인 DNA 분자—일반적으로 단 몇 개의 유전자만을 포함하는 "소형 염색체"—로서, 세균의 세포질 안에 있으면서 세균 염색체와는 독립적으로 복제될 수 있다. 염색체와 마찬가지로, 플라스미드 위의 유전자들은 그 세포의 기능을 수행할 수 있는 단백질을 만드는 데 이용될 수 있다. 하나의 플라스미드는 복제되어, 그것이 어떤 유전자를 포함하고 있는지에 관계없이, 한 세포에서 다른 세포로 전달될 수 있다. 예를 들어, 어떤 플라스미드들은 항생제들을 불활성화시킬 수 있는 단백질의 유전자를 가진다. 이런 항생제 저항성 유전자들은 한 세균에서 다른 세균으로 전달될 수 있어서 세균의 약제 저항성이 전체 집단으로 퍼지게 한다. (역주: 플라스미드는 '접합' 기구에 의해 다른 세포로 이동한다.)

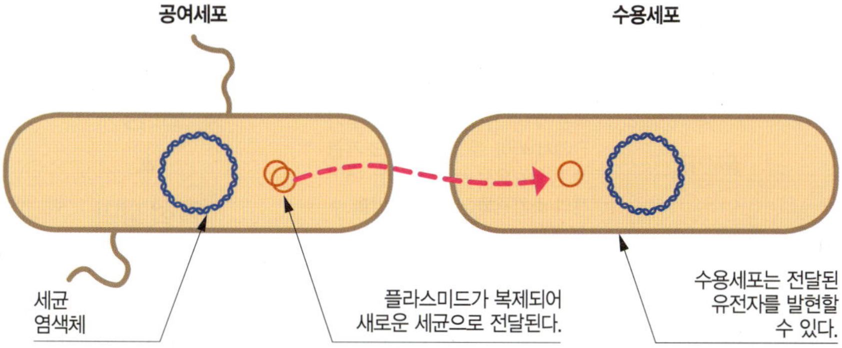

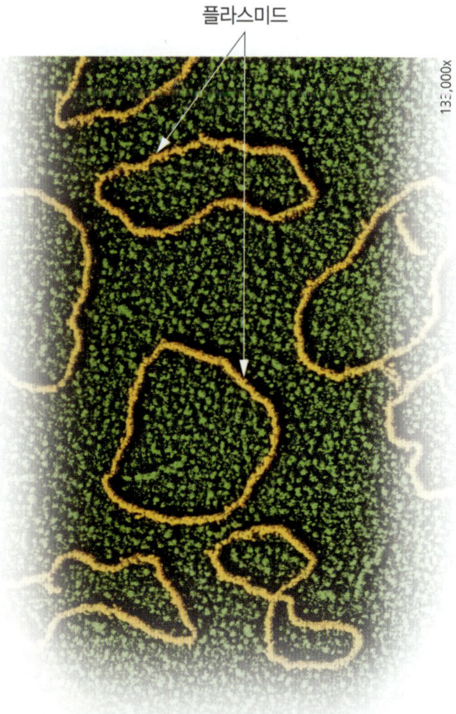

대장균으로부터 얻은 플라스미드들

요점

비록 무성적으로 증식하지만, 세균들은 세포들 사이에서 DNA를 전달하는 여러 가지 방법들을 가진다. 이런 방법들에는 형질전환, 형질도입, 그리고 접합에 의한 플라스미드 전달 등이 포함된다.

? 어떤 형태의 DNA 전달이 "세균에서의 섹스"로 불리는가?

답: 접합. 이것이 세균 세포들 사이에 특수한 해부학적 구조를 통해 직접 DNA를 전달하기 때문이다.

8.6 진핵세포는 원핵세포로부터 진화했다

지구 생명의 역사에서 가장 중요한 사건 중 하나는, 더 단순한 원핵세포로부터 복잡한 **진핵세포**(eukaryotic cells)가 진화한 것이다. 최초의 원핵생물은 약 35억 년 전쯤 출현하였고, 그들은 약 17억 년 동안 지구상에서 유일한 형태의 생명체들이었다. 그 이후, 18억 년 전쯤, 최초의 진핵세포가 출현했다. 이 세포들은 식물, 곰팡이, 동물, 그리고 원생생물을 모두 포함하는 현대 진핵생물의 조상들이다. 어떻게 독특한 진핵세포적 특징들—막에 둘러싸인 세포 소기관들—이 진화했을까? 현재의 가설은 현대 진핵세포까지의 다단계 진화설을 제안한다.

> ! 소포체를 뜻하는 "엔도플라스믹 레티큘럼(endoplasmic reticulum)"은 라틴어로 "세포질 내의 작은 그물조직"이라는 의미이다.

내막계

진핵세포에서 발견할 수 있는 한 가지 독특한 특징은 ㄹ(endo ㄹ)이다. 이것은 일련의 내부 막들과 막으로 둘러싸인 소기관들이 대단위로 서로 상호작용하는 것을 말한다. 내막계에는 원형질막, 소포체, 핵막, 그리고 골지기관들이 포함된다. 원핵세포들은 이런 내부 막 시스템이 없다. 진핵생물의 내부 막들은, 조상 세포에서 바깥의 원형질막이 안쪽으로 함입되어 생겼을 것이라는 상상은 합리적이다.

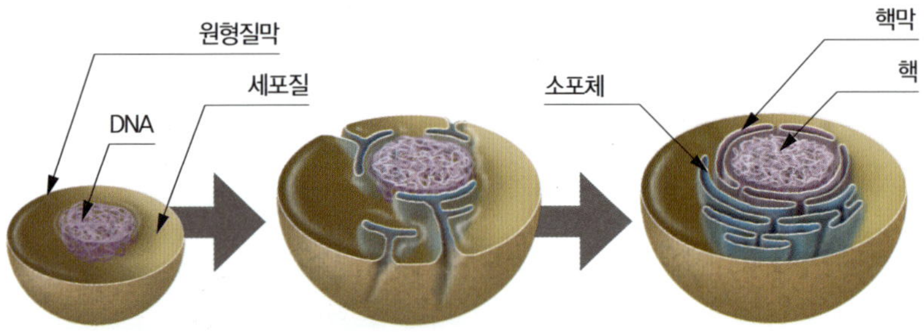

조상 원핵세포
오늘날의 원핵생물과 마찬가지로, 고대의 원핵생물들은 원형질막으로 둘러싸여 있다.

내부 함입
원핵세포들의 원형질막은 안쪽으로 접혀 내부의 막 주머니가 될 수 있다.

핵과 내막계를 가진 세포
막의 내부 함입들은 마침내 핵막을 포함한 내막계를 형성하였다.

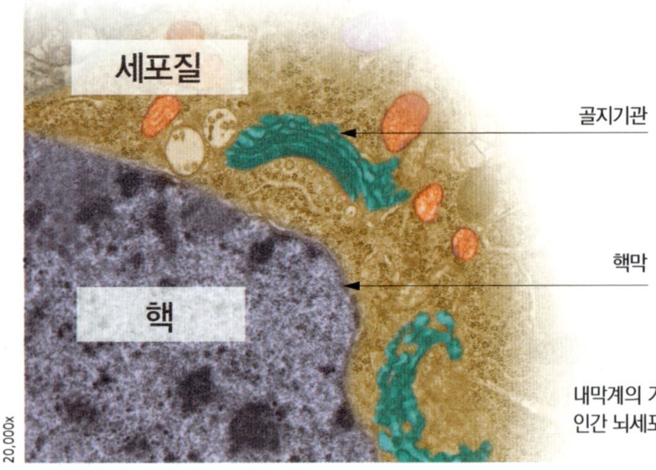

내막계의 기관들이 잘 보이는 인간 뇌세포의 현미경사진

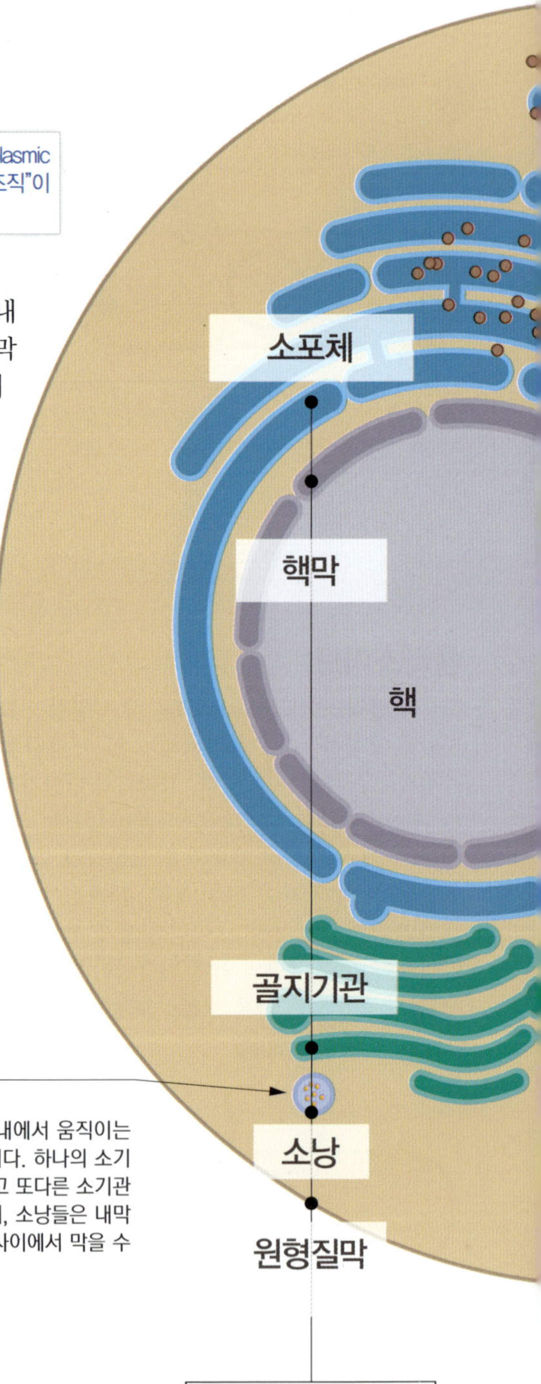

소낭(vesicle)
소낭들은 세포 내에서 움직이는 작은 주머니들이다. 하나의 소기관에서 싹이 트고 또다른 소기관에 융합됨으로써, 소낭들은 내막계의 소기관들 사이에서 막을 수송한다.

내막계
일련의 세포내 소기관들은 내부 막들에 의해 연결된다.

내부공생

진핵세포들의 진화에서 핵심적인 단계가 **내부공생**(endosymbiosis)이었음을 제시하는 증거들이 제시되었다. 이것은 한 생물 종이 다른 숙주 종의 내부에 살게 되었을 때 발생한다. 진핵성 소기관 두 가지—미토콘드리아와 엽록체—는 작고 자유생활을 하던 원핵생물이 삼켜져서 진화된 것으로 보인다. 일단 내부에 자리를 잡게 되자, 두 생물 모두 이득을 얻을 수 있었고, 내부공생은 이런 진화적 이점을 제공함으로써 두 생물은 완전히 서로 의존하게 되었다. 오늘날, 현대의 진핵성 세포들은, 서로 떼어놓을 수 없는 소기관을 포함한 하나의 작업단위로 행동한다. 내부공생설을 지지하는 증거 중 하나는, 현대의 미토콘드리아와 엽록체들이 자신만의 DNA, RNA, 그리고 진핵생물의 것보다는 원핵생물의 것을 더 닮은 단백질들을 보유하고 있다는 것이다.

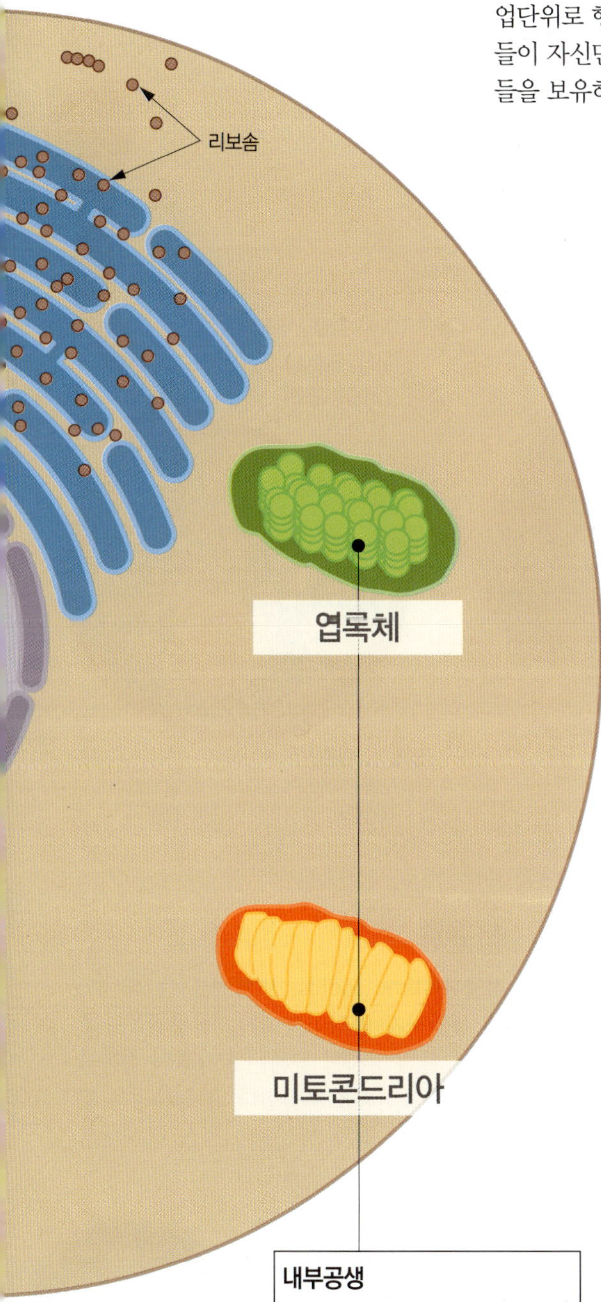

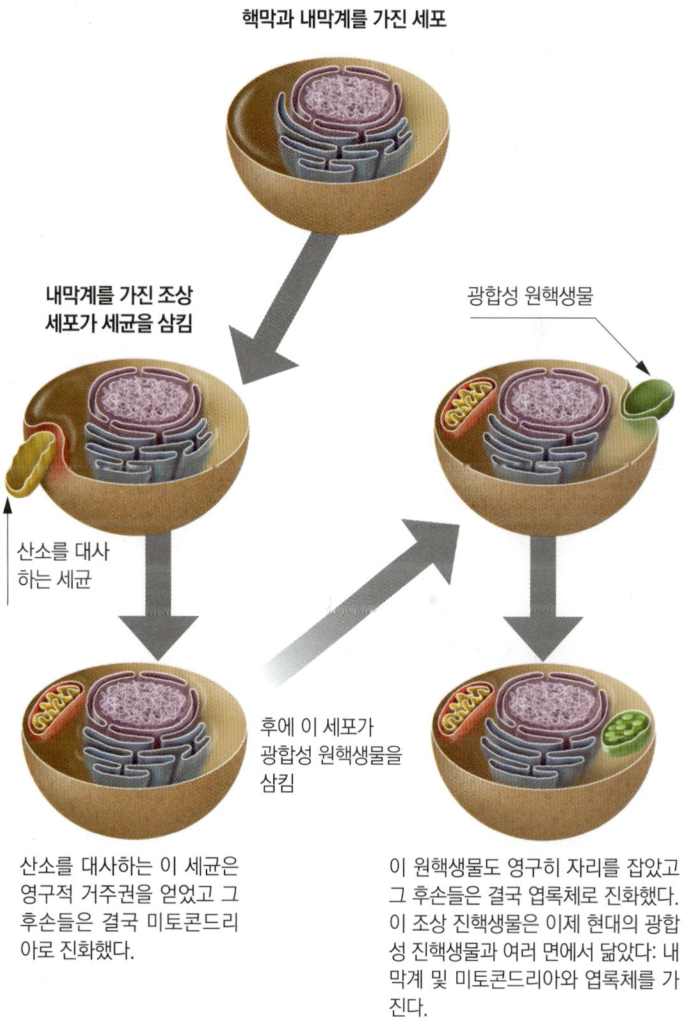

내부공생
이전에 자유생활을 하던 원핵생물들이 삼켜졌고, 결국은 이들이 진핵세포의 소기관으로 진화했다.

요점

▶ 약 21억 년 전에 조상 원핵세포는 세포막의 내부 함입과, 자유생활 원핵세포의 포식 후 통합을 거쳐 최초의 진핵세포로 진화했다.

? 어떻게 원형질막 일부분이었던 막 일부가 후에 핵막의 일부가 될 수 있을까?

답: 내막계의 일부에서 떨어져 나온 소낭은 다시 다른 곳의 막과 융합할 수 있다.

원생생물은 매우 다양하다

원생생물(protist)이라는 단어는 식물, 동물, 곰팡이의 세 가지 생물계(kingdom)들 중 어디에도 속하지 않는 모든 진핵생물들을 설명할 때 사용한다. 약 18억 년 전에 처음 출현한 이래로, 원생생물들은 매우 다양하게 진화했다. 대부분은 단세포성이고 현미경적인 크기이지만, 일부는 다세포성이고 크다. 모든 원생생물이 진핵세포(염색체들이 포함된 핵과, 기타 막 소기관을 가짐)로 되어 있으므로, 가장 단순한 원생생물이라고 해도, 어떤 원핵생물보다도 훨씬 더 복잡하다. 그러나 그들이 세포로 되어 있다는 점을 빼면, 원생생물에 대해서는 어떤 일반화도 어려운데, 이들은 정말 다양하고, 다양한 서식처에 살며, 또 다양한 생활사를 나타내기 때문이다. 이런 면을 반영하여, 원생생물을 생물계로 분류하는 문제는 아직도 진행 중인 작업으로 남아 있다.

원생동물

원생동물(protozoans)은 주로 포식 방법에 의해 양분을 획득하는 원생생물들이다. 일부는 세균을 섭취하거나 다른 원생생물을 먹으며, 어떤 것들은 주변 환경으로부터 유기물질을 흡수하고, 또 일부는 동물에 기생한다. 그들은 거의 모든 수생 환경과 습한 서식처에서 발견된다.

지아르디아(*Giardia*)
오염된 식수에서 발견되는 장내 기생충인 지아르디아(*Giardia*)는, 흔한 여행자 설사의 원인이 된다.

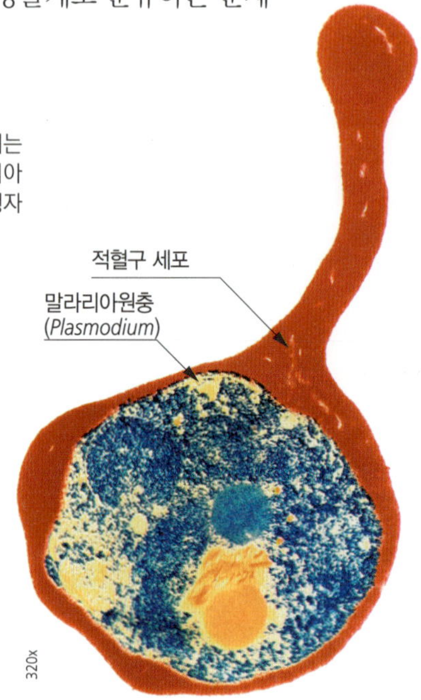

말라리아원충(*Plasmodium*)
이 적혈구 세포는 말라리아를 일으키는 기생충인 말라리아원충에 감염되었다.

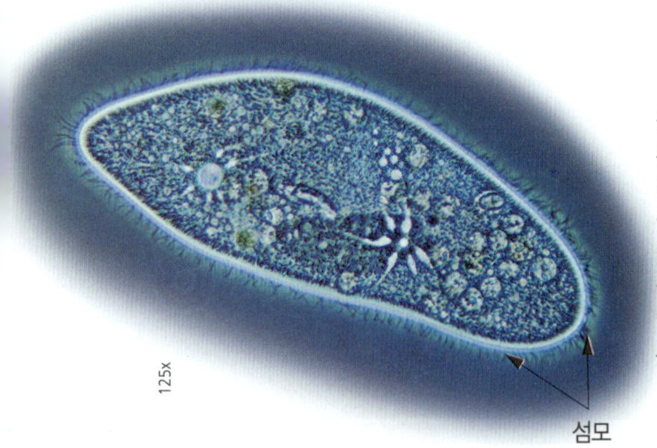

짚신벌레(*Paramecium*)
흔한 담수 원생생물인 짚신벌레(*Paramecium*)처럼, 많은 원생동물은 섬모(cilia)라고 불리는 머리털 같은 구조물을 가진다. 이것은 물속에서 생물을 이동시키거나 섭식을 위해 동시에 채찍처럼 움직인다.

아메바

아메바(amoebas)는 단세포 원생생물로 그 몸체의 유연성이 대단히 크다; 그들은 표면을 기어가거나 먹이를 삼킬 때 거의 모든 형태를 취할 수 있다. 대부분 일시적으로 세포체가 늘어나는 위족(pseudopod; 가짜 발)을 이용해 먹고 움직인다.

유공충
종종 포램(foram)들이라고도 불리는 유공충들(foraminifera)은 탄산칼슘으로 만들어진 단단한 패각을 가진다. 이들은 쉽게 화석이 된다.

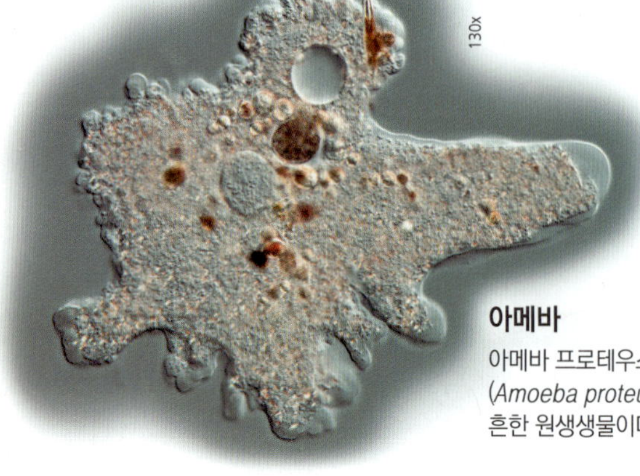

아메바
아메바 프로테우스(*Amoeba proteus*)는 흔한 원생생물이다.

점균류

점균류(slime molds, 변형균류)는 외형이나 생활사가 곰팡이를 닮은 원생생물이다. 점균류들의 망사형 몸체는 환경과의 접촉을 위한 큰 표면적을 제공한다. 점균류들은 분해자들로서, 죽은 생물들의 몸을 분해하거나 삼킬 때 위족을 이용한다.

점균(slime mold)
숲의 바닥에 떨어진 나뭇잎들 사이에서는 원형질성 점균류들이 자라는 것이 쉽게 관찰된다. 크기에서는 몇 인치밖에 자랄 수 없지만, 그 전체 몸은 다수의 핵을 가지는 하나의 세포로 이루어져 있다.

조류

조류(algae; 단수, alga)는 햇빛으로부터 자신의 음식물을 생산할 수 있는 광합성 원생생물이다. 조류는 단세포성일 수도 있고, 군체를 이루어 살거나, 다세포일 수도 있다. 이들은 생산자이기 때문에, 많은 수생 먹이 사슬의 기초를 형성한다.

> ! 어떤 와편모충류(dinoflagellates)는 그 내부에서 빛을 내는 생물발광성(bioluminescent)이며 얕은 바다에서 관찰된다.

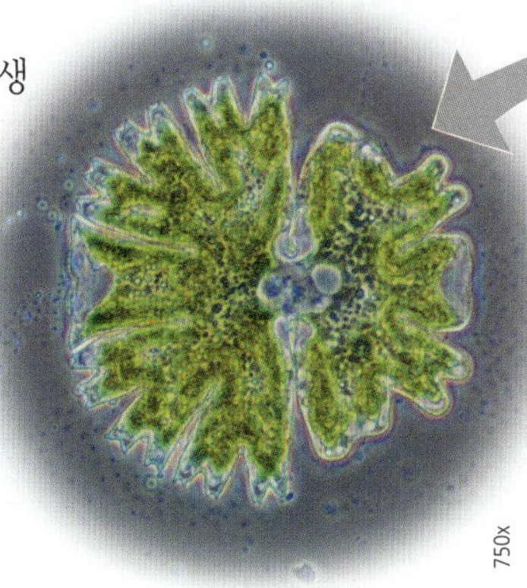

녹조류

단세포성 녹조류는 호수, 연못, 그리고 부적절하게 관리된 수영장이나 수족관에서 번성한다.

와편모충류

와편모충들의 과밀화는 때로 흘러나간 비료 때문에 발생하며, 적조(red tide)라고 불리는 개체군 폭발을 일으킬 수 있다. 와편모충류는 대사성 독소들을 방출하기 때문에, 일부 적조는 인간에게도 위험할 수 있다.

공생조류

산호초(coral reef)들은 산호초를 만드는 산호 동물의 몸체에 서식하는 단세포성 조류인 공생조류(*Symbiodinium*)에 의존적이다. 이들은 산호에 음식물을 제공한다.

규조류

규조류(diatom)의 몸체들은 규소(유리의 재료)로 되어 있는 껍질로 둘러싸인다.

해조류

해조류(seaweeds)는 크고 다세포성인 해양 조류들로서, 바위가 많은 해안과 얕은 바다 서식지들에서 자란다. 해조류는 엽록체의 색소들에 따라 세 그룹으로 분류된다. 연안에 사는 사람들은 해조류를 수확하여 국이나 쌈으로 먹는다.

홍조류

홍조류(red algae)는 비교적 깊고 따뜻한 열대 바다에서 가장 흔하다.

녹조류

녹조류(green algae)는 얕은 연안수에서 자라는 식용 해조류이다.

갈조류

갈조류(brown algae)는 켈프(kelp)로도 알려져 있으며, 크고 깊은 바다의 해양 숲에서 자란다.

요점

▶ 원생생물은 매우 다양한 생활사와 체형을 나타낸다. 흔한 원생생물로는, 원생동물, 아메바, 점균류, 조류, 그리고 해조류들이 있다.

? 모든 원생생물이 현미경적 크기인가?

답: 아니다. 대부분은 그렇지만 어떤 것들(점균류와 해조류)은 맨 눈으로도 볼 수 있을 만큼 크다.

8.8

다세포 생물의 발생은 지구 진화사의 중대 사건이다

지구 생명의 역사에서 가장 중요한 사건 중 하나는, 약 15억 년 전 다세포 생물들의 출현이다. 실제로, 이것을 단 하나의 사건으로 언급하는 것은 옳지 않다; 고대의 원생생물들 사이에서 다세포성이 여러 차례 진화했으며 그때마다 새롭고 다양한 종들이 진화했었음을 시사하는 증거들이 있다. 비록 10억 년도 더 전에 일어난 일에 대해 확실히 얘기하는 것은 불가능하지만, 생물학자들은 다세포성의 진화에서 발생했었을 여러 단계들에 대해 가설을 세운다.

다세포성 생물체의 진화

군체(colonies)는 자유 생활을 하는 개별 세포들이 느슨하게 물리적으로 연결되는 것이다. 군체성 생물들은 독립적 단세포 생물과 다세포성 생물 사이에 있는 진화적 중간체를 나타내는 것일 수 있다. 자연선택은 노동 분화를 진화시켜 효율성이 증가된 군체를 더 선호했을 것이다. 시간이 흐르면서, 군체 내의 세포들은 점점 더 특수화되었다. 결국, 그들은 더 이상 홀로 살 수 없었다. 결과적으로 다세포성 진핵생물이 출현한 것이다.

❶ 단세포성 원생생물
단세포성 생물(원핵생물이나 다수의 원생생물처럼)에서는 하나의 세포가 생명의 모든 기능을 수행할 수 있다.

❷ 군체
고대의 원생생물이, 오늘날의 많은 원생생물이 그러는 것처럼, 동일한 종의 구성원으로 군체를 형성했을 것이다.

❸ 특수화
하나의 군체 내의 일부 세포는 음식을 모으거나 운동 같은 특정 업무를 위해 특수화되었을 것이다.

❹ 배우자
지속된 특수화로 유성적인 생식만을 위해 사용되는 배우자가 형성되었다. 이 생물은 이제 혼자서는 생존이 불가능한 개별 세포를 가진 진정한 다세포성 생명체이다.

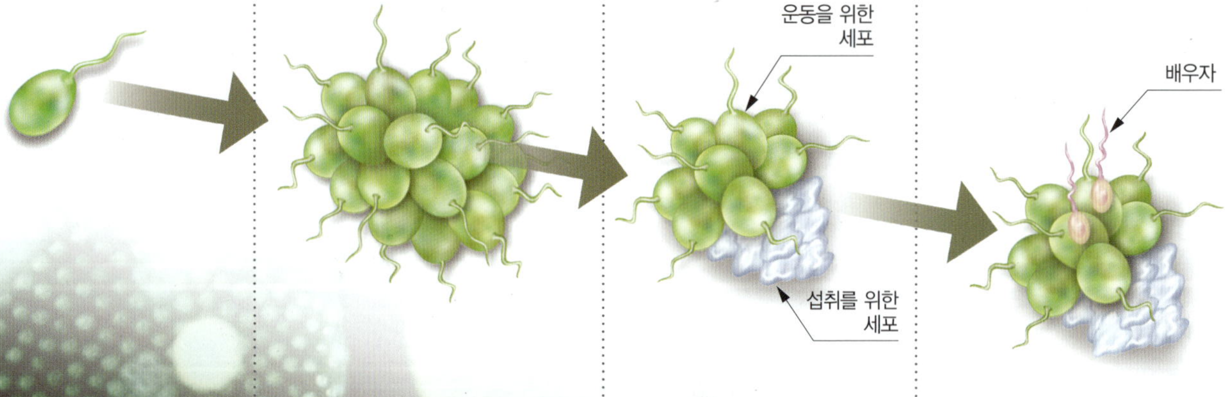

일종의 녹조류인 볼복스(*Volvox*)의 군체들. 몇 개의 딸 군체들을 포함하고 있다.

지구상의 생명 역사 요약

이 연대표에 요약된 바와 같이, 다세포성 생물체들의 진화는, 지구에서 생명이 지속적으로 진화했던 경로를 따라 나타난 여러 중요한 단계 중의 하나다. 각 시기들은 증거들이 더 많이 축적됨에 따라 개정되어야 한다는 것을 기억하기 바란다.

mya = 백만 년 전
1,000 mya = 10억 년 전

4,500 mya — 4,000 mya — 3,500 mya — 3,000 mya — 2,500 mya — 2,000 mya — 1,500 mya — 1,000 mya — 500 mya — 현재

4,600 mya
지구의 탄생
지구는 약 46억 년 전부터 형성되기 시작하였고, 지각은 약 40억 년 전까지 단단해졌다.

3,500 mya
원핵생물의 탄생
35억 년 전, 지구는 다양한 원핵생물의 서식지가 되었다.

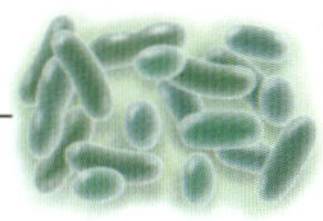

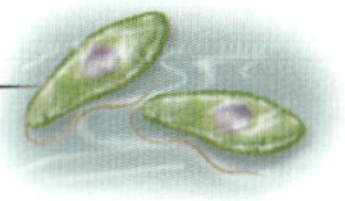

1,800 mya
진핵생물의 탄생
최초의 진핵생물(비교적 크고 복잡한 세포들로서, 막 경계를 가진 소기관들을 포함)은, 약 18억 년 전 경의 화석자료에 나타난다.

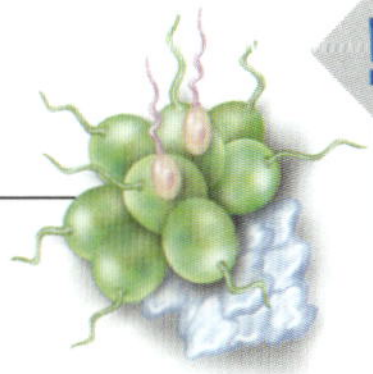

! 가장 오래된 다세포 생물의 화석은 15억 년 전에 살았던 조류의 것이다.

1,500 mya
다세포성 생명체의 탄생
약 15억 년 전 즈음, 단세포성 생명체들로 이루어진 군체에서 최초의 다세포성 생명체들이 진화했다.

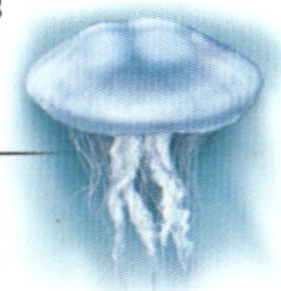

600 mya
동물의 탄생
동물들은 약 6억 년 전의 화석기록에 처음 출현한다.

490 mya
육상 군집
식물과 곰팡이들이 약 4억 9000만 년 전에 육상을 점유하기 시작했다.

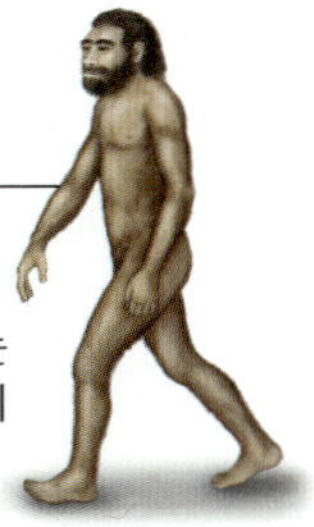

2.5 mya
인간의 출현
우리의 속인 호모(*Homo*)는 약 2백50만 년 전의 화석기록에 처음 출현한다.

요점

▶ 군체성 원생생물에서 다세포 진핵생물로 진화한 것은, 지구의 생명 진화사에서 중요한 사건이었다.

? 군체의 세포들과 진정한 다세포 생물의 세포들 사이에는 어떤 차이점이 있는가?

답: 군체의 세포들은 모두 같지만, 다세포 생물들의 세포들은 분화되어 있으며 독립적 생존이 불가능하다.

8.9 바이러스는 살아 있지 않은 기생물이다

비록 **바이러스**(virus)들이 살아 있는 생명체들의 일부 특징들(매우 고차원적 구조를 가지는 등)을 공유하기는 하지만, 생물학자들 대부분은 바이러스를 살아 있는 것으로 생각하지 않는다. 예를 들어, 바이러스는 스스로 자랄 수도, 스스로 생식할 수도 없다. 이것은 생명을 정의하는 두 가지 특징이다. 바이러스는 증식하기 위한 한 가지 방법만 가진다: 살아 있는 세포를 감염시켜 그 세포의 내부 기구들을 이용하여 더 많은 바이러스를 만들게 하는 기생물로 존재하는 것이다.

바이러스의 구조

바이러스들은 단순한 구조를 갖는다. 어떤 의미에서 바이러스는 "상자 속의 유전자들"에 지나지 않는다. 핵산(DNA이거나 RNA)이 **캡시드**(capsid)라고 불리는 단백질 상자에 싸여 있다. 어떤 바이러스들은 다른 구조(막으로 된 덮개)를 더 포함하기도 하지만, 바이러스들 대부분은 여기 나타낸 3가지 부분을 가진다.

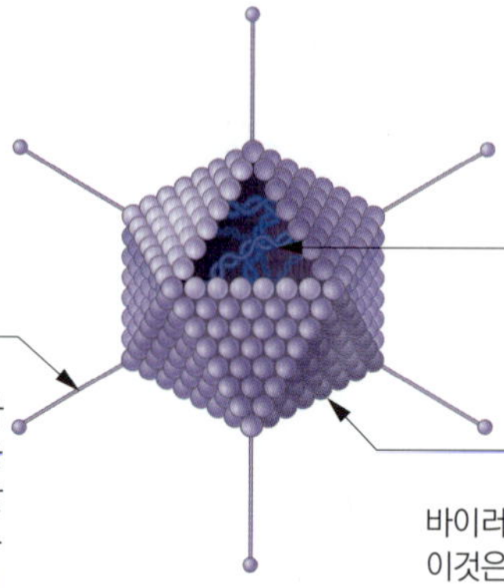

박테리오파지의 용해 회로와 용원 회로

세균을 감염시키는 바이러스들은 **박테리오파지**(bacteriophage)라고 불린다. 이것은 "세균을 먹는 자"라는 뜻으로, 줄여서 **파지**(phage)들로 불리기도 한다. 일단 세균 세포가 감염되면, 바이러스는 두 가지 생활사 중 하나로 진입할 수 있다. 모든 바이러스가 숙주를 파괴하는 용해 회로(lytic cycle, or 용균성 회로; 왼쪽)를 일으키는 반면, 일부는 용해 회로로 바뀌기 전에 장기간의 용원성 회로(lysogenic cycle; 오른쪽)로 우회할 수 있다.

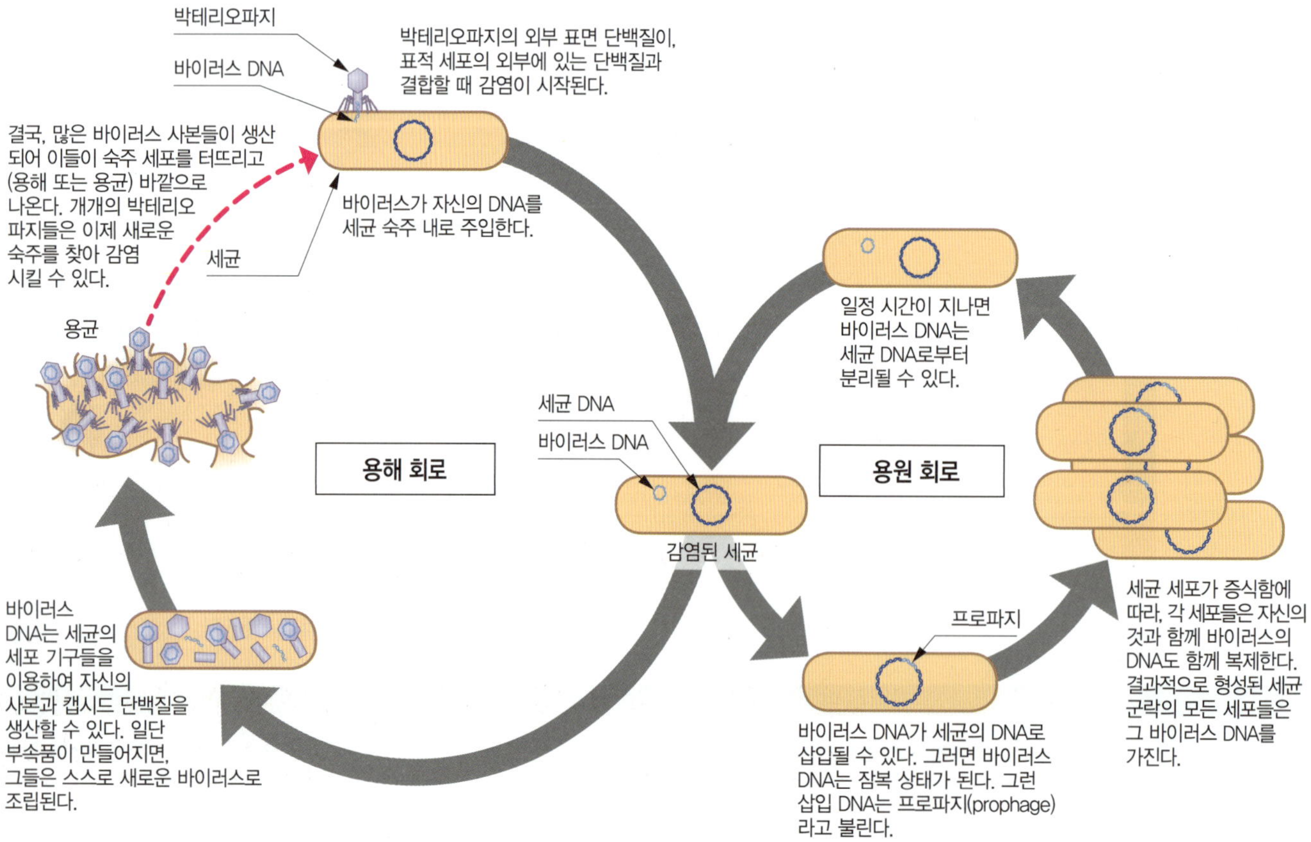

여러 가지 바이러스

여러분은 아마도 인간에서 질병을 일으키는 여러 가지 바이러스의 이름을 댈 수 있을 것이다. 사실, 바이러스는 다양한 종류의 동물과 식물들을 감염시킬 수 있다.

> **!** 1918~1919년 사이의 18개월 동안 유행성 독감으로 사망한 사람의 수는 지금까지 AIDS로 사망한 사람의 수보다도 많다.

인플루엔자 바이러스

인플루엔자(influenza) 바이러스만큼이나 인간의 건강을 위협하는 바이러스는 없다. 많은 동물 바이러스와 마찬가지로, 이것은 외부 막(세포의 원형질막과 유사)을 가지는데, 이 막은 튀어나온 돌기들을 가진 단백질 껍데기를 둘러싸고 있다. 1918년 인플루엔자 대유행 때에는, 전 세계적으로 2천만~5천만 명의 사람들이 사망했다. 때때로 생기는 돌연변이 계통들은 인간의 건강에 새로운 위협이 되고 있다. 그러나 "착한" 해에도, 인플루엔자는 3,000~80,000명의 미국인을 사망하게 한다.

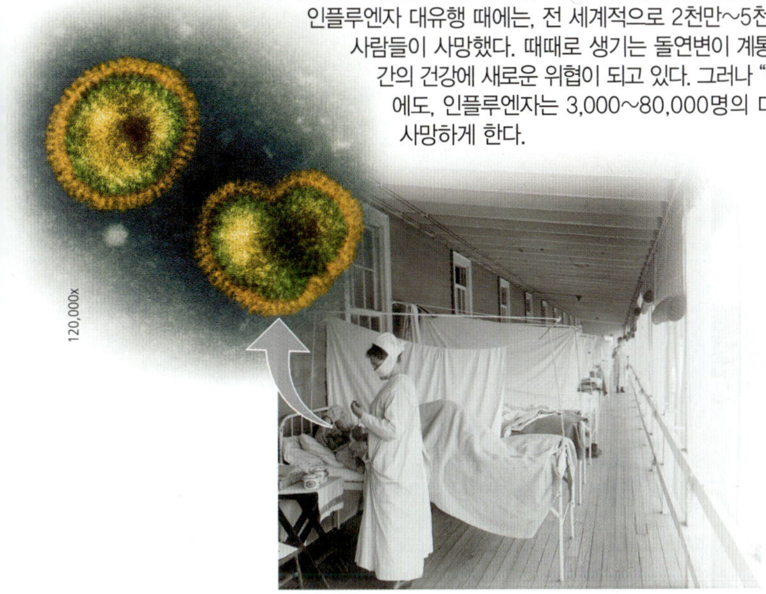

헤르페스 바이러스

헤르페스 바이러스(herpesvirus)는 인간에서 여러 가지 질병들을 일으키는 DNA 바이러스 중 하나이다. DNA 바이러스는 수두(chicken pox), 대상포진(shingles), 구순포진(cold sores; herpes simplex 1이라고 불리는 바이러스가 원인), 그리고 생식기 포진(genital herpes; herpes simplex 2에 의함) 등을 일으킨다. 증상이 없어도, 헤르페스 바이러스 DNA는 신경세포 내에 잠복할 수 있다. 스트레스가 새로운 바이러스들의 생산을 자극하면 증상이 나타난다. 따라서 헤르페스 바이러스 감염은 지속적이다.

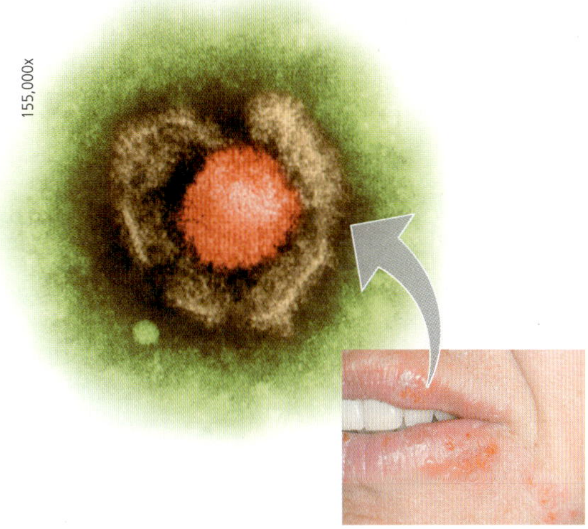

홍역 바이러스

오직 인간만이 홍역 바이러스에 감염될 수 있다. 이것은 유전 물질로 단일 가닥 RNA를 사용하는 바이러스이다. 호흡기계를 감염시킨 후, 발열과 기침, 그리고 발진이 나타난다. 홍역은 기침과 재채기로 쉽게 퍼질 수 있다. 전 세계적으로 해마다 150,000명 이상의 사망자를 만들지만, 백신에 의한 예방이 가능하다.

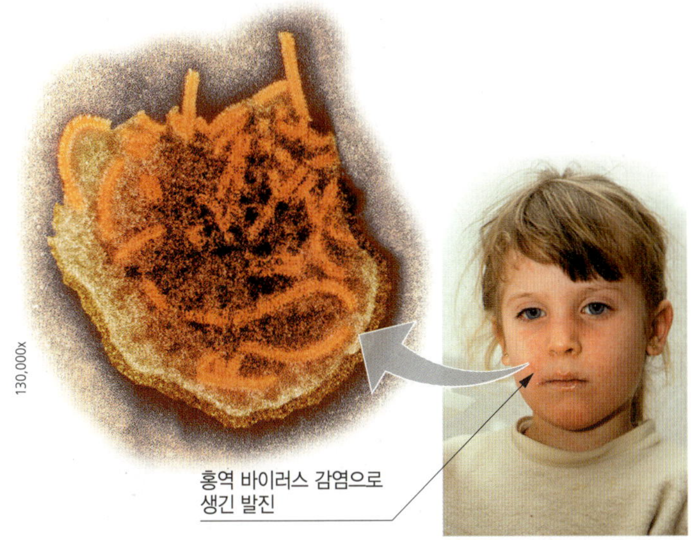

담배 모자이크 바이러스

담배 모자이크 바이러스(tobacco mosaic virus, TMV)는 1800년대 후반에 최초로 발견된 바이러스이다. RNA 유전체 주위를 나선형 마대로 감싸는 단백질로 되어 있는 이 바이러스는, 담배잎 세포에 해를 끼쳐, 심각한 농업 손실을 초래한다.

요점

▶ 바이러스는 살아 있지 않은 기생물로서, 숙주를 감염시켜 그 세포 기구를 이용해 자신들을 더 많이 복제한다. 바이러스는 인간, 동물, 그리고 식물들을 감염시킬 수 있다.

? 바이러스가 어떤 숙주 세포를 감염시킬 수 있는지를 결정하는 것은 무엇인가?

답: 바이러스의 외부 단백질이 숙주 세포의 외부 단백질과 맞아야 한다.

8.10 HIV는 인간의 면역계를 무력화시킨다

치명적인 질병인 **AIDS**(acquired immunodeficiency syndrome)는 **HIV**(human immunodeficiency virus)에 의해 발생한다. AIDS는 세계적인 건강 문제로서, 특히 남아프리카와 동남아시아에서 심각해서 매년 수백만 명의 사람들이 새롭게 감염된다. 현재까지, AIDS는 3천만 명 이상의 목숨을 앗아갔다고 한다. 생물학자들이 이 바이러스에 대해 더 잘 알게 되면서, HIV의 치명적 특성을 만드는 독특한 점들이 발견되고 있다.

HIV의 구조

어떤 점에서 HIV는 전형적인 바이러스이다. 그러나 다른 점에서 보면 이것은 매우 독특하다. HIV는 구형이고 그것이 공격하는 혈액 세포의 약 1/60 크기여서, 바이러스로서는 상당히 큰 편이다. 그것이 발견되자마자, 생물학자들은 HIV의 구조를 이해하는 것이 그들의 치명적 공격성을 이해하는 열쇠임을 깨달았다.

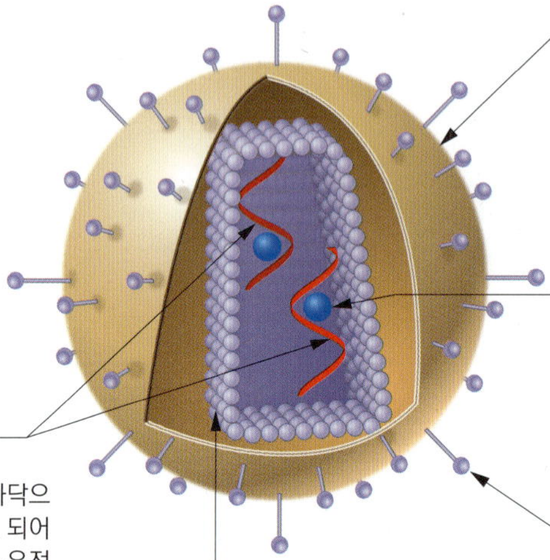

인식 단백질
HIV는 바깥으로 돌출된 단백질 돌기들을 가진다. 이 돌기들이 감수성 세포와 접촉하면 감염이 시작된다.

역전사 효소
HIV들은 생활사에 필수적인 역전사 효소(reverse transcriptase)를 2개씩 가진다.

RNA 유전체
HIV의 유전체는 단일 가닥으로 된 RNA 사본 2개로 되어 있으며, 9개의 바이러스 유전자를 암호화하고 있다.

캡시드
HIV 유전체를 감싸는 단백질 껍데기는 한 가지 단백질 약 2,000개가 모여 이루어진다.

막 껍질
HIV는 바이러스 막에 의해 둘러싸인다. 인지질 이중층으로 된 이 막은 이 바이러스가 방출될 때 인간 숙주 세포로부터 얻은 것이다.

항HIV 약제

AIDS의 치료약은 없다. 그러나 이 질병의 진행은 항HIV 약제들에 의해 늦춰질 수 있다. 한 가지 형태의 약은 프로테아제 억제제(protease inhibitor)라고 불리는 것으로, HIV 단백질 생산을 돕는 바이러스 프로테아제들을 방해한다. 다른 형태로는 AZT라고 불리는 것인데, 역전사효소(reverse transcriptase, RT)의 작용을 방해한다. RT 효소는 HIV 생활사에서 HIV의 RNA 유전체를 DNA 사본으로 전환시킨다. DNA 염기인 티민(thymine, T)과 유사한 구조 때문에, AZT는 RT를 억제하고 따라서 HIV의 증식을 중지시킨다.

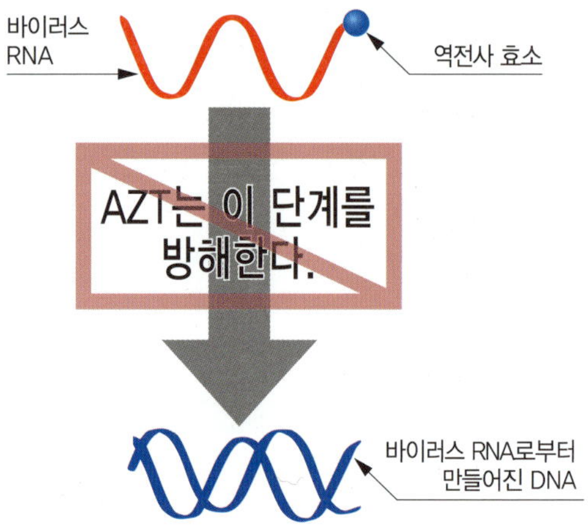

약제인 AZT의 구조는 T 뉴클레오타이드의 구조와 매우 닮아 있음에 유의하라. 이런 구조는 역전사 효소들이 T 대신 AZT를 사용할 만큼 비슷한 것이지만, 작은 차이(분홍색으로 표시한 부분) 때문에 바이러스 DNA 분자로 통합되지 못한다. 이것은 HIV 증식을 효과적으로 중지시킨다.

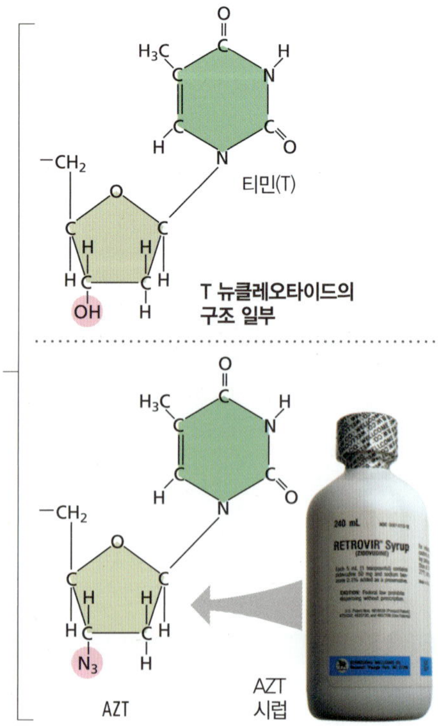

HIV 생활사

HIV는, RNA 증식에 앞서 DNA로 전환되는 RNA를 가지는 **레트로바이러스**(retrovirus)들이다. 다시 말해, 레트로바이러스들은 정상적인 유전정보 흐름을 역전시킨다: 모든 세포에서 DNA로부터 RNA로 정보가 흐르는 것과 달리, RNA로부터 DNA로 정보가 흐른다. 일단 숙주 세포로 들어가면, HIV는 자신의 사본들이 생산되도록 지시할 수 있다.

HIV는 그것이 인간의 면역계에서 필수 성분으로 작용하는 도움 T 세포(helper T cell)를 파괴하기 때문에 치명적이다. 일단 면역계가 파괴되면, 신체는 건강한 면역계라면 쉽게 싸워 물리칠 수 있는 기회 감염(opportunistic infections)에 대해서도 민감해진다. 실제로 환자를 사망하게 하는 것은 이런 감염이다.

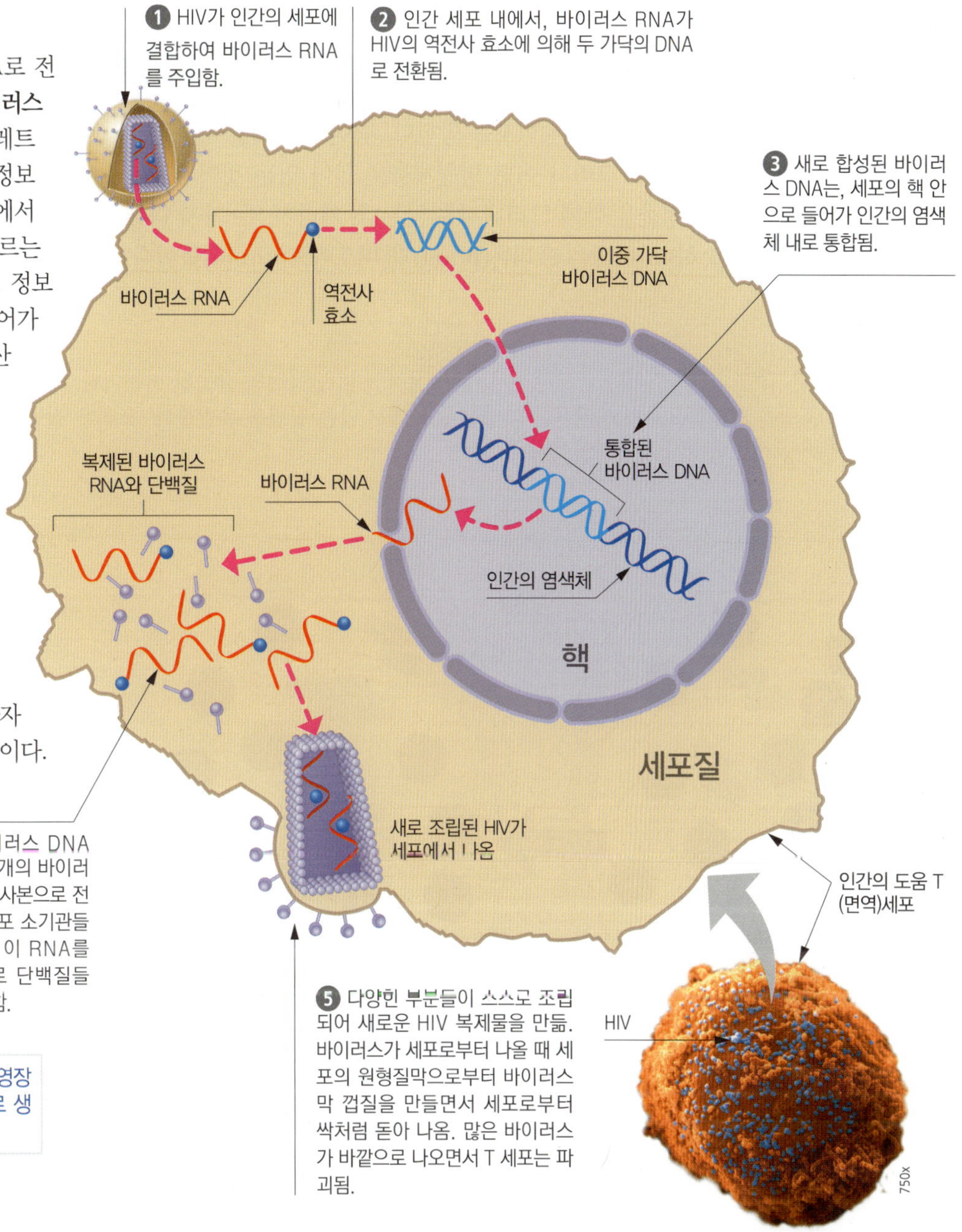

> **!** HIV는 약 100년 전에 인간 외 영장류에서 인간으로 옮겨온 것으로 생각된다.

신종 바이러스

HIV는 갑작스럽게 과학자들의 주목을 받게 되는 **신종 바이러스**(emerging virus)의 한 예이다. 왜 새로운 바이러스가 갑자기 출현하는 것일까? 일부는 고립된 지역에 국한되어 있다가 빠르게 그 영역을 넓혀 가는 중에 예전의 바이러스로부터 생기는 돌연변이들 때문이다. 최근의 신종 바이러스로는 H1N1 인플루엔자 바이러스, 웨스트나일(West Nile) 바이러스, 사스(SARS), 그리고 에볼라(Ebola) 바이러스 등이 있다. 효과적인 항바이러스 약제들이 거의 없으므로, 바이러스들의 확산을 막는 것이 종종 대유행을 막는 가장 좋은 방법이 된다.

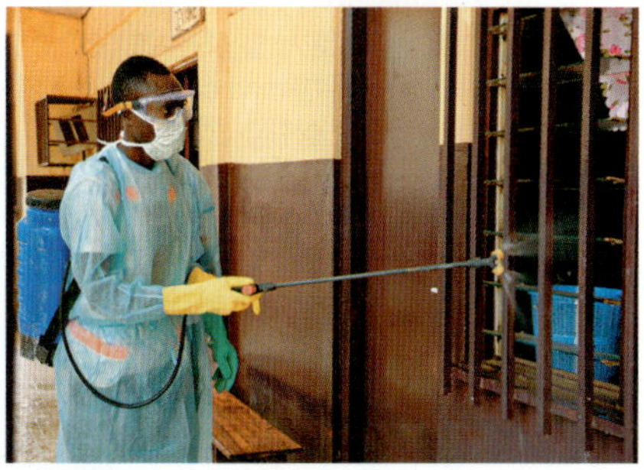

기니의 적십자사 직원이 에볼라 환자들을 수용하고 있는 병원을 소독하고 있다.

요점

▶ HIV는 레트로 바이러스로서, 인간 면역계의 T 세포를 감염시키는 과정에서 DNA로 전환되는 RNA 유전체를 가진다. HIV의 증식은 역전사 효소의 활성에 의존적이다.

? 일반적으로 HIV 의한 감염 자체가 치명적인 것인가?

답: 아니오. HIV는 면역계를 파괴하여 환자를 다른 치명적 감염에 취약해지도록 만든다.

8.11 프리온과 비로이드는 바이러스보다도 더 작은 살아 있지 않은 기생물이다

병원체(pathogen)란 질병을 일으키는 인자를 말한다. 병원체는 세균이나 곰팡이, 그리고 원생생물처럼 대부분 살아 있는 생물들이다. 그러나 어떤 병원체들은 살아 있는 것이 아니다. 예를 들어, 바이러스는 생명을 정의하는 모든 특성들을 함께 드러내지는 않는다. 게다가, 두 가지 다른 종류의 병원체는 바이러스보다 더 작고 더 단순하다. 이들은 프리온(prion)과 비로이드(viroid)들이다.

프리온

프리온(prion)은 감염성 단백질이다. 프리온은 사실 정상적인 뇌 단백질의 잘못된 버전이다. 뇌조직의 적절한 조립을 방해함으로써 프리온은 다양한 동물에서 많은 질병을 유발한다. 프리온 질병은 치료가 불가능하고 따라서 치명적일 수밖에 없다.

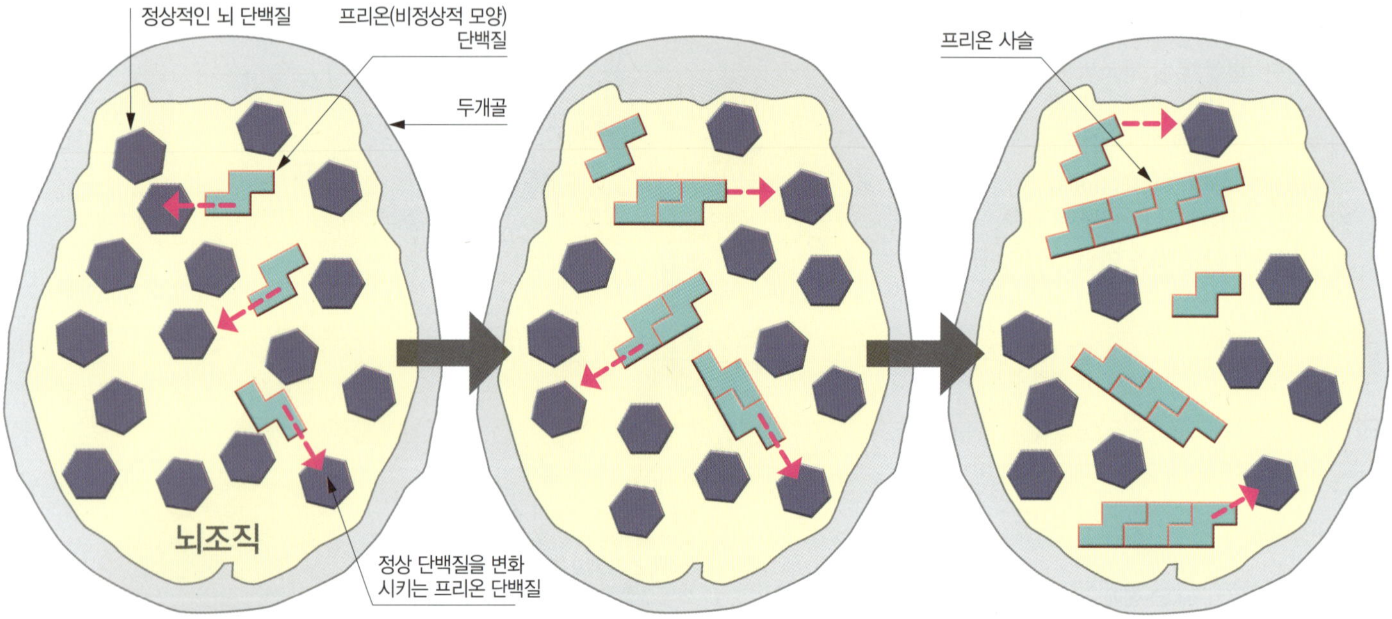

프리온 단백질이 뇌조직 안으로 들어가 정상 뇌 단백질들을 잘못된 프리온 단백질들로 바꾼다.

잘못 접힌 단백질들이 많아지면서 덩어리가 생기기 시작한다.

결국, 덩어리들이 쌓이고 정상적인 뇌조직을 망가뜨리며 프리온 질병의 징후가 발생한다.

크로이츠펠트-야콥 질병
크로이츠펠트-야콥 질병(Creutzfeldt-Jacob disease, CJD)은 인간에서 발생하는 불치의 퇴행성 뇌질환으로, 광우병(mad-cow disease)에 감염된 소고기 섭취와 관련된다. 이 병은 치명적이다. 정상적인 소독 과정은 프리온 단백질을 파괴하지 못하므로, 노출을 막는 것만이 현재의 의학적 해결책이다. 감염 후에는 뇌조직에 구멍이 생겨 스펀지 형태의 조직이 나타난다.

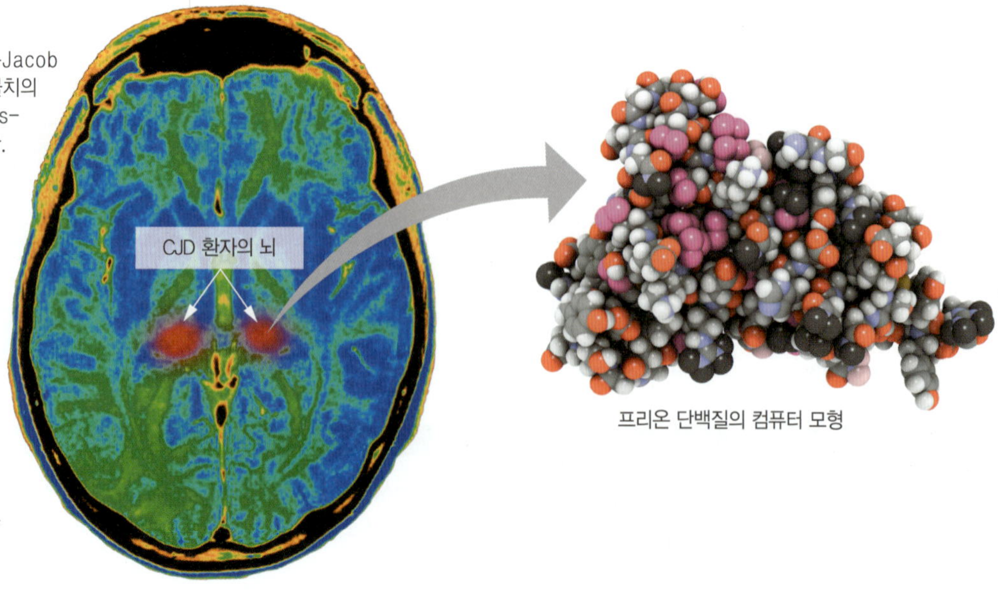

프리온 단백질의 컴퓨터 모형

동물에서의 프리온 질병

광우병(Mad Cow Disease)
소에서 프리온은 광우병(mad cow disease)을 일으키는데, 공식적으로는 소의 해면상 뇌병증(Bovine spongiform encephalopathy, BSE)이라고 불린다. 영국에서 발생한 BSE는 감염된 소고기를 먹은 수백 명의 사람을 앓게 했는데, 수백만 마리의 소를 소각하여 없앰으로써 간신히 진정되었다.

만성 소모성 질환(Chronic Wasting Disease)
프리온은 사슴, 엘크, 무스 등을 포함하는 여러 동물에서 만성 소모성 질환(chronic wasting disease)을 일으킨다. 미국에서 10여 마리가 발견되었고, 캐나다 지역에서도 2마리가 발견되었는데, 장기적이고 치명적인 체중 손실을 일으킨다는 사실 때문에 이와 같은 이름이 붙었다.

쿠루(Kuru)
1950년대에 파푸아뉴기니의 한 부족들 사이에서 처음 기술되었다. 쿠루(Kuru)는 인간에서 발생하는 퇴행성 뇌질환이다. 쿠루는 감염된 사람들의 뇌를 섭취하는 식인 의식에 의해 전파되며, 이 과정에서 프리온은 새 숙주로 옮겨진다.

스크래피(Scrapie)
양에서는 프리온이 스크래피(scrapie)를 일으킨다. 이 병은 지속적인 가려움 때문에 동물들이 털이 뽑힐 정도로 긁는 행동을 하는 데서 이름이 지어졌다. 1700년대에 처음 알려졌으며, 스크래피가 인간에 전염되는 것으로 보이지는 않는다.

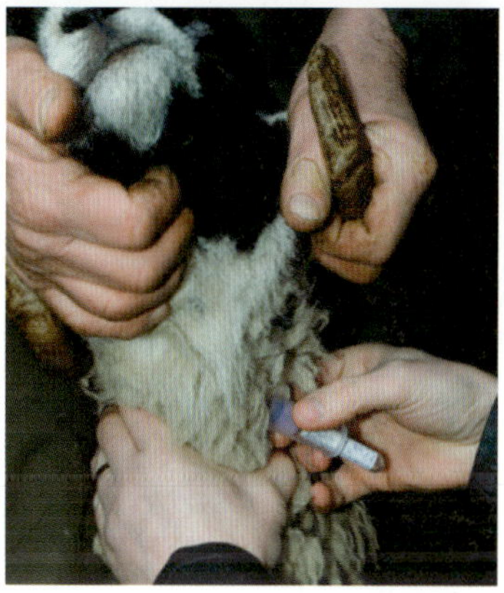

! 의례적인 식인풍습(생명력을 옮겨준다고 생각되었던)을 뿌리 뽑음으로써, 인도네시아의 토착 부족들에서 쿠루 병의 확산이 멈추었다.

식물에서의 비로이드 질병

비로이드(viroid)는 작고 원형인 단일-가닥의 RNA 분자로, 식물을 감염시켜 질병을 일으킬 수 있다. 일반적으로, 수백 뉴클레오타이드 길이인 비로이드는 단백질을 암호화하지는 않지만, 숙주 세포 내에서 그 세포 효소들을 이용하여 복제될 수 있다. 비로이드는 정상적인 식물의 생장을 방해하므로 식물에서 비정상 발달 및 성장 장애가 나타난다.

사과 상처 비로이드(Apple scar skin viroid)
아시아와 북미에 널리 퍼져 있는 이 비로이드는 열매의 껍질을 상하게 하므로 농작물을 망친다.

감자의 괴경줄기병 비로이드(Potato spindle tuber viroid)
이 비로이드는 최초로 발견된 것으로, 감자와 토마토의 모든 종을 감염시킬 수 있다. 감염으로 인해 감자(괴경)와 열매에 금이 가고 모양이 틀어지는 현상이 나타난다.

복숭아 잠복 모자이크 비로이드(Peach mosaic viroid)
복숭아의 잠복 모자이크 비로이드(peach mosaic viroid)는 1980년대에 스페인에서 처음 발견되었다. 이것은 전 세계적으로, 알려진 모든 복숭아 종과 그 유사종인 승도복숭아 종(nectarine species)을 감염시킬 수 있다. 증상이 나타나기 전에 5~7년 가량의 잠복기가 있으므로 이런 이름이 붙여졌다.

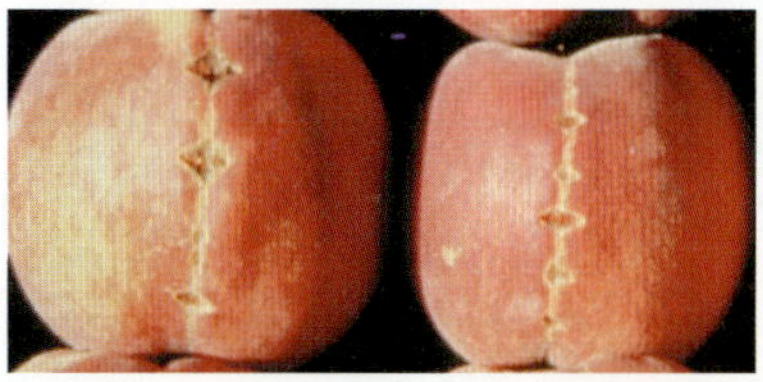

요점

▶ 살아 있지 않은 감염성 병원체에는, 잘못 접힌 단백질이 서로 엉켜 뇌의 기능을 파괴하는 프리온과, 식물을 감염시키는 작은 원형 RNA 분자들인 프리온이 포함된다.

? 비로이드와 프리온 사이의 주된 차이점은 무엇인가?

답: 비로이드는 RNA로 되어 있지만, 프리온은 단백질로 되어 있다.

9.1 곰팡이는 다양한 진핵생물이다

곰팡이(fungi, **진균류**)는 크고 다양한 그룹으로, 지금까지 100,000종 이상이 알려져 있다. 모든 곰팡이는 **진핵생물**(eukaryotes)이며(즉, 핵과 막 경계성 소기관들을 가지는 세포로 구성된다), 대부분이 다세포성이다. 그리고 모두 흡수에 의해 양분을 얻는다. DNA 연구는, 10억 년도 더 전에 원생생물 조상으로부터 곰팡이와 동물을 형성했던 계통이 분기했음을 시사한다. 가장 오래된 곰팡이 화석은 단 4억 6천만 년 전으로 거슬러 올라가는데, 아마도 곰팡이가 화석화되기가 나빠서였을 것으로 보인다. 곰팡이들에 대한 분류체계는 잘 확립되어 있지 않다; 널리 받아들여지고 있는 한 가지 계통수는 곰팡이계(진균계)를 5개의 그룹으로 나누는 것이다. 곰팡이가 우리 생활에 여러 가지 방식으로 영향을 미치기 때문에, 여러분은 이미 여러 가지의 곰팡이에 익숙할 수도 있겠다.

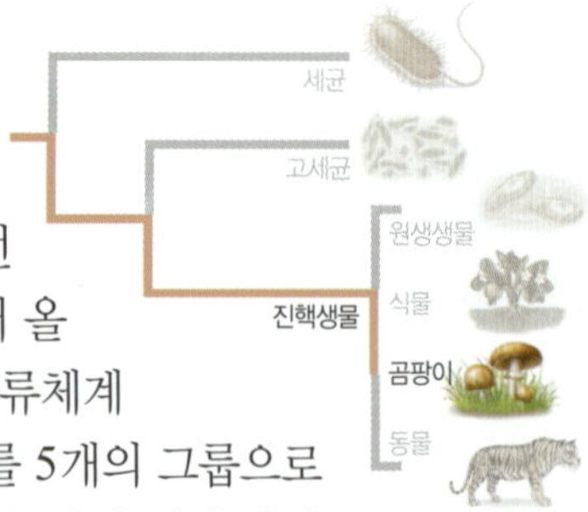

분해자

곰팡이는 생물의 사체 및 다른 유기물질들을 분해하여, 필수적인 화학 원소들이 다시 환경으로 돌아가도록 함으로써, 다른 생물이 사용할 수 있는 형태로 바꾸어주기 때문에, 대부분의 생태계에서 필수적인 역할을 한다. 이 분해자가 없다면, 필요한 영양분이 살아있지 않은 물체에 축적될 것이고, 따라서 먹이 사슬 내로 돌아오지 못하게 된다. 곰팡이는 강력한 효소들을 주변 환경으로 분비하여 커다란 생물 분자들을 소화시킨다—예를 들어, 단백질은 아미노산으로 분해한다. 일단 분해되면, 작은 영양소 분자들은 곰팡이의 세포 내로 직접 흡수된다.

이 노란다발버섯(*Hypholoma fasciculare*)은 숲의 흔한 버섯이다. 이들은 커다란 군체로 자라서 활엽수의 썩은 통나무나 죽은 뿌리들을 분해한다. 그런 분해 작용을 통해 곰팡이는 양분을 죽은 생물들로부터 회수한다.

여러 가지 곰팡이(진균)

곰팡이는 매우 다양하다. 많은 것이 인간에게 유용하지만, 어떤 것은 해롭기도 하다.

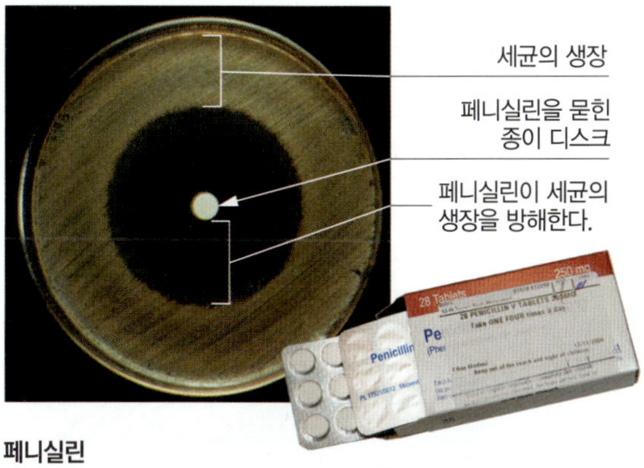

페니실린
몇몇 곰팡이는 세균성 질환에 사용되는 항생제들을 생산한다. 푸른곰팡이(*Penicillium*)는 항생제인 페니실린을 만드는데, 이것은 최초로 널리 사용되었던 항생제이다.

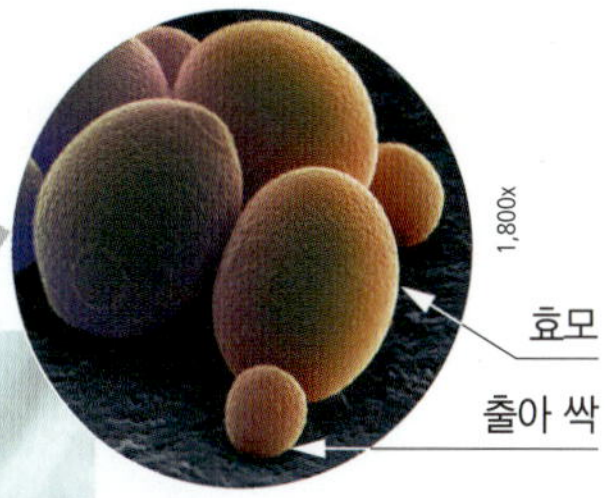

효모
효모(yeast)는 단세포성 진균으로 출아(budding)라고 하는 과정을 통해 무성적으로 생식한다. 인간들은 빵을 만들고 곡식과 과일을 발효시키기 위해 수천 년 동안 효모를 사용해왔다.

기생성 진균
약 50여 종의 곰팡이들이 인간을 감염시키는 것으로 알려져 있다. 이들은 질효모감염증(vaginal yeast infection), 폐감염, 그리고 백선(ring worm)이라고 불리는 피부질환을 일으킨다. 발가락에 생기는 곰팡이 감염은 무좀(athlete's foot)이라고 불리며 매우 전염성이 높다. 항진균제들은 대부분의 곰팡이 감염을 빠르게 치료할 수 있다.

지의류
단일 생물처럼 보이기는 해도, 지의류(lichen)는 사실, 단세포성이며 광합성 생물인 조류(혹은 때때로 세균일 때도 있다)와 곰팡이들의 공생체들이다. 곰팡이는 그들의 광합성 동반자로부터 음식을 받는 대신 그들에게 안전한 서식처와 물, 그리고 무기질을 제공한다.

! 가격은 다양하지만, 현재 흰 송로버섯은 약 450 g에 300만 원이나 한다.

곰팡이
곰팡이(molds, 일반적인 곰팡이)는 포자를 만들어 무성적으로 증식하며 빠르게 자란다. 이들은 자신이 분해할 음식뿐 아니라, 종종 우리가 먹을 음식 위에까지 빠르게 퍼진다. 빵 덩어리 위의 곰팡이에 의해 분비되는 효소는, 빵의 전분을 포도당 분자로 소화시키므로, 곰팡이의 세포들이 이것을 흡수할 수 있다.

먹는 진균류
곰팡이들은 인간을 위한 흔한 식품원이기도 하다. 많은 종류의 버섯들이 식용이긴 하지만 일부는 독성이 있다.

유럽 지역 숲의 지하에서 자라는 송로버섯은 별미로 매우 유명해서 굉장히 비싸다.

블루 치즈는 그것을 만드는 곰팡이에 의해 독특한 향기를 낸다.

깜부기

옥수수 깜부기(corn smut)라고 불리는 곰팡이는 작물을 해치지만, 많은 사람들은 감염된 옥수수자루를 별미로 생각하기도 한다.

요점

▶ 곰팡이는 환경에 존재하는 큰 분자들을 분해하여 작은 분자들로 흡수하는 분해자이다. 그런 분해 작용은 영양분들의 순환을 돕는다. 여러 가지 다양한 곰팡이가 있으며, 이롭기도 하고 해롭기도 하다.

? 분해자로서의 곰팡이의 작용은 왜 그렇게도 중요한가?

답: 분해자가 없다면 영양분들은 사체에 축적되어 순환되지 못할 것이다.

9.2 곰팡이는 특수한 구조와 생식 방법을 가진다

진균계(곰팡이계)는 크고 다양한 종들의 모임이다. 그러나 부패성 곰팡이들이건 버섯이건 간에, 모든 진균류는 특정 구조와 생식적 특징을 공유한다: 모든 진균은 비교적 단순한 체형을 가지며, 대부분은 한 가지 이상의 방법으로 생식할 수 있다.

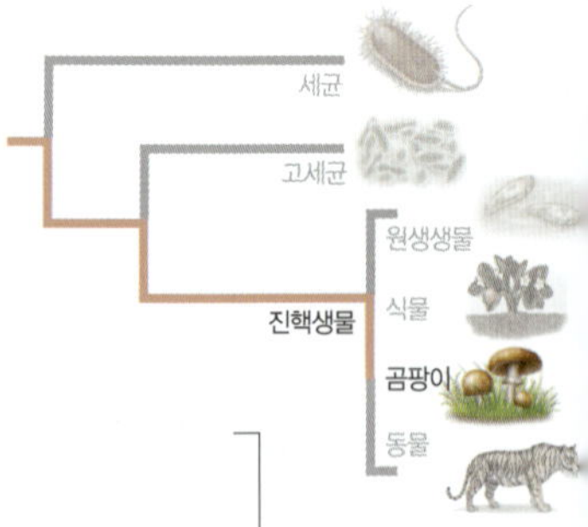

버섯의 구조

버섯(mushrooms)은 아마도 우리와 가장 친숙한 곰팡이일 것이다. 버섯의 몸은 땅 위로 솟은 생식구조(우리가 '버섯'이라고 부르는)와, 지하로 뻗어 나가는 구조인 **균사체**(mycelium)로 구성된다. 두 부분 모두 **균사**(hyphae)라고 부르는 섬유들로 구성되어 있다. 나중에 버섯을 볼 때는, 엄청나게 큰 땅속 몸에 의해 생긴, 비교적 작은 지상부를 본다고 생각하라.

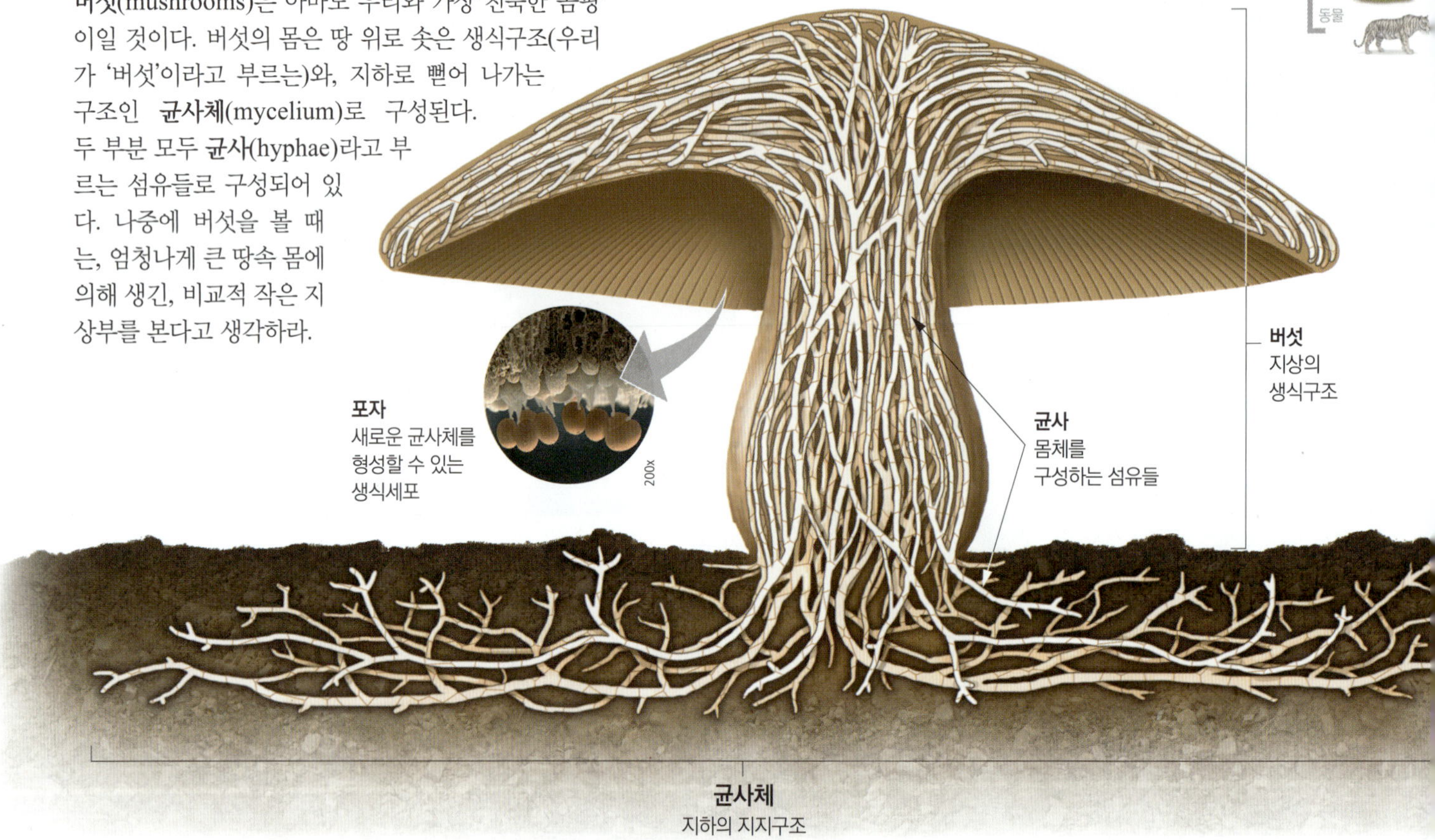

버섯
더 큰 지하의 균사체로부터 위쪽으로 뻗어 나간 균사들이 조밀하게 채워져 버섯(mushroom)을 만든다. 버섯은 균사체들이 물을 흡수하여 위로 부풀어 오르면서 생긴다—이것이 비가 온 후에 버섯들이 생겨나는 이유이다. 버섯은 공기 중으로 흩어질 수 있는 아주 작은 생식세포인 포자(spore)를 생산한다.

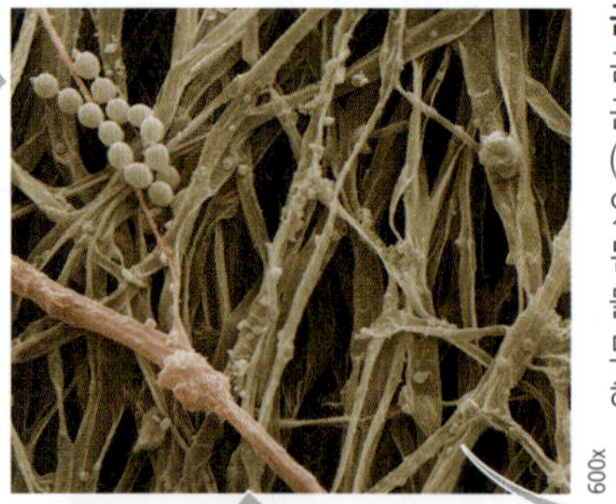

균사
곰팡이의 몸체(지상의 버섯과 지하의 균사체 모두)는 실같이 생긴 균사들(hyphae; 단수, *hypha*)로 구성되어 있다. 균사는 세포들이 사슬처럼 연결된 것이다; 세포벽에는 구멍이 있어서 물질, 그리고 가끔은 세포 소기관까지도 세포들 사이를 이동할 수 있도록 해준다.

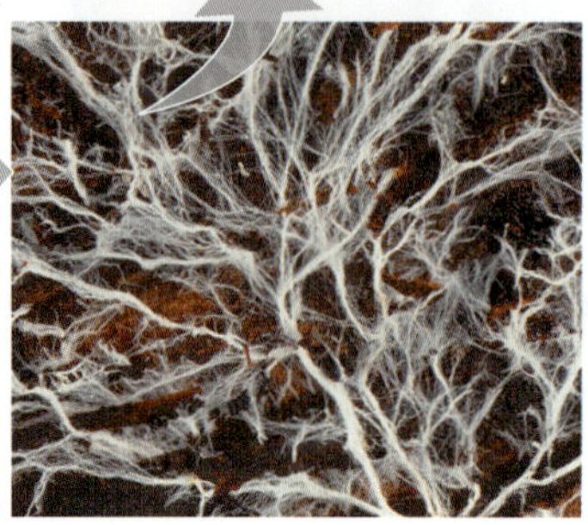

균사체
곰팡이들이 비록 움직일 수는 없지만, 지하의 균사체(mycelium; 복수, *mycelia*)는 유기물과 섞이는 균사들을 추가하면서 빠르게 자란다. 균사체들이 음식물 안으로 균사를 뻗치면서 유기물질을 분해하여 흡수한다.

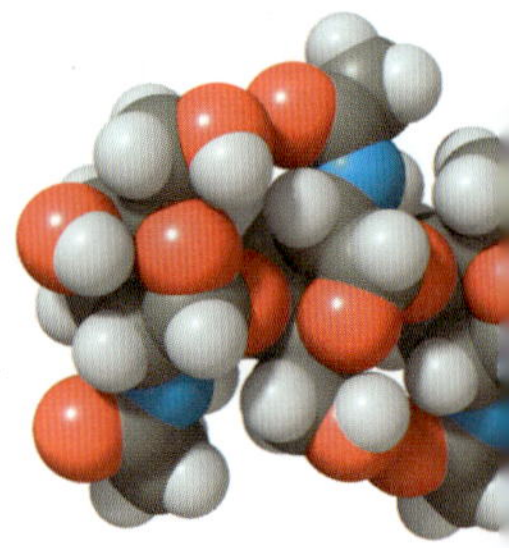

키틴
곰팡이의 세포벽들은 키틴(chitin)으로 되어 있다. 이것은 강하지만 유연한 다당류이다. 키틴은 여러 곤충의 외골격을 단단하게 만들기도 한다.

오리건의 한 곰팡이는 그 균사체가 숲속 땅 밑에서 거의 9,000,000 m^2 이상에 퍼져 있었다.

곰팡이의 생식

곰팡이는 무성적이거나 유성적으로 생식할 수 있다. 무성생식 과정에서는, 균사체의 반수체 세포들이 **포자**(spore)를 생산한다. 포자는 염색체들을 한 세트만 포함하고 있는(반수체인) 특수한 성세포이다. 일단 생산되어 방출되면(보통 엄청난 수로), 포자는 공기나 물로 분산된다. 만약 포자가 음식물이 있는 습한 장소에 정착하면, 발아하여 새로운 반수체 균사체를 만든다. 곰팡이가 유성생식을 할 때는, 두 개체의 균사가 만나, 반수체였던 각 세포들이 융합함으로써, 두 벌의 염색체 세트를 가지는 이배체 세포 접합자가 생길 수 있다. 버섯 뚜껑 내의 이 이배체 세포들은 다시 분열하여 유전적으로 독특한 반수체 포자들을 만든다.

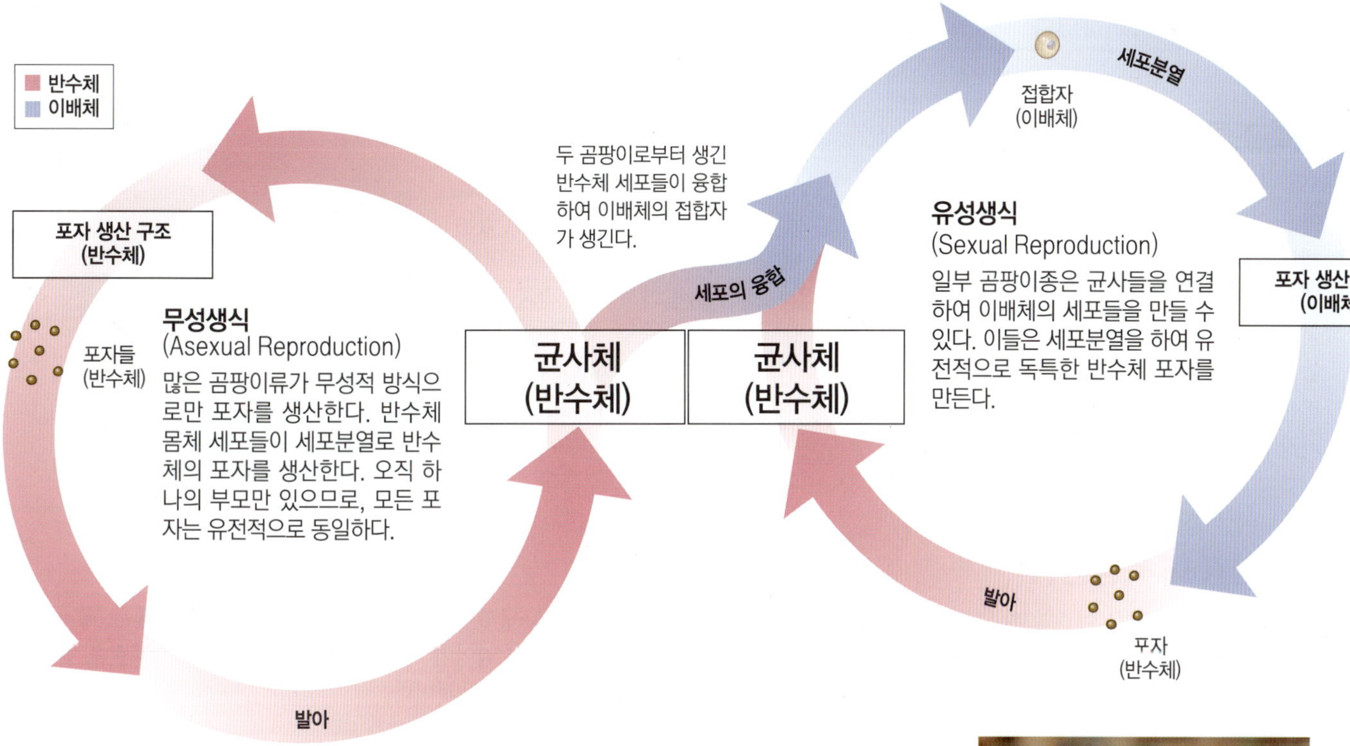

포자문(Spore print)
만약 버섯 뚜껑(왼쪽)을 흰 종이 위에 올려놓으면, 포자가 떨어져 포자문(오른쪽)을 남긴다. 이 포자의 색깔은 버섯의 동정을 돕는다—이것은 갓버섯(false parasol mushroom)인 *Chlorophyllum molybdites*이다.

대곰보버섯(stinkhorns)
말뚝버섯과(*Phallaceae*; 남성 생식기 모양 때문에 이렇게 명명됨)의 몇몇 종은 동막대기(stinkhorn)라고 불린다. 이 버섯의 포자는 썩은 고기 냄새를 풍기는 점액을 방출한다. 파리는 이 냄새에 끌리고 점액을 온몸에 묻혀 포자를 퍼트린다.

요점

▶ 곰팡이의 몸체는 지하의 균사체(자라서 음식물을 소화시키는)를 만드는 균사와, 지상의 버섯(생식을 위해 포자를 생산하는)으로 구성된다. 많은 곰팡이류가 무성적인 방법과 유성적인 방법 두 가지 방식으로 생식한다.

? 우리가 버섯을 먹을 때, 실질적으로 먹는 것은 무엇인가?

답: 곰팡이의 생식기관을 먹는 것이다.

9.3 식물은 육지에서의 생존을 가능하게 한 독특한 적응을 가진다

약 5억 년 전쯤에, 바다에 살던 조류—모든 육상 식물의 조상—가 건조한 땅에서 생존할 수 있도록 하는 적응을 진화시켰다. 그런 특징은 식물을 해조류들과 구분할 수 있도록 해준다. 선구자 식물은 광대한 육상 개척지를 열어주었고, 이후 식물의 폭발적 분기를 위한 무대를 마련하였다.

차축조류

5억 년 전, 육상 식물은 없었지만, 조류가 해안, 호수, 그리고 기타 수역들의 가장자리를 덮고 있었다. 자연선택은 물이 들어왔다 나가는 지점에서 더 멀리 가서도 생존할 수 있는 개체를 선호했는데, 그곳은 자원에 대한 경쟁이 전혀 없었기 때문이다. 시간이 흐르면서, 개체군은 가끔씩 발생하는 건조에서도 살아남을 수 있는 적응을 진화시켰다. 결국, 개체군은 물의 가장자리를 넘어서도 영원히 살아남을 수 있도록 하는 적응을 축적하였고, 이들은 최초의 육상 식물이 되었다. 분자적 증거에 따르면, **차축조류**(charophytes)라고 불리는 현대의 조류 그룹—비교적 복잡한 다세포성 광합성 진핵생물—이, 이 최초 식물의 가장 가까운 생존 조상들이라고 한다.

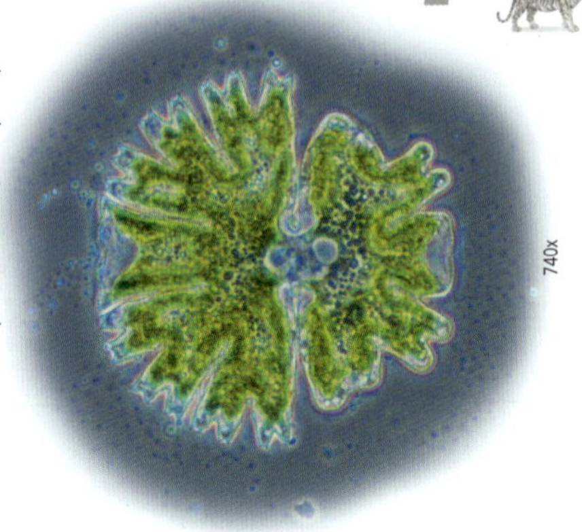

일종의 차축조류인 *Micrasterias furcata*

수생환경 대 육상환경

땅으로의 이동은 초기 식물을 육지 환경에서 번성시킨 몇 가지 진화적 적응을 요구했다: 땅에서의 생활은 몇 가지 문제를 제기한다: 땅에 사는 생물은 수분을 얻고 보유해야 하며, 중력의 끌림에 반해 똑바로 선 채 있어야 하고, 공기와 토양으로부터 자원을 얻어야만 한다. 아래 표는 식물을 육상 환경에 적응시킨 중요한 적응 몇 가지를 정리해 놓은 것이다.

조류와 식물의 비교

물 속의 조류

	조류	식물
수분	조류 주변의 환경에는 사용할 수 있는 수분이 풍부하다.	식물의 몸체는 토양으로부터 수분을 얻어 그것을 뿌리, 줄기, 잎 내부에 보관해야 한다.
지지	조류의 몸체는 주변의 물에 의해 떠 있다; 견고함은 그다지 많이 필요하지 않다.	식물은 중력에 저항하여 지지해주는 견고한 구조를 가져야만 한다.
생식	배우자는 물로 방출되며 건조해질 위험은 없다.	배우자와 배아는 마르지 않도록 보호되어야 한다.
고정	최소한의 고정만 있으면 된다; 부착기(holdfast)라 불리는 구조가 아래쪽 표면을 붙잡는다.	식물은 한 장소에 단단히 머물게 해주는 뿌리가 필요하다.
양분	양분은 조류의 체표면 전체를 통해 주변의 물로부터 얻을 수 있다.	양분은 뿌리를 통해 흡수되어야 하며 식물의 나머지 부분으로 수송되어야 한다.
광합성	광합성은 전신에서 수행된다.	광합성은 주로 잎에서만 수행된다.

땅 위의 식물

육상생활에 대한 적응

식물(plant)은 육상의 다세포성 진핵생물로서, 햇빛 에너지를 이용하여 무기 분자들로부터 유기 분자들을 생산하는 광합성(photosynthesis)을 수행한다. 하지만 원생생물—일부 해조류 같은—역시 다세포성이고, 진핵세포로 되어 있으며, 광합성을 한다. 조류나 다른 광합성 생물로부터 식물을 구분하는 것은, 이들을 육상에서 번성하도록 하는 구조적 적응이다. 이런 구조는 식물이 아주 다른 두 가지의 근원, 즉 공기와 토양으로부터 자원을 얻을 수 있도록 해주는 것을 포함한다.

식물의 기관계(Organ Systems)

새싹계(shoot system, 지상계)
지상의 광합성 구조로 빛과 공기에 노출된다.

뿌리계(root system, 지하계)
지하의 고정 구조로 토양의 물과 무기질에 노출된다.

육상생활을 위한 적응

파란 글씨로 설명된 부분은 대부분의 식물에서 나타나지만 모든 식물이 다 가지는 구조는 아니다.

화분(pollen)
정자를 보호하고 이들을 바람이나 동물에 의해 수송되도록 한다.

배주(ovule, 밑씨)
암 생식기관에 남아 있으면서 배아가 어미 식물체 내에서 발달할 수 있도록 한다.

관다발계
물, 당, 그리고 무기질을 수송하는 도관계

큐티클
물 손실을 막아주는 왁스로 된 피복

잎
기공을 통해 광합성과 기체 교환(O_2는 밖으로, CO_2는 안으로)이 이루어지는 주된 장소

리그닌(lignin)
일부 세포의 세포벽에 있는 화학물질로서, 세포는 단단하게 함으로써 구조적 지지력을 증가시킨다.

균근

식물과 곰팡이의 진화는 서로 연결되어 있다: 어느 쪽도 다른 하나가 없으면 땅에서 번성할 수가 없다. 곰팡이와 식물의 뿌리가 함께 모여 **균근**(mycorrhizae; 단수, *mycorrhiza*)이라고 하는 공생 연합체를 형성한다. 곰팡이는 토양으로부터 흡수한 물과 무기질을 식물에게 제공하고, 식물은 곰팡이에게 영양을 위한 당분을 제공한다. 균근은 육상에 정착을 가능하게 한 핵심적 적응이다.

! 균근은 식물의 생존에 대단히 중요해서, 살진균제를 뿌리면 많은 식물이 죽는다.

요점

▶ 식물은 건조한 환경으로부터 양분을 얻을 수 있고, 배아는 건조해지는 것을 막을 만한 적응을 축적했던 조류들로부터 진화했다. 그런 적응은 식물이 육상에서의 어려움을 극복하고 생존할 수 있도록 했다.

? 식물이 육지에서의 생존을 위해 극복해야 하는 문제 중 일부는 균근에 의해 해결된다. 어떤 문제점인가?

답: 토양으로부터 물과 무기질을 흡수할 수 있도록 해준다.

9.4 식물의 몸체는 뿌리, 줄기, 그리고 잎으로 구성된다

땅 위에서 산다는 것은 식물에 몇 가지 문제를 안겨준다. 주된 것은 매우 다른 두 장소로부터 자원을 얻는 것이다. 물과 무기질성 양분은 주로 토양에서만 발견되는 반면, 빛과 기체(이산화탄소나 산소 등)는 주로 공기 중에서만 사용할 수 있다. 현대의 육상 식물은 특수한 구조를 이용하여 양쪽 환경과 각각 상호작용한다: 지하 구조인 **뿌리**(root)와, 줄기, 잎, 꽃 등을 포함하는 지상 구조인 **새싹**(shoots)이다. 이들 중 어느 하나라도 없으면, 생존이 불가능하다. 어두운 곳에 사는 뿌리는, 줄기와 잎의 광합성을 통해 생산되는 당과 유기 영양소가 없다면, 굶어 죽을 것이다. 반대로, 줄기와 잎은 뿌리에 의해 흡수되는 물과 무기물질에 의존해서 살아간다.

뿌리계

뿌리는 식물을 토양에 고정시키고, 물과 무기질을 흡수하며, 양분을 식물의 다른 부분으로 수송하며, 양분을 저장한다. 게다가 아래 표에서 보듯이, 많은 식물의 뿌리는 서로 직접 접촉하여 살아가는 종 사이에서 공생관계를 형성하기도 한다.

잔디류(grasses)는 넓게 퍼지는 섬유상의 얕은 뿌리를 가진다. 이런 뿌리는 토양에 대한 부착력이 좋아서, 이 식물을 좋은 흙 덮개로 사용할 수 있게 해준다.

민들레류(dandelions)를 비롯한 여러 식물은 깊고 수직으로 뻗어 흙 속으로 깊이 파고드는 원뿌리(tap root)를 갖는다.

모든 뿌리의 끝 근처에는 뿌리털(root hair)이라고 불리는 아주 작은 돌기들이 있다. 이 세포성 돌기들은 표면적을 매우 증가시켜 흡수를 돕는다.

당근이나 순무, 사탕무, 고구마 등에서 발견되는 커다란 원뿌리는 전분이나 당의 형태로 식량을 저장한다. 인간에 의해 수확되지 않으면, 식물은 자라는 동안 이 저장 양분을 사용할 수 있다.

! 해바라기 한 그루의 뿌리털을 계속 이어 붙이면 몇 미터에 이른다.

식물의 뿌리 공생

뿌리혹

완두, 대두, 땅콩 등 콩깍지를 형성하는 많은 콩과 식물을 포함하는 식물의 과(family)는, 세균이 기거하는 뿌리혹을 가진다. 세균은 질소를 포함하는 양분을 식물에 제공한다.

균근

여러 식물의 뿌리는 곰팡이와 상리공생적(상호 도움을 받는) 연합체를 형성한다. 균근을 구성하는 균근균류는 수분과 무기질 흡수를 증가시켜 식물을 이롭게 하는 한편, 곰팡이는 식물에 의해 제공되는 양분을 얻는다.

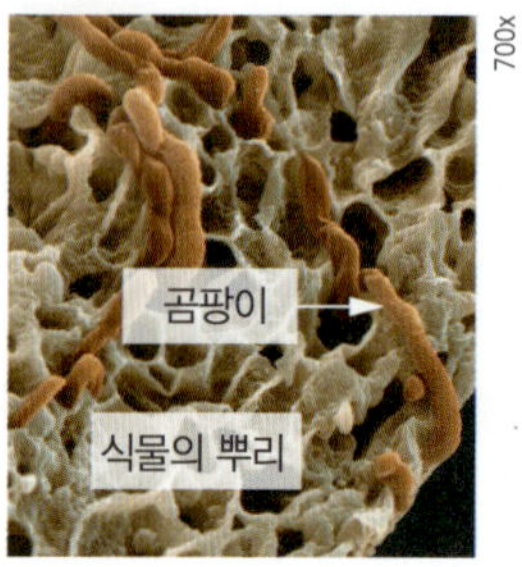

새싹계

식물의 싹은 지상의 구조로서, 줄기, 잎, 그리고 생식구조인 솔방울이나 꽃 등을 포함한다.

끝눈(terminal bud, 정아)
끝눈은 줄기의 끝에서 새로 생기는 잎을 가진다. 위로 자람으로써, 끝눈은 식물이 햇빛에 더 잘 노출되도록 한다.

꽃(flower)
모든 식물은 생식구조를 가진다. 이 식물은 생식을 위해 꽃을 이용한다; 다른 형태의 식물은 다른 구조를 이용한다.

마디(node, 절)
잎이 붙어 있는 줄기 지점을 마디라고 한다.

마디 사이(internode, 절간)
줄기에서 마디와 마디 사이 지역을 마디 사이(절간)라고 부른다.

잎자루(petiole, 엽병)
잎몸(blade, 엽신)

잎(leaf)
잎은 여러 식물에서 광합성이 일어나는 주된 장소이다. 식물의 잎은 평평한 잎몸(blade)과, 이것을 줄기에 연결하는 잎자루(petiole, 잎꼭지)로 구성된다.

줄기(stem)
줄기는 일반적으로 땅 위로 자라며 잎과 꽃을 지지한다.

관다발 조직
식물 대부분은 관다발 조직, 즉 식물 전체에 물과 양분을 수송하는 도관 모양의 세포로 이루어진 조직을 가진다.

체관(phloem, 사부)
식물의 한 부분에서 다른 부분으로 당을 수송한다.

물관(xylem, 목부)
뿌리에서 잎으로 물과 무기물을 수송한다.

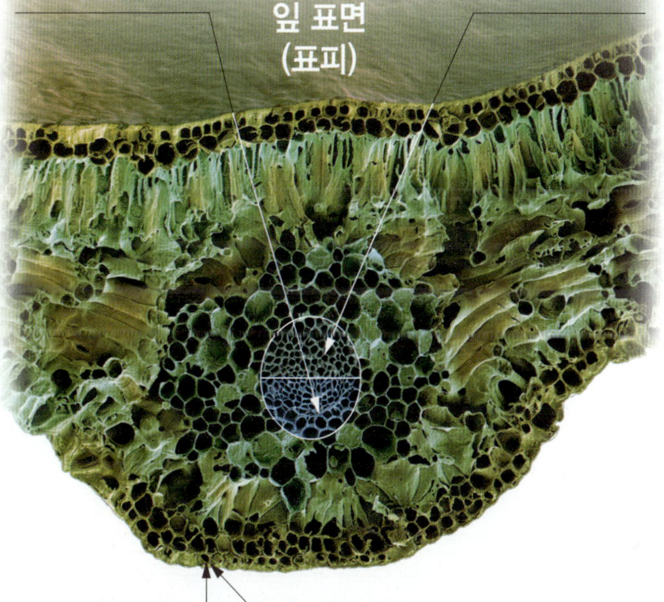

기공(stoma)

공변세포(guard cell)

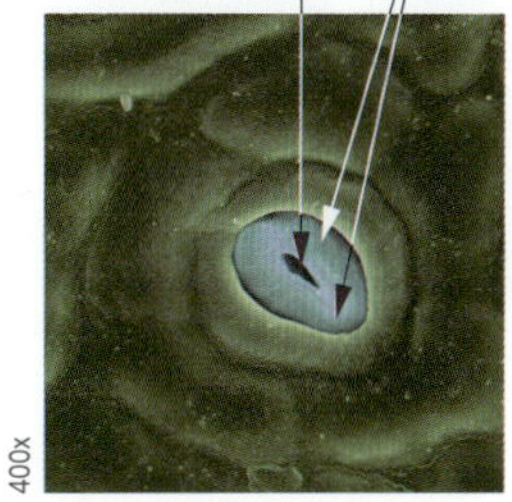

잎의 표면에는 기공(*stoma*; 복수, stomata)이라고 불리는 작은 구멍이 있다. 기공을 둘러싼 두 개의 공변세포(guard cells)는 구멍 크기를 조절한다. 기공을 통해 기체교환(CO_2는 안으로, O_2는 밖으로)이 발생한다.

요점

▶ 뿌리계와 새싹계는 식물을 육상에서 번성하게 한 진화적 적응이다. 식물의 다양한 구조는 흡수, 수송, 물과 양분의 보유, 광합성을 위한 빛의 수집, 그리고 기체교환을 위한 작용을 담당한다.

? 이 페이지에는, 눈에 띄는 생식구조물이지만 모든 식물에서 발견되지는 않는 것이 있다. 무엇인가?

답: 꽃 (다른 식물은 생식에 필요한 다른 구조를 가진다.)

9.5 식물의 몸체는 구조적으로 체계화되어 있다

우리의 몸과 마찬가지로, 식물의 몸 역시 조직을 만드는 세포(cell)를 포함하며, 조직(tissue)은 다시 조직계(tissue system)를 형성하고, 이들은 다시 기관(organ)을 만든다. 따라서 식물의 해부구조는 이런 순차적인 구조적 체계 내에서 수준별로 이해될 수 있다. 여기서는 식물의 구조를 가장 작은 것(세포)부터 가장 큰 것(식물 전체) 순으로 살펴보자.

식물의 조직

조직(tissue)은 특정 기능을 수행하기 위해 함께 작업하는 세포의 모임이다. 식물에서 가장 중요한 조직 두 가지는 물관(xylem)과 체관(phloem)이다.

식물의 세포

세포(cell)는 모든 생물의 기본 단위이다. 따라서 식물의 해부구조를 탐색할 때 세포부터 시작하는 것은 당연하다. 다른 진핵성 세포와의 공통적 특징(핵, 미토콘드리아, 리보솜 등을 가지는)에 더하여, 식물 대부분은 여기 설명된 독특한 특징 일부 또는 전부를 가진다.

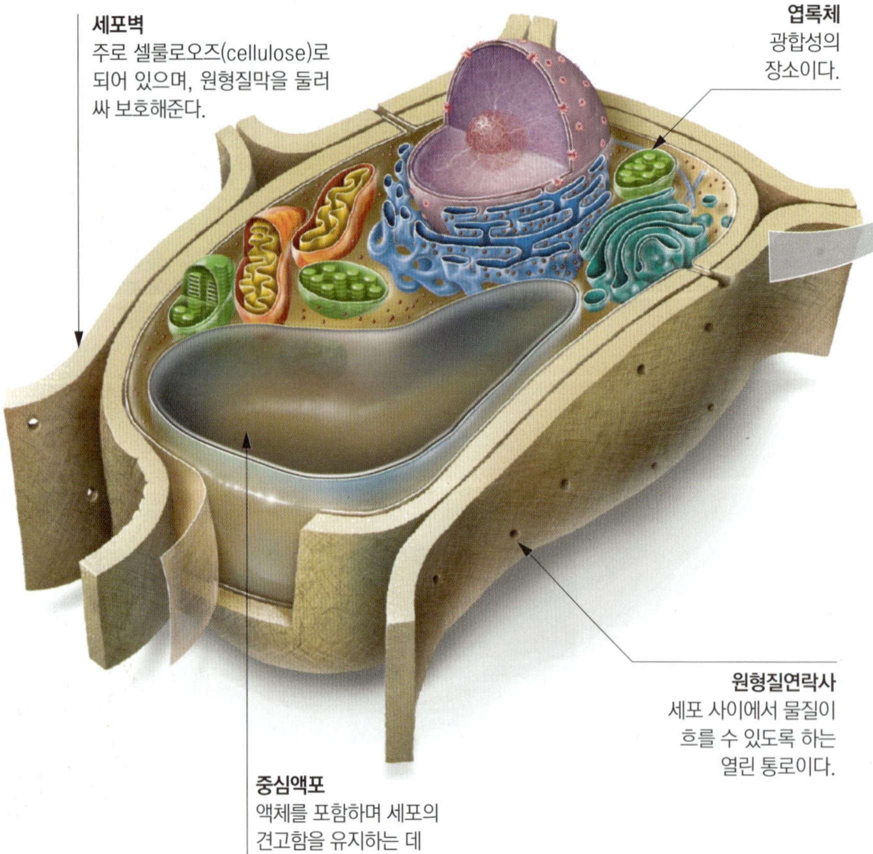

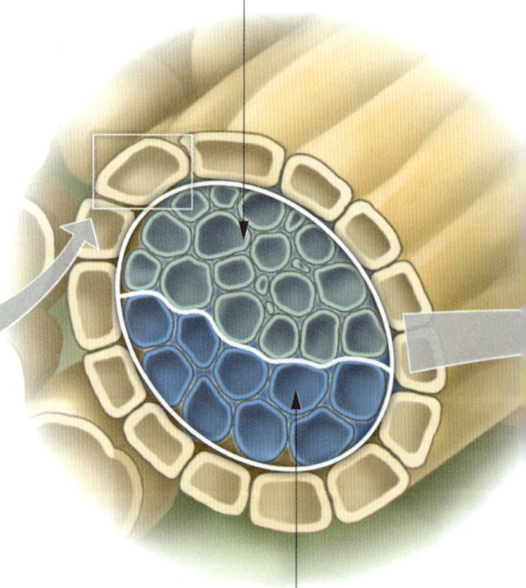

! 애리조나의 투싼(Tucson) 근처에서 자라는 어떤 나무는 그 뿌리가 60 m 이상 깊게 들어가 있는 것으로 드러났다.

식물의 기관

기관(organ)은 특정 기능을 수행하기 위해 함께 작업하는 여러 조직으로 구성된다. 예를 들어, 아래의 잎 횡단면에서 볼 수 있는 것처럼, 잎—광합성에 특수화된 기관—은 물관과 체관 조직을 포함한다. 다른 식물 기관들로는 뿌리와 줄기가 있다.

식물의 조직계

우리 몸에서는 기관(심장 등)이 순환계 같은 기관계(organ system)를 구성한다. 이와 비슷하게, 식물의 조직은 세 가지 **조직계**(tissue system)로 묶을 수 있다: 표피조직계(dermal tissue system), 기본조직계(ground tissue system), 그리고 관다발조직계(vascular tissue system)이다. 식물의 각 기관—뿌리, 줄기, 그리고 잎—은 이 세 가지 조직계에 속하는 조직을 포함한다.

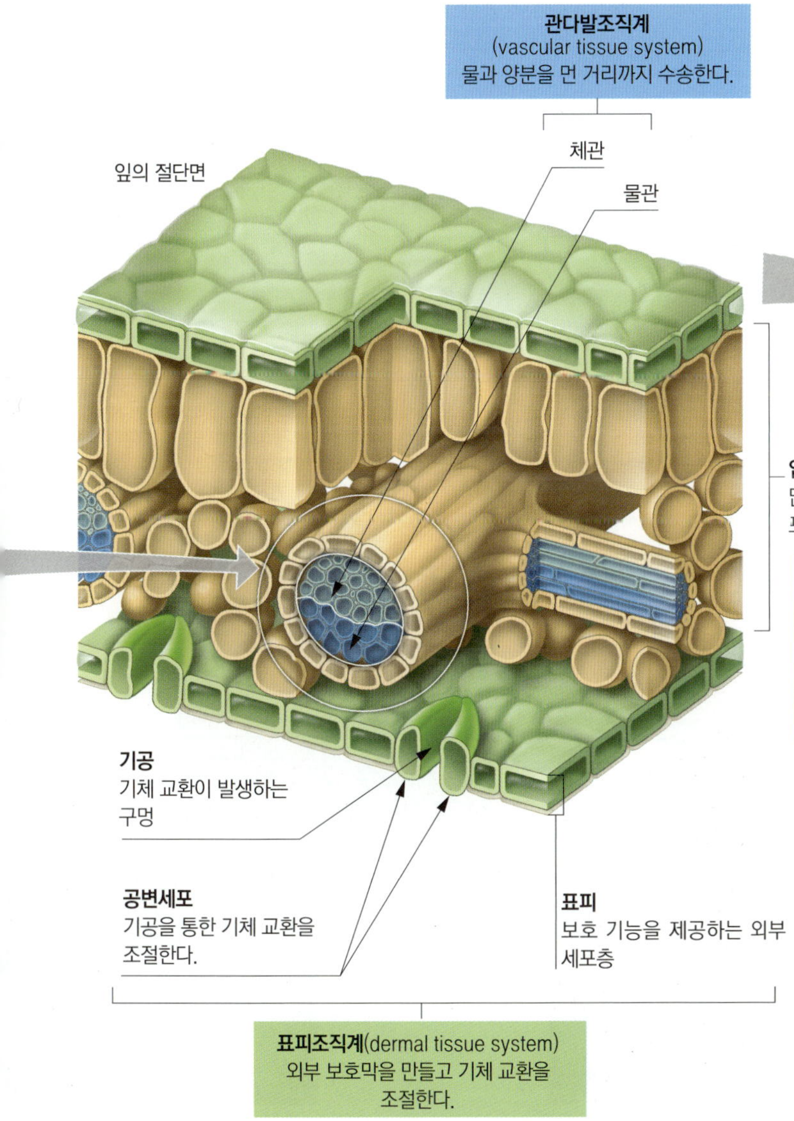

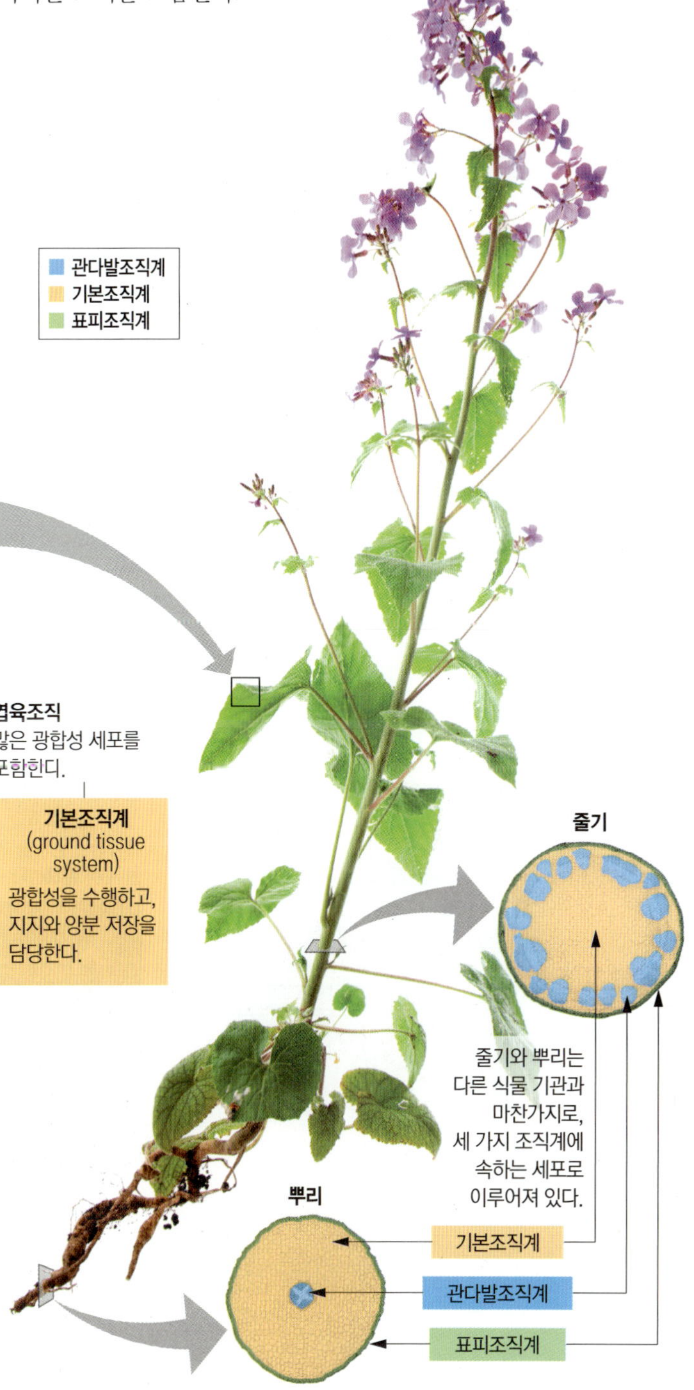

요점

▶ 식물의 해부학은 여러 수준에서 이해될 수 있다: 세포는 함께 모여 작업함으로써 조직을 형성한다. 조직은 다시 조직계를 구성한다. 각 식물 기관(잎, 뿌리, 줄기 같은)은 세 가지 조직계에 속하는 모든 조직을 포함한다.

? 엽록체가 가장 많은 세포를 포함할 것으로 기대되는 조직계는 어떤 것인가?

답: 엽육이 발견되는 기본조직계.

식물의 네 가지 주요 집단이 진화했다

화석 기록은 육상 식물의 진화에서 네 가지 주요 분기점을 기록하고 있다. 각 분기점은, 육상에서의 새로운 기회를 열어 결국 새로운 그룹의 현대 식물로 진화할 수 있게 했던 새로운 적응의 출현을 드러내준다. 오늘날, 육상 식물은 각 분기점에서 시작된 네 가지의 주요 그룹을 포함한다.

식물 진화에서의 주요 사건

이 연대기와 계통수는 네 가지의 현대 식물 그룹의 진화를 요약한 것이다.

mya = 백만 년 전
1,000 mya = 10억 년 전

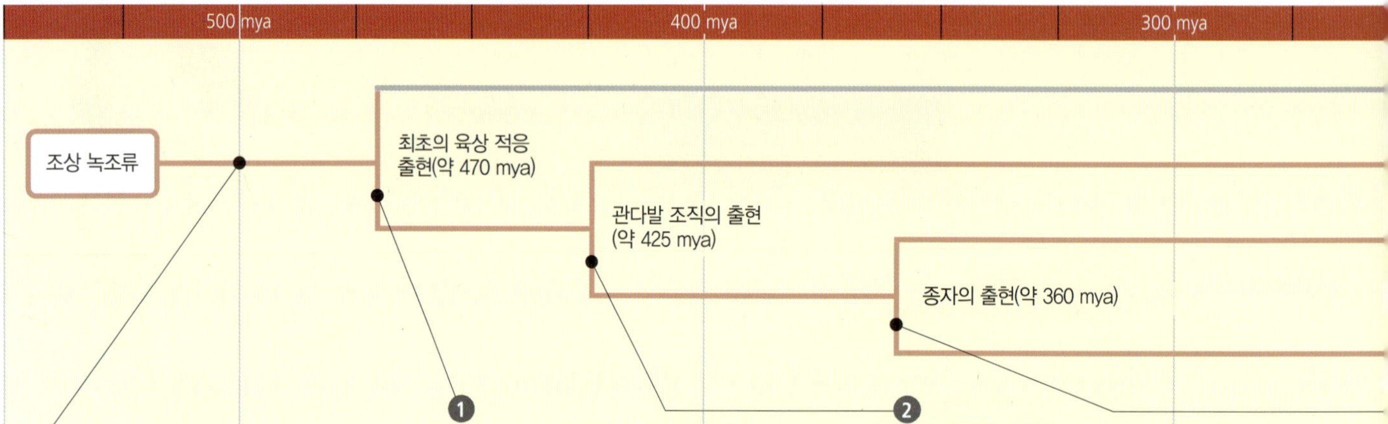

5억 년 전: 조상 녹조류
약 5억 년 전에는, 조류가 호수와 대양의 습한 가장자리를 덮고 있었다. 다음 수백만 년에 걸쳐, 서식지에 대한 경쟁으로 인해 건조한 땅에서 생존할 수 있도록 하는 적응이 진화했다. 현대의 차축조류는 그 당시 살았던 이 조상 조류—모든 육상 식물의 조상—와 닮았을 것이다.

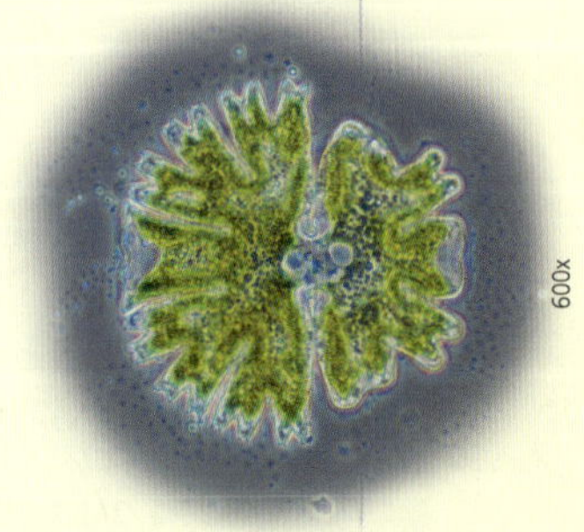

차축조류
(*Micrasterias furcata*)

1 4억 7,000년 전: 비관다발 식물
최초로 진화한 식물 그룹은 선태식물(bryophytes; 이끼류)로서, 얇게 깔려서 자라는 경향을 보이는(매트 형성) 비관다발 식물(nonvascular plant)이었다. 현대 식물의 예로, 이끼류(mosses), 우산이끼류(liverworts), 그리고 뿔이끼류(hornworts)가 속한다. 다른 모든 현대 식물과 마찬가지로, 선태식물은 수분 손실을 줄이는 왁스성 외부층 같이, 건조한 땅에서 생존할 수 있도록 하는 몇 가지 적응을 가진다. 선태식물은 유영하는 정자를 이용하기 때문에, 생식하기 위해서는 물이 꼭 필요하다.

솔이끼
(*Polytrichum commune*)

뿔이끼
(*Anthoceros sp.*)

2 4억 2,500만 년 전: 종자가 없는 관다발 식물
관다발 조직과 리그닌(lignin)으로 단단해지는 세포벽의 진화로, 식물이 더 크게 자랄 수 있었다. 현대의 양치식물(fern)은 이런 식물의 한 예로, 종자는 만들지 않지만 관다발 조직은 가진다. 5천만 년 이상에 걸쳐 육지에는 양치식물 숲이 번성했다.

태즈메니아의 나무 고사리(tree fern)
(*Dicksonia antarctica*)

털개관중
(tassel fern)
(*Polystichum polyblepharum*)

농업의 발달로 마다가스카르에서만 사는 속씨식물인 바오밥 나무(*Adansonia grandidieri*)가 위협받고 있다.

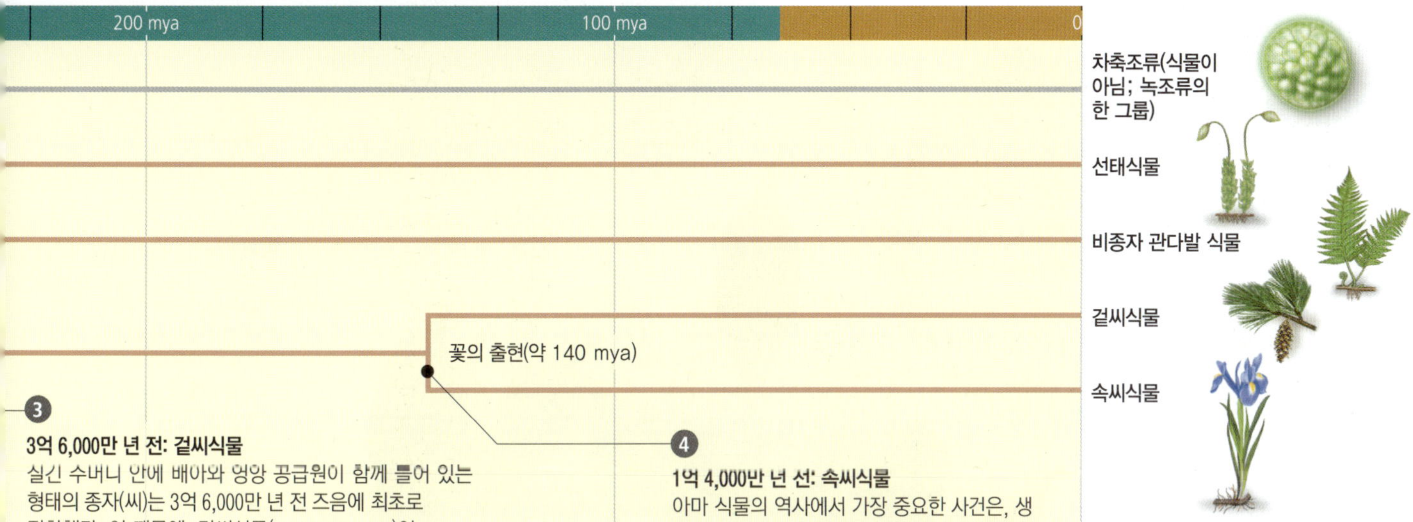

3

3억 6,000만 년 전: 겉씨식물

싣긴 수버니 안에 배아와 영양 공급원이 함께 들어 있는 형태의 종자(씨)는 3억 6,000만 년 전 즈음에 최초로 진화했다. 이 때문에, 겉씨식물(gymnosperm)이라고 불리는 최초의 종자식물이 물 근처(생식 때문에)에서 해방되어 광대한 새로운 영토로 진출할 수 있었다. 현대의 겉씨식물에는 솔방울을 만드는 나무인 침엽수가 포함된다.

지중해 사이프러스
(*Cupressus sempervirens*)

미송(douglas fir)
(*Pseudotsuga menziesii*)

4

1억 4,000만 년 전: 속씨식물

아마 식물의 역사에서 가장 중요한 사건은, 생식 기관인 꽃의 진화였을 것이다. 복잡한 생식 기관인 꽃은, 꽃식물(현화식물)인 속씨식물을 정의하는 특징이다. 오늘날, 육상에는 속씨식물이 압도적으로 많다: 현생 식물 중 대다수 거의 모든 중요 식용작물을 포함—는 모두 속씨식물이다.

서양매발톱(*Aquilegia* sp.)

해바라기
(*Helianthus annuus*)

! 식물학자들은 현생 288,000종의 식물에 이름을 부여했다. 이 중 250,000종은 꽃식물이다.

요점

▶ 식물의 진화사에서는 육상생활에 적합한 특징들의 연속적 출현으로 현대의 네 가지 식물 그룹들이 생겨났다: 선태류, 종자가 없는 관다발 식물, 겉씨식물, 속씨식물.

? 우리 냉장고에서 발견할 가능성이 가장 높은 것은 어떤 그룹의 식물에서 얻은 것이겠는가?

답: 속씨식물

9.7 선태류(이끼류)는 종자와 관다발이 없는 식물이다

약 4억 7,000만 년 전 즈음에 조류로부터 최초의 식물이 진화했다. 이 식물들은 육상에서 살기 위한 두 가지 중요한 적응을 갖추고 있었다: 왁스가 포함된 바깥층은 수분을 보유할 수 있도록 도왔고, 배우자와 배아를 보호하기 위한 내부구조가 있었다. 그러나 이 첫 번째 식물 그룹은 종자나 관다발(수송용) 조직같이 오늘날의 일반적인 구조는 가지고 있지 않았기 때문에, 물 근처에서 살아야만 했고, 습지 환경에서만 생존할 수 있었다. 현대의 식물들은 우리가 **선태식물**(bryophytes, **이끼식물**)이라고 부르는 이런 첫 번째 식물들과 가장 가까운 친척들이다. 그 조상들과 마찬가지로, 현대의 선태식물들은 습한 서식처에서만 자랄 수 있다.

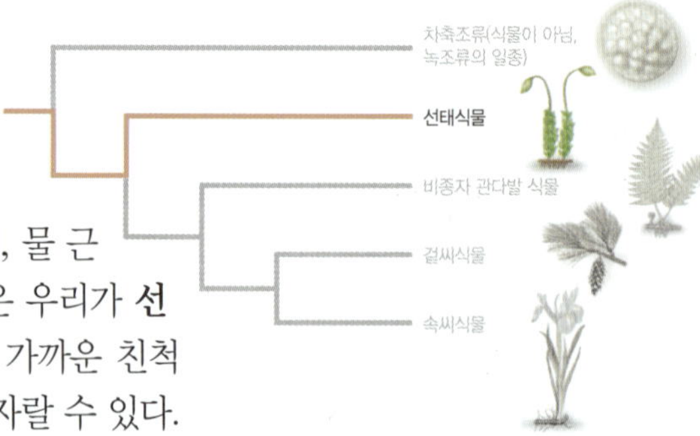

선태식물의 해부구조

선태식물은 두 가지의 독특한 형태로 나타난다. 녹색 스펀지 같은 식물이 바닥 근처에서 매트(아마 여러분은 이것을 깃털 같은 "이끼"라고 생각할 것이다)를 형성하는데 이것은 **배우체**(gametophyte)라고 부르는 것이다. 다른 형태는 **포자체**(sporophyte)라고 하는 것으로, 끝에 주머니(capsule)가 달린 자루를 가진다; 아마 이끼 매트를 자세히 살펴보면 삐죽 튀어나온 이런 구조를 발견할 수 있을 것이다.

포자낭(spore capsule)
선태식물은 포자낭 안에 저장된 **포자**(spore)를 이용하여 생식한다. 방출된 후에는 포자가 새로운 배우체 식물로 발달할 수 있다.

포자체(sporophyte)
포자체의 세포는 이배체(diploid)로서, 서로 짝을 이루는 두 세트의 염색체를 가진다. 포자체는 포자(spore)를 생산하는데, 이것은 한 세트의 염색체만 가진 반수체 생식세포이다. 포자는 거친 환경에서도 생존할 수 있지만, 다음 세대를 만들려면 물이 꼭 필요하다.

큐티클(cuticle)
모든 육상 식물처럼, 선태식물 역시 **큐티클**이라고 불리는 왁스층을 가진다. 이것은 식물체 내에 수분을 보유할 수 있도록 돕는다.

매트(mat) **형성**
대부분의 식물이 세포벽을 단단하게 하는데 이용하는 화학물질인 리그닌(lignin)이 없으므로, 선태식물은 크게 자랄 수가 없다. 대신, 그들은 서로서로를 지지하는 많은 수의 개체들이 낮고 빽빽하게 깔개(mat)처럼 자란다.

배우체(gametophyte)
배우체는 대부분의 선태식물 생활사에서 우세한 형태이다. 그 세포들은 반수체라서 상동 염색체를 갖지 않는다. 그 이름이 시사하는 것처럼, 배우체는 반수체의 배우자(gametes; 정자와 난자)를 생산한다. 일단 방출 후에는, 물에 들어 있지 않으면 정자가 말라버릴 수 있다. 따라서 선태식물의 생식에는 습기가 많은 환경이 필수적이다.

여러 가지 선태식물

이끼(moss)
가장 흔한 선태식물은 이끼류 식물이다. 여기 보이는 것은 물이끼(Sphagnum)인 *Sphagnum palustre*로, 늪지에서 자란다. 수백 년간 축적된 죽은 이끼들은 채굴되어 "이탄토(peat moss)"로 정원사들에게 팔린다. 수분을 흡수하고 보유하는 능력이 크기 때문이다.

우산이끼(liverwort)
이파리 같은 우산이끼 *Lophocolea heterophylla*는 지금까지 동정된 약 9,000종의 우산이끼 중 하나이다. 이것은 젖은 나무껍질에서 자란다.

뿔이끼(hornwort)
마당의 뿔이끼(*Anthoceros agrestis*)는 뿔 모양의 포자체를 가진다. 약 100종의 뿔이끼가 알려져 있다.

! 이탄 습지 내에서는 잘 보존된 "늪지 미라(bog body)"가 발견된다.

세대교번

식물은 우리와는 매우 다른 생활사를 갖는다: 배우체(gametophyte)와 포자체(sporophyte)가 서로를 생산하면서 교대로 나타난다. 배우체는 염색체들을 한 벌만 가지는 반수체인 반면, 포자체는 두 벌 모두 가지는 이배체이다. 세대교번(alternation of generation)이라고 불리는 생활사 형태는 식물과 다세포성 녹조류의 독특한 특징이다.

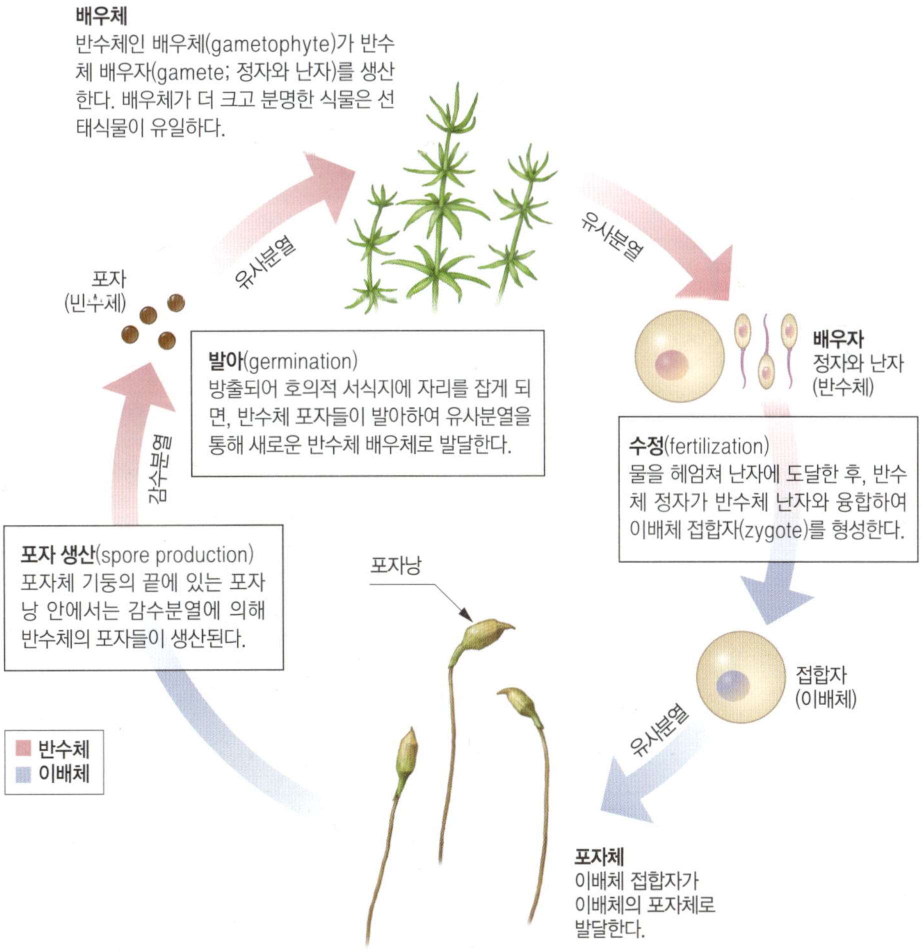

요점

▶ 이끼는 가장 흔한 선태식물로서 종자가 없는 비관다발 식물이다. 선태류의 생활사는 분리된 반수체(배우체)와 이배체(포자체) 세대가 서로를 생산하며 교대로 나타나는 세대교번을 나타낸다.

? 이끼가 깔린 매트를 본다면, 어떤 구조를 보고 있는 것인가? 그것의 세포는 이배체일까 반수체일까?

답: 배우체를 보는 것으로, 이들의 세포는 반수체이다.

9.8 관다발 조직은 물과 양분을 수송한다

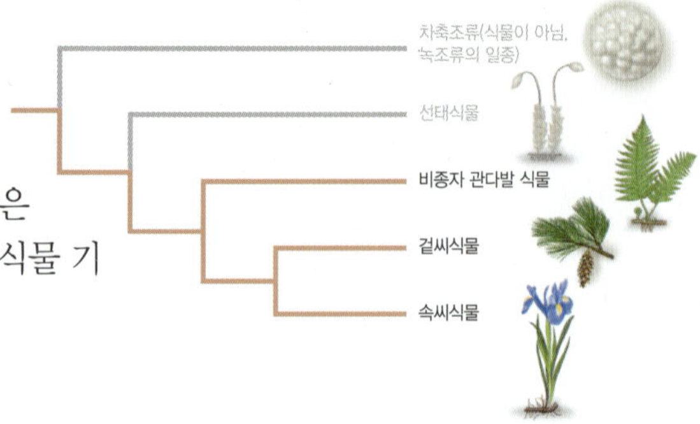

육상에서 살아가는 식물의 가장 주된 문제 중 하나는, 필수적인 물질(물, 무기물, 당 같은)을 몸체의 먼 곳까지 분배하는 것이다. 식물의 수송체계로 작용하는 도관계인 **관다발 조직**(vascular tissue)은, 육상 식물의 가장 중요한 진화적 적응 중 하나이다. 거의 모든 식물—이끼 같은 선태식물은 제외하고—이 관다발 조직을 갖는다. 관다발 조직 내에서는, 식물 기관 사이에서 물질을 이동시키기 위한 여러 가지 방법이 사용된다.

체관과 물관

관다발조직계는 두 가지 형태의 특수화된 조직을 포함한다: 물관과 체관이다. **물관**(xylem)은 죽어서 속이 빈 세포들을 포함한다. 이 세포들은 미세한 파이프처럼 늘어서서 뿌리로부터 물과 무기물을 수송한다. **체관**(phloem)은 살아 있는 세포를 포함하고 있으며, 양분이 만들어진 곳이나 저장된 곳에서, 식물이 필요로 하는 부분으로 당을 수송한다.

! 사탕단풍나무의 수액을 모아 끓여서 40배로 농축한 것은 단풍시럽으로 팔린다.

체관: 당의 수송

체관(phloem)은 살아 있는 당 수송 세포들로서 끝에서 끝으로 연결되어 긴 관을 만든다. 체관 내 수액—당 용액(주로 설탕)과 물에 녹아 있는 다른 영양분—은 이 관을 통해 흐른다. 체관 수액(phloem sap)은 항상 **당 공급원**(sugar source)—당이 만들어지는 광합성 잎이나 당을 저장하는 뿌리 같은 기관처럼, 당이 있는 곳—에서 **당 배출지**(sugar sink)—성장 중인 말단부처럼, 당이 사용되는 식물 부분—로 흐른다. 체관 내에서는 당이 항상 공급지에서 배출지로 흐르는 것이다. 괴경(저장 뿌리) 등 일부 구조는, 여름에는 당배출지였다가, (과량의 당이 저장됨에 따라) 봄에 저장된 당이 식물의 재성장에 사용될 때는 당공급원이 될 수 있다.

사탕무(*Beta vulgaris*)

물관: 증산작용

잘 자라기 위해서, 식물은 대량의 물을 뿌리로부터 싹의 가장 끝까지 수송해야만 한다. 물관 내에서 수송되는 물과 무기질의 혼합물을 물관 수액(xylem sap)이라고 한다. 물관 수액은 **증산**(transpiration)을 통해 식물의 몸체를 통과해 이동한다. 증산작용은 물리적인 힘을 이용하여 뿌리에서 잎의 끝까지 길게 늘어선 물줄기들을 이동시키는 매우 효율적인 과정이다. 증산작용의 과정을 이해하기 위해, 아래 그림의 뿌리 근처에서부터 번호순으로 따라가 보라.

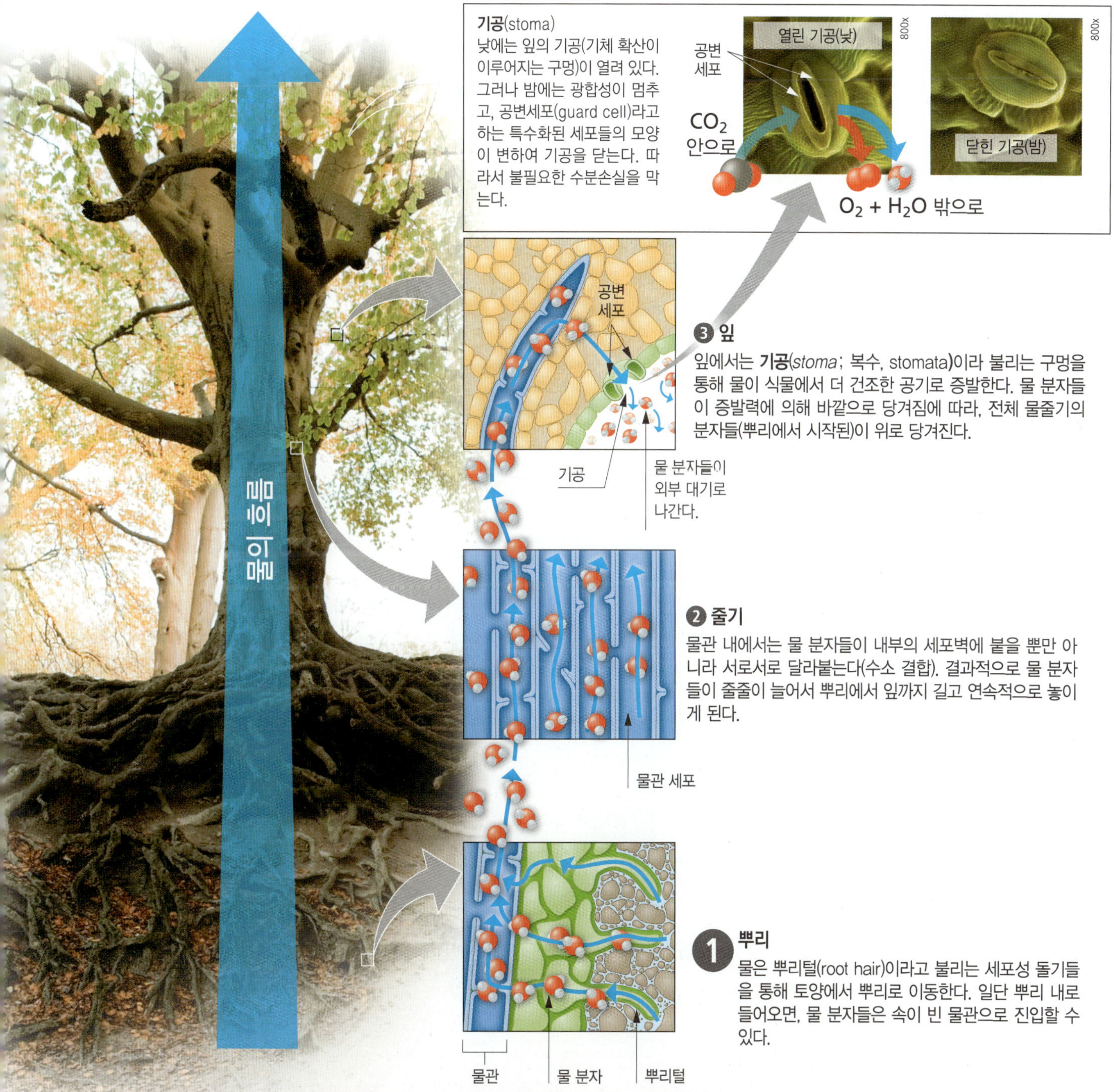

❸ 잎

잎에서는 **기공**(*stoma*; 복수, stomata)이라 불리는 구멍을 통해 물이 식물에서 더 건조한 공기로 증발한다. 물 분자들이 증발력에 의해 바깥으로 당겨짐에 따라, 전체 물줄기의 분자들(뿌리에서 시작된)이 위로 당겨진다.

❷ 줄기

물관 내에서는 물 분자들이 내부의 세포벽에 붙을 뿐만 아니라 서로서로 달라붙는다(수소 결합). 결과적으로 물 분자들이 줄줄이 늘어서 뿌리에서 잎까지 길고 연속적으로 놓이게 된다.

❶ 뿌리

물은 뿌리털(root hair)이라고 불리는 세포성 돌기들을 통해 토양에서 뿌리로 이동한다. 일단 뿌리 내로 들어오면, 물 분자들은 속이 빈 물관으로 진입할 수 있다.

요점

▶ 관다발 조직은 대부분의 육상 식물이 물과 양분, 그리고 기타 물질을 식물의 몸체 전반으로 수송하도록 한다. 물관은 뿌리로부터 얻은 물과 무기물을 수송한다. 체관은 주로 당분을 수송한다.

? 식물은 뿌리에서 잎으로 물을 수송할 때 에너지를 사용해야만 하는가?

답: 아니오. 물리적인 특성들(물의 증발과 물 분자들끼리 서로 붙는 성질 같은)이 필요한 모든 힘을 제공한다.

양치식물은 종자가 없는 관다발 식물이다

최초의 육상 식물이 출현하고 약 5,000만 년 후, **비종자 관다발 식물**(seedless vascular plants)의 출현과 함께 식물의 주된 진화적 도약이 발생했다. 이 식물은 그 이전의 식물에서는 발견되지 않았던 두 가지의 중요한 적응을 가지고 있었다: 리그닌(lignin)에 의해 경화되는 지지성 세포들은 식물을 곧게 세워 크게 자랄 수 있도록 했으며, **관다발 조직**(vascular tissue)은 물과 양분의 장거리 수송을 가능하게 함으로써 식물체 전체에 물질을 공급할 수 있게 되었다. 오늘날, 비종자성 관다발 식물에는 두 그룹이 존재한다: 석송(lycophytes)과, 훨씬 더 흔한 양치식물(fern)이다.

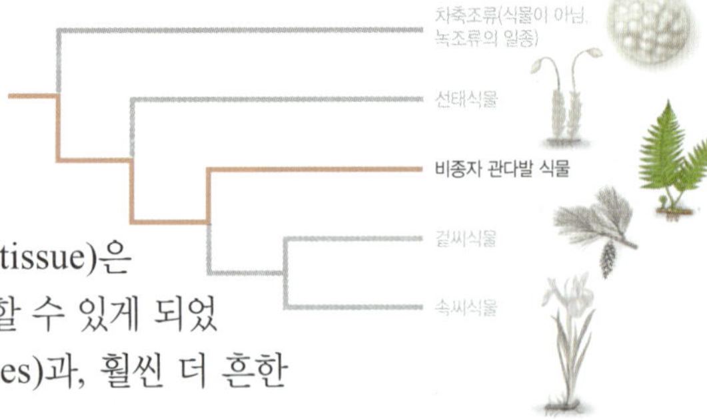

양치식물의 해부구조

양치식물들은 육상 서식지에서 생존할 수 있게 했던 첫 번째 특징을 나타낸다: 수분 보유를 가능케 한 왁스성 큐티클 층과, 배우자와 배아가 식물체의 내부에서 발달하도록 한 구조이다. 비종자 관다발 식물은 여기에 새로운 적응을 추가적으로 드러낸다—리그닌과 관다발 조직이다. 이런 특징은 식물들을 더 먼 육지 안쪽으로 진출하게 했다.

관다발 조직
(vascular tissue)
관다발 조직의 도관은 물과 양분을 식물의 몸체로 수송한다.

포자낭
(spore capsule)
양치식물 잎의 뒷면에 붙은 구조는 엄청난 수의 포자(반수체 성 생식세포)를 포함하고 있다.

포자체(sporophyte)
숲에서 일반적으로 만나게 되는 양치식물은 포자체 세대이다.

엽상체(frond)
큰 잎은 중앙의 맥으로부터 뻗어 나간 작은 소엽들을 가진다.

리그닌(lignin)
양치식물의 세포는 **리그닌**(lignin)이라고 불리는 복잡한 유기 중합체로 인해 단단해진다. 이것은 식물이 곧게 일어서 크게 자랄 수 있게 했다.

뿌리(roots)
잘 발달한 뿌리계로부터 흡수된 물과 무기물이, 관다발계를 통해 식물체의 나머지 부분으로 수송된다.

배우체(gametophyte)
양치식물의 배우체는 토양 표면이나 그 바로 아래에서 자라는 아주 작은 식물이다.

여러 가지 비종자 관다발 식물

석송(lycophyte)
좀다람쥐꼬리 석송(*Huperzia selago*) 같은 석송식물은 약 4억 1,000만 년 전에 처음으로 출현했다. 이들은 관다발 식물 중 가장 오래 살아남은 식물 그룹이다.

석탄기 삼림(carboniferous forest)
석탄기(3억 6,000만 년 전~3억 년 전) 중에는 고대의 양치식물과 기타 비종자 관다발 식물들이 (여기 작가의 작품에서처럼) 광대한 열대우림을 형성했다. 화석화된 이 식물의 잔해는 점차 단단해져 석탄이 되었다.

양치식물(fern)
이 줄고사리(*Polystichum munitum*) 같은 현대의 양치식물은 열대지역이나 온대의 삼림지역에서 많이 자란다.

양치식물의 생식

더 먼 내륙에서 생존할 수 있는 몇 가지 적응적 특징을 가지고 있긴 했으나, 비종자 관다발 식물은, 이보다 먼저 기원했던 선태식물처럼, 생식을 위해서는 물을 떠날 수가 없었다. 양치식물은 수정을 일으키기 위해서는 수분이 있는 환경을 요구하는데, 그들의 정자가 채찍형 편모를 가지고 있어서 난자에 도달하기 위해서는 물을 통해 헤엄을 쳐야만 하기 때문이다. 선태식물처럼, 양치식물도 배우체와 포자체가 서로를 생산하며 교대로 나타나는 세대교번을 한다.

! 고사리(어린 양치식물의 말린 엽상체)를 샐러드에 첨가하면, 섬유질이 풍부한 건강한 음식이 될 수 있다.

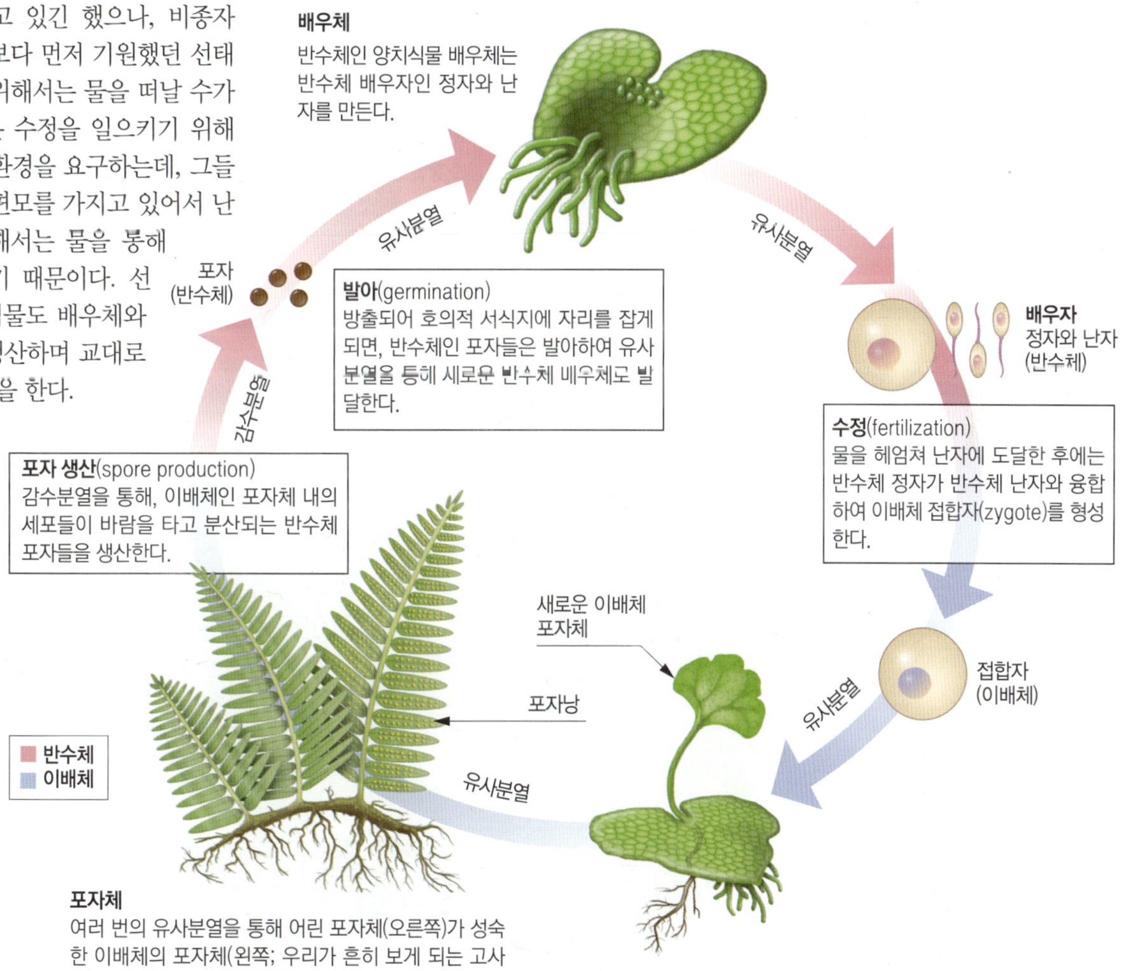

요점

▶ 비종자 관다발 식물은 육상에서의 생활을 위한 몇 가지 중요한 적응적 특징을 가지는데, 관다발 조직과 리그닌으로 강화된 세포벽 같은 것이다. 양치식물의 생식은 세대교번을 포함하며, 수분이 있는 환경을 요구한다.

? 왜 양치식물은 사막에서는 번성하지 못할까?

답: 비종자 관다발 식물은, 난자에 닿기 위해 물을 건너 헤엄을 쳐야만 하는 정자를 방출하기 때문이다. (즉, 생식 과정에 물이 필수적이다.)

종자를 처음 진화시킨 식물은 겉씨식물이었다

종자를 가진 최초의 식물들은 약 3억 6,000만 년 전 즈음에 진화했다. 보호성 껍질 안에 식량 공급원과 함께 들어 있는 배아로 구성되는 **종자**(seed, **씨**)는, 식물이 육상 전체에 걸쳐 다양한 새 서식지로 퍼져나갈 수 있도록 한 가장 중요한 적응 중 하나이다. 발달 중인 배아가 종자 안에서 보호되므로, 종자식물은 물 곁에서 생식해야 할 필요가 없어졌다. 가장 성공적인 최초의 종자식물은 **겉씨식물**(gymnosperms)이었으며, 이들은 솔방울 안에 종자를 저장한다. 겉씨식물은 여러 가지 익숙한 상록수를 포함한다. 상록수(evergreens)는 일 년 내내 잎을 보유한다.

겉씨식물의 해부구조

이 겉씨식물은 두 가지 형태의 솔방울(cone)을 가진다: 밑씨(ovule)를 생산하는 것과 화분(pollen)을 생산하는 것이다.

밑씨 생산 솔방울(ovule-producing cone)
비늘잎(scale)이 수분(pollination) 후에 종자로 발달할 세포(ovules)를 포함하고 있다.

종자(seed)
정자가 도달한 후에는, 밑씨(ovule)—암 솔방울의 비늘잎에 위치하는—가 종자(씨)로 발달한다. 종자는 배아(embryo), 공급 식량, 그리고 좋은 조건이 발아를 촉진할 때까지 생존할 수 있도록 하는 튼튼한 외부조직을 포함한다.

바늘잎(needles)
겉씨식물이 가지는 바늘 모양의 잎은 두꺼운 큐티클과 움푹 들어간 기공을 갖는다. 이 두 가지 적응은 겉씨식물이 건조한 기간을 견디는 데 도움을 준다. 심지어 겨울에도 바늘잎은 광합성을 수행할 수 있다.

화분 생산 솔방울
(pollen-producing cone)
이 솔방울은 한 번에 수백만 개의 화분립(pollen grain)을 방출한다.

화분(pollen)
한 개의 화분립(pollen grain)은 정자로 발달할 세포들을 가진다. 바람에 날리는 풍매성 화분은 정자를 난자로 실어 나른다. 이런 적응은 겉씨식물이 물 없이도 생식할 수 있도록 한다.

목재(wood)
겉씨식물은 종종 두꺼운 나무둥치를 가진다. 이들은 리그닌으로 단단해진 관다발 조직으로 구성되어 있다. 이런 목재는 나무를 튼튼하게 지지하며 통나무로 수확될 수도 있다.

여러 가지 겉씨식물

비록 남반구에서는 그 숫자가 적지만, 겉씨식물로 이루어진 거대한 숲은 북미, 유럽, 그리고 아시아 영토의 많은 부분을 덮고 있다. 여러분은 아마도 겉씨식물에서 수확한 상품을 매일 사용하고 있을 것이다. 건축자재나 종이를 만드는 목재 펄프는 일상생활에 없어서는 안 되는 것이다.

침엽수(conifers; 구과류-솔방울을 만드는 나무)
대부분의 겉씨식물은 침엽수로서, 소나무, 가문비나무, 삼나무, 미국삼나무, 그리고 전나무 등처럼 솔방울(cone)을 만든다.

브리슬콘 소나무(bristlecone pine)
브리슬콘 소나무(소나무속에 들어가는 3가지 종)는 캘리포니아 자생이며 4,500년 이상 살 수 있어서 지구에서 가장 오래된 생물 중 하나로 뽑힌다.

소철류(cycads)
열대지방에서 많이 자라는 겉씨식물 그룹인 소철은, 매우 느리게 자라며 1,000년 이상 살기도 한다.

미국삼나무(redwood)
연안성 미국삼나무(*Sequoia sempervirens*)는 북부 캘리포니아 자생이며, 세계에서 가장 크게 자라는 나무다. 100 m 가까이 높게 자란다.

겉씨식물의 생식

대부분의 겉씨식물에서, 솔방울은 모든 생식단계를 가진다: 포자, 난자, 정자, 접합자, 그리고 배아 등이 솔방울 안에 있다. 일반적인 겉씨식물은 암배우체와 수배우체를 만드는 두 가지 솔방울을 가진다.

! 단 한 그루의 미국삼나무는 지금까지 살았던 가장 큰 동물(흰긴수염고래)보다 6배나 더 무거울 수 있다.

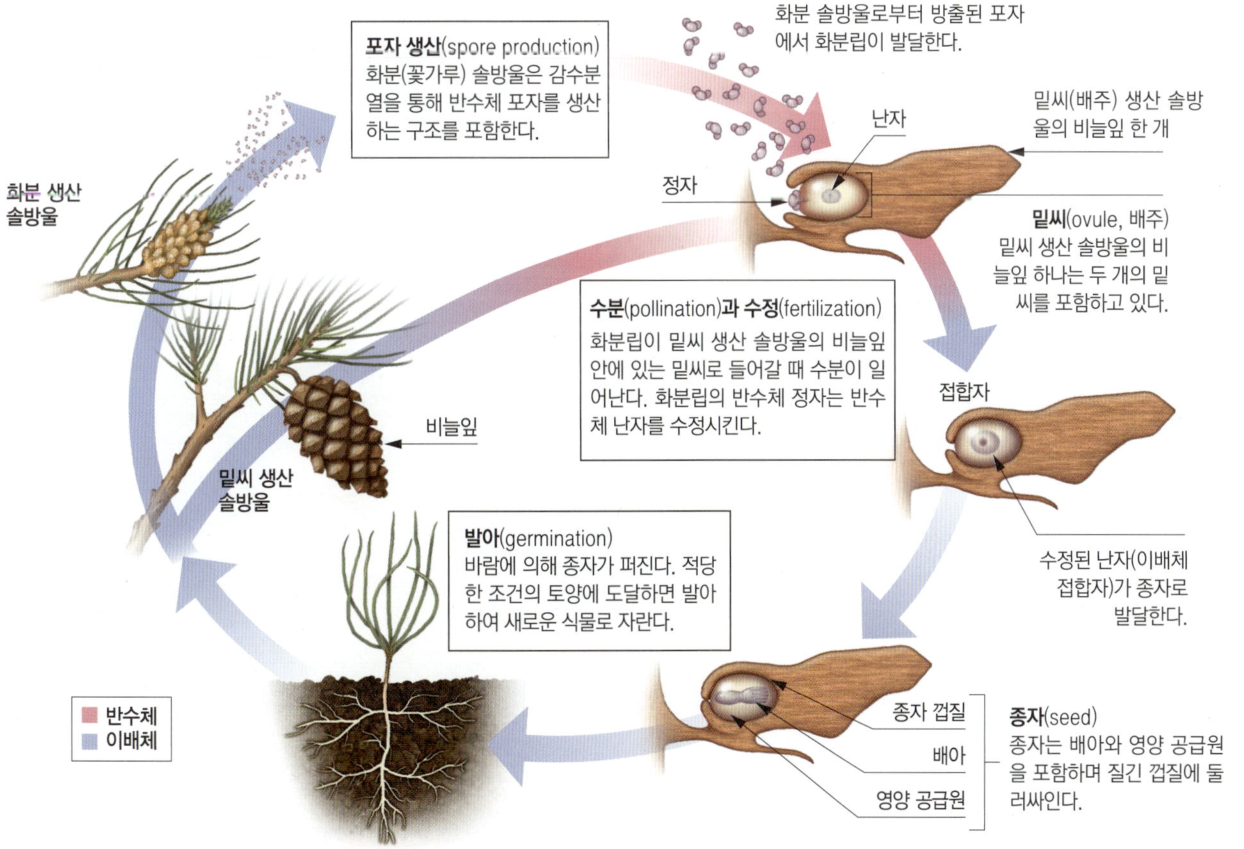

요점

▶ 겉씨식물(솔방울이 생기는 식물-구과류)은 자신의 배아를 종자에 품었다. 종자는 배아 발달을 위한 식량과 보호성 외피를 가진다. 수정은 꽃가루가 공기 중에 방출되어 솔방울의 인편에 있는 밑씨와 접촉한 후에 일어난다.

? 소나무 꽃가루에 알러지를 보이는 사람은 정확히 무엇에 대해 반응을 일으킨 것인가?

답: 겉씨식물의 정자를 포함한 생식구조물.

9.11 현대 경관에서 가장 흔한 식물은 속씨식물이다

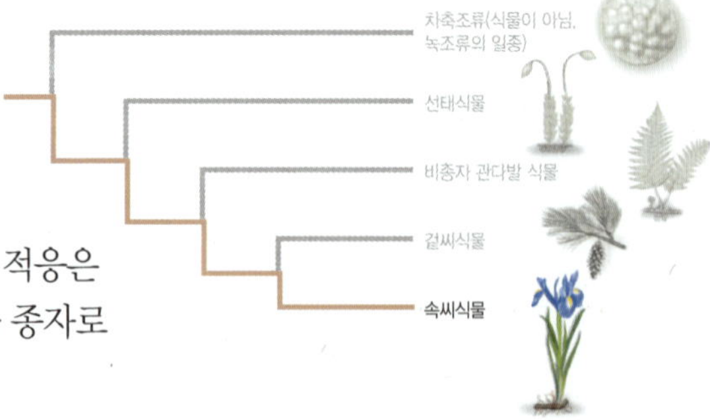

현생 식물 대다수(25만 종이 넘으며 계속 늘고 있다)는 **속씨식물**(angiosperms)인 꽃 피는 식물(flowering plants, 현화식물)이다. 약 1억 4,000만 년 전, 꽃의 진화 이래로, 속씨식물은 지금까지 경관을 우점하고 있다. 현대 사회가 의존하고 있는 셀 수 없이 많은 생산물뿐 아니라, 우리 음식 대부분은 속씨식물로부터 얻은 것이다. 속씨식물의 가장 중요한 적응은 **꽃**(flower)이다. 이것은 복잡한 생식구조로서, 씨방을 가지고 있으며 열매와 종자로 발달한다.

속씨식물의 해부구조

속씨식물은 익숙한 구조를 많이 가지고 있지만, 이 식물 계통을 구분하게 해주는 것은 생식구조인 꽃이다.

> **!** 속씨식물인 옥수수는, 전 세계적으로, 다른 어떤 식물보다도 더 많은 에너지를 인간에게 제공한다.

외떡잎식물 VS. 쌍떡잎식물

식물학자는 속씨식물을 두 가지 그룹으로 나눈다: 외떡잎식물(단자엽식물)과 쌍떡잎식물(쌍자엽식물)이다. **외떡잎식물**(monocot)의 배아는 하나의 **떡잎**(cotyledon, **자엽**)을 가진다. 이것은 싹튼 종자에서 최초로 출현하는 잎이다. **쌍떡잎식물**(dicot)의 배아는 두 개의 떡잎을 가진다. 이 두 그룹 사이에는 여러 가지 구조적 차이가 있다.

여러 가지 속씨식물

속씨식물은 과일, 채소, 견과류, 장과류, 콩류, 그리고 곡식 같은 우리 식량 작물 대다수를 포함한다.

서양 억새(*Cortaderia selloana*)

아스파라거스 (*Asparagus officinalis*)

백년초 선인장 (*Opuntia ficus-indica*)

코코넛 야자(*Cocos nucifera*)

요점

▶ 속씨식물은 현대의 경관 대부분을 차지하는 식물이다. 속씨식물이 가진 중요한 적응적 특징은 꽃으로서, 발달 중인 종자를 보호하는 생식 기관이다. 속씨식물 그룹에 속하는 쌍떡잎식물과 외떡잎식물은 그 해부구조에서 차이를 보인다.

? 풀에서 나무까지 모든 속씨식물이 공유하는 중요한 생식적 특성은 무엇인가?

답: 모든 속씨식물은 생식구조인 꽃을 가진다.

9.12

꽃, 열매, 그리고 종자는 속씨식물의 생식을 돕는다

만약 사랑하는 사람에게 꽃 한 다발을 선물한다거나, 혹은 과일 한 바구니를 준다면, 그 선물의 진짜 본질은 무엇일까? 꽃과 열매—그들의 유혹적인 냄새, 색깔, 그리고 맛—는 모두 한 가지를 위한 것이다: 생식. 장미에서 돼지풀까지, 꽃은 식물의 성 기관을 가지며 그것을 사용할 수 있도록 한다. 맛있는 과일의 발달은 종자(식물의 배아)의 확산을 돕는다. 사실, 식물은 자신의 생식을 위해 다른 힘—바람, 물, 그리고 동물—을 이용하는 여러 방법을 진화시켰다.

꽃의 해부구조

꽃의 여러 부위(꽃받침, 꽃잎, 수술, 그리고 암술)는 실제로는 변형된 잎이다.

열매

수정이 일어난 후에는 씨방이 팽창하고 두꺼워져 종자 주위에 보호성 껍질을 만든다. 성숙한 씨방은 이제 **열매**(fruit, 과일)라고 불리며, 종자를 보호할 뿐 아니라 동물을 유혹함으로써 종자 산포를 돕는다. 동물이 과일을 먹은 후에 일반적으로, 소화되지 않은 종자를 부모 식물로부터 먼 곳에 배출한다(비료와 함께). 과일은 꽃이나 마찬가지로, 오직 속씨식물만 가진다.

채소(vegetable)란 무엇인가?

"채소"란 용어는 생물학적인 용어라기보다는 요리용 단어다. 채소는 음식을 만드는 데 사용되는 식물체의 일부분이다. 여기에는 뿌리(당근 같은), 줄기(셀러리처럼), 잎(상추 같은), 혹은 열매(토마토, 고추, 가지 등)가 포함된다.

과일은 콩이나 견과류 그리고 곡물처럼 단단하거나 건조할 수도 있고, 부드럽고 즙이 많은 것(포도, 바나나, 사과 등)일 수도 있다.

수정(fertilization)
두 개의 반수체 정자가 밑씨로 들어가며 그중 하나가 난자 하나와 수정되어 이배체 접합자(zygote)를 만든다. 다른 하나는 나머지 세포들과 융합하여 배젖(endosperm)을 형성한다.

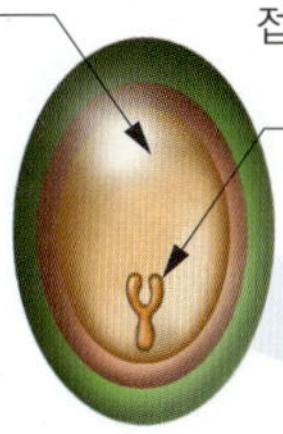

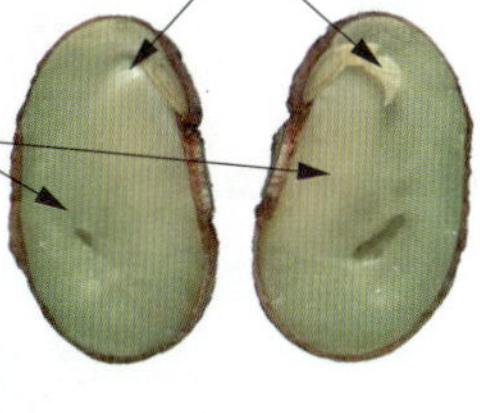

2005년, 식물학자들은 중동의 한 궁전에 2,000년 동안 저장되어 있던 야자 씨를 발아시키는 데 성공했다.

발아(germination)
조건이 적당하면, 종자의 발아가 시작된다: 종자는 물을 흡수하여 팽창하고 내부의 배아는 생장을 개시한다.

종자

겉씨식물(소나무나 기타 다른 침엽수들)과 속씨식물(꽃식물)은 종자(seeds)를 가진다. 그러나 속씨식물의 종자만이 씨방 내에서 보호를 받는다. 산포가 이루어지면, 종자는 환경이 좋아질 때까지 장기간 휴면 상태로 존재할 수 있다. 조건이 좋아져 종자가 발아하면(싹트기) 배아 식물은 묘목(seedling, 어린 식물)으로 나타난다.

요점

▶ 꽃은 속씨식물의 생식 기관이다. 꽃의 내부 구조는 꽃가루를 만들고, 수정을 위해 꽃가루를 받아들이며, 발달 중인 배아를 담아 보관한다. 배아는 결국 종자에 담겨 퍼지게 된다.

? 꽃, 열매, 그리고 종자 간의 관계를 한 문장으로 설명하라.

답: 수정 후에는 꽃의 씨방이 열매로 변화하여 종자를 감싼다.

9.13

속씨식물은 길이 생장과 부피 생장을 보인다

대부분의 동물은 일정 크기까지만 자라고 성장을 멈춘다. 그러나 많은 식물은 그들이 사는 동안은 계속해서 자란다. 따라서 식물은 엄청난 크기까지 자라 넓은 지역을 덮는다. 여기서는 속씨식물의 생장 형태와 수명의 차이점에 대해 살펴보자.

속씨식물의 수명

꽃 피는 식물은 그들의 수명에 따라 세 가지 범주로 나뉜다.

일년생(annuals)

옥수수 같은 일년생 식물은 한 번의 생장 계절 내에 종자에서 발아하여, 자라고, 성숙하고, 생식하며, 죽는다.

옥수수 묘목

이년생(biennials)

당근 같은 이년생 식물은 두 번째 해에 꽃과 종자를 만드는 식물이다.

다년생(perennials)

블루베리 같은 다년생 식물은 여러 해 동안 살면서 꽃과 열매를 이용해 생식한다.

1차 생장에 의한 길이 생장

모든 속씨식물에서는, **분열조직**(meristem)이라고 불리는 조직이 생장을 담당한다. 분열조직은 비분화된 세포들을 포함하고 있으며, 이들은 조건이 허락하면, 세포분열(유사분열)을 통해 새로운 세포를 만들 수 있다. 뿌리와 줄기 끝의 분열조직은 식물을 길게 자라게 한다. 이것은 **1차 생장**(primary growth)이라고 불린다.

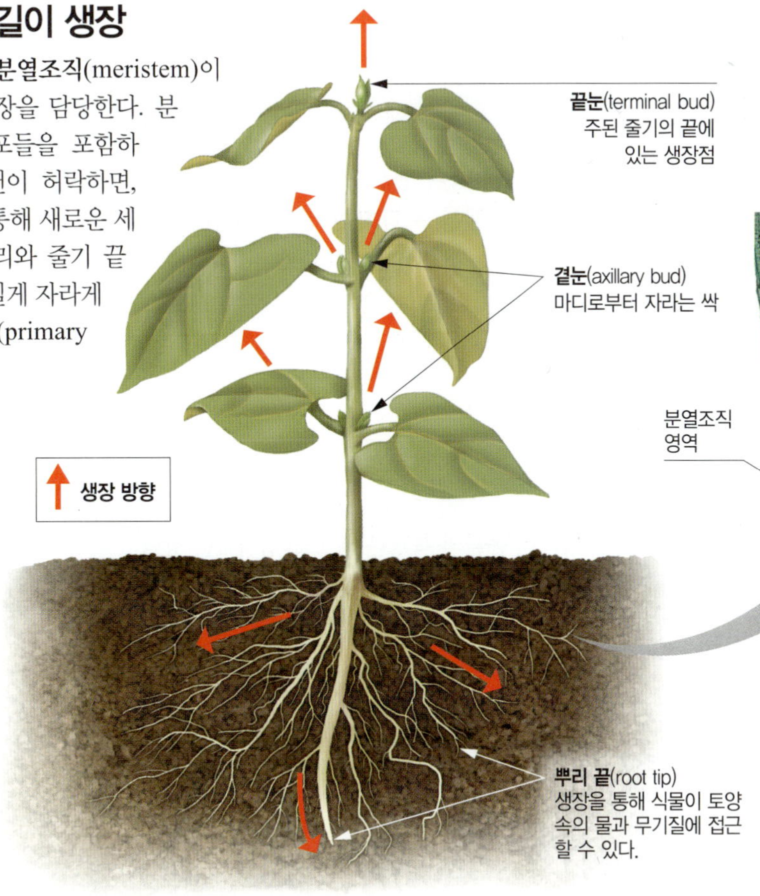

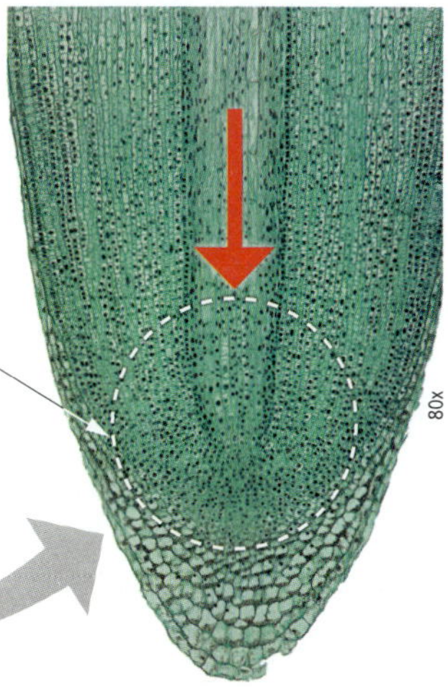

분열조직 내부와 그 주변의 세포들은 분열과 신장에 의해 뿌리 끝을 흙 속으로 밀어 넣는다.

2차 생장으로 굵어지기

2차 생장(secondary growth)은 줄기와 뿌리가 두꺼워지는 것이다. 해마다 분열조직은 새로운 세포층을 만들며, 오래된 세포는 죽는다. 해가 지나면서, 층들이 쌓여 목재를 형성하는데, 이것은 주로 죽은 물관 조직들로 이루어져 있고 식물을 두껍게 만든다. 2차 생장으로 인해 나무의 몸통에 나이테(growth ring)가 축적된다. 나이테는 나무의 나이를 알려줄 뿐 아니라, 원의 두께를 비교함으로써 그 당시의 기후에 대한 통찰을 제공해주기도 한다.

! 나이테 분석은 지구적 기후 변화에 대한 중요한 증거를 제공한다.

나이테(growth ring)
나이테는, 초봄에 자란 목재가 여름에 생산된 것보다 더 얇은 세포벽을 가지며 더 큰 세포들로 되어 있어서 생기는 것이다. 두 종류의 세포 사이에 생기는 경계가 원으로 나타난다.

요점

꽃식물은 그들이 자라는 기간에 따라 한 계절만 자라는 일년생, 두 계절 동안 자라는 이년생, 그리고 많은 계절을 지나는 다년생으로 나뉜다. 식물은 길이로도 자랄 수 있고(1차 생장), 두께로도 자란다(2차 생장).

? 어떤 생장 형태(1차 생장 혹은 2차 생장)가 분열조직에 의한 것인가?

답: 분열조직은 1차 생장과 2차 생장 모두를 일으킨다.

동물은 군체성 원생생물에서 진화한 다세포성 소비자이다

화석 기록과 DNA 증거에 기초하여, 생물학자들은 최초의 동물이 약 6억 년 전에 진화했다고 가설을 세운다. 이 시기에는 원생생물 군체를 포함하여 고대의 바다가 생물로 가득했다. 그런 군체가 최초의 동물로 진화했을 것으로 보인다. 그런데 동물이란 무엇인가? 동물의 형태에는 엄청난 다양성이 있지만, 그들은 모두 동물을 정의하는 특징을 공유한다.

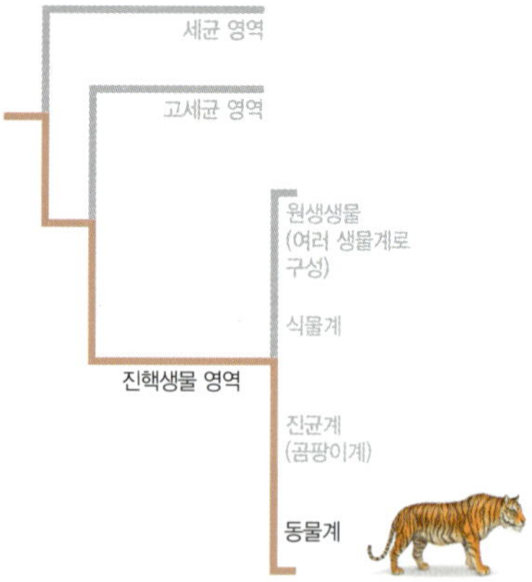

동물의 특징

모든 동물은 공통된 특징을 갖는다. 가장 쉽게 드러나는 동물의 특징은 영양을 섭취하는 방식이다: 모든 동물은 다른 생물을 먹는다. 따라서 이들은 **종속영양생물**(heterotrophs)이다. 이들은 양분과 신체 구성을 위한 물질들을 그들의 환경으로부터 얻는다(식물처럼 자신의 음식을 스스로 만드는 독립영양생물과 반대이다).

포식(Eating)
모든 동물은 여기 치타처럼, 다른 생물의 전부, 혹은 일부를 먹어 소화시킴으로써 양분과 체구성 물질을 얻는다.

신경계(Nervous system)
대부분의 동물은 신체 기능을 조절하도록 돕는 신경계를 가진다.

생식계(Reproductive system)
비록 일부는 무성적으로 생식할 수도 있지만, 많은 동물은 정자와 난자를 결합시키는 유성생식을 한다.

근육(Muscle)
대부분의 동물은 근육조직을 구성하는 근육세포를 갖는다. 근육조직은 동물을 추진시키며, 신체 부분을 움직이도록 한다.

다세포성(Multicellular)
모든 동물은 다세포성이다. 모든 동물은 조직을 가지며, 이것은 특정 기능을 수행하기 위한 많은 수의 비슷한 세포들로 구성된다.

모든 동물은 진핵세포로 구성되어 있다. 각 세포는 핵과 막으로 둘러싸인 소기관을 갖는다.

이배체(Diploid)
대부분의 동물은 핵 안에 상동염색체 쌍을 포함하는 이배체 세포로 되어 있다. 상동염색체 쌍의 각 구성원은 각 부모로부터 물려받은 것이다. 대부분의 동물에서 반수체인 세포는 정자와 난자뿐이다.

발달 단계(Developmental stages)
모든 동물은 배아에서 성체까지의 과정 동안 공통된 단계를 거친다. 이 현미경 사진은 인간의 초기 배아 단계를 보여준다.

동물의 진화

화석 증거와 DNA 분석은, 최초의 동물이 약 6억 년 전 고대의 바다에서 원생생물 군체로부터 진화했음을 시사한다. 이 원생생물은 편모(falgella; 단수, *flagellum*)를 가졌을 것으로 생각되는데, 이것은 물속에서 신체를 추진시키는 데 사용되는 채찍 같은 부속지이다. 이 최초의 동물은 다세포성을 갖추면서 다른 생물을 포식하도록 진화했다. 약 5억 4,000만 년 전쯤, 동물들이 급격하게 다양해진 "캄브리아기 폭발(Cambrian Explosion)"이 발생했다; 비교적 짧은 기간 내에 대단히 다양한 동물들이 진화했다. 일부 계통이 생겨나 한동안 번성했다가 후손을 남기지 않은 채 멸종했다. 그러나 5억 년 전에, 오늘날까지 생존한 구성원들을 가진 대부분의 동물문(phylum)이 확립되었다.

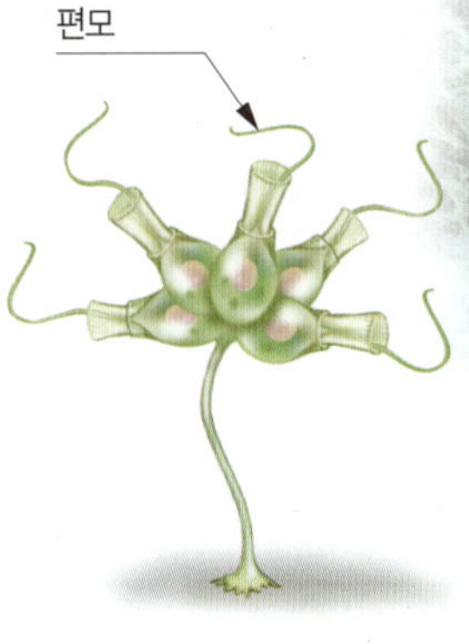

최초의 동물로 진화했던 원생생물 군체는 이 가상적 생물처럼 생겼을 것이다.

캄브리아기의 바다에서 살았던 다양한 동물에 대한 작가의 이 작품은 이 시대의 화석 기록에 기초한 것이다.

많은 수의 삼엽충(*Ellipsocephalus hoffi*) 화석을 포함하고 있는 바위

동물의 진화적 계통수

동물계(animal kingdom)는 **문**(phyla; **단수**, *phylum*)이라는 더 작은 그룹으로 세분할 수 있다. 35개의 동물문, 혹은 알려져 있는 동물문(정확한 숫자는 아직도 논쟁중이다) 중에서, 현존하는 가장 주된 동물은 단 9개의 문으로 묶일 수 있다. 여기 나타낸 계통수는 구조적 특징과 유전적 분석에 기초한 9개 동물문 사이의 유전적 연관관계에 관한 가설을 제시해준다. 각 그룹이 가지는 특정 적응이 각 문의 특성을 결정하지만, 어떤 특징(조직이나 신체의 대칭성 등)은 동물의 진화에서 특정 분기점을 알려주는 광범위한 것이다.

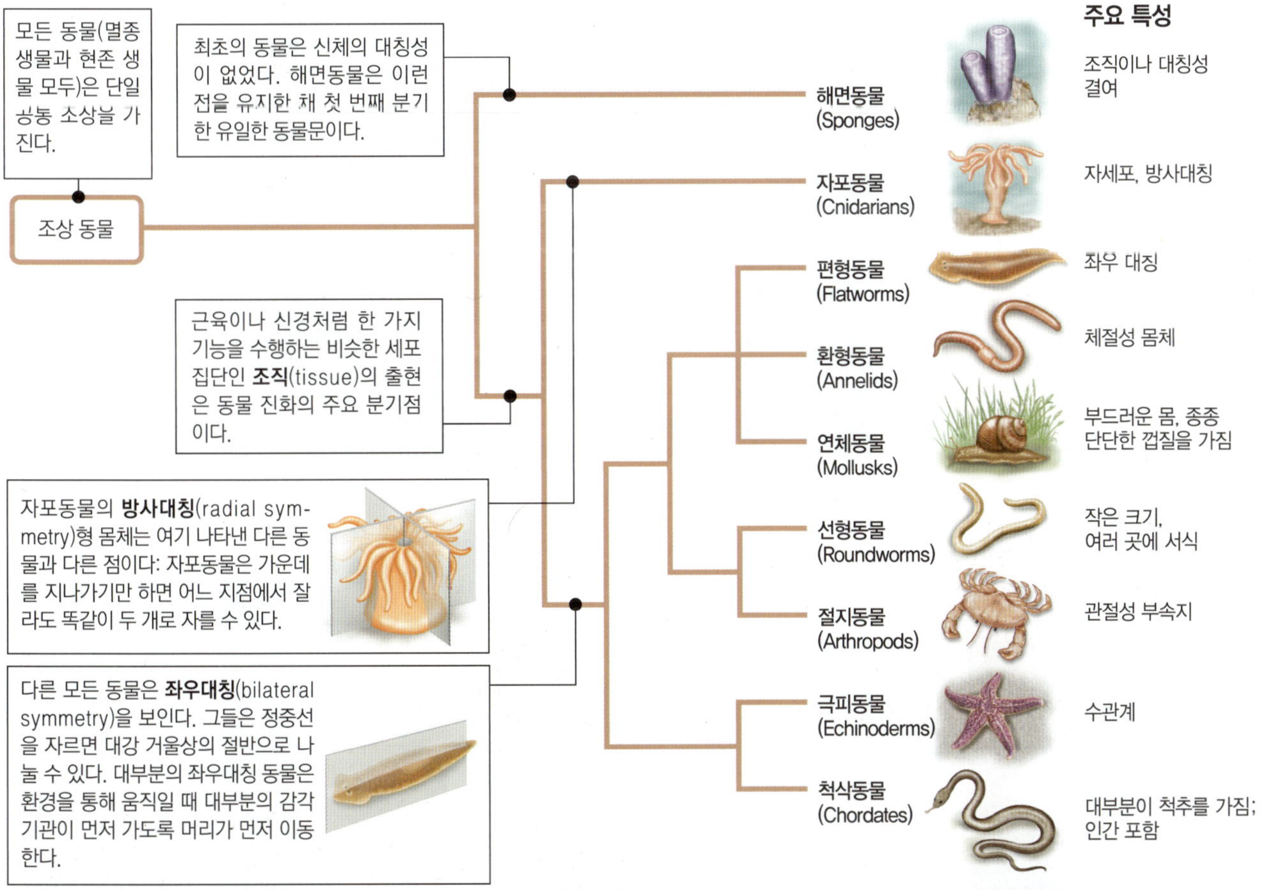

! 동물의 95%는 모두 등뼈가 없는 무척추동물들이다.

요점

▶ 동물은 다세포 진핵생물로서, 다른 생물을 먹음으로써 양분을 얻는다. 동물은 약 6억 년 전에 군체성 원생생물로부터 진화했다. 현재는 9개의 주된 동물문이 있으며 특이적인 신체 특성에 의해 구분될 수 있다.

? 해면동물이 다른 동물과 다른 점은? (힌트, 계통수 꼭대기 근처의 분기점을 잘 보라.)

답: 해면동물만이 조직과 대칭성을 갖지 않는다. 다른 모든 동물들은 조직과 대칭성을 갖추고 있다.

10.2

해면동물과 자포동물은 특이한 신체적 특징을 갖는다

대다수의 동물은 등뼈가 없는 **무척추동물**(invertebrates)이다. 몇몇 무척추동물은 여러분이 그것을 동물이라고 인식하지도 못할 정도로 특이한 체형을 가진다. 두 그룹의 해양 무척추동물—해면동물과 자포동물—은 특히 이상한 형태를 가진다.

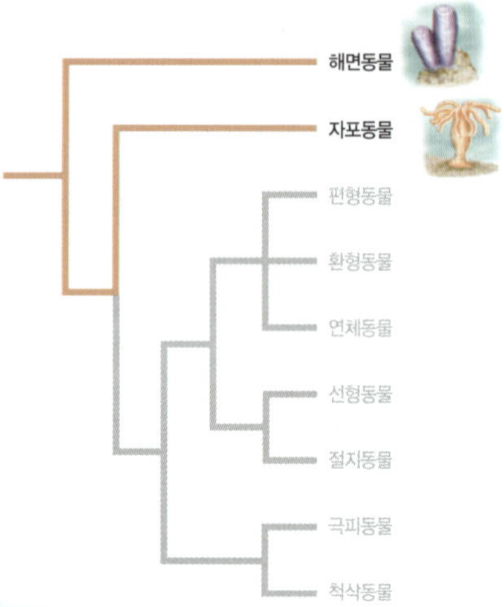

해면동물

오늘날까지 생존하는 동물 그룹들 중에서, **해면동물**(sponges)은 가장 긴 진화적 역사를 가진다. 해면은 가장 단순한 해부구조를 나타낸다. 이들은 모양, 크기, 그리고 색깔 등에서 매우 다양하게 나타나지만, 모두가 독특한 특징을 공유한다. 우선, 그들은 모두 무대칭성(asymmetrical; 대칭면을 갖지 않는 부정형의)이다. 둘째로, 신경과 근육 같은 조직이 결여되어 있다. 특수화된 조직의 결핍은 물질 교환을 위해 해면동물의 모든 세포가 환경과 접해야만 하도록 만든다. 셋째로, 다른 동물과 달리 해면은 한 장소에 머무는 고착성이다.

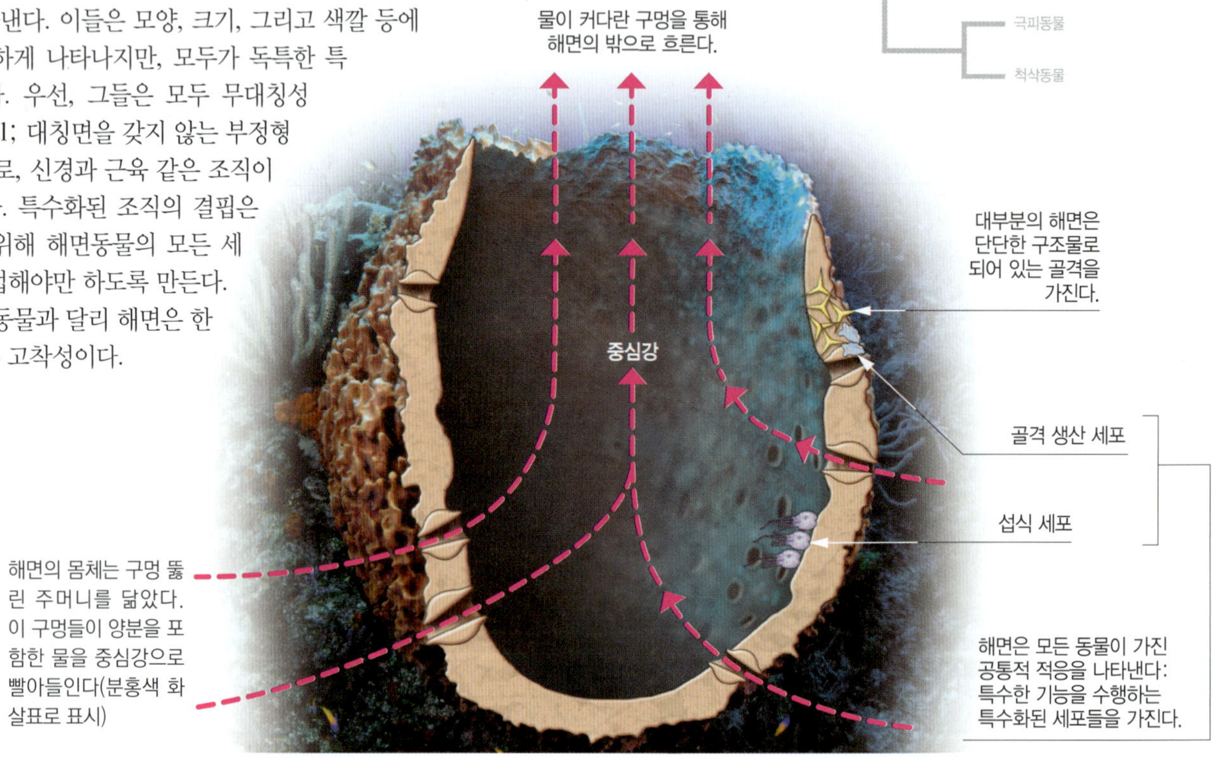

여러 가지 해면동물

약 9,000종의 해면동물이 알려져 있다. 대부분 염수에 살지만 약 100종 정도는 담수에 산다.

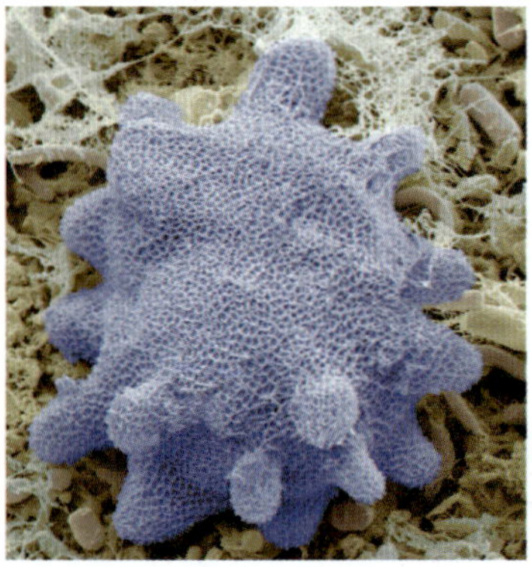
담수 해면(*Spongilla lacustris*)

가지 친 꽃병 해면(*Callyspongia vaginalis*)

분홍 코끼리 귀 해면(*Agelas clathrodes*)

자포동물

약 10,000종의 **자포동물**(cnidarians; "c"는 발음하지 않는다)이 있으며, 거의 대부분이 해양성이다. 자포동물에는 말미잘, 히드라, 산호, 해파리('젤리 피쉬'라고도 불리지만 생물학자들은 그냥 '젤리'라는 말을 더 선호하는데 이들이 물고기가 아니기 때문이다) 등이 속한다. 자포동물은 두 가지의 독특한 체형을 가진다: 고착형 폴립(polyp)과 부유형인 메두사(medusa)이다. 어떤 자포동물은 폴립형으로만 존재하고 어떤 것은 메두사형으로만 살지만, 또 어떤 것은 생활사의 다른 시기에 서로 다른 형태로 존재하므로 두 가지 체형을 모두 가진다. 자포동물은, 해면을 제외한 다른 동물과 마찬가지로, 신체 구조를 덮는 상피조직같이 조직을 만드는 세포를 가진다.

성체 자포동물의 몸은 **방사대칭**(radial symmetry)으로, 몸의 모든 부분이 중심축으로 둘러싸는 원형으로 배열되어 있다

이 해파리는 움직이는 자포동물의 형태인 **메두사**(medusa)이다. 메두사는 입을 아래로 하여 떠 있고 몸을 수축시켜 부유하거나 움직인다.

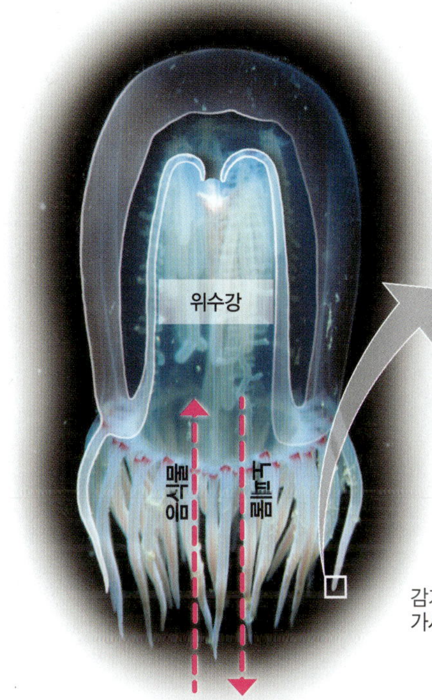

물이 단일 구멍을 통해 위수강 내로 들어오고 나간다.

가장 눈에 띄는 자포동물의 특징은 그들의 촉수에 있는 자세포(쏘는 세포)이다. 이것은 자신을 보호하고, 먹이(대체로 작은 동물이나 원생생물들)를 마비시키는 데 이용된다. 이 스프링이 장착된 세포가 발사되면 사람에게 고통을 유발할 수 있다.

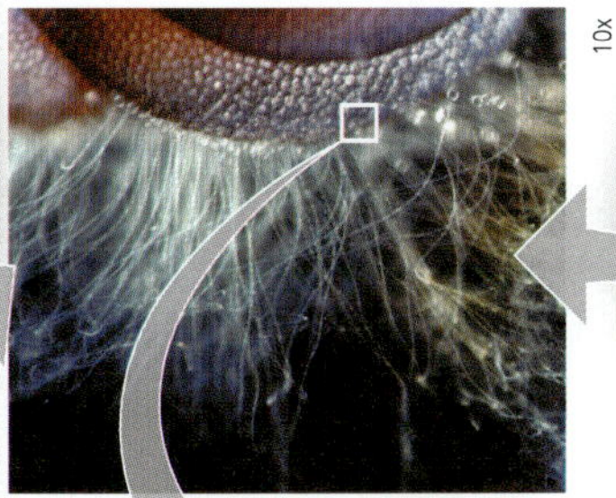

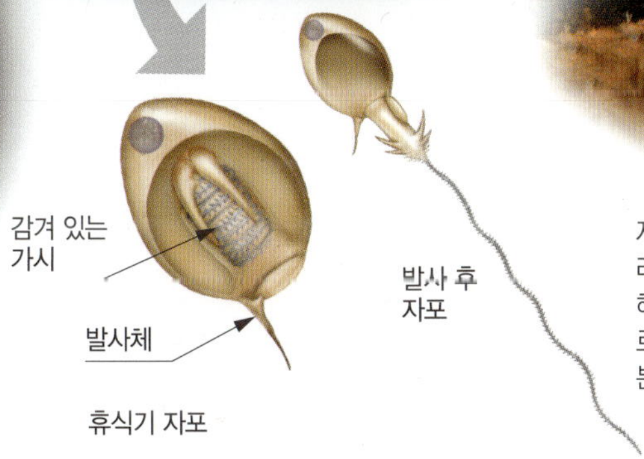

말미잘은 고착형 자포동물 형태인 **폴립**(polyp)이다. 폴립은 더 큰 물체에 고정되어 있는 동안 자라면서 그들의 쏘는 촉수(자포)를 뻗어 사냥할 피식자를 기다린다.

자포동물은 중앙에 **위수강**(gastrovascular cavity)이라고 하는 소화 및 수환 구획을 가진다. 같은 구멍을 통해 양분을 포함한 음식물이 들어오고 노폐물이 나가므로 이 구멍은 입이자 항문이다. 위수강 내의 액체가 양분과 산소의 순환 및 노폐물 제거를 돕는다.

! 바다 말벌(sea wasp)은 지구상에서 가장 치명적인 생물이다: 이 동물 한 마리가 가진 독은 60명을 죽이기에 충분하다.

여러 가지 자포동물

거대 카리브 말미잘 (*Condylactis gigantea*)

바다 말벌(*Chironex fleckeri*), 호주 근해에서 발견되는 해파리

갈색 히드라(*Hydra oligactis*), 담수에 사는 자포동물

이 바위뇌 산호(*Colpophyllia natans*) 같은 산호 동물은 단단한 외부 골격을 분비하는 거대 군체로 산다. 이것은이 오랜 세대 동안 쌓여서 흔히 우리가 산호(coral)라고 부르는 "바위"가 된다.

요점

▶ 해면동물은 대부분 몸의 대칭과 진정한 조직이 결여되어 있는 해양생물이다. 자포동물은 주로 바다에 산다; 그들은 조직을 가지며 방사대칭이고, 쏘는 세포(자세포)를 가진다.

? 해면동물의 체형적 특징은? 자포동물은 어떤가?

답: 해면동물은 몸의 대칭성이 결여되어 있다. 자포동물은 방사대칭 체형을 가진다.

10.3 벌레로 불리는 3개의 문은 독특한 구조를 가지며 서로 다른 진화적 계통에 속한다

동물계는 벌레(worm)라고 불리는 몇 가지 문을 포함한다: 편형동물(flatworms), 환형동물(annelids), 선형동물(roundworms)이다. 비록 이들은 전체적인 체형(좌우대칭이고, 길고, 가늘다)이 같지만, 이 세 문의 벌레는 매우 다양하다. 그리고 각 그룹은 그들의 진화적 혈통을 반영하듯, 다른 것과 구분되는 독특한 특징을 갖는다.

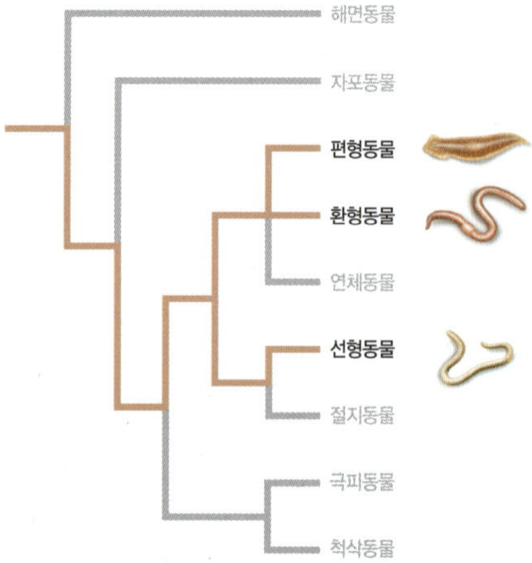

벌레의 진화

밀접하게 연관된 것으로 보이는 생물들이, 실제로는 독특한 진화적 역사를 가질 수도 있다. 환형동물과 선형동물은 전체적 외형이 비슷하지만, 그들의 신체 구조에 대한 조사와 유전적 분석은 선형동물이 다른 두 벌레 문과는 독립적인 계통으로 진화했음을 확인해 준다.

편형동물

약 20,000종의 **편형동물**(flatworms)이 해양, 담수, 육상의 습지, 그리고 바위 아래에 붙은 채 발견된다. 끈 같은 그들의 몸은 크기가 1 mm에서 수십 피트에 이른다. 대부분의 편형동물은 입과 항문의 기능을 모두 하는 단일 입구인 **위수강**(gastrovascular cavity)을 가진다. 몇몇 편형동물 종—촌충(tapeworm)과 주혈흡충(blood fluke) 포함—은 인간의 기생충이다.

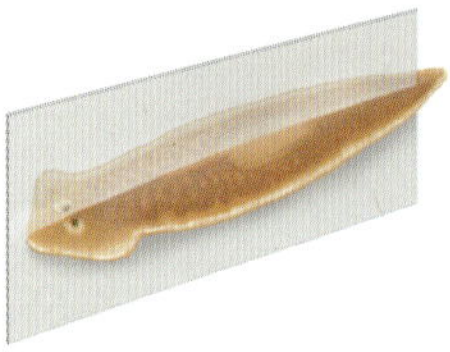

좌우대칭
세 문의 벌레는 중앙의 축을 따라 거울상 몸체 부분이 양쪽으로 배열된 좌우대칭을 나타낸다.

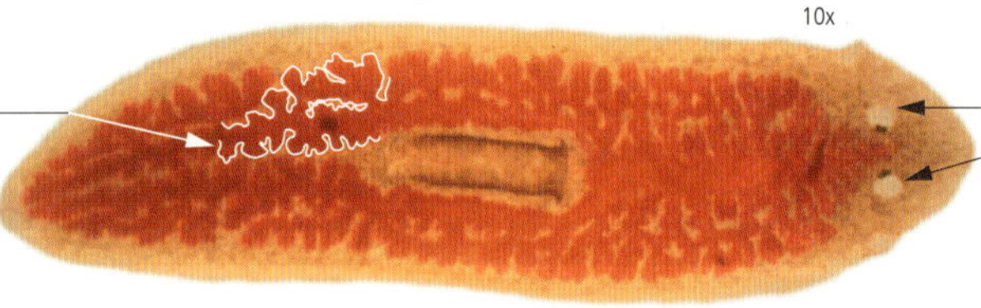

안점
일부 편형동물은 원시적인 감각기관을 갖는다. 여기 보이는 플라나리아는 빛과 어둠을 구별할 수 있는 안점(eye spot)을 가진다. 플라나리아는 또한 단순한 뇌로 작용하는 신경세포 덩어리를 가지고 있다.

위수강
대부분의 편형동물은 입구가 하나인 위수강(일부분이 흰색으로 표시됨)을 가진다. 위수강은 매우 분지되어 있어서 양분을 모든 세포에 전달할 수 있다.

! 기생충인 촌충은 인간의 장에서 1.8 m까지 자랄 수 있다.

여러 가지 편형동물

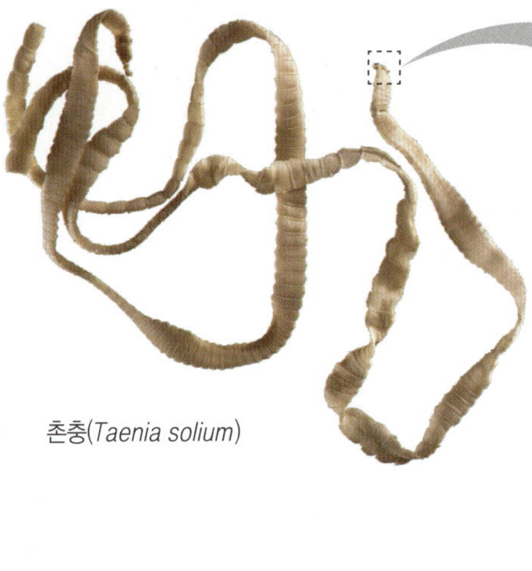

촌충(*Taenia solium*)

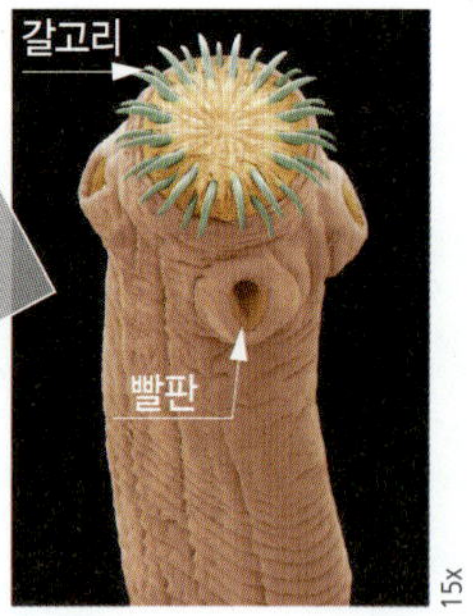

촌충은 머리에 있는 갈고리(hook)와 빨판(sucker)을 이용하여 자신을 숙주 생물 장의 내벽에 부착시킨다.

점박이 납작벌레(*Pseudoceros pardalis*)

환형동물

환형동물(annelids)은 중요한 진화적 적응을 드러낸다: 몸 길이를 일련의 반복된 분절로 나누는 **체절화**(segmentation)이다. 체절화는 유연성을 증가시키고 보다 복잡한 운동을 가능하게 한다. 그리고 환형동물은 완전 소화관(complete digestive tract)을 가진다. 약 16,000종의 환형동물 종이 바다, 담수, 그리고 육지의 습한 서식처에서 발견된다.

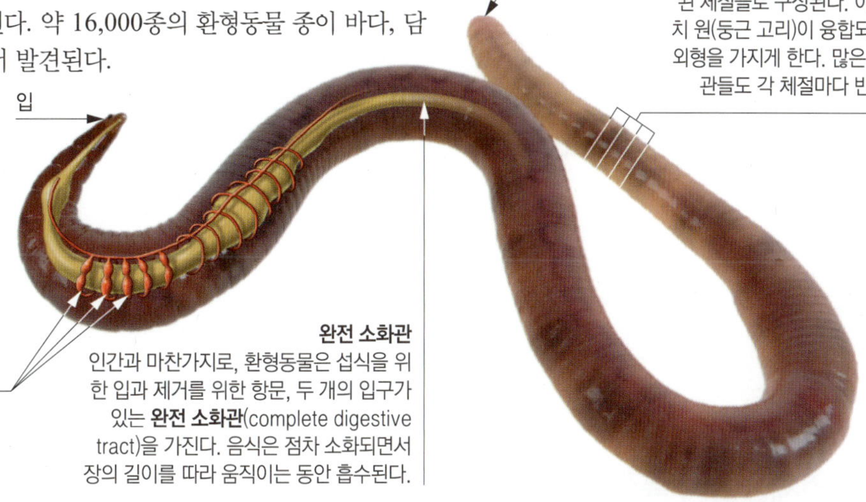

여러 가지 환형동물

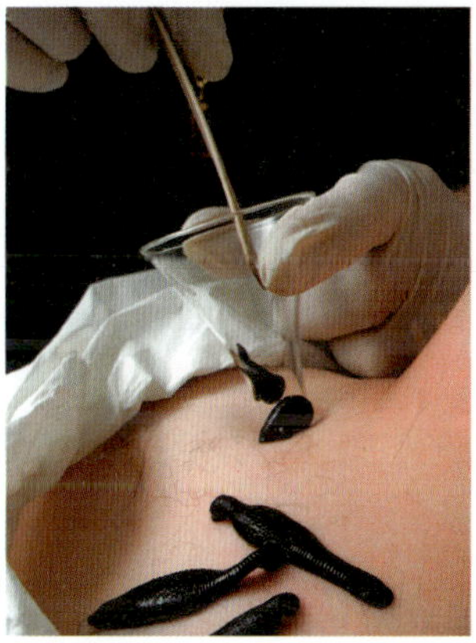

거머리
대부분의 거머리는 자유생활을 하는 육식동물로, 곤충이나 작은 동물들을 잡아먹는다. 일부 종들은 이빨을 이용해 동물의 피부를 작게 자르고 거기 달라붙어 피를 빤다. 요즘 거머리는 사고에 의한 절단 후 다시 붙이는 손가락에서 울혈을 제거하는 데 이용된다.

지렁이
지렁이가 땅 밑으로 굴을 파면, 흙은 지렁이의 소화관을 통해 지나간다. 양분이 섭취되고 노폐물은 지렁이 똥으로 방출된다. 이런 활동은 토양을 개선하므로 식물에 이롭다. 따라서 지렁이는 어느 정원 혹은 농장에서도 귀중한 첨가물이다.

갯지렁이
다모류(polychaetes)는 대부분 바다에서 발견된다. 그들은 깃털 같은 부속지로 바닷물의 음식물을 거른다.

선형동물

선형동물문(nematode), 혹은 회충(roundworm, 선충류)은 양쪽 말단이 가늘어지는 원통형 몸체의 작은 벌레로 이루어진 문이다. 다른 환형동물과는 달리, 선형동물은 체절성이 아니다. 거의 모든 지구 생태계에서 발견된다. 토양에서는 유기물을 분해함으로써 양분 순환을 돕는다. 선형동물에도 다른 생물의 체내에 기생하는 일부 기생종이 존재한다. 환형동물처럼, 모든 선형동물은 두 개의 입구(입과 항문)가 있는 완전한 소화관을 가지며, 이것을 통과하는 중에 음식물을 소화시킨다.

흙 속에는 선형동물(여기서는 녹색으로 표시)이 엄청나게 많은데, 토양 내의 생물 노폐물을 분해한다.

심장사상충(*Dirofilaria immitis*)은 개와 고양이들의 흔한 기생충이다. 모기들에 의해 퍼지며, 치료하지 않으면 치명적이 될 수 있다.

요점

▶ 편형동물 중 일부는 인간에 기생하며 소화관이 결여되어 있다. 환형동물은 반복된 체절이 융합된 몸체를 가지며, 선형동물과 마찬가지로 완전한 소화관을 갖는다. 세 가지 벌레문 중, 선형동물은 독립적인 진화적 계통에 속한다.

? 위수강과 소화관의 기본적인 차이점은 무엇인가?

답: 위수강은 물질이 들어오고 나가는 단일 입구를 가진다; 소화관은 양 끝이 열려 있어서 물질이 단일 방향으로만 이동하도록 한다.

연체동물은 매우 다양한 동물문이다

연체동물(mollusks)은 무른 몸을 가진 동물로 이루어진 문이다. 많은 것이 단단한 껍질(shell)에 의해 보호를 받는다. 달팽이나 민달팽이, 굴과 조개, 그리고 문어와 오징어 등은 알려진 100,000종의 연체동물에 속한다. 모든 연체동물은 아니라도 대부분은 바다에 산다. 매우 다양함에도 불구하고, 대부분의 연체동물은 비슷한 체제를 갖는다.

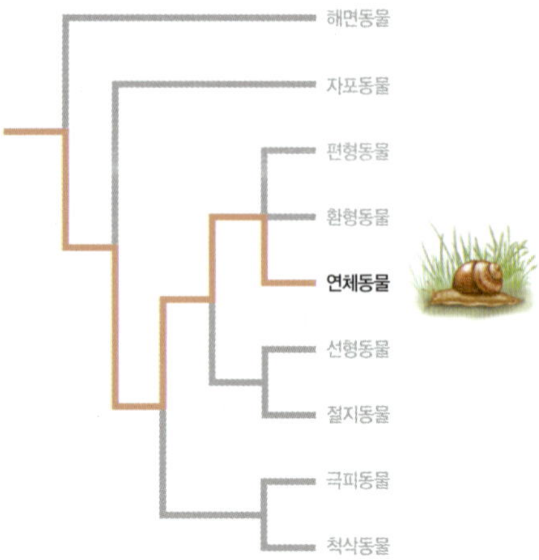

좌우대칭
모든 연체동물의 성체는 좌우대칭의 몸을 가지는데, 이것은 그 몸(우리 몸도 마찬가지다)을 정중선을 따라 나누면 거의 동일한 두 부분으로 나눌 수 있다는 뜻이다.

일반적인 연체동물의 특징

연체동물의 몸은 보통 3가지 주요 부분으로 되어 있다: 근육성인 발, 내장낭(visceral mass), 그리고 외투막(mantle)이라고 불리는 조직층이다. 많은 연체동물이 치설(radula)이라고 불리는 실 같은 기관을 뻗어 먹이를 먹는다. 일부 달팽이는 치설을 앞뒤로 미끄러뜨려 굴삭기처럼 바위를 긁어 퍼냄으로써 조류를 뜯어먹는다.

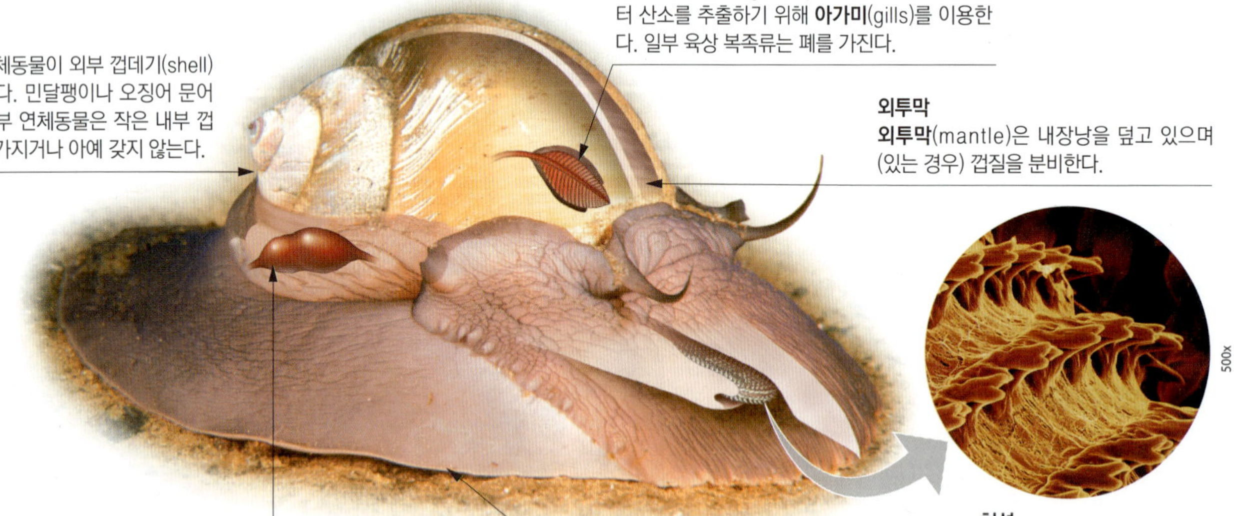

내장낭
내장낭(visceral mass)은 대부분의 내부 기관을 포함하고 있다.

순환기관
대부분의 복족류(gastropods)는 주변의 물로부터 산소를 추출하기 위해 **아가미**(gills)를 이용한다. 일부 육상 복족류는 폐를 가진다.

껍데기
많은 연체동물이 외부 껍데기(shell)를 가진다. 민달팽이나 오징어 문어 같은 일부 연체동물은 작은 내부 껍데기를 가지거나 아예 갖지 않는다.

외투막
외투막(mantle)은 내장낭을 덮고 있으며 (있는 경우) 껍질을 분비한다.

개방순환계
모든 연체동물은 혈액을 펌프질해 양분과 산소를 신체로 분산시키는 순환계를 가진다. 다른 동물과는 달리, 몇몇 연체동물의 순환계는 개방형이다; 즉, 혈액이 도관 내에서만 존재하는 것이 아니라 내부 기관 위로 직접 흘러다닌다.

발
대부분의 연체동물들은 움직이기 위한 근육성 **발**(foot)을 갖는다.

치설
많은 연체동물은 **치설**(radula)을 이용하여 먹이를 먹는다. 이것은 음식을 자르고 긁어낼 수 있는 톱 같은 구조이다.

여러 가지 연체동물

복족류

복족류(gastropods)는 연체동물 중 가장 수가 많은 그룹으로, 명명된 종만 해도 수천 가지이다. 이들은 염수와 담수 서식지 모두에서 발견되며, 일부는 땅에서도 산다.

해양 복족류인 홍학조개(*Cyphoma gibbosum*)

바나나 민달팽이(*Ariolimax californicus*)

정원 달팽이(*Cornu aspersum*)

이매패류(조개, 홍합, 굴 등)

이매패류(bivalves)는 해양과 담수 환경에서 발견된다. 대부분은 정주하는 생활을 하며, 발을 이용해 모래나 진흙을 파고들어간다. 모든 이매패류는 경첩으로 연결된 두 개의 껍질을 갖는다. 많은 이매패류가 해산물 음식들에 사용된다.

국자가리비(*Argopecten irradians*)

초록입홍합(*Perna viridis*)

대왕조개(*Tridacna gigas*)

두족류(오징어와 문어)

두족류(cephalopods)는 빠르고 민첩한 해양 포식자이다. 비교적 복잡한 뇌와, 잘 적응된 감각기관을 가지며 정교한 행동을 보인다. 일부는(앵무조개 같은) 크고 두꺼운 껍데기를 가지는 반면, 오징어 같은 일부는 작은 내부 껍데기를 가지고, 또 문어 같은 일부 두족류들은 껍데기가 아예 없다.

앵무조개(*Nautilus pompilius*)

유럽 오징어(*Loligo vulgaris*)

문어(*Octopus vulgaris*)

> ! 대왕 오징어는 눈이 거의 30센티미터 가까이 떨어져 있으며, 12미터 이상 자랄 수 있어서 가장 큰 무척추동물이라고 할 수 있다.

요점

▶ 연체동물은 좌우대칭의 부드러운 몸체를 가지는 다양한 동물그룹으로, 많은 종들이 껍데기를 가진다. 연체동물에는 복족류와 이매패류, 그리고 재빠른 두족류가 속한다.

? 인기 있는 요리재료인 굴은 반쪽 껍데기만 있다. 이들은 어디에 속하는가?

답: 이매패류이다.

10.5 절지동물은 매우 다양하고 수가 많다

백만 종 이상의 알려진 것을 포함해서 엄청난 개체 수를 자랑하는 **절지동물**(arthropod)은 동물 중 가장 수가 많고 다양한 문이다. 그런 엄청난 다양성에도 불구하고, 모든 절지동물은 일부 기본적 특징을 공유한다: 즉, 모두 체절로 된 몸으로 되어 있고, 견고한 외골격을 가지며, 몇 개의 관절로 된 부속지가 있어서 걷기, 먹기, 헤엄치기 등의 특정 기능을 수행한다. 대부분의 절지동물은 예민한 감각과 잘 발달한 신경계를 가지며, 복잡한 행동을 보인다.

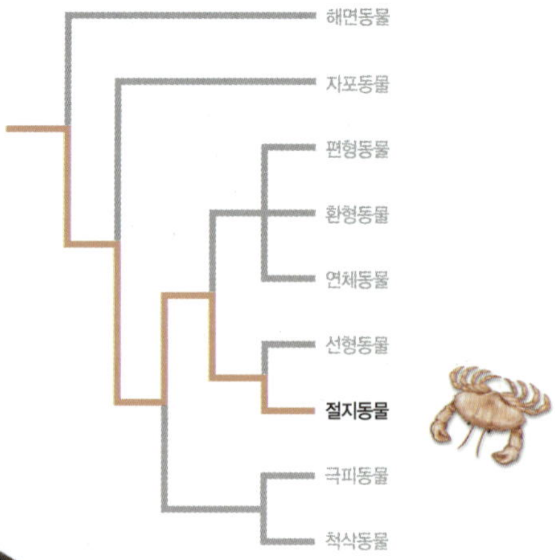

전형적인 절지동물의 특징

체절
절지동물의 몸은 길이를 따라 체절로 나뉘어 있다. 체절 내에는 특정 기능을 수행하는 구조물이 들어 있다.

외골격
단단한 외골격은 보호 작용과 근육 부착점을 제공한다. 크기가 커지기 위해서 절지동물은 새로운 외골격을 만들고 예전의 껍질을 벗는 탈피(molting)를 해야 한다.

미국 바닷가재(*Homarus americanus*)

거미와 투구게

거미류(arachnids)는 8개의 발이 있는 절지동물 그룹으로 거미, 전갈, 벼룩, 진드기 등을 포함한다. 대부분은 육상의 육식성 포식자이다. 몇몇은 독이빨이 있어서 먹잇감을 마비시키며 따라서 인간에게도 해를 입히거나 치명적일 수 있다. 현존하는 투구게(거미와 가까운 친척)는 수십만 년 동안 거의 변화하지 않았다.

칠레 로즈 타란튤라 (*Grammostola rosea*)

로키 산맥의 나무 진드기 암컷 (*Dermacentor andersoni*)

흔한 노랑 전갈 (*Buthus occitanus*)

대서양 투구게(*Limulus polyphemus*)

갑각류

쥐며느리를 뺀 거의 모든 **갑각류**(crustaceans)는 물에 산다. 사실 그들은 바다와 담수 서식처를 우점하는 절지동물 그룹이다. 많은 것(새우, 가재, 게 등)은 중요한 식량 자원이다.

거위 목 따개비(*Lepas pectinata*)

흔한 쥐며느리(*Porcellio scaber*)

갈색 게 (*Cancer pagurus*)

! 지구상의 인간 1인당 1억 마리의 곤충이 존재한다.

곤충류

곤충(insects)은 다른 모든 동물을 합친 수를 훨씬 능가한다. 분지된 관들이 체조직 내부로 공기를 전달하므로 육상에서 호흡이 가능하다. 대부분은 쉽게 관찰 가능한 체절(머리, 가슴, 배)과, 3쌍의 다리 및 한 쌍의 촉각을 가진다; 많은 종이 두 쌍의 날개를 가진다.

사막 메뚜기(*Schistocerca gregaria*)

곤충은 여러 면에서 인간에게 도움을 준다. 여기 이 양봉업자는 작물을 수분시키는 데 이용되는 벌집을 돌보고 있다.

이 연속된 사진들은 애벌레(왼쪽)에서 번데기(중앙)를 거쳐 성체 나비(오른쪽)가 되기까지 제왕나비의 변태를 보여준다.

요점

▶ 절지동물은 다른 어떤 동물문보다 더 많은 개체 수와 종수를 포함한다. 일반적인 절지동물로는, 거미류(거미들), 갑각류(게 등), 곤충류(메뚜기 등) 등이 있다.

? 절지동물의 신체를 나누는 3 부분은?

답: 머리, 가슴, 배.

10.6 극피동물은 계통적으로 척삭동물과 가깝다

모두 7,000종의 **극피동물**(echinoderms)이 바다에 살며, 대부분 느리게 움직인다. 이 문은 그리스어로 "가시가 돋친 피부"라는 단어로 이름이 지어졌는데, 모든 극피동물이 울퉁불퉁한 표면을 가지기 때문이다. 극피동물에는 불가사리(sea star; 생물학자들은 starfish라는 단어보다 이것을 더 선호하는데, 극피동물들은 물고기가 아니기 때문이다), 성게, 연잎성게, 그리고 해삼 등이 포함된다. 척삭동물(인간과 같은 척추동물을 포함하는)은 극피동물과 진화의 분지를 공유하기 때문에, 이 문은 우리들과 가장 가깝다고 할 수 있다.

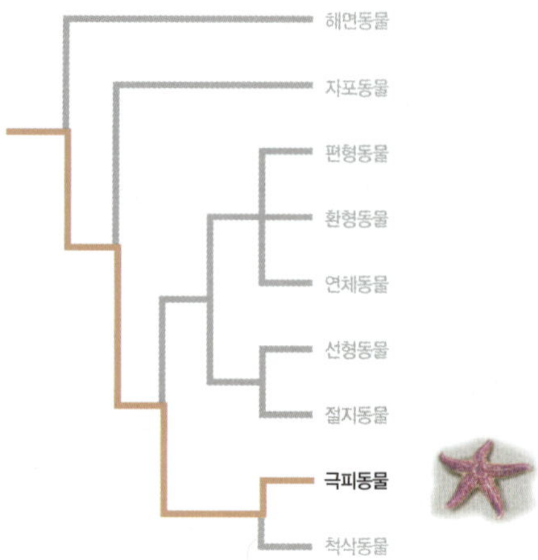

일반적인 극피동물의 특징

재생
불가사리와 몇몇 극피동물은 몸의 중심부가 남아 있는 한 손실된 신체 부분을 재생할 수 있다.

내골격
극피동물은 칼슘에 의해 단단해진 **내골격**(endoskelton; 안쪽의 뼈)을 가진다. 이것은 이 생물이 죽거나 건조되면 잘 보인다.

가시 돋친 표면
대부분의 극피동물은 울퉁불퉁하거나 가시가 있는 표면을 가진다.

수관계(water vascular system)
극피동물(오직 이들만)은 해수를 혈액처럼 이용하는 순환계를 가진다. 물이 채워진 통로들의 네트워크가 환경과 교환된 기체를 제공한다(O_2는 안으로, CO_2는 밖으로).

관족
불가사리와 성게는 **관족**(tube feet)을 이용하여 바다 바닥을 천천히 이동한다. 관족은 물이 채워진 통로가 신장된 것으로, 끝에 작은 빨판이 달려 있다. 불가사리는 관족을 이용해 먹이를 잡기도 한다.

입
불가사리는 이매패류의 두 껍질을 벌려 구멍을 통해 위를 밀어넣는다. 불가사리의 위는 연체동물의 껍질 내에서 먹이를 소화시킨다.

! 모든 불가사리가 5개의 발을 가지는 것은 아니다; 가시관 불가사리는 다리가 21개에 달한다.

가시관 불가사리(*Acanthaster planci*)의 관족을 확대한 것

몸의 대칭성

대부분의 극피동물은 성체일 때 5 방사대칭—마치 바퀴의 바큇살처럼 몸의 부분들이 몸의 중앙에서부터 뻗어나가는—이지만, 유생일 때는 좌우대칭이다.

좌우대칭인 불가사리 유생

5 방사대칭을 보이는 성체 불가사리

여러 가지 극피동물

둥근성게(*Strongylocentrotus droebachiensis*)

깃별나리(*Oxycomanthus bennetti*)

거미불가사리(*Ophiothrix fragilis*)

초코칩해삼 (*Isostichopus badionotus*)

우리와 극피동물 사이의 진화적 연관성

이상하게 생각될지 모르겠으나, 인간 및 기타 포유동물을 포함하고 있는 척삭동물과 극피동물은 동물의 진화수에서 독특한 가지를 공유한다. 비록 성체 불가사리는 인간과 전혀 닮은 점이 없는 것처럼 보여도, 그들이 발달할 때의 배아에서는 종종 진화적 연관관계가 분명해지곤 한다. 다른 주요 동물문의 배아 발생 중에는, 공 모양 배아에서 첫 번째 생기는 구멍이 입으로 발달한다. 그러나 극피동물과 척삭동물에서는 이런 배아 구조가 항문으로 발달한다. 이런 차이는 이 두 가지 문이 다른 동물문과는 분명히 다른 진화적 분기점을 공유하고 있음을 보여준다.

요점

▶ 극피동물은 바다에서만 살며 울퉁불퉁한 표피, 바닷물이 순환하는 체계와, 종종 5 방사대칭인 성체들이 특징이다. 극피동물은 동물의 진화수에서 인간이 속한 동물문과 독특한 진화적 분기점을 공유한다.

? 불가사리는 5 방사대칭을 가진다. 그렇다면 어째서 극피동물이 좌우대칭 동물로 생각되는 것일까?

답: 배아가 좌우대칭이며, 전체적인 둥그런 모양은 발생 후기에 생겨난다.

10.7 척추동물은 척삭동물문에 속한다

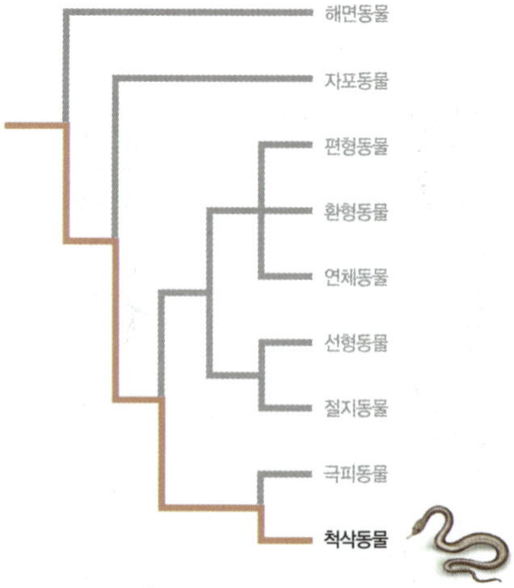

우리 인간은 **척삭동물**(chordates) 문에 속한다. 이 문 안에는 두 가지의 큰 그룹이 있다: 무척추 척삭동물과 척추동물(vertebrates; 우리가 속한 아문)이다. 척추동물은 우리들이 속해 있는 아문(sub-phylum)이다. 일반적으로 척삭동물과 척추동물은 여러 가지 중요한 구조적 특징에 의해 구분이 가능하다.

척삭동물의 특징

척삭동물(chordates)은 네 가지의 주요 특징으로 동정된다. 이 네 가지 특징은 모두 척삭동물의 배아에서 분명히 드러난다. 그러나 일부 특징은 성체에서는 찾기가 힘들다.

! 우리는 배아 시기 중 약 한 달 동안 꼬리를 가졌었다.

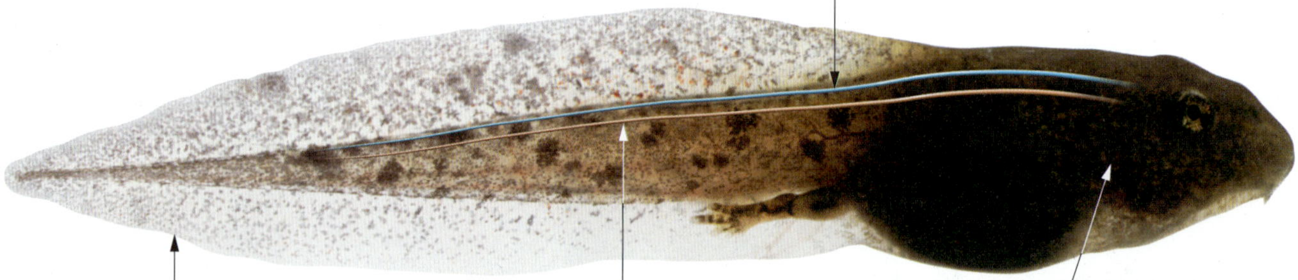

무척추 척삭동물

대부분의 척삭동물은 척추동물(등뼈를 가지는 동물)이다. 그러나 두 그룹의 동물—창고기(lancelets)와 멍게(tunicates, 피낭류)—은 두개골과 등뼈가 없는 척삭동물이다.

두개골과 등뼈가 없는 척삭동물

창고기류
여기 이 *Branchiostoma laceolatum*같은 창고기는 작고, 칼날 같은 모양의 동물로, 모래를 파고 들어가며 입을 통해 물을 걸러냄으로써 먹이를 거른다.

피낭류(멍게류)
이 사진은 여러 종의 피낭류를 보여준다. 이들은 바다물총(sea squirt)이라고도 불리며, 정체되어 있는 물체(바위, 산호, 보트 등)에 달라붙는다. 이들은 물을 걸러 먹는다.

척삭동물의 진화

이 도표는 각 그룹을 구분하도록 하는 새로운 특징을 포함하여, 주요 척삭동물 그룹 사이의 진화적 연관성을 강조한 것이다.

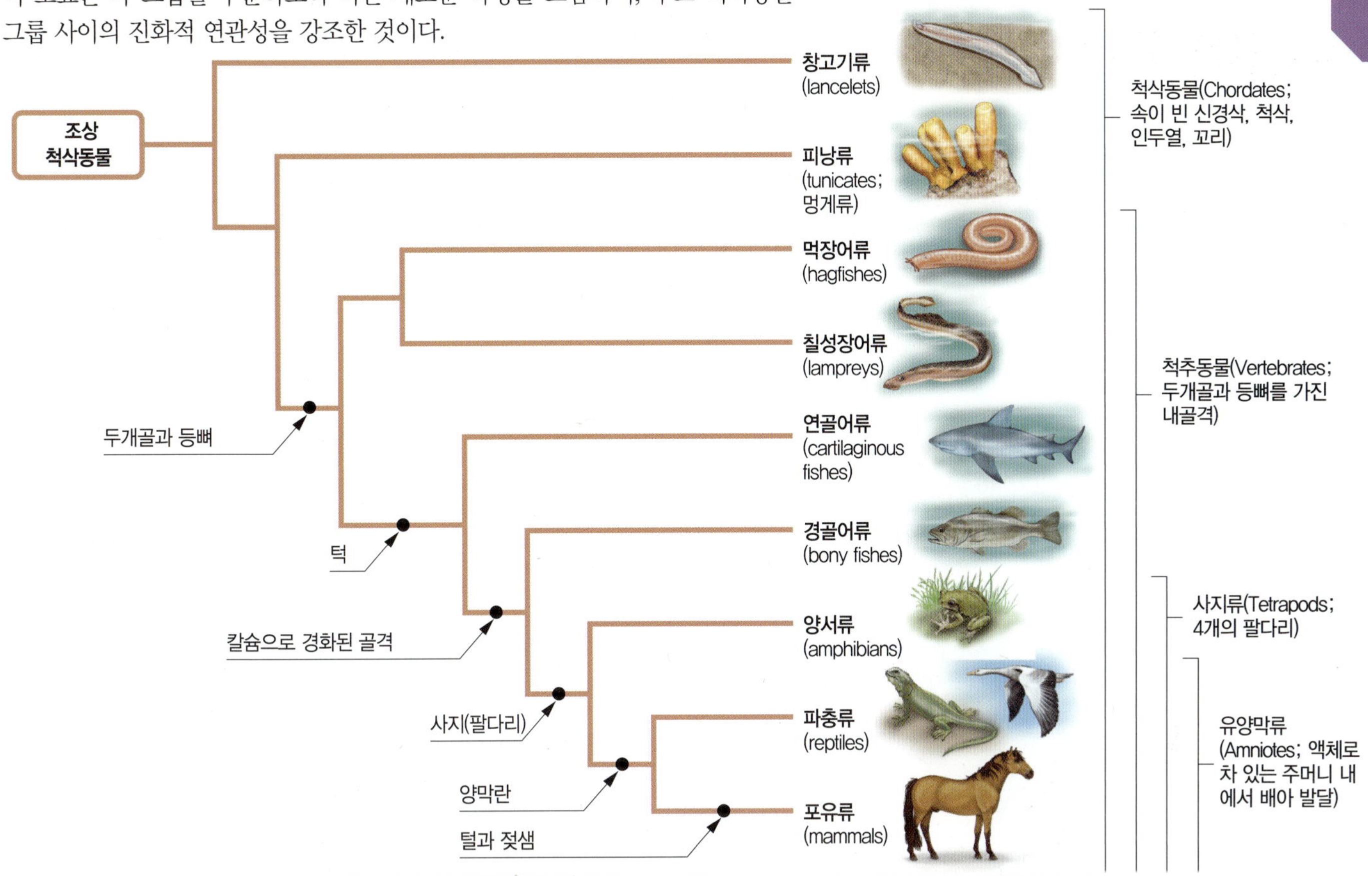

척추동물의 특징

창고기와 피낭류를 제외하면 모든 척삭동물은 등뼈가 있는 동물인 **척추동물**(vertebrates)이다. 모든 척삭동물에 공통인 네 개의 특징에 더해, 모든 척추동물은 몸의 내부에 견고한 지지 기능을 하는 분명한 등뼈와, 두개골을 포함한 **내골격**(endoskeleton)을 갖는다.

요점

▶ 척삭동물은 네 가지 특징(속이 빈 신경관, 척삭, 인두열, 꼬리)을 공유하며, 모두 배아에서 관찰 가능하다. 대부분의 척삭동물은 척추동물인데, 이것은 이 동물들이 등뼈와 두개골을 포함한 내골격을 가진다는 뜻이다.

? 척삭동물과 척추동물 중 어떤 그룹이 다른 그룹을 포함하는가?

답: 척삭동물은 척추동물을 포함한다; 모든 척추동물은 척삭동물이지만 척삭동물이면서도 척추동물이 아닌 것이 몇 가지 있다.

최초로 진화한 척추동물은 물고기였다

최초의 척추동물은 약 5억 년 전에 바다에서 진화되었다. 그들이 굉장히 번성했었기 때문에 데본기(약 4억 1,900년 ~ 3억 5,900년 전)를 "어류의 시대(Age of Fish)"라고 부를 정도다. 오늘날, 이 초기 척추동물의 후손들은 자신만의 특징을 가지고 있는 몇몇 계통으로 나타난다.

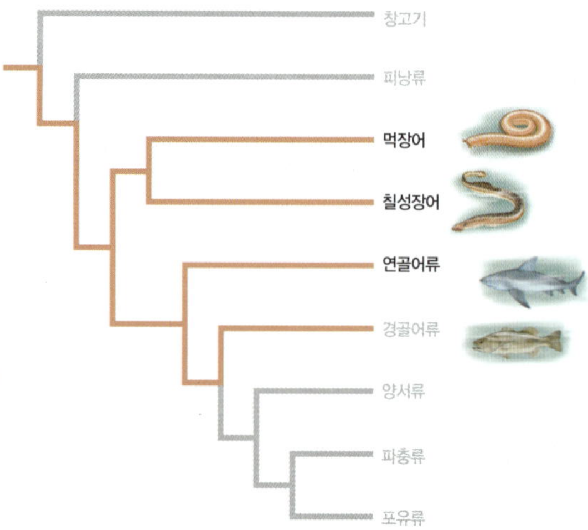

턱이 없는 어류

현생 어류 중 두 그룹은 두개골은 가지지만 턱이 없다: 먹장어(hagfish)와 칠성장어(lamprey)이다. 먹장어(약 40종)는 배아에서는 두개골과 등뼈가 보이지만, 성체에서는 두개골은 있으나 턱과 등뼈가 없다. 칠성장어(약 38종)는 두개골과 등뼈를 가지지만 턱이 없다.

! 먹장어는 가짜 장어가죽 의류를 만드는데 그 껍질이 사용되면서 멸종 위협에 처했다.

두개골은 있으나 턱이 없는 어류

등뼈 없음

먹장어류
사진의 태평양 **먹장어**(*Eptatretus stoutii*) 같은 먹장어류는 바다 바닥의 청소자이다. 그들은 거의 볼 수 없지만, 촉각과 후각이 매우 발달했다. 공격을 받으면 몸의 옆쪽에 있는 특수한 분비샘에서 점액을 분비한다.

등뼈 있음

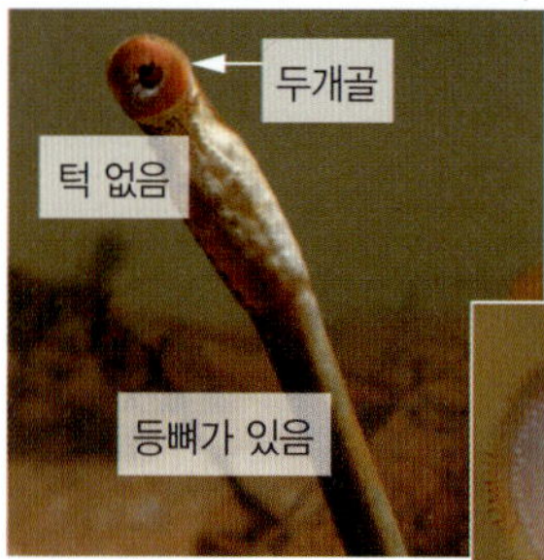

다묵장어
(*Lampetra planeri*)

칠성장어류
칠성장어는 다른 척추동물과 달리, 턱이 없다. 대부분의 칠성장어 종은 더 큰 어류를 흡반으로 공격하여 피를 빠는 기생자로 산다.

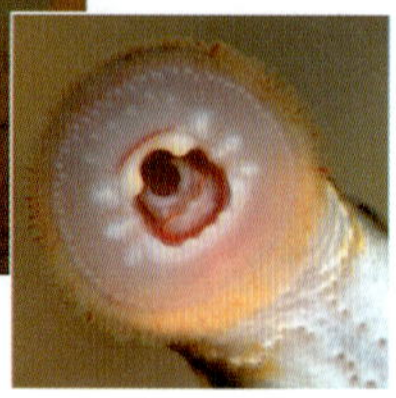

칠성장어의 흡반

연골어류

턱이 있는 최초의 척추동물은 **연골어류**(cartilaginous fishes)이었다. 그들은 약 4억 7,000만 년 전에 진화했고 지난 3억 년 동안은 거의 변하지 않았다. 연골어류는 연골(우리 코뼈와 같은 물질)로 되어 있는 유연한 골격을 가지며, 두 쌍의 지느러미와 하나의 꼬리를 사용하여 헤엄을 치는데, 빠르고 민첩하다. 상어와 가오리를 포함하는 현존 800종의 연골어류 대부분은 바다의 육식동물이다.

턱
거의 모든 척추동물은 한 쌍의 뼈가 경첩처럼 연결되어 지탱하는 턱을 가진다.

측선계
상어는 **측선계**(lateral line system)를 이용하여 피식자에 의해 만들어지는 수압의 변화를 감지한다. 측선계는 몸의 옆을 따라 배열된 한 줄의 감각기관이다.

망치 상어
망치 상어(*Sphyrna mokarran*)는 힘센 턱, 예민한 감각, 그리고 강력한 지느러미를 가지고 있는 무시무시한 포식자이다.

골격
골격은 유연한 연골로 되어 있다.

전기장 수용기
많은 상어는, 근처 피식자의 근육 수축에 의해 생기는 전기장을 탐지할 수 있는 전기장 수용기를 가진다.

아가미
연골어류는 산소가 녹아 있는 물이 아가미를 통해 계속해서 흐르게 하기 위해서는 끊임없이 움직여야 한다.

가오리
여기 이 남방가오리(*Dasyatis americana*)같이 가오리의 몸은 납작하고 눈이 머리의 윗면에 있어서 바다의 바닥에서 살기에 알맞게 적응되어 있다. 이들의 꼬리는 종종 날카롭고 독이 있는 뼈를 가지고 있어서, 치명적인 경우는 별로 없어도 쏘이면 통증을 유발할 수 있다.

경골어류

경골어류(bony fishes)에는 척추동물 중 다른 어느 그룹들보다도 많은 종이 존재한다. 사실상, 이들은 실제로 탐사된 수중 서식지, 즉 해양 서식지와 담수 서식지 어느 곳에서나 발견된다. 연골성 어류와는 달리, 경골어류는 칼슘으로 더 강화된 골격과, 부력을 유지시켜 주는 부레, 그리고 아가미 위로 물이 순환되도록 하는 아가미뚜껑(operculum)을 가진다.

아가미뚜껑
아가미뚜껑(operculum)이라고 불리는 보호용 뚜껑은 머리 양쪽의 바로 뒤에서 아가미가 담겨 있는 공간을 덮고 있다. 아가미뚜껑을 움직임으로써 경골어류는 몸 전체를 움직이지 않아도 산소가 녹아 있는 물이 지속적으로 아가미로 공급되도록 한다.

부레
부레(swim bladder)는 기체가 차 있는 주머니로, 물고기가 떠 있게 한다. 따라서 경골어류는 거의 움직이지 않아 에너지를 보존하면서도 물에 뜬 채 있는 것이 가능하다.

눈
경골어류는 예민한 시각을 가진다(후각도 발달해 있다).

아가미
아가미(gill)는 주변의 물로부터 산소를 추출해내는 깃털같이 생긴 기관이다.

비늘
대부분의 경골어류는 피부를 덮는 판 모양의 비늘을 가진다.

측선계
연골어류와 마찬가지로, 경골어류는 주위의 물에서 생기는 움직임을 탐지할 수 있는 측선계(lateral line system)를 가진다.

호수 송어(*Salvelinus namaycush*)

가다랑어(*Katsuwonus pelamis*)

점박이 나비돔(*Chaetodon ocellatus*)

가시 해마(*Hippocampus histrix*)

잎새형 지느러미 어류(육기어)

경골어류의 진화적 분지를 이루는 구성원인 **잎새형 지느러미 어류**(lobe-finned fishes; **육기어류**)는, 막대형 뼈로 지지되는 근육성 지느러미를 갖는데, 이것은 양서류의 사지뼈와 동등하다. 잎새형 지느러미 어류에는 폐어(lungfish)와 육상 생활에 적응한 일부 계통을 포함한다. 결국 이 일부 계통이 양서류로 진화했다.

실라칸스
실라칸스(coelacanth; *Latimeria chalumnae*)는 심해에 사는 잎새형 지느러미 어류로, 한때는 멸종한 것으로 생각되었지만, 남아프리카의 생선 시장에서 한 생물학자에 의해 발견되었다.

폐어
아프리카 폐어(*Protopterus aethiopicus*) 같은 폐어(lungfish)는 다른 어종은 살 수 없을 만큼 산소가 희박한 고인 물에 사는 경향이 있다. 그들은 부레와 소화계가 연결되어 있는데, 필요하면 공기를 들이마셔 그로부터 산소를 추출할 수 있다.

요점

▶ 현대의 물고기에는 몇 가지 계통이 존재하는데, 먹장어(턱과 척추가 결여되어 있는), 칠성장어(턱이 없는), 연골어류(연골성 뼈를 가진), 그리고 경골어류(칼슘에 의해 단단해진 골격을 가지는)이다.

? 송어(상어가 아니라)가 물에서 가만히 정지할 수 있도록 하는 특징 두 가지는?

답: 물에 뜨게 하는 부레는 경골어류가 물에 머물 수 있도록 하며, 아가미뚜껑 역시 이들 어류가 물에서 산소를 추출할 수 있도록 한다.

10.9 양서류와 파충류는 육지를 점유한 최초의 사지류였다

모든 육상 척추동물은 **사지류**(tetrapod; '네 개의 발'이라는 의미)로, 팔다리 역할의 부속지가 네 개인 동물이다. 양서류는, 원시적인 폐와 강한 뼈들로 지지되는 근육성 지느러미들로 땅 위를 걸을 수 있었던 잎새형 지느러미 어류의 후손이다. 현대의 모든 육상 사지류—양서류와 파충류를 포함—는 이 최초의 사지류에서 진화했으며, 따라서 신체 구성이 유사하다.

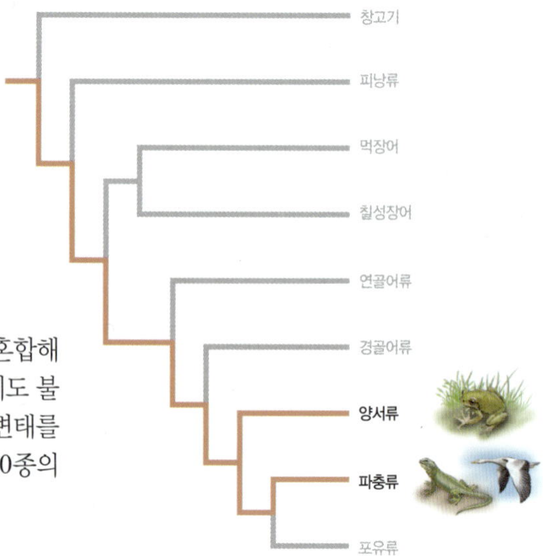

양서류

전이형 생물이란 점에 걸맞게, **양서류**(amphibian)는 수생 적응과 육상 적응을 혼합해서 가진다. 양서류는 최초의 육상 거주자들로서, 번식에 물이 필요하다는 제한점에도 불구하고, 고대의 육상 경관 전체로 빠르고 성공적으로 퍼져나갔다. 많은 양서류가 변태를 거치는데, 수생의 유생에서 육상 생활을 하는 성체 형태로 변한다. 오늘날, 6,000종의 양서류 대부분이 주로 습기가 많은 서식지에서 주로 발견된다.

여러 가지 양서류

개구리
개구리는 통통한 몸체와 튀어나온 눈, 그리고 강력한 뒷다리를 가진다.

두꺼비
두꺼비는 거친 피부를 가지며 주로 땅에 사는 개구리이다.

무족영원류(caecilians)
사지가 없기 때문에 여기 속하는 양서류는 벌레나 뱀을 닮았다.

도롱뇽
일부 도롱뇽은 완전히 수생이지만 다른 것은 독특한 방식으로 몸을 옆으로 굽혀 땅 위를 걷는다.

수생 적응

알
양서류의 알은 껍질이 없다. 따라서 알이 마르기 않기 위해서는 반드시 물속에 있어야 한다.

올챙이
개구리의 유생은 올챙이(tadpole)라고 불린다. 올챙이는 어류처럼, 사지가 없고 아가미와 꼬리, 그리고 측선계를 가진다.

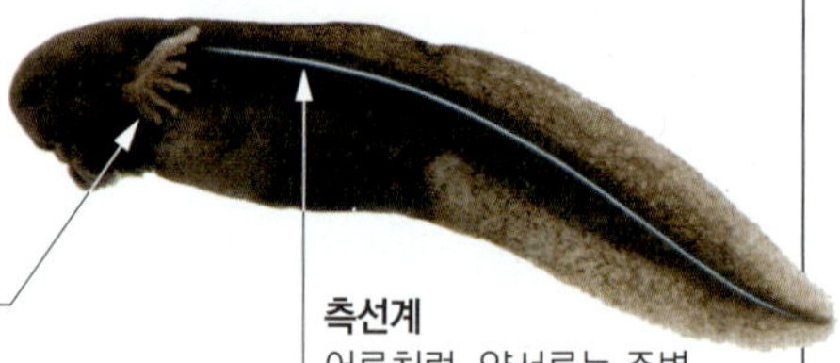

아가미
올챙이는 물에서 산소를 추출하는 아가미를 가진다.

측선계
어류처럼, 양서류는 주변의 물에서 움직임을 감지할 수 있는 감각기관을 이용한다.

육상 적응

젖은 피부
성체 양서류는 폐의 기체 교환(O_2는 안으로, CO_2는 밖으로)을 보조하기 위해 젖은 피부를 가진다.

폐
다른 모든 사지류처럼, 양서류는 폐를 통해 공기호흡을 한다.

성체 양서류는 강한 뼈로 지지되는 다리를 가진다.

독화살 개구리 (*Dendrobates azureus*)

근골격계
양서류는 땅에서 중력에 저항해서 서 있어야 하므로, 어류들보다 더 많은 근육과 뼈를 가져야만 한다. 다른 사지류처럼, 양서류는 지지와 운동을 가능하게 하는 근육계와 골격계를 가진다.

파충류

파충류(reptile)는 생식을 포함하여, 전 생애를 육지에서 보낼 수 있도록 하는 주요 진화적 적응을 나타낸다. 파충류(그리고 포유류)는 유양막류(amniotes)로서 액체로 채워진 **양막란**(amniotic egg) 내에서 발생하는 동물이다. 알 내부의 양막(amnion)은 발생 중인 배아에 일종의 작은 연못이라고 할 수 있는 수생 서식지를 제공한다. 물에서 생식해야 할 필요가 없어지면서, 파충류는 더 넓은 육상 지역을 점유할 수 있었다. 파충류의 진화 역사에 대한 한 가지 가설은, 각 그룹의 관계에 대한 논쟁이 많긴 하지만, 이들을 네 개의 그룹으로 나눈다.

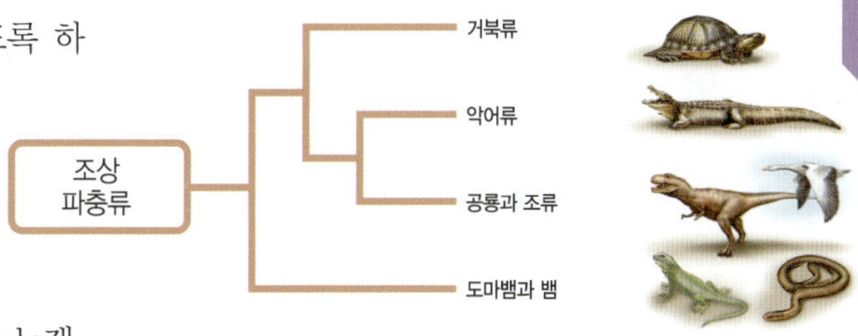

거북류
거북은 척추와 융합된 보호성 껍질을 가진다. 거북은 사막이나 담수 호수, 강, 그리고 바다에서 발견된다.

녹색 바다거북(*Chelonia mydas*)

악어류
현존하는 가장 큰 파충류는, 큰 악어(alligators)와 악어(crocodiles)를 합하여 악어류(crocodilians)로 불린다. 현대에는 23종이 열대 지역에서 발견된다. 잠수하는 동안 호흡할 수 있도록 하는 위로 뚫린 콧구멍 등 많은 종이 수생 서식지에 적응했다.

미시시피 악어(*Alligator mississippiensis*)

! 세상에서 가장 큰 새인 타조는 시속 60 km/h 이상으로 달릴 수 있으며, 한 발자국에 4.8 m 가량을 걷는다.

공룡과 조류
화석증거는 새들이 수각류(theropods)라고 불리는 공룡 그룹에 속하며, 약 1억 6천만 년 전에 분기했음을 시사한다. 몇몇의 날지 못하는 종이 있기는 하지만 새들은 비행을 위한 다양한 적응을 나타낸다: 내부 기관이 작으며, 이빨이 없고, 유선형의 날개와 예민한 감각, 그리고 복잡한 행동양식 등을 보인다.

도마뱀류와 뱀류
약 8,000종의 도마뱀과 뱀이 현존한다. 도마뱀은 약 1 cm쯤 되는 것에서부터 3 m가 넘는 코모도 왕도마뱀에 이르기까지 크기가 다양하다. 뱀의 경우 다리가 없기는 해도, 그 골격에는 조그마한 골반뼈를 가지고 있어서, 도마뱀에서 유래한 계통임을 증명해준다. 뱀은 육식성이다; 이들은 먹이를 사냥하기 위해 화학물질과 열을 감지하는 감지기를 사용한다.

코모도 왕도마뱀(*Varanus komodoensis*)

알을 보호하고 있는 풀뱀(*Natrix natrix*)

요점

▶ 양서류는 육지에 사는 네 발 달린 척추동물이었지만, 생식을 위해서는 물에 머물 수밖에 없었다. 새를 포함하는 파충류는 건조한 땅에서도 생존할 수 있는 양막란을 통해 생식한다.

? 개구리의 알과 뱀의 알 사이의 핵심적인 차이는 무엇인가?

답: 개구리의 알은 생존을 위해 물에 있어야 하지만 뱀의 알은 육지에서도 생존이 가능하다.

포유류는 털을 가지며 젖을 만든다

최초의 포유동물은 약 1억 8,000만 년 전에 진화했다. 공룡의 시대 동안, 포유동물은 대부분 작고 야행성이었으며 곤충을 주식으로 생존했던 것으로 보인다. 공룡이 6천 500만 년 전에 대량으로 멸종한 후에 포유류는 빠르게 방산하였다. 오늘날 우리 환경에서는 거대 포유동물이 많이 눈에 띈다.

포유동물의 특징

포유류(mammals)는 두 가지 뚜렷한 특징을 가진다. 젖샘(mammary gland; 이 특징에 의해 명명됨)과 털(hair)이다. 포유동물은 크게 3가지 그룹으로 나뉜다: 단공류(monotremes), 유대류(marsupials), 그리고 진태반류(eutherians; 진수류)이다.

젖샘
젖샘(mammary gland)은 갓난 새끼에게 영양을 공급하기 위한 젖(milk)을 생산한다. 다른 동물과 비교해서, 포유류의 새끼 보호 기간은 매우 긴 편이다.

털
포유류는 **내온동물**(endotherms)이다. 이런 동물은 자신들의 대사를 통해 따뜻하고 지속적인 체내 온도를 유지한다. 털은 절연 기능을 제공하므로 이 동물이 체온을 유지하는 것을 돕는다.

어미의 젖을 빨고 있는 저지종 젖소(*Bos primigenius*)

단공류

단공류(monotremes)는 알을 낳는 포유류이다. 오늘날에는 오리너구리(duckbilled platypus)와 네 종의 바늘두더쥐(echidna)가 대표적이다.

오리너구리
오리너구리(*Ornithorhynchus anatinus*)는 호주의 동부와 근처의 태즈매니아(Tasmania)섬에서만 발견된다. 일반적으로 암컷은 나뭇잎으로 둥지를 만들며 두 개의 알을 낳아 품는다. 출산 후에는 새끼들이 어미가 털 위로 분비하는 젖을 핥는다.

바늘두더쥐
호주 전역에서 발견되며 짧은 부리를 가진 바늘두더쥐(*Tachyglossus aculeatus*)는 가시 개미핥기(anteater)라고도 불린다. 위협을 받으면 몸을 말아 가시 돋친 공처럼 된다.

유대류

짧은 임신 기간 후에 어미 **유대류**(marsupials)는 아주 조그만 배아 상태의 새끼를 낳는다. 이들은 어미 주머니 속의 젖꼭지에 붙어서 발생을 완료한다.

태반과 주머니
유대류 배아는 자궁 내에서 어미와 배아를 물리적으로 연결시켜 주는 기관인 단순한 태반(placenta)에 의존하여 발생한다. 출생 후에는 배아가 어미의 주머니로 이동하여, 거기서 젖꼭지를 통해 영양을 공급받는다.

버지니아 주머니쥐 (*Didelphis virginiana*)

어미의 주머니 안 젖꼭지에 붙어 있는 주머니쥐 배아

유대류의 다양성
대부분의 유대류는 호주에서 발견된다. 호주는 약 6천만 년 전, 포유동물의 후기 그룹이 진화하기 전에 다른 대륙으로부터 분리되었다. 그 섬에서 고립되어 있는 동안에, 유대류는 매우 다양해져서 지역의 우점 집단이 되었다.

양육 중인 새끼는 보통 어미의 복부가 늘어나 생기는 주머니 안에 머무른다.

동부 회색 캥거루(*Macropus giganteus*)

진태반류(진수류)

유대류도 원시적인 태반을 가지기는 하지만, 태반 포유류라고 불리는 **진태반류**(eutherians)의 배아는 완전히 발달한 동물로 태어나기 전까지 어미의 자궁 내에서 태반에 붙은 채 상당한 기간(인간의 경우 38주)을 보낸다. 진태반류 동물은 5,000종이 넘어, 몇 종 안 되는 단공류이나 수백 종에 머무는 유대류와는 대조적이다.

! 흰 긴수염고래(blue whale)는 현존했던 생물 중 가장 큰 동물이다.

태반
진태반류의 태반(placenta)은 유대류의 태반보다 훨씬 복잡하며, 오랜 기간 동안 어미와 발달 중인 새끼 사이를 물리적으로 연결시켜 준다.

양막 주머니
많은 포유동물은 양막 주머니(amniotic sac) 안에 싸여 태어난다. 이 주머니는 태반에 붙어 있고 태반은 새끼가 태어난 직후에 방출된다(afterbirth).

여러 가지 진태반류

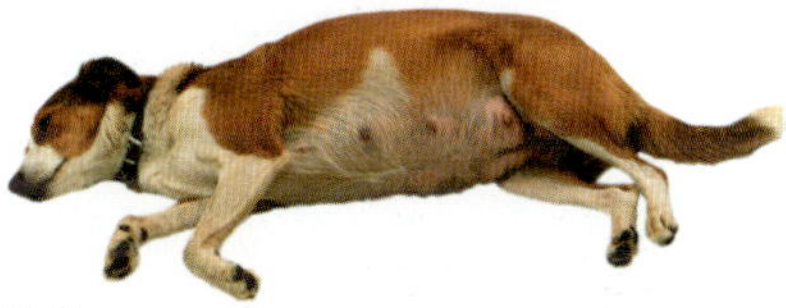

육상 포유류
대부분의 포유류는 육상 생활을 한다. 여기 이 임신한 개(*Canis lupus familiaris*)는 옆으로 누워 있으며 부풀어 오른 유선을 보여준다.

박쥐
약 1,000종 가량의 박쥐들이 있으며, 이들은 날개 달린 포유류이다. 대부분 야행성이어서 음향 반사 위치 측정(echolocation, 반향 정위)에 의존한다. 이것은 이동하거나 사냥을 하기 위해 소리 파동을 방출하고 그것이 반사되는 것을 감지하는 것이다.

회색 긴 귀 박쥐 (*Plecotus austriacus*)

병코돌고래 (*Tursiops truncatus*)

고래
약 80종 정도의 고래(cetaceans), 혹은 바다 포유류가 있다.: 돌고래(dolphins), 상괭이(porpoises), 그리고 고래(whales)이다. 모든 고래는 육상에서 서식했던 포유동물 조상으로부터 진화했다.

요점

▶ 모든 포유동물은 털을 가지며 유선에서 젖을 생산한다. 현대의 포유류는 세 그룹으로 나뉘는데, 단공류(알을 낳는), 유대류(육아낭에서 성숙하는), 그리고 진수류(태반을 통해 성숙하는)이다.

? 태반을 가지는 포유류 두 종류는? 당신은 어느 그룹에 속하는가?

답: 유대류와 진수류, 우리는 진수류에 속한다.

10.11 인간은 수백만 년 전 조상 영장류에서 진화했다

인간은 지구상의 생명 나무에서 어느 자리를 차지할까? 다른 모든 동물처럼, 우리 역시 진핵생물이다. 인간은 척삭동물문 내에 속하는 포유류이고, **영장목**(order of primates)에 속한다.

영장류의 진화

모든 영장류의 공통 조상은 약 6천 500만 년 전에 살았었다. 화석과 DNA 증거들은 인류 계통이 6~7백만 년 전에 다른 영장류에서 분기했음을 시사한다.

영장류

초기의 영장류는 나무에서 살았다. 따라서 영장류의 신체는 자연선택에 의해 이런 서식지 요구에 적합하게 만들어진 다수의 특징을 나타낸다. 인간은 민꼬리원숭이(apes)이라고 불리는 영장류 그룹에 속한다.

인간 진화의 주요 내용

많은 사람들이 인간의 진화에 대해 잘못된 개념을 주장하곤 한다. 여기서는, 인간 진화에 있어 중요한 점 3가지에 대한 올바른 해석법을 읽어보자.

인간은 침팬지에서 진화한 것이 아니다.	인간 진화는 한 종에서 보다 현대적인 다른 종으로 진행한 것이 아니다.	인간의 핵심적인 특징은 한꺼번에 진화한 것이 아니다.
인간이 침팬지에서 진화했다는 오해가 있다. 비록 그들이 6~7백만 년 전에 살았던 공통 조상을 우리와 공유하기는 하지만, 인간과 침팬지는 수십만 세대에 걸쳐 독립적으로 진화해왔다. 여러분이 먼 사촌의 자손이 될 수 없는 것처럼, 현대인은 현대 침팬지의 후손이 절대로 아니다.	또 다른 오해 중 하나는 인간의 진화를 한 종에서 다음 종으로 진행한 것으로 생각하는 것이다. 사실, 인간의 진화는 잘 정리된 순서대로 진행되지 않았다. 많은 종들이 진화적으로 끝이 났다: 그들은 살아 있는 현대의 후손들을 전혀 남기지 못하고 죽었다. 게다가 많은 종들은 같은 시대에 같은 장소에서 공존하기도 했다.	마지막으로, 인간의 핵심적 특징이 모두 한꺼번에 진화했다고 믿는 것이다. 현대인을 특징짓는 인간의 특징—직립 자세나 말하는 능력, 그리고 큰 뇌 등—은 각각 독립적으로 수백만 년 에 걸쳐 서로 다른 시기에 진화해온 것이다.

인류 진화의 연대기

탐험가들은 약 20종 가량의 멸종한 호미닌의 화석을 발굴해왔다. **호미닌**(hominin)은 생명의 진화수에서 인간의 가지에 있는 것이다. 비록 이런 다양한 종의 진화적 연관관계에 대해서는 아직도 활발한 논의가 진행 중이지만, 현대인을 구분해주는 각 특징은 우리 인간 종인 호모 사피엔스(*Homo sampiens*)가 출현하기 훨씬 전에 처음으로 나타났음이 분명하다.

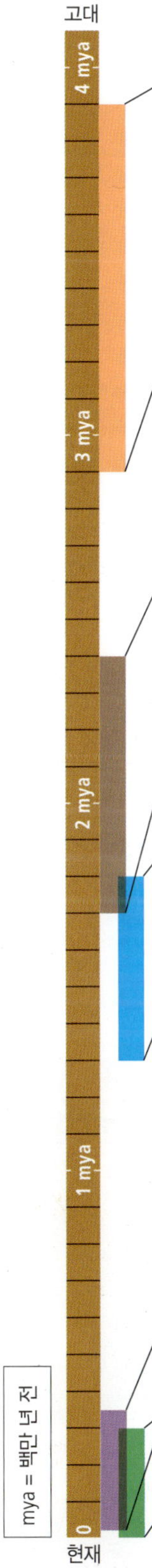

오스트랄로피테쿠스 아파렌시스(*Australopithecus afarensis*)

에티오피아에서 발굴된 루시(Lucy)라는 별명의 3.2백만 년 된 이 여성은, 핵심적인 인간의 형질, 즉 이족보행(bipedalism)과 직립보행 자세를 나타낸다. 비록 인간처럼 걷기는 했지만, 키가 겨우 1 m 정도였으며 머리 크기는 소프트볼 정도, 그리고 뇌는 현대 침팬지의 것보다 약간 큰 정도이거나 현대인의 1/3 정도라고 할 수 있다.

루시(Lucy)라고 알려져 있는 화석 호미닌의 골격

호모 하빌리스(*Homo habilis*)

우리와 같은 속(genus)의 가장 오래된 구성원은 *Homo habilis*(= handy man; "손재주가 좋은 사람")이다. *H. habilis*는 뇌가 현대인과 오스트랄로피테쿠스(*Australopithecus*)의 중간 크기였던 여러 종 중 하나다. 이들은 아프리카의 사바나에서 살며 도구를 만들었던 것으로 알려져 있다.

돌을 도구로 사용하는 *Homo habilis*의 모형

> **!** 만약 지구상의 생명의 역사를 1년의 달력으로 표현한다면, 인간은 12월 31일 오전 6시에 출현한 것이 된다.

호모 에렉투스(*Homo erectus*)

증거는 호모 에렉투스가 아마 180만 년 전에 아프리카에서 다른 대륙으로 이주하기 시작했던 최초의 호미닌들이었음을 시사한다. 이들은 그 이전의 종보다 더 큰 키와 뇌를 가졌는데, 이것이 더 추운 기후에서 생존하는 데 도움이 되었을 것이다. 이 종은 오두막을 짓고 불을 피웠으며, 옷을 만들고 돌 도구를 만들었다.

*Homo erectus*의 골격

호모 네안데르탈렌시스(*Homo neanderthalensis*)

네안데르탈인(Neanderthal)이라고도 불리는 이들은 35만 년 전 경에 유럽에서 살고 있었다. 그들은 우리보다 더 큰 뇌를 가졌으며, 돌과 나무로 만든 도구를 가지고 큰 동물들을 사냥했다. 약 3만 년 전에 이들은 멸종했다. 유전적 분석에 따르면, 네안데르탈인들과 *H. sapiens*들은 교잡했을 것으로 보인다. 사실, 모든 현대인은 네안데르탈인 조상의 DNA 일부를 가지고 있다.

재구성된 네안데르탈 남성의 모형

호모 사피엔스(*Homo sapiens*)

호모 사피엔스에 대한 초기 화석들은 약 20~30만 년 전으로 거슬러 올라간다. DNA 분석은 모든 현대인이 당시 살았던 한 아프리카 여성에게서 그 혈통을 찾을 수 있음을 강력히 시사한다. 우리 종은 아프리카에서 나와 아시아로, 그리고 다시 유럽과 호주로 퍼졌다.

약 3만 년~1만 년 전의 것으로 보이는 스페인의 고대 동굴 벽화

요점

▶ 인간은 6~7백만 년 전에 다른 계통에서 분리된 영장류이다. 약 30만 년 전의 호모 사피엔스보다 앞선 것으로 알려진 몇몇 호미닌 종은 인간의 주요 특징을 보여준다.

? 현대인은 다른 호미닌 종과 공존했던 적이 있는가?

답: 그렇다. *Homo sapiens*와 *Homo neanderthalensis*(네안데르탈인)는 같은 시기에 같은 장소에 살았다.

11.1 동물의 신체는 구조적 체계화를 나타낸다

인체는, 다른 모든 동물의 신체와 마찬가지로, 여러 수준의 조직화 단계에서 살펴볼 수 있다. 세포(cell)는 생명의 기본 단위다. 우리 몸 안에서 개별 세포는 서로 모여 조직(tissue)을 구성하며, 이 조직은 다시 기관(organ)을 형성하고, 다시 기관이 모이면 기관계(organ system)가 만들어진다. 기관계는 이제 서로 협동하여 한 생물체(organism) 전체의 기능을 유지할 수 있도록 해준다. 한 생물체를 이런 구조적 체계에서의 각 수준별로 살펴봄으로써 독특한 통찰을 얻을 수 있다.

형태와 기능

인체를 잘 살펴보면, 생물학의 기본 원리 중 하나를 발견할 수 있다: 바로, 형태(form)와 기능(function) 사이의 관계이다. 신체 부분이나 일부 시스템의 구조에 대한 연구로 그것이 무엇이며 어떻게 작동하는지에 대한 정보를 얻을 수 있다. 반대로, 신체 일부분이나 한 시스템의 기능에 대한 조사는 그 구조가 어떨지에 대한 통찰을 제공해준다. 예를 들어, 인간의 폐 구조를 잘 살펴보면, 점점 가늘어지면서 가지를 친 도관들이 수백만 개의 작은 주머니로 끝나 있는 것을 알 수 있다. 이런 해부학적 구조는 폐가 거대한 표면적을 제공함으로써, 그것을 가로질러 기체가 교환될 수 있도록 한다. 그러므로 폐의 구조와 기능에 대한 연구는 서로에 대한 통찰을 제공해준다.

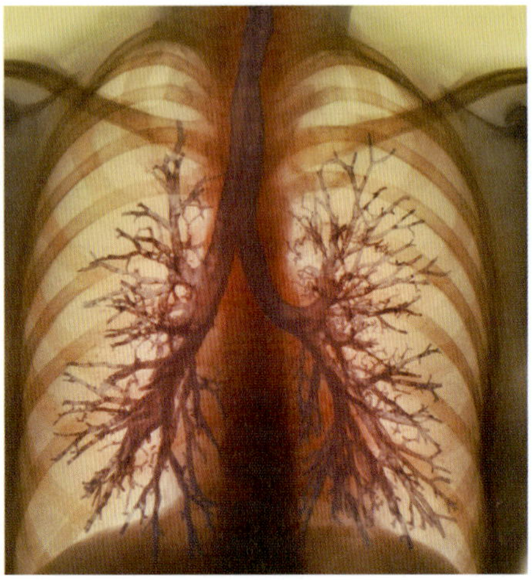

해부학 VS. 생리학

동물의 신체에 대해 공부해보면, 형태와 기능이 연관되어 있음을 곧 눈치채게 된다. **해부학**(anatomy)은 생물의 체 구성 부분(그 형태)의 구조에 대한 학문이다. **생리학**(physiology)은 그 부분의 기능에 대한 학문이다. 각 분야는 몸에 대해 서로 다른 연구 방법을 취한다—해부학적 형태 vs. 생리학적 기능. 그러나 두 학문은 신체가 어떻게 작동하는지를 우리가 더 잘 이해할 수 있도록 서로 보완해준다.

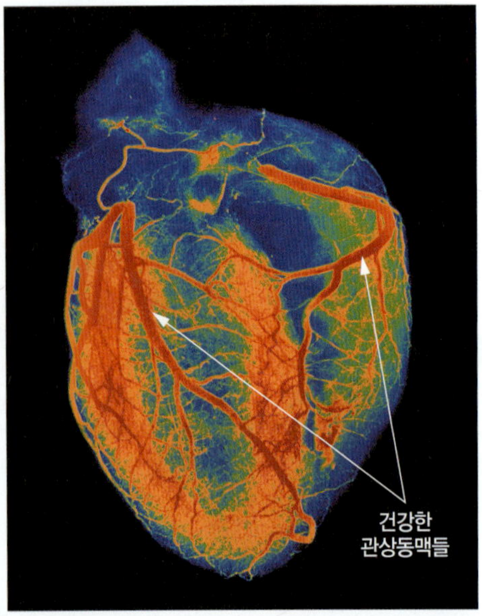

심장과 그를 둘러싼 동맥의 해부학은 X-선으로 관찰할 수 있는 염료를 주입함으로써 연구가 가능하다. 이 과정으로 혈관촬영도(angiogram)가 얻어지는데, 이것은 특히 폐색이 발생한 관상동맥(심장병의 징후)을 찾아내는 데 유용하다.

심전도(electrocardiogram, EKG)는 심장의 생리를 연구하는 데 사용될 수 있다. 전극을 신체에 붙여 심장 박동의 여러 단계에 해당하는 전기적인 활동의 높낮이를 측정할 수 있다.

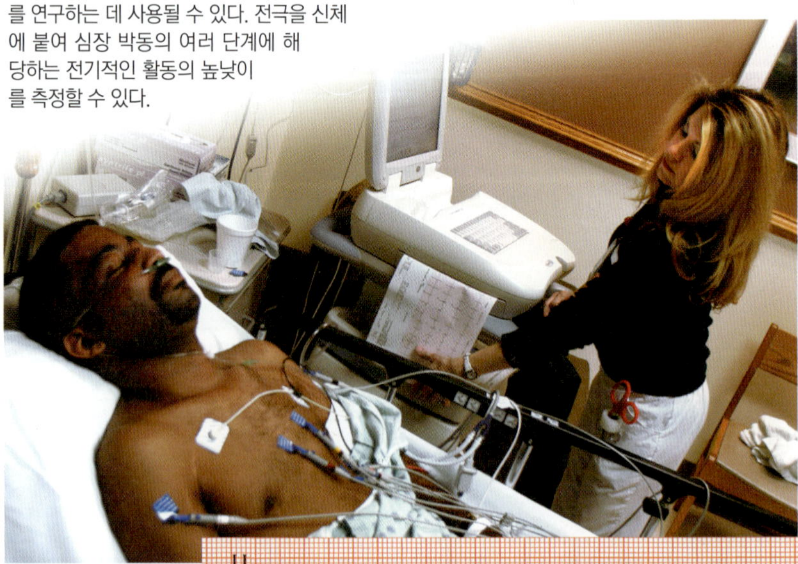

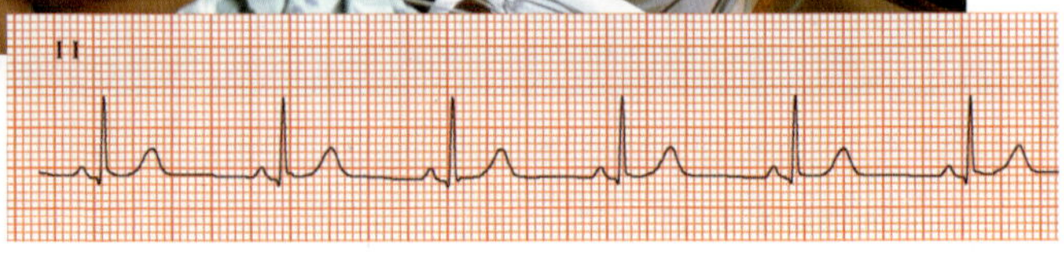

구조적 체계

모든 생명은 조직화의 체계로 나타낼 수 있다. 우리 몸(그리고 가까운 많은 동물의 신체도)에서 개별 세포들은 점점 더 큰 작동 단위로 조직화된다. 각 수준의 조직화마다, 그 전의 낮은 수준에서는 존재하지 않던 새로운 기능이 출현한다. 예를 들면, 하나의 기관은 개별 조직이 혼자서는 수행할 수 없는 기능을 담당한다. 바꿔 말하자면, 우리의 신체 전체는 각 부분의 합보다 더 큰 생명의 단위이다.

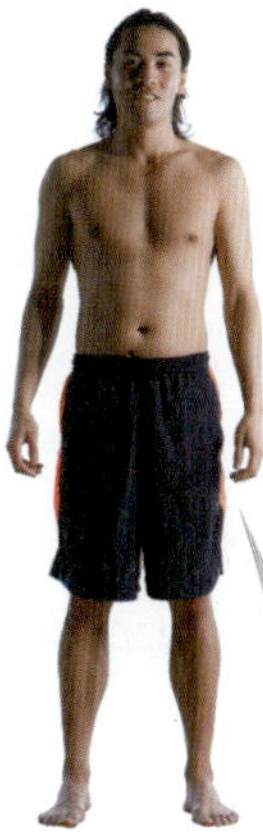

생명체(개체)
하나의 **생물**(organism)이 생존하려면 그가 가진 모든 기관의 협동이 필수적이다. 예를 들어, 운동을 하기 위해서는 순환계, 호흡계, 골격계, 그리고 근육계 사이의 밀접한 조화가 필요하다.

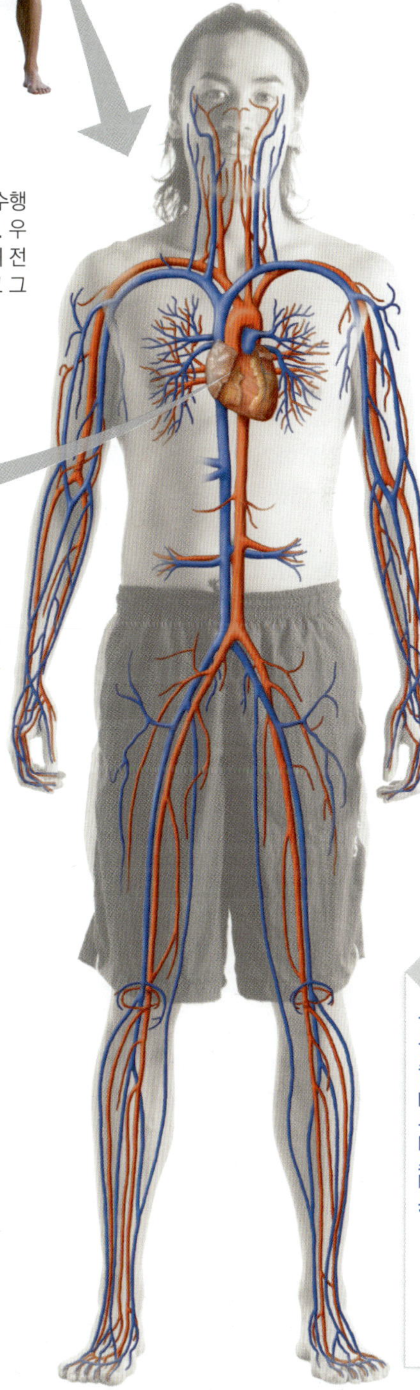

기관계
신체의 각 **기관계**(organ system)는 중요한 신체 기능을 수행하기 위해 서로 협동하는 기관(organ)의 팀으로 구성된다. 우리가 운동할 때는 순환계(심장과 혈관을 포함하는)가 신체 전반에 물질을 수송함으로써, 근육 세포에 산소를 제공하고 그로부터 노폐물을 제거해준다.

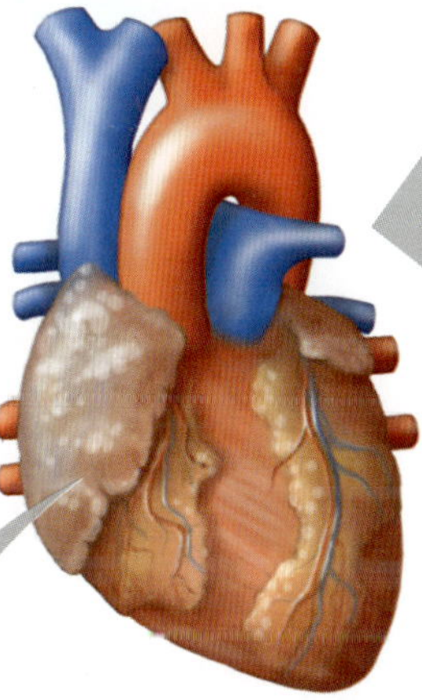

기관
하나의 **기관**(organ)은 특정 기능을 수행하기 위해 협동하는 둘 혹은 그 이상의 조직 형태로 구성된다. 예를 들어 심장은, 주로 규칙적으로 박동하는 근육조직으로 구성되지만, 여기에는 그 박동에 영향을 미치는 신경조직과, 표면을 덮는 상피조직, 그리고 이 모든 것을 모두 고정시키는 결합조직을 포함하고 있다. 운동은 시간이 지남에 따라 심장을 더 효율적으로 작동하게 함으로써 더 낮은 휴지기 심박수가 나타나도록 한다.

420x

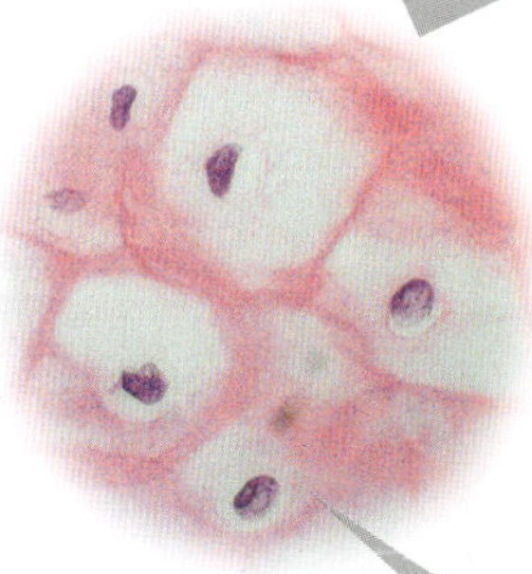

조직
하나의 **조직**(tissue)은 특정 기능을 함께 수행하는 비슷한 세포들의 통합적 모임을 말한다. 옆의 그림에서는 평활근 조직면을 구성하는 여러 층의 상피세포를 볼 수 있다. 비슷한 상피조직이 심장과 다른 기관의 내부 및 외부 표면을 덮고 있다.

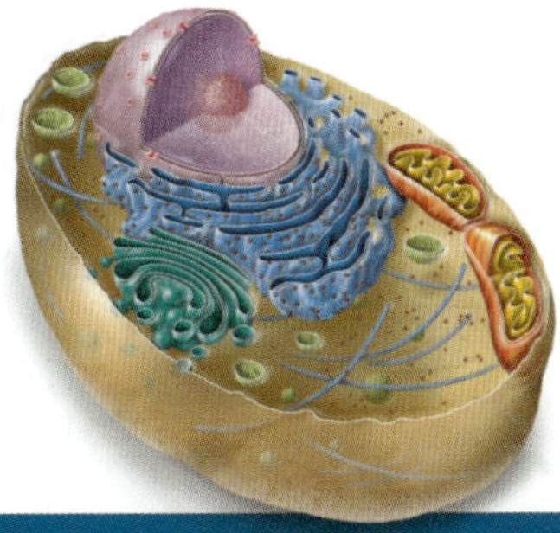

세포
우리의 신체는 수십조 개의 개별 **세포**(cell)들로 구성되어 있다. 여기 그려져 있는 일반적인 동물세포는 우리 몸에서 발견되는 전형적인 상피세포와 유사하다.

! 우리 신체에는 은하수의 별들보다 많은 수의 세포들이 존재한다.

요점

▶ 형태(해부학적 구조)와 기능(생리학적인 작용)은 서로 연관되어 있다. 우리의 신체는 세포로부터 조직, 기관, 기관계, 그리고 몸 전체로 조직화되는 구조적 체계화를 통해 형성된다.

? 여러분의 뇌(brain)는 구조적 체계화 중 어느 수준의 예가 되겠는가?

답: 뇌는 하나의 기관이다.

11.2 인체는 네 가지 형태의 주요 조직을 포함한다

세포는 생명의 기본단위다. 그러나 사람을 포함하여 거의 모든 동물의 세포들은 각 세포가 단독으로 활동하지는 않는다. 대신, 대부분의 세포는 한 **조직**(tissue)의 일부로서 협동적으로 작업한다. 조직은 특정 기능을 수행하는 비슷한 세포들의 통합적 모임을 말한다. 하나의 조직에 함께 모여 있는 세포들은 보통 서로 서로 유사해 보이며, 그 조직의 기능과 관련된 구조를 가지고 있다. 세포는 그들을 서로 묶어주는 특수한 연접구조나 끈적한 피막, 혹은 섬유로 되어 있는 망에 의해 둘러싸임으로써 서로 연결된다. 둘 혹은 그 이상의 조직 형태가 서로 연계되어 하나의 기관을 형성한다.

결합조직

결합조직(connective tissue)은 **세포외 기질**(extracellular matrix)에 흩어져 있는 세포들로 구성된다. 특정 결합조직의 형태에 따라 액체나 젤리, 혹은 고체에 묻혀 있는 단백질성 섬유들로 기질이 구성된다. 결합 조직은 다른 조직과 결합하거나 다른 조직을 위한 지지력을 제공해준다.

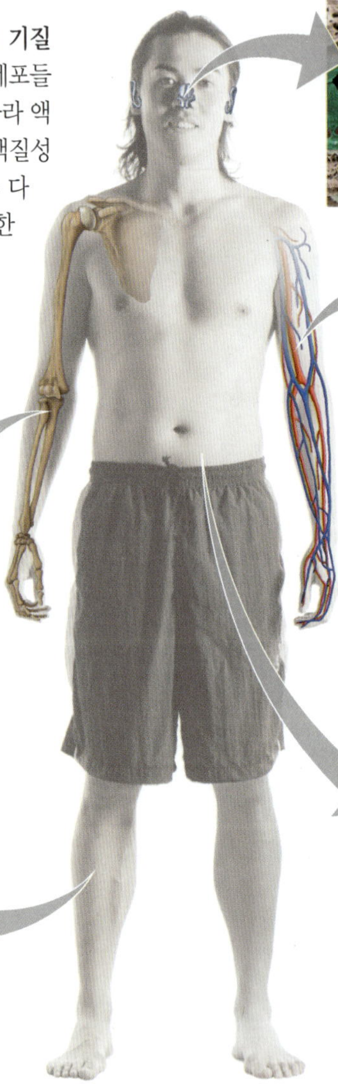

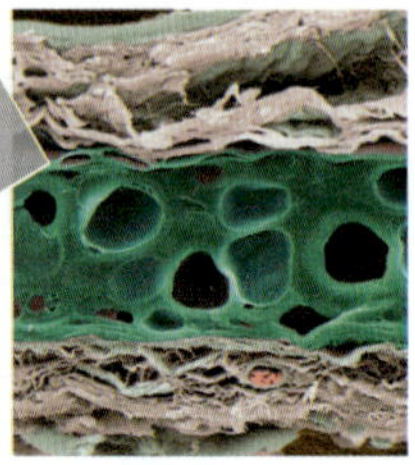

연골

연골(cartilage)은 강하지만 유연한 기질에 묻혀 있는 세포들로 구성된다. 우리 몸에서 코와 귀는 많은 부분이 연골로 되어 있다. 또한 우리 뼈의 말단과 척추뼈 사이에도 덧대어져 있다. 상어나 가오리 같은 동물에서는 연골이 무경골성 전체 뼈대로 작용한다.

뼈

뼈(bone)는 칼슘에 의해 단단해진 세포외 기질에 묻혀 있는 세포들로 구성된다. 혈관은 뼈를 관통하면서 조직을 자라게 하고 상처가 났을 때 치유되도록 돕는다.

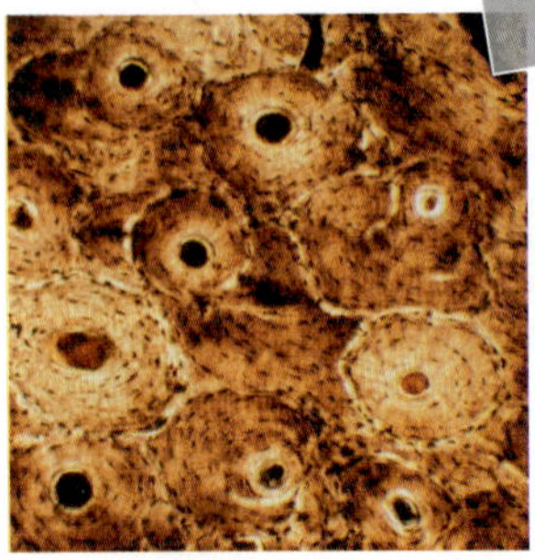

혈액

혈액(blood)은 혈장(plasma)이라고 불리는 염분 수용액에 떠 있는 적혈구와 백혈구로 구성된다. 혈액은 신체 전체에 물질을 수송하고, 면역계에서 핵심적인 역할을 담당한다.

지방조직

"체 지방"이라고도 불리는 **지방조직**(adipose tissue)은, 지방 방울의 형태로 에너지를 저장하고, 절연 기능과 완충 작용을 한다.

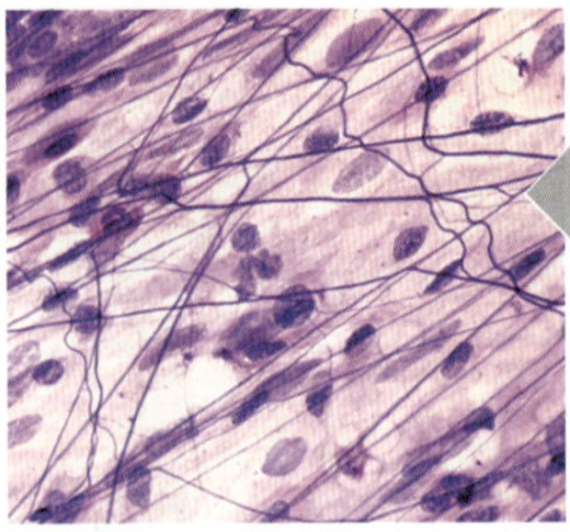

성긴 결합조직

우리 몸에서 가장 흔한 형태의 결합조직은 매우 탄력성이 높은 **성긴 결합조직**(loose connective tissue)이다. 잘 짜인 섬유들(밧줄처럼 생긴 콜라겐 단백질로 되어 있는)로 구성되어 있는 이 기질은 다른 조직과 기관들을 제자리에 고정할 수 있게 해준다.

상피조직

대부분의 신체와 기관의 표면(우리 피부의 바깥층, 혈관과 소화관의 내벽과 바깥층 등)들은 **상피**(epithelium)라고 불리는 **상피조직**(epithelial tissue)으로 덮여 있다. 상피는 서로 밀착하여 붙어 있는 여러 겹의 세포들로 구성된다. 우리 피부의 가장 바깥층인 표피(epidermis)는 단단히 붙어 있는 상피세포들의 조밀한 층을 포함한다. 이들은 우리 신체를 둘러싸는 보호성 장벽을 구성하여 질병을 일으키는 외래 미생물의 위협에서 내부 환경을 보호할 수 있도록 한다. 표피의 세포들(그리고 신체 여러 곳에 있는 다른 많은 상피세포)은 지속적으로 떨어져 나가고 다시 재생된다.

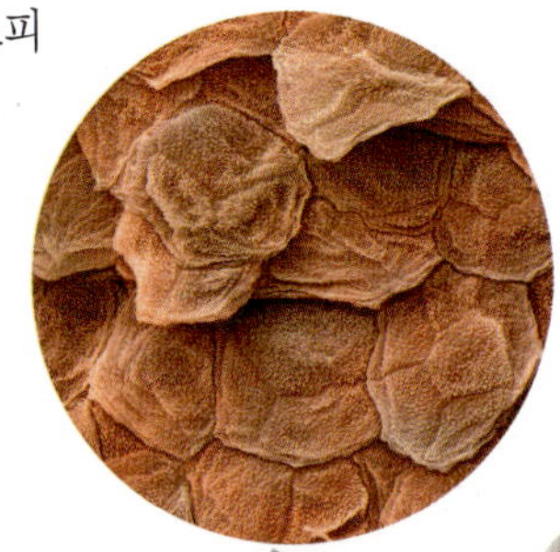

320x

신경조직

신경조직(nervous tissue)은 우리 뇌와 다른 신체 부위들 간의 신호전달을 담당한다. 뇌(brain), 척수(spinal cord) 그리고 신경(nerve) 내의 개별 신경세포인 **뉴런**(neuron)은 막대기같이 튀어나온 돌기들을 따라 빠르게 전기 신호를 전달한다. 그런 신호로 인해 우리는 세상을 감지하고, 그에 대한 반응을 형성하고, 그에 따라 행동한다.

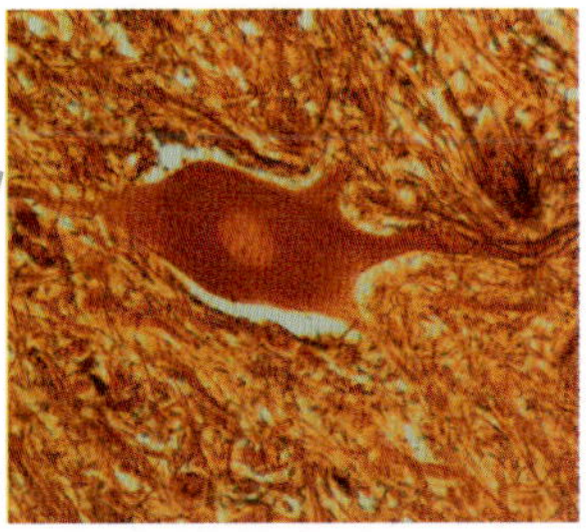

400x

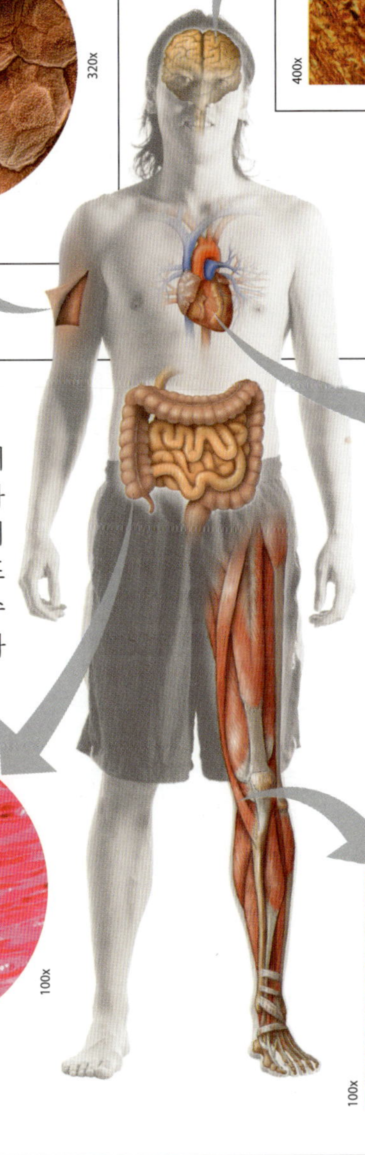

! 웨이트 트레이닝은 근육세포의 숫자를 늘려주지는 않지만 기존에 존재하던 세포들의 크기를 키워준다.

근육조직

근육조직(muscle tissue)은 대부분의 동물에서 가장 풍부하게 존재하는 것으로, 우리가 '고기'로 소비하는 대부분을 구성하는 소식이다. **근섬유**(muscle fiber)라고 부르는 긴 세포들의 다발로 구성되는데, 이 섬유들 각각은 수축할(짧아질) 수 있는 특수 단백질을 포함하고 있다.

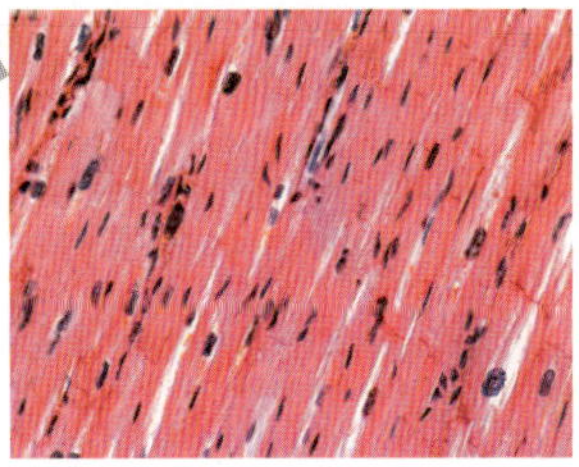

100x

심장근

심장조직에서 발견되는 **심장근**(cardiac muscle)의 세포들은 분지되었다가 합쳐지기도 하는 커다란 연결조직을 만든다. 이 때문에 우리의 심장의 박동은 한 번의 통합된 근수축을 일으킬 수 있다. 평활근과 마찬가지로, 심장근 역시 불수의적이다.

평활근

평활근(smooth muscle)은 다수의 신체 시스템에서 발견되는데, 소화관과 혈관의 벽에 존재한다. 평활근은 줄무늬가 없으며, 뇌로부터 전달되는 불수의적인 신호(involuntary signals)에 따라 수축을 일으킨다.

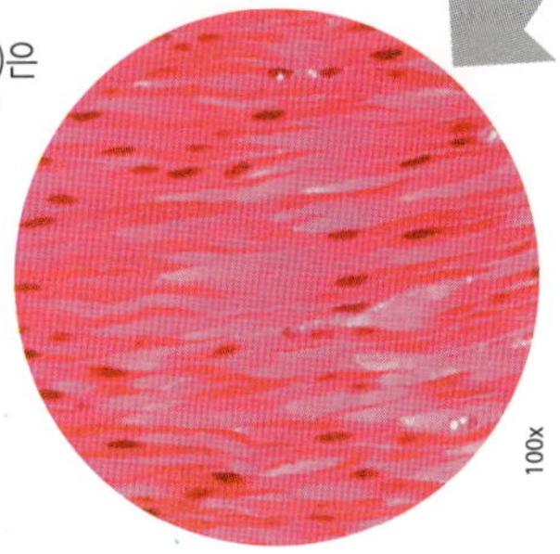

100x

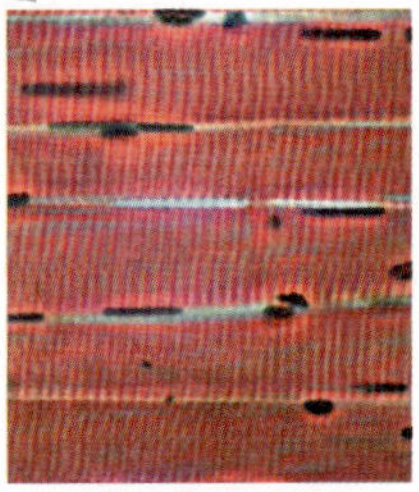

100x

골격근

골격근(skeletal muscle)은 힘줄(tendon, 건)에 의해 뼈에 부착되어 있어서 우리가 움직일 수 있도록 해준다. 현미경으로 보면, 골격근은 줄무늬를 나타낸다. 골격근은 대체로 마음대로 움직일 수 있는 수의근이다.

요점

▶ 대부분 동물의 신체는 다수의 조직을 포함하고 있다. 조직은 특정 기능을 수행하기 위해 서로 협동하는 유사한 세포들로 구성된다. 그리고 기관은 두 가지 이상의 조직으로 만들어진다.

? 손가락으로 팔을 찔러보라. 어떤 형태의 조직을 느낄 수 있는가?

답: 여러분은 아마도 상피조직(표피세포), 결합조직(지방층), 근육 조직, 그리고 뼈를 감지할 수 있을 것이다.

11.3 신체의 내부 환경은 대체로 일정하게 유지된다

비록 모든 동물의 신체가 내부를 외부 세계와 분리시키는 보호층으로 덮여 있다고는 해도, 어떤 동물도 그 환경에서 완전히 분리될 수는 없다. 모든 생물은 주변 환경으로부터 화학물질과 에너지를 교환한다. 외부 세계는 지속적으로 바뀌는데, 온도, 습도, 염도, 그리고 수많은 다른 것들이 변화한다. 그럼에도 우리 신체의 내부 환경은 비교적 일정하게 유지된다. 우리 신체는 외부 환경의 폭넓은 요동에도 불구하고 비교적 안정된 내부 상태를 유지할 수 있도록 지속적으로 작용하는 여러 기관계과 기구들을 가지고 있다.

항상성

동물의 몸은 외부 환경이 변할 때라도 비교적 일정하게 내부 조건을 유지하려는 경향을 보인다. 그런 경향성은 **항상성**(homeostasis)이라고 불리며, "일정한 상태(steady state)"라는 뜻이다. 외부 환경이 극적으로 변화할 때, 신체는 체내 시스템을 생물이 살 수 있는 좁은 범위 안에서 유지시키도록 하는 다양한 기작을 사용한다. 그래도 변화가 일어나기는 하지만, 작은 것이어서 신체가 견딜 수 있는 범위 내에 머무르려는 경향을 보인다. 예를 들어, 혈액 1밀리리터(mL)당 포도당의 양(mg)은 낮 동안 우리가 간혹 식사를 하더라도 크게 변하지 않는데, 인슐린 생산에 의해 혈당의 항상성이 유지되기 때문이다.

정상적인 혈당 항상성

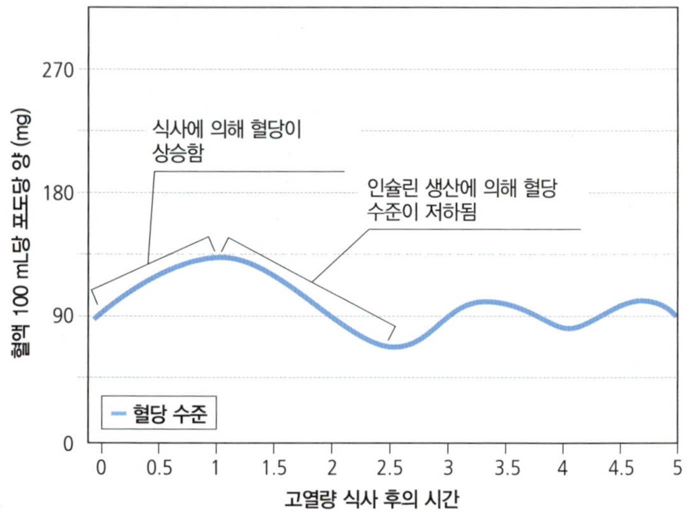

당뇨병: 항상성의 붕괴

당뇨병(diabetes mellitus)에 걸린 사람의 신체는 충분한 양의 인슐린을 생산하지 못하거나(제 1형 당뇨병 혹은 인슐린 의존성 당뇨병), 표적 세포들이 생산된 인슐린에 정상적으로 반응하지 못한다(제 2형 당뇨병 혹은 인슐린 비의존성 당뇨병). 인슐린에 의한 적절한 조절이 이루어지지 않으면, 포도당이 많이 있어도 그 사람의 세포들은 혈액으로부터 충분한 포도당을 흡수할 수 없다. 게다가, 혈중 포도당의 농도가 크게 동요해서, 너무 높아지거나 너무 낮아지곤 한다. 제 1형 환자들은 엄격하게 혈당 수준을 체크해서 규칙적으로 인슐린 주사를 맞아야 한다. 제 2형 당뇨병 환자들은 보통 비만과 관련되어 있으며, 식사와 운동, 그리고 약으로 조절할 수 있다. 세계적으로 매년 3백만 명 이상이 당뇨병으로 사망하고 있어서, 인간의 건강에 항상성의 중요성을 깨닫게 해준다.

혈당 조절 양상

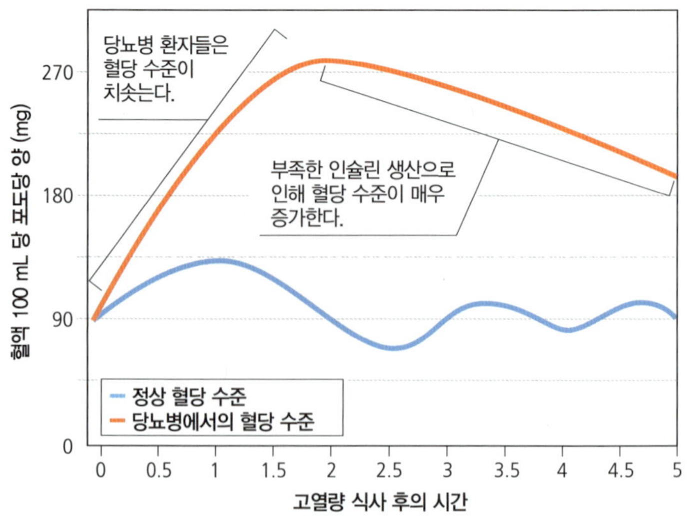

! 미국에서 당뇨병으로 인한 사망은 다음 10년 내에 80%까지 증가할 것으로 예상된다.

피부계와 체온 항상성의 조절

우리 몸의 모든 기관계는 항상성 유지를 위해 일정한 역할을 담당한다. 예를 들어, 순환계는 혈당 수준의 조절을 돕는 호르몬을 운반한다. 환경과 가장 직접적으로 상호작용하는 기관계 중 하나는 **피부계**(integumentary system)로서, 물리적인 손상으로부터 몸을 보호하는 피부, 털, 손발톱 등의 기관들로 구성된다. 피부는 체온 조절을 돕는 여러 구조를 포함하는데, 근육은 떨림에 의해 열을 생산하며, 지방층은 단열 기능을 제공하고, 피부 표면의 혈관들은 넓어지거나 좁아짐으로써 바깥 공기층으로 나가는 열의 양을 조절한다.

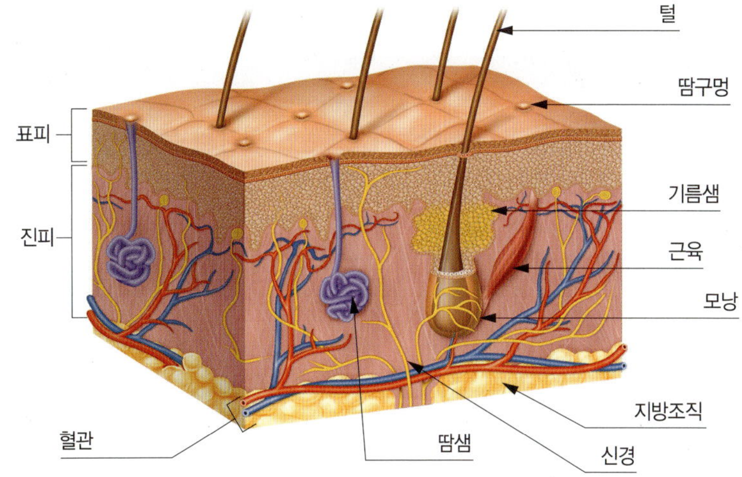

항상성의 작용: 체온 조절

어떻게 우리 몸이 외부 환경의 변화를 탐지하고 반응할 수 있을까? 가장 흔한 기작으로는 **음성 피드백**(negative feedback, **음성 되먹임**)이라고 불리는 것으로, 어떤 과정의 결과가 바로 그 과정을 방해하는 방식의 조절 형태를 말한다. 이런 조절의 좋은 사례를 실내 온도 조절기에서 볼 수 있다. 온도가 지정 온도 아래로 떨어지면, 온도 조절기는 난방기를 켠다. 이 때문에 온도가 올라간다. 그러면 온도 조절기는 난방기를 끈다. 바꿔 말하자면, 그 과정(가열)의 결과가 그 과정을 방해(난방기를 끔)한다. 음성 피드백 기작은 우리 신체의 온도를 조절할 때(그리고 다른 많은 과정에서도)도 비슷하게 작용한다. 항상성의 중요성은 이런 기작이 망가졌을 때를 생각해보면 분명히 알 수 있다. 저체온증(hypothermia; 체온이 너무 낮음)과, 고열 혹은 열사병(heat stroke; 체온이 너무 높음)은 모두 치명적일 수 있다.

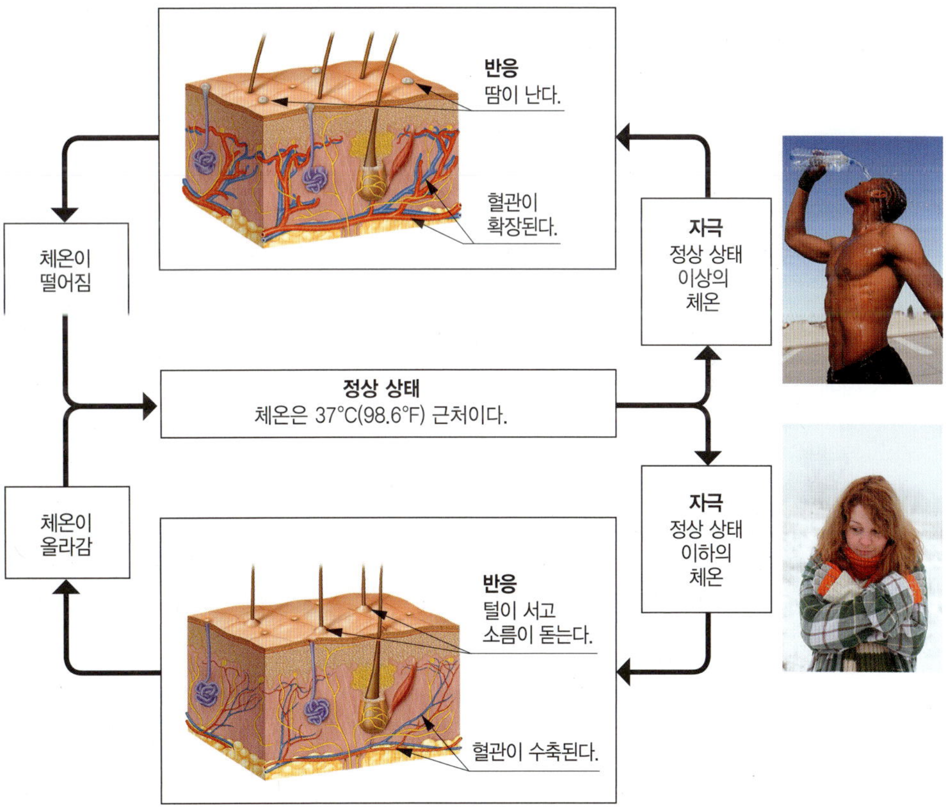

요점

▶ 모든 동물은 환경으로부터 화학물질과 에너지를 교환하지만, 내부 상태는 거의 일정하게 유지하려는 경향이 있다. 체온이나 혈당 수준을 유지하는 것과 같은 항상성은 종종 음성 되먹임에 의해 유지된다.

? 변기의 물을 내리면, 물이 물탱크로 쏟아져 들어오고 이 때문에 부유기가 떠오르게 되는데, 물의 유입은 부유기에 의해 물 구멍이 닫힐 때까지만 지속된다. 이것은 어떤 종류의 피드백으로 볼 수 있겠는가?

답: 작용의 결과가 그 과정을 끄게 되므로 음성 피드백이다.

음식물은 여러 단계로 처리된다

우리가 먹는 것이 곧 우리를 만든다: 적절한 건강의 유지는 음식물로부터 영양분과 에너지를 얼마나 잘 추출해 낼 수 있느냐에 의존한다. 이것은 **소화계**(digestive system)의 일이다. 이 기관계는 긴 도관(소화관이라고 불리는)과, 소화를 일으키는 화학물질을 그 안으로 분비하는 기관들로 구성된다. 우리의 소화계는 음식물을 부숴 신체의 모든 세포로 들어갈 수 있을 만큼 작은 분자가 될 때까지 더 작은 조각으로 분해한다.

! 소화관의 길이는 모두 합하면 9미터가 넘는다.

소화관

인간의 소화계는 종종 "장(gut)"이라고 불리는 긴 도관인 **소화관**(alimentary canal)으로 구성된다. 이것은 부분별로 특수한 기관으로 나뉠 만큼 매우 길다. 소화관을 따라 지나가면서 멈출 때마다 음식물 처리의 특정 단계들이 발생한다.

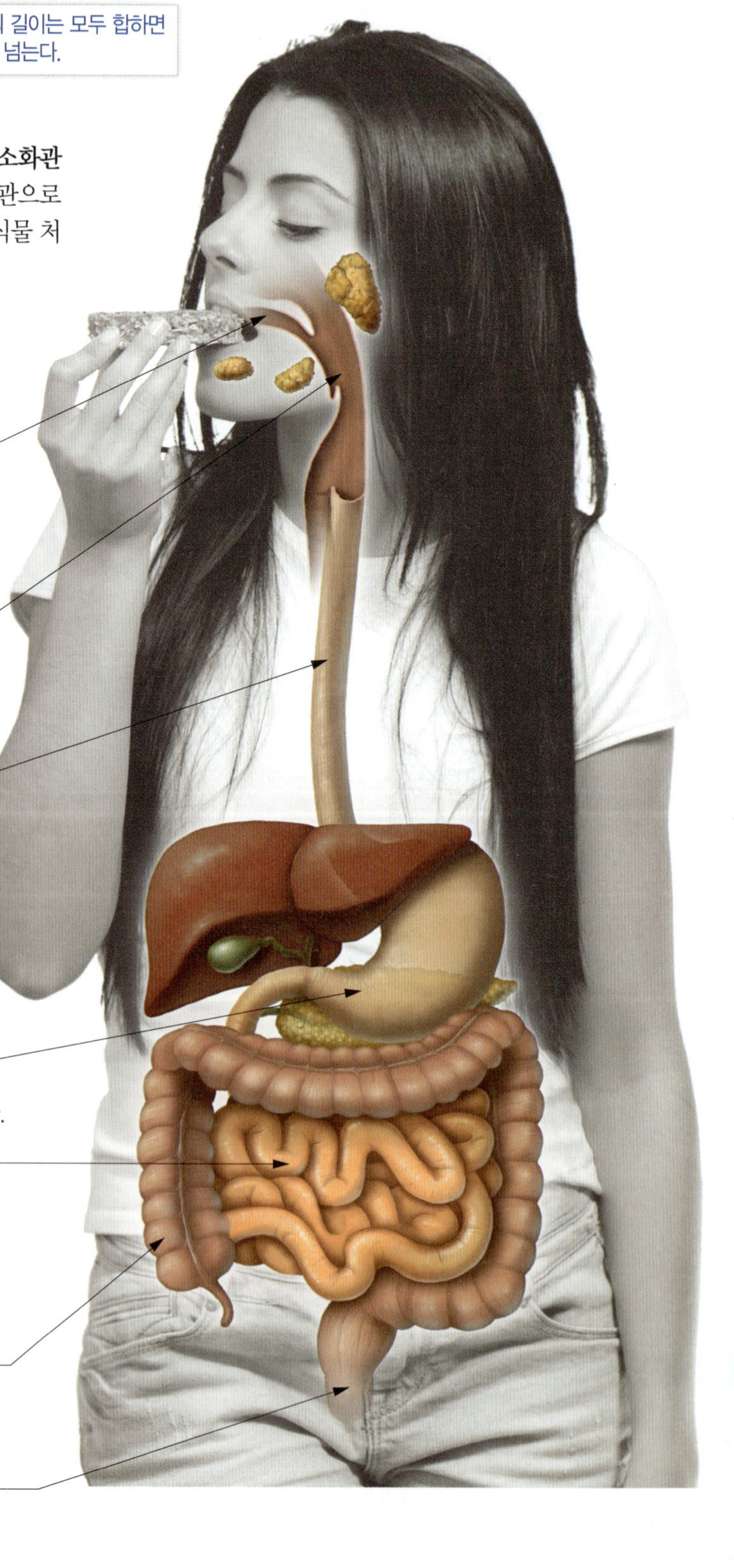

입
구강(oral cavity)이라고도 불리는 입(mouth)은 섭취(먹기)의 장소이면서 음식을 자르고, 갈고, 부수는, 치아를 통한 기계적 소화와 타액(침)을 통한 화학적 소화가 동시에 시작되는 곳이다. 혀는 맛을 감지하고, 음식물의 모양을 삼키기 쉽게 둥글게 만들어서 인두 쪽으로 움직여 준다.

인두
인두(pharynx)는 입, 식도, 기관(폐로 향해 있는)이 만나는 장소이다. 평소에 공기는 인두를 통해 기도로 진입한다. 그러나 우리가 음식물을 삼킬 때는 **후두개**(epiglottis)라고 불리는 납작한 덮개가 움직여 기관의 입구를 막음으로써 음식물이 식도로 들어가도록 한다. 때때로 음식물이 "엉뚱한 관(기도)"으로 들어가게 되면 강력한 기침 반사 반응이 발생한다.

식도
식도(esophagus)는 위와 인두를 연결하는 근육성 관이다. 음식물은 연동운동(peristalsis)이라 불리는 근육 수축을 통해 식도를 지나 움직인다.

위
우리의 위(stomach)는 신축성이 있는 주름을 가진다; 이것은 많은 음식과 음료를 저장하기 위해 늘어날 수 있다. 위의 내벽 세포는 **위액**(gastric juice)을 분비하는데, 이것은 단백질 소화를 돕는 **펩신**(pepsin) 같은 효소들과 기타 분자들을 포함하고 있는 산성 액체이다. 위의 근육성 벽은 음식물과 위액을 뒤섞어 균일한 정도로 걸쭉한 액체 상태인 유미즙(chyme)을 만든다. 둥근 원 모양의 근육인 괄약근(sphincter)은 주기적으로 열려 유미즙을 장으로 조금씩 보낸다. 한 번의 식사 후 위가 완전히 비는 데 걸리는 시간은 약 2~6시간 정도이다.

소장
좁지만 매우 긴 **소장**(small intestine)에서는 효소에 의한 화학적 소화가 완료된다. 소장은 양분 흡수가 일어나는 주된 장소이기도 하다.

대장
대장(large intestine)은 약 1.5미터의 길이에 5센티미터 정도의 넓이를 가진다. 대장의 주된 부분인 결장(colon) 내에서는 소화관 내의 물이 흡수되어 혈액으로 되돌려진다. 남은 음식물(주로 소화되지 않는 섬유성 물질)과 대장 내에 서식하는 엄청난 수의 원핵생물이 대장의 마지막 15센티미터 정도 되는 부분인 **직장**(rectum)에서 대변이 되어 저장된다.

항문
수의근과 불수의근 하나씩, 두 개의 근육이 **항문**(anus)의 개방을 조절한다. 결장 내의 신경 자극이 변의를 느끼게 한다. 수의근이 이완되면 대변이 방출된다.

부속 기관

우리의 소화계는 도관을 통해 소화관 내로 특수한 소화성 화학물질을 분비하는 일련의 **부속 기관**(accessory organs)을 포함한다.

침샘
몇 개의 침샘(salivary glands)이 구강 내로 침을 분비한다. 침은 소화 효소인 타액성 아밀레이즈(amylase)를 포함하고 있어서 이것이 전분을 단순당으로 분해한다.

간
간(liver)은 소장으로 나 있는 도관을 통해 **쓸개즙**(bile, 담즙)이라고 불리는 액체를 분비한다. 담즙은 지방 소화과정을 돕는다.

쓸개
간에서 생산된 쓸개즙은 **쓸개**(gallbladder, 담낭)에 보관되었다가 이후에 소장으로 나 있는 관을 통해 분비된다.

이자
이자(pancreas, 췌장)에서 분비되는 액체는 도관을 통해 소장으로 방출되어 위산의 중화를 돕고 음식물의 화학적 소화가 지속되도록 한다.

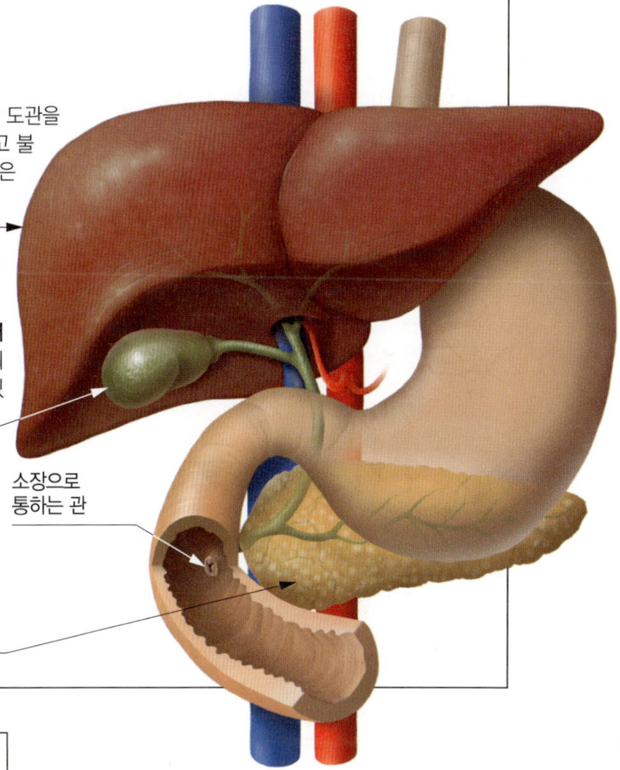

소장에서의 영양분 흡수

소장의 구조는 양분 흡수 기능과 관련되어 있다. 소장 내벽을 싸고 있는 상피 조직은 **융모**(villi)라고 불리는 손가락 모양의 작은 돌출부들로 매우 주름이 많이 잡혀 있다. 게다가 돌기들을 둘러싼 각 세포는 **미세융모**(microvilli)라고 불리는 미세한 돌기들을 가진다. 이런 구조들—미세 융모를 가진 돌기들로 구성된 주름—은 소장에서 양분 흡수가 일어날 수 있도록 거대한 표면적을 제공한다.

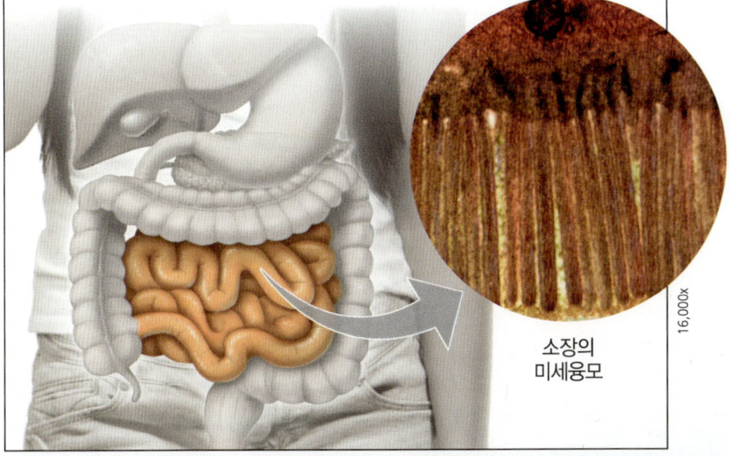

연동운동

소화관을 둘러싸고 있는 근육에서의 수축 파동은 **연동운동**(peristalsis)이라고 불리며 장을 통한 음식물 이동을 촉진한다. 여러분은 아마도 물구나무를 서서라도 음식물을 삼킬 수 있다는 것을 알 것이다. 음식이 위로 풍덩 떨어지는 것이 아니라 쥐어짜지는 상태로 위로 들어가는 것이기 때문이다.

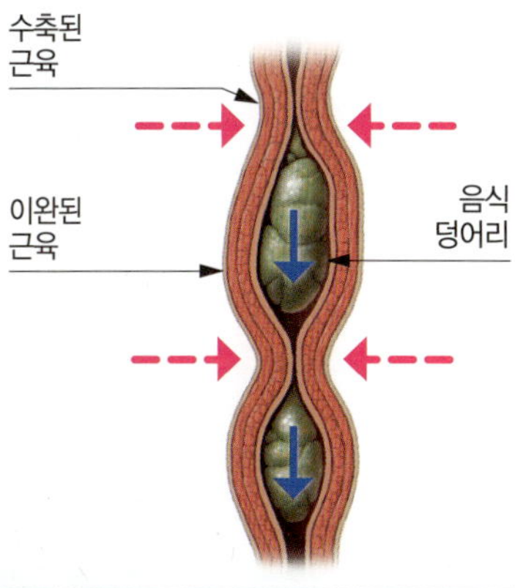

요점

▶ 인체의 소화계는 소화관(길이 부분에 따라 다른 기관으로 나뉜다)과, 소장으로 소화액을 분비하는 기관 및 침샘을 포함하는 다양한 부속 기관으로 구성되어 있다.

? 소화계의 가장 중요한 기능이 양분의 흡수라면, 어떤 기관이 주로 이런 기능을 담당하는가?

답: 소장

음식물은 일련의 연속적 단계를 거쳐 처리된다

다른 모든 동물과 마찬가지로, 인간은 양분과 에너지를 얻기 위해 다른 생물을 소비한다. 우리의 신체는 우리가 먹는 음식과 비슷한 분자들로 구성되어 있다. 예를 들어, 닭다리에 들어 있는 단백질은 우리 근육에 들어 있는 단백질과 거의 똑같은 것이다. 그러나 음식의 거대 영양소는 절대로 직접 사용되지는 않는다. 대신에, 모든 음식은 작은 분자 수준의 구성 단위체들이 될 때까지 분해된다. 이 작은 분자들이 흡수되어 신체 자체의 분자들을 만드는 데 사용된다. 음식물이 신체가 사용할 수 있는 형태로 전환되는 과정은 네 단계로 나눌 수 있다.

음식물의 처리 과정

우리 신체에 의해 사용되기 위해서는 음식을 이루는 큰 덩어리들은 개별 분자들로 분해될 필요가 있다. 분해된 각 분자는 더욱더 작은 분자로 해체되어야만 한다. 신체에 의해 사용될 수 있는 작은 분자는 흡수되며, 필요하지 않은 물질은 노폐물로 통과되어 나온다. 여러 신체 구조는 다음 네 가지 음식물 처리 단계에 참여한다.

1 섭취

섭취(ingestion), 혹은 먹기(eating)는 음식이 처리되는 첫째 단계이다. 모든 동물은 다른 생물 전체를 삼키거나 잘라 먹는다.

2 소화

소화(digestion)는 음식물이 신체가 흡수할 수 있을 만큼 충분히 작은 분자들로 분해되는 것이다. 신체의 세포들은 거대 분자를 흡수할 수 없기 때문에, 모든 영양소는 몸이 사용하기에 앞서 각각의 분자 구성 단위체들로 해체되어야만 한다.

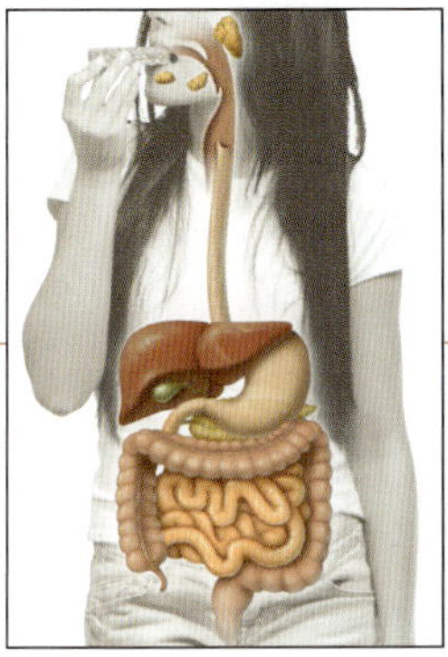

기계적 소화(mechanical digestion)는 음식을 작은 조각으로 자르기 위해 물리적 처리를 이용하는 것이다. 예를 들어, 우리의 치아는 음식물을 자르고, 갈고, 뭉개고, 잘게 썬다. 우리 위에서는 근육이 부분적으로 소화된 음식을 휘저어 더 작게 분해되도록 돕는다.

화학적 소화(chemical digestion)는 가수분해를 수행하는 효소를 사용하는 것이다. **가수분해**(hydrolysis)라는 화학적 반응은 물을 이용하여 큰 분자들(음식에 있는 단백질 같은 것들로서, 중합체라고 불림) 내의 결합을 끊어 더 작은 분자들(아미노산처럼 단위체라고 불리는 것들)이 생기게 한다.

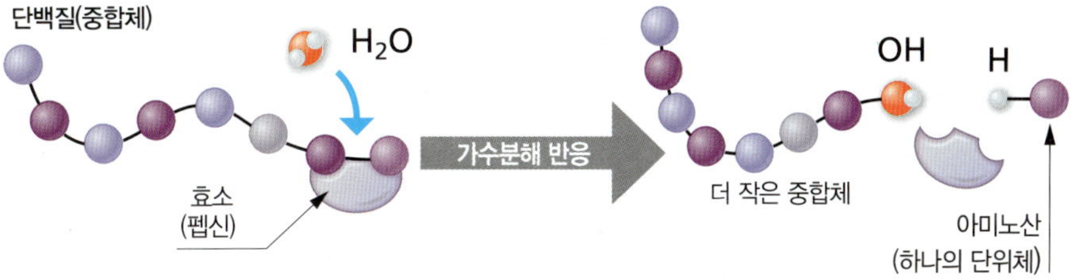

3 흡수

광범위한 소화 작용이 끝난 후에라야 음식 분자는 세포가 흡수할 수 있을 만큼 작은 크기가 된다. **흡수**(absorption)는 이런 작은 분자들을 세포가 받아들이는 것으로서, 주로 소장의 많은 주름을 덮고 있는 세포에 의해 이루어진다. 이 영양소는 소장 주변의 혈관으로 들어간다. 그리고 거기서부터 신체의 모든 세포로 수송된다. 세포는 그 분자 구성 단위체를 새로운 분자를 만드는 재료 및 에너지원으로 사용한다.

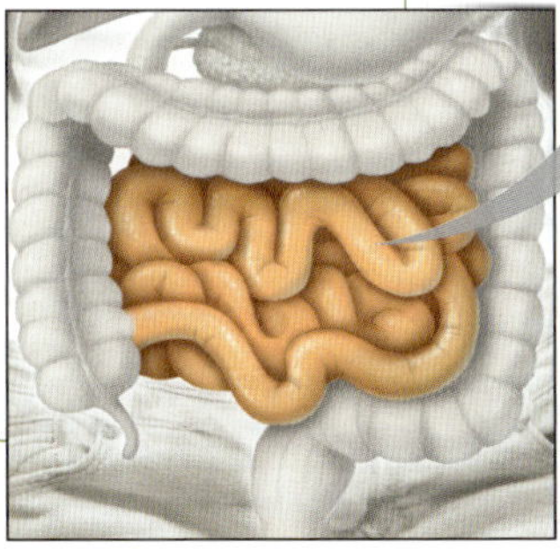

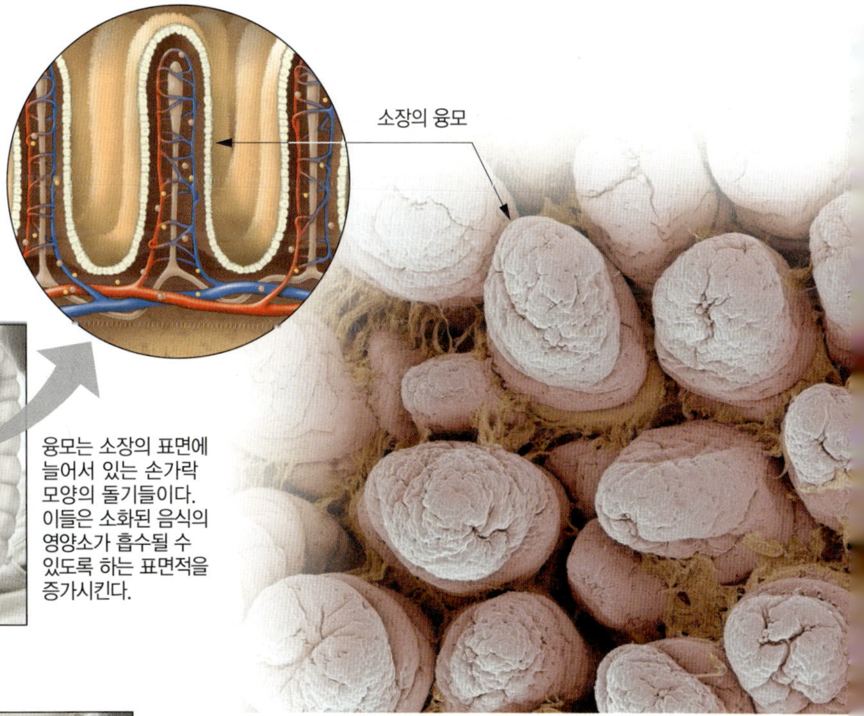

융모는 소장의 표면에 늘어서 있는 손가락 모양의 돌기들이다. 이들은 소화된 음식의 영양소가 흡수될 수 있도록 하는 표면적을 증가시킨다.

4 배출(제거)

배출(elimination)은 소화되지 않은 물질을 몸에서 내버리는 것이다. 음식 찌꺼기는 직장(rectum, 대장의 마지막 부분)에 대변으로 축적되었다가 항문을 통해 소화관을 빠져나간다.

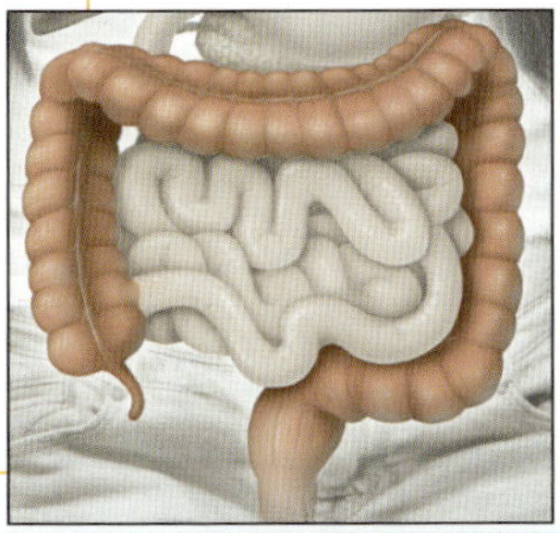

! 만약 소장의 주름을 모두 펼친다면, 그것으로 테니스장 하나를 모두 덮을 수 있다.

요점

▶ 음식물의 가공 처리는 네 단계로 발생한다: 섭취(먹기), 소화(기계적, 화학적 소화), 흡수(주로 소장 벽의 세포에 의한 작용), 그리고 소화되지 않은 쓰레기의 제거이다.

? 음식의 분자가 실제로 체내의 세포들로 들어오는 것은 어떤 단계를 통해서 이루어지는가?

11.6

적절한 영양소는 에너지와 체구성 물질을 제공해준다

균형 잡힌 식사를 하는 것은 두 가지 방식으로 우리에게 도움을 준다: 식사는 몸의 구성에 필요한 물질을 제공해주고, 신체의 기능을 유지하는 데 필요한 에너지도 제공한다. 균형 잡힌 식사란 통곡물, 신선한 과일과 채소는 많이, 살코기와 저지방 유제품은 적절한 양으로, 그리고 포화 지방이나, 당 및 염은 제한된 양만 포함되어 있는 것이다. 이 모든 것들이 들어간 음식은 우리 몸에서 과다한 양의 해로운 물질이 생기지 않도록 하면서, 건강한 분자 구성성분을 제공해준다.

올바른 식사

2011년에 미국 농무성(USDA)은 MyPlate라고 부르는 식사 지침서를 업데이트해 발표했다. 이 프로그램은 우리에게 어떻게 건강한 식품을 고를 것인지를 상기시켜주려는 것이다. 이것은 우리의 식사에 포함되어야 할 5가지 음식들을 강조하며, 특히 과일과 채소가 한 끼 식사의 절반을 차지해야 한다고 제안한다.

출처: USDA의 영양 정책 진흥 센터

기타 추천사항
- 되도록 도정하지 않은 전곡을 먹어라.
- 소금을 피하라.
- 물을 마셔라.
- 고지방 음식은 가끔씩만 먹어라.
- 빈 칼로리 식품을 제한하라.
- 몸을 많이 움직여라.

5가지 음식물의 하루 권장량

음식물 종류	남자(19~30세)	여자(9~30세)
과일: 100% 과일주스나 과일; 신선한 것, 통조림, 얼린 것, 말린 것 등 어느 것이나 가능	2컵	2컵
채소: 100% 채소주스나 채소; 신선한 것, 통조림, 얼린 것, 말린 것 등 어느 것이나 가능	3컵	2.5컵
곡물: 밀, 쌀, 귀리, 옥수수, 보리 등으로 만든 음식	240 g	180 g
단백질: 고기나 생선, 콩, 달걀, 혹은 콩이나 견과류 및 씨앗으로 만든 음식물	195 g	165 g
유제품: 모든 액체 우유 생산품, 우유나 칼슘 강화 두유로 만든 음식물; 저지방이나 무지방 제품을 선택할 것	3컵	3컵

출처: USDA의 영양 정책 진흥 센터의 웹사이트-ChooseMyPlate.gov

필수 영양소

적당한 건강을 유지하기 위해서, 동물의 식사는 충분한 양의 **필수 영양소**(essential nutrients)를 포함하는 것이어야 한다. 이런 영양소는 동물의 신체가 합성하지 못하는 것들이다. 어떤 필수 영양소라도 결핍되면 병이 난다. 예를 들어, 우리 세포는 12가지의 아미노산을 만들 수 있다. 그런데 나머지 8가지는 만들지 못하기 때문에 영양결핍을 피하려면 반드시 섭취해야만 한다. 아래의 식사 사진에 표현되어 있는 것처럼, 네 가지 군의 필수 영양소가 존재한다.

! 비타민 B_{12} 한 숟가락이면, 거의 백만 명의 사람들이 하루에 필요한 양을 제공할 수 있다.

무기질

무기질(mineral)은 건강 유지에 필요한 화학 무기원소이다. 마그네슘 같은 몇 가지 원소는 비교적 다량으로 요구된다. 아몬드를 반 컵 정도 먹으면 하루에 필요한 마그네슘 양의 1/3 정도를 보충할 수 있다. 철분 같은 다른 무기질은 아주 소량만 필요하다. 껍질콩은 철분의 좋은 공급원인데, 철분은 적혈구 세포에 있는 산소 수송 분자인 헤모글로빈 분자를 합성하는 데 필수적이다. 철분이 부족하면 빈혈에 걸릴 수 있다.

비타민

비타민(vitamin)은 우리 음식에 꼭 있어야 하는 유기 화합물(탄소를 포함하고 있는)이지만, 매우 소량만 있어도 되는 것이다. 모든 비타민이 건강 유지에 필수적이다: 식사에서의 비타민 결핍은 질병을 일으킨다. 일부 비타민(C와 B 복합 비타민들)은 수용성인 반면, 다른 것(A, D, E, K)은 지용성이다. 브로콜리와 레몬은 비타민 C가 풍부한데, 이들은 결합 조직 생성에 필수적이다. 식사에서의 비타민 C의 결핍은 괴혈병을 일으킨다.

필수 지방산

우리 세포들은 여러 종류의 지방산(fatty acid)을 이용하여 지방(fat)과 지질(lipid)을 합성한다. 일부 지방산은 애초부터 몸에서 합성되기도 한다. 그러나 합성되지 않는 **필수 지방산**(essential fatty acids)은 식사로부터 충족되어야만 한다. 예를 들어, 여러 생선들에는 2가지 종류의 오메가-3 지방산이 풍부한데, 이것은 신체의 대사 작용 유지와 염증 감소에 도움을 준다. 선진국에서 지방산 결핍은 흔치 않다.

필수 아미노산

모든 단백질은 20가지의 종류의 아미노산으로부터 합성된다. 이 중 8가지는 세포가 합성하지 못하기 때문에 반드시 식사로부터 얻어야 하는 **필수 아미노산**(essential amino acids)이다. (유아는 9가지가 필요하다.) 다양한 식품은 다양한 필수 아미노산을 포함하고 있다. 여러 동물성 단백질(고기, 생선, 유제품)은 필수 아미노산을 모두 포함하고 있지만, 대부분의 식물성 단백질은 몇 가지만 포함한다. 그러나 식물성 단백질이라도 여러 가지로 조합하면(예, 쌀과 콩의 조합, 혹은 땅콩버터와 빵) 모든 필수 아미노산을 제공해줄 수 있다.

요점

▶ 적절한 식사는 세포에 원료와 에너지를 공급한다. 필수 영양소는 신체가 자체적으로 생산할 수 없는 것이다. 여기에는 무기질, 유기물인 비타민, 필수 지방산, 그리고 필수 아미노산이 포함된다.

? 비타민과 무기질은 종종 함께 언급된다. 이 둘의 차이점은 무엇인가?

답: 비타민들은 유기화합물(탄소를 포함)인 반면, 무기질은 탄소를 포함하지 않는 비유기성 원소들이다.

불균형적인 식사나 소화계의 오작동은 건강 문제를 일으킬 수 있다

두 가지 넓은 범주의 질병이 소화계와 관련되어 있다. 소화 기관의 기능 부전이나 질병에 의한 것과, 부적절한 식사에 의해 야기되는 것이다.

잘못될 수 있는 것

많은 질병이 소화계 기관의 감염이나 기능 불량에 의해 생긴다.

위산의 역류

일반적으로 "속쓰림(heartburn)"이라고 잘못된 방식으로 불리는 위산 역류(acid reflux)는 부분적으로 소화된 음식물이 식도로 역류하기 때문에 발생한다. 종종 식도의 내벽을 손상시키는 심각한 위산 역류는 위식도 역류성 질환(gastroesophageal reflux disease, GERD)이라고 불린다. 위산 역류는 체중을 감량하거나, 소식하기, 식사 후 눕지 않기 등 생활 습관을 바꾸거나 제산제를 이용하여 치료될 수 있다.

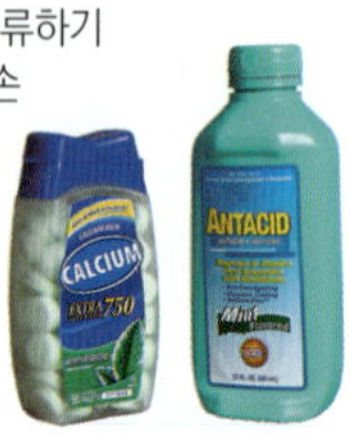

제산제

궤양

점액층은 위의 내벽이 위액에 의해 손상되는 것을 막아 준다. 산-내성 세균인 헬리코박터 파일로리(*Helicobacter pylori*)에 의한 감염은 점액층을 손상시켜 위궤양(gastric ulcer)이라는 위 내벽 손상을 유발한다. 대부분의 위궤양은 비스무트(bismuth)를 포함한 약제나, 심한 경우 항생제를 사용하여 치료한다.

헬리코박터 파일로리 균

비스무트가 포함된 약품

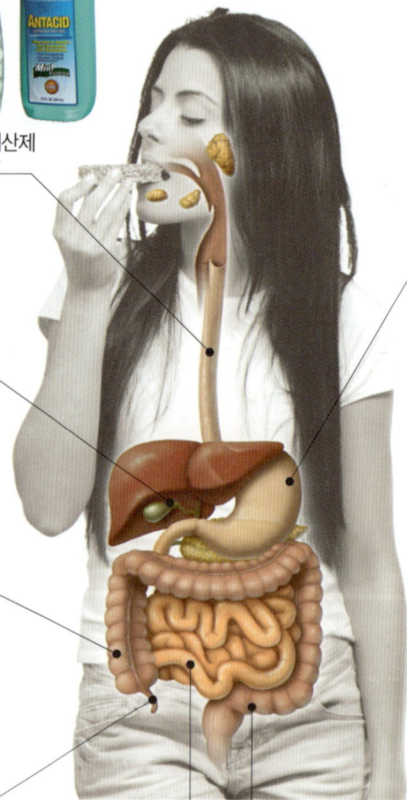

담석

담석(gallstone)은 쓸개즙이 단단하게 굳은 것으로, 쓸개나 쓸개관을 막을 수 있다. 종종 치료를 위해 쓸개를 외과적으로 제거해야만 할 때도 있다.

변비

연동운동이 대장을 통한 대변의 이동을 너무 늦추게 되면, 너무 많은 물이 재흡수되고 대변이 단단해진다. 변비(constipation)는 대부분 운동부족이거나 섬유질이 너무 부족한 식사 때문에 생긴다.

맹장염

맹장(appendix)은 대장에 붙은 손가락 모양의 작은 돌기이다. 세균이 맹장을 감염시킨 것을 맹장염(appendicitis)이라고 하며, 복부의 오른쪽에 날카로운 통증을 느끼게 된다. 대부분의 사람은 수술로 맹장을 제거함으로써 치료를 받는다.

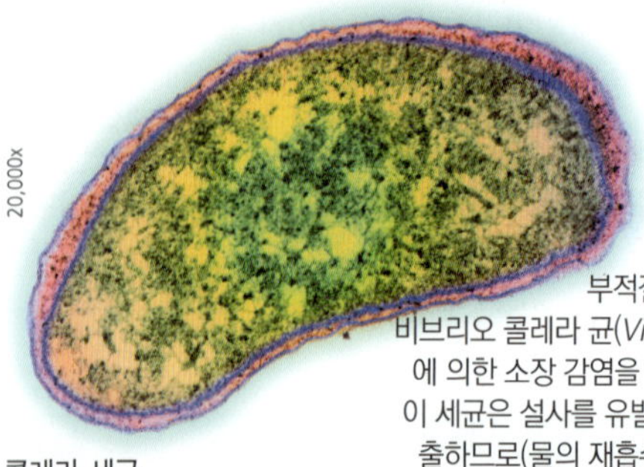

콜레라 세균
(*Vibrio cholerae*)

콜레라

부적절한 위생시설은 비브리오 콜레라 균(*Vibrio cholerae*)에 의한 소장 감염을 일으킬 수 있다. 이 세균은 설사를 유발하는 독소를 방출하므로(물의 재흡수 방해), 급격한 탈수로 인해 치료하지 않으면 사망할 정도로 심각한 문제를 일으킨다.

염증성 장 질환

몇 가지 장 질환—크론 병(Crohn's disease)이나 궤양성 대장염(ulcerative colitis)을 포함하는—은 장 벽에 통증이 있는 부종(염증)이 생겨 발생한다.

위 우회술

미국에서 가장 흔한 체중 감량 수술은 위 우회술(gastric bypass)이다. 이것은 소장의 45 센티미터 아래쪽을 위와 연결하는 것으로, 봉합에 의해 위가 줄어든다. 환자들은 위가 빨리 차며 흡수는 감소하게 된다.

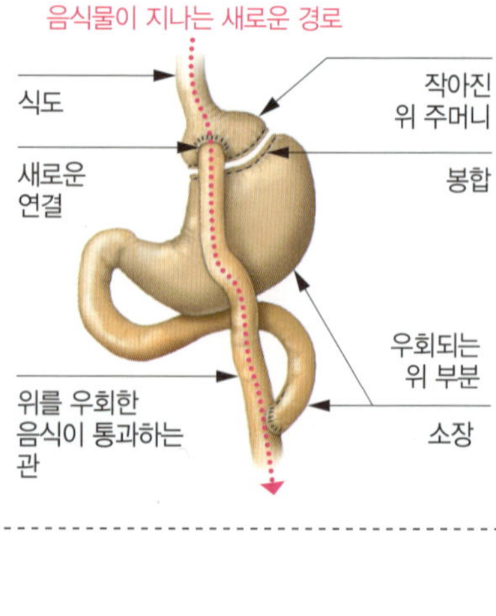

영양의 불균형

식이 문제는 심각한 건강 문제를 일으킬 수 있다. 서로 다른 원인에 의해 다양한 영양 관련 질병이 생길 수 있다.

비만

미국에서 가장 문제가 되는 영양 불균형은 **비만**(obesity)으로서, 키에 대한 체중 비율인 **체질량지수**(body mass index, **BMI**)가 비정상적으로 높아지는 것이다. 미국인의 1/3 가량이 과체중이며, 또 다른 1/3이 비만이다. 비만은 여러 가지 건강 문제를 가중시키는데, 제 2형 당뇨병과 15종류의 암, 그리고 심혈관계 질병 등이 비만과 관련된다.

미국의 성인 비만 인구 비율

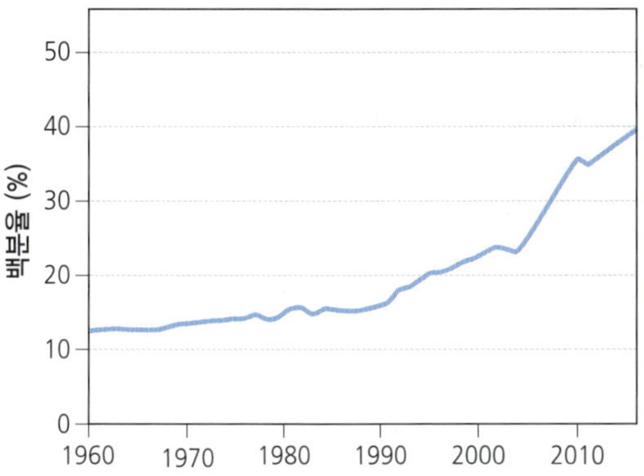

출처: 국립 건강 통계 센터(National Center for Health Statistics) (2018).

BMI 계산

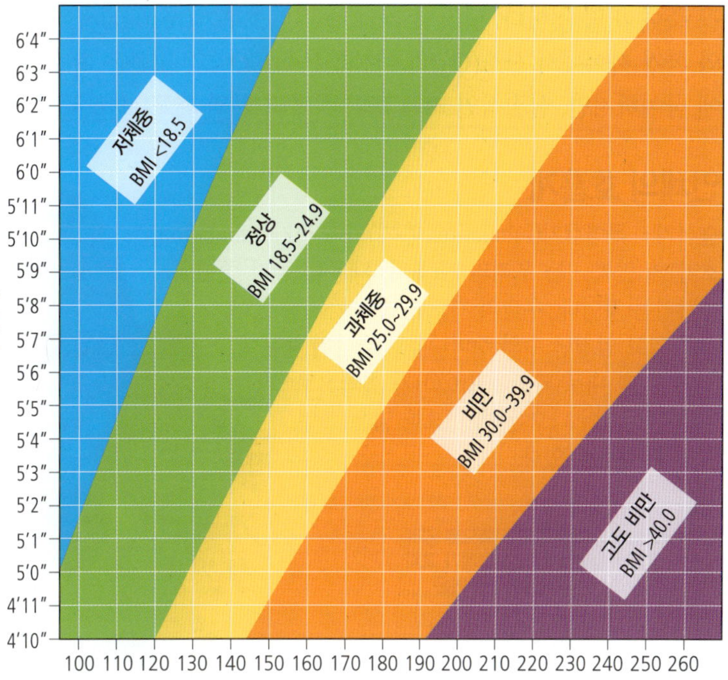

영양실조

전 세계적으로 거의 10억 명이 굶주림을 겪는다. **영양실조**(malnutrition)는 충분한 칼로리나 필수 영양소가 부족한 식사 때문에 생긴다. 이것은 부적절한 섭취(기아)나 의료 문제에 의해 생길 수 있다. 가장 흔한 형태의 영양실조는 단백질 결핍으로, 필수 아미노산이 결핍된 식사에 의한 것이다. 비록 많은 동물성 상품이 충분한 단백질을 제공한다고는 해도, 단일 작물—예를 들어 쌀이나 감자에만—에 의존하는 사람들은 단백질 결핍으로 고생하기 쉽다. 개발도상국에서 종종 단백질 결핍 아동들은 복수가 차올라 배가 부풀어 오른다. 북우간다의 피난민인 이 아이는 식량 부족으로 인한 영양실조를 앓고 있다.

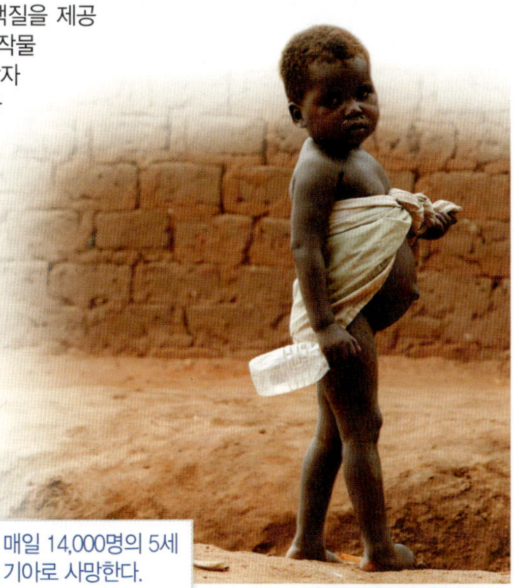

! 전 세계적으로 매일 14,000명의 5세 미만 아동들이 기아로 사망한다.

섭식 장애

영양실조가 항상 음식 부족에 의해서만 생기는 것은 아니다. 수백만의 미국인(대부분 여성들)이 섭식 장애를 보인다. **신경성 식욕부진**(anorexia nervosa)은 저체중인데도 불구하고 체중 증가에 대한 공포 때문에 스스로 굶다가 발생한다. **폭식증**(bulimia)은 토하거나 변비약 남용, 혹은 과도한 운동 이후에 과도하게 음식을 먹는 이상 섭식 행동이다. 섭식 장애의 원인은 알려져 있지 않다. 치료로는 상담과 항우울제의 처방 등이 포함된다.

국제 섭식 질병 연합 (National Eating Disorders Association, NEDA)의 연사로 나선 폴라 압둘 (Paula Abdul).

요점

▶ 인체의 소화계에서 생기는 많은 이상에 의해 인간의 건강 문제가 생길 수 있다. 게다가, 비만, 영양결핍, 혹은 섭식 장애과 관련된 부적절한 식사는 심각한 건강 문제를 야기할 수 있다.

? 한 사람이 비만이면서 동시에 영양결핍일 수 있을까?

답: 그렇다. 너무 많은 열량을 섭취하기는 하지만 충분한 영양소를 공급받지 못하는 사람이 있을 수 있다.

11.8 호흡계는 환경과 신체 사이의 기체 교환을 담당한다

음식이 없어도 일주일쯤은 버틸 수 있다. 물이 없다면 며칠 동안은 살 수 있다. 그러나 10분 동안 숨 쉴 수 없다면 우리는 곧 죽어 버릴 것이다. 당장 우리의 생존은 **호흡계**(respiratory system)의 정상적인 작동에 의존한다. 호흡계는 우리 신체와 환경 사이에서 산소(O_2)와 이산화탄소(CO_2)의 교환을 촉진하는 몇 가지 기관들로 이루어져 있다. 많은 구조물이 여기에 참여하지만, 실질적인 기체 교환은 우리 폐의 폐포(alveoli, 조그만 공기 주머니)와 모세혈관 사이에서 발생한다.

인체의 호흡계

숨쉬기—들이쉬기(inhalation, 흡기)와 내쉬기(exhalation, 호기)의 반복—는 우리의 폐(허파) 내부를 공기 중에 노출시키는 것이다. 우리의 기도가 매우 가지가 많이 쳐져 있고 엄청난 수의 주머니들로 끝나기 때문에, O_2가 혈액 내로 확산되고 CO_2가 혈액으로부터 확산되어 나오는 데 필요한 넓은 표면적이 존재할 수 있다.

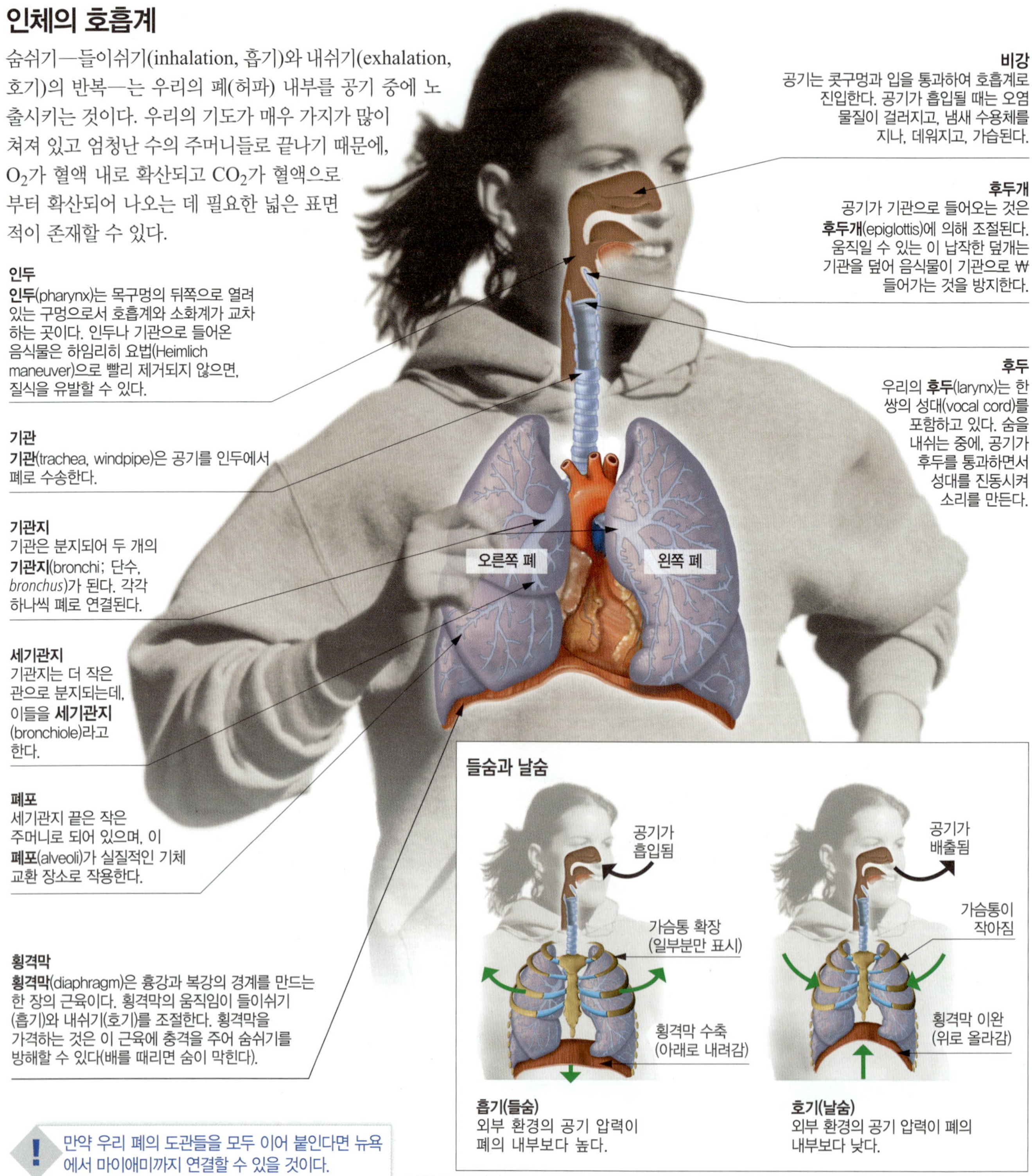

! 만약 우리 폐의 도관들을 모두 이어 붙인다면 뉴욕에서 마이애미까지 연결할 수 있을 것이다.

기체 교환

호흡계의 1차적인 기능은 기체를 교환하여 O_2는 흡기에 의해 공기 중에서 신체로 들여오고, CO_2는 호기에 의해 신체로부터 제거되도록 하는 것이다. 순환계는 혈액을 통해 이 O_2를 폐에서 온몸으로 수송한다. 따라서 이 두 기관계는 긴밀한 협력 관계를 유지하며 작동한다.

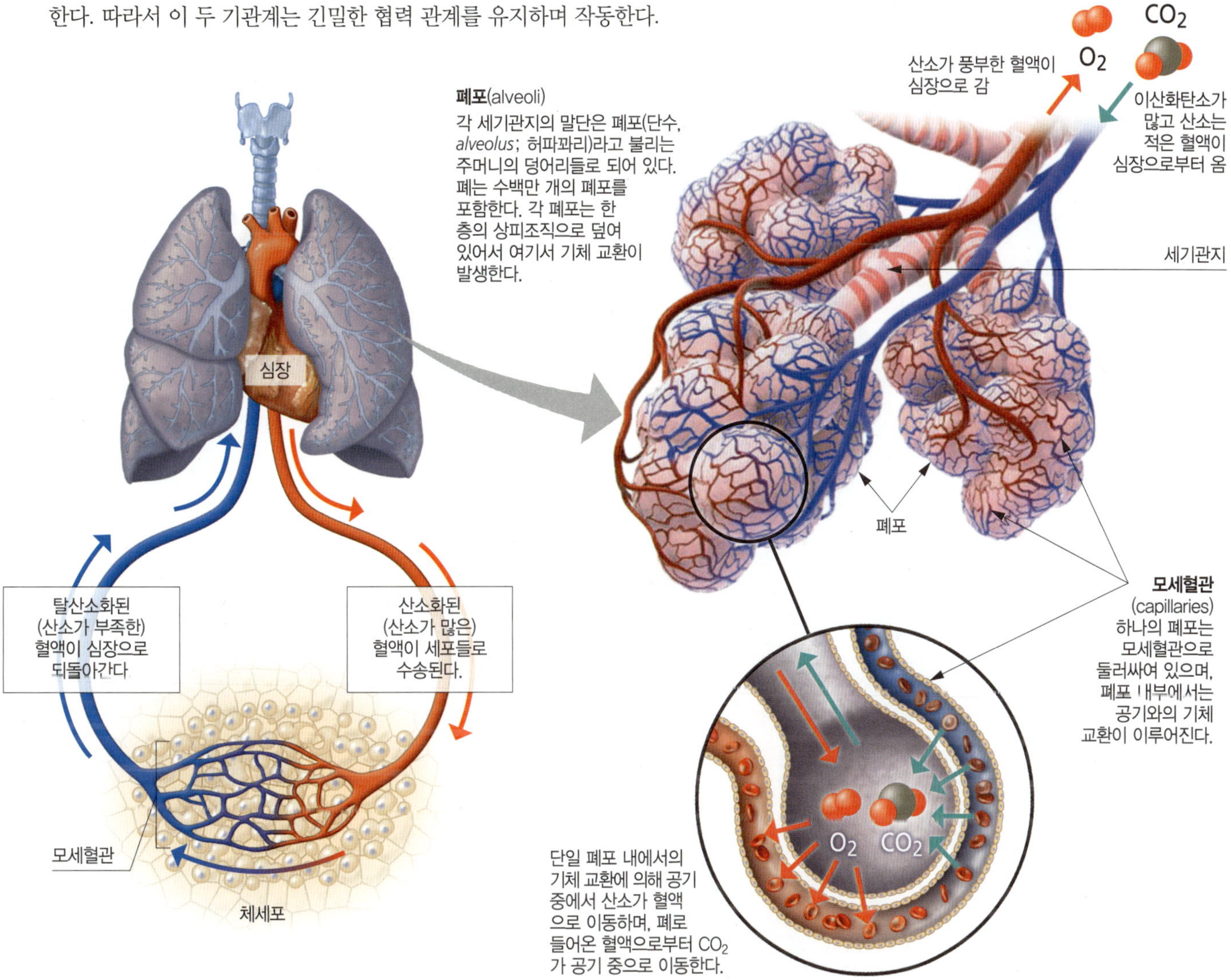

잘못될 수 있는 것

기관지염
기관지염(bronchitis)은 바이러스에 의한 세기관지들의 감염에 의해 가장 흔히 발생한다. 지속적인 기침과 점액이 나오는 증상이 나타난다.

상기도 감염
상기도 감염(upper respiratory infection, URI)은 코, 인두, 후두의 다양한 질병을 포함한다. 바이러스에 의한 감염이 가장 흔한 원인인데 세균 감염이 연이어 나타난다.

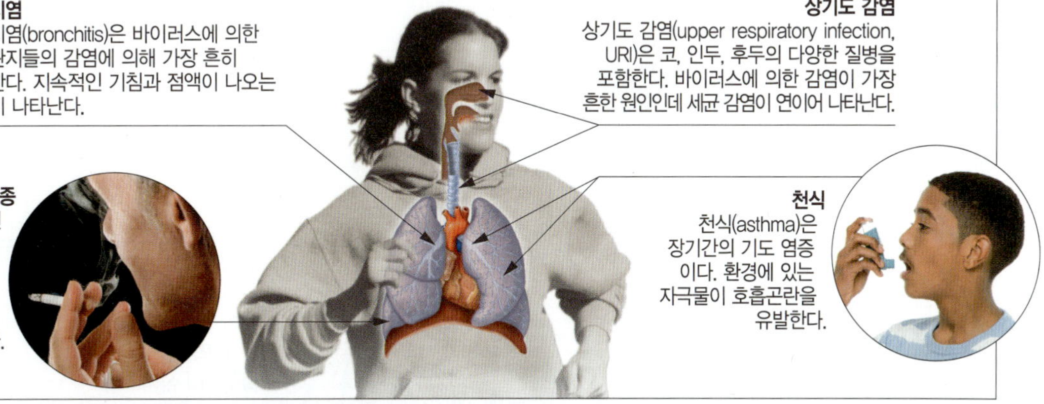

폐기종
장기간 담배 연기나 오염된 공기에 노출되는 것은 종종 폐기종(emphysema)을 유발하는데, 이것은 점차적으로 숨 가쁨(숨이 참)을 악화시킨다.

천식
천식(asthma)은 장기간의 기도 염증이다. 환경에 있는 자극물이 호흡곤란을 유발한다.

요점

▶ 호흡계는 기체를 교환시킨다. O_2는 체내로, CO_2는 체외로 배출시킨다. 폐 내의 폐포에 들어 있는 공기와 그 주변의 혈관 사이에서 교환이 발생한다. 순환계는 산소를 폐에서 나머지 신체 세포들로 보내고, 신체의 이산화탄소는 폐로 실어나른다.

? 신체와 환경 사이의 실질적 기체 교환이 일어나는 장소는 어디인가?

순환계는 신체 전반으로 물질을 수송한다

우리 몸의 모든 세포는 에너지, 영양소, 기체, 노폐물 등의 물질을 외부 환경과 교환해야만 한다. 그러나 대부분의 우리 세포들은 체내에 위치하고 있어서 외부 환경과는 동떨어져 있다. 따라서 세포들은 우리의 **순환계**(circulatory system)에 의존한다. 순환계는 내부 수송망으로 작용하는 조직과 기관들의 총합이다. 모든 체세포들 근처로 혈액을 순환시킴으로써 물질들이 확산되어 들어가거나 나오도록 한다.

인체의 순환계

우리의 **심혈관계**(cardiovascular system)는 심장('cardio')과 혈관('vascular')으로 구성된다. 심장은 일련의 분지된 도관(동맥, 세동맥, 모세혈관, 소정맥, 그리고 정맥)을 통해 **혈액**(blood)을 펌프질한다. 혈액은 서로 다른 신체 부위로 영양소와 노폐물을 실어 나른다.

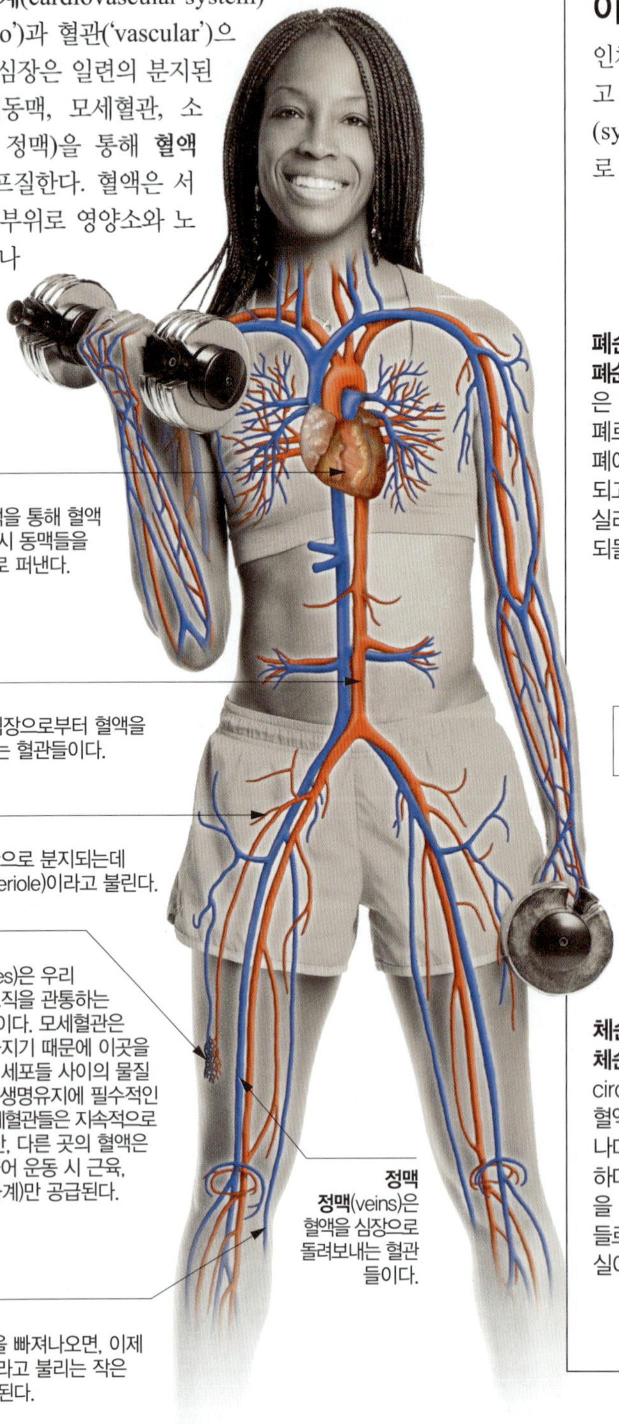

심장
심장(heart)은 정맥을 통해 혈액을 받아들이고, 다시 동맥들을 통해 혈액을 밖으로 퍼낸다.

동맥
동맥(arteries)은 심장으로부터 혈액을 밖으로 실어 나가는 혈관들이다.

세동맥
동맥은 더 작은 관으로 분지되는데 이들은 **세동맥**(arteriole)이라고 불린다.

모세혈관
모세혈관(capillaries)은 우리 몸의 거의 모든 조직을 관통하는 아주 작은 혈관들이다. 모세혈관은 매우 얇은 벽을 가지기 때문에 이곳을 통해 혈액과 신체 세포들 사이의 물질 교환이 가능하다. 생명유지에 필수적인 기관들에 있는 모세혈관들은 지속적으로 혈액을 공급하지만, 다른 곳의 혈액은 필요할 때(예를 들어 운동 시 근육, 혹은 식사 후 소화계)만 공급된다.

정맥
정맥(veins)은 혈액을 심장으로 돌려보내는 혈관들이다.

소정맥
혈액이 모세혈관을 빠져나오면, 이제 **소정맥**(venule)이라고 불리는 작은 관들로 진입하게 된다.

! 심장을 빠져나가는 동맥은 신체에서 가장 굵다.

이중 순환

인체의 심혈관계는 두 가지 순환체계로 구성된다고 할 수 있다: 폐순환(pulmonary circuit)과 체순환(systemic circuit)이다. 매번 박동할 때마다 심장의 서로 다른 방들이 각 순환 쪽으로 혈액을 펌프질한다.

폐순환
폐순환(pulmonary circuit)은 혈액을 심장으로부터 폐로 실어 나른다— 폐에서는 CO_2가 배출되고 신선한 O_2가 실려 심장으로 되돌아온다.

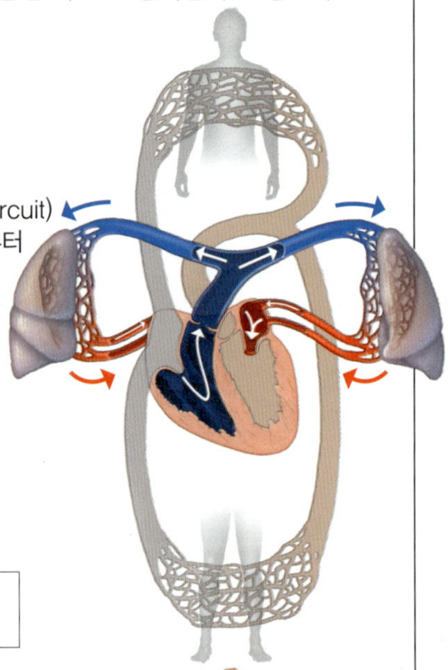

체순환
체순환(systemic circuit)은 산소가 많은 혈액을 심장으로부터 나머지 온몸으로 수송하며, 산소가 적은 혈액을 몸의 나머지 부분들로부터 심장으로 실어 나른다.

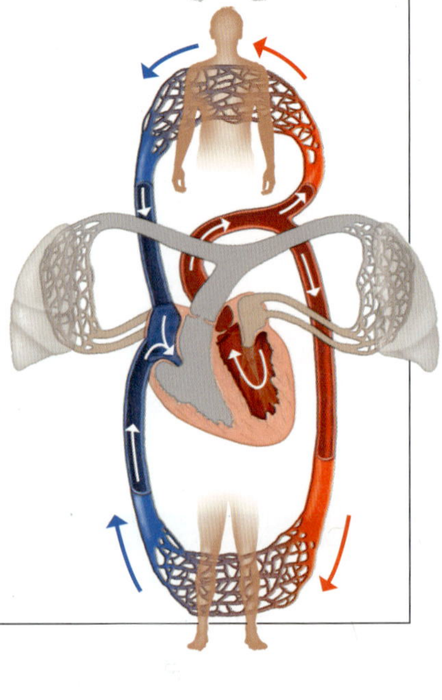

혈관

세 가지 형태의 혈관이 우리 순환계의 "배관"을 구성한다. 동맥(그리고 더 작은 세동맥)은 혈액을 심장으로부터 먼 곳으로 수송한다. 정맥(그리고 더 작은 소정맥)은 혈액을 심장으로 수송한다. 모세혈관은 신체의 세포들과 혈액 사이의 물질교환을 위한 장소를 제공하는 동시에, 소동맥과 소정맥을 연결시킨다. 모세혈관 근처의 혈액과 세포 사이에서 발생하는 이런 국부적인 화학적 교환은 순환계 기능의 핵심 단계이다.

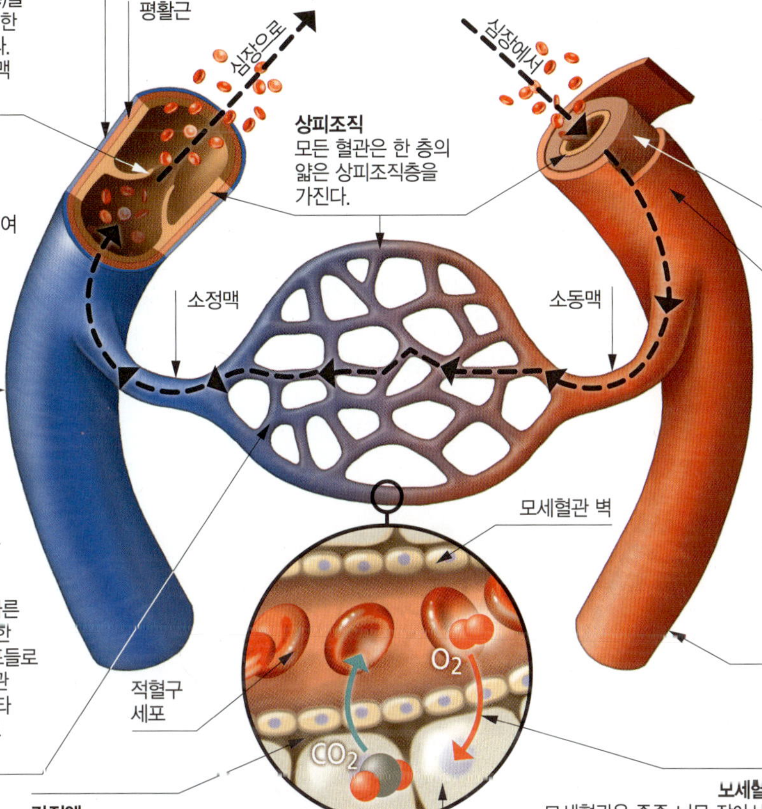

판막
정맥은 단일 방향의 판막(valve)을 가지고 있어서, 혈액이 올바른 한 방향으로만 흐를 수 있도록 한다. 판막은 정맥에만 존재하며, 동맥이나 모세혈관에는 거의 없다.

정맥
혈액이 모세혈관 더미를 통해 지나간 후, 소정맥을 통해 움직여 더 큰 정맥으로 모인다. 이곳에서 혈액은 더 느리고 낮은 압력으로 이동한다. 종종 주변 골격근의 움직임이 혈액을 쥐어짜서 혈액 순환을 돕는다.

모세혈관
모세혈관은 매우 얇고 누출이 발생하는 벽을 가지는데, 단 하나의 세포층 두께이다. 이 때문에 물질은 혈류로 빠르게 드나들 수 있다. 혈액이 들어오는 모세혈관의 말단(동맥 쪽)에서는 O_2, 영양소, 그리고 다른 여러 가지 필요한 물질이 풍부한 액체가 혈액으로부터 주변 세포들로 흐른다. 혈액이 나가는 모세혈관 말단(정맥 쪽)에서는 CO_2와 기타 노폐물이 세포로부터 혈액으로 확산된다.

상피조직
모든 혈관은 한 층의 얇은 상피조직층을 가진다.

평활근
불수의적인 평활근 층은 뇌에서의 신호에 반응하여 확장될 수도 있고, 수축될 수도 있다. 이것은 필요에 따라 혈압을 높이거나 낮추는 등의 조절을 가능하게 한다.

결합조직
결합조직은 혈관이 늘어날 수 있도록 하는 신축성 있는 껍질이 된다.

동맥
심장이 혈액이 흐를 수 있는 것보다 더 빠르게 혈액을 동맥으로 펌프질하기 때문에, 동맥의 신축성 있는 벽이 늘어나게 되며, 이것은 맥박으로 감지할 수 있다. 동맥에서의 높은 압력은 모세혈관으로의 지속적 혈액 흐름을 유지시킨다. 동맥은 정맥보다 더 두꺼운 벽을 가지므로 높은 압력을 견딜 수 있다.

간질액
간질액(interstitial fluid)은 세포들과 조직 사이의 공간을 채운다. 이것은 세포와 혈액 사이의 물질 교환을 촉진한다.

모세혈관 교환
모세혈관은 종종 너무 작아서 적혈구 세포들이 겨우 한 줄로 통과할 정도이다. 여기서는 혈구 세포들이 체세포들과 충분히 가까워서 확산에 의한 물질교환이 발생할 수 있다.

잘못될 수 있는 것

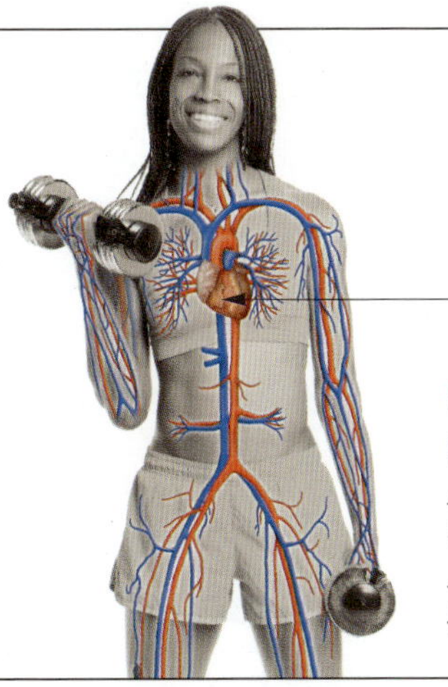

고혈압

고혈압(hypertension, high blood pressure)은 미국 성인의 약 1/4 가량에 영향을 미친다. 이것이 심장마비나 심장질환, 중풍 등의 위험을 매우 증가시킴에도 불구하고 많은 사람들은 자신이 고혈압인 것을 잘 인식하지 못한다. 정기적인 건강검진과 건강한 식사, 그리고 금연, 규칙적인 운동, 그리고 투약 등에 의해 고혈압의 위험을 낮출 수 있다.

심장병

심장병은 미국인들의 가장 흔한 사망 원인이다. 이것은 종종 심장 근육에 산소를 공급하는 동맥이, 축적된 지방에 의해 막히는 것 때문에 발생한다.

빈혈

빈혈(anemia)은 헤모글로빈(적혈구 세포 내에서 산소를 수송하는 분자)의 양이 비정상적으로 낮거나, 적혈구 세포의 숫자가 적은 경우에 발생한다. 빈혈인 사람은 몸의 세포들이 충분한 양의 산소를 공급받지 못하기 때문에 계속 피곤을 느끼며 기운이 없다.

요점

▶ 인간의 순환계는 일련의 혈관들로 혈액을 뿜어주는 심장을 포함한다. 이중으로 된 순환 체계는 심장과 폐 사이에서의 혈액 수송을 담당할 뿐 아니라, 이 혈액을 신체 나머지 부분과 심장 사이에서 수송될 수 있게 해준다.

? 동맥은 언제나 산소가 많은 혈액을 수송하는가?

답: 아니다. 체순환에서는 그렇지만, 심장을 떠나 폐와 연결되는 동맥(폐순환)에서는 산소가 부족한 혈액이 지나간다.

11.10

심장은 인간의 순환계에서 중추적 작용을 담당한다

흉골(sternum; 가슴뼈) 아래에 위치한 주먹 크기의 근육성 기관인 **심장**(heart)은 인체 순환계의 핵심 중추이다. 심장은 혈액을 폐로 수송한다. 거기에서 혈액이 산소(O_2)를 실어 심장으로 돌아오면, 심장은 산소화된 이 혈액을 펌프질하여 신체의 나머지 부분으로 보낸다. 신체의 세포에서는 O_2와 기타 필수 성분들이 전달되고, 이산화탄소(CO_2)와 여러 노폐물이 수집된다. 심장은 이런 방식으로 지속적인 양분 공급과 노폐물 제거가 이루어지도록 한다.

심장의 해부학

인간의 심장은 혈액의 이동을 조절하는 네 개의 방으로 이루어져 있다: 양쪽(왼쪽과 오른쪽)에 하나의 심방(atrium; pl. *atria*)과 하나의 심실(ventricle)이 위치한다. 심방은 심장으로 돌아오는 혈액을 수집하여 쥐어짜 가까운 거리의 심실로 들어가도록 한다. 두껍고 근육성인 심실은 혈액을 심장 밖으로 펌프질하여 동맥을 통해 다른 기관으로 보낸다. 여기에서는 온몸을 완전히 도는 혈액의 경로를 따라가 보자.

❼ 온몸으로

대동맥은 여러 동맥으로 나뉘었다가 다시 소동맥으로 분지된다. 조직 내에서는 소동맥이 다시 더 작은 관들로 분지되어 모세혈관상(bed of capillaries)을 형성하며, 여기에서 체세포와의 물질교환이 발생한다. O_2와 영양분은 혈액에서 세포로 이동하고, CO_2와 노폐물은 세포에서 혈액 쪽으로 움직인다. O_2가 부족한 혈액은 이제 소정맥으로 흘러들어 갔다가 다시 정맥에서 모여 대정맥(vena cavae)을 통해 심장의 우심방으로 회귀한다.

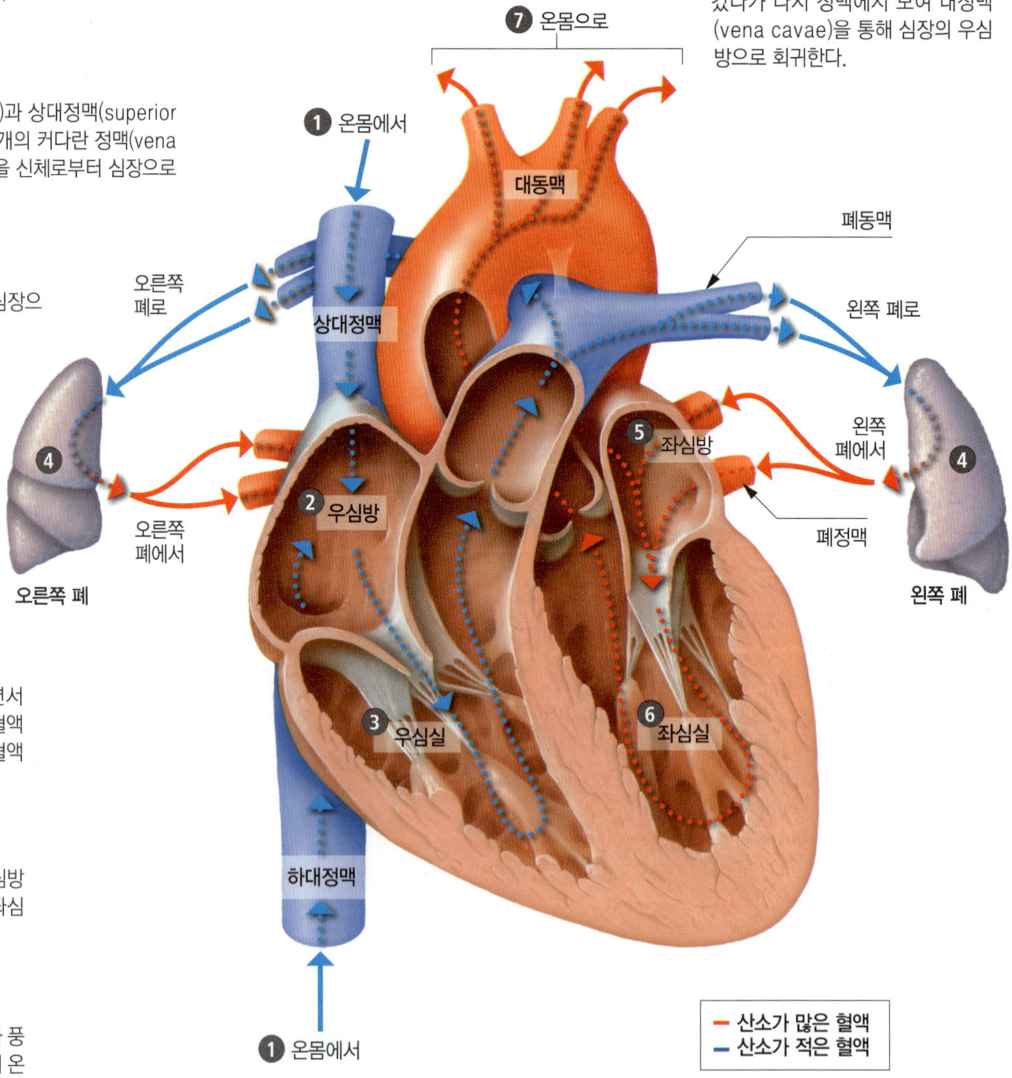

❶ 전신으로부터

하대정맥(inferior vena cava)과 상대정맥(superior vena cava)이라고 불리는 두 개의 커다란 정맥(vena cavae)이 산소가 결핍된 혈액을 신체로부터 심장으로 나른다.

❷ 우심방

산소가 부족한 혈액이 우심방을 통해 심장으로 들어온다.

❸ 우심실

우심방이 혈액을 펌프질하여 우심실로 직접 보내면, 우심실은 그 산소 부족 혈액을 폐동맥을 통해 폐로 가도록 펌프질한다.

❹ 폐

혈액이 폐의 모세혈관을 통해 흐르면서 CO_2는 혈액 밖으로 확산되고, O_2는 혈액 안으로 확산된다. 이제 O_2가 풍부한 혈액은 폐정맥을 통해 좌심방으로 흐른다.

❺ 좌심방

폐에서 O_2가 풍부한 혈액이 심장의 좌심방으로 들어오면, 좌심방은 이것을 곧 좌심실로 펌프질하여 보낸다.

❻ 좌심실

좌심실은 강력한 수축을 이용하여 O_2가 풍부한 혈액을 펌프질하여 대동맥을 통해 온몸으로 가도록 한다.

고된 훈련을 통해 지구력 훈련을 받은 선수들은, 일반인의 거의 1/3 정도에 불과한 안정시 심박수를 가질 수 있다.

심장 주기

심장박동은 **심장 주기**(cardiac cycle)에 의해 유지되는데, 이것은 심장 근육의 율동적인 수축과 이완이 반복되는 것이다. 성인에서의 정상적인 심박수(heart rate)는 대략 분당 72회 정도이다. 심장 내에 존재하는 천연 전기 심박조율기(electrical pacemaker)가 심장 주기의 각 단계를 조절해준다. 이 심박조율기는 신경계와 접해 있어서, 심장 주기가 뇌의 신호에 반응하여 빨라지거나 느려지도록 할 수 있다.

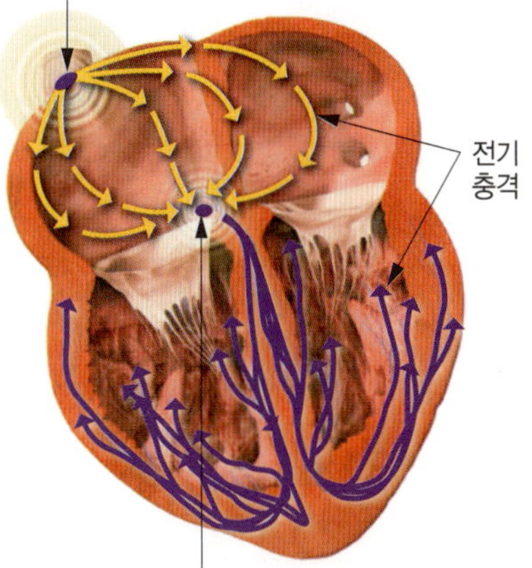

동방결절
동방결절(sinoatrial node, SA node)은 심장의 심박조율기(박동원)이다. 우심방의 벽 내에 위치하는 SA 결절은 양쪽 심방들로 전기 충격을 퍼뜨려 이들이 동시에 수축하도록 한다.

방실결절
전기 충격이 **방실결절**(atrioventricular node, AV node)에 도달하면, 약 0.1초 정도 만에 심방이 모두 비게 된다. 그러면 충격이 심실을 동시에 강하게 수축시켜 심장 밖으로 혈액을 밀어낸다.

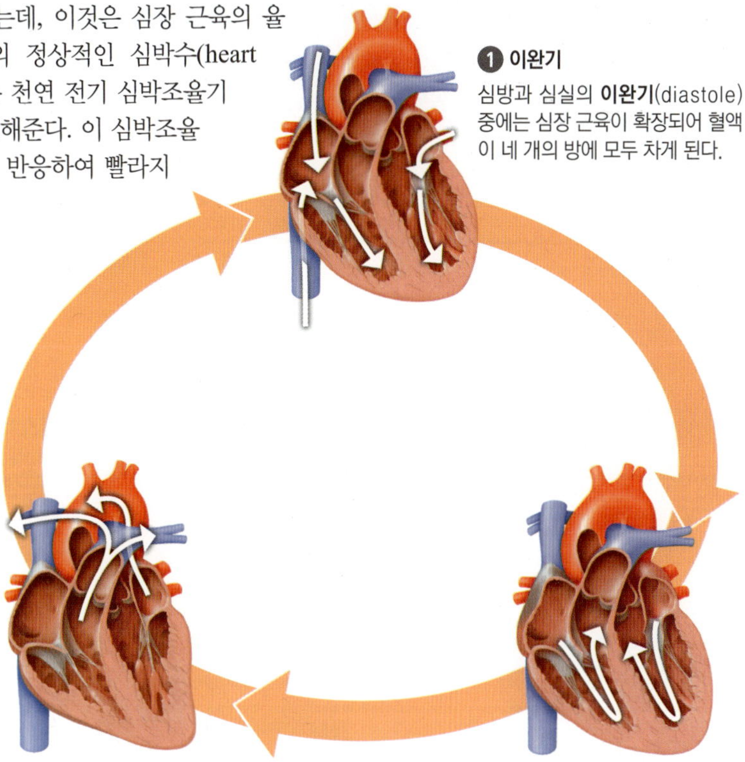

1 이완기
심방과 심실의 **이완기**(diastole) 중에는 심장 근육이 확장되어 혈액이 네 개의 방에 모두 차게 된다.

2 심방 수축기와 심실 이완기
심장 근육이 수축하는 동안, SA 결절은 우선 심방이 먼저 수축하도록 자극을 보내 혈액이 심실로 들어가게 한다.

3 심실 수축기와 심방 이완기
심실 수축기 동안에, AV 결절이 심실 수축을 자극하면 혈액이 심장 밖으로 나가 대동맥과 폐동맥을 지나가도록 한다.

관상동맥

몸의 다른 여러 곳에 있는 세포들과 마찬가지로, 심장의 세포 역시 산소가 풍부한 혈액을 지속적으로 공급받아야만 한다. 대동맥을 통해 혈액이 나올 때, 몇 개의 관상동맥(coronary arteries)이 분지되면서 심장 바깥쪽을 따라 산소가 많은 혈액을 심장근 자체에 공급하게 된다. 옆의 사진에서는 혈관도(angiogram)에 나타나 있는 관상동맥을 볼 수 있는데, 이것은 순환계에 염료를 주입하여 만든 X-선 영상이다. 만약 하나 혹은 그 이상의 관상동맥이 막히면, 심장의 근육 세포들은 O_2 결핍으로 빠르게 죽어버린다. 이것을 심근경색(myocardial infarction), 혹은 **심장마비**(heart attack)라고 부른다. 막힌 관상동맥에 선택할 수 있는 치료법으로는, 미세한 풍선을 사용하여 막힌 동맥을 넓히는 방법인 혈관성형술(angioplasty), 스텐트(막힌 동맥이 열리도록 받쳐주는 철망으로 된 도관), 혹은 다리에서 얻은 혈관 일부를 이용하여 막힌 부분을 돌아가도록 연결해주는 우회술(bypass surgery) 등이 있다. 건강한 관상동맥을 유지하기 위해서 의사들은 건강한 식사와 체중감량, 운동하기, 금연, 그리고 (필요한 경우) 콜레스테롤을 낮추는 약물처방을 제안한다.

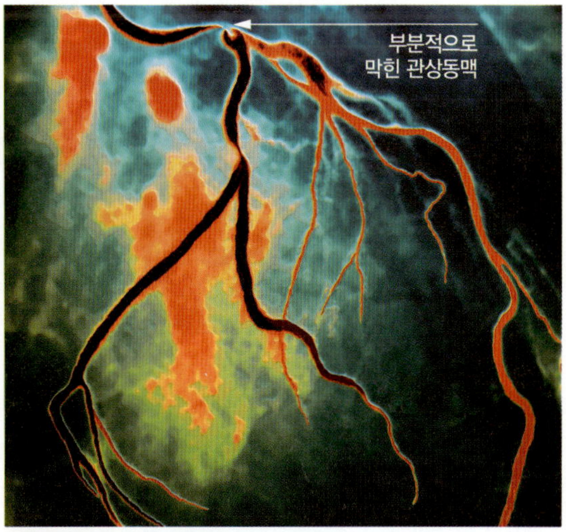

요점

심장은 순환계의 중심에 놓여 있다. 혈액은 심장의 심방들로 들어왔다가 짧은 거리로 펌프질되어 심실들로 이동한다. 심실은 다시 혈액을 심장 밖으로 뿜어내어 신체의 여러 부분으로 보낸다.

? 심장마비의 원인은 무엇인가?

답: 심장근에 O_2가 풍부한 혈액 운반이 잘 이루어지지 않는 것.

11.11

혈액은 용액 내에 세포를 포함하고 있다

혈액(blood)은 순환계 내의 액체이다. 우리의 몸은 약 11파인트 정도(5리터)의 혈액을 가진다. 혈액의 약 절반은 물이다. 나머지 반은 여러 종류의 세포(대부분은 적혈구 세포들이다)와, 단백질, 염, 그리고 영양분이나 노폐물, 호르몬 같이 혈액으로 수송된 여러 물질로 구성되어 있다. 이 모든 것이 우리 신체가 작동되도록 돕는 복잡한 혼합물을 만든다.

혈액의 조성

우리의 혈액은 혈장(plasma)이라는 액체에 녹아 있는 많은 수의 작은 분자와 여러 가지 형태의 세포로 구성된다. 혈액은 산소, 이산화탄소, 영양분, 노폐물, 호르몬, 그리고 셀 수 없이 많은 물질을 신체 전반으로 보내는 장거리 수송을 담당한다.

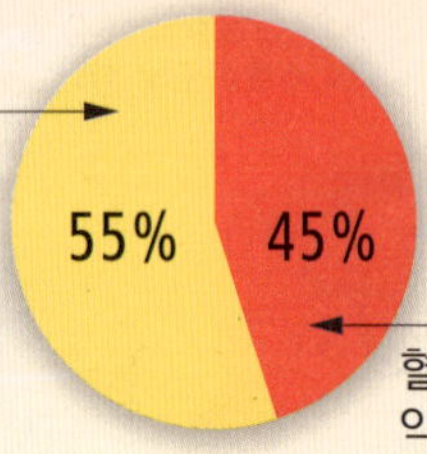

혈장(plasma)은 혈액 부피의 절반 이상(55%)을 구성하고 있는 밀짚 색깔의 액체이다. 혈장의 혈액 부피 조성은 다음과 같다.

- 물(52%)
- 단백질, 전해질(나트륨, 칼륨, 칼슘 등), 그리고 수송될 물질(O_2, CO_2, 영양분, 노폐물, 호르몬) (3%)

혈액 부피의 절반이 약간 못되는(45%) 세포성 성분은 다음과 같다.

- 적혈구(44%)
- 백혈구 세포와 혈소판(1%)

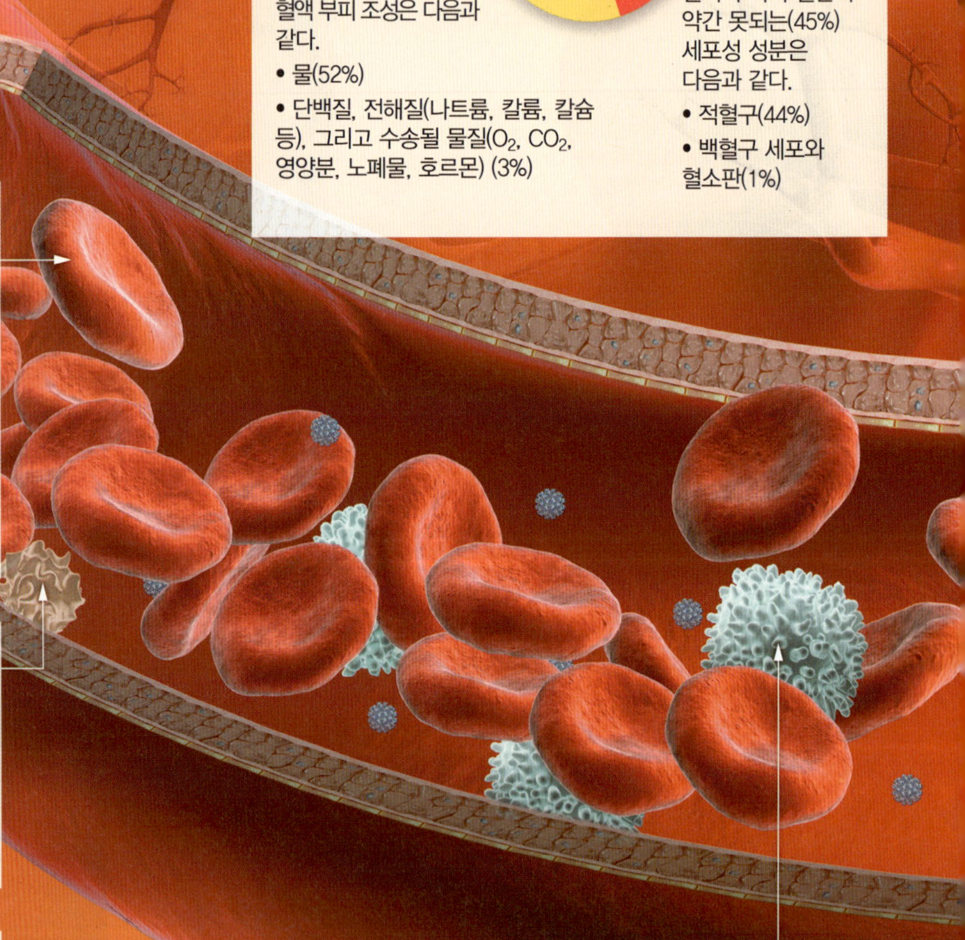

적혈구 세포(erythrocytes)

적혈구 세포(red blood cells)는 혈구 세포 중 가장 숫자가 많다. 적혈구 세포는 작고, 정상적인 동물 세포에서 발견되는 많은 소기관(예, 핵)이 결여되어 있으며, 움푹 들어간 원반 모양이다. 적혈구 세포는 폐에서 산소와 결합했다가 체세포로 방출시킨다.

850x

혈소판(thrombocytes)

혈소판(platelets)은 혈액 응집을 돕는 세포 조각들이다.

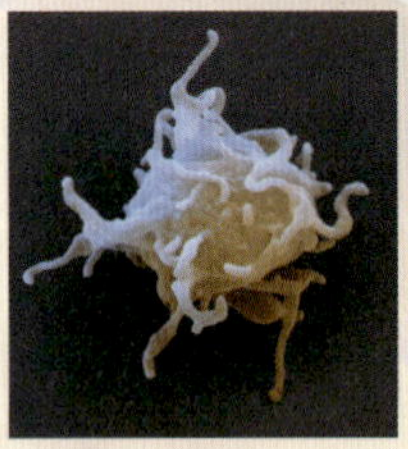
300x

백혈구 세포(leukocytes)

백혈구 세포(white blood cells)는 혈구 세포의 1% 미만을 구성하며, 면역계의 일부로서 감염과 싸운다. 백혈구 세포에는 여러 종류가 있다.

500x

! 혈액 470 ml를 헌혈할 때는 대략 8%의 혈액공급을 포기하는 것과 같다.

혈액형

혈액형은 적혈구 세포의 표면에서 발견할 수 있는 탄수화물 분자의 유무나 형태에 기초한다. 개인마다 한 쌍의 혈액형 유전자를 가지며, 각 유전자는 A나 B라고 불리는 탄수화물 분자를 생산하거나 생산하지 못할 수 있다. 이런 유전자들의 각 조합이 4가지 혈액형을 만든다: A, B, AB, 혹은 O형이다. (혈액형에 관한 "양성" 혹은 "음성"이라는 개념은 다른 유전자의 유전에 따라 결정된다.) 안전한 수혈을 위해서는 혈액형을 맞추는 것이 중요하다. 만약 공혈자의 세포가 수혈자의 것과 맞지 않는 탄수화물을 가지고 있다면, 수혈자의 면역계가 그 세포들을 공격하여 결국 치명적인 반응이 나타날 수 있다.

혈액형	적혈구 세포	설명
A	탄수화물 A	적혈구 세포가 탄수화물 A를 가진다; 면역계는 탄수화물 B를 가진 세포를 공격할 것이다.
B	탄수화물 B	적혈구 세포가 탄수화물 B를 가진다; 면역계는 탄수화물 A를 가진 세포를 공격할 것이다.
AB	탄수화물 A 탄수화물 B	적혈구 세포가 탄수화물 A와 B를 모두 가진다; 면역계는 어떤 적혈구 세포도 공격하지 않을 것이므로 AB형의 혈액형인 사람은 "만능 수혈자(universal recpent)"가 된다.
O	탄수화물 없음	적혈구 세포에 탄수화물 A와 B 모두 존재하지 않는다; 면역세포는 탄수화물 A나 B를 가진 세포를 공격하겠지만, O형 혈액은 어떤 수혈자에서도 면역 반응을 일으키지 않으므로 "만능 공혈자(universal donor)"가 될 것이다.

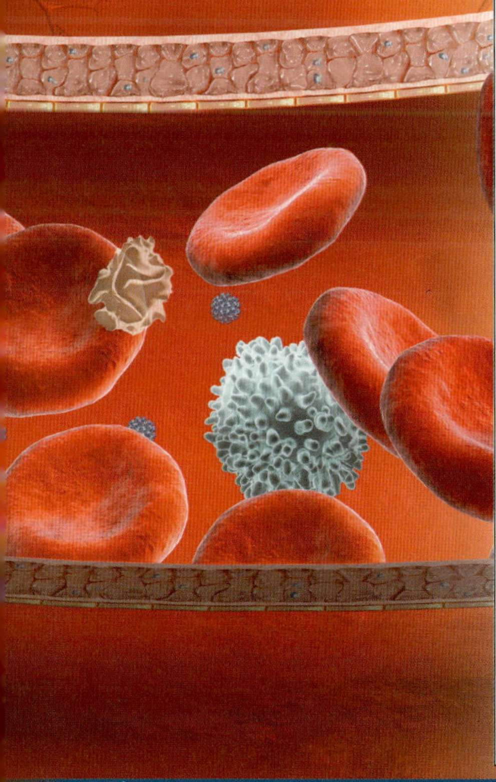

혈액의 응고

우리는 모두 자주 베이고 상처가 나지만 죽을 때까지 피를 흘리지는 않는데, 바로 우리의 혈액은 혈관이 상처가 났을 때 활성화되어 스스로 메꾸는 물질을 포함하고 있기 때문이다. **혈소판**(platelet)은, 골수에서 더 큰 세포로부터 떨어져 나온 조각들로서, 이런 치유 과정이 시작되도록 한다.

혈소판
혈관 내벽 조직에 상처가 나면 거의 즉각적으로 혈소판이 끈끈한 마개를 형성하여 작은 틈을 메꿀 수 있다.

피브린
혈소판은 피브리노겐(fibrinogen)이라는 혈액 단백질이 피브린(fibrin)이라는 밧줄 같은 모양의 단백질로 전환되도록 하는 분자를 방출한다. 피브린의 교차결합 분자들은, 상처가 났을 때 피부의 딱지라고 부르는 혈병(clot)을 형성한다.

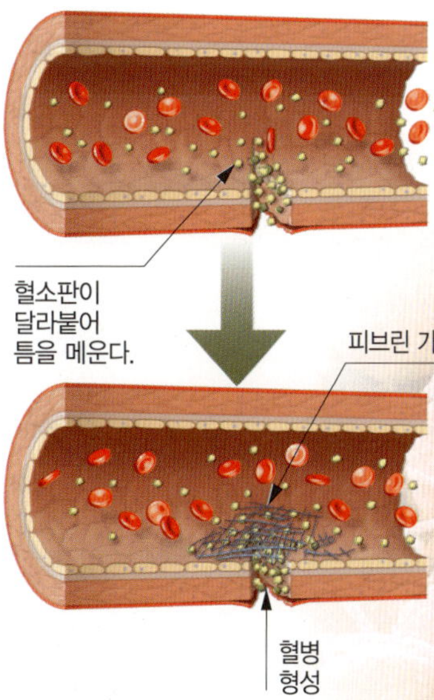

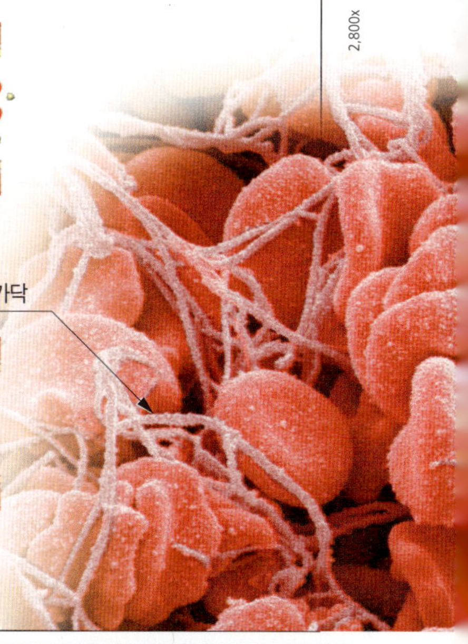

요점

▶ 우리의 혈액은 대부분 물이지만 적혈구 세포(헤모글로빈을 이용해 산소를 수송하며, 표면에 혈액형을 결정하는 탄수화물을 포함), 백혈구 세포(감염과 싸움), 그리고 혈소판(혈병 생산)도 역시 포함되어 있다.

? 적혈구 세포는 신체 다른 모든 세포와 주로 어떤 점에서 다른가?

답: 적혈구는 핵을 비롯하여 많은 세포 소기관이 결여되어 있다.

11.12

면역계는 많은 수의 방어 요소를 포함하고 있다

우리의 환경은 질병을 유발하는 바이러스와 미생물인 **병원체**(pathogen)로 가득 차 있다. 그러나 우리는 그런 감염성 질병에 대해 우리를 보호해 주는 신체의 **면역계**(immune system) 덕분에 늘 아프지 않고도 잘 지낼 수 있다. 매우 다양한 종류의 면역계 요소가 우리를 잠재적으로 해로운 물질로부터 보호해준다.

외부 방어 요소

감염에 대한 우리의 첫 번째 방어선은 병원체가 체내 깊숙이 침투하는 것을 막아 주는 일련의 장벽들이다. 이들은 항상 작용할 준비가 되어 있는 상태이다.

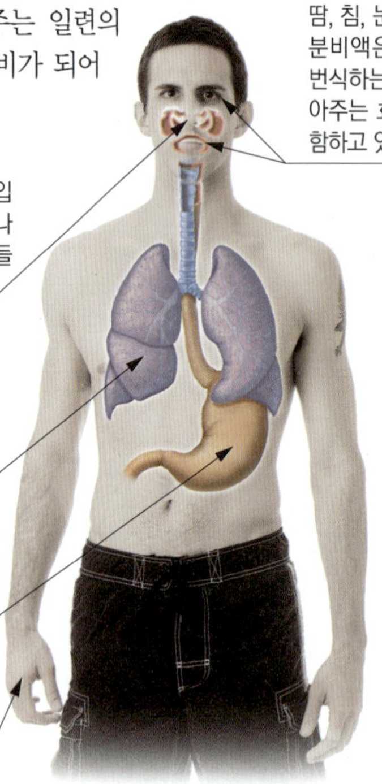

분비
우리가 분비하는 땀, 침, 눈물 등 외분비액은 세균이 번식하는 것을 막아주는 효소를 포함하고 있다.

털과 섬모
우리가 숨을 쉴 때는 콧구멍 속의 털이 외래 입자들을 걸러주며, 기도 내부 세포들에서 뻗어 나와 있는 호흡 섬모들은 외부에서 들어온 입자들을 밖으로 쓸어낸다.

점액성 막
외부 환경에 노출되어 있는 기관계(예, 생식계나 호흡계 등)는 입자를 가둘 수 있는 끈적한 액체인 점액(mucus)을 분비하는 막에 의해 벽이 보호된다.

위산
위액(gastric juice)은 우리가 삼킨 대부분의 세균이 혈류 내로 들어오기 전에 죽인다.

피부
온전한 피부는 대부분의 바이러스와 세균이 뚫을 수 없는 보호성 외부층을 형성한다.

염증 반응

만약 피부를 베었는데도 적절하게 그 상처를 처리하지 않는다면, 다음날 그 상처는 아마도 벌겋게 부어오르고 아플 것이다. 이것은 모두 염증 반응(inflammatory response)의 신호이다.

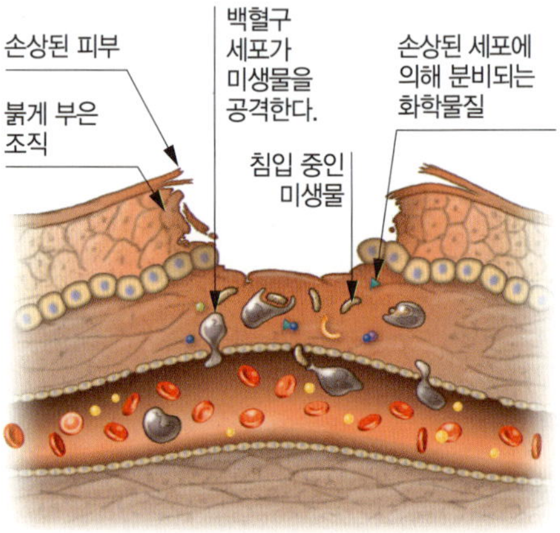

근처의 혈관이 확장되고 체액이 그 부위로 빠져나가, 부종, 홍반, 통증이 생긴다. 백혈구 세포가 세균을 삼켜 파괴한다.

림프계

우리의 신체가 감염과 싸울 때는 **림프계**(lymphatic system)가 매우 활성화된다. 액체가 차 있는 분지된 네트워크와, **림프절**(lymph node)로 불리는 작은 기관으로 이루어지는 림프계는 필요시에 많은 수의 백혈구를 생산해낸다. 침입 미생물은 **림프액**(lymph)이라고 불리는 이 액체에 실려 림프절로 쓸려 들어가고, 거기서 백혈구 세포인 림프구(lymphocytes)에 의해 공격을 받는다. 림프액은 점점 더 큰 림프관들로 들어가 결국 어깨 부근의 정맥과 합쳐지는 두 개의 대림프관을 통해 순환계로 다시 들어간다.

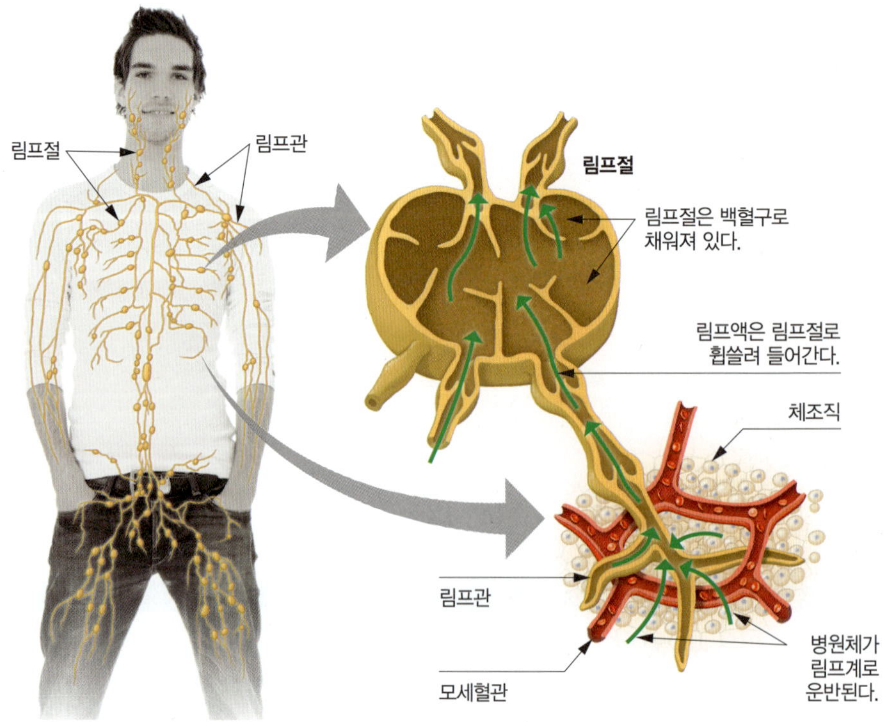

! 의사가 우리의 목이나 겨드랑이에 손을 대서 진찰을 하는 것은, 현재 감염이 진행 중인지 알려주는 림프절 부종을 확인하려는 것이다.

특이적 면역 반응

만약 외부 방어에 실패하여 감염이 발생하면, **특이적 면역**(specific immunity)이 작용하게 된다. 늘 준비되어 있는 외부 방어와는 달리, 특이적 면역의 요소는 먼저 면역 반응을 촉발할 수 있는 분자인 **항원**(antigen)에 노출되어 활성화되어야 한다. 항원에는 감기 바이러스 같은 미생물 표면의 분자들이 포함된다. 특이적 면역은 림프계에 존재하는 백혈구 세포인 **림프구**(lymphocyte)에 의존적이다. 림프구는 두 가지 형태가 있다: B 세포와 T 세포이다.

항체

모든 림프구는 그 표면에 한 종류의 항원과 결합할 수 있는 특정 단백질 사본을 많이 가지고 있다. 면역계는 매우 다양한 림프구를 가지고 있어서 신체가 노출될만한 거의 모든 항원에 결합할 수 있다. 일단 특정한 항원에 결합하면, B 세포는 그 동일한 항원에 특이적으로 결합할 수 있는 혈액 내 단백질인 **항체**(antibody)를 분비한다.

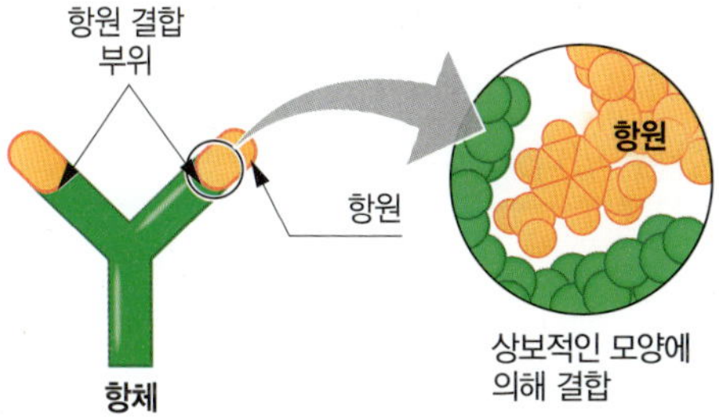

클론 선택

한 가지 특정 항원(예, 홍역 바이러스)은 우연히 그에 맞는 수용체를 가진 소수의 림프구만을 활성화시킬 것이다. 일단 활성화되면, 그 림프구는 증식하여 그 동일한 침입 항원에 특이적인 많은 수의 림프구로 이루어진 거대한 집단을 형성한다. 이런 과정은 **클론 선택**(clonal selection)이라 불리며, 면역계가 거대한 군대를 유지할 수 있도록 하지만, 오직 필요할 때만 그런 강화 반응이 가능하도록 한다.

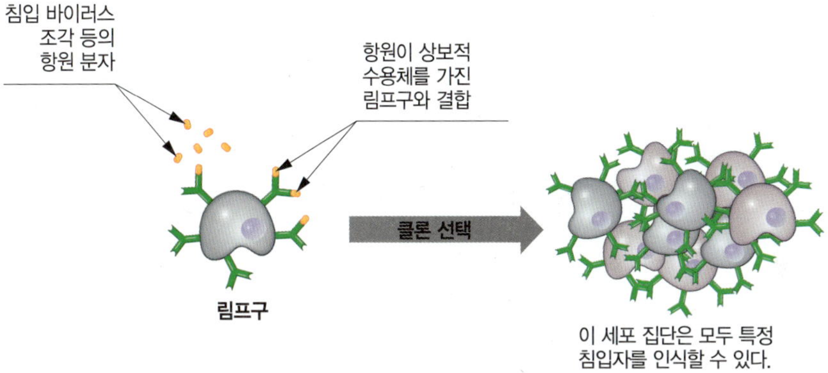

침입자의 파괴

일단 항원이 인식되면, 그들은 파괴되어야만 한다. 항체가 항원에 결합하여 위험을 없앨 수 있다. 그렇지 않은 경우에는, 항체가 침입자를 파괴하기 위해 작용하는 몇 가지 종류의 세포와 분자를 소집한다. 그 중 한 가지가 **도움 T 세포**(helper T cell)로서, 항원을 인식하고, 다른 면역 세포의 생산을 자극한다.

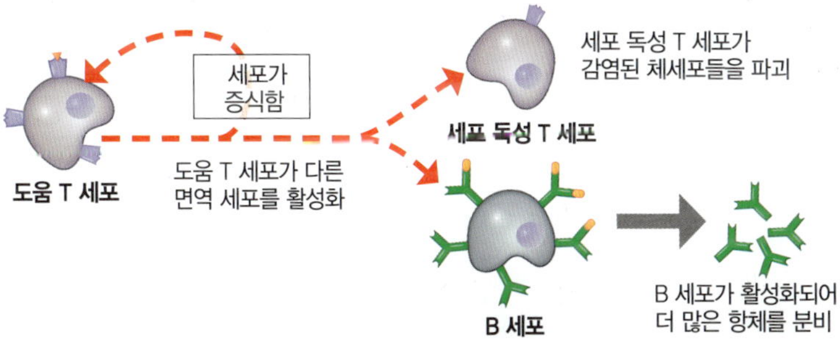

면역 기억

림프구가 항원을 처음 만나면, 클론 선택으로 수십 년간 생존할 수 있는 **기억 세포**(memory cells)가 생산된다. 만약 같은 침입자를 다시 만나면, 기억 세포는 병이 나기 전에 침입자를 중화시켜버리는 다양하고 빠른 면역 반응을 일으킨다. 따라서 일단 감염성 질병에 노출되면, 우리는 그것에 대한 평생의 면역을 가질 수 있다.

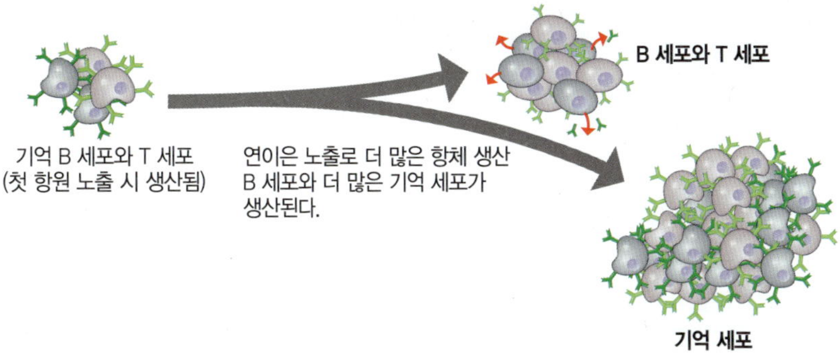

요점

▶ 우리의 면역계는 병원체에 대항하는 다양한 방어 기제들로 구성되어 있다. 이런 것에는, 외부 장벽과 더불어, 염증 반응, 림프계와 백혈구 세포들이 포함된다.

? 어째서 수두(chicken pox) 바이러스에 대한 노출이 평생의 면역을 제공하는가?

답: 그 노출로 인해 기억 세포가 생기는데, 이들이 다시 그 바이러스를 만나게 되면 빠르고 강력한 공격을 하게 될 것이다.

11.13 면역계의 오작동은 다양한 질병을 일으킨다

우리의 면역계는 환경 속에 존재하는 광범위한 병원체에 대항하여 우리 몸을 보호해주는 잘 조율된 네트워크다. 그러나 만약 면역계 구성요소들의 그 복잡한 상호작용이 흐트러지게 되면, 가벼운 과민증에서부터 치명적인 질병에 이르기까지 아주 다양하고 많은 문제가 발생할 수 있다.

알러지

알러지(allergy, 알레르기)는 알러젠(allergen, 알레르겐), 즉 알러지 반응을 일으키기는 하지만 그것 말고는 해로울 것이 없는 환경 내의 성분들에 대해 민감한 것이다. 일반적인 알러젠으로는 꽃가루 입자의 표면이나, 먼지를 먹고 사는 작은 진드기의 똥, 그리고 동물 피부의 비듬 등에 있는 단백질 분자를 들 수 있다. 근복적으로 과민한 면역 반응인 알러지 반응은 두 단계를 포함하는데, 그 중 두 번째 것만이 알러지 증상을 일으킨다.

> ! 개와 고양이에 알러지를 보이는 많은 사람은 실제로는 그 동물의 침에 들어 있는 단백질에 알러지를 나타내는 것이다. 동물이 자신들을 핥을 때 털에 침이 묻기 때문이다.

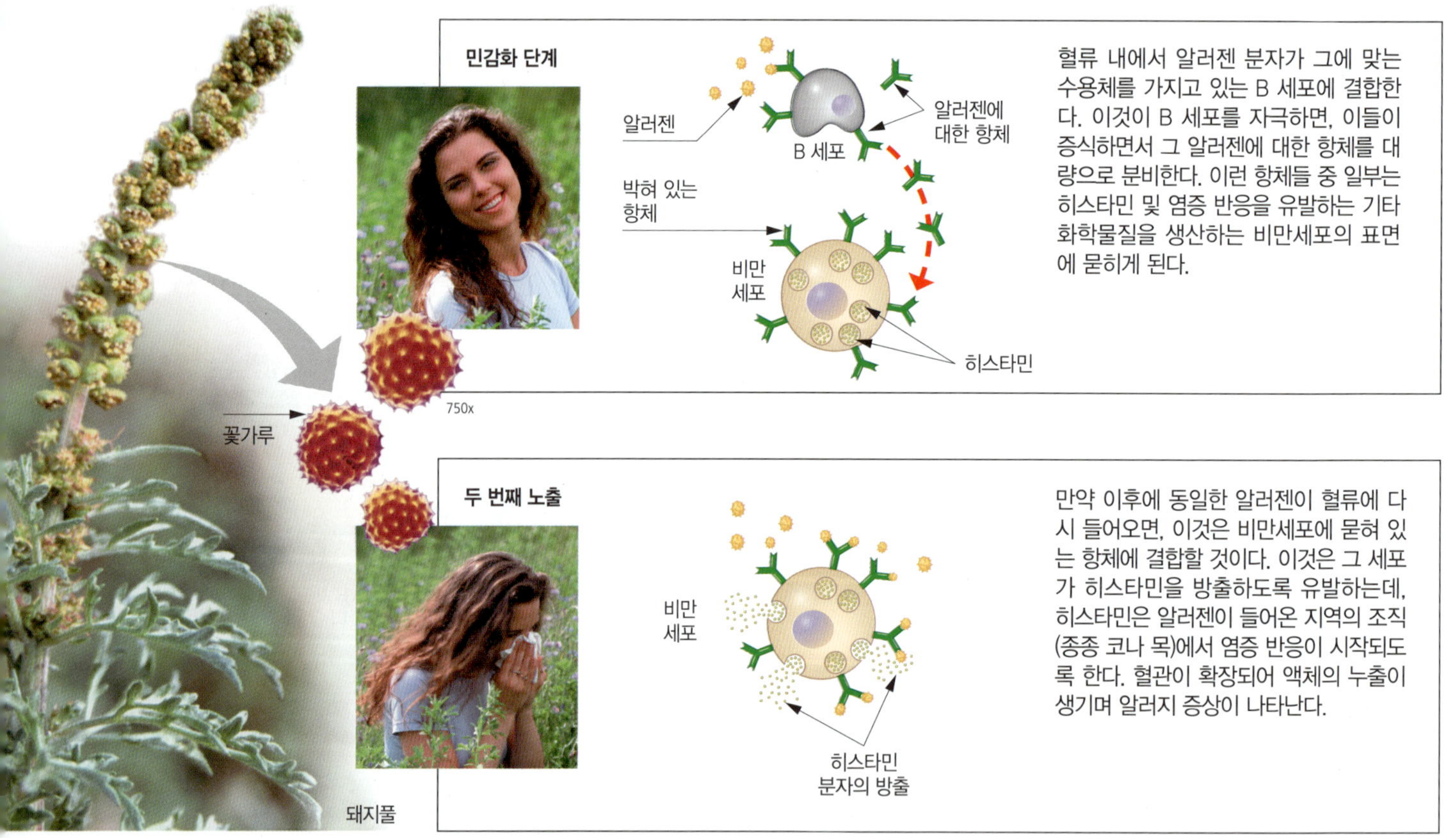

자가 면역 질환

우리 몸의 세포들은 모두 우리 자신임을 증명하는 "자기(self)" 단백질을 세포 표면에 가지고 있어서 면역계의 공격에서 자유롭다. 그러나 가끔 이 자기-인식 체계가 망가진다. **자가 면역 질환**(autoimmune diseases)은 면역 체계가 우리 자신의 분자에 대해 부적절하게 적대적으로 변할 때 발생한다. 예를 들면, 류머티스성 관절염(rheumatoid arthritis)은 관절의 손상과 통증을 수반하는 염증을 발생시킨다. 제 1형 당뇨병(인슐린 의존성 당뇨)에서는 이자의 인슐린 생산 세포가 엉뚱하게도 면역세포의 표적이 된다. 다발성 경화증(multiple sclerosis, MS)에서는 T 세포가 신경세포를 둘러싼 절연층을 파괴한다.

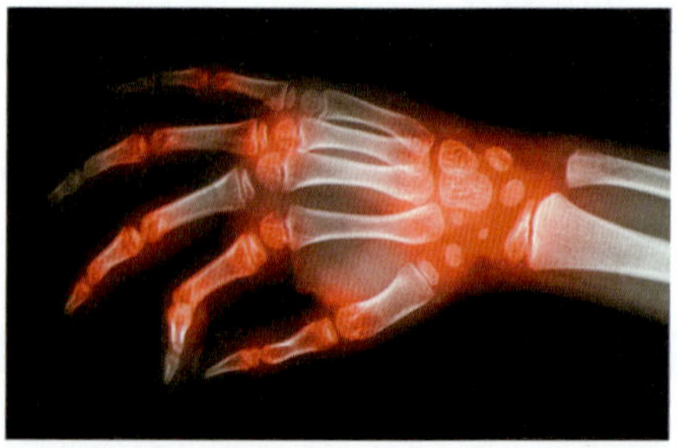

류머티스성 관절염을 앓고 있는 환자의 변형된 손. 채색된 X-레이 사진이다.

SCID를 앓고 있는 12세 소년

면역결핍증

면역결핍증(immunodeficiency disease)은 면역계에서 하나 혹은 그 이상의 성분이 없어졌거나 결손되어 생기는 것이다. 예를 들어, 중증 복합성 면역 결핍증(severe combined immunodeficiency, SCID)은 B 세포와 T 세포를 모두 파괴하거나 불활성화시키는 희귀한 유전 질병이다. 면역결핍 환자들은 정상적이라면 싸워 없앨 수 있는 다양한 종류의 감염에 대해서도 취약하다. 결국 잦은 기회감염에 의해 사망할 수도 있다. 이런 이유 때문에 SCID 환자들은 보호 장벽 아래서 살아야 하거나 골수이식을 받아야 한다.

많은 HIV에 의해 공격당하고 있는 T 세포

AIDS(acquired immunodeficiency syndrome, **후천성 면역결핍증**)는 **HIV**(human immunodeficiency virus, **인간 면역결핍 바이러스**)에 의해 생기는 전 세계적인 유행병이다. HIV는 혈류 내로 침입하여 도움 T 세포(현미경 사진의 녹색; HIV는 노란색)를 파괴한다. 이것은 심각하게 면역성을 파괴시키는데, 환자가 HIV 자체에 의해 사망하는 것이 아니라 다른 감염성 질환이나 암으로 사망하게 한다. AIDS라는 이름은 이 질병이 심각한 면역결핍(*immunodeficiency*)을 일으키는 감염을 통해 얻게 된 것(*acquired*)이며, 여러 증상이 복합적으로 나타난다(*syndrome*)는 사실을 말해준다.

면역 거부

기관 이식을 받으면 그 사람의 면역계가 기증된 조직을 외래의 것으로 인식하여 공격한다. 이런 면역 거부(immune rejection) 반응을 최소화하기 위해서는, 수용자 자신의 세포를 사용하거나, 가까운 친척의 것, 혹은 조직이 맞는 타인의 것을 사용함으로써 기증자와 수용자의 단백질이 맞춰져야 한다. 거부 가능성을 피하기 위해, 환자들은 보통 면역 반응을 억제하는 약물을 투여받는다.

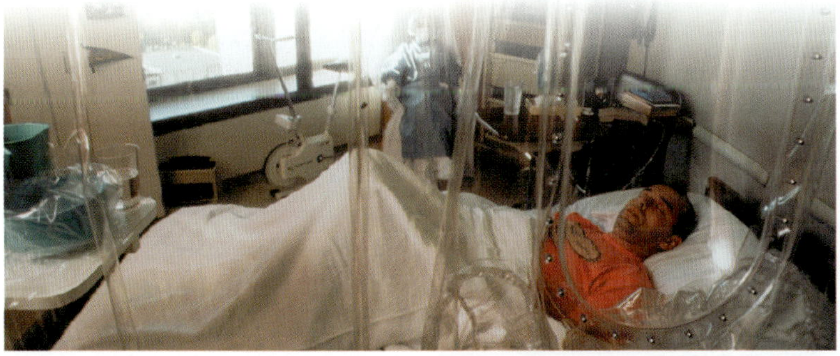

면역과 스트레스

감정적 스트레스가 면역계를 억제하는 호르몬이 방출되도록 한다는 증거가 있다. 반대로, 행복한 시간 중에는 뇌가 면역계를 증강시키는 화학물질을 방출한다.

예방접종

면역화(*immunization*)라고도 불리는 **예방접종**(vaccination)은, 면역계를 항원(종종 불활성화되어 해가 없는 병원체)에 고의적으로 노출시켜, 기억 세포가 생산되도록 자극하는 과정을 포함한다. 만약 자연적으로, 해로운 병원체 형태로 그 항원에 다시 노출된다면, 신체는 재빨리 그것과 싸워 없앨 수 있다. 여러 바이러스성 질병에 대한 유일한 의료적 도움이라고 할 수 있는 예방접종은, 선진국에서 소아마비(polio)나 천연두(small pox) 같은, 이전에는 매우 무서웠던 질병을 성공적으로 없애주었다. 그러나 그런 질병은 예방접종이 어려운 개발도상국에서는 아직도 상당한 위협으로 남아 있다.

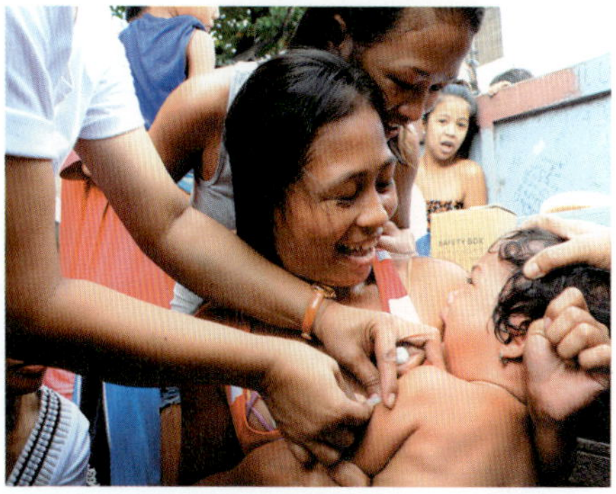

요점

▶ 면역 반응이 너무 강하면 알러지, 자가 면역 질환, 혹은 기관 거부 현상들이 발생할 수 있다. 면역 반응이 또 너무 약하면, SCID나 AIDS 같은 면역결핍증이 나타날 수 있다. 예방접종은 여러 감염성 질병을 예방하는 데 도움이 된다.

? 처음으로 벌에 물렸을 때 벌 독에 알러지를 나타낼 것으로 예상할 수 있을까?

답: 아니다. 일반적으로는, 첫 번째 쏘임은 사전 준비 반응으로, 두 번째 쏘임에 대한 알러지 반응이 일어나도록 한다.

11.14

내분비계는 호르몬을 통해 신체를 조절한다

인간의 **내분비계**(endocrine system)는 몇 가지 **내분비샘**(endocrine gland)과 분비성 호르몬을 만드는 기타 조직들로 구성된다. **호르몬**(hormone)은 내분비 조직에서 생산되어 순환계에 의해 신체의 다른 부분으로 수송됨으로써 그곳에 조절 메시지를 전달하는 화학신호이다. 호르몬이 신체의 모든 부분에 도달하기 때문에, 내분비계는 대사, 성장, 그리고 생식과 같은 전신의 활동을 조절하는 데 있어 매우 중요하다. 종종 아주 소량의 호르몬이라도 많은 수의 세포에 영향을 미치기에 충분하다.

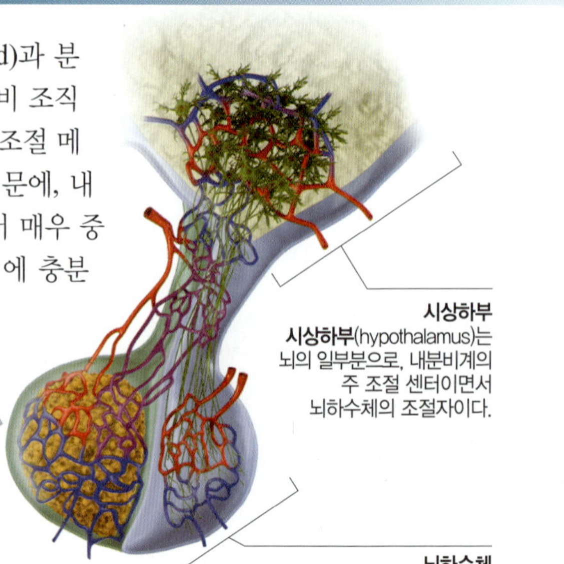

인간의 내분비계

여기에 나타낸 주요 내분비샘들 중에서 갑상샘(thyroid)이나 뇌하수체(pituitary gland) 같은 것은 다른 기능은 없는 내분비 전문기관이다. 호르몬과 소화효소를 모두 분비하는 이자(췌장) 같은 다른 기관은 내분비 기능과 비내분비성 기능을 모두 가진다. 그림에는 생략되었지만 위장 같은 다른 기관은 주로 다른 기능에 종사하지만 호르몬도 분비하는 것이다. 내분비계의 많은 분비샘은 뇌의 시상하부(hypothalamus)에 의해 조절을 받는다.

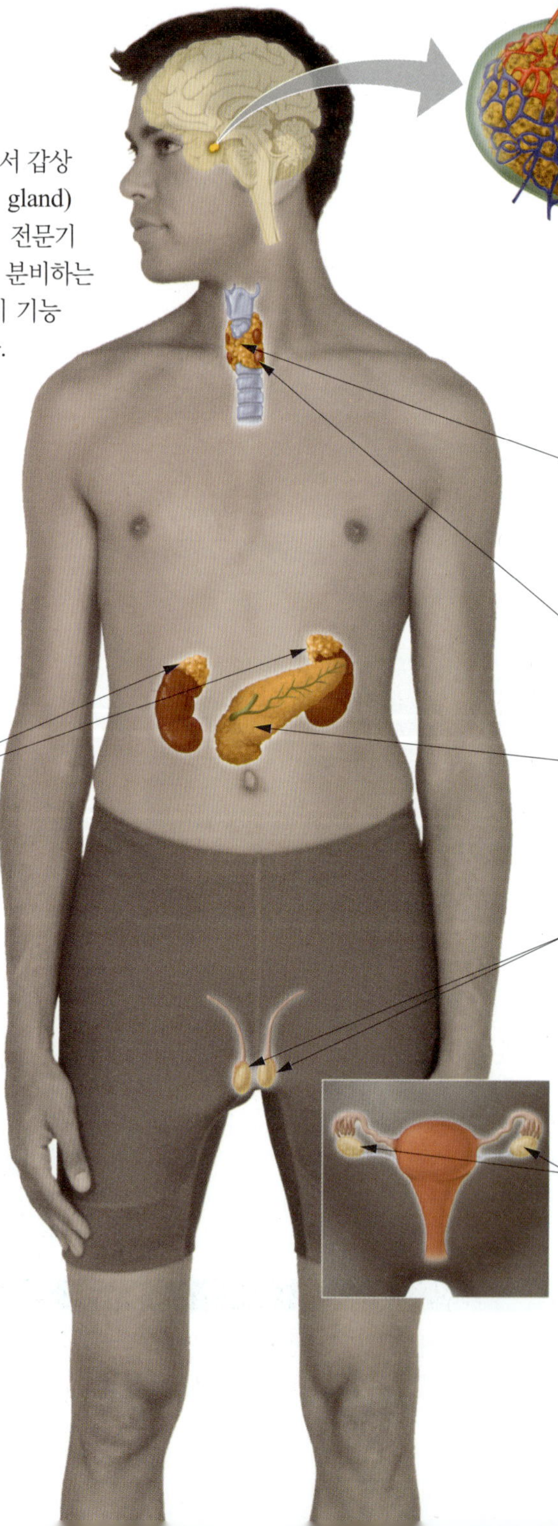

! 호르몬을 분비하는 갑상샘의 기능을 저하시키는 그레이브스병(Graves' disease)은, 200명 중 1명에 영향을 미친다.

호르몬의 작용 방식

내분비 세포에서는 호르몬이 막으로 둘러싸인 소낭에 저장된다. 그 소낭이 세포의 원형질막과 융합하면, 호르몬이 세포로부터 순환계로 방출된다. 비록 호르몬이 전신을 돌아다니기는 하지만, 그 특정 호르몬에 대한 수용체를 가진 세포(표적 세포라고 불린다)만이 영향을 받는다. 맞는 수용체가 없는 세포는 호르몬을 무시한다. 표적 세포(target cell) 내에서 두 가지 서로 다른 방식으로 변화를 유발하는 주요 호르몬 형태가 존재한다. 즉, 수용성 호르몬과 지용성 호르몬이다.

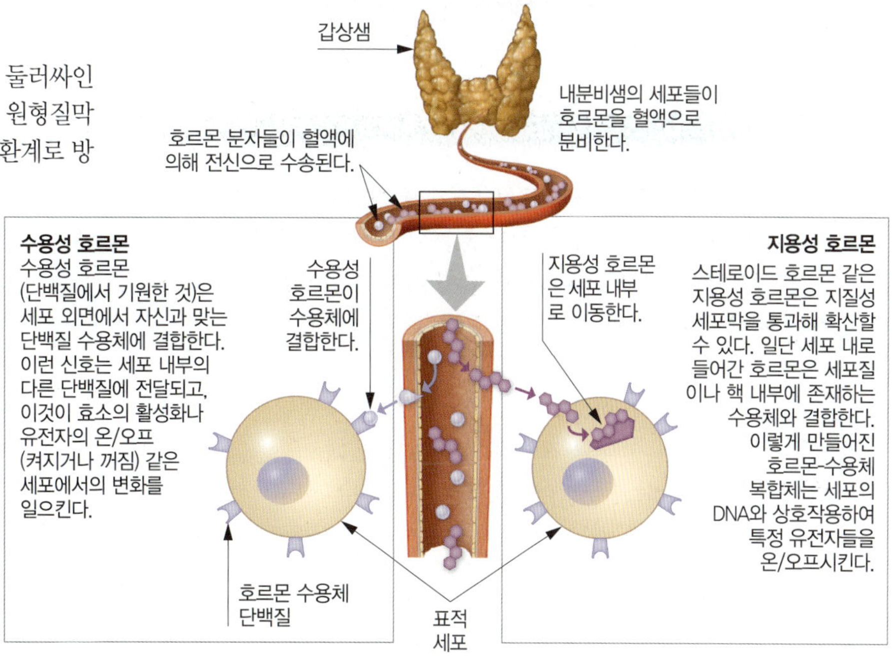

이자와 포도당 조절

복부 내에 위치하는 **이자**(pancreas)는 두 가지의 매우 다른, 그렇지만 매우 필수적인 신체 기능을 수행한다: 즉, 소장으로 분비되는 소화효소들을 생산하고, 신체의 포도당 대사를 조절하는 두 가지의 수용성 호르몬을 생산한다. 이 두 가지 호르몬은 인슐린(insulin)과 글루카곤(glucagon)으로서, 서로 길항적으로 작용한다. 즉, 이들은 피드백 회로에서 상대 호르몬의 효과와 반대로 작용한다. 종합적으로, 이들은 혈액내의 포도당 농도가 균형점 근처에서 머물러 있도록 하는 항상적 균형(homeostatic balance)을 유지하도록 돕는다.

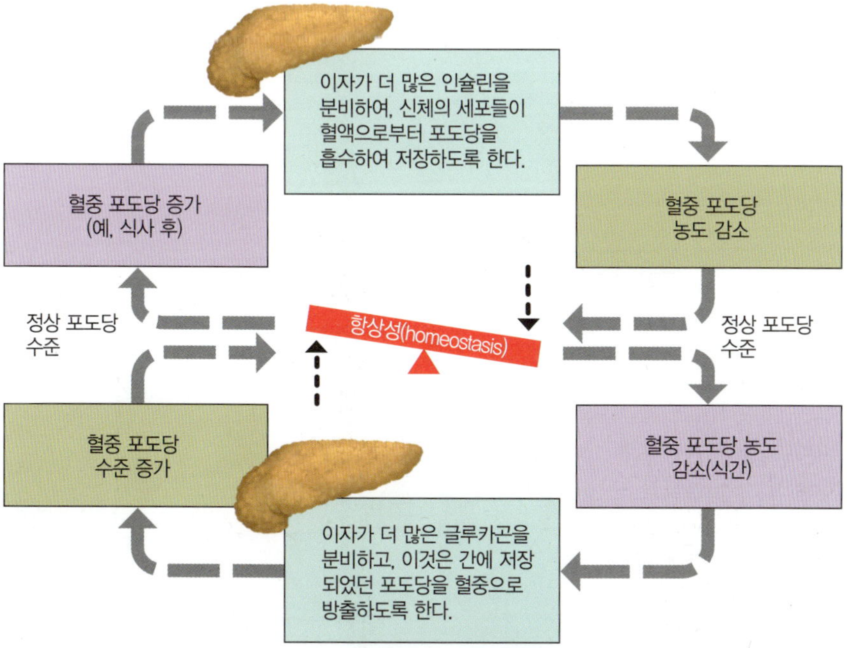

인간의 성장 호르몬

어린이 및 청소년기에는 뇌하수체에서 분비되는 **인간 성장 호르몬**(human growth hormone, HGH)이 성장을 촉진한다. 만약 어린이에서 너무 많은 HGH가 생산된다면(보통 뇌하수체 종양에 의해), 거인증이 생길 수 있다. 반대로, 어린이 때의 너무 적은 HGH는 왜소증을 유발할 수 있다. HGH는 때로 근육량을 늘리려는 운동선수들에 의해 남용되기도 하는데, 위험한 부작용이 나타날 수 있다.

요점

▶ 내분비계는 호르몬을 분비하는 기관과 샘(선) 및 기타 조직들로 구성된다. 호르몬은 혈액에 의해 수송되어 신체 전반에 있는 표적 세포에 영향을 미치는 화학신호로 작용한다.

? 수용성 호르몬과 지용성 호르몬은 그들이 작용하는 장소라는 면에서 볼 때 어떤 차이점이 있는가?

답: 수용성 호르몬은 세포의 외부에 결합하는 반면, 지용성 호르몬은 세포 내로 들어가 거기서 작용한다.

11.15 배설계는 수분을 조절하고 체내의 노폐물을 제거한다

만약 너무 많은 물이 몸으로 들어오거나 나가게 되면, 우리는 생존할 수 없다. 따라서 우리의 신체는 녹아 있는 용질과 물의 흡수 및 배출을 조절하는 **삼투조절**(osmoregulation)에 의존한다. 우리는 먹거나 마심으로써 물을 얻고, 대소변을 보거나 숨을 쉬고 땀을 배출함으로써 물을 잃게 된다. 체내의 수분균형은 우리의 **배설계**(urinary system)에 의해 유지된다. 이것은 적당량의 수분과 그 안에 녹아 있는 용질을 유지하면서 노폐물이 포함된 소변을 배출한다. 콩팥(신장)은 비뇨계의 핵심 중추이다.

인간의 배설계

인간의 배설계는 소변을 만들고 배출시킨다. 또한 물과 필수적인 물질(포도당, 주요 이온, 그리고 무기질)을 재흡수하여 순환계로 되돌려 보낸다. 주요 가공 센터는 두 개의 신장(콩팥)으로서, 복부 양쪽에 자리하고 있으며, 각각은 주먹보다 조금 작은 크기이다.

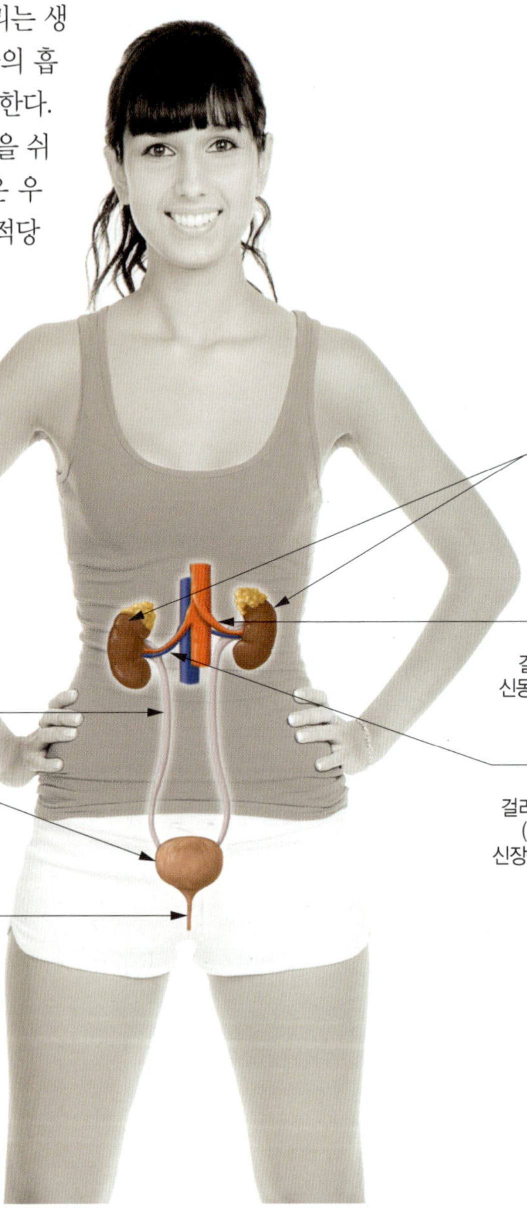

투석

신장이 혈액을 거르지 못하는 신부전(renal failure)은 부상이나 질병, 혹은 장기간의 진통제, 알코올 혹은 기타 약물의 사용에 의해 유발될 수 있다. 한쪽 신장만 기능하는 사람은 정상적인 생활을 할 수 있지만, 양쪽 신장에 문제가 생기면 독성 노폐물의 증가로 인해 급작스럽게 사망할 수 있다. 그런 사람들이 취할 수 있는 방법 하나는 **투석**(dialysis)으로서, 인공 신장으로 작용하는 기계에 의해 혈액을 걸러주도록 하는 것이다. 투석 치료는 신부전이 있는 환자들의 생명을 유지하게 해주지만, 비용이 많이 들고, 일주일에 3번씩 4시간에서 6시간을 소비해야 한다. 그리고 평생 동안 치료받아야 한다. 다른 선택은 신장 이식이지만, 미국에서 신장 이식을 위해서는 평균 3년~5년을 기다려야 한다.

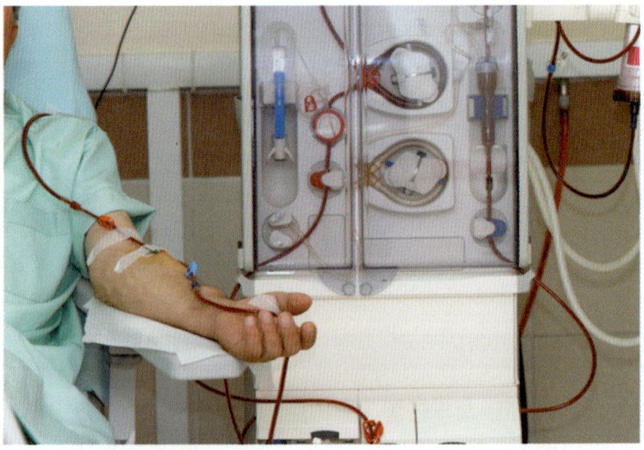

신부전으로 고생하는 환자들은 투석기를 이용해 자신들의 혈액이 걸러지도록 할 수 있다.

신장

혈액은 계속해서 신장을 통해 흐른다. 그러는 중에, 혈액 내의 일부 물질이 거름망을 빠져나와 신세관(신장의 작은 관)으로 들어간다. 걸러진 액체는 신세관을 통해 지나가면서 필요한 물질(물과 포도당 같은)이 다시 혈액으로 되돌려지고, 노폐물(요소 같은)은 농축된다. 최종적으로 오줌이 생기며 이것은 수뇨관을 통해 신장을 빠져나와 체외로 배출될 때까지 방광에 저장된다.

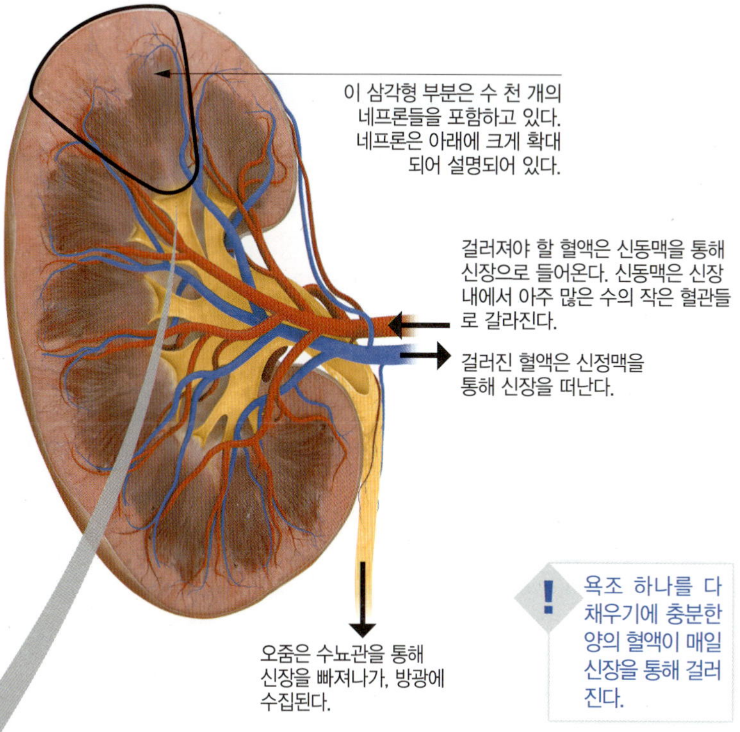

네프론

신장에는 수백만 개의 네프론이 존재한다. 하나의 **네프론**(nephron)은 하나의 세관과 주변의 모세혈관들로 이루어져 있으며, 실질적으로 이곳에서 혈액이 걸러져 오줌이 만들어진다.

> ! 욕조 하나를 다 채우기에 충분한 양의 혈액이 매일 신장을 통해 걸러진다.

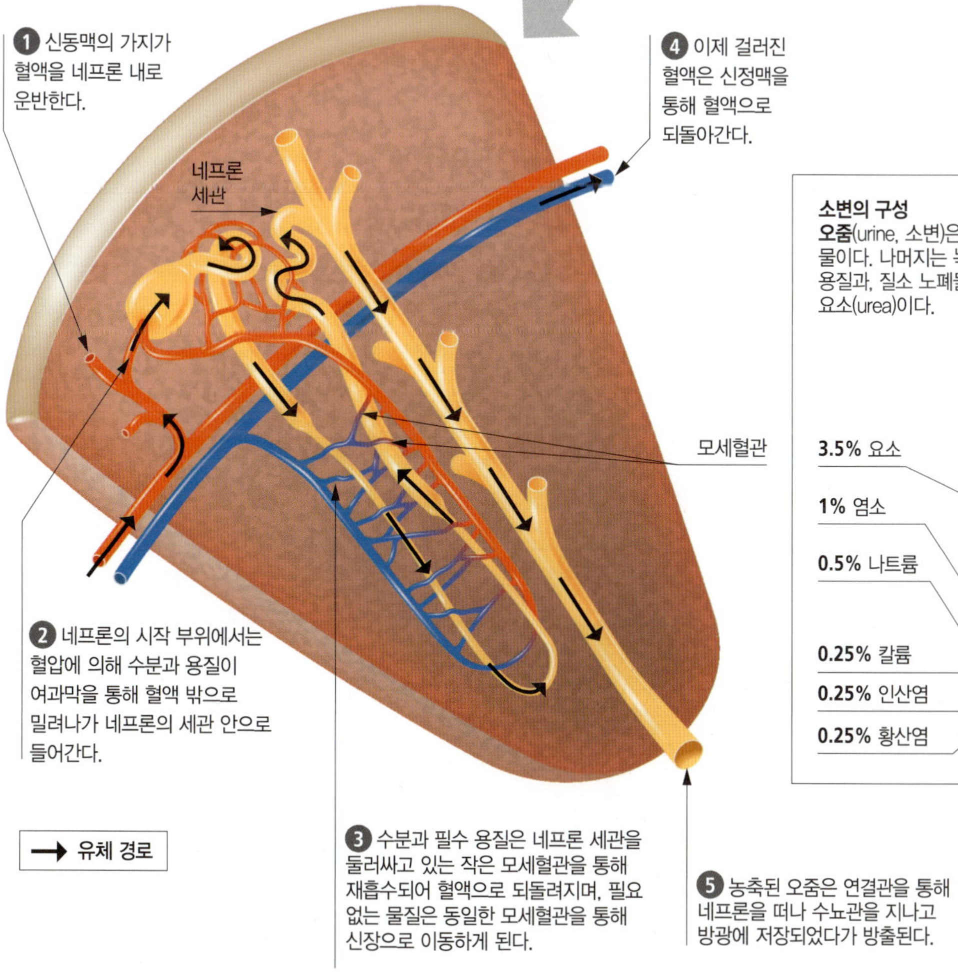

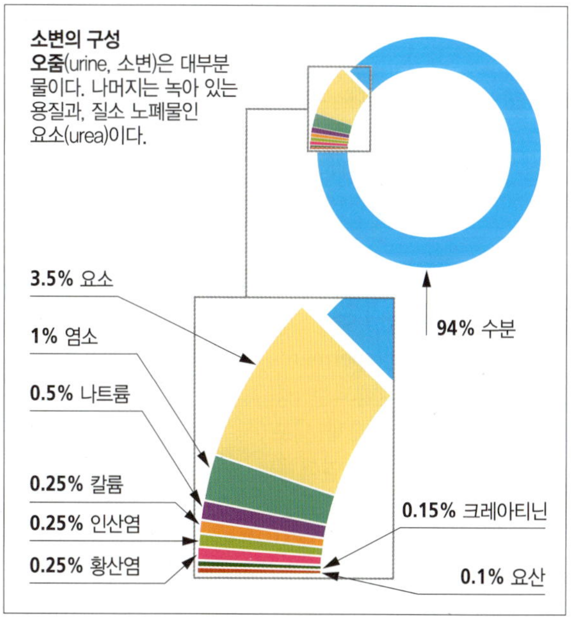

요점

▶ 배설계는 노폐물을 제거하고, 신체에 녹아 있는 용질과 수분의 양을 조절한다. 신장의 네프론 내부에서는, 필요한 물질이 회수되고 노폐물이 수집되면서 소변이 생성된다.

? 실질적으로 소변이 생성되는, 배설계의 기능적 단위는 무엇인가?

남성과 여성은 배우자를 생산, 저장, 운반한다

여기서는 남성과 여성의 해부학적 차이점에 초점을 맞추겠지만, 양쪽 성에서의 **생식계**(reproductive system)는 몇 가지 중요한 유사점들을 가지고 있다. 예를 들면, 양쪽 모두 **배우자**(gamete)를 생산하는 기관인 **생식샘**(gonad, **성선**)을 한 쌍씩 가진다. 남성의 배우자는 정자(sperm)이고, 여성의 배우자는 난자(egg)이다. 두 성 모두 생식을 위한 배우자를 저장하고 실어 나르는 도관계(duct system)를 가진다. 그리고 성교를 촉진하는 구조물들도 공통으로 갖는다.

남성의 생식계

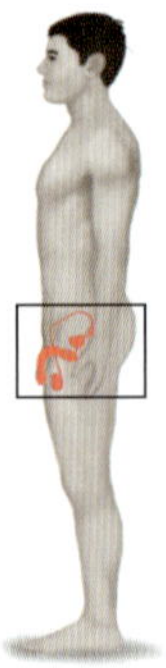

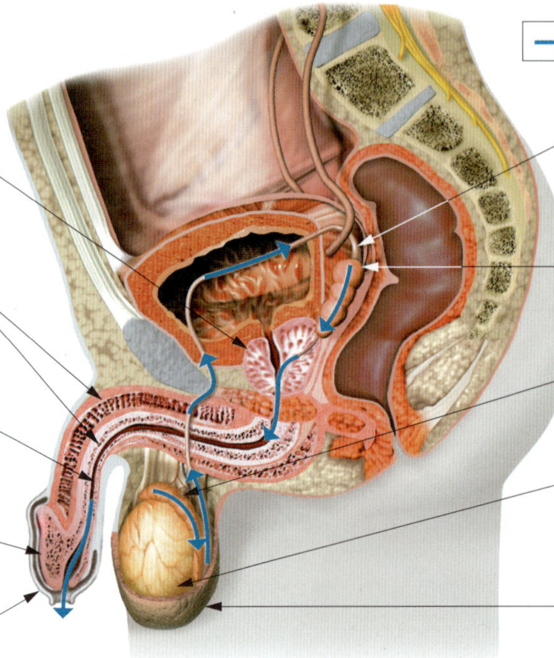

정자형성 과정

정자형성 과정(spermatogenesis)이 진행되는 중에는, 정소의 2배체 세포(즉, 23쌍의 상동염색체로 구성된 46개의 염색체를 가진다)는 감수분열을 통해 남성 배우자인 반수체의 **정자**(sperm: 23개의 개별 염색체를 가진 세포)를 만든다.

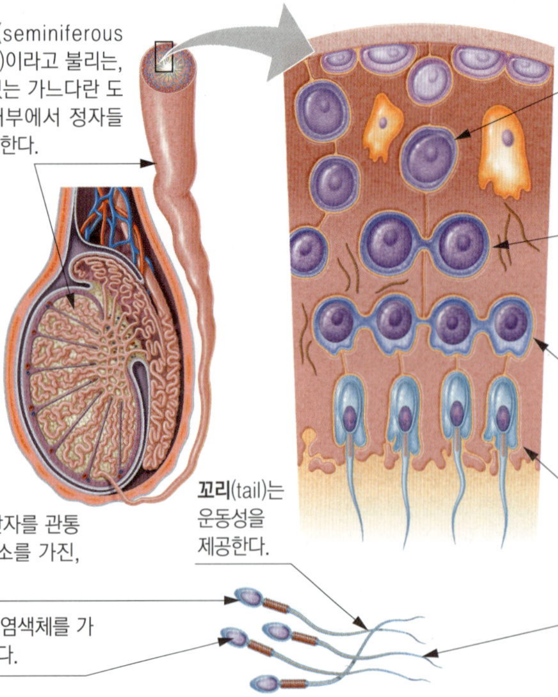

! 사춘기 때부터 죽을 때까지 일반적인 남성은 하루에 1천만 개의 정자를 생산한다.

여성의 생식계

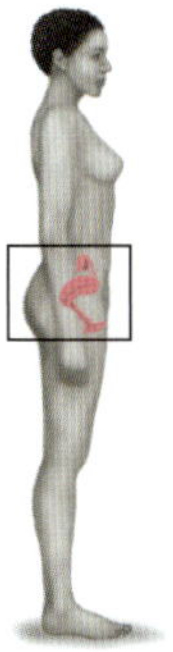

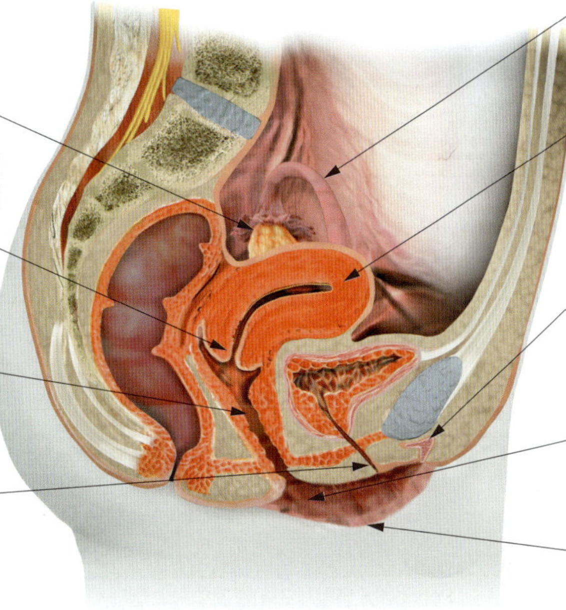

난소
난소(ovary)는 여성의 생식샘으로, 난자가 생산되어 방출되는 곳이다.

자궁경부
자궁경부(cervix)는 자궁 아래쪽의 좁은 목을 말한다.

질
질(vagina)은 출산의 통로로서, 정자가 들어오고 아기가 나가는 길이다.

요도
요도(urethra)는 소변이 배출되는 도관이다.

난관
난관(oviduct, 수란관)은 나팔관(fallopian tube)이라고도 불리며 난자가 정자와 만나는 장소이다.

자궁
자궁(uterus, womb)은 임신의 장소로서 배아가 아기로 발달하는 곳이다.

음핵
음핵(clitoris)은 성적 흥분 시 부풀게 되는 발기 조직을 포함한다.

소음순
소음순(labia minora)은 한 쌍으로 된 피부 주름으로, 질 입구의 경계 부분이다.

대음순
대음순(labia majora)은 그 아래의 구조물을 보호하기 위한 한 쌍의 두꺼운 피부 융기 구조이다.

외음부
외음부(vulva, 음문)는 여성의 외부 생식기를 종합하여 부르는 말이다.

여성의 생식 주기

여성의 생식 주기는 (대략) 28일 주기로 반복되는 일련의 사건들로서, 여성의 신체가 생식을 준비할 수 있도록 해준다. 여성의 월경(menstruation)이 시작되는 첫 날이 1일(Day 1)이다. 이후에 일련의 호르몬들이 혈액이 충만한 자궁 내막의 비후화를 조절한다.

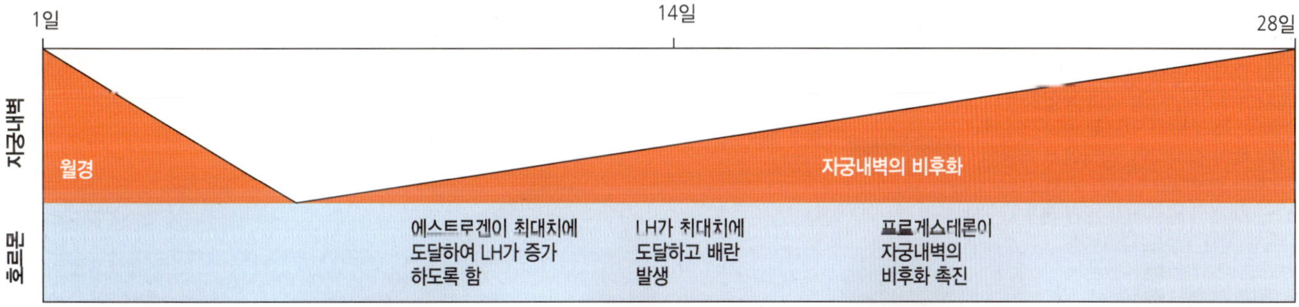

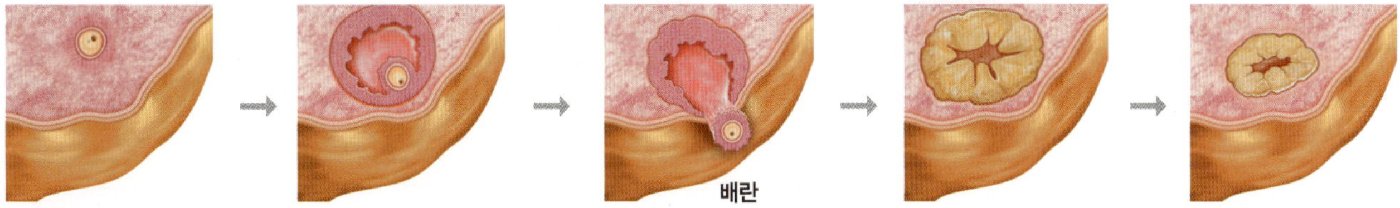

제1난모세포(primary oocyte)는 태어나기 전부터 제1감수분열에서 멈춰져 있는 2배체 세포이다.

호르몬이 제1난모세포를 자극하여 제1감수분열을 완료한 후 제2감수분열을 시작하도록 하면, 반수체인 **제2난모세포**(secondary oocyte)가 형성된다.

배란(ovulation) 중에 제2난모세포가 난소로부터 난관으로 방출된다. 그것은 난관에서 정자와 접촉했을 때만 제2감수분열을 마치고 성숙한 난자를 만들게 된다.

배란 장소에서 **황체**(corpus luteum)가 발달하여 프로게스테론을 분비하면, 자궁내벽이 두꺼워진다. 만약 방출된 난모세포가 정자에 의해 수정되지 않으면 황체는 퇴화된다.

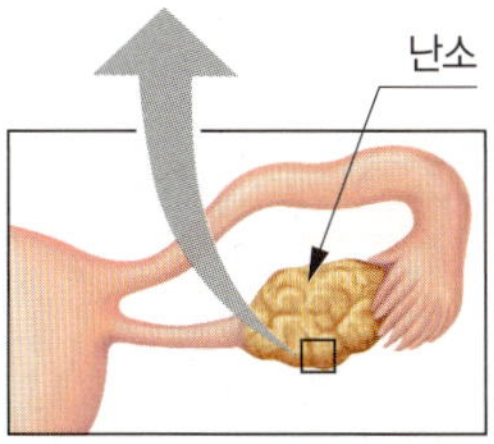

난소 내에서는 호르몬에 의해 성숙한 난자(egg; ovum이라고도 함; 복수, ova)가 발달하는 과정인 **난자형성과정**(oogenesis)을 조율한다. 매달 하나(혹은 드물게 2개 이상이 나오기도 함)의 제1난모세포가 발달하며 이후에 방출된다. **배란**(ovulation)은, 난소로부터 난자가 방출되는 것으로 14일경에 일어난다. 방출된 난자는 정자를 만나 발생을 지속할 수 있다. 만약 그렇지 않다면 배란 잔존물인 황체가 퇴화하게 되고 새로운 주기가 시작된다.

요점

▶ 남성과 여성 모두의 생식계는 배우자(정자와 난자)를 만들고, 저장하며, 방출한다. 반수체의 배우자는 생식샘(정소와 난소) 내의 2배체 세포로부터 형성된다.

? 남성과 여성의 생식샘이란 실제로 어떤 기관인가?

답: 남성의 정소와 여성의 난소.

인간은 단 하나의 세포로부터 발생한다

자세히 말하고 싶지 않을 수도 있겠지만, 우리의 생물학적 이야기는 우리 아버지의 정자가 어머니의 난자 중 하나와 융합했을 때부터 시작된다. 비록 종종 마지막 생리 주기의 시작부터 40주(혹은 9달)라고 측정되기도 하지만, 일반적인 인간의 임신은 266일(혹은 38주)간 지속된다. 이 페이지의 아래쪽부터 시작하여 수정란이 아기로 자라는 과정을 따라가 보자.

1 수정

배발생(embryonic development)은 정자와 난자가 융합하여 생긴 단일 세포, 즉 **접합자**(zygote)가 생기는 **수정**(fertilization)과 함께 시작된다. 일반적으로 수억 마리의 정자가 성교 중에 질로 방출되지만 수백 마리만 살아남아 몇 시간 만에 난관에 도달하고 나머지 정자들은 죽는다. 일단 난관에 도달해서도 오직 하나의 정자만 난자를 수정시킨다.

2 접합자(zygote)

만일 정자가 난관 내에서 난자를 만나면, 정자의 막이 난자의 막과 융합하여 정자의 핵이 난자 안으로 들어간다. 두 개의 핵이 합쳐지면, 정자에서 기원한 23개의 염색체와 난자가 가지고 있던 23개의 염색체가 연합하여 2배체 핵을 형성한다. 이 첫 세포는 대사율을 높여 곧 시작될 엄청난 성장을 준비한다.

3 난할

수정 후 36시간 가량 지난 후에 접합자는 **난할**(cleavage)을 시작하는데, 이것은 며칠 동안 지속되는 일련의 빠른 세포분열을 말한다. 난관 아래로 계속 이동하면서, 배아(이런 명칭은 첫 세포분열 이후를 가리키는 데 사용된다)는 많은 세포로 이루어진 공이 되는데, 아직도 그 크기는 원래의 난자와 비슷한 정도이다.

4 배반포

7일차가 되면, 초기 배아는 이제 자궁에 도착하고 자궁 내막 벽에 착상되기 시작한다. 그 배아는 이제 약 100개의 세포로 이루어져 있으며 액체로 채워진 공이 되는데, **배반포**(blastocyst, 포배)라고 불린다. 이것은 나중에 태아(fetus)가 될 내부의 세포 덩어리(inner cell mass, 내세포괴)와, 착상(implantation)을 돕는 외부 세포층인 영양포(trophoblast, 영양세포층)를 포함하고 있다.

5 낭배

9일째부터 시작되며 세포는 배반포 내부에서 이동하기 시작하여 세포들 스스로 3개의 주된 층을 형성한다. 이렇게 얻어진 **낭배**(gastrula)의 층은 각기 특정 구조물로 발달한다(예를 들어, 중배엽은 나중에 근육, 심장 및 기타 기관을 만든다).

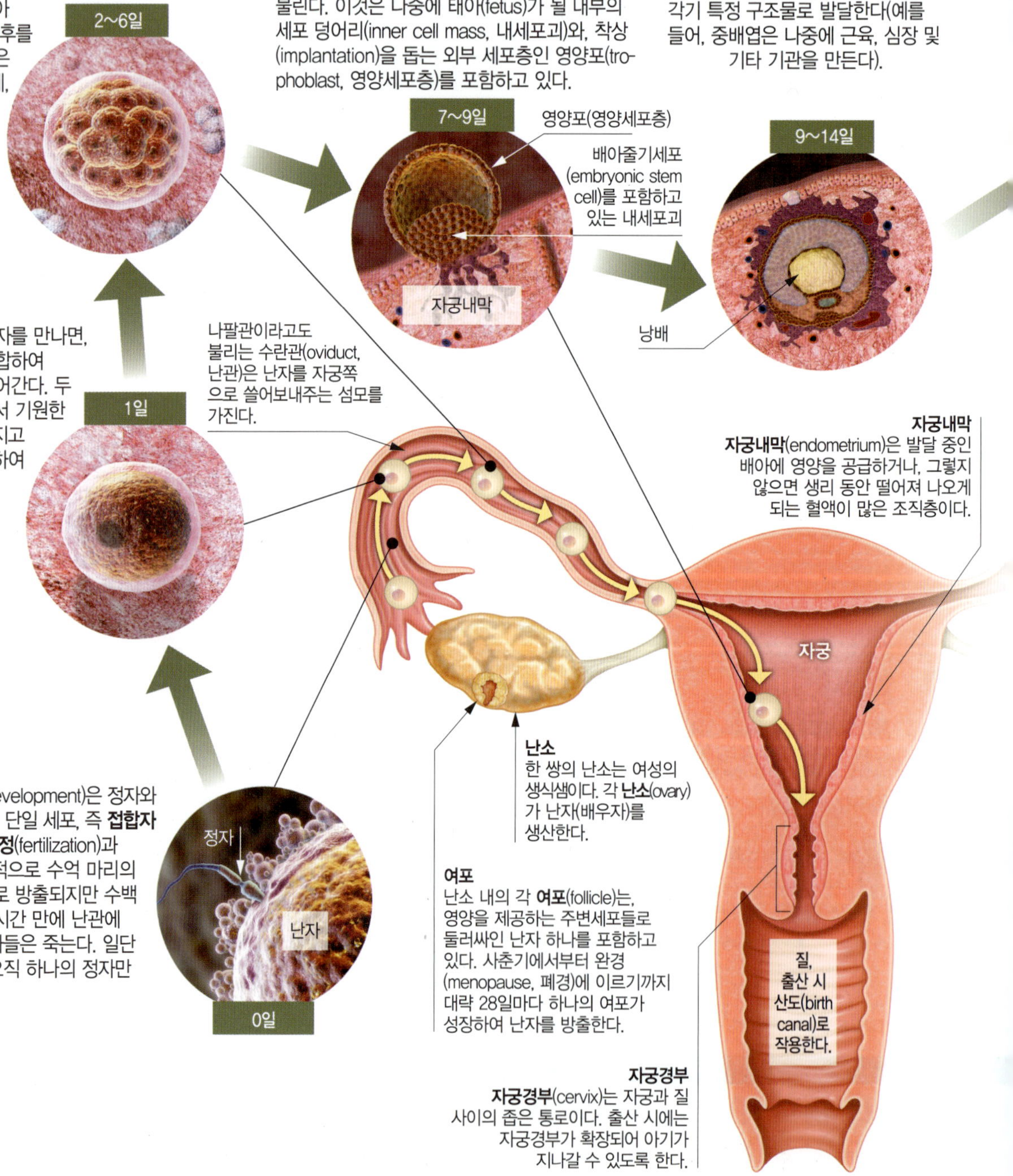

❻ 생명 유지 장치

수정 후 약 3주 정도 후가 되면, 배아는 자궁벽에 부착되며, 몇 가지 중요한 초기 구조물이 발달하기 시작한다. 비록 물질은 확산에 의해 왔다갔다 할 수 있지만, 배아는 이제 모체의 것과 섞이지 않는 자신만의 혈액 공급원을 가지게 된다.

❼ 제1삼분기(first trimester): 기관 형성

임신(pregnancy)은 종종 약 세 달씩 세 개의 삼분기(trimester)로 나뉜다. 약 1인치 정도의 조각으로, 1개월 된 배아는 아직 이렇다 할 인간의 형태를 보이지 않는다. 두 달 말 직후에는 배아가 2인치 길이의 태아(fetus; 이 용어는 9주 차부터 출생까지 사용함)로 발달한다. 석 달째 말이 되면, 태아는 조그만 인간처럼 보인다(체형의 비율은 맞지 않는다).

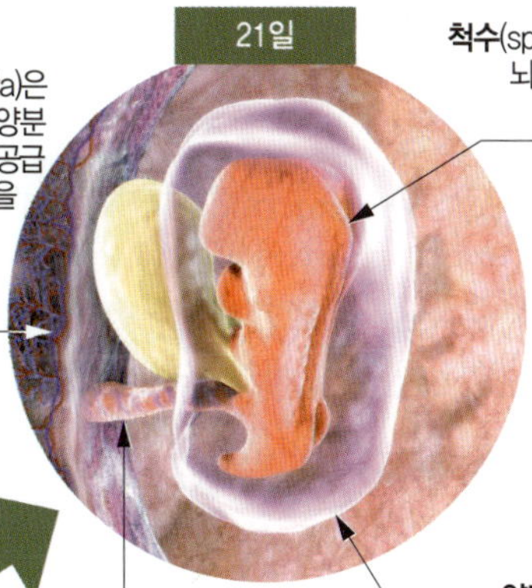

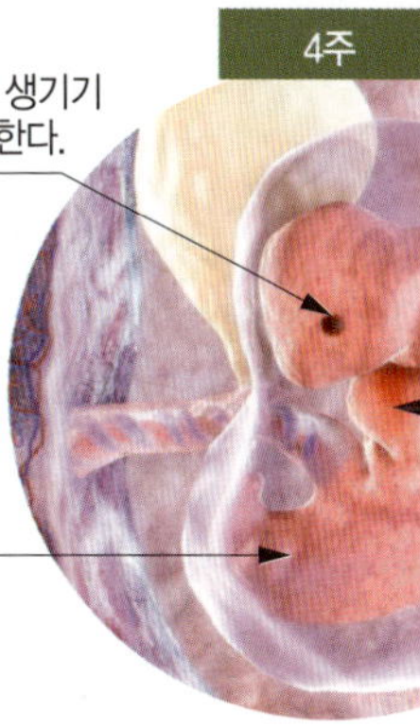

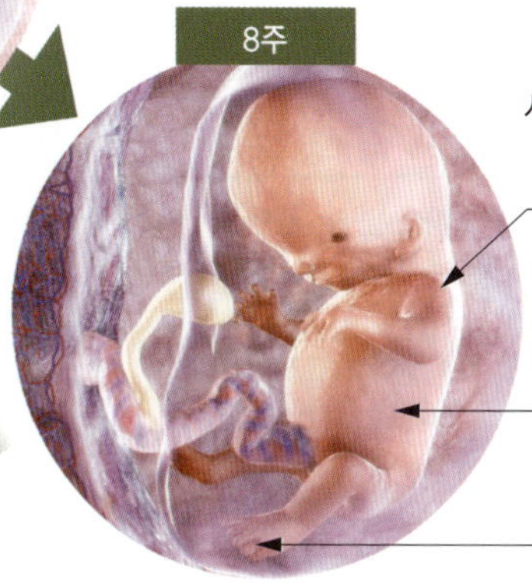

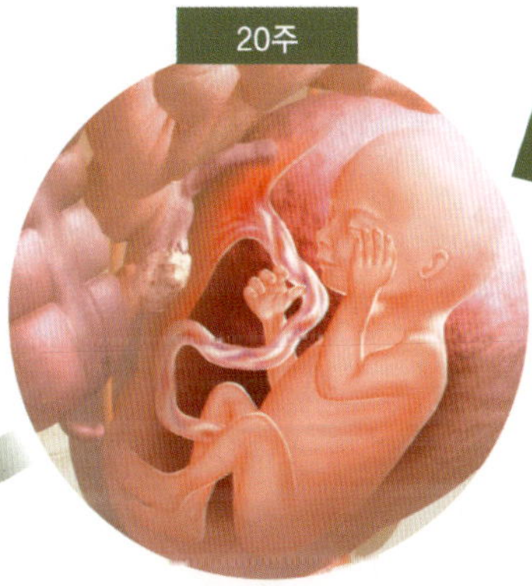

❽ 제2삼분기(second trimester): 성장

이 시기 중에는 태아가 자라고 모양도 더욱 뚜렷해진다. 20주 차에는, 태아가 약 8인치 정도의 길이가 되며, 450 g 정도의 무게가 나가는데, 여러 가지 특징을 볼 수 있으며 심박도 잴 수 있다. 그리고 보통, 태동이 느껴진다.

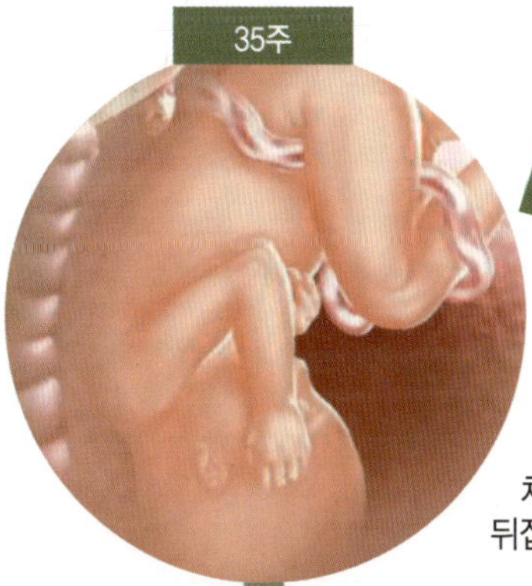

❾ 제3삼분기(third trimester): 출산 준비

이 시기 중에는 태아가 빠르게 자라고 자궁 밖에서 생존하는 데 필요한 기관(폐와 심장 같은)이 발달한다. 태아의 근육이 커지고 강해지며, 자궁을 가득 채우게 되면서 보통 머리가 아래쪽이 되도록 몸을 뒤집는다.

! 코끼리의 임신 기간은 22달이고, 생쥐의 임신 기간은 3주이다.

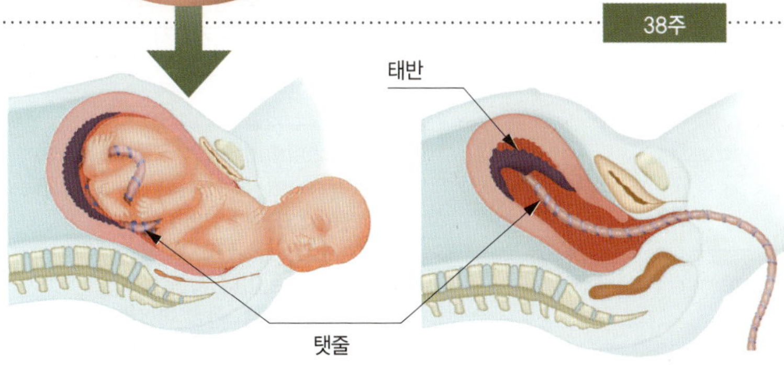

❿ 출산(birth)

분만(labor)에 의해 아기가 출생한다. 이것은 자궁벽의 근육들에 의한 일련의 수축과정이다. 분만은 종종 양막의 파열, 즉 양수가 흘러나오는 것("water breaking")에 뒤따라 발생한다. 자궁 경부가 확장되고(넓어지고) 호르몬들의 양성 피드백에 의해 점점 강한 수축이 발생한다. 자궁과 질을 통해 아기가 나오고 나면, 탯줄이 묶이고 잘려진다. 그리고 태반이 나온다('후산, afterbirth').

요점

▶ 인간의 수정에서 출생까지에는 약 38주가 걸린다. 이 기간 중에는 접합자가 배아를 거쳐 태아로 발달한다.

? 수정이 일어나는 장소는 어디인가?

답: 수란관(나팔관).

11.18 생식계 건강에 관한 문제는 우리 모두에게 영향을 미친다

인간 생식계에 대한 해부학 및 생리학적 지식은, 아이를 가질 것인지(말 것인지), 성적으로 전파되는 감염, 그리고 불임 같은 문제에 대한 결정에 중요한 정보를 제공할 수 있다.

여성에서의 피임

피임(contraception)은 임신을 고의적으로 막는 것이다. 금욕(성교를 억제함)하는 것이 확실하고 믿을만한 유일한 방법이기는 하지만, 여러 형태의 피임법들은 임신 과정의 여러 단계를 방해할 수 있다.

여성에서의 불임

약 15%의 부부들이 **불임**(infertile)이다—즉, 1년 동안 노력을 했는데도 아이를 가질 수 없는 경우다. 불임의 원인에는 여러 가지가 있으며, 불임 부부들이 아이를 가질 수 있도록 도울 수 있는 방법도 여러 가지가 가능하다.

자궁내 장치
(intrauterine device, IUD)
IUD는 T-자 모양의 기구로 의료인에 의해 자궁 내에 삽입된다. IUD는 12년까지 임신을 저해할 수 있으며 아무 때나 안전하게 제거될 수 있다.

난관결찰(tubal ligation)
"난관을 묶는다"라고도 하는 것으로, 난관결찰은 의사가 난관의 일부를 제거하고 나머지 말단들을 묶어주는 일종의 불임화 방법이다.

자궁 외 임신
(ectopic pregnancy)
배아가 난관 내에 자리 잡을 수 있다. 그런 경우를 자궁 외 임신이라고 하는데, 태아는 죽을 수밖에 없으며 모체도 위험할 수 있기 때문에 즉각적인 의료적 조치가 필요하다.

난관 폐색
(blocked oviduct)
몇 가지 성 전염병이 난관에 손상을 입힌다. 이때 생기는 상처가 난관을 막아 정자가 난자에 도달하지 못하도록 한다.

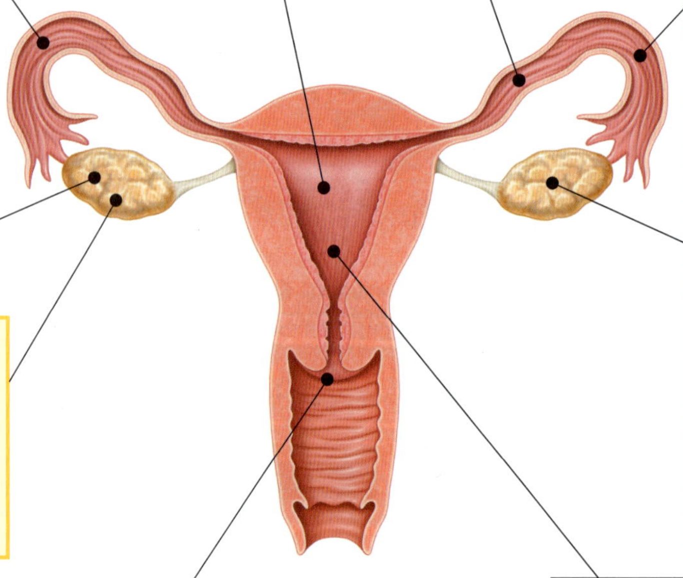

주기법(rhythm method)
주기법 혹은 자연 피임은 배란기 근처의 시기에 성교를 피하는 것에 바탕을 둔다. 여성 주기를 확실히 알기가 힘들기 때문에 이 방법은 신뢰성이 떨어진다.

배란 문제
(ovulation problems)
여성의 불임은 난자가 부족하거나 배란되지 않기 때문에도 생길 수 있는데, 종종 호르몬 불규칙성 때문에 발생한다. 임신 촉진제(fertility drug)가 치료제로 사용될 수 있으나, 이런 약은 종종 한 번에 다수의 난자들이 배출되도록 함으로써, 다중 임신(쌍둥이나 세쌍둥이 혹은 그 이상)이 일어날 수 있다. 다른 방법으로는 여자가 기증자로부터 난자를 받아 임신할 수도 있다.

경구 피임약
(oral contraceptives)
경구 피임약에는 난소에서 난자가 성장하는 것을 방해하는 합성 호르몬이 들어 있다. 이 호르몬은 주사약이나 피부에 붙이는 부착제로도 나와 있다.

피임용 격막(diaphragm)
피임용 격막은 자궁 경부를 덮는 고무마개로서 정자가 자궁에 들어오는 것을 막는다. 의사를 방문해 시술해야 하며, 정자를 죽이는 약품인 살정제(spermicide)와 같이 사용하면 가장 효과적이다.

유산(miscarriages)
일부 여성은 임신은 가능하지만 자궁 내에서 태아가 자라도록 지탱하지 못할 수 있어서 유산(miscarriage)이나 사산(stillbirth)이 발생한다. 어떤 여성은 대리모(surrogate mother)를 들이기도 하는데, 이것은 다른 사람의 아기를 임신해 주도록 법적으로 계약된 여자를 말한다.

금욕(abstinence)
금욕(성교를 피함)은 모든 피임법 중에 가장 효과적인 것이다.

! 1980년부터 2003년까지, 임신 촉진제의 사용 증가로 두 쌍둥이 이상의 "슈퍼트윈(supertwin)" 출생률이 600%까지 치솟았다.

- ■ 가장 믿을만함(위험률 1% 미만)
- ■ 어느 정도 믿을만함(6~12%의 위험률)
- ■ 신뢰도가 떨어짐(위험률이 18% 이상)

남성에서의 피임

정관절제술(vasectomy)
일종의 남성 불임화 방법으로, 양쪽 정관의 일부를 잘라내는 것이다. 따라서 정자가 요도에 도달하지 못하도록 한다.

콘돔(condom)
콘돔은 라텍스로 만들어진 장벽으로서, 정자가 질로 들어가는 것을 물리적으로 방해하는 것이다. 콘돔은 또한 std들(성 전염병들)에 대한 보호장치가 될 수도 있으나 피임 목적일 때는 살정제와 함께 사용해야 한다.

질 외 사정(withdrawal)
사정에 앞서 음경을 질에서 빼는 것은 정자가 오르가즘 전에 음경에서 나갈 수도 있기 때문에 종종 효과가 없다.

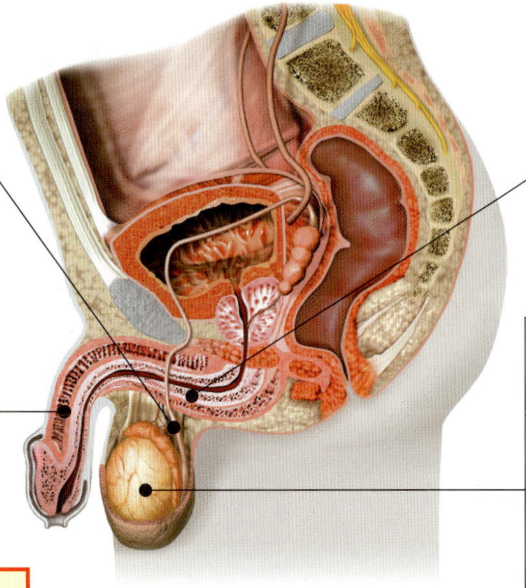

남성에서의 불임

발기부전(impotence)
발기부전(impotence, erectile dysfunction)은 발기를 지속할 수 없는 것을 말한다. 이것은 알코올이나 약물, 심리적인 문제들 또는, 신경계나 순환계의 문제 때문에 생긴 일시적인 것일 수 있다. 약물 치료(비아그라 등)가 도움이 될 수 있다.

정자 수 감소증(low sperm count)
만약 남성의 정소가 충분한 수의 정자들을 생산하지 못하거나, 생산된 정자의 운동성이 떨어진다면, 속옷을 브리프(짧은 삼각 팬티; 정소가 몸에 바짝 붙어 있게 하기 때문에 따뜻하게 만든다)에서 박서(긴 사각 팬티; 정소의 온도를 낮춰주어 정자 생산을 증가시킨다)로 갈아입게 하는 것이 치료가 될 수 있다. 만약 남성이 스스로 정자를 생산하지 못하면, 기증자로부터 정자를 받아 농축시켜 여자의 자궁에 주입해 줌으로써 임신을 촉진시킬 수도 있다.

성 매개성 감염

성 매개성 감염(sexually transmitted infections, **STIs**)은 성적으로 매개되는 질병(sexually transmitted diseases, STDs)이라고도 불리며, 성적 접촉에 의해 퍼지는 전염병이다. 아래 표는 미국에서 가장 흔한 STD들을 나타낸 것으로, 감염을 일으키는 생물체들의 형태에 따라 정리한 것이다. 많은 STD들은 항생제를 통해 치료될 수 있으나, 바이러스에 의해 발생한 STD들은 평생 지속된다. 따라서 바이러스성 STD들은 치료할 수 없다. 성교 활동을 하는 사람들은 해마다 STD들에 대한 검사를 받을 것을 권한다.

	세균	바이러스	원생생물	곰팡이(진균)
감염원의 예	 670x 임질균(*Neisseria gonorrhoeae*)	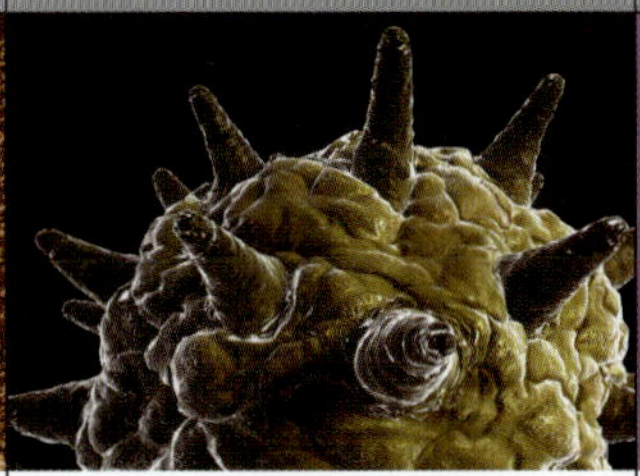 포진 바이러스(Herpes virus)	 400x 질 편모충(*Trichomonas vaginalis*)	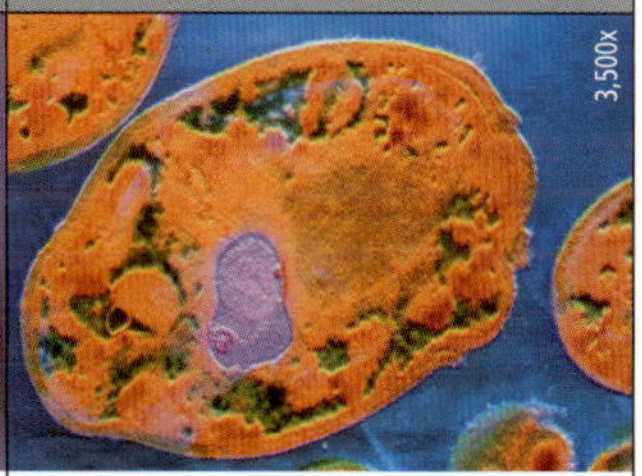 3,500x 칸디다(*Candida albicans*)
감염증	• 임질(gonorrhea)은 남성에서는 소변을 볼 때 아프고 따가운 증상을 일으키지만, 여성에서는 증상이 없을 수도 있다. • 클라미디아(chlamydia)는 가장 흔한 STI이다. 종종 증상이 없기도 하지만, 골반염이나 불임을 유발할 수 있다.	• 생식기 포진(genital herpes)을 일으키는 이 바이러스는 수년간 잠복된 상태로 있을 수 있으나, 다시 나타나 재발병을 유발할 수 있다. • 자궁경부암의 일부 사례들은 인간 유두종 바이러스(HPV)가 원인일 수 있는데, 이에 대해서는 백신이 나와 있다. • HIV에 의해 생기는 AIDS는 치료하지 않으면 치명적이다.	• 트리코모나스증(trichomoniasis)은 단세포 원생성 기생충에 의해 요도나 질이 감염되어 발생한다. 여성에서의 증상은 따갑지만, 남성들은 증상이 없어서 질병을 옮기기도 한다.	• 칸디다증(candidiasis)은 효모 감염으로도 불리며, 질 점막에서의 진균 감염에 의해 생긴다. 약 75%의 여성들이 살면서 칸디다증을 겪는다. 다행히도 치료는 쉽다.

요점

▶ 생식계 건강에 관한 문제—피임, STDs, 그리고 불임 등—는 인체 생식계의 해부학과 관련하여 이해될 수 있다.

? 나열된 피임법 중에서 실질적으로 배우자의 형성을 막는 것은 어느 것인가?

답: 여성의 경구 피임약과 정관절제술이다.

11.19

뇌는 인간 신경계의 중추적 기관이다

우리의 **신경계**(nervous system)는 신체 전반에 뻗어 있는 통신 및 협동 네트워크를 구성한다. 뇌는 핵심 중추로 작용하며, 척수는 신체의 나머지 부분에 대한 주 전달자로 기능한다.

인체의 신경계

인체의 신경계는 두 가지 분명한 부분으로 나뉠 수 있다. 중추신경계(central nervous system, CNS)와 말초신경계(peripheral nervous system, PNS)이다.

잘못될 수 있는 것

신경계에 관련된 질병이나 상처는 심각한 영향을 미칠 수 있다.

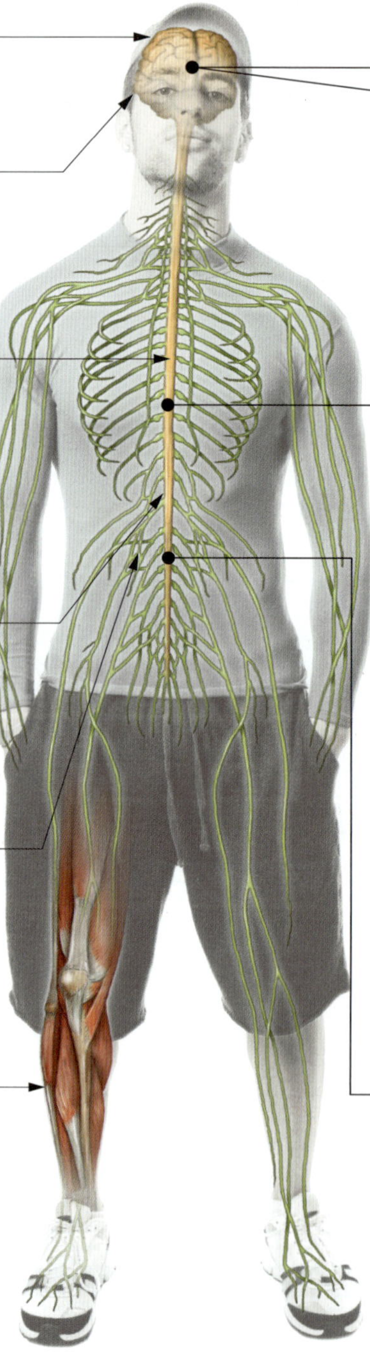

중추신경계
중추신경계(central nervous system, CNS)는 감각들(접촉 등)로부터 들어오는 신호를 받아 그들을 통합하여 반응을 구성한다. 그리고 반응을 만드는 신호(예, 근육의 움직임)들을 전송한다.

뇌척수막
CNS는 **뇌척수막**(meninges)이라고 불리는 결합조직 층으로 보호된다.

뇌
뇌(brain)는 감각 정보들을 받아 통합하여 신체 기능을 유지하고, 근육을 조절하며, 감성과 지성의 중심지로 작용한다.

척수
척수(spinal cord)는 단단한 등뼈 내에서 보호되고 있는 수백만 개의 신경섬유로 구성된 젤리형 다발이다. 척수는 뇌와 신체 사이의 통신을 담당하는 주된 전달자이다.

뇌척수액
뇌와 척수 모두 **뇌척수액**(cerebrospinal fluid)으로 채워져 있는 공간을 가진다. 이것은 완충 작용과 동시에 영양분, 호르몬, 그리고 백혈구 세포를 공급할 수 있도록 돕는다.

말초신경계
말초신경계(peripheral nervous system, PNS)는 CNS로 들어가고 나오는 정보들을 수송하는 신경들을 포함한다.

자율신경계
자율신경계(autonomic nervous system)는 순환, 배설, 내분비계 등 여러 가지 체내 기관계를 조절한다. 이런 조절은 일반적으로 불수의적(무의식적)으로 이루어진다.

체성신경계
체성신경계(somatic nervous system)는 불수의적 반사(involuntary reflex) 작용들을 포함하기는 하지만 대체로 의식적으로 통제된다. 예를 들어, 운동뉴런은 신호를 골격근으로 보내 우리가 마음대로 움직일 수 있도록 한다.

우울증
거의 1,600만 명의 미국인들이 우울증에 영향을 받는다. 주우울증(major depression; 극단적이고 지속적인 슬픈 감정 때문에 환자가 정상적인 생활을 할 수 없음)이나 양극성 장애(bipolar disorder; 조울증이라고도 불리며, 극단적인 감정 기복이 나타난다)가 주된 것이다.

알츠하이머 질환
알츠하이머 질환(Alzheimer's disease)은 치매(dementia; 정신적 왜곡이 나타남)의 한 형태로서, 혼동, 기억 소실, 성격 변화 등을 일으킨다. 80세에 도달한 거의 35%의 미국인들이 이런 증상을 보인다. 이 질병은 진행성이며 단정적으로 진단하기도 어렵다.

마비
척수에 가해진 외상이 내부의 약한 신경다발을 망가뜨려 신호의 소통을 방해할 수 있다. 부상을 입은 부위 아래의 신경들에 의해 조절되는 신체의 모든 부분이 마비될 수 있다. 하지마비(paraplegia)는 신체의 아래 절반이 마비되는 것이고, 사지마비(quadriplegia)는 목 아래의 마비를 말한다. 그런 부상은 척수의 신경들이 재생되지 않기 때문에 종종 영구적이다.

척수 감염
뇌척수액의 감염은 척추천자(spinal tap)로 진단할 수 있는데, 바늘을 등뼈 사이의 틈에 찔러 넣어 뇌척수액을 빼내는 과정을 포함한다.

뇌

인간의 뇌는 믿을 수 없을 만큼 복잡하고 세련된 체계로서, 정보의 수신, 가공, 통신을 담당한다. 뇌는 천억 개 이상의 복잡하게 얽혀진 뉴런들과 그 이상의 지지세포들로 구성된다.

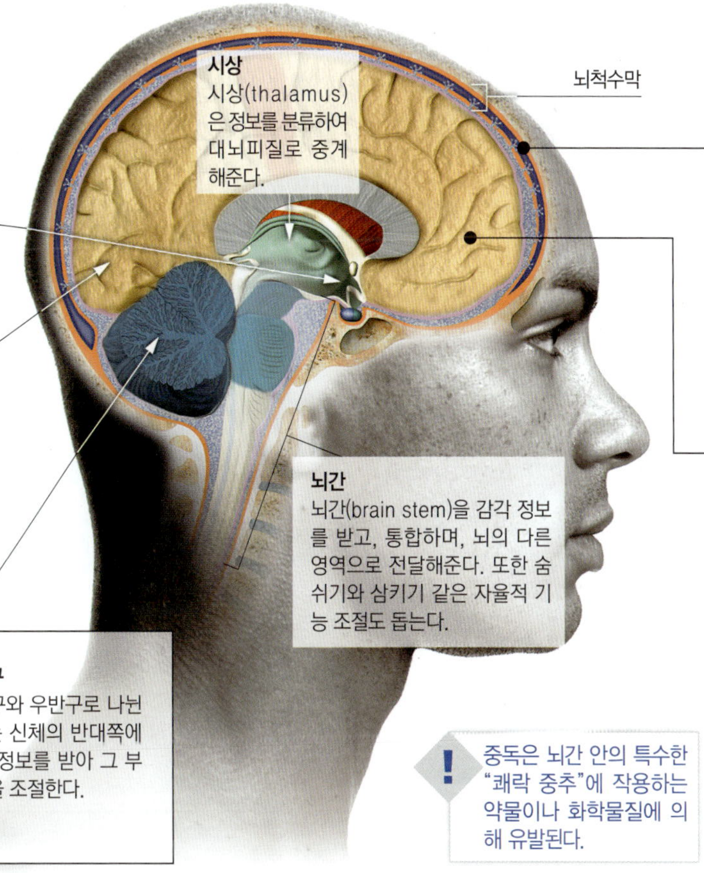

시상하부
시상하부(hypothalamus)는 호르몬의 분비를 조절하며 체내 온도, 생물학적 시계, 배고픔, 갈증, 쾌락, 그리고 여러 감정 같은 많은 신체 반응을 조절한다.

시상
시상(thalamus)은 정보를 분류하여 대뇌피질로 중계해준다.

대뇌
뇌에서 가장 크고 복잡한 부분으로서, 우측과 좌측 대뇌 반구(cerebral hemisphere)로 구성된다.

소뇌
소뇌(cerebellum)는 감각 정보들을 이용하여 신체의 움직임을 계획하고 조율한다.

뇌간
뇌간(brain stem)을 감각 정보를 받고, 통합하며, 뇌의 다른 영역으로 전달해준다. 또한 숨쉬기와 삼키기 같은 자율적 기능 조절도 돕는다.

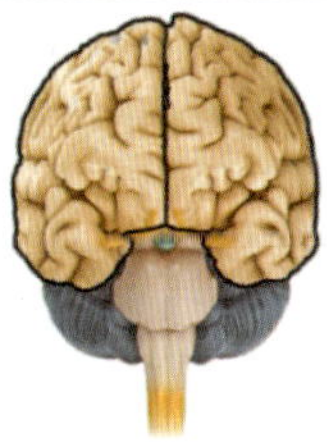

좌우 대뇌반구
대뇌는 좌반구와 우반구로 나뉜다. 각 반구는 신체의 반대쪽에서 들어오는 정보를 받아 그 부분의 움직임을 조절한다.

! 중독은 뇌간 안의 특수한 "쾌락 중추"에 작용하는 약물이나 화학물질에 의해 유발된다.

잘못될 수 있는 것

뇌수막염
뇌척수액이 감염되면, 뇌척수막에 염증이 생기게 된다. 바이러스성 뇌수막염(viral meningitis)은 일반적으로 해롭지 않지만, 세균성 뇌수막염은 매우 심각할 수 있다. 그러나 일반적으로 항생제로 치료될 수 있다.

뇌진탕
뇌진탕(concussion)은 뇌척수액에 의해 완충될 수 없는 정도의 강한 힘으로 두개골에 충격이 가해졌을 때, 예를 들어 머리를 강하게 맞은 다음에 자주 뇌가 뇌진탕을 일으킨다. 뇌진탕으로 인해 하나 이상의 뇌 기능이 일정 기간 망가질 수 있다. 비록 증세는 송송 몇 주 만에 사라지지만, 반복된 뇌진탕은 영구적인 뇌 부상을 초래할 수 있다.

신경계의 조직화

만약 축구공이 날아오는 것을 보고 그것을 차기 위해 움직인다면, 여기에는 신경계의 3가지 상호 작용 기능이 포함되는 것이다. 즉, 감각 입력(sensory input), 통합(integration), 그리고 운동 출력(motor output)이다. 우리의 감각은 말초신경계를 통해 중추신경계로 정보를 수송한다. 거기서 정보가 통합되고 PNS를 통해 반응 명령이 내려진다.

감각 입력
CNS 내의 연합 뉴런은 감각 정보를 처리하여 운동 반응을 만든다.

통합
CNS 내부에서는 개재뉴런(interneuron)이 감각 정보를 가공하여 운동 반응을 만든다.

운동 출력
PNS의 운동 뉴런은 근육이나 다른 작용 세포에 반응을 전달한다.

요점

▶ 신경계는 정보를 수용하고 가공하며 전달하는 중추신경계(뇌와 척수)와, 정보를 CNS로 보내고 또 그로부터 신호를 받아 전달하는 말초신경계(신경들)로 구성된다.

? 손가락의 신경은 뇌와 직접 연결되는가?

답: 아니다. 신경은 신호를 척수의 뉴런으로 보낸다. 뇌와 직접 연결되어 있는 것은 척수이다.

11.20

신경계는 입력을 받고 그것을 가공하여 내보낸다

신경계(nervous system)는 동물 신체 전반의 의사소통 및 조화를 담당한다. 우리의 신경계는 뇌, 척수, 그리고 많은 신경으로 이루어져 있다. 이 세 구조 모두 신체의 한 부분에서 다른 부분으로 전기신호들을 전달하는 개별 신경세포인 **뉴런**(neuron)들을 포함하고 있다. 각 뉴런은 수많은 다른 뉴런과 의사소통을 함으로써, 우리들이 움직일 수 있고, 환경을 감지하며, 학습하고 기억할 수 있도록 하는 네트워크를 만든다.

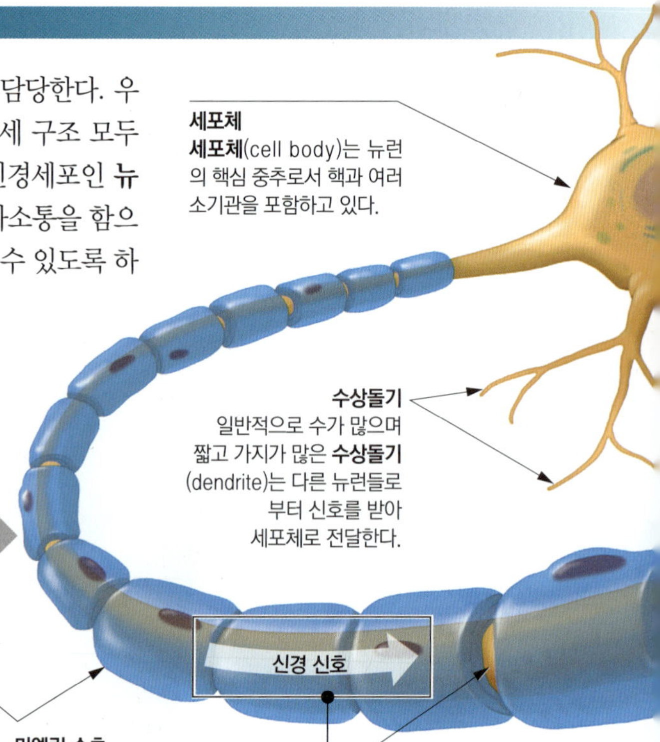

뉴런의 구조
신경(nerve)은 뉴런 섬유 다발이 결합 조직으로 단단하게 싸여 있는 케이블 모양의 통신회선이다.

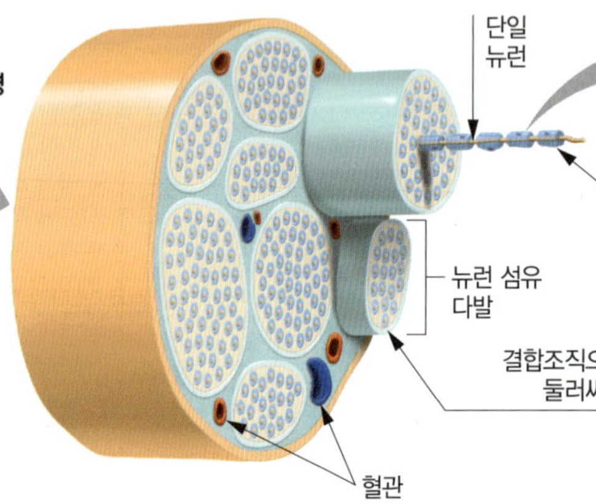

활동 전위와 휴지 전위

휴지기에는 축삭이 세포 내부보다 바깥쪽에 더 많은 양전하를 가진다. 휴지기에 축삭을 가로지르는 이런 전하 차이는 **휴지 전위**(resting potential)라고 불린다. 신경 신호는 축삭 안팎으로의 이온 흐름에 의해 유발된 일시적인 전하 역전현상인 **활동 전위**(action potential)가 생기는 것을 포함한다.

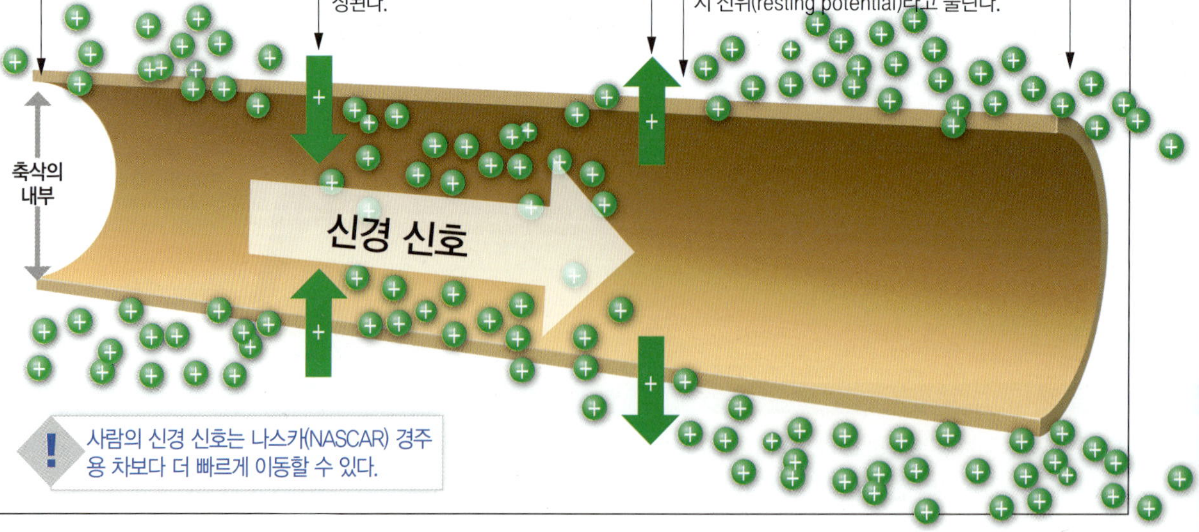

! 사람의 신경 신호는 나스카(NASCAR) 경주용 차보다 더 빠르게 이동할 수 있다.

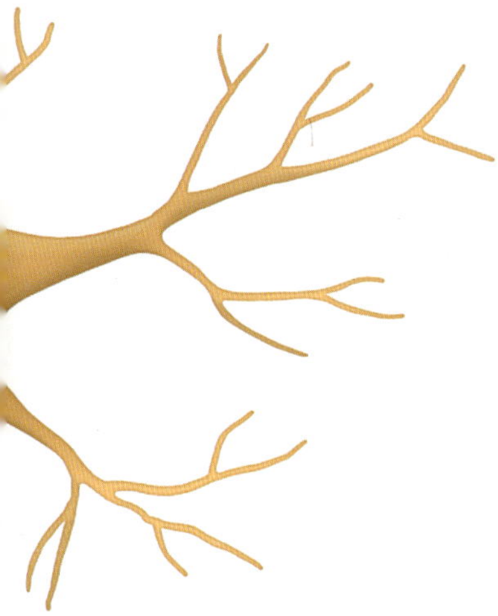

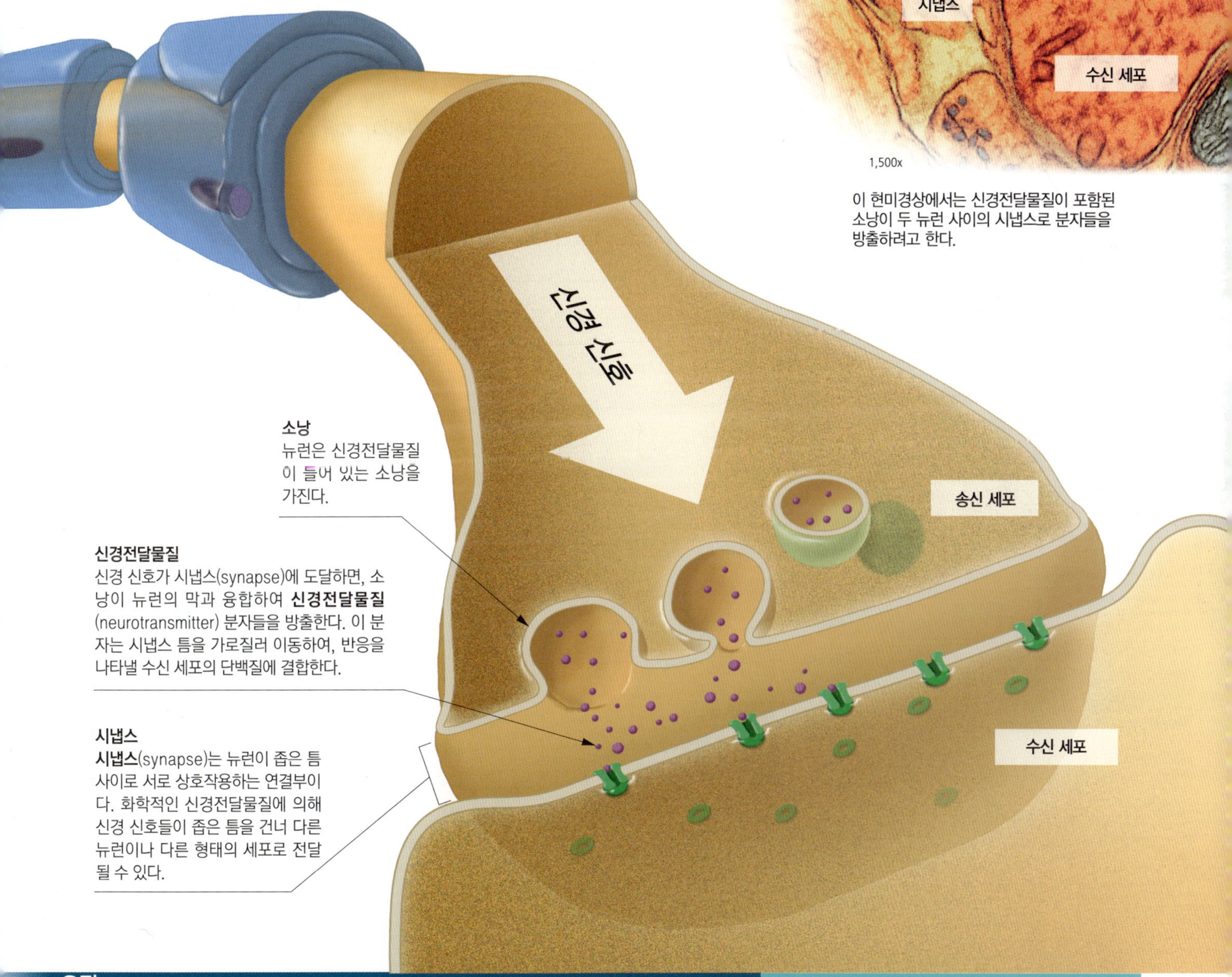

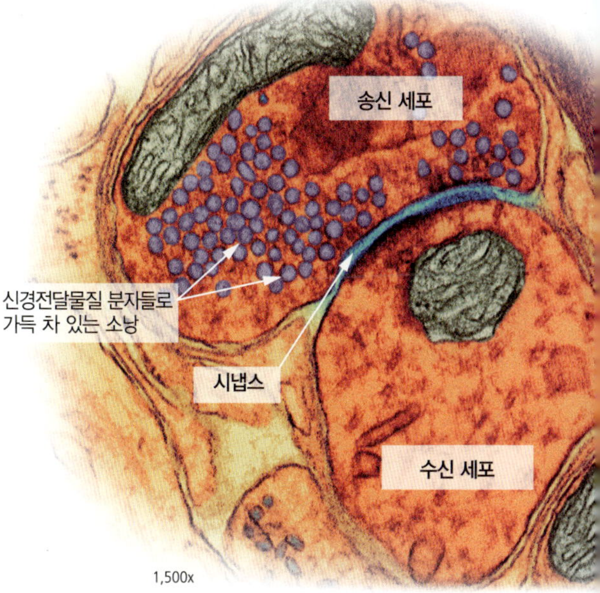

이 현미경상에서는 신경전달물질이 포함된 소낭이 두 뉴런 사이의 시냅스로 분자들을 방출하려고 한다.

요점

▶ 신경 신호는 축삭돌기 내외로의 이온 이동에 의해 생성된 활동 전위의 형태로, 축삭돌기의 길이를 따라 이동한다. 시냅스에서 그 신호는 화학적인 신경전달물질을 통해 다른 세포로 전달된다.

? 하나의 뉴런은 종종 "많은 귀를 가지고 있지만, 입은 하나인" 것으로 묘사되곤 한다. 뉴런의 구조와 관련하여 이것이 무슨 뜻인지 설명하시오.

답: 하나의 뉴런은 많은 수상돌기(들어오는 신호를 "듣기" 때문에 "귀"가 됨)를 가지지만 축삭돌기(다른 세포에게 "말하기" 때문에 "입"이 됨)는 하나밖에 없다.

11.21 우리의 감각은 바깥 세계에 대한 정보를 얻기 위해 수용체를 이용한다

우리 몸이 기능하기 위해서는 우리의 신경계가 바깥 세계로부터 정보를 수용해야만 한다. 이런 정보는 우리의 감각 기관에 의해 얻어지고, 감각 신경을 통해 중추신경계로 전달된다. 일단 중추신경계에 도착하면, 뇌는 반응을 만들고 전송할 수 있다. 우리가 경험하는 감각—시각, 청각, 촉각, 미각, 후각—은 다양하지만 그 바탕에는 감각 수용체들이 작동하는 방식에 통일성이 존재한다.

냄새의 감지: 자극과 반응

우리의 감각은 **감각 수용기**(sensory receptors)의 활동으로부터 생기는 것이다. 세포인 이 수용기는 바깥 세계의 상황을 알 수 있도록 맞춰져 있다. 감각 수용기는 자극을 감지한 후에, 뉴런을 따라 이동하는 전기 신호인 활동전위(action potential)의 형태로, 이 정보를 중추신경계로 보낸다. 감각 수용기에는 몇 가지 종류가 존재한다: 통증 수용기(pain receptor), 열 수용기(thermoreceptor; 차거나 더운 것을 감지), 기계 수용기(mechanoreceptor; 접촉, 압력, 움직임, 소리, 자세 등을 감지), 전자기 수용기(electromagnetic receptor; 빛을 감지하는 광수용기를 포함하는 에너지 수용기), 그리고 화학 수용기(chemoreceptor; 음식이나 냄새에 존재하는 화학물질 탐지) 등이다. 각 형태의 수용기는 아래 그림에 있는 후각 수용기에서와 비슷한 방식으로 작동한다: 외부 세계의 자극이 수용기 세포 내에서의 전위 변화를 만들고, 그 신호가 뇌의 신경계로 보내져 거기서 가공되는 것이다. 이런 과정을 아래 그림에서 따라가 보라.

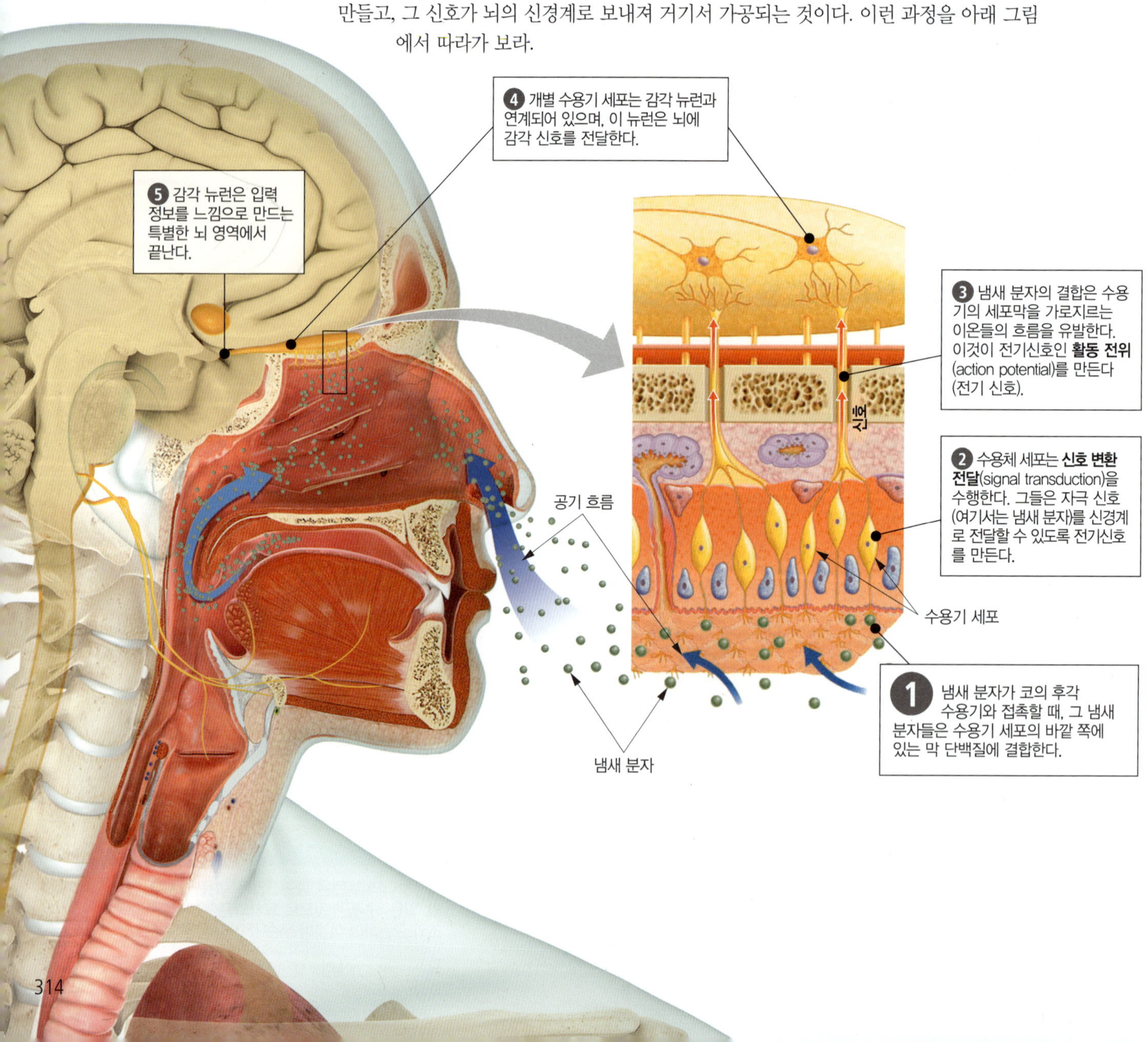

시각, 청각, 그리고 미각

후각과 마찬가지로, 다른 감각 역시 외부 세계의 신호를 받아 그 자극을 전기 신호로 바꾼 다음, 뇌로 보내는 과정에 기초하여 만들어진다.

! 이명, 즉 귀의 울림은 속귀의 예민한 털세포들이 오랜 기간 큰 소음에 노출되어 손상될 때 발생한다.

시각

사람의 눈은 빛과 색을 탐지하고, 가깝거나 먼 거리의 물체들에 대한 상을 만들며, 아주 작은 양의 자극에도 반응할 수 있다. 빛이 망막(retina)에 닿으면, 수용기 세포들이 그 자극을 신경 신호로 변환시켜 뇌로 향하는 신경으로 보낸다.

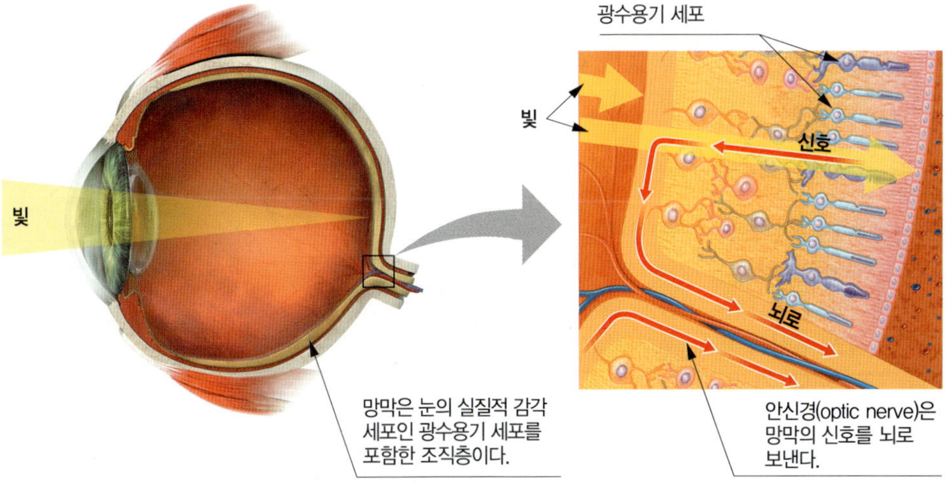

청각

인간의 귀는 넓은 범위의 청각 신호를 들을 수 있다. 소리는 결국 속귀 내의 액체에 도달하게 되는 진동의 형태로 귀를 통과한다. 거기에서 진동은 반응하여 구부러질 수 있는 털 세포에 의해 탐지된다. 이것이 다시 전기신호로 전환되며, 뇌에서 소리의 감지로 해석된다.

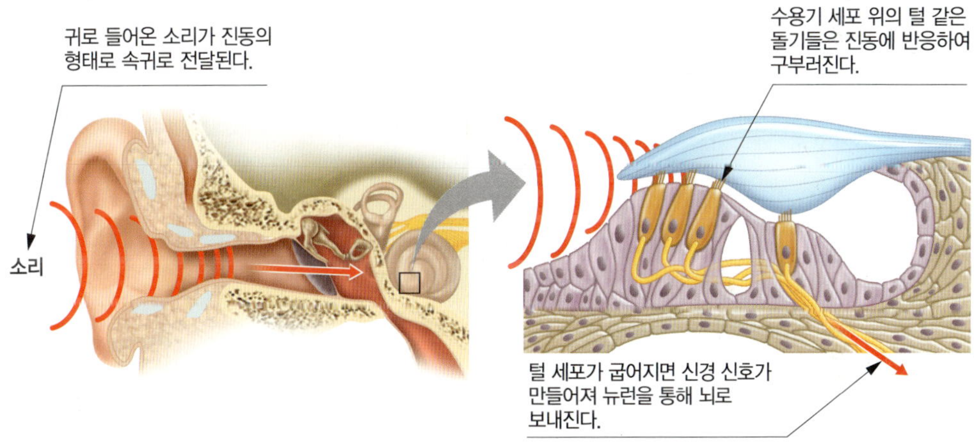

미각

구강 여러 곳과 혀의 위쪽 표면에 위치하는 미뢰(taste bud)는 음식의 화학물질에 결합할 수 있는 수용체를 포함하고 있다. 5가지 종류의 맛을 느낀다: 단맛, 짠맛, 신맛, 쓴맛, 그리고 감칠맛이다. 침에 녹은 음식 분자는 맛 감지 수용기 세포에 결합하여 그 신호를 만들어 뇌로 보낸다.

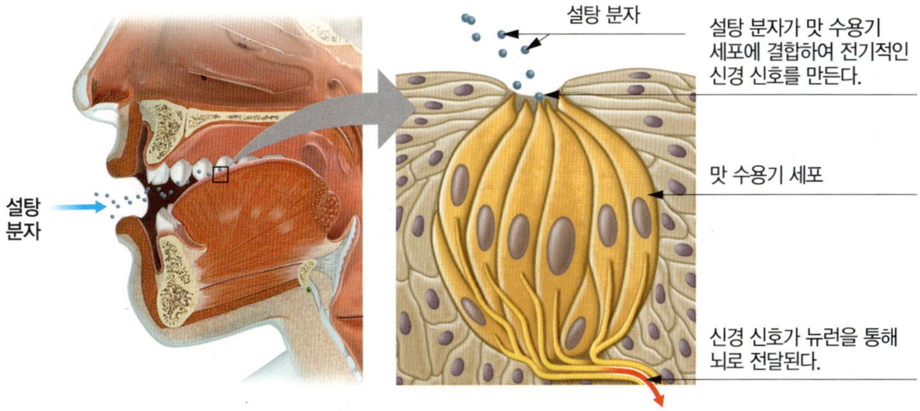

요점

▶ 감각은 감각 수용기 세포가 자극(빛이나 화학물질 등)을 감지하고 그것을 전기적인 신경 신호로 전환시켜 뇌로 전달할 때 생겨난다.

? 여기 나타낸 4가지 감각 중 어느 것이 화학적 자극을 감지하는가?

11.22 인체의 뼈는 206개이다

우리의 **골격계**(skeletal system)는 우리 몸을 지탱해주며, 필수 장기들을 보호하고, 내부 구조물을 붙들어준다. 골격계에 대한 공부에는 뼈 지도와, 그 내부 구조에 대한 검토, 여러 가지 관절 살펴보기, 그리고 발생할 수 있는 문제점에 대한 고찰이 반드시 포함되어야 한다.

골격계

모든 척추동물과 마찬가지로, 우리는 **내골격**(endoskeleton)을 가진다. 이것은 체내에 들어 있는 경골이 내부의 연조직과 뒤섞여 있는 체계를 말한다. [곤충이나 가재 같은 다른 동물은 신체 바깥쪽에 단단한 외골격(exoskeleton)을 갖는다]. 우리의 골격은 206개의 뼈로 구성되어 있으며, 이들은 중축골격(axial skeleton; 신체의 중심 몸통을 지지함)과 부속골격(appendicular skeleton; 중축골격을 제외한 나머지의 모든 뼈), 그리고 유연성과 완충작용을 제공하는 연골로 조직화되어 있다.

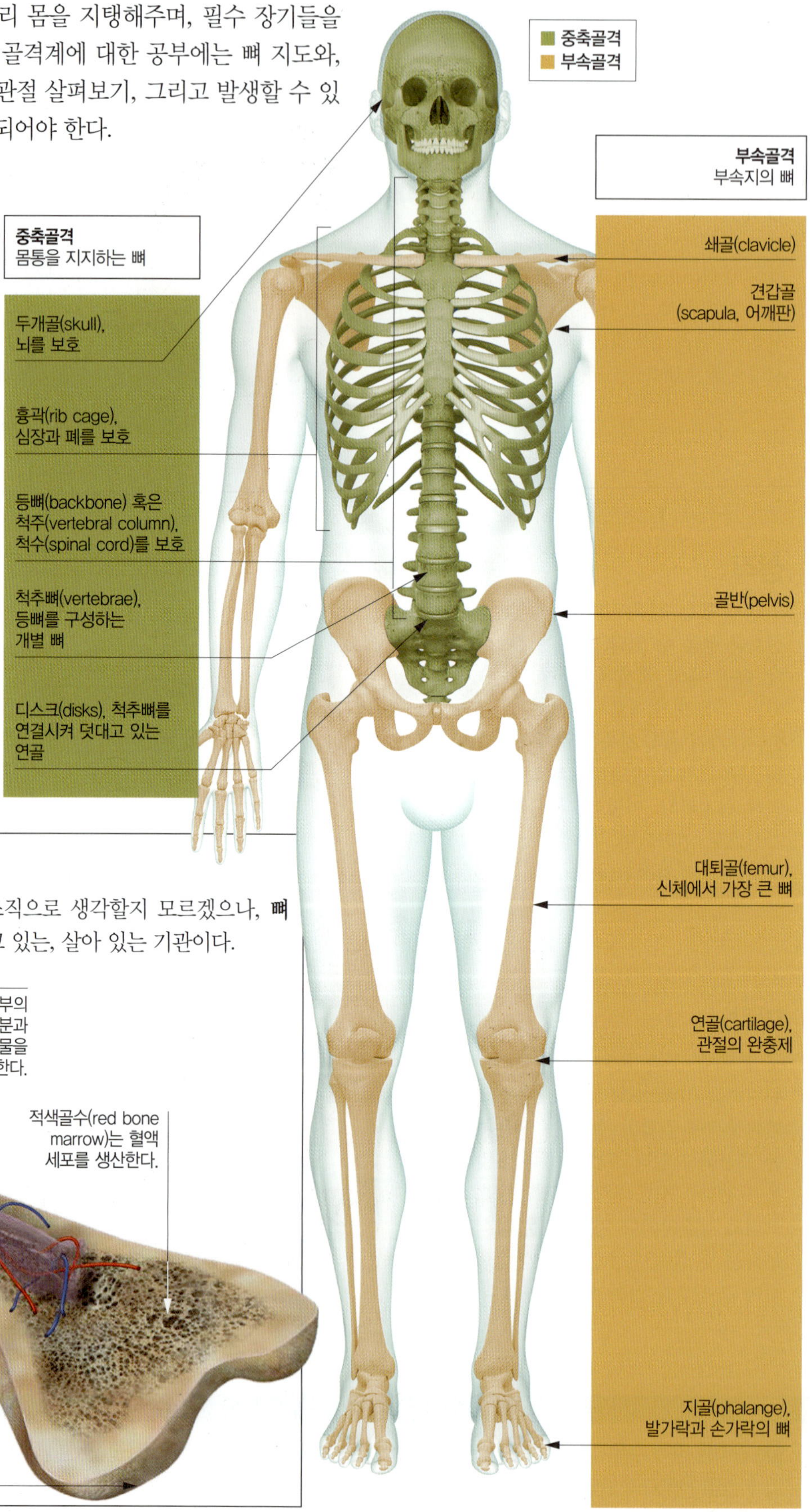

뼈의 구조

어떤 사람들은 뼈를 건조하고 죽은 조직으로 생각할지 모르겠으나, **뼈**(bone)는 여러 종류의 조직을 포함하고 있는, 살아 있는 기관이다.

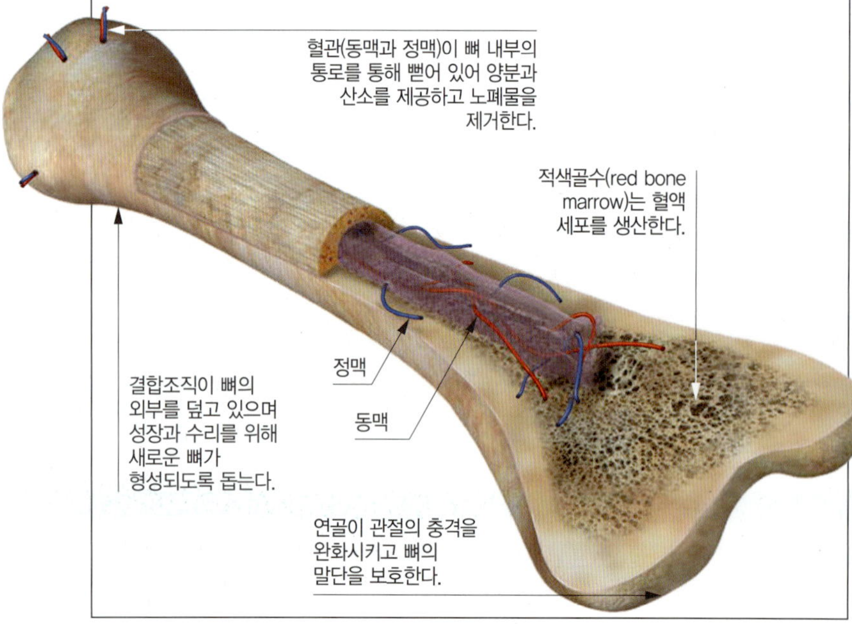

관절

관절(joint)로 인해 복잡한 골격 움직임이 가능하다. **인대**(ligament; 강한 섬유성 결합 조직)는 관절에서 뼈와 뼈를 서로 연결시킨다.

절구관절(구상관절)

절구관절(ball-and-socket joint)은 우리가 팔과 다리를 여러 방향으로 돌릴 수 있게 해준다.

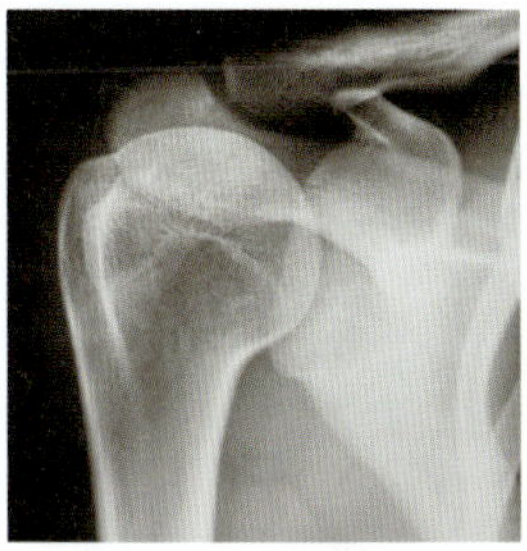

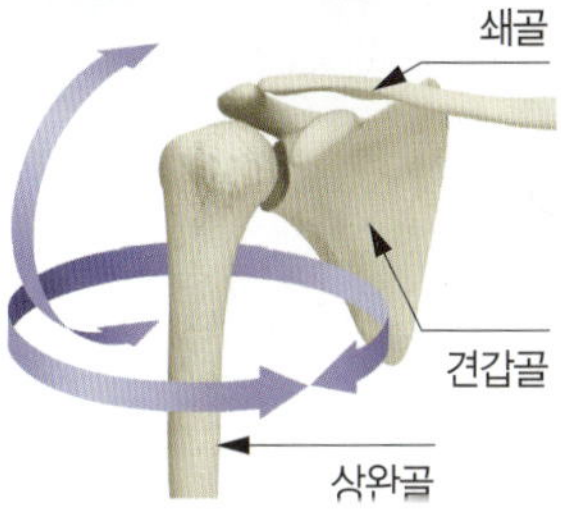

어깨

경첩관절

경첩관절(hinge joint)은 단일 평면 상에서의 움직임을 일으키는데, 팔꿈치나 무릎이 단 한 방향으로 구부러지는 것과 같은 움직임을 만든다.

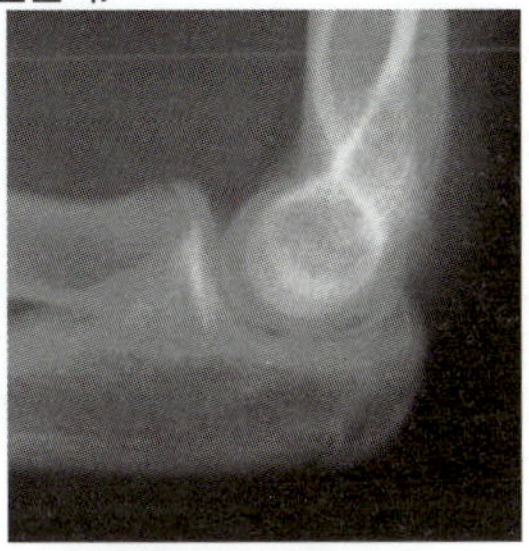

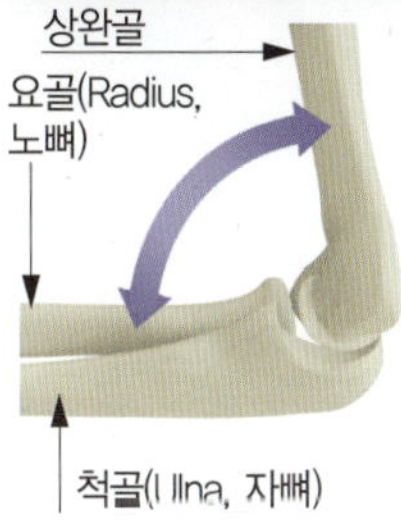

팔꿈치

봉합 관절

모든 관절이 움직임을 만드는 것은 아니다. 봉합 관절(suture joint)은 출생 후까지 완전히 융합되지 않는데, 두개골에 일정 수준의 유연함을 제공한다.

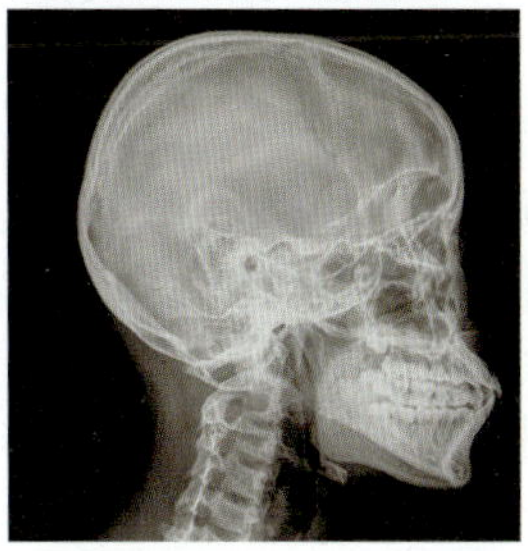

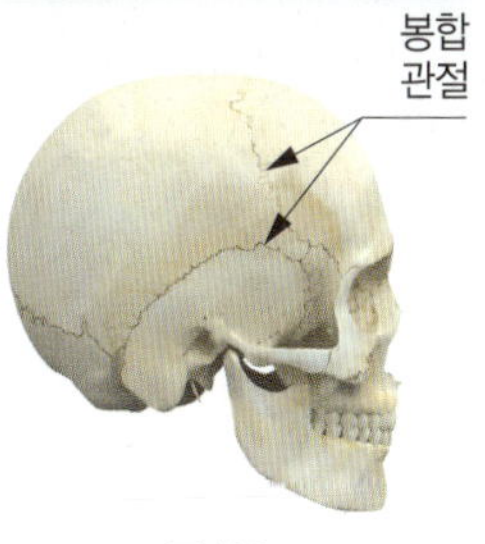

두개골

관절 치환술

관절은 대부분 관절염이나 부상에 의해 망가질 수 있으며, 뻣뻣해지거나 통증이 생기고 잘 움직이지 못하게 된다. 관절 치환술은 인공 구조물(종종 티타늄이나 강철로 만들어진)을 아크릴 시멘트를 이용하여 살아 있는 조직에 부착시키는 것이다. 가장 흔한 관절 치환술(joint replacements)은 엉덩이와 무릎, 그리고 어깨 (여기 나타낸) 관절에 시술된다.

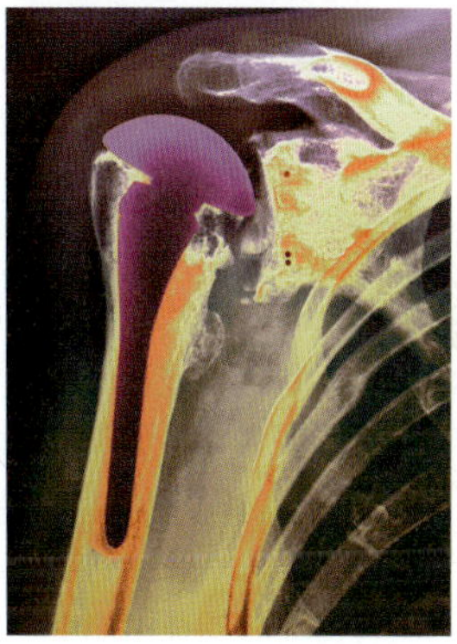

잘못될 수 있는 것

골다공증

대체로 나이 든 여성에서 흔하지만, 누구라도 골다공증(osteoporosis)에 걸릴 수 있다. 이것은 뼈의 무기질 밀도(골밀도)가 낮아지는 것이 특징이다. 뼈에 구멍이 많아지고 더 쉽게 부서진다. 하중을 견디는 운동이나, 칼슘 및 비타민 D가 풍부한 음식의 섭취로 골다공증을 예방할 수 있다.

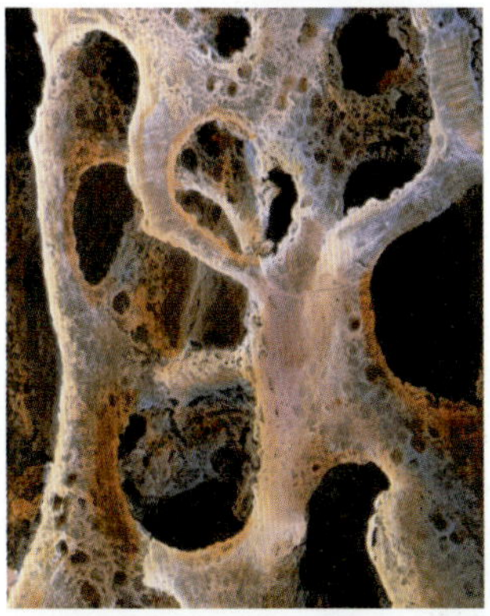

골절

뼈가 버틸 수 있는 능력 이상의 힘을 가하면 골절(fractures)이 생기거나 뼈가 부러질 수 있다. 치료는, 뼈가 제 모양을 갖추도록 한 뒤 부목이나, 석고붕대(깁스), 혹은 판을 대어 고정시킨 뒤 제자리에 넣어주는 것이다. 이러면 뼈가 새로 형성된다.

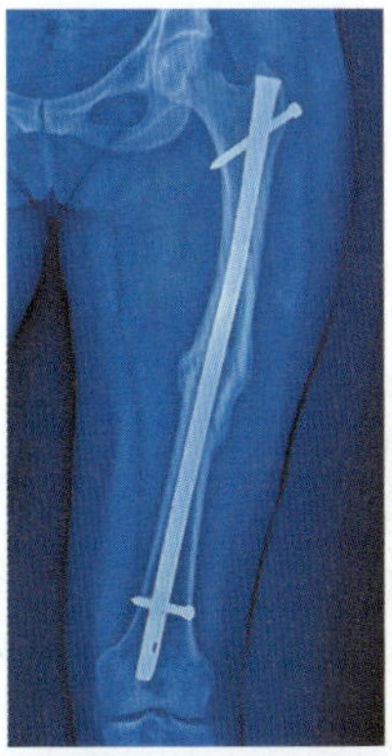

! 평균적인 미국인들은 일생에 두 개 정도의 뼈가 부러진다.

관절염

관절염(arthritis)은 관절의 염증으로서, 나이가 들면서 뼈 사이의 연골이 닳을 때 발생한다. 류머티스성 관절염(rheumatoid arthritis)은 신체의 면역계가 부적절하게 관절 조직을 파괴하기 때문에 생긴다. 부상이나 혹은 감염에 의해서도 다른 형태의 관절염이 생길 수 있다.

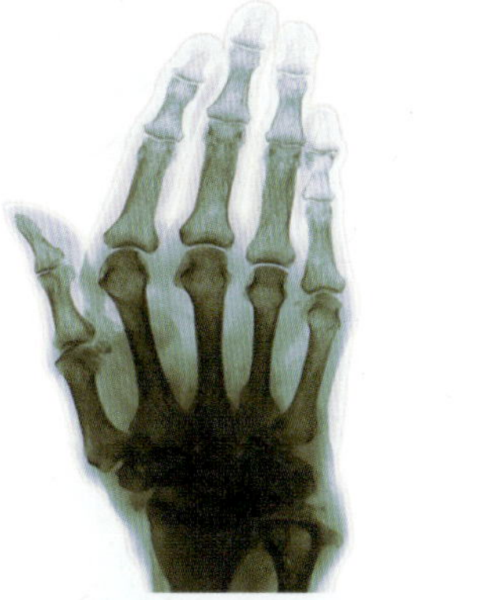

요점

▶ 우리의 골격계는 206개의 뼈와 연골로 구성된다. 뼈는 손상된 후에 재생이 가능한 살아 있는 조직을 포함하고 있다. 여러 형태의 관절은 움직임을 가능하게 한다.

? "뼈처럼 건조하다"라는 말은 왜 틀린 말인가?

답: 살아 있는 뼈는 혈액 저장고와 골수를 포함하기 때문이다.

11.23 골격근은 움직임을 만든다

모든 동물은 신경계, 골격계, 그리고 근육계의 상호작용에 의해 움직인다. 신경계는 명령을 내린다. 이에 대한 반응으로, **골격근**(skeletal muscle)은 수축(contraction)에 의해 짧아져 고정되어 있는 골격에 대한 힘을 발휘한다. 종합적으로, 이것은 움직임(movement)을 만든다. 위치와 관계없이, 모든 근육은 비슷한 기작에 의해 작용하는데, 근 섬유의 작은 분절 내에 들어 있는 단백질이 서로 미끄러져 활주하는 방식이다.

근육계

우리의 근육계는 소화관이나 혈관 같은 기관 일부를 감싸고 있는 평활근(smooth muscle); 심장에서만 발견되는 심장근(cardiac muscle); 그리고 뼈에 붙어 움직임을 만드는 골격근(skeletal muscle)을 포함한다. 우리는 600개 이상의 골격근을 가지는데 그 중 몇 가지는 아주 친숙한 것이다.

근 섬유

각각의 골격근은 평행하게 배열된 근섬유(muscle fiber)의 다발로 구성되어 있다. 개별 섬유는 하나의 길고 원통형인 세포로서, 많은 핵을 가진다. 대부분의 근 세포는 근원섬유(myofibril)로 구성되는데, 이것은 단백질의 다발이다. 근원섬유의 단백질 때문에 골격근에 밝은 띠와 어두운 띠가 교대로 나타나는 줄무늬가 생긴다. 그러므로 골격근은 가로무늬근(striated muscle)이라고도 불린다.

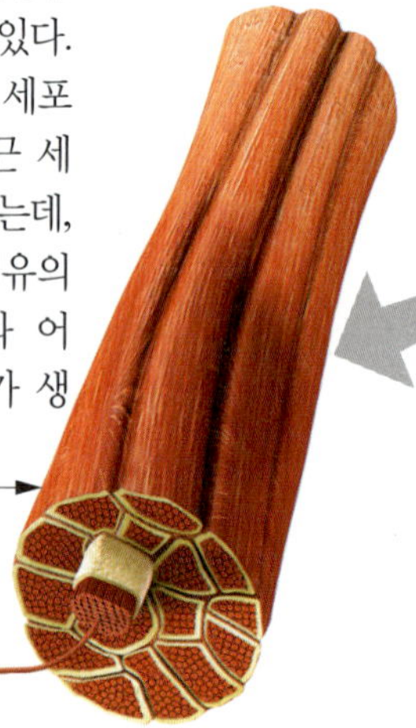

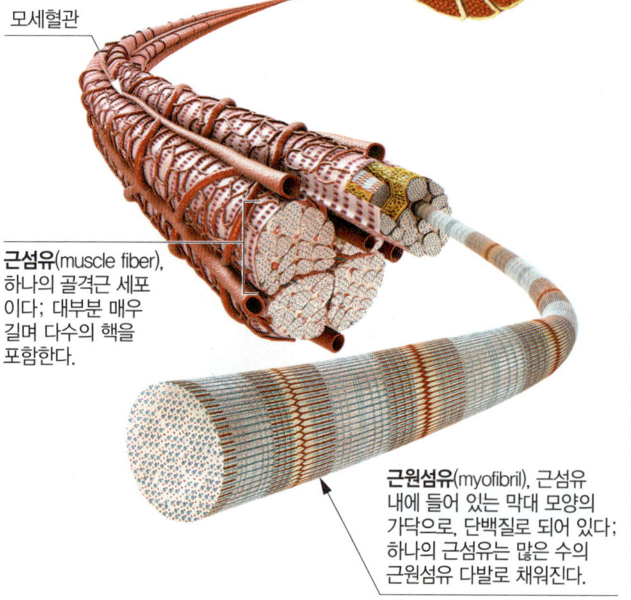

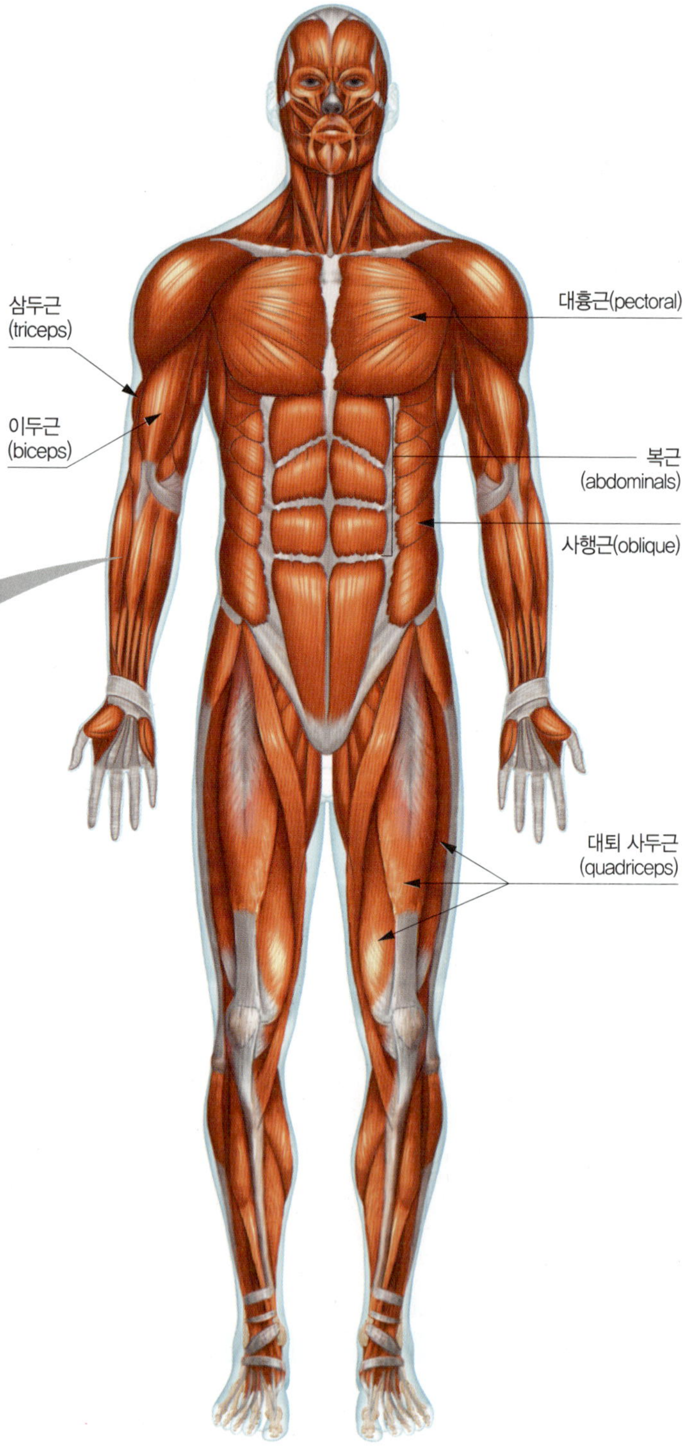

활주 필라멘트 모형

모든 근 섬유(muscle fiber)는 많은 근원섬유(myofibril)를 가지며, 각 근원섬유는 길게 배열된 일련의 근절로 구성된다. **근절**(sarcomere)은 골격근 섬유에서의 수축 단위이다; 우리의 골격근은 근절들이 짧아지는 것에 의해 뼈를 잡아당기는 작용을 한다.

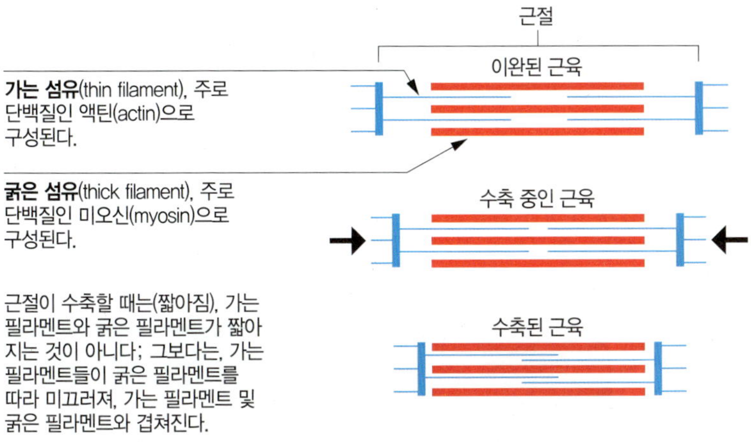

보톡스
주름을 없애는 치료인 보톡스(Botox)는, 치명적일 수도 있는 보툴리눔 중독증을 일으키는 세균인 클로스트리듐(*Clostridium botulinum*)에서 나온 독소이다. 보톡스는 신경과 근육 사이의 신호전달을 막아 얼굴 근육이 수축하지 못하게 한다. 결과적으로, 근육이 이완되면서 주름이 옅어지고 피부가 부드러워진다.

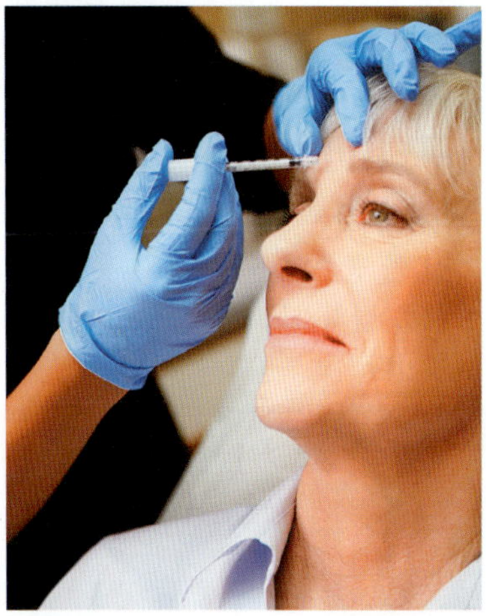

근육의 수축

모든 근육은 근절의 수축(짧아짐)에 의해 움직인다. 수축은 굵은 필라멘트(미오신, 붉은색으로 표시)와 가는 필라멘트(액틴, 오렌지색으로 표시)가 서로 겹쳐 미끄러질 때 발생한다. ATP 분자가 에너지를 제공할 수 있는 한, 수축은 계속될 수 있다.

! 보톡스(Botox)의 마비효과는 편두통, 다한증, 요실금, 그리고 몇 가지 만성 통증을 치료하는 데 사용될 수 있다.

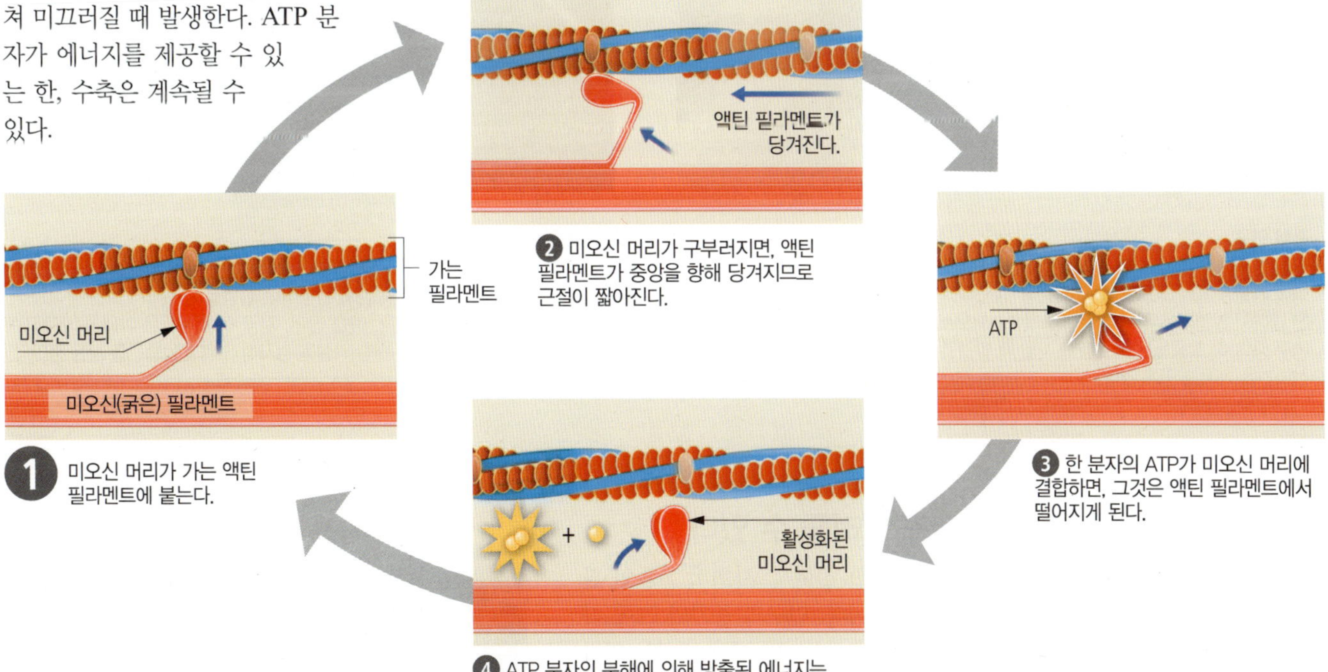

1 미오신 머리가 가는 액틴 필라멘트에 붙는다.

2 미오신 머리가 구부러지면, 액틴 필라멘트가 중앙을 향해 당겨지므로 근절이 짧아진다.

3 한 분자의 ATP가 미오신 머리에 결합하면, 그것은 액틴 필라멘트에서 떨어지게 된다.

4 ATP 분자의 분해에 의해 방출된 에너지는 미오신 필라멘트가 고에너지 위치로 이동하도록 하고, 이 상태에서는 미오신이 액틴 필라멘트에 다시 결합할 수 있다.

요점

▶ 우리의 근육계는 움직임을 돕는 골격근을 포함한 3가지 형태의 근육을 가진다. 근 섬유 내의 근절 수축은 근육이 짧아지도록 하여 신체의 움직임을 만들어준다.

? 미오신 머리는 액틴 필라멘트로부터 떨어지기 위해 ATP(에너지 분자)를 요구한다. 사람이 죽은 다음에는 근육에 어떤 일이 발생할까?

답: 액틴과 미오신이 떨어지지 못하고 붙은 채로 있기 때문에 뻣뻣한 상태가 되는데, 이것이 사후 강직(rigor mortis)이라고 불리는 상태이다.

생태학은 우리의 삶과 사회에 영향을 미친다

생태학(ecology)이란, 생물들이 어떻게 서로 상호작용하며, 또 어떻게 그들의 환경과 상호작용하는지를 연구하는 과학의 한 분야이다. 생태학적 연구는, 우리 모두가 매일매일 무수한 방식으로 우리의 생태계에 의해 영향을 받고 있기 때문에 중요하다. 사실상, 언제나 인간들은 우리 삶에 필요한 자원들을 제공하는 생태계에 의존하고 있다.

관찰 연구법 VS. 통제된 실험법

사람들은 언제나 다른 생물뿐 아니라 그들이 살고 있는 환경을 관찰한다. 생태계를 연구하기 위해서 과학자들은 두 가지 큰 범주의 연구법을 사용한다: 관찰 연구와 가설에 기반한 통제된 실험법이다. 이 두 가지 형태의 연구는 서로 겹치기도 하고 서로 보완적이기도 하지만, 특정 생태학적 연구는 이들 중 한 가지 방법을 주로 사용하곤 한다.

관찰 연구
관찰 연구는 연구자가 자연을 훼손하지 않는 방식으로 그것을 이해하거나 생태학적 가설을 검사하고자 할 때 사용될 수 있다. 예를 들어, 지금 이 학생들은 하천 내에서 발견되는 무척추 동물을 목록화함으로써 하천의 수질을 조사 중이다. 연구 중인 이 학생들은 시료를 조사할 때 발견할 수도 있는 생물의 유형에 대해 선입견을 가지고 있지 않다.

가설에 기초한 통제된 실험
자연계에 대한 관찰로, 가설의 형성이나 실험을 고안하게 만드는 의문이 생길 수 있다. 통제된 조건 하에서의 야외 실험이나 실험실 연구에서 이런 방식의 가설 기반 연구가 수행될 수 있다. 예를 들어, 지금 이 학생들은 야외에서 자라는 식물에 대한 살충제의 효과에 대한 가설을 검사하기 위해 방형구를 사용 중이다.

생태학은 환경보호운동에 대해 알려줄 수 있다

생태학은 환경의 질 유지를 추구하는 광범위한 철학적, 사회적 운동인 **환경보호운동**(environmentalism)과는 다른 것이다. 인구의 증가와 그에 따른 자원 소모의 증가로, 우리가 이 생물권과 이 서식지에 대해 미치는 영향 역시 커지고 있다. 생태학은 우리 환경에 대한 이해를 제공해 줄 수 있으며, 이것은 환경 문제를 푸는 데 필요한 첫 단추라고 할 수 있다. 그러나 환경 문제 해결을 위해서는 정치인, 공동체 지도자, 그리고 평범한 시민들까지 사회의 다양하고 넓은 참여가 필수적이며, 많은 부분에서 개인들의 책임과 헌신이 필요하다. 이 사진에서는 농부, 어부, 그리고 관심 있는 여러 시민들이 기후 변화에 대한 조치를 요구하는 행진을 벌이고 있다.

생태 물품과 생태 서비스

인류 사회는 자연 환경 내에 존재하고 있으며, 여러 가지 면에서 그에 의존한다. 경제는 환경으로부터 제공받은 것(목제나 광물)을 상품(집이나 가구, 옷 등)으로 가공했다가, 환경에 배출물(폐기물)을 버린다. 환경에 의해 제공되는 일부 상품이나 서비스는 측정 가능한 시장 값어치를 가지지만, 어떤 환경적 편의는 돈으로 가격을 매길 수 없는 비시장적 가치를 포함하곤 한다.

! 경제학자들은 환경이 전체 미국 경제보다 10배 더 많은 측정 가능한 서비스를 제공하는 것으로 추산한다.

생태 물품과 서비스

시장적 가치
경제학자들은 생태 물품과 서비스의 진정한 생태학적 가치를 추산하기 위해 다양한 방법을 사용한다.

자연계는 우리가 매일 사용하는 물건의 원료를 제공한다(추정 가치: 2조 달러 이상)

습지와 기타 해안 서식지는 쓰레기를 처리하고 유출수를 걸러준다(추정 가치: 22조 달러 이상)

자연 경관은 침식을 제어하는 데 도움을 준다(추정 가치: 16조 달러 이상).

휴식은 세계 여러 곳의 주요 산업이다(추정 가치: 20조 달러 이상)

비-시장적 가치
생태계에 의해 제공되는 일부 서비스는 화폐적 가치로 정량화되기 어렵지만 그럼에도 불구하고 매우 중요한 것이다.

자연계는 우리가 경험하지 못하는 것일지라도 그 자체의 내재적 가치를 지닌다.

자연계는 과학적 탐구의 중요 영역이다.

자연계는 문화를 유지하고 정의하는 데 도움을 준다.

생태계는 교육과 학습을 위한 주요 자원을 제공한다.

요점

▶ 생태학은 생물과 그 환경 사이의 상호작용에 대해 더 많은 것을 배울 수 있도록 관찰 및 가설-기반 통제 연구법을 이용하는 학문이다. 생태계는 사회를 이롭게 하는 여러 물품과 서비스를 제공한다.

? 만약 새 모이통을 관찰하는 것으로 오후를 보내면서 뭘 발견하겠다는 기대 없이 자료를 수집하고 있다면, 당신은 지금 어떤 종류의 생태학 연구를 수행하는 것인가?

답: 이것은 관찰 연구이다.

12.2 생태학은 환경 내에서의 생물을 연구하는 학문이다

생태학은 생물과 그 환경 사이의 상호작용을 연구한다. 생물학자들은 때로, 이런 규모의 연구를 "피부 밖" 생물학이라고 일컫는데, 생태학이 일반적으로 생물체 밖에서 환경으로 향하는 생물학적 조직화 수준에 관심을 가진다는 뜻이다.

생태학은 여러 수준에서 연구될 수 있다

우리가 생물과 그 환경 사이의 상호작용을 연구할 때는, 생태학을 5가지의 점진적 포괄성 수준으로 나누어 보는 것이 편리하다.

생물 개체 생태학
하나의 **생물체**(organism)는 하나의 개별 생물을 말한다. 생물 개체 생태학은 생물체가 생리와 행동을 통해 그들의 환경에 적응하는 방식에 초점을 맞춘다. 예를 들어, 여기 이 늑대는 계절 변화에 따른 주변 환경의 변화에 맞춰 어떻게 그들의 사냥 습관을 변화시키는가? 같은 것이다.

개체군(집단) 생태학
개체군(population)이란 같은 시기에 같은 장소에 모여 있는 동일 종의 생물체를 말한다. 개체군 생태학이란 개체군 크기나 성장, 그리고 밀도에 영향을 미치는 환경 요인에 관심을 가진다. 예를 들면, 그 지역에서는 얼마나 많은 수의 늑대들이 유지될 수 있는가? 등이다.

군집 생태학
군집(community)은 특정 장소에 살고 있는 여러 생물종으로 이루어진 모든 개체군으로 구성된다. 군집 생태학의 질문은 생물종 사이의 상호작용이나 어떻게 이들이 군집의 구성과 조직화에 영향을 미치는지에 초점을 맞춘다. 예를 들어, 서로 다른 종의 먹이 수집 행동은 와이오밍의 그랜드 테튼 국립공원 내의 군집에 어떻게 영향을 미치는가? 같은 주제이다.

생태계 생태학
생태계(ecosystem)는 물, 무기물, 그리고 빛이나 공기 같은 물리적 인자들을 포함하는 환경의 무생물적 성분과 함께하는 특정 영역 내의 모든 생물이다. 생태계 생태학은 에너지 흐름과 화학적 순환에 관심을 가진다. 예를 들어, 그랜드 테튼 국립공원 내의 식물과 동물 사이에서 질소 원소는 어떻게 이동하는가? 같은 것이다.

생물권
생물권(biosphere)은 전 지구적 생태계로서, 모든 생명체와 그 생물들의 모든 환경을 말한다. 생물권은 모든 지구 생태계의 총합이다. 이것은 아래쪽의 대기(1.6 km 이상의 높이까지), 육지(1.6 km 깊이까지), 그리고 모든 물을 포함한다.

모든 생물은 그들의 생태계와 상호작용한다

모든 생물은 물, 햇빛, 바람, 그리고 공기 같은 무생물적이고 물리적인 요인뿐 아니라 다양한 생물체를 포함하고 있는 생태계와 상호작용한다. 모든 생태계의 역학은 두 가지 주요 과정에 기초하고 있다: 에너지의 흐름과 양분의 순환이다.

에너지의 흐름

모든 생태계는 에너지의 지속적 흐름—일반적으로 햇빛—에 의해 가동된다. 태양 에너지는 **생산자**(producers, 식물 등의 광합성 생물)에 의해 포획되어 화학 에너지로 전환되었다가 **소비자**(consumers, 동물 같이 다른 생물을 먹는 생물)에 의해 먹힌다. 그 동안 모든 생물은 생태계에 열로 에너지를 방출한다. 이러한 흐름을 유지하고 따라서 지구상의 생명을 지속시키는 것은 태양에서의 지속적 에너지 투입을 요구한다.

! 전 지구에 걸쳐, 광합성은 연간 약 1.6×10^{11}톤의 당을 합성하는데, 이것은 전 세계의 모든 운동장을 충분히 채우고도 남는 양이다.

화학적 순환

화학적인 양분은 생태계 내에서 순환한다. 원소는 생산자에 의해 환경으로부터 흡수된다. 예를 들어, 대기 중 CO_2의 탄소는 식물의 광합성을 통해 당 생산에 사용된다. 이런 원소들은 식물이 먹힐 때 소비자로 전달된다. 당은 생산자와 소비자들의 세포 내에서 분해되어 세포에 에너지를 공급한다. 이런 과정에서 CO_2가 다시 대기 중으로 방출된다.

요점

▶ 생태학은 개별 생물에서 전 생물권까지의 다양한 수준에서 연구될 수 있다. 모든 생물은 에너지가 흐르고 화학적 양분이 순환되는 생태계의 한 부분이다.

? 생태계 내에서 에너지와 양분의 움직임 사이의 주된 차이점은 무엇인가?

답: 에너지는 생태계를 통과하여 지나가는 반면, 양분은 그 내부에서 순환한다.

12.3

생태계는 다양한 무생물적 요인을 포함한다

생태계는 한 지역 내에서 발견되는 생물과, 그 생물에 영향을 미치는 무생물적 인자도 포함한다. 한 생태계 내의 생물은 **생물적 요인**(biotic factors)이나 생물 요소를 구성한다. 생태계의 **무생물적 요인**(abiotic factors)은 여기 나타난 물리 화학적 요소들을 포함하는 것으로, 생물에 영향을 미치는 비생물적 요소이다.

에너지

모든 생물은 생존하기 위해 에너지를 요구한다. 따라서 모든 생태계는 생명을 지탱하기 위한 에너지원을 필요로 한다. 지구상의 대부분 생태계는 햇빛을 통한 태양에너지로 가동된다. 햇빛의 에너지는 식물이나 조류 같은 생산자의 광합성을 일으키는 데 사용된다. 광합성으로 생산된 당은 그것을 만든 식물에 의해 직접 사용되며, 생태계 내의 다른 생물을 위한 음식물로 제공된다. 생태계는 간혹 태양 에너지가 아닌 형태의 에너지원에 의해 가동될 수도 있다.

육지의 햇빛
사용 가능한 태양광의 양은, 종종 특정 영역이 얼마나 많은 생물을 부양할 수 있는지를 결정하는 중요한 요인이 되곤 한다. 예를 들어, 키 큰 나무에 의한 그늘은 키 작은 식물 사이에서 햇빛에 대한 경쟁을 심화시킨다.

수중의 햇빛
빛은 수심 깊은 곳까지 도달할 수 없으므로, 대부분의 광합성은 수표면 근처에서 이루어진다. 광합성 갈조류(켈프)는 빛이 있는 곳에서 번성하며 얕은 바다에서 여러 생물을 위한 먹이가 된다.

열수공
드물게, 생태계는 완전히 어두울 수도 있으며 그 에너지를 태양이 아닌 곳에서 얻는다. 예를 들어, 깊은 해저 바닥의 틈으로 화산 기체가 스며 나오곤 한다. 열수공(hydrothermal vent)이라고 불리는 이런 틈 근처에서는, 특이한 원핵생물이 에너지원으로 이런 화학물질을 이용할 수 있다. 이런 원핵생물은 이런 특수 생태계 내에서 잘 확립되어 있는 먹이 사슬의 기초를 형성한다.

양분

질소나 인처럼, 성장에 필수적인 무기 영양 원소의 가용성 역시 생태계가 생명을 지탱할 수 있는 능력에 영향을 미친다. 육상 서식지에서 토양의 구조—수분 함량, pH, 그리고 양분 함량—는 주어진 서식지에 어떤(그리고 얼마나 많은) 식물이 자랄 수 있는지를 결정하는 주요 요인으로 작용한다. 해양 서식지에서는 수중의 낮은 양분 수준이 조류와 세균 생장을 제한할 수 있다.

양분이 풍부한 토양에서 자란 옥수수(왼쪽)는 질소가 결핍된 토양에서 자란 옥수수(오른쪽)보다 훨씬 크게 자랄 수 있다.

포충식물(*Sarracenia purpurea*)과 기타 육식성 식물은 질소가 부족한 서식지에서 자라므로 곤충을 섭식하는 방식으로 질소를 얻을 것이다.

바람

바람은 일부 육상 생태계에서 중요한 무생물적 요인이다. 바람은 동물이 내부 온도를 조절하거나(증발 냉각을 증가시킴으로써), 식물이 자라는 데에도 영향을 미칠 수 있다.

이 산사나무(*Crataegus* sp.)의 휘날리는 모습에서 보이는 것처럼, 강하고 지속적인 바람은 식물의 모양을 변형시킨다. 바람은 또한 증발을 통해 물을 없애며 꽃가루를 날림으로써 수분에도 영향을 미친다.

! 남극 근처에서 자라는 어떤 지의류는 극한 추위에 잘 적응하여 기온이 섭씨 영하 20도로 떨어질 때에도 광합성을 할 수 있다.

온도

온도는 특정 서식지에서 생존할 수 있는 생물의 분포에 영향을 미치는 중요한 무생물적 요인 중 하나이다. 대부분의 생물은 온도가 약 32℉ (0℃)에서 110℉ (43℃) 사이일 때 가장 잘 산다. 많은 육상 생물은 호흡이나 땀을 통해 체온을 조절할 수 있도록 하는 적응을 나타낸다.

우리 인간은 변화하는 환경 조건에 대해, 이동하거나 옷을 갈아입는 등의 다양한 행동적 반응을 나타낸다.

깃털은 단열이 되도록 해준다. 추운 날 새는 피부의 근육을 수축시켜 깃털을 세움으로써 부풀어 오른 모습을 보인다. 이런 반응은 공기층을 만들어 보다 따뜻하게 하는 데 도움을 준다.

갈라파고스 바다 이구아나(*Amblyrhynchus cristatus*) 같은 도마뱀은 몸을 따뜻하게 하기 위해 환경의 열에 의존한다.

물

살아 있는 모든 세포는 대부분이 물로 되어 있다. 그러므로 모든 생명체에 물이 필수적이며 이들이 모두 체내 수분 함량을 조절하는 진화적 적응을 보인다는 것은 놀라운 일이 아니다. 육지의 생물은 건조를 막기 위한 다양한 적응을 보인다. 비록 물에 둘러싸여 있어도 수중의 생물 역시 생존하기 위해 세포 내의 수분 균형을 적절히 유지해야 한다.

노출된 식물 구조 바깥은 대부분 물을 가둘 수 있도록 하는 데 도움을 주는 왁스 표피층을 가진다.

담수 물고기는 대량의 묽은 오줌을 배출함으로써 주변 환경에서 체내로 들어오는 물의 균형을 맞춘다.

불

대초원이나 소나무 숲 같은 일부 생태계에서는 주기적으로 발생하는 화재가 주요 무생물적 요인 중의 하나이다. 일부 식물은 이런 재앙을 이용하는 기작을 진화시켰는데, 씨앗이 불에 그슬려진 다음에야 발아하기도 한다.

옐로스톤 국립공원에서 발생한 화재는 소나무 숲을 태워 없앴다.

화재 이후에 옐로스톤 국립공원에는 새로운 식물들이 다시 자랐다.

요점

▶ 무생물적 요인(비생물적 요소)은 생태계 내의 생물에 큰 영향을 미친다. 무생물적 요인에는 에너지와 양분의 공급, 바람, 온도, 물, 그리고 불 등이 포함된다.

? 여기 논의된 무생물적 요인 중 어느 것이 육지와 수중 생물 모두에 적용될 수 있겠는가?

답: 에너지와 양분의 가용성, 물과 온도를 조절할 필요성 등 두 그룹 모두에 해당된다.

12.4 개체군(집단)은 연령구조, 생존도, 밀도, 분포도가 다양하다

하나의 **개체군**(population)은 같은 시기에 한 영역에 존재하는 동일한 종의 생물들로 구성된다. 누가 한 개체군에 속하고 또 누가 속하지 않는지에 대한 정의는 다소 느슨하지만, 일반적으로 한 개체군은 서로 교배할 수 있는 개체들을 나타낸다. 한 개체군의 구성원은 같은 자원을 놓고 경쟁하며 동일한 환경 요인에 의해 영향을 받는다. **개체군 생태학**(population ecology)은 오랜 기간에 걸친 개체군의 변화를 연구한다. 개체군 생태학의 연구 주제는 개체군의 크기, 밀도, 그리고 성장에 영향을 미치는 요인들을 다룬다.

개체군의 밀도와 분포

생태학자들의 중요한 측정법 중 하나는 **개체군 밀도**(population density)로서, 단위 면적당 혹은 서식지 부피당 한 생물의 구성원 수에 관한 것이다. 개체군 밀도는 개체가 유입(출생이나 이입을 통해)되거나 유출(사망 혹은 이출을 통해)됨으로써 시간에 따라 변화한다. 개체군의 크기는 직접 셀 수도 있고(예, 숲 속의 양치식물 수), 간접적으로 추정될 수도(예, 작은 면적을 센 후에 총 서식지에 대한 값을 추산) 있다. 개체군 생태학자들은 또한 **분포 양상**(dispersion pattern)을 기록하는데, 이것은 한 서식지 내 개체들의 공간 점유 방식이다.

집중형 분포
자연계에서 가장 흔한 분포는 집중형인데, 개체들이 작은 그룹으로 몰려서 발견되며 그룹들 사이에는 공간이 존재한다. 이것은 자원의 분포가 균일하지 않거나 포식의 위험을 감소시키기 위한 행동(물고기 떼 형성 등)에 기인한 것일 수 있다. 이 사진은 캘리포니아 모하비 사막의 관목 덤불이 나타내는 집중형 성장 양식을 보여준다.

균일 분포
균일한 분포 양상은 종종 같은 자원에 대한 개체들 사이의 경쟁에 따른 것이다. 예를 들어, 어떤 식물은 근처 식물의 생장을 방해하는 화학물질을 분비하며, 일부 동물은 영역 행동을 나타낸다. 공간을 띄워 놓으면 각 개체는 그 안에서 필요한 자원에 접근할 수 있다. 이 사진은 캐나다의 보나벤투라 섬에 모여 있는 북방 가마우지(*Morus bassanus*)들을 보여준다.

무작위 분포
드물게, 개체군 내의 개체들이 일정한 양식이 없이 흩어져 있을 수 있다. 예를 들면, 야생화의 씨앗들이 바람에 날릴 때 그 식물은 무작위 분포를 나타낼 수 있다.

! 미국의 출생률은 중국의 약 2배이지만 소말리아 출생률의 1/3 정도이다.

연령 구조

개체군을 측정하는 중요한 방법 중 하나는 **연령 구조**(age structure)라고 불리는 인구통계학적 자료로서, 서로 다른 연령 그룹의 개체 수를 비교해서 표현한 것이다. 서로 다른 인류 집단의 연령 구조를 비교하면 사회적 조건에 대한 중요한 통찰을 얻을 수 있다. 예를 들어, 미국과 에티오피아의 연령 구조를 비교한 그래프는, 미국에서는 노인 건강 관리의 필요성이 더 크지만 에티오피아에서는 교육과 취업 기회에 대한 요구가 더 크다는 것을 보여준다.

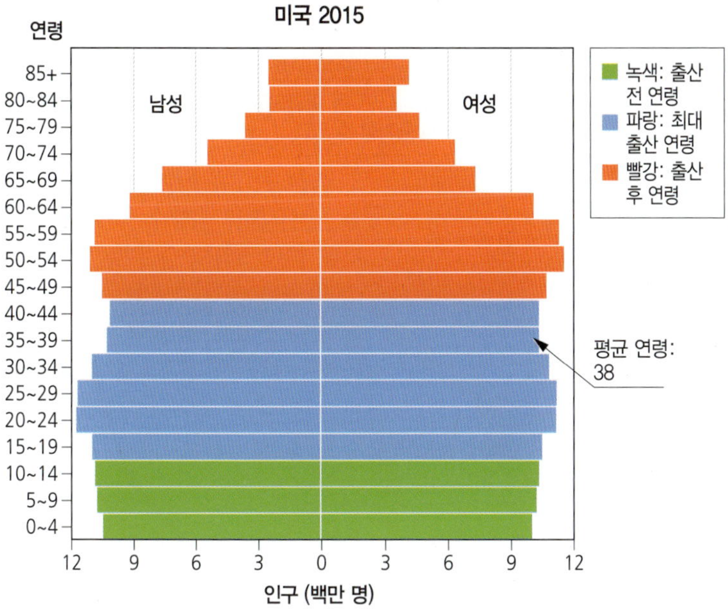

오늘날 미국에서는, 출생률은 낮지만 생존율은 높다. 이것이 그래프의 모양에 반영되며(아랫부분이 윗부분보다 넓지 않은 사각형 모양), 평균 연령은 38세이다.

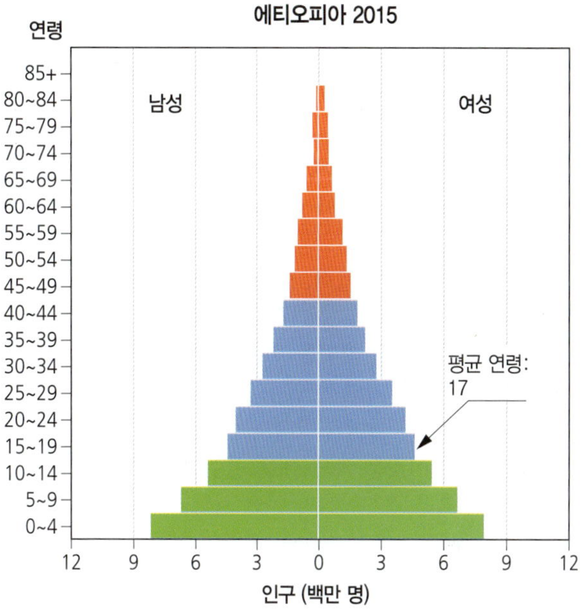

아프리카의 에티오피아에서는, 연령 구조의 아랫부분이 더 넓은데, 이것은 높은 출생률과 낮은 생존율을 반영한다. 따라서 어린이의 비율이 더 높다: 에티오피인의 절반 이상이 17세 이하여서 미국에서의 비율인 1/5과 대조된다.

생존 곡선

생존도(survivorship)는 특정 집단의 개별 구성원들이 특정 나이까지 살 확률을 말한다. 생존도에 대한 자료를 수집하면 시간에 따른 개체군의 변화를 이해할 수 있다. 그런 자료는 **생존 곡선**(survivorship curve)으로 표현되는데, 각 나이에서 살아 있는 개체들의 분율을 나타내는 그래프로서, 나이는 수명의 백분율로 표현되곤 한다.

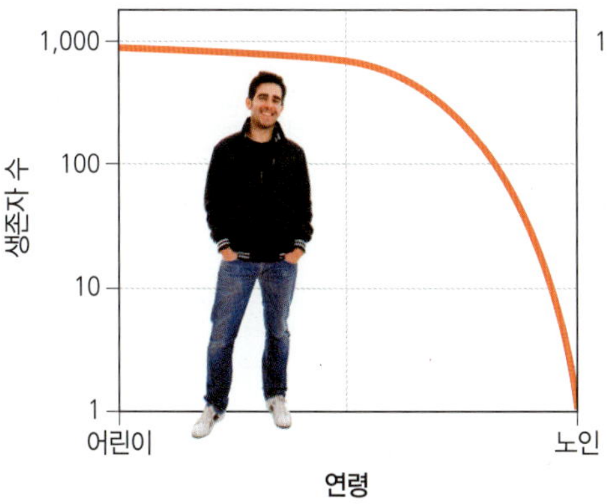

대형 동물(인간이나 기타 포유류)은 소수의 새끼를 가지는 경향이 있으나 대부분 늦은 나이까지 생존하며, 그 나이까지 산 후에는 비교적 빨리 죽는다.

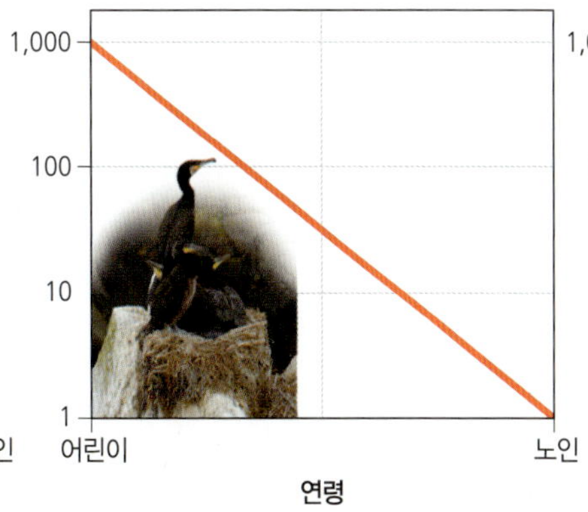

일부 종(새나 도마뱀, 설치류 등)은 그들의 생애 전반에 걸쳐 일관된 생존도를 보인다. 개체들이 특정 나이에 죽을 확률은 거의 동일하다.

많은 생물(물고기, 양치식물, 그리고 곤충 등)은 많은 수의 자손을 낳으며, 그들 중 소수만이 성체까지 살아남는다. 그러나 어린시기에 살아남은 것은 대체로 수명을 채우는 경우가 많다.

요점

▶ 개체군(상호작용하는 같은 종의 구성원들)을 밀도, 분포 양상, 연령 구조, 그리고 생존 곡선 등에 대해 살펴봄으로써, 생태학자들은 시간에 따른 개체군의 변화가 어떻게 일어나는지에 대한 통찰을 얻을 수 있다.

? 에티오피아나 미국 중 새로운 학교를 지을 필요성이 더 큰 곳은?

답: 에티오피아. 연령 구조 그래프에서 녹색 지역이 미국의 그래프에서보다 더 큰 부분을 차지함에 주목할 것.

12.5

생장 모형으로 개체군 크기의 변화를 예측할 수 있다

개체군—같은 서식지에서 상호작용할 수 있는 같은 종 내 개체들의 모임—의 크기는 시간에 따라 변화한다. 비록 일부 개체군의 크기가 비교적 일정하게 유지되긴 해도, 대부분은 극적으로 변화한다. 개체군 생태학자들은 실제 세계의 개체군 변화를 예측하고 설명하는 데 사용할 수 있는 이상적인 모형을 개발해 왔다.

! 만약 환경에 의한 제약이 없다면, 한 마리의 세균은 36시간 내에 전 지구를 덮기에 충분한 수까지 증가할 수 있다.

지수적 생장 모형

지수적 생장(exponential growth)은 이전 세대의 몇 배수로 새로운 세대가 생겨날 때 발생한다. 예를 들어, 세대마다 2배씩 늘어나는 개체군이다. 그런 조건에서는, 추가되는 새로운 개체들의 수가 지속적으로 증가한다. 지수적 생장에는 무제한의 자원과 거의 비어 있다시피 한 환경이 필요하다. 이것은 재난(예를 들어 화재나 가뭄, 혹은 홍수 등)이 어떤 지역을 휩쓸고 난 이후나 혹은 새로운 지역이 점유되었을 때에만 생길 수 있다. 그러나 어떤 자연 환경도 지수적 생장을 오랫동안 유지할 수는 없을 것이다.

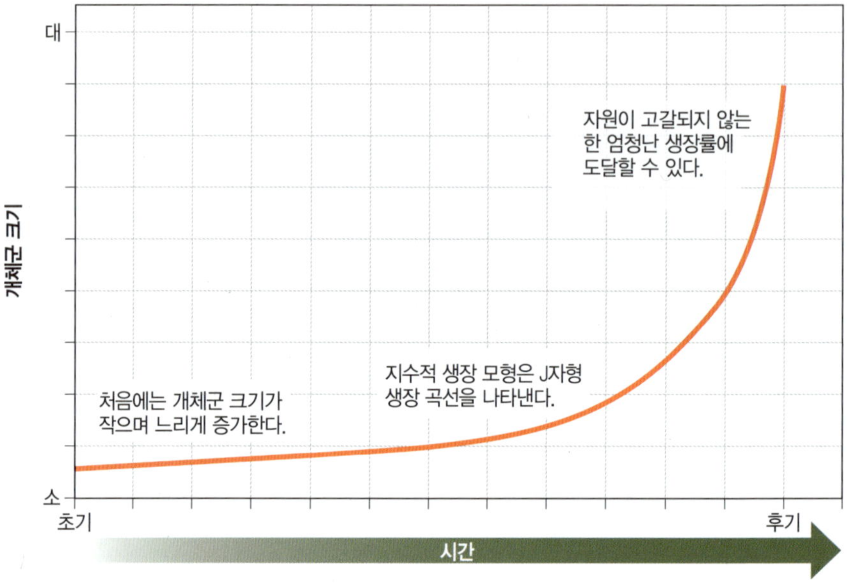

로지스트형 생장 모형

대부분의 천연 서식지는 무제한적 생장을 오랫동안 지속시키지 못한다. 실제로는 대부분의 환경이 개체군의 크기를 제약하는 환경적 억제인자인 **제한 요인**(limiting factors)을 가진다. **수용능**(carrying capacity)이란 그런 제한 요인이 존재하는 어떤 환경에서 생존할 수 있는 최대 개체군 크기를 말한다. **로지스트형 생장**(logistic growth)에서는 그 환경의 수용능에 가까워질 때까지는 개체군의 크기가 빠르게 증가한다. 개체군의 크기가 수용능에 가까워지면 개체군 생장 속도는 느려진다. 일단 수용능에 도달하면 개체군의 크기는 변하지 않는데, 출생률과 사망률이 거의 같아지기 때문이다. 많은 현실 세계의 개체군은 자원이 한정될 때 로지스트형 생장을 나타낸다.

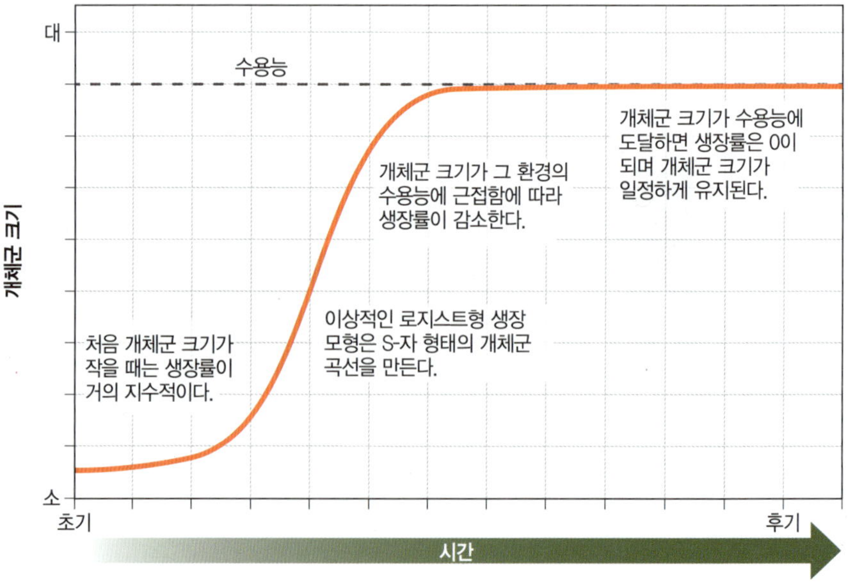

제한 요인

개체군이 수용능에 도달함에 따라 그 환경 내의 제한 요인 때문에 성장이 느려진다. 두 가지 넓은 범주의 제한요인이 자연계에서 발견된다.

밀도 의존성 제한 요인

개체군의 밀도에 의존하는 방식으로 크기를 감소시키거나 증가시키는 요인을 **밀도 의존성 제한 요인**(density-dependent limiting factors)이라고 한다. 가장 일반적인 요인은 제한된 자원에 대한 동일 종 개체들 사이에서 발생하는 경쟁(competition)이다. 개체군이 커짐에 따라 경쟁이 심화되어 출생률이 낮아진다. 먹이, 물, 그리고 살 공간에 대한 제약은 모두 현존 개체군 밀도에 비례하는 방식으로 개체군 내의 경쟁을 강화시킨다.

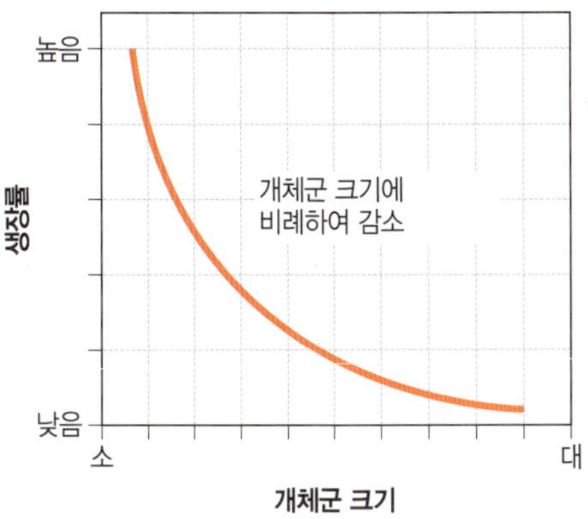

밀도 비의존성 제한 요인

개체군의 밀도와 관련 없이 영향을 미치는 요인은 **밀도 비의존성 제한 요인**(density-independent limiting factors)으로 언급된다. 날씨나 재난 같은 무생물적 인자는 개체군 크기를 빠르게 감소시킬 수 있다. 개체군 크기가 크냐 작으냐에 관계없이 사멸이 극단적일 것으로 예상될 수 있다. 예를 들어, 많은 곤충 개체군은 그들의 개체군 크기와는 상관없이 첫해의 겨울 서리가 내릴 때 대량으로 죽는다.

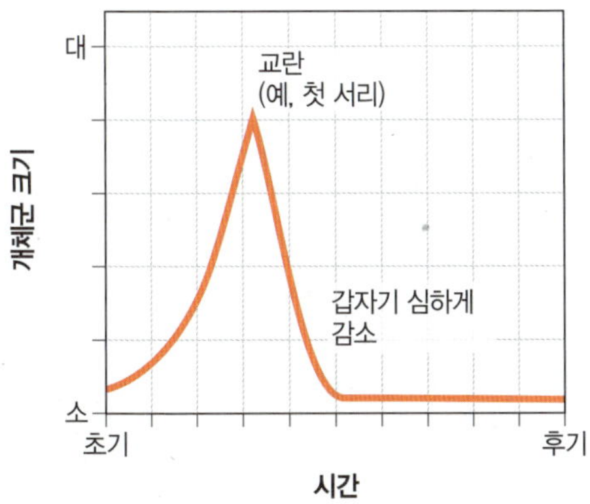

요점

개체군 생장은 이론적인 생장 모형을 고려하여 이해될 수 있다. 제한 요인(개체의 수에 의존적이냐 그렇지 않느냐에 따른)은 한 생태계 내의 최대 개체군 크기에 영향을 미친다.

? 화산 폭발은 어떤 종류의 제한 요인인가? 폭발 후 생존 개체 사이에서는 어떤 생장 모형이 예상되는가?

답: 밀도-비의존성 제한 요인, 생존한 개체군은 지수적으로 증가할 것이다.

12.6 인구 집단은 지수적으로 증가해왔다

개체군 생태학자들은 시간에 따른 개체군의 변화를 연구한다. 인류는 거의 모든 생태계에 지나치게 큰 영향을 미치고 있기 때문에, 인간 개체군 성장률의 경향성은 생태학 연구에 특히 중요하다.

인구 성장 곡선

대부분의 인류 역사에서 부모들은 아이들을 많이 낳았으나 영아 사망률은 높았고, 이 기간 동안 인구 증가는 천천히 진행되었다. 점차적으로, 영양, 위생 및 의학의 진보로 출생률이 동일하게 유지되는 동안 사망률이 줄어들게 되었다. 결국 1900년경에는 인구의 폭발이 시작되었다. 매해 태어나는 신생아 수인 출생률은 최근 들어 최고에 도달했다. 그 이후로 출생률은 감소하기 시작해서 성장률도 감소하고 있다. 그러나 총 인구수는 최근 75억 명에서 지속적으로 증가하고 있다.

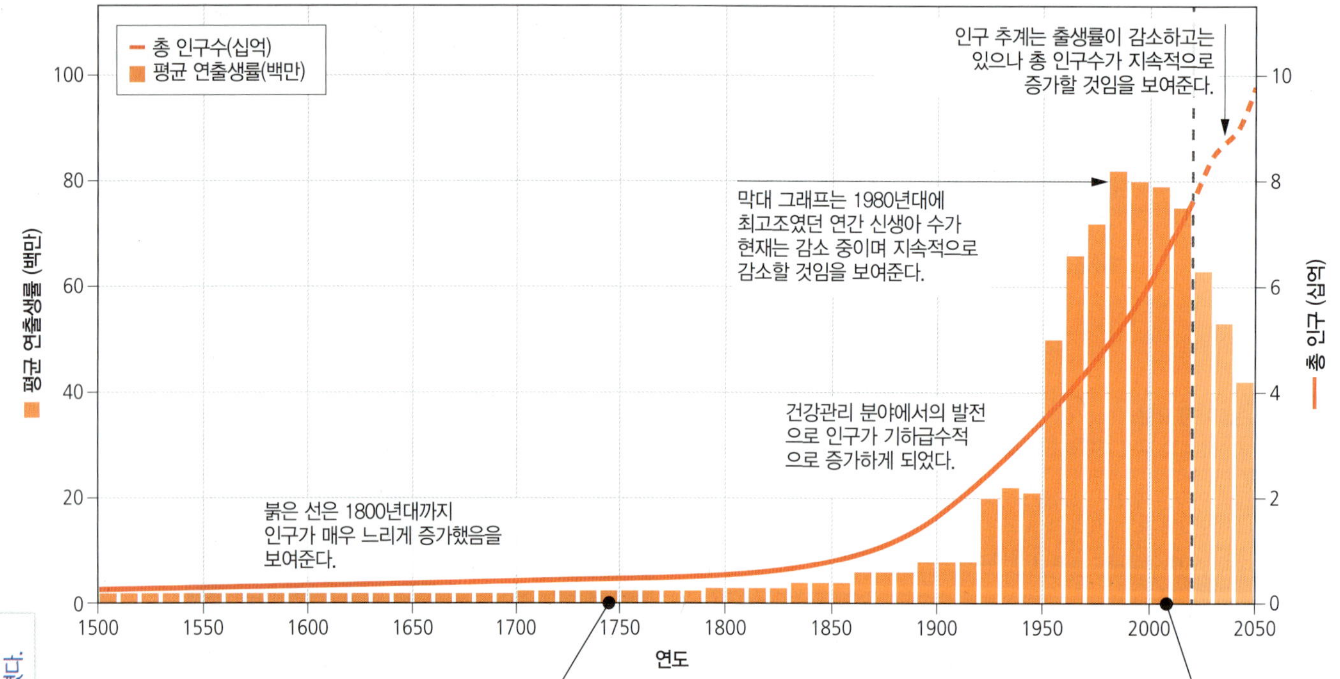

1700년대 중반의 뉴욕시와 롱아일랜드

2010년, 뉴욕 퀸즈의 롱아일랜드시

! 인구가 처음으로 10억이 늘어나는 데는 1810년이 걸렸지만, 마지막으로 10억이 더 늘어나는 데는 13년 걸렸다.

인구 연령 구조

개체군을 측정하는 주요 방법 중 하나는 그 연령구조, 즉 여러 연령 그룹의 개체 수를 측정하는 것이다. 개체군의 연령 구조는 그 개체군의 미래 성장을 예측하는 데 사용될 수 있다. 예를 들어, 1990년과 2015년, 그리고 2040년에 예상되는 멕시코와 미국의 연령 구조 및 이런 변화가 각자의 사회에 미칠 영향에 대해 생각해 보자. 현재의 출생률은 현재 아이를 임신할 수 있는 여성들이 태어났던 15~30년 전의 출생률에 영향을 받는다.

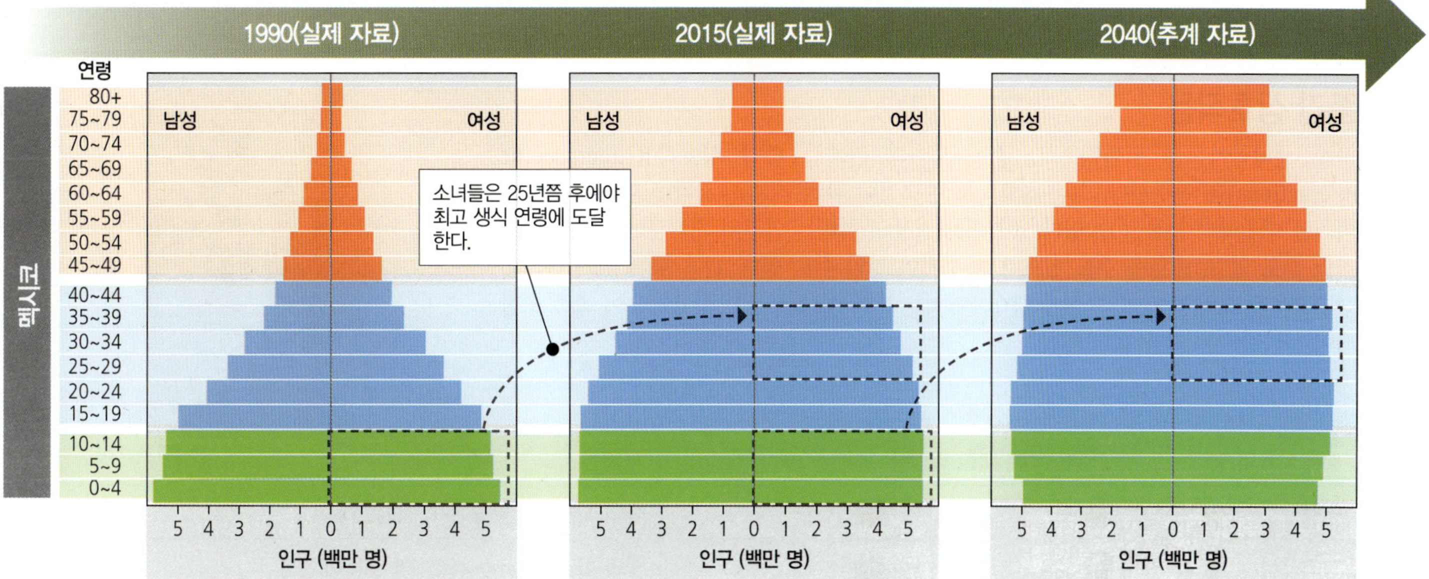

1990년, 멕시코는 피라미드형 연령구조를 나타내는데, 각 연령이 바로 위의 연령보다 더 많다. 이것은 높은 출생률로 인해 성장하고 있는 개체군 집단의 특성이다.

2015년에 이르자, 멕시코의 출생률과 전체 성장률은 감소했다. 1975년~1990년 사이의 베이비붐 시기에 태어난 소녀들이 현재 최고 출산연령에 있음에 유의하라.

비록 출생률이 더 낮아질 것으로 기대되지만, 소녀들이 최대 생식연령에 도달하면 2015년 출생률의 기세가 여전할 수 있음을 느낄 수 있다.

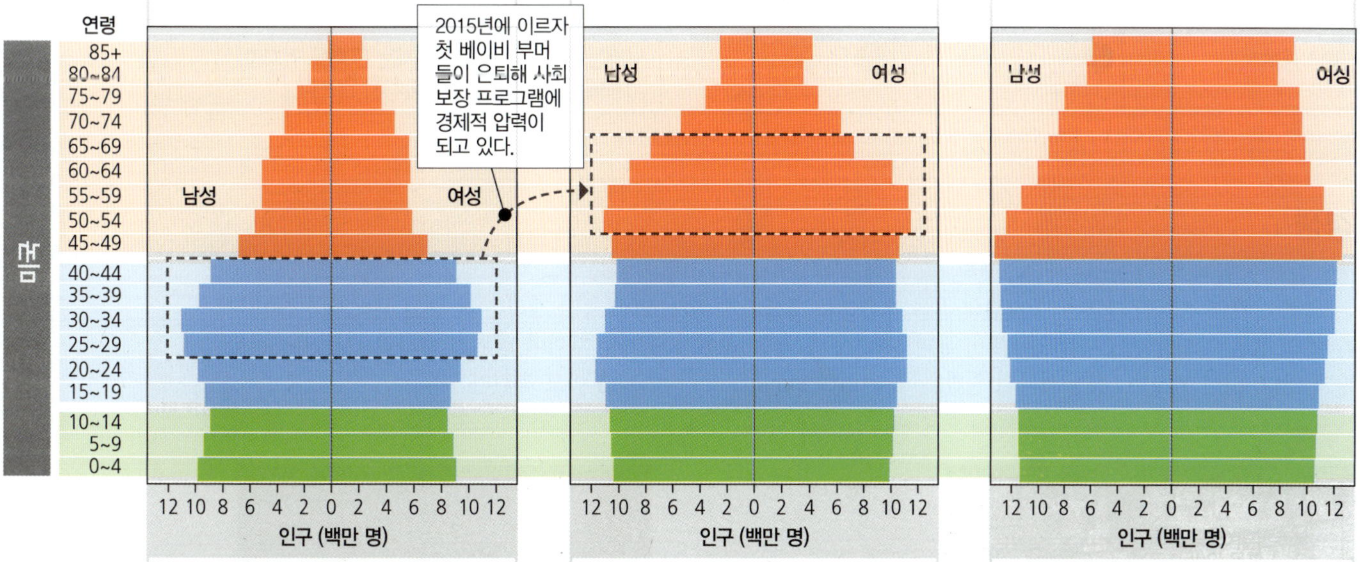

눈에 띄게 불룩한 부분은 제2차 세계대전 후의 "베이비 붐" 세대들이다. 이 그룹이 나이가 들어감에 따라 새로운 학교와 대학이 필요해지면서 사회에 중요한 영향을 미쳤다.

2015년이 되자, 첫 베이비부머들은 은퇴 연령에 도달했다. 이 때문에, 건강 보험이나 사회보장 같은 사회적 프로그램에 사용될 경제적 자원이 많이 필요해졌다.

2040년에는 인구의 20%가 65세 이상이 될 것이므로(미국 노인 인구가 최고 비율에 도달), 건강관리에 할당될 사회자본이 엄청나게 늘어나야만 할 것이다.

요점

▶ 인구는 지난 250년 동안 지수적 성장을 보여 왔다. 인구 집단(인간 개체군)의 연령 구조를 살펴보면 미래의 사회적 요구에 대한 통찰을 얻을 수 있다.

? 2015년 미국에서 20대에서 29세 사이의 인구 팽창은 어떻게 설명되는가?

답: 이들은 베이비 붐 세대의 아이들로서, 25년 전에 있었던 인구 팽창의 자손들로 설명된다.

12.7 생물 종 사이의 상호작용은 군집에서 중요한 역할을 담당한다

생물학적 **군집**(community)은 같은 지역에 살고 있어서 먹이, 물, 햇빛, 혹은 서식 공간을 놓고 경쟁하는 모든 생물 개체군(식물, 동물, 곰팡이, 심지어 세균까지)의 총합이다. 개체군 사이의 상호작용은 군집의 조성에 영향을 미친다.

종간 상호작용

군집 생태학자들은 일반적으로, 종들 사이의 관계인 **종간 상호작용**(interspecific interactions)을 연구한다. 그런 상호작용은 그것이 관련 개체군 각각에 어떻게 영향을 미치는지에 따라 분류될 수 있다. 종간 상호작용의 형태는 연루된 개체군에 도움이 되는 것일 수도 있고, 해로울 수도 있으며, 중립적인 것일 수도 있다. 다음 표는 여러 형태의 상호작용을 요약한 것이다. 실제 생태계에서는 아래 설명한 종간 상호작용이 종종 조합되어 나타난다는 것을 유념하라.

상호작용의 형태	개체군 1에 대한 영향	개체군 2에 대한 영향	사례
경쟁	− (음)	−	숲의 식물은 햇빛을 두고 경쟁한다.
상리공생	+ (양)	+	꽃과 화분매개자는 서로에게 도움이 된다.
포식	+	−	치타는 가젤을 사냥한다.
초식	+	−	사슴은 숲의 식물을 먹는다.
기생/병원체	+	−	심장 사상충은 개의 심장근육 내에서 증식한다.
편리공생	+	0 (중립)	백로는 가축 방목 시 흩어지는 곤충을 먹지만, 가축에게는 전혀 영향을 미치지 않는다.

경쟁

생물학적 군집 내의 각 종들은 먹이, 햇빛, 물, 그리고 살 공간 같이 그들이 요구하는 자원 세트를 가진다. 두 생물 종의 요구 자원이 겹치면 그들은 이 자원의 공급 제한으로 경쟁하게 된다. 그런 종간 경쟁은 한 종의 생식적 성공이 다른 종의 생존 기회를 손상시킨다는 뜻이 된다. 사실상 두 생물 종이 요구하는 자원이 너무 비슷하면 그들은 공존할 수가 없다. 이런 원리는 **"경쟁 배타의 원리**(competitive exclusion principle)**"**라고 불린다.

미국 북동부 숲에 사는 흑곰(*Ursus americanus*)과 다람쥐(*Tamias striatus*)는 먹이인 도토리를 놓고 경쟁한다. 만약 한 종이 더 많이 먹게 되면 다른 종은 굶주리게 된다.

상리공생

공생(mutualism) 두 개체군이 모두 이득을 보는 종간 상호작용의 한 형태이다. 상리공생은 두 생물 종이 물리적으로 가까이 **공존**(symbiotic)할 때 자주 발생한다. (공생을 상리공생과 혼동하지 말 것; 두 생물은 접촉해서 살 수도 있지만 기생관계에서처럼 두 종이 모두 이득을 얻지는 못한다.)

산호초
산호초는 다수의 개별 산호 폴립들을 포함한다. 각 폴립은 그 안에 사는 수백만의 단세포 조류를 포함하는 하나의 동물(사진에서 녹색 부분)이다. 조류는 산호에 당을 공급하는 반면에 햇빛에 접근할 수 있는 생존공간을 받는다.

수분매개자
꽃은 벌 같은 수분매개자에게 당(꽃 꿀의 형태로)을 공급한다. 동시에 수분매개자는 이 꽃 저 꽃으로 화분을 날라다 줌으로써 꽃의 생식을 돕는다.

균근
균근은 식물뿌리와 곰팡이 균사 사이의 공생관계이다. 식물은 곰팡이에 유기물을 공급하고, 곰팡이는 식물에 무기영양분을 제공한다.

포식, 초식, 기생 그리고 병원체

이 네 가지 형태의 상호작용은 독특한 행동들을 포함하지만, 모두 다른 종의 희생으로 이득을 얻는 것이다.

> ! 단 25년 만에 35억 그루의 미국 밤나무가 기생충에 의해 초토화되었다.

포식자
포식(predation)은 포식종이 피식종을 죽여서 먹는 행동이다. 피식종은 포식자를 피하는 데 도움을 주는 자연선택을 통해 진화적으로 적응한다. 예를 들어, 이 임팔라는 치타를 피하기 위해 빠른 속도와 민첩함을 이용한다. 다른 피식자 적응에는 위장, 껍질, 그리고 화학적 방어들이 있다.

병원체
병원체(pathogens)는 질병을 유발하는 미생물로서, 주로 세균이나 바이러스, 곰팡이, 혹은 원생생물이다. 인간에게 질병을 일으키는 많은 질병원이 존재하며(감기 유발 바이러스나 폐렴을 일으키는 세균 등), 다른 대형 생물도 마찬가지다. 이 밤나무들은 곰팡이 감염으로 말라죽었다.

초식동물
초식(herbivory)은 동물에 의해 식물의 부분이 먹히는 것이다. 식물은 이 기둥 선인장의 가시나 화학 독소들처럼, 초식동물로부터의 방어 기작을 진화시켰다.

기생체
기생체(parasite)는 자신들이 영양분을 얻을 수 있는 숙주 내부에 살거나 표면에 붙어산다. 식물과 동물 모두 기생체를 가진다. 동물 기생체들은 내부에 살거나(흡충, 촌충, 회충 등) 외부에 산다(벼룩, 이, 진드기, 거머리 등). 이 쥐벼룩은 숙주의 피를 먹는다.

요점

▶ 군집 내에서의 종간 상호작용은 서로에게 해로운 것(경쟁)일 수도 있고, 서로에게 이로운 것(상리공생)일 수도 있으며, 한쪽에게는 해롭지만 다른 쪽에게는 이로운 것(포식, 초식, 기생, 병원체)일 수 있다.

? 인간과 애완견은 어떤 관계인가? 잡아먹기 위해 기르는 닭과 인간은 어떤 관계인가? 인간은 사과나무와는 어떤 관계를 맺는가?

답: 상리공생; 포식; 초식.

12.8 먹이 그물은 여러 층의 영양 구조를 설명한다

생물학적 군집(같은 시간에 같은 장소에 사는 생물 개체군들의 모임)을 고려할 때, 우리는 종종 먹이 관계에 대해 생각하게 된다: 누가 누구를 먹는가? **영양 구조**(trophic structure)는 군집 내의 먹이 관계를 설명한다. 수직적 먹이 체계의 각 순위를 **영양 단계**(trophic level)라고 한다. 더 상위의 영양 단계에 있는 생물이 더 하위의 영양 단계에 있는 생물을 소비한다. 영양 구조에 대한 이해는 생태학자들이 생태계를 통한 에너지와 양분의 흐름을 설명할 수 있도록 해준다. 많은 생물과 여러 가지의 영양 단계를 포함하고 있는 영양 구조는 꽤나 복잡할 수 있다.

먹이 사슬

먹이 사슬(food chain)은 음식의 에너지가 한 생물에서 다른 생물로 옮겨지는 것을 따라가는, 영양 구조의 한 단면에 대한 단순화된 설명이라고 할 수 있다. 여기서는 두 가지 특수한 먹이 사슬의 예를 살펴볼 텐데, 하나는 육상의 생태계이고 또 하나는 수중 생태계에 관한 것이다. 아래부터 시작하여 하나씩 읽어 보라.

육상 생태계	영양 단계	수중 생태계

육상의 4차 소비자에는 독수리, 코요테, 그리고 기타 최상위 포식자들이 포함된다.

4차 소비자
모든 생태계가 그렇지는 않지만, 일부 생태계에는 3차 소비자를 잡아먹는 최상위 수준의 포식자인 **4차 소비자**(quaternary consumers)가 있다.

해양에서의 최상위 소비자로는 상어와 범고래 등이 있다.

뱀이나 포유류 등 육상의 3차 소비자는 다른 육식 동물들을 잡아 먹는다.

3차 소비자
3차 소비자(tertiary consumers)는 2차 소비자를 먹는다.

수중 생태계에서의 3차 소비자는 미끼 어류를 먹고 사는 큰 물고기들이 포함된다.

육상의 2차 소비자에는 목초를 먹는 동물을 사냥하는 큰 동물뿐 아니라 다양한 작은 동물도 포함된다.

2차 소비자
1차 소비자 이상의 모든 영양 단계에는 그 단계 아래의 소비자를 잡아먹는 포식성 육식동물이 포함된다. **2차 소비자**(secondary consumers)는 1차 소비자를 먹는다.

바다에서의 2차 소비자는 주로, 동물성 플랑크톤을 먹는 작은 물고기들(때론 미끼 어류라고도 불림)이다.

육상에서의 1차 소비자는 곤충이나 달팽이, 방목 동물이나 새 같은 초식동물을 포함한다.

1차 소비자
생산자 위의 모든 영양 단계들은 생산자들의 생산에 의존한다. **1차 소비자**(primary consumers)는 직접 생산자를 먹는다.

바다에서의 1차 소비자는 다양한 동물성 플랑크톤뿐 아니라, 식물성 플랑크톤을 먹는 원생생물과 작은 동물들이 포함된다.

식물은 육상의 주요 생산자이다.

생산자
생산자(producers)는 먹이 사슬을 구성하는 다른 모든 수준의 생물을 지탱해준다. 대부분의 생산자는 광합성을 통해 햇빛을 먹이가 되는 유기물로 전환시킨다.

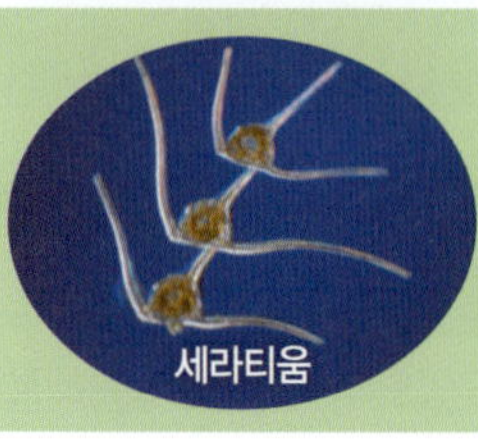

바다의 생산자는 식물성 플랑크톤(광합성 단세포 원생생물과 남세균들)과 해조류를 포함한다.

먹이 그물

비록 먹이 사슬이 한 생태계의 영양 단계를 이해하는 좋은 방법이기는 하지만, 그것은 실제 생물학적 군집을 지나치게 단순화시킬 수 있다. 서로 다른 몇몇 종이 대부분의 영양 단계를 차지하고 동일한 피식자들에 대해 서로 경쟁한다. 게다가 일부 포식자가 다수의 영양 수준에 있는 피식자를 소비한다. 따라서 생태계 내의 실질적인 먹이 관계는 다수의 먹이 사슬이 서로 상호작용하는, 여러 개의 가지를 친 먹이 그물(food web)로 표현되어야 한다.

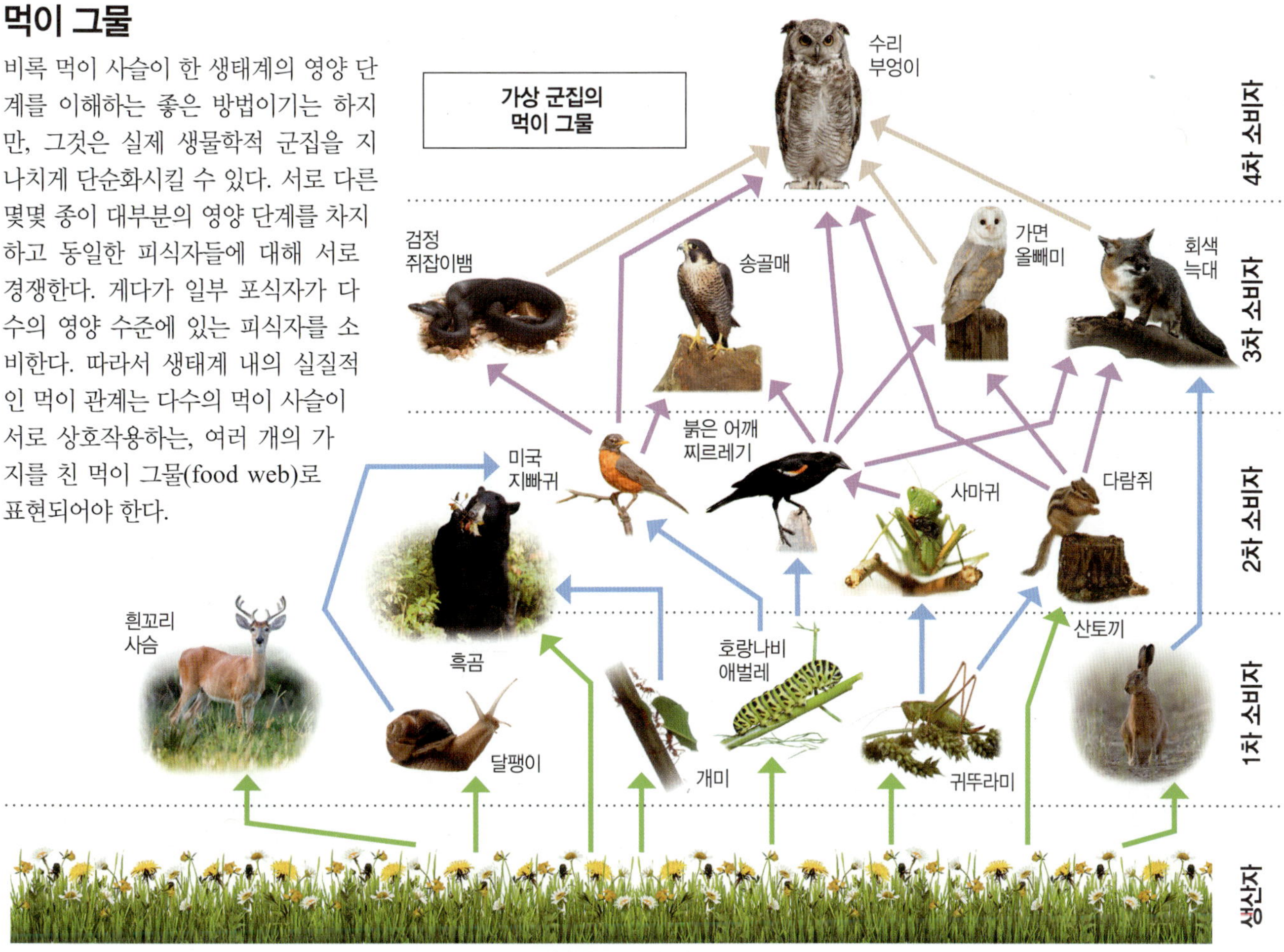

생물 농축

유기물은 한 생태계 내의 영양 단계를 단계적 방식으로 통과한다. 이 이동 과정 중에는 너무나 많은 에너지가 열로 손실되기 때문에, 각 영양 단계의 생물들은 생존하기 위해 필요한 에너지를 얻기 위해 더 하위 수준의 많은 생물을 소비해야만 한다. 많은 독소는, 일단 먹이 사슬로 들어오면(주로 산업 오염을 통해), 소화되지 못하고 영양 단계를 거쳐 차례로 이동하게 된다. 이것은 독소가 먹이 사슬을 통과함에 따라 점점 농축되는 경향인 **생물 농축**(biological magnification)을 일으킨다. 그러므로, 최상위 포식성 어류는 미끼 어류보다 더 심각하게 오염되곤 한다.

수은(Hg)은 석탄 화력 발전소와 기타 산업 공정을 통해 대기로 방출되는 독소이다. 해양에 비로 떨어진 후, 수은은 분해되지 않은 채 영양 단계를 차례로 지나가게 된다. 결과적으로, 더 상위의 영양 단계에 있는 육식동물은 수은을 더 고도로 농축시키며 인간이 소비하기에 안전하지 않다. 예를 들어, 청새치 한 마리는 많은 수의 꽁치를 잡아먹기 때문에 포식자 체내에는 수은이 농축된다. 농축된 독소를 피하기 위해서는, 최상위 소비자를 먹는 것을 제한해야 한다.

! 날다랑어는 작은 참치보다 한 캔당 3배나 더 많은 수은을 함유한다.

요점

▶ 먹이 사슬과 먹이 그물은, 생산자에서 시작하여 한 영양 단계에서 단계별로 이동해 최상위 포식자에서 끝나는 유기물질의 이동을 설명한다. 독소는 먹이 사슬의 더 높은 수준으로 갈수록 더 많이 축적된다.

? 혈액 속에 더 많은 수준의 납을 포함할 것으로 기대되는 쪽은 쥐일까, 아니면 독수리일까?

답: 독수리. 이것이 더 높은 영양 단계를 점유하기 때문이다.

12.9 종 다양성에 영향을 미치는 요인

한 군집을 다른 군집과 비교하거나, 시간에 따른 군집의 변화를 추적할 때, 생태학자들은 종종 한 군집 내에 살고 있는 생물 종의 다양성인 **종 다양성**(species diversity)을 측정한다. 하나의 군집은 다른 군집보다 더 다양한 것으로 평가될 수 있다. 예를 들어, 현대의 농업 분야는 다양성이 거의 없어서, 농작물들은 대체로 넓은 지역에 단일 종으로만 자란다. 대조적으로, 산호초와 열대 우림은 매우 종다양성이 높다.

종 풍부도와 상대 수도

한 군집의 종 다양성은 두 가지 요소를 가진다. **종 풍부도**(species richness)는 한 군집 내의 서로 다른 생물 종의 수를 말한다. 소수 종들로 구성된 군집은 종 풍부도가 낮은 반면, 많은 수의 종들로 구성된 군집은 종 풍부도가 높다. **상대 수도**(relative abundance)는 한 군집에 있는 총 생물에 대해 각 종이 차지하는 비율을 말한다. 만약 어떤 생태계를 한 생물 종이 우점한다면, 그 종의 상대 수도는 높다. 여기서는 미국 북동부의 낙엽 활엽수림 내의 가상적 군집에서 각 수종에 대한 측정 내용을 비교해 볼 수 있다.

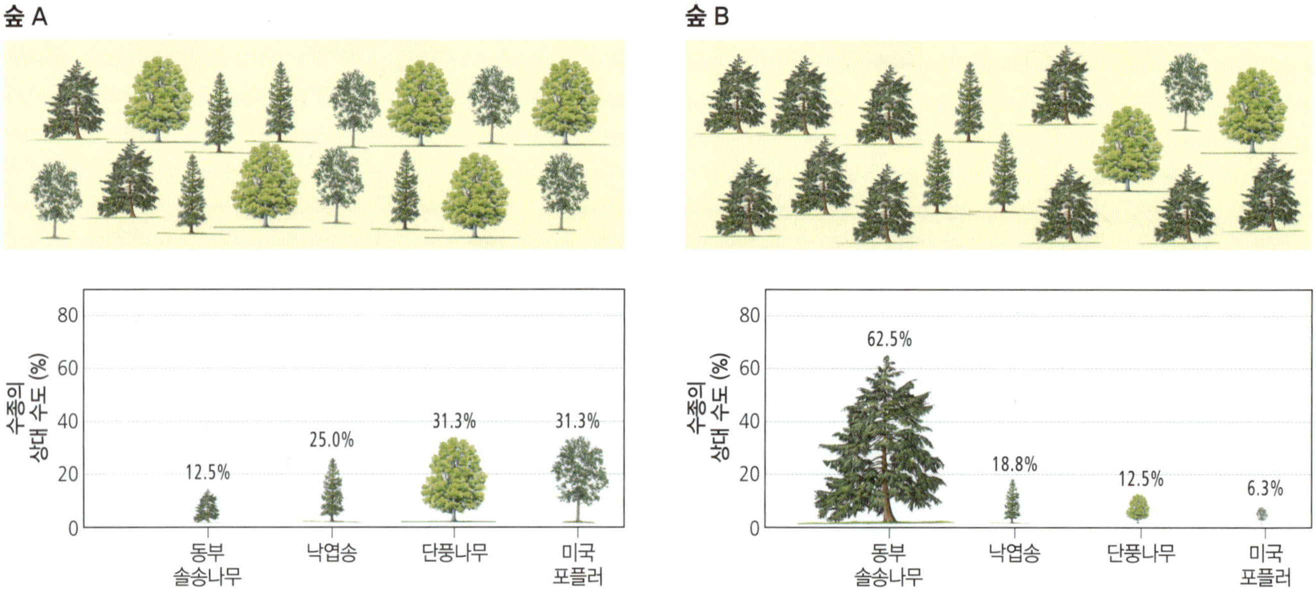

이 두 가상적 군집은 동일한 종 풍부도를 가진다: 즉, 네 가지 생물 종으로 이루어진다. 그러나 숲 B에서는 한 종이 우점하고 있어서 다른 종들보다 훨씬 큰 상대 수도를 나타낸다. 그러므로 숲 B는 숲 A보다 덜 다양하다.

핵심종(쐐기종)

한 군집 내에서, 하나의 생물 종이 전체 생물 종 다양성에 불균형적으로 큰 영향을 미칠 수 있다. 그런 생물을 **핵심종**(keystone species, 쐐기종)이라고 한다(아치형 구조물의 상단에 위치하는 날개 모양의 돌에서 이름을 따옴. 만약 이 돌을 제거하면 전체 아치가 무너지게 된다). 예를 들어, 알래스카 연안에 대해 연구하는 생태학자들은 해달 개체군의 감소로 인해 성게(해달의 주된 식량 공급원)가 급격히 증식할 수 있음을 발견했다. 성게는 해양 생물의 광범한 다양성을 유지해주던 갈조류 숲을 먹어치웠다. 그러므로 핵심종(해달)의 제거는 전체 군집의 풍부도나 다양성에 영향을 미친다.

교란과 생태적 천이

군집은 비교적 안정하다. 주기적 교란(화재나 홍수, 폭풍이나 화산 폭발 같은)이 생물을 죽이고 자원의 접근성에 영향을 미친다. 교란 후에는, 서식지가 서로 다른 종에 의해 순차적으로 점유된다. 이런 과정은 **생태적 천이**(ecological succession)라고 불리며, 수백 수천 년에 걸쳐 일어날 수 있다. 여기 제시된 사례는 비교적 단순화된 것으로 개념을 설명하기 위한 것이다; 실제 천이 사례는 상당히 복잡하다.

교란
1980년, 워싱턴 세인트 헬레나 섬의 화산 폭발 같은 심각한 교란은 생태계를 극적으로 변화시킬 수 있다.

1차 천이
1차 천이(primary succession)는 한 지역이 완전히 비어 생명체도 없고 흙도 없는 상태일 때 발생한다. 최초의 디시포 생물은 종종 광합성 지의류와 이끼로서, 이후에 다른 작은 식물들이 차차 생겨난다.

암석이 분해되고 초기 개척자들이 죽어 토양이 축적됨에 따라 바람에 날려 온 씨앗에 의해 초본, 관목, 그리고 마침내 나무들이 한 지역에 다시 생기게 된다.

마침내, 이 지역은 그 군집의 우점 형태 식생들에 의해 점유된다. 생산자들이 풍부하면 소비자들도 다시 나타나게 된다.

! 세인트 헬레나 섬이 폭발했을 때, 지금까지 기록된 가장 큰 암석 사태가 발생하여 230 평방 마일 이상을 파괴했다.

2차 천이
2차 천이(secondary succession)는 한 지역에 살던 많은 생물을 죽였지만 토양은 그대로 남아 있어서 1차 천이 과정에서보다 더 빠르게 식생이 회복되게 하는 교란 이후에 발생한다.

호주 빅토리아의 삼림에 거대한 화재가 발생했다.

삼림 화재 후 6주 만에 식생이 다시 자라기 시작했다.

삼림 화재 후 1년 만에 새로운 생장을 나타내고 있는 손상 수목

요점

▶ 군집의 다양성은 그것이 포함하고 있는 생물 종의 수(종 풍부도)와 각 생물 종이 얼마나 빈번한지(상대 수도)로 평가될 수 있다. 교란 이후에는 여러 군집이 순차적으로 지역을 점유하게 될 것이다.

? 세인트 헬레나 산은 1985년과 2009년 중 언제 더 큰 종 풍부도를 나타냈겠는가?

답: 2009; 1985년에는 1차 천이가 시작되어 소수의 생물 종들만 존재했고 따라서 종 풍부도도 낮았다.

12.10 침입종은 생태계를 파괴할 수 있다

생물학적 군집은 이웃의 서식지를 점유하여 빠르게 퍼짐으로써 환경 파괴를 일으키는 비토착종(외래종이라고도 불림)인 **침입종**(invasive species)의 도입 후 빠른 변화를 겪을 수 있다. 예를 들어, 인간에 의해 어떤 생물 종이 포식자나 경쟁자가 없는 새로운 서식지로 도입되면, 그 침입 개체군은 매우 빠르게 증식하여 토착종을 대체할 수 있다. 모든 도입 개체군이 성공적인 것은 아닐지라도, 상당히 파괴적일 수 있다. 사실상, 침입종은 지역 개체군의 절멸을 초래하기도 한다.

! 칡은 매년 6억 제곱미터 이상 퍼져 나간다.

침입종 목록

생태학자들은 미국 내 수백 종들을 포함하여 전 세계적으로 수천 종의 침입종들을 보고해왔다. 식물, 포유류, 새, 물고기, 연체동물 그리고 심지어 곤충 등 거의 모든 종류가 침입종일 수 있다.

버마 왕뱀

버마 왕뱀(*Python bivittatus*)은 플로리다에 방생된 뱀이다. 그들은 원래 살았던 아시아의 서식지와 유사한 따뜻하고 습한 에버글레이즈 기후에서 번성했다. 생물학자들은 현재 수만 마리의 버마 왕뱀이 플로리다에 살고 있는 것으로 추정하고 있는데, 이들은 지역 피식자(새 같은)뿐 아니라 다른 포식자(위기종인 플로리다 팬서 등)까지도 멸종시키고 있다고 한다.

쏠배감펭

인도양과 남태평양이 원산인 쏠배감펭(*Pterois volitans*)은 애호가들의 수족관에서 카리브해로 방출된 이후 빠르게 확산되었다. 쏠배감펭은 게걸스럽게 다른 물고기를 잡아먹는데, 물퉁돔 같이 경제적으로 중요한 어종의 새끼까지 먹어치운다. 예쁘기는 하지만 독가시를 가지고 있으며, 열대 산호초 생태계에 상당한 위험을 초래하고 있다.

말조개

말조개(*Dreissena polymorpha*)는 유럽이 원산지이다. 이것은 대양 횡단 화물선의 평형수를 통해 1988년에 미국의 그레이트 호수로 도입되었다. 일단 들어오고나자 말조개가 빠르게 번식했다. 그들은 이제 발전소 및 수처리 시설에 연간 2억 5천만 달러 상당의 피해를 발생시키고 있다.

칡

칡(*Pueraria montana*)은 일본과 중국에서 자생하는 덩굴식물로 1876년에 필라델피아에서 있었던 센테니얼 전람회(Centennial Exposition) 때 도입되었다. 이것은 급속히 퍼지며 토착종들을 뒤덮고 햇빛을 가린다. 현재 이것은 미국 남부의 도로 가장자리에 흔히 자란다.

토끼

1859년, 호주의 한 농장에 24마리의 토끼가 사냥을 위해 풀려났다. 1900년이 되자 토끼 개체군은 수억 마리로 늘어나 대륙 전체에 퍼졌다. 토끼들은 작물을 먹어치웠으며 방목지를 망가뜨리고, 심각한 경제적 골칫거리가 되었다. 정부는 그 이후로 계속해서 토끼 개체군을 조절하기 위해 전쟁을 벌이고 있다.

12.10

생물학적 방제

어째서 침입종이 새로운 서식지에서 그렇게나 빠르게 성공할 수 있는가? 한 가지 이유는 포식자나 초식동물(침입종이 식물인 경우), 혹은 병원체(감염성 미생물들)가 없다는 점이다. 따라서 침입종을 제어하기 위한 노력은 종종 그들을 공격하는 천적을 의도적으로 놓아주는 **생물학적 방제**(biological control)에 맞춰지곤 한다. 침입종을 막는 가장 좋은 방법은 처음부터 도입되지 않도록 하는 것이다. 그러나 일단 들어오고 나면, 침입 개체군이 늘어나지 않도록 생물학적 방제 시도가 행해질 수 있다. 생물학적 방제는 또한 곤충이나 잡초같이 작물을 공격하는 비침입성 종을 다루는 데도 활용이 가능하다. 화학약품 보다는 생태계에 덜 해롭다고는 해도, 특정 서식지에 미치는 생물학적 방제의 효과를 예측하는 것은 어려운 일이며, 그런 시도가 행해지기에 앞서 충분한 연구가 필수적이다.

무침 말벌

유럽 조명충 나방 애벌레는 북미 대륙 전체에서 옥수수와 귀한 작물을 망가뜨리는 벌레이다. 작은 크기의 중국 무침 말벌이 이 애벌레 개체군을 조절하기 위해 도입되었다.

중국 무침 말벌
(*Trichogramma ostriniae*)

애벌레 조절을 위해 도입

유럽 조명충 나방(*Ostrinia nubilalis*)의 애벌레

몽구스

아시아 쥐는 서구 세계의 여러 섬에서 침입종이 되어 왔다. 하와이와 카리브해에서 이들은 심각한 작물 피해를 유발한다. 생물학적 방제의 일환으로, 재배자들이 사나운 쥐 사냥꾼인 인도 몽구스를 도입했다. 불행히도, 몽구스는 너무나 훌륭한 사냥꾼이어서 가축으로 기르는 가금류나 식물 작물뿐 아니라 토착 파충류나 양서류 그리고 조류까지 잡아 죽였다. 이것은 생물학적 방제가 종종 의도하지 않은 결과를 초래할 수 있음을 알려주는 경계 사례로 언급된다.

알을 까고 나오는 가죽 등 거북
(*Dermochelys coriacea*)

아놀 도마뱀을 먹는 안티구아 채찍뱀
(*Alsophis antiguae*)

아시아 쥐(*Rattus tanezumi*)

방제 목적으로 도입

인도 몽구스(*Herpestes javanicus*)

의도치 못한 살육 발생

줄무늬 뜸부기
(*Gallirallus philippensis*)

통합 병충해 관리

현대의 농업—일반적으로 유전적으로 동일한 개체들로 구성된 대형 개체군을 만드는 일—은 생물학적 방제와 관리라는 독특한 도전 과제를 던져준다. 농부들(그리고 일반 정원관리인들)은 계속해서 잡초, 해충, 그리고 병원체(이들은 한 식물에만 영향을 미칠 수도 있지만 작물 전체를 망칠 수도 있다)와 싸운다. 화학약품이 효과적일 수 있어도, 그것들은 종종 그 자체가 문제가 되곤 한다. **통합 병충해 관리**(integrated pest management)는 여러 가지 전략을 사용하는 방식으로, 병충해 저항성 작물 변종을 심고, 세심한 관리를 하며, 화학약품을 현명하게 사용하고, 생식하지 못하는 해충을 풀어놓거나, 기타 생물학적이고 행동적인 변화 등을 포함한다. 이 방법의 목적은 병충해를 뿌리 뽑는 것이 아니라 해로운 생물 개체군을 지속적으로 작은 크기로 유지하는 데 있다. 그런 기술들은 세계 여러 곳에서 시도되고 있으며 몇 몇 성공 사례들도 나타나고 있다. 예를 들어, 통합 병충해 관리는 인도의 면화 재배에 효과적으로 사용되었다.

요점

▶ 침입종은 새로운 환경에 도입된 후 빠르게 퍼져 피해를 입힌다. 침입종에 대한 전투는 종종 천적의 도입 같은 생물학적인 방법을 포함하곤 하는데 그 효과는 절반의 성공을 나타낸다.

? 일부 농부가 밭에 자라는 칡을 먹는 염소들을 도입했다면, 이것은 어떤 방법이라고 볼 수 있는가?

답: 생물학적 방제

생물다양성은 여러 수준에서 측정된다

생물다양성(biodiversity)은 지구에 사는 생물의 다양성에 대한 일반적인 용어이다. 생물다양성은 여러 수준에서 측정될 수 있다. 이 용어는 특정 개체군 내의 유전자(유전된 DNA 서열)의 다양성을 말하는 것일 수 있다. 보다 큰 규모에서는 주어진 지역 내에서 발견될 수 있는 서로 다른 종의 다양성을 뜻할 수도 있다. 더 큰 규모로 보자면, 생물권 내에서 발견되는 생태계의 다양성 정도를 말하는 것일 수도 있다. 어떤 규모에서든, 생물다양성의 보존은 우리 모두의 의식적 노력을 필요로 한다.

유전적 생물다양성

유전적 생물다양성(genetic biodiversity)은 개체군 내의 유전자 모음을 뜻한다. 특정 환경에서 생존에 도움이 되는 유전자는 그렇지 않은 유전자보다 더 많은 비율로 유전될 것이다: 결과적으로 자연선택에 의한 진화가 이루어진다. 개체군의 구성원이 사라지면 그들의 유전자도 사라진다. 심각하게 감소된 유전적 변이는 그 개체군이 변화하는 환경에 적응할 수 있는 능력을 감소시키므로, 종의 생존을 위협하게 된다. 전형적인 사례가 바로 아일랜드의 감자 기근(1845~1852) 사건이다. 그 나라의 거의 모든 감자가 유전적으로 동일한 것이었기 때문에, 환경에서의 변화(새로운 형태의 병원체)가 광범위한 작물 손실을 입혔다. 연이은 아일랜드인들의 기아와 이주는 다수의 사회에 영향을 미쳤다.

감자 기근을 기념하기 위해 세워진 아일랜드 더블린의 조각상

종 생물다양성

종 생물다양성(species biodiversity)은 하나의 생태계나 전체 생물권 내에 존재하는 서로 다른 생물 종들의 수를 말한다. 장기적으로, 새로운 종은 진화적 변화 결과 나타나며 오래된 종은 비가역적 종 상실인 **멸종**(extinction)을 겪는다. 현재, 종 다양성은 빠르게 감소하고 있다. 만약 이런 종 소실 속도가 지속된다면, 현재 살고 있는 식물과 동물 종의 절반이 금세기 말에 사라질 것이다. 최근 사라진 미국 생물 종의 예에는 카타호울러 도롱뇽(양서류)과, 그레이트 호수의 망상어(물고기), 그리고 캐롤라이나 앵무(한 때는 미국에서 매우 흔했던 조류) 등이 있다.

코스타리카의 우림 지역에 사는 금두꺼비(*Incillius periglenes*)는 1989년에 마지막으로 관찰되었다.

생태계 생물다양성

생태계 생물다양성(ecosystem biodiversity)은 지구에서 발견되는 다양한 종류의 생태계를 말한다. 생태계의 파괴는 생태계가 인간에게 제공하는 혜택인 **생태계 서비스**(ecosystem services)를 위협한다. 예를 들어, 습지는 많은 양의 강우를 흡수한다; 습지의 소실은 주변 지역에 더 잦은 범람이 발생하도록 만든다. 다른 생물 종들에게 피난처를 제공하며, 방파제로 작용하여 해안선을 보호할 뿐 아니라 휴양지가 되기도 하는 산호초는 가장 위협을 받고 있는 생태계 중 하나다. 세계의 산호초 중 약 20%는 이미 인간의 활동에 의해 파괴되었으며 나머지 75%도 위협을 받고 있다.

그물에 의해 손상된 열대 산호초

생물다양성의 혜택

생물다양성은 그 자체가 가지는 가치 외에도, 인간에게 혜택을 주며 여러 가지 실용적인 방법으로 우리 사회를 지지해준다.

생물다양성은 우리가 먹는 음식을 제공해준다. 환경이 변화함에 따라 우리는 새로운 작물과 에뮤(*Dromaius novaehollandiae*) 같은 새로운 가축을 개발해야만 할 것이다.

우리가 사용하는 거의 모든 약물은 자연계로부터 얻은 것이다. 예를 들어, 마다가스카르의 빙카(*Catharanthus roseus*)는 백혈병을 치료하는 화합물을 제공해준다.

많은 나라의 경제는 여기에 보이는 벨리즈 산호초 같은 유명한 야생생물 서식지와 야생동물 보호구역에 의존한다.

생물다양성 손실의 원인

생태학자들은 생물다양성을 위협하는 다양한 요인에 대해 규명했다. 현대에는 그 근본적인 원인이 인구의 지속적 증가이며 그 인구를 지탱하는 데 필요한 활동이다.

서식지 파괴

생물다양성에 대한 가장 큰 단일 위협요인—그리고 가장 주된 절멸 요인—은 개발, 농업, 임업, 광업, 그리고 댐 건설 등에 의한 서식지의 파괴이다. 삼림의 벌채는 매우 빠르게 일어나고 있으며, 특히 열대 우림에서 많은 종을 위협한다. 해안의 개발 역시 육지와 수중의 섬세한 생태계를 위협한다. 이 사진은 야자유 공장 건설을 위해 벌채된 뉴기니의 열대림을 보여준다.

남획

만약 인간들이 생태계로부터 자연히 회복될 수 있는 것보다 더 빠른 속도로 채취를 한다면, 결과는 생물다양성의 감소가 될 것이다. 육상에서는 지나친 사냥으로 미국 들소 야생 개체군이 급격히 감소했으며, 지나친 벌목으로 많은 경재 수목종이 위협을 받고 있다. 해양에서는 지나친 어로가 많은 물고기와 포유류 종의 개체군을 없애고 있다.

침입종

비-토착종인 식물이나 동물이 인간에 의해 새로운 서식지로 도입되면, 그 개체군은 때때로 매우 빠르게 성장한다. 침입자는 천적이 없어서 마구 증식하게 되며, 토착종을 잡아먹거나 경쟁 우위에 서게 되어 그 종들을 대체할 수도 있다. 생물학적 군집에 미치는 이런 혼란은 심각한 생물다양성 소실을 유발할 수 있다. 예를 들어, 갈색 나무뱀(*Boiga irregularis*)이 괌에 도입되었을 때 이 섬의 야생 조류 5종을 멸종시켰다.

오염

공기나 물의 오염은 지역적으로나 전 지구적 수준에서 생물다양성의 소실을 부추긴다. 기름 유출 같은 지역 생태계의 재난으로 서식지가 사라질 수 있다. 보다 큰 규모에서는, 세계의 한 지역에서 공기 중으로 방출된 오염원이 바람에 실려 먼 지역의 땅과 물을 오염시킬 수 있다. 이 사진은 남아프리카의 기름 유출 사건에 따른 영향을 보여준다.

지구적 기후 변화

지구의 기후 변화는 생물다양성에 심각한 영향을 미친다. 생태계 내의 생물이 적응할 수 있는 것보다 더 빠르게 기온과 강수 패턴의 변화가 발생하고 있다. 예를 들어, 너무 빨리 더워지면 계절적 사건의 시기조절이 방해를 받아 군집에 영향을 미치는 것으로 보인다: 꽃이 그들의 수분매개자가 성숙하기에 앞서 피게 되는 것은 양쪽의 종들을 모두 위협한다. 해양에서는 고온에 의해 산호가 공생 조류를 내쫓는다. 산호 백화(coral bleaching)라고 불리는 이 현상은 많은 열대 산호초 생태계를 위협한다.

! 알려진 양서류의 거의 1/3이 거의 멸종했거나 멸종 위기에 있다.

요점

▶ 생물다양성은 여러 수준에서 고려될 수 있다: 유전적(개체군 내의) 다양성, 종 다양성, 그리고 생태계 다양성 수준에서 평가될 수 있다. 모든 수준에서의 생물다양성이 인간의 활동에 의해 위협받는다.

? 넓은 지역에서 토양, 암석, 그리고 식생을 채취하는 산 정상 제거(mountaintop removal)는 어떤 수준에서 생물다양성을 해치는가?

12.12

다양한 육상 생물군계가 존재한다

생태학자들은 지구의 표면(그리고 표면에 가까운 부분)을 일련의 생물군계로 분류한다. 각 **생물군계**(biome)는 생태학적 군집의 한 형태로, 특정 기후대를 차지하는 특정 생물을 포함한다. **육상 생물군계**(terrestrial biomes)는 그 안에서 발견되는 식생의 형태에 의해 주로 결정된다. 전 지구에 걸쳐, 생물군계의 분포는 대부분 두 가지 기후 조건에 의존적이다. 즉, 기온과 강수에 따라 달라진다. 일부 생물군계는 주기적인 들불에 의해 특성이 결정되기도 한다. 생물군계 사이나 그 안에 상당한 차이가 존재하지만, 일반적으로 지구의 서로 다른 지역의 비슷한 기후대는 유사한 생물군계를 포함하며, 따라서 비슷한 생물군집이 존재한다.

극빙하

극빙하(polar ice)는 지구의 최북단과 최남단에서 발견된다. 이 지역은 너무나 춥고 건조하여 많은 생물 종을 지탱하지는 못한다. 그러나 일부 영역에서는 작은 식물(대부분 이끼)과 지의류가 자랄 수 있다.

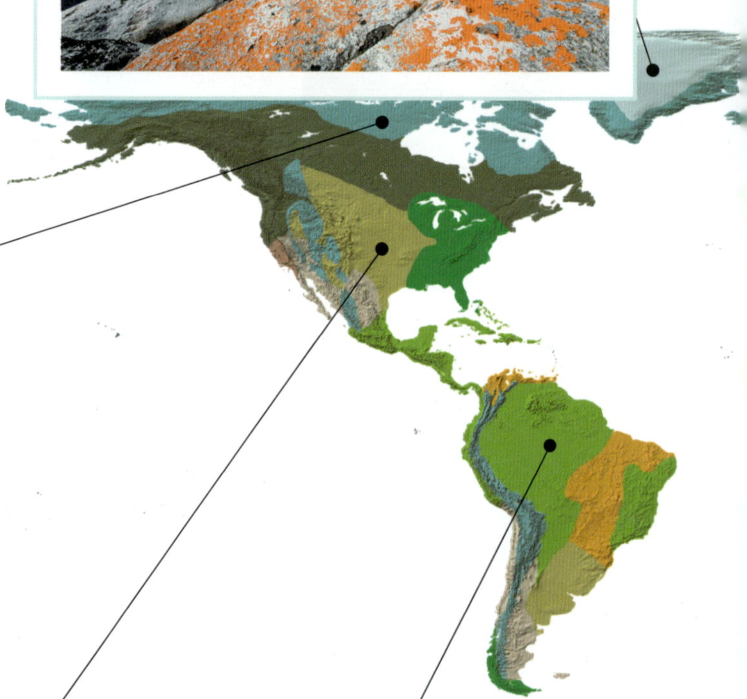

툰드라와 고산 툰드라

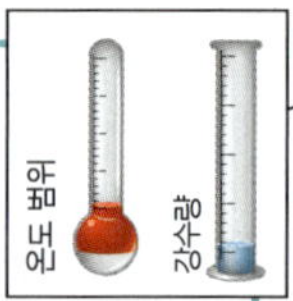

툰드라(tundra)는 건조하고 매섭게 추운 기온, 그리고 센 바람으로 인해 지속적으로 얼어 있는 토양인 영구동토(permafrost)를 만드는 것이 특징이다. 낮게 자라는 초본과 관목, 이끼, 그리고 지의류가 경관을 우점한다. 고산 툰드라(alpine tundra)는 열대지방을 포함한 모든 위도의 높은 산꼭대기에서 발견되는, 센 바람과 낮은 기온에 의해 생기는 유사한 생물군계이다. 이런 군집은 극지방의 툰드라와 유사하기는 해도, 고산 툰드라 밑에는 영구동토층이 없다.

온대 초원

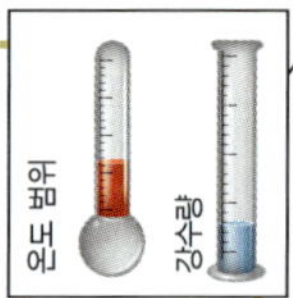

온대 초원(temperate grasslands)은 추운 겨울, 적은 강수량, 그리고 주기적으로 가뭄이 드는 지역에서 발견된다. 수목의 생장은 불량해서 경관은 주로 초본에 의해 점유된다. 비록 원래의 대초원은 거의 남아 있지 않지만, 미국 중심부의 많은 대초원은 온대 초원이다.

열대 삼림

열대 삼림(tropical forests)은 적도 근처의 습하고 더운 기후에서 나타난다. 이들은 우림(rain forest)일 수도 있고, 만약 그 지역의 우기가 건기에 의해 끝난다면 열대 건조림일 수도 있다. 열대 우림에서는 빽빽한 수관이 더 작은 나무와 관목 위로 솟아 있으며 종종 덩굴이 많다. 조밀한 식생으로 인해 다양하고 많은 서식지가 생기며 아주 다양한 동물이 산다.

지중해성 관목지대

지중해성 관목지대(chaparral, 채퍼렐)는 해류에 의해 온화하고 비가 많이 내리는 겨울과, 덥고 건조한 여름이 생기는 연안 지역에서 발견된다. 경관은 상록 관목이 많으며 겨울과 봄 동안 해마다 꽃이 핀다. 지중해성 관목지대의 식물 종은 주기적인 들불에서 생존할 수 있도록 하는 적응을 보인다.

침엽수림

침엽수림(coniferous forests)은 소나무나 솔송나무, 미국 삼나무 같이 솔방울이 생기는 상록수를 많이 포함한다. 북미, 유럽, 그리고 아시아를 가로지르는 거대한 침엽수림대는 지구상에서 가장 큰 육상 생물군계로서 길고 추운 겨울과 짧고 습한 여름이 특징이다.

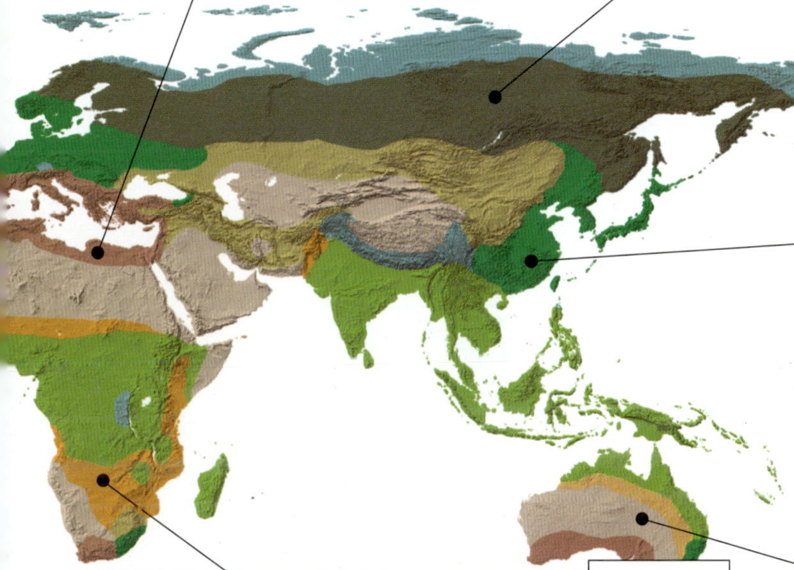

온대 활엽수림

온대 활엽수림(temperate broadleaf forests)은 더운 여름과 추운 겨울, 그리고 비교적 비가 자주 내리는 지역에서 발견된다. 이런 기후는 낙엽이 지는 활엽수가 빽빽이 자라도록 한다. 사실상 원래("오래 전에 성장한")의 온대 활엽수림은 벌목과 개발에 의해 모두 파괴되었다. 오늘날의 숲은 어린 "새로 자란" 종들에 의해 주로 구성된다.

사바나

사바나(savannas)는 덥고 비교적 건조한 기후로서 주로 산재한 초본과 듬성한 나무들을 포함한다. 우기에는 식생이 빠르게 자라 큰 초식동물을 위한 많은 목초를 제공하는데, 이 초식동물 다수가 아프리카 사바나에서만 발견된다. 주기적인 건기 때문에, 사바나의 식물은 화재에서 생존하도록 적응했다. 일부는 땅 밑에서 싹이 트는 반면에 다른 식물들은 화재 이후에 빨리 싹이 트는 단단한 종자를 가진다.

사막

사막(deserts)은 매우 적은 강수량을 가진다. 일부는 사하라 사막같이 뜨겁지만, 고비 사막 같은 다른 사막은 추울 수 있다. 사막에서 생존하는 대부분의 식물은 수분을 저장하는 데 도움을 주는 적응을 진화시켰다. 예를 들어, 많은 선인장은 내부에 물을 저장하므로 통통하다.

! 크게 완전히 자란 사구아로 선인장은 욕조보다 더 많은 물을 저장할 수 있다.

요점

▶ 지구의 육지는 육상생물군계로 나뉜다. 각각은 기온, 강수, 그리고 들불의 출현빈도가 다른 특정 기후에 의해 그 특성이 결정되며, 우점 형태의 식생을 가진다.

? 적도 근처에서만 발견되는 매우 생산성이 높은 생물군계는?

답: 열대우림

12.13

수 생물군계는 지구표면의 많은 부분을 덮고 있다

생태학자들은 지구의 표면(그리고 그 주변)을 일련의 생물군계로 묶는다. 각 생물군계(biome)는 일종의 생태적 군집으로 특정 지역을 점유한다. **수 생물군계**(aquatic biome)는 그들의 무생물적 요인, 특히 염도에 의해 정의된다. 대양이나 산호초 같은 해양 생물군계(marine biome)는 일반적으로 무게당 3%의 염을 가진 물이다. 반면, 호수나 강 같은 담수 생물군계(freshwater biome)는 일반적으로 염농도가 1% 미만이다. 다음에서 여러 가지 수 생물군계를 살펴볼 수 있을 것이다.

담수 생물군계

비록 **담수 생물군계**(freshwater biome)가 지구 표면의 1% 미만을 덮고 있으며 지구 수분의 0.01%만을 포함한다고는 해도, 이들은 지구 생물 종들의 약 6%의 서식지이다. 인간 역시 마실 물과 관개수로, 그리고 현대 문화의 여러 가지 편의성을 위해 여기에 의존한다.

호수와 연못

정체성 담수 수역은 작은 연못에서 거대한 호수까지 다양하다. 생물 군집(조류, 식물, 그리고 동물을 포함하는)이 수심의 깊이와 연안에서의 거리에 따라 널리 분포한다. 광합성 수생조류와 남세균 같은 **식물성 플랑크톤**(phytoplankton)의 성장은 대체로 질소와 인의 가용성에 의존적이다. 이것이 바로 비료 유출과 그로 인한 식물성 플랑크톤의 폭발적 성장이 호수나 연못의 건강에 커다란 영향을 미치는 이유이다.

강과 시내

강이나 시내 같이 흐르는 수역은 보통 발원지 근처에서는 춥고 영양분이 적다. 하류에서는 종종 더 따뜻하고 양분도 축적되어 더 다양한 생물 군집을 지지한다.

습지

늪이나 소택지 등의 **습지**(wetlands)는 물과 육상의 생물군계가 만나는 지역에 형성된다. 일부는 지속되지만 다른 것은 계절적으로만 나타날 수 있다. 그러나 모두 풍부한 영양 공급원을 포함하고 있으며 다양한 생물 군집을 가진다. 이들이 다량의 물을 흡수하고 걸러주기 때문에, 습지는 홍수를 감소시키며 수질을 향상시킨다. 그들의 가치가 인식되면서 습지를 보호하고 회복시키려는 노력이 이루어지고 있다.

중간형 생물군계

육지와 담수 생물군계가 바다를 만나는 곳에서는 독특한 중간형 생물군계가 형성된다.

조간대

바다와 육지가 만나는 곳인 **조간대**(intertidal zone)는, 모래가 많을 수도 있고 바위가 많은 서식지일 수도 있는데, 조류, 따개비, 불가사리, 홍합 등 많은 고착성 생물의 안식처가 된다. 조간대는 주기적으로 파도가 치며 태양에 노출되는 등 독특한 조건을 형성한다.

강어귀

강어귀(estuary)는 담수인 강과 염수인 해양 사이의 전이 생물군계이다. 양분이 풍부한 퇴적물 때문에, 강 하구는 매우 생산성이 높으며 다양한 생물 군집을 부양한다.

해양 생물군계

해양 생물군계는 산호초를 포함하며, 해양 내부는 여러 가지 독특한 영역들로 구성된다.

산호초

산호초(coral reefs)는 따뜻한 열대 바다의 대륙붕 위 투광대에 나타난다. 단단한 골격을 가진 산호 동물이 세대를 거듭하면서 암초를 만든다. 산호초는 서식처와 양식을 제공함으로써 매우 다양한 동물들을 부양한다.

대륙붕(continental shelf)은 해양의 지각판이 얕게 잠겨 있는 지역이다.

원양대(pelagic realm)는 바다에서 개방되어 있는 영역이다.

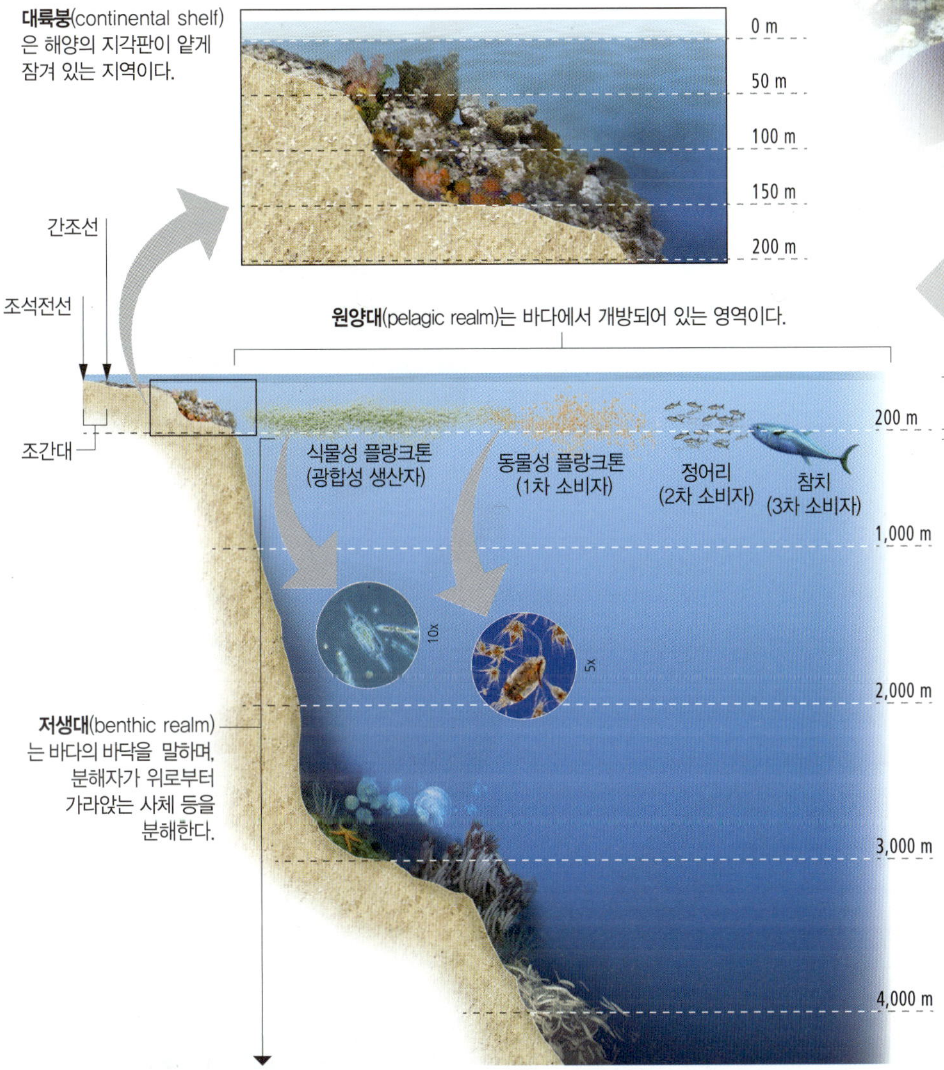

! 전형적인 산호초는 1년에 1인치(2.54 cm)씩 자란다.

투광대(photic zone)는 빛이 투과하여 광합성을 가동시킬 수 있는 물을 말하며, 보통 깊이 650피트(200미터) 정도까지이다. 여기서는 식물성 플랑크톤(광합성 생산자)이 다양한 먹이 사슬의 기초를 형성한다. 동물성 플랑크톤(1차 소비자로 원생생물과 작은 갑각류를 포함한다)은 식물성 플랑크톤을 먹으며 다시 이들은 물고기에 먹히고, 이 물고기는 다시 더 큰 어류에 먹힌다.

저생대(benthic realm)는 바다의 바닥을 말하며, 분해자가 위로부터 가라앉는 사체 등을 분해한다.

무광대(aphotic zone)에는 광합성을 가동할 빛이 도달하지 못한다. 사진의 혹등 아귀(*Melanocetus johnsonii*)같이 이곳에 사는 많은 동물은 다른 동물을 잡아먹는다. 무광대의 다른 서식자는 먹이 활동을 위해 표면으로 떠오르거나, 바다 바닥에 있는 사체의 유기물질을 소비한다. 일반적으로, 무광대의 생물 밀도는 낮다.

심해

해수면에서 1마일(약 1.5 km) 이상 더 내려가면 지각판이 만나는 곳에 열수공(hydrothermal vents)이 존재한다. 이곳에서는 끓는 물과 뜨거운 기체들이 지구 내부로부터 뿜어져 나온다. 일부 원핵생물은 이런 화학물질로부터 직접 에너지를 추출할 수 있기 때문에 독특한 먹이 사슬의 기초를 제공한다. 이런 열수공에서는 여기서 방출되는 화학물질로부터 에너지를 끌어내 사용하는 조류와 관벌레 등을 발견할 수 있다.

요점

▶ 수 생물군계에는 담수 생물군계—강, 시내, 호수, 연못, 그리고 습지—와 해양 생물군계가 포함된다. 조간대는 바다와 육지가 만나는 곳에 있으며 강어귀는 담수와 염수가 만나는 곳에 위치한다.

? 산호초를 부양할 수 있는 유일한 생물군계 지역은?

답: 해양의 투광대

12.14 에너지는 영양 단계를 따라 이동하면서 소실된다

생태계는 생물(생물적 요인이라고 불리는)과 그들에 영향을 미치는 무생물 요소(무생물적 요인이라고 불리는)로 구성된다. 어떤 생태계에서든 가장 중요한 무생물적 요인은 에너지다. 모든 생물은 생명의 과정을 유지하기 위해 지속적인 에너지 공급에 의존한다. 에너지는 대부분 햇빛의 형태로 생태계 내에 들어온다; 생태계 내에서 에너지는 다양한 서식자에 의해 변환되고, 사용되고, 다시 재사용된다; 마지막으로, 에너지는 열의 형태로 생태계를 떠난다. 그러한 에너지 흐름은 생태계 생태학에서 몇 가지 중요한 결과를 가져온다.

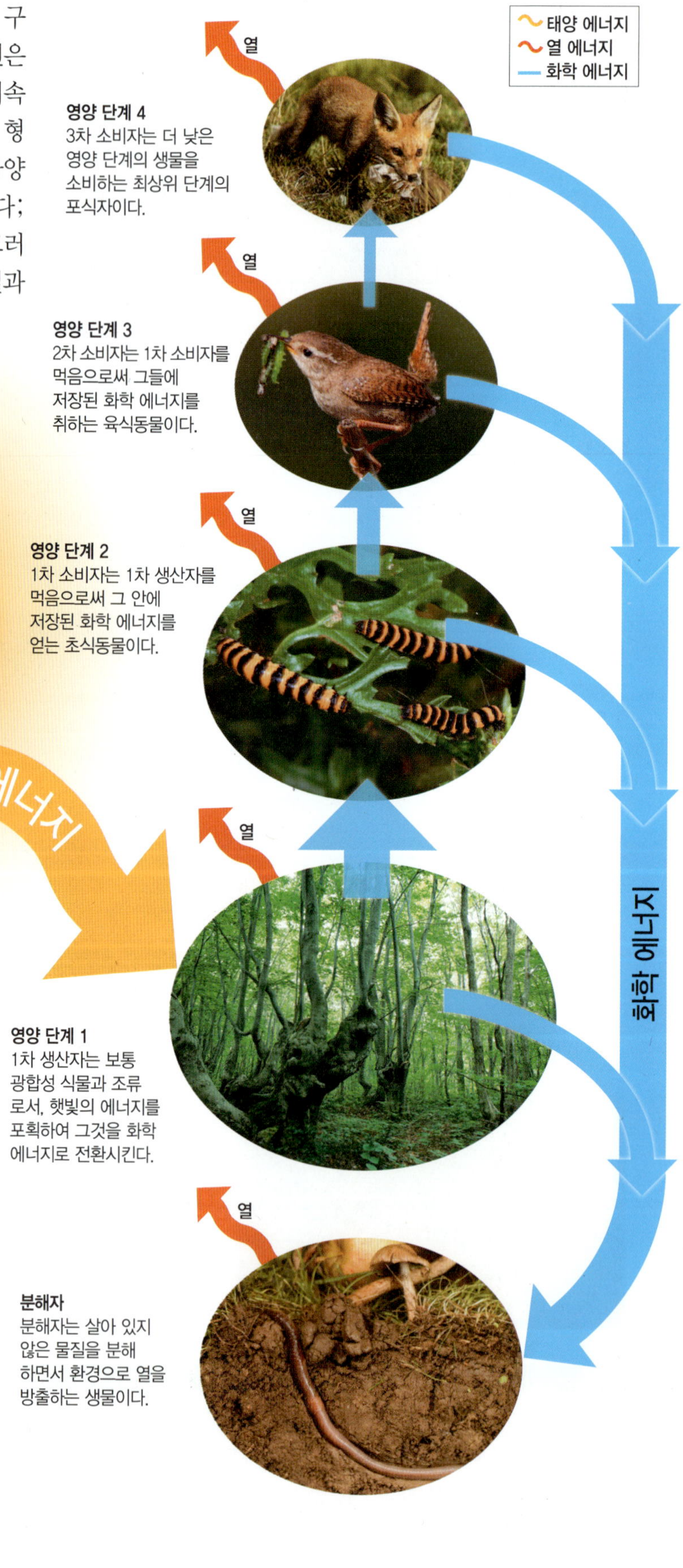

! 하루에 지구에 도달하는 햇빛 에너지는 1억 개의 원자폭탄에 실린 에너지와 맞먹는다.

에너지 흐름

생태학자들은 생물 종들을 먹이 사슬에서의 위치에 따라, 높은 수준의 영양 단계가 낮은 영양 단계를 소비하는 방식의 영양 단계로 묶는다. 에너지가 햇빛의 형태로 생태계 내로 들어온 후에는 **1차 생산자**(primary producers, 식물과 조류 등)가 광합성을 통해 태양 에너지를 화학에너지로 전환시킨다. **1차 소비자**(primary consumers)는 식물을 먹을 때 이 화학 에너지 일부를 사용할 수 있지만, 대부분의 에너지는 열로 소실된다. 다른 소비자를 먹는 더 높은 수준의 포식자들은 이 화학 에너지의 일부를 얻지만 많은 부분을 열로 잃는다. **분해자**(decomposers, 벌레, 곤충, 곰팡이, 그리고 세균 등)는 다른 생물의 잔해를 분해하며 열을 방출한다. 전체적으로, 햇빛에서 생태계 내로 들어오는 지속적 에너지 투입과 지속적으로 열로 나가는 에너지가 균형을 이룬다. 여기 나타낸 생태계의 **영양 구조**(trophic structure)는 어떻게 화학 에너지가 한 단계에서 다음 단계로 이동하는지를 결정하는 먹이 관계를 설명해 준다. 화살표의 두께는 각 영양 단계 사이에서 전이되는 화학 에너지의 상대적인 양을 나타낸다.

1차 생산량

생물량(biomass)은 한 생태계 내에 존재하는 생물 물질의 총량이다; 이것은 생명을 부양할 수 있는 생태계 수용능의 측정값으로 사용될 수 있다. **1차 생산량**(primary production)은 특정 기간 동안 주어진 생태계 내에서 태양 에너지가 생물량으로 전환된 비율을 측정한 것이다. 심해(햇빛이 아주 낮은 비율만 도달하는)는 가장 낮은 생물량 생산율을 가진다. 그러나 심해가 매우 광대하므로, 지구의 총 생물량에 어느 생태계보다 더 많이 기여한다.

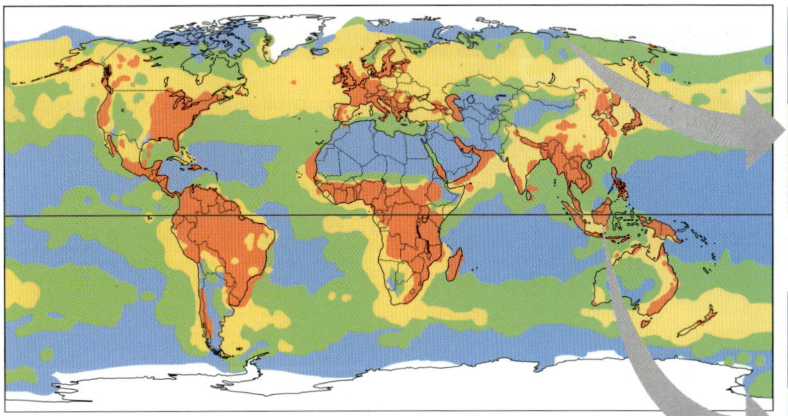

이 지도는 여러 생태계가 1차 생산성을 나타낼 수 있도록 색깔로 표현되었다. 육상에서는 1차 생산성이 온도와 강수에 따라 증가하므로 열대지방의 생산성은 높고 툰드라 지역은 낮다. 바다에서의 1차 생산성은 햇빛과 양분이 풍부한 곳에서 증가하므로 대부분 대륙 근처에서 높다.

툰드라
(낮은 생산성)

열대림
(높은 생산성)

생태 피라미드

화학 에너지가 한 영양 단계에서 다음으로 이동할 때마다, 그 대부분은 열로 소실된다. 예를 들어, 한 지역에 쏟아지는 태양 에너지의 약 1%만이 식물에 의해 화학 에너지로 전환되며, 한 생태계 내의 초식동물은 광합성으로 생산된 식물물질을 먹음으로써 그 에너지의 약 10%만을 얻게 된다. 누적된 에너지 소실은 영양 구조의 각 수준이 그 하위층보다 더 적은 수의 생물만을 부양할 수 있음을 뜻하며, 이것은 그림에서 여러 색으로 칠해진 막대의 두께로 표현되어 있다. 따라서 특정 생태계는 육식성 생물(2차 소비자)보다 더 많은 수의 초식성 생물(1차 소비자)을 부양할 수 있다. 이것은 또한 왜 최상위 수준의 포식자들이 그렇게 드문지를 설명해준다. 이들 각각은 더 낮은 수준의 영양 단계에 있는 많은 수의 피식동물을 요구한다.

영양 단계

1차 소비자

20,000칼로리는 하루에 10명을 부양할 수 있다(1일 1인당 2,000칼로리 소비).

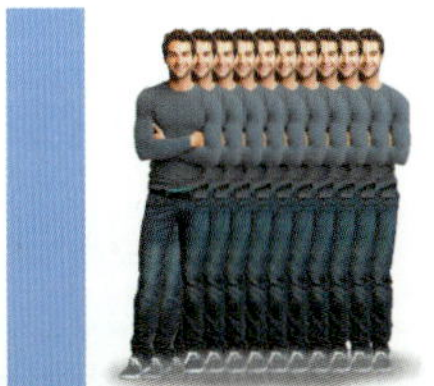

1차 생산자

20,000 칼로리의 유기물질이 1차 생산자에 의해 생산된다.

2,000,000칼로리의 햇빛이 생태계 내로 들어온다.

영양 단계

2차 소비자

2,000칼로리의 소고기는 하루에 한 사람을 부양할 수 있다.

2차 소비자

2,000칼로리의 소고기를 생산하기 위해서 10마리의 소가 20,000칼로리를 먹는다.

1차 생산자

20,000 칼로리의 유기물질이 1차 생산자에 의해 생산된다.

2,000,000칼로리의 햇빛이 생태계 내로 들어온다.

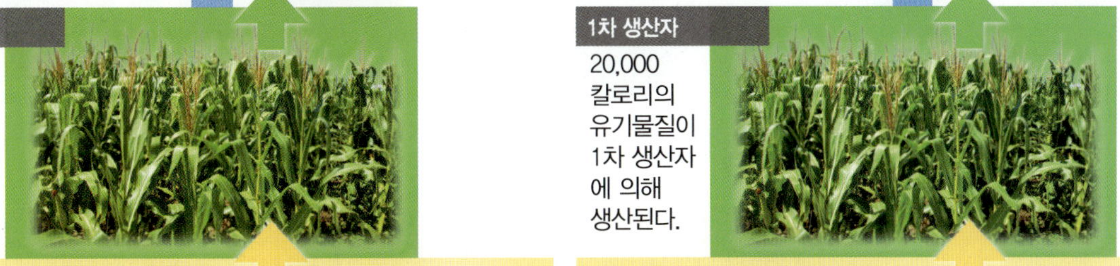

요점

▶ 햇빛의 형태로 에너지가 생태계 내로 들어오며 1차 생산자에 의한 광합성에 의해 화학 에너지로 전환된다. 이후에 다양한 영양 단계의 소비자를 통해 이 에너지가 흐르게 된다. 각 단계에서의 전이 때마다 대부분의 에너지가 열로 소실된다.

? 어째서 피식자의 수는 그들의 포식자보다 훨씬 숫자가 많은가?

답: 영양 단계 사이에서 많은 에너지가 소실되므로 개별 포식자가 살기 위한 에너지를 얻기 위해서는 많은 수의 피식자가 필요하다.

12.15 화학원소는 생물권을 순환한다

지구의 에너지는 태양으로부터 지속적으로 공급되지만, 외계로부터의 화학원소 공급은 미미하다. 대신, 생명은 지속적인 화학원소의 재순환에 의존한다. 모든 생물은 생태계로부터 화학원소를 "빌린다": 양분을 얻어 사용하지만, 결국 생물 물질 내의 모든 원소는 환경으로 돌아간다. 생물요소와 무생물 요소 사이의 교환을 살펴봄으로써 탄소(C)나 질소(N) 같은 특정 화학원소의 생태계 내 흐름을 추적할 수 있다.

화학 순환

오랜 기간에 걸쳐 생태계 내의 어떤 원소의 원자 하나가 어떻게 움직이는지를 추적한다고 상상해 보자. 여러분은 곧 그것이 생물적 요소와 무생물적 요소 사이를 왔다 갔다 한다는 것을 발견하게 될 것이다. 생태계를 관통하는 이런 전체적인 흐름은 **생지구화학적 순환**(biogeochemical cycle)이라고 불린다. 이런 순환은 지역적으로(특정 생태계 내에서) 발생할 수도 있고, 전 지구적으로(생물권 전체에서) 일어날 수도 있다.

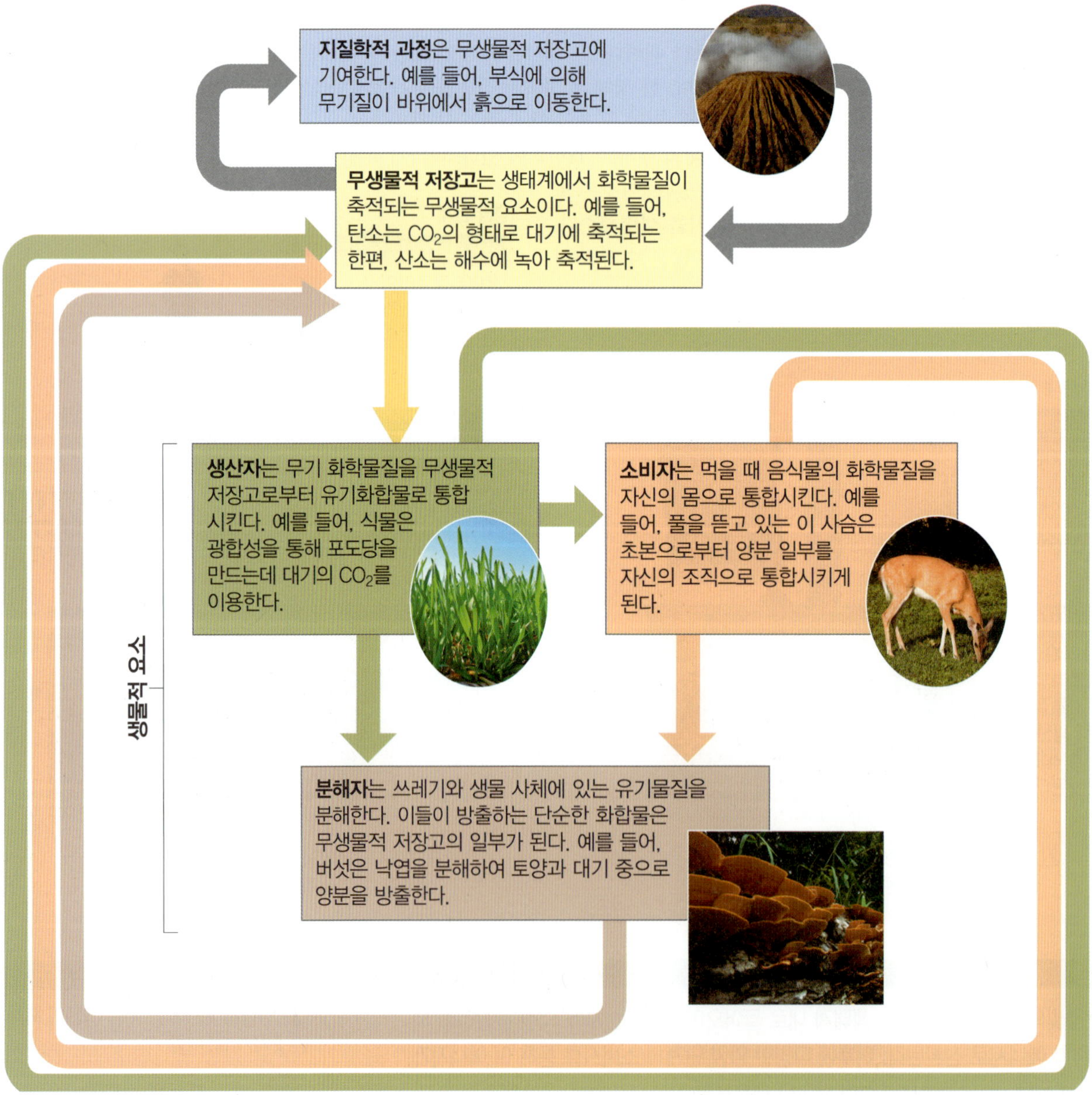

탄소 순환

탄소는 모든 유기분자의 주요 성분이며, 따라서 지구의 모든 생명체의 주요 성분이기도 하다. 탄소의 주요 무생물적 저장고는 해양과 대기(해양과는 차이가 크지만)이다. 광합성은 탄소를 무생물적 저장고(대기)로부터 생물의 생산물(예를 들어, 식물)로 전이시킨다. 반대로, 세포 호흡은 탄소를 살아 있는 세포로부터 다시 대기로 돌려보낸다. 지구적 규모에서는, 광합성으로 대기의 CO_2를 흡수하는 것이 세포 호흡을 통해 CO_2가 다시 되돌려지는 것과 대충 균형을 이룬다. 그러나 이 균형은 인간의 활동(붉게 표시한 것)—주로 화석연료의 연소에 의한 것으로, 대기 중에 머물게 되는 탄소를 방출—에 의해 영향을 받는다.

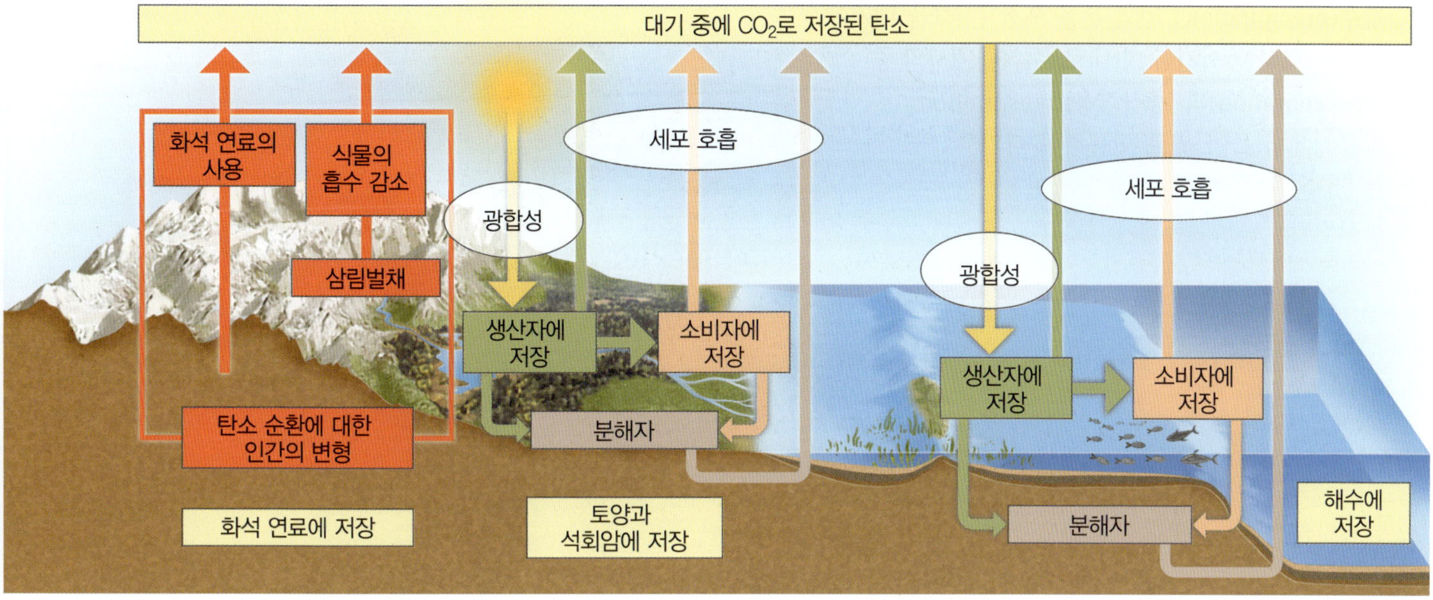

질소 순환

단백질과 핵산의 성분이므로, 질소는 모든 살아 있는 세포의 필수 요소이다. 질소의 무생물적 저장고로는 토양과, 주성분이 N_2 기체로 되어 있는 대기이다. 생물에 의해 사용되기 위해서는 우선 N_2가 질소고정 과정을 거쳐야 하는데, 주로 토양 세균에 의해 N_2가 식물이 흡수할 수 있는 화합물인 질산염(NO_3^-)이나 암모늄염(NH_4^+)으로 전환된다. 탄소 순환에서처럼, 다음 그림은 인간의 활동(붉은색으로 표시)이 이 순환에 크게 영향을 미칠 수 있음을 보여준다.

! 지구적으로, 인간은 매년 1억 6천500만 톤의 질소 비료를 토양에 뿌린다.

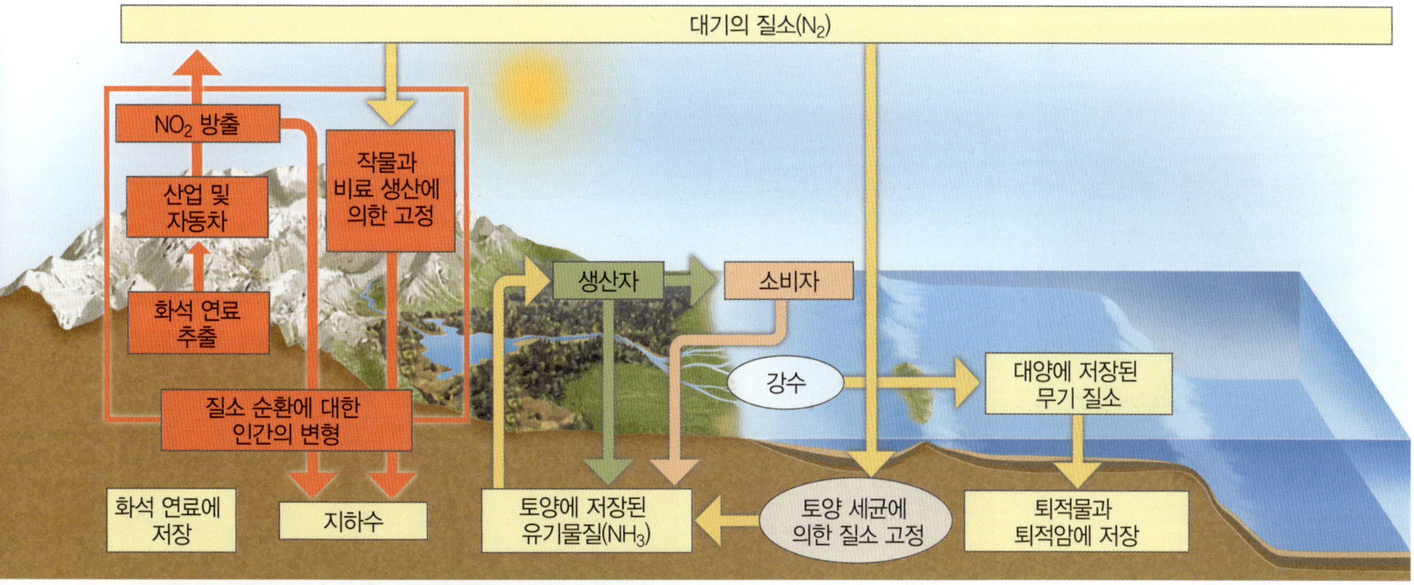

요점

▶ 생물권을 관통하는 화학원소(탄소나 질소 같은)는, 생태계 내의 대기, 토양, 물 같은 무생물적 저장고로부터 생물적 요소들 사이를 왔다 갔다 하면서 순환한다.

? 어떤 과정에 의해 탄소가 생태계의 주요 무생물적 저장고로부터 생물적 요소로 이동되는가?

답: 광합성

12.16

지구의 모든 물은 지구적 순환으로 연결된다

물은 지구의 모든 생태계 내부 및 생태계 사이를 흘러 **지구적 물 순환**(global water cycle)으로 연결된다. 여러 형태의 **강수**(precipitation; 비와 눈을 포함)는 물을 대기에서 땅으로 이동시킨다. 반대로, 수역들에서의 **증발**(evaporation)과 **증산작용**(transpiration; 식물체에서 물이 위로 이동하여 나가는 것)은 물을 땅에서 대기로 이동시킨다.

물이 육지에서 바다로 이동함에 따라 물이 지나가면서 침식이 발생한다. 따라서 강은 지속적으로 퇴적토와 무기물을 바다로 공급하게 된다.

관개시설에 의해 지하수원의 물이 지표로 이동한다. 이것은 땅에서의 증발량을 증가시키고 지표수 공급원을 고갈시킬 수 있다.

식물로부터의 증산작용은 물 순환에서 주요 과정이므로, 삼림의 파괴는 공기 중의 수증기 양을 감소시켜 지구적 영향을 미칠 수 있다. 세계의 열대 우림 다수가 농업을 위해 소각되고 있으며, 이것이 지구적 물 순환을 변화시키고 있다.

! 지구 수분의 거의 98%는 해양에 존재한다; 0.001% 미만의 양만 대기 중에 존재한다.

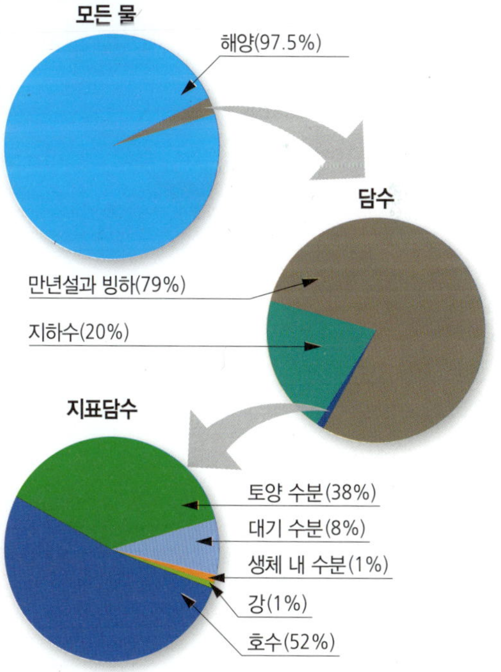

지구 표면에서는 대부분의 물이 해양에 존재한다. 1% 미만의 물만 인간이 접근할 수 있는 담수의 형태로 존재한다.

요점

▶ 지구의 모든 물은 지구적 물 순환으로 연계된다. 해양에서는 물의 전체 순 이동은 바다에서 대기로 향한다. 육상에서는 순 이동이 구름에서 땅으로 향한다.

? 물은 어떻게 바다에서 육지로 이동되는가?

답: 물은 해양에서 증발되어 구름을 형성하고, 그것이 다시 육상에서 강수가 됨으로써 물을 방출한다.

12.17 인간은 여러 가지 생태학적 문제를 일으킨다

인간의 역사를 돌이켜보면, 우리는 점차 식량의 수집과 생산, 환경으로부터의 광물과 자원의 채굴에 익숙해져 왔다. 즉, 일반적으로 우리는 인구의 성장을 유지하기 위해 지구를 이용하는 것에 적응해왔다. 결과적으로 인간의 문명은 번창했다. 그러나 이런 과정에는 대가가 따른다. 인간의 활동은 부정적이고 예측할 수 없는 방식으로 지구 생물권을 변화시키고 있다. 70억 명이 넘는 인구의 종합적 영향과 자원에 대한 인간의 끝없는 추구 때문에 어떤 생물권도 변하지 않고 남아 있는 부분은 없다.

생태 발자국

현 자료에 기초하면, 지구 대부분 국가의 인구는 예측 가능한 미래까지는 지속적으로 증가할 것이다. 지구는 어느 정도의 인구를 부양할 수 있는가? **생태 발자국**(ecological footprint)은 한 사람을 부양하기 위해 필요한 땅의 면적과 물의 양을 추정한 값이다. 이런 방식으로 계산하면, 미국인의 평균 생태 발자국은 지구가 지원할 수 있는 양을 훌쩍 넘어선다; 우리는 너무나 많은 양의 음식과 연료를 소비하고, 너무 많은 물건을 소유하고 있기 때문에 엄청난 생태학적 결핍을 겪고 있다. 실제로, 가장 큰 생태 발자국은 모두 부유한 국가의 것이다.

평균 생태 발자국

여러 나라의 시민들은 매우 다른 생태 발자국을 가지는데, 여기서는 1인당 글로벌 헥타르(면적 단위)로 표현된다. 평균 시민들이 지구가 장기적으로 제공할 수 있는 것보다 더 많은 자원을 사용함에 주목하라.

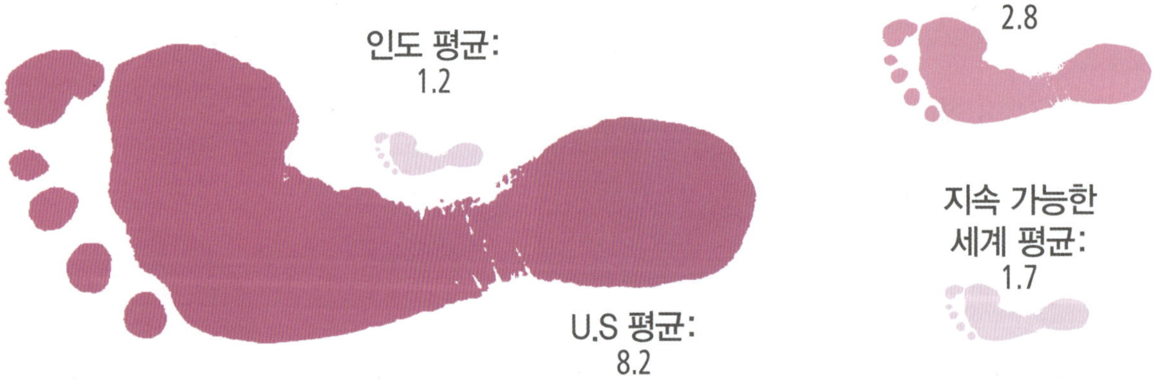

이 지도는 세계의 1인당 생태 발자국을 보여준다. 대부분의 나라에서 그 생태 발자국은 장기적으로 지속 가능한 수준을 넘어선다는 점에 주의하라.

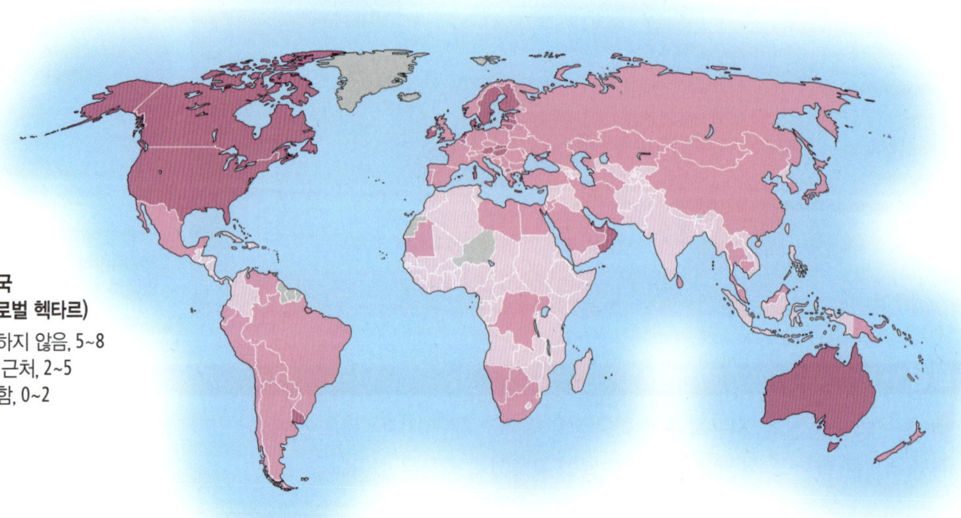

! 미국 한 나라만 해도, 지구 생태 수용능의 23%를 소비한다.

인간은 환경에 영향을 미친다

인간은 생태 자원에 엄청난 영향을 미친다. 인간의 종합적 영향의 결과 여러 자기 형태의 문제가 생겨난다; 그 중 3가지가 다음에 설명되어 있다.

삼림 파괴

우리는 음식, 연료, 안식처, 홍수 조절 같은 생태 서비스 등의 자원을 땅에 의존한다. 그러나 지구 영토의 3/4 가량은 이미 인간에 의해 농업과 도시 개발을 위해 변화되었다. 삼림은 특히 심하게 훼손되었다. 삼림 파괴의 주된 원인은 농업을 위한 청소 과정이다. 많은 숲들이 벌목이나 광업, 도로 건설 혹은 오염으로 인해 파괴되고 있다. 현재의 속도로 삼림이 파괴된다면 숲은 오래 유지되지 못하거나 곧 하나도 남지 않게 될 것이다.

브라질의 이 우림 지역에 대한 위성사진은 얼마나 빨리 삼림 경관이 변할 수 있는지를 보여준다. 농업과 벌목용 도로가 퍼져나가 단 15년 만에 자연 서식지 대부분을 파괴했다.

담수 자원의 고갈

인간은 마실 물 없이는 단 며칠도 살 수 없으므로, 건강한 담수 생태계는 분명히 우리 인간에게 매우 중요하다. 담수 생태계의 가장 큰 위협은 비료 누출, 오염, 건조한 기후에 의한 고갈, 그리고 관개로 인한 지하수 남용 등이다. 세계의 일부 지역은 이미 극심한 물 부족에 시달리고 있다

비료, 세제, 그리고 어러 오염물질을 포함하고 있는 도시 하수가 모인 캘리포니아 오렌지카운티의 오염된 개울

물이 고갈되고 있는 아이다호 보이시 근처의 애로우락 댐(Arrowrock Dam)

급격한 생물종 감소

여기 이 대모바다거북은 보존 프로그램의 일환으로 표지되는 중이다. 이 종은 한때 인도양, 대서양, 태평양 전체에서 흔한 것이었지만, 지금은 **멸종 위기종**(endangered species)으로, 인간 활동으로 인한 서식지 파괴로 인해 급격한 개체수 감소를 보이고 있다. 캐나다 스라소니 같은 **멸종 위협종**(threatened species)은 곧 위기종이 될 가능성이 높은 종이다.

한 연구자가 멸종 위기종인 대모바다거북(*Eretmochelys imbricata*)에게 표식을 달고 있다.

멸종 위협종인 캐나다 스라소니(*Lynx canadensis*)

요점

▶ 인간이 생존하기 위해서는 지속적인 지구 생태계의 건강이 필수적이지만, 우리는 여러 가지 방식으로 생태계의 건강을 위협한다.

? 멸종 위기종과 멸종 위협종 사이의 차이는 무엇인가?

답: 위기종은 빠르게 숫자가 감소하는 종이며, 위협종은 곧 위기 종이 될 가능성이 높은 종이다.

12.18 인간은 생태학적 문제를 해결할 수 있다

비록 인간의 활동이 많은 환경문제의 원인이기는 하지만, 우리는 또한 많은 손상을 수리하고 역전시킬 수 있는 힘을 가지고 있다. 생태학은 문제를 가리키는 것에만 유용한 것이 아니라 문제 해결의 기초이기도 하다. **보존 생물학**(conservation biology)은 진화적 적응의 기본 재료인 유전적 다양성을 유지하고 생태계를 지속시킴으로써, 생물다양성의 손실을 밝혀 그것을 역전시키고자 한다. **복원 생태학**(restoration ecology) 분야는 생태학적 원리들을 이용하여 손상 지역을 회복시키고자 한다. 두 분야 모두 중요하고 확장일로에 있으며 중요한 발전을 이룩하고 있다.

생물다양성의 보호

생물다양성을 보호하는 가장 쉬운 방법은 땅이나 바다의 특정 지역 내에 개발 제한 구역을 지정함으로써 서식지 파괴를 막는 것이다. 태국, 벨리즈, 그리고 크로아티아 같은 여러 나라는 육지의 자연 유산을 보호하기 위해 많은 노력을 기울여왔다.

벨리즈의 홀찬 해양 보호구역(Hol Chan Marine Reserve)에서 한 스노클러가 자연을 즐기고 있다.

멸종 위기종인 반텡 한 무리가 태국의 후아이카켕 야생동물 보호구역(Huai Kha Khaeng Wildlife Sanctuary)에 살고 있다.

! 세계에서 가장 큰 보호지역은 쿡 아일랜드를 둘러싸고 있는 해양 보호구역인 마라이 모아나(Marae Moana)로서, 대략 멕시코 정도의 크기이다.

종 회복

오늘날에는 인간의 활동이 가장 일반적인 멸종의 원인이기는 하지만, 우리는 또한 위기종이나 멸종 위협종을 보존하기 위한 활동을 할 수도 있다. 사람들이 그런 활동을 시작하면, 생물종의 회복 역시 극적일 수 있다. 예를 들어, 대머리 독수리는 서식지 소실과 환경 독소, 특히 살충제인 DDT 때문에 미국에서만 48마리 이하로 감소했다. 보존 노력 덕분에, 1963년에 살아 있었던 100여 쌍의 독수리로부터 현재 10,000쌍 이상의 독수리가 생겨났다.

알래스카 카트마이 국립공원 내의 둥지에 있는 어린 대머리 독수리(*Haliaeetus leucocephalus*)

고립 감소

개별 종들을 구하는 것을 넘어, 보존 생태학자들은 전체 생태계의 생물다양성을 지키는 것을 목표로 삼는다. 가장 해로운 형태의 서식지 파괴는 **단편화**(fragmentation)로서, 작은 개체군들이 서로 고립되도록 만드는 서식지 분리이다. 단편화를 치유하기 위한 한 가지 전략은 이동 통로를 만들어주는 것인데, 고립된 조각들을 연결시킬 수 있는 좁지만 적절한 서식지를 만들어주는 것이다. 이런 생태 통로는 과도하게 개발된 지역을 통과할 수 있도록 하여 동물의 이주를 돕는데, 특히 계절에 따라 이주하는 동물을 위해서는 더욱 필요하다. 이것은 개체군이 고립될 때 발생할 수 있는 계통내 교배를 줄일 수 있다.

네덜란드의 이 다리는 길에 의해 분리된 양쪽 지역을 동물이 건널 수 있도록 해준다.

생물학적 환경정화

복원 생태학자들은 종종 오염된 생태계를 해독하기 위해 살아 있는 생물을 이용하는 **생물학적 환경 정화**(bioremediation, 생물치료)에 의존하곤 한다. 예를 들어, 자연적으로 토양의 독소를 축적시키는 식물은 자연 재해나 인간에 의해 유발된 사고에 의해 황폐화된 지역을 청소하는 데 사용될 수 있다.

2011년 일본의 후쿠시마 핵 재앙 이후, 자연적으로 중금속 독소들(납 같은)을 토양에서 제거할 수 있도록 작업자들이 해바라기를 심고 있다.

지속 가능한 개발

현대의 생태학적 관행이 야생생물과 그들이 살고 있는 생태계를 보존하는 것인 반면에, 소수의 생물학자들은 모든 야생생물을 멀찌감치 가둬두고 어떤 사용목적으로부터도 보호되도록 하자고 할 수도 있다. 보다 현실적인 목표는 **지속 가능한 개발**(sustainable development)을 이루는 것으로, 지구 자원의 책임감 있는 관리와 보존이라고 할 수 있다. 지속 가능한 개발의 목표는 지구 생태계가 영원히 생산성을 유지하도록 하는 것이다. 비록 생물권이 위험에 처해 있지만, 생태학자들은 아직 희망이 남아 있는 동안 합리적이고 과학적인 정책이 우리가 지금 올바른 행동을 취할 수 있게 하기를 희망한다.

지속 가능한 연료원 개발을 위해, 한 바이오매스 연구 프로젝트의 일환으로 어린 나무들이 수확되고 있다.

학생들은 교육을 통해 우리 생물권을 보호해야 할 필요를 점차 깨닫게 된다.

요점

보존 생물학자들과 복원 생태학자들은 보호 영역을 만들고, 종 회복을 도우며, 생태계를 보존하고 복원하며, 지속 가능한 개발을 독려함으로써 생물다양성을 유지하고자 노력한다.

? 이동 통로가 어떻게 유전적 생물다양성 소실을 감소시킬 수 있는가?

답: 통로가 없다면 고립되었을 개체군이 서로 상호작용하고 교배할 수 있도록 함으로써 계통 내 교배를 감소시킬 수 있다.

12.19 인간의 활동으로 온실 기체가 증가하고 있다

온실 기체(greenhouse gases)는 공기 중의 화학물질들로, 지구 대기 내에 열을 잡아 가둔다. 이런 기체로는 이산화탄소(CO_2), 메탄(CH_4), 아산화질소(N_2O), 그리고 수증기(H_2O)이다. 온실 기체는 지구를 온화하게 하여 생물이 서식 가능한 곳으로 만들어주지만, 그 효과는 인간의 활동에 의해 지나치게 증폭되어 왔다. 결과적으로, 대기 중의 온실 기체 농도가 증가 중이며, 이로 인해 날씨와 기후의 지구적 패턴이 변화하고 있다.

대기의 CO_2

대부분의 과학자는 인간의 활동이 온실 기체의 농도를 증가시켰음을 확신한다. 늘어나는 이산화탄소의 대부분이 인간의 어떤 한 가지 활동 때문이라고는 할 수 없지만, 많은 부분을 기여하는 활동으로는 발전소와 교통에 관한 것이라고 할 수 있다. 대기 이산화탄소의 모든 근원이 인위적인 것은 아니다: 모든 생명체는 세포 호흡의 부산물로 이산화탄소를 만든다. 반대로, 이산화탄소는 식물과 수생 조류의 광합성 과정에 의해 대기로부터 제거된다. 전체적으로, 광합성에 의한 이산화탄소의 흡수는 대략 세포 호흡에 의해 방출되는 양과 비슷하다. 그러나 화석 연료 및 삼림 벌채로 얻은 목재의 연소는 균형을 이런 균형을 깨트려 대기 중으로 방출되는 이산화탄소의 양이 흡수될 수 있는 것보다 더 많아지도록 한다.

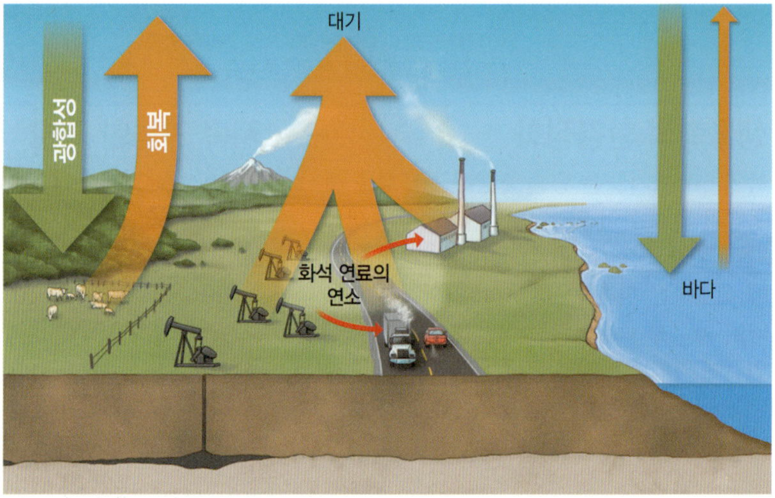

CO_2의 생성과 처리. 화살표의 두께는 출입되는 CO_2의 양을 나타낸다.

원그래프는 미국에서 대기 중의 CO_2를 증가시키는 원인들의 기여 수준을 보여준다.

출처: 미국 내 온실 기체의 방출과 저장고 목록, 환경보호국(2016)

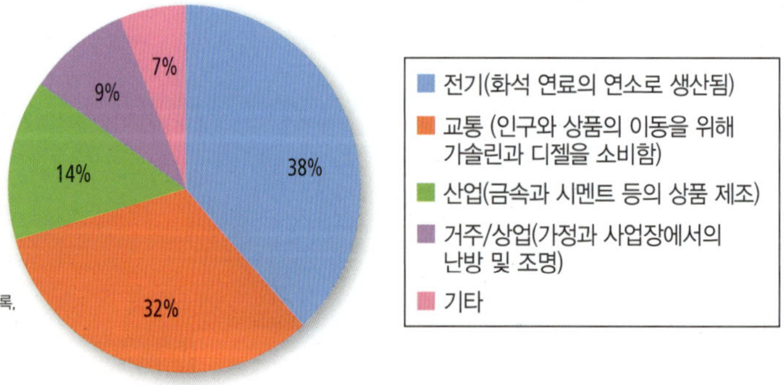

온실 기체의 증가

1800년대에 산업혁명이 시작된 이래로, 대기의 온실 기체 농도는 계속해서 증가해왔다. 현재 주요 온실 기체인 CO_2의 농도는 지난 80만 년 동안의 어느 때보다도 높은 수준이다.

! 과학자들은 80만년 된 얼음 속에 갇힌 기포 내의 기체 농도를 측정할 수 있다.

온실 기체의 농도

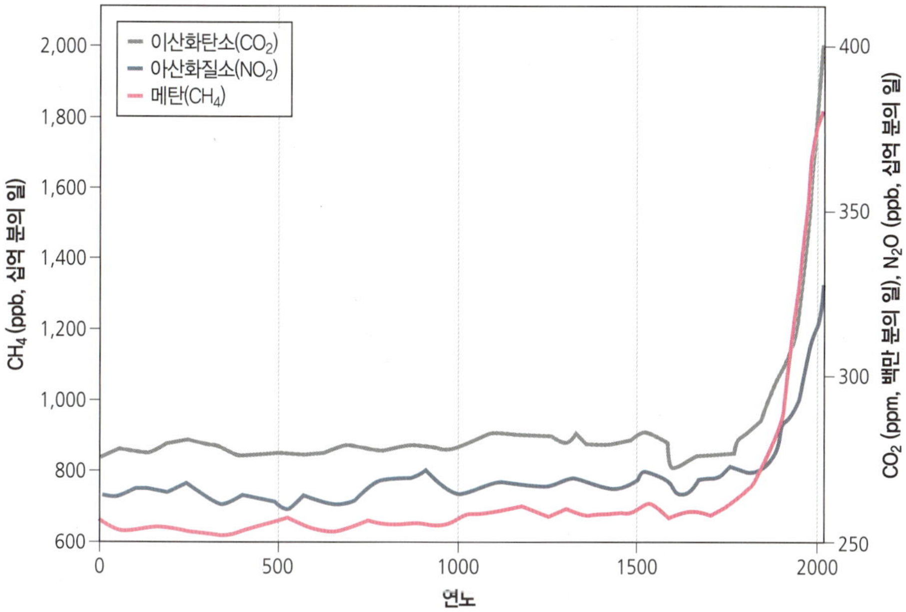

출처: 기후변화 2013: 물리학 기반: 국제 기후변화 위원회(IPCC)의 5차 보고서, IPCC 사무국 & 미국 환경보호국.

이 그래프에 나타낸 세 가지 온실 기체의 수준은 모두 다 1800년대의 산업혁명 이후 급속히 증가했다. 사실, 20세기 이전의 65만 년 동안 대기 중의 CO_2 농도는 300 ppm을 넘지 않았다. 2016년에는 대기 CO_2의 평균 농도가 404 ppm이었으며 계속해서 증가 중이다.

온실 효과

왜 지구의 기온이 증가할까? 햇빛(태양 에너지)이 지구에 닿으면, 그 중 대부분은 반사되어 대기에서 열로 방출된다. 대기 중의 온실 기체는 이 열의 일부를 다시 아래쪽으로 반사시킨다. 정원의 온실 내에서도 비슷한 효과가 발생한다: 햇빛이 들어와 표면을 데운다; 이 열은 다시 공기 내에 갇혀 온실을 데운다. 본질적으로, 온실 기체는 대기의 이불로 작용함으로서 열을 가둔다. 더 많은 온실 기체가 존재할수록 더 많은 열이 갇힌다. 온실 효과는 지구상에 생명이 존재하는 데 필수적이다; 만약 온실 기체가 없다면, 지구 표면의 대부분은 생물이 살 수 없을 만큼 추울 것이다. 그러나 인간이 만들어낸 온실 기체의 축적은 점차 지구를 덥게 하여 지구적 기후변화를 유발하고 있다.

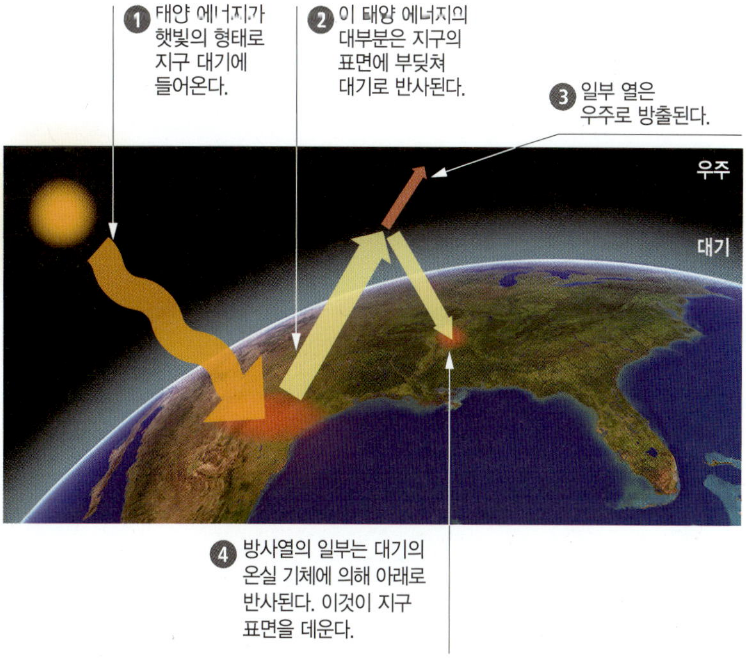

요점

▶ 에너지 생산, 교통, 그리고 삼림의 벌채 같은 인간의 활동이 대기의 온실 기체 농도를 증가시키고 있다.

? 제시된 자료에 따르면, 대기에서 온실 기체를 가장 많이 방출하는 것은 무엇인가?

부록 A: 단위 환산표

측정	단위와 약어	미터법	대략적 전환 인자 (미터법에서 영국식 단위로)	대략적 전환 인자 (영국식 단위에서 미터법으로)
길이	1 kilometer (km)	= 1,000 (10^3) meters	1 km = 0.6 mile	1 mile = 1.6 km
	1 meter (m)	= 100 (10^2) centimeters	1 m = 1.1 yards	1 yard = 0.9 m
		= 1,000 millimeters	1 m = 3.3 feet	1 foot = 0.3 m
			1 m = 39.4 inches	
	1 centimeter (cm)	= 0.01 (10^{-2}) meter	1 cm = 0.4 inch	1 foot = 30.5 cm
				1 inch = 2.5 cm
	1 millimeter (mm)	= 0.001 (10^{-3}) meter	1 mm = 0.04 inch	
	1 micrometer (μm)	= 10^{-6} meter (10^{-3} mm)		
	1 nanometer (nm)	= 10^{-9} meter (10^{-3} μm)		
	1 angstrom (Å)	= 10^{-10} meter (10^{-4} μm)		
면적	1 hectare (ha)	= 10,000 square meters	1 ha = 2.5 acres	1 acre = 0.4 ha
	1 square meter (m^2)	= 10,000 square centimeters	1 m^2 = 1.2 square yards	1 square yard = 0.8 m^2
			1 m^2 = 10.8 square feet	1 square foot = 0.09 m^2
	1 square centimeter (cm^2)	= 100 square millimeters	1 cm^2 = 0.16 square inch	1 square inch = 6.5 cm^2
질량	1 metric tonne (t)	= 1,000 kilograms	1 t = 1.1 tons	1 ton = 0.91 t
	1 kilogram (kg)	= 1,000 grams	1 kg = 2.2 pounds	1 pound = 0.45 kg
	1 gram (g)	= 1,000 milligrams	1 g = 0.04 ounce	1 ounce = 28.35 g
			1 g = 15.4 grains	
	1 milligram (mg)	= 10^{-3} gram	1 mg = 0.02 grain	
	1 microgram (μg)	= 10^{-6} gram		
부피(고체)	1 cubic meter (m^3)	= 10^6 cubic centimeters	1 m^3 = 1.3 cubic yards	1 cubic yard = 0.8 m^3
			1 m^3 = 35.3 cubic feet	1 cubic foot = 0.03 m^3
	1 cubic centimeter (cm^3 or cc)	= 10^{-6} cubic meter	1 cm^3 = 0.06 cubic inch	1 cubic inch = 16.4 cm^3
	1 cubic millimeter (mm^3)	= 10^{-9} cubic meter (10^{-3} cubic centimeter)		
부피(액체와 기체)	1 kiloliter (kL or kl)	= 1,000 liters	1 kL = 264.2 gallons	1 gallon = 3.79 L
	1 liter (L)	= 1,000 milliliters	1 L = 0.26 gallon	1 quart = 0.95 L
			1 L = 1.06 quarts	
	1 milliliter (mL or ml)	= 0.001 (10^{-3}) liter	1 mL = 0.03 fluid ounce	1 quart = 946 mL
		= 1 cubic centimeter	1 mL = 1/4 teaspoon	1 pint = 473 mL
			1 mL = 20 drops	1 fluid ounce = 29.6 mL
	1 microliter (μL or μl)	= 10^{-6} liter		1 teaspoon = 4.9 mL
		= 10^{-3} milliliter		
시간	1 second (s)	= 1/60 minute		
	1 millisecond (ms)	= 0.001 (10^{-3}) second		
온도	Degrees Celsius (°C)		$°F = \frac{9}{5}°C + 32$	$°C = \frac{5}{9}(°F - 32)$

부록 B: 원소 주기율표

이름 (기호)	원자 번호	이름 (기호)	원자 번호	이름 (기호)	원자 번호	이름 (기호)	원자 번호	이름 (기호)	원자 번호
Actinium (Ac)	89	Copper (Cu)	29	Iron (Fe)	26	Phosphorus (P)	15	Sulfur (S)	16
Aluminum (Al)	13	Curium (Cm)	96	Krypton (Kr)	36	Platinum (Pt)	78	Tantalum (Ta)	73
Americium (Am)	95	Darmstadtium (Ds)	110	Lanthanum (La)	57	Plutonium (Pu)	94	Technetium (Tc)	43
Antimony (Sb)	51	Dubnium (Db)	105	Lawrencium (Lr)	103	Polonium (Po)	84	Tellurium (Te)	52
Argon (Ar)	18	Dysprosium (Dy)	66	Lead (Pb)	82	Potassium (K)	19	Terbium (Tb)	65
Arsenic (As)	33	Einsteinium (Es)	99	Lithium (Li)	3	Praseodymium (Pr)	59	Thallium (Tl)	81
Astatine (At)	85	Erbium (Er)	68	Livermorium (Lv)	116	Promethium (Pm)	61	Thorium (Th)	90
Barium (Ba)	56	Europium (Eu)	63	Lutetium (Lu)	71	Protactinium (Pa)	91	Thulium (Tm)	69
Berkelium (Bk)	97	Fermium (Fm)	100	Magnesium (Mg)	12	Radium (Ra)	88	Tin (Sn)	50
Beryllium (Be)	4	Flerovium (Fl)	114	Manganese (Mn)	25	Radon (Rn)	86	Titanium (Ti)	22
Bismuth (Bi)	83	Fluorine (F)	9	Meitnerium (Mt)	109	Rhenium (Re)	75	Tungsten (W)	74
Bohrium (Bh)	107	Francium (Fr)	87	Mendelevium (Md)	101	Rhodium (Rh)	45	Uranium (U)	92
Boron (B)	5	Gadolinium (Gd)	64	Mercury (Hg)	80	Roentgenium (Rg)	111	Ununoctium (Uuo)	118
Bromine (Br)	35	Gallium (Ga)	31	Molybdenum (Mo)	42	Rubidium (Rb)	37	Ununpentium (Uup)	115
Cadmium (Cd)	48	Germanium (Ge)	32	Neodymium (Nd)	60	Ruthenium (Ru)	44	Ununseptium (Uus)	117
Calcium (Ca)	20	Gold (Au)	79	Neon (Ne)	10	Rutherfordium (Rf)	104	Ununtrium (Uut)	113
Californium (Cf)	98	Hafnium (Hf)	72	Neptunium (Np)	93	Samarium (Sm)	62	Vanadium (V)	23
Carbon (C)	6	Hassium (Hs)	108	Nickel (Ni)	28	Scandium (Sc)	21	Xenon (Xe)	54
Cerium (Ce)	58	Helium (He)	2	Niobium (Nb)	41	Seaborgium (Sg)	106	Ytterbium (Yb)	70
Cesium (Cs)	55	Holmium (Ho)	67	Nitrogen (N)	7	Selenium (Se)	34	Yttrium (Y)	39
Chlorine (Cl)	17	Hydrogen (H)	1	Nobelium (No)	102	Silicon (Si)	14	Zinc (Zn)	30
Chromium (Cr)	24	Indium (In)	49	Osmium (Os)	76	Silver (Ag)	47	Zirconium (Zr)	40
Cobalt (Co)	27	Iodine (I)	53	Oxygen (O)	8	Sodium (Na)	11		
Copernicium (Cn)	112	Iridium (Ir)	77	Palladium (Pd)	46	Strontium (Sr)	38		

용어해설

ㄱ

가계도 pedigree 부모와 자손들에서 나타나는 유전성 형질을 숫자와 세대를 사용하여 표현한 가족 관계도.

가는 필라멘트 thin filament 단백질인 액틴으로 구성되어 있으며, 근절을 구성하는 두 가지 형태의 필라멘트 중 더 가는 것.

가설 hypothesis(pl. hypotheses) 관찰된 특정 현상에 대해 과학자가 제시한 잠정적 설명.

가수분해 반응 hydrolysis reaction 거대분자에서, 그들의 단위체들을 연결시키는 결합에 물 분자가 추가됨으로써 분해되는 화학적 반응. 가수분해 반응은 탈수 축합반응의 반대 과정이다.

간 liver 척추동물의 신체에서 가장 큰 기관. 간은 쓸개즙을 만들고, 질소를 포함한 노폐물을 처리하며, 혈액 속의 독성 화합물을 중화시키는 등의 다양한 기능을 수행한다.

간균 bacillus(pl. bacilli) 막대기 모양의 원핵세포.

간기 interphase 진핵세포 주기에서 세포가 실질적으로 분열하지 않을 때의 시기.

간질액 interstitial fluid 신체의 세포들을 둘러싸고 있는 수용액. 이를 통해 물질들이 혈액과 체조직 사이를 왕래한다.

감각 수용기 sensory receptor 외부 세계의 자극을 추적하여 중추신경계에 정보를 전달하는 세포.

감수분열 meiosis 유성생식하는 생물에서, 생식기관 내의 이배체 세포로부터 반수체의 세포를 만드는 세포분열 과정.

갑각류 crustacean 바닷가재, 가재, 게, 새우, 그리고 따개비들을 포함하는 절지동물의 주요 그룹.

갑상선 thyroid gland 목에 위치하고 있는 내분비선(샘). 산소 소비와 대사율을 증가시키고, 발달과 성숙을 조절하도록 돕는 호르몬을 분비한다.

강수/침전 precipitation 기체가 액체로 변화되는 과정. 예를 들어, 물은 구름에서 비가 되어 떨어진다.

개시 코돈 start codon mRNA 상에서의 특수한 세 뉴클레오타이드 서열(AUG)로, 여기에 개시 tRNA 분자가 결합하여 유전정보의 번역을 시작한다.

개체군, 집단 population 같은 시기에 같은 지리적 영역 내에서 살고 있으며, 단일 종에 속하는 상호작용 개체들의 집단.

개체군 밀도 population density 서식지 면적이나 부피당 한 종의 개체들 수.

개체군 생태학 population ecology 한 개체군의 구성원들이 어떻게 그들의 환경과 상호작용하는지, 개체군 밀도와 생장에 영향을 미치는 요인들에 초점을 맞추어 연구하는 것.

거대분자 macromolecule 더 작은 분자들을 연결함으로써 형성되는 거대한 분자들. 거대분자들에는 단백질, 다당류, 그리고 핵산이 포함된다.

거미류 arachnid 거미, 전갈, 진드기 등을 포함하는 주요 절지동물 그룹의 구성원.

검정교배 testcross 어떤 특징에 대해 미지의 유전자형을 가진 개체와, 그 특징에 대해 동형접합성 열성인 개체를 교잡하는 것.

겉씨식물 gymnosperm 종자가 나출되어 있는 식물. 종자가 씨방에 둘러싸여 있지 않기 때문에 겉으로 드러난 씨라고 설명된다.

결합조직 connective tissue 풍부한 세포외 기질에 담겨 있는 세포들로 이루어진 조직.

경골어류 bony fish 칼슘염으로 단단해진 골격을 가지는 물고기.

경쟁 배타의 원리 competitive exclusion principle 서로 다른 두 종 개체군은 그들의 생태적 지위가 거의 동일하다면 한 군집 내에 공존할 수 없다는 개념. 더 효과적으로 자원을 이용하고 생식적 이점을 얻음으로써, 한 종이 결국 다른 하나를 압도하여 제거한다.

경쟁적 저해제 competitive inhibitor 효소의 활성 자리에 결합하여 실제 기질이 결합하지 못하게 방해함으로써 효소 활성을 감소시키는 물질.

계 kingdom 분류학에서, 문(phylum) 위의 넓은 분류학적 범주.

계통 분류학 systematics 생물을 분류하고 그들의 진화적 관계를 결정하는 데 집중하는 생물학의 한 분야.

계통수 phylogenetic tree 생물들 사이의 진화적 관계에 대한 가설을 나타내주는 분지형 도표.

고세균 Archaea 생명의 두 가지 원핵생물 영역 중 하나. 다른 하나는 진정세균이다.

고혈압 hypertension 지속적으로 수축기 혈압이 140 이상이고, 이완기 혈압이 90 이상을 나타내는 비정상적으로 높은 혈압. 이런 조건은 여러 가지 심각한 심혈관계 질환을 일으킬 수 있다.

골격계 skeletal system 신체의 지탱, 뇌나 심장 그리고 폐 같은 기관의 보호, 근육을 고정시키는 기능을 하는 기관계.

골격근 skeletal muscle 골격에 붙어 있는 가로무늬근. 가로무늬근의 수축은 신체를 마음대로 움직일 수 있도록 한다.

골지 기관 Golgi apparatus 소포체의 산물들을 받아 변형시키고, 저장하고, 실어 나르는 막성 주머니들의 더미로 이루어지는 진핵세포 내 세포 소기관.

곰팡이류/진균류 fungus(pl. fungi) 화학종속영양성 진핵생물로서 음식물을 체외에서 소화시켜 생기는 작은 양분 분자들을 흡수한다. 대부분의 곰팡이는 균사라고 부르는 섬유상 망상 덩어리로 구성된다. 곰팡이들, 버섯, 그리고 효모는 모두 진균류에 속한다.

공생의 symbiotic 서로 다른 종의 구성원들이 가까운 물리적 관계인 공생관계를 유지하는 것.

공우성 codominant 이형접합성 개체가 두 대립유전자의 형질을 모두 드러내는 유전양식.

공유결합 covalent bond 최외각의 전자들을 한 쌍 이상 공유하는 원자들 사이의 인력.

과당 fructose 화학식이 $C_6H_{12}O_6$로서 여러 과일에서 발견되는 단당류; 과일 당으로도 불린다.

과일 fruit 꽃의 씨방이 익어서 두터워진 것으로 휴면 상태의 종자를 보호하고 이들의 산포를 돕는다.

과학 science 의문을 통해 자연계를 이해하려는 접근.

과학 문헌 scientific literature 과학자의 원작을 보고하는 학문적 출판물.

과학적 방법 scientific method 현상을 관찰하고, 그 현상에 관한 가설을 만들며, 그 가설의 진위를 증명할 수 있는 실험을 하고, 그 가설의 진실을 입증하거나 변화시키는 결과를 얻는 과정을 포함하는 과학 탐구의 방법.

관다발 조직 vascular tissue 서로 연결되어 물과 양분을 식물체 전체로 수송하는 도관을 만드는 세포들로 구성되는 식물 조직. 물관과 체관이 관다발조직을 형성한다.

관절 joint 복잡한 움직임을 가능하게 하는, 뼈들이 만나는 자리.

관족 tube feet 극피동물의 몸체에서, 움직이거나 피식자를 움켜쥐는 데 이용하는 빨판 달린 돌기.

관찰 연구 observational study 검사 대상을 관찰하지만 조작하지는 않는 과학 실험.

광계 photosystem 엽록체 틸라코이드막의 빛 수확 단위; 수백 분자들의 반응중심 엽록소와 1차 전자 수용체들로 구성되어 있다.

광합성 photosynthesis 식물, 조류, 그리고 일부 세균이 빛 에너지를 당의 결합에 저장되는 화학적 에너지로 바꾸는 과정. 이 과정에는 이산화탄소(CO_2)와 물(H_2O)의 투입이 필요하고 부산물로 산소 기체(O_2)가 생산된다.

교차 crossing over 감수분열 전기 I 중에 상동염색체들의 염색분체들 사이에서 발생하는 분절의 교환.

구강 oral cavity 음식물이 동물의 신체 내부로 들어가도록 하는 구멍; 입이라고도 불린다.

구균 coccus(pl. cocci) 둥근 형태의 원핵세포.

군락 colony 동일 종의 구성원들로 이루어진 집단으로, 보통 원핵생물이나 원생생물이 가까이 부착해서 사는 것을 말한다.

군집 community 특정 지역 내에서 거주하며 잠재적으로 상호작용하는 모든 생물; 서로 다른 종으로 이루어진 집단의 모임.

굵은 필라멘트 thick filament 단백질인 미오신으로 구성되어 있으며 근절을 구성하는 두 가지 필라멘트 중 더 굵은 것.

귀두 glans 여성에서는 음핵의, 남성에서는 음경의 둥글고 매우 예민한 끝 부분.

균근 mycorrhiza(pl. mycorrhizae) 식물의 뿌리와 진균이 모두 이로운 공생 관계.

균사 hypha(pl. hyphae) 진균의 몸체를 구성하는 많은 섬유구조 중 하나.

균사체 mycelium(pl. mycelia) 진균에서 조밀하게 분지된 균사들의 네트워크.

그라눔 granum(pl. grana) 엽록체에서 틸라코이드막으로 이루어져 있는 속이 빈 원판들의 더미. 그라나는 빛 에너지가 엽록소에 의해 포획되어 광합성의 명반응 동안 화학 에너지로 변환되는 곳이다.

그래프 graph 자료를 보여주는 그림의 방식. 일반적인 형태의 그래프로는 선 그래프, 막대 그래프, 원 그래프 등이 있다.

극빙 polar ice 북극 툰드라와 남극의 고위도에 위치한, 매우 춥고 낮은 강수량을 보이는 지역들을 포함하는 육상생물군계.

극성 결합 polar bond 극성 공유결합이라고 불린다; 전자 친화도가 서로 다른 원자들 사이에서의 공유결합. 공유된 전자들은 한쪽의 원자에 더 가깝게 당겨져 그것을 살짝 음전하가 되도록 하고, 다른 쪽 원자는 약간 양전하를 띠게 한다.

극피동물 echinoderm 딱딱하거나 가시가 있는 피부, 수관계, 전형적인 내골격, 그리고 성체의 방사형 대칭이 특징이며, 느리게 움직이거나 고착형으로 사는 바다 동물들로 이루어진 집단의 구성원들. 극피동물들에는 불가사리, 성게, 그리고 연잎 성게들이 포함된다.

근섬유 muscle fiber 근육세포.

근원섬유 myofibril 단백질로 구성된 근섬유의 단위로, 그 근육이 수축하게 한다.

근절 sarcomere 근수축의 기본 단위로, 얇은 필라멘트와 굵은 필라멘트로 이루어진다; 근원섬유에서 두 개의 좁고 어두운 선 사이의 영역이다.

근조직 muscle tissue 신경충격에 의해 자극을 받으면 수축할 수 있는 길다란 근육세포들로 이루어지는 조직. 골격근, 심장근, 평활근 등 참고.

글리코겐 glycogen 복잡하고 광범위하게 분지된 다당류로, 포도당 단위체로 이루어져 있다; 간과 근육세포에서 에너지 저장 분자로 작용한다.

기공 stoma(pl. stomata) 잎의 표피에서 공변세포에 의해 둘러싸인 구멍. 기공이 열리면 CO_2는 잎으로 들어가고 물과 O_2는 밖으로 나온다. 식물은 기공을 닫아 수분을 보존한다.

기계적 소화 mechanical digestion 씹기 등의 물리적 과정으로 음식물을 더 작은 분자로 분해하는 것.

기관 organ 특정 기능을 수행하기 위해 협력하는 둘 이상의 조직으로 이루어지는 구조.

기관 trachea(pl. tracheae) 1) 기관; 후두와 기관지 사이의 호흡관 부위. 2) 곤충의 몸 전체에 퍼져 있는 많은 수의 작은 관들 중 하나로, 외부 공기와 신체 세포 사이의 기체 교환을 가능하게 한다.

기관계 organ system 필수적인 신체 기능들을 수행하는 데 있어 서로 협력하는 기관들의 모임.

기관지 bronchus(pl. bronchi) 기관(trachea)에서 분지되어 폐로 진입하는 한 쌍의 호흡관.

기생충 parasite 다른 생물(숙주)의 내부나 표면에서 사는 생물. 이들은 숙주로부터 양분을 얻는다; 다른 생물의 소비로부터 이득을 얻는 생물. 숙주는 이 과정에서 해를 입는다.

기억세포 memory cell 특정 병원체에 대한 연속적인 노출에 반응하는 장기 생존 림프구. 1차 면역반응 과정에서 생기며 그 형성을 유발한 동일한 항원에 대한 노출로 활성화된다. 일단 활성화되면, 기억세포들은 2차 면역반응을 일으키는 다수의 효과 세포 클론과 기억세포들을 생산한다.

기질 substrate (1) 효소가 작용하는 특정 물질(반응물). 각 효소는 그것이 촉매하는 반응의 특정 기질만 인식한다. (2) 생물이 사는 표면.

기호 symbol 원자 기호라고도 불림. 원소 주기율표 내에서 발견되는 원소의 이름을 요약한 것.

꼬리 tail (1) 진핵세포의 핵 내에서 RNA 전사체들의 한쪽 말단에 부가 적으로 더 첨가되는 뉴클레오타이드들. (2) 정자 세포에서 운동을 가능하게 하는 돌기. (3) 척삭 동물의 구조적 특징 중 하나.

꽃 flower 속씨식물에서, 네 가지의 변형 잎 세트를 가지는 짧은 줄기. 유성생식의 기능을 담당하는 구조물을 포함한다.

ㄴ

난관 oviduct 알세포가 난소로부터 수송되는 관; 나팔관(fallopian tube)이라고도 불린다.

난소 ovary (1) 동물에서는 암컷의 생식소로서, 난자와 생식 호르몬들을 생산한다. (2) 현화식물에서는, 심피의 기저부로서 알세포를 포함한 밑씨(배주)가 발달하는 곳이다.

난자 egg 여성 배우자.

난자 ovum(pl. ova) 성숙한 생식성 알세포.

난자 생성 과정 oogenesis 난소 내에서 알세포들이 생성되는 것.

낭배 gastrula 동물의 발생 과정에서 낭배운동(낭배형성)이 일어나는 배아 발달 단계. 대부분의 동물은 세 가지의 세포층인 외배엽, 내배엽, 중배엽으로 형성되는 낭배를 갖는다.

내골격 endoskeleton 동물의 연조직 내에 위치한 단단한 내부 골격; 척추동물과 일부 무척추동물(극피동물 같은)에서 발견된다.

내공생 endosymbiosis 한 종이 다른 종의 내부에 기거하는 공생관계. 진핵세포의 미토콘드리아와 엽록체는 아마도 더 큰 세포들 내부에 살던 작은 원핵세포들과의 공생적 관계에서 기원했을 것이다.

내막계 endomembrane system 진핵세포의 세포질을 기능적인 부분들로 나누는 소기관들의 네트워크. 이 소기관들의 일부는 구조적으로 서로 연계되어 있는 반면, 다른 것들은 구조적으로는 나뉘어 있어도 기능적으로는 그들 사이의 소낭 교환을 통해 서로 연계되어 있다.

내분비계 endocrine system 신체 내부의 화학적 조절을 위한 주요 체계로, 호르몬 분비 세포들로 구성된다; 신체 기능을 조절하고 항상성을 유지하기 위해 신경계와 협동한다.

내분비샘 endocrine gland 호르몬 분자를 합성하여 혈류로 직접 방출하는 분비조직.

내생포자 endospore 두꺼운 껍질로 둘러싸인 보호성 세포로서, 견디기 힘든 조건에 노출된 원핵세포들 내부에서 만들어진다.

내온동물 endotherm 신체의 열을 오직 자신의 대사로부터 얻는 동물.

내장낭 visceral mass 연체동물의 3가지 주요 부분 중 하나로, 내부기관들 대부분을 포함하고 있다.

내포작용 endocytosis 소낭이나 주머니형 구조를 통해 외부 환경으로부터 물질을 세포질로 이동시키는 것.

네프론 nephron 포유동물의 신장에서 관으로 이루어진 분비 단위 및 그와 연관되어 있는 혈관들. 네프론은 혈액을 걸러 뽑아내어 그것을 오줌으로 만든다.

뇌 brain 중추신경계의 주 통제 센터로, 신체의 활동과 감각을 통해 들어오는 정보 해석을 조절하고 통제하는 데 관여한다.

뇌척수막 meninges 뇌와 척수를 둘러싸 보호하고 있는 결합조직층.

뇌척수액 cerebrospinal fluid 뇌와 척수를 둘러싸 보호하고 충격을 완화시키며 영양을 공급할 뿐 아니라 감염으로부터 보호하는 액체.

뇌하수체 pituitary 시상의 기저부에 있는 내분비선. 뇌하수체는 다양한 신체 기능들을 조절하는 여러 호르몬을 만들어 분비한다.

뉴런 neuron 신경세포; 신경계의 기본적인 구조적, 기능적 단위. 신체의 한 장소에서 다른 장소로 신호를 전달하는 일에 특화되어 있다.

뉴클레오타이드 nucleotide 질소화된 염기와 인산 그룹에 공유적으로 결합되어 있는 5탄당으로 이루어지는 유기 단량체. 뉴클레오타이드들은 핵산의 구성성분들이다.

능동 수송 active transport 물질이 그 농도 경사에 반하여 생물학적 막을 가로질러 이동하는 것으로, 특수한 수송 단백질들에 의해 도움을 받으며 주로 ATP 형태의 에너지 투입을 요구한다.

ㄷ

다당류 polysaccharide 공유결합으로 연결된 많은 수의 단당류(당)로 이루어진 탄수화물 중합체.

다면발현 pleiotropy 하나의 유전자에 의해 하나 이상의 표현형적 특징이 조절되는 것.

다운 증후군 Down syndrome 21번 염색체가 하나 더 존재하는 '21번 삼염색체성'이라는 조건에 의해 생기는 인간의 유전병; 심장 및 순환계의 결손과, 다양한 정도의 정신지체가 특징이다.

다윈 적응도 Darwinian fitness 개체가 집단의 다른 개체들에 비해 다음 세대의 유전자 풀에 기여하는 정도.

다인자 유전 polygenic inheritance 단일 표현형적 특징에 둘 혹은 그 이상의 유전자들이 부가적 효과를 나타내는 것.

다중 대립유전자/ 복대립유전자 multiple allele 한 유전자에서 두 개 이상의 흔한 대립인자들이 존재하는 것. 예를 들어, 인간의 혈액형(ABO)을 결정하는 유전자는 3가지의 흔한 변이체로 존재한다.

단공류 monotreme 알을 낳는 포유류로 오리 주둥이를 가진 오리너구리가 있다.

단당류 monosaccharide 가장 작은 종류의 당분자; 단일 단위 당; 단순당이라고도 불린다. 단당류는 보다 복잡한 당 및 다당류를 만드는 구성단위이다.

단량체 monomer 다량체의 구조 단위로 작용하는 화학적 소단위체.

단백질 protein 아미노산 단위체들로부터 형성되는 생물학적 중합체.

단백질체학/프로테오믹스 proteomics 유전체들에 의해 암호화되는 모든 단백질 세트(프로테옴)에 대한 조직적 연구.

단성 잡종 교배 monohybrid cross 한 가지 특징에 대해 이형접합성인 두 개체 사이의 교배.

단속 평형 punctuated equilibrium 화석 기록에서 거의 변화가 없는 긴 기간(평형)들이 급작스러운 변화를 보이는 비교적 짧은 기간에 의해 방해를 받는 것.

단일 결합 single bond 두 개의 원자가 한 쌍의 전자를 공유하여 만드는 단일 공유결합.

단일 맹검 single-blind experiment 일부 정보를 피험자들이 모르게 하는 과학 실험.

담수 생물군계 freshwater biome 호수, 연못, 강이나 하천 같은 담수 환경에 존재하는 수 생물군계.

담즙 bile 간에 의해 분비되는 염 용액으로, 소화 과정에서 지방을 유화시켜 소화를 돕는다.

당 sugar DNA와 관련하여, 뉴클레오타이드를 구성하는 세 부분 중 하나. DNA의 당은 데옥시리보오스이다; RNA의 당은 리보오스이다.

당 공급원 sugar source 식물에서, 광합성이나 전분의 분해에 의해 당을 생산하는 기관. 성숙한 잎들은 식물의 1차적 당 공급원이다.

당 배출지 sugar sink 식물에서 당을 소비하거나 보관하는 기관. 성장하는 뿌리, 줄기 끝, 줄기, 그리고 열매들은 모두 체관에 의해 당을 공급받는 당 수용원이다.

당뇨병 diabetes 신체의 세포들이 충분한 양의 포도당을 혈액으로부터 흡수하지 못해 에너지가 고갈되는 인간의 호르몬성 질환. 그러면 체지방과 단백질들이 에너지원으로 소모된다. 인슐린-의존성 당뇨는 이자가 인슐린을 생산하지 못해 발생한다. 인슐린-비의존성 당뇨는 신체의 세포들이 인슐린에 반응하지 못할 때 생긴다. 세 번째 형태의 당뇨는 임신성 당뇨로서, 이전에 당뇨 증상을 한 번도 보인 적이 없는 임산부들도 영향을 받을 수 있다.

대륙붕 continental shelf 물에 잠겨 있는 대륙부분.

대립유전자, 대립인자 allele 한 유전자의 다른 버전.

대사 metabolism 한 생물체의 모든 화학반응.

대음순 labia majora 여성의 성기 부분을 보호하는, 바깥쪽의 두꺼운 피부 융기 쌍.

대장 large intestine 척추동물 소화관에서 소장과 항문 사이의 부분.

대조군 control group 과학적 실험에서 고려 대상인 방법으로 처리되지 않는 실험군. 대조군은 실험의 기초로 작용하며 방법의 유효성을 검사할 수 있도록 해준다.

대진화 macroevolution 종 수준 이상에서의 진화적 변화로, 진화적 혁신 및 새로운 분류군의 기원이나, 생명의 다양성에 대한 대멸종의 영향과 그 회복 등을 포함하는 것이다.

도움 T 세포 helper T cell 다른 T 세포를 활성화하도록 돕고, B 세포들이 항체를 생산하도록 도와주는 림프구의 일종.

독립적 분리의 법칙 law of independent assortment 그레고르 멘델에 의해 처음 제시된 유전의 일반적 법칙으로, 감수분열시 배우자가 형성될 때 어떤 특징에 대한 한 쌍의 대립유전자들은 다른 쌍과는 독립적으로 분리된다고 설명한다.

돌연변이 mutation DNA의 뉴클레오타이드 서열에서의 변화; 유전적 다양성의 주된 근원.

돌연변이 형질 mutant trait 자연 집단 내에서 흔히 관찰되지 않는 표현형적 형질; 야생형 형질의 반대.

돌연변이원 mutagen DNA와 상호작용하는 화학적 물리적 인자들로, 돌연변이를 일으키는 것.

동료 검토 peer review 동일 분야의 공정한 전문가에 의한 과학 업적의 평가. 동료 검토는 유효한 과학적 출처를 인식하는 좋은 방법으로 생각된다.

동방결절 sinoatrial node(SA) 심장의 박동 조율기로, 우심방의 벽에 위치한다. 두 개의 심방을 분리시키는 벽의 기부에는 또 다른 결절성 조직 덩어리가 있는데 이것은 방실결절(atrioventricular node; AV node)이라고 불린다.

동맥 artery 혈액을 심장으로부터 신체의 다른 곳으로 실어 나르는 혈관.

동소적 종분화 sympatric speciation 같은 지리적 영역에서 살고 있는 개체군들에서 새로운 종이 형성되는 것. 이소적 종분화(allopatric speciation)도 참고하라.

동원체 centromere 두 염색분체가 연결되어 있는 염색체 지역으로 유사분열과 감수분열 시기 중에 방추 미세소관들이 부착하는 곳이다. 동원체는 유사분열과 제2감수분열 중 후기가 시작되면서 분리된다.

동위원소 isotope 변종 원자. 한 원소의 동위원소들은 동일한 수의 양성자수와 전자수를 갖지만 중성자의 수가 다르다.

동형접합성 homozygous 주어진 유전자에 대해 동일한 두 개의 대립유전자를 가지는 것.

두족류 cephalopod 오징어와 문어를 포함하는 연체동물의 한 무리.

디엔에이 deoxyribonucleic acid(DNA) 생물들이 그들의 부모로부터 물려받는 유전물질; 이중 가닥의 나선형 거대분자로서 데옥시리보오스 형태의 당과 인산기, 그리고 질소가 포함되어 있는 염기인 아데닌(A), 시토신(C), 구아닌(G), 티민(T) 중 하나를 가지는 뉴클레오타이드 단위체들로 구성된다. 유전자(gene) 참고.

ㄹ

라이소좀 lysosome 진핵세포에서의 소화성 세포 소기관; 세포의 음식물이나 노폐물을 소화시키는 효소들을 포함하고 있다.

레트로바이러스 retrovirus DNA 분자를 이용해 증식하는 RNA 바이러스. 이것은 자신의 RNA를 DNA로 역전사시켜 그 DNA를 세포의 염색체에 삽입시키고, 그 바이러스 DNA로부터 더 많은 RNA 사본들을 전사시킨다. HIV와 다수의 암 유발 바이러스들은 레트로바이러스들이다.

로지스틱 생장 logistic growth 수용능에 접근함에 따라 천천히 증가하는 개체군 크기 증가를 설명하는 모형.

리그닌 lignin 식물의 세포벽을 단단하게 하는 화학물질. 리그닌은 우리가 목재라고 부르는 것의 대부분을 구성한다.

리보솜 ribosome RNA와 단백질이 두 개의 소단위를 만들어 세포질에서 단백질 합성의 장소로 기능하는 세포내 구조. 리보솜의 소단위들은 인에서 만들어진다.

리보솜 RNA ribosomal RNA(rRNA) 리보핵산의 한 형태로 단백질들과 연합하여 리보솜을 만든다; 가장 풍부한 형태의 RNA이다.

리보핵산 ribonucleic acid(RNA) 리보오스 당과 인산기, 그리고 질소화된 네 가지 염기인 아데닌(A), 시토신(C), 구아닌(G), 우라실(U)을 가진 뉴클레오타이드 단량체들로 구성되는 핵산의 일종; 보통 단일가닥이다; 단백질 합성에서 작용하며 일부 바이러스들에서는 유전체로도 작용한다.

림프 lymph 림프계를 순환하는, 간질액과 유사한 액체.

림프계 lymphatic system 림프가 순환하도록 하는 기관계; 림프관, 림프절, 그리고 여러 가지 다른 기관들을 포함한다. 림프계는 혈액과 간질액으로부터 독소와 병원체를 제거하도록 도우며, 간질액으로부터 순환계로 용질을 이동시킨다.

림프구 lymphocyte 적응적 방어를 수행하는 백혈구의 일종—침입한 특정 병원체를 인식하고 이에 대해 반응한다. 두 가지 종류의 림프구가 존재하는데, B 세포와 T 세포이다. B 세포 및 T 세포 참고.

림프절 lymph node 림프관들을 따라 위치하는 작은 기관으로 림프액을 걸러준다.

ㅁ

마이크로 RNA microRNA(miRNA) 하나 이상의 단백질과 복합체를 이루어 상보적인 서열의 mRNA의 분해를 일으키거나 번역을 억제하는 작은 단일 가닥의 RNA 분자.

막대 그래프 bar graph 축을 따라 막대기의 높이나 길이로 자료를 표시하는 그림. 막대 그래프들은 자료 그룹들을 비교하는 좋은 방법이다.

말기 telophase 염색체들이 풀리고 세포의 두 극에 새로운 핵이 형성되는, 유사분열의 마지막 시기.

말초신경계 peripheral nervous system(PNS) 중추신경계로 신호를 전달하거나 그로부터 신호를 받는 신경들의 망.

맹검 blind experiment 일부 정보가 참가자들에게 알려지지 않는 과학적 실험. 단일 맹검과 이중 맹검 참고.

머리 head 인간의 정자와 관련해, 염색체들을 포함하고 있는 세포의 끝 부분.

먹이 그물 food web 서로 연결된 먹이 사슬들의 네트워크.

먹이 사슬 food chain 음식물이 생산자로부터 군집의 영양 단계들 사이를 이동하는 순서.

메두사 medusa(pl. medusae) 자포동물의 신체가 만드는 두 가지 형태 중 하나; 부유성이고 우산같이 생긴 신체형이다; 해파리라고도 불린다.

메탄생성균 methanogen 대사 노폐물로 메탄을 생성하는 고세균.

면역 결핍 질환 immunodeficiency disease 신체가 면역계에서 하나 이상의 요소들을 소실하여 그 사람이 일반적으로는 문제가 되지 않는 감염인자들에 대해서도 취약해지도록 하는 면역학적 질병.

면역계 immune system 감염성 질병에 대항하는 신체의 방어 체계.

멸종 위협종 threatened species 미국의 멸종위기종 법안의 정의에 따르면, 가까운 미래에 전체 서식지 혹은 상당 지역의 범위에서 위기종이 될 것으로 보이는 종들.

명반응 light reaction 광합성의 두 단계에서 첫 번째. 이 과정에서는 태양에너지가 흡수되어 ATP나 NADPH의 화학적 에너지로 전환된다. 명반응은 캘빈 회로의 당 생산을 가동시키지만 그 자체가 당을 생산하는 것은 아니다.

모세혈관 capillary 현미경적 크기의 혈관으로, 동맥과 정맥 혹은 소동맥과 소정맥 사이에서 혈액을 실어나른다; 혈액과 간질액 사이에서 양분과 용해된 기체의 교환을 가능하게 한다.

무광대 aphotic zone 투광대(photic zone) 아래의 수 생태계 지역으로, 빛이 너무 적어 광합성이 일어나지 못하는 곳이다.

무기질 mineral 영양과 관련하여, 생물이 적절한 신체 기능을 위해 소량을 필요로 하는 단순한 무기 영양소.

무생물적 요인 abiotic factor 공기, 물, 빛, 무기물 혹은 온도 등과 같이, 생태계에서 생물을 제외한 요소들.

무생물적 저장고 abiotic reservoir 탄소나 질소 같은 화학물질들이 축적되거나 쌓이는 생물체 밖의 생태계 부분.

무성생식 asexual reproduction 배우자들(정자와 난자)의 참여 없이 단일 부모에 의해 유전적으로 동일한 자손이 생기는 것.

무척추동물 invertebrate 등뼈를 갖지 않는 동물.

문 phylum(pl. phyla) 계(kingdom) 보다는 좁고 강(class) 보다 넓은 분류체계. 문의 구성원들은 일반적으로 몸의 체계가 유사하다.

물관 xylem 물과 무기 양분을 뿌리에서 식물의 나머지 부분으로 제공하는 식물 관다발계의 일부. 물관은 주로 도관 요소(vessel element)와, 물 수송세포인 헛물관(tracheids)으로 구성된다.

물질 matter 공간과 질량을 차지하는 모든 것.

미량 원소 trace element 생물의 생존에 필수적인 원소이기는 하지만 아주 소량만 필요한 것.

미세융모 microvillus(pl. microvilli) 소장 내강의 상피세포에 존재하는 많은 수의 돌기들. 미세융모는 소장의 표면적을 증가시킨다.

미토콘드리온 mitochondrion(pl. mitochondria) 진핵세포의 소기관으로, 세포내 호흡이 발생하는 곳이다. 두 개의 동심원성 막으로 둘러싸여 있으며 세포의 ATP 대부분이 만들어지는 곳이다.

밀도 비의존성 제한 요인 density independent limiting factor 효과의 유무나 정도가 개체군의 밀도와는 관련이 없는 제한 요인.

밀도 의존성 제한 요인 density dependent limiting factor 개체군의 밀도가 증가함에 따라 효과의 정도가 커지는 제한 요인.

ㅂ

바이러스 virus 살아 있는 생물을 감염시켜 자신의 유전물질을 주입시킬 수 있는 현미경적 입자. 바이러스들은 매우 단순한 구조를 하고 있으며, 일반적으로는 이들이 생명현상과 관련된 제반 특징들을 나타내지 않으므로 살아 있는 것으로 간주되지 않는다.

박테리오파지 bacteriophage 세균을 감염시키는 바이러스; 파아지(phage)라고도 불린다.

반보존적 semi-conservative 복제된 이중 나선이 하나는 이전 분자에서 유래한 예전 가닥이고, 다른 하나는 새로 합성된 가닥인 DNA 복제 모형.

반수체 haploid 염색체들의 단일 세트만을 포함하는 세포; *n* 세포라고 불림.

반응물 reactant 화학반응에서의 시작물질.

발 foot 무척추동물에서 이동이나 부착을 위한 구조로서, 연체동물의 배 쪽으로부터 신장되어 나오는 근육성 기관 같은 것을 말한다.

발기조직 erectile tissue 인간 남성의 음경과 인간 여성의 음핵 내에 있는 조직으로, 성적 흥분 시에 혈액이 충만되어 부푼다.

발생 development 접합자의 세포들이 증식하고 분화함에 따라 다세포성 생물이 되도록 하는 세포와 조직의 성장 및 분화.

발암 유전자 oncogene 암을 유발하는 유전자; 보통 세포에 의해 생산되는 성장인자들이 비정상적으로 활성화되거나 양이 증가하는 것에 의해 암화에 기여하게 된다.

발암제 carcinogen 암을 유발하는 물질, 고에너지 방사선(X선이나 UV광 같은)이나 화학물질을 말한다.

발효 fermentation 일부 세포들에 의한 혐기적 음식물 산화.

방사대칭 radial symmetry 생물의 몸체 구조가 파이의 조각들처럼 둥글게 가상의 중심축을 가지는 배열을 하는 것. 방사대칭형 생물을 중심축으로 길게 자르면 어떻게 잘라도 그 생물을 거울상의 반쪽들로 나누게 된다.

방사성 연대측정 radiometric dating 시료의 비방사성 동위원소에 대한 방사성 동위원소의 비율을 근거로 화석이나 암석의 시기를 결정하는 방법.

방사선 치료 radiation therapy 암화된 종양을 가진 신체의 부분들을 고에너지 방사선에 노출시켜 암세포들의 분열을 막으려고 하는 암 치료.

방실결절 atrioventricular node, AV 심장의 우심방과 우심실 사이에 존재하는 근육 조직 영역. 주로 심실을 수축하도록 하는 전기 자극을 생산한다.

배란 ovulation 난소의 난포로부터 난자가 방출되는 것.

배반포 blastocyst 난할의 결과로 생긴 세포들이 속이 빈 공 형태를 만들어 모체의 자궁내막에 착상하는 포유동물의 배아(양서류의 포배와 상동).

배우자 gamete 성 세포; 반수체의 난자나 정자. 반대 성의 두 배우자가 연합(수정)하여 접합자를 생산한다.

배우체 gametophyte 세대 교번을 나타내는 생물들의 생활사에서 다세포성 반수체 형태; 포자들의 발아로 생겨나서 유사분열에 의해 반수체의 배우자를 만들어 낸다. 배우자들은 연합하여 포자체 세대로 자란다.

백신 vaccine 질병 유발 미생물(일반적으로 바이러스)을 닮아 면역반응을 유발하는 인위적 물질로서, 실제 병원체를 만났을 때 보호 작용을 제공한다.

백혈구 white blood cell 감염에 저항하여 신체를 방어하는 기능을 하는 혈액세포로 면역계의 구성원이다.

버섯 mushroom 지하의 균사체로부터 뻗어 나와 지상에 생식구조를 만드는 진균.

번역 translation mRNA 분자에 암호화된 유전정보를 이용하여 폴리펩타이드를 합성하는 것. 뉴클레오타이드에서 아미노산으로 '언어'의 변화가 발생한다.

병목효과 bottleneck effect 개체군 크기가 크게 감소하는 데서 기인하는 유전적 부동.

병원체 pathogen 병을 일으키는 바이러스나 생물.

병해충 종합 관리 integrated pest management 건강한 환경을 도모하기 위해 여러 가지 다양한 방법들을 이용하여 병해충 개체군을 낮은 수준으로 유지하는 것.

보인자 carrier 열성으로 유전되는 질병에 대해 이형접합성인 개인, 따라서 그 질병의 증상은 보이지 않는 사람을 말한다.

보존 생물학 conservation biology 생물다양성을 이해하고 손실을 막으려는 목적의 과학.

복원 생태학 restoration ecology 손상된 생태계를 자연 상태로 회복시키는 방법을 개발하는 생태학의 한 분야.

복족류 gastropod 연체동물에서 가장 큰 그룹으로 달팽이와 민달팽이들을 포함한다.

부갑상샘 parathyroid gland 갑상선의 표면에 묻혀 있는 네 개의 내분비샘 중 하나로 부갑상샘 호르몬을 분비한다; 칼슘 항상성을 위해 작용한다.

부레 swim bladder 경골어류들이 부력을 유지하도록 돕는 기체가 채워진 내부 주머니.

부속 기관 accessory organ 침샘, 이자, 쓸개, 그리고 간 처럼, 소화관(alimentary canal)과 접하고 있는 기관들. 부속기관(accessory organ)들은 소화관에 소화성 화학물질들을 첨가해준다.

부신샘 adrenal gland 한 쌍의 내분비선으로, 포유류에서는 신장의 꼭대기에 위치하며 바깥쪽의 피질(cortex)과 중심부의 수질(medulla)로 구성되어 있다.

부정소 epididymis 정자가 정소로부터 나와 들어가는 길고 꼬인 관으로, 정자가 성숙되어 방출될 때까지 저장된다.

부착 adhesion 한 물질이 다른 것에 붙는 것. 예를 들어 물은 수소결합에 의해 세포벽에 붙는다.

분기군 clade 하나의 조상 계통과 그것의 모든 후손들—생명의 나무에서 나타나는 뚜렷한 가지.

분기학 cladistics 진화사에 대한 연구; 특히 생물들이 공통의 조상에 의해 묶이는 계통분류학(systematics)에 대한 접근이다.

분류학 taxonomy 종을 규명하고 이름을 붙이며 이들을 분류하는 것과 관련된 생물학의 분야.

분류학적 체계 taxonomic hierarchy 생명을 분류하는 일련의 순서로 된 범주들. 영역(가장 포괄적인)에서부터 종(가장 특수한)까지를 말한다.

분리의 법칙 law of segregation 그레고르 멘델에 의해 처음 제시된 유전의 일반적 법칙 중 하나로서, 한 쌍의 두 대립유전자는 감수분열시 서로 다른 배우자들로 분리되어 들어간다고 설명한다.

분만 labor 출산 과정에서 일련의 강하고 규칙적인 자궁 수축으로 아기를 자궁 및 질 바깥으로 밀어내는 것.

분열 방추 mitotic spindle 유사분열과 감수분열 시기 중에 염색체의 이동에 관여하는 미세소관과 관련 단백질들이 만드는 방추형 구조(방추란 미식축구 공처럼 생긴 것이다.)

분열, 난할 cleavage (1) 동물세포들과 일부 원생생물들에서의 세포질분열로서, 세포막의 조임 현상이 특징적이다. (2) 동물의 발생에서, 세포의 생장 없이 빠르게 세포분열이 연속됨으로써 동물의 접합자가 세포들로 이루어진 공 형태로 바뀌는 것을 말한다.

분열구 cleavage furrow 동물세포의 세포분열 중에 세포질분열이 일어나는 첫 신호; 기존의 중기판 근처의 세포 표면에 생기는 얕은 홈.

분열기 mitotic phase 세포분열 주기에서, 유사분열에 의해 핵이 나뉘어 그 염색체들을 딸핵으로 분배하며, 세포질분열에 의해 세포질이 분리되어 두 개의 딸세포를 만들 때의 시기.

분열조직 meristem 분열하여 새로운 세포와 조직을 만들어내는 미분화성 세포로 이루어지는 식물의 조직.

분자 molecule 둘 혹은 그 이상의 원자들이 서로 공유결합에 의해 연결되어 있는 덩어리.

분포 형태 dispersion pattern 개체군 내의 개체들이 그 영역 내에서 공간을 차지하는 방식. 세 가지 형태의 분포 형태들로, 군집형(clumped; 개체들이 군데군데 모여 있는 것), 균일형(uniform; 개체들이 골고루 떨어져 분포하는 것), 그리고 무작위형(random; 예측할 수 없는 형태의 분포를 보이는 것)이 있다.

분해자 decomposer 유기물질을 분해하는 효소를 분비하여 그것을 무기적 형태로 전환시키는 생물.

불완전 우성 incomplete dominance 이형접합자(*Aa*)의 표현형이 두 동형접합성(*AA*와 *aa*) 형태들 사이의 중간형인 유전 양식.

불임의 infertile 1년의 노력에도 불구하고 임신이 불가능한 것.

불포화지방 unsaturated fat 탄화수소 사슬이 최대의 수소원자를 가지지 않아서 하나 혹은 그 이상의 이중 공유결합을 가지고 있는 지방. 그 굽은 모양 때문에 불포화지방과 지방산은 실온에서 액체 상태로 머무르려는 경향이 있다.

비경쟁적 저해제 noncompetitive inhibitor 활성 자리가 아닌 다른 자리에 결합하여 효소의 활성을 감소시키는 물질. 비경쟁적 저해제의 결합은 활성 자리의 모양을 변화시켜 실제 기질이 붙지 못하게 방해한다.

비교 해부학 comparative anatomy 서로 다른 종들 사이의 신체 구조를 비교하여 진화사에 대한 통찰을 얻는 학문.

비극성 결합 nonpolar bond 비극성 공유결합이라고도 불린다; 전자들이 비슷한 전기음성도를 가지는 두 원자 사이에서 동등하게 공유되는 공유결합; 이렇게 생긴 결합은 양극이나 음극을 가지지 않는다; 극성 결합의 반대.

비료 fertilizer 식물의 생장을 촉진하기 위해 토양에 뿌려지는 화합물.

비판적 사고력 critical thinking 정보를 편견 없이 분석하여 결정을 내림.

비뇨계 urinary system 체액의 물과 이온량을 조절하는 과정에서 오줌을 만들어 분비하는 기관계.

비로이드 viroid 단백질 껍질이 없는 원형 RNA로 이루어진 식물 병원체. 수백 뉴클레오타이드 길이의 RNA이다.

비만 obesity 키에 대한 몸무게의 비율인 체질량 지수가 과도하게 높은 것.

비분리 nondisjunction 상동염색체 쌍이나 자매염색분체 쌍이 후기에 분리되지 못하는 유사분열 혹은 감수분열에서의 실수.

비종자 관다발식물들 seedless vascular plants 석송과 양치류들을 부르는 비공식적 집합 명사.

비타민 vitamin 생물이 매우 소량을 필요로 하는 유기 영양소. 많은 비타민들이 조효소나 조효소의 일부분으로 작용한다.

빈혈 anemia 비정상적으로 헤모글로빈 양이 적거나 적혈구의 수가 적어 체세포들이 충분한 산소를 공급받지 못하는 상태.

뼈, 경골 bone 칼슘염에 묻혀 있는 콜라겐 섬유들이 만드는 단단한 기질과 그 기질 내에 위치하는 살아 있는 세포들로 구성된 일종의 결합조직이다.

뿌리 root 식물의 지하 구조. 뿌리들은 식물을 토양에 정박시키고 물과 무기물을 흡수하여 수송하며 양분을 저장하기도 한다.

ㅅ

사막 desert 적고 예측할 수 없는 강수량(연강수량이 30cm 미만)이 특징인 육상 생물군계.

사바나 savanna 풀과 드문드문 흩어져 있는 나무들이 우점하는 육상생물군계. 잦은 화재와 계절 가뭄이 중요한 무생물적 요인이 된다.

사실 fact 실제와 들어맞는 정보의 조각들로 증거에 의해 증명될 수 있다.

사지류 tetrapods 네 개의 팔다리를 가지는 척추동물. 사지류에는 포유류, 양서류, 그리고 조류가 속해 있는 파충류가 포함된다.

산 acid 용액 속에서 수소 이온(H^+)을 증가시키는 물질.

산호초 coral reef 주로 자포동물 서식자들이 분비하는 단단한 골격 구조가 특징인 열대 해양 생물군계.

삼중자 암호 triplet code 세 뉴클레오타이드 길이의 단어로, 폴리펩타이드 사슬의 아미노산을 지정하는 단위.

삼투 osmosis 선택적으로 투과성인 막을 통해 일어나는 물의 확산.

삼투조절 osmoregulation 생물체 내에서 수분 획득 및 소실, 그리고 녹아 있는 용질의 양을 조절하는 것.

상대 수도 relative abundance 생물학적 군집에서 한 종의 비율을 나타내는 것; 종 다양성의 한 요소이다.

상동 염색체들 homologous chromosomes 이배체 세포에서 짝을 짓는 두 염색체. 상동 염색체들은 길이, 동원체의 위치, 염색상, 그리고 해당 좌위에 의해 결정되는 동일한 특징들에 대한 유전자들의 위치가 같다. 하나의 상동 염색체는 그 생물의 부계로부터, 다른 하나는 모계로부터 물려받은 것이다.

상리공생 mutualism 두 상대방이 모두 이로운 관계인 종간 상호작용.

상보성 DNA complementary DNA(cDNA) mRNA를 주형으로 하고 역전사효소를 이용하여 시험관 내에서 합성한 DNA 분자. 따라서 cDNA 분자는 유전체 DNA에 존재하는 인트론이 결여되어 있는 유전자에 해당한다.

상염색체 autosome 생물의 성 결정에 직접적으로 관여하지 않는 염색체; 예를 들어 포유동물에서는, X나 Y 염색체를 제외한 다른 염색체들을 말한다.

상피 epithelium(pl. epithelia) 상피조직 참조.

상피조직 epithelial tissue 기관과 빈 공간들을 싸고 있는 조밀하게 들어찬 세포들로 이루어지는 판형 조직; 상피(epithelium)라고도 불린다.

생리학 physiology 생물의 구조적 장치의 기능에 대한 연구.

생명 life 생명체를 무생물과 구분시켜 주는 공통적 특징들의 집합. 규칙성, 조절, 성장과 발달, 에너지 대사, 환경에 대한 반응, 생식, 그리고 시간의 흐름에 따른 진화 능력 등의 특징이나 과정을 나타낸다.

생명공학 biotechnology 유용한 작업들을 수행하기 위해 살아 있는 생물을 조작하는 것. 오늘날의 생명공학은 종종 DNA 기술을 포함하여 언급된다.

생물군계 biome 육상 및 수상에서 생물들이 주로 존재하는 영역. 육상 생물군계에서는 식생의 형태, 그리고 수 생물군계에서는 물리적 환경에 의해 특징이 결정된다.

생물권 biosphere 지구적 생태계; 생물이 서식하는 지구의 모든 부분; 모든 생물과 그들이 사는 장소.

생물농축 biological magnification 먹이 사슬 내 소비자들의 생체 조직 내에 화학물질들이 지속적으로 축적되는 것.

생물다양성 biodiversity 생물체들의 다양성; 유전적 다양성, 종 다양성, 그리고 생태계 다양성을 포함한다.

생물다양성 집중 지역 biodiversity hot spot 멸종 위협종이나 위기종들, 그리고 다른 곳에서는 발견되지 않는 고유종들을 특히 많이 포함하고 있는 작은 크기의 지리학적 구역.

생물량 biomass 생태계 내의 살아 있는 생물의 유기물 총량 혹은 총질량.

생물막 biofilm 원핵생물들의 군락이 협력하여 표면을 덮는 것.

생물복원 bioremediation 오염되었거나 파괴된 생태계에서 독소를 제거하고 복원하기 위해 살아 있는 생물을 이용하는 것.

생물속생설 biogenesis 모든 생물은 기존 생물의 생식에 의해 생겨난다는 원리.

생물적 요인 biotic factor 한 생물 군집을 이루는 생물 요소; 개별 생태계의 구성원이 되는 모든 생물을 말한다.

생물정보학 bioinformatics 생물학적 정보를 분석하기 위해 컴퓨터, 소프트웨어, 그리고 수학적 모델을 이용하는 것.

생물지리학 biogeography 종들의 지리학적 분포에 대한 연구.

생물지화학적 순환 biogeochemical cycle 한 생태계 내에서 발생하는 다양한 화학적 순환들로, 그 생태계의 생물적이고 무생물적인 요소를 모두 포함한다.

생물체 organism 살아 있는 생물 개체, 세균, 진균, 원생생물, 식물, 혹은 동물.

생물학 biology 생명에 대한 과학적 연구.

생물학적 조절 biological control 유해 생물 집단을 공격하기 위해 천적을 고의로 방출하는 것.

생산물 product 화학반응에서의 최종 물질.

생산자 producer 이산화탄소, 물, 그리고 기타 무기 재료들로부터 유기 음식 분자들을 만드는 생물들: 식물, 조류, 혹은 독립영양성 세균들을 말한다; 먹이 사슬이나 먹이 그물에서 다른 모든 영양 단계들을 지지하는 생물들이다.

생식 장벽 reproductive barrier 밀접하게 연관된 종들의 개체들이 비록 같이 살 때라도 서로 교잡하지 못하도록 하는 모든 것.

생식계 reproductive system 생식을 책임지는 기관계.

생식적 복제 reproductive cloning 다세포 생물의 체세포를 이용하여 하나 이상의 유전적으로 동일한 개체들을 만드는 것.

생존곡선 survivorship curve 최대 수명 기간에서 각 나이 대에 아직 살아 있는 개체들의 수를 그래프로 그린 것; 연령별 사망률을 나타내는 한 가지 방법.

생존도 survivorship 특정 개체군 내의 한 생물체가 주어진 기간 내에 살아 있을 가능성.

생태 발자국 ecological footprint 개인이나 국가가 소비하는 자원을 제공하고, 그들이 생산하는 쓰레기를 흡수하는 데 필요한 땅과 물을 계산한 양.

생태계 ecosystem 주어진 지역 내의 모든 생물들과, 그들이 상호작용하는 모든 무생물적 요인들; 생물학적 군집과 그들의 물리적 환경.

생태계 생물다양성 ecosystem biodiversity 지구상에서 발견되는 생태계들의 다양성에 대한 측정.

생태계 서비스 ecosystem service 직간접적으로 인간에 이로움을 주는 생태계에 의해 수행되는 기능.

생태적 천이 ecological succession 교란에 의해 생물학적 군집이 변화하는 과정; 생물학적 군집의 종 구성이 변한다. 1차 천이 및 2차 천이 참고.

생태학 ecology 어떻게 생물들이 그들의 환경과 상호작용하는지에 대한 과학적 연구.

생활사 life cycle 한 생물의 삶에서 각 단계를 모두 포함하는 것. 한 세대의 성체로부터 다음 세대의 성체까지.

선 그래프 line graph 선으로 연결된 일련의 점들로 표현되는 도표. 지속적인 변화를 표현하는 좋은 방법이다.

선충 nematode 의체강, 원통형의 벌레처럼 생긴 몸, 그리고 완전 소화관이 특징인 동물; 선회충이라고도 불린다.

선태식물 bryophyte 물관과 체관이 결여되어 있는 식물의 일종; 비관다발식물들. 선태류에는 이끼와 그 연관 식물들이 포함된다.

설탕 sucrose 포도당과 과당 분자의 결합으로 생성되는 이당류; 설탕은 일반적인 식용 당이다.

섬모 cilium(pl. cilia) 일부 원생생물들이 물을 가르고 나아가도록 하고, 동물에서는 많은 조직 세포들의 표면을 가로질러 액체가 이동되도록 하는 짧은 부속지.

섭식, 섭취 ingestion 먹는 행위; 음식물 처리 과정의 첫 번째 단계.

성긴 결합조직 loose connective tissue 척추동물의 신체에서 가장 널리 퍼져 있는 결합조직. 상피들을 기저 조직들에 부착시키며, 포장재로서 기능하고, 기관들이 제자리에 있도록 붙들어준다.

성 매개 전염병 sexually transmitted disease(STD) 성적인 접촉에 의해 퍼지는 전염병.

성 선택 sexual selection 어떤 특징을 가진 개체가 다른 개체들보다 짝을 얻을 가능성이 더 많은 자연선택의 한 형태.

성 연관 유전자 sex-linked gene 성 염색체 상에 존재하는 유전자.

성 염색체 sex chromosome 한 개체가 암컷이 되거나 수컷이 되는 것을 결정하는 염색체; 포유동물에서 예를 들자면 X나 Y 염색체를 말한다.

성선 gonad 배우자들을 생산하는 동물의 생식기관; 난소나 정소를 말한다.

성선모 sex pilus 세균에서 접합이 시작될 때 하나의 세포를 다른 세포와 연결시키는 구조.

성장인자 growth factor 신체의 일부 세포들이 분비하는 단백질로 다른 세포들의 분열을 촉진한다.

세기관지 bronchiole 기관지로부터 분지된 폐 내의 가느다란 호흡관.

세정관 seminiferous tubule 정소 내에 꼬인 상태로 존재하는 정자 생성 도관.

세포 cell 원형질막에 의해 환경으로부터 분리되는, 생물들의 기본단위; 생명의 기능적이고 구조적인 단위체이다.

세포 소기관 organelle 진핵세포 내에서 특수 기능을 가지는, 막으로 둘러싸인 구조물.

세포 호흡 cellular respiration 식품 분자들로부터 에너지를 얻는 호기적 반응; 포도당 같이 에너지를 방출하는 음식 분자들의 화학적 분해와, 세포가 일을 할 때 사용할 수 있는 형태의 위치 에너지 저장이 이루어진다; 해당과정, 시트르산 회로, 전자전달 사슬 및 화학삼투 과정이 포함된다.

세포골격 cytoskeleton 진핵세포의 세포질 내의 가느다란 섬유들로 이루어진 망상 구조; 미세섬유, 중간섬유, 그리고 미세소관들을 포함한다.

세포벽 cell wall 식물세포, 세균, 곰팡이 그리고 일부 원생생물들의 원형질막 외부에 존재하는 보호성 층; 세포를 보호하고 그 모양이 유지되도록 돕는다.

세포분열 cell division 한 세포가 생겨나는 것.

세포설 cell theory 모든 생물들은 세포로 이루어져 있으며, 모든 세포들은 다른 세포로부터 출현한 것이라는 이론.

세포외 기질 extracellular matrix 동물 세포를 둘러싼 망상구조물로, 단백질과 다당류 섬유들이 액체, 젤, 혹은 고형 기질에 묻혀서 만드는 망들로 구성된다.

세포외액 extracellular fluid 세포 밖을 둘러싸고 있는 환경의 액체.

세포주기 cell cycle 하나의 진핵세포가 분열하는 부모세포로부터 처음 생겨나서 자신이 직접 분열하여 두 세포가 되기까지의 순차적 사건들.

세포주기 조절 시스템 cell cycle control system 진핵성 세포주기에서 일어나는 사건들이 시작되도록 하거나 조화를 이루도록 주기적으로 작동하는 단백질들의 모음.

세포질 cytoplasm 세포막과 핵 사이에 존재하는 진핵세포 내부의 모든 것들; 반액체성 매질과 세포 소기관들로 이루어져 있으며, 원핵세포의 내부에 비견될 수 있다.

세포질분열 cytokinesis 세포질이 나뉘어 두 개의 딸세포로 분배되는 세포주기에서의 마지막 단계.

세포질액 cytosol 세포질의 액체 부분으로 세포 소기관들이 섞여 있다.

세포체 cell body 뉴런 같은 세포의 일부분으로 핵과 기타 소기관들을 포함하는 부분이다.

세포판 cell plate 분열 중인 식물세포의 중앙선을 가로질러 형성되는 막성 판. 세포질분열 중에는 세포판이 바깥쪽으로 자라나 더 많은 세포 벽 물질들이 쌓이도록 하며 결국 융합되어 하나의 새로운 세포벽으로 발달한다.

셀룰로오즈 cellulose 서로 연결되어 케이블 같은 섬유들을 형성하는 수많은 포도당 단위체들로 이루어진 거대한 다당류들로, 식물세포벽에서 구조적 지지를 담당한다. 셀룰로오즈는 동물에 의해 소화될 수 없기 때문에 이들은 식사용 음식물에서 섬유 혹은 섬유질로 작용한다.

소동맥 arteriole 동맥과 모세혈관상 사이를 연결하는 작은 혈관.

소비자 consumer 식물 혹은 식물을 먹는 동물을 먹이로 섭취하는 생물들.

소수성 hydrophobic 물을 싫어하는; 비극성 분자들(혹은 분자의 일부분들)이 물에 녹지 않는 것과 관계된 성질.

소음순 labia minora 여성의 성기 영역을 보호하는, 한 쌍으로 된 안쪽의 피부 가장자리.

소장 small intestine 소화관의 가장 긴 부분. 음식 분자의 효소적 가수분해가 주로 일어나 양분을 흡수하는 장소이다.

소정맥 venule 모세혈관과 정맥 사이에서 혈액을 수송하는 작은 혈관.

소진화 microevolution 연속된 세대를 통해 개체군의 유전자 풀 내에서 생기는 변화; 비교적 짧은 지질학적 시간 동안 발생하는 종의 진화적 변화.

소포체 endoplasmic reticulum 진핵세포 내의 광범위한 막성 네트워크. 핵의 외부막과 연결되어 있으며, 리보솜이 박혀 있는 조면 소포체와 리보솜이 없는 활면 소포체 영역으로 구성되어 있다. 조면 소포체 및 활면 소포체 참고.

소화 digestion 신체가 물리적 혹은 화학적 방법에 의해 음식을 흡수할 수 있는 정도의 충분히 작은 크기로 분해하는 것; 신체의 음식물 처리 과정에서 섭취(ingestion) 다음의 두 번째 과정.

소화계 digestive system 음식물의 섭취와 소화, 양분의 흡수, 그리고 노폐물의 배설에 관계된 기관계.

소화관 alimentary canal 입과 항문 사이에 놓인 소화성 통로; 소화 경로(digestive tract)라고도 불린다.

속씨식물 angiosperm 씨방(ovary)에 의해 보호되는 종자(seed)를 형성하는 꽃식물들.

수상돌기 dendrite 짧고 가지가 있는 신경섬유로, 그 끝에서 오는 신호를 안쪽으로 받아들여 뉴런의 나머지 부분으로 전달한다.

수 생물군계 aquatic biome 물에서 발견되는 주요 생물권역. 각 생물군계는 특정 환경 조건에 의해 그 특징이 결정된다.

수소결합 hydrogen bond 하나의 극성 분자에서 부분적으로 양전하를 띤 수소 원자가 다른 분자(혹은 같은 분자의 다른 부분에 있는)에서 부분적으로 음전하를 띤 원자에 끌릴 때 형성되는 약한 화학결합 형태.

수소첨가 hydrogenation 불포화 지방산을 수소를 첨가함으로써 포화지방산으로 전환시키는 과정.

수용력 carrying capacity 특정 환경이 지탱할 수 있는 최대 개체군 크기.

수용액 aqueous solution 물이 용매인 용액.

수정 fertilization 반수체인 정자와 반수체인 난자가 연합하여 접합자를 만드는 것.

순환계 circulatory system 양분, 산소, 그리고 호르몬들 같은 물질들을 신체의 세포들로 수송하고, 이산화탄소 및 기타 노폐물들을 세포들로부터 제거해주는 기관계.

스테로이드 steroid 탄소 골격이 네 개의 고리가 융합된 형태인 지질: 3개의 6각 고리와 하나의 5각 고리로 이루어져 있다. 콜레스테롤, 테스토스테론, 그리고 에스트로겐 등이 그 예이다.

습지 wetland 수생태계와 육상생태계의 중간형 생태계. 습지 토양은 지속적으로 혹은 주기적으로 물로 포화된다.

시냅스 synapse 뉴런과 효과 세포 사이나 두 뉴런 사이의 연결 혹은 중계 지점. 전기적, 화학적 신호들이 시냅스의 한 세포에서 다른 세포로 중계된다.

시상하부 hypothalamus 내분비계를 조절하는 주 조절 센터로, 척추동물의 전뇌에 위치한다. 시상하부는 항상성의 유지, 특히 내분비계와 신경계가 협동하도록 작용한다. 이것은 뇌하수체 후엽에 의해 분비되는 호르몬을 합성하며, 뇌하수체 전엽에 의한 호르몬의 분비를 조절한다.

시트르산 회로 citric acid cycle 세포 호흡에서 해당과정 후에 생기는 아세틸 CoA에 의해 가동되는 대사회로. 이 회로의 화학반응들에 의해 포도당 분자가 이산화탄소로 완전히 대사된다. 이 회로는 미토콘드리아의 기질에서 발생하며 전자전달 사슬로 에너지를 수송하는 대부분의 NADH를 공급한다. 크렙스 회로라고도 불린다.

식도 esophagus 음식물이 소화관으로 지나가도록 하는 통로로서 인두와 위를 연결시킨다.

식물 plant 광합성을 수행하며, 다세포성이고 의존적인 배아를 포함하여 구조와 생식 방법이 육상 생활에 적응되어 있는 다세포 진핵생물.

식물성 플랑크톤 phytoplankton 수생 환경들에서 수동적으로 부유하는 조류 및 광합성 세균들.

신경 nerve 신경섬유들(축삭과 수상돌기들)의 다발이 결합조직에 단단히 둘러싸여 만들어진 케이블형 다발로 이루어지는 통신선.

신경계 nervous system 동물의 몸 전체에서 통신과 협동 네트워크를 형성하는 기관계.

신경삭 nerve cord 뉴런들의 다발이 늘어난 것. 보통 뇌나 두부 신경절로부터 가로로 신장된다. 하나 이상의 신경삭과 뇌는 많은 동물들에서 중추신경계를 구성한다.

신경성 식욕부진증 anorexia nervosa 저체중임에도 불구하고 체중이 느는 것을 극도로 두려워해 스스로 굶게 되는 섭식장애.

신경전달물질 neurotransmitter 전달 뉴런에서 수용세포, 혹은 다른 뉴런이나 효과기 세포로 정보를 전달하는 화학적 메신저.

신경조직 nervous tissue 뉴런과 지지세포들로 이루어지는 조직.

신종 바이러스 emerging virus 갑자기 출현했거나 최근에서야 의과학자들의 주목을 받게 된 바이러스.

신호전달 signal transduction 특정 세포 반응을 일으키는 자극들의 연계.

신호전달 경로 signal transduction pathway 표적세포의 표면에서 수용된 신호를 세포 내부의 특정 반응으로 바꿔주는 일련의 분자적 변화들.

심장 heart (1) 척추동물에서, 정맥에서 들어오는 피를 동맥으로 펌프질해 혈액이 온 순환계를 통해 흐르도록 해주는, 방으로 이루어진 근육성 기관. (2) 무척추동물에서 이와 비슷한 기능을 하는 기관.

심장근 cardiac muscle 심장의 수축성 조직을 구성하는 가로무늬 근육.

심장마비 heart attack 심장근 조직의 손상이나 죽음으로 인해, 심장 기능의 부전이 발생하고 이로 인해 신체에 혈액이 충분히 공급되지 못하는 것.

심장주기 cardiac cycle 심장의 수축과 이완이 교대로 반복되는 것.

심혈관계 cardiovascular system 척추동물에서 발견되는 폐쇄 순환계로서, 심장 및 분지형의 동맥, 모세혈관, 그리고 정맥을 가진다.

싹 shoot 식물의 지상 기관으로, 줄기와 잎으로 구성된다. 잎들은 대부분의 식물에서 주된 광합성 기관들이다.

쌍자엽식물, 쌍떡잎식물 dicot 배아가 두 개의 종자 내 잎 또는 자엽을 가지는 꽃식물들.

쓸개 gallbladder 쓸개즙을 저장했다가 필요할 때 그것을 소장으로 방출하는 기관.

ㅇ

아가미 gill 수생 동물의 신체 표면이 확장된 것으로, 특히 기체 교환이나 부유물 섭식을 위한 것이다.

아가미 뚜껑 operculum(pl. opercula) 경골어류의 머리 양쪽에서 아가미를 담고 있는 공간을 덮는 보호용 덮개.

아데노신 삼인산 ATP(adenosine triphosphate) 아데노신과 세 개의 인산기들로 이루어진 분자; 세포의 주된 에너지원이다. 한 분자의 ATP는 한 분자의 ADP(아데노신 이인산)와 자유 인산 기로 분해될 수 있다; 이 반응은 세포 내 작업에 사용될 수 있는 에너지를 방출한다.

아메바 amoeba 구조적 유연성이 매우 크며 위족이 있는 원생동물(동물을 닮은 원생생물들)을 일컫는 일반적인 용어.

아미노산 amino acid 카르복시기와 아미노기, 수소원자, 그리고 다양한 자유 곁사슬(radical group 혹은 R기라고 불리는)을 포함하는 유기분자; 단백질 단위체로 작용한다.

아원자 입자 subatomic particle 양성자, 중성자, 그리고 전자; 원자보다 작은 입자들.

악성 종양 malignant tumor 이웃 조직이나 신체의 다른 부분으로 침투하는 비정상적 조직 덩어리; 암성 종양.

안티코돈 anticodon tRNA 분자상에서, mRNA의 코돈 삼중자와 상보적인 세 개의 뉴클레오타이드들로 이루어진 특정 서열.

알러지 allergy 하나의 항원에 대해 과도하게 예민한 것. 비만 세포에서 방출되는 히스타민에 의해 증상이 시작된다.

암 cancer 비정상적이고 조절되지 않는 세포분열에 의해 유발되는 악성 생장이나 종양.

액포 vacuole 막으로 둘러싸인 주머니로, 진핵세포의 내막계 일부를 이룬다. 다양한 기능을 나타낸다.

야생형 형질 wild-type trait 자연계에서 가장 흔히 발견되는 형질.

양막 amnion 척추동물에서 배아를 포함하며 액체로 채워져 있는 양막 주머니를 둘러싸는 배외막.

양막란 amniotic egg 배아가 액체로 채워진 양막 주머니 내부에서 발생하면서 난황에 의해 영양을 공급받는, 껍질이 있는 알. 파충류(조류 포함)와 알을 낳는 포유류에 의해 생산되어 거조한 육상에서 그들의 생활사를 완료할 수 있게 한다.

양서류 amphibian 개구리와 도롱뇽을 포함하는 척추동물 무리의 한 구성원.

양성 대조군 positive control 고려되는 방법이 적용되는 과학 실험 그룹으로, 알려진 반응을 나타낼 것으로 기대된다. 양성 대조군은 연구되는 방법의 유효성을 확립할 수 있도록 해준다.

양성 잡종 교배 dihybrid cross 두 가지 특징에 대해 이형접합성인 생물들끼리의 교배.

양성 종양 benign tumor 신체에서 원래 자리에 남아 있는 비정상적 세포 덩어리.

양성자 proton 한 단위의 양전하를 가지는 아원자 입자로 원자의 핵에서 발견된다.

어귀 estuary 담수 하천이나 강이 해수와 만나는 지역.

억제제 inhibitor 효소에 붙어 활성을 감소시키는 물질.

에너지 energy 물질을 변화시키거나, 혼자서 움직일 수 없는 방향으로 움직일 수 있는 능력.

에이즈 AIDS 후천성 면역 결핍증; HIV 감염 상태의 말기에 T 세포의 수가 감소하는 것이 특징이다; 보통 기회 감염에 의해 사망하게 된다.

엑손 exon 진핵생물 유전자 내의 암호화 영역. 인트론 참고.

엔트로피, 무질서도 entropy 혼란, 혹은 무작위도의 척도. 한 가지 형태의 무작위도는 열(heat)로서, 이것은 분자의 무작위적 운동이다.

여포 follicle 난소 내에서 발달 중인 난자를 둘러싸 보호하고 영양을 공급하는 일군의 세포들. 여포는 에스트로겐을 분비하기도 한다.

역전사효소 reverse transcriptase RNA 주형에서 DNA 합성을 촉매하는 효소.

역학 연구 epidemiological study 어떤 요인들이 건강에 영향을 미치는지를 결정하기 위한 집단적 조사.

연골 cartilage 콜라겐 섬유들로 되어 있는 질긴 기질과 거기에 묻혀 있는 살아 있는 세포들로 이루어지는 일종의 결합조직.

연골어류 cartilaginous fish 연골로 되어 있는 유연한 골격을 가지는 물고기들.

연관 유전자들 linked genes 하나의 염색체 상에 매우 가깝게 위치하고 있는 유전자들로 보통 함께 유전된다.

연동운동 peristalsis 평활근의 수축에 의한 주기적 파동들. 연동운동은 음식물이 소화관을 지나가도록 돕고 지렁이 같은 여러 동물들이 땅을 기어 갈 수 있도록 하기도 한다.

연령구조 age structure 개체군에서 각 연령의 개체들이 나타내는 상대적 수.

연체동물 mollusc 근육성 발, 외투막, 외투강, 그리고 치설 등이 특징인 무른 몸체의 동물. 연체동물은 복족류(달팽이와 민달팽이), 이매패류(조개, 굴, 가리비), 그리고 두족류(오징어와 문어)를 포함한다.

열 heat 물질 전체의 원자와 분자들의 움직임에 포함되어 있는 운동에너지의 양. 열은 가장 무작위적인 형태의 에너지이다.

열대림 tropical forest 연중 따뜻한 온도가 특징인 육상생물군계.

열성 대립유전자 recessive allele 이형접합자에서, 표현형에 이렇다 할 영향을 미치지 않는 대립유전자.

열순환기 thermal cycler PCR(중합효소 연쇄반응)을 수행하는 실험 기구.

염기 base 용액 내에서 수소 이온(H^+) 농도를 감소시키는 물질. DNA와 관련해서는, 한개 혹은 두개의 탄소 고리로 구성된 뉴클레오타이드의 부분이다. DNA의 네 가지 염기형태는 A, G, T, 그리고 C이다.

염기쌍 base pair DNA 이중 나선의 각 가닥들로부터 한 개씩, 두 개의 DNA 뉴클레오타이드들이 수소결합에 의해 연결된 것. DNA에는 A/T와 C/G 두 가지 형태의 염기쌍이 있다.

염색질 chromatin 염색체들을 구성하는 DNA와 단백질들의 조합; 진핵세포가 분열하지 않을 때 염색체들이 퍼져서 확장된 형태를 만든 것을 지칭하는 데 사용한다.

염색체 chromosome 진핵세포의 핵에서 발견되는 유전자 저장 및 전달 구조로서 유사분열과 감수분열 시기에 가장 잘 보인다; 또한 원핵세포의 주요 유전자 포함 구조물을 말한다. 각 염색체들은 매우 긴 실 같은 DNA 분자 하나와 연관 단백질들로 구성된다. 염색질 참조.

엽록소 chlorophyll 엽록체의 광흡수 색소로서, 태양 에너지를 화학 에너지로 전환시키는 데 중심적인 역할을 담당한다.

엽록체 chloroplast 식물과 광합성 원생생물들에서 발견되는 세포 소기관. 두 개의 동심원성 막에 둘러싸여 있으며, 빛을 흡수하여 유기 음식 분자들(당)의 합성을 구동시키는 데 그 에너지를 이용한다.

엽상 지느러미 어류 lobe-finned fish 뼈에 의해 지지되는 강하고 근육질의 지느러미를 가진 경골어류.

영양 구조 trophic structure 군집 내 다양한 생물종들 사이의 먹이 관계.

영양 단계 trophic level 생태계 내 먹이 관계를 나타내는 계층구조 내의 순위. 한 영양 단계 내의 구성원들은 그 하위 영양 단계 내의 구성원들을 소비하며, 그 위의 영양 단계에 있는 구성원들에 의해 소비된다.

영양실조 malnutrition 식사에서 하나 이상의 필수 영양소가 없는 것.

영역 domain 계(kingdom)보다 상위의 분류학적 범주. 생명의 세 가지 영역들은 고세균(Archaea), 진정세균(Bacteria), 그리고 진핵생물(Eukarya)들이다.

영장류 primates 로리스 원숭이, 서아프리카 여우 원숭이(포토), 여우 원숭이(리머), 안경 원숭이, 원숭이, 유인원, 그리고 사람을 포함하는 포유동물 그룹의 구성원.

예방백신 vaccination 병원체의 해롭지 않은 버전을 이용해 면역계에 제시해 주는 과정, 이로써 병원체 자체와 만날 때의 적응적 방어 기작을 자극하게 된다.

오메가 3 지방산 omega-3 fatty acid 적절한 건강을 유지하기 위해 음식으로 먹어야 하는 필수 지방산의 한 그룹.

오줌 urine 물과 녹아 있는 노폐물로 구성되는 배설계의 배출물.

오차 막대 error bar 그래프의 한 점에서 표시되는 불확실성의 양. 일부 오차 막대들은 실험자가 95%의 확률로 실제값이 존재할 것으로 확신하는 범위를 보여준다.

온대 초원 temperate grassland 온대 지역에 위치하며 적은 강수량과 비목질성 식생이 특징인 육상생물군계. 나무들의 생장은 간헐적 화재와 주기적인 심한 가뭄에 의해 방해를 받는다.

온대 활엽수림 temperate broadleaf forest 중위도 지역 전체에 위치하는 육상 생물군계로, 충분한 습도가 낙엽성의 크고 넓은 잎을 가지는 나무들을 지탱한다.

온실 기체 greenhouse gas 이산화탄소를 비롯하여, 메탄, 수증기, 그리고 합성 염화불화탄소 등 방사열을 흡수하는 대기 중의 모든 기체들.

완충액 buffer 용액으로부터 수소이온을 받거나 줌으로써 pH 변화에 저항하는 화학물질들.

외떡잎식물 monocot 현화식물(꽃식물) 중에서 그 배아가 하나의 종자 잎 혹은 자엽을 가지는 것들.

외투막 mantle 연체동물에서, 몸 표면의 바깥으로 성장하여 동물 전체를 덮는 것. 외투막은 껍질을 분비하며 외투강을 만든다.

외포 작용; 세포외 배출작용 exocytosis 막성 소낭이나 주머니를 통해 세포질로부터 물질이 밖으로 이동하는 것.

요도 urethra 오줌을 방광으로부터 체외로 배출하는 도관. 남성에서는 요도가 사정시에 정액을 체외로 수송하는 기능도 담당한다.

용매 solvent 용액에서 녹이는 물질.

용액 solution 둘 이상의 물질들이 균일하게 섞여 구성된 액체: 녹이는 물질은 용매(solvent)이고, 녹는 물질은 용질(solute)이다.

우성 대립유전자 dominant allele 이형접합자에서, 특정 유전자에 관한 표현형을 결정하는 대립유전자.

운동 에너지 kinetic energy 움직임의 에너지. 움직이는 물질은 그 운동을 다른 물질에 전달함으로써 일을 할 수 있다. 자전거의 페달을 누르는 다리의 근육이 한 가지 예가 된다.

운반 RNA transfer RNA(tRNA) 번역의 해독자로 기능하는 리보핵산의 한 형태. 각 tRNA 분자는 특정한 안티코돈을 가지고 있어서 그에 맞는 아미노산을 골라 mRNA의 적절한 코돈에 그 아미노산을 전달해 준다.

원 그래프 pie chart 자료를 전체 원의 백분율로 표현하는 도표.

원발암 유전자 proto-oncogene 암을 유발하는 유전자로 전환될 수 있는 정상적인 유전자.

원생동물 protozoan 주로 음식물을 섭취하여 살아가는 원생생물; 종속영양성이고, 동물을 닮은 원생생물.

원생생물 protist 식물, 동물, 혹은 진균이 아닌 모든 진핵생물들.

원소 element 화학적 방법에 의해 다른 물질로 분해할 수 없는 물질. 과학자들은 자연계에서 92가지 원소들이 존재하는 것으로 본다.

원소 주기율표 periodic table of the elements 원자번호(원소의 원자에서 발견되는 양성자의 수)에 따라 나열된 모든 원소들의 목록. 원소 주기율표에 있는 각 칸은 보통 원소 기호, 원자 질량, 그리고 원자 번호를 포함하고 있다.

원양대 pelagic realm 연안에서 멀리 떨어진 해양 영역.

원자 atom 원소의 성질을 보유하는, 물질의 가장 작은 단위.

원자번호 atomic number 특정 원소의 각 원자들에 존재하는 양성자들의 수.

원자량 atomic weight 원자 질량이라고도 함; 원자의 총 무게를 말하며 원자 1몰(mole)의 무게에 g 단위 질량으로 나타낸다.

원핵생물 prokaryote 원핵세포들이 특징인 생물.

원형질막 plasma membrane 세포를 그 환경과 분리시키는 지질 및 단백질로 된 얇은 층. 세포로 들어오고 나가는 이온들과 분자들에 대한 선택적 장벽으로 작용한다; 단백질이 박혀 있는 인지질 이중층으로 구성되어 있다.

위수강 gastrovascular cavity 음식물의 입구와 소화되지 않은 노폐물의 배출구로 동시에 작용하는 하나의 구멍을 가진 소화성 기관; 또 이것은 순환, 신체의 지지, 그리고 기체 교환의 기능을 한다. 해파리와 히드라들은 위수강을 가지는 대표적 동물들이다.

위액 gastric juice 위 내벽의 상피조직에 의해 분비되는 액체들의 집합.

위치 에너지 potential energy 저장된 에너지; 어떤 물체가 그 위치나 배열 때문에 가지는 에너지. 댐 뒤의 물과 화학결합은 모두 위치에너지를 가진다.

위험종 endangered species 미국의 멸종 위험종 법안에 따르면, 분포 영역 전체에서나 대부분에서 멸종의 위험에 빠져 있는 생물종을 말한다.

유기 농법 organic farming 자연적인 방법을 통해 토질을 유지하고, 일반적으로 합성 비료나 살충제의 사용, 혹은 유전적으로 조작된 작물을 피함으로써 생물다양성을 촉진하는 일련의 농업 관행.

유기 화합물 organic compound 탄소 원소를 포함하는 화합물로, 일반적으로 세포에 의해 합성된다.

유기호흡 aerobic respiration 유기 분자들(종종 당 분자인 포도당이 사용)이 효소들에 의해 통제되는 방식으로 산소를 이용해 분해되는 과정에서 ATP 형태의 에너지를 생산하게 되는 일련의 화학반응.

유대류 marsupial 주머니를 가지는 포유동물로, 캥거루나 주머니쥐 혹은 코알라 등이 속한다. 유대류들은 배아 상태의 자손을 낳아 주머니에 넣어 어미의 복부에 있는 젖꼭지에 붙여 자라게 하는 동안 발생을 완료시킨다.

유도 induction 배아 발생 과정 중에 한 집단의 세포들이 인접한 세포들에 영향을 미치는 것.

유동 모자이크 fluid mosaic 세포막을 다양한 단백질 분자가 인지질 분자로 된 유동성 이중층에 박혀 있는 것으로 묘사하는, 막 구조에 대한 설명.

유사 과학 pseudoscience 사실 그렇지 않음에도, 과학적 근거가 있는 것으로 잘못 생각되거나 잘못 제시되는 연구 분야.

유사분열 mitosis 하나의 핵이 분열하여 유전적으로 동일한 두 개의 딸 핵을 만드는 것. 유사분열과 세포질분열이 세포주기의 분열기를 형성한다.

유성 생식 sexual reproduction 두 개의 반수체 세포들(배우자들: 정자와 난자)의 융합에 의해 이배체 접합자가 형성되면서 유전적으로 독특한 자손이 생기는 것.

유성생식 재조합 sexual recombination 양측의 부모들과는 다른 형질 조합을 가진 자손의 생산.

유전 heredity 형질들이 한 세대에서 다음 세대로 전달되는 것.

유전 공학 genetic engineering 실용적 목적에 의해 유전자를 직접 조작하는 것.

유전자 gene DNA(일부 바이러스에서는 RNA)에서의 유전 단위로, 폴리펩타이드의 아미노산 순서를 지정하는 특정 뉴클레오타이드 서열로 구성된다. 진핵생물들의 대부분의 유전자들은 염색체의 DNA 상에 위치한다; 일부는 미토콘드리아나 엽록체의 DNA에 의해 전달된다.

유전자 급원, 유전자 풀 gene pool 어떤 시기에 한 집단 내에 존재하는 모든 유전자들.

유전자 발현 gene expression 유전정보가 유전자에서 단백질로 흐르는 과정; 유전정보는 유전자형에서 표현형으로 흐른다: DNA → RNA → 단백질.

유전자 조작 생물 genetically modified(GM) organism 인위적 방법에 의해 하나 이상의 유전자들을 가지게 된 생물. 만약 그 유전자가 다른 생물, 주로 다른 종들에서 온 것이라면 그 재조합 생물체는 유전자 이식 생물체(transgenic organism)라고 불린다.

유전자 조절 gene regulation 생체 내에서 특정 유전자를 켜거나 끄는 것.

유전자 흐름 gene flow 개체군에서 개체나 배우자들이 집단 내외로 이동함에 따라 대립유전자가 더 추가되거나 소실되는 것.

유전자 치료 gene therapy 환자의 결손 유전자를 보조하거나 바꾸는 질병 치료법.

유전자형 genotype 한 생물의 유전적 조성.

유전적 교배 genetic cross 두 유성생식 개체들이 교잡하는 것.

유전적 부동 genetic drift 우연히 한 개체군의 유전자 풀에서의 변화가 발생하는 것.

유전적 생물다양성 genetic biodiversity 한 개체군 내에서 서로 다른 유전자들의 집합에 근거한 생물다양성 평가. 감소된 유전적 생물다양성은 환경이 갑자기 혹은 급격하게 변화할 때 멸종할 가능성이 더 높아지도록 한다.

유전체 genome 한 생물이나 바이러스의 완전한 유전물질 세트.

유전체 도서관 genomic library 한 생물체의 유전체로부터 얻은 DNA 단편들의 전체 집합. 각 절편들은 보통 플라스미드나 파지에 의해 운반된다.

유전체학 genomics 유전자들의 전체 세트와 그들의 상호작용에 대한 연구.

유전학 genetics 유전에 관한 과학적 연구.

육상생물군계 terrestrial biome 식생 형태에 의해 특징이 결정되는, 주로 땅에 기초한 생명 영역.

융모 villus(pl. villi) (1) 소장의 내부 표면에 있는 손가락 모양의 돌기. (2) 포유류 태반의 장막에 있는 손가락 모양의 돌기. 많은 수의 돌기들은 이 기관들의 표면적을 증가시킨다.

음낭 scrotum 정소를 담고 있는 복부 밖의 피부 주머니. 음낭은 정자의 온도를 낮추어 생존할 수 있도록 유지한다.

음부 vulva 여성 생식기의 외부 구조.

음성 대조군 negative control 과학 실험에서, 고려되는 방법으로 처리되지 않는 그룹으로, 변화가 없을 것으로 기대된다.

음성 피드백 negative feedback 화학반응, 대사경로, 혹은 호르몬 분비샘이 그 반응이나 대사경로 혹은 샘의 산물들에 의해 억제를 받는 조절 기작. 산물의 농도가 증가할수록 그 분자 자체가 자신을 생산하는 과정을 더욱 방해하게 된다.

음핵 clitoris 성적 흥분기에 혈액이 충만되어 발기하는 여성 기관.

응집 cohesion 동일 종류의 분자들 사이의 인력.

이당류 disaccharide 탈수반응에 의해 연결된 두 개의 단당류로 구성되어 있는 당분자.

이론 theory 널리 받아들여지고 있는 설명으로, 범위가 넓고 많은 증거에 의해 지지되는 것이다.

이매패류 bivalve 연체동물을 구성하는 한 그룹으로 조개류, 홍합, 가리비, 그리고 굴을 포함한다.

이배체 diploid 하나의 세포가 두 세트의 염색체들(상동염색체 쌍들)을 갖는 것으로, 각 세트는 양쪽 부모로부터 각각 기원한 것이다; $2n$ 세포라고도 한다.

이분법 binary fission 종종 단세포 생물인 부모 생물체가 거의 동등한 크기의 두 개체로 나뉘는 무성 생식의 한 가지 방법.

이성질체 isomer 동일한 분자식을 가지지만 구조가 달라 다른 성질을 나타내는 하나 이상의 분자들.

이소성 종분화 allopatric speciation 지리학적으로 분리되어 있는 집단에서 새로운 종이 형성되는 것. 동소적 종분화 참고.

이온 ion 하나 이상의 전자를 얻거나 잃어 전하를 띠게 된 원자.

이온결합 ionic bond 반대 전하를 띠는 두 이온이 서로 끌리는 것. 반대 전하의 전기적 인력이 두 이온을 서로 붙들고 있게 된다.

이완기 diastole 심장 근육이 이완되는 심장주기의 단계로 혈액이 방들에 충만되도록 한다.

이자, 췌장 pancreas 두 가지 기능을 가지는 샘. 비내분비성 부분에서는 도관을 통해 소화효소들과 알칼리성 용액을 소장으로 분비한다; 내분비성 부분에서는 호르몬인 인슐린과 글루카곤을 혈액으로 분비한다.

이중결합 double bond 이중 공유결합; 두 원자들에 의해 두 쌍의 원자가 전자가 공유되는 것.

이중 나선 double helix 살아 있는 세포의 DNA가 가지는 형태로, 인접한 두 폴리뉴클레오타이드 가닥들이 서로 나선형태로 감겨 있는 것을 말한다.

이중 맹검 double-blind experiment 피험자와 실험자 모두에게 실험의 일부 정보가 가려지는 과학 실험. 이중 맹검은 결과에 대한 편견을 없애 줄 수 있다.

이중 맹검 플라세보-대조군 시험 double-blind placebo-controlled trial 종종 의료적 약물 검사에 사용되는 실험의 형태로, 참가자나 연구자 모두 어떤 피검자들이 실제 약을 받는지, 또 어떤 피검자 그룹이 불활성 위약(플라세보)을 받는지에 대한 정보를 알지 못하는 것.

이형접합성 heterozygous 주어진 유전자에 대해 서로 다른 두 개의 대립유전자를 가지는 것.

인간 면역 결핍 바이러스 human immunodeficiency virus (HIV) 인간의 면역체계를 공격하여 AIDS를 유발하는 레트로바이러스.

인간 성장 호르몬 human growth hormone, HGH 신체 전반의 성장을 촉진하는, 뇌하수체에서 분비되는 단백질성 호르몬.

인간 유전체 프로젝트 Human Genome Project 인간의 전 유전체를 서열화하려는 국제적인 협력 사업.

인대 ligament 관절에서 뼈들을 서로 연결시켜주는 섬유성 결합조직의 한 형태.

인두 pharynx 구강으로부터 음식물을 받아들이는 소화관 내 구조; 육상 척추동물에서는 공기와 음식물이 지나가는 곳의 목 부분이다.

인두열 pharyngeal slit 인두 내의 아가미 구조로, 척삭동물의 배아와 일부 성체 척삭동물에서 발견된다.

인산 phosphate 하나의 인 원자와 이에 결합해 있는 네 개의 산소 원자들로 이루어지는 화학 그룹; DNA나 세포막을 구성하는 인지질 같은 분자들에서 발견된다.

인위선택 artificial selection 경작되는 식물들과 가축들의 선택적 교배를 통해 바람직한 형질들이 출현하도록 하는 것.

인지질 phospholipid 생물막의 내부 이중막을 이루는 한 가지 구성 분자로, 친수성인 머리와 소수성인 꼬리를 가진다.

인지질 이중층 phospholipid bilayer (두 개의 지방산에 결합한 인 그룹으로 이루어지는) 인지질 분자가 두 층으로 되어 있는 것. 모든 세포막의 1차적인 구성 성분이 된다.

인트론 intron 진핵생물에서, 유전자의 발현되지 않는(비암호화) 부분으로 RNA 전사체로부터 잘려 나간다. 엑손 참고.

일 work 에너지를 소비하여 반대로 작용하는 힘을 거슬러 물체를 움직이는 것.

일화적 증거 anecdotal evidence 한 가지 혹은 소수의 사례에 기초한 주장. 일화적 증거는 일반화된 결론을 내리기에 유효한 증거로 생각되지 않는다.

임상시험 clinical trials 백신, 약물, 식사, 그리고 의료 장치 등 건강 관리에 대한 질문에 답하기 위해 인간을 대상으로 행해지는 통제된 실험.

ㅈ

자가 면역 질환 autoimmune disease 면역계가 부적절하게 자신의 신체 분자를 공격하는 면역학적 질병.

자궁 uterus 포유류의 여성의 생식계에서, 새끼의 발생이 일어나는 장소.

자궁경부 cervix 자궁의 아래쪽에 있는 좁은 목 구조로 질을 향해 열려 있다.

자궁내막층 endometrium 포유동물의 자궁내벽층으로, 태반의 모체쪽에 혈관들을 많이 공급시켜서 발생 중인 배아에 영양을 제공한다.

자매염색분체 sister chromatid 복제된 염색체에서 동일한 두 부분 중 하나. 붙어 있는 동안에는 두 개의 자매염색분체가 하나의 염색체를 만든다. 염색분체들은 결국 유사분열이나 제2감수분열에 의해 분리된다.

자연선택 natural selection 어떤 유전적 특징을 가지는 생물체들이 다른 특징을 가진 생물체들 보다 좀 더 잘 생존하여 번식할 가능성이 높은 것; 불균등한 생식 성공률.

자엽, 떡잎 cotyledon 현화식물의 배아에서 나타나는 최초의 잎; 씨앗의 잎. 단자엽(외떡잎) 식물의 배아는 하나의 자엽을, 쌍자엽(쌍떡잎) 식물의 배아는 2개의 자엽을 가진다.

자료 data, sg. datum 검증 가능한 관찰로부터 기록된 개별 정보.

자포동물 cnidarian 자포(cnidocytes)와 방사대칭, 위수강(gastrovascular cavity), 그리고 폴립 체형 혹은 메두사 체형이 특징인 동물군. 자포동물에는 히드라, 해파리, 말미잘, 그리고 산호 등이 속한다.

작용기 functional group 유기 분자에서 화학적으로 반응하는 부분을 형성하는 원자들의 집단. 특정 작용기는 보통 서로 다른 화학반응에서도 유사하게 행동한다.

재조합 DNA recombinant DNA 둘 혹은 그 이상의 원료, 보통은 서로 다른 생물로부터 기인한 유전자들을 가지는 DNA 분자.

재조합 염색체 recombinant chromosome 양쪽 부모의 염색체들로부터 유래한 DNA 서열을 모두 가지는 염색체로, 두 부모 염색체들로부터 나온 영역들이 서로 연결되어 만들어진다.

재조합 플라스미드 recombinant plasmid 외래 DNA를 가지는 세균의 플라스미드.

저생대 benthic realm 바다의 바닥이나, 담수호, 연못, 강, 혹은 시내의 바닥. 저생대는 저생생물(benthos)이라고 알려져 있는 생물 군집에 의해 점유된다.

적응 adaptation 특정 환경에서 생물이 생존하고 생식할 수 있는 능력을 증가시키는 유전적 특성.

적혈구 세포 red blood cell 헤모글로빈을 가지고 있는 혈액세포로서, O_2를 수송한다; 에리트로사이트(erythrocyte)라고도 불린다.

전기 prophase 복제된 염색체들이 응축되고 분열방추가 형성되는 유사분열의 한 시기.

전령 RNA messenger RNA(mRNA) DNA로부터 유전 정보를 리보솜으로 전달하는 리보핵산. 리보솜에서 정보가 아미노산 서열로 번역된다.

전립(샘) prostate gland 인간 남성에서 산을 중화시키는 정액 요소를 분비하는 분비샘.

전분 starch 식물의 뿌리와 특정 세포들에서 발견되는 저장성 다당류; 포도당 중합체.

전사 transcription DNA 주형 위에서의 RNA 합성.

전사인자 transcription factor 진핵세포에서 전사를 개시하고 조절하는 기능을 하는 단백질들. 전사인자들은 DNA에 결합하거나 DNA에 붙은 단백질과 결합한다.

전유전체 샷건 방법 whole-genome shotgun method 전 유전체의 DNA 서열을 작은 단편들로 잘라 각 단편들을 서열화하고, 그것을 적당한 순서로 배열하여 DNA 전체를 서열화하는 방법.

전이 metastasis 암세포가 원래의 자리를 떠나 퍼지는 것.

전자 electron 단일 단위의 음전하를 가지는 아원자 입자. 하나 이상의 전자들이 원자의 핵 주변을 돈다.

전자전달 사슬 electron transport chain 산화환원반응에서 일련의 전자전달 분자들이 전자를 수송하여 방출되는 에너지를 ATP 생산에 사용하는 체계; 미토콘드리아의 내막, 엽록체의 틸라코이드막, 그리고 원핵세포들의 세포막에 위치한다.

절멸, 멸종 extinction 돌이킬 수 없는 종의 소실.

절지동물 arthropod 동물계에서 가장 다양한 문의 구성원들: 투구게, 거미류(예를 들면, 거미, 진드기, 전갈 등), 갑각류(예, 가재, 바닷가재, 게, 그리고 따개비 등), 노래기와 지네, 그리고 곤충들을 포함한다. 절지동물들은 키틴이 함유되어 있는 외골격, 탈피, 관절이 있는 부속지, 그리고 뚜렷한 체절들로 형성되는 몸 등이 특징이다.

점 돌연변이 point mutation 한 유전자에서 단일 뉴클레오타이드 쌍의 변화.

점균류 slime mold 아메바형 세포를 가지는 원생생물.

점진적 모형 graduated model 종분화에서, 오랜 기간에 걸친 느리고 점차적인 종의 변화로 인한 진화 모형.

점착 말단 sticky ends 제한효소에 의해 잘려진 DNA 단편의 양 말단에 존재하는 단일 DNA 가닥. 동일한 제한효소로 절단된 두 DNA 단편들은 서로 결합할 수 있는 상보적 점착 말단을 가지므로 새로운 DNA 나선을 형성할 수 있다.

접합 conjugation 두 개의 세균 세포나 원생생물의 세포들이 합체(짝짓기)하여 두 세포 사이에서 DNA를 이동시키는 과정.

접합자 zygote 이배체인 수정란으로, 수정시에 반수체 배우자들(정자와 난자)이 연합하여 형성된다.

정관 vas deferens(pl. vasa deferentia) 정소로부터 정자를 수송하는 남성 생식계의 일부; 정관; 인간에서는 부정소와 요도로 통하는 공동 도관 사이에서 정자를 수송하는 관.

정낭 seminal vesicle 정액의 액체 성분을 분비하는 남성의 분비선으로 이 액체는 정자에 영양을 제공하고 윤활제 역할을 한다.

정상 균총 normal flora 인체의 내부나 표면에 흔히 서식하는 미생물.

정소 testis(pl. testes) 동물의 남성 생식소. 정소는 정자를 만들며, 많은 종에서 생식 호르몬도 생산한다.

정자 sperm 남성 배우자.

정자형성과정 spermatogenesis 정자세포가 만들어지는 것.

젖당 lactose 포도당과 갈락토오스 분자가 결합하여 생성되는 이당류; 흔히 "유당"이라고 불린다.

젖샘, 유선 mammary gland 새끼에게 영양을 공급하기 위해 젖을 분비하는 포유류의 특징적인 분비샘.

제거 elimination 소화기관에서 소화되지 않은 물질을 내보내는 것; 음식물 처리 과정 중 흡수 다음에 오는 4번째 단계.

제한단편 restriction fragment 더 긴 DNA 분자가 제한효소에 의해 잘려져 만들어진 작은 DNA 분자; 유전체 지도화나 기타 응용에 사용된다.

제한 부위 restriction site 제한효소에 의해 인식되어 잘리는, DNA 가닥에서의 특정 서열.

제한요인 limiting factor 특정 서식지를 점유하는 개체의 수를 제한하는 환경 요인으로, 개체군의 성장을 억제한다.

제한효소 restriction enzyme 외래 DNA를 매우 특이한 뉴클레오타이드 서열에서 절단하여, 침입하는 파지나 다른 생물들로부터 세균을 보호하는 세균의 효소. 제한효소들은 DNA 기술에서 DNA 분자들을 매번 같은 식으로 절단하는 데 이용된다.

젤 전기영동 gel electrophoresis 거대분자들을 분류하는 기술. 분자들의 혼합물이 양극과 음극 사이의 젤 상에 위치되도록 한다; 분자의 음전하들은 양극으로 끌리므로, 분자들이 그 방향으로 이동하게 된다. 젤 상에서 분자들은 이동도에 따라 분리된다.

조간대 intertidal zone 어귀나 바다의 물이 육지와 만나는 얕은 지역.

조면 소포체 rough endoplasmic reticulum(rough ER) 진핵세포의 세포질에 있는 서로 연결된 막 주머니들의 망상구조. 조면 소포체의 막은 리보솜이 박혀 있어서 막 단백질과 분비성 단백질들을 합성한다. 조면 소포체는 인지질과 단백질로부터 막을 만든다.

조직 tissue 다세포 생물에서 특정 기능을 수행하는 비슷한 세포들의 통합적 모임.

조직계 tissue system 식물조직들의 체계화된 모임. 식물의 기관들(뿌리, 줄기, 잎)은 표피계, 관다발계, 그리고 기본조직계로 구성된다.

종 species 비슷한 해부학적 특징과 교잡할 수 있는 능력을 가진 구성원들로 이루어진 개체군들의 모임.

종 다양성 species diversity 생물학적 군집을 만드는 종들의 다양성; 하나의 생물학적 군집 내에서 종의 상대 수도와 숫자.

종 생물다양성 species biodiversity 한 생태계 혹은 그 전체인 생물권에서 서로 다른 종들의 다양성.

종 풍부도 species richness 한 군집 내 서로 다른 종들의 총수; 종 다양성의 한 요소.

종간 상호작용 interspecies interaction 서로 다른 종 구성원들 사이의 상호작용. 각 종에 대한 영향은 이롭거나 중립이거나 해롭다.

종결 코돈 stop codon mRNA에서, 세 가지 삼중자(UAG, UAA, UGA) 중 하나로, 유전자의 번역이 끝나도록 한다.

종결자 terminator 유전자의 끝을 표시하는 DNA의 특수한 뉴클레오타이드 서열. 이것은 RNA 중합효소가 새로 합성한 RNA 분자를 방출하도록 신호를 보내 유전자에서 이것이 분리되도록 한다.

종분화 speciation 한 종이 둘 이상의 종으로 진화하는 과정.

종속영양성 생물 heterotroph 자신의 유기 음식 분자들을 무기적 양분들로부터 스스로 합성하지 못하는 생물들로, 반드시 다른 생물들이나 그들의 유기 생산물을 소비해야만 한다; 먹이 사슬의 소비자와 분해자들이다.

종양 tumor 정상적인 조직 내에서 형성되는 비정상 세포 덩어리.

종양 억제 유전자 tumor-suppressor gene 세포분열을 방해하는 산물을 만드는 유전자. 따라서 조절되지 않는 방식의 세포 성장을 막는다.

종자 seed 보호성 껍질 안에서 양분을 제공받도록 포장되어 있는 식물의 배아.

좌우 대칭 bilateral symmetry 생물체를 길게 한 번 자름으로써 양쪽이 똑같이 나뉘게 되는 신체 부분들의 배열.

줄기세포 stem cell 하나 이상의 특수화된 세포들을 만들 수 있는, 상대적으로 덜 분화된 세포.

중기 metaphase 복제된 염색체들이 분열 방추에 결합한 채로 세포의 중앙에 나열되는 유사분열의 한 시기.

중성자 neutron 전기적으로 중성인 입자(전하를 띠지 않는 입자). 원자의 핵에서 발견된다.

중추신경계 central nervous system(CNS) 신경계의 통합 및 명령 통제 센터로, 척추동물에서는 뇌와 척수로 구성된다.

중합효소연쇄반응 polymerase chain reaction(PCR) 많은 수의 DNA 분자 사본을 만들거나 DNA 분자의 일부분에 대한 사본을 얻는 데 이용되는 기술. 소량의 DNA가 DNA 중합효소, DNA 뉴클레오타이드들, 그리고 몇 가지 다른 성분들과 혼합되어 시험관 안에서 반복적으로 복제된다.

중합체 polymer 단량체라고도 불리는 많은 수의 동일하거나 유사한 분자 단위체들이 서로 사슬 형태로 공유결합에 의해 연결되어 이루어지는 거대분자.

증발 evaporation 액체가 기체로 변화되는 과정. 예를 들어, 물은 해양에서 증발하여 수증기 상태로 대기에 들어가게 된다.

증산작용 transpiration 식물로부터 물이 증발되어 소실되는 것.

지각판 tectonic plate 아래의 뜨거운 맨틀 위를 부유하는 지구의 껍질을 이루는 거대한 판. 맨틀의 움직임이 지각판과 그 위에 있는 대륙들을 천천히 움직이게 한다.

지구온난화 global warming 화석 연료의 연소에 의해 대기 중의 이산화탄소가 증가하는 것 때문에 지구의 전 지역에서 기온이 상승하는 현상. 지구온난화는 지구적 기후 변화의 주된 양상이다.

지구적 물 순환 global water cycle 다른 과정들 중에서 특히 증발과 강우에 의해 지구 생태계들 사이에서 물이 이동하는 것.

지방조직 adipose tissue 지방을 포함하는 세포들로 이루어진 일종의 결합조직.

지방산 fatty acid 긴 탄소 사슬을 가진 카르복시산. 지방산들은 길이 및 이중결합의 수나 위치가 다양하다; 세 개의 지방산들이 하나의 글리세롤 분자에 결합하여 하나의 지방 분자를 형성하며, 이것은 트리글리세리드라고도 한다.

지속 가능한 개발 sustainable development 인간 사회와 그들을 지탱하는 생태계들의 장기적 번영.

지수적 생장 exponential growth 개체군 크기가 지속적으로 이전 세대의 배수로 증가하는 것.

지질 lipid 주로 비극성 공유결합으로 연결된 탄소와 수소 원자로 이루어져 있어서 대체로 소수성이면서 물에 녹지 않는 유기 화합물. 지질에는 지방, 왁스, 인지질, 그리고 스테로이드 등이 포함된다.

지질학적 과정 geological process 부식이나 화산 폭발같이 지구 자체의 화학 원소들을 대기 같은 무생물적 저장고로 이동시키는 과정.

직장 rectum 대장의 말단 부분으로, 대변이 제거될 때까지 저장되는 곳이다.

진수류, 진태반류 eutherian 새끼의 발생이 어미의 태내 혈관을 통해 영양을 공급받는 태반에서 완성되는 포유류들; 태반 포유류라고도 불린다.

진정세균 Bacteria 생명의 두 가지 원핵 생물 영역 중 하나로, 다른 하나는 고세균들이다.

진핵생물 eukaryote 진핵세포들로 이루어지는 생물. 진핵세포 참고.

진핵세포 eukaryotic cell 막으로 둘러싸인 핵과 기타 막성 소기관들을 가지는 형태의 세포. 세균과 고세균을 제외한 모든 생물들은 진핵세포로 이루어져 있다.

진화 evolution 변형 혈통; 세대를 거쳐 개체군이나 종이 겪는 유전적 변화; 이런 유전적 변화는 지구상의 생명 다양성을 초래했다.

질 vagina 자궁과 외부 입구 사이의 있는 여성 생식계의 일부; 포유류에서는 산도로 기능한다. 질은 성교시 남성의 음경을 받아들여 정자가 들어오도록 한다.

ㅊ

창발성 emergent properties 생물학적 체계가 복잡해짐에 따라 그 성분들의 배열과 상호작용으로 새로운 성질이 출현하는 것.

창시자 효과 founder effect 모집단의 유전자 풀과는 다르게, 작고 새로운 개체군이 생겨나면서 발생하는 유전적 부동.

채퍼렐, 지중해성 관목지대 chaparral 차가운 해류가 연안을 순환하여 온화하고 비가 많은 겨울과 길고 더우며 건조한 여름을 나타내는, 해안 지역들에 제한적으로 나타나는 육상 생물군계. 채퍼렐 식생은 화재에 적응되어 있다.

척삭 notochord 척삭동물의 소화관과 신경삭 사이에 위치하는, 유연하며 연골처럼 생긴 길쭉한 막대. 여러 종들에서는 배아 시기에만 존재한다.

척삭동물 chordate 발생 단계 중 어느 시점에 등 쪽에 속이 빈 신경삭인 척삭(notochord)과 인두열(pharyngeal slit), 그리고 항문 뒤쪽으로 꼬리를 가지는 동물.

척수 spinal cord 척추동물에서, 척주 내에 위치하는 젤리 같은 신경섬유 다발. 척수와 뇌가 모여 중추신경계를 구성한다.

척추동물 vertebrate 등뼈를 가지는 척삭동물. 척추동물에는 칠성장어, 연골어류, 경골어류, 양서류, (조류 포함) 파충류, 그리고 포유류 등이 속한다.

첨체 acrosome 정자의 끝에 막에 둘러싸여 존재하는 소낭. 첨체는 정자가 난자를 뚫고 들어갈 수 있도록 돕는 효소를 포함하고 있다.

체관 phloem 식물의 도관계 일부로, 식물 전체에 당, 양분, 그리고 호르몬들을 수송한다. 체관은 살아 있는 양분 전달 세포들로 이루어져 있다.

체세포 somatic cell 정자나 난자로 발달하는 생식세포를 제외한 다세포 생물의 모든 세포들; 신체 세포.

체순환 systemic circuit 육상 척추동물들의 두 가지 주된 혈액 순환 중 하나; 심장과 신체의 나머지 부분 사이에서 혈액이 수송되는 것. 폐순환(pulmonary circuit) 참고.

체절화 segmentation 동물의 몸체를 길이를 따라 일련의 반복된 부분인 체절들로 나누는 것; 유연성과 이동성이 더 커지도록 한다.

체질량지수 body mass index(BMI) 키에 대한 몸무게의 비율로, 비만을 측정하는 데 이용된다.

초식 herbivory 동물에 의해 식물의 부분이나 해조류가 소비되는 것.

촉진 확산 facilitated diffusion 물질이 농도 경사를 따라 특정 이송 단백질의 도움을 받아 생물막을 가로질러 이동하는 것.

축삭 axon 세포체로부터 뻗어 나와 다른 뉴런이나 효과기 세포에 신호를 전달하는 신경섬유.

치료적 복제 therapeutic cloning 질병이나 손상에 의해 회복할 수 없게 된 신체의 세포를 대체하는 등 치료 목적으로, 핵 이식에 의해 인간 세포를 복제하는 것. 핵 이식 및 생식적 복제 참고.

치설 radula 많은 연체동물들에서 발견되는 줄 같은 구조로, 음식물을 긁어내거나 잘게 부수는 데 이용한다.

침엽수림 coniferous forest 침엽수들, 즉 솔방울을 가지는 상록수들이 특징인 육상 생물군계.

침입종 invasive species 도입지역을 훨씬 넘어 퍼져 나가 서식하여 적당한 서식지를 점유함으로써 환경적, 경제적 손실을 일으키는 고유종이 아닌 생물종.

ㅋ

캘빈회로 Calvin cycle 광합성의 두 과정 중 두 번째 과정; 엽록체의 기질(스트로마)에서 일어나는 일련의 순환적 화학반응들로서, 이산화탄소에 있는 탄소와 명반응에 의해 생산되는 ATP 및 NADPH를 사용하여 에너지가 많은 당 분자인 G3P를 만든다; 이렇게 생산된 G3P는 이후에 포도당 생산에 이용된다.

캡시드 capsid 바이러스 유전체를 둘러싸는 단백질 껍데기.

케라틴 keratin 섬유상 단백질들로 이루어진 집단의 한 구성원; 케라틴은 인간의 피부, 손발톱, 그리고 머리털의 주요 성분이다.

코돈 codon 특정 아미노산이나 폴리펩타이드 합성 중지 신호를 지정하는 mRNA 상의 세 뉴클레오타이드 서열; 유전암호의 기본 단위.

코코넛 기름 coconut oil 코코넛 열매에서 추출한 고지방성 액체.

콜레스테롤 cholesterol 동물 세포막의 주요 성분인 스테로이드로서, 호르몬 같은 다른 스테로이드들의 합성을 위한 전구체로 작용한다.

큐티클 cuticle (1) 동물에서, 피부 바깥 층의 단단한 죽은 조직층.

(2)식물에서는, 수분 보유를 위해 줄기와 잎의 표면에 존재하는 왁스질 포장.

클론 clone 동사로는, 유전적으로 동일한 세포, 생물, 혹은 DNA 분자들을 만드는 것을 말한다. 명사로는 클로닝으로부터 만들어진 세포들, 생물들, 혹은 분자들의 집단을 뜻한다; 또한 구어적으로, 체세포의 클로닝을 통해 생겨났기 때문에 다른 것과 유전적으로 동일한 하나의 생물체를 뜻하기도 한다.

클론선택 clonal selection 유전적으로 동일한 림프구(백혈구 세포) 집단이 생기는 것. 이들은 증식을 촉발시킨 특정 항원을 인식하고 공격한다. 클론선택은 면역계의 특이성과 항원 기억을 가능하게 하는 근본적인 기작이다.

키틴 chitin 여러 곰팡이들의 세포벽과 절지동물의 외골격에서 발견되는 구조 다당류.

ㅌ

탄수화물 carbohydrate 단순당(단당류)으로 구성되는 생물 분자이거나 두 개의 단당류가 연결된 이중당(이당류), 혹은 단당류로 이루어진 사슬(다당류)이다.

탈수 합성반응 dehydration synthesis reaction 단량체가 다른 단량체 혹은 중합체와 결합하도록 하는 화학적 반응으로, 더 큰 분자를 형성시키면서 물 분자가 방출된다.

태반 placenta 대부분의 포유동물에서 배아에 양분과 산소를 공급하고 그 대사산물들을 제거하도록 돕는 기관. 태반은 배아의 장막과 어미의 자궁내막층 혈관들로 이루어진다.

태아 fetus 임신 9주부터 태어날 때까지의 발생 중인 인간. 태아는 성인의 모든 주요 기관들을 가진다.

탯줄 umbilical cord 발생 중인 배아를 어머니의 태반에 연결시키는 동맥 및 정맥을 포함하고 있는 구조물.

통제된 실험, 종합 대조실험 controlled experiment 과학자가 두 가지 실험, 즉 실험군과 대조군 실험을 수행하는 과학 연구의 방법. 실험군은 대조군과는 단 한 가지 요인, 즉 변수만 차이가 난다.

투광대 photic zone 해안 근처의 얕은 물이나 연안에서 멀리 떨어진 곳에서의 물의 상부층; 광합성을 위해 충분한 빛을 사용할 수 있는 수생태계 영역.

투석 dialysis 물리적인 방법에 의해 혈액으로부터 대사 노폐물을 분리, 제거하는 것; 신장의 기능을 수행하도록 하는 인위적인 방법이다.

툰드라 tundra 혹독하게 추운 기후가 특징인 육상생물군계. 식생은 키가 작은 관목, 풀, 이끼, 지의류 등으로 제한된다. 북극 툰드라는 영구동토층(permafrost)을 가진다; 고산 툰드라는 높은 고도에서 발견되며, 영구동토층은 없다.

트랜스 지방 trans fats 식물성 기름의 부분적 수소화에 의해 생성되는 불포화 지방산으로, 고체화된 식물성 기름들인 마가린이나 파는 구운 음식물들 그리고 여러 가지 튀긴 음식물들에 존재한다.

트리글리세리드 triglyceride 세 분자의 지방산과 연결된 한 분자의 글리세롤로 구성되는 식이 지방.

특이적 면역 specific immunity 특정 위협물에 대해 반응하여 불활성화시키는 면역계의 구성성분.

특징 character 완두 식물의 꽃 색깔처럼 개체군 내의 개체들 사이에서 다양하게 드러나는 유전적 특징.

틀 이동 돌연변이 frameshift mutation 뉴클레오타이드들이 유전자 내로 삽입되거나 제거되었을 때 생기는 돌연변이로, 삽입되거나 결실되는 수가 3의 배수가 아니어서, 연속된 뉴클레오타이드들이 부적절하게 코돈으로 묶이게 된다.

틸라코이드 thylakoid 엽록체 내부에 있는 다수의 원판 모양 막성 주머니. 틸라코이드막은 엽록소와 광합성의 명반응 효소들을 포함하고 있다. 틸라코이드들의 더미는 그라늄(granum)이라고 불린다.

ㅍ

파지 phage 박테리오파지 참고.

파충류 reptile 뱀, 도마뱀, 거북이, 악어, 앨리게이터, 새, 그리고 많은 멸종군(대부분의 공룡들)을 포함하는 양막류의 단일 계통군 구성원을 말한다.

퍼네트 사각형 Punnette square 유전 연구에서 무작위 수정의 결과를 보여주기 위해 이용되는 도표.

펩신 pepsin 위액에 존재하는 효소로, 단백질의 가수분해를 개시한다.

펩타이드 결합 peptide bond 폴리펩타이드 내에서 두 개의 아미노산 사이를 연결하는 공유결합. 두 아미노산 사이의 탈수반응에 의해 형성된다.

편모 flagellum(pl. flagella) 원생생물들이 물을 통과하도록 추진하거나 동물의 여러 조직에서 액체가 조직 표면을 이동하도록 하는 긴 부속지. 하나의 세포가 하나 또는 그 이상의 편모를 가질 수 있다.

편형동물 flatworm 얇고 편평한 몸 구조와 단일 구멍의 위수강을 가지며, 체강이 없는 좌우대칭 동물. 편형동물에는 플라나리아, 흡충, 그리고 촌충 등이 속한다.

평활근 smooth muscle 가로무늬가 없는 세포로 구성된 근육으로, 소화관, 방광, 그리고 동맥 같은 기관들의 벽에서 발견된다.

폐순환 pulmonary circuit 육상 척추동물들에서 두 개의 주된 혈액 순환계 중 하나; 심장과 폐 사이에서 혈액을 수송한다. 체순환(systemic circuit) 참고.

폐포 alveolus(pl. alveoli) 기체교환이 발생하는 척추동물의 폐 내에 존재하는 수많은 작은 주머니들 중 하나.

포도당 glucose 많은 다당류들의 기본 재료로 작용하는 6탄소 단순당. 세포 호흡에 의한 포도당의 산화는 세포에 ATP를 공급하는 주된 방법이다.

포식 predation 한 종인 포식자가 다른 종인 피식자를 죽여서 먹는 종간 상호작용.

포유류 mammal 젖샘과 털을 가지는 내온성 유양막류 집단의 구성원.

포자 spore (1) 식물과 해조류에서, 다른 세포와의 융합과정 없이 다세포성 반수체 개체인 배우체로 발달하는 반수체 세포. (2) 곰팡이에서, 발아하여 균사체를 만드는 반수체 세포.

포자체 sporophyte 세대교번을 겪는 생물의 생활사에서의 다세포성 이배체 형태; 배우자들의 결합에 의해 생기며, 감수분열에 의해 배우체 세대로 자라는 반수체 포자를 만든다.

포피 prepuce 음핵이나 음경의 끝 부분을 덮는 피부 주름.

포화지방 saturated fat 탄화수소 꼬리들의 모든 탄소들이 단일결합으로 연결되어 있으며 수소 원자가 최대한의 수로 탄소 골격에 붙어 있는 지방 분자. 포화지방은 실온에서 고체가 되며, 동물성 생산품에서 보다 흔하게 발견된다.

폭식증 bulimia 폭식 후에 구토로 게워 내거나 설사제의 남용, 그리고 과도한 운동 등을 나타내는 섭식장애.

폴리뉴클레오타이드 polynucleotide 공유적으로 서로 결합된 많은 수의 뉴클레오타이드들로 구성된 중합체.

폴리펩타이드 polypeptide 펩타이드 결합으로 연결된 아미노산들의 사슬.

폴립 polyp 자포동물들의 신체형 중 하나; 고착형, 원통형, 히드라처럼 생긴 몸을 가진다.

표현형 phenotype 한 생물에서 드러나는 형질들.

프라이머, 시발체 primers 짧고, 인위적으로 제작된 단일 가닥 DNA 분자로서, PCR 과정에서 표적 서열의 양쪽 말단에 결합한다.

프로모터 promoter DNA에서의 특수한 뉴클레오타이드 서열로서, 유전자의 시작 부위에 자리하며, RNA 중합효소와 결합하여 전사가 시작되도록 하는 곳이다.

프리온 prion 연관 단백질들을 더 많은 프리온으로 전환시키는 방법에 의해 증식되는 단백질의 감염성 형태. 프리온들은 여러 동물들에서 여러 가지 비슷한 질병들을 일으키는데, 양에서의 스크래피를 비롯하여 광우병, 사람에서의 크로이츠펠트-야곱병 등을 유발한다.

플라세보, 위약 placebo 순전히 심리적인 이유 혹은 맹검 실험에서의 대조군으로 사용하기 위해 주어지는 해가 없지만, 효과가 없는 처리 과정.

플라스미드 plasmid 염색체와 분리되어 있는 작고 자기 복제성인 원형 DNA. 플라스미드들은 원핵생물들과 효모들에서 발견된다.

피부계 integumentary system 피부와, 신체를 보하도록 돕는 연관 구조물(털, 손발톱 등)로 구성되는 기관계.

피임 contraception 임신을 고의적으로 방해하는 것.

필수 아미노산 essential amino acid 동물이 스스로 합성할 수 없기 때문에 반드시 음식으로부터 얻어야만 하는 아미노산. 인간 성인에게는 여덟 가지의 아미노산들이 필수적이다.

필수 영양소 essential nutrient 다른 물질로부터 그 영양소를 합성할 수 없기 때문에 생물체가 미리 조립된 형태로 흡수해야만 하는 물질. 인간은 비타민과 무기질, 필수 아미노산 및 필수 지방산을 요구한다.

필수 지방산 essential fatty acid 동물에게 필요하지만 만들 수 없는 불포화지방산.

ㅎ

합성 스테로이드 anabolic steroid 남성 호르몬인 테스토스테론의 합성 유사체로, 호르몬과 유사한 몇 가지 효과를 나타낸다.

항문 anus 소화되지 못한 물질들이 빠져 나가는 구멍.

항상성 homeostasis 신체 기능의 일정한 상태; 외부의 환경이 변화할 때라도 내부의 환경 조건을 비교적 일정하게 유지하려는 경향.

항생제 antibiotics 세균을 죽이거나 그 성장을 방해하는 천연 물질.

항원 antigen 림프구들의 반응을 유발하는 모든 분자.

항체 antibody B 세포에 의해 분비되는 단백질로서, 특정 종류의 항원에 결합하여 그 효과를 상쇄시킨다.

해당과정 glycolysis 포도당 분자가 두 분자의 피루브산이 되는 다단계의 화학적 분해; 모든 생물들에서 세포 호흡의 첫 단계이다; 세포질액에서 발생한다.

해면 sponge 매우 구멍이 많은 몸체, 금세포, 그리고 진정한 조직이 없는 것이 특징인 고착성 해양 동물.

해부학 anatomy 생물의 구조와 부분들에 대한 연구.

해조류 alga(pl. algae) 아주 다양한 원생생물을 일컫는 비공식적 용어로, 대부분 엽록체들을 가지는 단세포성 혹은 군체성 광합성 독립영양체들이 대부분이다. 단세포성 독립영양체들과 밀접하게 연관된 종속영양성인 것, 그리고 다세포 원생생물들 역시 조류로 간주된다.

해초 seaweed 크고 다세포성인 해조류.

핵 nucleus(pl. nuclei) (1) 원자의 중심, 양성자와 중성자를 포함한다. (2) 진핵세포의 유전적 조절 센터.

핵 이식 nuclear transplantation 하나의 세포에서 핵을 채취하여 이미 핵이 존재하는 다른 세포로 옮기거나 미리 핵을 파괴한 세포로 옮겨주는 기술. 그런 후에 세포가 성장하도록 자극을 받으면 핵 제공자의 유전적 복사본인 배아가 생긴다.

핵공 nuclear pore 핵막에서 단백질이 붙어 있는 구멍으로, 이곳을 통해 물질(mRNA같은)들이 핵과 세포질 사이를 왕래한다.

핵막 nuclear envelope 핵을 둘러싸고 있는 구멍이 뚫린 이중막. 진핵세포에서 핵을 나머지 부분들로부터 분리시킨다.

핵산 nucleic acid 많은 수의 뉴클레오타이드 단량체들로 이루어진 중합체; 모든 세포 내 구조물과 활성들을 위한 단백질들의 청사진으로 작용한다. DNA와 RNA 두 종류의 핵산이 존재한다.

핵산 탐침자 nucleic acid probe DNA 기술에서, 복잡한 DNA 내의 특정 유전자나 기타 뉴클레오타이드 서열을 찾는데 이용되는 표지된 단일 가닥 핵산 분자. 탐침자는 표적 DNA에서 상보적인 서열에 수소결합을 일으킨다.

핵심종 keystone species 군집에 미치는 영향이 그 생물량이나 수도가 나타내는 것보다 훨씬 큰 종.

핵형 karyotype 세포의 중기 염색체들에 대한 현미경상을 크기와 동원체 위치에 따라 나열해 놓은 것.

헥소키나아제 hexokinase 화학반응을 촉진하는 단백질인 효소의 한 가지 예.

혈소판 platelet 골수에서 거대 세포들로부터 생기는 작은 세포질 조각들; 혈액 응집 요소이다.

혈액 blood 혈액 세포들이 떠 있는 혈장이라고 불리는 액체성 기질이 포함된 일종의 결합조직.

혈장 plasma 혈구 세포들이 떠 있는 혈액의 노란색 액체.

협막 capsule 일부 원핵생물들의 세포벽을 둘러싸고 있는 다당류 혹은 단백질로 이루어진 조밀한 층으로, 끈적임이 있어서 세포를 보호하고 기질이나 다른 세포들에 달라붙게 한다.

형질 trait 한 개체군 내에서 발견되는 특징의 변이. 예를 들면, 완두 식물의 자주색 꽃.

형질도입 transduction (1) 파지에 의해 하나의 세균 세포로부터 다른 세포로 세균 유전자가 전달되는 것. (2) 신호전달경로(signal transduction pathway) 참고.

형질전환 transformation 세포가 주변 환경으로부터 흡수한 DNA로부터 새로운 유전자를 얻는 것.

형질전환 생물, 유전자 이식 생물 transgenic organism 다른 생물, 특히 다른 종으로부터 얻은 유전자들을 포함하고 있는 생물.

호르몬 hormone 다세포 생물들에서, 생산된 장소에서 다른 장소로 체액을 통해 이동하는 조절성 화학물질. 표적 세포가 있는 곳에서는 그런 조절 신호에 대해 반응을 나타낸다.

호메오 유전자 homeotic gene 아마도 세포집단들의 발생운명을 조절함으로써 발생 중인 생물에서 신체구조의 정체성을 결정하는 주요 조절 유전자. [식물에서는 그런 유전자들을 기관 정체성 유전자들(organ identity genes)이라고 부른다.]

호미닌 hominin 진화수의 인간 분지에 존재하는 모든 유인원들. 침팬지보다는 인간과 더 밀접하게 연관된다.

호열성세균 thermophile 뜨거운 환경에서 번성하는 미생물.

호염성생물 halophile 대염호나 사해 같이 매우 염도가 높은 환경에 서식하는 원핵성 미생물.

호흡계 respiratory system O_2를 받아들이고 CO_2를 배출하는, 환경과 기체를 교환하는 기능을 하는 기관계.

화석 기록 fossil record 지질 시간의 경과를 표시해주는 방식으로 암석층에 순서대로 나타나는 화석들.

화학 chemistry 물질에 대한 과학적 연구.

화학 에너지 chemical energy 분자들의 화학 결합에 저장되어 있는 에너지; 일종의 위치 에너지(potential energy).

화학 치료 chemotherapy 약물을 적용하여 암세포의 분열을 방해하는 암치료법.

화학결합 chemical bond 원자들의 외각 전자들이 공유되거나 반대 전하의 존재 때문에 두 원자가 서로 끌리는 것. 결합된 원자들은 완전한 외각 전자껍질을 얻는다.

화학반응 chemical reaction 물질에서 화학적 변화를 일으키는 과정으로, 화학결합의 생성이나 분해가 관여한다.

화학적 소화 chemical digestion 커다란 음식 분자들이 효소들에 의해 더 작은 구성 분자들로 분해되는 것. 화학적 소화는 입에서 시작되고 소화관을 통과하면서 지속된다.

화합물 compound 둘 혹은 그 이상의 원소들이 고정된 비율로 포함되어 있는 물질; 예를 들어, 식염(NaCl)은 나트륨(Na) 한 원자와 염소(Cl) 하나로 구성된다.

확산 diffusion 어떤 물질 입자들이 농도가 낮은 쪽으로 자발적으로 움직이는 것; 즉, 물질의 농도가 더 높은 곳에서 더 낮은 곳으로 이동한다.

환경주의, 환경보호운동 environmentalism 보존과 복원을 통해 자연 환경의 질을 개선하고 유지하려는 광범위한 철학적이고 사회적인 운동.

환형동물 anelid 체절성 벌레. 지렁이와 다모류, 그리고 거머리를 포함하는 집단이다.

활동전위 action potential 뉴런의 막을 가로질러 생기는 자가 증폭적 전압 변화; 신경신호.

활면 소포체 smooth endoplasmic reticulum(smooth ER) 진핵세포의 세포질에서 막으로 된 소관들이 서로 연결된 망상구조. 활면 소포체에는 리보솜이 없다. 활면 소포체 막에 박혀 있는 효소들은 지질 같은 특정 종류의 분자들을 합성하는 기능을 담당한다.

활성 부위 active site 기질 분자가 약한 화학결합에 의해 접촉하는 효소 분자의 부위; 전형적으로, 효소 표면의 주머니나 홈.

활성화 에너지 active energy 반응물들이 화학반응을 시작하기에 앞서 흡수해야만 하는 에너지의 양.

황체 corpus luteum 배란 이후에 난소의 여포로부터 발달하는 작은 내분비 조직 덩어리. 황체는 임신 동안 프로게스테론과 에스트로겐을 분비한다.

횡격막, 격막 diaphram (1) 포유동물의 흉강과 복강을 나누는 얇은 근육막. 수축되면 흉강이 늘어나고, 이완되면 흉강 용적은 줄어든다. (2) 둥근 모자 형태의 고무 뚜껑으로, 여성의 자궁 경부를 덮어 피임용 장벽을 만드는 데 이용한다.

효소 enzyme 그 자신은 변하지 않으면서 화학반응의 속도를 변화시키는 생물학적 촉매제로서 역할을 하는 단백질.

후기 anaphase 자매염색분체가 분리되어 세포의 양쪽 끝으로 이동하는, 유사분열 과정의 한 시기.

후두 larynx 성대를 포함하고 있는 음성 상자.

후두개 epiglottis 기관 입구를 보호하는 탄력 있는 연골성 덮개. 정상적으로는, 후두개가 공기를 기관으로 들어가게 하는 위치에 있다; 이것은 음식이 삼켜질 때는 음식이 기관으로 들어가지 않고 식도로 들어가도록 한다.

휴지 전위 resting potential 휴지기 뉴런의 세포막에 생기는 전압으로, 바깥은 양전하를, 안쪽은 음전하를 띤다.

흡수 absorption 생물체 자신의 몸이 작은 분자들을 받아들이는 것. 동물에서는 흡수가 음식물 처리의 세 과정 중 소화(digestion) 다음의 세 번째 주요 단계이다; 곰팡이에서는 주변 환경으로부터 영양소를 얻는 것을 말한다.

1차 난모세포 primary oocyte 제1감수분열의 전기 I에 있는 이배체 세포로, 호르몬에 의해 난자로 발달하도록 촉발된다.

1차 생산 primary production 주어진 시기 동안에 독립영양체들에 의해 생태계 내에서 화학적 에너지(유기 화합물)로 전환된 태양 에너지의 양.

1차 생산자 primary producer 생산자(producer) 참고.

1차 생장 primary growth 정단분열조직에 의해 식물의 뿌리나 줄기가 길게 자라는 것.

1차 소비자 primary consumer 독립영양생물만을 먹는 생물들; 초식동물.

1차 정모세포 primary spermatocyte 정소에서 제1감수분열을 겪고 있는 이배체 세포.

1차 천이 primary succession 생물학적 군집이 토양이 없던 지역에서 시작하여 생태적 변화를 일으키는 형태. 2차 천이 참고.

1차 출처 primary source 연구를 수행한 사람에 의해 처음으로 제시된 정보의 원 출처.

2차 난모세포 secondary oocyte 난자 형성과정에서 제1감수분열 결과 생긴 반수체 세포로서 제2감수분열 후에 난자가 될 것이다.

2차 생장 secondary growth 식물의 두께가 증가하는 것으로, 관다발 형성층과 코르크 형성층의 세포분열이 관여한다.

2차 소비자 secondary consumer 1차 소비자를 먹는 생물.

2차 정모세포 secondary spermatocyte 정자 형성과정에서 제1감수분열로 얻어진 반수체 세포로서, 제2감수분열 후에 정자가 될 것이다.

2차 천이 secondary succession 교란이 기존의 생물학적 군집을 파괴했으나 토양은 그대로인 장소에서 발생하는 생태학적 천이의 형태. 1차 천이 참고.

2차 출처 secondary source 원래의 연구를 수행한 사람에 의해 생성된 것이 아닌, 정보의 요약본. 2차 출처는 종종 다수의 1차 출처들에 대한 설명이다.

3 영역 체계 three-domain system 세 개의 기본적인 집단인 진정세균, 고세균, 그리고 진핵생물로 분류학적 범주를 나누는 체계.

3차 소비자 tertiary consumer 2차 소비자를 먹는 생물.

4차 소비자 quaternary consumer 3차 소비자를 먹는 생물.

21번 삼염색체성 trisomy 21 다운 증후군 참고.

ADP adenosine diphosphate 아데노신과 두 개의 인산기들로 구성된 분자. 에너지 방출 반응에서 ADP 한 분자와 세 번째 인산기가 결합되어 ATP가 만들어진다.

B 세포 B cell 골수에서 성숙하여 나중에 항체들을 생산하게 되는 림프구 형태; 체액성 면역 반응을 일으킨다. T 세포 참고.

DNA deoxyribonucleic acid 생물들이 그들의 부모로부터 물려받는 유전물질; 이중 가닥의 나선형 거대 분자로서 데옥시리보오스 형태의 당과 인산기, 그리고 질소가 포함되어 있는 염기인 아데닌(A), 시토신(C), 구아닌(G), 티민(T) 중 하나를 가지는 뉴클레오타이드 단위체들로 구성된다. 유전자(gene) 참고.

DNA 감식법 DNA profiling PCR과 젤 전기영동을 이용하여 개인의 독특한 유전적 표식자들을 분석하는 과정. DNA 감식법은 두 유전물질 시료들이 동일인에서 나온 것인지를 결정하는 데 이용될 수 있다.

DNA 기술 DNA technology 유전물질을 연구하고 조작하는 데 이용되는 방법들.

DNA 복제 DNA replication DNA 분자가 복제되는 과정.

DNA 연결효소 DNA ligase 인접한 DNA 뉴클레오타이드들의 공유결합을 촉매하는, DNA 합성시 필수적인 효소; 관심 유전자를 포함한 특정 DNA 조각을 세균의 플라스미드나 기타 다른 벡터와 붙이는 유전공학에 사용된다.

DNA 중합효소 DNA polymerase 기존의 DNA 가닥을 주형으로 이용하여 DNA 뉴클레오타이드들을 폴리뉴클레오타이드로 조립하는 효소.

DNA 클로닝 DNA cloning 특정 DNA 단편을 많은 수의 동일 사본으로 만들어내는 것.

F_1 세대 F_1 generation 두 부모 세대(P 세대) 개체들 사이에서 얻어진 자손. F_1은 첫 번째 자손 세대를 뜻한다.

NADPH 광합성에 관여하는 전자 전달자(전자들을 이동시키는 분자). 빛은 엽록소로부터 전자를 $NADP^+$로 이동시켜 NADPH를 만든다. 이것은 캘빈 회로에서 이산화탄소가 당으로 환원되는 데 필요한 고에너지 전자를 제공한다.

P 세대 P generation 유전연구에서 자손을 생산산 부모 개체들. P는 '부모의(parental)'를 뜻한다.

pH 척도 pH scale 0(가장 산성인)에서부터 14(가장 염기성인)까지의 범주로 용액의 산도를 측정하는 것. pH는 수소의 강도를 나타내는 것으로 수소 이온(H^+)의 농도에 기반한다.

RNA 스플라이싱 RNA splicing 진핵성 RNA에서 인트론을 제거하고 엑손을 연결함으로써 연속적인 암호화 서열들을 가지는 mRNA 분자를 만드는 것; RNA가 핵을 떠나기 전에 일어난다.

RNA 중합효소 RNA polymerase 전사 과정 중에 DNA 가닥을 주형으로 이용하여 RNA 뉴클레오타이드들의 사슬 신장을 일으키는 효소.

짧은 직렬 반복 서열 short tandem repeat(STR) 짧은 뉴클레오타이드 서열들이 한 줄로 연속되어 이루어진 DNA.

STR 분석 STR analysis 유전체의 특정 자리에서 STR 서열의 길이를 비교하는 DNA 프로파일링 방법.

T 세포 T cell 흉선에서 성숙하여 세포 매개성 면역반응을 책임지는 림프구의 일종. B 세포 참고.

X-염색체 불활성화 X-chromosome inactivation 암컷 포유동물에서, 체세포의 X-염색체 하나가 불활성화되는 것. 일단 주어진 세포에서 (배발생 과정에서) X 불활성화가 발생하면, 그 세포의 모든 자손들은 동일한 X 염색체 사본을 불활성화시킨다.

x-축 x-axis 그래프의 가로축.

y-축 y-axis 그래프의 세로축.

찾아보기

[국문]

ㄱ

ㄴ

ㄷ

ㄹ

ㅁ

ㅂ

ㅅ

ㅇ

ㅈ

ㅎ

[영문]

A

B

C

D

E

F

G

H

I

K

L

M

N

O

P

Q

R

S

T

U

V

W

X

Z

기타